无人驾驶航空器系统工程高精尖学科丛书

主编　张新国　　　执行主编　王英勋

基于模型的系统工程有效方法

［美］John M. Borky
［美］Thomas H. Bradley　著
高星海　译

北京航空航天大学出版社

图书在版编目(CIP)数据

基于模型的系统工程有效方法 / (美) 约翰 · M · 博基 (John M. Borky) , (美) 托马斯 · H · 布拉德利 (Thomas H. Bradley) 著 ; 高星海译. -- 北京 : 北京航空航天大学出版社, 2020.9

书名原文: Effective Model - Based Systems Engineering

ISBN 978 - 7 - 5124 - 3318 - 2

Ⅰ. ①基… Ⅱ. ①约… ②托… ③高… Ⅲ. ①系统工程 Ⅳ. ①N945

中国版本图书馆 CIP 数据核字(2020)第 141748 号

基于模型的系统工程有效方法

[美] John M. Borky
[美] Thomas H. Bradley 著

高星海 译

责任编辑 杨 昕

*

北京航空航天大学出版社出版发行

北京市海淀区学院路 37 号(邮编 100191) http://www.buaapress.com.cn

发行部电话:(010)82317024 传真:(010)82328026

读者信箱: copyrights@buaacm.com.cn 邮购电话:(010)82316936

艺堂印刷(天津)有限公司印装 各地书店经销

*

开本:710×1 000 1/16 印张:44.25 字数:995 千字

2020 年 9 月第 1 版 2023 年11月第 5 次印刷 印数:6 501～7 500册

ISBN 978 - 7 - 5124 - 3318 - 2 定价:199.00 元

内 容 简 介

应用各种先进技术的系统、体系和复杂组织体已成为现代社会的主体，并不断地达到空前的复杂度。本书聚焦系统工程的复杂性，以基于模型的系统工程(MBSE)转型为主线，阐述面向对象设计、系统建模语言、建模和仿真等应用于系统架构设计的基本原理，提出了一个经验证的、具有广泛适用性的方法——基于模型的系统架构流程(MBSAP)；以航空航天和能源领域的典型系统开发为案例，贯通系统工程生命周期的各个活动以及运行—逻辑/功能—物理的各个层级，阐述基于数字原型系统的开发、集成以及验证和确认等内容，进而将该方法扩展到面向服务的架构、实时嵌入式系统、赛博安全、网络化复杂组织体以及架构治理等方面；另外，书中介绍了大量的全球 MBSE 最新研究成果和最佳工程实践经验，值得读者进一步了解，并可作为扩展研究和深化应用的指导。

本书适用于系统工程师、架构师等从业者以及希望系统性掌握 MBSE 方法的各类人员。

北京市版权局著作权合同登记号 图字:01-2020-0214 号

无人驾驶航空器系统工程高精尖学科丛书简介

无人驾驶航空器在军、民用及融合领域的应用需求与日俱增，在设计、制造、系统综合与产业应用方面发展迅速，其系统架构日趋复杂，多学科专业与无人驾驶航空器系统学科结合更加紧密；在无人驾驶航空器系统设计、运用、适航和管理等方面，需要大量无人驾驶航空器系统工程综合性专业人才。为此，应加强无人驾驶航空器系统工程专业建设，加快培养无人机系统设计、运用和指挥人才，以及核心关键技术研究人员。有必要围绕无人驾驶航空器系统和复杂系统工程两方面，为人才培养、科学研究和实践提供教科书或参考书，系统地阐述系统工程理论与实践，以期将无人驾驶航空器系统工程打造为高精尖学科专业。

2018 年，教育部设立了无人驾驶航空器系统工程专业，旨在以无人驾驶航空器行业需求为牵引，培养具有系统思维、创新意识与领军潜质的专门人才。北京航空航天大学有幸成为首批设立此专业的学校。

本丛书包括两大板块：系统工程理论基础与工程应用方法、无人驾驶航空器系统技术。第一板块由《系统工程原理与实践(第 2 版)》《需求工程基础》《面向无人驾驶航空器的 SysML 实践基础》《基于模型的系统工程有效方法》《人与系统集成工程》《事件驱动神经形态系统》构成，主要介绍系统工程相关概念、原理、方法、语言等；第二板块由《无人驾驶航空器气动控制一体化设计》《无人机自主控制系统》《无人驾驶航空器系统分析与设计》《高动态无人机感知与控制》构成，主要介绍基于系统思维与系统工程的方法，凸显无人驾驶航空器系统设计、开发、试验、运行和维护等方面发挥的作用和优势。

希望本丛书的出版能够帮助无人驾驶航空器系统工程专业学生夯实理论基础，增强系统思维及创新意识，增加系统工程与专业知识储备，为成为无人驾驶航空器及相关专业领域的优秀人才打下坚实的基础。

本丛书可作为无人驾驶航空器系统工程专业在读本科生与研究生的教材和参考书，也可为无人驾驶航空器系统研发人员、设计与应用领域相关专业的从业者提供有益的参考。

丛书主编简介

张新国，工学博士，管理学博士；清华大学特聘教授、复杂系统工程研究中心主任，北京航空航天大学兼职教授、无人系统研究院学术委员会主任；中国航空研究院首席科学家，中国企业联合会智慧企业推进委员会副主任，中国航空学会副理事长；国际航空科学理事会(ICAS) 执行委员会委员，国际系统工程协会(INCOSE)北京分会主席，国际系统工程协会(INCOSE)系统工程资深专家，国际开放组织杰出架构大师，美国航空航天学会(AIAA)Fellow，英国皇家航空学会(RAeS)Fellow。

曾任中国航空工业集团公司副总经理、首席信息官，中国航空研究院院长，在复杂系统工程和复杂组织体工程的理论、方法和应用等方面有深入研究和大规模工业实践，是航空工业及国防工业践行系统工程转型和工业系统正向创新的主要领导者和推动者。

有多篇论文在国内外重点刊物上发表，并著有《电传飞行控制系统》《国防装备系统工程中的成熟度理论与应用》《新科学管理——面向复杂性的现代管理理论方法》，译著有《系统工程手册——系统生命周期流程和活动指南 3.2.2 版》《基于模型的系统工程(MBSE)方法论综述》《TOGAF 标准 9.1 版》《系统工程手册——系统生命周期流程和活动指南 4.0 版》等书。

曾荣获国际系统工程协会(INCOSE)2018 年度系统工程“奠基人”奖，“国家留学回国人员成就奖”“全国先进工作者”“全国五一劳动奖章”，国家科技进步特等奖、一等奖和二等奖；享受国务院政府特殊津贴。

译者序

我们所处的时代正经历着前所未有的改变，人们面临的关键问题之一是如何满足日益复杂和加速变化的需要，以适应人类心智模式和社会发展模式的空前复杂性，而这种复杂性本质上源于社会和工程领域多种层级系统的嵌套以及包含的众多异构元素，多样的、已知的和未知的系统元素之间以及与外部环境的交互性和依赖性，各种各样的信息内容以及错综复杂的算法等的演变。

各个领域都期待着系统工程学科展开更宏大的格局、呈现更多样性的解决方案。当前，系统工程发展正处于从以文档为核心向以模型为核心的转型之中，基于模型的系统工程（MBSE）被置于“模型驱动”“以架构为中心”的背景中，系统工程流程活动和系统架构的开发技术将围绕数字系统模型（DSM）的创建、实现和运用，贯穿系统生命周期，从而提供持久的、权威性的真相源——数字孪生、数字线索等的底层机理，确保系统工程师和系统架构师能够更好地应对技术和项目开发的复杂性，提高将利益相关方需求转化为有效运行的、可承受的系统解决方案的成功比率。

关于作者和本书

本书英文版于 2019 年 9 月发行，是由 John M. Borky 博士和 Thomas H. Bradley 博士基于长期的系统工程及相关领域的研究和工程应用，并结合教学实践而撰写的。Borky 博士是科罗拉多州立大学系统工程系的教授，在航空航天和防务领域拥有近 50 年的系统研究、技术开发及运行的工程经验，近期又完成了为期 5 年的加州大学洛杉矶分校航空航天工程客座教授的工作，面向硕士生开发了系统架构的核心课程并开展在线授课。作为专注于信息、软件密集型系统和复杂组织体方面的系统架构和工程领域的专家，他将 MBSE 方法论应用到更为广泛的系统，并且开发了基于模型的系统架构流程（MBSAP）方法。Bradley 博士是科罗拉多州立大学机械工程与系统系的副教授，参与系统与机器人、赛车工程、发动机和能源转换实验室的联合研究工作，主要研究方向为航空航天、能源系统和汽车的设计、集成控制、设计优化以及工程设计方法的验证等。

首先，本书以 MBSE 的背景知识和本质特征为引导，论述了面向对象设计（OOD）应用于复杂系统架构的原理，提供了一个经验证是成熟的并在广泛系统和复杂组织体项目中成功应用的方法——MBSAP，通过航空航天领域和能源行业的典型系统案例来阐述该方法的关键点。其次，贯通 MBSE 流程方法的各个阶段以及各层级系统的特定特性，扩展了 MBSE 在面向服务的架构（SOA）、实时系统、赛博安全、网络化复杂组织体、系统仿真以及数字原型系统开发、验证和确认等方面的应用。再次，针对管理复杂性以实现长期可支持的系统解决方案，给出与集成技术和设计方法相关的架构治理主题。

同时,本书各章之后都有“练习”和“学生项目”,旨在帮助读者掌握所学的知识要点,非常适合系统工程师、系统架构师等相关从业者以及学习 MBSE 课程的学生。另外,本书穿插介绍了大量的 MBSE 最新研究成果和最佳工程实践经验,值得读者进一步关注和了解。最后,本书提供大量的参考文献以及多个领域更加详细的附录,可作为读者扩展研究和深化工程应用的指引。

关于 MBSE 有效方法

在全球范围内,MBSE 已成为系统工程学科研究和实践的热点,对于从事系统工程理论研究的学者、工程实践的管理者和技术人员以及期望未来从事系统工程或系统架构设计的学习者,正面对着众多的知识来源——经典的系统哲学书籍和文献、系统工程方法标准和知识体、领先行业的最佳实践经验案例、全球开放的系统建模语言标准规范以及知名系统工程软件开发商的示范性应用等。探索有效的系统工程开发框架和实施方法——这是本书的初衷,MBSE 有效方法至少应具备以下特征:

适应性和归一化

关注模型驱动背后所具有的自然逻辑和系统架构固化的本质特征,让系统工程师拥有像数学家一样的思维,首先界定领域术语,高度概括架构原则以及高度抽象系统的共享特征,运用面向对象的概念,利用逻辑推导得出各个视角及其对应的特征视图。因此,创建的方法适用于所有类型的系统和组件,并且构建了统一的系统开发框架以及支持递归的技术路径。

本书力求探寻本质上存在的一个最佳的 MBSE 方法,其始于普适的面向对象方法,并突破传统 V 形模型的分层结构,创造性地构建以架构为核心的螺旋迭代的敏捷开发模式,有序地驱动系统工程生命周期的规范、开发、分析以及验证和确认等活动。

收敛性和简约化

新技术都是在已有技术上重新组合而成的,今天的 MBSE 同样正在创造其自身。在本书的撰写过程中,作者参阅的书籍、文献和标准等有数百篇,集中体现了近期在面向对象方法、设计方法学、敏捷工程、软件工程、系统工程、体系工程以及组织管理等众多领域的研究成果。而在 MBSAP 方法构建中,贯穿运行—逻辑/功能—物理视角的自然而然的转换,将影响设计方法进步的关键因素融入到层次化的架构模型中。这反映了作者所倡导的最佳技术方法来自于最佳实践的主张,准确把握技术发展的准则,保持技术发展的收敛和简约,并避免新方法中技术要素的“大爆炸”。

MBSAP 将面向对象(OO)以及 MBSE 原则整合到一种工具支持的、测度受控的流程中,更重要的是,基于数量有限、关联明确的视图模型结构,按照“边构建,边测试”的理念,每次开发都是在一个闭环回路中分配能力增量的子集,并在一个限定的原型系统中根据需求进行测试或由利益相关方进行评估,并最终实现所需的全部功能。

扩展和演进

系统工程学科的基本结构理论、方法和实践在不断发展，人们正致力于探寻最佳的技术途径，并进一步融入工程、文化和经济环境之中，以适应组织形态、区域能力、社会资源和工业基础等，从而开发和定制解决方案，确保技术发展有利于增进人类福祉和提高生活质量。

本书作者独创性地将系统架构和流程活动两个维度，集合于运行—逻辑/功能—物理视角所关联的视图的开发中，不仅使以架构为中心的理念转化为现实可行的技术路径，而且，作为自上而下架构设计的补充，MBSAP 支持架构框架的自下而上的复用。而架构框架规定了元素组成架构所遵循的原则，显然 MBSAP 方法论将与特定的复杂组织体、体系以及系统架构方法的演进密切关联。书中已提及将统一防务架构框架(UPDM)、开放组织架构框架(TOGAF)、联邦复杂组织体架构框架(FEAF)以及 IT 领域面向服务的架构(SOA)、实时嵌入式系统建模与分析标准(MARTE)等扩展到特定视图中，从而支持复杂组织体、网络密集型/信息密集型体系、赛博物理系统、组织管理系统、IT 管理系统以及嵌入式实时系统等的开发，使其成为社会进步的重要基石。

致　谢

本书作为系统工程理论和方法的综合性书籍，涉及广泛的知识领域和丰富的工程实践，在翻译中译者深感压力巨大。庆幸的是，在此过程中得到常创业、王卓奇、武仲芝、刘海云等同事的大力支持，针对 MBSAP 方法的导入研究，以及定期的团队技术交流，不仅弥补了译者的知识盲区，而且帮助译者顺利完成以本书为教材的教学工作；同时，格微团队也参与了本书的翻译工作，张雨晨、李腾和段世安参与了部分校稿工作，在此对他们的辛勤付出一并表示感谢！

译　者

2020 年 7 月

前　言

系统和复杂组织体(通常会提及系统之系统)已成为现代世界的主体,应用到多种先进的技术并不断地达到空前的复杂度。管理系统的复杂性,特别是在可接受的成本和进度之内创造满足系统用户和其他利益相关方需要的解决方案,是系统工程(SE)团队面临的一个反复出现的挑战。在机械和电子设备、材料、传感器、能源开发和控制、运载器和推进器、通信和网络、计算和软件以及许多其他领域取得的惊人进展,为工具和方法有效地利用这些技术,创造了新的能力和新的需求。但科学界、商业组织、教育界、政府、学术界以及军事等各行各业经常报道,以先进技术为基础、旨在交付新能力的工程项目超出了成本预算和时间进度,并未能达到其目标,或是索性就使系统开发人员和用户不堪重负。

本书的主题是本质上存在着一个更好的方法,该方法能够应对那些多种技术融合、信息密集的复杂系统。该方法基于应用系统架构的概念,并作为一个严格、客观、定量和可测量的准则,用于定义、分析和构建那些应用先进技术的系统。当前,系统工程领域的最佳实践策略就是基于模型的系统工程(MBSE)——以上述原则为前提。

在本书中,我们描述了一种称为基于模型的系统架构流程(MBSAP)的方法论,它是 MBSE 原理的一种特定实现方式。我们的重点是在实践层面将用户需求转化为可运行的、可承受的和可支持的系统,而不只是形式化的架构理论,这恰好涉及许多在参考文献中引用的论文。鉴于此,贯穿于整本书,我们将使用详细的系统架构案例来说明 MBSAP 的原理和产物。在附录中将选择其中的一个系统架构,相比本书正文而言,我们将更加详细地描述更完整的架构,并期望以此为模板来开发新的架构。

系统架构和系统工程

架构的概念,给人以看似简单的假象——每个人都曾面对过进入视野的摩天大楼或桥梁,欣赏过建筑师设计的优雅解决方案,满足了人们对于空间或通行的需要。同时,一个富有洞察力的观察者会意识到,优雅的设计艺术必须与工程实践的科学原理相得益彰。我们采用架构的广义概念作为复杂问题解决方案的宏观顶层设计,力求对技术和设计方法进行更深入的了解,使系统架构对系统的所有者和用户来说是真实的和有价值的。我们给出的案例涉及了我们有着大量专业经验积累的领域:一个是航空航天领域,另一个是电力行业。但在这些领域之外,我们和我们的学生们已成功地将 MBSE 应用到一般性的领域,尤其是将 MBSAP 应用于更广泛的系统和复杂组织体。如果读者领悟了架构的内涵,并掌握了本书介绍的技能,那么他就做好了成为系统架构师并彰显其作用的充分准备,并可在大多数先进技术领域,尤其是信息技术领域,实施 MBSE,并成为关键的使能器。

将架构，特别是架构模型，作为 SE 流程中心的观点，是成功利用先进技术满足当今社会需要的关键。这种观点既不新颖，也不是原创，许多个人和技术组织，如国际系统工程协会（INCOSE）和开放组织（TOG），已经开发并提倡以架构为中心的方法。INCOSE 2020 愿景中指出，未来系统工程将是基于模型的。然而，为了使其有效开展，这种策略必须建立在对架构的形式化描述基础上，也就是说，必须建立在使用适当工具构建并符合适用标准和方法的架构模型上。

区别对待系统架构和软件架构也很重要。这一领域的大多数书籍和论文都聚焦在软件上，其隐含的假设是：实现令人满意的产品和系统的主要挑战在于控制它们的软件。实际上，书中描述的大多数概念、方法和标准都起源于软件科学和工程。其中最重要的是面向对象（OO），将在第 2 章中予以概括性描述。面向对象理论和实践的开发者总是会这样认为：计算机、数据存储设备和用户界面设备等硬件是一个给定的产品，通常由一系列的商用货架产品来提供，这样就可以很好地理解它们的商品特性。从这点来看，硬件主要用于提供软件运行的安装位置并作为资源由软件来控制。

面对形成这一共识的趋势，同时意识到开发高质量软件的重要性和艰巨性，本书关注的重点是整个系统——硬件、软件、控制设备、用户界面、网络和其他元素的组合，共同为客户的需要提供解决方案。在复杂、高性能的系统中，这种观点尤其重要。在这些系统中，先进的硬件常常与软件并行开发，两者必须有效地集成才能满足需求。即使是使用现有的硬件组件，也通常需要进行细致的性能分析和权衡研究来选择最佳的产品。此外，系统通常有严格的进程时限、安全约束、严酷运行环境和许多其他苛刻的要求，硬件和软件组件的优化组合是至关重要的。因此，系统架构不仅包括软件，而且更是我们需要关注的焦点。即使在较低要求的情景下，书中开发的方法论也依然适用。事实上，它增加了实现真正优化系统解决方案的机会，因为涉及对性能、可支持性、升级性、易用性等所有因素的影响，所以应以协调和客观的方式来考虑。

在此，我们将重点放在了那些具有重要信息和流程的系统或复杂组织体。这是因为当今复杂系统的功能性越来越多地由信息技术所主导：计算、通信和网络、软件和算法、人机界面等。当认同这一趋势时，我们深信 MBSAP 的原理和方法将会被广泛应用，包括机械、化学，甚至于生物技术和系统。核心挑战是管理的复杂性——由多样和快速变化的技术以及日益精细的产品和服务所带来的。管理复杂性是 MBSAP 的根本所在。

因此，针对那些关注 SE 有效性的系统工程师等，我们的总体目标是表明 MBSE 是如何帮助他们开展工作和达成目标的。我们研讨 MBSE 和传统基于文档的 SE 之间的区别，从客户需要到交付以及支持的系统解决方案；建立端到端 SE 工作流，并解释 MBSE 带来的价值；在 MBSAP 方法论中使其具体化和实用化。我们通过展现系统架构的详细案例，使用架构建模作为基础，然后将其与基于文档的方法相比，表明每个 SE 活动都将变得更加有效和可复用，并且这些活动的交付物也变得更加清晰、明确和易于沟通。

本书内容的组织

本书内容分为三大部分。其中，第一部分，第1章和第2章，介绍正在面临的挑战，以及将面向对象方法应用到架构和MBSE的基本概念。第二部分，第3～6章，阐述MBSAP的各个阶段，包含该方法论的核心内容。具体地，第3章对MBSAP进行概要介绍，第4～6章详细描述架构的运行表达、逻辑/功能表达和物理表达的开发过程。第三部分，第7～15章，详细介绍许多类型系统都会遇到的关键主题，如面向服务、实时行为、赛博安全、组网、架构原型、验证与确认以及架构治理等。同时，在这些章节中也探索了基本MBSAP方法的一些重要变型。在附录中，我们提供了不同领域的更多细节，可能对某些系统架构师和系统工程师来说很重要，但为了突出本书的重点，这些内容并未放到正文中。关于图形的说明：书中的大多数图都符合系统建模语言(SysML)标准，在个别情况下，也会使用其他替代的标识符，如使用某些架构建模工具，这些标识符都将被清楚地标出。

关于指导教师的说明

本书经历了超过10年、数百名学生的有效使用，其中的内容还在进一步细化和拓展。本书可用于本科高年级和研究生层次各种课程的教学安排。我们推荐采用以典型的16周学期或者12周学期的3个学时课程为基础，架构建模实验室的实习可作为课堂教学的有益辅助，并可额外获得学分。

建模技能必须通过具体实践获得，因此我们强烈推荐安排教学实习项目，以课堂项目的形式将MBSAP应用于实际的问题。这些项目可以由学生选择。特别是对于正在从事专业实践的研究生，其中一些项目最好与当前进行的项目或就业方向有关，项目开发可作为作业或在实验室中进行。

理想的情况是，学生应掌握一个具备完整功能的SysML建模工具，并使用它来创建项目的架构。然而，我们的经验清楚地表明，如果在一门课程学习中，同时面对当前多种架构工具的各种微妙不同之处，并涵盖书中的全部材料，那么将会造成学生们无法承受的工作量。将这一事实考虑在内，我们建议将以下的课程作为备选。

- 本科生的MBSE概论课程(3个学分，可选择增加一个学分的建模实验)：
  - ◇ 将课程安排为一般SE入门课程的后续课程，或作为独立课程，在课程开始时增加SE研究内容，反映本学科的基本知识。
  - ◇ 涵盖第1～6和15章。
  - ◇ 涵盖第7～14章中所选定内容，取决于具体的学习目标、学生背景和需要。
  - ◇ 所需的学生项目；在基础的3学分课程中，可使用图形、文本和表格来创建项目模型。
  - ◇ 通过增加实验室建模环节，使用主流的SysML建模工具，提供合适的教程和参考资料，并使用该工具创建项目。
- 研究生层次的MBSE概论课程，类似于本科课程，但在学生架构项目中更全面地涵盖第 7～14 章的所有内容。强烈建议增加额外学分，使用主流的 SysML 建模工具开展实验室建模工作。

- 研究生层次的课程安排(6 个或更多学分)：
  ◇ 涵盖全书。
  ◇ 使用适用范围和复杂程度适当的 SysML 工具，应用书中提到的所有架构方法，包括实时行为、复杂组织体背景环境、赛博安全等开展教学项目。
  ◇ 可选择的补充书中提及的高级主题(如形式化方法、敏捷 SE 和架构优化)。

基于学生项目在所有这些备选课程中的重要性，我们将在第 3～15 章的总结中，包含有关课程创建或课程安排的项目内容。

总　结

MBSAP 方法论演进经历了三十多年的实践和实验研究，涉及各种各样的系统。本质上，是从大量资源中选择和综合各种思路并由实践来验证。最后，我们希望这种方法和方法论，能为正在努力应对当前快速发展技术的系统工程师和系统架构师，提供一套解决问题的更好工具，同时对可能的成功抱有十足的信心。

约翰· M·博基，美国科林斯堡
托马斯·H·布拉德利，美国科林斯堡

致　　谢

在此，我们对同事和学生们的感激之情无以言表，在过去的几十年里，如果没有他们的信息、见解、评论、反馈和鼓励，这本书就不可能面世。我们特别要感谢科罗拉多州立大学工程学院系统工程计划的主任 Ron Sega 博士，他给予了我们不计其数的帮助，包括细化本书的内容以及课程中使用的素材，也正是由于他的帮助，我们才将此主题综合到了系统工程课程的核心部分之中。

目　　录

第 1 章　介绍:框定问题

1.1　架构的美学和科学维度

实际上,架构理念背后的概念和方法已经应用于人类活动的各个领域——从设计建筑以及其他结构的最初背景环境到人体解剖、业务流程和计算机网络等领域。通常意义上的系统架构定义涉及系统的基本结构和组件、系统的内部与外部的交互和行为,以及支配系统初始开发和长期演进的规则和指南。在本书中,我们将考虑应用架构原理和形式化方法的知识,管理先进技术系统和复杂组织体的复杂性,尤其是那些依赖于尖端信息技术的复杂组织体。我们使用航空航天和能源领域的案例来说明这些原则,这仅代表作者所具有的背景知识,而实际上架构可用于任何类型的复杂系统。

我们使用“复杂”和“复杂性”这样的术语,描述不能用简单、直观的工具和方法来对待的某些事物。系统或复杂组织体中的这种复杂性通常从大量的组成元素、多种多样的内部和外部交互、已知的和未预料到的系统元素之间以及与外部实体的依赖性、各种类型的信息内容、错综复杂的算法以及其他因素演变而来。例如,复杂性的挑战已经达到空前的高度,近些年美国国防高级研究计划局(DARPA)发起了一个称为自适应运载器制造(AVM)的倡议,它结合了诸如基于模型的设计、虚拟协同、数字制造等方法,致力于应对日益严峻的工程计划受挫、进度超时和成本超支[1]的问题。美国航空航天学会(AIAA)已创建了一个复杂航空航天系统交流(CASE)平台,以传播复杂系统的经验和推广先进的系统工程(SE)方法[2]。复杂系统常常会表现出难以预测甚至难以理解的行为。复杂系统的表达、分析、设计和优化所面临的挑战,需要借助强大的并且概念严谨的数学方法,如建模。

Maier 和 Rechtin[3] 提及了“架构的艺术和科学”,表达了分离但又与美学和科学维度相关的概念。通常,架构应用各种资源来实现满足未来使用产品的那些人们的需求,所以必须关注其自身达到美观、优雅和高效的状态。Ryschkewitsch 等人[4] 使用了“系统工程的艺术和科学”这一说法,表达出了类似的观点。他们的观点源于美国国家航空航天局(NASA)数十年来在现代系统工程(SE)发展领域的引领地位,强调卓有成效的系统工程师应具备的特征以及如何培养他们。

通常,系统架构必须将美学(优雅的概念)和技术(可行的实现)融为一体。架构与工程,或概念构思与设计之间的界限,必然是相当模糊的。从一开始就正视问题,这对于架构师的思考会有帮助,往往当一个问题描述不规范和不完整时,就要将其简化为一组清晰、明确的任务和需求，由此工程师可在其中实施某一解决方案。在设计和建造产品或其他解决方案中，架构师始终保持理想，以确保维系初始愿景的完整和平衡，并在得到最终结果的过程中，解决出现的不可避免的冲突、误解和模糊性。

“艺术与科学”概念的一个典型例证，就是飞机设计师的一句老话：“看着漂亮，飞的精彩”，这意味着在跑道上令人赏心悦目的飞机，常常会在空中也表现良好。从这一点来看，架构师首先是一位艺术家，他将顺序感、协调感、关系、基本原则以及早期解决方案和解决类似问题成功方法的全方位知识，悉数带到工作之中。遵循这一思路，许多优秀架构实践就可以简化为启发方法或经验法则，这在评估问题和描绘解决方案路径的初始阶段是有帮助的，我们将在本书中介绍这其中的一些方法。

通过架构师这一角色，架构方法在应对复杂的挑战时将会变得真实和强大。架构师通常被描述为一个有“大图像”的人，他能够理解多维度的问题，发现内在的特征模式和主题，并将问题刻画为一种形式，从而有条理地寻求解决方案。同时，架构师必须是一名技能高超的专业技术人员，能够应用定量工具和方法来分析、设计、优化、测量、记录、沟通和控制复杂实体，为此得到预期的架构。遵照这一终极议题，我们在本书中明确讨论了建模和使用标准语言来捕获和操控复杂系统和复杂组织体的架构。运营经济学、安全性和遵守国际法等各种各样的考虑，都要求一定程度的严格性和精确性，而只有形式化的建模方法才能赋予这些特性。因此，一个好的架构师的特征之一就是在美学和数学领域都具备一定的专业能力。为此，本书中的讨论强调了基于模型和测度管理的方法，在这一过程中，有许多启发式方法是从早期架构中提取经验，并为新架构提供指导的。

这与传统意义上的建筑进行类比十分恰当。客户聘请建筑师设计摩天大楼，希望建筑师应用结构和材料知识，在考虑楼层荷载、电梯运行、供暖和制冷、照明以及其他因素的同时，提供风力、太阳热力和其他环境能量。在从事所有这些工作时，同一个建筑师，或者更可能是建筑师团队，希望得到一个赏心悦目、与周围环境相辅相成的成果，并且工程师和工匠在可预测的进度和预算范围内，使用合适的工具和产品来完成建造。本书的中心原则就是上述同等的期望应可用于构建大型的高技术系统。

架构尤其是软件架构，曾经常常就是一个试错、“走到哪儿算哪儿”的观念，有时被认为只是在开发结束时，记录设计中所发生事件的文档。我们主张这样的立场——架构是开发和获得这些系统的关键基础，可达到与建造摩天大楼所期望的、同等的科学和工程的严谨程度，而且越来越多的政府决策者以及民用、商用领域的成熟系统客户认同这一立场。在此前提下，我们注重应用架构方法来创建系统和复杂组织体，它们应具有良好的组织性、可扩展性、可演化性、在真实使用受迫环境中的鲁棒性，以及拥有和运行的可承受性。简而言之，架构的艺术和科学精髓体现在：在满足使用者实际要求的同时，在使用者看来它们本身也是美好的事物。

1.2 基于模型的系统工程

尽管本书已明确是聚焦于架构,但要认识到:架构仅仅是系统科学(或有时又称为"系统思维")中广泛主题中的一个方面[5]。系统是一组相互作用的元素,它们共同作用以实现某种特定目的。通常情况下,系统组合后具有的能力大于单个部件或子系统的能力之和。架构的大局观是对整个系统维持一个全面的视野和理解,以避免过于狭隘地关注其实现细节或在某一领域的功能。

系统级描述的重要性是系统架构学科出现的主要动机。基于模型开发的形式化架构方法论的强大功能,用以诠释系统所有的维度、行为和组件,这一观点开始被广为认可。这也使 MBSE 逐渐被接受,其中模型是整个 SE 流程的基础,正如在第 3 章中更进一步的描述,其提供了关于系统的清晰和明确的定义。对于希望探究发展历史和基础理论的读者,Long 和 Scott 对 MBSE 的理论基础进行了简明而有见地的总结[6]。Ryan 等人[7]总结了 MBSE 的优势,并基于改进的权衡研究方法论(包括可变性建模)提出了架构定义框架。Kossiakoff 和 Sweet[8]以及 Buede 和 Miller[9]的书中都有关于 SE 的更一般的方法。

SE 的典型定义遵循这一思路——将客户需要转化为有效的且可承受的解决方案的流程。在这一基本思想的基础上,国际系统工程协会(INCOSE)定义了 MBSE,即形式化应用建模来支持广泛的系统工程活动,包括需求定义、设计、分析、验证和确认[10]。这些活动从概念设计阶段开始,延续到整个开发和后续的生命周期阶段。

MBSE 使用模型使 SE 形式化(正规化),支持:

- 确保 SE 流程的严谨性、可重复性和可创造性;
- 提高系统设计的质量、完整性和正确性;
- 降低需求分析、设计、集成和测试以及其他活动中的风险;
- 加强跨组织和跨学科活动的沟通和同步。

系统工程师通常被认为是系统开发工作的中央协调者,负责分析需求,执行权衡研究,将需求分配给专门的硬件和软件团队,以及协调诸如系统集成和测试等活动。充分地处理硬件、软件、数据、接口和其他细节,传统上一直是设计师关注的重点,并且这永远是十分重要的。然而,使用架构模型的 MBSE 极大地提高了应对顶层问题的能力,如系统利益相关者的不同关注点、声明的和派生的系统需求、规划的系统演进、策略和其他约束,以及交付系统的运行适用性。

本书应在 MBSE 的背景环境下学习。它所描述的架构方法论,即基于模型的系统架构流程(MBSAP),与系统生命周期中发生的 SE 流程紧密相连,这些流程通常在"V 形图"中描述,图 1.1 所示是一个简单的例子。在第 3 章中,我们将 MBSAP 方法映射到更详细的 V 形图中,并表明架构建模方法可方便地映射到与 SE 相关联的各种流程上,MBSAP 已有数十年的实践,并为应对现代系统的复杂性提供了更好的工具。在架

构模型的支持下,这些流程包括:

- 概念开发和分析——模型支持与系统利益相关方进行对话,以确定和评估备选的系统概念。
- 需求捕获、分析、分配和可跟踪性——模型允许将需求分解并分配给系统元素和行为,并记录在模型生成的制品中。
- 高层设计和详细设计——模型捕获并记录不断发展的系统设计基线,并支持分析和权衡研究。
- 集成和测试——架构支持 I&T(集成和测试)的规划和执行,包括识别产生有效测试点的环境条件。
- 验证和确认——为验证设计符合需求和确认系统满足利益相关方的需要,模型提供了坚实的基础。
- 转移到运行和支持——模型和相关文档支持交付和安装、人员培训、配置管理、修改、升级、技术更新、故障分析以及与系统长期有效性和可支持性相关的其他活动。

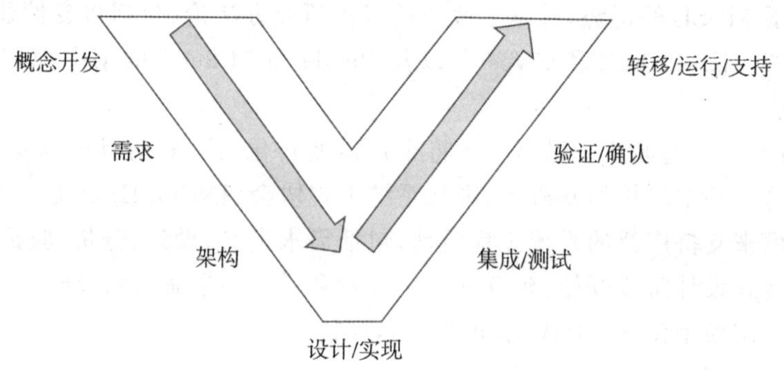

图 1.1　表明系统开发主要阶段的传统系统工程 V 形图

1.3　现代高技术系统的演进

发展到今天,SE 实践的概念起源可追溯到 20 世纪早期[11]。在第二次世界大战开始之前,特别是在此期间,电子和信息技术在军事和商业系统中的重要性迅速增长。首先是模拟计算机将数值量表示为连续变化的电压。然后是数字计算机,将量化值处理为二进制数字,由一串数位表示。成千上万个案例中信手拈来几个,都可以说明这一趋势。战争期间,计算机用于计算火炮的弹道,引导大炮瞄准舰船,以及支持情报分析和其他活动。一个特别著名的例子就是用来破解轴心国 Enigma 加密密码的机器。随着冷战的形成,一个被称为半自动地面环境(SAGE)的防空网络成为早期的大型和公认的现代计算机系统之一。SAGE 的设计者开创了从完全冗余的计算机器(应对真空管电子器件的故障)到复杂的人机界面的各种功能。像 COBOL 这样的主流编程语言,是从军事软件开发中产生的,然后在商业和其他领域得到了更广泛的应用。到20世纪60年代,像F-106和F-111这样的飞机使用通用的数字计算机进行目标跟踪等功能,机载计算机使阿波罗计划的交会、轨迹控制和登月操控成为了可能。

在20世纪70年代和80年代,由多路数据总线和网络连接的嵌入式(通常称为"实时")计算机,在许多类型的系统中已司空见惯,并出现了包含大量软件的全球分布式系统。制造业、医药、能源和金融等各种各样的行业,越发依赖于信息处理和存储、自动化和通信。例如,随着电网规模的扩大,实现了集中监控、自动保护装置、精密计量以及备用发电能力,所有这一切都越来越依赖于计算机和通信。

此后数十年里,处于高度发展的社会的每一个角落所创造、交换和使用的信息量都在天文数字地增长。可能最重要的技术趋势是微电子技术的发展,特别是微处理器,它使强大的计算机所需的空间变得如此小,可以嵌入从腕表、手持计算器到导弹等设备中。处理和管理这些信息的技术,如专家系统、自适应控制、人工神经网络和模糊逻辑已被反复尝试,无可否认,结果也大不相同。当需要信息的支持来做出明智和及时的决策时,信息却以不同的形式、分散在不同的地方,这样就对网络化组织或复杂组织体产生了需求,其中各个信息系统和信息单元作为节点发挥其功能。在这个方面,军事、民用和商业系统面临着同样的挑战,无论是协调行动、预报天气,还是预测股票价格。除了软件和信息内容的不断增长之外,系统还需通过网络进行交互,并经历着不断的演进、能力升级和技术更新。另外,在信息容量、处理能力和互联性方面的增长也是无止境的。

上述这些增长在很大程度上得益于电子技术的不断提升,通常被称为摩尔定律①。像民兵战略导弹系统这样的军事系统,对微电子技术的早期发展趋势做出了重大的贡献,提供了最初的大规模市场需求。如今,具备上一代大型主机强大能力的计算机,可内置到智能手机中。与巨大的本地计算能力一道发展的是,先进的卫星通信网络未来将可能以每秒数千兆位(Gbps,吉比特)的速率进行全球数据交换。单个数据处理中心可能需要数拍字节(Petabyte,10^{15}字节,千兆兆字节)的非易失性数据存储。在这样一个巨大的信息仓库中,如果放置所有曾印刷过的书籍,也只会占据一个小小的角落。万维网集合的资源正以泽字节(Zettabyte,10^{21}字节)为单位来衡量,而且还看不到发展尽头。

在信息技术和电子技术飞速发展的同时,其他领域也取得了巨大的进步。在材料科学和制造业中,复合材料、先进合金和冶金以及增材制造日益广泛应用,使质量轻、强度高、快速设计和低成本生产的新型结构成为可能。来自风能、太阳能、地热资源、洋流和其他新型发电机理的可再生能源,正在成为满足人类电力需求的重要贡献者,同时减少了环境污染。化学、生物学、计算机科学和许多其他学科继续取得飞跃式突破。其结

① 戈登·摩尔(Gordon Moore),Intel公司联合创始人,首次阐述这样一个事实:每18~24个月,芯片上的晶体管数量(称为密度)翻一番,这使得芯片功能呈指数级增长,单位功能成本相应降低。在磁盘存储容量和网络数据速率等相关的技术方面,可以看到类似的趋势。几十年来,这种基础技术令人震惊的进步速度在科学史上是前所未有的,尽管多数用户认为这是理所当然的。顺便提一句,戈登·摩尔曾表示希望人们忘记摩尔定律。

果是，现代系统的架构师可以有更多的选项来满足用户需求，而这正是之前几代人梦寐以求的。

如此的进步同样存在不利的方面。由于开发多种先进技术的潜在固有特性，复杂性达到了新的高度。提高系统性能带来开发和持续保障成本的增加，在系统开发计划中预算超支和进度延误一直屡见不鲜。软件也更是声名狼藉，开发和测试时间更长，性能更低，并且遗留错误更多，超出了预测或到了不可容忍的境地。这也导致多个系统开发计划被取消。十多年前，某个先进战术飞机的综合航空电子设备套件的早期版本出现了重大问题，并造成计算机崩溃，最终通过大量努力和相当高的费用才得以修正，所证实的根本原因是缺乏足够的工具和学科知识来应对系统的复杂性。处于信息时代的今天，几乎每个领域的不断进步，在很大程度上都取决于这些问题的解决方案。Thomas[12]最近发表了一篇关于 SE 在航空航天和国防领域重要性的研究分析报告，并得出结论——在项目的早期和贯穿所有阶段应用 SE 学科，可降低完成项目所需的成本并缩短时间周期。

成功开发系统是本书的主要动机。在后面的章节中，我们将讨论现实中复杂的、信息密集的系统所达到的复杂性程度。在这种情况下，仅仅通过检查系统组成部分的行为，有时无法识别系统将执行或响应输入的所有方式[13]。系统在响应输入出现较小的变化时，也可能在输出发生剧烈变化，甚至是不可预测的。以数百万或数千万源代码行(SLOC)来度量的软件程序，现已是随处可见，亟待需要新的方法来定义规范、编码、集成、测试、修改和记录它们。强大的新型建模与仿真(M&S)技术可用于应对这些挑战，如果可以集成到架构和设计方法中，那么这些技术将具有巨大的潜力。在软件工程领域中发展的技术，在系统以及体系(SoS)复杂组织体工程的更大领域中同样有效。本书中，我们将展示 MBSAP 如何将上述技术和其他技术结合在一个以架构为中心的 MBSE 方法中，这充分体现了系统领域形成共识的最佳实践。

1.4 架构的巴别塔

严谨的架构学科同样要求清晰和明确的术语。

可悲的是，在系统架构领域，一直缺乏这些。很少有一个常用词会像“架构”那样具有许多不同的、不一致的含义，开发人员、用户和决策者之间的许多争论，追根溯源都是由于他们使用相同的术语，但指的是不同的事情。因此，第一个问题就是一组定义，试图协调相互冲突的用法，并且用于 MBSAP 的描述应是一致的。

使用“架构”一词涉及的诸多含义包括：

- 设计——描述复杂实体的结构、行为和交互；
- 方法——用于推导、优化和记录设计的工具和流程；
- 标准——“构架规范”，为了期望的特性而限制设计，这些特性是指，诸如通用性、互操作性和可演化性(开放式架构的一个方面)等；

- 文档化——捕获设计的图样、规范和模型;
- 概念——将要付诸设计的宏观图像。

架构有时被视为仅仅由一系列标准等组成。许多政府机构和私营部门组织颁布了经批准或授权的标准清单,相信使用这些标准将确保实现可承受的、互操作的和演进的系统[14]。常常遇到的“架构”一词,含有一些与艺术家们相近的概念,而系统工作的参与者就使用卡通的闪电符号——以高度非特定的方式连接系统。这些表达方式看似可行,但缺乏技术内容,完全不能支持 SE 的实际使用。其他工程活动已将架构简化为硬件块图、实体关系图、一系列功能图或其他特定文档和图样。

这一主题的另一情况是,航天领域通常采用“架构”指出对系统概念的早期分析,处理如助推器中的级数或星座中的卫星数目等基本决策。利用这一定义,McManus 等人[15]在总体权衡空间的背景下讨论空间问题,从而形成一个“设计矢量”,确定飞行器数量、运行概念、轨道参数、通信参数、航天器机动能力等。现在的问题是,当已引用的标准文件、运行背景环境图和其他案例可能是架构的有效交付制品(Artifact,是指文档、图样以及模型等工作产物)时,它们却只涉及了主题的一小片段。更糟糕的是,过于狭隘的关注点会带来一个轻率的托辞,让我们回避了实际架构分析的繁重工作,而这些工作应贯穿工程计划的生命周期。我们将在之后的章节中讨论更加完整和严格的架构,其涉及当前一些政府倡议,包括联邦复杂组织体架构计划(FEAP)[16]及其他不同部门和机构中做出的相同举措。为此,我们的目标是建立一套充分支撑现代架构方法论的术语和定义。

架构的定义可以扩展到构建方法论,使其更有用。因此,本书中我们将系统架构定义为:使用模型形式化表达系统或其他复杂实体,以期阐明:

- 其结构、接口以及内部和外部关系;
- 实体及其元素在内部和外部呈现的行为;
- 实体及其要素必须遵循的整体规则,从实体运行生命周期的初始到整个过程,以满足需求向实体和元素的分配。

这一定义就自然而然地从结构、行为和背景环境的角度来对待架构。通过比较的方式,Lattanze[17]将架构设计描述为:

- 将一个系统划分为若干部分或要素以及它们之间的相互作用;
- 整体系统属性;
- 声明性的系统描述。

这可看作是应对结构、行为和规则的基本因素的另一种方法。

在当代实践中,系统架构的各个维度通常使用“视角”(Viewpoint)来组织,视角包含着不同“模型”或“视图”(View)。视角通常表示一个或多个“利益相关方”主要关注系统方面。利益相关方——对系统具有合法的利益并因此对系统定义和实施具有话语权的个人或组织。例如,“运行视角”捕捉对系统最终用户最重要的事情。视角及其特定内容是“架构框架”的构建块,试图为架构开发提供指导,并在得出的系统描述中保持一致性。这些主题及其相关内容将在第 12 章中探究。

存在着的多种架构分类和类型被广泛应用，它们也需要清晰的定义。表 1.1 定义了一个具有代表性的架构集合，每一种类都源于特定利益相关方或其他利益团体的关注。自然地，以架构的视角思考是最重要的。架构师必须维护一个整体的视角，并且以一致的方法论包含所有的视角以及一系列的制品，其中制品捕获架构特性、关系和相互依赖的全部内容。架构设计涉及在多个维度的问题空间中寻找最佳解决方案，架构师必须平衡相互冲突的利益，同时始终将最终客户的需求放在首位。清晰一致的术语有助于应对这一挑战。

表 1.1　架构分类和类型

架构分类	定　义
复杂组织体架构	将架构的基本定义（结构、行为和全局规则）应用于由节点、系统、元素或其他资源等要素构成的整体集合的顶层，并通过各要素的协作实现整个组织或业务流程的功能
系统架构	将基本定义应用于由一组元素（最终是硬件和软件组件）构成的整体，这些元素协同完成分配给节点或系统的定义需求（意味着已定义了清晰的系统边界和用户界面）
软件架构	将基本定义应用于软件，聚焦于框架、软件需求、应用程序、基础设施项目计划、工作流管理、联网和消息传递、接口以及计算机编程的其他方面
硬件架构	将基本定义应用于硬件，聚焦于处理器、存储、互连、操作人员工作站、通信、传感器、作动器和其他硬件元素
分层或 N 级架构	使用接口定义各层级的功能，接口将更改隔离在某一层级中，不受其他层级变化的影响，典型层级包括： • 客户端/表达层/可视化层； • 流程/业务逻辑层——进一步划分为应用程序和中间件； • 存储库/资源/网络层
面向服务的架构（SOA）	描述一种架构模式，其中元素之间及与外部环境之间的交互，采用公开服务的行为形式，通常使用消息传递方式，在松耦合请求/响应模型中调用。服务是通过网络提供的可调用函数或例程。服务向接口公开，该接口由服务等级协议（SLA）或其他约定来控制，并定义服务的行为及其接收和返回的消息。服务是服务提供者承担的工作单元，为服务使用者提供所期望的最终结果。见第 7 章
技术架构	为组件、服务、协议、格式和其他元素定义一组允许的标准
参考架构（RA）	一种逻辑/功能抽象，定义域或实体类的共同特征和行为。RA 通过增加相关细节的实例化，以达到物理架构，从而满足域内特定需求集合
可执行的架构	以计算机模型的形式表达架构，该模型可以运行模拟行为、执行自动代码生成、验证设计的正确性等。可执行文件存在于用于描述架构的所有抽象层次中

1.5　开放架构的真正意义

表 1.1 中并没有“开放架构”这一术语，这一主题非常重要，并且存在广泛的误解，

因此值得单独讨论,并作为我们讨论 MBSAP 阶段设置的一部分。所谓的“开放架构愿景”,是在多年的“封闭”计算系统经验基础上发展而来的,因为它们的技术和产品是某个制造商的专利,而且随着用户需求的发展以及时间的推移,改变这些技术和产品既困难又昂贵。制造商煞费苦心地确保他们的产品与竞争对手的产品不兼容,客户除了重新开始以外,基本上别无选择,只能继续与原供应商一起进行更新、增加功能和注入新技术。相反,开放系统能力的特征是:

- 从不同来源选择和组装“最佳组合的”产品,无需昂贵的完善和集成工作。
- 有选择地替换、修改或升级相对颗粒度的组件,如处理器或软件应用程序,除了使用新的或更好的功能外,对系统其余部分的影响达到最小化(理想情况下甚至没有)。
- 通过增加模块化的硬件和软件单元来扩展系统能力,实现与已投入资产相称的性能;同样,创建新的系统组件,这些组件可以在其他系统中达到等效功能的复用,并从其他系统中复用这些组件。
- 与网络和其他系统进行互操作,只需最少(理想情况下,根本没有)额外的工作,即可提供适配装置或其他专用组件。
- 广泛使用商用货架(COTS)产品,以尽量减少开发工作,并享受大规模市场的低价格。

遵循类似的逻辑,软件工程研究院(SEI)将开放系统定义为一个交互的软件、硬件和人工组件的集合,即

- 旨在满足既定需求;
- 可扩展和可升级;
- 提供系统组件的接口规范,这些规范已完全定义,可供公众使用,并根据标准工作组的共识进行维护;
- 旨在使组件的实现符合接口规范。

如上所述,早期试图定义开放系统架构(OSA)的尝试,是以强制的方式,在系统开发中强调使用开放标准。接口原则的重点是,这里的标准化将允许组件更容易地连接和集成。这通常被称为“构建规范”的方法,类似于任何家用电器都可以插入的标准接口,如 110 V 墙壁插座(当然,除非该电器是为了在欧洲或亚洲使用,在那里执行的是其他电压值和插头设计标准)。实际上,接口策略是主要的依赖关系,会导致令人失望甚至有时灾难性的结果。

一个早期的案例,美国防务信息基础设施通用操作环境(DIICOE)[18]阐明这样的问题,其创建了一个标准基础设施,实现了网络分布的处理器以及应用程序的互操作。它指定了一个分层结构,其中包含应用程序编程接口(API)以及按照片段(Segment)分离与适配结合的硬件组件和软件组件。如果完全标准化的组合可以管理到单个 COE 版本并具备稳定的需求,DIICOE 就会取得一定的成功。然而,软件产品的集成,特别是 COTS 不能满足设计的合规性,就造成了片段分离所涉及的成本和时间上的问题。另一个问题是,有限的向后兼容性妨碍了对不同 DIICOE 版本来构建元素的集成。在

今天，普遍认为DIICOE是一个有益的尝试，但它本身并不能运行，其已被面向服务架构（SOA）范式所取代。第7章将更深入地描述SOA及其属性。

这一经验教训关乎标准的合规性，特别是对于接口，是开放系统架构至关重要的一个方面，但并不足以实现预期的效益。任何标准都不能弥补系统设计时出现的错误的区划、混乱不清的控制线程、过分依赖关键时序的关系，或者“硬编码”的工作流程。此外，标准本身往往也是短暂的，也会失效而被淘汰，而且比系统生命周期还要短得多。关键是：

- 有效的标准是以现实世界的经验和证据为基础的，并表明标准发挥了预期的作用，这就造成了标准相比应用它们的系统而言，演进速度还要慢。
- 依据特定系统需求存在着最佳可用解决方案的判断，使用某一标准的设计决策是在某个时间点上做出的。
- 有效的标准化需要一个高质量的基本架构。
- 架构必须支持不断演进的标准，就像支持着变化的功能或接续的产品更新换代。

以上是更加完善的开放架构策略背后的原则，也是MBSAP的核心要素。

雷达开放式架构（ROSA）就是开放式架构原则在现实系统中成功应用的一个案例，现在已是第二个版本——ROSA Ⅱ[19,20]。基于硬件和软件的模块化组件以及分层的架构（见第5章），其中应用软件模块与计算平台分离，以选择和组合这些模块，从而创建一个定制化版本的雷达系统。雷达子系统是松耦合的，并且可以是异构的。该架构还支持网络服务器的混用，网络连接的组件可选择性地更换和升级，并可结合多个来源的基础设施产品。当前，不同类型系统的成功交付并为它们的利益相关方提供了期望的收益，这都证明开放系统是可行的。本书提出的MBSAP方法和倡导原则，致力于将有效开放架构的各个方面应用于设计之中。

1.6 架构的分类

术语定义的另一个重要任务是建立一个框架或分类层次，可一致性地对待单个架构和架构问题。基本的架构原则是通用的，但不同类型的系统和复杂组织体的架构之间存在着巨大的差异，有效的方法论必须考虑到这些差异。在处理架构时，通常是由于缺乏通用的参考框架，导致了争论和混乱。经验表明，在定义这样的分类时，至少有三个基本维度是必不可少的，如图1.2所示。

对图1.2中给出的内容进行定义：

- **抽象层次。**架构问题从系统或复杂组织体所必须处于的运行环境开始，进而推进到定义所需的能力、结构和行为，最终是具有量化性能测度的物理实现。逐步更加具体的系统描述就是创建一个抽象轴。如图1.2所示，通过创建运行、流程/工作流、逻辑/功能以及最终的物理表达，架构开发的推进从抽象到具体。

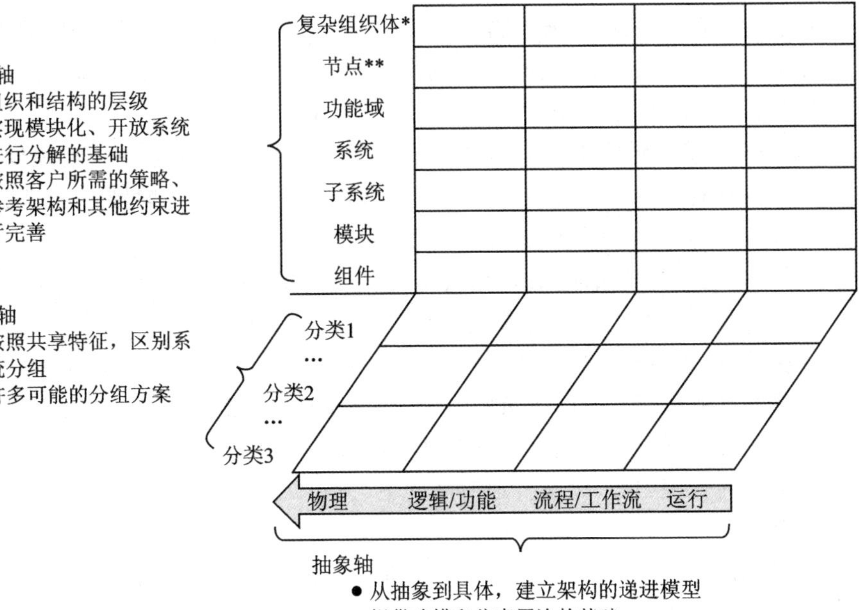

* 对应于组织的最高级别,可能包括子组织。

**表示复杂组织体所拥有的系统和其他资源的地理位置或平台。

图 1.2 由三个基本维度定义的架构分类结构

MBSAP 符合这一过程,即能力的递增是在开发的连续递进中实现的,另外还符合这样的策略:在一次努力中着手解决所需能力的全集。无论如何,架构开发都遵循这样的层次序列。重要的是,架构的可执行表达通常需要在每一个抽象级别进行,在第 3 章和第 11 章中将进一步讨论。这种分类层级在使用不同类型的仿真和相关工具时非常有用。我们还注意到,抽象轴对应于广泛使用的复杂组织体架构的 Zachman 框架的前四行,这部分内容将在第 3 章中进一步讨论[21]。

- **组织层级。**从整个复杂组织体或体系(SoS)到单个平台、系统和子系统,任何组织层级都可能需要架构。第二个维度就是组织层次结构——称为组织轴,强调清晰规定组织层级的重要性,并在组织层次上定义架构。在任何层级上,都将应用一系列 OSA 原则和标准,在更高级别上,标准组织和许多采办与使用系统的客户都定义了参考架构(RA)、参考模型(RM)以及管理系统和复杂组织体设计主要方面的策略。第 11 章将更加深入地探讨这个重要的议题。MBSAP 沿着抽象轴将架构演化为物理实现,在组织轴的若干个层次上,应用一系列架构原则,并符合适用的策略和强制要求。
- **使命和效能类别。**再往下,一个有用的架构分类必须考虑不同类别系统在架构特性上的显著差异,目的是满足不同用户的需求,因为每个用户都有自己的业务流程和所需的性能层级。这在图 1.2 中表示为分类轴。例如,驱动需求来自强实时处理的系统,与那些强调分布式、网络化功能和人机交互的系统之间存在根本区别。首先,与实时行为的层级相对应,区分出三个类别架构是非常有用的:

◇ 实时。这一类型包括嵌入式处理,例如设备控制器、导航系统或软件无线电,它们具有毫秒或更短的截止时限。强实时还包括截止时限可能是数秒到数分钟的传感器、操纵装置和其他节点的分布式配置。第 8 章将探讨这一系统类别,包括"强"实时(必须始终满足截止时限)和"弱"实时(只要在平均情况下满足这些截止时限要求或其他准则)之间的区别。

◇ 决策/过程实时。这一类别包括人的行为是系统过程的一部分,由于截止时限通常取决于对及时决策的需要,并涉及从几秒到几分钟不同级别的过程自动化,因此冠以"决策/过程实时"的标签。例如手动设备控制、电网或通信网络的管理中心,以及其他时间约束、人在回路的状况。

◇ 管理信息系统。物流、业务管理职能的应用和其他网络化、多用户系统的应用,通常称为管理信息系统。它们倾向于拥有大型、分布式的用户社区、大型数据存储库和各种不同功能,但通常没有截止时限,或者是非常宽松。

根据开发系统的业务流程或运行功能构建分类轴,这是另一种方法。这些可能包括规划、运行管理、财务、运输、制造、后勤支持、法律、教育和其他许多方面。实际上,一个典型的复杂组织体,有时是一个单独的系统,需要一个从多个类别中提取特征的架构,在后面的章节中我们将描述和说明几种系统类别。

- **时间。**虽然图 1.2 中没有表明,但是还有个重要的第四维度,那就是时间。架构不能孤立地存在于系统和复杂组织体的需求上,也不能从可用于实现解决方案的技术和产品中分离出来。系统可以持续使用数十年,而技术每隔几年就会出现翻新。良好的架构策略提供定期的技术更新,并允许架构的根本修改,会有更长的时间跨度。因此,清楚地宣布一个架构被定义的时代以及在随后的时代中发展它的规则是很重要的。通常使用类似"当前""将来""目标""最终"等术语标记,表示接续的架构版本。

作为分类的一个简单例子,在图 1.3 中,将带有嵌入式电子设备的计算机控制的制造设备映射到坐标中。在层次结构中,这是一个安装在工厂中的系统,是大型复杂组织体的一个节点。该工具属于功能域,可以标记为"装配"或"加工"。图 1.3 中的分类轴显示了可能在工厂内应用的几种可能的系统类型。具体来说,有一类是设备控制,另一类是实时嵌入式处理,还有一些是通信、规划系统,实际上还会有更多。设备控制器包括传感器、执行器、电源控制和与其他计算机控制工具共享的另外的特性。该工具还集成了强实时嵌入式处理,响应外部命令并为设备控制器提供信号。因此,本系统案例跨越图 1.3 中所示的两个类别。在构建这样一个系统时,无论是在创建制造设备还是在执行建模和仿真时,都需要解决所有四个抽象层次的问题。遵循这一基本原理,图 1.3 中灰色阴影的矩形空间代表该系统在架构分类中所处的位置。

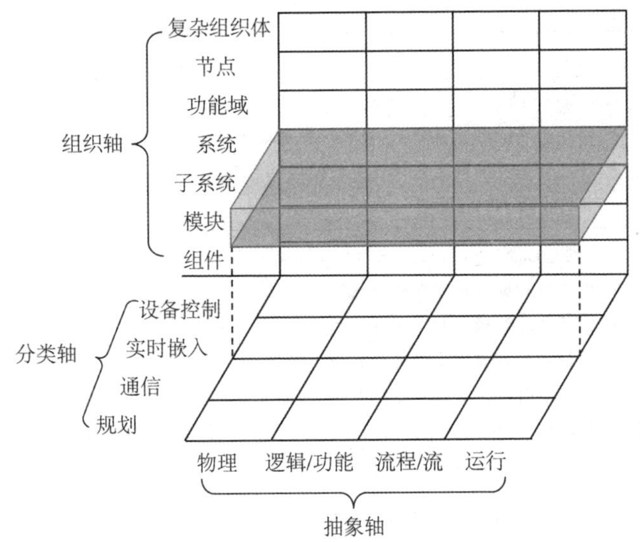

图 1.3　映射到架构分类中的计算机控制的制造设备

即使在一个特定的开发工作中,也没有必要显性地将最终产品及其组成元素映射到这样的分类中,共享的词汇表和约定的系统类别集合,对于跨团队和技术学科的清晰沟通与一致努力也很重要。解决架构的"巴别塔"通常将消除争论、误解、错误,以及避免浪费时间,特别是在开发具有挑战性需求和先进技术的复杂系统时,多个团队必须保持协同工作。

1.7　良好架构的基本原则

第 15 章将讨论一个重要的主题——使用客观标准,特别是使用质量属性来评估架构质量。该部分的介绍性章节简要提出了一系列提高架构师成功率的一般原则和最佳实践经验。无论是成功的方面还是失败的方面,它们都是从众多实际架构工作的结果中精选而来的。虽然不会有两位架构理论家会完全认可一个黄金法则应包括的内容,也没有哪一套原则能完美地匹配任何一种情境,但表 1.2 中给出的原则具有代表性,在大多数项目中都会发挥作用。此外,良好架构中的许多一般属性都会作为目标架构一系列测度的基础。针对单个架构的适当剪裁,它们提供了有价值的洞察以及达到并保持着模块化、开放性、扩展性、灵活性和进化性的机制,在首次交付和长期使用时满足客户的需求。形式化架构评估的至关重要的主题,将在后面的章节中给出,而表 1.2 中给出的思路,对于一般背景是非常重要的,并且对于本书其他章节的几乎每个部分都尤为重要。

表 1.2 有效架构的一般原则

架构原则	定 义
模块化	以层级结构划分： • 将相关功能和信息分组，最大限度地减少跨边界所需的交互； • 在已知边界内确定设计变更或错误的影响，将所需的回归测试范围减至最小； • 允许升级和技术更新
开放性	旨在通过以下方式实现上述的开放系统特性： • 模块化和标准合规性（单独定义）； • 内部和外部接口的完整、明确定义； • 不依赖专有的或受限的产品和功能； • 在必要时结合专有或非标准元素，通常通过组合模块来创建符合架构的开放接口； • 将应用、应用支持服务与底层操作系统和物理平台隔离，以便后者的更改对前者产生较小的影响（分层架构请参阅面向服务的相关内容）
扩展性	允许通过增加相对较小的硬件或软件单元来提高性能或能力，这些单元的总体性能与安装的资源相适应
标准符合性	根据适用的策略，将成熟的、公开的、基于共识的标准应用于架构元素、服务和接口
面向服务	将行为表达为可通过定义接口调用和交付的服务，包括从低层到高层以及从基础设施到应用提供所需服务的分层
松耦合	为了进行协同、交换信息或提供服务，最大限度地减少一个元素对另一个元素的详细了解；维护通过接口访问的、独立于功能或服务实现的接口定义（与面向服务密切相关）
容错管理	提供检测和缓解故障、异常、崩溃、数据错误和其他异常情况的鲁棒机制
认证	具备支持分类信息处理、安全或其他关键要求鉴定认证所需的功能
性能	提供满足要求所需的功能，如实时的时限、可调度性、抢占式多任务处理、服务质量、并行任务执行、信息存储、可用性等特性，同时保持足够的性能余度
互操作性	提供支持与复杂组织体的其他系统和节点的信息共享、共同理解和协同运行的功能；实现复杂组织体的服务和数据策略
组合性	在组织轴的每一层级提供允许快速组装和集成所属元素的特征，用以剪裁适合于特定任务或情景的能力包，尤其是通过支持垂直和水平集成的接口
适应性	扩展组合性原则，使组合及其元素具有响应新的或未能预计到的任务和事件的特征，充分利用其能力达成新的目标的方式
清晰度	阐述架构及其模型的重要特性，使其易于理解和应用，这是架构美学维度的核心

1.8 架构在工程项目中的作用

我们将以一些观察到的认识用于本介绍性章节的总结，在此，为成功地开发、获得和维护复杂系统和复杂组织体项目，架构能够也应该作为基本的元素。架构是设计和实现的基础,同样地,架构为结构化的项目提供了组织原则。

以下是将架构有效集成到结构化项目中的一些具体案例:

- 架构是需求管理和合规性追溯的核心。MBSAP 提供了从客户需要的功能到解决方案的物理组件的严格且可追溯的映射,确保考虑到所有需要的行为。
- 架构流程是客户对话中的一个重要元素。它明确地解决了日益共性的客户需求,架构是一个形式化可交付物,并且它符合相关的策略和参考模型。架构制品将以可视化和动画模拟的形式,使各种客户群体可以理解并对所提出的解决方案做出回应。MBSAP 支持开发快速原型、人在回路仿真、技术演示验证以及构建和分析权衡研究。架构有助于确保开发人员和客户达到一个共同的理解,并随着需求的细化和架构解决方案的演进而进行架构的维护。
- 架构是技术执行的核心。首席架构师应被授权作为项目计划的"技术共识",在预算、进度、需求增长和其他因素的压力下,负责确保做出的务实决策,并且不会损失解决方案的技术完整性。任何情况下,在从风险管理、构型控制到测试计划的系统工程流程执行中,架构模型和其他制品是设计持续演进权威的信息集合并提供基本素材。共享存储库为跨参与组织和地点的集成工作提供了一个强大的工具。架构测度为技术人员和项目管理者提供了对工作状态的最佳洞察和潜在问题的早期警示。
- 架构是管理和保持系统长期有效性、可支持性和可承受性的核心。架构是系统主演进计划(Master Evolution Plan)的最佳基础,针对引入新的或不同的功能和组件以及技术更新,制定长期策略和流程。良好的区划和接口控制对于有选择地升级以应对技术过时和不断变化的需求至关重要。面向对象的方法促成了自包含且具有完整定义接口的组件,促进了在需要时将它们移植到新系统平台甚至新架构的任务,例如,将系统参与方中的复杂组织体迁移到新的交互模型和治理模型。复杂系统的运行生命周期预计将跨越多个技术代和不断变化的用途或需求,对于一个架构师来讲,应确保实施质量属性(见第 15 章),以保证这样的演进是可行的。
- 最后,架构为组织和管理项目提供了基础,使所有努力与挑战相匹配。从客户需求到架构背景环境的早期映射,强调最重要的技术和系统行为,同时又是提议集成产品团队(IPT)的最佳结构、识别高杠杆风险的规避活动和演示验证活动,甚至为不同领域的最佳分包和供应商管理方法提供指导。关键的一点是,所有项目计划的结构和活动都应与架构相协调,为得到成功的结局,确保资源配置和管理实践能够提供尽可能有利的支持。

从架构师的角度来审视这些问题,Muller[22] 建议架构师在项目计划中的角色应包括:

- 在系统开发的每个阶段,为流程修正提供反馈。
- 拥有并实施架构流程。
- 开发一组架构视图(在 Muller 的工作中,这些视图包括客户目标、应用、功能、概念和实现，其中最后三个非常类似于 MBSAP 的逻辑/功能、运行和物理视图）。

- 交付物中的主要或重要角色，包括规范、设计、可行性分析、项目计划路线图和系统验证。
- 在一定程度上，项目管理者具有创造性张力，部分原因是架构师的长期、大局观和项目经理的短期、特定问题观中存在相互冲突的价值观。

类似地，Lattanze 将首席架构师的角色总结为：

- 定义架构范围和边界。
- 明确架构团队的角色和职责。
- 定义架构制品。
- 与管理层协调。

对于实现整个架构功能至关重要的其他架构团队角色，包括：

- 需求分析人员/运行分析人员——负责确保需求基线完整、正确，并在架构中正确表示需求。
- 领域专家(SME)——负责特定领域的架构内容。
- 架构师、建模人员和分析人员——在首席架构师的指导下，负责开发、分析和架构建模。
- 仿真专家——负责在不同抽象层次上开发和使用可执行架构模型。

1.9 总　结

本章确立了以架构为核心来理解复杂、多维、信息密集型系统和复杂组织体的策略，定义基本术语，总结关键原则，并提出使用架构把控整个开发和采办计划的方式。本书将架构师塑造为既有远见又有坚定执行力的执行者，针对任何一系列的需求，寻求最有效和平衡的设计，确保在结果中体现良好架构的关键属性。本书的后续章节将介绍面向对象 SE 方法论 MBSAP 的各个阶段，它是将客户需求转化为可交付的解决方案的驱动力，这些解决方案既有效又优雅，并且在系统或复杂组织体的整个生命周期中都将如此。

练　习

1. 系统架构师与其他类型的工程师有什么区别？
2. 基于模型的系统工程的基本前提是什么？
3. 为什么用于描述系统架构的语言清晰和明确很重要？
4. 描述本书中所使用的系统架构的定义，系统架构如何为结构化的方法和方法论提供了基础,从而开发出针对客户需求的有效解决方案。

5. 简述复杂组织体、系统、面向服务和可执行架构的区别,列出它们的共同特征和不同特征。

6. 列举有效的开放架构的一些特性,并描述它们是如何对系统的开发和使用做出贡献的。

7. 参照图 1.3,概述以下系统的架构分类:① 用于批发配送中心或仓库中使用的机器人运输系统;② 民航客机;③ 电话网络。

8. 对于表 1.2 中列出的原则(至少五个),解释这些功能如何为系统的开发人员和用户带来好处。

9. 列出架构在工程项目中可承担的一些角色,并描述它们如何为成功的系统开发做出贡献。

10. 思考系统架构师或架构团队领导以及该团队成员的职能,包括项目管理、工程管理、产品团队、集成和测试以及系统构型管理,绘制组织结构图,表明架构师和架构师团队与其他组织实体的关系。

参考文献

[1] DARPA. (2015) http://www.darpa.mil/program/adaptive-vchicle-make. Accessed 11 Jul 2016.

[2] DeTurris D J, D'Urso S J. (2015) Mastering complexity. Aerospace America, Nov 2015, pp 32-36.

[3] Maier M W, Rechtin E. (2009) The art of systems architecting. CRC Press, New York.

[4] Ryschkewitsch M, Shaible D, Larson W. (2009) The art and science of systems engineering. NASA Monograph.

[5] Senge P. (1990) Thefifth discipline. Doubleday, New York.

[6] Long D, Scott Z. (2011) A primer for model-based system engineering, 2nd edn. Vitech Corp., Blacksburg, VA.

[7] Ryan J, Srkani S, Mazzuchi T. (2014) Leveraging variability modeling techniques for architecture trade studies and analysis. Syst Eng 17:1.

[8] Kossiakoff A, Sweet W N. (2003) systems engineering principles and practice. Wiley, Hoboken, NJ.

[9] Buede D M, Miller W D. (2016) The engineering design of systems: models and methods, 3rd edn. Wiley, Hoboken, NJ.

[10] INCOSE SE Vision 2020. (2004) INCOSE-TP-2004-004-02.

[11] Fagan M D. (1978) A history of engineering and science in the Bell System: Na-

tional Service in War and Peace, 1925-1975. Bell Telephone Labs, New York.
[12] Thomas N. (2014) Systems engineering: program empowerment for 21st century aerospace projects. IEEE A&E Syst Mag 29(12):18-26.
[13] Perry D A. (1995) Self-organizing systems across scales. Trends Ecol Evol 10: 241-244.
[14] Defense Technical Information Center. (2003) Joint Technical Architecture. www.dtic.mil/cgibin/GetTRDoc? AD=ADA443892. Accessed 11 Jul 2016.
[15] McManus H, Hastings D, Warmkessel J. (2004) New methods for rapid architecture selection and conceptual design. J Spacecraft Rockets 41(1):10-19.
[16] FEAC Institute. (2014) Federal Enterprise Architecture (FEA) Framework Version 2. https://www.feacinstitute.org/resource/ea-zone/item/federal-enterprise-architecture-fea-framework-version-2. Accessed 11 Jul 2016.
[17] Lattanze A J. (2009) Architecting software intensive systems: a practitioner's guide. CRC Press, New York.
[18] DoD Chief Information Officer Council. (2001) A practical guide to Federal Enterprise Architecture, version 1.0. http://www.gao.gov/assets/590/588407.pdf. Accessed 11 Jul 2016.
[19] Reito S. (2000) Radar open systems architecture and applications. Paper presented at radar conference 2000.
[20] Nelson J A. (2010) Radar open system architecture provides net centricity. IEEEA&E Syst Mag 25:17-20.
[21] Zachman J A. (2008) A concise definition of the Zachman framework. https://www.zachman.com/about-the-zachman-framework. Accessed 12 May 2017.
[22] Muller G. (2005) System architecting. http://www.gaudisite.nl. Accessed 11 Jul 2016.

第 2 章 应用于系统架构的面向对象方法

2.1 面向对象架构的动机

基于模型的系统架构流程(MBSAP)将面向对象(OO)的概念,或更具体地说是面向对象设计(OOD)的概念,应用于复杂的、技术密集型与信息密集型的系统和复杂组织体的架构开发工作。国际系统工程协会(INCOSE)[1]通过提出的面向对象的系统工程方法(OOSEM)应对上述工作,本书将在第 3 章讨论 MBSAP 及其他各种的 OO 方法论。本章中,我们提供了有关 OO 原则、最广泛接受的主要的 OO 建模和分析标准——统一建模语言(UML)以及由 UML 扩展而适应于系统工程(SE)需要的系统建模语言(SysML)的简要教程。我们首先讨论 UML,第一,UML 是构建 SysML 所依赖的根源语言标准;第二,可使用 UML 将 MBSAP 应用于纯软件架构。熟悉 OOD、UML 和 SysML 的读者可以跳过本章的讨论,而希望深入了解 OO 架构原则的读者,则可以查阅参考书目中列出的各种文本以及本章的参考文献。

在第 1 章中,我们介绍了 MBSAP 的背景、SE 的一些历史、良好架构的基本原则以及一般架构的类别和术语。本书基于一个基本判定,即 OO 是当前已知的应对复杂架构和 SE 挑战的最佳、最有效的方法,并且比结构化分析和结构化设计等之前的方法具有重大的进步。未来可能会出现更好的方法论,OO 本身也将会继续完善和扩展,但目前 OO 为架构策略提供了最佳基础。其原因包括:

- 基于对象分解的固有能力,分解复杂实体和关系,因此架构师能够探究可理解的且合乎逻辑的组件和资源的子集,以及组件和资源的功能和内容,不失基本的整体性观点。
- 使用抽象,发现和开发看似不同的实体中的基本模式和共同特性。
- 封装应用在以下方面的好处:设计和实现问题、简化系统集成、最大限度地减少大规模测试的需要、最大限度地减少特定设计更改带来的系统层级的影响以及促进设计和产品的复用性。
- 关注系统元素之间以及系统与其环境之间的接口,这是 OOD 的固有特性。
- OOD 的上述和其他方面,共同为实现开放系统提供了基础,其特征和优势在第 1 章中进行了概述。

2.2 面向对象的基本原则

在过去 20 年左右的时间里，许多作者已经阐明了 OO 的特征及其基本原则[1-6]。UML 和 SysML 语言标准由对象管理组织(OMG)所维护，对象管理组织发布了一系列相关标准和其他文件。在编撰本书时，UML 的发布版本为 2.4.1，版本 2.5 正在进行 β 测试[7]。SysML 的 1.4 版本已经发布。读者也可以从学术机构和架构建模工具提供商那里获得一些优秀的教程。本节的其余部分摘录自大量参考资料，从实践型系统架构师角度进行介绍，他们需要有效地应用 OOD 但又对语言本身的完善和扩展并不感兴趣。

OOD 的基础依赖于一系列的原则，这些原则建立了一种针对复杂实体建模和分析的方法，所有这些以某种方式促进了应对复杂性挑战的管理。尽管 OOD 起源于软件架构，并且仍主要应用于软件架构，但从 UML 第 2 版(UML 2)开始，OO 原则也已经应用于硬件以及硬件/软件的集合，这同样是事实。SysML 在很大程度上消除了 UML 的软件倾向。因此具有软件背景的学生很可能熟悉 UML，并且因为 SysML 是扩展于 UML 的并共享许多 UML 语义，所以本章从 UML 的概述开始，然后明确提出 SysML 带来的变化。然而，在本书的其余部分中，我们仅使用 SysML，因为 SysML 是 SE 建模的首选语言。最后，我们将明确说明为什么任何重要的 MBSE 活动如今都在使用 SysML。

一些 OO 主义者坚持认为，真正重要的原则只有封装、泛化和多态性，但本书将列出更全面的概念，这将有助于理解所涉及的各种应用中 OO 所体现的特征和强大的功能。① 下面是具有代表性的 OO 原则的集合。

抽象：抽象是一种通过识别一组实体所共享的共同特性来应对复杂性的方式，实体包括硬件组件、软件组件、交互和状况等，从而使这些实体能够由具有这些共享特性的更一般的实体来表达(建模)。到目前为止，此原则在 UML 中最常见的用法是定义一个类(Class)，其中，类是对现实世界中被称为对象(Object)的一组具体事项的共同属性进行抽象。实际上，OO 是从定义现实世界事物的思考过程而得名的，这些事物是系统或复杂组织体的一部分。SysML 对块(Block)及块的实例(Instance)做了同样的定义。然后，类或块捕获(抽象)用以定义一组相关现实世界对象或块实例②的基本特性，并将类或块称为分类器(Classifier)。

因此，UML 中的对象是类的特定实例，在 SysML 中，使用块创建实例。在本书中，对 UML 中对象的引用等同于 SysML 中的块实例的引用。在系统架构中，这种抽

① Grady Booch 是 UML 的主要创建者之一，他提出将抽象、封装、模块化、层次结构、类型化、并发性和持久性，作为对象模型的基础。

② 许多作者专注于在复杂实体中识别一组定义良好的对象或块实例的各种方法，这是 MBSAP 的一个重要方面，特别是在逻辑/功能视角中(见第 5 章)。

象可用于将一个或一组对象的功能特性，与实现有关的物理特性分开，并确保给定对象或实例的唯一性。在OO原本的软件背景中，这通常意味着通过将代码和数据加载到计算机内存中执行，从而将类实例化为对象，并且可并行执行多次。在系统架构中，更恰当的说法是，将系统元素作为类或块进行功能表达，通过所涉及的点设计(Point Design)决策，如硬件或软件组件的开发或采购，在物理上作为对象或块的实例予以实现。除了类和块之外，许多模型元素还可通过提供描述事物的常见结构和行为特征的机制来充当分类器(Classifier)。①

封装：封装提供了将架构内容划分为信息、功能和资源的单元或集合的方式，每个单元或集合都具有一个定义的边界。该原则源自结构化编程的早期概念，即关键概念是隐藏对象实现的细节（“信息隐藏”），同时仅公开暴露必须与其他对象共享的内容。封装意味着定义明确的接口，通过一些接口可暴露和访问公开的功能和信息；这种接口被看作由隐藏实现细节所履行的约定。

模块化：模块化将封装的基本理念扩展到更大的过程，将复杂实体分解为一组可以单独管理和使用的更简单的实体。系统的模块化元素（简单地称为模块）可以打包为单独封装的系统元素，例如对象或块实例，并且必须具有一个接口，通过该接口可提供和使用功能、服务和信息等其他内容。通过对模块内密切相关的信息和流程进行良好的分组划分（“内聚性”），促进了系统元素之间关注点的分离，并支持松耦合（模块之间的最小依赖性），这是鲁棒、开放系统的基本属性。

泛化和继承：泛化和继承作为一对互补的概念，创建了一种涉及连续抽象层次的层级结构（等级排序）。较高层级的分类器（非正式地称为超类）对一组较低层级的子类的共同属性进行抽象，从而创建泛化。而继承是泛化的反向关系，子元素一方面拥有（继承）其父元素的特性，另一方面又可拥有自身特有的特性。必要时，可以专门地覆盖重写继承的特性。子类或特定的块可继承多个超类（“多重继承”）。这样，泛化通过定义不同系统元素的共同特性，提供了一种管理复杂性的新工具。泛化还通过许多系统类或块继承于共同特性的核心集合（继承于一般的超类），来促进架构的一致性，并减少由于创建多个详细类或块的定义所带来的工作内容和错误。

类型化(Typing)是继承的一种扩展形式，依据类的特性进行类型化（分类）。块或其他元素由另一个块或元素定义。这是符合全局设计决策约束实现的强制机制。通常，给定类型(Type)的对象或块实例不能被不同类型的对象或块实例所替代。在系统架构中，类型化是某种程度的泛化，例如通过使用通过端口的任何流，对端口进行类型化。

聚合和组合：使用聚合和组合创建了涉及结构分解连续层次的另一种层级结构。在UML中，聚合创建了包含在架构元素中一个或多个较低层级元素，与该架构元素之间的是“一部分”的关系，或有帮助构成该架构元素。通过聚合关系，较低层级的类或块及其实例可独立于较高层级的类而存在。组合是一种更强大的聚合，较低层级的类或

---

① 当用于形式化的UML/SysML构造时，类、块、对象、系统、依赖性、端口和流等英文词汇的首字母将大写，例如System当作分类器使用；而当一般使用时，这些词汇首字母将小写。

对象“构成”较高层级的类或对象,较高层级的类或对象负责创建或提供较低层级的类或对象,较低层级的类或对象不能独立于较高层级的类或对象而存在。

在 SysML 中,将聚合关系转换为引用关联(Reference Association),在一端的一个块引用另一端的块,使第二个块成为第一个块的引用特性(Reference Property)。这样,基于架构元素之间所需的交互,由此创建逻辑层级结构。另外,SysML 中的组合关系(Composition Relationship)定义了结构化的层级结构。组合关系一端的块被声明为另一端块的构件特性(更简单地说是构件或部分)。我们将在其余各章中使用示例来阐明这些关系的性质。

接口:良好的 SE 实践,关注于系统的模块或其他结构元素之间或这些元素与外部环境之间交互点的定义和使用。尽管通常不将接口本身称为 OO 原则,但对接口的关注对于系统架构至关重要,并且与封装、模块化、聚合及其他原则密切相关。

多态性:这是我们列出的最后一个、也可能是最深奥的概念,根据调用操作的特定方式,提供了对象或块实例等给定的系统元素,以不同方式实现一组共同操作的方法。在最常见的情况下,模块或其他资源单元对常用功能进行改变,例如基于客户端身份或所提供参数值等内容,以不同的功能方式响应来自客户端的服务请求。

这些基本概念,对于在真实系统架构中理解和应用 UML 和 SysML 非常重要,它们给架构师提供了功能强大的 OO、UML 和 SysML 工具,但这些工具的多样性和微妙性可能又让人们望而生畏。事实上,功能全面的架构建模工具给出的是陡峭的学习曲线。而 OO 原则,使客户需求转化为有效解决方案成为现实。本章的下面几节将探讨这些建模工具包的基础。附录 A 简要引用了 UML 的图和语义;附录 A 还包括 UML 标准的一些更加形式化的内容,包括定义整体 UML 语法的元模型,但只要使用符合语言标准的主流工具,实践架构师通常就不必担心其中的微妙变化。附录 B 给出了 SysML 扩展的简要参考。

2.3 使用统一建模语言(UML)的架构建模

2.3.1 结构建模

如第 1 章所述,从其根本上,架构关注结构、行为和规则。在 UML 中使用表达结构的构造作为开始,由此开始架构建模的描述是恰如其分的。

对象:对象对应于现实世界中的某个事物,可以是物理实体,例如计算机、机电作动器和软件,也可以是虚拟或概念性的事物,例如事项列表或组织关系。对象具有三个元素:① 识别符,通常采用唯一名称的形式;② 属性,表示对象的内容,通常采用参数或数据的形式;③ 行为,表示对象能够执行的操作。操作是方法的签名(译者注:方法签名由方法名称和一个参数列表组成,其中参数列表指参数的顺序和类型),定义实现的行为,因此调用操作将执行方法。其中,对于对象只有识别符是绝对必要的;有些对象没有属性，有些对象不执行任何操作。对象还可有选择性地拥有第四个元素——状态，表示由先前事件或活动产生的行为组合方式，并且对应于对象的"记忆"。虽然不太正式，但很重要的是，对象可拥有职责，这些职责共同描述这样的目标：对象作为系统或复杂组织体解决方案的一部分，用以实现满足客户的需求。对象是构成系统或复杂组织体的构建块(Building Block)，并最终与物理的系统或复杂组织体相关联。

类：基本类，在 MBSAP 中被称为系统类，是对一个或多个对象的抽象，定义了对象的共同属性和操作。通常，系统类通过泛化层级来继承其特性，在较高层级的类可能是抽象类，意味着这些类的目的是定义一种类别的系统元素，而类本身从不直接实例化为对象，可以使用 <<Abstract>> 构造型方便地指定抽象类(参见下文)。一些作者认为类(Class)和类型(Type)在意义上是相同的，因为类定义了对象的特性，因此是对象的"类型"的分类。对象可以由多个类型描述，而且这些类型不一定有相关性。在对象图中，对象和定义其类型的类之间的关系使用实现依赖性(Realization Dependency)表示，这表明该对象是抽象类的物理实现。

图 2.1 所示是一个假设的类图，说明了与类相关联的一些最常见的语法元素，并显示了元素的图形表达形式(图标)。

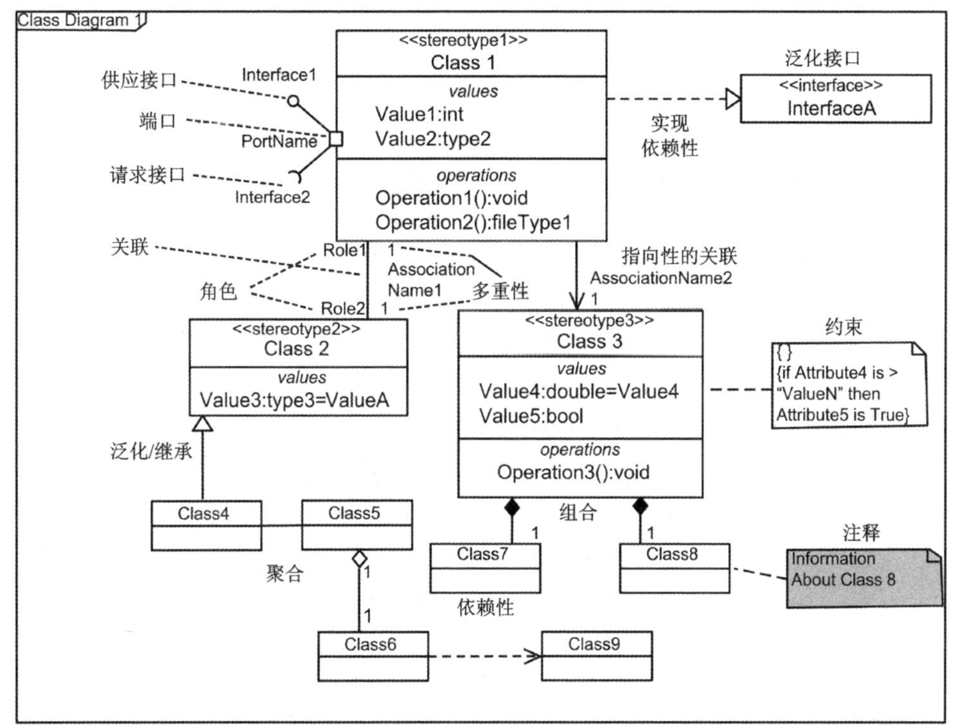

图 2.1 类图的元素

图 2.1 中一些重要的特征如下：

- 类或对象可显示为具有名称的简单矩形，具有水平分隔线的矩形(以区分于其他矩形)，或具有属性和操作"隔层"的矩形，最后一种方式通常是首选方式，因为它可以传达有关类的本质特性和目的的重要信息。属性和操作可对隔层进行标记，或是由建模工具提供的属性和操作图标就可区分于其他矩形。属性通常应具有类型，以便明确类内容的每个元素的特性，并可以选择性地显示初始值和多重性，其中，多重性表示在任一给定时间内，值可能存在多少个副本。软件类属性通常具有数据类型，例如 Int(整数)、Bool(布尔值)和 Float(浮点)等，并且可以具有复杂类型，例如 Enum(枚举列表)。如果类对硬件建模，属性可以表示系统元素的特性，例如计算机吞吐量、作动器扭矩等。在将类实例化为物理对象之前，可能不会指定实际值，但是该内容对于定义元素的功能规范非常重要，这是 MBSAP 方法论的关键输出物。尽管如此，我们强调在这种情况下，最好转化到 SysML 并使用块对硬件建模，这样更加自然和直观。

- 操作模型函数或方法具有返回类型，以显示操作被调用时产生的内容(如果有)；还可以具有传递给操作的参数列表，每个参数都具有一个类型。在架构建模中，默认的返回类型为空，但软件类操作通常需要返回信息的数据类型。根据封装或信息隐藏的原则，属性和操作可以具有"可见性"，以明确表明如何访问属性和操作。标准中的可见性及其符号如下：

  ＋Public——任何其他对象都可访问的属性或操作。

  －Private——仅对象本身可访问的属性或操作。

  ＃Protected——仅对象及其继承的对象可访问。

  ～Package——仅相同包中的对象可访问。

- 类和对象通常使用一个或多个 <<stereotypes>> 注释，以显示其性质或一般类别。实际上，几乎任何模型元素都可以使用构造型，这通常会极大地增加图的描述性价值。构造型本质上是一个标签，一个模型元素可以具有多个构造型。UML 第 2 版将构造型的原始结构泛化为关键字的结构，这意味着任何预定义术语都可用于对模型元素进行分类或描述，根据该术语表示为 <<import>> 或 {abstract}，但原始构造型术语仍然普遍使用，包括在本书中。类名和对象名可以采用以下形式，对象名加下画线并用冒号与其类名分开：

Class1	基本类名
:Class1	Class1 的匿名对象(实例)
Object1:Class1	Class1 的命名 Object1(实例)
Object1:	未指定类的命名 Object

- 关联(Association)表明两个类可以通过交换消息、信息甚至物理量(在硬件方面)进行交互。简单的线表示双向交互；关联上的"V"字形箭头意味着交换是单向的。认为关联具有双向或单向"导航性"。在一个类与另一个类交互的背景下，关联的一端或两端提供角色，用类的行为命名和概述，这是一种很好的建模实践。[①] 关联也可以具有一个名称，以识别用以建模类之间的交互。正如类

① UML 2 中将"角色"一词替换为关联末端的名称，但是前者更加直观。

被实例化为对象一样，关联被物理实例化为链接(Link)。

- 关联末端的多重性(有时称为基数)表示物理系统中可以存在的实例(对象)的数目。在软件中，多重性表示可在运行时处于活跃状态类的实例数目。在硬件背景中，多重性表示系统可包含的物理对象的数量，例如计算机、控制阀、接口设备的数量，或系统中可存在的按类进行分类的其他组件的数量。最常见的值有：

1	一个且只有一个
1.. *	至少一个，但未指定最大数量
m	恰好 *m* 个实例
*	任何数量，包括无
m..n	至少 *m* 且不超过 *n*

- 端口提供一种更结构化的方式，对类或对象与其他元素或系统外部环境的交互进行建模。端口表示在这一点位上，类提供或使用(需要)某事物，也可在组件或子系统上声明。通常，应将端口类型化，并且通常具有至少一个已定义的接口来定义端口的类型，可以是供应(Provided)接口或请求(Required)接口两类中的一种，也可是一个端口同时具有上述两类接口。通过端口的分类，接口定义阐明了交互的特性。
- 泛化/继承关系用以上定义的实线标注，该实线具有封闭但空心的三角形箭头。父类(或其他分类器，例如施动者或用例)在箭头一端，一个或多个子类在另一端。
- 聚合用以上定义的一条线标注，这条线在聚合类的末端有空心菱形符号。组合具有类似的标识符，但带有实心菱形符号，并且通常在这条线的另一端用方向箭头绘制，以表明目标实例或从属类，只能由源实例或上级类所拥有。
- 依赖性是模型元素之间的关系，其中一个元素需要的内容、服务、接口、操作或其他，由另外一个元素所提供，以便前者元素正确地运行。最普遍的标识符就是一条虚线。通常，“V”字形箭头用于从一个从属元素指向另一个独立元素。相互依赖的元素具有双向箭头。通常，依赖性应具有构造型，例如 <<use>>、<<call>>、<<import>>、<<include>> 或 <<create>>，以表明关系的性质。
- 实现是一种特殊的依赖性，表明源元素创建或“实现”目标元素。图 2.1 表明了一种常见用法，其中 Class1 对某一组件(或具有内部组件)进行建模，该组件负责创建 InterfaceA。更普遍的意义，依赖性可用于表明对象是对类的实现(实例化)。
- 约束是对系统元素必须遵循条件或规则的建模，并将其标注为波形括号之间的表达式。通常是一个描述符，例如{ordered}，{maxValue＝value}表示一个限制，或一个{if…then…else…}规则。
- UML 或多或少允许使用包含解释性文本的注释符号，对图进行非限制的非正式化的注释，并用虚线锚定到其描述的模型元素。鼓励自由使用注释，因为注释可以极大地增强图的可读性和沟通能力。

结构类：UML 2 引入了比简单的类和对象更复杂的结构构造。结构类是表示组合的另一种方式，组合允许对内部细节进行建模，通常表明由具有关联的构件（Part）组成的内部结构。组合类（Composite Class）是与一个或多个其他类具有组合关系的类，有时与结构类同义使用，但组合类更适合表示包含其他类的功能，这是复用现有系统元素的基础。构件是抽象（拥有的）类的特性，抽象类的实例可包括所含构件的协作实例。构件可具有多重性。图 2.2 显示了结构类的概念性示例，该结构类具有三个部件，被建模为对象，并且具有两个端口，一个端口是供应接口（显示为“棒棒糖”形状），另一个端口是请求接口（显示为“插座”形状）。从端口到特定构件的连接线称为“委托”，意味着连接的构件负责创建和支持对应的接口。实际上，系统架构师将使用 SysML，并利用块图（Block Diagram）的功能显示层级结构的细节。

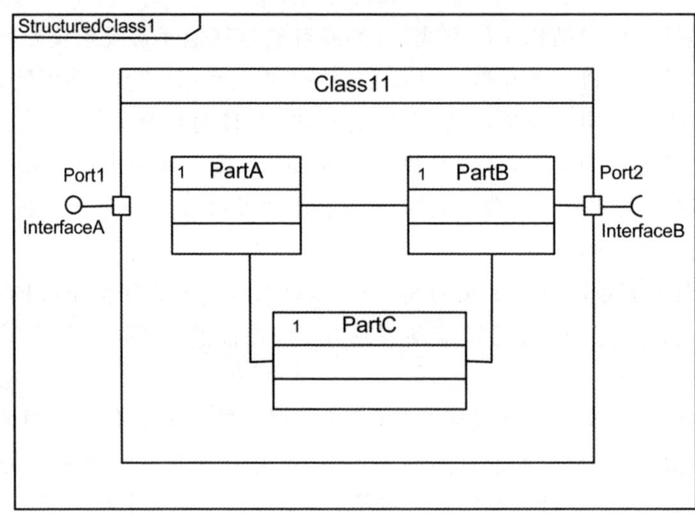

图 2.2　结构类，表示构件以及具有供应接口和请求接口的端口的内部结构

包：多数 UML 和 SysML 模型组织的主要方式涉及包（Package）的概念，包本质上是可放置相关模型元素的容器。与类和对象不同，包不对应正在构建系统的实际硬件和软件元素，因此包提供了顶层结构建模的自然方式，其中系统及其架构划分为 MB-SAP 所称的相关资源分组的“域”和“子域”，这些资源紧密交互而产生主要的系统功能（见第 4 章）。另外，大多数 UML 都应用工具中的“浏览器”界面，使用包来创建模型的内部结构。包有时被称为“轻量级语义”，因为包的用意并不在于解决结构和行为的细节。UML 2 主要使用包之间的依赖性和流（Flow）作为显示其交互的方式，或更准确地说，是作为表示各种包内容之间关系的方式。使用一个文件夹图标表示包非常形象，可将各种相关项置于其中。

施动者：在系统边界之外，与系统交互或以某种方式影响系统行为的任何事物，都将被建模为施动者（Actor）。最常见的情境下，施动者与用例（Use Case）相关联，用例是我们接下来将要探讨的架构行为方面的一部分，但用例在结构中也具有重要的作用，因为用例明确地声明系统与外部实体之间的关系。施动者的“火柴人”形象的图标以及名称，都强烈地暗示这些必须指的是人。尽管常常会是如此，但施动者还会对外部系统、网络、资源（系统只能使用但不能拥有也不能控制）、组织以及许多其他事物进行建模。

系统架构建模中一种重要的施动者类型，是MBSAP所称的用户角色。这是一组定义的动作和特性，描述系统与作为“客户”的人员或外部系统之间的特定类型的交互，系统是为客户提供收益的。用户角色通常代表系统运行人员或驾乘人员、管理人员和其他支持人员、维护人员、培训人员、管理机构以及其他对系统具有特定职能、职责和权限的人员。在处理任何具有类似这些重要外部交互和依赖性的系统时，好的做法是开发出定义用户角色或其他施动者的所谓“施动者图”（实际上是一种特殊类型的用例图），以便在后续的图中一致地使用用户角色和施动者。通常，泛化层级结构对于表示如施动者的总体类型及其共同特性（例如培训和资格）等内容十分有用。非常重要的一点是，用户角色不是自行地对应于一个人；可能多个人共享一个用户角色，也可能一个人扮演多个用户角色，这都取决于具体情况。图2.3阐明了包和施动者，包括概念上的施动者图。

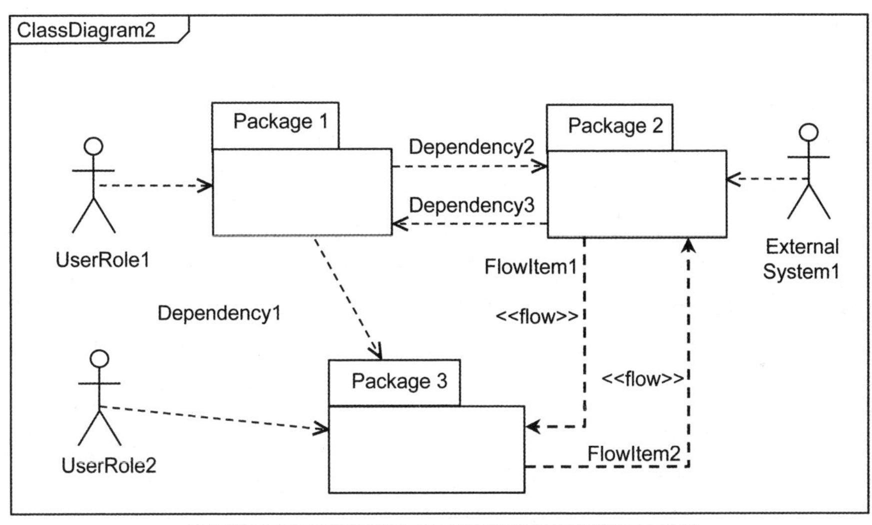

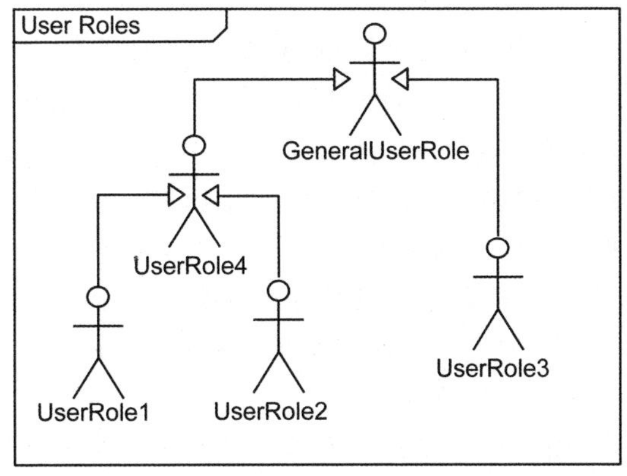

图2.3 显示包和用户角色的特定图

2.3.2 行为建模

UML 提供了表达和分解系统行为的各种构造。系统架构的最重要构造是用例、活动、交互和状态，其分别对应一种类型的图。这些图在 UML 和 SysML 中非常相似。在后面的章节中将描述这些图，并且稍后将在本章讨论 SysML 引入的扩展。在进行行为建模时，UML 和 SysML 以较为特定的方式使用一组术语，保持术语的准确性并正确使用术语是很重要的。关键术语包括：

- **行为**——一个通用术语，表示系统或复杂组织体处理输入、内部状态变化、指定时间间隔到期或其他情况而要做的事情。行为可采用活动、状态机或交互（通常由顺序图建模）的形式来表示；SysML 增加了参数图作为第四种行为的表示形式，稍后将在本章中予以介绍。如类或块等的分类器，可具有相关的活动或状态机图，该活动或状态机图指定其分类器的行为，该分类器行为是分类器的主要行为，并在分类器的实例生命周期开始时执行。
- **活动**——对行为更进一步的建模，涉及一系列特定动作和对象交换。活动通常关注于内部流程，而不是外部事件。活动用于对算法、并行或同步行为、用例场景和业务流程等事物的建模。
- **操作**——类、块或其他元素的特性，对可调用行为进行建模。操作作为其方法的签名，该方法由与操作（Operation）相关联的行为所定义。

在 UML 语言标准中，存在五种“交互图（Interaction Diagram）”，用于对象（或块）共同工作的方式的建模，以实现顺序图、活动图、通信图、时序图和交互概览图等行为。下列几个段落将讨论更为重要的行为图，附录 A 提供了更多的细节。

用例：用例提供了一种有条理化的、直观的方式来识别、组织和开始描述系统的行为，尤其是在满足客户需求的可观察的功能方面。系统架构师和设计人员开发用例的工作，是在系统的目的和所需功能方面，与系统用户达成共识的强有力方式。正如包可用于对系统的顶层结构建模一样，用例图也能对其行为作为类似的目录指引。真正需要做的是决定行为的集合，赋予每个行为一个合适的名称，并将名称放在用例图中。然而，通过将复杂的行为分解为更适合实现的、更加简单的行为，声明跨多个高层行为的共享子行为，并声明与施动者的关联，可构建一个更丰富、更实用的图。图 2.4 显示了典型的内容，下面几个段落将定义一些关键特征。

- **用例**——第 4 章将更多地讨论创建和指定用例。现在就可以看出用例识别了系统行为，并提供了简洁的图形布局，在一个或多个易于阅读的图中，总结了架构的基本方面。用例的基本元素是详细说明行为流的场景。通常，会有一个主场景或默认场景，再加上一个或多个可选的场景，显示在各种情况下会发生什么，例如用户决策或故障条件。
- **施动者关联**——用户角色或其他施动者可使用一个或多个行为或者与一个或多个行为交互，使用关联对这些关系进行建模。实际上可在用例图上创建图 2.3 中的施动者图，包括泛化。如果涉及许多的施动者，则可能会显得十分

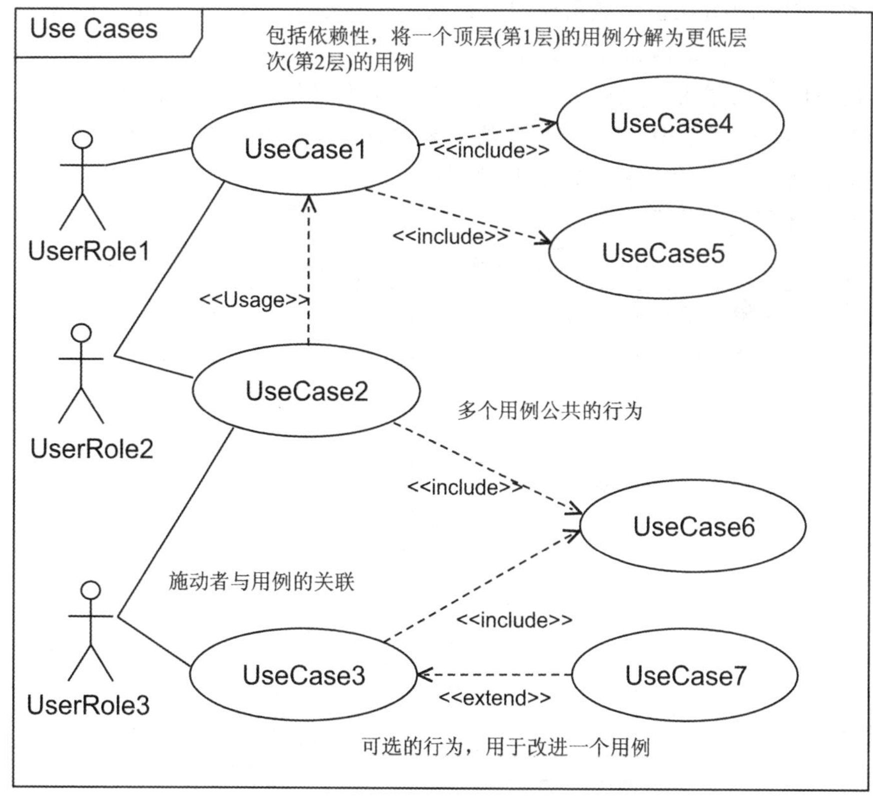

图 2.4 用例图的元素

凌乱，有时可通过与高层施动者的单个关联，替代与多个特定施动者的多个关联来简化用例图。

- **包含依赖性**——在最初软件的 UML 背景中，<<include>> 用于显示共享的代码对象，可以实例化一次，并从主程序的多个点来调用。在架构建模中，这种共享行为的理念仍然有效，例如，可调用"生成报告用例"，作为多个更高层级用例场景的后续阶段，每个用例都有创建报告的内容。然而，在设计实现时，将大型复杂行为分解成更易于处理的更简单的行为也十分有用。在 MBSAP 中，使用层次来组织层级结构，主要的系统或复杂组织体可能具有多达两个、三个甚至更多的用例分解层级。在图 2.4 中，将第 1 层中的 UseCase1 分解成第 2 层中更简单的行为，并由 UseCase4 和 UseCase5 建模。
- **扩展依赖性**—— <<extend>> 依赖性对可选行为进行建模，可完善另一个行为的建模，例如通信建模用例可能具有可选的扩展，用以对敏感信息进行加密。
- **其他关系**——图 2.4 显示了用例之间的使用依赖性（Usage Dependency），其中一个用例需要另一个用例生成的内容才能正确执行，其是针对这样情景的建模。可在这些图中使用许多其他关系，包括泛化和流，以增加清晰度并在模型中明确重要的细节。

活动：MBSAP 方法论中最重要的元素之一是活动图（AD，Activity Diagram）的使用，如图 2.5 所示，将结构和行为结合在一起。活动是行为的基本单元，因此在架构建模中使用 AD，正常情况下以图形化的方式描述用例场景以及更大的系统流程。在本书关于 MBSAP 的讨论中，通常将这些活动流称为业务流程或任务线程。另外，活动常用于定义类或块的"主体"行为或"分类器"行为。

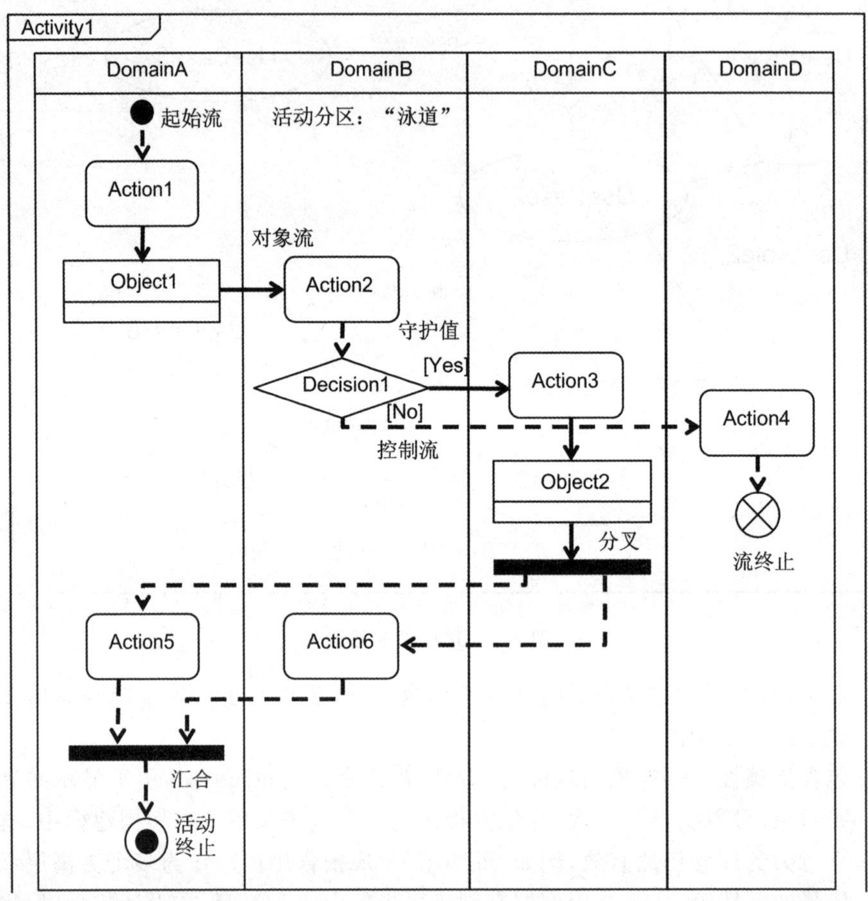

图 2.5　活动图的元素

数十年来，软件和流程工程师都在使用流图（Flowchart），任何熟悉流图的人都会对活动图顿时感到亲切。活动图是之后将要描述的状态机图的一种变体，它们共享了许多语义元素，包括使用相同的圆角矩形图标来表示活动图中的动作和状态机中的状态。

以下几个段落将描述一些重要的特性，附录 A 和本章的参考文献提供了更多的细节。

● **泳道**——严格来讲，活动被"活动分区"所分割，而由于与游泳池具有相似性，活动分区普遍被称为"泳道（Swim Lane）"。泳道可以水平布置或者垂直布置，我们使用后一种方式。泳道表示对场景中涉及的一个或多个动作负责的结构单元、施动者（外部实体）或其他模型元素。活动分区将动作和关联对象分配给架构的结构元素，这是结构和行为统一的关键。

- **动作**——活动由称为动作（Action）的更细粒度的行为组成。动作是其活动中的基本行为单元，但可进一步分解成更具体的行为，直到获得期望的详细描述层级。在系统执行（在软件术语中，这意味着运行时）期间，动作可以对一个对象的请求进行建模，并可调用其他行为，包括操作和其他活动。换句话说，有可能构造活动的层级结构。UML 和 SysML 定义了各式各样的动作；特定建模工具实现这些细节的方式，决定了复杂 AD 的开发和演进方式。简单的或基本的动作具有一个名称以及可能的包含该动作所表示行为的文本描述，例如对象访问或计算，并且可涉及特性或变量以及各个取值的规范。更常见的是使用调用行为动作（Call Behavior Action），其规范中具有该动作所调用行为的链接，通常由模型中其他地方的另一个 AD、状态机图（SMD）或顺序图（SD）来定义。顾名思义，调用操作动作（Call Operation Action）调用特定的操作。当将行为分配给系统资源（类、块、接口等）时，在这些结构元素上创建操作并将其链接到合适的行为。如前所述，可以将操作视为方法的签名，这是相关行为的规范。一旦这样做了，可以将调用行为动作转换（“重构”）为调用操作动作，通过其操作签名，调用操作动作来作为方法的行为。将行为图中的定义与执行该行为的系统元素标识相结合，完成对行为的描述。其他的动作类型包括不透明动作，其中嵌入用以描述行为的软件代码块；发送动作（或发送信号）创建事件或信号，使其他模型元素可探测到；接收动作（或接收信号）响应事件；接收时间动作，链接到某种时钟或其他计时机制。
- **流**——尽管此讨论回避 UML 的许多形式化和理论化方面的内容，但为了描述活动时更加清晰，在这些图和状态机等中都使用了图论的概念，包括令牌流。图论中所谓的图（Graph）由一组由连线上连接的节点组成，令牌可以通过连线在节点之间进行交换，以表明建模过程的运行进展并控制连续节点的激活或“触发”。Buede 和 Miller[8] 讨论了离散数学（集合、关系、函数等）和图论，作为 UML 和 SysML 建模关键方面的形式化基础。在活动图中，动作是节点，可以交换两种令牌：控制和对象。令牌通过引脚（Pin）进行交换，引脚可显示在动作的边界之上。
- **对象流和控制流**——有时会说，图是由对象流和控制流“连接”而形成的。一旦所有的输入令牌都达到时，包括数据或可能的其他对象以及输入控制，动作便立即开始执行。无论进入还是离开动作，引脚都用作令牌的缓冲，并可以具有多重性，以表示在动作行为的一次执行中，所使用或产生的令牌数量。实际上，当每个流都涉及单个控制令牌的传递时，通常会省略控制流的引脚。通过对象流，语言标准允许在具有进入和离开对象流的动作之间，用对象节点替换引脚。对于对象的这种明确描述，可使图更直观且更易于阅读。这是图 2.5 中使用的约定，不包含引脚。然而，当必须对多个复杂的对象流和控制流严格建模时，语言标准中的首选语法，是使用通过控制流和对象流连接的输入和输出引脚。这有助于确保引脚具有兼容类型，并且允许在规范中阐述对象交换的细节。如果要在工具中对AD进行仿真（动画模拟），通常需要引脚语法。关于该主题的概括描述，可参见附录A和参考文献。无论哪种情况，通过考虑构成活动的动作所固有的输入和输出，在动作之间开发对象流，这都是发现系统信息和其他内容的绝佳机会。

- **起始流、活动终止节点和流终止节点**——活动必须具有定义良好的起点和终点。起始流开始于起始流节点，显示执行活动从何处开始，这是必须满足与活动相关联的任何前提条件的点。当活动完成时，可能有几种可选的流路径之一，在此显示活动终止节点，并保证满足任何后置条件。如果在某些条件下，活动在未到达活动终止节点就终止，则在此使用流终止节点进行建模。
- **决策和合并**——通常，活动通过的执行路径取决于系统及其环境中的条件，使用决策菱形进行建模。离开决策的流具有守护值（Guard），是方括号中包含的正交布尔表达式，最常见的是[Yes]或[No]或[Condition]或[Else]。守护值为真时，出站流是激活的。决策可以具有多个离开流，分别由守护值进行控制。对于清晰和明确的行为，在任何给定时间只有一个守护值可以为真，但可以有多个连续的决策，对复杂控制逻辑进行建模，例如If/Else、If/Else If等。与决策相反的概念是合并，也被建模为菱形，但是具有多个入站流和单个出站流。一旦任何流到达合并，就会被传递到图中的下一个节点。换句话说，这是多个流的异步重组合。
- **分叉和汇合**——有时活动具有这样的特质，即流固有地分为两个或多个同时存在的分支。这里使用分叉进行建模，如图2.5所示。与分叉相反的是汇合，汇合使用相同的粗条图标。在流继续到下一个节点之前，汇合的所有输入必须可用，因此这就是同步重组合。
- **信号**——信号为活动之间的通信提供了一种机制。信号可以在一个活动中产生，然后由其他活动探测和实施。信号常用于对事件、外部控制输入或其他触发条件的响应进行建模。

顺序图：在大多数系统中，由一组类实例化的一组对象（或SysML中的一组块实例）共同工作而产生所需的行为，施动者、系统、子系统以及其他任何可以体现行为的事物都可以是参与者。在经典的UML文献中，此原则表示为“用例是通过类的协作实现的”，并且有一个带虚线轮廓的椭圆形特殊图标表示协作。交互被建模为对象之间的消息。SD是一种非常直观的方式，将交互图形化地描述为按时间顺序排列的一系列消息、不同的事件以及每个参与者执行的各种操作。UML 2显著增强了这些图的功能，将复杂行为分解为更简单的行为，并对复杂决策逻辑进行建模。图2.6阐明了顺序图的一些主要元素，下面几段将阐述一些要点。

- **交互片段**——这些是交互图中命名的元素，交互图用于表达交互单元。包括：
  - ◇ **发生**（严格来讲是发生规范），表示瞬间时刻，通常与发送和接收消息或与执行周期的开始和结束相关联。

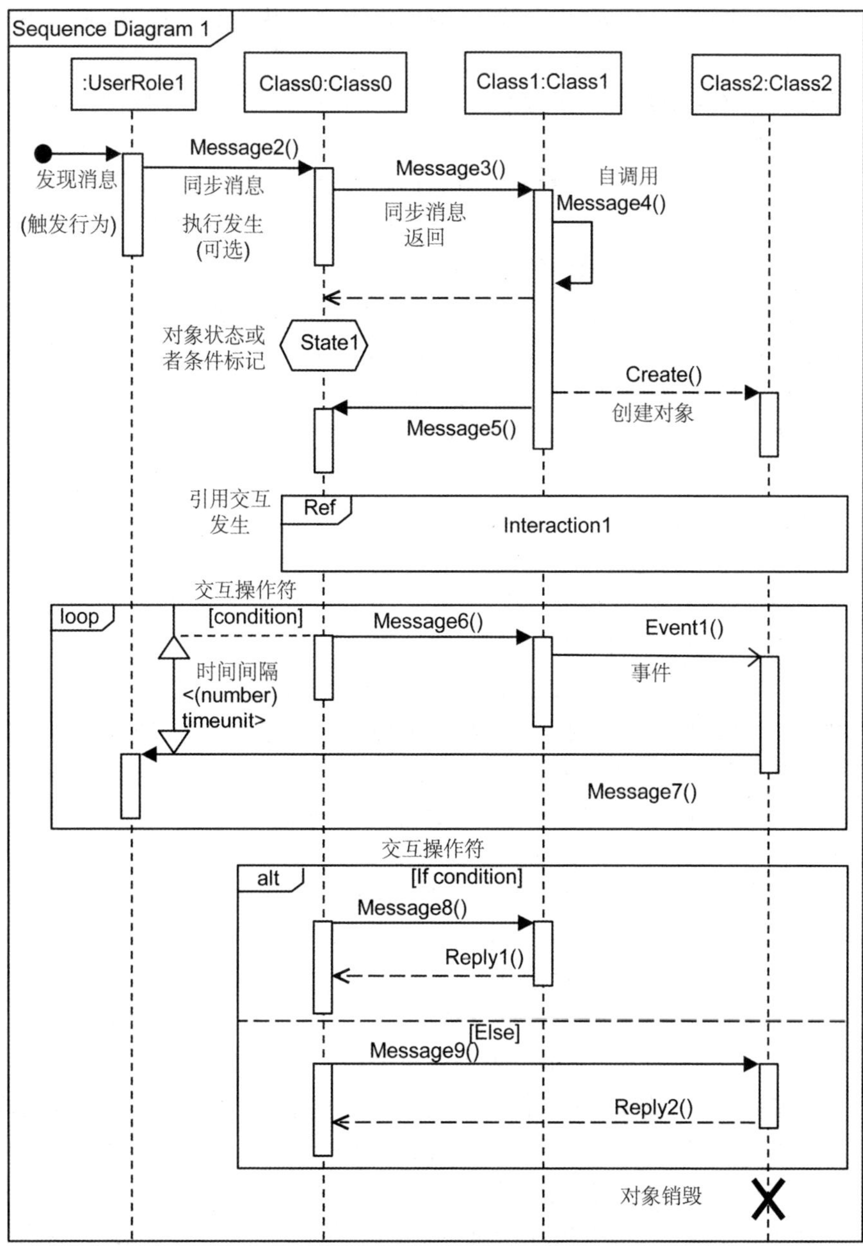

图 2.6　顺序图的元素

◇ **状态常量**，表示运行时(系统运行期间)的约束，例如变量值或内部或外部状态，必须在不同时间满足的值和状态。

◇ **交互使用或发生**，将在下面进行讨论。

◇ **合并的片段**，也将在下面进行讨论。

- **实例线**——具有行为的参与对象(包括施动者，有时也有其他的模型元素)在图的顶部横向排列显示，并位于一系列垂直的虚线上端，严格地说，这些虚线称为实例线，但通常又称为“生命线”。时间沿生命线从上到下推移，而比例不一定是线性的。

- **消息**——各类消息可用于对不同交互进行建模。最常见的是在行为执行的特定点上按顺序发送的同步消息，也就是如图 2.6 中命名的（如 Message2()）。当软件对象交互时，消息常常由发送的某种数据对象、软件信号或程序调用组成，可包括参数列表。然而，在硬件背景中，“消息”可能是任何内容，从气压变化到继电器通电（“接通”）的控制电压。每个消息都应具有一个名称，圆括号可以跟在其后，以表明正在调用某个操作并包含正在传递的任何参数。发送和接收消息可以分别解释为 SendEvent 和 ReceiveEvent，后者通常用于触发对象状态之间的转换，如在本小节下面的状态机图中所述。可使用专门的消息来显示其他类型事件的发送，并以带有“V”字形的箭头表示。当显示（例如从程序调用返回）应答很重要时，使用带虚线的类似箭头，并可用于任何异步消息（例如程序调用），其中发送对象继续执行，不必等待来自接收对象的应答。[①] 有一些特殊事件用于创建和销毁对象。当应用于软件对象时，这些事件通常表示向操作系统（OS）发出的指令，加载（实例化）并运行对象，然后从内存中删除对象。在硬件背景中，这些事件可能用于激活和停用系统资源。这些事件也可以用 <<create>> 和 <<destroy>> 或其他合适的构造型来指定。
- **状态/条件标记**——有时在执行顺序中的一个或多个点上，明确显示对象的状态或某个其他条件很重要，在对象生命线上合适的点处放置标记。图 2.6 给出了一个示例，这是状态常量的一个示例，位于交互模型中的一个或多个参与者上的运行时约束。
- **执行发生**——顺序图中的可选标识符，在对象生命线上放置一个窄矩形，表示对象何时处于激活状态，用于提高复杂图的可读性。图 2.6 中使用了该标识符。
- **框架和片段**——包含所有 UML 图创建一个框架是很好的建模实践（在 SysML 中是强制的），而对于顺序图尤其特殊。框架为包含模型内容的单元（图）创建了一个边界，并在左上角的方框中提供了信息，例如图名和类型。在顺序图中使用了两种子框架，每种子框架都是一个交互片段，以便显示行为的共享或可选元素，并对各种控制流进行建模，例如分支和循环。这种片段的左上角包含一个交互操作符，定义了表示的是哪种行为，而不是图名。
  - ◇ **合并的片段**——合并的片段捕获了由顺序图建模的行为子集，并表达了两个关键元素：控制片段执行的交互操作符和交互操作数，其中，交互操作数包括消息、事件、执行发生以及定义行为的其他元素。在框架内绘制合并的片段，其中包含从属行为中涉及的参与者的生命线。图 2.6 显示了两个合并的片段，其中一个具有循环操作符（Loop），另一个具有可选运算符（Alt）。虽然存在很多的交互操作符，但常见的交互操作符如下：

---

① 读者应该意识到，各种建模工具可自由处理表示消息的细节，并且应该确定给定工具如何显示它们。

seq	顺序的——默认操作符,仅意味着在流到达片段时,片段执行
opt	可选的——如果布尔值[守护]为真,则片段执行
alt	替代的——包含两个或更多个子片段,每个片段具有一个[守护],通过水平虚线分开;守护值为真的子片段是执行片段
loop	循环——具有整数参数,可执行片段执行的最小和最大次数,以及[守护]必须为真才能使循环继续
par	并行——包含同时执行的子片段
ref	引用——参见下一段

◇ **交互发生(或使用)**。这是具有 ref 操作符的交互片段,用作指向另一个顺序图的指针,该顺序图的行为插入主图中放置片段的位置上。交互发生包含引用的低层图的名称。该技巧非常常用,具有两个主要目的:允许将复杂顺序图分解为多个更易读的图,以及允许对在多个位置(例如,在多个用例中)发生的特定行为进行一次建模,然后在需要时通过引用插入。复杂行为的绘图可能从顶层顺序图开始,只包含一系列交互发生,每个交互发生都在自己的图中单独定义。交互发生可以具有输入和输出参数,这些参数根据特定用途对其执行进行剪裁。这种分解方法可根据需要进行多次,以达到在易于识读的图中显示可理解的行为单元。

- **时序**——具有时间敏感行为的任何系统,意味着某些事情必须在时间约束内发生,例如截止时限,需要进行架构分析来确保能够满足时序要求。通常,时序图为此提供一个有用的起点,对于没有复杂或严格时间约束的系统,在时序图上布置时序可以开展全部所需的分析。在更具挑战性的情况下,第一步将评估整体系统时序关系以及识别需要更全面分析的系统行为中的重点,这一步将十分有效。顺序图中的时间沿着垂直方向从上到下运行,并且消息和事件给出它们在整个时间线中发生的垂直方向上的位置点。其实这并不精确——尽管精心构建的图可以上下拖动其元素,以获得持续时间和延迟的近似表示,但图中没有任何的语义支持沿着"时间标尺"精确放置内容。此外,可以使用向下的斜线绘制消息箭头,以表示在生成、传输和接收消息时消耗的时间。
- **时间间隔**——更有效的标识符是时间间隔,允许在图中的任意两点之间声明用数值表示的时间值,图 2.6 中包括一个示例。典型的时序分析将首先识别对应于截止时限的总体时间间隔,然后使用更具体的时间间隔,将时间分配给各种流程或行为的其他元素,使得估计的执行时间之和与截止时限相符。有可能使用原型系统或实验配置上的测量数据,或者通过比较现有系统设计执行类似事情,校准这些估计时间,从而评估满足截止时限的可行性。此外,时序分配成为需求的一部分,应向负责系统组件设计的团队提出,必须满足这种时序约束,这样的做法也并不少见。第 8 章将全面地论述在顺序图中标明时序约束的时序分析以及其他方式。

状态机:对象、子系统和系统具有多种状态,状态是对行为模式或所处状况的抽象。

对象或块实例根据接收的事件或触发的操作消息,从一种状态转换到另一种状态,或者该转换可仅在完成先前状态中的所有动作之后发生。例如,系统可能具有静止、启动、维护和激活状态,每个状态都有一系列适合于这些各种操作条件的动作。系统将响应某些触发事件,在状态之间转换,例如接通电源(例如,从静止转换为启动)或接收操作人员命令以更改模式(例如,从激活转换为维护)。中央处理器对象可能针对各种条件具有各种状态,例如空闲(当前不做任何事情)、通信、处理和存储数据。状态机图(SMD)也称为状态图(Statechart),可以附着于类或块上,将会管控那些由类/块实例化对象/实例的行为。图 2.7 阐明了 SMD。

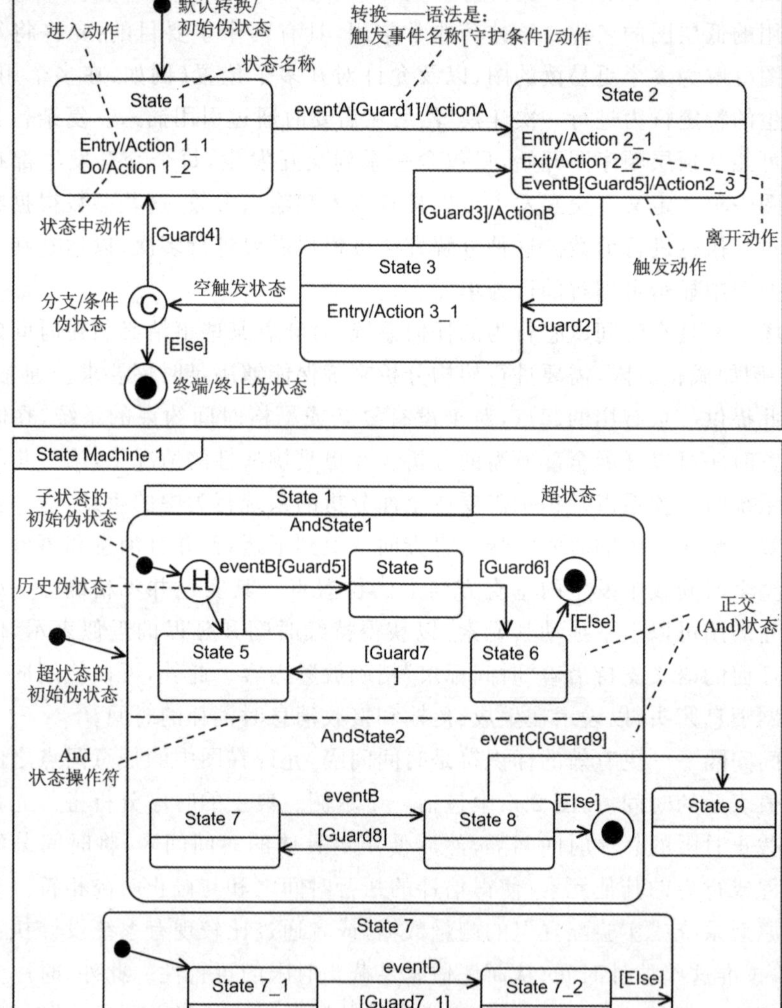

图 2.7 状态机图的元素

软件工程师已经使用状态机长达数十年,对于硬件和系统架构,该概念完全有效并非常有用。UML 的开发人员纳入了称为 Harel 状态图的一种 SMD 的形式,以发明人 David Harel[9] 的名字命名。SMD 和活动图都在关注行为流的描绘,因此它们共享许多共同的语法元素,但 SMD 针对单个模型元素,而活动图具有更大范围并涉及多个系统元素。下面各个段落将给出重要的细节。①

- **转换**——从一种状态到另一状态的转换通常由以下方式触发:① 接收由类外部产生的某些信号或事件;② 完成与状态相关的动作,出现适于转换到后续状态的条件。使行为具有这种“状态性”,取决于先前活动周期的结果,使对象处于特定条件或配置。实际上,当系统或对象被激活(“唤醒”)时,其需要默认状态或历史伪状态,以获知从哪里开始执行。状态包括最后一次实例化和执行类时有效的属性值,并且应为初始实例化定义默认启动值。因此,状态在某种程度上类似于由其最近历史创建的对象或块实例的“记忆”。只有类/块、系统、组件和用例等分类器可以定义状态模型,并且只有它们的实例能够执行状态机。
- **状态**——状态用圆角矩形来标记,并且可具有用于描述的文本和动作的隔层。状态可具有一个或多个进入动作,当进入该状态后立刻执行,状态激活时将发生各种不同的动作;并且,当所有其他动作完成之后以及当状态转换出现之前,执行退出动作。状态必须具有唯一的名称,注意命名对于图的可读性以及与架构模型的其他部分保持一致十分重要。状态可以分解成多个子状态,在这种情况下,闭合状态称为组合状态。在简单的 SMD 中,只要其对象的行为由图定义处于激活状态,就必须在任何给定时间有且仅有一个激活状态。这也适用于状态内的子状态。这种状态称为 Or(或)状态。
- **And(与)状态**——图 2.7 中上部的 SMD 例子中具有架构中最常用的特征。然而,当系统或对象具有两个或更多个并发线程或活动流,必须同时有效且彼此独立时,SMD 使用图 2.7 中下半部分的形式。这就是 And(与)状态,其中名称应显示它们所代表总体对象行为的特定区域。And 状态有自己的历史,在不同的时间完成其功能,启动通向其他 SMD 的独立转换,父对象在接收到相同的事件时,可以分别处理这些相同事件。对象的状态本质上是各种 And 状态条件的组合。图 2.7 显示了超状态的整体初始伪状态,以及每个 And 状态如何启动执行的单个状态。
- **伪状态**——SMD 具有非常丰富的语义,并可通过分解和逻辑的组合对复杂行为进行建模。伪状态不是状态,但可以指定各种行为。附录 A 提供了更完整的说明,而在图 2.7 中阐明了那些更重要的伪状态:
  - ◇ **初始或默认伪状态**——指定在没有其他重要转换的情况下,首先进入的子状态。

---

① 读者应该再次意识到,个别的 UML 建模工具在 SMD 语法上是有变化的,有些是由自动代码生成机制和相关的编程语言驱动的,这可能令人费解,但本书并不考虑。

◇ **分支或条件伪状态**——单个入口转换和两个或更多个出口转换，具有守护条件以选择要进行的转换。该伪状态也可以使用与活动图中类似的决策菱形来标记。

◇ **历史伪状态**——从对象的最近状态或 And 状态中检索状态信息，并从该点继续执行。深度历史扩展到嵌套的子状态。

◇ **其他伪状态**——包括连接、分叉、进入和退出点的伪状态，以及控制执行流的其他方面。

时序图：我们已经讨论了顺序图的使用方式，可针对粗略的时序进行分析。使用时序图(Timing Diagram)可能会更精确地表示流程或执行时序。图 2.8 给出了可使用的

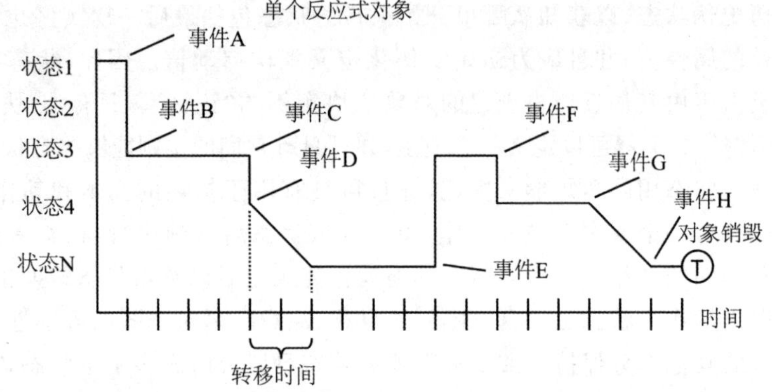

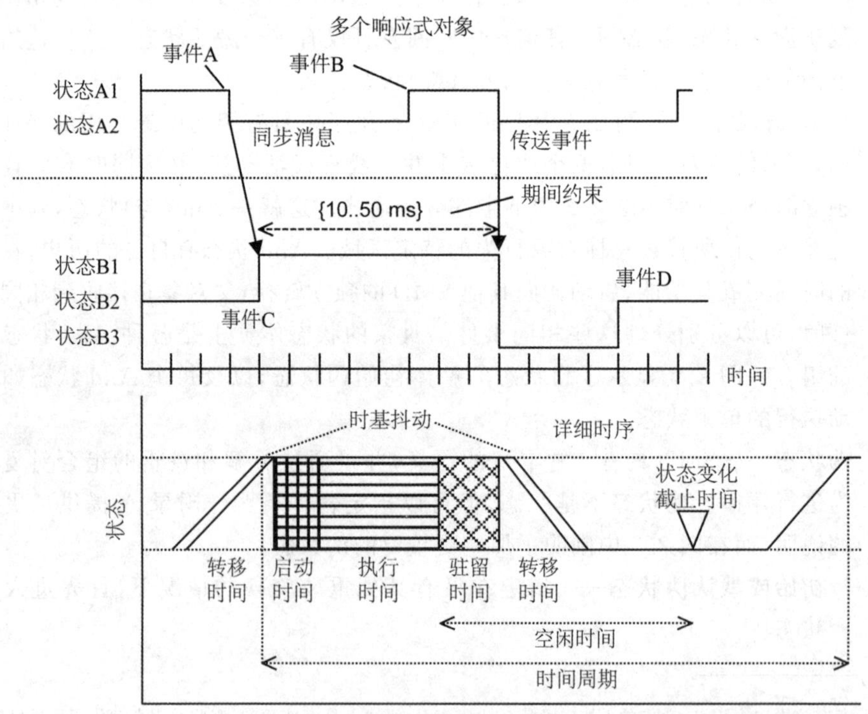

图 2.8　时序图的元素

内容和格式类型的样例。响应式对象是针对事件做出行为响应的对象。图2.8的中间部分阐明了对象之间的交换事件,图的底部显示了在高度时间敏感的行为中可能需要的细节类型。在SysML中极不赞成使用时序图。

2.3.3 实现建模

架构物理视角(Physical Viewpoint)的构成中包含许多的制品,包括熟悉的事物,类似图样、规范、代码清单、用户界面定义等。然而,UML提供的图有时对描述系统物理设计十分有用。系统架构中最常用的是组件图和部署图。

组件图:应用封装和松耦合的原则,产生了被称为"基于组件"的设计方法。组件是物理实体,对一组资源进行封装,其中可能是硬件、软件或两者兼有,并且仅公开那些明确声明为公共的内容和功能。由于隐藏内部的实现细节,组件通常称为"黑盒"。然而,为了使架构完整,必须定义和记录内部的设计。通常,通过创建结构化的类(见图2.2)来实施,用以描述这些细节。该信息使组件成为"白盒"。显然,接口是至关重要的,必须进行完全定义和公开,以允许组件在系统中集成和使用。图2.9显示了组件图的典型内容,下面几个段落将给出一些要点。

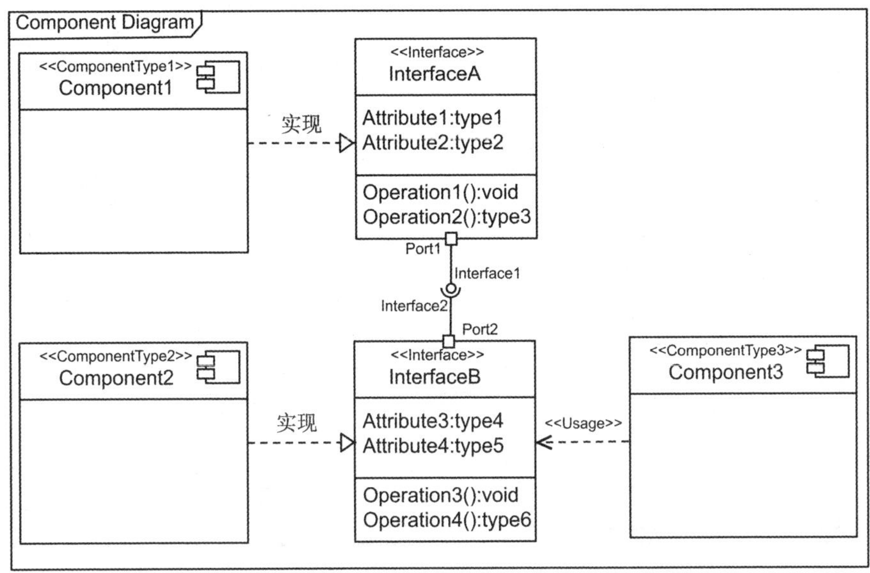

图2.9 组件图的元素

- 组件由具有两个小矩形的方形图标标识。组件可以分解为较低层级的组件,并且可以使用构造型来标识由其表示的系统元素类型,例如软件可执行代码、处理器、网络交换设备或库。
- 图2.9明确显示由两个组件实现的接口。接口的端口具有关联的请求接口和供应接口,并且存在<<Usage>>依赖性,表示接口B从组件3获取内容。在这些端接口的规范增加细节,组件接口作为一个整体来定义。

- 组件还可以与接口具有直接依赖性，如组件 3(Component3)所示。
- 图 2.9 明确显示了由两个组件实现的接口。以这种方式声明组件接口的优点是，接口可以准确显示组件公开暴露的属性(内容)和操作。接口规范还可以包括任何重要的细节，例如应用的标准或协议、应用编程接口(API)、服务质量(QoS)参数以及其他许多内容。作为替代，一些建模工具允许将请求接口和供应接口直接放置在组件边界上。UML 提供了组件组装图标，其中将从一个组件的供应接口连接到另一个组件的请求接口。

部署图：在物理视角中表明从软件到硬件的映射通常很重要，尤其是当软件和硬件是单独开发或采购时。部署图提供了针对系统硬件"盒"(在 UML 中称为节点)及其之间连接的建模，然后将软件组件分配给节点，软件将被加载和执行。图 2.10 显示了简单的示例，下面几个段落提供一些附加的细节。

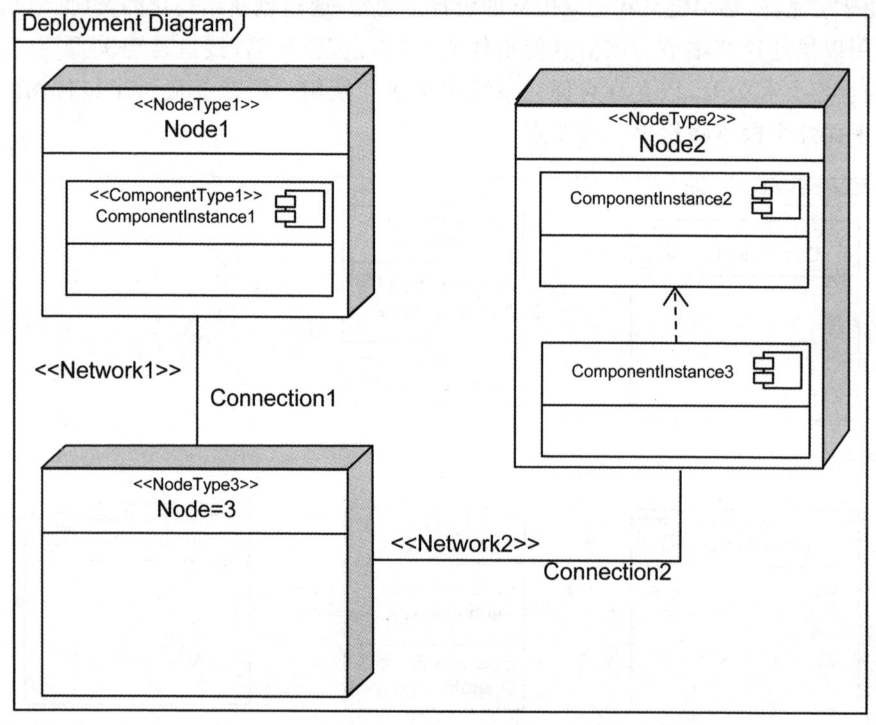

图 2.10　部署图的元素

- **节点**——节点具有唯一的名称，可被构造型化，以显示其建模的硬件类型(服务器、网络设备、工作站、存储器等)，甚至特定的产品标识符，例如型号。在模型中，节点的规范提供了方便的位置，捕获关于相关硬件的任何重要信息。
- **制品**——严格来讲，UML 将组件或子系统的物理实现定义为制品，该制品使用具有向下折角的小矩形文件图标，并且可选择地使用 <<artifact>> 构造型。制品被认为显示其所定义的组件且被部署到节点，如使用与 <<deploy>> 和

<<manifest>> 构造型的依赖关系表示。制品有时称为组件实例，但含义相同。可在给定节点上或跨越节点边界的制品之间声明依赖关系。

- **流**——节点之间的互连可建模为流，具有识别连接的名称，以及显示物理连接类型、网络或串行链路协议以及对理解和实现“接线”很重要的其他任何事物等构造型。在图 2.10 中，节点 1(Node1)和节点 2(Node2)可能是安装应用组件的服务器，节点 3(Node3)可能是网络交换机，在这种情况下，连接流将使用网络类型进行构造型化，例如以太网。

2.4 使用 UML 扩展的系统建模语言(SysML)

2.4.1 SysML 概述

UML 继承的软件传统限制了其应对复杂系统架构的全方位能力。UML 第 1 版几乎忽略了硬件，仅使用部署图来表示计算资源，然后为了方便而指定了软件的加载和运行位置。在 UML 2 中，可使用更加丰富的词汇表来描述物理结构、流、接口(特别是端口)以及对架构师很重要的其他事项。就在近期，对象管理组织(OMG)的倡议得到了行业、工具提供商、学术界、政府和各种联络组织的广泛参与，制定了系统建模语言 SysML 规范[10]。相关参考资料和教程可在 SysML 网站上找到[11]。

针对系统工程师所面临的问题，SysML 的明确目标是提供应用面向对象原理的更好的工具。SysML 支持系统的规范、分析、设计、验证和确认，包括硬件、软件、数据、人员、程序和设施。SysML 是 UML 2 的扩展，复用了基本 UML 建模元素的子集，如图 2.11 中的 UML4SysML 所示，这是两者之间关系的标准描述。不需要的 UML 元素从扩展中剔除，包括时序、通信、交互概览、组件、对象、扩展和部署图，因为这些元素对于 SysML 提供的构造而言是冗余的。同时，引入了两个新图(需求图和参数图)，并完善了其他几个图。重要的实践考虑因素是，如今的主流架构建模工具完全支持 SysML 扩展。

SysML 提供的方法，用以应对：

- 需求定义、分配、派生和验证；
- 系统结构中使用系统工程师熟悉的块图；
- 功能行为，取代以往的建模方法，例如集成定义功能建模方法(IDEF0)；
- 各种分配，包括：向结构分配功能、向资源分配需求和向硬件分配软件；
- 基本测试，作为详细测试计划和执行的起点；
- 规范阶段和设计阶段的基本权衡研究。

本章并非尝试提供完整的 SysML 教程，Friedenthal 等人[12]是扩展的关键开发人员，他们已出色编撰的文档可作为补充。我们关注的是 SysML 为 UML 的能力提供新增的描述能力和分析能力的方式。在描述复杂和分解结构细节、涉及系统元素之间的

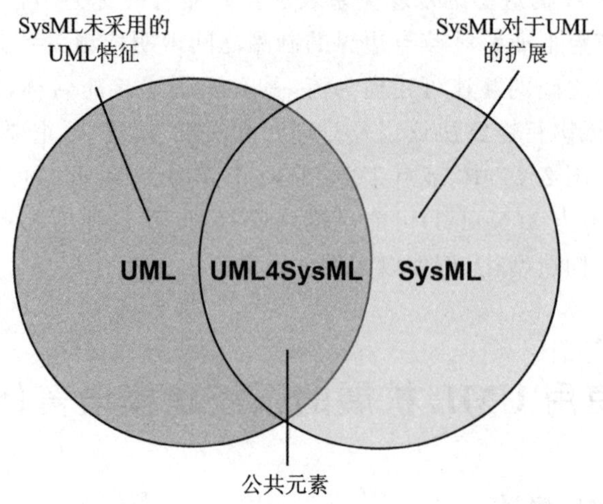

图 2.11　SysML 与 UML 的关系

各种流的行为以及模型各个方面之间(例如需求与设计之间)的关系中,尤为如此。原则上,当软件主导架构时,MBSAP 可使用 UML 2 实现。然而,SysML 应为首选,特别是在以下情况下:

- 严格对待架构背景环境中的需求,包括对解决方案元素的分析和分配;
- 捕获分析内容,例如架构中的算法和功能;
- 复杂构型,结构细节很重要;
- 关注物理结构的细节,不仅包括计算机和网络,还包括电源和冷却、控制和作动器等;
- 考虑模型元素之间的信息项和物理项的流。

SysML 语法中值得强调的一个事项是,所有图都必须具有框架和标题。标题明确声明了图类型、模型元素类型、模型元素名称和图名称,使图易于识别并置于总体的架构模型的背景环境中。示例在后续图中给出。

2.4.2　需求建模

需求定义、分析、分配、确认和验证是最重要的 SE 职责,而需求图就明确提出了这一点。相同的信息也可以用表格的形式来表示。实际上,表格图(Table Diagram)可用于记录任何内容,从系统性能的计算或测量数据到适用文件,例如系统设计的标准。参考文献[10-12]给出了更全面的讨论。

需求使用需求块来建模,由 <<requirement>> 构造型进行识别,并且可具有以下特性:

- 识别——唯一标识符,可匹配外部需求数据库中的相同值;
- 文本——需求的陈述("系统应以某种性能准则来执行某种功能");
- 类别——可选的用户定义的需求分组方式;

● 验证——待使用的、可选的验证方法规范。

一旦以这种方式捕获了需求，模型就可显示需求与分配需求的系统元素之间的联系，以及需求与用于验证需求的数值来源之间的联系等。我们注意到，即使在使用需求图时，许多组织在处理大型和复杂的需求集合时，也喜欢将需求集捕获到主流需求管理工具中。除了作为一种熟悉的需求管理方式之外，此类工具还提供分析和报告的功能。在这种情况下，SysML 模型中并不太详细的需求表达，有可能足以为设计提供期望的可追溯性，而无需付出大量重复性工作来维护两个工具中的相同需求。大多数架构建模工具都支持标准格式的需求数据导入，例如电子表格或逗号分隔值的文本文件（CSV），并且其中许多工具都能够自动连接到需求工具，以便尽可能地减少所需的工作。

下面将进一步描述 SysML 中更广泛的分配主题，而这在需求分析中如此重要，以至于在 SysML 语言标准中得到了特别的关注。实际上，基本的 <<allocate>> 构造型并没有与需求结合使用。相反，定义了一组更具描述性的关系，通常显示为与适当构造型的依赖性，包括：

● 派生——依赖性箭头上的 <<deriveRqmt>> 构造型，从派生需求指向源需求；具有 <<Rationale>> 构造型的注释可以锚定到依赖性，以记录派生的基础。

● 复制——依赖性上的 <<copy>> 构造型，从一个隶属需求指向一个主需求；如果更新了主需求，则所有从属副本自动更新进行匹配。

● 满足——依赖性上的 <<satisfy>> 构造型，从负责满足需求的块指向定义需求的需求块；通常使用块上的隔层而非依赖性进行显示，以便简化图形。

● 细化——依赖性上的 <<refine>> 构造型，从增加细节或内容的用例或其他模型元素指向需求块。

● 追溯——依赖性上的 <<trace>> 构造型，从需求块指向与定义需求相关的一些其他模型元素。

● 验证——具有 <<testCase>> 构造型的块，可用于对验证方法建模，可使用 <<verifiedBy>> 依赖性与一个或多个需求相关联；验证方法是块的分类器行为，可以在合适的行为图中显示。

图 2.12 显示了需求图中给出的一些常见内容，图中的左侧包显示了如何描绘派生需求，具有捕获用于派生的基本原理的注释。派生需求块的规范具有 VerifiedBy 条目，告诉读者值 X（构造型为 <<Interaction>>）将被计算、测量或者与所需的值进行比较，以确定是否满足需求。右侧包显示使用包含（或嵌套）机制（显示为圆圈中的十字形符号），将组合需求分解为从属的子需求。每个子需求都具有 SatisfiedBy 条目，显示了满足每个子需求的架构元素：一种情况是块，另一种情况是接口。最后，<<trace>> 依赖性显示可将 Requirements Group 2 追溯到 Requirements Group 1，例如，后者可指定为系统，前者可指定为子系统，也就是子系统的需求可追溯到系统的需求。需求图还可以包括从属需求、细化需求关系、复制关系以及其他细微之处。

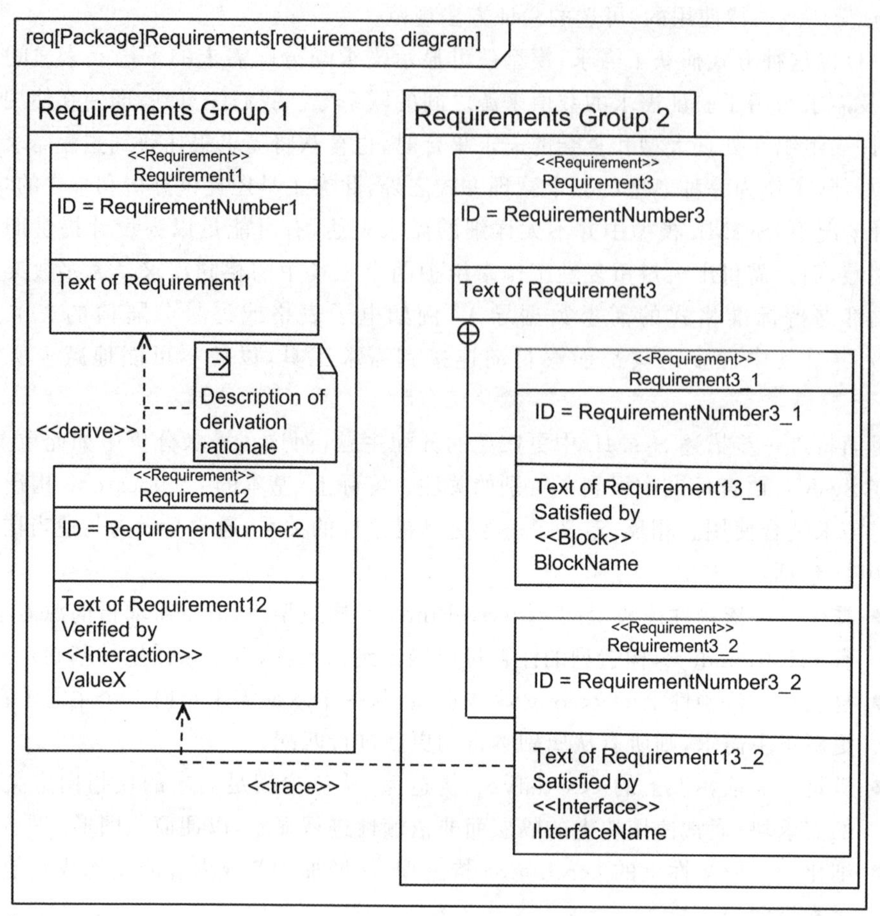

图 2.12　需求图的元素

2.4.3　结构建模的增强

在 SysML 中,主要结构实体是块,它是系统的模块化单元,通常具有结构特征和行为特征。用块及其实例替换类和对象,可能是 UML 和 SysML 之间的最大区别。当通过组合关联将块声明为包含在另一个块中时,块成为包含该块的组合块的构件特征或仅仅就是构件。构件由块类型化,该构件目前在组合块的背景中是实例。任何结构实体都应首先被定义为块,然后在适当时用作构件。

主要结构表示是对 UML 类图进行完善的块定义图(BDD),以及对 UML 组合结构图进行完善的内部块图(IBD)。① BDD 用于定义系统元素,包括组合、引用、关联和泛化/继承关系。IBD 显示如何使用系统元素并强调了元素(通常是块中的构件)之间

① 由于 BDD 和 IBD 是首字母缩略词,所以我们更倾向用大写,即使 SysML 标准使用小写,这是它们在图框名称中的显示方式。

的交互,包括各种接口和流。图 2.13 给出了这些图的外观,包括在 IBD 上标注分配和满意关系的一种方式。在 IBD 中,图框是其结构建模块的边界,可在该边界上显示外部交互的端口。例子表明,BlockA 通过 PortA1 获取输入,然后 Part2(将 Port 委托给)对输入进行操作,并与 Part1 发送 Flow1,进行附加处理并通过 PortA2 输出。该图通过左上角的数字来识别构件,显示出块中包含多少个实例。附录 B 和 C 以及参考文献给出了更多示例。一些建模工具以其他方式表示构件多重性。

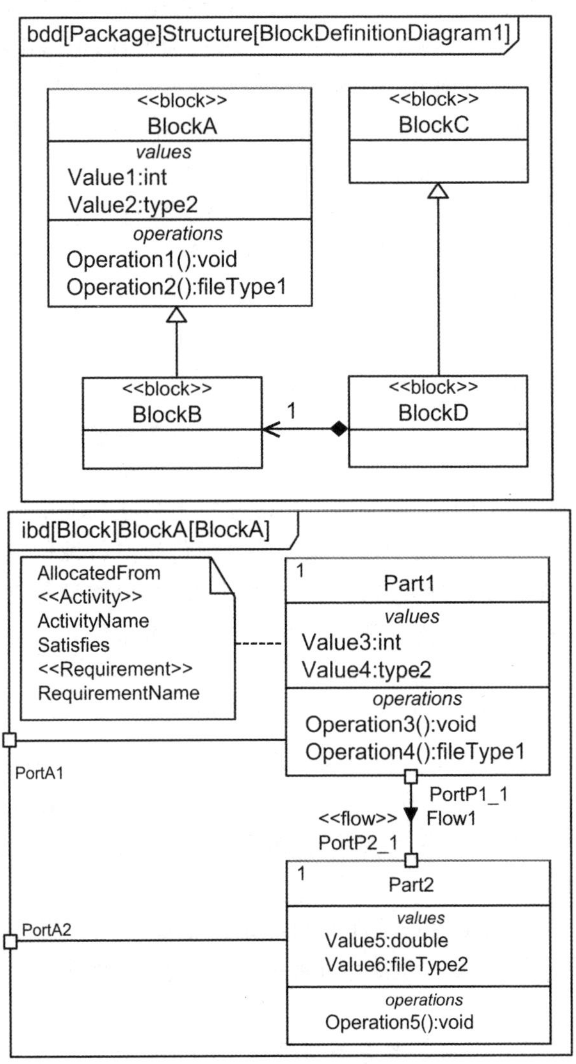

图 2.13 块定义图和内部块图的元素

两类块图是通用原理的绝佳示例,可以表达为"定义与使用"。在很多情况下,重要的是首先定义一个模型元素,然后可以根据需要,经常地使用,不需要每次都重新创建。在 BDD(或仅在建模工具的浏览器中)中定义的块,可被实例化为一个或多个 IBD,该块成为这些实例的分类器，很像 UML 类及其对象之间的关系。从架构的角度考虑两种类型块图的另一种方式是，BDD 能够很好地显示架构元素的分类法，而 IBD 是显示结构设计模式的常规方式。应尽早定义模型内容的其他示例，包括用户角色和其他施动者、值特性、值类型和项流。

现在，我们需要讨论 SysML 块的一些重要细节，使其在捕获系统结构方面比 UML 的类更强大。通常使用特性对重要的块特征进行建模，并进行类型化，可使用适当标记的隔层，在图中的块上显示，有四种类型，分别是构件特性（构件）、值特性（值）、引用特性（引用）和约束特性（约束）。端口可以被视为特性，但由于特别独特，可以享有自己的独立语法和语义。下面几个段落将对特性进行总结。

- **构件特性**——组合关联在另一个块的背景中，创建块的一个或多个实例。这是构件与包含构件的块之间经典的“是一部分”的关系。这是结构分解的基本 SysML 机制，并可在任何期望的细节层级上进行。通过将较低层级的元素嵌套在较高层级的元素中，可在图上显示这种分解。在架构建模工具的浏览器中，系统元素由构件所建模，作为块来定义系统元素的特性，而后作为其他块的构件特性可多次出现。以这种方式创建的组合式层级结构或结构化式层级结构，对于分解和组合的系统工程任务至关重要。
- **值特性**——值定义了块的定量特性，例如系统组件的质量或功耗。值也可以用于定义数据实体，就像将属性与 UML 类结合使用。与值特性密切相关的是值类型，构造型为 <<valueType>>，可具有两个可选特性：单位和维度或数量种类。值类型可复用，可用于在模型中的任何位置对特性的类型化。尤其是可使用值类型对块特性进行类型化。在模型开发中，值类型是应尽早定义的模型元素，以确保一致的类型化。常见的方法是将值类型放入 BDD 中，作为架构数据模型的一部分。
- **引用特性**——引用表明两个块之间的非组合关系，块可能属于不同的组合层级结构。引用特性创建了一种逻辑的层级结构。例如，容器可引用其内容物，但每个内容都可能分类在不同的组合层级结构中。当在 IBD 中显示嵌套在自己的块中时，引用将表示为虚线轮廓的矩形。通常，使用块之间的聚合关系或关联来创建引用。
- **约束特性**——约束是定量条件或数学条件施加在块的特性上，通常采用方程、不等式或限定的形式。约束由约束块类型表示，这将在下面的参数图中进一步讨论。

系统结构建模的另一个重要考虑因素是端口的正确使用。端口是从 UML 2 中沿用的，但 SysML 区分了各种端口。原始的 SysML 标准到 1.2 版本定义了标准端口，通常对通过服务的数据或消息交换点进行建模，就像在 UML 中一样，还定义了流端口，可以是进入、流出或双向，对一个或多个有形量（称为流项，Flow Item）的交换进行建模。在这些版本中，流端口通过端口规范类型化，显示为具有 <<flowSpecification>> 构造型的块。流规范包含流特性，定义了端口可流动的项，并且是规范唯一有效的属性。

流特性具有名称、方向、类型和多重性。项流定义了可在流端口之间的连接器上流动的项，并由流特性进行类型化。项特性在闭合块的背景中识别了项的用法，并且必须由值类型或块进行类型化。使用 <<continuous>> 构造型识别连续流。

从 SysML 1.3 版开始，不推荐使用流端口和流规范，现在允许使用的端口类型是 <<Full>> 和 <<Proxy>>。① 全端口(Full Port)是块的构件特性，位于块边界上。像任何其他构件一样，全端口对块内资源集合进行建模，并在不暴露任何块内部细节的情况下处理流、非流交互和行为交互。全端口由作为实例的块类型化，用于对系统的物理构件进行建模。例如，网络接口可以由全端口来表示，考虑构成接口的所有构件。

代理端口(Proxy Port)不是构件，而是暴露块内部工作机制的点。流、非流和行为特征由块内的某一构件来提供或使用，并委托给端口。代理端口由接口块类型化，并在交互中不涉及实际的单独物理构件，例如使用电缆连接器或软管附件等。这种新的端口样式旨在促进物理连接的定义。项流和流特性在新端口中依然保留，在 SysML 早期版本中使用。端口的流特性描述了块与其环境之间可能的项流，包括数据、物质、能量等。项流通过连接或流描述块或构件之间的实际流，可从活动图中的对象节点或状态机发送的信号分配项流。

块具有从其他图分配的行为，明确架构中哪些结构元素提供了特定的所需功能。这是 SysML 的另一个非常基本且重要的功能：使用分配来声明元素之间各种类型的关系。通常在架构开发早期对分配进行声明，然后随着工作的进展进行细化和详细描述。将行为分配给结构，实现了“定义与使用”二元论。例如，可在定义阶段将活动分配给块，而在描述构件在自己块中的用法时，可将活动内的动作分配给构件。另一个常见分配是从活动图中的对象流到 IBD 端口之间的项流。上面描述了与 SysML 中的需求建模相关的特定分配。参考文献[10,12]详细讨论了该主题。可采用多种方式对分配建模：

- 使用携带 <<allocate>> 或其他合适构造型的依赖性；
- 使用 AllocatedFrom 或 AllocatedTo 以及关系中其他元素的名称，将注释锚定到受影响的模型元素；
- 使用模块或构件上的隔层。

UML 类具有三个基本分区或隔层：标识符、属性和操作。SysML 块可以具有更多的隔层，并可以按照任何顺序列出。典型示例包括：

- 特性——包括构件特性、值特性、引用特性、约束特性；
- 命名空间——显示在块的命名空间中定义的块；
- 结构——显示块的连接器和其他结构元素；
- 分配——显示分配给块的模型元素；
- 端口——显示已在模块上创建的端口；

---

① 为了保持与早期 SysML 版本中创建的模型的向后兼容性，架构建模工具通常支持以前和当前类型的端口。

- 其他——附加隔层,通常由单独的建模工具定义。

2.4.4 行为建模的增强

SysML 中的活动图(AD)是在 UML 2 基础上进行完善的,增强的语义对于建模详细行为特别有用。尤其是 SysML 中采纳了系统工程师熟悉的增强功能流块图(EFFBD)。在 SysML 中强调值的共享和操作,通常使用活动参数节点,如图 2.14 所示。这使活动的特定输入和输出(参数)变得清晰和易于理解。通常,参数由值类型或块进行类型化,并且当使用或产生多个值令牌时,参数具有值的多重性。

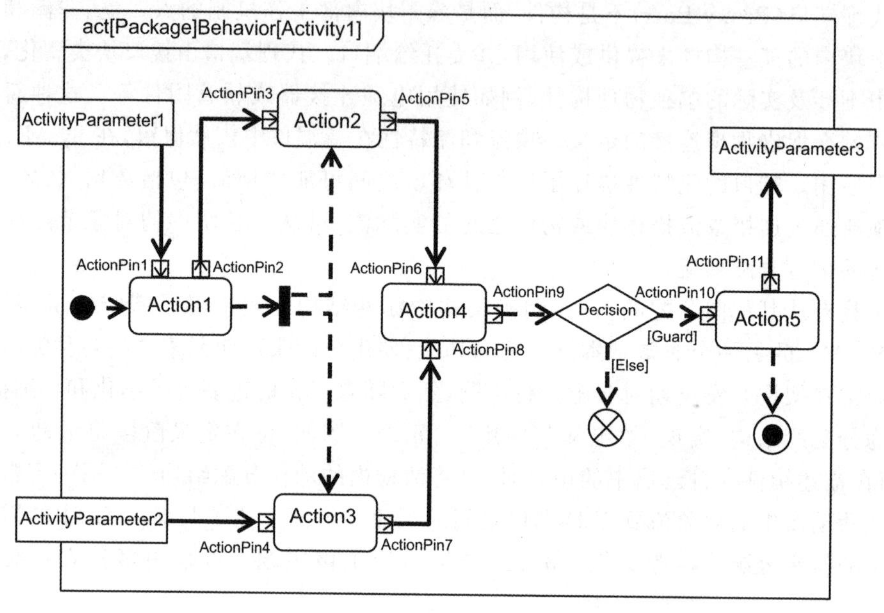

图 2.14 活动图格式示例,表示活动参数节点的使用

正如 UML 一样,AD 可使用更特定或更细粒度的泳道(活动分区),从而清楚地识别出系统元素,并将行为分配给特定的系统元素。关于引脚在 AD 中的使用,已在 2.3.2 小节中有所讨论。SysML 定义了几类动作引脚,在结构图中以小方块的图形方式表示,让人很容易联想到端口。引脚是对象流和项流的建模,但通常不会针对控制流进行建模。除非明确表明,一般使用对象或项来标记引脚。通过调用操作(Call Action)来使用引脚,类似于软件子程序的调用,由此调用其他行为和操作,但这里的含义更为普遍。被调用的操作需要识别出一个目标,作为接收调用的系统元素。而控制流通常简单地表示为动作之间的箭头。

SysML 中包括针对活动建模的许多先进的技巧。例如,活动参数可以是连续的流,意味着在活动执行期间出现输入或输出,或者可是非连续的流,输入只在执行之前出现,在执行完成后给出输出。还有一些对中断、流速率、概率流以及复杂行为的多种其他细微之处开展建模的机制。参考文献[10]给出了完整的细节。

SysML 中的用例图、顺序图和状态机图与 UML 中的基本相同。然而，参数图提供了一种对定量行为进行建模的全新方式，即定义变量之间的数学关系，并将其链接到对应的模型元素上，由模型元素创建和使用这些参数值。参数提供了一种对值特性之间约束和关系（通常以方程形式）的建模机制。在 SysML 块图中，与解决性能、可靠性和系统其他关键问题的工程分析进行集成。UML 类图可在定义类方法时指定数学关系，而参数图可直观地描述值的来源和去向以及各种约束交互的方式，以确定系统行为。图 2.15 和 2.16 显示了格式。当必须求解高阶数学方程时，有些建模工具通过参数图与外部分析工具中的方程解算器等结合，从而进一步增强建模能力。

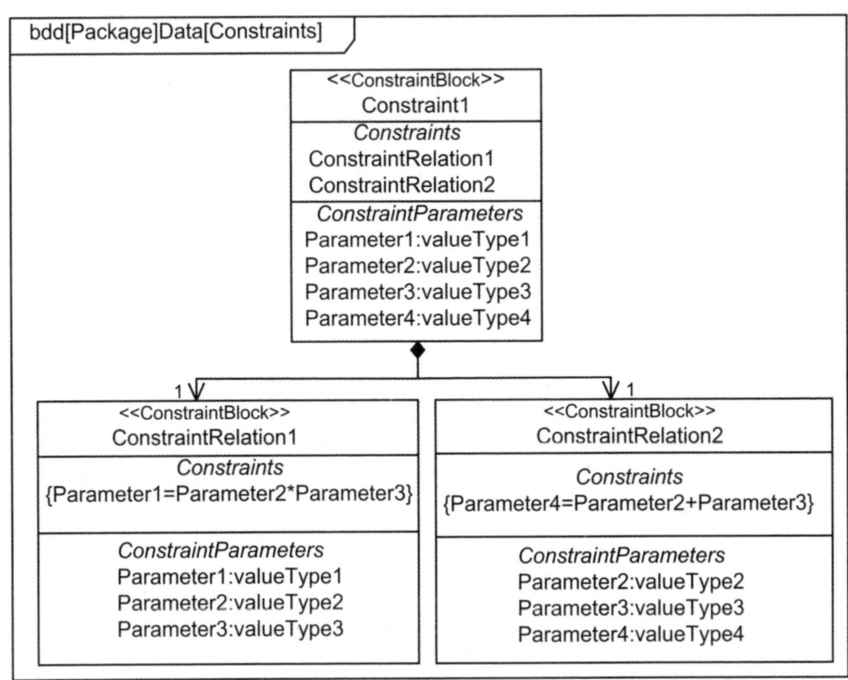

图 2.15 在块定义图中定义的约束模块

通常，约束是应用于模型元素的条件或限制，常常以数学形式表示，以便对约束求值评估。约束块包含一个或多个约束，便于支持约束的复用。约束参数是约束块的特性，在使用约束时允许将该特性绑定到其他特性，约束特性是一种块特性，是由一个或多个约束块类型化的。

2.4.5 实现建模的增强

由于 SysML 具有表达结构及其关系的能力，在物理设计建模方面也具备很大优势。在前期，块作为功能设计的一部分，而后使用规范、产品数据和其他细节进一步充实，可对信息流和物理量进行量化。端口使用接口文档来描述。关于架构实现的任何重要内容，都直接包括在图中或各种模型元素的规范中。采用多种方式将细节包括在模型中，包括直接在图上显示的注释以及链接到产品规范等支持文档。

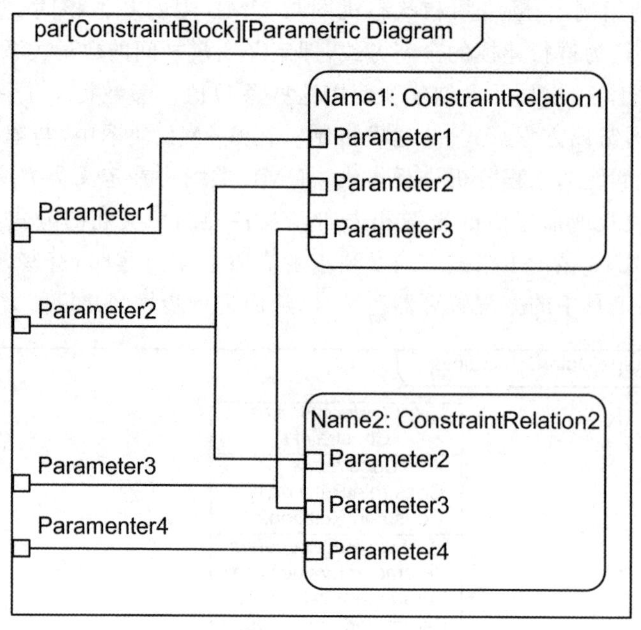

图 2.16　参数图的元素

在架构模型需要应对硬件和软件的复杂设计和实现细节时，SysML 特别有用。块图可应用到需要的任何详细分解层级，并且分配、验证、满足和其他依赖性的使用，使结构元素绑定到需求、功能、测试用例和模型的其他构件上。良好构建的物理图内容丰富、易于理解，从而使模型成为强大的沟通工具。

2.5　结论性思路

UML 2 是丰富和复杂的建模语言，SysML 进一步增强了架构师应对需求、性能、设计、集成以及其他 SE 流程和任务的能力。本章对面向对象在系统架构中的应用做了基本介绍，足以理解 OO 原理如何应用于系统架构以及如何实践 MBSAP 方法论。本章中的图和一般描述性内容，将在后续章节的更详细的事例中进行阐述。

系统工程和架构群体正以势不可挡的趋势转向 SysML，我们已在增强 UML 2 结构方面显示了这一趋势的基础。实践的现实情况是，来自各种提供商的建模工具，在实现 UML 和 SysML 标准的方式上，往往存在(通常很小)差异，虽然令人烦恼但并不是致命的，特别是当组织选择了首选工具并针对其用户进行了相应的培训时。

UML 和 SysML 语言标准都是在线文档，以一定的频度对其进行更新以纠正错误、歧义或增强语言的描述能力，这也是事实。例如，SysML 1.4 版增加了在不引入任何新的定义的情况下，使用 <<ElementGroup>> 构造型在 BDD 中组装一组模型元素的能力。这与包的使用形成对比，包引入了命名空间的语义。SysML 1.4 版还在分类器行为和自己的行为块上添加了隔层。通常，架构建模工具的开发人员对版本的更新特别感兴趣，许多版本更新仅影响本书范围之外的高级的或深奥的建模技术。然而，正如我们在端口中描述 SysML 1.3 版所带来的更改时所指出的那样，有时所做的更改非常重要，以至于所有建模人员都需要注意并适当调整其实践。但是，即使在这种情况下，在较早的 SysML 版本中构建的大量已有模型，也意味着，架构工具可能有时支持旧的结构(例如，流端口)，以保持旧版本的兼容性。

对于用户或用户组，架构建模关注于特定应用领域或系统类别，可以进行语言的剪裁，以使建模更加高效和更具表现力。UML 和 SysML 都可使用扩展机制，其定义了针对特定使用的语言元素的扩展集合。大多数建模工具都支持扩展的创建、导出、导入和使用。如上所述，SysML 实际上是 UML 的一个“重型的”扩展。第 7 章中讨论面向服务的架构建模语言(SoaML)的扩展，第 8 章讨论实时和嵌入式系统的建模和分析(MARTE)的扩展。与大多数扩展一样，这些扩展对根语言所做的更改，没有 SysML 那样的显著。扩展通常包含延伸，例如构造型、标记值、约束、图的可定制图标、元素的预定义模式等。特定建模工具支持附加的能力，例如模板和可复用模型或参考模型。

最重要的是，基于高质量模型的系统工程方法论，将 OO 的功能及其在 SysML(主要或专门用于软件架构的 UML)中的表达，作为能够应对现代技术和系统的挑战。本书的其余部分描述这种以架构为中心的方法，并探讨在应对当今系统工程师和架构师所面临的各种挑战时，出现的一些变化和细微之处。

练　习

1. 列举一些将面向对象作为定义和开发复杂信息密集型系统方法的原因。
2. 列举一些在系统架构中很重要的 OO 原则。
3. 什么是分类器？对象和类之间是什么关系？SysML 块的等效关系是什么？
4. 如何在模型中使用包？
5. UML 或 SysML 模型中的施动者是什么？
6. 用例如何支持行为建模？
7. 活动图如何将模型中的结构和行为关联？
8. 为什么合并是流的异步重组，而汇合是同步重组？
9. 列出在顺序图中可以使用交互片段的一些方式。
10. 什么使类或块的行为具有“状态性”？
11. 部署图的两个主要用途是什么？
12. 列出 SysML 明确支持的一些典型系统工程任务。
13. 在 MBSAP 方法论方面，列出 SysML 和 UML 2 之间的一些主要区别。
14. 区分 SysML 中的两种块图。
15. 如何在给定的项目中使用通常的需求数据库和需求图？

16. 如果将 UML 架构模型转换为 SysML,则描述系统结构的主要变化是什么?
17. SysML 对 UML 活动图有哪些增强?
18. 如何将在顺序图中建模的复杂行为分解成更简单的行为?
19. 参数图如何有助于在 SysML 架构模型中描述系统?
20. 列出 SysML 增强实现建模的一些方式。

参考文献

[1] Object Management Group. (2011) INCOSE Object-Oriented Systems Engineering Method (OOSEM). www. omgwiki. org/MBSE/doku. php?. Accessed19Dec2016.

[2] Booch G. (1997) Object-oriented analysis and design with applications, 2nd edn. AddisonWesley, Reading, MA.

[3] Fowler M. (2004) UML distilled: a brief guide to the standard object modeling language, 3rd edn. Addison-Wesley, Boston, MA.

[4] Muller P A. (1997) Instant UML. Wrox Press, Paris.

[5] Chonoles M, Schardt J. (2003) UML2 for dummies. Wiley, New York.

[6] Booch G, Rumbaugh J, Jacobson I. (1999) The unified modeling language user guide. AddisonWesley, Boston, MA.

[7] Object Management Group. (2011) UML2. 4. 1. http://www. omg. org/spec/UML/2. 4. 1. Accessed 19 Dec 2016.

[8] Buede D M, Miller W D. (2016) The engineering design of systems: models and methods, 3rd edn. Wiley, Hoboken, NJ.

[9] Harel D. (1987) Statecharts: a visual formalism for complex systems. SciComput Program 8(3):231-274.

[10] Object Management Group. (2015) SysML1. 4. http://sysml. org/docs/specs/OMGSysML-v1. 4-15-06-03. pdf. Accessed 19 Dec 2016.

[11] Object Management Group. (2016) System modeling language. http://www. omgsysml. org/. Accessed 19 Dec 2016.

[12] Friedenthal S, Moore A, Steiner R. (2015) A practical guide to SysML, 3rd edn. Morgan Kaufman/Elsevier, New York.

第3章　MBSAP 方法论概述

3.1　基本原则

本章以及接下来的几章，将把 OO 建模的基础知识应用到 MBSAP 方法论中，该方法论是我们的系统架构和 MBSE 方法的核心元素。首先，整体介绍该方法的结构和活动，并力图将其置于整个 SE 学科的背景环境中。MBSAP 的演进在很大程度上是通过借鉴 SE 和架构群体的最佳实践，以及在许多早期架构开发工作中获得的经验教训。MBSAP 的许多独立元素已经由不同的学者开发、使用和发布，如本章参考文献中所述。我们希望本书，为这一领域做出一定贡献，即适应已在真实系统和项目中成功采用的概念和方法，并整合为一个融会贯通和全面综合的策略。尽管讨论中经常提及“系统架构”和“系统工程”，但需要认识到，MBSAP 适用于任何复杂的技术密集型和信息密集型实体，包括由多个节点及系统组合的复杂组织体。

在应对复杂系统挑战时，很容易意识到，架构和 SE 是密不可分的。事实上，我们认为面向系统和复杂组织体的 SE 流程，如本书中介绍的那些 SE 流程，必须根植于架构。SE 关注的是需求分析和分配，涉及性能、成本、进度和保障性的权衡研究，风险管理，设计分析，集成及测试，配置管理，安保性，安全性以及实现优化的和运行上令人满意的解决方案，从而满足客户需求的各个方面。架构为这些 SE 活动提供具有支配作用的组织原则，因为架构在任何时间点都是系统或复杂组织体的权威性表达，并且提供 SE 流程中使用的原始素材。

在更为一般的层面上，可将模型看作以抽象实体基本特征的形式来表达实体。实际上，模型是对实体的一种规范，可以根据此规范推导出设计。构建形式化模型时，MBSAP 使用 SysML 定义的语法、模型元素含义定义的语义，以及模型构造和完善的规则。一个构造良好的模型可用于描述和分析，以促进实体理解，有力支持实体相关的各方（利益相关方）之间沟通。在工程和科学中，模型必须是数学模型和有利用价值，且必须基于一些事物的标准，例如，所使用的建模语言、基础规则和约定、度量单位以及模型制品的内容和形式。在系统架构和系统工程中，模型必须充分地定义所构建事物的结构、行为、规则或通用特性、信息内容和其他关键方面。根据这些原则构建架构时，必须可进行第 11 章所描述的建模、仿真与分析（MS&A），以对系统或系统所代表的其他实体的物理特性、激励响应、人机交互以及其他特征做出定量预测。

虽然本书并未试图提供完整的 SE 主题的全面介绍，但对于在传统 SE 流程的背景环境中，考虑 MBSE 和支持 MBSE 的架构模型很有帮助。在图 3.1 中，左侧列出了典型 SE 流程中的活动顺序，从最初发现客户需要，到设计和实现满足这些需要的系统，再到系统部署、运行和支持；右侧列出了几个典型的示例，展示了在每个阶段，一旦定义并记录了客户的需要和期望，MBSE 所提供的支持。在本书其余的章节，将会进一步阐述上述内容及许多其他细节。在此，要指出的一点是，一个完全实现的 MBSE 流程，为系统生命周期中的几乎每项 SE 活动都会带来巨大益处。

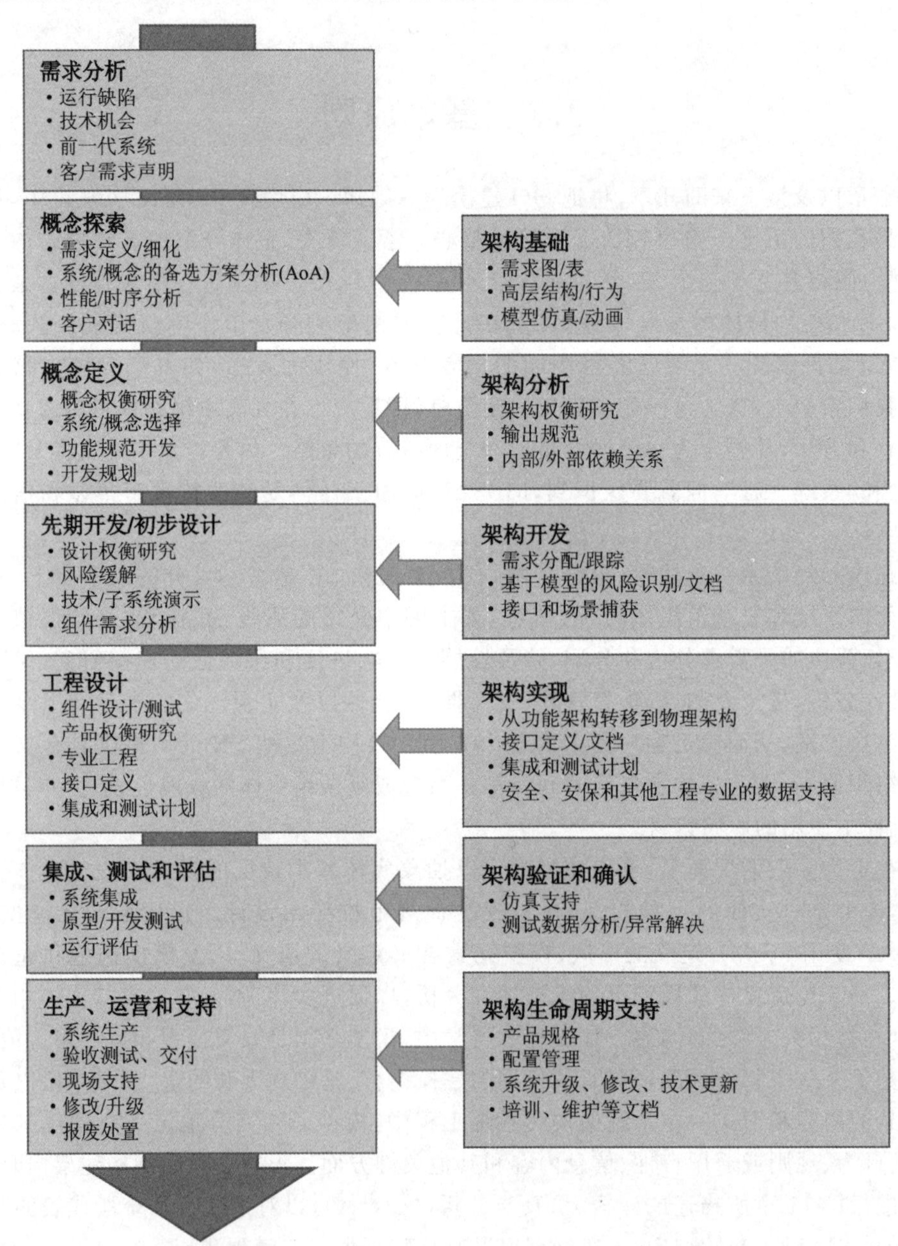

图 3.1　MBSE 为系统工程活动提供的支持(见彩图)

架构模型为诸如上述 SE 任务提供主题。这种以架构为中心的 SE 或者模型驱动的 SE 的概念，代表传统思想发生了重大变化，现在，通常的描述是以文档为中心的。这是因为从历史上看，描述系统的基础由文本规范、图形、表格和其他文档组成。此外，在过去，架构通常仅被视为 SE 产生的制品，有时仅由最终设计的块图构成。今天，人们普遍认识到，架构是系统开发流程的核心，对于将客户需求转化为有效的解决方案的所有阶段都至关重要。

MBSAP 是诸如开放组织架构框架（TOGAF）[1]、Zachman 框架[2]、模型驱动架构（MDA）[3]、面向对象的系统工程方法（OOSEM）[4]等领先行业实践的一个具体事例。它包含一些基本原则，实践证明，这些原则对于定义和开发复杂系统十分重要。总的来说，MBSE 的特征和原则，特别是 MBSAP 的特征和原则，包括：

- 使用 OO，这不仅因为它是现代架构实践的主流，也是为了利用抽象、封装、泛化、多态和其他 OO 原则的强大功能。第 2 章详细地阐述了这一理论依据。从传达必要内容同时抑制非必要内容的意义上说，好的模型是抽象的。
- 将架构模型用作 SE 流程的核心素材，好的模型促进用户的理解及用户之间的沟通。
- 从客户需求到所交付解决方案的各个元素，贯穿于整个架构开发流程的严格可追溯性。好的模型是准确的、现行有效的且明确的。
- 对第 7 章所述面向服务的架构（SOA）的实现提供支持。
- 执行第 4 章和第 15 章所述架构质量属性（Quality Attribute），以维护架构的完整性并跟踪非功能需求的实现。质量属性主要基于如模块化、标准符合性、松耦合和强大的接口管理等最佳实践，并利用客观测量进行跟踪。质量属性通常提供一种评估非功能需求满意度的机制。
- 需要解决架构问题时，在各个不同抽象层级，构建和使用架构的可执行表达（仿真）。好的模型有助于彻底审查备选的方案，因为与实际系统相比，模型的构建以及修改的成本更低。
- 将不断演进的架构与物理原型和虚拟（仿真）原型联系起来。好的模型支持严格的原型构建，以分析和优化现有或新兴的设计，并评估设计的未来演进，从而响应需求、运行环境和其他因素的变化。
- 将这一基本方法及其原则，有效地应用于第 1 章所述一系列架构类别上。
- 支持架构师遵守客户策略，特别是第 12 章所涉及的政府标准和参考架构。
- 改进方法，针对成功地开发和维持复杂的高技术系统和复杂组织体项目，应对日益增加的威胁，包括：
  - ◇ 需求不明确、不稳定和分配不当；
  - ◇ 系统之间的通用性和复用性有限；
  - ◇ 关于整合系统元素的问题，特别是来自多个供应商的系统元素；
  - ◇ 系统内部和系统之间缺乏互操作性；
  - ◇ 结构不好或私有的（“封闭的”）的系统，这些系统难以修改或升级，并制约了后续的竞争。

最终,MBSE 的动机归结为:使系统工程师能够更好地应对技术上和工程项目上的复杂性,提高整个 SE 生命周期中活动和产品的效率及质量,降低风险,增强将客户需求转化为有效运行并可承受的系统解决方案的信心。

3.2 扩展传统的系统工程

传统的 SE 实践在先进的技术和高性能硬件方面具有很强的传承。它的核心分析方式体现在如结构分析和结构设计(SA/SD)[5]等方法中,强调自顶向下的功能分解,最终将需求分配给硬件和软件组件,然后再进行自下而上的集成和测试,以构建最终的系统。图 3.2 是第 1 章所介绍 SE 的"V 形图"的更详细版本。Buede 和 Miller[6]将 V 形图称为传统的自顶向下系统工程(TTDSE)。图 3.1 中的 SE 活动可以映射到此"V 形图"中,例如,需求分析、概念探索和概念定义都与系统和子系统的工程开发相关。

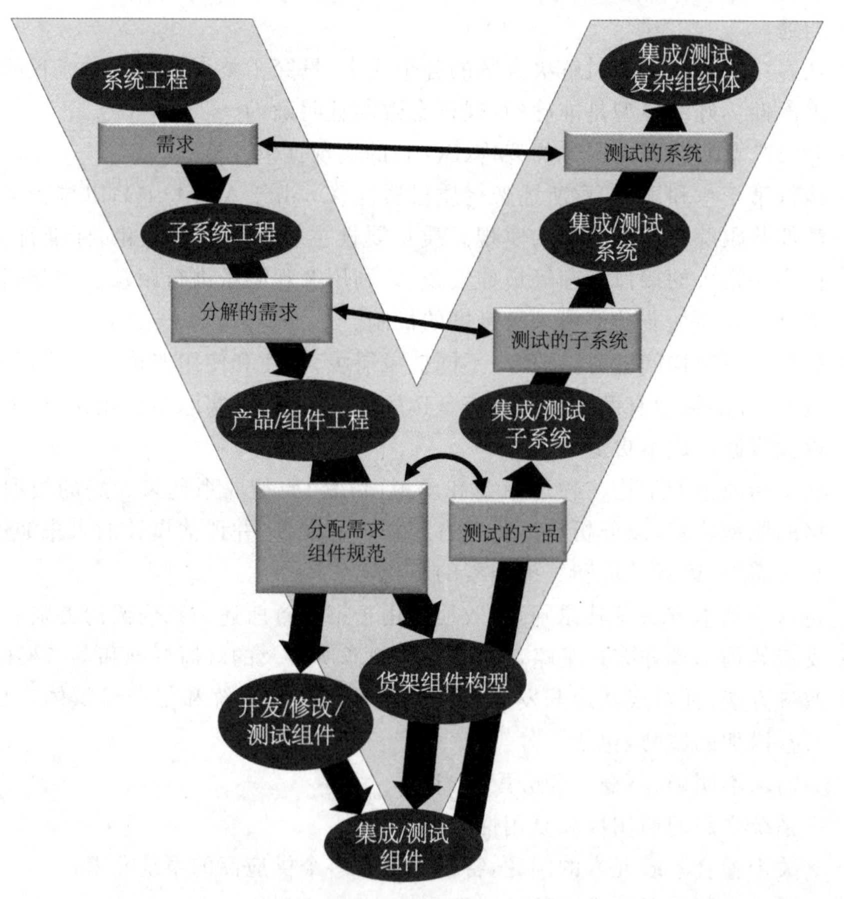

图 3.2 系统工程"V 形图"(表示需求分析及分配,然后设计、集成和测试,以实现最终系统)(见彩图)

诸如 SA 等方法的其中一个结果，就是产生一种趋势——将硬件和软件分离，分别进行开发，并相信二者在集成期间会顺利地集合在一起。数据通常被视为一个截然不同的问题，分别在数据模型、数据字典、数据库表设计或者存储图中进行文档化。同样，通常在单独模型中捕获系统行为的规则。这种方式使工程专家专注于他们各自的专业，但却妨碍对系统的整体思考，并且往往会将一些细微问题的发现推迟到开发周期的后期，而在这一阶段最难修改且修改的成本最高。正是由于这些原因及其他的一些原因，SA/SD 方式一直难以处理日益增加的信息密集型和软件密集型的系统，并且严重的成本超支和进度延误已经成为一种惯例，而不是例外。

另外，OO 起源于软件工程领域。它往往将硬件视为给定的，并假设其唯一用途是为软件提供执行平台，而执行平台被假设包含所有复杂性并完成全部工作。第 2 章讨论了 UML 版本 1 的局限性以及版本 2 的较少扩展，在处理硬件以及完整系统开发和集成方面，面临巨大的硬件挑战的局限性。过去，OO 方法常常被认为并不适用于这类系统开发，而这类需要同时开发硬件和软件的系统情况，又是很常见的，因为硬件和软件的设计相互依赖、并行演进。事实上，OO 在管理复杂性、发现可复用的设计模式、促进模块化、抽象内部执行细节及定位数据与功能方面的固有能力，使它面对上述及其他现代系统工程的挑战都极具吸引力。

尽管有着不同的传统，但 OO 和 SA/SD 也有许多相同之处。二者都依赖于功能的层级化分解，从而将复杂的实体简化到可管理的层级；都强调控制的接口和线程；都坚持从需求到设计的可追溯性；都是通过逐步集成低层级元素来构建最终产品。审视二者根本区别的一种方式是，SA 分解各个功能，而 OO 却将系统分解为可识别的真实实体，包括组成每个实体的资源、实体执行的运行以及使用的数据。这种绑定使系统内容单元一致。之所以是这样，是因为块或块实例的本质属性是，封装正在建模的实体的特性（值、构件、引用、约束等）和操作（方法或功能），并从公开的操作和值来定义接口。除其他优势外，还允许将公共功能和数据迅速地转化为服务，作为 SOA 的基础。

SysML 正面面对的挑战是，在利用传统 OO 软件的固有优势的同时，解决传统 OO 软件带来的限制。这是在整本书中反复出现的一个主题，下面几段总结了一些基本要素，它们构成了 MBSAP 的基础。

- 将正在用块开发和建模的架构的各个元素，视为最初的功能实体，如功能块图所示，为这些功能实体分配了责任和关系。将一些决定推迟到实现阶段的后期，如为物理硬件和软件组件分配功能以及选择待使用的实际组件。
- 在 MBSE 的实践中，从总体架构角度集成硬件和软件工程，力争创建并保持一个平衡且优化的解决方案来满足客户需求。进行系统层级的权衡研究，并考虑整体优化系统时出现的约束。图 3.3 阐明了复杂组织体、系统、硬件和软件架构之间的关系。可将复杂组织体划分为组成它的各个系统，这些系统可以由节点提供。通过将功能分配给硬件和软件的方式构建系统，然后集成硬件和软件，以创建一种满足系统需求的解决方案。例如，系统可能需要专用的处理器，而需求分析将定义处理器必须交付的性能和其他能力。实际的处理器设计以及关键的选择，可以随后在块的物理实例化时做出，如在软件或自定义硬件处理器逻辑中实施其算法。这些细节隐藏在封装的边界内，因为系统的其余部分只需要知道如何调用处理器的功能。

- 用附加的制品补充 UML/SysML 模型及其各种图(Diagram)。诸如数据字典和典型的硬件块图等传统产品，可作为文档化和沟通设计重要细节的有效工具。这些产物应来自于架构模型的开发并与架构模型保持一致。
- 利用一些先进方式(如 SysML 本身的进步)以及增强 OO 能力的改进建模与仿真工具和方法，包括可执行的架构，来应对系统工程师处理复杂的高技术系统时所面临的挑战。例如，在不远的将来，可能会在此列表中出现一些形式化的方法，但此主题不在本书的讨论范围内。

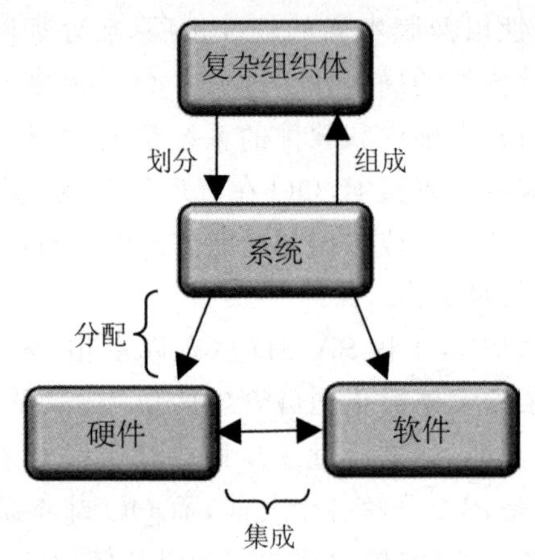

图 3.3　复杂组织体、系统、硬件和软件架构之间的关系

3.3　基本方法

MBSAP 的主要动机是提供一种框架和方法论，在应对广泛的技术密集型系统和复杂组织体时，应用 MBSE 并享受其益处。然而，它的适用性超出了系统设计。MBSAP 方法可应用于各种挑战，例如，优化组织及其流程，提供客观的分析和数据产品，以做出更好的技术和规划决策，支持与不同的利益相关方群体的对话，以及建立高效且具有经济吸引力的产品线。在这些方面，明确表达复杂实体的结构、行为和约束的架构模型，为满足最终用户和作为 MBSE 工作“客户”的其他利益相关方的需求，为实现平衡和有效的解决方案奠定了基础。我们讨论并阐明 MBSAP 在规范、开发、生产和支持系统方面的主要用途，但是无论所涉及的实体是飞机、工厂、电力公司还是需要更高流程效率的政府机构，其基本原理都相同。

MBSAP 的演进在很大程度上依赖于吸纳来自多个来源的已得到证明的最佳实践，以及基于多个系统开发和维护项目的结果进行方法论的改进。MBSAP 将 OO 以及 MBSE 的其他原则整合到一种工具支持的、测度受管理且具有定义的工作产物的流程中。在图 3.4 中,在高层级角度展示该方法论,并在随后的段落中予以详细描述。该流程从客户需求开始,不断推进到架构开发和系统实现的各个连续阶段,最后,以交付最终产品或开始后续增量开发而结束。

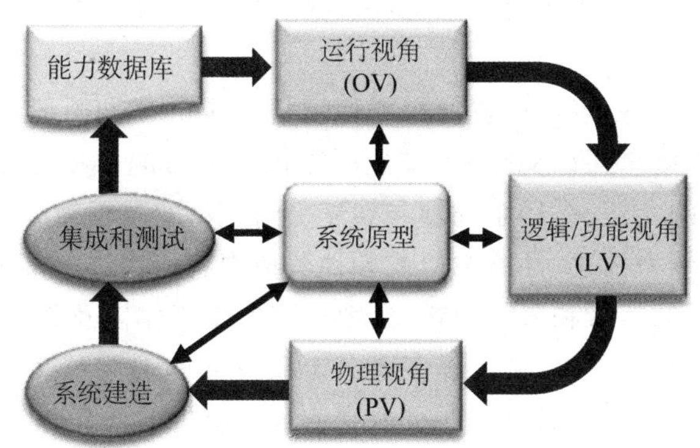

图 3.4 MBSAP 方法论的顶层概述(见彩图)

图 3.4 所示是一个闭环回路,这意味着,MBSAP 是迭代的。OO 方法的许多实践者认为,基本的工程项目策略将使用一种增量方法,通常称为"进化螺旋",其中,在连续多轮的设计、实现和测试中实施需求基线的子集,直到实现整个解决方案为止。MBSAP 支持这种增量方法,但是与单一的工程项目结构(有时称为"大爆炸"方法)同样兼容,在该结构中,一次的分析、设计、集成和测试的周期就能实现系统所需的全部功能集。螺旋式开发最初是为响应这样一个现实而演变的,即在工程项目开始时,往往无法完全定义对复杂系统的需求。

系统用户能够体验和比较可选方案之前,可能无法完整详细地描述他们希望的系统所展现的行为。在可量化成本、进度和风险影响之前,可能无法做出有关性能程度的艰难选择。因此,通常情况下,需求分析和改进必须与设计同步进行,并且需求将会基于在设计过程中获得的经验而演变。螺旋式的工程项目好比就是"一次咬大象一口",并依据这一口的滋味决定下一口要咬的地方。今天,术语"螺旋开发"已经在很大程度上被各种形式的"敏捷开发"所取代,但基本概念非常一致。

敏捷方法或螺旋方法都可以看作是实现"一边构建,一边测试"的思想,以最终实现所需的全部功能。在一个可以根据所选需求进行测试并由系统利益相关方进行评估的原型中,每次开发的增量都为其分配这些能力和结果的子集。螺旋方法的理论家预测,在一个给定的原型中,10%～25%的已开发硬件和软件,可能会因为结果不理想而被废弃或重新设计。下一个增量将考虑这一次的经历与下一组要实现的能力,以及由于对风险、成本、性能和保障性的了解而对系统需求进行修订。由连续的原型逐步建立最终交付的产品,其需求也通过螺旋式体验得到了细化。系统用户和其他利益相关方的深度参与,尤其是随着系统原型的发展,使用系统原型有助于确保结果满足预期,并避免产生令人不快的意外。

在图 3.4 中，起点是业务案例及最终客户需求，用左上角的能力数据库表示。任何重大系统开发都由业务案例所支撑，来证明工作量和成本，并且架构开发的每个阶段都必须再连接到该业务案例，作为基本的判断原则。术语“能力”和“需求”经常被当作同义词而使用，但是前者更倾向于清楚地表明期望的结果是一组运行能力，开发人员可以自由地通过任何被证明最优的设计来实现这些功能，而不是由客户强行施加的、过度约束的先验设计需求。

数据库的内容可以呈多种形式。在工程项目制定的早期阶段，可按照下述几方面表达客户需求：运行概念(CONOPS)、描述所需运行能力的白皮书和简报、业务流程和期望改进提升内容的文档、描述系统参与到复杂组织体的高层需求文档、定义系统予以提供的运行贡献的能力描述、性能规范或各种其他内容。在许多案例中，客户会设定详细的能力描述、适用的策略和参考架构、持续保障实践工作以及其他往往会约束可用解决方案的要求。有经验的客户越来越多地会定义具体的架构可交付物和方法要求，因为他们认识到，这些对于实现鲁棒的、可承受的且可演化的任务解决方案很重要。许多组织使用需求管理和分析工具来编写并管理客户需求和期望的能力，包括任何限定值(强制性)和目标(期望)效能水平，从而建立能力数据库。此外，可使用模型中的需求图。

图 3.4 中的蓝色粗箭头代表从一种架构表达到另一种架构表达的映射或转换。第一个这样的映射是将客户所需的能力，以任何表达形式转换成标记为运行视角(OV)的架构背景环境。这种映射是通过用例和第 4 章所述的其他 OO 结构实现的。包括 Lattanze[7] 在内的许多作者都在强调，详细设计之前，从高层级的、粗粒度的架构视图开始的重要性。这就是 OV 的主要目的。

我们再次强调，良好的模型结构对于实现 MBSE 全部优势的重要性。在 MBSAP 中，这种结构以图 3.4 中定义的视角开始，对每个视角的内容进行分组，形成一组特征视图，从而创建一个符合逻辑的、易于检索的内容框架。3.4 节将对这些进行描述。当系统开发需要符合已建立的架构框架时，可以直接使用 OV，或者通过适当地增强和重新调整格式来使用，以构建合适的运行或业务流程的制品。

为确保完整，OV 应描述系统运行的背景环境。任何外部实体，包括系统运行人员和客户、其他系统和网络、设施和公用服务设施、数据存储库、监管机构以及系统环境的许多其他元素，通常在结构图和行为图中表示为参与者。一般情况下，这种背景环境超出了系统及其所属组织的控制范围，因此，架构必须能够灵活地响应更改并评估更改影响。

通常，OV 的另一个重要方面是正在不断显现的高层级架构的仿真。随着 OV 的成形，将其表达为一个或多个可执行模型可能会有帮助，这些模型将整个系统、系统行为及其运行背景环境带到现实中。这对于确保需求完整且可理解，并支持与利益相关方的对话非常重要。这些仿真有助于识别和解析问题以及歧义，并支持在设计和实现消耗大量资源之前，在相互冲突的系统特征和能力之间进行早期权衡。

下一个映射将 OV 转换为逻辑/功能视角(LV)，详细介绍见第 5 章，是设计开始使用块图来定义系统元素、服务、功能、信息交换、数据实体和从 OV 派生的行为细节。LV 延续 OV 的特征视图，而且在很大程度上是通过分解 OV 的内容，并向其增加细节而形成的。LV 表达系统或复杂组织体的功能定义，并且独立于任何特定技术或产品。这样有助于确保 MBSAP 与 MDA 保持一致，并为技术更新提供有效的基础，以应对产品过时淘汰的问题。在架构开发这一点上，还没有做出关于将功能分配给硬件或软件的决策，只是依照顺序做出了标准选择的顶层决定。LV 中的标准选择主要是符合总体的架构需求和策略，如实现复杂组织体服务和遵从相关标准的需要。

但是，在开发 LV 时，诸如模块化、数据和功能的局部化以及松耦合之类的设计原则非常有效，可行的性能、技术风险、安全性机制和流程以及其他实际细节对设计有重要的影响应予以考虑。例如，这一阶段，在最终确定设计需求并继续构建系统之前，构建可选人机界面（HMI）的原型，并与运行用户迭代这些接口，可能非常有用。考虑到可用产品的能力，可能还需要对所需的硬件和软件资源进行初步评估，作为对功能设计的可行性检查。为了继续利用可执行架构的概念，可使用各种工具来模拟功能模型，以便评估甚至量化行为。

通过将 LV 映射到物理视角（PV）来完成架构建模，这是完整系统或原型中系统能力增量实际实现的基础。考虑 LV 与 PV 关系的一种方法是，前者定义要构建什么（What），后者定义将如何实现（How）。这样产生的一个结果（如 3.4 节所述），将重点转移到产品和标准上，这些产品和标准的选择是实现物理单点设计的核心。

第 6 章描述了 PV 中涉及的活动。这是从设计到实现的过渡，涉及在某个时间点上选择特定的硬件和软件产品、软件编程语言、详细的标准系列、消息传递和联网解决方案、传感器和执行器、电源和散热以及要开展单点设计的所有其他方面。现在，通常必须通过基于可用技术、成本、风险、开发进度和其他因素的权衡研究，最终做出关于为硬件和软件分配特定功能的决策。随着技术的进步和运行经验的积累，可能会在以后的设计版本中重新考虑这些决定。PV 必须对系统背景环境做出解释，现在是用定量的术语来描述。例如，环境因素（如温度、电力品质和外部网络容量）可包括在产品权衡中，以确保得到一个令人满意的系统设计。

在 MBSAP 中，PV 建模的设计是在原型中构建的，并通过集成和测试来评估其是否适合正在解决的所需能力的问题，无论工程项目方式是一个回合的还是增量的，这种原型评估的结果都有助于识别实现中令人不满之处，从而形成问题报告或其他设计更改。此外，评估时可能会在系统需求中发现问题，如需求定义的不一致或不完整，不可行或不具成本效益等。出现这种情况时，流程规定要对能力数据库进行更新。在进化的螺旋中，这些结果，连同全新的能力增量，共同成为下一个螺旋的基础。在一个回合的工程项目中，构建原型的结果是为系统设计改进及问题修改提供支持。

在图 3.4 中，位于中心的原型构建环境将整个 MBSAP 流程联系在一起。在大多数情况下，正在构建的系统应既具有虚拟表达，又具有物理表达。如 3.6 节所述，虚拟原型是可执行物、建模与仿真工具以及制品的集合，这些可以包括图 1.1 所定义的任何抽象层级上的仿真。在逻辑/功能层级上，特别是当系统功能主要由软件创建时，调整可执行的 UML（xUML）[8,9]是一种可能的方式。第 11 章将进一步详细地探讨原型的构建。

物理原型可以是系统集成实验室（SIL）或其等效系统，在此，系统的实际原型通过其物理组件构建，用于集成、测控、测试和改进，包括修改问题。在复杂组织体层级的原型开发中，通常涉及一组由各种节点和系统表达的分布式设施的联网。一旦开发完成，便可以将 SIL 转变为一种可持续的设施，长期用于修改和升级、诊断和纠正潜在设计错误以及培训和其他功能。

图 3.4 中从构建原型活动到 OV、LV 和 PV 的箭头表明，原型利用了每个架构定义阶段的结果，并将构建原型的结果反馈到了每个阶段。例如，为 LV 构建的可执行架构模型的结果可识别出 OV 中错误的或不一致的行为定义。同样，PV 的效能建模可以表明，OV 中定义的截止时限无法得到满足，或者 LV 无法考虑系统内的重要交互。事实上，尽管这样会使图变得凌乱，但是在从每个阶段到之前的每个阶段的螺旋中，都有一条隐含的反馈路径，其中，通过建构原型环境提供了最常见的路径。

有了对 MBSAP 的初步描述，我们就可以完成 MBSE 与传统 SE 之间关系的讨论。图 3.5 给出了 MBSAP 与传统 SE 的“V 形图”之间的关系。本质上，OV、LV 和 PV 中

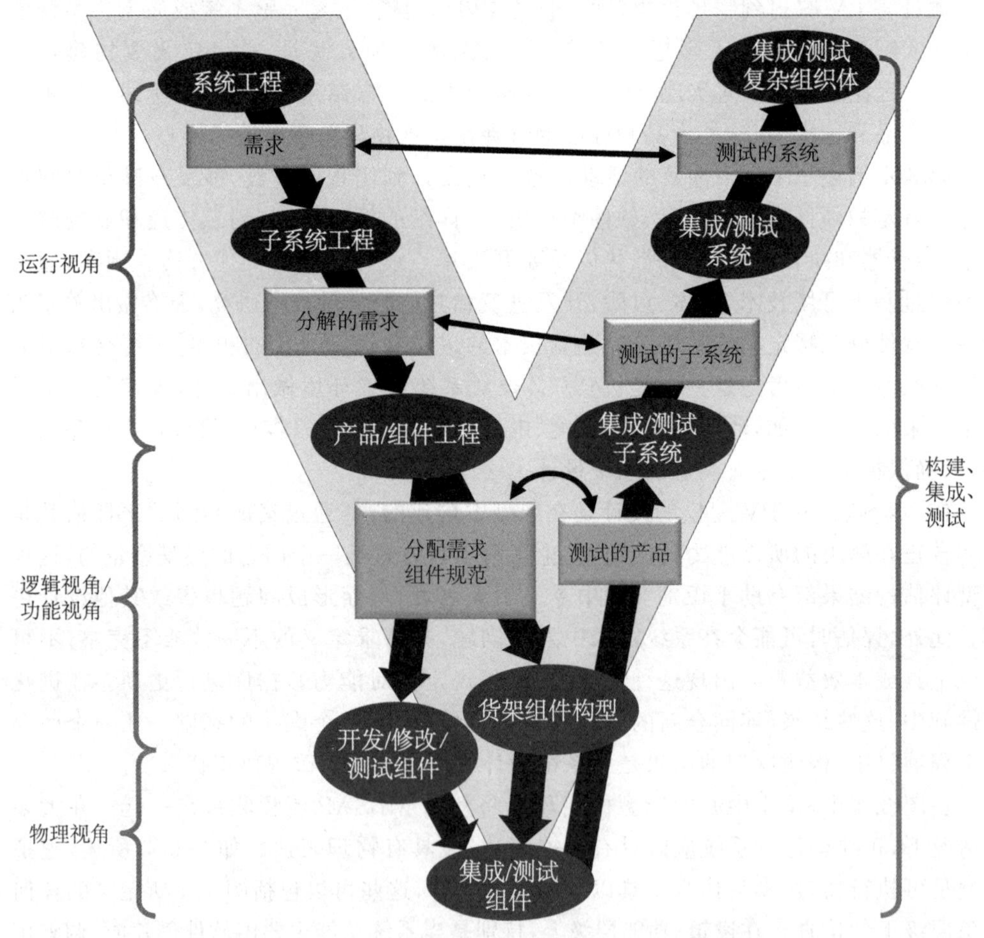

图 3.5　与传统 SE 的“V 形图”相关联的 MBSAP 视角和活动

的架构定义映射到“V 形图”的左侧，而系统建造、集成和测试则对应于右侧。在图 3.6 中，图 3.1 所示的主要 SE 活动之间的联系更加明确。黄色箭头表示主要的 SE 流程与架构模型之间的关联。在某些情况下，SE 流程与整个模型交互，而在另一些情况下，它与一个或多个特定的视角交互。例如，在将 LV 通过单点设计决策予以具体落实以创建 PV 时，将初步或顶层设计向详细设计的转换反映在架构中。图 3.6 突出显示了配置管理和治理，包括变更控制，这是两项特别重要的 SE 活动，极其依赖于架构。

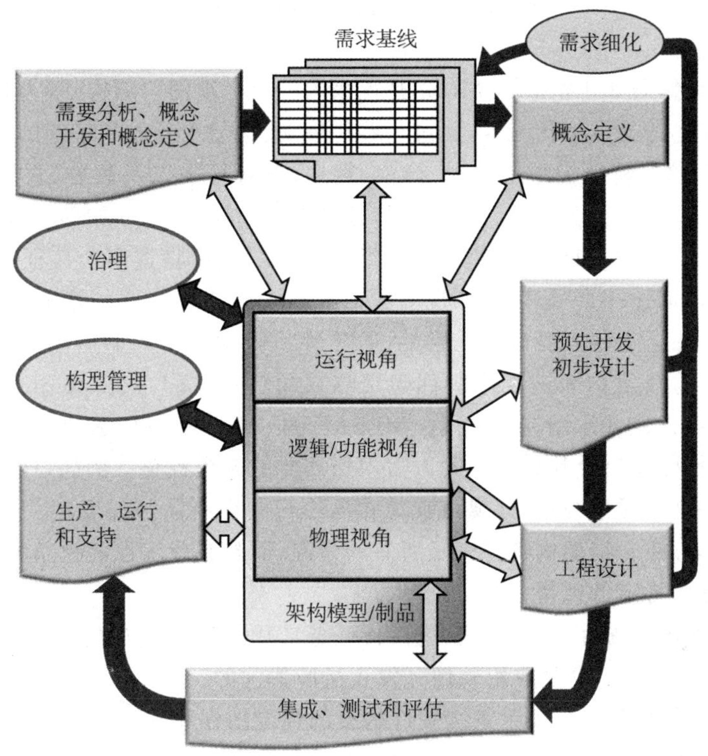

图 3.6　SE 流程的各个阶段与支持架构模型的内容之间的关系（见彩图）

在图 3.6 所示的 SE 流程中，通常在每项重大活动结束时，需要完成正式的工程项目的审查。典型事例包括：批准需求基线的系统需求审查（SRR）、初步设计审查和关键设计审查（PDR/CDR）、测试准备度审查（TRR）等。对不断演进的架构进行严格的评估同样重要，而且可纳入到大型审查活动的议程中。根据工程项目的结构和进度，进行特定的架构审查（例如，在 OV、LV 和 PV 完成时，批准连续的基线）可能很有用。架构团队还应进行非正式审查，以更新架构的测度，与利益相关方进行协调，并且应确保架构模型保持现行有效并与系统设计保持一致。无论范围和时间安排如何，架构审查通常包括：

- 审查架构模型的特定制品，包括模型元素规范以及任何补充资料；在接下来的几章，将针对各种视图详细说明这些内容。
- 审查需求可追溯性、分配和合规性，包括功能需求和非功能需求。

- 利用物理和虚拟原型构建的结果，验证架构。
- 对照当前的工程项目计划，审查架构的开发状况。
- 审查与风险、资源、系统需求更改、工程项目优先级更改相关的架构问题，以及任何其他影响架构开发的因素。

3.4 视角和特征视图

为方便参考，表 3.1 汇总了 MBSAP 视角内的特征视图。结构、行为和规则主要来自第 1 章中描述的基本架构元素，通过一些扩展，促进易于导航和管理的模型结构。对于 OV 和 LV，这些特征视图是结构、行为、数据、背景环境以及服务，它们是架构的重要部分。如果模型中包含需求，则“需求特征视图”也是有用的。如前所述，在 PV 中强调的重点是，具有结构和行为的物理系统组件，因此，我们将这两个特征视图合并为产品视角。同时，创建一个“标准特征视图”，来解释开放架构的这一基本内容，这也是一种良好实践。除了这些主要模型元素外，通常情况下，还需要针对各个利益相关方的特殊利益要求来剪裁架构表达。这些称为聚焦视角(Focused Viewpoint)，它们从 OV、LV 和 PV 提取信息并起到补充作用。MBSAP 的一个基本特征是，它支持任何一组聚焦视角，满足特殊项目及其利益相关方需求所需要的聚焦视角。例如，处理敏感数据的系统将需要一个安保性视角，该视角收集并描绘与实现所需信任度相关的所有架构特征。其中并不存在一组架构特征满足所有的情况，而具有代表性的视角如下，并在相应章节中描述这些特定的视角。

- **运行时环境视角**——用以表达执行任务应用程序所使用的软件基础设施和产品(见第 6 章)，这是应用软件开发人员所关注的。
- **硬件安装视角**——表示系统硬件构型的传统图样和其他文档(见第 6 章)，这是系统集成和设备安装工程师所关注的。
- **网络视角**——聚焦于内部网络及外设网络接口的同样的图样和文档(见第 6 章)，这是通信和网络工程师、网络管理员、系统集成商等人员所关注的。
- **通信视角**——收集有关系统通信设备及其构型和运行的信息(见第 6 章)，这是通信工程师所关注的。
- **安保视角**——实现安保策略并达成必要敏感信息保护所采用的机制、流程和程序的文档化(见第 10 章)，这是负责批准系统进行安保运行组织所关注的。
- **消息传递视角**——用以表达内部和外部的消息传递模式、协议、策略和面向消息的信息交换的其他方面(见第 6 章)，这不仅是网络和通信工程师所关注的，也是必须正确使用消息传递的软件开发人员所关注的。
- **服务/面向服务的架构(SOA)视角**——服务的定义，以及暴露、发现和使用服务的机制(见第 7 章)，这是对服务使能流程、复杂组织体集成、利用网络服务访问系统及许多其他方面感兴趣的任何人员所关注的。

● **系统管理视角**——管理和控制系统资源、检测和修复故障、备份信息以及执行其他对系统正常操作必不可少的任务的产品和程序的文档化(见第 6 章),这是网络管理员及系统长期维护和升级负责人员所关注的。

表 3.1 MBSAP 视角和特征视图

特征视图	内　容	模型制品
运行视角		
结构特征视图	顶层划分	包图/块图(领域)
行为特征视图	初步系统功能	用例、活动图
数据特征视图	全局信息分类	概念数据模型
服务特征视图	领域服务	服务分类结构、领域规范
背景特征视图	支持信息	文档、图形等
逻辑/功能视角		
结构特征视图	功能组件/接口、规范	块图
行为特征视图	类和类协作功能	状态机图、顺序图
数据特征视图	系统信息实体、XML 构造(Schema)	逻辑数据模型
服务特征视图	特定服务(功能的)	服务分类结构、规范、顺序图
背景特征视图	支持信息	文档、图形等
物理视角		
设计特征视图	硬件/软件、组件规范	类/块图
标准特征视图	初始和预见的标准系列	标准表格、模型元素规范
数据特征视图	数据库中的表	物理数据模型
服务特征视图	物理服务定义	服务等级协议、服务规范
背景特征视图	支持信息	文档、图形等
聚焦视角		
实时环境	软件基础设施	包图/块图、组件规范
硬件装置	安装方式、电缆布线、重量/配重、能量/冷却等	UML/SysML 图和规范
网络	网络拓扑、设计、管理等	块图、文件和图形
通信	外部通信设备	设备规范
安保	信息保护特征和功能	UML/SysML 图和文件
消息	信息交换机制	UML/SysML 图和文件
服务/SOA	服务信息的集合	参见:服务特征视图
系统管理	资源检测、故障恢复、配置管理	UML/SysML 图和文件、产品规范

3.5 架构开发的基础

对于建立有效且周密的工作计划以及识别和应对随后可能出现的各种问题方面，在系统开发中为使用 MBSE 而准备的许多早期活动，将带来重大益处。在做好必要基础工作之前，急于开始架构建模是系统开发工程项目中常见的错误。随着架构工作的开展，准备工作所投入的时间和精力将会带来可观的回报，并且将会降低纠正早期错误的高昂成本及遗漏的风险。本节将论述其中一些基本的步骤。

3.5.1 信息收集

在开始建模之前，集中精力汇编与架构相关的所有可用信息，是一种效率最大化、错误及返工最小化的宝贵方式，通常包括：

- 系统需求及相关数据，包括运行概念（CONOPS）、性能规范、所需系统特征等；
- 关于系统运行和支持环境的数据，包括系统将在其中发挥作用的任何大型复杂组织体；
- 策略、程序、指令、法律考虑因素和其他限制，如适用的参考模型或参考架构，以及识别架构决策和批准机构；
- 传统系统以及必须与其交互或从中复用内容的其他资源；
- 要使用或开发的技术和产品；
- 要采用的数据模型或定义；
- 识别利益相关方及其利益和关注；
- 任何其他相关数据。

3.5.2 利益相关方

贯穿本书，我们强调的是，考虑并纳入对系统开发的结果具有正当利益的不同群体的需求和优先事项的重要性，这些群体统称为“利益相关方”，通常包括：

- 指定和采购新系统的采办组织，包括项目经理和总工程师等关键人员；
- 使用或运行系统并使用其产品的最终用户；
- 支持人员，从技术维护人员到系统管理员均包括在内；
- 与系统相关的大型复杂组织体的所有者和运营者，包括网络和通信；
- 测试、安全、安保和其他专业工程领域的专家；
- 制造、部署、支持并最终处置系统的组织和人员。

成功的要素是，利益相关方尽早参与，需求仍然有延展性，而冲突的系统特征之间仍然可权衡。从实现各个利益相关方期望的特征之间的最佳可行平衡的意义上说，在达到需求基线并最终形成优化的系统设计过程中，必须充分体现并全面处理利益相关方的关注点，这一点至关重要。当这些利益相关方的利益发生冲突，或者至少彼此竞争

（这是很常见的情况）时，这一点变得尤为重要。使每个利益相关方群体都能感受到自己的意见已经得到了倾听和重视，这一过程同样重要。

理想情况下，在架构开发初期就举行架构启动研讨会，同时利益相关方尽可能全都参会，这是一种最好的开始方式。这一点将在后面一节中详细阐述。由于架构应始终反映利益相关方的问题和关注，这可能成为系统需求的来源，因此，可以有力地结合此活动，或与“需求收集研讨会”协调此活动。另一个关键要素是，在利益相关方的参与下，定义质量属性的客观测度，并将这些客观测度定期显示为管理指标，以树立起真正兑现对各种利益相关方利益承诺的信心。第 4 章将进一步论述这一点。

一般来说，架构描述为利益相关方了解架构提供了一种沟通的渠道媒介，针对架构演进以及是否正在实现期望的最佳平衡，支持良性的持续对话。Rozanski 和 Wood 将术语“架构描述”定义为，用于此目的，描述架构的一组产物或制品。MBSAP 包含 OV、LV 和 PV 的内容，可以精确地创建这种架构描述，并且可以通过这种方式而使用。因此，通过这种方法论开发的架构的一项重要测度是，其生成的图、表格、支持文档、可执行模型以及其他内容，满足所有利益相关方所需信息和理解的程度，这些利益相关方上至高级主管和策略制定者，下至系统运行和支持人员，他们必须与所开发的工程项目常年打交道。

从这种角度评估架构，既需要利益相关方的持续积极参与，也需要专家代表架构团队做出判断。下面是一些可用来帮助应对挑战的技巧。

- **架构总结和概述**——一种重要的早期文档，其中概括了工程项目的架构维度。在利益相关方之间，尤其是架构团队和项目管理层之间，协调该文档的过程，可以极大地促进对架构范围、产出物、资源、方法论、优先级和其他必要方面的讨论。如果可以达到使所有的（或至少大多数）利益相关方都准备签署批准的状态，那么这是一种充分的架构方式，会为架构师继续开展工作奠定坚实的基础。此外，这也成为了 Rozanski 和 Wood 定义架构描述的基础。架构启动研讨会最重要的目标应当是，在利益相关方的全力投入和讨论下，协商出一份可靠的文档初稿。附录 C 的附件 1 就是架构总结和概述文档的示例。
- **质量属性**——一种测量和显示关键系统属性的客观方式，其重要性在前面已经提及。质量属性（Quality Attributes，QAt）及其测度是 MBSAP 的机制。第 4 章和第 15 章扩展了对非功能需求的讨论，非功能需求代表必要的整体系统特征，并且可能很难正确评估。随着系统经验的积累，技术、资金、进度和性能的实际限制条件成为焦点，QAt 可能会随着时间而演变。最重要的是，这些非功能需求仍然可追溯到系统能力和基本的架构原则，以客观且尽可能量化的测度进行评估，用于验证这些非功能需求，并定义和实现经协商并达成一致的方法。第 4 章介绍了 QAt，第 15 章则全面提出将 QAt 作为架构治理的一部分。
- **利益相关方持续对话**——包括使利益相关方对话保持有效的正式和非正式工程项目审查以及协调会议。这种对话可提供一个早期迹象，来表明一个或多个利益相关方认为架构的演变是偏离了约定的平衡，还是不能满足他们的利益。

通过架构师和利益相关方代表之间的讨论，可在较低层级和较高频率上对这些活动进行补充。

3.5.3 符合客户策略和强制要求

在开始架构项目之前，必须了解客户的策略和强制要求，便于规划和执行与这些策略和强制要求相符合的工作。MBSAP 的主要目标是，有助于证实所交付的解决方案遵循客户制定的策略、参考、最佳实践和标准。公共部门和私营组织通常都强制某种程度的开放、模块化、标准合规、网络化和面向服务的架构。他们使用检查列表、参考架构和参考模型作为工具，用以强制执行和评定合规性。MBSAP 包括许多特征，旨在帮助架构师和系统工程师开展设计，以最低可行成本和风险交付所需能力的解决方案，同时提供证据来表明已遵循了适用的策略和强制要求。下面几段将概述 MBSAP 中一些支持这一目标的特征。

- 每个架构视角都是依据一系列的制品定义的，这些制品直接或通过重新格式化或其他转换方式，创建由客户实践所需的产物。MBSAP 从 OV 到 LV 再到 PV 的基本流程，建立在映射客户架构的基础之上，同时保留良好架构实践的基本要素。
- 表 1.2 中，建立的架构最佳实践已归纳在定义的架构原则中，在 MBSAP 的每个阶段都有所应用，通过适当地剪裁，定义客观的测度，在不断演进的架构中对所纳入的测度进行跟踪和可视化。架构权衡分析方法（ATAM）[10] 是一种定义和实施一系列测度的方式，这些测度可最大程度地洞察任何特定的架构开发挑战。第 15 章将更详细地介绍架构质量和完整性的测量。
- MBSAP 包括开发可复用架构元素、示例、指导性文档、支持数据和架构师感兴趣的其他材料的存储库。其中的内容有复杂组织体服务、元数据模式、试样制品和其他材料（其使用节省了时间和金钱）的参考实施，同时提高了项目能力，用以证明其符合客户架构策略。第 12 章将论述参考架构的基本原理。

3.6 建模与仿真的作用

第 1 章定义了抽象轴，处理了下面的情况：架构开发从概念和抽象初始表达，发展到完全物理的最终表达。这点已映射在图 3.4 所示的 MBSAP 流程中。下一步是将建模、仿真和分析（MS&A）层级与每个抽象层级相关联，如图 3.7 所示。MBSAP 包含了图 3.8 所总结的 4 个 MS&A 层级，它显示了每一层要解决的各种问题，各层之间的典型信息交换，以及所使用的各种工具。第 11 章更详细地介绍了 MBSAP 的这一方面，下面几段简要介绍了 MS&A 层级。

- 运行 MS&A ——从系统运营方以及其他与达成系统预期任务有关用户的角度，检查架构。它涉及系统的运行环境、参与者的运行场景和交互、以各种方式

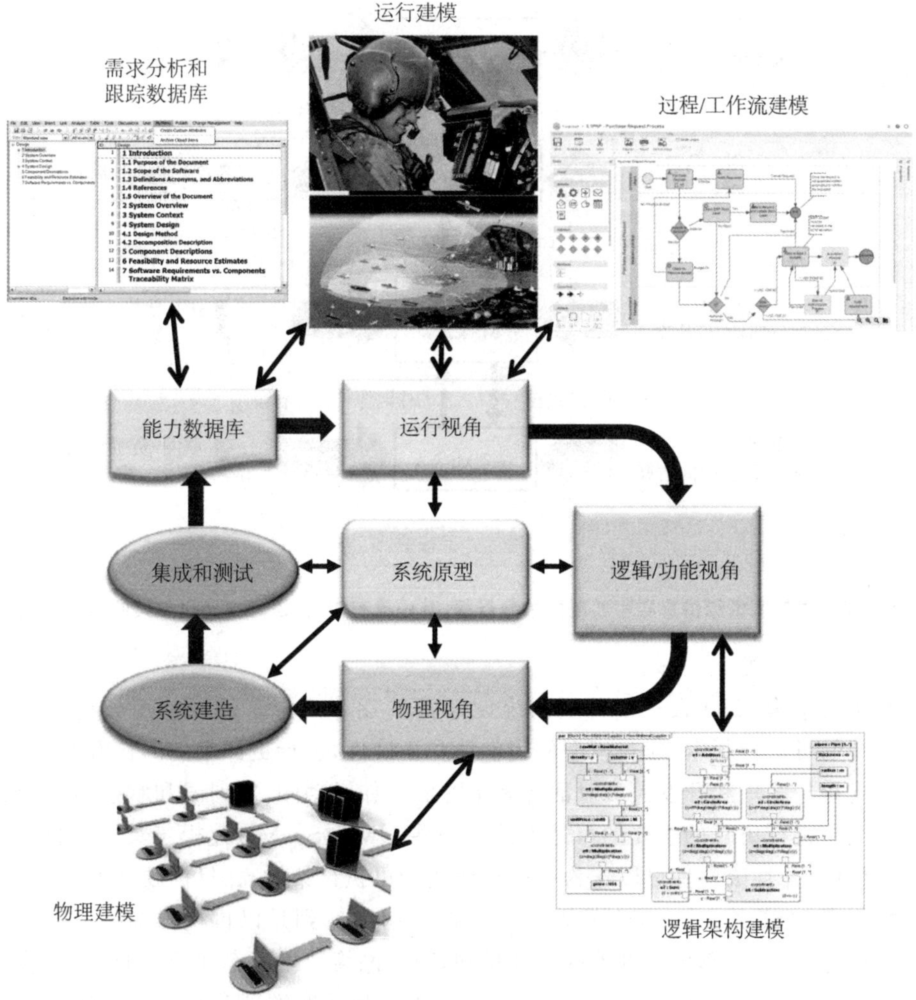

图 3.7　通过各种可视化工具支持架构开发的各个阶段(见彩图)

使用系统的结果以及运行效能和有效性的度量。因此,可用来创建架构分析的整体背景环境,并可视化整个系统的行为。运行仿真看起来非常像视频游戏或计算机生成的电影,现代工具通常与此类产品共享技术。运行模型在最一般且抽象的层级上表达系统,但可以纳入来自更具体模型的输入,从而确立传感器提供的覆盖范围以及数据网络在场景各个点处的错误率。

- **流程和工作流** MS&A ——利用表达系统域主要活动及交互的用例图和活动图,在 OV 中进行行为建模。相应地可执行表达,将这些行为作为业务流程或组织任务来处理。流程模型包括表达资源的节点和代表数据、控制流的连接,并含有一些参数,如与处理或决策步骤相关的时间。它们在解决问题方面非常有用,如确保充分理解系统流程,发现瓶颈和不平衡,识别运行人员在某场景各个阶段的任务和所需的技能,描述关键决策点的特征,评估并行流程和必须同

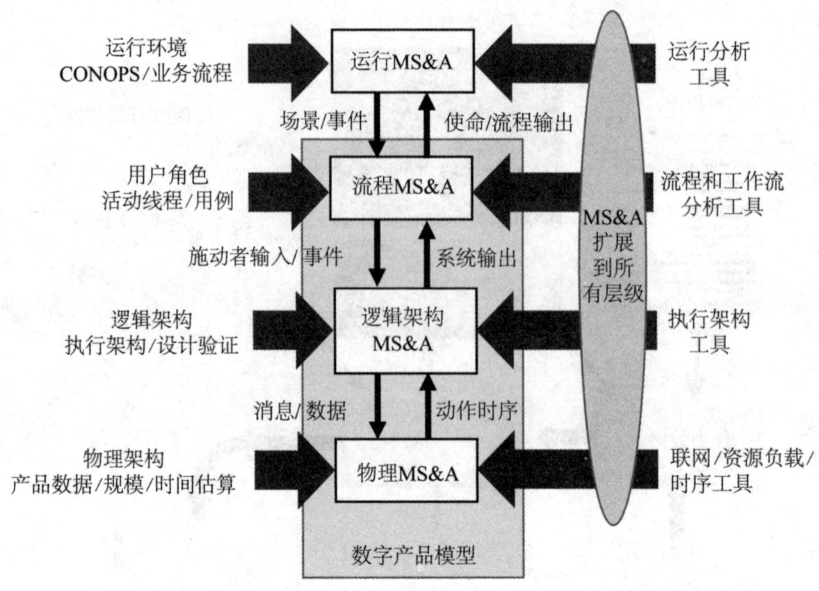

图 3.8　架构中与建模和仿真层相匹配的抽象层级,其中具有内容、信息交换和工具的概述(见彩图)

步的点位等。

- **逻辑架构** MS&A ——开展系统设计,LV 逐步成形。可以利用架构的元素和图的可执行版本,检查模型的完整性和正确性,进行更详细的时序和性能分析,支持与客户和开发人员对话等多个方面。如活动图、序列图和状态机图等行为图是进行仿真的主要的可选方式。一些 UML/SysML 建模工具支持自动代码生成,并且该软件可以作为另一种形式的可执行架构,在目标硬件上运行。
- **物理** MS&A ——物理模型表达硬件和软件,达到足以再现详细行为的高保真度,以及可计算出处理器的吞吐量和负载、网络数据速率和等待时间、天线辐射方向图、传感器探测范围、运载器运力学以及其他物理参数。物理建模是大多数工程师熟悉且感到舒适的层级,使用大量的工具、建模方法和一些商业化工具,其中一些是由开发组织内部创建的。这样建模可能既昂贵又耗时,因此通常侧重于特定的设计和需求问题,需要先回答这些问题才能构建和测试实际的系统组件。案例包括:满足需求分析是否还有足够的余量,以及计算和通信资源是否足以应对最坏情况下的负载。

特定的项目可能不需要所有这些 MS&A 层级,但是正确定义的虚拟原型,可有效解决重要的系统架构问题,对于创建和优化系统设计而言,可能是非常难得的工具。

3.7　架构启动研讨会

在 3.5.2 小节中,我们介绍了“架构启动研讨会”的构想,要在工程项目发展的关键阶段召开，并且利益相关方尽可能悉数参与。这是 MBSAP 的重要元素，旨在确定架构范围、目标、产出物和流程，并在架构团队与项目的利益相关方（尤其是项目管理层）之间建立“契约”。为取得成功，需要认真地准备和协调这次启动会，包括：

- 指定首席架构师和架构团队的主要成员，明确角色和职责。
- 汇编有关项目范围、目标、优先级、预算、进度、约束以及可能影响架构开发的任何其他因素的信息；尤其是，初始需求基线是必不可少的元素，在其确定之前，不应启动工作。
- 与利益相关方协商，以确保识别出的架构必须应对所有需求和问题；利益相关方参与启动活动本身，以及认同达成的协议，将大大改善工程项目的架构基础。

根据项目的范围和复杂度，启动会议可能持续数小时，甚至于数天，并且可能是大型整体项目启动和规划活动的一部分。架构团队需要与利益相关方达成共识的关键项包括：

- 架构流程和方法，包括应用参考架构（见第 12 章）以及选择工具、数据格式、分析和原型建构方式、建模与仿真方式以及架构工作的任何其他重要方面。
- 架构范围、背景环境和假设，包括运行概念和环境。
- 进度和资源。
- 架构的用途和使用，包括具体的制品和其他产品，映射到架构支持的工程项目的决策和 SE 活动。
- 质量属性和相关的测度（见第 15 章）。
- 策略、指令、先验设计决策（如复用现有的设计和组件）、业务规则和流程、组织背景环境以及对架构的任何其他约束。
- 架构治理以及长期更新和维护的规定（见第 15 章）。

研讨会的目标是，应至少形成 3.5.2 小节所描述的《架构总结和概述》的完备草案。

3.8 可选的方法

目前被提出的架构方法几乎与应用这些方法的系统架构师和组织一样多，这的确不足为奇。许多公司已经定义了正式的架构流程。国际系统工程协会（INCOSE）对当前领先的 MBSE 方法进行了调查[11]，并发布了独立于工具的面向对象的系统工程方法（OOSEM）[4]。通常，这些方法（包括本书中描述的方法）是对一系列基本架构活动和产物的各种变体，包括：

- 选择视图或视角以及每个包含的制品；“视角”一词强调的事实是，每个视角都代表特定利益相关方或群体所感兴趣的架构方面。
- 架构开发步骤的顺序以及每个步骤的产物。
- 选择受控和测量的架构流程的工具、格式、测度和其他方面。

MBSAP 通过鼓励精心选择一组聚焦视角，来应对灵活性的需求，如本章前面所述。第12章介绍架构框架,这是规定方法论中重要特征的常用方式。TOGAF[1]已在引用之列。本节,我们对一些示例进行了概述,并阐述了MBSAP的可选方案。

软件工程研究院[12]已逐渐形成了一种称为“Views and Beyond”的方法,建立在一种非常灵活的自适应方法基础上,由此根据架构项目的具体情况及其客户的需求来选择和定义视图。正如所预期的,这种方式侧重于软件架构,并未计划应用到更广泛的系统。在此方案中,视图分成三类,称为视图类型:

- 模块视图类型,其中,元素是模块,模块是实现单元。
- 组件和连接器视图类型,其中,元素是组件(组件是主要的计算单元)和连接器(连接器是组件之间通信的载体)。
- 分配视图类型,其中,视图表示软件元素与一个或多个外部环境中元素之间的关系。

IEEE标准1471—2000中采用另一种方式,解决软件密集型系统的架构描述,并提供了参考模型和推荐的实践。满足标准符合性需求的框架或方法,对下述内容具有一定确定性的能力:

- 表达系统及其演进。
- 确保利益相关方之间充分沟通。
- 用一致的方法评估架构。
- 规划、管理和执行架构开发。
- 验证合规性。

该标准关于架构文档化建议的关键点包括:

- 强调数据文档化,包括数据实体的创建或修订日期、范围、背景环境和其他方面。
- 强调利益相关方及其关注,与本章前面论述的非常一致;架构文档化是用于保持利益相关方对话,并证实架构满足其关注的最强大的工具之一。
- 使用表达特征视图以及追溯到各个利益相关方关注的视角。
- 使用由定义架构的模型而组成的视图;应评估视图是否符合视角以及它们之间的一致性。
- 仔细地记录支持设计决策和架构备选方案选择的根本原理。

MBSAP实施IEEE 1471—2000的关键原则。

Lattanze[7]描述了一种以架构为中心的设计方法(ACDM),作为可将MBSE原则付诸实践的各种方式的一个事例。类似于“Viewsand Beyond”,ACDM明显针对的是软件架构,而本书中我们关注的是更加通用的系统架构,但这两种方式有很多共同点。在一定程度上,ACDM基于的是,在轻量级(敏捷)和重量级架构流程框架之间找到可行的中间路线,力求实现前者的速度和响应能力,同时充分保留后者的严谨性和可重复性。图3.9表明了ACDM的8个阶段,并将MBSAP运行、逻辑和物理视角映射到了这8个阶段。ACDM的第3阶段和第4阶段包含核心架构活动,并与运行视角和逻辑视角的元素相关联。ACDM非常重视架构的结构维度,而MBSAP在结构、行为、数据和其他方面之间寻求平衡。

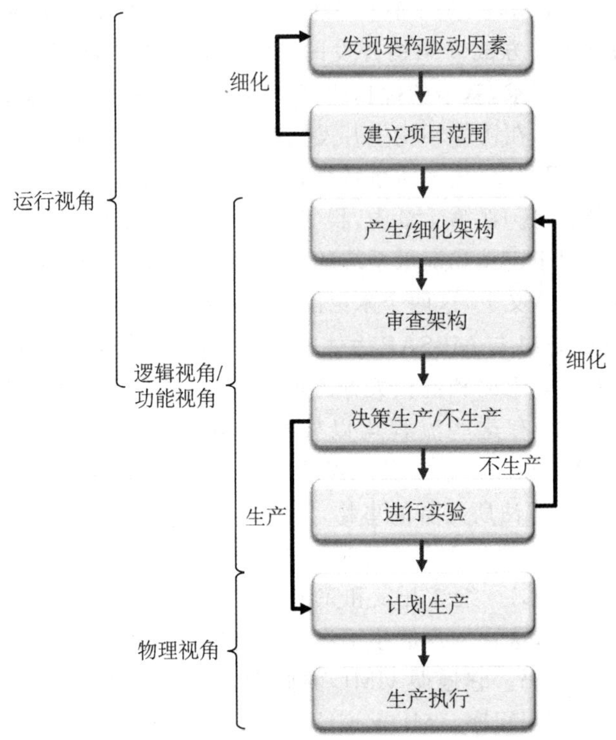

图 3.9 以架构为中心的设计方法(ACDM)的阶段,映射到 MBSAP 视角(见彩图)

Lattanze 强调了应用 ACDM 的许多关键点:

- 从利益相关方手中获得架构的驱动因素,确保考虑到所有需求、产物和约束,这是架构启动的关键部分。
- 迭代架构设计,直到满足进入到生产的准则为止,并通过实验来解决问题。
- 使架构文档化,以捕获设计和基本的理论原理。
- 将架构用作整个项目的蓝图。

与本书中关注的架构类别相关的另一个标准是,国际标准组织(ISO)/国际电工委员会(IEC)的标准:ISO/IEC 15288“系统和软件工程——系统生命周期流程”[13]。该标准定义了一组流程,涉及组织、技术、项目管理以及系统生命周期的其他方面,从最初的开发和采办到运行、维护和处置,这些都被组织到复杂组织体、项目和技术流程的方面。许多系统架构师都使用第 1 章中引用的 Zachman 框架,作为架构方法的基础。这种方式提出了架构的“What”“How”“Where”“Who”“When”“Why”,并在后续以更具体的表达形式予以捕获,最终得到详细的设计。MBSAP 在许多重要方面都非常相似(有关映射,请参见第 12 章),但它强调面向对象和实现它的工具。因此,Zachman 框架不是我们这种方式的主要组成部分。但是,其在发现和组织范围及内容,识别主要挑战和复杂性以及与客户和管理层进行沟通方面,尤其是在项目的早期阶段,Zachman

框架可能有所帮助。

在 Rozanski 和 Woods[14]关于软件架构的书中,对系统架构的更广泛领域具有重要见解,他们使利益相关方成为架构开发的核心因素。他们甚至说,架构的整体目标是,满足利益相关方的需求,基本的优良测度表达实现这一目标的程度。他们提倡一种类似于 MBSAP 的方式,在协作环境中开发"视图"或"视角"来描述正在构建的系统结构和功能,开发"特征视图"来描述质量特性,以促进各个利益相关方群体关注的识别、优先级排序、评估和实现。在第 4 章中,将 Rozanski 和 Woods 所描述的质量特性定义为质量属性,特别是用于定义和衡量系统的整体特征,如可靠性、保障性和安全性这一类非功能需求,在这一意义上,这两个术语的含义是相同的。

INCOSE 的 OOSEM 与 MBSAP 大体相似。它汇集了 SE 活动:功能分解、SysML 的 OO 原则,以及非常熟悉的利益相关方需求分析、系统需求开发、逻辑和物理架构开发、系统验证和确认,所有这些流程均以架构模型为基础。OOSEM 还强调贯穿于 MBSE 流程的需求可追溯性。它定义流程的层级结构,标识为 SE 基础,是任何面向对象的系统工程(OOSE)方法所共有的事物,以及被认为是 OOSEM 独有的活动。

注意: OOSEM 是绝对独立于工具和供应商的。

对象管理组织(OMG)[3]继续开发和完善本章前面提到的 MDA 方法。具体地说,这是一种软件开发方式,这种方式依赖于将架构模型自动转换成代码,可指定语言的源代码或直接执行机器代码。它遵循 UML 的假设,即系统开发任务是构建一组将在计算平台上运行的软件应用程序。MDA 连续经历三个模型:

- **与计算无关的模型(CIM)**——对系统需求和环境建模,本质上,其与业务模型或 MBSAP 运行视图相同。
- **与平台无关的模型(PIM)**——描述系统,但不是实施细节,其相当于 MBSAP 逻辑/功能视图。
- **与平台相关的模型(PDM)**——捕获实现系统所用的技术和详细设计,其相当于 MBSAP 物理视图。

MDA 的成功取决于实施它的工具质量,特别是对于从 PIM 到 PDM 的自动代码生成。基本原则是"维护模型,而不是维护代码",通过工具由设计更改驱动软件升级。总之,关于将 MDA 应用于软件的可行性一直存在着争论,但是,自动代码生成已在某些结构良好的领域中成功运用,并且随着工具和技术的提升,自动代码生成可能会越来越流行。与 MDA 的兼容性,始终是我们开发 MBSAP 视角和特征视图的重要考虑因素。

随着整个敏捷流程概念越来越突出,以架构为中心的 SE 的另一种方式越来越受关注,通常称之为敏捷系统工程(ASE)[15]。为了符合灵活性和可靠性的总体敏捷主题,ASE 旨在使系统更好地应对一个现实,即需求、运行环境、赛博安全威胁以及对系统设计和运行的其他影响,持续不断且不可预测地发生变化,Dove[16]称之为"面向演变的设计"。ASE 利用了模块化架构的优势,包括将系统内容封装在具有开放接口的自独立式和可复用的组件中。正如我们在第 1 章中所讨论的,它基于的是对开放架构的深度投入。在此基础上，ASE 寻求使用“即插即用”的组件和系统，来实现灵活的系统组成，这些组件和系统可以动态地重新配置，甚至可以自行重新配置。该方法与 Scrum 等敏捷软件技术有许多共同之处，这些技术的特点是，优先对待客户需求，缩短开发周期(“冲刺”)以及连续集成和测试。MBSAP 支持以 ASE 为基础的所有关键概念，尤其是模块化的、功能定义的系统元素并将重点放在系统元素的接口之上。

INCOSE 的 ASE 生命周期模型(ASELCM)项目[17]是一次值得关注的努力，其促使该学科的成熟并鼓励采用它。ASE 工作组发现，系统环境通常以反复无常、不确定性、风险、变化和演变为特征。作为回应，ASE 的主要宗旨是，在敏捷生命周期框架中体现出跨越系统项目阶段的研究、概念探索、开发、生产、利用、支持和退役阶段的同步及异步活动。另一个核心的概念是，使用由以下三个嵌套系统组成的框架：

- 目标系统，是发展和创新的最终目标；
- 目标系统生命周期域系统，包括目标系统及其外部环境；
- 创新系统，包括前面两个系统以及管理生命周期的资源。

我们认为，但尚未证明，MBSAP 与 ASE 的智能融合可以产生非凡的 MBSE 能力[18]。

尽管前几段中的大多数可选方法与 MBSAP 具有相当的等效性，但我们提到的最后一个方法却不具有这一特征。Dori[19]开发的对象流程方法(OPM)与 SysML 中体现的方式有着根本的不同。尽管它包括抽象、通用化和其他 OO 原则，但强调的是系统功能性，同 OO 集成形成了鲜明对比，由系统单元中的块针对功能、结构、数据和其他特征进行建模。OPM 使用单一类型的图，OPM 有许多的拥护者，并且已有效地应用于各种架构分析情况中。但是，OPM 和 MBSAP 代表了系统架构应对挑战的根本不同的方式，我们认为前者不在本书讨论的范围。

3.9 工具的困境

为了完成对 MBSE 和 MBSAP 方法的介绍，还需要进一步地实践考虑。接受新工程范式的准备度及新工程范式所带来的经济利益，关键取决于其实施工具的质量和可用性。当前的现实是，尽管在 MBSE 端到端流程的各个阶段都存在出色的单一工具，但高效且集成的工具环境仍在开发之中。需求分析、架构建模、性能和时序分析、测试规划和数据分析、配置管理、风险管理以及其他流程，通常都由独立工具支持，对其中的自动信息交换或工作流的支持十分有限。将 UML 或 SysML 工具中的架构模型链接到方程求解器或仿真引擎是一个典型示例。有时，分析师必须使用第二个工具固有的构造，来创建架构的另一个版本。尽管这实际上并不比传统 SE 环境中的同等情况差，但是很明显，只有实现鲁棒而灵活的工具集成和互操作性，才能实现 MBSE 的全部作用和效能。

Broy[20]和他的同事分析了为基于模型的开发创建无缝环境的挑战，并基于基础建模理论和通用工具框架提出了策略。但是，正如他们所指出的，商业工具的开发非常昂贵，工具提供商几乎没有经济动力去投资解决整个问题。一项举措就是针对 SE 数据的数据交换标准，即 AP（应用程序协议）233，该标准从属于 ISO 10303《产品信息交换标准（STEP）》。AP 233 使用流行的 EXPRESS 数据建模语言，该语言的定义见 ISO 10303－11《EXPRESS 语言参考手册》。其目的是，在 SE 工具之间交换和集成信息。例如，已在 AP 233 和 SysML 之间形成了映射。

Denno 及其同事[21]认为，鲁棒的 MBSE 学科，必须同时使用参数化建模和决策支持技术，并且这些需要具备 4 个基本特征：

- 视角的形式化规范；
- 关联性，规定信息的对应性，跨视角；
- 确立这些关联的有效性，尤其是跨视角特性之间的关系；
- 设计投入（“细化”）的可追溯性（“内置”）机制，从需求到当前系统设计（这可能是应用形式化方法的一个有利的时机）。

这些分析和其他分析都起源于 Wymore[22]的开创性工作。他们共同为 MBSE 及其实现的基础设施，建立了合理的理论基础。例如，各个 SE 流程的实施工具所用的通用元模型，将会为由 Denno 等人确定的 4 个特征提供有力的支持。

尽管有这样的承诺，但读者需要知道，目前，任何综合 SE 环境都面临两个重要的局限。Cole 等人[23]在美国喷气推进实验室（JPL）的 MBSE 试点项目中，深刻地阐述了这两个重要的局限。首先是技术问题，正如刚刚讨论的，由于工具集成的不成熟所导致的。这就需要大量的手工数据传输和重新格式化，并通过一系列工具传递模型内容和其他信息，这增加了流程开销和成本。因此，谨慎挑选构成 MBSE 环境的工具，并留意它们的交互方式非常重要。

其次是文化问题。使用不熟悉的工具、制品、格式和技能，向新的、截然不同的方法过渡人们可能很难接受，对多数资深工程师和架构师而言更难接受。仅仅更改图中用于表达熟悉内容的符号，就可引起拒绝，甚至抵制。最重要的一点认知是，对于将基于模型的工具和技术带入已建立的组织及其流程中，精心的准备以及采用渐进无威胁的方式可能是必不可少的。技术人员的教育；展示 MBSE 本质属性和益处的试点项目；对过渡的充分支持，尤其是专家帮助开发新工具；高层管理者始终如一的自上而下的支持等，这一切都是需要的。

在承认这些工具困难的同时，我们以乐观的态度结束了本次讨论。许多领先的架构建模工具提供商，在扩展其产品组合以解决所有或大部分系统架构师的任务，以及将它们集成到一个工具框架中取得了进展，利用该工具框架有望最大程度地减少手动数据交换。随着时间的流逝，工具和框架将不断演进，以逐步降低并通过建模提高由数学方式推导出的系统设计的质量和正确性。随着这些产品线的成熟，将克服 MBSE 应用的重大障碍。

3.10 总 结

本章简要总结了 MBSAP 方法的范围和内容，为后面几章详细讨论提供了背景。MBSAP 通过系统架构理论和实践方面的大量工作，力图将一组最佳实践结合起来。这些最佳实践由商用工具提供支持，并在为最终用户提供有效的、可承受的系统和复杂组织体的同时，帮助工程项目遵循客户策略。下面几章，先探讨面向对象的原则，再介绍开发运行、逻辑/功能和物理视角的具体细节。

练 习

1. 参照图 3.1，举出更多具体示例，表明架构可用来支持流程中显示的主要 SE 活动。例如，架构模型中需求的分解和分配，支持初始设计和详细设计阶段，由此帮助人们确保考虑到所有需求。

2. 结合 MBSAP 方法的基本原理，提出一些方法进行剪裁，以获取最大的有效性，可针对包含先进硬件和复杂软件的工程项目以及仅涉及在通用(现成货架产品)硬件上执行的软件项目。

3. 描述 MBSAP 中从运行视角过渡到逻辑/功能视角，以及从逻辑视角/功能视角过渡到物理视角的本质属性。

4. 提出更多聚焦视角(文中列出的视角除外)，以及在什么情况下可能需要它们来应对利益相关方的关注。

5. 列举将卫星送入轨道所用的空间运输系统的一些典型的利益相关方。

6. 列出可在项目早期使用“架构总结和概述”文档的一些方式，用以支持有效的架构开发工作。

7. 结合图 3.8 中的 4 个建模和仿真层级，提出哪个层级对于开发下列架构最为重要?

① 具有多个用户的大型非实时信息系统;

② 广泛应用自动化和机器人技术，搬运物料设施的实时控制系统。

8. 简要描述架构启动研讨会的预期成果，并列出实现该成果的议程。

9. 参照图 3.6，提出一些将会在集成、测试和评估以及生产、运行和支持流程中用到的具体架构内容。

10. 描述如何使用架构模型来实施配置管理流程(定义、控制和记录系统设计基线的形式化方法)。

11. 针对一家当地银行的存款、提款、付款等业务，结合客户与银行人员(出纳员)的交互，绘制一个包括客户、出纳员和银行信息系统的活动图，用以显示此类交易的流程。

学生项目

项目启动之初，应要求学生准备一份 2～3 页的概要，描述他们打算建立的 SysML 模型的系统。教师应审查这些内容，确保范围和内容充分，包括对时间敏感的行为（用于实时建模），以及大型复杂组织体环境（用于对复杂组织体流程和交互建模）。可以起草《架构总结和概述》文档（这项活动并不强制，却是有价值的补充活动）。

参考文献

[1] The Open Group. (2017) TOGAF Version 9 Enterprise Edition. http://www.opengroup.org/togaf/. Accessed 18 May 2017.

[2] Zachman J A. (2008) A concise definition of the Zachman framework. https://www.zachman.com/about-the-zachman-framework. Accessed 12 May 2017.

[3] Object Management Group. (2016) Model driven architecture. http://www.omg.org/mda/. Accessed 18 May 2017.

[4] Object Management Group. (2011) INCOSE Object-Oriented Systems Engineering Method (OOSEM). http://www.omgwiki.org/MBSE/doku.php?. Accessed 12May 2017.

[5] Yourdon E. (1989) Modern structured analysis. Prentice Hall, Englewood Cliffs, NJ.

[6] Buede D M, Miller W D. (2016) The engineering design of systems: models and methods, 3rd edn. Wiley, Hoboken, NJ.

[7] Lattanze A J. (2009) Architecting software intensive systems: a practitioner's guide. CRC Press, New York.

[8] Mellor S, Balcer M. (2002) Executable UML: a foundation for model-driven architecture. Addison-Wesley, New York.

[9] Raistrick C, et al. (2004) Model driven architecture with executable UML. Cambridge University Press, Cambridge.

[10] Clements P, Kazman R, Klein M. (2001) Evaluating software architectures: methods and case studies. Addison-Wesley, Boston, MA.

[11] Estafan J A. (2016) INCOSE MBSE initiative survey of model-based systems engineering methodologies. http://citeseerx.ist.psu.edu/viewdoc/summary?. Accessed18 May 2017.

[12] Clements P, Bachmann F, Bass L, et al. (2002) Documenting software architectures: views and beyond. Addison-Wesley, Boston, MA.

[13] ISO. (2008) ISO/IEC 15288:2008 systems and software engineering—system life cycle processes. http://www. iso. org/iso/iso_catalogue/catalogue_tc/catalogue_detail. htm? csnumber=43564. Accessed 18 May 2017.

[14] Rozanski N, Woods E. (2005) Software systems architecture: working with stakeholders using viewpoints and perspectives. Addison-Wesley, New York.

[15] Douglass B. (2015) Agile Systems Engineering, 1st edn. Morgan Kaufmann, New York.

[16] Dove R. (2014) Agile Systems and Systems Engineering: One Day Tutorial. INCOSE Colorado Front Range Chapter, Denver.

[17] INCOSE. (2017) Agility in systems engineering—findings from recent studies. Unpublished working paper. www. parshift. com/s/ASELCM170415-Agility-InSE-Findings. pdf. Accessed 10 May 2017.

[18] Schindel W, Dove R. (2016) Introduction to the Agile Systems Engineering life cycle MBSE pattern. Paper presented at the international symposium, international council on systems engineering, Edinburgh, Scotland.

[19] Dori D. (2016) Model-based systems engineering with OPM and SysML. Springer, New York.

[20] Broy M, Feilkas M, Herrmannsdoerfer M, et al. (2010) Seamless model-based development: from isolated tools to integrated model engineering environments. Proc IEEE 98(4):526-545.

[21] Denno P, Thurman T, Mettenburg J, et al. (2008) On enabling a model-based systems engineering discipline. Paper presented at the 18th INCOSE international symposium.

[22] Wymore A W. (1967) Model-based systems engineering: an introduction to the mathematical theory of discrete systems and to the tricotyledon theory of system design. Wiley, New York.

[23] Cole B, Delp C, Donahue K. (2010) Piloting model based engineering techniques for spacecraft concepts in early formulation. Jet Propulsion Laboratory (INCOSE), California Institute of Technology, Pasadena, CA.

第4章 从运行视角分析需求

4.1 从需求到架构

4.1.1 需求来源和类别

在第3章概括论述的MBSAP中，第一步是将客户需求转换为架构背景环境，该架构背景环境由运行视角(OV)的制品来表达。这为系统设计奠定了不可或缺的基础，而由于初始阶段考虑的不足，几乎必然会在以后的开发中出现错误、遗漏以及不一致。在技术和运行需要快速不断变化的环境中，客户对所需系统功能的表述可能既不完整又存在歧义，有时甚至存在内在的矛盾。在构建OV的过程中，对OV进行严格分析，以便解决这些问题，为有效且可承受的解决方案提供高品质的基础，并为与复杂系统开发相关的各个工程专业建立共同的参考点。因此，OV是与利益相关方进行对话的关键工具，用于使工程项目向成功方向发展并传达不断演进的解决方案的特征和运行行为，尤其是当客户并不熟悉那些形式化的架构方法时。

客户需求，尤其是政府工程项目的需求，可以采用多种形式来表达。一些更常见的需求表述方式描述如下：

- **运行概念**——客户有时会在规范之前或之外，制定运行概念(CONOPS)或类似描述。CONOPS表达运行终端用户的需要和假设；描述流程、任务和约束；提供权衡研究和设计决策的背景环境。运行概念包括所有功能、行为和特性，系统必须在其预期使用中满足它们。通常，运行概念还将描述组织的背景环境、系统运行所在的运行和支持环境的重要元素、约束(例如策略和运行规则)以及对系统架构很重要的其他因素。如果可以使用CONOPS，则重要的是在对系统行为建模时，确保用例和其他模型元素捕获其所有内容。在第11章中，讨论针对系统利益相关方需求的架构确认时，我们将会讨论这一理念。
- **规范**——提供系统架构和功能的可验证的定义。理想情况下，它们应该是性能规范，将设计细节留给开发人员，但客户会发布具有不同程度设计指导的规范。规范可定义性能的阈值(最低可接受的)水平和目标(期望的)水平，从而有效地建立权衡空间，在该权衡空间中可以分析性能、成本、进度、风险、可靠性和其他变量，以优化解决方案。当在工程项目开始时，正确的系统参数及其取值尚未已知或只有部分是已知的，将需要在初始的概念开发阶段来制定良好的规范。

- **工作说明书(SOW)**——定义在开发工程项目中所需的工作任务,可包括事实上的需求,因为这些任务可能以各种方式影响系统及其开发流程。在政府采购中,SOW 指导架构的开发,使架构符合策略并满足工程项目特有的需要,并指导架构模型和其他制品的交付,这种做法变得越来越普遍。有时,客户发布更一般的目标说明,要求潜在的系统开发人员提出 SOW,并且开发人员同意承担 SOW 中约定的义务。
- **策略和强制要求**——前几章已经提到了各种策略,它们是由公共部门和私营组织制定的,且通常以架构框架、参考架构和强制性标准的文档形式记录,将这些策略作为所属范围内工程项目开发的需求。第 12 章将提供更多的具体细节。
- **其他需求说明**——通常可通过以下的方式:白皮书、行业例行吹风会、经验教训文件、客户业务流程的分析、演示验证和实验、研究工程项目报告以及各种其他来源,获得有关需求和客户优先考虑的充分理解。在工程项目的早期规划和定型阶段,此类信息可能是对客户期望内容的最好的描述,通常是客户与提供方对话的工具,以支持工程项目定义、预算、风险分析和其他规划活动。

第 3 章讨论了演进的螺旋式方法,该方法最初是为了取代软件开发中的传统“瀑布式”而创建的。螺旋式开发的动机是基于系统开发、集成和测试过程中获得的经验,期望需求在不断地演进。在螺旋式策略中,需求和设计共同演进,并在每个螺旋的结束处来调整需求。也有人批评螺旋式或增量式开发造成了需求的“缓慢爬行”,即需求盲目增长,导致成本增加和进度超时。一个可用的方案是批次(Block)策略——针对连续的、相对规模的需求组,在开发期间一次完成,以便交付新的或经过重大升级的系统产品。特别是在软件工作中,螺旋式开发在很大程度上已被各种“敏捷”方法所取代,该方法强调灵活性、小增量开发、适应变化以及利益相关方的参与。在任何这类工程项目中,OV 中的需求基线都会经常更新,并须经过审慎地控制。

我们可以以美国国家航空航天局(NASA)典型的空间系统开发工程项目为例,阐明在创建和管理需求时可能出现的复杂性。这种工程项目通常会经历多个阶段,包括:概念研究;概念和技术开发;初步设计和技术完备;设计和制造;系统集成、装配、测试和发射;运行和保障以及报废处理[1]。图 4.1 给出了在典型的空间科学任务中,需求开发是如何与项目生命周期相一致的。

通过使用另一种定义需求的方法,美国国防部(DoD)通过联合能力集成与开发系统(JCIDS)流程,将系统需求与所需的运行能力联系起来[2]。在该系统中,工程项目开发贯穿于概念细化阶段、技术开发阶段、系统开发和演示验证阶段、生产和部署阶段以及最终的运行和支持阶段。将需求记录在初始能力文档(ICD)、能力开发文档(CDD)和能力生产文档(CPD)中。此外,顶层需求文件(CRD)用于描述适用于这类系统的标准及其他方面。其他机构以及重要的私营组织都具有类似的需求开发流程。

SysML 的一个重要优势是,它提供了将需求明确地分配给系统元素的方式。在 MBSAP 中有两种不同的、非常重要的需求分配方式。需求必须与系统结构和系统行为相关联。其中,第一种需求分配方式是为了确保系统设计基线中包含的资源能够支

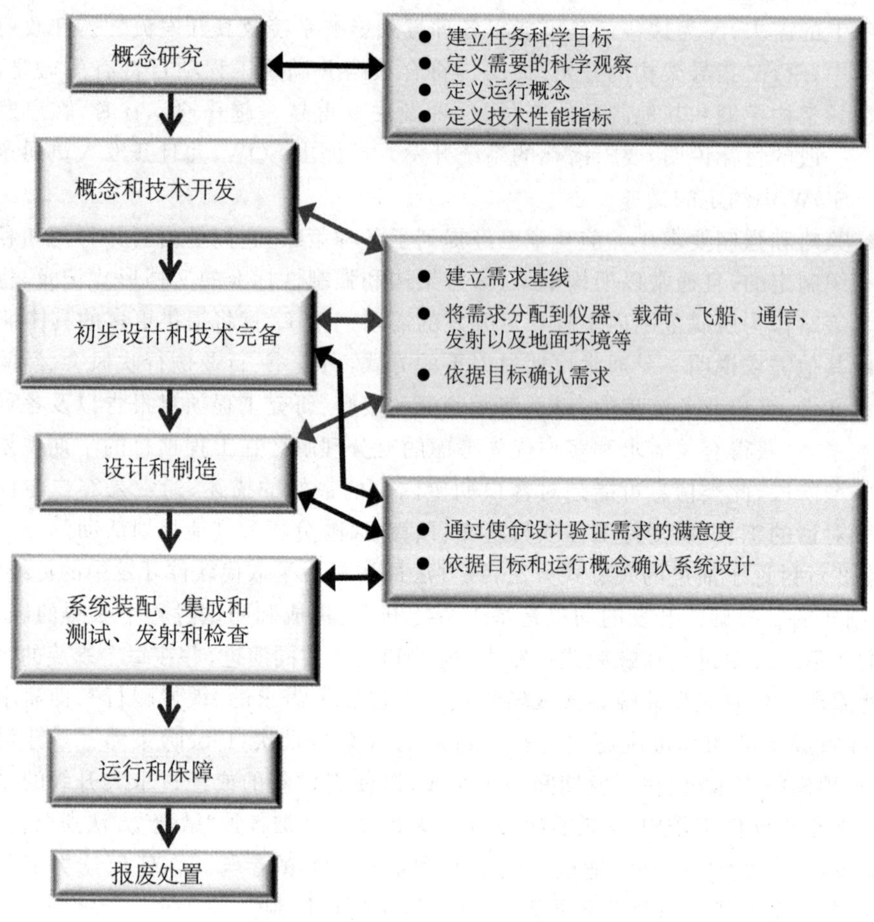

图 4.1　空间科学任务早期的需求开发

持每个需求，并且这些分配沿着系统的结构层级细化结构，最终细化到满足需求的一个或多个组件；第二种需求分配方式确保在一个或多个行为中考虑到每个功能需求(FR)，这些行为实现所需功能并在定义行为层级时，通常通过用例分解来细化，如第 2 章中所述。在架构模型中，这些分配记录在相关结构元素和行为元素的规范中。

4.1.2　需求数据库

架构开发的第一步是从上述资源中，收集有关客户需求的可用信息。然后创建需求基线。很多组织使用专门的工具，定义和管理数据库中的需求。另一可选的方案是使用 SysML 需求图。构建高质量需求基线所涉及的工作量可能较大，尤其是对于具有成千上万个独立但相互依赖需求的系统而言，但好处是使这些投入得到巨大的回报。精心设计的需求数据库或模型是可追溯性的前提之一，可追溯性涉及从合同约定以及其他的客户需求再到交付的解决方案元素，包括与以下各项的联系：

- 安全和信息安保中涉及的特殊特征；
- 用于每个需求的测试、验证和确认的方法；
- 设计规范和图样等文件；
- 技术性能测度(TPM)、运行分析所产生的性能测度/有效性测度(MOP/MOE)以及其他测度；
- 工程项目管理和控制系统。

SE文本的每个作者都有自己偏好的需求分类方案。在MBSAP中，我们使用两大类：功能需求(FR)——规定了系统功能和性能(有时被描述为系统所做的)；非功能需求(NFR)——规定了与性能没有特定关联的系统特性(有时描述为系统所拥有的)。一些FR具有量化测度(速度、吞吐量、容量等)，可以称为性能需求。其他FR要求系统能够执行某些操作，例如检测警报状态，接收一组配置参数或提供数据显示，这些操作不具有相关的数值。性能需求的验证，是通过测量适当的参数并将其与所需的值进行比较实现的。其他FR的验证，是通过展示系统提供的所需功能实现的。

NFR通常表达各种利益相关方的重要关注点。以环境传感器系统为例，典型的FR可能涉及运行模式、范围、可区分的环境条件和覆盖率。相比之下，典型的NFR更侧重于系统的整体，例如：可靠性、可维护性和可用性(RMA)；环境容忍度；安全性；安保性以及策略合规性，尤其是对于开放式架构。NFR可通过以下方式来验证：系统及其文档的检查、故障和维修率之类的汇总数据的分析、来自运行用户的反馈、根据适用标准进行的设计审核以及许多其他来源。FR和NFR都需要在需求数据库或模型中进行严格的分析和管理，并且必须在系统用户接受系统之前得到验证。第11章将更详细地讨论需求验证。

FR通常具有阈值(可能还有目标值)，可以通过适当构造的测试、演示验证和分析来测量，以及确定系统满足或不满足每个需求的其他方式。另外，可在不同程度上满足NFR，NFR可具有验收标准，当涉及的利益相关方进行评估时，验收准则最终会达到所谓的“足够好”。在现代架构和系统工程实践中，应对NFR的优选方法是使用质量属性(QAt)，可以将QAt分解为诸如设计特征和最佳实践之类等事项，并且可使用定性测度，有时也使用定量测度进行客观评估。QAt与架构治理紧密相关，第15章将更详细地讨论这一关键主题。例如，Suppakul和Chung[3]已经提出了UML扩展文件，用于表达UML模型中的NFR。

Lattanze[4]识别了一系列影响系统架构的问题和因素，它们已成为需求的来源，包括：

- 利益相关方——可包括高层管理者和策略制定者、计划管理者和运行用户，以及与以下各项活动相关的人员：工程和技术、集成和测试、维护和后勤支持、培训、供应链和签订合同。
- 业务或任务需求——通常建立许多的FR。
- 业务或任务流程——需要持续地维护和改进它们，生成FR和NFR。
- 环境——各种NFR的其他来源。

- 复杂组织体数据结构——根据实现和互操作的具体需求，可带来 FR 和 NFR。
- 基础设施——必须复用、参与互操作、补充或替换的硬件和软件，特别是指现有的。

架构驱动因素可以分为以下四类来源：

- 高层级需求，将是 OV 中用例的主要来源。
- 业务约束。
- 技术约束，尤其是由先验设计决策引起的约束。
- 质量属性，其对 NFR 进行描述、优先级排序和测量。

Kossiakoff 和 Sweet[5]针对良好的需求，提供了一个十分有用的计分卡，将明确表述的需求可描述为：

- 独立于特定技术或设计；
- 清晰、无歧义；
- 简单短语，使每个表述对应一个需求（通常，需求文档中每个“应”对应一个需求）；
- 可验证，通常通过测试、演示验证、分析或检查；
- 由利益相关方审核；
- 通过数据和分析来确认（以便确定需求，满足客户/利益相关方需要的一个令人满意的解决方案）；
- 优先级排序，例如：区分“基本”需求和“期望”需求；
- 与系统背景环境一致，从而可以合理可行地满足每个需求。

第 3 章讨论了为支持高效的 MBSE 流程，与所需的集成工具环境相关的问题。当同时使用需求管理工具和 SysML 需求图时，就会出现一个典型的案例。需求工具和架构工具的自动关联将十分有用，可确保在工具中的一个变化会自动反映到另一个之中。有一些 SysML 工具就包含此项功能。这种关联具有的其他好处是，可以使人们谨慎地关注可追溯性的第一阶段，因为每个需求都必须与 OV 中的一个或多个架构元素明确关联。一旦完成此项工作，当客户更新需求时，这些添加、删除或更改的需求将捕获在需求数据库中。然后，使用脚本、导出/导入方式或其他机制创建关联，例如将性能参数中的更改传递给架构模型。添加或删除的需求，需要分析 OV 的制品，以确定是否需要相应的添加或删除。在任何情况下，严格的流程都为可追溯性提供了基础，从而保持需求和架构的一致性。

4.2 第一个案例问题：E-X“监视者”

接下，先介绍本书中使用的两个重要的示例。我们的目标是展现实际的 MBSAP 应用，而不是让读者陷入细节中。虽然本书主要是根据我们在航空航天和能源领域的个人经验，选择了这两类特定的系统，但是对于使用复杂的、多技术、信息密集型系统的任何其他领域，MBSAP 都同样有效。

我们的第一个案例是机载传感器平台的系统架构，该系统架构的特征来自情报、监视和侦察（ISR）系统类别，我们将该案例称为 E－X“监视者”。这表示军事和民用行动中使用的一类系统，收集有关飞机坠落、山林野火等情况的实时信息。图 4.2 给出了简图。另一个案例是“飓风猎户”飞机，由驾驶技巧高超的飞行员在暴风雨中引导飞机，而专家使用雷达和其他仪器采集数据。附录 C 是架构文件的示例，主要内容是从模型中导出的，提供了比正文内容更多的细节。

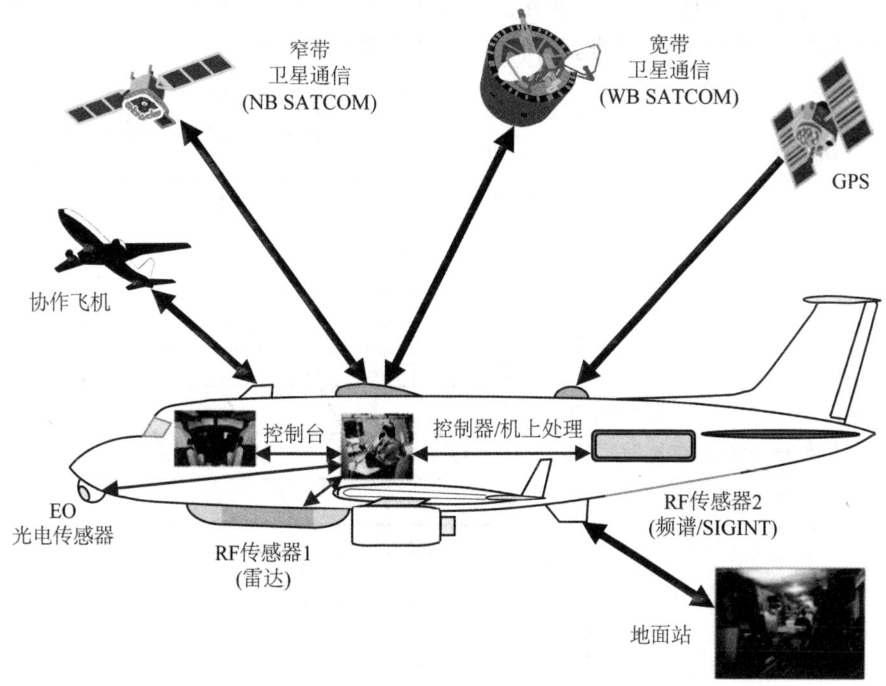

图 4.2　E－X“监视者”机载多传感器系统（见彩图）

E－X 拥有两个射频（RF）传感器和一个光电（EO）传感器，以及机载处理、传感器管理和通信设备。RF 传感器是多模雷达和无源（仅可接收）频谱监视系统（也称为信号情报或 SIGINT），而 EO 传感器采集可见光（通常称为 EO）和红外光（IR）波段中可见的图像。E－X 使用数据链、宽带和窄带卫星通信（SATCOM）以及其他无线电，与地面站以及大型感知和信息处理复杂组织体的其他节点进行交互。E－X 依靠全球定位系统（GPS）获取位置和时间数据。除了要确保飞机安全运行外，飞行机组还与飞机后舱的任务机组的其他成员合作，以确保其位置正确，并且使用机载传感器执行分配的工作，从而满足系统的“客户”需要。我们将按照 MBSAP 方法论，应用运行视角、逻辑/功能视角和物理视角（OV、LV 和 PV），对开发 E－X 案例的其他特征进行讨论。

E－X 案例可用于阐明第 1 章中定义的架构分类的应用。E－X 是一个节点（或“平台”），位于组织轴的第二级。就类别轴而言，E－X 包括实时系统或子系统，例如传感器及其控制器，但其主要特征是网络决策辅助系统的特征，为运行人员创建、传达、存储、处理和显示信息，从而在机上和机外执行各种规划和控制活动。最初，实时系统可看作具有接口的"黑盒"，主系统可以通过这些接口访问其能力。实际上，实时系统拥有其自己的架构，并应用实时的原则。架构开发必须处理在抽象轴的所有层级。

这些考虑因素将 E－X 置于如图 4.3 所示的架构空间中。一旦系统分解为子系统，下一层级的架构将分为强实时/嵌入式类别和流程/决策实时性能类别，如图 1.2 所示。考虑到分类的第四维度——时间，我们将使用现成货架产品或处于新开发状态的产品和技术进行系统的第一个实例化。在定义架构时，尤其是在强调开放式架构时，在中、长期可能发生的架构的演进，是需要考虑的许多重要因素之一。

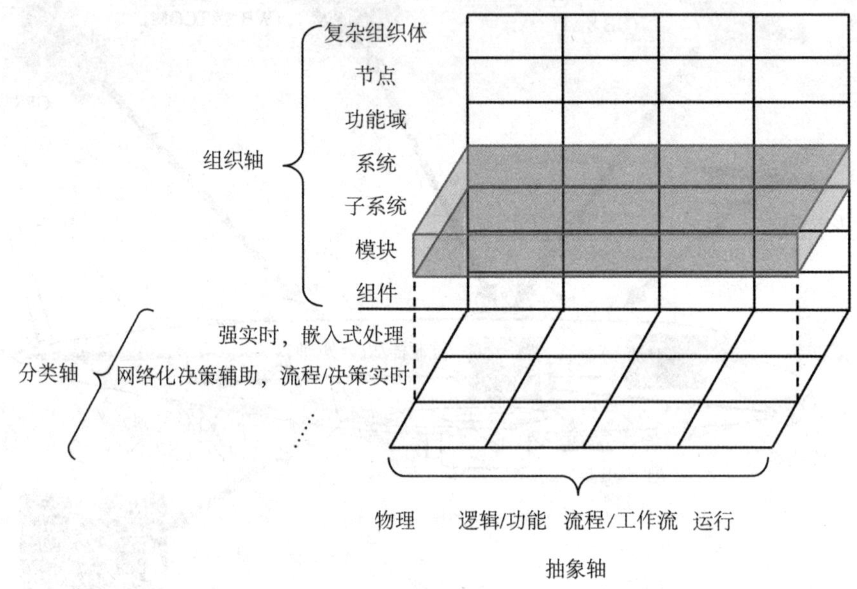

图 4.3　MBSAP 架构分类中的 E－X 系统示例

4.3　第二个案例问题：智能微电网

我们将考虑第二个案例，阐明本书中讨论的架构原则和技术，该案例来自于电力设施领域。我们将开发智能微电网（SMG）的基本架构，该架构结合了两个日益显著的趋势：使用更高层级的数据处理和自动化来创建智能电网[6]；以及使用相对较小规模的发电装置和负载，相互连接和控制以便创建微电网。实际上，我们将研究三类 SMG，以便在各种实际应用中，展现基于模型的方法在扩展和剪裁基本架构构造方面的能力。我们的案例包括：

- 微电网 A——社区微电网，其包括各种能源和用户，通过电网连接，从而为整个主电网（PG）供电，并从该 PG 中获取电力。

● 微电网 B——与高容量负载(例如医院)共用的联网微电网,可包括本地或“分布式”发电和存储,并且可主动管理设施内的电力分配和使用。
● 微电网 C——非联网的微电网,由光伏(PV)发电板或其他来源的集中装置进行供电,用于为农村或偏远环境中的家庭群组提供基本的电力服务。

图 4.4 是 SMG 示例的简化示意图。当存在主电网时,主电网将电力传输到当地变电站,以分配给客户。这些客户可包括架构案例,即微电网 A 和微电网 B 的前两种变体。该图还显示了非联网的微电网 C。

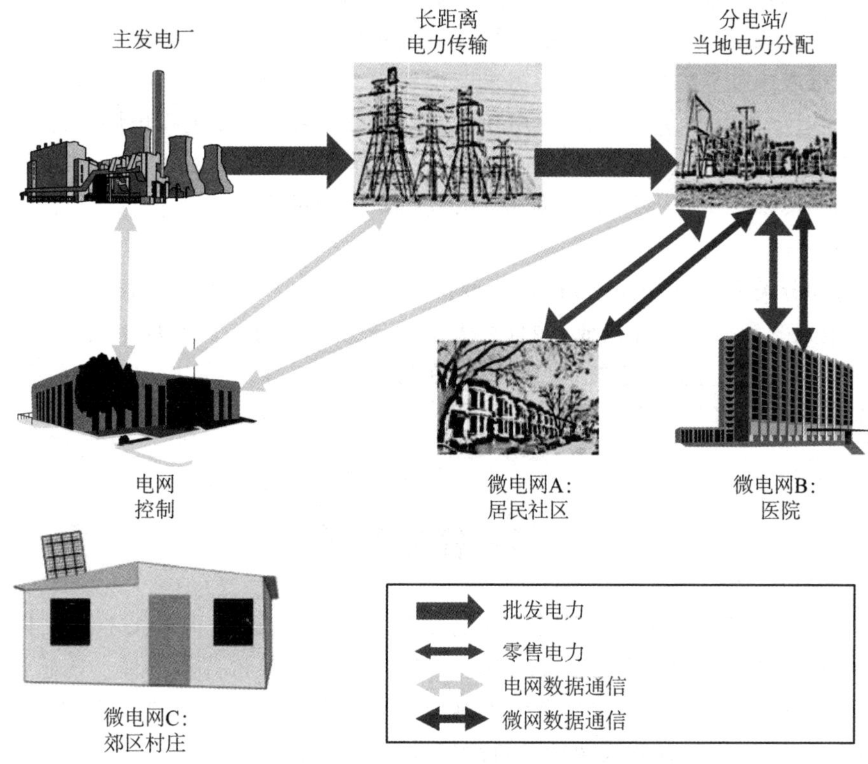

图 4.4　主电网和各种微电网的简化图(见彩图)

智能电网的主要特点是利用信息技术提高电网的效率和可靠性,同时降低成本。智能电网技术能够改进传统电源、可再生电源和分布式电源的集成。例如,这种技术可允许对电力产生和分配进行瞬时的本地调整,以适应本地需求。Hebner[7]已经总结了这些技术预计在未来几十年对电网的影响。

美国能源部(DoE)提出的五种关键智能电网技术是:

● 集成、双向、实时数据通信;
● 感知与测量;
● 先进组件;
● 先进控制方法;

- 改进的决策支持。

可以将 SMG 视为主智能电网的本地化版本，使用相同的智能能源控制概念实现本地优化。这种复杂程度使智能电网或 SMG 成为应用现代 MBSE 的绝佳机会。电网连接的 SMG 必须能够快速无缝地与 PG 连接或断开连接，并且必须支持 PG 的总体平衡和控制策略。另一个重要的考虑因素是，电力是任何关键基础设施资源清单中最重要的资源，并且日益受到关注的防范自然灾害和敌对攻击也给基础设施带来了严峻的挑战。我们将使用上述两个案例来展现 MBSE 的应用，尤其是 MBSAP 方法论在如下领域中的应用：PG 和 SMG 的集成、关键基础设施保护的赛博安全以及行为仿真。

微电网 A、B 和 C 显然有一些不同的需求，并且每个微电网的需求都可以在能力数据库或数据表中捕获，并在 SysML 需求图中建模。在每种情况下，需求都取决于可靠性和安全性、电力服务质量参数、效率和成本等考虑因素。给定的微电网的许多需求基线都取决于负载和生成资源的数量和类型、适用标准、PG 接口的细节（针对微电网 A 和微电网 B）、业务功能（例如客户账单）以及法律法规的合规性，例如针对排放及其他环境问题。

在架构分类方面，微电网 A 的最典型特征是，作为组织轴上的复杂组织体，由发电系统、配电系统和控制系统组成，并且有大量操作人员参与。根据具体细节，微电网 B 和微电网 C 可能的分类是系统。所有这些在特征上都非常独特，应定义一个不同的架构类别，尽管它们将共享第 1 章中讨论的每个类别的一些方面。

4.4 需求建模

对于本书而言，E-X 真实系统的规范过于庞大、也太复杂，但表 4.1 给出了一些高层级的 FR，使我们能够展示 MBSAP 如何将它们转换为架构背景环境。传感器模态、机载处理和通信在各种传感器平台中很典型。我们将在架构开发的后期，有选择性地添加细节。NFR，例如开放式架构、运行可用性、总体复杂组织体架构的合规性以及针对任务人员的易用性，也是需求基线的一部分，将在开发 OV 时予以考虑。我们将使用适当的质量属性对 NFR 进行评估。

为 E-X 构建 SysML 模型的第一步是将表 4.1 中的需求转换为图 4.5 中的需求图。图顶部的整体需求块分解为表格的七个需求区域，其中一个区域，即感知需求，进一步分解为 E-X 传感器和相关传感器数据处理的需求。以下术语的描述用于表 4.1 及其他地方，可能对不熟悉这类系统的读者十分有用。

- 多模雷达——有源（发送和接收）RF 传感器，可采用多种方式（模态）运行，采集各种信息。
- 合成孔径雷达（SAR）——产生探测区域图像的一种模态。SAR 利用平台的运动，创建比实际天线大得多的有效天线探测范围，由于分辨率与天线尺寸成反比，因此能够创建高质量的图像。

- 地面移动目标指示——一种雷达模式，利用目标在地面上的移动，将其与反射能量雷达束中的其他物体(称为“杂波”)区分。增强了雷达在复杂环境中检测和跟踪移动地面目标的能力。
- 目标跟踪——确定和维护目标的位置和移动的过程。
- 地理定位——将目标位置与坐标系中的点相关联的过程，类似于在地图中将大头针插在目标所在的位置。
- 服务质量——在向客户端或客户交付结果时，对某些性能参数的保证程度的测度。

表 4.1 E-X 系统的高层级的需求

需求区域	高层次需求
R1.1 感知	R1.1.1 系统应配置和控制传感器，执行质量控制，创建采集报告并执行传感器交叉提示； R1.1.2 SIGINT/ELINT 传感器应采集并分析指定频段中的 RF 发射； R1.1.3 EO 传感器应在指定频段内对地面/水面的目标进行成像； R1.1.4 多模雷达应使用合成孔径雷达(SAR)和地面移动目标指示(GMTI)模式执行地面/水面监视
R1.2 传感器利用	R1.2.1 系统应检测传感器数据中感兴趣的对象和事件； R1.2.2 系统应当对感兴趣的对象执行跟踪、地理定位和识别； R1.2.3 系统应管理和更新跟踪目标； R1.2.4 系统应融合来自机载和非机载传感器的传感器报告，以生成对跟踪目标状态的预测； R1.2.5 系统应根据跟踪目标参数，对目标和目标更新进行声明和报告
R1.3 任务管理	R1.3.1 系统应执行起飞前的任务规划和飞行中的动态重新规划； R1.3.2 系统应监控任务计划的执行情况并报告状态； R1.3.3 系统应生成警告、通知和态势报告； R1.3.4 系统应协调飞行和任务运行
R1.4 通信和网络	R1.4.1 系统应管理集成的机上和机下网络； R1.4.2 系统应管理具有优先级的通信并达到服务质量(QoS)策略； R1.4.3 系统应计划并管理通信和网络资源的使用
R1.5 信息管理	R1.5.1 系统应提供任务数据的存储和访问控制，包括计划、战场空间对象、地形等； R1.5.2 系统应在多个分类层级上实现信息保证； R1.5.3 系统应提供有效且符合人体工程学的人机界面(HMI)，并具有可视化服务和操作员决策辅助功能
R1.6 飞行操作	系统应执行飞机操作和导航，以便安全飞行并执行任务计划
R1.7 支持系统	R1.7.1 系统应提供任务计划； R1.7.2 系统应支持维护活动； R1.7.3 系统应支持培训活动

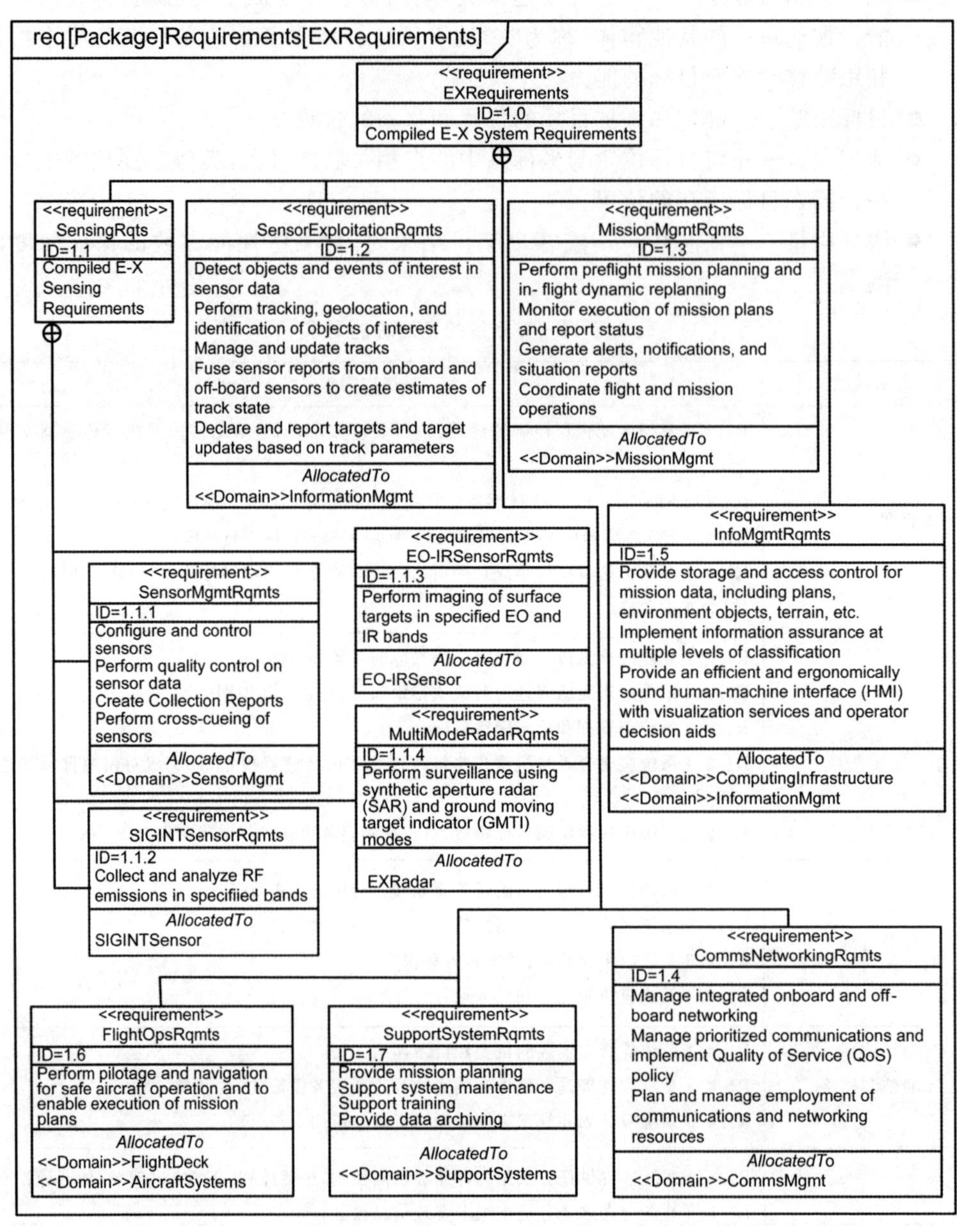

图 4.5　E－X 的最高层级的需求图

在实际系统中，将需求分解（如图 4.5 中的“感知需求（Sensing Requirements）”）进行到所需的任意的细节层级，并将需求链接到架构其他元素。该图还包括“分配到（AllocatedTo）”隔层，以显示需求与域的联系，这些将在本章后面进行定义和描述。图 4.5 中的结构应反映出在专用需求工具中维护需求数据库中的结构。此外，这适用于在需求块识别中使用的编号方案，并对应于数据库中的需求 ID。

4.5 架构风格

下一步是将这些需求转换为 OV。在创建 OV 时，如第 1 章中的分类所定义，将单独的架构置于架构空间中的某一位置，思维过程的自然延伸是考虑到它与同类其他架构共享的共同特征。这就产生了架构风格的想法。第 5 章将讨论设计模式，它们是常见问题的有效解决方案。这些设计模式可实现设计复用，并减少解决新架构中同样挑战的时间和风险。架构风格是复杂组织体或系统的高层级的模式，在开发 OV 的早期阶段很有用。这可以帮助架构师识别新架构与其他类似系统和复杂组织体的共性，并考虑可能适用的广泛的解决方案类别。由于风格伴随着整体设计和实现方法，因此可以帮助关注架构工作，尤其是在早期阶段，并且可以帮助识别所需的专业技能，为实现建议备选产品系列，并从使用该风格的先前案例中寻找到经验和教训。

Rozanski 和 Wood[8] 针对具有代表性的高科技、信息密集型系统的架构风格，建议将以下内容作为本书的介绍重点。它们之间并不是互斥的，给定的架构可具有几种风格的特征：

- 管道和过滤器——适用于使用一系列“过滤器”处理一个或多个数据流的架构，“过滤器”通过“管道”连接；可以改变并重新组合各个过滤器，以创建数据的特定转换。此风格意味着处理的是“无状态的”，将相同的步骤应用于输入数据，不考虑先前的历史。这种风格的优势在于支持并行化，以提高吞吐量。
- 客户端/服务器——非常广泛的风格，具有多种变体，均共享基本特征：在共享“服务器”上实现诸如计算和数据管理等功能，并在多个“客户端”需要时进行访问。在实时系统中，当共享资源是某种集成核心处理组件时，通常使用被称为集成中心（IH，Integration Hub）的变体，该组件由多个系统元素使用，例如传感器、通信设备和人机接口。
- 分级/分层——另一种广泛使用的风格，将功能性组织为“层级”，作为相关服务的层级或“分层”。每一层都创建了较低层中包含的实现细节的抽象，并对抽象进行访问。复杂组织体架构和复杂信息系统是可能使用这些概念的两个示例。分级和分层将在后面章节中讨论。
- 点对点（对等）——由网络连接的节点组成（任意点对点，Any-to-Any），节点可以彼此发现并交换内容。
- 发布/订阅——特定的消息传递风格，信息提供者将已注册的主题“发布”给消费者，消费者可以“订阅”这些主题，以便在特定数据可用时获取他们感兴趣的特定数据。
- 异步数据复制——发生在使用广播信息或必须在多个数据存储之间同步内容的系统中。

我们可以识别很多其他架构风格。诸如 E－X 这样的系统提出了多种类别的架构挑战,包括信息处理、感知、平台控制和通信,因此可能应用各种架构风格。已广泛用于现代机载系统中的系统,通常称为集成模块化航空电子设备(IMA)。通过这种风格,使用少量的硬件和软件模块,实现处理、网络、通信、人机接口和其他资源的核心套件,从而创建集成中心。通过组合适当类型和数量的构建块来组装公共的核心,然后在系统的各种功能区域之间共享该公共的核心,与每个子系统都有其专用资源相比,该架构降低了系统成本、重量和功率等。第 8 章将进一步讨论实时性能这一更大主题的特定方面,成功的设计展现出视为不同风格的共同特征。第 7 章的主题是另一种广泛应用的架构风格,即面向服务的架构,可以列举更多案例。在按照客户需求迅速达成良好系统解决方案方面,理解已证明的和成功的风格,对于系统架构师是一个重要的优势。这一点很重要,我们将在本书中的多个地方阐明此概念。

4.6 结构特征视图

现在,我们具有了开始实际架构建模的背景。第 3 章指出,OV 和 LV 可方便地组织成为结构特征视图、行为特征视图、数据特征视图、服务特征视图和背景特征视图,这是开发这些特征视图的合理顺序。实际上,与特征视图进行交互时,架构师应期望:在影响所有这些特征视图的发现和细化的迭代过程中来回转换,直到获得 OV 的表达,考虑所有需求并满足基本架构原则。

4.6.1 定义域

我们首先通过以下方式考虑结构特征视图——检查系统①的特征并寻求将其自然划分为相关功能和资源(称为域)的分组。通常,这些域可视为子系统,<<Domain>> 和 <<Subsystem>> 构造型可用于识别这些域。首先,使用块定义图(BDD)对结构特征视图进行建模。对于系统初始的最高层级(顶层)进行划分,一些架构师更喜欢使用包,因为这些包表达了相关模型元素的集合,这就是域的特征。然而,通常最好将域建模为块,以便 SysML 的表达结构的能力从最高层级开始。我们将使用 E - X 和 SMG 案例对此进行展示。结构特征视图的构建重点是系统资源、功能、信息以及与系统交互的外部实体。

对域进行定义,使得每个域都包括相关的或密切交互的功能。结构的组织方式还考虑在何处生成、转换、存储和使用信息,以及如何在功能区域之间以及与外部环境进行信息交换。确实,许多作者使用术语“域”来具体地表示这样的一类信息,非常类似于本章后面介绍的概念数据模型的最高层级结构。然而,MBSAP 将该术语扩展为表示

---

① 从此开始,我们通常会说构建一个“系统”,并使用 E - X 和 SMG 作为系统的例子。即使它们都位于组织轴分类上的高层位置,读者也应记住,原则同样适用于复杂组织体、系统、子系统或组织轴上的任何其他层级的系统,但是还是说成“系统”,这可使讨论更便捷。

一组信息、资源、用户角色（系统用户的动作和职责）和功能，它们共同表达了系统或复杂组织体的主要部分。如果正确地完成上述工作，则将系统或复杂组织体初始地划分为相关能力、职责、用户交互、信息内容、硬件和软件，为组合式、鲁棒性和有效性的架构奠定了基础。

关于域的数量和内容，没有强制性的规定，这由判断和经验决定。正如第 1 章所述，实际的架构中存在许多实例，这里的启发法很有价值，一些经验法则将帮助架构师使模型拥有良好的开端。

- 通常，最高层次域或系统级域的数目在 4～12 之间，这取决于系统复杂性以及功能和资源的多样性。若域的数目过少，则可能意味着域过于聚集，缺乏连贯的一致性；除非系统非常庞大和复杂，否则太多的域会使系统的基本结构变得含糊不清。
- 通常，精心选择的域会建立每个域与一种或两种类型的外部用户或系统之间的关联，因为功能的逻辑分组通常对应于单独的用户角色或特定的外部交互。如果用户角色与多个域进行交互，则应当对划分进行检查，以确保对系统内容进行最佳分组。
- 良好的功能划分带来以下情景：系统元素之间的大量交互发生在单个域的边界内，而只有很少的一部分交互跨越这些边界。这种活动局部化是“关注点分离”一般原理中的一个方面，并且是架构中松耦合的基础。
- 只要有可能，域应包含与第 1 章中架构分类相同的资源和功能。在 E－X 案例中，将实时系统元素分组为单独的域，与表示人机交互和决策相关过程的域分开，是很方便的。另一种常见划分原理适用于处理多个敏感级别的信息系统，对域进行定义，该域中的数据和流程处于或低于给定的信任级别和所需保护级别。

4.6.2 E－X 功能划分

我们首先将此逻辑应用于 E－X 案例。图 4.6 显示了 BDD 中的初始分解，图 4.7 显示了 IBD 中的域交互。如 4.6.4 小节所述，用户角色的基本层级结构是同时创建的，因此这些施动者用在块图之中。域对应于传感器平台的主要功能。一些任务成员执行计划、分析和数据管理，其他任务成员则直接控制传感器的操作。为了支持这些功能，该平台还需要通信和信息基础结构。一个总体的 E－X 块锚定了系统的结构，其中 E－X 块的构造型（stereotype）为 <<block>> 和 <<System>>，并且组合关联将其他域声明为该系统块的构件特性（构件）。将域构造型为 <<block>> 和 <<Domain>>，且拥有构件隔层，这些隔层列出了下一层级分解的结果。对强实时域进行建模块使用灰色背景。用户角色具有多重性，以便指示每个角色可能有多少个实例，机外角色使用灰色阴影。

图 4.7 中的 IBD 使用在域 BDD 中定义的模型元素，显示系统的顶层交互。在某些情况下，机载人员以及相应的机外人员与各个域进行交互。如果需要明确表示哪些元素是系统内的部分以及哪些元素是系统外的部分，就在该图中增加图形化的系统边

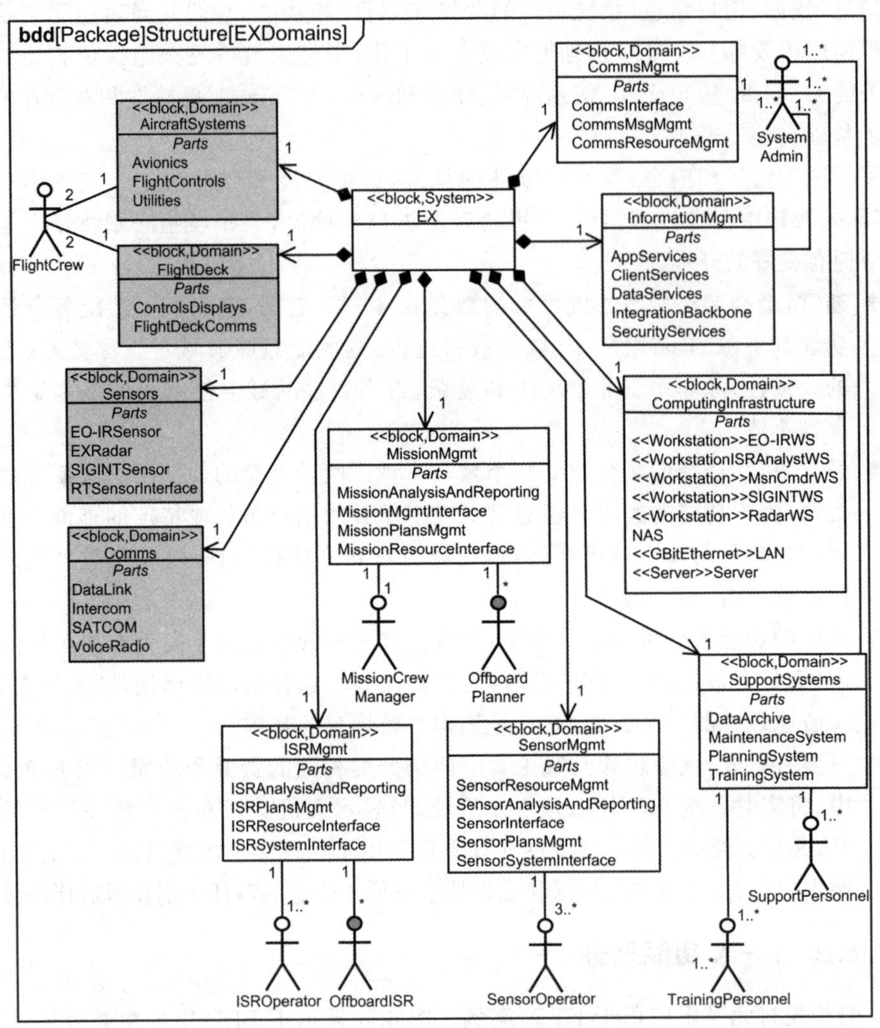

图 4.6 BDD 显示与用户角色相关的 E-X 系统域

界。图 4.7 的布局强调了任务管理域、ISR 管理域和传感器管理域的核心功能。任务管理域都支持机载指挥功能,以及与机外指挥和控制人员的交互。ISR 管理域支持机载 ISR 操作员,还提供与 ISR 管理人员在复杂组织体其他节点上的交互,而 E-X 平台运行在该复杂组织体内。传感器管理域提供功能,传感器操作员由此可以直接控制 RF 和 EO 传感器的操作。

很多系统,在功能和用户角色方面,拥有与此类似的内在层级结构。通常,工作沿着层级结构细化,而数据产物和状态报告向上流动。例如,任务指挥员或监视员使用任务管理域,跟踪任务计划的执行,并创建新的或修改的任务工作,用以响应事件的发生。这些工作细化为 ISR 管理域,ISR 操作员将这些工作转变为特定的传感器采集任务和数据处理工作。然后,采集工作流向传感器管理域,传感器操作员在该域中使用 E-X

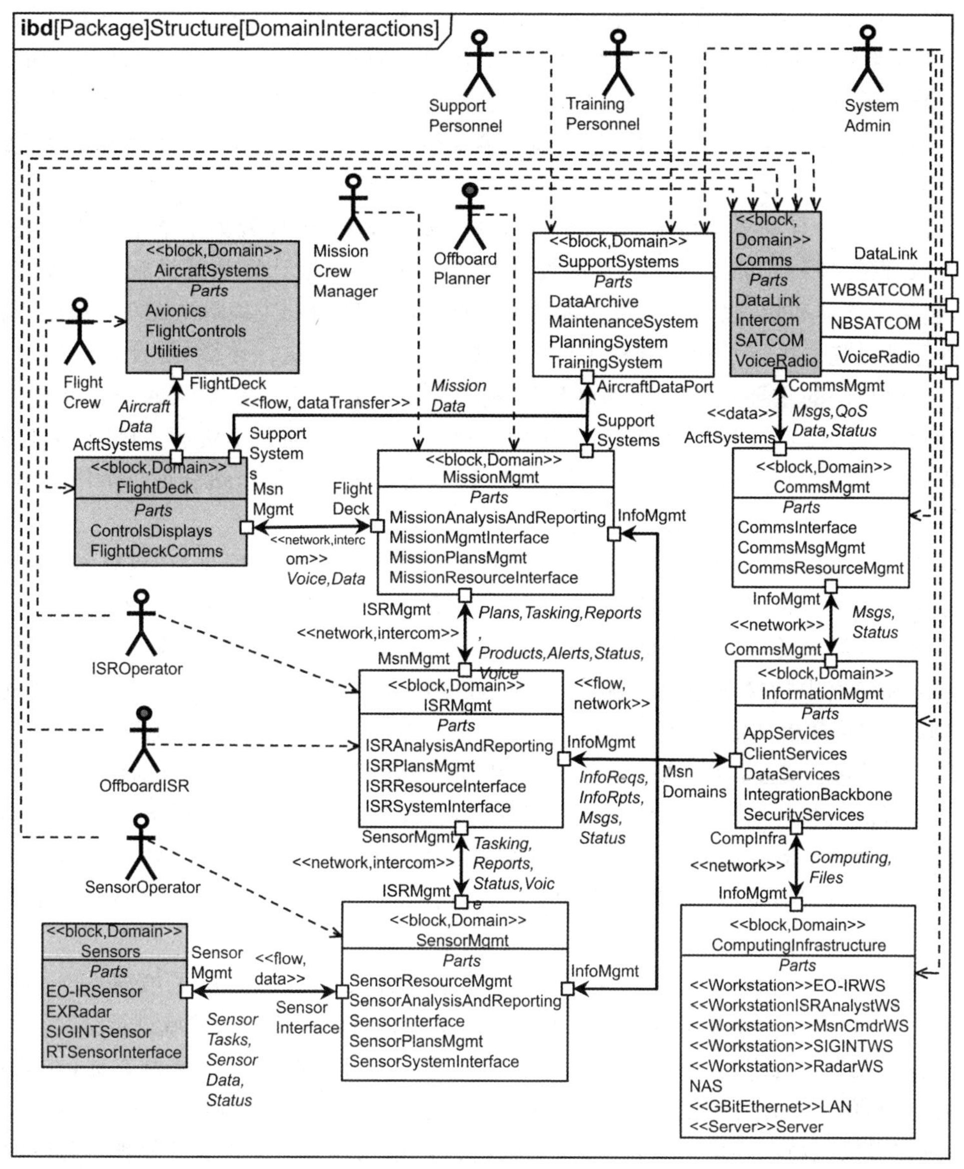

图 4.7 IBD 显示 E-X 域之间的交互

平台的传感器来执行采集工作。接着，原始的传感器数据和已处理的传感器数据，以及有关的系统资源和工作执行状态的信息，沿着链路向上流动，由监视员使用并与其他平台和系统的最终客户共享。由于这三个域主要负责 E-X 的运行活动，因此我们将它们称为“任务”域。无论所架构的系统是军事、民用还是商业性质的，对基本流程和关系的基本理解，例如以上对 E-X 所描述的，都是良好 OV 的重要组成部分，也是系统成功开发的基础及其重要组成部分。

图 4.7 中的域具有端口，这些端口是对接口进行建模，域通过接口进行交互。最

初，在OV和LV中，对端口进行功能上的定义。最终在PV中，这些端口将是结构接口，以网络连接的形式实现，该网络将系统的信息资源联系在一起。这些端口之间的流动用高层流项（Flow Item）标记，以显示所交换信息的一般性质。这些端口将在模型的后续制品以及接口控制文档和其他可能的形式中详细记录。这些流是识别和定义系统内主要接口的起点。

E-X是信息密集型系统，具有信息管理（IM）域，该IM域聚集了整个系统的集成处理、数据管理和人机接口（HMI）的设计功能。IM域使用计算基础设施（CI）域的资源，包括服务器和相关软件、局域网和批量数据存储。IM和CI共同构成任务域应用软件的基础设施或执行平台。这种关注点分离（任务应用与执行环境）是良好架构原则（包括开放性）的重要应用。正如高层连接性所表明的，IM域是系统的信息交叉口。它创建了一个服务接口，其他域和系统用户通过该接口访问共享资源。IM还创建了通用的HMI接口，该接口进行了个性化处理，以便通过用户工作站满足每个用户角色的特定的信息显示和控制输入需要。

IM域通过通信管理（CM）域，管理平台之上和平台之外的信息流。IM域同时发送输出流量和控制信息，例如当前的服务质量（QoS）策略，以便告知通信域如何使用可用的通信资源来支持优先消息。CM域创建了外部通信环境的抽象，并将其他域与外部网络和信道中持续演进的影响分离开，否则将在系统内引起稳定性的变化波动。CM域允许将通信功能作为服务进行访问。另一个用户角色被称为系统管理员，与IM域和CM域进行交互，以便执行工作，例如射频管理，以及对计算和网络基础结构的监视。

飞行机组和其他任务机组成员之间的协调，发生在驾驶舱域和任务管理域之间。飞行员负责飞机的控制和系统。驾驶舱域可以通过任务管理域访问IM域，以便发送有关任务域所需的飞行和飞机状态的数据，并访问在管理飞行操作时所需的任务数据。这在驾驶舱域和任务域之间创建了单一的、清晰的接口。

最后一个域，支持系统（SS）域，没有安装在飞机上。SS域提供了培训、飞行前计划、飞行后数据分析和基于地面的其他服务。支持和培训人员与该领域进行交互，例如维护技术人员与机组培训讲师进行交互。SS域通过IM域与飞机交换数据，并创建HMI，供机组人员用于地面训练。飞机和已安装的任务设备之间存在其他重要的交互，例如提供电源和环境调节，但由于当前的讨论重点是E-X的信息处理，因此我们目前将省略这部分。当然，在实际系统中，这一应用也是非常重要的。

E-X案例可以通过许多其他方式进行划分，但基本概念很清晰。关键理念是将系统功能分组为域，对相关活动进行本地化，并向彼此以及执行明确定义角色的操作员提供一致的接口。共享功能，例如通信和信息处理，视为域的强大候选。读者可能发现备选结构的实验很有趣。例如，通过合并任务管理域和ISR管理域来简化架构，可能是有意义的，因为这两个域都主要涉及管理计划执行和解释任务运行的结果。尤其是对于高度安全的系统而言，另一种可能性是声明不同的赛博安全域，其与信息管理域、通信管理域和其他域进行交互，这会将注意力集中于资源和功能，并涉及保护敏感数据和流程的关键作用。图4.6和图4.7中结构的各种其他变化都是可能的。

4.6.3 域规范

绘图仅是开发架构模型的开始。所有主要模型元素都必须记录在规范中，流行的架构工具提供了易于使用的功能。这是架构活动的另一个示例，最初可能很耗时，但从长远来看，这是非常有价值的付出，促使域的完全理解和彼此一致，并且易于与客户、系统开发人员进行沟通。附录 C 还有许多 E－X 域的规范。

典型的域规范包括：

- **拥有者**——识别对域的定义及其规范拥有批准权限的组织或个人。
- **描述**——域的目的和功能的简要陈述。
- **定义**——了解域定义所需的任何术语（这些术语可方便地收集在整个架构的"集成词典"中）。
- **操作**——域产生的行为列表，最好分为公共操作或外部可观察的操作以及私有操作或内部操作；在某些情况下，按照封装原理适于隐藏私有操作的发布。
- **数据**——域产生或使用的主要数据实体的列表；为了方便起见，可将数据收集在概念数据模型中，这部分内容将在本章稍后进行讨论。
- **接口**——域创建或使用的外部和内部（域间）接口的列表。
- **分配的需求**——一旦将需求映射到运行视角，每个域规范就会列表显示该域全部或部分满足的 FR，以及影响该域且必须在其实现中加以解决的 NFR。

4.6.4 用户角色

如前所述，一个好的理念是与域图相结合，在 OV 开发的早期，定义用户角色的结构，并在特定的图中将其建模为施动者。图 4.8 所示是简单的 E－X 示例，其将图 4.6

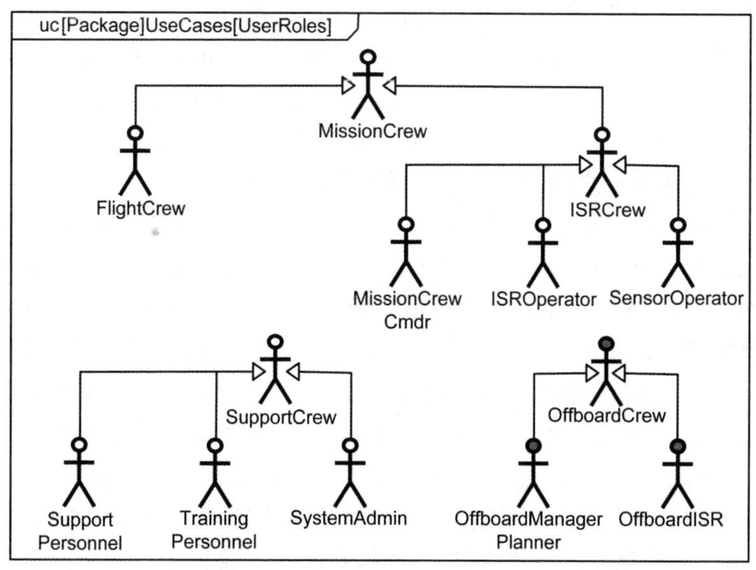

图 4.8 E－X 的用户角色图的示例

和图 4.7 中的角色分组为任务机组、支持机组和机外机组。这些机组与操作人员可能一一对应,也可能不是一一对应;给定的操作员可能在不同的时间执行各种角色,繁重工作的角色可能需要多个操作员。通常,特定角色将是一般或抽象角色的特化。例如,系统操作员的一般角色可能通过继承以下角色而特化:监视员、数据分析者、计划员、设备操作员等。一般角色和特定角色的规范提出了很好的机会,用以捕获培训需求、技能清单、职位分类以及易于访问的其他信息,然后,将该信息带到每个图中,在图中,对代表角色的施动者进行实例化。作为继承应用的示例,任务机组角色规范可定义一般的机组资质认证需求,然后将这些需求作为每个特定角色的属性的一部分。我们可以为支持机组和机外机组角色定义相似的共同特征。如前所述,将机外施动者用阴影表示。

4.7 行为特征视图

通常,在制定结构特征视图的同时,重要的是开始定义域的行为以及彼此之间、与用户、与外部环境的交互。行为特征视图从形式上表达了系统及其域所展现的可观察的行为。行为和结构互补,它们不断演进的内容常常有助于彼此的细化。OV 主要使用用例图、活动图和状态机图,在某些情况下顺序图也是适用的。特定行为建模工作所用图的选择,取决于行为的细节。本节中,我们探究这些图的创建。

4.7.1 定义用例

组织行为:建模行为的起点是开发一组用例(UC),每个用例都是对一个行为或一组相关行为的抽象,正在建模的系统或其他实体可展示这些行为。架构师可能更喜欢先关注行为,然后再关注结构,例如,当行为严重影响最佳的域划分等情景时。精心选择的 UC 对系统功能和活动(例如,系统提供给特定操作员或外部系统的功能或服务)的合乎逻辑的行为增量进行建模[9]。如果已经对系统进行有效划分,则将行为明确地映射到结构,以及通过域之间的交互建立系统级行为的逻辑流。

总体而言,UC 必须考虑需求数据库或模型的所有功能内容,即系统实际要做的所有事情。因此,在需求基线和架构之间建立必不可少的联系过程中,将 FR 映射到 UC 是顺理成章的方式。另外,NFR 通常与整个系统相关联,并在 QAt 和补充的制品中(例如,从需求数据库导出的报告)捕获。在定义 UC 的过程中,通常会发现对架构更好的划分方式,因此会基于行为与结构分组之间清晰且逻辑的关联,细化或取代域的初始集合。

UC 的行为以一种或多种场景的形式进行表示,每种场景都是产生该行为的特定活动顺序。通常,会有一个主要场景,其描述了系统在正常情况下做的事情,另外还有其他场景,用于应对其他情况下的行为,可包括设备故障、外部环境中的异常事件或系统运行次要模式的变化等。与域的定义一样,在决定需要多少场景来探索 UC 中系统行为的感兴趣范围时,需要进行一定的判断。

本书中，我们使用“线程”“任务线程”“工作”“业务流程”等术语来指代系统活动的顺序，通常是为了满足FR。线程可以采用与场景非常相似的方式来考虑，其中有两个重要的细微差别：

- 通常，认为线程表达了与任务或流程相关的主要行为，而场景还必须针对各种支持活动进行定义。
- 通常，线程涉及跨越多个UC的大规模系统行为，因此通常通过串联连续的UC场景而构成。

与域一样，UC也是分层的。主要的UC在系统级进行定义[①]，但分解这些UC通常很有用。较低层级的UC可能有助于识别重要的特定行为。这些UC可能是域级UC，捕获单独域的主要行为。当能够容易地在逻辑上完成这种分解以及在系统结构上的映射时，架构师得到了一个方向性的指引——域和UC已经选择到位并且彼此一致。

图2.4阐明UC图的格式和内容。这种图仅列出了UC，完整的定义和分析是该流程的下一步。即便如此，UC图也是方便的索引和参考，尤其是对于具有许多功能和用户关系的复杂系统而言。UC图可帮助架构师确保已识别所有必需的行为及其关系，并与系统的利益相关方进行确认。与域一样，UC可以并且应该映射到需求数据库，以便进一步确保明确地说明系统必须做的所有事情。外部施动者（例如系统用户）与支持其角色和功能的UC相关联。如第2章所述，构造型为<<include>>和<<extend>>的依赖项，允许将UC分解以及对可选行为进行定义。

用例规范：与域一样，UC要求将详细的规范作为架构模型的一部分。这种规范的合理概述包括以下部分：

- **描述**——摘要，允许架构模型用户快速检查，确定UC是否处理感兴趣的特定行为。
- **前提条件**——UC行为执行时必须存在或真实的事物。
- **触发**——导致执行UC行为的事件或情况。
- **后置条件**——UC行为完成时，存在或真实的事物。
- **数据对象**——UC行为所涉及的数据模型的内容。
- **用户角色**——与UC相关的用户角色。
- **场景**——构成UC行为的活动和事件的顺序，通常依据从系统外部观察到的行为，从用户角色的特征视图中编写；始终都有一个主要场景作为默认场景，并且几乎始终都有一个或多个次要场景，对运行进行定义，以响应于正常情况以外的情况。
- **分配的需求**——类似域规范，将需求映射到负责满足这些需求的系统元素一样，UC规范将FR映射到系统行为，这些系统行为展现了所需的功能且必须满足定量性能参数。可以针对NFR编制UC，而质量属性的使用在定义和评估这些特征方面具有许多优势。

---

① 同样，这些原则适用于组织轴的任何级别，但为了简单起见，我们使用“系统”。

4.7.2 E-X 用例

现在回到 E-X 案例,并参考表 4.1,一些初始的系统级行为或线程逐渐显现。以下示例对应表格中参考的需求编号:

- **执行飞机运行**——准备飞机进行飞行,执行飞行计划,在任务区中导航并在飞行后收回飞机(R1.6)。
- **进行感知(ISR)操作**——准备任务系统,执行传感器数据采集和处理,从采集和存储的数据中创建和分发信息产物,并在飞行后下载和存档信息(R1.1~R1.5)。
- **进行支持操作**——执行基于地面的功能,例如任务计划、数据归档和分发、培训以及飞机维护(R1.7)。

在 E-X 示例中,系统级行为与结构之间的关联非常清晰。驾驶舱域和飞机系统域涉及空中运行,支持系统域提供支持运行的能力,其他域涉及机载感知运行的各个方面。提高大型复杂系统相关图的可读性,一种方式是将 UC 分解为与任务或业务运行相关的 UC 以及与支持活动相关的 UC。图 4.9 和图 4.10 显示了这种方法,包括将主要的 UC 分解为更小、更容易分析的行为增量。将 UC 划分为多个层次,是提高图的可

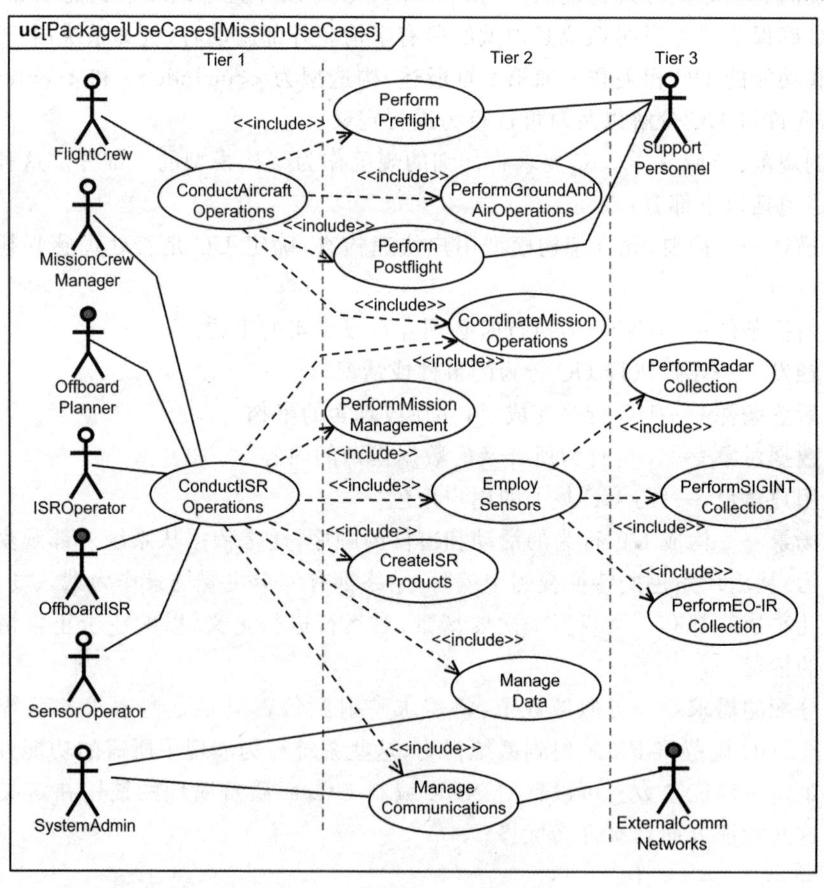

图 4.9 E-X 任务分解用例

读性的另一种方式。

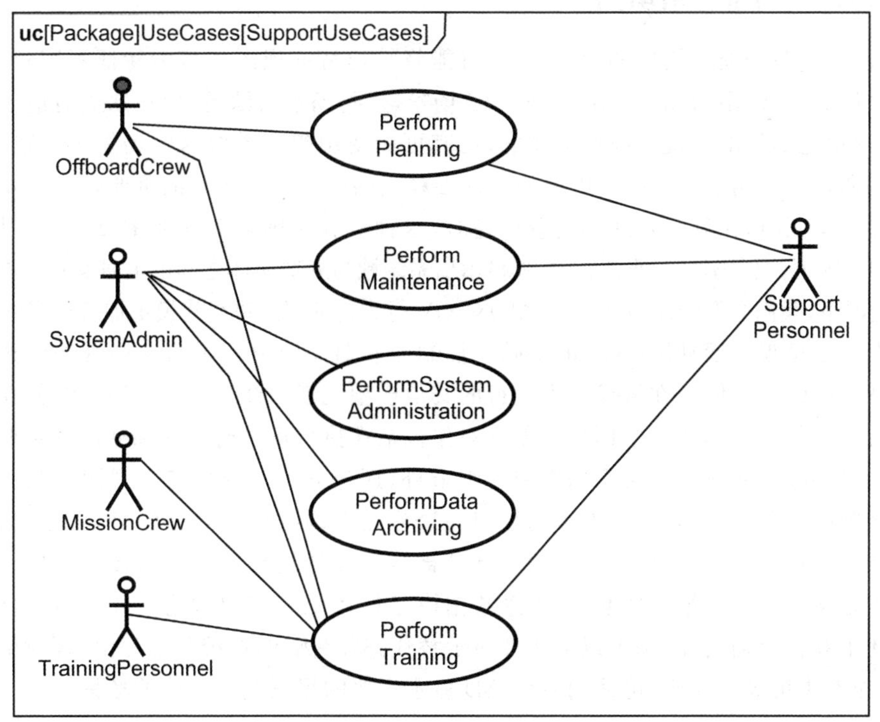

图 4.10 E-X 支持用例

进行飞机运行的 UC 结合了飞行前活动、飞行后活动和飞行中活动。飞行机组和支持人员都与这些 UC 相关联。将支持人员施动者分为维护人员和其他支持人员可能十分有用。目前,这些人员保持在一起,假设一批普通的技术人员,将在任务前后承担总体系统支持的职责以及飞机的准备和收回的职责。在实际的架构实践中,会出现十余种这样的微妙变化,我们应与客户进行讨论。

进行 ISR 操作的用例自然会拥有最丰富的行为集合,图 4.9 反映了这一点。协调任务运行 UC 考虑飞行机组和任务机组之间的交互。对于图 4.8 中的各种施动者,其中一些施动者与高层级用例相关联,因为它们的角色涉及行为的整个领域,另一些施动者与下级 UC 具有更特定的关联。图 4.8 中不包括表达外部通信网络的施动者,因为该施动者并没有对用户角色建模,但它却是与 E-X 交互的重要外部实体。

任务用例和支持用例都涉及系统管理员用户角色。在飞行中,这些人员与计算基础设施域以及通信资源一同工作。因此,他们与数据和通信管理 UC 相关联。在地面上,系统管理员与图 4.10 所示的 UC 相关联。实际上,飞行和地面操作中都涉及一些 E-X 行为。例如,在空中和地面上可能需要系统管理功能,例如重启崩溃的服务器,这些动作在图 4.10 中被视为管理数据 UC 的一部分。培训的重要性和独特性体现在执行培训 UC 中,其具有专门的培训人员用户角色。所有其他系统操作员都与该 UC 有关联,因为每个操作员都会得到与其角色相关的特定领域的培训支持。

4.7.3 场景和活动图

现在，当我们充实用例的内容时，有可能将结构特征视图和行为特征视图相结合。在 MBSAP 中，使用活动图(AD)开发 UC 场景，这些场景由泳道组织，泳道对应于系统域、用户角色和外部系统。我们应注意，也有可能使用顺序图对这些场景进行建模，但是它们通常更适用于 LV 中一组块的更加细粒度的行为。当场景的重要内容涉及与外部实体的交互时，尤其是在使用消息传递时，这种经验法则就会存在重要的例外情况。在这种情况下，顺序图可能非常有效，其显示出系统域与外部实体之间的消息交换。在几乎所有情况下，我们会发现使用活动图(AD)对 OV 行为特征视图进行建模更加易于实施。

图 2.5 呈现了活动图(AD)的基础。控制流和对象流显示了给定场景如何涉及分配给泳道的结构实体。在域或负责执行的其他模型元素的泳道中，创建动作，并在创建或拥有该动作的实体泳道中创建对象。对象包括在执行场景时创建和使用的主要数据项或消息。除了向场景定义添加有用的细节外，还建立了与数据特征视图的联系。我们的经验已表明，对场景进行思考和绘图的过程是发现数据的很好的机会，也就是说，识别和定义信息，该信息作为行为的一部分被自然而然地导入、创建、转换和导出。这提供了定义概念数据模型的起点，概念数据模型将在 4.8 节中讨论。分叉和汇合清楚地描述了并行活动，分支基于以下条件显示替代路径，例如：系统状态、外部环境中的事件、操作者决策等。这样，可使用单个 AD 显示主要的场景和可替代的场景。

4.7.4 E-X 场景案例

图 4.11 显示了行为建模方法的简单示例，描绘了在 AD 中“创建 ISR 产物”E-X 的 UC 场景。此方法开始于任务管理域向 ISR 管理域发派工作，并开发出 ISR 的产物，例如地面上的对象或区域的图像，或者执行并报告特定传感器数据组的分析。ISR 操作员对该工作进行评估，并提供适当的输入，以创建传感器工作。将该工作传递到传感器域，传感器域以传感器报告的形式返回请求的数据。操作员对数据进行评价，并使用 ISR 管理域的功能来创建所需的产物。

图 4.12 中更复杂的 AD 阐明了 OV 制品，这在开发架构的早期通常很有价值。在行为建模和分析开始时，构建高层级的线程或进程流来显示主要系统活动会很有帮助，尤其在端到端的业务运行的背景环境中，例如工业系统的生产周期或像 E-X 这样的系统的任务。

对典型的总体系统功能的这种表达通常称为“例行日程”图，因为它表达了系统功能的“正常”时刻。这有点像艺术家在填充细节之前，先画出一幅画的整体结构。

我们将图 4.12 标记为“基本任务”，它从 E-X 组织的工作或指导开始，该 E-X 组织拥有系统并运行系统，该“基本任务”通过图中初始的泳道进行建模。支持系统域的资源将任务工作转换为任务计划，包括飞行计划和采集计划，并详细说明传感器的使用和机载处理，以产生所需的 ISR 产物。飞行机组通过驾驶舱域加载飞行计划，而其他任务机组人员将采集计划数据加载到各种任务域，并对其进行配置，以便进行操作。一

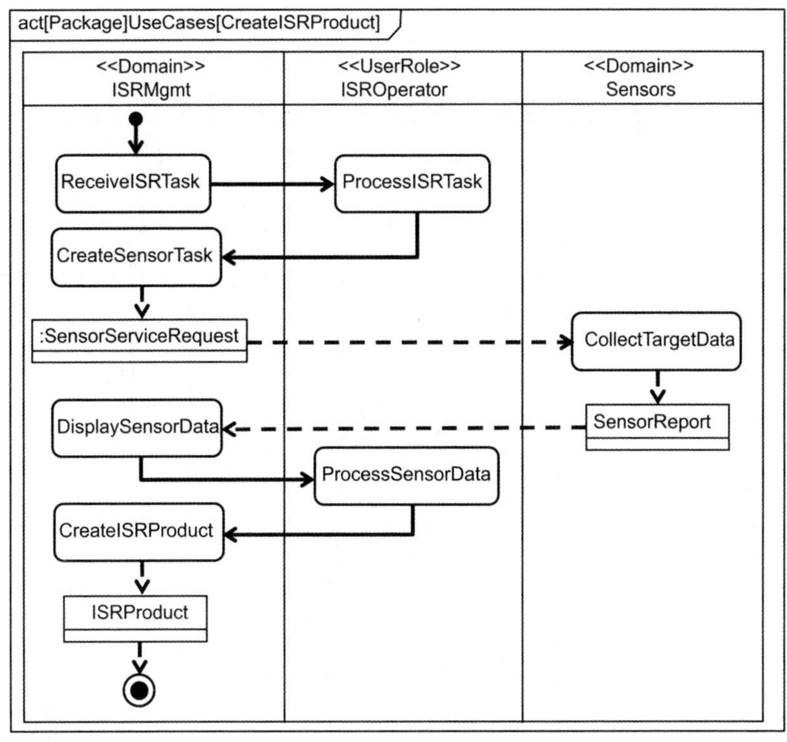

图 4.11 创建 ISR 报告用例的场景活动图

旦飞机在指定区域的站点上进行传感器操作，飞行员便会执行飞行计划，其他机组成员执行计划、工作分配、传感器数据采集、数据处理以及 ISR 产物生成和分配。

E-X 组织和任务机组指挥官监视任务的进度并评估系统产物。然后，他们可以修改总体任务计划，并根据需要调整特定的 ISR 工作。一旦任务计划完成，飞行机组就将飞机返回基地。然后，地面人员使用支持系统域的资源执行飞行后的活动，对任务机组汇报情况（任务后的访谈），以识别问题或故障，并安排所需的任何维护。如果其他异常情况（例如飞机问题或系统客户关于信息的紧急请求）对于理解系统运行的总体方案很重要，则可以将这些异常情况包括在图中。

“例行日程”图为线程和场景建模建立了一种模式，其有助于确保以下方面的一致性：描绘更详细的行为及与客户沟通，检查需求基线的完整性，以及完成其他早期架构工作。我们通过行为模型元素的规范，保持对需求的可追溯性。实际上，如图 4.12 所示的主要行为中的许多动作都是 UC，我们已经看出，UC 规范具有分配需求主题。其他行为元素（例如，AD 中的动作，本身不是 UC）也需要规范，这些规范能够以相同的方式识别分配的需求。若需要更多细节，则通常在下级行为图中对动作进行分解。该图包括许多决策点，例如由 E-X 组织进行的反复检查，以确定是否需要对原始任务计划进行修订。

允许架构师改进和确认结构特征视图和行为特征视图的一致性，找出所需系统功能中的微妙变化，确认域在功能分组工作中发挥良好作用，并且常常发现处于客户需求

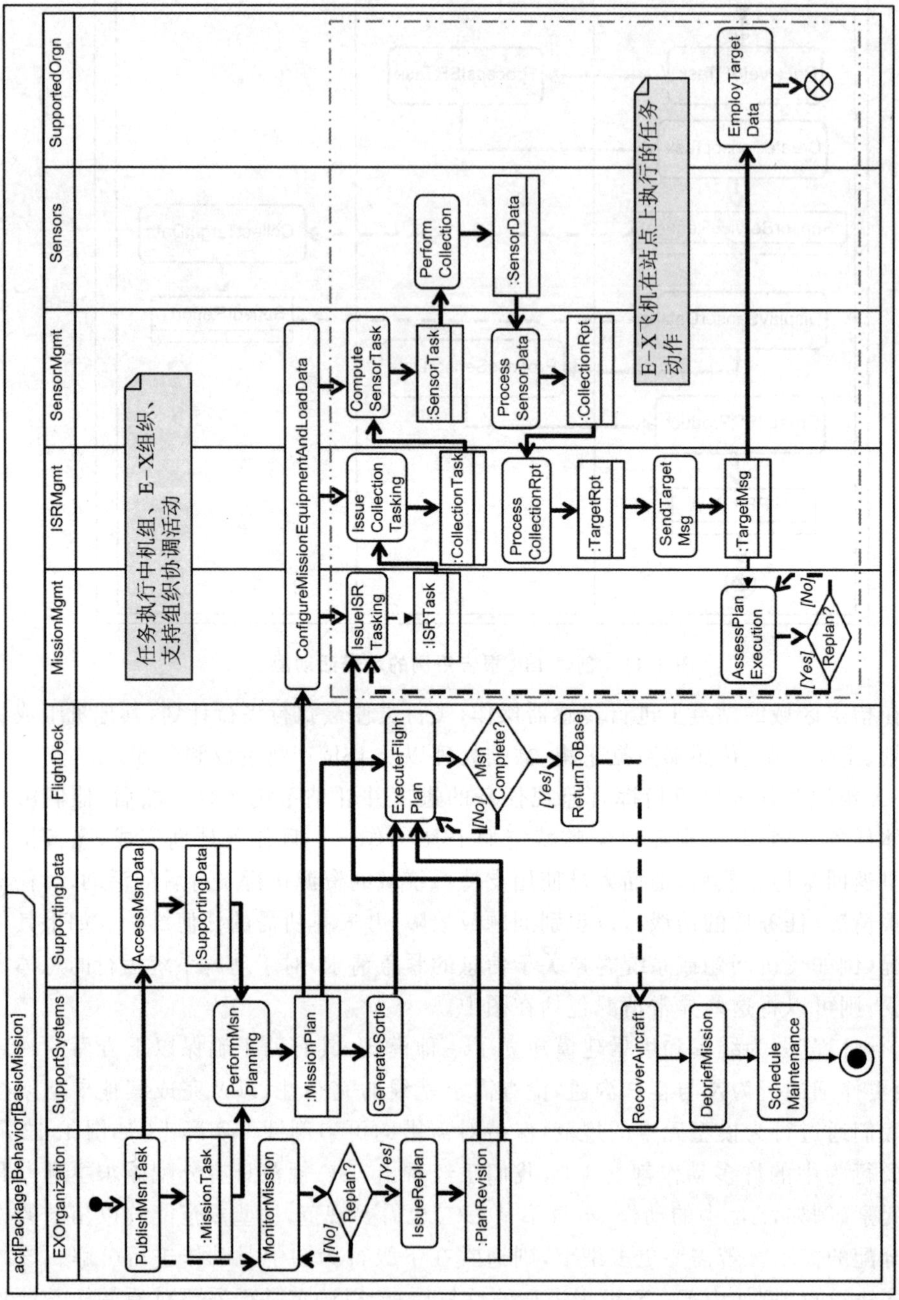

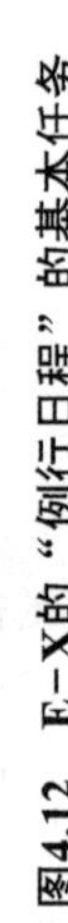

图4.12 E-X的“例行日程”的基本任务

规范或能力数据库之外的派生需求，从而使这种开发AD的工作带来更大的收益。如果很难遵循场景中的流，则可能表明域没有很好地划分。如果场景暗示了对客户需求之外的功能的需要，则可能表示的是派生的需求，应反馈该需求，使能力数据库更加准确和完整。传统的需求分析应对流程细化、分配和一致性检查。MBSAP通过明确系统元素在交付所需行为中的交互方式，以及提供一种发现派生需求的更严格的方法，对分析进行改进。

这些AD中显示的场景所声明的每个数据对象，都是概念数据模型中所需的数据实体，我们将在下面进行介绍。这些AD也可用作流程和工作流建模的输入，以便开始构建OV的可执行的表达。构建、分析和细化这些图是一项艰巨的工作，但对于确保客户和开发人员对所需系统行为拥有共同的了解，以及在实际设计和构建系统时避免出现问题方面，其工作结果非常有价值。

当重要的是对系统所处的状态进行建模，以及对状态机图(SMD)中触发这些状态之间转换的条件进行建模时，行为特征视图的另一方面将发挥作用。图4.13显示了E-X示例的这一情况。状态已显示出与图4.12一致的典型任务阶段中的进度，当飞机停止运行而进行维护时，提供另外的状态。在任何给定状态下，系统都处于一种“行为构型”中，这意味着各种系统元素都将是活跃的或非活跃的，用户角色将涉及该状态

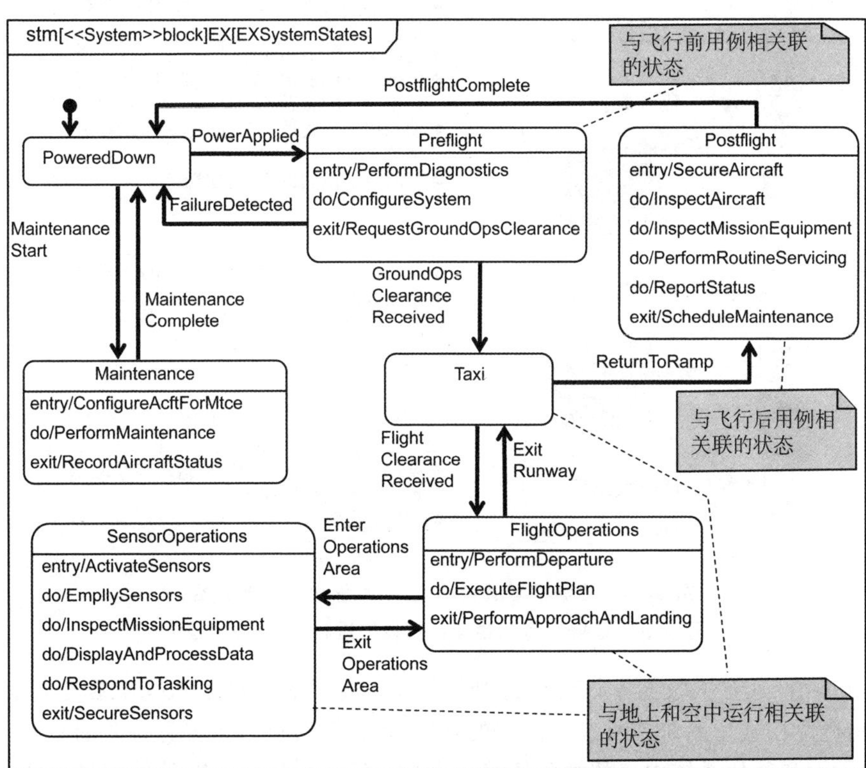

图4.13 状态机图显示E-X在任务期间状态顺序的发生进展，以及停止运行而进行的维护

所特定的动作，将需要进行各种外部交互等。在应对复杂行为时，例如 E－X 的行为，AD 和 SMD 相互补充，并提出更完整、更易于理解的系统功能视图。

4.8 数据特征视图

4.8.1 概念数据模型

OV 开发的下一步是非常重要的活动，但在架构开发开始时却经常被忽略——数据建模。显然，数据是信息（或信息使能）系统必不可少的内容和产物，必须与系统的结构和行为同时考虑。与架构其他方面一样，数据模型在 OV 中从抽象表达开始，即概念数据模型（CDM），该模型将逐渐变成 LV 中更加具体和特定的逻辑数据模型（LDM），最后变成 PV 中的物理数据模型（PDM）。最初，数据模型的这种层级结构在联合指挥、控制和协作信息交换数据模型（C3IEDM）[10]中定义，并在图 4.14 中进行了总结。CDM 建立了系统信息内容的整体范围和结构，及其在系统数据模型中的表达。

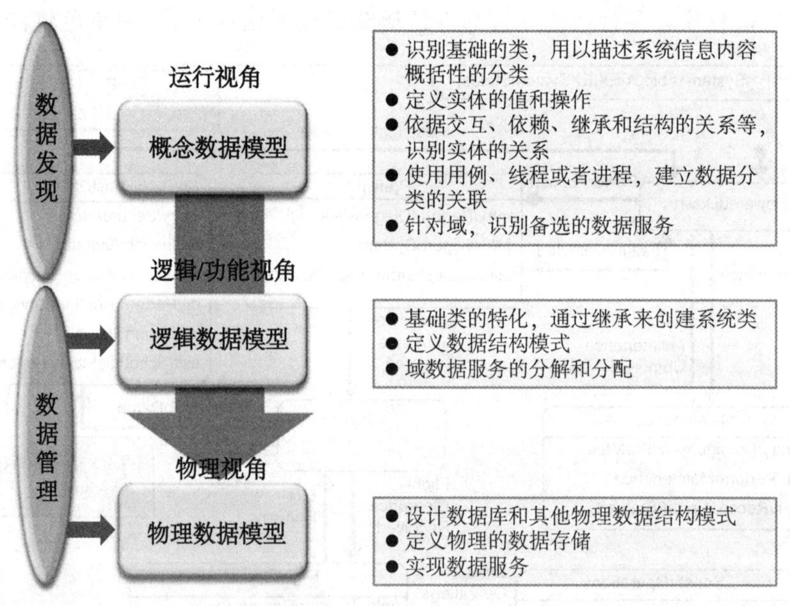

图 4.14　数据模型层级结构，从概念数据模型开始，通过逻辑数据模型和物理数据模型进行推进（见彩图）

Date[11]在其有关数据库设计的经典文献中，很好地总结了概念数据建模的重要性，指出概念模式是系统或复杂组织体的开发、运行和演进的重要且持久的基础。此模式是对数据和其他系统内容的抽象描述，应仅在必要时进行更改，使数据模型与现实世界保持一致。如第 3 章中所述，我们从使用 BDD 开始构建 CDM。[①]

因此，数据特征视图成为整个架构模型的组成部分，在众多成效中，使数据实体很容易地与块的值和操作相关联，并通过将系统行为包含在活动图中，使数据实体在系统行为中的参与很容易地显示出来。OO 的一大优势在于，OO 在单一结构中结合了早期架构方法中数据模型和功能模型的分离。良好的数据模型从 OV 和 LV 开始，也减轻了开发物理数据模式的工作以及对数据库进行规范化和再规范化的长期艰难工作。

除了为数据建模建立规则和约定外，CDM 还表达了称为“数据发现”的产物。这与需求分析、OV 的结构特征视图和行为特征视图的开发同时发生，所有这些都可以深入理解系统必须导入、创建、使用、存储、导出的一般数据实体和特定数据实体。CDM 可从简单的电子表格开始，电子表格中的这些数据实体可以用初始的描述列出，但在 OV 开发期间应转移到 BDD。从根本上讲，构建 CDM 需要考虑三个重要方面：

- 标识信息实体，可以是具体的或抽象的。
- 定义这些实体的特征，包括标识、位置、时间参数、内容和格式、拥有权和来源、数据精度和类似特性。
- 基于交互、依赖性、继承、结构关系等，识别实体之间的关系。

一旦识别数据实体并定义为 OV 开发的一部分，架构师必须确定数据实体在各个域活动中的使用位置。其他重要考虑因素，包括信息的临时存储位置和永久存储位置，信息实体的创建、转换和销毁时间及方式，以及交换方式，例如，通过数据服务器上的发布/订阅机制。CDM 可以通过以下方式来处理：将数据实体与域相关联，在对信息实体建模的块中定义适当的值和操作，将数据对象放置在如图 4.12 所示的活动图中，以及在服务特征视图中协调 CDM 与数据服务。除了这些图之外，CDM 还可包括支持性文档，例如初始数据字典（有时称为数据元素字典），预定义的消息目录（例如与数据链路协议相关的消息目录）以及信息交换需求（IER）矩阵。

在 MBSAP 中构建 CDM 的核心概念是使用基础类。系统中遇到的实际数据实体通常是特定化的实例，很少会是一般的类型或类别，可以具有值特性、构件特性、引用特性、操作、与其他元素的关联、定义行为以及许多其他特征。基础类对这些数据实体进行建模，从而建立数据模型的整体结构。术语“基础类”可能令人困惑，因为在 SysML 中，这些“类”实际上被建模为“块”。我们已经保留了在架构领域被广泛理解的名称，读者应简单地将基础类转换为块。[②] 正如我们将在案例中所显示的，为这些块提供构造型是有益的，例如 <<InfoElement>>，以便清楚这些块在模型中的目的是什么。

基础类是 <<abstract>>，它永远不会直接实现为块实例。基础类作为继承树的根，基础类的共享特征，尤其是值和操作，通过继承树被细化为信息类别内的实际单独的数据块。根据建模各种信息实体的需要，还使用其他特征定义数据块。基础类的这种细

① 关于历史由来的注释：原始的 UML 类图是对旧的实体关系图（ERD）的改进和概括；与之前的结构（如 ERD）和集成功能建模定义（IDEF）方法相比，SysML 框图提供了更强大和更方便的数据建模技术。

② “基础块”这个词似乎让人联想到房屋下面的砖石结构。

化，是将 CDM 转换为 LV 中逻辑数据模型（LDM）所需的主要活动，第 5 章将会详细讨论。我们将 LDM 中的块称为系统数据块，以反映以下事实：与基础类不同，系统数据块实际上在系统中实例化，并表达可识别的信息实体，例如参数、文件、消息和记录。

高层级 BDD 捕获基础类及其之间的关系，有时包括通过泛化/继承进行的一定程度的分解，以清楚地显示其本质特征。由于之前定义了数据或其他实体的类别共享特征，在基础类中，由它继承的系统数据块具有一定程度的一致性和准确性。而且，此方法通过删除相同信息的重复条目来减少总体数据建模工作。这有助于确保重要的特征不会被忽略或不一致地使用，并促进了数据存储和访问设计的有效性、标准化。

在对数据建模时，通常定义仅具有基本操作的块，例如 get()和 set()或 create()，retrieve()，update()，以及 delete()（简称 CRUD），强调的是对信息内容进行定义的值以及所建模的实体之间的关系。实际上，基础类通常包含其类别中数据块所需的大多数或全部操作，因此详细的数据建模可集中于单独数据块的特定值。在概念数据建模中，通常遇到的值有：

- 类型——数值（整数、双浮点数、浮点等）、文本，结构化（“结构”）和非结构化数据、枚举列表（“枚举”）、遥测、图像、警告、坐标、数据和时间值等。
- 计时——时间戳、有效期、最小和最大流程持续时间以及延迟等，在实时应用中特别重要。
- 安保性——分类或敏感性、认证值以及完整性或错误检查。
- 质量和准确性——例如，精度参数或错误统计。
- 来源——数据生产者的身份和特征。
- 格式——例如，文本和图像标准。
- 存储和发布——临时或永久（“持久”）存储数据的位置，以及发布后发现和访问的位置。

事实表明，在某些情况下，定义另一种类型的基础类，其对除数据之外的系统资源进行泛化，这是很有用的。在 E－X 示例中，这些基础类将是传感器、通信设备和计算机等事物。它们被构造型化为 <<abstract>> 和 <<Resource>> 。[①] 可使用附加的构造型对建模的资源的类别进行识别，例如，给定的基础类考虑了系统中的所有计算设备，可被构造型为 <<Processor>> 。在 CDM 中包括这些基础类与传统的数据构造似乎不太自然，但这种方法产生了一种对系统内容进行建模的连贯且直观的方式。数据最终成为系统中存储和使用的值，资源转化为构成系统的组件，数据与资源之间的重要区别变得很明显，因为基础类被特化为块，然后实现为代码、数据库、硬件和其他物理元素。一旦定义了基础类，在 OV 中，架构师就可以通过将其复制到新图中，在架构模型中所需的任何地方使用该基础类了。

图 4.15 显示了仅使用数据基础类的一般理念，阐明 SysML 以非常灵活和直观的方式描绘数据结构细节的能力。数据模型层级结构的顶部是一般的基础类，具有模型

① 一般来说，在英文中，SysML 中定义式样是小写的，而 MBSAP 中定义式样是以大写字母开头的。

中每个信息实体所需的值和操作。用于定义信息类别的三个基础类，继承于一般类，并显示了从基础类2(Foundation Class 2)继承的两个系统数据块(System Data Block)，而这通常会在后续的LDM中处理。最后的细化是基础类3(Foundation Class 3)，具有双重继承，包括参考数据块(Reference Data Block)的特性，该特性可以是可复用架构制品库的一部分，或者是第12章中讨论的参考架构的一部分。此外，在实际架构中，所有这些块将显示值和操作。

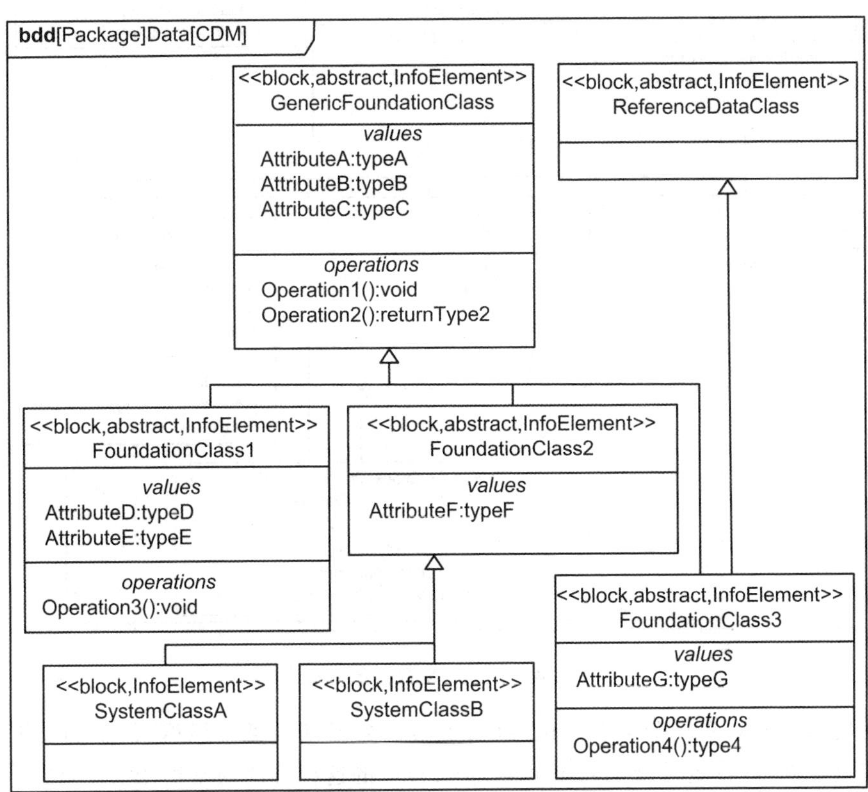

图4.15 包括参考基础类的一般概念数据模型的格式

4.8.2 E-X概念数据模型

再回到E-X案例，图4.16显示了可能的数据基础类集。如图4.15所示，数据模型结构的根是完全通用的数据基础类，其包括系统中任何信息元素预计都会拥有的值和操作。对于计划、工作、报告、消息和培训以及简单命名的数据，<<abstract>>类继承了这些共享特征。这些基础类对E-X使用的主要信息类别进行建模。图4.16中底部的数据项类对系统主要任务活动中遇到的各种信息类别进行抽象，包括传感器数据、分析数据、显示数据等。

引用关联表明这些数据项可能包含在报告和消息中。计划基础类汇总了工作并添加了信息，例如时间、资源、优先级以及执行计划所需的"行动者"列表。像E-X这样

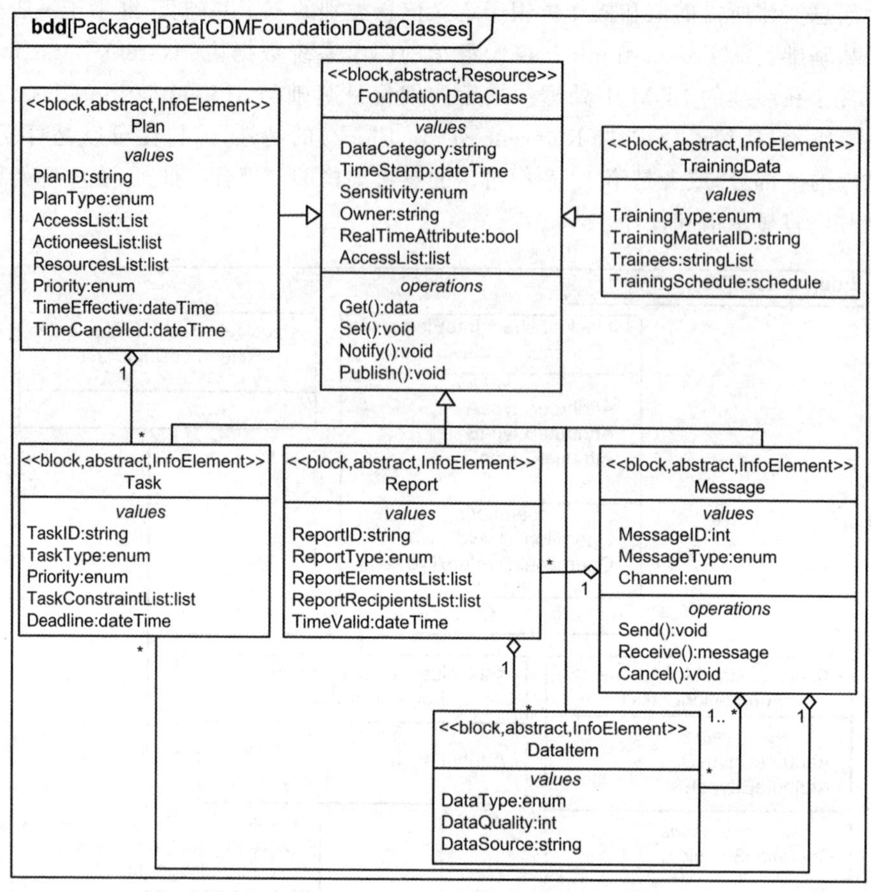

图 4.16　E-X 数据基础类

的系统培训功能非常复杂且多样化，包括了培训数据基础类。显然，信息的类型、相对大小和重要性，因特定系统的特征而异，但 CDM 的这种方法通常适用。

下一章将讨论分解基础类，以创建 LDM，但作为早期示例，图 4.17 阐明了该概念并显示了基础类是如何在数据模型中工作的。例如，计划是许多系统中的常见数据类型。在 E-X 任务之前，机组会为飞行路线、传感器的预期用途以及飞机通信系统的设置和运行等事情制定计划。任何此类计划都拥有值，例如发起权限、计划生效和终止的时间、计划所针对的个人或组织、执行所需的资源以及安全性参数。同样，任何计划对象都具有基本操作，以获取内容、修改内容并将计划的送达或修改通知接收者。这时建模为抽象基础类，称为计划。然后，飞行计划类、传感器计划类和通信计划类会继承这些通用特征，并添加特定的属性/值以及与其特征相关的其他操作。其中的组合关联表明，采集计划、飞行计划、信息管理计划和通信计划是任务计划的一部分，计划修订版本可应用于任何计划。注意，为属性和操作所显示的数据类型是概念性的，例如，struct 是尚未定义的复杂数据类型的占位符。我们应清楚，LDM 的开发通常从定义 CDM 的过程开始，对候选基础类进行了探索，以查看它们是否适合该系统。

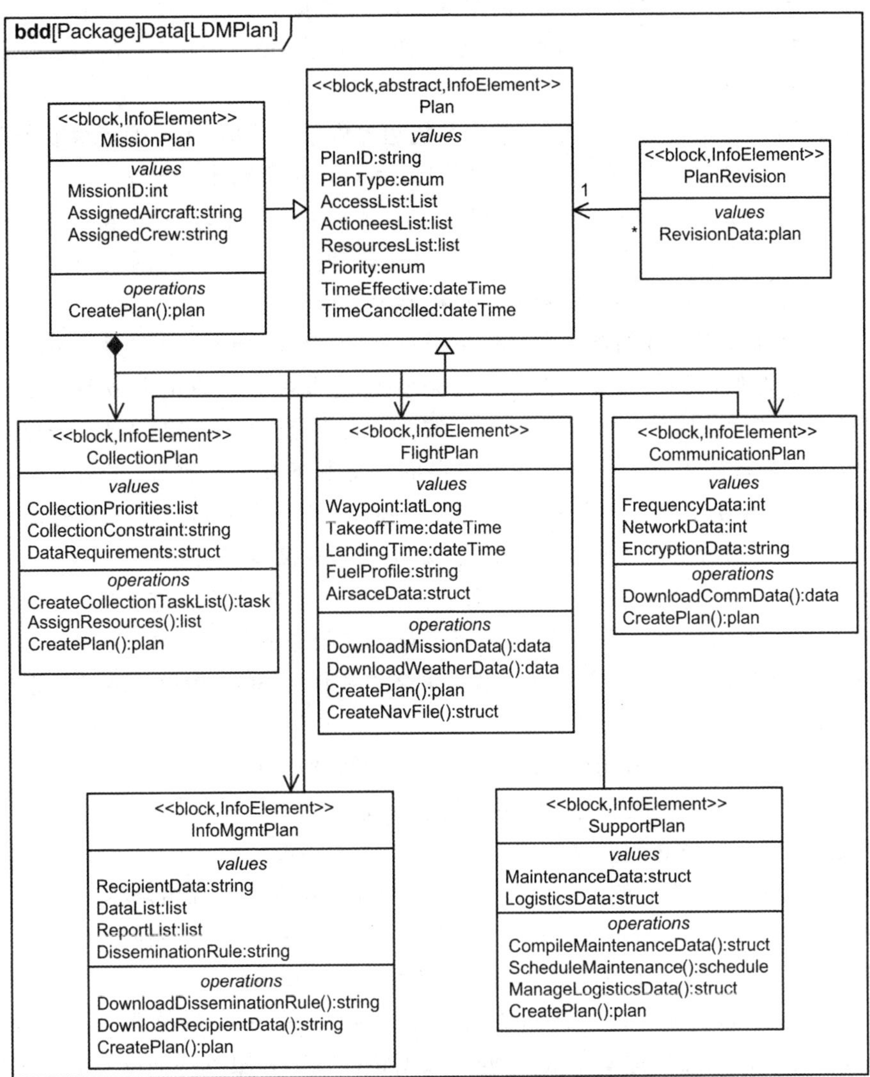

图 4.17 通过继承而特化的计划基础类，在逻辑数据模型中定义特定的计划

4.9 服务特征视图

在 SOA 时代，人员、计算机和网络之间的交互不再依赖于严格的、复杂的详细协议和点对点接口，而是依赖于模型，模型以查找、请求和接收服务为基础，这些服务使用更多的功能且更直观的术语进行定义。客户端可在网络上广播请求，以获取与一组纯文本属性相匹配的任何可用信息，而不是在预定义的物理地址上请求一份数据。客户端不需要预先了解网络上哪个节点具有给定的信息项或可执行特定的计算；易于制定

的查询将显示任何来源的可用信息,简单的协议将请求并交付该服务。第 7 章将对服务和 SOA 进行更详细的讨论,但本章和后面两章将从 OV、LV 和 PV 的服务特征视图方面进行初步讨论。

这种相同的面向服务的方法,通常在系统边界内很有价值,用以确定域或子系统如何交互。我们对 E-X 案例的讨论,识别了 IM 和 CM 域所创建的服务。一旦采用了模块和封装的基本原则,使得一个域的内部工作对其他域不可见,这些交互就必须根据域边界处公开的功能和信息进行。例如,一个域可能通过系统的内部网络向另一个域发送请求,要求执行计算,提供一份数据或对机器项采取控制的措施。

将此类交互视为服务的调用和交付是很自然的,请求者或客户端通常不需要知晓提供者或服务器如何创建服务。很少有人会想到,这是实现关键的开放系统架构松耦合原则的强大步骤,因为它极大地减少了域之间的依赖性,例如对先验知识的需要。OV 的服务特征视图识别了系统使用和提供的外部服务和内部服务,包括非常重要的步骤,即将创建和使用服务的职责分配给域,并将服务与请求和交付服务的接口相关联。第 7 章将详细讨论服务建模,包括图的示例和服务接口定义。

在这些架构中,数据服务提供了管理、存储、访问和共享信息的方式。因此,生成 CDM 的数据发现和高层数据建模,应伴随着对这些服务的早期关注。换句话说,使用 SOA 基础的网络复杂组织体需要网络数据策略。在任何 SOA 中都重要的一组代表性的整体数据特征,包括:

- 可见的、可用的和有用的,在需要决策的时间和地点;
- 以元数据[①]进行标记,使授权用户能够发现;
- 适当地控制,发布到共享空间;
- 通过以网络为中心的多对多数据交换,与互操作性的实现相兼容。

随着架构进展到 LV 和 PV,发现元数据和描述元数据都将是持续数据建模的重要元素,因为它们是数据管理和共享的关键使能器。第 7 章将继续该主题。

通常情况下,数据服务以及访问数据服务的接口,是 SOA 最重要的元素,因此是 OV 的服务特征视图的最重要元素。确实,数据特征视图和服务特征视图时常关联,就像结构特征视图和行为特征视图相互密切交互一样。这带来数据建模的挑战,使用早期的数据建模方法将很难应对这一挑战。此外,政府机构和其他客户,通常要求制定数据建模和数据服务的标准;这一案例是发现元数据标准,作为实现跨系统的互操作性和使用信息一致性的关键方面。

当前的大多数数据策略都强调使用可扩展标记语言(XML)进行数据标记,以促进通用数据定义以及与网络服务开放标准的兼容性,特别是对于使用例如发布和订阅等标准化机制进行数据发现和分发。XML 模式的开发和使用是 LDM 的一部分,但在概念数据模型中,收集关键信息的全面工作使此项工作变得更加容易。

---

① 在这种情况下,元数据是以定义的格式或标准,表达有关数据实体的信息;它可以描述内容、源、位置、目的和许多其他方面。

将系统域公开的行为视为服务的基本架构策略，将在 LV 中变得更加具体，该服务可通过域边界或系统边界处的服务接口来调用和交付。随着架构的演进进入到功能设计，使用实现其行为的块(包括服务以及服务接口定义的附加细节)对域进行扩展。在本章的前面，我们已经提到了将客户需求映射到域。现在，可以通过将需求附加到每个域中的服务，开展进一步的活动。重要的是，应注意，实现服务的机制的范围，从非常简单到非常复杂。尽管许多系统架构师认为“服务”与互联网上的“Web 服务”同义，但通常情况下，在实时系统中，服务必须使用轻量、低开销的协议，而不是与万维网相关联的处理密集型且耗时的协议。

如果客户的需求显式或隐式包括所需服务的列表，则服务特征视图显然应遵循该输入，并以该输入为基础。架构框架(见第 12 章)经常规定用于定义服务的特定制品。我们可在“集成词典”中的服务规范集合或定义中阐明服务；或者，可以在活动图或顺序图中明确描述服务行为，其他形式的服务表达也是有可能的。即使客户没有明确地应对服务，架构师也可能需要分析系统需求以及有关客户业务流程的信息，以便开发服务分类。开发服务特征视图是另一种实际工作，对于根据相关或交互服务的逻辑分组来定义良好的域结构，这将非常有帮助。

简单的开始方式是构造电子表格，列出所需的服务，并将它们与 OV 的模型元素相关联。该矩阵将获取 LV 和 PV 中的列和更详细的条目，因为架构详细说明系统服务的实现，从最初的高层级列表到最终完成工作的物理组件。实际上，服务特征视图变成高质量的合规性矩阵，显示从需求到实现的可追溯性，同时保持了与演进的架构和系统设计的一致性。

表 4.2 显示了 E-X 的简单示例。参考表 4.1 和图 4.12，对于地面/水面监视，我们使用雷达和目标跟踪管理，作为系统需要提供的典型服务的示例。其中，第一个涉及 RF1 传感器(雷达)和传感器管理域，而后者完全包含在 ISR 管理域中。用例的活动图中的动作提供了定义服务的重要内容。此结构将扩展到所有域和服务，作为完整 OV 的一部分。

表 4.2 从 OV 开始，服务分类和映射的示例

系统服务	用例	域	域服务
Sensing::Perform radar surface surveillance in SAR and MTI modes(感知::以 SAR 模态和 MTI 模态，执行雷达对地面/水面监视)	Employ Sensors:: Perform Radar Collection(采用传感器::执行雷达采集)	传感器管理	维护传感器进度； 控制传感器； 处理传感器报告； 生成跟踪报告
		RF1	以 SAR 模态采集； 以 MTI 模态采集
生成、更新并管理目标跟踪	创建 ISR 产品	ISR 管理	处理目标跟踪报告； 关联和融合目标跟踪报告； 维护目标跟踪数据库

4.10 背景特征视图

迄今为止，都强调的是应用形式化的建模，关注 SysML 模型，以便构建 OV。有一些其他重要制品并不完全适合此类模型，为给出一个更好的术语，将这些制品集中放在背景特征视图中。通常，这是重要的素材，而使用其他特征视图中的模型制品都无法很好地表达。很多这种制品都可应对 NFR 问题，通常是文本文档或图形。

- **架构策略和强制指令**——在许多情况下，架构必须符合与大型复杂组织体以及相关策略和强制指令等相关的约束。公司或政府机构可能具有复杂组织体架构或参考模型，用于建立适用于该复杂组织体内特定系统的规则、标准和约定。案例包括必须支持的复杂组织体服务。它们本身并不创建架构制品，但是在架构描述和各种模型元素的规范中，以文档方式记录在架构开发中各种策略的处理方式将非常有用。
- **附加的非功能性需求**——在背景环境中可能会考虑无法自然而然地适应其他特征视图的各种 NFR，可包括用于系统支持的可用资源和流程；运行原则和程序；材料控制和责任；可靠性、可维护性和可用性（RMA）以及其他。所有此类需求都应在需求数据库中捕获，并且许多需求都应映射到结构特征视图和行为特征视图中，例如，在涉及维护、维修和系统准备升级次数的用例中。设计需求，例如固有的无故障组件寿命和关键功能的冗余实现，需要发布到 PV 中，这将影响物理设计和产品选择。在 OV 中，通常可以将 NFR 捕获为文本文件，与需求数据库相关联。
- **客户定义的产物**——如果要求架构符合客户架构框架，则通常存在数据项、图和其他制品，这些也属于背景特征视图，因为它们不是 MBSAP 架构方法论的固有部分，也不是直接从架构模型中生成的。这些通常涉及程序计划和财务信息、系统的运行背景环境、规则以及影响系统运行、架构管理以及其他潜在主题的其他约束。本章中穿插了一些示例，第 12 章将从架构框架方面对此进行进一步讨论。
- **系统基线**——有经验的系统工程师将会询问，这种方法如何对应于熟悉的需求基线、已分配的基线以及产品或构型基线。基本上，OV、LV 和 PV 在架构方面是等效的，本质上具有相同的目的。然而，每个视角都使用来自单个模型的制品进行开发和记录，这有助于确保基线之间的一致性和可追溯性。如果需要进行文档化记录，则可以从模型中导出各种基线，并且通常将其作为概念特征视图的一部分实现。

4.11 智能微电网 OV

我们将使用第二个系统案例，显示 MBSAP 在截然不同的系统类别中的应用，并阐明一些附加的建模技术。我们将主要探讨智能微电网 A(SMG A)，因为它拥有我们讨论所需要的范围、复杂性和特征。作为对 SMG A 创建 OV 的基础，我们需要建立一些需求。表 4.3 包含此社区微电网的主要功能需求的示例。然后，我们将讨论功能特征视图、行为特征视图和数据特征视图，讨论深度不如“E－X”的案例，但重点强调附加的建模概念和技术。我们不会创建服务特征视图，因为尽管一些交互可以实现为服务，但这不是这些系统的常规方法。通常，背景特征视图是相关信息的容器，在其他地方不适用。架构建模流程和模型内容的创建顺序与 E－X 基本相同。

表 4.3 表达智能微电网 A 的功能需求

需求区域	高层级需求
R1.1 与主电网交互	R1.1.1 系统应向主电网供电； R1.1.2 系统应从主电网使用电力； R1.1.3 系统应基于供电和电力使用，管理与主电网的财务信息交换
R1.2 管理微电网	R1.2.1 系统应监控连接的设备和负载； R1.2.2 系统应执行微电网操作的业务管理； R1.2.3 系统应控制微电网储能； R1.2.4 系统应控制微电网发电； R1.2.5 系统应支持与微电网客户的交互，涉及电力服务、计费、账户管理等
R1.3 支持微电网	系统应支持微电网设备和资源的安装、维护和维修
R1.4 执行客户活动	R1.4.1 系统应处理客户账单支付； R1.4.2 系统应支持客户设备的添加和删除； R1.4.3 系统应能够更改客户负载

4.11.1 智能微电网功能区划

与 E－X 相比，智能微电网 A 的划分将产生更简单的域图，因为其固有的资源类型和功能更少。图 4.18 显示了一种可能的顶层结构。域名用于识别“层级”，以建议一个层级结构，该层级结构从顶部的集中管理层级扩展到包含各种设备(构成微电网)的域，最后扩展到物理层级，对实际发电、流量和电力使用进行建模。此外，我们定义了基本用户角色集合，使用关联对该微电网与主电网(PG)的至关重要的关系进行建模，随后将该关系细化为信息流和电力流，列出了 PG 的相关构件。第 5 章将更详细地解释图 4.18 中显示的许多细节。显示 SMG 内部交互的 IBD 是逻辑/功能视角的一部分，如第 5 章所述。

另一种图通常作为 OV 的一部分，这是很有价值的。其建立了背景环境，架构的系

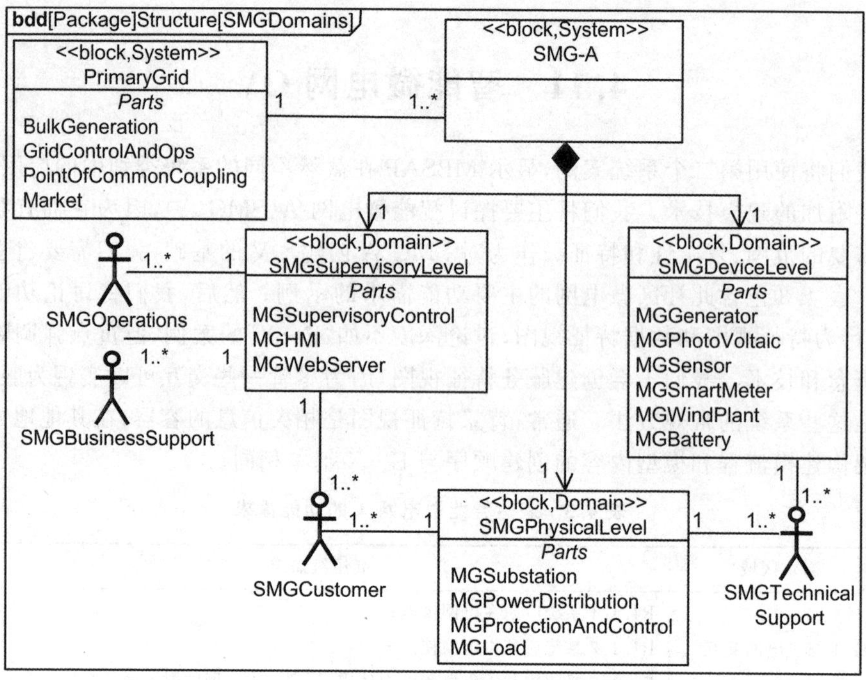

图 4.18　BDD 显示智能微电网 A 的域

统将在该背景环境中运行，图 4.19 中的 IBD 显示了这种实现方式。在这里，主电网和一些智能微电网统称为电力设施。使用嵌套的构件特性模型对 PG 和 SMG 的元素进

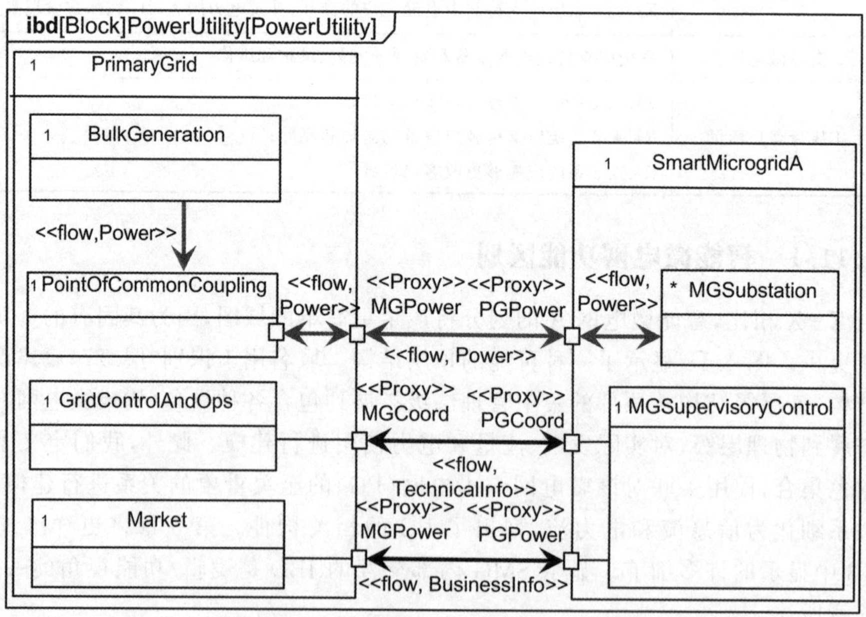

图 4.19　IBD 显示主电网和智能微电网之间的主要交互(见彩图)

行建模，负责它们之间的交互。电力在 PG 公共联结点和 SMG 变电站之间流动，并且可以在任一方向流动。为了强调存在两种基本不同类型的交换(其中，一种是电力交换，另一种是信息交换)，电力的流动箭头是红色的。SMG 监视控制负责处理技术信息和业务信息。诸如 SMG 组件的状态等技术数据与 PG 控制和运行块进行交换，而诸如客户的电力使用等业务数据与市场进行交换，最终与创建市场的一个或多个服务供应商进行交换。

4.11.2 智能微电网用例和场景

与 SMG 相关的 UC 如图 4.20 所示，反映了表 4.3 中的需求。这些需求允许我们阐明 OV 中行为建模的一些其他有趣方面。此图包括与用户角色相关的一些施动者以及对附加外部实体进行建模的其他施动者。后者之一是 PG，SMG 与 PG 交换电力。另一个施动者标记为环境，它解释太阳能和风力发电都严重依赖于当前天气状况这一事实。另外，还存在服务供应商施动者，可以对与业务实体之间的交互进行建模，业务

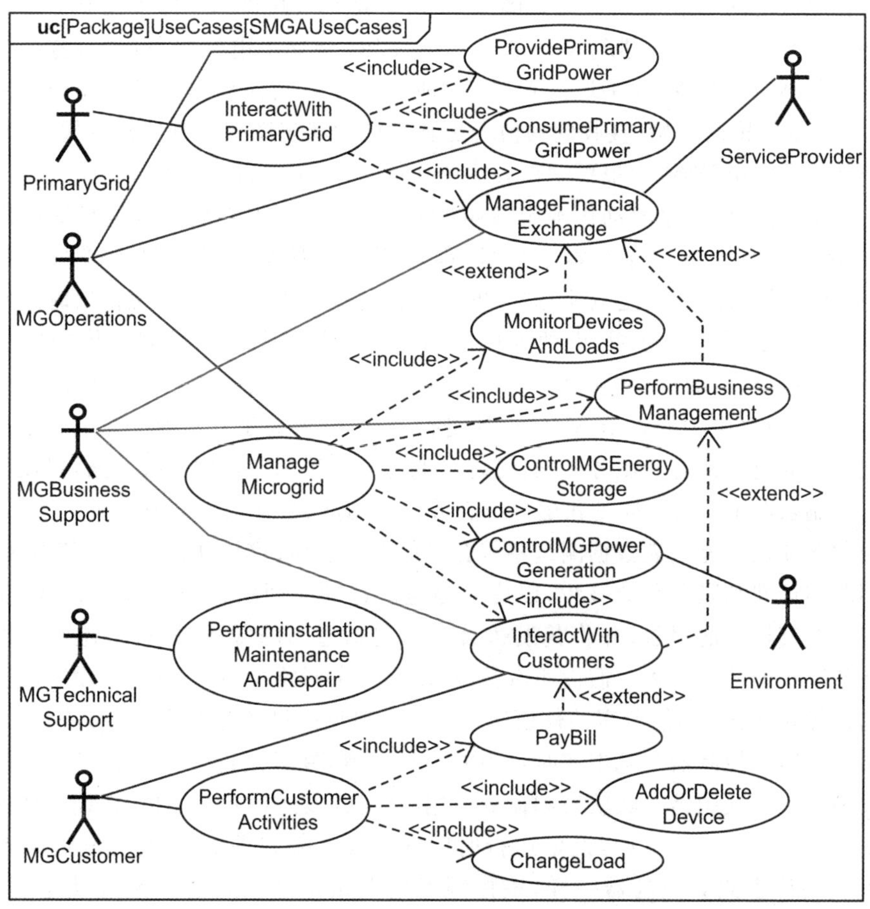

图 4.20 智能微电网 A 的用例，包括与主电网、客户、电力市场中的公司以及环境的交互(见彩图)

实体创建了电力市场。微电网客户施动者解释 SMG 与最终用电者的交互，与客户交互的 UC 应对电力服务请求、能源使用计费和问题报告等事情。

智能微电网 A 中存在四个第 1 层级的 UC，已经如图 4.20 所示进行分解。例如，与主电网交互的行为具有两类下级 UC，用于与 PG 之间进行电力传输；还具有管理财务交换的 UC，用于对账单、支付、财务计划和其他业务活动进行建模。在一些情况下，与用户角色进行的交互，涉及给定的第 1 层 UC 相关的第 2 层 UC 中的某一些但不是全部的。例如，微电网业务支持用户角色仅与业务相关的 UC 相关联。

<<extend>> 依赖性链显示了另一个微妙变化，从客户的支付账单行为开始，最终导致管理财务交换 UC。这反映了如下事实：用电支付从个人客户支付开始，并逐步上升到 SMG 和 PG 之间的总体财务交易。监控设备和负载的技术活动还扩展了管理财务交换的 UC。在完整的 SMG 架构模型中，每个 UC 都拥有规范和场景活动图。主要的 SMG 行为被建模为顺序图，并包含在 LV 中，如第 5 章所述。

对于 E－X 示例，与图 4.12 所示的“例行日程”场景等同的是主控制回路，其同样可表达智能微电网 A 的正常行为。图 4.21 所示是 SD，其显示了监视控制器是如何与微电网的各种设备和装置进行交互的。一旦与 PG 建立了电气服务连接，监视控制器就会初始化其应用软件，并采取配置 SMG 所需的任何其他动作来进行操作。主回路从 SMG 设备的轮询开始，接收到的值会更新当前的状态图。控制器检查报警情况，如果检测到报警情况，则流程报警动作表达单独行为，该单独行为应对异常情况。

接下来，计算电力平衡动作确定 SMG 发电量是否可以将剩余电量存储或出售给 PG。在这样的系统中存在基本不变量，即可用发电量必须始终等于瞬时负载。该 SMG 具有能量存储(假设是电池)这一事实会影响此不变量，并为系统留出时间对可用电力的变化做出反应。然而，电池放电的能量不能超过其瞬时容量。控制器确定对 SMG 发电机和电池的运行进行任何所需调整，并发送适当的命令。PV 板的电力受电流控制，也可以将电力发送给 SMG 电池进行储能，这取决于其当前的充电状态。为了在出现瞬时断电时使客户服务顺畅，可将电池与电流控制连接到馈线回路，以便为负载供电。控制器与 PG 电网控制和运行中心进行协调，以管理双边电力交换。

控制器使用智能电表数据测量零售客户的电力使用情况，并且可实现其他功能，例如使用时间计费和紧急负载减少，以应对停电。这种主回路行为还假设 SMG 需要定期生成有关其运行的报告，并将其发送给 PG，包括适当的服务供应商，还要发送给监管机构甚至可能的其他人。假设所有情况都正常，主回路关闭，回到轮询设备动作。回路能够以优化 SMG 功能所需的任何速率执行。典型的设备轮询速率为 1 Hz。

微电网监视控制器是基本实时行为的经典示例，并且是许多闭环数字设备控制设计的典型代表。控制器接收状态和命令数据，计算并发送设备控制值，根据存储的进度执行日志记录或报告，并以与设备运行时间线和整个系统期限一致的恒定频率重复其周期。与许多此类控制器一样，该控制器定期跟踪和报告总体系统状态，并与外部环境中的条件进行协调。简言之，图 4.21 中体现的模式可用于各种实际设备控制情况。

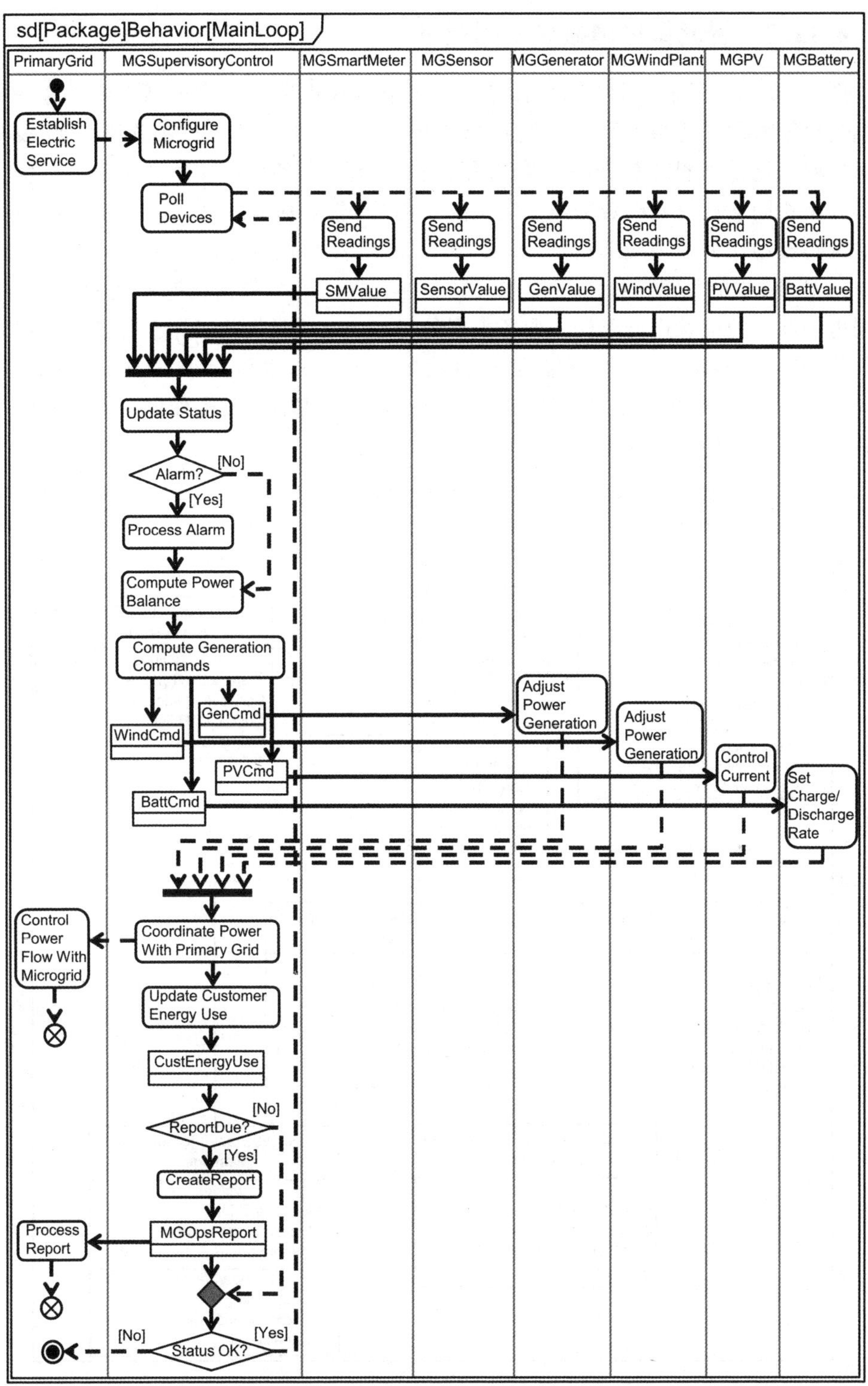

图 4.21 智能微电网 A 的主控制回路

4.11.3 智能微电网概念数据模型

图 4.22 显示了第二个 CDM 示例,这次是智能微电网 A。该示例强调了这种早期数据建模策略的一些附加特征。图 4.22 与图 4.16 中的 E-X CDM 极其相似,表明即使对于两个这种不同的系统,良好的数据结构也具有许多共同特征。计划和消息等基础类几乎相同。在根基础数据类中定义的相同的、非常基本的操作集适用于计划和消息这两类模型。另一个关键点是,图 4.20 和图 4.22 的比较显示了 UC 分类中的行为组织与 CDM 中的信息组织之间存在明显的并行性。电力数据的基础类对发电、配电和用电中涉及的信息进行建模。业务数据的另一个基础类概括了用于计费和支付的数据块集,既可直接用于客户(他们拥有自己的基础类),也可用于 SMG 和 PG 之间。SMG 技术支持人员拥有专门的基础类,以便有效地处理有关其工作的信息。模型中特征视图之间的这种一致性是模型质量的良好指标。

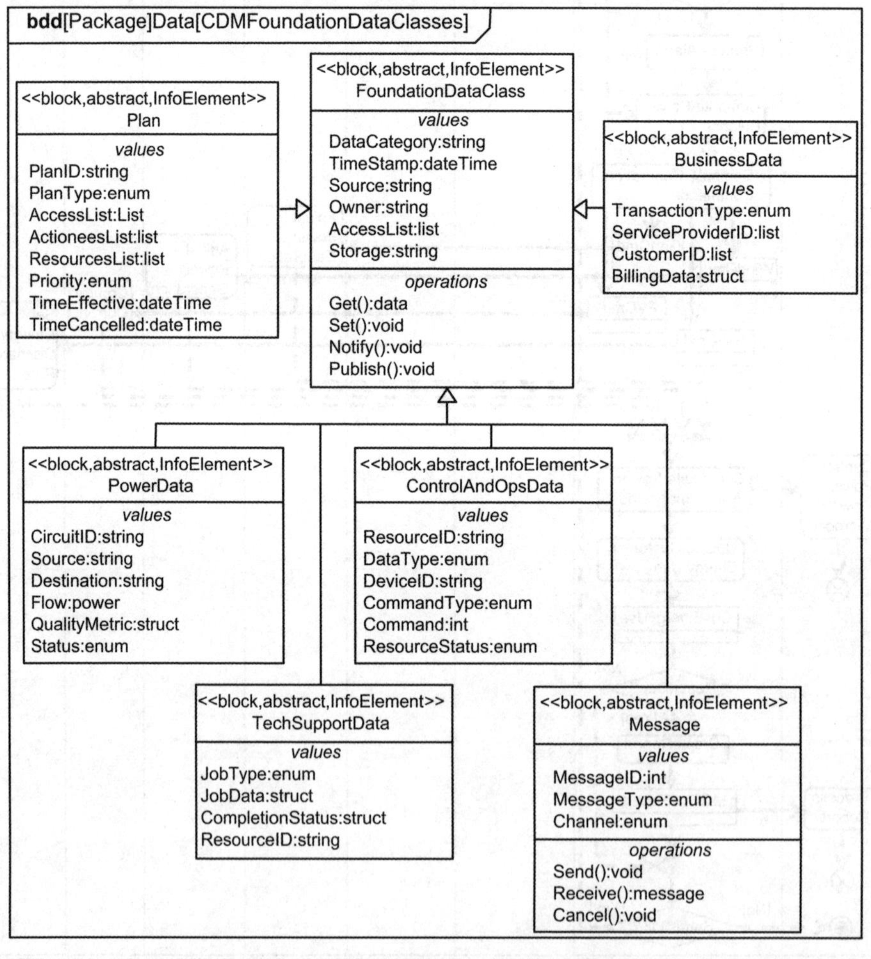

图 4.22 智能微电网 A 的数据基础类

4.12 可执行架构

关于虚拟原型以及物理原型的统一讨论，将在后续第11章进行，但重要的是要认识到，仿真的开发和使用将开始作为OV的一部分。OV与M&S层级结构的前两个层级（运行建模和流程建模）进行交互。尽早开始为这些建模提供工具，可提高OV生成流程的质量和效率。再多地盯着域图和活动图，也无法取代通过执行的流程模型及其生成的统计数据的仿真，而其可获得立竿见影的见解。与客户讨论架构及其支持需求细化的背景环境中，更是如此。

在运行层级，仿真通常将系统建模为单个实体，该实体具有与外部环境交互所涉及的主要特征和行为。对于E-X，可能包括飞机的速度和高度、各种传感器的可视域和探测能力以及与其他平台通信等，可能会有工具支持的场景生成、数字地形图、静态和动态目标以及其他“参与者”、天气影响等。目标是将系统置于实际运行状态，实现系统执行和系统反应的可视化。这可支持对需求和运行概念的细化和确认。在以运行利益相关方熟悉和驾轻就熟的方式，介绍系统并探索备选方案时，这也可能颇具价值。

在抽象轴的下一层级，流程/工作流仿真基于系统所执行动作的顺序，承担与操作员的交互、信息存储和检索、工作队列建立和服务的速率以及系统功能运行的其他方面。这有助于确定对人工操作员的最佳工作分配，发现通过系统活动流中的潜在瓶颈，以及显现系统资源和功能之间的依赖性，这些依赖性仅从架构图中可能无法明显看出。并非每个架构开发都可以证明这些层级上的可执行方案的时间和成本是合理的，但是当这种分析合适时，建立稳固的需求基线，确保初始系统规模正确以及确认OV的结构内容和行为内容，其价值是巨大的。

4.13 总　结

本章从客户的需求和愿望（可能以广泛的方式表达）上升到形式上的、可分析的架构背景环境。图4.23总结了OV的内容。第1章说明了架构基本上是关于管理复杂性的，第一步是在建模环境中框定这种复杂性，考虑到所有特性，并允许设计人员在分析和可追溯性的支持下，以正确的顺序应对正确的问题。OV提供复杂组织体或系统的顶层功能结构、每个功能域和复杂组织体或系统作为一个整体所展现的行为以及定义信息内容和服务。MBSAP的这一阶段还带来了更新的需求数据库，其中包含需求的分解和分配，直到OV所达到的分解层级，以及客户需求的澄清和派生需求的识别。与架构建模匹配，架构的可执行维度从运行和流程/工作流的M&S开始。OV制品支持与客户的对话，并为任务解决方案的设计提供出发点，可在最初的和长期的以最低可行的成本和最短可行的时间来满足客户需要。下一章将介绍从系统的这一初始定义到

LV 中功能设计的转换。

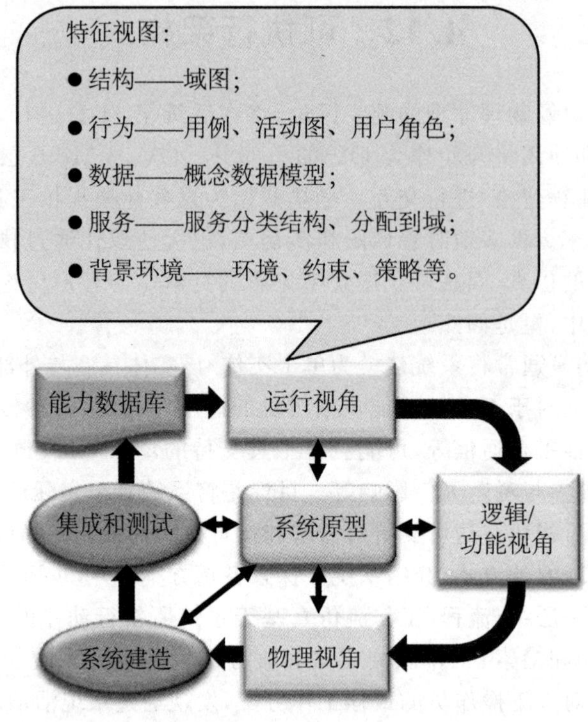
特征视图:
●结构——域图;
●行为——用例、活动图、用户角色;
●数据——概念数据模型;
●服务——服务分类结构、分配到域;
●背景环境——环境、约束、策略等。
能力数据库
运行视角
集成和测试
系统原型
逻辑/功能视角
系统建造
物理视角

图 4.23　运行视角的概述

练　习

1. 在定义系统需求时,CONOPS 和性能规范之间有什么区别?

2. 描述性能需求、一般功能需求和非功能需求的验证方法。

3. 将域图视为系统的顶层划分,描述创建域时涉及的一些考虑因素,可促进开放的、高效的、强韧的(容忍变化)和可演进的架构。

4. 为什么在 BDD 和 IBD 中都对域结构进行建模?

5. 在图 4.18 中编写 SMG 监视层级域的域规范。

6. 在图 4.20 中编写控制微电网发电用例的用例规范。

7. 在图 4.20 中绘制控制微电网发电用例场景的活动图。

8. 在数据建模中,基础类和系统类之间有什么区别?

9. 列出智能微电网 A 的 OV 背景特征视图的一些典型内容。

10. 描述 E-X 运行视角的可能的运行仿真和流程/工作流仿真,包括仿真的内容和期望的主要输出。

学生项目

学生应通过开发 OV 的五个特征视图的内容，开始他们的系统建模工作。根据每个项目的范围和复杂性，可能是为了一到两个领域的“深度研究”，以演示各种 MBSAP 活动。如果使用架构建模工具，那么必不可少的早期活动是创建模型文件，并根据需求、用例、结构、行为、数据、服务和背景环境，对该模型文件进行结构化（通常在工具浏览器中），从而与 MBSAP 框架保持一致。

参考文献

[1] NASA.（2007）Systems engineering handbook，NASA/SP-2007-6105.

[2] Department of Defense.（2009）Chairman of the Joint Chiefs of Staff Instruction（CJCSI）3170. 01G. https://acc. dau. mil/CommunityBrowser. aspx?. Accessed 19 May 2017.

[3] Suppakul S，Chung L.（2005）A UML profile for goal-oriented and use case-driven representation of NFRs and FRs. Paper presented at SERA 05.

[4] Lattanze A J.（2009）Architecting software intensive systems：a practitioner's guide. CRC Press，New York.

[5] Kossiakoff A，Sweet W.（2003）Systems engineering，principles and practice. Wiley，Hoboken，NJ.

[6] Department of Energy.（2016）The smart grid：an introduction. https://energy.gov/oe/downloads/smart-grid-introduction-0. Accessed 14 Apr 2017.

[7] Hebner R.（2017）The power grid in 2030. IEEE Spectr 54(4)：50-55.

[8] Rozanski N，Woods E.（2005）Software systems architecture：working with stakeholders using viewpoints and perspectives. Addison-Wesley，New York.

[9] Jacobson I，Christenson M，Jonsson P，et al.（1992）Object-oriented software engineering：a use case driven approach. Addison-Wesley，Reading，MA.

[10] NATO.（2009）Standardization Agreement（STANAG）5255.

[11] Date C J.（1981）An introduction to database systems，3rd edn. Addison-Wesley，Reading，MA.

第5章　从逻辑/功能的视角进行设计

5.1　设计基础

在运行视角(OV)中,我们谨慎地使架构保持抽象,不依赖任何特定设计,并且关注总体的结构、行为以及信息内容,包括介绍了作为交互模型的服务。逻辑/功能视角(LV)[①]开启解决方案设计流程来满足客户需求。这涉及在OV中建立的结构、行为、高层信息实体(基础类)的分解,以得到独立的块或若干块的组合,最终,这些块将实例化为可交付系统的实际组件。[②] 尽管从物理视角考虑到了实际的关注,如影响实现可用产品所采用的最新技术,但LV不涉及具体的技术和产品。因此,LV制品代表着以功能的、与技术无关的形式进行系统设计。

随着时间的推移,永不停滞的技术改进步伐以及不可避免的需求变化,会在整个生命周期内对系统造成影响,LV提供了所需更新升级的起点。利用模块化、松耦合以及开放标准,LV允许选定的系统组件,利用新的或改进的产品重新实现,从而促进了技术更新的过程。使用以往的SE方法,面对淘汰的以及不再供应的产品以及重大的需求变更时,想要最大限度地降低通常的困境,唯一方式是针对原始设计开展逆向工程并重新设计,即使此方式还能用上,但代价也是巨大的。因此,架构不仅是满足客户需要的一个有效的,且可承受的初始解决方案的关键,也是在现实压力下实现长期可支持性与可演化性的关键,这也是敏捷SE的核心目标。MBSAP致力于交付系统——那些在一代代的技术进步与需求演变中,仍具有可互操作、可维护,且有能力运行的系统。

OV(3.4节)中最先定义的五个特征视图将继续用于LV,在LV中,这些特征视图经进一步分析形成了多个制品,这些制品将用作物理视角下实际系统组件的设计或生产的规范。在这一过程中,常常发现需要对OV进行完善,以便实现细化和修改问题。使用SysML图和相关联的模型元素规范,从LV对源自于OV的功能架构进行了记录,可能还会有关于分层基础设施、客户特定的框架与模型以及其他设计方面等的补充制品。MBSAP将OV的功能、行为和服务映射到单个块的操作以及系统元素间的协同行为上,为实现所需的功能性目的而协同工作。在5.5节中,我们将探究概念数据模

---

① 就当前的目的而言,"逻辑"与"功能"是等效的,两者通用。为简便起见,本书使用缩写LV。

② 保留前一章中的用法,一般情况下,我们所使用的"系统"也指复杂组织体、节点、子系统或组织轴的任何其他层级。

型(CDM)是如何形成创建逻辑数据模型(LDM)的基础。LDM 利用其数值和操作定义系统中的实际数据实体。我们还捕获了内部交换的消息以及与外部施动者交换的消息。

与架构开发的各个阶段一样,架构师必须不断地做出判断,应对诸如恰当的功能分解层次、付诸于块特征定义的工作以及开发的可执行模型类型等问题。特别重要的是,LV 分析结果将识别出架构问题所处的区域——有关吞吐量、精确度、同步性、资源负载与时序以及类似的性能问题,均使用物理建模确保具有足够的冗余来满足需求。一旦对 LV 进行建模和分析,得到的规范与其他制品将提供建造该系统的坚实基础。

5.2 设计模式

在开发 LV 的过程中,我们特别强调的是设计模式。设计模式是针对常见设计问题已有的成熟解决方案,多本书籍中曾谈及设计模式理论与应用[1-2]。我们并不试图全面阐述这一复杂主题,但一些读者会发现,更深入地探索设计模式的理论及应用方式是非常有用的。本章阐明广泛使用的现有设计模式,并利用经证实有用的其他模式对其进行扩展。

设计模式是强大的工具,原因包括:

- 设计模式基于普遍理解的术语,建立一个常用词汇表。众所周知,这些术语的所属领域,因不同群体而倾向于对不同的事物使用相同名称或者对同一事物使用不同的名称;而模式使设计变得更容易理解和沟通。
- 设计模式通常允许架构师使用更少的时间就能实现良好的设计,并使架构师从之前工作经验教训中受益,这些工作已用于开发新的模式和细化现有的设计模式。
- 设计模式有助于达成系统的认定并表明与需求的符合性。
- 设计模式提倡对基本架构工作(如定义接口)采用一致的方法,并使用 OOD 原则。
- 第 12 章将论述在参考架构(RA)的推导和文档记录中设计模式的重要性,并且提供一种简便方式,即通过向现有 RA 增加内容,从进行的项目中捕获新的经验教训。

MBSAP 使用以下三类模式:

- **核心或基本模式**——这些模式来自于文献资料,并广泛用于信息系统中。讨论是从基本模式开始的,Gamma 等人关于软件设计模式[1]的经典著作对该基本模式进行了定义。如本章所述,在复杂系统中所见到的块组合(硬件和软件)设计模式,其所占的比率之高竟令人出乎预料。这些模式可分为三个类别:
  - ◇ 创建型模式——通过对公共需要的信息内容以及特定或小规模行为的抽象,为系统所用的实际的块提供基础。
  - ◇ 结构型模式——描述由多个块组合成更大结构的方式。

◇ 行为型模式——聚焦于算法,在一组块之间指定职责或角色以及交付大规模行为的交互方式。

- **应用模式**——这些模式派生于实际系统的经验,并且记录系统类别(如本书所涉及的类别)中常见问题的解决方案。应用模式转化为 SysML 模型的块协同①,每个模型均包括以某种方式连接的块组合。一般情况下,应用模式已成为用于执行资源管理、动态规划、信息分发、决策支持以及其他具有挑战性功能的良好设计。
- **基础类**——如上一章所介绍,这些基础类是创建于概念数据模型中的数据实体,这些数据实体定义系统及其环境的基本信息内容和资源。它们确定一些特征,这些特征是给定类别系统的信息内容和资源所对应的每个实例所需的;促进一致性并对一些事项执行整个系统层面的策略,如信息安全性。

为阐明这些概念,E-X 中多功能雷达为我们提供了探讨应用设计模式的机会。图 5.1 所示是一个 BDD,它从一个称为传感器的完全抽象的基础资源类开始,并表明通用雷达的连续向下继承。接下来,获取源自数百个实际设计[3-4]的设计模式,雷达将分解为两种资源类型:射频(RF)孔径和雷达信息处理机,其中射频(RF)孔径具有处理 RF 信号与能量的元素;而雷达信息处理机是一台专用计算机,执行数字信号与数据处理,并支持雷达与用户以及可能的其他系统进行交互的基本接口。在当前技术中,雷达 RF 孔径一般属于以下两类之一(见图 5.2)。

- 最初,雷达使用机械天线结构设计,以便在发射机能量激励后,可将该能量以窄波束形式发射到空间中。然后天线反向工作,采集目标反射的能量,并将其引导到通向接收机的"管道"。这种天线常常使用万向架瞄准,或者固定在所感兴趣的特定方向上。此基本方法的其他情况包括使用各自独立的天线分别进行发射和接收的双基雷达。
- 近年来,许多雷达使用由多天线单元组成的相控阵天线,通过调整每个天线单元传输或检测信号相位,合成具有所需形状和方向的电子束。当使用发射/接收(T/R)单元时,此类孔径被称为有源相控阵雷达(AESA)。有时,也使用无源(仅接收)阵列,并且阵列可安装在万向架上,提高电子束可能的指向范围。

这一示例如图 5.1 的设计模式所示。RF 孔径由天线结构、接收机和发射机组成。接收机和发射机可通过离散的接收机单元和发射机单元或通过一定数量的发射、接收或 T/R 模块实现,用图 5.1 中的"1..*"多重性表示。在相控阵中,天线结构提供 RF 模块的安装,以及与 RF、控制信号和其他信号的连接并供电、冷却。无源 RF 传感器具有一个与有源 RF 传感器非常相似的模式,但省去了发射机功能。我们可以延续此模式至任何所需细节层级,例如,包括准备提供和分配原动力、冷却孔径以及其他的电子设备。

① 术语"协同"的使用不应与作为行为图的 UML 协同图相混淆。在 UML 第 2 版中,UML 协同图被重新命名为通信图,MBSAP 中并不使用该类图。

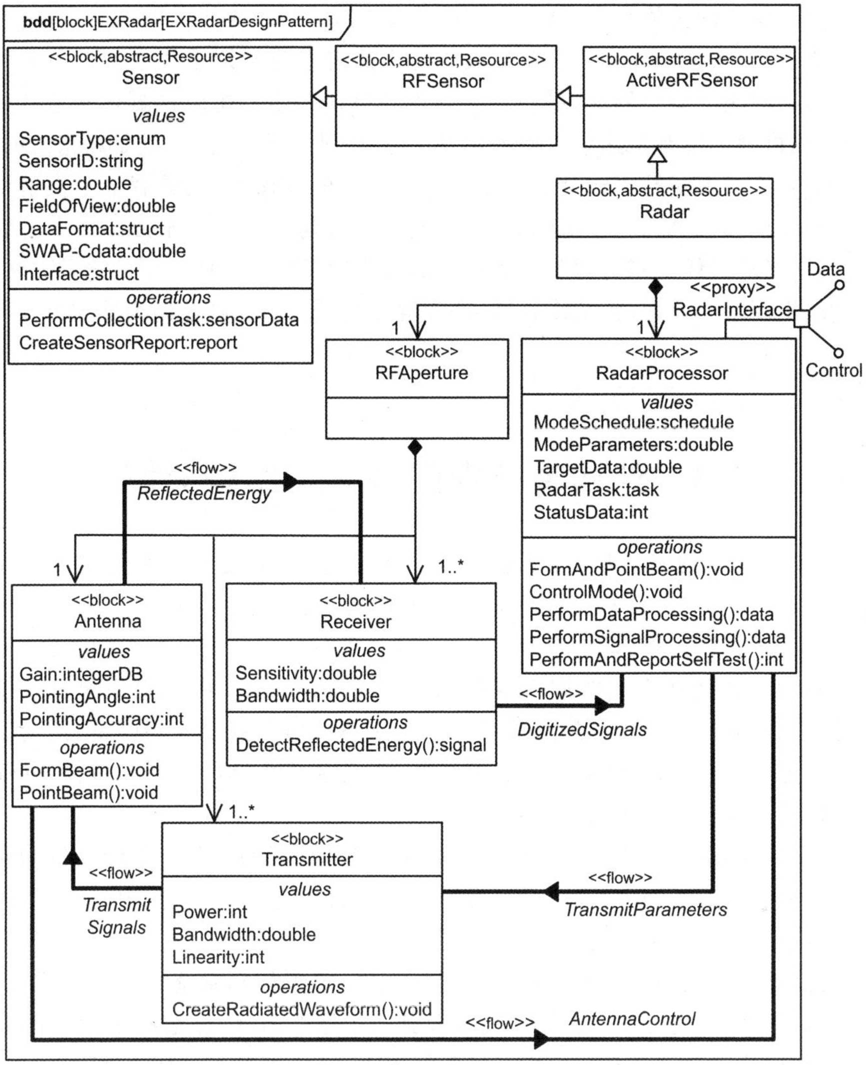

图 5.1　雷达的应用设计模式,继承抽象传感器类

图 5.2　万向架(机械瞄准)雷达天线和相控阵(电子瞄准)雷达天线的例子(见彩图)

这种设计模式的价值在于，帮助工程师制定规范、设计或选择雷达，用以解释重要的设计变更、形成权衡研究结构以及比较当前雷达需求与早期系统中类似所需的成功(或不成功)的解决方案。例如，尽管需要新的或修改的 RF 孔径方案来满足性能或可靠性需求，但可确定现有雷达信息处理机(可能进行某些软件完善)满足新系统的需要。就E-X而言，多功能雷达可设计有一个装有万向架的机械天线、具有单个发射机孔径的无源相控阵或一个 AESA。实际上，许多这种系统均使用安装于万向架上的有源阵列，以便其在飞行器任一侧时都能够指向地面。应用设计模式所采用的这种方法，几乎可用于任何常用系统元素，包括传感器、处理器、通信装置、设备控制与监控以及操作员的工作站。

5.3 结构特征视图:E-X结构分解

LV 分析从 OV 的域图开始，考虑每个域中的功能如何通过系统元素最优化地实现。相关的设计决策包括：向硬件或软件分配功能、选择特定产品以及采用哪些标准等。最初，推迟做出上述决策是恰当的，因为这一目标是识别系统构件、构件交互的方式以及这些构件必须独立和共同完成的内容。一般情况下，将功能分配给系统元素(块、构件等)，将输入和输出分配给接口。此方法与面向对象设计相匹配，因为定义块的第一原则是：发现由所构建系统组成的实体，定义这些实体的关联和特征，并通过明确定义的接口关注这些实体的交互。

尽管大多数物理设计决策是在随后制定的，但是良好的 LV 会受到硬件和软件设计实现的现实问题的影响。在分解域的过程中，其目的是：在若干块中，其复杂性与功能性均适合于使用那些可行的且可用的组件，并最终予以实现。在当前最先进的技术中，获得产品类型和能力以及其他系统元素的意识，对于得到系统结构十分重要，可支持有效且可承受的解决方案。分解往往涉及到两个层次的域，首先是分解为子域，然后再分解为块，但这只是一个指导原则。通常情况下，还要求具备包括应用设计模式方面的判断力与经验。

为阐明这种方法，我们将图 4.6 和图 4.7 中的 E-X 系统传感器管理域分解成一组的五个子域：传感器系统接口、传感器计划管理、传感器资源管理、传感器分析和报告以及传感器资源接口。事实上，这是一种应用设计模式，因为它应对的是诸多系统中给出的一组相关的行为，并且依赖于功能层级结构和用户角色。在 E-X 中，这些系统功能可归结为要做的某些事和做事需要使用的资源，以及某些规则或约束，并且这些系统功能均集中于采集、处理和使用信息。图 5.3 和图 5.4 所示为利用 SysML 的 BDD 和 IBD 进行域的分解以及内部交互。在此分解流程中，通常最先创建 BDD，以定义这些低一层级的块。子域成为传感器管理域块中的构件特性。域边界上的端口支持与其他域的交互。

以下段落对子域做出了进一步描述，表明在达成传感器管理域的特定工作中，总体

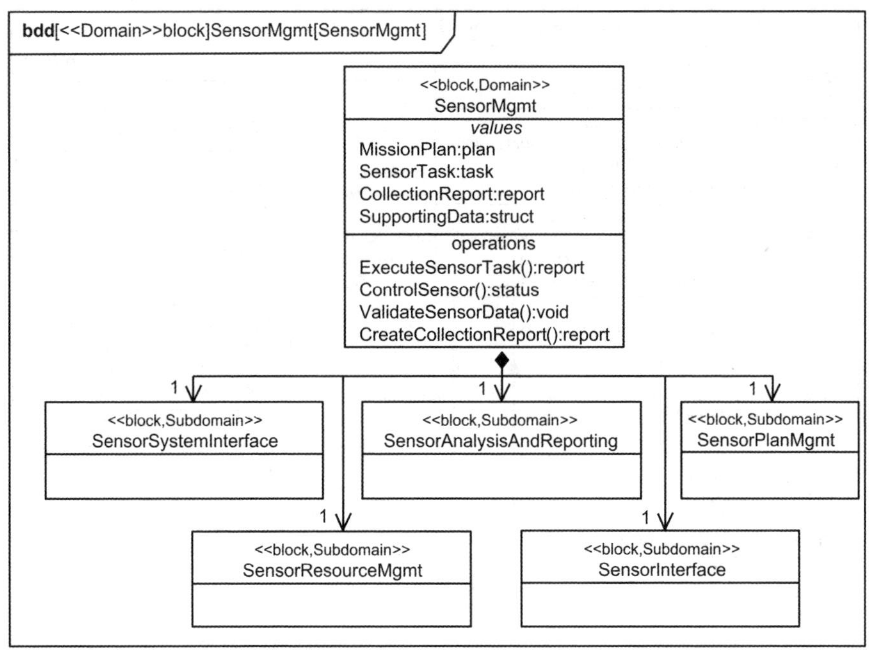

图 5.3　传感器管理域的分解

设计模式的使用方式。

- **传感器系统接口**——负责与系统信息资源(信息管理域)以及 ISR 管理域交互。针对不依赖于其他子域功能实现的系统其他部分,提供一个稳定的接口,并管理着流入和流出传感器管理域的信息。它还提供通过信息管理域驱动传感器操作员接口的逻辑。与控制传感器相关联的 HMI 处理也置于此处,因为传感器操作员需要的大多数信息均保存于此,并且任何其他必要的信息都可以方便地访问。实现 HMI 的实际操作员工作站是计算基础设施域的一部分。
- **传感器计划管理**——接受和存储来自 ISR 管理域中的计划,制定并提供计划执行状况,对计划内容执行可行性测试和其他处理,并将计划中的采集任务转化为待传递给传感器资源管理的传感器任务。
- **传感器资源管理**——建立计划管理器的感知任务与可用传感器资源的匹配,包括进行采集时的调度时间段。资源管理器发布传感器任务,这也称为传感器服务请求(SSR),并监控传感器的健康程度以及任务执行状况。之后的段落继续对此子域进行分析,以表明分解到块的下一个层次。通过这种方式抽象传感器控制,在系统中每次模式实例化时,将所使用的控制逻辑定制到传感器上,这有助于保持设计模式的完全通用性。
- **传感器分析和报告**——针对传感器操作员和系统其他部分的需要,将所处理的传感器数据转化为报告和其他信息产品。像资源管理器一样,适于处理来自所用特定传感器中的数据,此子域对逻辑进行抽象,以便设计模式在所有等效设

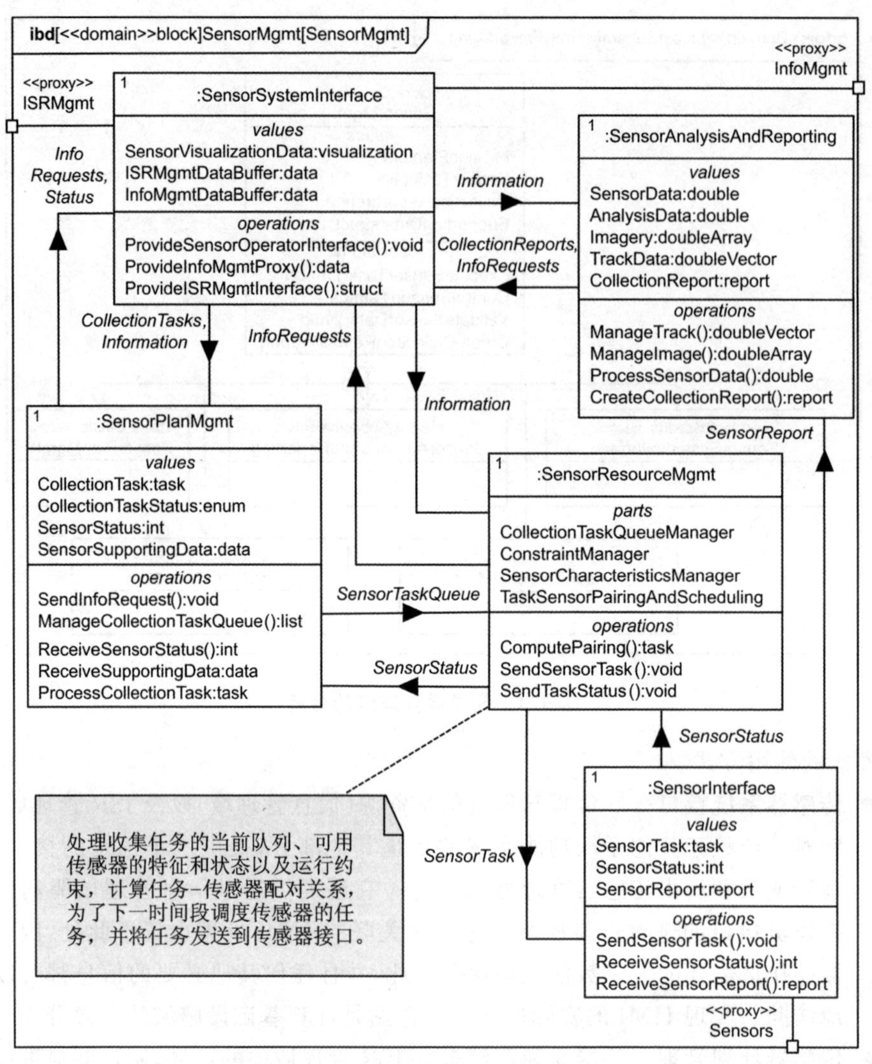

图 5.4 传感器管理域内的内部信息流

计情况均有效。E-X雷达可能输出已形成的图像，并且此子域将会执行类似格式化和单个图像时间标记的操作，以创建报告。或者，雷达可能只是产生数字化信号，在这种情况下，传感器分析和报告子域将执行计算来创建图像。

- **传感器资源接口**——抽象与E-X传感器控制相关联的特定接口。此功能性可合并到传感器系统接口子域，但是，以此方式划分子域会使设计人员关注与一组特定传感器交互时的细节，并会让设计人员应对这样一个事实：这些控制和数据交换，通常比一般系统信息流具有更高的时间敏感性。

子域概述是关于职责表述的示例。一般来说，明确地与系统设计的元素建立关联，这是一个很好的OOD实践，设计元素的这些简要的表述描述了期望系统去做什么。

在系统开发与集成的最后阶段，很容易就会忽略这些在早期设计探索阶段开展的思考。对于块而言，职责表述也同样重要。此类表述往往用于模型元素规范起始部分的总体描述。

E-X的OV划分的根本理由包括实现一组密切相关的活动和数据，这些活动和数据与以下内容关联：接收和管理信息采集任务；向传感器发送特定指令；将得到的传感器数据转换为可供其他域使用的报告；监控传感器和相关联的处理资源的运行、健康程度和状况以确保性能符合要求。在传感器管理域中，此类特定工作负荷应确保指定到一个成员用户角色，即传感器操作员。通常情况下，一组工作表述为一项计划。系统资源的当前状态以及计划执行的状况均使用状况消息进行报告。从其他域和施动者接收的信息实体或提供给其他域和施动者的信息实体均被建模为数据项。计划、消息和数据项以及报告、工作和培训数据均是泛化信息构造的示例，这些构造均被定义为图4.15中CDM的基础类。在5.5节中，我们将研讨从基础类派生系统数据项的其他事例。

下一步的分解层级涉及使用块和其他结构元素实现这些子域。此时，系统元素往往能够被识别出来，且最终作为硬件或软件组件予以实现。在从LV变换为PV的过程中，这些元素既可作为现有产品来采购，也可作为新产品来开发，这取决于设计分析期间"制造与购买"决策的结论。事实上，在提出PV的过程中，这些元素普遍识别为构型项。经验法则是分解到复杂性的某一层级，在这一层级上，赋予设计人员或小团队以硬件和软件来实现块或一组块的工作。这意味着在某些情况下需要进行分解。随着架构师发现并定义块，他们开始寻找附加的基础类，包括有机会使用之前工程项目中创建或参考架构(RA)中可用的有效块，这将在第12章中进行论述。

图5.5和图5.6表明作为传感器管理域其中部分的资源管理的设计模式。此模式适合于必须满足各种"性"(如适应性和可重构性)需求的系统。其中有三个块，其功能是保持主要数据输入与任务/资源的配对，一个块管理当前的传感器采集任务队列；另一个块跟踪当前可用的传感器资产及其状况；第三个块存储诸如地形遮挡的适用性约束，其将影响利用给定传感器执行给定任务的可行性。每个块都有来自传感器计划管理子域的采集计划作为引用特性，如以空心菱形为箭头的线所示。每个块的引用的特征如图5.5所示。

这三个块以及任务/资产配对和调度块均是传感器资源管理子域的构件，并且这些块形成了子域的组合式的层级结构。采集约束块还具有两个附加信息元素形式的引用特性。运行规则包括总体策略限制以及适用于E-X任务的特定规则；物理约束表达关于影响系统的外部环境条件(如地形和天气)的信息，以及关于航空器位置和飞行轨迹的信息。关于地球本身的信息往往称为地理空间信息系统(GIS)数据。有一些块被加上了阴影，因为它们是对不同的外部信息源(引用)进行建模。

任务/资产配对和调度构件主要涉及的是，使用数据块的输入形成最优的任务/传感器配对集合。然后，该集合制定和发送得到的传感器任务，并通过该传感器反馈的状况报告跟踪任务执行。随着新任务的接收和执行、现有任务的重新分配以及各种约束

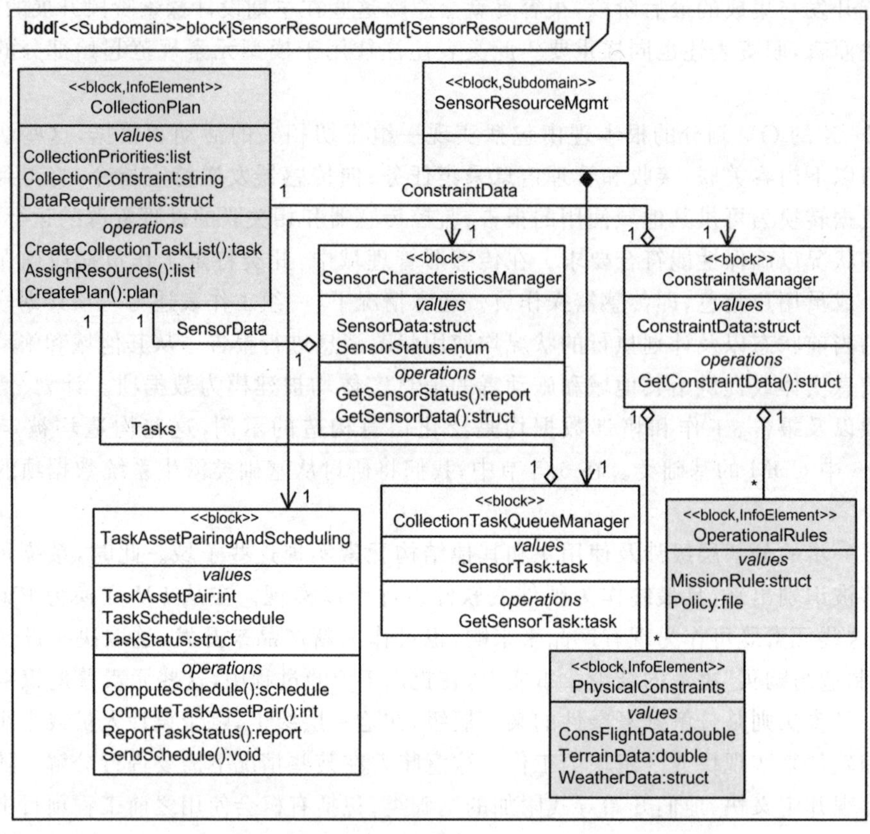

图 5.5　传感器资源管理器域的内部结构，具有表明外部信息输入的引用特性

状态的有效或无效的改变，此流程将循环且不断地调整进度。每个规划循环均会得到一组传感器任务，在传感器进度中的下一个时间间隔期间，这些任务将被发送到传感器域。

图 5.6 中的 IBD 表明数据输入流进入任务/资产配对的逻辑。与传感器域的通信，经由 <<proxy>> 端口在传感器接口子域中完成，这一端口将委托给任务/资产配对和调度构件。与传感器计划管理子域的通信使用的是 <<full>> 端口，该端口可与采集计划对话。与全端口一样，这将要求传感器资源管理子域拥有实现端口的方式，在这种情况下，大概拥有一个软件组件来管理信息交换，并向三个数据块分配适当的内容。此处使用全端口的原因是传感器资源管理子域的任何一个构件，均不拥有支持此端口及其接口的唯一职责。相反，该端口支持全部子域并且可对附加资源进行建模，这些附加资源是子域为创建该端口所必须提供的资源。如第 2 章所述，全端口是块的一种构件特性，在块上进行声明，并且不同于该块的其他构件。这些细节应在端口规范中进行详细说明。

上述案例阐述多个要点，其中一个情况是通常将块分为三种一般的类型：第一种类型的块主要对信息实体建模，并拥有相对少的操作（称为“数据”块）；第二种类型的块主

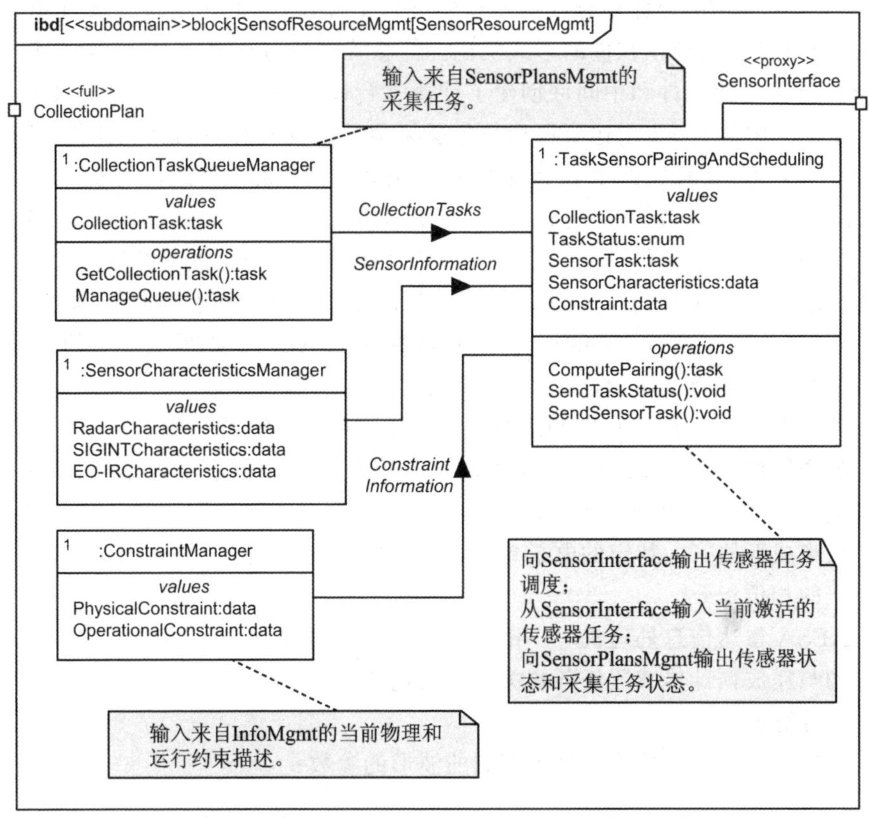

图 5.6 传感器资源管理子域的内部信息流

要对处理逻辑或其他行为建模，其中，只具有定义行为所必需的属性/数值（称为“计算”或“算法”块）；第三种类型的块对非信息组件（如电气设备、机械设备或液压设备）建模（称为“机械”块）。传感器任务队列、传感器资产以及采集约束类均是第一种类型的示例，而任务资产配对和进度则确定是一个计算块。对于块中同时具有大量的值和众多的操作的情况，直接实现可能过于复杂，此时应探讨进一步的分解。

对该资源管理案例的详细阐述，可采用多种附加方式。例如，采集计划信息元素是计划基础类的特化，除图 5.5 所示的特定特征外，还继承了一组类的属性值与操作。任务/资产配对与调度块的操作可命名为计算任务资产配对，可利用各种算法来实现，例如规则库、神经网络、模糊逻辑引擎或选定的最适于相关决策的一些其他数学形式。不考虑细节，图 5.6 中的资源管理器是一种应用设计模式，它提供了应对这类非常普遍问题的解决方案。在 E-X 架构中，资源管理器模式还可能应用于通信管理域中，在通信管理域中的任务是动态匹配消息流量与有效的通信信道。①

使用本节所提供的技术，E-X 的 LV 完整结构特征视图要求分解架构中的所有域

① 本章中的此类应用设计模式以及其他的应用设计模式均由作者及其同事提出，并且是在本书中首次公开。

和子域。E－X架构的总体划分在第4章中进行了描述，使得任务管理域、ISR管理域和传感器管理域可能会以软件的形式实现。信息管理域与计算基础设施域均提供硬件和中间件，并且这些硬件和中间件创建了计算平台以支持执行软件组件的使用。在本章之后的章节中将进一步论述所得到的分层架构。一旦所有块均完全使用功能（或逻辑）术语定义，则该架构将产生多个规范，用于由硬件组件和软件组件所实现的块。

最后结构示例将讨论实时传感器域，并使用图5.1中的雷达应用设计模式。本节的目标是表明，无论所建模的领域是涉及信息处理、环境感知、机械控制还是诸多其他类型的系统，上述基本架构技术均适用。图5.7表明IBD中稍有简化版本的E－X雷达。假设E－X使用具有4 096个传输/接收模块的AESA，如图5.7中的传输/接收（TR）模块构件的多重性所示，以下是主要元素：

- **T/R模块**——RF组件，利用控制相位发射和接收能量。
- **阵列结构**——机械组件，用于安装模块并通过RF“分支”分配信号，同时还要供电和制冷，从而实现AESA。
- **波束成形器**——特定的电子单元，将控制波束指向的指令转换为T/R模块独立的相位指令。
- **AESA雷达信息处理机**——雷达的嵌入式计算机，执行各种功能，且这些功能均与完成预计传感器任务相关联。其包括：
  ◇ 计算波束指令；
  ◇ 选择或计算在传输信号上调制的波形的参数；

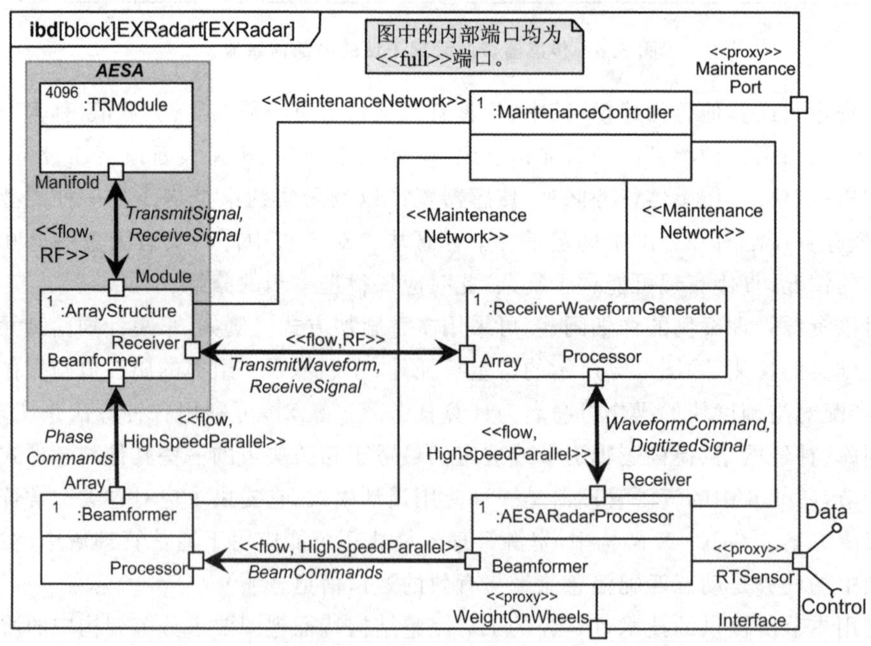

图5.7 E－X有源相控阵(AESA)雷达的基本设计

◇ 对探测到的目标反射信号进行数字信号处理；
◇ 进行数字数据处理，以确定目标位置和运动(MTI 模式)；
◇ 创建地面区域的图像(SAR 模式)；
◇ 通过 RF 传感器接口管理与传感器管理域的交互。

- **接收机-波形生成器**——特定的电子单元，在特定时间间隔内生成应用于所传输能量的实际波形，并对反射的目标信号进行探测和初始信号处理。
- **维护控制器**——特定的电子单元，监控雷达的健康程度和执行故障检测以及其他诊断，并通过维护端口报告上述内容。

为确保安全性，当航空器位于地面时，轮上重量开关发出的信号会阻止雷达传输信号。显而易见，许多这样的元素均是“机械”块。将主雷达接口、维护控制器以及轮上重量离散信号定义为代理端口。总而言之，E－X 案例让我们详细地看到 MBSAP 应对复杂系统定义和结构分解的方式。在此过程中，设计模式让我们从之前的成功经验中获益。尽管每个系统架构都是唯一的，但是通过 E－X 阐明的整体 MBSAP 方法，可用于大多数情况。

5.4 行为特征视图：E－X 行为

鉴于结构特征视图力求定义系统元素的功能分配以及接口的 I/O 分配，行为特征视图定义单个块或多组块实施的活动序列，包括可能由事件、系统及其环境中出现的条件和信息交换而触发的可选的活动方案。如果这些子域对应实际的子系统，并视作 LV 元素，那么，也必须对其行为进行建模。在域中可能存在感兴趣的行为，将行为描绘为子域之间(如结构特征视图中所示)的一系列动作和交换，我们会更容易地发现和理解该行为。这种行为可能与系统级用例的分解一同出现，以发现下一个或多个下层级的用例，这些下层级的用例将完全在特定域中出现。如图 4.9 所示，执行任务管理用例就是一个这样的示例，该行为完全是在任务管理域中实现的。在与此相似的情况中，第 4 章使用的相同种类的活动图往往就是一个良好的建模方法，其中的子域均位于泳道的上端。

更常见的是，LV 所关注的行为涉及单个块或块的组合(“协同”)。一般情况下，这些行为是状态性或非状态性的。状态是系统或系统元素的一个独特状况，在此状况下，系统或系统元素的参数具有某些值，以满足某些约束，执行特定动作并以某种方式对事件做出响应。如第 2 章所述，状态性行为是由当前操作的数据和输入以及之前活动的历史这两者所同时驱动的，其反映在块、协同、域或系统的当前状态中。依赖于该状态，可能触发完全不同的行为来响应事件，如消息的到达、系统或其环境中其他地方的事件通知。相反，非状态性行为很少依赖或根本不依赖于历史，且无论环境如何，往往都遵循给定的流，并可能带有某些中间的判断点。SysML 使用状态机图(SMD)表示状态性行为，而通常使用顺序图(SD)表示非状态性行为。

我们将利用 E-X 案例中具有代表性的行为，来阐明这一特征视图。首先，我们假定已对图 4.6 中的通信管理域进行了分解，并且发现了一个基础资源类，该基础资源类泛化(抽象)所有的系统通信装置控制器。这个基础类将通过对 E-X 上各种通信组件的继承进行特化。其中一个通信组件是宽带卫星通信控制器，它被建模为 WB SATCOM 控制器块，并管理宽带 SATCOM 终端。控制器创建了与实际终端进行对话所需的接口，并传递要求的控制数据与消息。图 5.8 所示是一个 BDD，显示了用于此示例的重要关系。基础类被构造型为 <<abstract，Resource，Controller>>，并由 WB SATCOM 控制器利用特定值和操作对其进行特化。通信资源管理子域将流量动态地分配给此信道和其他信道。通信消息管理子域将分配消息传递至每个通信装置或传递来自每个通信装置的分配消息。该控制器如图 5.8 所示，对这些块具有 <<Usage>> 依赖性。

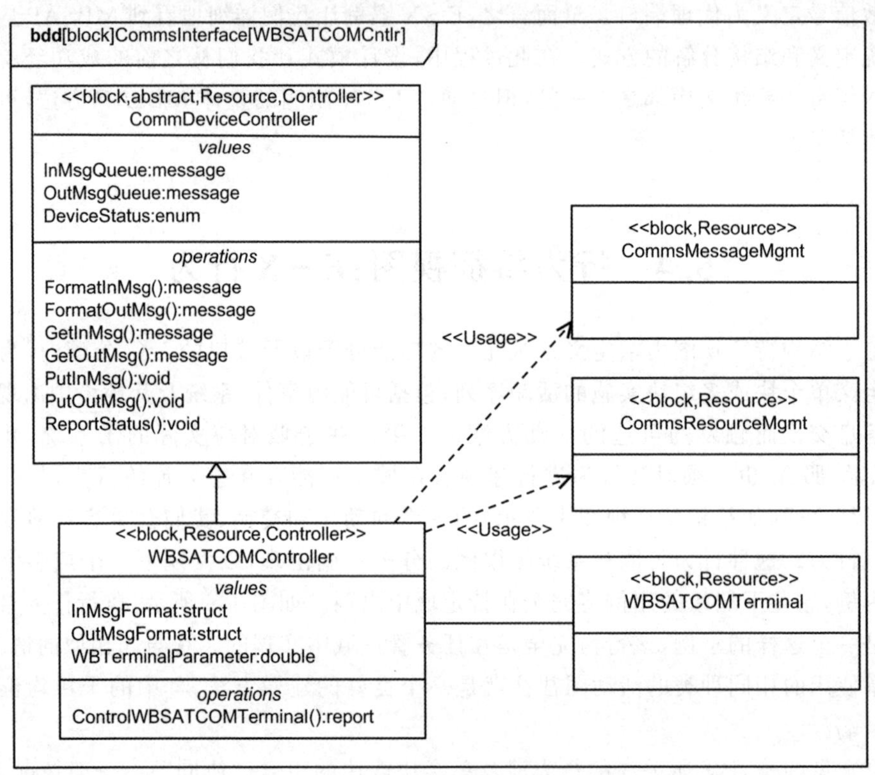

图 5.8 宽带控制器的 BDD

基于建立和维护宽带通信卫星链路的需要，宽带 SATCOM 控制器提供了关于状态性行为的一个案例说明。当有效链路运行时，此块会表现为一种状态，当该链接不可用时，此块又会表现为另一种状态。我们将根据控制器当前所处的状态，对控制器如何响应事件(如新消息的到达)进行建模。

宽带 SATCOM 终端必须建立一个链路，并且在传递消息流量前，与卫星进行时序同步。如果该链路丢失，则会优先对该链路进行重建。因此，WB SATCOM 控制器实际上是图5.9所示三个状态中的一个。在系统启动时以及每当没有待处理的消息时，该类将处于空闲状态。每当该类进入此状态时，均按照指令执行终端的自检测，并将得到的状况报告给通信资源管理器。根据来自终端的离散信号，当终端得到同步且链路处于激活状态时，链路标记变量设定为真，反之则为假。当输入或输出消息分别发送到控制器和通信消息管理器时，发布新消息事件。为了跟踪消息流量的状况，如果任何消息均正在等待转发，则消息队列标记变量为真，反之则为假。在这种情况下，控制器返回到空闲状态。

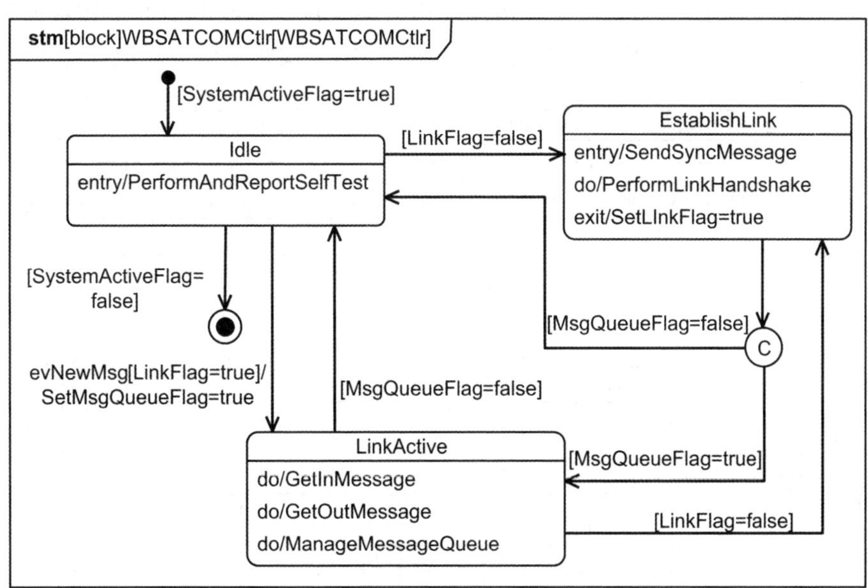

图5.9 宽带SATCOM控制器块的SMD

有了这些假设和定义，图5.9中SMD内的逻辑就很容易懂了。无论何时链路丢失，该块均进入建立链路状态，并在那个位置上循环直至链路恢复。在该点位，会触发向激活状态转换或返回到空闲状态，这取决于消息是否挂起。如果该块处于空闲状态并且链路已建立，那么新消息事件触发向激活状态的转换，并且该消息将被发送到相应接口。如果该消息队列变为空，那么，标记被设定为假，且类转换回到空闲状态，以对终端进行自检测并等待下一条消息。

第2章采用某些方式表明SMD提供了功能强大且极为灵活的行为建模方式。SMD还可以在许多架构工具中执行(作为仿真运行)，作为建模和仿真的逻辑架构层级的一部分，实现行为的可视化并评估行为。概括地说，SMD的一些关键方面包括：

- 对同时发生的行为(如同时执行的线程)进行建模；
- 使用嵌套状态(超状态中的子状态)，分解单个图或分离图上的复杂行为；
- 所考虑的动作可与行为中的特定点位进行极为精确地关联；
- 利用状态间的转换同步行为，这些状态可由事件触发并由守护条件控制；
- 利用有条件的转换、历史和其他建模的微妙变化来表达复杂的行为顺序。

SMD是特别重要的数据驱动的架构和事件驱动的架构,在复杂系统中很常见,本章后面将会进行论述。此外,为满足性能、安全性、安保性和其他需求,准确地规定和控制动作顺序以及它们出现的条件往往也是非常重要的。实时系统往往要求行为连接到某一系统或统一时间源(时钟)。在所有上述情景中,SMD是对行为建模的常用方式,特别是使用事件同步系统中跨子系统的行为以及复杂组织体中跨系统的行为。

传感器资源管理子域(见图5.5和图5.6)提供了E-X行为的另一示例,这一次涉及在SD中绘制的非状态性行为。图5.10显示了资源管理器的构件是如何进行交互来完成传感器控制任务的,目前这些构件表达为块实例。这在前面的结构特征视图章节中进行了概述。具有循环操作符的交互片段表明,只要采集激活标记设定为真,资源

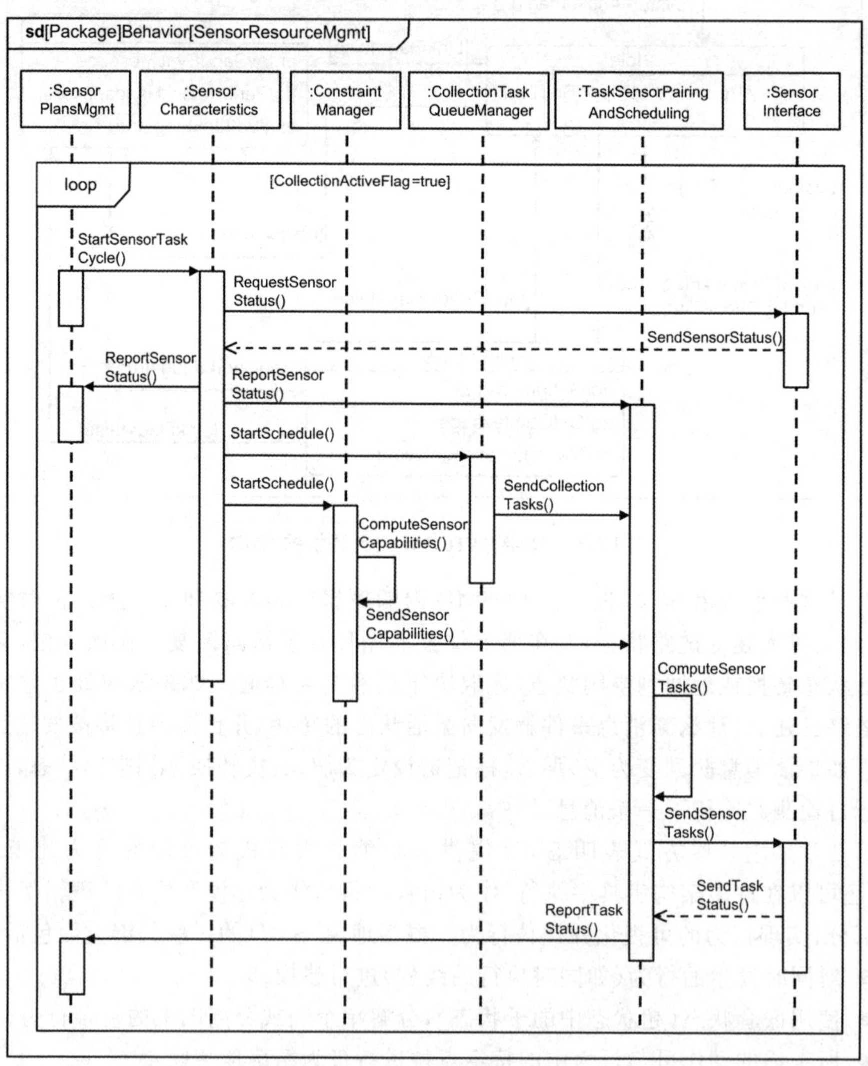

图5.10 传感器资源管理子域的SD

管理器就将进行循环。在每个循环开始时，采集计划对输入进行更新。传感器资产块通过传感器接口子域查询传感器的当前状况。然后，三个数据块向任务/资产配对和调度块提供最新信息，该块计算出以最优方式向传感器分配的一组新采集任务并创建相应的 SSR。通过传感器接口，将这些 SSR 发送到传感器域，传感器任务执行状况返回到下一个规划与调度循环中，并且该状况将被报告给采集计划块，以便采集计划块跟踪进度。该循环将一直重复到采集活动结束。

图 5.11 给出的第三个示例阐明了 SysML 对 UML 活动图（见图 2.14）的改进提升内容，包括边界上的活动参数节点以及调用操作动作。AD 未明确区分状态性行为与非状态性行为。通过单个动作建模的行为，可依据其本质特征在 SMD 或 SD 中进行详细说明。详细的 AD 中的动作映射到结构元素（如块和接口）的操作上，而表达系统内容单元的对象则是在数据特征视图中进行定义，这些内容将在 5.5 节中加以考虑。例如，图 5.7 中的接收机/波形生成器（RWG）将具有一个操作以处理来自阵列的数据。

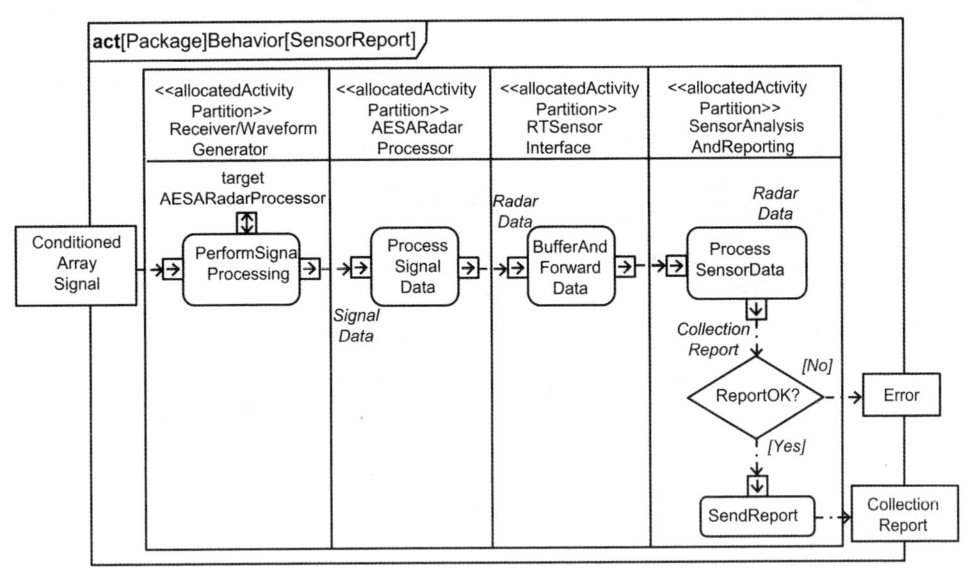

图 5.11 SysML AD 建模的传感器报告开发

图 5.11 更加明确地显示了传感器域和传感器管理域中各种不同构件为形成采集报告做了什么。这是一种特定类型的报告，它继承报告基础类并包含与外部环境交互的单个传感器的格式化结果。我们假定雷达 AESA 的模块进行了初始信号调节（如滤波），并进行模/数转换。这个“调节的”阵列数据被发送到执行信号处理的 RWG，以利用内容创建基本雷达测量数据集，所利用的内容包括目标距离、高度和方位（相对于目标的方向角）等。AESA 雷达信息处理机基于原采集任务计算数值，从而支持这一信号处理，原采集任务设定了信号处理算法中的多个参数。RWG 对此进行调用，作为雷达信息处理机的调用操作，并且通过位于操作图标顶部的“目标”引脚进行建模。RWG 产生的信号数据进入 AESA 雷达信息处理机，被格式化为雷达数据。经由实时传感器

接口，又将该雷达数据发送到传感器管理域中的传感器分析和报告子域中。在传感器分析和报告子域中，对数据进行了处理以创建采集报告，并按照诸如最大估算目标位置误差等准则对该数据进行了检查。如果报告通过，那么它将作为要传递到 ISR 管理域活动的输出参数提供。如果报告未通过，那么将会产生一个错误。

最后的示例介绍 SD 在初始时序分析中的应用，如之前的章节中所论述。图 5.12 和图 5.13 阐明了 SD 在 E－X 雷达中的使用。雷达任务调度内的单个采集事件通常被称为“驻留”。这两个 SD 对驻留中的一组概念化的动作进行建模，并将时间分配到三个主要片段。首先，雷达必须配置 AESA，采用的方式是将正确的相位设置应用于每个

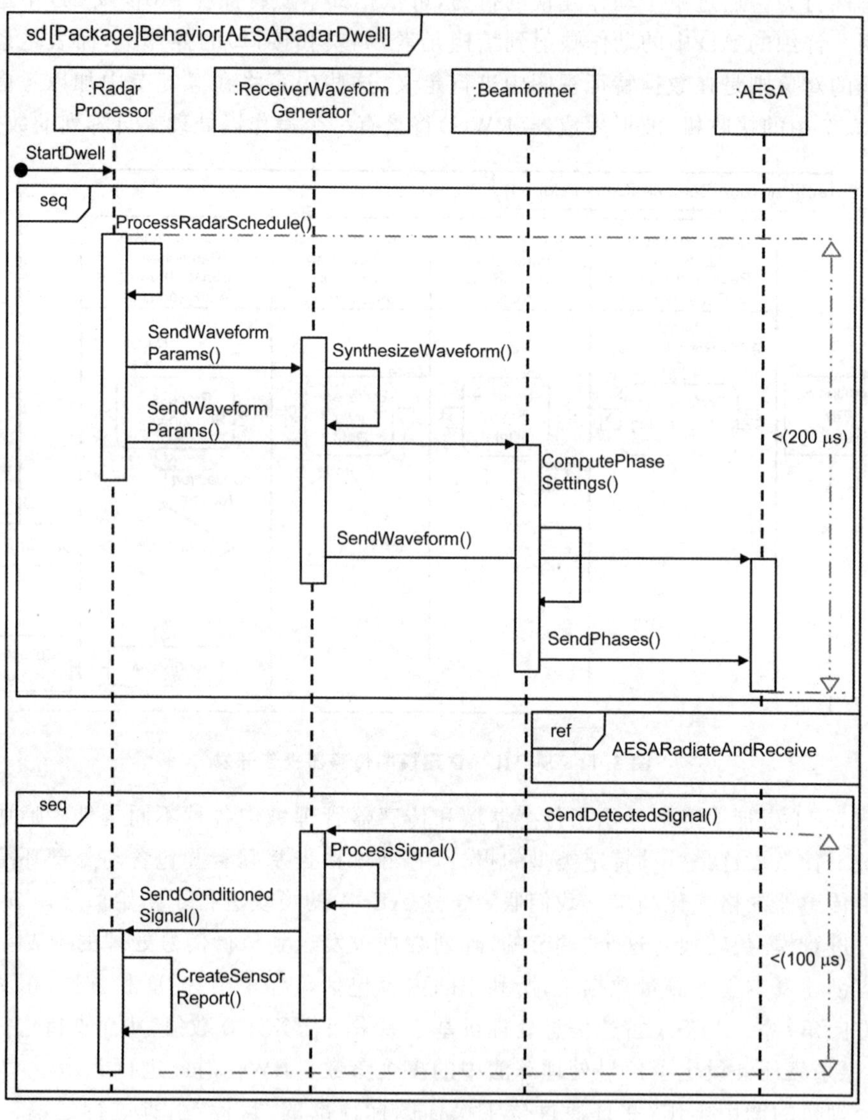

图 5.12　驻留期间的雷达运行

T/R 模块,以形成所需波束。接下来,AESA 使用接收机-波形生成器发送的波形发射能量,并探测所关注空间范围中的任何目标的能量反射。最后,将这些探测到的信号进行放大、滤波以及其他可能技术的处理。这些处理可由 AESA 模块完成或在接收机-波形生成器中完成。得到的调节信号经过模/数转换后产生了数字数据流,该数据流将会被发送到雷达信息处理机。图 5.13 所示为对主图中引用框架所指定的发射和接收活动进行建模。

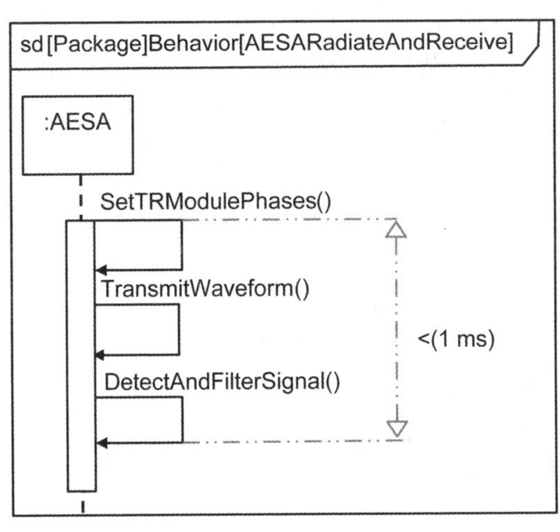

图 5.13 AESA 发射和接收行为

图 5.12 和图 5.13 还包含时序标记,5.8 节将对这些标记进行解释,其中这些标记定义的是多个行为构件时间方面的特征。本书所关注的系统中的大多数行为均可使用本节所给出的技术,在适于 LV 的细节层级上进行建模和分析。

5.5 数据特征视图:E-X 逻辑数据模型

构建 LV 的下一项工作是将 CDM 转换为 LDM 中实际的数据设计,并与 MBSAP 一致。对于多个系统而言,LDM 期望在面向服务的架构(SOA)环境中进行数据分发和共享,如在下文和第 7 章中所讨论的。构建 LDM 的主要工作内容是在 BDD 中进行数据建模,这些数据表明了数据实体对基础类的继承,复杂实体分解为实体的组成部分以及部分之间的关联。这为精确描述建模系统中的信息内容(在某些情况下为资源)提供了一个必不可少的起点。在诸多架构工作中,一个重要的目的是提供元数据,以形式化的结构来描述信息,以便该信息能够由 XML 语法分析程序和其他软件自动地处理,从而能够进行存储、检索、搜索、发布、交换和其他数据服务。

数据结构普遍以可扩展建模语言(XML)的数据模式来定义,这些数据模式通常记录在 XML 模式定义(XSD)中。XML 是一种语言,在某些方面与软件程序语言类似,但其目的是以适于人们阅读和计算机解析的格式,对文件进行编码。此语言广泛用于互联网以促进信息的交换，特别是数据结构、文本文档和其他文件。以XML为基础已经开发了另外一系列完整的语言族。有许多关于XML的优秀参考文献[5]，本书中，我们的讨论仅限定在那些影响MBSAP数据建模的一些因素。

图4.17显示了E-X案例的初始LDM图，从计划基础类(Plan Foundation Class)开始，并通过该基础类进行特化。LDM的完成需要使用规范(包括数值和操作)来具体描述所有这些特定的系统数据块。通常，随着架构开发的进行，关于初始块的描述将进一步细化，例如，必须以附加数值或特定操作的形式，将内容添加到数据块中。图5.14和图5.15给出了报告基础类与传感器数据基础类的两个示例。

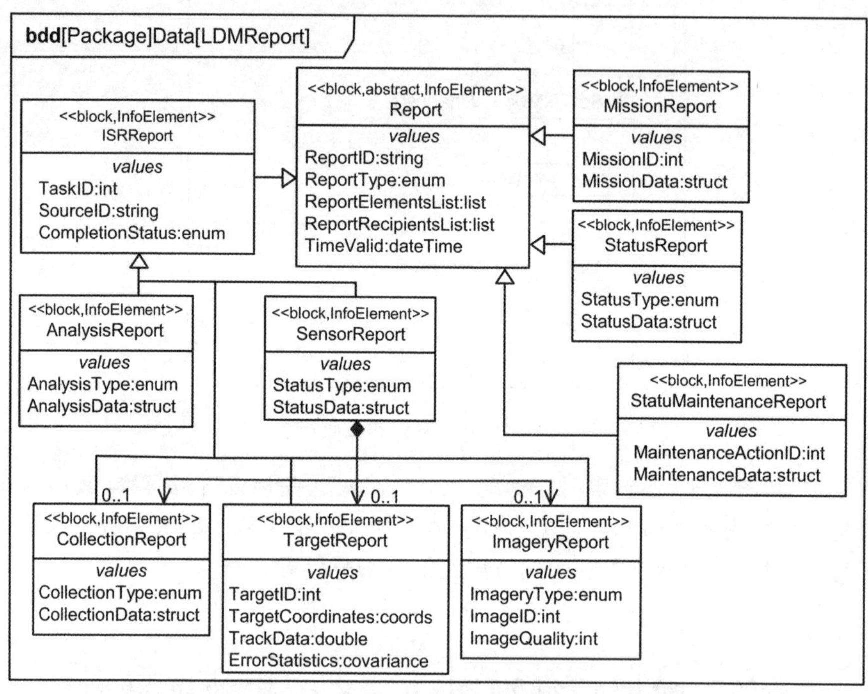

图5.14 E-X报告基础类的系统数据块(见彩图)

在图5.14中，使用继承来定义特定报告，这些特定报告继承了报告基础类。此外，组合关联表明三种不同类型的报告是传感器报告的构件。这些块所需的所有操作，均由图4.16中的基础数据类(FoundationDataClass)定义，在此处不再赘述。由于所有这些块均是数据模型的构件，因此具有<<InfoElement>>构造型。

图5.15对传感器数据基础类(Sensor Data Foundation)做了同样的定义。机载传感器数据以雷达、SIGINT和EO传感器报告的形式提供，而非机载平台上传感器采集的数据通过各种通信信道作为报告提供。针对RF和EO传感器数据定义了块，在系统数据块中，又针对不同类型的传感器报告进一步将这些块特化。非机载传感器报告继承了报告基础类。还要注意的是，E-X是概念化的，这些图用以详细阐明；真实系统中的诸多细节将会进一步完善，并随着特定设计的进行而会变化。附录C给出了另外的E-X LDM示例。

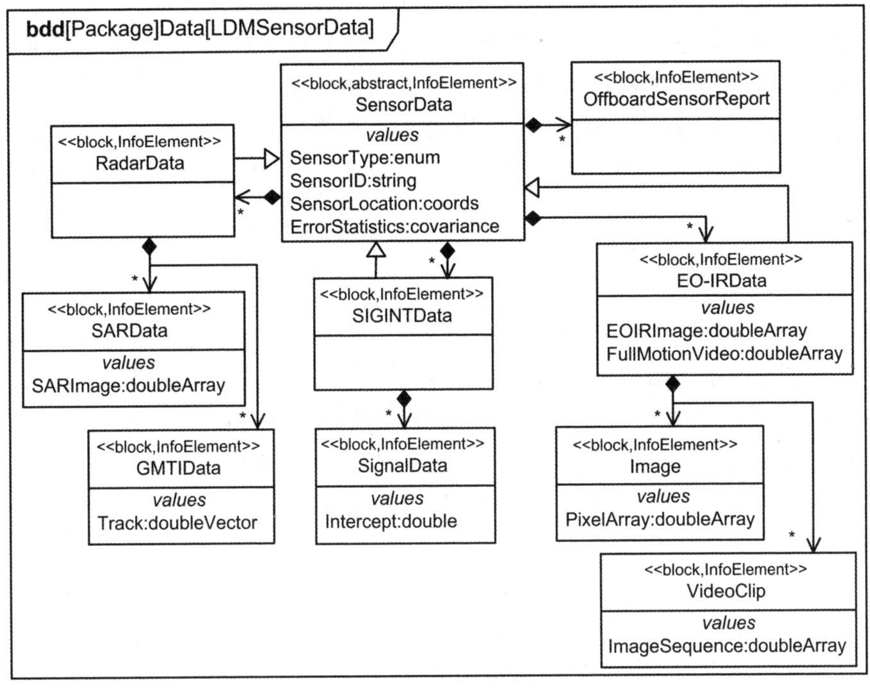

图 5.15 E-X 传感器数据基础类的系统数据块

5.6 服务特征视图

LV 对服务的处理有两个截然不同的含义，其中，第一个始于继续对 OV 进行分类，进一步分解系统与域服务，并将这些服务分配到块及块的操作；第二个则涉及使用 SOA 的系统。这些服务已极为常见；系统架构师必须具备有效应对这些服务的技巧，并对这些服务有深刻的见解。在本章中，我们定义了分层结构的典型特征，分层结构能够以促进系统有效运行的方式来组织多种服务。这些结构可以在复杂组织体层级、节点层级或系统层级上开展设计，取决于正在开发的架构以及使系统按要求运行的各个层级所提供的服务。服务特征视图的两方面是相关的，并且连续服务分类开发的一个重要部分，是识别各个服务所映射到的层级。图 1.1 中的类别轴也在此处开始使用，因为不同的系统类别，特别是实时系统和非实时系统，可与不同分层方案进行最优的匹配。本节的一些内容原本可归入第 7 章中有关 SOA 的论述中，但它与 LV 的关系十分密切，我们有选择地在本节中加以介绍。

我们将使用 E-X 案例来阐明这一主题，E-X 案例中具有许多行为，可用于服务的实现。在开始 LV 的服务特征视图开发中，再次调用该系统的基本组织是十分有用的。在图 4.6 和图 4.7 中，E-X 域结构具有三个主要的任务域——任务管理、ISR 管理以及传感器管理,其他两个域——信息管理(由计算基础设施支持)和通信管理,均与系统基础设施相关联。主要域中的应用软件将考虑大部分的E-X信息处理和决策支持的功能。基础设施域的硬件资源和软件资源创建了环境,主要域的软件在该环境中执行和通信。简单地说,基础设施提供应用。支持系统域将考虑所有的非平台系统元素,并且可包括各种硬件组件和软件组件,其中一些组件可能与任务域有公共之处。

5.6.1 E-X服务分类

基于在OV中建立的基础,表5.1利用表4.2中的首行,将域服务(Domain Service)映射到本章确定的LV结构中。此简单示例阐明了多个要点。构建服务矩阵或服务表的工作,对块定义进行非常重要的独立性检查,其中依据两方面——架构如何收集相关值和操作以及架构是否考虑了所有要求的行为,这令人感觉好像是做了两次设计工作,而这些块图是从符合逻辑且连贯一致的系统分解的角度来审视分析工作,服务矩阵则强调需求的可追溯性和符合性。

每个类别中的发现都有助于细化其他内容。例如,使用矩阵方式来显示块操作,有助于设计人员注意到不正确的功能划分、重叠和重复以及其他问题。当系统服务不能被完全分解为在逻辑上与域关联的低层级服务时,就可能发现不正确的划分。当必须将实现一项服务所需的常见操作分配到多个块中时,域中各个块之间将会出现重叠或重复的职责。一般的原则是,当服务分解是符合逻辑、合理并且当低层级服务可明确关联于结构元素(如块和接口)时,结构划分与服务定义均可能顺利完成,并且完全一致。在情况并非如此时,架构师应将其作为一个强有力的提示,即应重新审视和细化架构的受影响区域。

比较行为特征视图与服务特征视图,常见的情况是,发现诸如块的系统元素已经声明,并且这些系统元素不可直接追溯到明确的客户需求。在E-X案例中,需求集合包括了“维护传感器进度”,但未包括“管理采集计划”。然而,经验促使使用具有传感器计划管理子域的设计模式。与此子域关联的功能是派生需求,实际上,这些需求对于系统的适当运行而言,是必不可少的。关于所述需求差距的此类信息将反馈到需求基线,并且如果全面描述系统行为十分重要,则还要反馈到OV中受影响的域规范和场景中。对于确保客户和开发人员对某个问题以及出现的解决方案有共同的理解,派生需求往往是十分重要的。一旦基线批准并予以采纳,这些派生需求将与原有的客户需求具有相同的重要性。

多数系统(如E-X)的完整的服务分类可能有很多,并且需要在系统设计演进时尽力维护。一般情况下,构建系统服务库的最有效方法是系统性地检查系统功能,并决定哪些功能应实现为服务,这将在第7章中加以论述。某些SysML工具可输出表格制品,见表5.1,并可将创建该表格的人力工作降到最低。此外,工作范围通常限定为以下三种:

表 5.1 E-X 服务的继续分类以及从 OV 到 LV 的映射

系统服务	用例	域	域服务	子域服务	块	操作
感知:: 以 SAR 模式和 MTI 模式执行雷达对地面/水面监视	执行感知	传感器管理	维护传感器进度	传感器资源管理	Collection TaskQueue (采集任务队列)	GetTask() UpdateTaskQueue() CreateTask()
			控制传感器	传感器资源管理	TaskQueue (任务队列)	GetTask() UpdateTaskQueue() CreateTask()
					Sensor Characteristics (传感器特性)	GetAllocatedSensor() GetResourceStatus() ReportResourceStatus()
					Constraint Manager (约束管理)	GetExternalConstraints() GetResourceCapabilities() ReportResourceCapabilities()
					TaskSensor Pairing And Scheduling (任务传感器匹配和调度)	GetTask() GetResourceStatus() GetResourceCapabilities() GetSSRStatus() ComputeUtilityFunctions() CreateResource/Task Pairing() SendResource/TaskPairing()
					Sensor Service Request (传感器服务请求)	GetResource/TaskPairing() CreateSensorServiceRequest() SendSensorServiceRequest()
					SSRStatus Report (SSR 状态报告)	GetSSRStatus() ReportSSRStatus()
			处理传感器报告	传感器产物开发	SensorData Processing (传感器数据处理)	GetSensorData() ProcessSensorData() SendProcessedData()
					Sensor Report Processing (传感器报告处理)	GetProcessedData() CreateSensorReport() SendSensorReport()
				传感器信息管理	Sensor Information Management (传感器信息管理)	GetSensorReport() PublishSensor Report() UpdateSensorDataBase()
			生成目标跟踪报告	传感器产物开发	Sensor Report Processing (传感器报告处理)	CreateTrackReport() SendTrackReport()
				传感器信息管理	Sensor Information Manager (传感器信息管理)	GetTrackReport() PublishTrackReport()

- 在定义服务的过程中，一个重要因素是颗粒度，这也将在第 7 章中进一步论述。细粒度的服务分类具有多个相对简单的服务，而粗粒度的服务分类则具有较少且更复杂的服务。使服务颗粒度尽可能与有效的服务实现的粗粒度保持一致，这通常意味着一组实现服务的功能和接口的软件代码实体，架构师可使工作量最小化。
- 当客户针对实现的服务提供详细需求时，可能足以将分析限制于系统结构化的层级结构的前两层或三层。如果特定服务与块操作或方法相关联，并且在这些行为的功能规范中可对特定服务进行说明，那么这一点尤其正确。
- 将分析限制于特定的域和子域可能就足够了，在这些域和子域中服务需求的分配不明显，并且派生需求对于发现高层并行任务执行、复杂控制流或其他设计的挑战十分重要，尤其是在强调性能的系统领域中。

5.6.2 分层架构

第 7 章将更详细地论述面向服务的架构(SOA)，包括分层服务结构，但是对于 LV 服务特征视图的完整描述而言，简要地介绍仍是非常重要的。虽然存在多种组织服务的方式，但有一种有用的方法，可将这些服务归为以下四个类别。

- **任务/业务服务**——与开发系统的主要目的相关联。这些服务提供给个人用户和整个使用组织，为实现其业务流程和完成其任务而使用的功能。典型事例可是规划、工作分配、分析、报告、资源控制以及数据可视化。
- **数据服务**——提供对内部和外部数据源的访问和管理，例如，通过管理对数据库和通信的访问。
- **系统/基础设施服务**——与创建任务和数据服务环境的基础设施相关联。这些服务可被视为系统本身的一部分，或者可通过该系统或其他系统的宿主节点或平台来独立实现。它们支持应用程序和其他软件的执行，支持人机交互，对系统资源进行监控和故障管理，实现安全防护以及其他各种功能。
- **复杂组织体服务**——与形成网络化复杂组织体的节点和系统的基础设施相关联。这些服务创建网络信息交换、协同活动与决策以及管理整体复杂组织体的框架，并且扩展其他服务类别，便于在整个网络中共享。

我们需要更多的基本知识来讨论这些服务。对于上述所列的每个服务类别，通过服务接口，可以公开、发现和交付服务，这应由极为详细的规范加以定义，这些规范可包括服务等级协议(SLA)。可认为 SLA 是服务提供者与使用者或客户端之间的契约，包含对所要交付的服务的某种保证。在处理应用软件向执行平台的集成过程中，可将服务接口视为传统应用程序接口(API)的演进形式。将服务接口与服务实现分离可减少对低层级细节的依赖，使功能(服务)更容易调用和使用，并且减少对功能(服务)实现方式细节的依赖。一个关键的 SOA 概念是，客户端不需要知道服务的物理提供位置，也不需要知道服务的设计和构建方式。客户端需要的只是可以发现服务的地址以及调用该服务的协议。服务接口建立协议并保证内容和质量，例如，服务的时效性。

当使用分层架构时，某些重要的决策需要在LV中处理。Maier[6]已经注意到在系统组合过程中，分层抽象以及基于功能和结构分解的更传统层级结构的整体趋势。如第2章所述，在SysML中，使用组合关联显示了结构分解，该组合关联将某些块声明为其他块的构件特性。这些关系构建了系统的结构或组合层级结构，如5.3节所述。在如今的先进系统中，在结构树中服务及其接口的功能层级结构日益完善，这在很大程度上，是由于复杂功能通过组合低层服务来创建功能更强大的高层服务来实现的。当讨论网络时，我们将会在第9章中看到此类分层模型的早期版本。然后，对相关服务进行分组，并使这些服务组或层以一种符合逻辑的简单方式进行交互，良好的LV以此为依据定义分层，并且将系统服务置于适当的层中。这样做的一个基本原则是，每一层通过一个或多个服务接口将其之下所有层的功能呈现给其上一层，同时抽象其实现的细节。

我们可使用基本案例，使这些理念更为清晰。我们将从某些概念化图形开始来阐述主要概念，之后考虑以SysML捕获这些结构。图5.16表明节点或平台的服务分层的基本背景环境。服务组织的方式遵循之前定义的四个服务类别。在非常普遍的意义上，层的本质特征——各层均可包括硬件和软件，可概述如下：

- **用户服务层**——提供控制和显示，还有客户端、代理、智能体以及支持HMI所需的其他功能。任务服务都可创建其自身的用户服务，例如，可视化，或与基础设施提供用户服务的集成。
- **任务/业务服务层**——提供主要的功能，使节点及其系统能够执行任务，包括商业或民用系统中的业务流程；在许多情况中，在“计算平台”上安装并运行创建这些服务的软件组件，类似于E-X架构中由计算基础设施域和信息管理域构成的模型(见图4.6和图4.7)。
- **平台/基础设施服务层**——公开系统底层计算资源的能力以及相关的实用程序和支持软件组件，由此作为服务，从而创建任务服务可运行的环境。
- **平台/基础设施资源层**——提供计算机、网络、存储、通信、设备控制和系统所需的其他硬件组件和软件组件。本层和之前的层一同创建了一个计算平台。
- **复杂组织体服务**——提供复杂组织体层级能力的外部功能，使系统组合在一起，共同来完成总体的目标。一般情况下，每个参与系统或平台均在其基础设施中实现这些服务。如图5.16所示，平台和基础设施服务层通过平台和基础设施资源(尤其是网络)，在复杂组织体中进行交互，以使这些能力可用于任务/业务和用户服务。

这种架构分层的众多好处体现在，提供任务服务的软件应用不需要知道底层计算平台的细节，因此不受技术更新的影响①或其他情形导致的基础设施的变化，但其前提条件是提供了完整的服务接口。在图5.16中，层级之间的箭头表示这些服务接口，重要的是将这些接口与我们在SysML块图中建模的物理连接进行区分。常见的规则是

① 技术更新是一个常见术语，指的是用更新或更强大的产品来替换已淘汰、不再可用，或有可能淘汰或不再可用的组件，从而保持系统的性能、可靠性和可支持性。

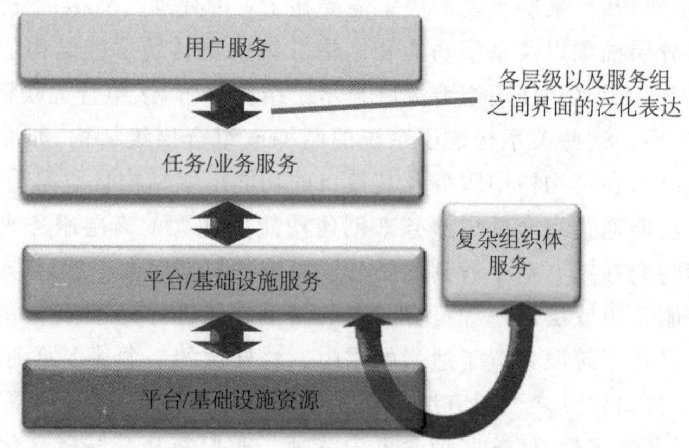

图 5.16　不同层或多组服务之间，具有服务接口的分层架构的基本模型(见彩图)

只允许向下依赖：较高层级从之下的层级调用服务，而较低层级不能依赖于之上层级的服务。最重要的开放系统标准是那些定义服务及其接口的标准，使许多产品开发人员在将其产品集成到系统中的同时，针对特定问题寻求创新的、有竞争力的解决方案。

5.6.3　流程/决策实时节点和系统

在第 1 章中，我们注意到系统的类别会影响架构的多个方面，这包括服务以及服务分层。图 5.16 中的基本模型将按图 5.17 所示的展开来创建分层 SOA，将其最直接地应用于第 1 章中标为“流程/决策实时系统”和“管理信息系统”的系统类别之中。准确地说，这些通常是应用“传统”SOA 的候选系统，不需要应对强实时的性能需求。如图 5.17 所示，在基本分层模型中增加了细节，并识别各个层中发现的具有代表性的服务集合。另外，蓝色箭头表达多个服务组之间的泛化交互，而不是块之间的物理连接。此类别中的现代分层架构，是从早期客户端-服务器网络向如今的 SOA 演进的产物，有时称为 n 层架构，因为这些分层架构通过插入层级或层次，细化了原客户端-服务器结构，插入的层级或层次对多种服务进行了分组和公开。平台和基础设施服务层通常被标记为中间件，因为其在系统应用软件(任务服务)与底层数据资源库、计算基础设施、网络和其他资源之间起到中介作用。

虽然，不存在可以对此进行描述的唯一“正确”方式，但图 5.17 给出了一个典型架构。此架构很大程度上借鉴了成功的 SOA，已被开发并用于各种系统类型中。第 7 章将更为详细地说明这些服务，不过，以下段落将概述某些重要特征。

- 针对本地和远程(通过网络)的用户，公共的 HMI 应用了人工性能设计。此层充分利用表达标准(如样式指南)以达到公共的外观和感受，提升系统或节点所在的整个复杂组织体中信息显示的易用性，以及促进此信息显示的共同理解。
- 特别是在复用已有产品时，合并的客户端和表达服务能够结合各种客户端模型，包括 Web 浏览器或信息门户以及通常伴随着复杂任务应用程序的更复杂客户端。这些层和之前的层创建了图 5.16 中的用户服务层。

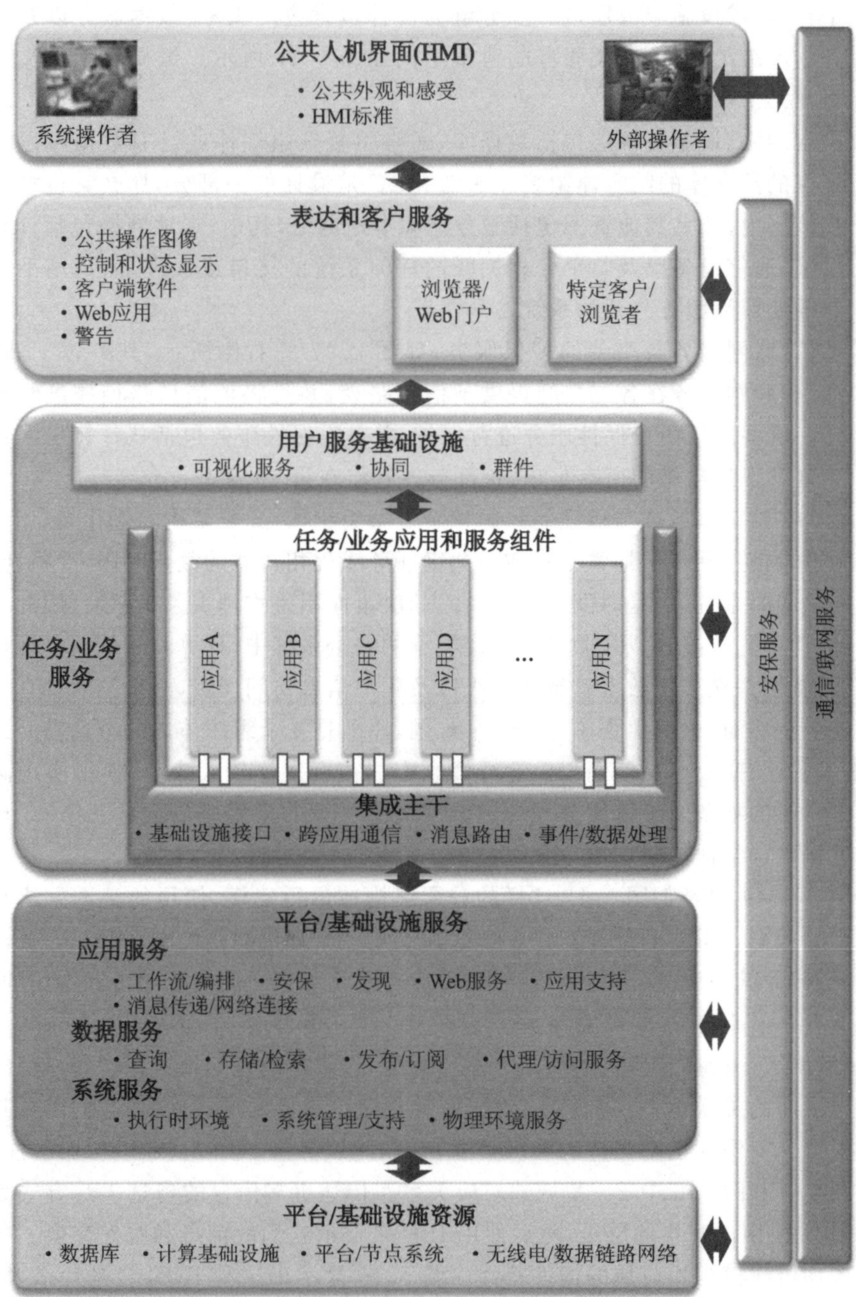

图5.17 流程/决策实时系统或节点的具有代表性的分层SOA(见彩图)

- 任务服务，由软件应用创建，并作为组件合并到集成主干(IB)上，我们将在第6章对此进行说明。IB提供各种组件所需的任何服务，并基于任务服务层中已建立的SOA设计模式。群件框架关注重要的功能，例如，来自多个组件的信息的可视化、系统用户的协同工具以及用户识别服务。

- 平台/基础设施服务层进一步分解为一种包含应用服务、数据服务以及系统服务的层级结构,每一类服务的典型示例如图 5.17 所示。编排和工作流的服务将在第 7 章进行解释。
- 平台/基础设施资源层包括数据库,通常由复杂组织体或已有数据库以及专用节点的数据库的结合体组装。如果 MDC 是设计的一部分,那么它也将被包含在该层内,并且其他资源包括服务器和本地网络,其中,本地网络包括计算基础设施、通信设备以及与平台相关联的任何系统的接口或代理,而且该平台安装有需要作为服务公开的系统。
- 通信/联网服务与相关的安保服务,如图 5.17 的右侧所示,其跨越了其他层。通信/联网服务在各层之间提供了信息路径,并且将该信息路径提供给外部用户。这些路径由安保性服务进行保护,并且安保性服务包括从计算机病毒检测到复杂保护措施的所有事项,这部分内容将在第 10 章进行介绍。

无论是在给定系统或节点还是跨越整个复杂组织体,此类架构经优化,可用于在一组用户间进行信息共享。通常会存在与关键任务线程相关联的截止时限,严格地说,使它们成为了实时系统,但是时间线往往由人的决策而不是物理现象来驱动,因此为几秒或几分钟,而不是几毫秒或几微秒。在此类型的安全系统中,计算和通信安全性往往是一种挑战,特别是在多个数据敏感度等级以及用户信息访问层级,必须同时存在于共享基础设施上。然而,这就出现了另外一个难题,原因是复杂组织体内的节点在开发时间框架、技术基线、商业产品使用以及运行概念中往往会发生较大改变,使得实现满足所有参与者需要的复杂组织体服务和基础设施成为一个非常困难的问题。第 13 章将对此内容进行更详细地说明。

使用 SysML 对类似图 5.17 这样的分层级构造进行建模,使用的基本方法与当前已经使用的相同。重要的是要记住——这并不是一个真正的结构图,相反,它关注的是将系统元素(尤其是服务)分组到层级中,以应对系统元素之间的依赖性和常用的接口。这种备选视角有助于在整个系统背景环境中,传达每个组件和服务所扮演的角色。图 5.18 阐明了一种捕获角色的简单方法。此处,包表达的是层级并包含每一层级中的服务。包之间的关联是 <<usage>> 依赖性,并且对于主要的层级而言,它们需要其向下层级的支持。安保性主要支持的层级是通信/联网服务层。图 5.18 中增加了注释,以显示与图 4.5 和图 4.6 中 E-X 域的对应关系。传达更多信息的备选表达方式是使用 BDD 来定义使用这些块的层级,然后使用 IBD 来显示它们的信息和服务交换。各层级中的服务均可建模为相应块的构件特性。图 5.19 显示出这种 BDD 会是什么模样,所示的服务并不是完整集合,但是具有代表性。块规范包含关于服务及其接口的描述,第 7 章将对此进行进一步论述。

基础设施的功能设计使用的是块图,就像任务域一样。作为一个简单示例,图 5.20 显示出图 5.17 中可能的集成主干(IB)设计。IB 具有四个主要功能:适应性——目的是将任务应用与基础设施集成,这将在第 6 章进行进一步论述;消息传递;路由选择;中介——处理类似格式与协议转换以及取值冲突等问题。图 5.20 中还显示

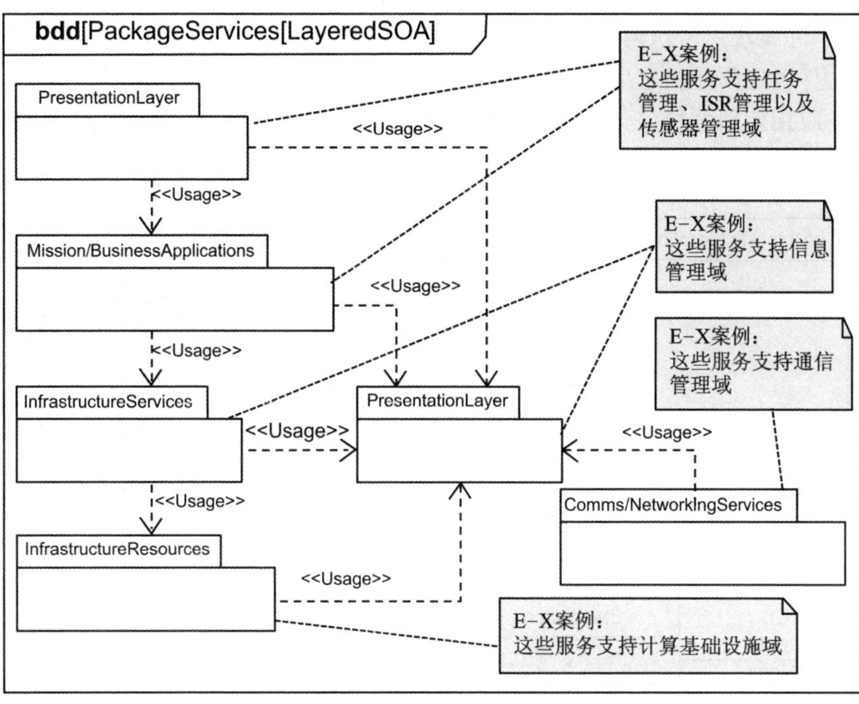

图 5.18 利用依赖性构建分层的 SOA 结构模型

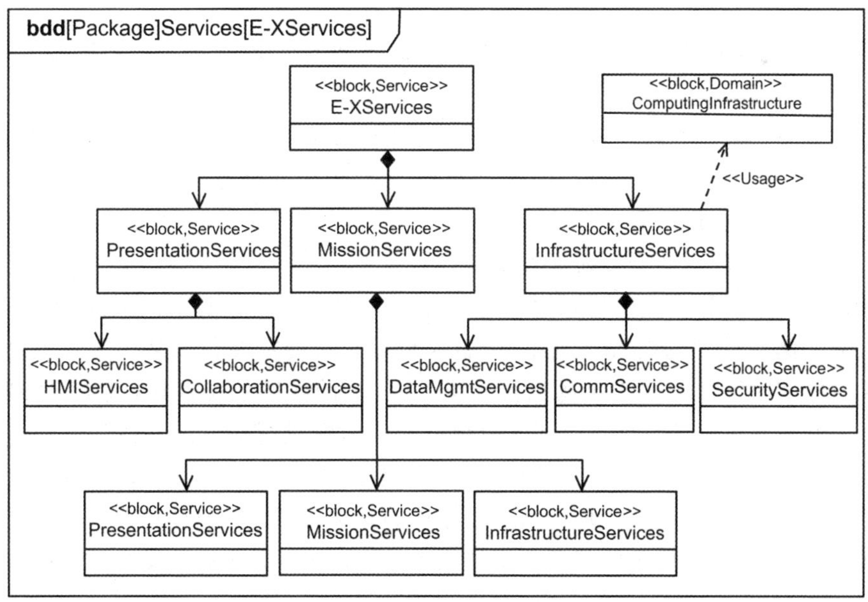

图 5.19 由块建模的代表性 E-X 服务，其中单个服务具有服务组或层级的构件特性

了端口,用以支持 IB 主要的接口。消息传递构件处理信息管理域与通信管理域之间的信息交换,并实现用于这两个域的端口。消息传递构件与路由选择构件共同工作,该路由选择构件确定哪些消息应通过哪些信道。应用适配器构件,首先创建了提供一个或多个任务应用使用的接口。在使用来自多种来源的应用程序的系统中,可能需要多个适配器。

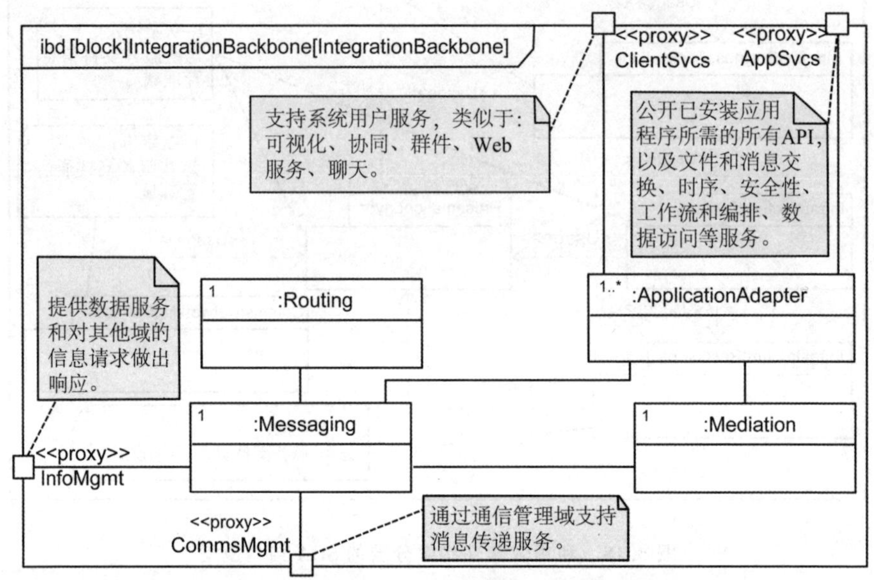

图 5.20　由 IBD 建模的基本集成主干设计

通常情况下,SOA 包括各种应用服务,如编排和工作流(见第 7 章),这些服务通过 IB 控制系统功能,并与应用、用户进行交互。应用适配器还支持用于与系统用户交互的客户端服务端口。在物理视图中,仔细地实现诸如应用和 IB 之间的接口是非常重要的。块及其构件的类似结构可设计用于 SOA 各层级内的资源。第 7 章将给出以多种方式扩展这些图的方法,目的是考虑到所要求的全部服务、支持和使用这些服务的组件,以及公开和访问这些服务所通过的接口。

通常情况下,网络节点架构必须解决各种软件执行环境,以适合所需的各式各样的任务服务。例如,尽管基本节点是非实时的,但是它可能需要包括某些实时组件,并创建可供这些实时组件运行的合适执行环境。E－X 的案例就是这样,其中传感器和通信的强实时域与核心信息处理的弱实时域或非实时域进行交互。其他常见的情况,包括复用已有的组件,以及需要在不同的敏感度或分类等级之间连接那些处理信息的组件,这些已有组件的本机执行环境与核心架构的并不相同。在这些情况下,一种常用解决方案是使用图 5.21 所示的复杂组织体服务总线(ESB)扩展基本架构,以覆盖一系列的环境。

最初,ESB 概念的开发,主要是作为一种连接商用网络中分布式站点或节点的方式,具有各种计算资源、数据库、网络等。ESB 最基本的功能是提供消息传递服务,允

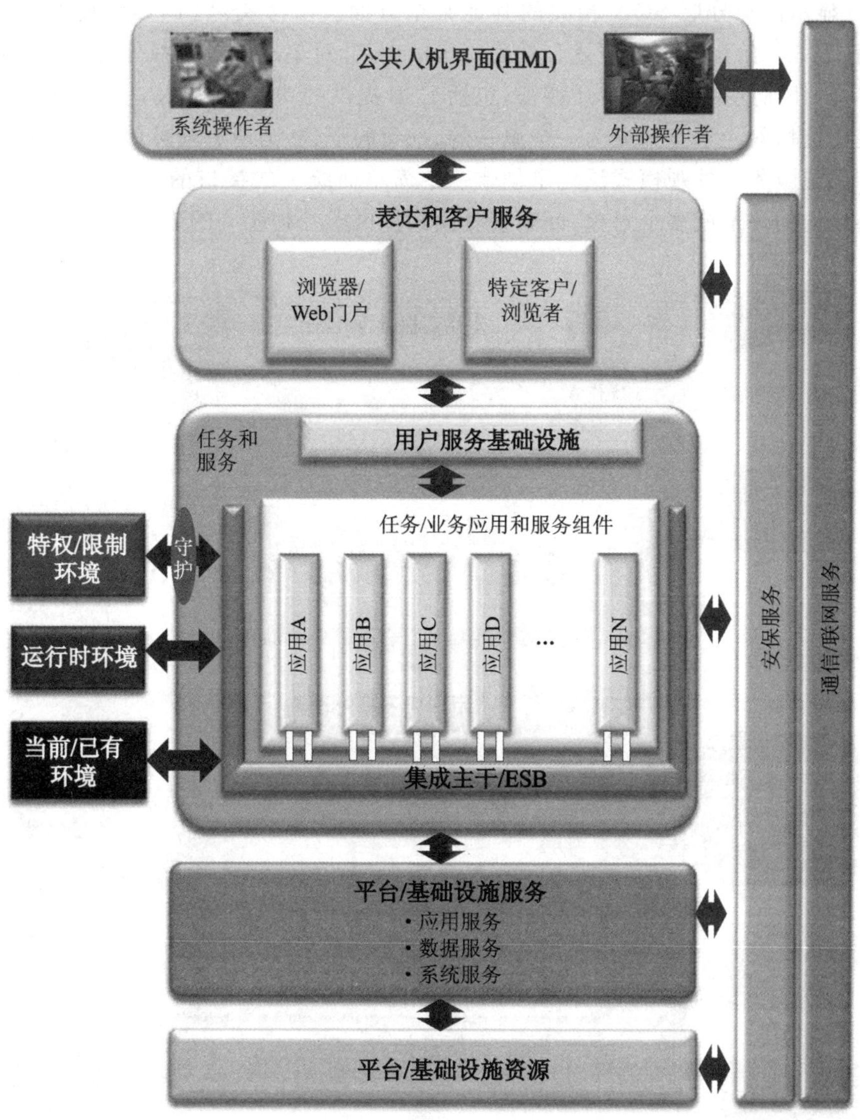

图5.21 具有集成主干的分层SOA,以复杂组织体服务总线(ESB)为中心构建,以适应异构执行环境(见彩图)

许非互操作节点进行通信和协同。ESB扩展为一个框架,可配置和管理消息传递、数据转换、Web服务、智能路由选择以及提供特定组件使用的专门接口,尤其是任务服务。在我们所论述的分层结构中,非常自然地,集成主干与ESB合并,这是因为两者都可由交换消息和数据所支配。此结构提供异构环境所需的接口,如图5.21所示。涉及权限或限制的环境接口,特别是处理高度敏感信息,将会包括一个守护,以防止不同信任级别之间进行未授权的信息交换。

本章强调了LV中模式的重要性,并阐明设计模式在各个架构元素上的应用,

图 5.22 显示出与分层 SOA 相关的其他某个方面。参考文献[1]详细说明了这些模式，并且表 5.2 给出了简要概述。作为一个示例，针对集成主干诠释外观模式和观察者模式，突出任何此类接口的本质特征，包括 ESB 提供的功能性，以及这些模式的使用促进了集成接口的元素合并成为一个单一的、一致的框架，为所有任务服务组件提供所需的基础设施服务。外观模式泛化了创建一个简单而统一的接口的概念，客户端可以通过该接口访问一个或多个对象，而观察者模式提供了一种统一的方式，用于在系统中发

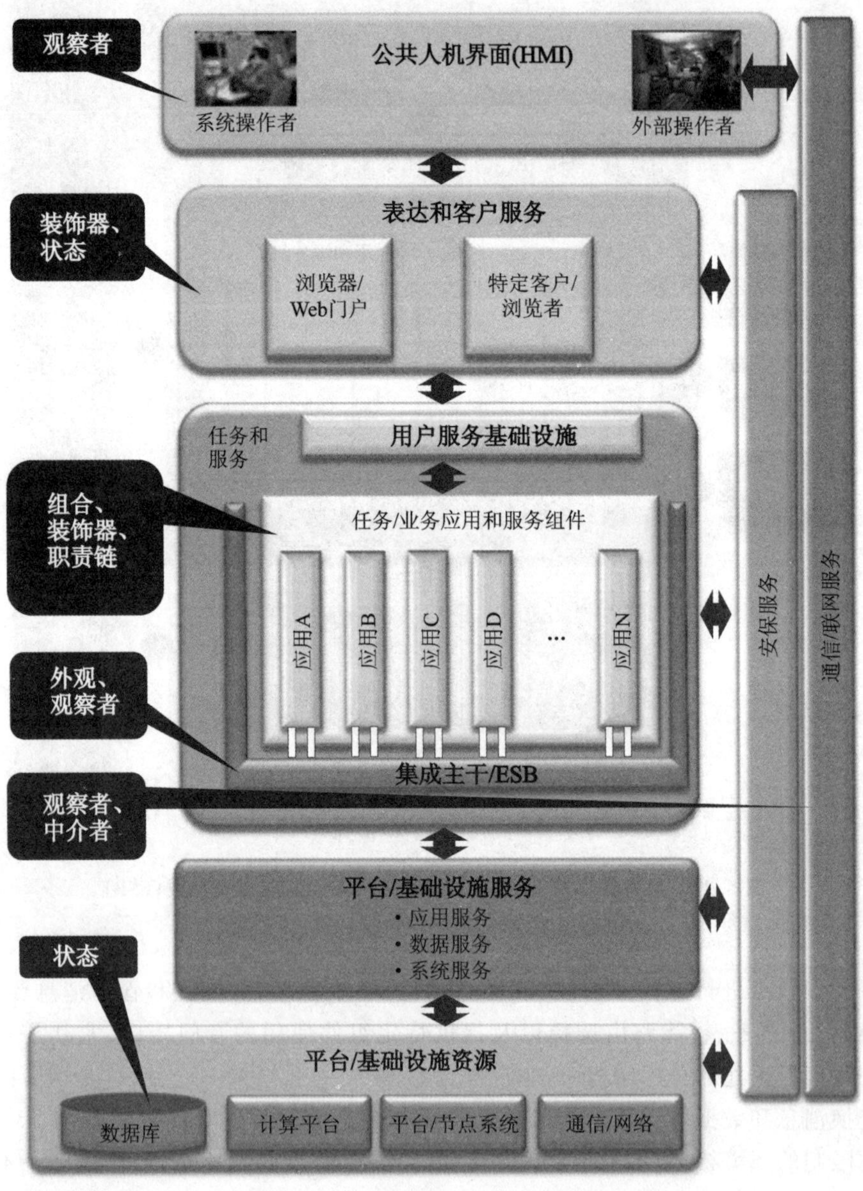

图 5.22　分层 SOA 的设计模式(见彩图)

生特定的状态更改(如事件)时通知特定的“观察者”。典型事例就是将消息从一个应用传递到另一个应用。总的来说,模式的使用有助于确保一致的、高质量的设计,充分利用了业界解决类似问题的经验,并促进了现有组件、服务定义和基础设施的复用。

表 5.2 分层 SOA 架构所使用的模式

设计模式	描 述
观察者	建立一对多的依赖性,使得当某一实体发生变化时,有关的实体也自动地更新
装饰器	动态增加职责
状态	在内部状态发生变化时,允许实体改变行为(等同于改变实体的分类器)
组合	创建树结构来表达整体-部分关系
职责链	允许多个实体处理一个请求,采用的方式是沿职责链传递请求,直至请求得到处理
外观	为复杂实体(如子系统)中的一组接口,提供一个统一的、高层的接口
中介者	定义一组实体交互方式并促进松耦合,从而避免实体到实体的直接引用

这种通用的分层结构有许多的变体,取决于特定系统的特征和需求。最简单的架构是一台或一组计算机,它们执行所有的工作并输出结果,供其他系统或用户访问。为单个用户增加一个 HMI 将会带来复杂性的提升。在此,基础设施不过是计算机及其操作系统。这类低端系统可能也是关键任务并需要高质量的设计,但它们很少会应用到 MBSAP 的全部工作内容。

只有当多个系统运营方执行不同的工作并访问共享资源时,本节讨论的架构类型才适用。尽管如此,仍然存在一定的复杂性,下面的模式总结了这些架构的典型层级结构。在这样的系统中所部署的单个计算机,可能使用到我们刚刚讨论的分层架构的不同版本。

- **基本客户端/服务器**(C/S)——适用于任何架构,在该架构中,使用工作站或其他客户端的用户,可以使用网络来访问共享计算机(被称为服务器)中的信息和其他资源。最早的 C/S 模型是文件服务器,允许个人用户工作站计算机访问中央文件存储器。这相当于“联邦”架构,在此架构中,每个工作站均安装有一组应用,并且用户基本上进行独立操作,除非是进行数据和信息交换。在此基础上所做的改进是将文件服务器替换为一个真正的数据库服务器,数据库服务器除了提供数据管理之外,还提供更复杂的服务,比如查询和报告。
- **应用服务器**——一种稍微复杂的模式,在此类模式中,一台或多台计算机均安装有可供多个用户访问的软件应用和共享文件。此架构变体将复杂性从客户端转移到一台或多台(通常是功能更为强大的)服务器之上,并允许任何用户使用非私有副本的任何应用。软件供应商拥有许可条款,以便处理其产品的此类共享。
- **事务服务器**——由应用服务器进一步改进,客户端可以使用事务机制调用远程程序(作为服务),并且该服务器可进行在线事务处理(OLTP)。早期的事务服务器已经演进到下一个复杂性层级，使用提供对象请求代理(ORB)的对象应用服务器。这允许客户端定位诸如应用的服务器对象实例(该实例可以是本地的或是远程的)、调用该对象上的方法以及返回结果。

- **群件服务器**——除了以上所述的服务器以外，系统还可以包括支持电子邮件、电子公告栏、聊天室和其他协同工具的服务器。
- **Web 服务器**——目前常用的一代服务器，基于 Web 的架构，在互联网中交付内容，使用非常简单的客户端(如 Web 浏览器)访问。[①]

随着架构的复杂性规模不断提高，出现了一种从"胖"客户端到"瘦"客户端，从"联邦"系统功能到"集成"系统功能的趋势。"胖"客户端本质上是一个独立的工作站，使用网络连通来访问和共享基本信息，如文件和应用，而超"瘦"客户端将只安装有 HMI，并可从服务器获得所有其他的计算支持。这种迁移为操作员提供了一个更具交互性的环境，因为每个人都在使用相同的资源，查看相同的运行图片，可能共享每个事务并通过群件进行协同。实际上，大多数任务和业务应用都选择中间配置，在该配置下，一个或多个服务器端组件承担主要的计算和数据访问负荷，比起浏览器可处理和管理的服务器资源访问，客户端组件支持的操作员交互更为复杂。许多工作站都包括一个门户，用于集中访问 Web 服务，包括网络应用程序，即使用网页提供内容的网络应用程序。

5.6.4 实时系统

第 1 章介绍的"强"实时(RT)系统类别，具有一组不同的驱动需求集合，并且这些系统往往具有不同的基础设施与分层方式。这些系统对任务或业务线程有严格的截止时限，还要求确定性的执行(可调度性)、高优先级线程抢占低优先级线程、对事件和消息的复杂响应以及许多其他特性。所有这些内容均为第 8 章的主题。目前，只是指出 RT 系统的分层 SOA 的一些关键方面。典型的网络化 RT 系统，构建在 RT 对象请求代理(RT ORB)之上，多种商业产品可用于此，并且该系统依据需求使用了实时操作系统(RTOS)。分层 SOA 可能如图 5.23 所示，其中 RT ORB 中间件为任务应用提供环境的关键服务。此结构允许应用和其他细节方面存在差异，可用于航空航天、工业控制、网络多媒体和其他领域的 RT 系统。以下段落概述了某些重要特征。

- 任务或业务应用创建了主要系统行为，与传感器、通信、设备控制或运载器控制等资源一同工作。这些应用还包括创建 HMI 内容的逻辑。为获得最高性能，这些应用可被分组到多个域中，每个域均会提供特定的服务。
- 任务应用层可提供框架服务，如图 5.23 所示，当对于多个应用或者跨域间具有时间敏感性的交互时，这些服务是公共的。
- 中间件框架包括 RT ORB 或其他 RT 中间件以及相关联的服务。在某些设计中，特别是对于更为简单的系统，不使用独立的中间件层，并且 RTOS 直接或间接地使用特定服务组件创建任务应用的环境。

---

① 原始术语"万维网"目前通常就简化为"Web"。

- 拥有核心和相关联功能用途的RTOS创建了系统服务层。由于在实时应用中与资源的交互特别重要，因此，一组硬件驱动、协议引擎和其他硬件接口是性能的主要因素。
- 硬件层具有由系统控制或使用的所有资源，包括计算、互连、通信以及诸如传感器和设备控制器等的任务系统。控制和显示创建了HMI（此处表示为驾驶舱）视为系统资源，而不是客户端，并且通过此硬件接口层进行集成。

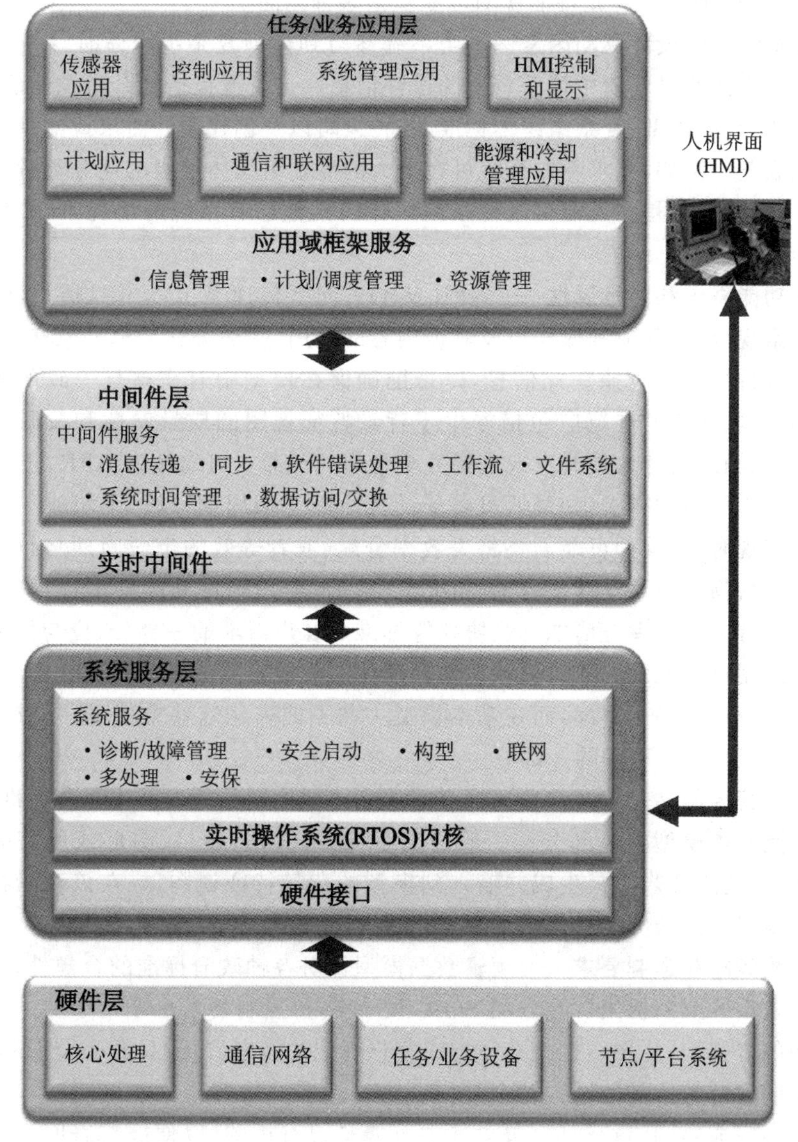

图5.23 使用实时中间件服务，实时系统的分层架构（见彩图）

5.7 背景特征视图

与OV一样，在背景特征视图中收集LV的其余架构制品，并且如前所述，这些制品一般为文本与图形。这些文本与图形捕获设计的多个方面，而不是简单地通过上述讨论的各类建模来表达。此特征视图可能包括多种制品。

- **复杂组织体设计驱动因素**——当系统参与到大型复杂组织体时，LV需要从复杂组织体背景环境中捕获重要的设计信息。这可能包括复杂组织体服务、运行方式、数据模型、复杂组织体标准、各种策略以及创建设计需求或约束的诸多其他服务。例如，要求新的系统可在更大的复杂组织体层级的业务流程内实现特定活动，并且是在无需更改复杂组织体内其他已有系统的情况下，实现这些特定活动。
- **非功能需求和质量属性**——NFR从OV向下传递至LV，并且通过注释、模型元素规范、块数值和操作以及其他内容的使用，明确关联于模型元素及其特征。背景特征视图应捕获此信息，以帮助确保在模型中有完整且一致的表达。例如，子域和块的规范应包括派生于背景特征视图的质量属性和关联测度的应用，以辅助设计人员开发或选择完全合规的产品。可靠性为NFR的一个示例，当一个行为的需求(如最低可接受的无故障生命周期)以一个块或一组块的形式实现时，架构师可能需要将失效率分配(或者等效的生命周期)给单个块，作为随后物理视角设计规范的一部分。然后，应用硬件和软件组件，实现满足所需的特定可靠性。诸如总线协议等标准是客户需求的一部分，应与模型元素以及应用这些元素的接口关联。需要任何的其他模型注释或补充文本与图形，以捕获设计的各个方面，而在基本模型中并不能表达这些方面，注释或文本与图形已经成为LV库的一部分。
- **客户特定制品**——客户普遍拥有需要创建架构制品的内部流程和标准，这些并不是基本模型的一部分。一般情况下，这些文档、表格、图形或所需的任何事物，均使用适当工具生成并输入到模型的背景特征视图，或在该背景视图中进行索引以便访问和检索。
- **架构策略和强制要求**——逻辑数据模型针对各种政府标准的合规性，已作为一个常用约束而提出。在分层SOA中，策略和强制要求也非常重要。对于可证明的合规性，分层结构将必须反映客户规定的特定层，或具有一个明确的映射，表明设计与所需的结构完全等同。当采用客户的网络使能策略时，将制品(如填写完成的网络检查单)包含其中可能是很有用的，以便能够表明设计达到合规性，以及在该设计中对复杂组织体服务实例化的位置。

5.8 性能和时序

当设计从 LV 中逐渐成形时，通常有关进程或线程时间线、并行任务执行、进程同步、资源利用以及其他性能和时序方面的初始分析将变得非常重要。对于任何具有性能需求的系统，此分析都是必不可少的，无论这些需求是否认为是实时的，都应确保设计是可行的且平衡的，并针对物理视角生成定量的性能需求。使用图的静态分析以及使用仿真的动态分析，都是十分有用的，并取决于所处理的问题。随着架构开发进行到物理视角之中，初始性能分析将随之变得逐渐详细和精确，在有选择性的物理建模支持下，架构模型由物理系统原型的测量值进行校准。

一个典型问题是，将给定线程所用的总时间分配到该线程内的活动中，以确定参数，如单独运行所用的执行时间。对于超出架构师所能控制的物理现象，如外部通信路径的数据速率和数据延时，也同样是重要的。关于对初始时序和性能的检查，顺序图和状态机图提供主要的工具。图 5.12 和图 5.13 表明初始静态时序分析的简单示例，并且本节给出了稍微复杂的例证。我们假定，E－X 有一个需求，从创建跟踪报告开始，在最长时间范围内，向远程 ISR 操作员显示和发布由雷达 MTI 模式产生的某些时间敏感的目标跟踪。当传感器管理域向 ISR 管理域发送 MTI 目标报告时，应用此截止时限的线程开始。该线程包括：处理该报告以创建新跟踪或更新现有跟踪（如果之前曾报告过该目标），以及跟踪更新消息的形成和传送。当向远程 ISR 操作员显示更新时，时间线结束。

图 5.24～图 5.27 详细说明了此示例。图 5.24 和图 5.25 显示了 ISR 管理域向子域的分解，利用了图 5.3 和图 5.4 所示的相同设计模式，以及子域信息流。图中省略了资源管理构件，因为该管理域并不使用它。图 5.26 和图 5.27 使用 IBD，对 ISR 分析和报告子域以及 ISR 系统接口子域进行进一步分解；这些结构是第一次在 BDD 中进行定义，与图 5.24 相似。块数值和操作均可在任何一类图中显示。这些子域块提供了所探究行为中的大多数功能。

ISR 系统接口子域包括一个 ISR 信息管理器，该管理器中包含了主逻辑，并且此主逻辑与进入、离开以及域中的路由信息有关。信息管理的代理向信息管理域提供（域内部）本地的接口，而 ISR 可视化块为 ISR 操作员提供 HMI，无论是在机上还是机外，在航空器上和地面站上都具有相同的功能。

ISR 分析和报告子域具有 MTI 处理块和 SAR 处理块，这些块将雷达传感器报告分别转换为新的或更新的跟踪和图像。相似的块用于处理 EO－IR 以及 SIGINT 数据。跟踪管理器维护当前的移动对象的跟踪目录，支持 MTI 处理块。对于这样的系统，跟踪可能很多，并且需要不断地更新。ISR 产品块管理进入产品的请求，以正确格式对传感器处理后的数据进行打包，并经由 ISR 系统接口子域发送 ISR 产品。

在此结构中，待分析的行为线程可在顺序图中表示，类似图 5.28。本质上，消息流

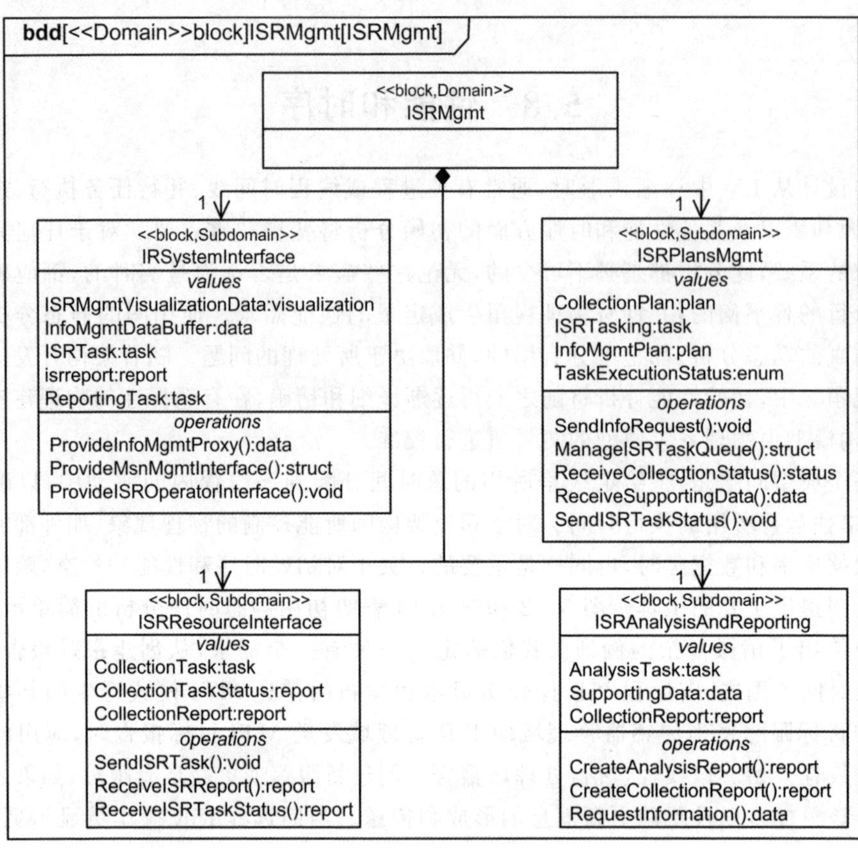

图 5.24　表明 ISR 管理域分解为多个子域的 BDD

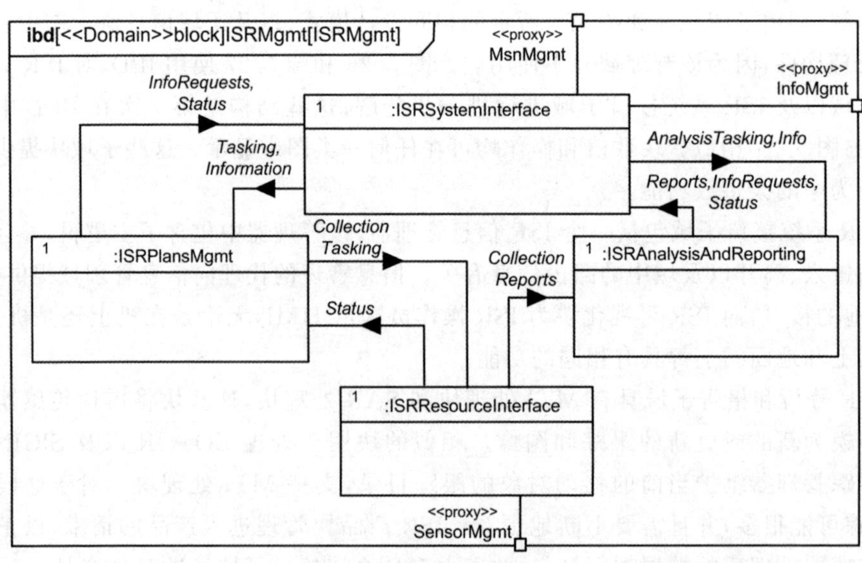

图 5.25　ISR 管理域的 IBD

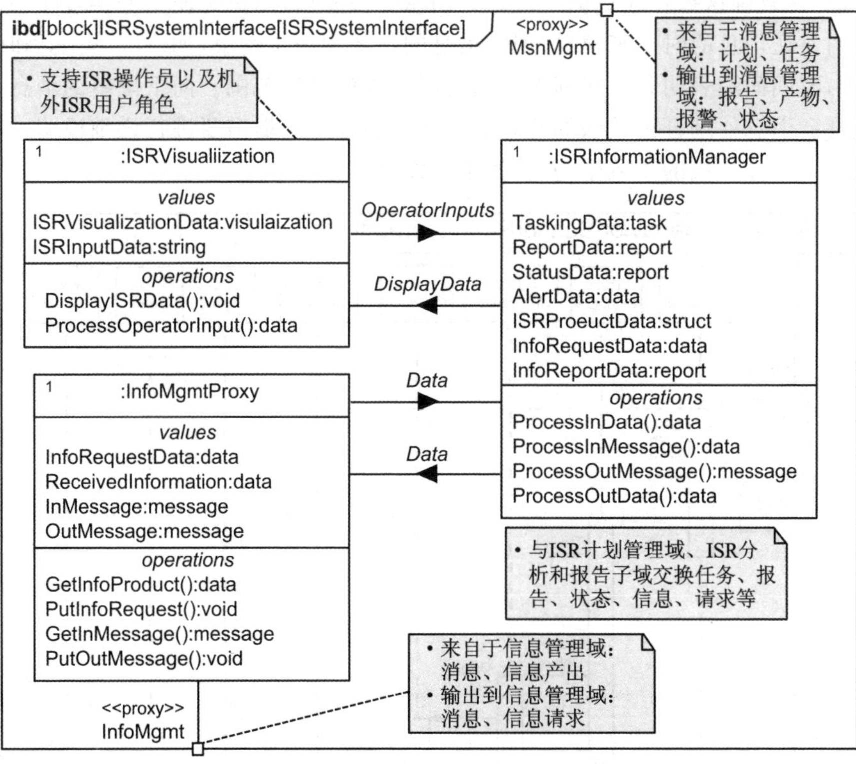

图 5.26 ISR 系统接口子域分解的 IBD

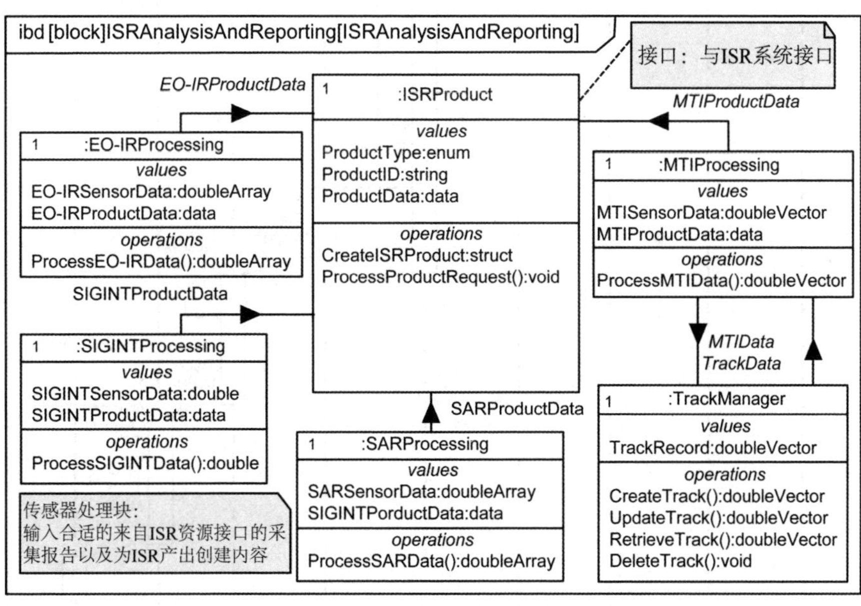

图 5.27 ISR 分析和报告子域分解的 IBD

是线性的，并且确认操作完成的一般返回消息会被忽略，以避免使图变得过于杂乱。线程时序由发送消息的时间来建模；图中消息的注释利用了约束，如{<500 μs}和时间间隔，其中，时间间隔表明各个序列部分的时间时限的允许范围。向下倾斜的消息具有与网络速度和消息处理开销关联的延时。时序注释可以根据需要进行详细说明。水平消息出现在单台计算机的子域中，并且假定为即刻的。

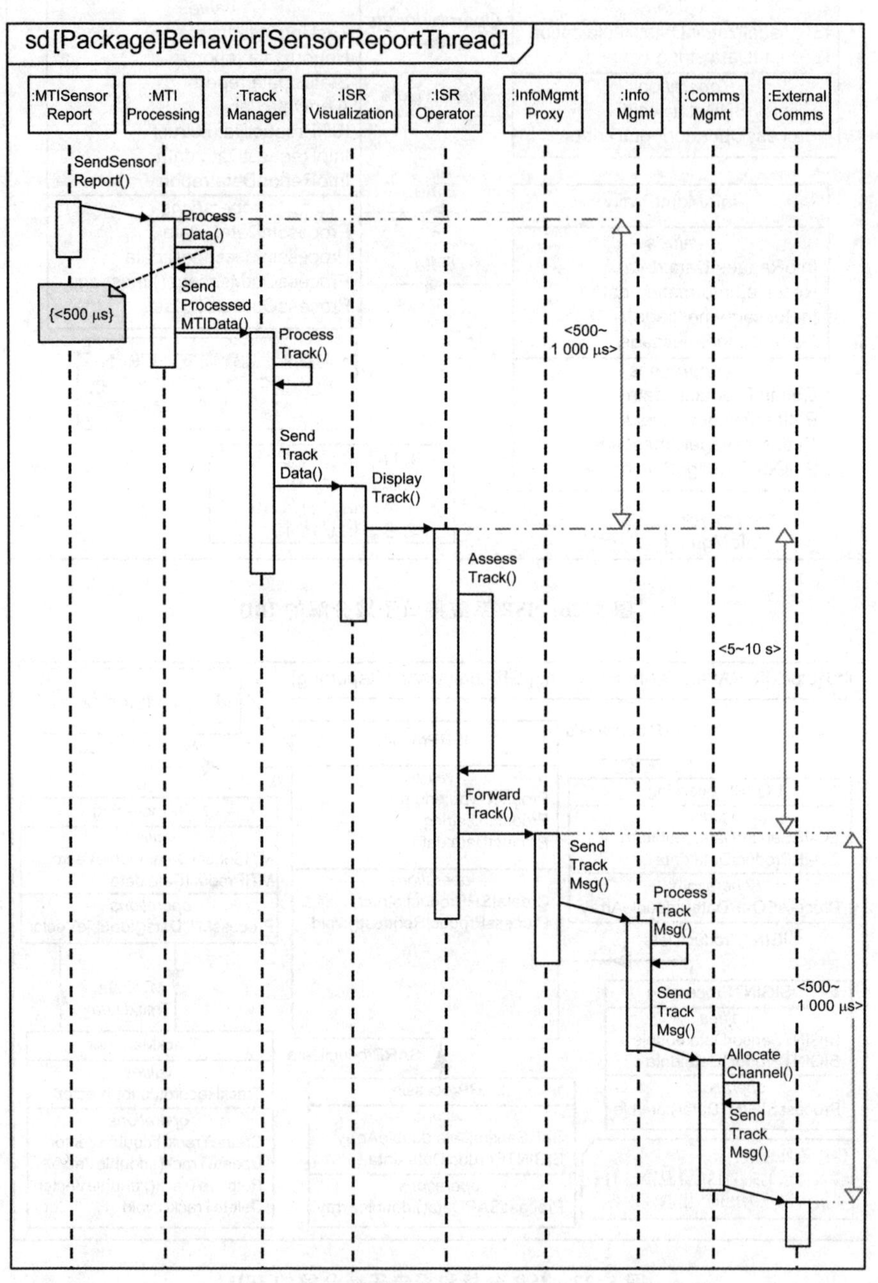

图 5.28 传感器报告处理线程的初始时序分析

根据时序分析的架构开发阶段,结果可用于建立性能参数(如最坏情况下的执行时间),作为系统元素规范的一部分。在总体分配的截止时限内的各个时间间隔,可与现有系统上测量的等效时间进行比较,将其作为合理性检查。如果有理由怀疑无法满足一个或多个时间约束,则有必要重新审视该设计。

在当前案例中,总的端到端时间由 5～10 s 限定,操作员在这段时间检查指定跟踪,确定它是否是时间敏感的跟踪,并采取行动对其进行转发。如果该进程是完全自动化的,例如,让跟踪管理器对跟踪类型和位置进行过滤,那么,此决策可能会更快,并且其他时间也将变得更重要。假设这个初始时序分析发现总体系统需求(如每单位时间处理的跟踪)未得到满足,而原因在于早期设计决策让操作员做出了这些决策,这可能会促使改为使用功能更强大的跟踪管理器。该跟踪管理器可自动执行此项工作,可能还会提供操作员检查选项。在这种情况下,模型图将发生变化以显示由跟踪管理器执行的附加处理步骤,从而将消息所遵循的时间敏感跟踪规则,直接应用于信息管理代理对象,以触发符合条件的跟踪的分发。中间解决方案可以是一个改进的 HMI,该 HMI 支持操作员可更快做出决策并给出跟踪信息。这样虽然会花费额外的处理时间,但将减少分配给操作员进行操作的时间。简而言之,此时序分析支持一系列设计选择。

此种分析需要某些合理依据来关联时序与顺序中的不同步骤。在之前系统或早期原型工作中积累的经验,可阐明至少某些步骤的典型时间。对于其他情况,基于各种信息处理复杂性做出合理假设的同时,可能进行简单的计算就足够了,例如,以给定数据速率推送给定跟踪报告消息通过信道的时间。此外,这可以产生一种外部通信延迟在满足最后时限方面比较重要的感觉。

即使这种在早期进行的比较简略的分析,也能让我们深入了解宽带通信需要。假设在某些情况中,检测到多个目标,并且必须对其进行上述处理,那么,分析还可能对系统必须处理的同时性以及单个流程实例必须采用的执行速度做出估计,以便满足最坏情况下工作载荷下所有目标的最后时限。最终,此初始静态分析往往有助于识别潜在瓶颈和需要高保真度的其他性能问题,并因此有助于关注下一个步骤中的 M&S 工作,这是 5.11 节所论述的 LV 的可执行表达。

5.9 智能微电网逻辑/功能视角

在使用 E-X 系统案例阐明 LV 开发工作流和技术之后,现在给出第二个案例——智能微电网。

5.9.1 智能微电网结构分解

智能微电网 A:我们将针对第 4 章介绍的智能微电网(SMG)的三个变体探讨架构模型的 LV,以表明如何在系统分类的各种变体中应用常用的模型元素。图 5.29 所示是一个 BDD,它从最复杂的社区智能微电网 A 开始,对图 4.17 所示的域结构进行分解,使用虚线框的图形注释来表示域。SMG 和主电网(PG)均被分解为主要构件。这些构件在图 4.18 的构件隔层中列出,并用于图 4.19 中,以对 SMG 与 PG 之间的主要交互建模。我们将继续使用图 4.18 中介绍的层级理念,作为组织 SMG 结构的方式。

传统"哑"微电网(指非智能的)只具有物理层,物理层中包含有将电网电压转换为供客户使用电压的变电站、一组配电电路、一些保护装置和客户负荷。监视层和设备层增加了优化电能产生和使用的功能。在对此 SMG 建模的过程中,我们通常遵循 IEEE2030—2011 标准:IEEE 能源技术和信息技术与电力系统(EPS)、终端应用及负荷的智能电网互操作性指南[7]。SMG 的"智能"关注于微电网监控块,主要应对的是信息和功能。截然不同的微电网人-机接口(MGHMI)允许 SMG 人员监控和指示操作,并且微电网网络服务器为 PG 和更大领域提供接口。

此 SMG 的实现利用了电能的产生、存储、测量和控制的各种装置。该微电网具有用于发电的内部资源,包括矿物燃料发电机、光伏阵列和风电场。电池阵列中的能量存储提供电力,以平滑所需的电能变化并在停电期间保持供电服务。智能电表根据负荷进行复杂的电能消耗测量和控制,并且各种传感器可用于监控整个 SMG 中的状态。这是一种非常普通的 SMG 模型,可以针对各种高端微电网进行剪裁。

在图 5.29 中,使用直接组合关联,将 SMG 和 PG 组成的所有的块,声明为构件特性。有一种块命名为装置并构造型化为 <<abstract>> ,它提供了一种简便方式来捕获 SMG 装置的常用特征,否则这些特征将跨越广泛的值和操作。为更加清晰,这些块被构造型化为 <<Device>> 。图 5.29 中的多重性传达出可能使用的数目,来理解迥然不同的装置、负荷和其他微电网元素,从而表明此模型可应用于各种各样的现实情况。

图 5.30 所示是一个 IBD,显示出 SMG 各个构件的交互方式,进一步对 BDD 补充说明。同样,红色的流箭头表示电能,黑色箭头表明数据的交换。此外,各种线型使 SMG 内多种回馈线路的区分更为容易。监控处理器持续监控 SMG 装置,并向电力生产资源发出适当指令。当将各种供电源的过剩电能向 PG 输送时,通过 MG 回馈线路或独立变电站到变电站的回馈线路,这些供电源可连接到 SMG 的负载。每种负载均有一个相连接的智能电表,并且可部署多个传感器来监控关注的不同状况,例如天气参数、电池充电量以及设备健康和状态。该控制器支持在之前图 4.19 中给出的端口,并通过 Web 服务器将 SMG 连接到互联网。

微电网工作人员使用的 HMI 可以是一台便携式电脑、一个 Web 终端或其他某些工作站。技术支持人员能够手动调用监控装置的指令。例如,工作人员可启动不同的 SMG 管理算法,响应天气预报来指示 PV 或风电的可用性即将发生的变化。工作人员还可以采取行动响应意外事件,例如,设备失效或 PG 断电。IBD 上的标注是在提醒架构团队,作为创建 PV 的一部分,必须为 MG 网络选择适当的网络协议。为有效集成 SMG 以及与 PG 平滑交互,使用得到广泛支持的开放标准是必不可少的。微电网监控计算机和微电网 Web 服务器均具有实现如图 5.30 右侧所示的三个代理端口的资源,而微电网变电站实现了 PG 电能端口,由此与 PG 交换电能。

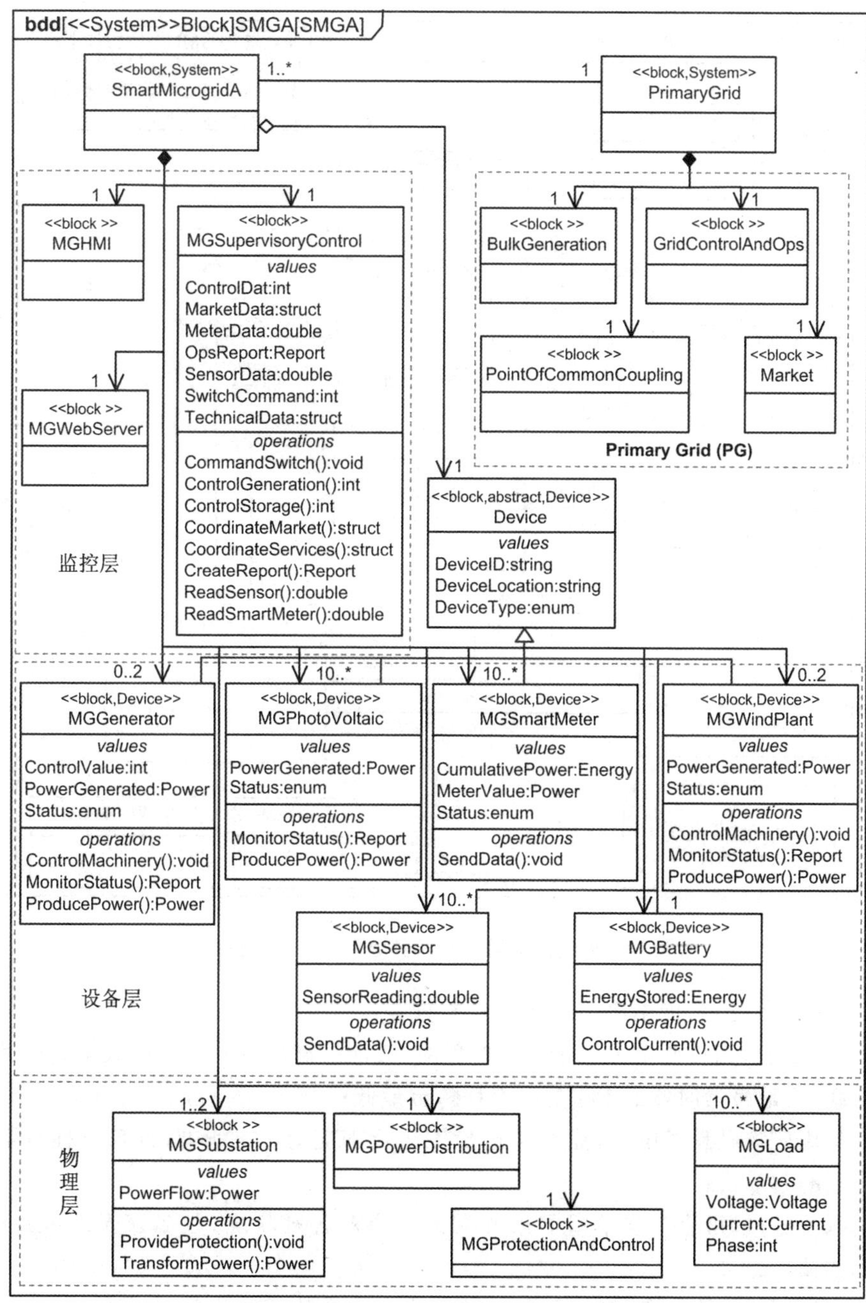

图 5.29 社区智能微电网 A 的分解,包括与主电网的交互(见彩图)

智能微电网 B:本案例中的下一个变体是智能微电网 B,它可以用于诸如医院等需要大负载的设施,使我们有可能探讨用于定义 LV 的更加定量的方法。然而,在未提前做出属于 PV 的设计决策的情况下,我们可以考虑采用系统需求影响功能架构的方式。医院 SMG 的主要动机是确保向关键功能的不间断供电,以及通过限制从 PG 购买电力

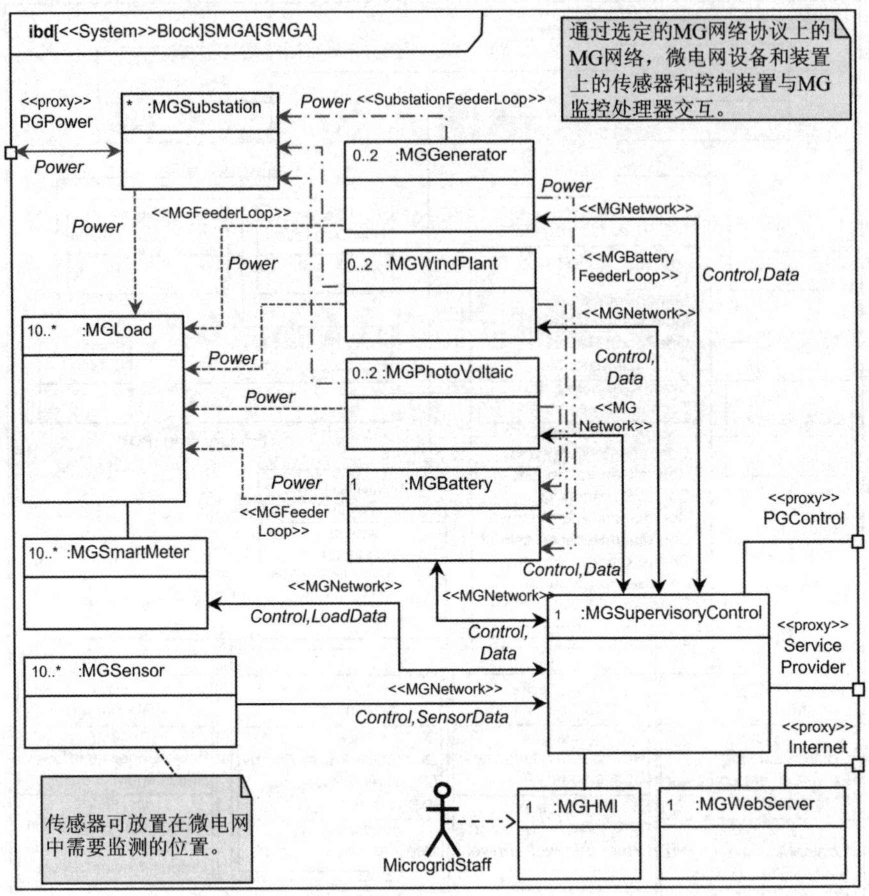

图 5.30　智能微电网 A 中构件之间的交互(见彩图)

来降低成本。因此，智能微电网 B 的关键特性是：

- PV 装置，当设施电力需量达到峰值时，其能够满足日间所有或大多数医院的负载，将最昂贵时段的 PG 功率消耗降至最低；
- 备用矿物燃料发电机，能够快速投入运行来应对 PG 断电，且自身拥有电池供电的起动机；
- 电池容量，可进一步平滑需求并有助于应对各种状况，如多云天气中减少 PV 的输出；
- 切换到 PG 的连接，但不是微电网 A 中所包含的那种独立变电站；
- 设施配电设计，将医院内部负载分组到多个区域，这些区域按各自支持功能的关键性排出优先顺序。

SMG 具有代表性的值，用于细化来满足性能需求，如下：

- 设施范围：40 000 ft^2(1 ft＝0.304 8 m)。
- 电能负荷密度：8～10 W/ft^2(日间峰值)，6～8 W/ft^2(平均值)。

- 总负荷：0.3～0.4 MW(峰值)，0.25～0.3 MW(平均值)。
- 来自 PV 板的可再生能源：
  - ◇ 明朗阳光下，1 MW 可用 8 h；
  - ◇ 明朗阳光下且太阳低照射角时，0.5 MW 可用 4 h；
  - ◇ 太阳辐射通量减少时，为低功率。
- 电池容量：通常为 0.5 MW·h。

医院每平方英尺的电负载假定约为典型办公室或居住建筑的两倍，这是因为当同时保证每个房间的温度和湿度均可控时，必须使用大规模耗电设备和高能耗的环境系统。我们假定该设施所在位置的天气以晴朗为主，使 PV 成为可选择的可再生能源。在营业时间，即对大多数患者进行治疗(如外科手术、诊断检测以及治疗)的时间，电力需求量大。正常的操作模式是在此峰值期间，让 PV 面板为所有或大多数设施供电，此时只是按需要增加电池与 PG 电源来满足瞬时需求。在其他时间以及日辐射通量因多云长时间减少时，医院才购买 PG 电力。大多数此类事务，都将以非高峰期的折扣价进行。在停电时，蓄电池允许至少继续供电 1 小时，允许有序终止非关键活动和启动备用发电机，并且必要时，允许减少低优先级负载以保护关键活动。

图 5.31 所示为基于这些因素的结构，图 5.32 所示为主要的信息流和功率流。与图 5.29 的对比结果表明，这是一个有效的智能微电网 A 架构的子集，并且这些块与其在智能微电网 A 中的对应物具有相似的数值和操作。我们已将风电场排除在外，因为在城市背景环境中这并不可行。关键要素，如太阳能阵列区域以及所需的备用电源发电容量，均在 PV 的单点设计中予以考虑，更多的是为了可行性检查。例如，产生

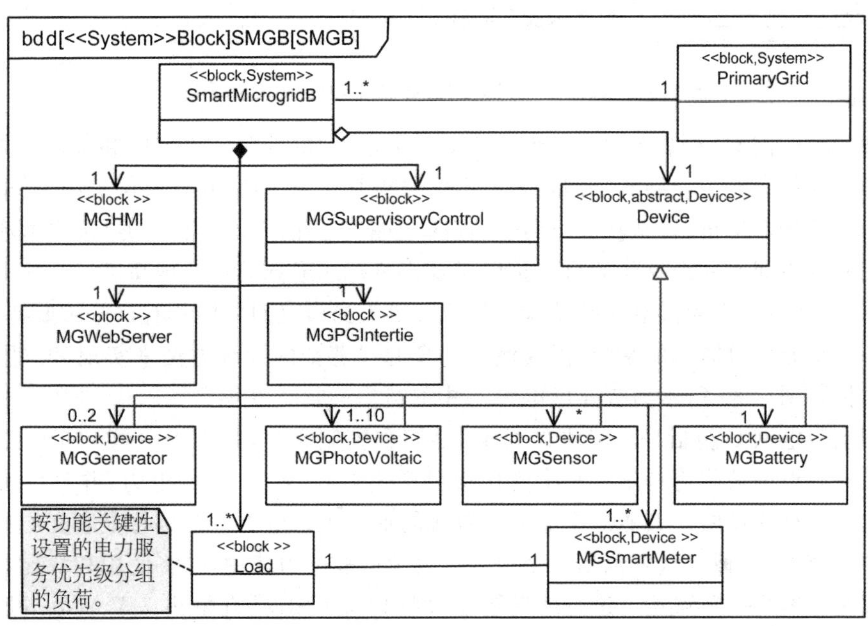

图 5.31 用于大多数设施的智能微电网 B 的分解

1 MW 的太阳能,一般需要有大量空间来放置光伏电池阵列。如果对于屋顶设施而言该区域过大,那么,继续进行此方法之前,架构团队将会确认邻接空间是否可用。一种典型的折中方案是,放宽相当于整个设施负荷的分布式发电需求,以便以成本最低的方式来补充 PG 电能,尤其是在高峰时期。在任何情况下,大多数 LV 内容与并网发电的 SMG 相同,包括关注从早期设计中获得的经验教训以及监控处理器的基本功能。

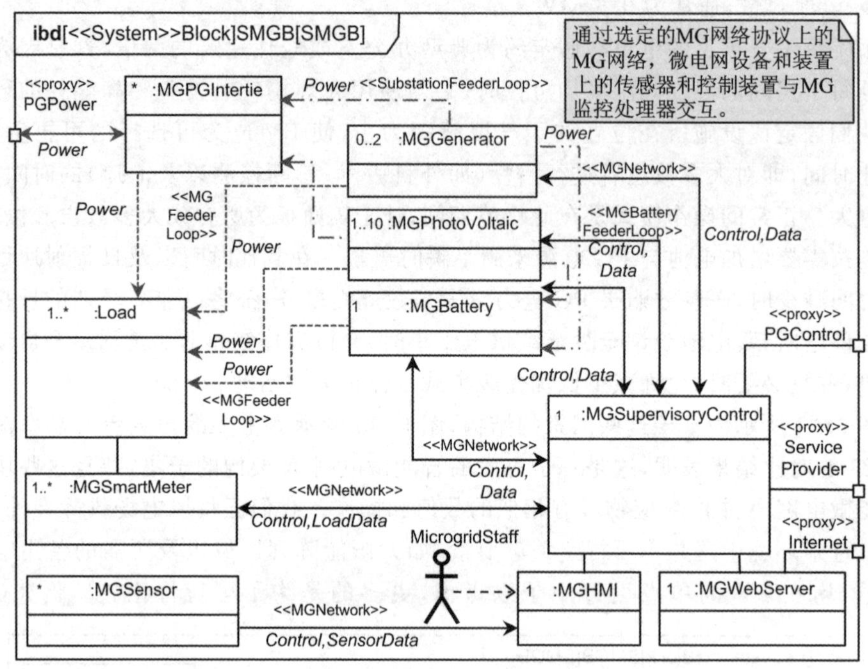

图 5.32　智能微电网 B 的信息流和外部接口(见彩图)

智能微电网 C:本案例中的最后一个 SMG 变体,旨在向一组家庭和未接入 PG 的小型商店提供电能。这种微电网在发展中国家极具应用价值,在这些国家中,微电网能够对生活质量产生重大影响[8]。SMG 的设计根据不同的 SMG、服务类型、成本和其他参数而有所不同。一个重要的目标是以对客户可行的最低成本实现高可靠性的电力服务。图 5.33 所示为此微电网的结构。尽管与更大的微电网共同具有这些重要特征,但这样一个小而相对简单的系统,需要使用自身的经剪裁的设计方法来实现客户服务和经济目标。图 5.34 所示为智能微电网 C 中的流。

智能微电网 C 包括一个集中的发电、存储和控制系统,将电力分配到 10～100 个家庭。核心设施被称为基站。每个光伏板可产生 300～500 W 的电力,并且可按需合并以向客户社区供电。其能以交流或是直流的形式进行电力分配。每个家庭均具有一个客户端节点,这种节点可包括一个智能电表来监控电力使用,并将使用和状况数据发送给基站。客户端节点还可进行电压转换,例如,向 USB 插孔输出 5 V 直流电压。在此类典型的 SMG 中,电池的大小被调整为可为每 500 W 的 PV 发电量提供 2.5 kW · h 的储能,并且电力分配为 48 V 直流电压。与 PV 容量一样,电池尺寸可依据客户的数

bdd[<<System>>Block]SMGC[SMGC]

<<block,System>>
SmartMicrogridC

1
<<block,Device >>
MGPhotoVoltaic
values
PowerGenerated:Power
operations
ProducePower():Power

1
<<block>>
PowerControlUnit
values
BatteryChargeState:int
CustomerBillingData:int
CustomerID:int
CustomerPowerDemand:int
LoadManagementCmd:Struct
Status:enum
operations
ChargeBatter():Energy
CollectEnergyUsage():Energy
ControlLoad():Struct
GeneratePower():Power
MonitorStatus():enum
ProcessCustomerBilling():Report
ProcessCustomerRequest():void
ProvideHMI():void

1
<<block,Device >>
MGBattery
values
EnergyStored:Energy

10..100
<<block,Device >>
CustomerNode
values
EnergyUsage:Energy
Status:enum
operations
MonitorStatus():enum
PerformVoltageConversion():void
ReportEnergyUsage():Report

10..500
<<block,>>
CustomerLoad

1 1

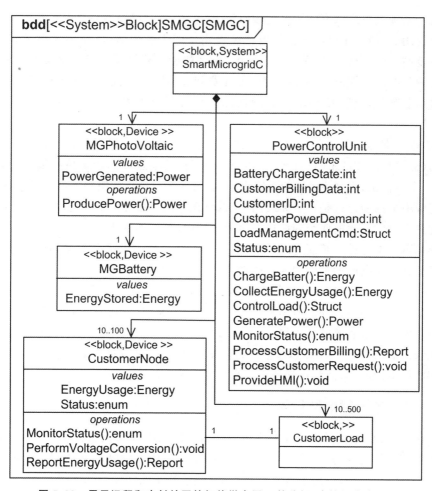

图 5.33 用于远程和农村社区的智能微电网 C 的分解(未接入主电网)

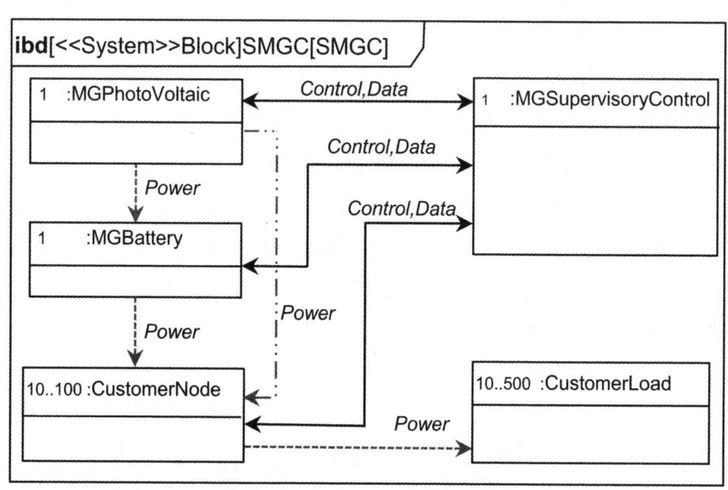

图 5.34 智能微电网 C 中的电流和数据流(见彩图)

量按比例增加。每户家庭的用电量被限定为 50 W,这足够照明以及手机或便携式计算机充电使用。SMG 使用通过移动电池装置实现的无线网络,以连接客户端节点和基站。在基站内,电力控制器单元管理配电,执行智能负载管理以最大化服务的可靠性,包括在阴天时的可靠性,并处理 SMG 的计费和其他业务方面。该单元为基本的 HMI 提供显示器和控制器,使得本地管理器能够监控健康与状况,并在必要时手动干预 SMG 操作。

此 SMG 的基本运行概念是在白天为电池充电,并在天黑后为客户提供一段时间的照明(假定是高效的 LED 灯光)。可供 SMG 管理器选择的若干控制策略均是可实现的,一个示例是,在减少 PV 功率输出期间,为保持最高优先级服务而断开某些负载。一个有吸引力的新方式是扩展无线网络,以便在有适当服务的地区提供 Internet 上网。

此微电网明显比前两个变体更加简单。然而,其基本架构模式是相似的,并且通过对有限的可用电力进行智能管理,有机会为远程客户提供大部分最灵活的服务。通过将组成此独立微电网的组件加入到模型库或参考架构中,跨越一系列应用的系统供应商,可在常用存储库中捕获产品数据,分享和利用所获得的经验教训,并减少用于开发按不同环境剪裁的新系统的时间和成本。作为一个案例,低功率微电网可扩大规模,以提供更多的发电量和储能并可得到进一步改进,为经济发展提供电能,如谷物磨粉机的运行或农产品的制冷。如果 PG 电源在未来可用,那么可以更少的工作和成本来升级已安装的微电网库,从而利用这种更高水平的服务。

5.9.2 智能微电网行为

以用于 SMG 案例的行为建模为例,我们将探讨 SMG A 的微电网发电机是如何响应监控处理器的指令的,如图 4.21 所示。图 5.35 所示是发电机块的 SMD。我们假定发电机具有一个控制器,用于接收和执行来自监控块的指令。当收到指令启动时,发电机执行进入动作而转为启动状态,执行安全启动发电机所涉及的一系列步骤以准备发电。启动的具体细节可使用更加详细的行为图进行建模。一旦发电机运行,一组自测试程序将会验证该发电机的操作是否在允许界限内。如果未通过一个或多个此类测试,那么发电机控制自动地转换为关闭状态,并向监控发出失效报告。

假如成功地进行了自测试,发电机可转换为用于正常操作的发电状态、用于计划的维护或修复工作的维护状态,任何转换均由监控指令启动。在发电状态中,发电机首先获取当前的发电机指令,该指令使发电机控制器设定机械控制,从而向微电网变电站或电池提供特定水平的电力。如果一个新的发电机指令到达,那么将自动回到进入动作,以获取和实现新的指令。在该状态中,发电机控制器对这个发电机进行调整以保持所需的功率输出,并持续监控传感器,例如,检测超温状况。再次参见图 4.21,当监控执行轮询装置(Poll Device)动作时,一条指令进入该发电机以报告其当前传感器读数,触发报告状况(Report Status)的状态。当完成维护工作时,发电机转换到关闭状态。监控也可发送关闭指令。一旦该发电机执行安全关闭顺序,该行为就会终止。

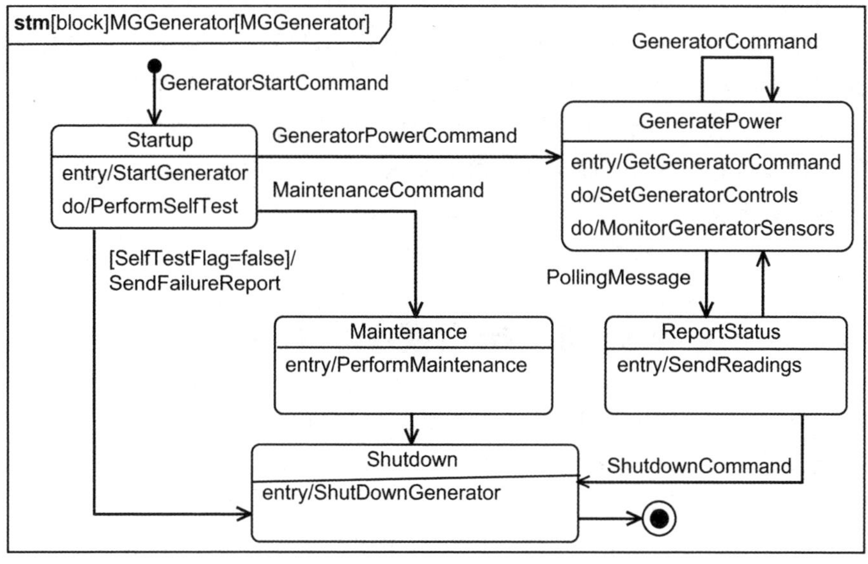

图 5.35 显示 SMG A 发电机行为的状态机图

5.9.3 智能微电网逻辑数据模型

图 5.36 显示的是来自智能微电网 A(见图 4.21)CDM 的业务数据基础类,这些基础数据类被特化为一系列的系统数据块。业务数据用于整个 PG 和 SMG 中,使业务数据具有一致且有效的模型十分重要。图 5.36 显示了三类系统数据块,用于说明的数据

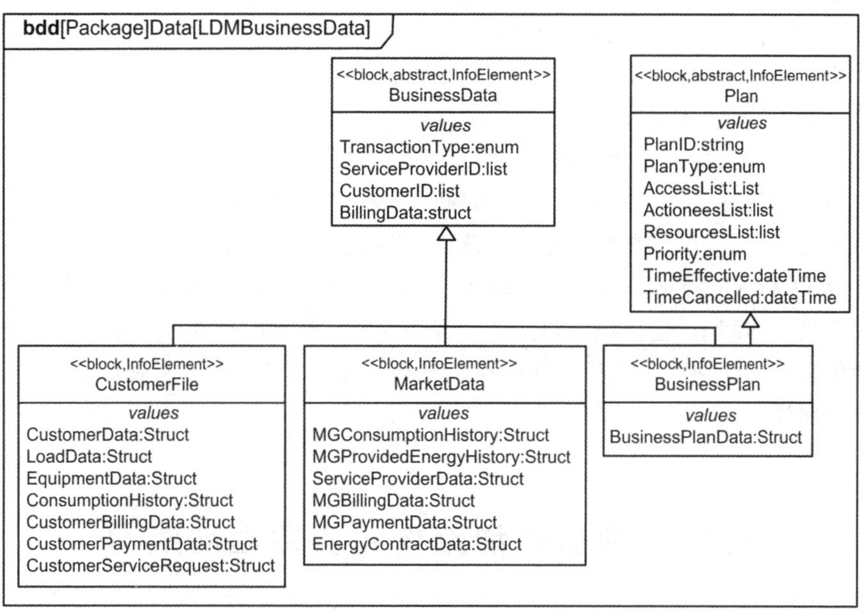

图 5.36 智能微电网 A 的 CDM 中的业务数据基础类,在系统数据块中特化

涉及了客户、整个 SMG 以及指导长期成长和演进的业务计划。业务计划块继承业务数据类和计划基础类,必须准确且一致地定义这些类,以避免发生冲突。在复杂数据模型中,此类多重继承是极为常见的。完整的 LDM 将会包含一些类似的图,这些图对 CDM 中的其他基础类进行特化,以定义系统的全部信息内容。对于与 PG 交互的微电网,必须注意准确地反映 PG 使用的数据定义,这是普遍关注的系统数据模型开发和维护的一个示例,该模型支持与环境进行正确且无歧义的交互。

5.10 接口建模和控制

接口管理是一个核心 SE 职责,并且 MBSE 以多种方式给予支持。适当的接口控制是成功系统集成以及长期系统演进的一个必不可少的元素。如第 1 章所述,接口及其实现的标准均是实现开放架构的核心。与接口关联的问题如下:

- 识别所有内部接口和外部接口以及每个接口所支持的交互(例如,消息或文件的交换);
- 确保接口的所有方面均得到定义和文档化记录;
- 确保相关各方理解并同意系统组件之间的接口,这些系统组件由不同组织元素所控制;
- 在系统开发和运行过程中,面对不可避免的接口更改,维护严格的构型管理;
- 确保识别和实现了适当的开放接口标准。

MBSAP 中的接口定义遵循架构开发流。OV 关注于系统域之间的接口以及系统与环境之间的接口。LV 识别与块关联的实际交互的点位,并定义其标识符、数值、操作和其他基本要素。E-X 和智能微电网案例已经提供了多个示例。最后,PV 完成详细的接口定义,包括从连接器和接头等组件到电压、波形和流项。

在 SysML 中,接口通常与第 2 章中描述的端口关联,并且端口由关联的一个接口或多个接口进行类型化。这可以通过多种方式建模。端口规范是记录(多个)接口和提供细节的合适位置,可以直接在元素规范中提供,也可以链接到接口定义文档。此外,SysML 提供了一个特化 <<interface>> 块,以对代理端口进行类型化,在代理端口中,可以捕获接口的细节,包括数值和操作。这些块应在模型的指定区域中定义,以便在需要类型化端口的任何时间可使用这些块。在第 6 章中,我们将再回到此主题并讨论接口的物理建模。

5.11 数据驱动架构和事件驱动架构

在 LV 设计的早期阶段,两种通用的架构方法或架构风格通常称为数据驱动架构(DDA)和事件驱动架构(EDA),架构师可能会发现两者或其中之一适于其应用。第一个是DDA,它可以作为思考系统的一种有用的方式,数据的可用性和管理作为驱动系统设计和功能运作的主要因素。DDA对SOA做出补充,并通常依赖于一组定义明确的数据服务,这有两个主要方面:

- LV从数据实体定义开始,建模为系统数据块的,主要依据数据导入、导出、存储和处理,形成结构特征视图和行为特征视图。
- 系统活动基本上由数据可用性来触发;在具备所有要求的数据输入之前,处理步骤将被悬置,之后执行该处理步骤来创建输出,进而可触发下一个步骤。使用具有同步汇合节点的活动图,可对此类行为有效建模,这些汇合节点将不同数据输入合并到一个动作中。

与DDA相反,当系统行为主要受异步事件驱动时,EDA是适用的,这些异步事件可能位于系统的内部或外部。以下是EDA设计的一些关键特征:

- 接收与事件发生关联的信号可触发系统活动,这包括先行活动的完成、外部环境中的状况、操作员输入以及其他多个活动。这些活动可组合成所设计的工作流程,以便特定事件产生连续的执行步骤,包括条件路径或备选路径。
- EDA支持系统高层级的松耦合,因为系统元素之间的依赖性会在很大程度上减少针对事件的生成和响应。
- EDA行为通常使用状态机进行良好建模,在状态机中,事件触发状态变化(转换),这些变化具有关联动作(包括发布新的事件),并且在进行转换过程中必须强制遵循多个守护的条件。
- 基于简单事件发生的分析模式对复杂事件进行推理,此架构功能称为复杂事件处理。这种流程通常维护消息或信号的缓冲器,并与一组模板进行比较来识别出复杂事件,如网络节点的丢失或外部流程的终止。

5.12 可执行架构

如第11章中的详细论述,工具可用于搭建以多种形式执行的SysML模型,基本上是通过将静态行为图转化为仿真方式的实现。其中的许多工具均基于动画模拟的活动图、顺序图和状态机图,并且IT界倾向于扩展这些可执行文件,以便包括自动代码生成(自动编码)。这要求该模型是完整的和一致的,并具有全面描述预期系统行为的动作语义。更多的细节可在参考文献[9]中找到。此外,软件运行的执行环境或平台必须完整地描述到工具中。这是模型确认常用策略的基础,因为如果存在错误,那么图中仿真的尝试将以失败告终,并且工具将会强调仿真停止的点位。作为务实的第一步,可执行文件可作为细化早期性能和时序分析以及各种利益相关方性能可视化分析问题的方式。

一种方法就是扩展OV中的流程/工作流程模型。通过有选择性地分解模型元素来插入更详细的信息,从而识别出性能和时序问题,当整个建模工作保持在一定范围内时，分析人员往往能获得有用的结果。例如，如果静态时序分析指出了大容量数据文件进出磁盘存储或通过网络的可能问题，则可执行文件可以添加元素，来表达缓冲区、网络接口、内部数据路径、文件处理和数据传输链中的其他步骤。然后，这种模型会由统计表达形式所驱动，诸如消息大小和文件传输速率等，从而探讨各种构件的行为。一个典型的结果是，文件服务器内部总线的吞吐能力比预期的更高，并将成为需求的一部分，由此确定物理视角中实际计算机的构型。

使用状态机，在本阶段可能建造另一种有用的可执行文件，对块的行为或多个块的协同进行建模。现代状态机工具允许建模者插入实际代码或算法，并允许建模者校正与流程或事件顺序关联的时间，例如，计算主时钟“节拍”的时间运算器。某些工具允许对连续流程和离散流程混合建模，例如，信息处理的状态机模型可与物理流程的连续模型合并。架构师能够对复杂流程的执行进行建模，并将流程状态与合适的时延程序（表示预估的运行时间）相关联。某些架构工具支持参数图与外部数学“解算器”的连接，评估 SysML 模型中表达的约束方程。总体上，这样的技术允许具有足够保真度的模型，回答重要设计问题，以便在物理系统组件用于测量和实验之前，以相对较小的工作量来建造和运行。第 11 章将对这些主题进行更多论述。

5.13 总　结

目前，使用 MBSAP 进行架构开发，已经处于功能设计的构建、建模和分析的阶段。结构向下定义到块，这些块表达实际的系统元素，并且我们已经研讨了单个块以及共同工作多组块的行为。在该流程中，深入研究了关于设计模式的大量文献，目的是寻找应对相同挑战的成熟解决方案。LV 开发还考虑了多种分层 SOA，均适于各种系统性能类别，并且通过 E-X 案例，系统地阐明对最匹配的设计模式的剪裁以满足特定系统需要。将 OV 的概念数据模型精心地设计为更详细的系统数据的块定义图，XML 数据模式可根据这些图进行创建。此架构细节层级允许利用感兴趣的架构领域的静态表达和可执行表达，进行早期性能和时序分析。

图 5.37 中概述的 LV 制品，成为物理视角下实际系统实现的设计需求与规范。事实上，能够创建出允许开发或采购物理系统组件的设计和采购规范，这是证明 LV 已经完成的最好证据。如果决定将与块关联的功能性实现为软件组件，则块规范（包括值、操作、输入和输出、描述性注释和其他细节）可以作为软件需求规范（SRS）。类似的硬件组件，通常基于产品权衡研究的结果，块规范成为新设计或采购现有货架产品的基础。如果商用货架产品/政府货架产品（COTS/GOTS）基础设施用于分层 SOA 中，那么 LV 中的服务定义为待集成产品的选择和配置提供基础。性能和时序分析结果是指定和选择硬件组件过程中的重要因素。第 6 章将会探讨把设计转化为实现的一系列步骤。

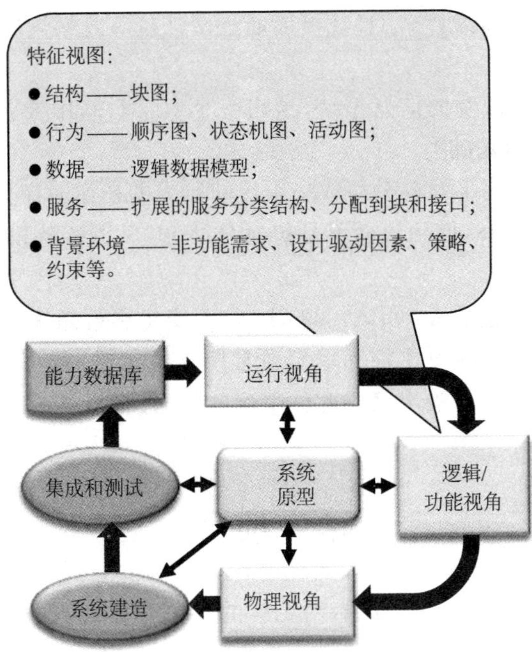
特征视图:
●结构——块图;
●行为——顺序图、状态机图、活动图;
●数据——逻辑数据模型;
●服务——扩展的服务分类结构、分配到块和接口;
●背景环境——非功能需求、设计驱动因素、策略、约束等。
能力数据库
运行视角
集成和测试
系统原型
逻辑/功能视角
系统建造
物理视角

图 5.37 逻辑/功能视角特征视图的概述(见彩图)

练 习

1. 列出在开发系统设计时使用设计模式的原因。

2. 将 OV 的域分解为子域然后再分解为块,分两个阶段分解的原因是什么?

3. 以图 5.3 和图 5.4 所示的应用设计模式为例,说明如何对发电厂控制室进行分解,用于对发电和其他设备的运行进行调度、监视和控制。

4. 在 LV 中,顺序图和状态机图的主要用途是什么?

5. 结合自动驾驶汽车的自动导航功能,思考哪种类型的行为图最适合针对响应外部事件时的运行建模,为什么是最好的选择?

6. 对于图 5.9 中的状态机图,如果在该类处于建立链路状态的同时收到新的出站消息,将会发生什么情况?

7. 在 BDD 中,当从属类或块拥有泛化/继承以及具有高层级块的组合关联时,这意味着什么?

8. 列出服务类别并识别典型分层 SOA 中的服务层。

9. 为什么在 LV 中包括分层 SOA 非常重要?

10. 考虑信息系统的 SOA,应用于公用库中维护目录、支持信息的检入和检出、与其他库交换请求等,思考哪些服务层是适用的?各层中具有代表性的服务是什么?

11. 应用服务器与事务服务器之间的区别是什么?

12. 在实时 SOA 中,为什么 HMI 可能通过硬件接口直接集成,而不是通过用户服务或表达层?

13. 结合支持大型医院的信息系统,绘出一个 CDM,其中要包含有该信息系统中涉及的主要信息类型的基础类。

14. 如何将顺序图用于对单个块或一组块的行为的初始时序分析?

15. 重新绘制图 5.18,使用块而不是包对分层 SOA 进行建模,并将服务显示为每个块的构件特性。

16. 假设在智能微电网 A(见图 5.29)中,出于安全和可靠性的考虑,微电网监控单元是双冗余度的。进一步假设主控制单元通常控制微电网,备用控制单元监控主电网并在发生故障时进行控制。绘出表明此种情况的行为图。

学生项目

学生应以分解和补充 OV 的方式,对 LV 的五个特征视图的内容进行建模。良好的模型结构应得以维护,例如,通过在相关联的高层级图之下创建更详细的图。

参考文献

[1] Gamma E, et al. (1995) Design patterns: elements of reusable object-oriented software. AddisonWesley, Boston, MA.

[2] Shalloway A, Trott J. (2001) Design patterns explained: a new perspective on object-oriented design. Addison-Wesley, Boston, MA.

[3] Constant J N. (1972) Introduction to defense radar systems engineering. Spartan Books, New York.

[4] Stimson G W. (1998) Introduction to airborne radar, 2nd edn. Scitech, Mendham, NJ.

[5] World Wide Web Consortium (W3C). (2015) eXtensible Markup Language (XML). http://www.w3.org/XML/. Accessed 20 May 2017.

[6] Maier M W. (2006) System and software architecture reconciliation. Syst Eng 9(2):146-159.

[7] IEEE. (2011) Std 2030-2011. http://standards.ieee.org/findstds/standard/2030-2011.html. Accessed 21 May 2017.

[8] MeshPower. (2016) Connecting communities with clean energy. https://www.meshpower.co.uk/how-it-works.html. Accessed 20 May 2017.

[9] Mellor S J. (2013) Executable UML. http://www.stephenmellor.com/uploads/XTU,%20doc,%20Executable%20UML.pdf. Accessed 6 Feb 2013.

第 6 章　物理视角的实现

6.1　一般考虑

6.1.1　从功能设计到物理设计

在本章中，我们考虑将 LV 的功能设计转换为物理实现的流程，物理实现由硬件、软件、其他设备、数据、用户界面、通信、网络以及实际系统或复杂组织体的所有其他元素组成，包括适用的标准。我们使用“产品”这一通用术语，指代系统的各个部分。在某些情况下，适合的产品已存在，可从供应商处采购“现成货架”产品。在其他情况下，可能需要一些新的或不同的产品，并且可以使用内部资源开发新产品或与外部组织签约获得新产品。通常，必须面对一系列“自制/外购/修改”的决策，以选定满足特定系统需要的最佳方法。一般而言，功能规范作为 LV 的关键成果，是所有这些活动的基础。PV 对所选产品的特性及其集成方式进行建模并文档化记录，用于满足系统的需求。

除了明显的硬件组件和软件组件以外，图 6.1 总结了一些主要元素，根据客户需要实现成功的系统或复杂组织体解决方案。我们使用“使命任务”一词，强调保持聚焦于客户交付所需的能力，实现组织目标的重要性。由于此阶段的决策在很大程度上取决于所构建系统的细节，因此像我们为 OV 或 LV 制定的那样详细而统一的程序是不切实际的。但是，可应用一些重要的一般原则来提高获得满意结果的机会，并有效利用早期视角中已建立的基础。

我们在第 3 章中指出，MBSAP 将 OV 和 LV 的结构特征视图和行为特征视图组合成为设计特征视图，因为结构和行为都将会体现在单个产品及其集成构型中。同时，我们增加了标准特征视图来处理物理设计这一至关重要的方面。将组件集成到子系统中以及将子系统集成到系统中，通常是构建 PV 的基本部分，我们在第 5 章使用分层架构作为讨论集成的框架。考虑创建系统基础设施、将任务服务或业务逻辑集成到所创建的平台以及精心制作人机界面（HMI）——这是一个顺理成章的方法。数据特征视图、服务特征视图和背景特征视图成功构成了 PV 的基本结构。

MBSAP 在这一阶段的一项基本任务，是对实现 LV 功能块的物理组件进行建模、分析和文档化记录。在 SysML 中，块将以块实例的形式转变为特定的有形实体。这些产品的集成通常首先指向一个或多个系统原型，最后指向所交付的解决方案。在增量、螺旋或敏捷开发中，每个原型都将添加功能，直到满足整体系统需求为止，并且每个临

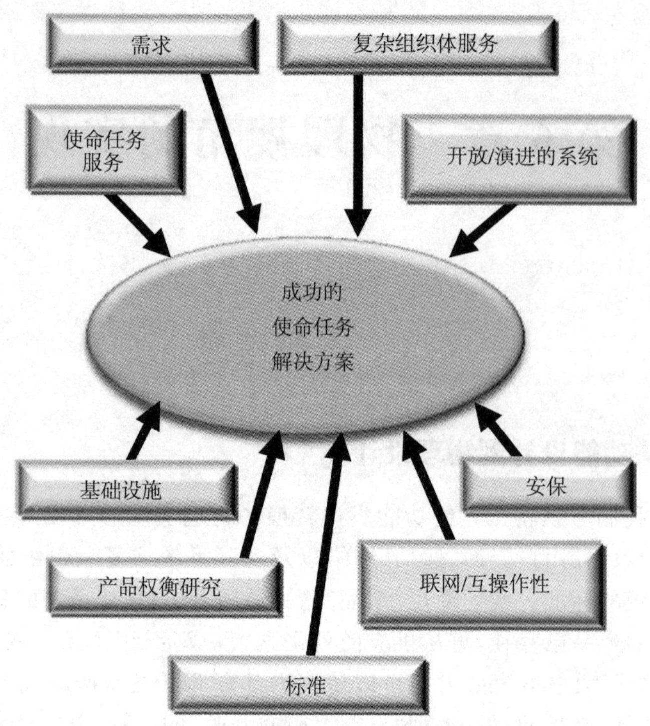

图 6.1　使命任务解决方案的要素

时原型所获得的结果都将用于细化总体的需求，并选择特定功能（新发现的或细化的），这些功能将被分配给下一个开发阶段。

我们需要注意，在描述将 LV 的功能设计转换为 PV 的物理实现时所使用的术语，关键术语是“实例化”“实现”“实施”。人们可能很轻易地、互换地使用这些词，但它们表示的含义并不同。在 MBSAP 中，我们使用以下符合 SysML 语言标准的定义：

- **实例化**(Instantiation)——块实例是块的特定用途或示例。如上所述，通过给出块值的数值或其他量化来定义块实例，可使用块实例规范来完成，并且它可以扩展父块的特性。组合关联使一个块实例成为另一个块实例的构件特性。块实例也出现在顺序图中生命线的顶部。创建块实例规范通常是在某个方面上将 LV 转换为 PV。
- **实现**(Realization)——实现依赖性表明一个模型元素（作为委托方的角色）实现了某一规范，这一规范用于定义另一个模型元素（作为供应方的角色）。建模常用于由块实现接口或由实施包实现设计包。这样的依赖性使 PV 内容与 LV 内容相互关联，这方面很有用。可以说，PV 实现了 LV，虽是正确的，但不是很有用。
- **实施**(Implementation)——我们使用“物理实现”或“实施”这一通用术语，是指创建物理系统的过程，即根据 LV 功能定义（在 PV 中建模）。因此，物理产品实现功能模型元素，并且必须满足其需求。

硬件块由各种产品项实现，从传感器、控制器、飞行器和机械设备到处理器、网络、数据存储器和工作站，这些产品项组成系统的硬件资源，PV 纳入了物理产品规范来定义这些产品项。软件块被实例化为可执行代码，可存储在系统中，并加载到要运行的计算机存储器中。LV 功能需求中指定的代码必须编写、测试和集成，在 PV 中捕获生成的文档和软件文件。描述包括硬件和软件的完整功能实体的模型元素，为了清楚地定义，模型元素应分解到所隶属的块、构件和块实例。尽管 SysML 中剔除了 UML 部署图，但它提供了等效的方法，主要使用分配的方式，表示软件实体在硬件资源上的部署。

关键系统功能可能需要使用经各种测试、认证或鉴定的产品或系统。两种常见情况是用于处理敏感(包括机密分级)信息的受信任系统以及具有安全性、准确性或可靠性需求的系统。这样的系统通常必须纳入受信任的组件，涉及从安全的计算机操作系统和任务应用软件到具有保证的可靠性或精确度的硬件，以便满足其标准。随后的章节将更详细地讨论这些问题。

就模型本身而言，PV 的大部分内容是通过将此物理细节添加到 LV 中，在定义的模型元素规范中产生块实例，而不是通过创建新的"物理"模型产生的，可在模型内的适当规范中或在与这些规范相关的单独文档中捕获此物理细节。如果产品选择或设计决策基于权衡研究，那么将其纳入文档，可能会有很大的帮助，通常参考这些设计档案，确保该基本原理随时可用，以便将来的工程师和系统用户可以理解之前的设计决策。

有时，在不同物理组件之间必须实现共享功能，并且可能无法为模型元素在 LV 与全面详细的 PV 之间建立完美的一对一的映射，但是如果对 LV 进行适当划分，则例外。另一个基本的考虑因素是适当使用物理建模来诊断问题和找到解决方案。在完整的开发周期中，包括测试以及修改证明为错误或不合适事物的时机。

6.1.2 权衡研究

MBSE 的主要帮助就是支持广泛的权衡研究能力。权衡可能涉及设置性能需求的值、比较替代系统设计和运行概念、在候选物理组件之间选择等。出于 PV 的目的，主要的权衡研究涉及选择实现该系统所使用的最佳产品。在进行上述权衡研究之前，可能进行针对自制/外购/修改决策的权衡。图 6.2 显示了典型产品权衡研究的流向，架构师和设计师应熟悉这种分析的基础。

借助 MBSE，系统模型以多种方式支持权衡研究，包括：

- 提供背景环境框定权衡范围，包括识别替代方案、相关因素、系统层级的约束等；
- 识别影响，例如对内部和外部资源的依赖；
- 对替代方案的结构和行为进行建模；
- 针对权衡分析提供技术数据。

现有的产品数据，在需要时，通过研究和供应商合同加以补充，可在模型中存档或由模型访问，帮助建立可用的替代方案集合。像前面讨论的那些强制性特征，通常会缩小可能选择的范围。然后，实施团队与工程项目管理人员以及受影响的利益相关方进

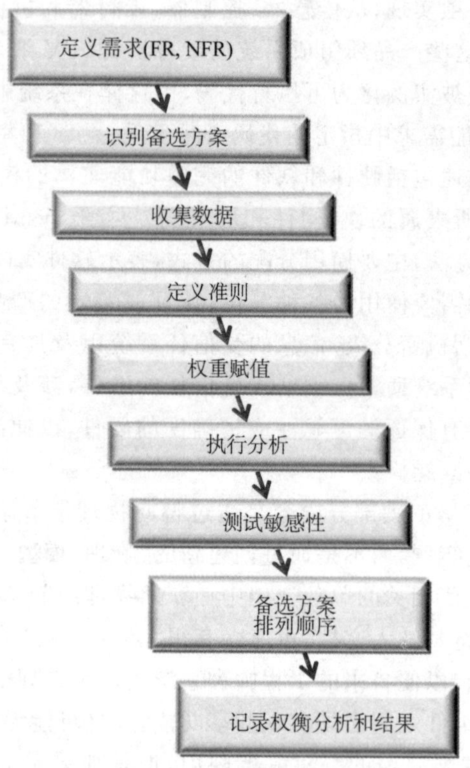

图 6.2　权衡研究元素

行协调，定义最重要的准则。这些准则通常包括成本、技术成熟度（或其反面：风险）、可靠性、针对最苛刻需求的性能、支持产品所需的宿主系统及其环境、长期产品演化计划以及与整体架构的兼容性。设计人员对选定的因素进行加权，并对候选产品进行评分，得出最佳选择或将范围缩小到较小的候选产品集合，以进行进一步评估。

系统开发人员和系统最终用户都可以看出，产品的易用性作为一个重要因素，很难仅从产品数据和规范中予以评估。供应商不太可能强调，他们的产品需要投入大量的精力或具备特殊技能以及接受培训才能集成和使用。由于这样或那样的原因，最初在几个类似候选产品中的最佳产品可能并不明显，因此可能需要在实验室进行评估或作为系统原型的一部分进行评估。这就是开放的、模块化的、松耦合的架构的巨大好处之一，设计人员即使在早期评估后仍然无法解决问题，或不能选择更好的产品来取代，但可在不破坏整个系统设计的情况下对其进行更换。

总之，与 PV 相关的主要决策与产品选择以及相关的设计决策（例如技术标准的选择）有关。通常，由权衡研究应对这些决策。产品选择就可归结为自制/外购/修改的决策，但它们通常很复杂，并且所涉及的远远不只是纯粹技术的因素。系统中的经济性、通用性和互操作性以及客户策略和需求，可能会限制设计人员选择的考虑因素。例如，客户或开发组织的策略，可能要求遵守参考架构和复杂组织体标准或使用标准产品。即使没有这种限制，复用现有的产品（通常是商业或政府现货产品 COTS/GOTS 的形式),也可能证明是最好的答案。当项目涉及对现有系统进行技术改造或以其他方式进行修改时,通常难以对保留或替换已有产品做出决策。作为对产品权衡的经济影响的案例,已确定的卖方和合作伙伴关系,由于有利的定价、对专有产品数据的访问或相关的其他方面,可能会导致选择特定产品或产品系列。

6.2 设计特征视图

SysML 提供了有效的对物理架构进行建模的工具,特别是对于存在与硬件相关的重大设计问题时,这些问题包括集成系统的性能、需求分配、物理接口管理等。前面的章节讨论了块、端口、构件和其他结构模型元素的使用,而创建 PV 的重点是块实例。

6.2.1 块实例中的物理细节

在图中,块实例具有名称(或命名空间)隔层,其通用格式如下:<name> : <type>,其中 <type> 是代表实例块的名称,而 <name> 是实例的唯一标识符。通常无需给出实例自己的名称,因此完整语法通常省略为 <type>,以表明所表示的是命名块的实例。各种架构建模工具都有各种规定来声明块实例并将其标记在图中。将一个块放置在顺序图中以创建生命线时,便出现了常见的示例。

在 BDD 中,实例规范显示为矩形,显示块的值属性的特定值。实例规范的名称与实例相同,但不同的是带有下画线,例如 <instance name> : <block name>,单个隔层给出单独属性的值。如果这些实例值覆盖父块指定的默认值,或者必须定义不在父块中的其他属性,则这可能很重要。除了块实例规范之外,在 BDD 中定义并应对块的值,该模型通常还包括捕获更多信息的更全面的模型元素规范。块的模型元素规范的典型内容包括:

- **术语**——产品型号和名称、修订号和日期;
- **描述**——特征和功能、产品系列、预期用途、已实现的标准和实践等的总结;
- **图样和规范链接**——传统设计数据可能会有用;
- **物理特性**——尺寸、重量、功耗、安装、电缆和连接器等,有时包括尺寸、重量和电源冷却(SWAP - C)表(可放在实例规范中);
- **软件文档**——取决于所采用的软件方法;
- **环境**——温度范围、冲击和振动、电力品质等,保证组件正常工作并达到指定的可靠性;
- **维护、维修和修理数据**——系统支持所必需的;
- **其他**——安装、集成、运行、升级、支持以及将来可能更换组件所需的其他信息。

SysML 分配在 PV 中发挥重要作用,可以将活动或其他行为元素,分配给负责行为的结构元素,例如块、构件、接口、块实例等。最终,分配是对 PV 中物理系统元素的分配。这是一个声明设计到物理实现的映射示例。另一个重要用途是对软件和数据到硬件的部署进行建模。SysML 未使用 UML 部署图，而是使用块图中的 allocatedFrom 隔层，显示软件和数据部署到给定块或构件，并且对软件资源进行建模的相应块可具有 allocatedTo 隔层。

在架构模型需要处理硬件和软件的复杂设计和实施细节时，SysML 特别有用。BDD 可应用到需要进行详细分解的任何层级，并且使用分配、验证、满足和其他依赖性，使结构元素与需求、功能、测试用例和模型的其他部分保持相关联。良好构建的物理图内容丰富和易于理解，使模型成为强大的沟通工具。

6.2.2 物理接口

第 5 章描述了 LV 中功能接口的建模。PV 的最重要内容之一，是对接口进行全面详细的描述，必须以文档记录系统组件之间的内部接口以及与其他系统或网络的外部接口。架构师可以使用与其他系统元素规范相同的机制，将这些细节添加到模型中。网络接口可能需要扩展的规范，其中包含其实现的协议和其他标准、参数（例如数据速率和延迟）以及有关如错误处理等的功能信息和物理介质及连接器。同样，可使用给定模型元素的描述窗口，将信息输入到模型中，也可以在该窗口将信息输入到带有引用的单独文档中。

如果所使用的建模工具，显式地支持与端口相关的形式化约定，则这些位置是记录端接口的首选位置，因为它们是约定的本质。接口定义可以采用多种形式，具体取决于给定接口的特征。作为公共对象请求代理（CORBA）标准系列的一部分，开发的接口描述语言（IDL）也被广泛用于定义接口，但当前不使用基本的 CORBA 解决方案。

接口文档的最常见形式之一是接口控制文档（ICD）。ICD 内容通常包括：

- **术语和描述**——唯一的标识符和概述；
- **物理数据**——连接器、安装硬件、隔振装置、安全设备、冷却交换器等的特定设计；
- **电气数据**——电源（电压、电流、功率质量等）、联锁装置、过载保护装置的特定设计以及接口电力传输的其他细节；
- **功能数据**——接口标准、数据/消息格式、协议、时序和数据速率以及接口信息传输的其他细节，可用于处理机电设备特性、流体压力和流量、控制、流定义等。

适用于网络的另一种接口文档是端口和协议矩阵，将在第 9 章介绍。

作为服务特征视图的一部分，必须对服务接口的物理规范进行定义和建模。除了基本的 ICD 内容之外，这些服务等级协议（SLA）或其他接口规范，还包括发现、绑定和调用服务以及接收所生成交付或服务所需的所有协议和格式。例如，某一服务的 SLA 需要从正在调用它的客户端中获取一组参数，才能阐明这些参数的顺序和数据格式。SLA 的一个非常重要的元素是一组适当的服务质量（QoS）参数，这些参数定义了保证的最小和最大的响应时间、错误处理措施、数据准确性以及服务提供商承诺兑现的其他“合同条款”等。关于更多细节，请参见第 7 章和第 9 章。

6.2.3 节点和系统基础设施

如第 5 章中详细讨论的那样，通常可按照层级的方法来对待信息密集型系统，每个层都向其上层提供服务，最终向系统用户提供服务。正如后面的讨论表明，这一整体结构适用于第 1 章中介绍的所有系统类别。到目前为止，讨论一直很宽泛，将架构原理应用于复杂组织体，再到系统或子系统甚至更低的任何层级。但是在本章的其余部分，我们将重点介绍节点和系统，因为在此处，初步实现了物理架构。复杂组织体是一种运行和组织的结构，实际上以节点的形式存在，对应于由创建节点功能的若干系统构成，并且必须为这些节点和系统创建物理架构。负责实现子系统的组织，可采用类似的技术，其实就是 PV 的一个微缩的版本。

我们继续将重点放在高技术、信息密集型系统上，并认识到这些系统通常还包括诸如控制器、传感器、机械装置、通信装置、电源组件、运载器等元素。系统信息处理能力的基础是基础设施，由创建计算平台的硬件和软件资源、在基础设施上安装运行的一套软件组件以及由接口连接的其他系统元素组成。系统的其他部分必须与这些计算资源集成，且在架构中充分体现。

目前，我们专注于计算和网络基础设施。这些组件必须协同工作才能实现以下功能：

- 创建一个环境，将安装交付任务服务的硬件和软件组件，即完成系统的初步工作。如果架构不是基于服务模型构建的，则可以仅仅将它们视为功能。关键要求是，基础设施能够支持任务服务或功能的多种、灵活且易于更改的组合。
- 对于较大复杂组织体的参与者，实现接口以及通过节点或系统提供和使用复杂组织体服务的至少一部分（有时是全部）功能。组件（产品）和标准的选择，可能会过多地受到有效参与的复杂组织体服务的需要影响，如发现、信息分发、安保和协作等。
- 执行满足节点或系统运行所需的内部管理、账目管理、资源管理、赛博安全和其他一般支持活动。这些服务对于可靠性、维护性和故障管理、信息保护、性能审核、系统管理（例如管理用户账户以及强制执行身份验证和访问权限）以及许多其他平常但关键的功能都是必不可少的。

基础设施的细节在很大程度上取决于特定节点或系统需满足的需求。因此，该讨论仅限于一系列的一般原则和指南。

架构分层：应仔细考虑基础设施中的分层（见图 5.16～图 5.23）。通过其接口，每层都应将上级各层与本层的实施进行隔离，同样将与那些较低层级和外部环境进行隔离。概括第 5 章中的讨论，通常将诸如计算机、网络、存储器、通信设备、传感器和执行元件、设备和控件以及其他资源之类的硬件，描述为基础设施层中的最底层。硬件和软件创建接口，访问和控制这些资源（例如设备驱动程序和网络接口）。操作系统及其应用功能（称为系统支持服务），通常认为是上一层。之上是其他的基础设施服务的各层，根据相互依赖性进行排列。基础设施的顶部是复杂接口，在本书中称为“集成主干”，如图 5.20 所示，它公开了任务服务组件所需的以及支持用户服务（HMI 和客户端/表达）

层的所有服务。

实现产品:基础设施通常由现成货架产品组装而成,这些产品可以是商业的、客户提供的或免费的/开放的资源,根据单个系统设计的需要进行适当的设置和剪裁。采用经过验证的产品系列,特别是在得到供应商合作伙伴协议支持的情况下,可以减少集成的时间和费用。该产品线需要执行开放式架构原则,以便可以轻松添加专门的组件和服务。产品选择标准应包括每个候选的谱系和现场服务历史记录、系统开发和集成过程中供应商支持的可用性和成本、与架构工具和库的兼容性,以及理想情况下有关供应商路线图和未来产品计划的信息,帮助确保系统的长期演进。

操作系统:对于实时系统,关键产品是实时操作系统(RTOS)及其关联的框架产品,并且该系统通常需要自定义的基础设施组件才能满足性能、安全性和其他需求。对于流程/决策实时架构,基础设施通常以组件框架和一套中间件为中心,而OS和系统支持服务则可与服务器一同打包或单独采购。产品选择中的重要因素,通常包括对工作流的支持、最差任务负载下的性能、对异构数据库的支持、复杂组织体服务的实施以及成本(例如许可费用)。管理信息系统几乎肯定地使用完全的COTS基础设施,其中某种产品针对本地需求(例如系统资源管理和数据复制)接受剪裁。

资源冗余:基础设施实施必须为处理器吞吐量、网络吞吐量、存储分配以及如能量和冷却等应用功能提供足够的余量。提供超出满足需求所需的最少资源,这带来了明显的成本影响,但由于设计脆弱性和余量不足所导致的长期后果,将不可避免地产生更高的纠正成本,并且通常会导致客户对系统不满意。最初,良好的冗余极大地促进了集成任务。随着时间的推移,需求和利用率将不可避免地增长,并且在系统生命周期早期,初始的充足冗余降低了需要进行重大修改或技术更新的风险。结合模块化和松耦合,可靠的冗余降低了时序故障的风险,在工作负载变化的情况下使系统变得鲁棒,有利于规模变化以增加容量,并通常使系统更易于运行和维护,并且降低其运行和维护成本。虽然没有强行的规定,但对于预期长期使用的系统有可能需求还会不断增长,典型的指南是:所交付系统中的备用容量为50%,此外,例如通过具有电力和冷却功能的空机架插槽,提供模块化硬件扩展,这些插槽可以容纳其他处理器板卡、刀片服务器或其他模块,而不会增加系统的安装空间。

实施限制:产品选择可能会进一步受到赛博安全等特殊需求的限制。设计可能必须至少在执行安全功能的处理器上纳入可信操作系统(TOS),这可能反而将基础设施产品系列的选择限制在成熟且鉴定合格的TOS兼容的产品系列。其他因素可能是机上装置的最大重量和尺寸、关键任务系统的固有可靠性、环境限度以及现有基础设施的通用性,以最大程度地减少运营和支持成本。

6.2.4 E-X计算基础设施

E-X案例中的图6.3表明了典型的PV设计制品,该图显示了计算基础设施(CI),并且在包含服务器、网络、存储器、工作站和类似资源的各种系统中也出现了类似的图。图6.3最初将在LV中创建,各种块和接口的规范将成为性能规范中的关键

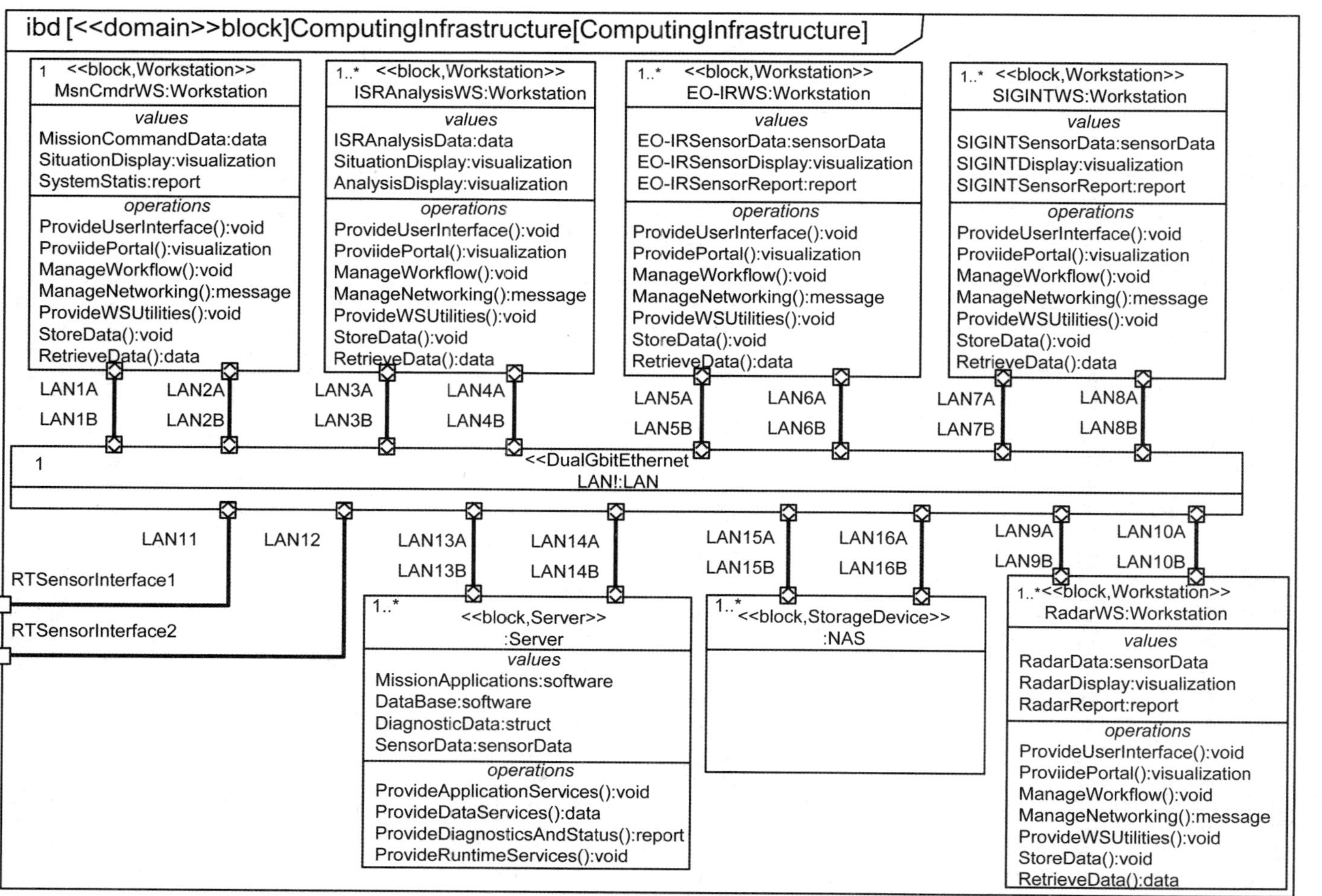

图6.3 E-X计算基础设施的IBD

内容,用于创建或选择 PV 产品。一旦完成这些采购和开发活动,就可以在模型中捕获产生的物理细节,并将其导出到报告中以创建 PV 文档。

例如,假设两个块或构件之间的项流由消息流组成,并且可以追溯到 OV 活动图中的对象流。在 PV 中,需要给所描述的交换消息的对象节点指定一个描述消息的规范,以及这些消息的格式、时序需求、消息或数据速率及其他信息参数。此细节是将 LDM 转换为 PDM 的一部分。然后,必须根据物理媒介、协议、电气参数和信号参数以及其他特征来描述项流的路径,该路径可能是局域网(LAN)。第 9 章介绍网络建模的更多细节。使用与流路径相同的规范,描述流进和流出构件的端口,或者可能还需要其他的数据,如描述消息缓冲、消息确认、纠错以及它们提供的功能。可使用各种手段来记录此信息,这取决于用于构建模型的工具,大多数情况下使用附在模型元素或模型元素规范上的注释。许多工具都允许规范中包括其他文件的链接,以便于引入产品数据表、标准文档或其他信息。

在图 6.3 中,每个工作站都配置有特定的功能角色,系统服务器和网络存储(NAS)以及 CI 与传感器之间的接口,都集成在以太 LAN 上。这些都是 CI 域块的构件特性。不同的操作工作站被称为通用工作站块的实例,而其他构件则为未命名的实例。每个构件都有两个独立的 LAN 连接,对应于双冗余网络,以实现高可靠性。全端口用于网络通信,每个端口都有一个占位符的端口名(例如 LAN1A),该端口名最终将映射到实际的端口地址。随着设计的成熟发展,还可以添加附加构件,例如连接到 LAN 的通信装置。图 6.3 中作为完整块实例定义的一个元素,图 6.4 是一个 BDD,包含两个构件(雷达工作站和局域网)的块实例规范。其他构件具有类似的规范。有时,图可以有效地使用注释简单地记录技术细节。通常最好将完整的技术描述输入到模型元素规范中,可能使用指向嵌入式文档或库文档的指针。

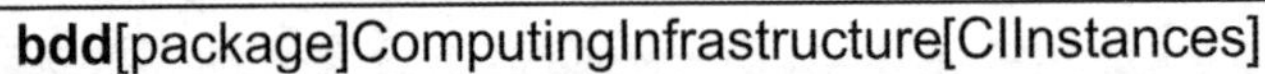

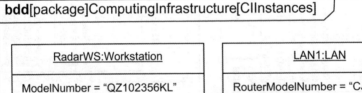

图 6.4　E－X 计算基础设施实例规范的示例

图 6.3 可以作为后续讨论中关注的网络视角的基础,并且通过将块的图标替换为各个块实例化的实际装置的剪贴图片,生成图形化表达。如果以后有必要添加、替换或升级 CI 元素,则此图以及随附的 LV 和 PV 规范为权衡研究、集成和测试计划以及其他系统工程活动提供了坚实的基础,以完成升级工作。

6.3 任务组件的集成

正如我们在第 5 章中看到的，许多系统具有将任务组件集成到基础设施上的基本结构，在这种情况下，集成的细节是设计特征视图的核心元素。系统操作者的兴趣自然而然地聚焦在支持系统运行目标的功能和服务上。这些服务通常由应用软件来创建，在复杂系统中，这些应用软件可能出自多个来源且可能采用一系列的软件技术。当必须同时包括强实时组件和弱实时或非实时组件时，将出现进一步的复杂性。MBSAP 力图提供一种灵活的集成策略来应对这些现实。回顾第 1 章中针对架构分类介绍的系统类别，以下段落讨论的集成具有不同程度实时行为的组件所面临的挑战。我们使用第 5 章中的分层架构，作为本主题的框架。

通常，流程/决策实时系统的架构师很难有机会开发新的任务服务组件。更常见的是，主要挑战将是在成本、所需产品认证、用户熟悉度和标准合规性的驱动下，将包括 COTS/GOTS 在内的已有组件、修改后的组件和新开发的组件集成在一起。在信息系统中，主要硬件组件位于基础设施中，包括连接的装置。任务服务主要在应用软件中实现，并通过表达层/客户端层向系统用户公开，并通过基础设施创建的接口向外部复杂组织体公开。因此，任务服务层通常是软件产品的购买、某些软件的开发和修改，以及最重要的——将所获得的组件集成到基础设施之上。

应对管理信息系统的情况是这种情况的一种变体。这样的系统涉及将 COTS/GOTS 产品广泛用于基础设施和任务服务，有时会使用一定数量的新应用软件来满足独特的需求。许多这样的系统在定制和配置 COTS/GOTS 任务服务产品以及将已有数据迁移到新环境中，也需投入大量的工作，但是它们通常需要应对的性能和时序问题将会较少。对于后面两个系统类别，讨论将聚焦在集成工作中。由于修改 COTS 硬件和软件的成本通常很高，风险也很高，①架构师和系统集成商必须使用所选产品具备的能力来满足系统需求。所需的设施和员工技能与实时世界的特征不同，强调软件与相关设施的集成和软件编码能力，但对于成功的工程项目而言，它们同样必不可少。

强实时类别将引入特别的考虑。诸如传感器、机械控制器或实时网络之类的系统，架构师通常在定义任务服务组件并决定如何获取它们时，有很大的选择余地。从成本和进度角度来看，对现有产品的复用通常颇具吸引力，这包括在产品选择权衡研究中。但是，当满足一组具有挑战性的性能需求时，通常无法避免大量新的开发工作。特别是当必须将新的实时系统集成到现有节点中，并使其与较旧的系统进行交互时，实时行为还会使集成任务复杂化。如果在开发 LV、执行所需的性能分析和仿真、对关键组件进行早期原型设计以及制定高质量的设计和采购规范方面做得很好，那么针对解决方案的实现，架构师将能够为系统开发和集成团队提供坚实的基础。

---

① 可以说，对 COTS 产品的修改，实际上是在制造生产有限数量的定制产品，这是世界上最糟糕的情况。

6.3.1 系统集成的挑战

在许多情况下，影响系统集成成败的主要因素可能取决于是否有足够的设施和人员，来完成技术上有难度的采购或组件开发以及集成和测试系统的任务。大型系统可能需要有对应于开发团队组织层级结构的多个集成和测试实验室，支持从整个主要功能领域的部件和组件再到子系统以及最终整个系统的逐步集成。特别是在分包商和供应商环境中，无法适当地为集成"树"的低层提供资源，这在过去已经导致了重大问题。同样地，必要条件是具备特定系统所有专业知识的合适的设计、集成和测试工程人员，按时、按预算成功地完成系统的开发。

集成各式各样的产品，而这些产品具有各种的技术基线、所需的执行环境、可视化方法、数据库以及其他特征，因此需要一个鲁棒、开放的架构，并需要完整的集成方法工具包来支持。以下各段落将提供相关架构挑战的事例。

异构基础设施：为系统选择现有的业务流程或任务应用软件和其他组件时，架构师可能会发现它们被设计在不同的操作系统上运行，使用不同的消息传递协议，采用不同的数据库管理系统，使用独特的输出数据格式，或者需要不同且不兼容的基础设施功能。然而，基础设施将需要灵活地提供所需的运行时环境、消息传递机制、数据库和其他特征。第 5 章介绍的复杂组织体服务总线（ESB）是一种广泛使用的方法，实现了各种接口，并执行协议和格式转换等，以允许异构环境进行交互。另外，还可以使用 SOA 的其他功能，例如将不同数据库抽象到公共服务接口的数据服务。第 7 章将进一步讨论 SOA 和 ESB。

已有产品集成：可以使用多种技术，在共享基础设施上安装异构任务应用软件。最为人所知的是使用包装器和适配器，将应用软件的本地接口转换为基础设施的公共接口。包装器是在构建时，链接到应用软件以应对参数传递和基础设施服务调用等的软件组件。其目的是，使应用软件看起来源自基础设施。相比之下，适配器是运行时组件，它对应用软件和基础设施之间的每次交互执行必要的转换，例如转换不兼容的数据结构。适配器通常是 ESB 的内置功能或与 ESB 一同使用的插件。

一种更根本的方法是重构应用软件，涉及修改代码以在基础设施上以本机模式运行。这消除了包装器或适配器的处理开销以及相关的性能损失，但是这样所产生的成本通常更高。对于并不是很简单的应用软件，只有由原版软件开发人员来完成且仅需要更改少量代码的情况下，重构才可能可行。

原型设计：对于一个新的开发项目，一个好的实验室/原型设计环境至关重要，对于现有产品的集成，它甚至更为重要。这是因为架构师和集成团队几乎永远也不可能具备开发产品的所有知识或文档，很难应对集成的挑战，有时迫于不断的变化而采取"试错"的策略，直到给定的应用软件及其接口正常工作为止。已有产品可能是内部细节完全隐藏的"黑盒"，或是结构和内部功能的某些细节是已知的"白盒"，但是，除非集成组织同样是原有产品的开发人员，否则不太可能获得完整的数据（例如源代码）。只要产品设计合理并具有完整定义的、符合标准的接口，这些问题便可最小化。但是在现实世界中，面对来自外部供应商的产品，集成的架构师应该坚持工程项目计划，其中应包括进度和资源，以开展鲁棒原型设计活动，从而尽早且低成本地找到并解决此类问题。

虚拟化：IT 的进步使越来越多的技术和产品可用于应对集成方面的挑战。最重要的例子之一是虚拟化（见第 14 章）。在大多数情况下，这仅仅是指抽象信息资源，因此用户不必担心其实施的细节。它可应用于服务器、工作站、存储器、网络和其他计算资源。虚拟服务器阵列将一组计算机的聚合功能有效地表达为单个可分配的资源池，支持容错、负载平衡以及其他效率和可靠性特征。一种较为简单的方法是服务器群集，在服务器群集中将一组服务器联网在一起；这还可包括故障切换和负载平衡。工作站可以被虚拟化，以允许例如通过服务器或安保装置进行远程剪裁和操纵。虚拟存储提供了使用标准协议的统一接口，并且可能有助于在异构数据库上实现数据服务。第 14 章详细介绍了该主题和相关主题，例如云计算。

6.3.2 集成框架

集成框架是应对上述已有应用软件集成挑战的一种方法，该框架提供了从非常简单到相当复杂的一系列技术，架构师可以从中选择最佳方法，用以集成给定的软件应用、数据库、计算机或其他系统元素。这种方法源自许多较早的系统，例如分布式通用地面系统（DCGS），它采用了如图 5.20[1-2] 所示的集成主干（IB）。使用此方法的第一个系统是在 Java 平台企业版（JEE，原名为 J2EE）上构建的，但是也可以应用于其他环境，包括开源组件框架。该方法体现了本书和 MBSAP 所基于的原则，包括：

- 分层的、基于服务的、松耦合的和基于组件的架构，其基础设施可以创建 IB，以灵活地集成新的、修改的和现有的任务服务组件；该策略以最佳商业实践、开放标准和验证的设计模式为基础。
- 元数据框架（MDF），采用元数据目录（MDC）进行高效的数据服务，涉及大型异构存储库，并涵盖本地、区域和全局联网的信息环境和实现；MDF 提供数据管理和交换服务，并支持“智能推送/智能提取”数据分发，以在整个复杂组织体范围内进行快速剪裁信息访问；称为分布式数据框架（DDF）[1] 的演进版本增加了重要的新数据管理功能。
- 通过门户作为集成 Web 服务公开的系统功能；当需要支持已有阅览器/表达（Viewer/Presentation）功能时，可对表达层/客户端层（Presentation/Client）进行扩展，包括其他模型，例如富客户端（Rich Client）。
- 针对用户界面、图形、节点/平台通信、系统管理和分布式计算的全面系统服务。
- 多媒体、数据交换和业务流程的支持应用软件。
- 实现“深度防御”的安保功能，包括边界安保、通信/网络安保、身份验证与访问控制、数据安保与标签、安保活动管理以及日志记录与分析（见第 10 章）。
- 实施复杂组织体服务，使得节点或系统支持网络并符合所需复杂组织体架构标准和客户策略。通常，基础设施的组件可提供所需的功能性和标准合规性。表 6.1 列出了一些代表性服务和相关标准（截至撰写本书时是最新的），表 6.2

描述了一些其他相关标准。

- 与新出现标准的兼容性。这些标准预计会成为未来主流信息技术的基础。

表 6.1 复杂组织体服务和实施标准

复杂组织体服务	标　准
安保	• 公钥基础设施(PKI); • 安全套接层(SSL)协议; • 安全性声明标记语言(SAML)
发现	通用描述、发现和集成(UDDI)
服务描述	Web 服务描述语言(WSDL)
传输	• 简单对象访问协议(SOAP); • 直接互联网消息封装(DIME); • 超文本传输协议(HTTP); • 文件传输协议(FTP)
门户组件(Portlet)	JSR－168
数据描述	• 可扩展标记语言(XML 注册表); • 轻型数据存取协议(LDAP); • 开放数据库连接(ODBC); • Java 数据库连接(JDBC); • 结构化查询语言(SQL)
资源管理	简单网络管理协议(SNMP)

表 6.2 其他标准

标　准	描　述
远程门户网站 Web 服务(WSRP)	定义接口和语义,并为带有门户网站和其他 Web 应用软件的内容源提供 Web 服务标准
XML 密钥管理规范(XKMS)	PKI 接口,通过 Web 服务实现数字签名和加密密钥的注册和管理
可扩展访问控制标记语言(XACML)	XML 模式用于创建控制网络上应用软件的访问策略,并使访问策略自动执行
UDDI 第 3 版	扩展 UDDI 2.0,包括公共注册表和私有注册表之间的注册表间交互
互联网协议第 6 版(IPv6)	IETF 设计的下一代互联网协议,取代当前的 IPv4

表 6.3 和图 6.5 总结了该策略,显示了更完整的集成层级,从系统元素在层级 0 独立运行到该系统元素完全源自层级 4 的共享基础设施。新的组件/服务应该在层级 4 开发。使用现代软件工程方法,实现具有较长预期寿命的现有组件,可证明重构工作达到层级 3,并且通过重新设计达到层级 4 而进行长期的移植。若权衡研究的结论是,已有应用软件不能保证达到更高层级,则适配器可与工作流、数据服务和表示服务有效集

成。若必须纳入较旧组件,并且调整或重构设计不切实际,则"层级 0"集成允许将应用软件安装在节点上,并以独立模式使用。这不是实时环境,部分原因是由于与 MDF/DDF 的强大服务相关的处理开销。

表 6.3 集成层级描述

层 级	描 述
层级 0:对等接口	• 最基本的集成方法; • 仅消息界面; • 在对等接口控制文档(ICD)中记录,并紧密与应用耦合的特定数据交换; • 允许使用专有格式(不推荐); • 不使用集成框架功能
层级 1:数据存储集成	• 使用资源适配器发现和访问数据; • 使用元数据目录发布数据; • 使用 Web 门户和 Web 服务访问元数据和数据; • 对已有组件/应用软件无干扰
层级 2:应用软件集成	• 在层级 1 上构建; • 使用工作流/事件管理进行应用软件集成; • 通过资源适配器公开的已有应用软件命令和状态; • 使用发布/订阅,向用户和应用软件警告应用软件状态; • 对已有组件/应用软件无干扰
层级 3:重构已有应用软件	• 在层级 2 上构建; • 将已有应用软件的部分或全部重构为 JEE 企业应用软件集成(EAI)环境或等效的; • 通过 Web 门户和服务访问,重构应用软件信息; • 某些已有功能可能保留在已有应用软件中
层级 4:本机应用软件	• 基于服务的应用软件; • 无需服务适配器; • 应用软件在同类 JEE 环境(或等效环境)中运行; • 通过 Web 门户和 Web 服务完全访问应用软件

在图 6.5 中,IB 已概括为集成框架,该框架提供了用于应对异构系统组件的其他技术和资源。这种集成策略是表 1.2 中定义的架构原则的示例。这些通用原则,必须通过以架构为中心的方法论和工具集、实施产品的完整补充、全面的标准文件以及所需的设施和技术技能来实现。结果是灵活的功能,可结合使用已有的/现有的、已修改的和新开发的组件来构建新的和演进的任务解决方案。这种方法还有助于遵守客户策略,例如开放式架构和网络互操作性,以及根据特定问题域需要,交付经剪裁的功能。

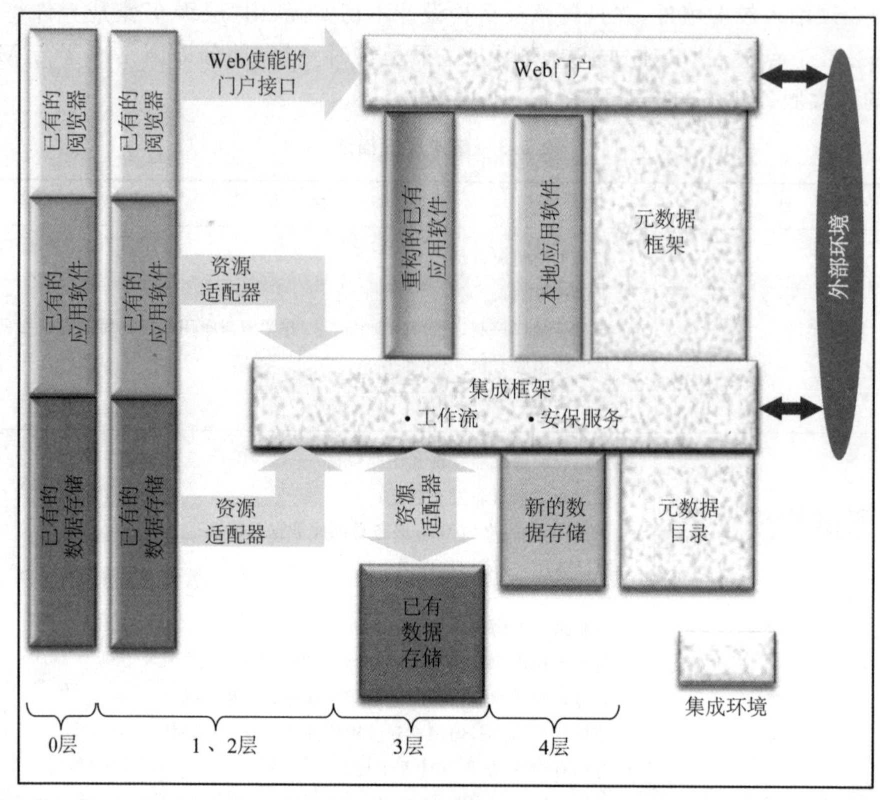

图 6.5　全面集成框架中的集成层级(见彩图)

6.3.3　实时域与非实时域或弱实时域的接口

像 E－X 这样的系统,其中的实时任务设备(例如传感器和数据通信)与人在回路计算环境进行交互,这就带来了另一个集成挑战。强实时域纳入了嵌入式处理,可与设备的数据速率、资源调度截止时限、数据和信号处理以及其他时间敏感需求保持同步。流程/决策实时域主要在上一节中讨论的通用信息技术上构建,并在计算平台上集成了各种应用软件。在某些情况下,通用计算机发展非常快,足以对某些类型的任务设备进行实时处理,并且不需要专用的实时处理器,但是该方法论需要一种应对的方式,如图 6.6 所示的情景。

图 6.6 给出一个关于集成问题的简单表达,强调域中关联在一起的实时互连和域之间的一个或多个实时接口。接口两侧的数据速率、最大允许处理时间和延迟、数据格式、时序以及许多其他参数可能会大相径庭,因此需要支持各域正确交互的功能。此外,当传感器和无线电等现成任务设备被重新使用并集成到新系统时,很少会有修改设计的选项,因此对接口的责任往往落在非实时方面。实时接口通常包括一个用于处理任何电气和机械方面的硬件适配器,以及一个或多个作为任务应用软件来处理数据的软件适配器。典型的接口功能包括:

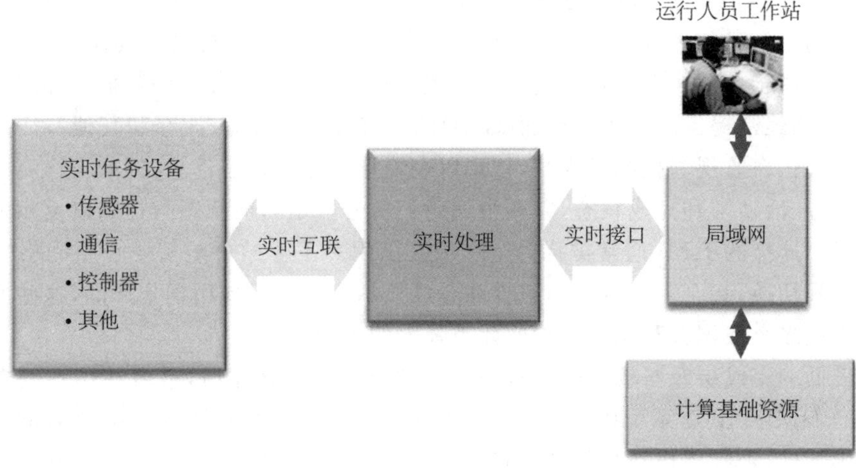

图 6.6 使用一个或多个实时接口,对强实时域与非实时域或弱实时域进行集成,以协调它们之间的交互(见彩图)

- 在接口的两侧,创建时序信号并保持时序信号同步;
- 缓冲数据和命令,以适应不同的速率和进度;
- 执行任何必需的数据格式和消息协议转换。

6.3.4 可视化和人机界面

对于流程/决策实时和管理信息系统的节点以及系统,架构构造的顶层将交付用户服务,包括本地创建的用户服务以及分布在整个大型复杂组织体中可获得的用户服务。它由一个或多个 HMI 及支持这些 HMI 的客户端/表达层组成。许多应用领域中的系统日益具有复杂的 HMI,这些 HMI 具有广泛的显示和命令功能。HMI 的质量和易用性可能是用户对设计满意与否的最重要因素之一。以下各段落讨论了一些关键的实施问题:

- 架构师和设计人员必须根据系统需求和任务服务组件的特征,选择一个或多个客户端模型。典型的替代方法是通过浏览器访问的网页,仅包括浏览器的瘦客户端或可能包括其他客户端可视化功能的瘦客户端,以及进行大量处理并可以创建专门的 HMI 功能的富客户端或“胖”客户端。
- 必须定义客户端/表达层的集成策略。6.3.3 小节介绍了基本选项,范围从设计任务服务组件,将其功能作为 Web 服务公开到提供客户端/表达层的适配器,再到在适当的用户工作站上安装独立客户端。
- 除了基本的客户端模型外,设计人员还必须定义 HMI 内容,特别是屏幕、菜单、按钮、警报等。这是由工程项目需求、用户喜好、运行宗旨和程序、培训以及其他因素决定的。表达层通常将需要利用逻辑来完成从任务服务到 HMI 的任何所需数据和格式的转换。

许多 HMI 都以空间和状态格式显示信息，因为人们意识到使用适当的视觉范式有助于人们对信息的理解。空间屏幕使用地图、图像、多维数据图和其他视觉模式，其中情境背景对于理解至关重要。它们通常使用背景地图或图像上的数据叠加层来构建组合屏幕，并经常提供图形用户界面(GUI)的平移、缩放、嵌套、注释和其他特征。当中央用户任务正在监视和控制过程时，首选以表格形式显示状态信息，例如工作流中当前活动的任务、活动率和完成状态，以颜色编码的符号显示当前状态与计划以及相关的提示和警报。这样的 HMI 通常被称为“仪表板”。用户工作站可能需要在空间格式和状态格式之间切换，甚至需要将它们组合在合成显示中。可以使用框架产品，这些产品可以通过集成多个数据源和流程来构成此类强大的 HMI。

当较低的集成层级与较早的已有任务服务组件一起使用时，或者在用户需求表明将独特的 HMI 带到新系统中时，胖客户端将发挥作用。除非将专用用户岗位分配给这些应用软件，否则工作站必须既具有运行客户端应用软件的资源，又具有在各种客户端模型之间切换的能力。这是当前工作站产品具有的惯例。

简要介绍一下强实时架构类别，可在某些情况下应用“客户端/表达层”构造。但是，如图 5.23 所示，HMI 的性能问题和高度专用化的特征，通常比消除与该层相关的开销更为可取。然后，使用来自任务服务的数据直接从基础设施中驱动 HMI，其中可能包括一个 HMI 域，用于融合来自其他域的数据并针对操作人员环境对数据进行格式化。例如，现代飞机驾驶舱使用一个或多个多功能显示器，在一个地方显示丰富的操作和系统信息。这极大地促进了飞行员同时执行各种任务的效能，例如保持态势感知、驾驶飞机、与管制员和其他飞机通信以及管理飞机系统，所有这些都是具有时效性的，并且也可能带来安全问题。

6.4 标准特征视图

我们一直强调遵循主流的开放标准，将其作为有效的开放式架构策略的重要组成部分，尽管这不是唯一的考虑因素。不幸的是，有些人认为强制性标准足以确保开放系统，而不论设计的结构和行为特性如何。我们必须认识到，基本系统或复杂组织体的设计，关注模块化、松耦合、接口定义和其他关键架构原则，一旦这样的设计在逻辑视图中建立，就可以选择和应用标准并构成一组实施决策。完成此工作后，标准化任务将是以下各项之一：

- 针对标准可能的适用性，识别系统元素、接口、活动和服务定义、数据模型以及 PV 的其他组成部分；
- 识别和评估每个候选标准；
- 建立技术标准系列范围，以记录产生的标准化决策。

公认的机构通过开放的过程，定义和维护适当的标准，包括发布草案、工作文件和批准的标准定义，并通过投票解决问题。由此产生的“共识”标准理想上代表了整个群体的最佳判断。即使在这些条件下,也常常会有相互矛盾的标准,特别是在新兴以及选择特定标准的方面,这会对商业产品和市场造成重大财务问题。而且,即使是成功建立的标准,也可能是不稳定且短暂的。随着全新产品的出现以及技术的迅猛发展,推动了标准的相应变化。当前的案例是,为丰富和更新 Web 服务的主要标准投入了巨大的精力。这一切的结果是,架构师在选择应用的标准和应用的时机时,必须考虑其谱系、稳定性和标准的可能演变。重要的是,不仅要定义当前的标准范围,而且要仔细考虑对技术发展和未来标准的预测。

表 6.4 总结了主要标准类别和示例,在撰写本文时其已被广泛使用。该表是说明性的,但并不详尽。许多其他标准,通常代表相同的处理和信息交换服务的冲突方法,与计算组件框架、数据交换格式、编程语言、网络和数据链接以及系统资源管理等相关联。信息处理标准应对计算环境和用户界面。信息传输标准控制着网络、语音和数据通信通道,诸如电子邮件之类的协作工具,以及其他交互。信息建模标准涵盖了数据表达和交换。HMI 标准力图在人们与计算环境的交互中,建立有效性和一致性。信息保证标准捕获了已证实的安全信息使用和交换的方法。针对各种系统类别,定义了各种各样的标准。重要的是要切记,尽管鉴于本书的重点,此处强调的是信息标准,但许多架构也需要同等地强调机械、电气、材料和其他标准类别。附录 E 给出了当前使用的核心 IT 标准中具有代表性的列表。

系统客户,特别是公共部门的系统客户,通常既对标准化持有坚定的态度,又对他们最喜欢的产品的适用性和稳定性缺乏判断力。因此,仔细地与客户协调关于演进架构的这一关键方面,可能很重要。加上技术和产品的易变性,这可能导致需要更新技术标准文件,就像过时的系统组件随着时间的推移需要进行更换或更新一样。再次,对于在逻辑视图中捕获的与技术和标准无关的设计以及良好的基本架构,其出现的麻烦问题远少于那些过度依赖特定标准的系统,而改变它们将产生很高的重新设计的成本。

表 6.4 开放标准的主要类别

标准类别	典型标准
信息处理: • 用户界面; • 数据管理; • 数据交换; • 图形、图像和视频; • 操作系统; • 国际化; • 分布式计算; • 环境管理; • 生物测定; • 组件框架	目标——公共性、互操作性和复用性。 • 操作系统用户界面标准; • 数据库管理系统标准/语言; • 数据格式和标记语言; • 图形、图像和视频文件格式; • 可移植操作系统接口(POSIX); • 字符集、语言服务标准等; • 命名、事件和交易标准; • 工作流程和记录管理标准; • 通用生物特征交换文件格式(CBEFF); • JEE、.NET 和 CORBA

续表 6.4

标准类别	典型标准
信息传递： • 主机系统； • 邮件； • 目录服务； • 图形和图像； • 文件传输； • 远程终端； • 时间同步； • 网页服务； • 传输服务和协议； • 网络(本地和复杂组织体)； • 服务质量(QoS)； • IP 语音(VoIP)； • 视频电话会议； • 传真机； • 全球定位系统(GPS)； • 敌我识别系统(IFF)； • 传输媒介； • 网络与电信管理	目标——节点与系统之间的互操作性。 • IETF 互联网主机标准； • 电子邮件协议和格式标准； • X.500 和其他目录服务标准； • 图形、图像和视频传输协议； • 文件传输协议(FTP)； • 电信网络(TELNET)协议； • 网络时间协议(NTP)； • URL/SOAP/LDAP/UDDI/WSDL 和其他协议； • TCP、UDP 和其他传输协议； • IP 版本 4 和 6、以太网、ATM、光纤通道等； • 集成和差异化服务 QoS 标准； • VoIP 标准； • 视频、音频和控制协议； • Ⅰ型和Ⅱ型数字传真； • GPS 标准； • FAA 和国际 IFF 标准； • 有线、无线和光学媒体标准； • 简单网络管理协议(SNMP)、电信管理网络(TMN)
信息建模： • 数据、活动和对象； • 数据架构； • 数据定义； • 信息交换	目标——数据的互操作性和一致性。 • 统一建模语言(UML)； • 美国国防部数据架构(DDA)； • 多种数据模型、模式和字典； • 消息目录和格式
人机界面(HMI)： • 用户界面设计； • 样式指南； • 符号体系	目标——用户的统一性和互操作性。 • 多个图形用户界面(GUI)标准； • X-窗口，面向任务的风格指南； • 各种系统类别的符号体系标准
赛博安全： • 应用软件； • 操作系统安保； • 密码使用； • 区域边界安保； • 公钥基础设施； • 入侵检测； • 网络安保； • 物理安保； • 评价标准	目标——机密性、完整性和可用性。 • 安全通信、数据服务等的标准； • 操作系统安全服务标准； • 加密/解密、密钥管理、哈希等； • 防火墙和相关的安全服务标准； • PKI 系列标准和协议； • 入侵检测交换协议(IDXP)； • 互联网协议安全(IPsec)套件； • 媒体、TEMPEST 等的安全标准； • IT 安全评估标准(通用标准)
特定任务的标准	针对各个领域的一致性、互操作性和开放性的多种标准

如政府机构等主要客户，为使用购买的系统，通常会具有一系列首选或批准的标准。例如，美国国防部全球信息网格(GIG)技术指导联盟(原名为美国国防部信息技术标准资源库)，提供了规定用于国防系统的技术标准。该技术联盟列出了大约 1 000 个单项标准，并且会定期更新。通常，客户的策略需要使用这些来源的适用标准，除非根据性能或其他因素可确保例外情况的出现。优先选择已建立的商业标准，并在没有商业等效标准的领域中，以客户标准作为补充。联邦复杂组织体架构框架(FEAF)[3]将标准作为构成架构框架参考模型的关键要素。开放标准机构包括：

- 结构化信息标准促进组织(OASIS)；
- 国际标准化组织/国际电工委员会(ISO/IEC)；
- 互联网工程工作组(IETF)；
- 国际电信联盟(ITU)；
- 万维网联盟(W3C)；
- 电气与电子工程师协会(IEEE)；
- 对象管理组织(OMG)；
- 开放组织(TOG)；
- 分布式管理工作组(DMTF)；
- 美国国家标准和技术研究院(NIST)等。

6.5 数据特征视图:物理数据模型

6.5.1 物理数据模型的内容

LV 包括一个逻辑数据模型，该逻辑数据模型以块图的形式定义节点或系统的信息内容，通常附带一个或多个 XML 模式。在 PV 中，通过增加物理元数据和存储规范，扩展出多个物理的数据模式(Schema)。具体细节因给定系统的特征而各不相同，但总体思路是 PV 记录了实现数据存储、访问、检索、复制、分发、保护以及最终删除所需的所有物理细节。强实时系统可能需要定制设计的数据存储，以满足性能和数据完整性需求。在其他情况下，系统数据存储库是使用一组数据库实现的，这些数据库通常在一个或多个关系数据库管理系统(RDBMS)产品上构建。许多数据架构师将物理数据模型简单地等同于 RDBMS 中的表和行的定义，但通常应扩展到更丰富的构造，这将涉及元数据使能的数据服务。

继续前面的多层级集成策略案例，元数据框架(MDF)从任务和表达服务层中抽象出存储库的细节，创建了一个语义接口，该接口提供了更丰富的访问方法，同时最大程度地减少了对数据库结构详细了解的需求。同样重要的是，捕获数据存储、访问和管理的细节可作为定义合适的硬件和软件套件的基础。以下段落讨论了与 PDM 相关的一些主要问题：

- 早期的关键决策,包括选择将要使用的 RDBMS 标准和产品,以及定义所需表和列的设计、操作、查询和其他细节。特别是在具有大量重复的使用已有组件的大型系统中,无论是在其使用的产品上还是必须支持的基本数据库模型中,数据层都可能是异构的。MDF 的主要功能是管理此类情况,并为架构的高层提供有效且稳定的数据接口。
- 另一个重要主题是使用如存储局域网络(SAN)或网络存储(NAS)等产品设计物理存储库,并通过如独立磁盘冗余阵列(RAID)产品等技术确保所需的容错级别。
- 针对任何未作为逻辑视图的一部分,设计团队必须确保定义元数据目录(MDC)的内容,包括 XML 数据模式中的物理数据属性。
- 其他重要细节,包括定义和实现存储映射和机制,支持复杂组织体服务的数据复制、数据发现和分发数据、数据归档和分析以及满足系统需求所需的任何其他功能。例如,系统安全策略可能要求对静态(以非易失性形式存储)的数据在存储之前进行加密。
- 系统必须在多个敏感性等级之上处理信息所面临的特殊挑战,涉及跨越不同信任等级域边界的数据交换的机制。这通常使用称为防护的产品,可处理数据安保标签、升级规则和降级规则,并提供事务中任何需要的人工干预。

已有数据库的物理数据模式,通常使用 IDEF1X 的形式方法[4]或 SQL 数据描述语言(DDL)[5]来表达,这些模式可快捷地转换为 XML。另一个考虑因素是,已有数据通常需要规范化以确保在新的存储库和数据模式中一致表达和使用。联合协作、指挥和控制信息交换数据模型(JC3IEDM)[6]作为 MBSAP 方法中 CDM、LDM 和 PDM 的基础,将数据交换模式(DES)定义为物理模式的一部分,与复制方法结合使用,以确保数据交换的一致性和互操作性。DES 包括要交换的数据的物理特性,例如数据库表和列的名称以及物理数据类型。

6.5.2 E-X 物理数据模型

E-X 将应对大量的各种各样的信息,其过程依赖于快速、高效的数据服务。计算基础设施域包括用于处理大型数据库并满足高频率的机上和机外的数据事务、错误检测和纠正、数据安保以及其他功能的资源。一个精心设计的 PDM 可以反映系统的结构,从任务域开始,一直延伸到各个应用软件、用户界面、消息传递协议以及其他与数据相关的特征。系统数据模型的设计遵循这一原理:始于 CDM 和 LDM,而 PDM 将系统数据块转换为物理存储和检索的实现。例如,将会有专门用于任务管理、ISR 管理和传感器管理域的数据库,在这些域中,数据服务的使用量最大。假设采用 RDBMS 作为 PDM 的基础,则针对各类数据,设计的数据行和数据表是 PDM 至关重要的内容。

PDM 的一些重要考虑因素包括:

- 如 6.6 节中所述,将 MDC 与支持复杂数据服务所需的 XML 模式一同使用;
- 具有自动错误检测和纠正功能的高速海量数据存储设备;

- 在 LDM 以及所有必需的数据库操作中，数据库的设计结合了数据块定义的所有值；
- 安保特征可防止错误的数据库访问和其他错误情况，例如同时尝试写入公共数据项；
- 使用适当的标准，例如结构化查询语言(SQL)和开放式数据库连接(ODBC)。

6.6 服务特征视图

本章之前部分的讨论，涉及将服务合并到接口定义中以及有关分层 SOA 基础设施的物理实现问题。在 PV 中，服务特征视图更进一步需要考虑由系统元素提供或使用服务的实际功能。通过将逻辑/功能视角中的服务映射到实现服务的组件，包括通过其访问服务的接口及其附带的接口规范或 SLA，PV 可以完成从客户需求到交付解决方案的符合性的追溯。例如，数据服务通常将分配给一个或多个数据库及其管理系统，并且 PV 应记录设计细节，包括对 PDM 和 MDC(如果使用的话)的引用。

LV 中定义的一个服务可以使用多个组件，给定的一个组件可以支持多个服务，而表格(如表 5.1 中的示例)作为 OV 和 LV 开发的一部分，用于记录物理关联可通过附加列进行扩展。至少对于主要的系统功能来说，开发一个矩阵，将服务与块操作相关联，当物理实例化时块操作是对服务的实现，这也是十分有用的。第 7 章将对服务建模方法有进一步的讨论。

像 E-X 这样的系统，需要一套综合性的数据服务来满足诸如应用软件执行时序、同步任务加载以及与机外实体交互等方面的性能需求。这些将从基本的数据库功能开始，例如创建、检索、更新和删除，并且通常会增加更复杂的服务，例如发布和订阅、执行本地和全局搜索、发送和接收更新以及调和数据冲突。LV 中定义的任务服务，需要完全详细的服务接口和任何其他细节，以定义它们的执行和调用方式。例如，在编写和测试应用软件之前以及随后的实际系统运行期间，必须指定服务目录，以详细说明每个服务及其接口。完整的 PV 服务特征视图还包括系统实现或使用的任何其他服务。这些将包括基础设施服务，例如用户账户管理、时间生成、系统运行状况和状态监视、安全功能等。通信和联网功能也可以表示为服务。无论最终的服务集合是什么，PV 都必须捕获物理细节，并且允许创建和使用这些服务。

6.7 背景特征视图

与运行和逻辑/功能视角一样，此处捕获的架构制品并非完全适合其他特征视图。这可能包括：

- 有关设计和用于构建设计产品的支持文档，如果不考虑其他的，主要包括前面所述的聚焦视图和特定的设计数据，例如接口控制文档(ICD)；

- 运行、维护、培训和其他用户信息；
- 客户强制要求的制品，其中包含大量的物理内容。

随着系统的特征、用户和其他利益相关方、所需文档以及其他因素，背景特征视图中的信息量和种类必然发生极大的变化。在将系统连接的所有内容转移到架构模型库与不失重要内容之间，寻求平衡是很重要的。对此的考虑，一种有用的方法是将模型视为系统的“黄页”，这意味着结构良好的模型既可以纳入所有重要的系统信息，又可以在需要时方便地查找到特定的项。以这种方式审视时，该模型可被认定为系统的单一技术真相源(SSTT)。这样来看，视角和特征视图的基本结构很直观。为了使模型成为一种有用的工具，许多利益相关方都可以有效地找到信息，但构建背景特征视图时需要更仔细地考虑并选择其内容。

6.8 聚焦视角

第3章中介绍的许多聚焦视角与PV有关，并捕获了架构中各个利益相关方和专业人员都感兴趣的特定方面。可以根据主题，使用图形、表格和文本的组合来补充SysML图。这些聚焦视角的大部分内容都来自LV，例如，基础设施组件和服务的功能描述。以下各段落将对第3章中的聚焦视角概述进行扩展：

- **网络视角**——关注诸如网络物理介质、数据链路、交换机和路由器、数据终端、网络服务质量(QoS)机制以及连接硬件的端口和协议列表等细节。此视角可恰当地记录局域网和广域网(LAN/WAN)。第9章将详细介绍这些主题。通常，网络视角同时包含图形和表格，还可以包含补充的信息，例如产品文档。图形可以是简单的块图，但通常使用实际组件的图片进行更清楚的沟通。对于实时系统，此视角将显示系统组件之间的高吞吐量、低延迟互连、协议、数据速率、接口和流量类型的细节。网络视角还应阐明各种网络的任何QoS功能，特别是外部的QoS功能，例如根据消息优先级处理流量的能力，以最大程度地提高网络过载时最重要流量通过的可能性。
- **硬件/安装视角**——表明硬件设备的布局和安装、电缆走向、能量和冷却分配以及其他重要的硬件细节。例如，该视图可能包含如图6.7所示的图形，其显示了机架中硬件组件的布局。这些图形通常是硬件设计人员、安装人员和维护人员所熟悉的图样和其他文档。
- **运行时环境视角**——在一个制品中收集软件基础设施的细节，包括操作系统、功能程序、数据库管理系统、中间件组件以及软件环境的其他元素。重要细节包括产品版本、已安装的服务包以及应用软件开发人员和系统集成商所需的其他数据。可以使用BDD来开发此视角，以显示每个盒上安装的软件，而提供产品、版本、已安装的服务包、配置脚本和其他细节的附加列表，在从采购到系统安装的活动中十分有用。

- **通信视角**——扩展了网络视角中可能涵盖的数据连接性，用于系统所需的语音无线电、通信、数据链路和其他外部通信的文档。这类似于网络视角，并且可以与网络视角相结合，它可以应对其他类型的通道和设备。通常，该视图将关注外部通信装置的连接图和规范。
- **消息传递视角**——描述系统使用的各种消息传递模式以及相关的协议和内容。对于消息传递作为满足需求重要方面的系统和复杂组织体而言，这很重要。它涵盖了消息传递的类型和格式，其中可能包括发布和订阅、广播、大文件传输、内容流、Web 服务等，以及如调解、格式转换、存储和转发机制、同步和异步模式以及可靠的消息传递等。表 6.4 列出了一些备选的消息传递标准，第 9 章将进行更为详细的介绍。
- **系统管理视角**——描述用于管理系统资源以及维护系统正确和可靠运作的机制和产品。该视角的主要客户是系统、网络和安全管理员以及负责批准敏感数据运行的组织。例如，复杂的系统需要自动和手动的方法来监视硬件和软件的运行，以检测和应对网络或计算机过载情况；检测、诊断和纠正故障与失效；事件记录与分析以及维护配置控制。此视角中描述的功能与安保性视角（见第 10 章）中的功能紧密结合，应对如用户账户和权限的管理等。

图 6.7 安装图是硬件聚焦视角的典型内容

6.9 可执行物理架构

许多系统工程师在考虑仿真的作用时，都关注物理模型。这是一个不完整的视图，但是可以肯定的是，有效的物理建模和仿真已成为强大的技术，可支持设计优化、问题解决、利益相关方对话以及许多其他 SE 活动。仔细选择和设计物理仿真实验至关重要，因为完整的高保真可执行模型可能成本很高且耗时。[①] OV 和 LV 的可执行表达形式，可以在其对应的抽象层级上切实地包含整个架构。对于 PV，在仿真应用时，通常有必要进行更好的选择。其目的是，在这些工具提供最大价值的情况下，例如，当它们是最佳的手段，确保架构在所有条件下都能以适当的冗余满足需求时，使用这些工具。在仿真应用时需要判断以下方面——架构具有关键的性能需求或时序关系、十分紧张的资源或其他可能造成的瓶颈、变化任务负载的容忍度、性能不足的其他条件或其他问题。

各种各样的工具，包括商业工具和专用工具，都可能有用。单个工具针对网络分析、处理器/软件配置的性能分析、可靠性分析以及物理架构的其他方面进行优化。物理建模与系统集成和测试的紧密协调是非常重要的。在第 3 章中引入虚拟和物理原型作为 MBSAP 的一部分，我们指出，来自集成实验室的数据可以校准仿真模型，而模型可以扩展所要探索的配置和测试场景的范围，其将超出实际硬件和软件的可行性之外。模型通常包括外部系统的仿真器，而在实验室环境中并没有这些外部系统。同样重要的是，建模过程必须灵活，在实验室中支持问题解决、需求变更分析以及工程计划中其他平常的需要。由于物理模拟是整体原型策略不可或缺的一部分，因此将详细讨论安排在第 11 章，在第 11 章中以 E－X 和智能微电网的计算结果为例，探讨与系统验证、确认、原型设计和测试密切相关的主题。

6.10 系统演进的规划

在 PV 中特别重要的一点是，架构师应考虑系统在运行生命周期内可能的使用和变化的方式。在第 1 章讨论的原则上建立鲁棒的架构，使用质量属性来连续评估其应用，这将有助于在工作中保持系统的有效性、可支持性和可承受性。对于整体工程项目计划的最佳实践是，开发和使用主演进计划（MEP），随着用户需求、运行环境、技术和其他因素不可避免的变化，而精心安排与维护运行有效性和可支持性相关的所有活动。

针对长期的计划有两个特定方面值得一提。第一个长期计划是技术的更新和淘汰缓解策略及流程，其目的是使系统与最新的技术保持同步，并使由于技术淘汰所带来的经济、运行可用性和性能的影响降到最小。这样的流程可以使用架构作为一个框架，用以跟踪供应商对产品的支持以及单个产品停止制造、退出保修和供应商不再支持的预计时间等类似问题。一种策略是针对技术更新事件做出预先的计划和预算，准备更新特定硬件和软件，特别是在基础设施方面。一些组织维护即将淘汰或不可用产品的监视清单，并计划对其进行替换或长期维护的备选方法。此处，提供系统组件的功能定义，作为升级或替换系统组件的基础，并使其对系统的其余部分影响最小，因此，LV 可能是极为有用的。PV 通过物理细节来补充此类信息，这对指定计划和执行此类项目可能至关重要。

---

① 人们经常会注意到，系统的最终的高保真模型就是系统本身。

第二个长期计划考虑因素涉及标准。预测标准的生命周期,至少与预测技术变化的速度一样困难,但是一个好的架构流程包括跟踪新出现的标准,并尝试识别何时可能需要在系统中实施活动。标准预测对于系统的内部架构和必须与之交互的外部环境都非常重要。

E-X 案例可以再次说明这些想法。一些典型的演进规划事例包括:

- 计划长期升级传感器、通信设备和其他任务设备,这可能包括升级传感器组件、为新的或修改的传感器模态增加软件,以及更换数据链接,以保持与外部节点和系统的互操作性等。
- 随着计算机、网络、存储和其他硬件的淘汰,以及更高性能的替代品的出现,计划对计算基础架构进行技术更新。
- 规划 E-X 支持和使用的复杂组织体服务的演进。

6.11 总 结

PV 完成了架构开发的基本周期,并为实现、集成和测试建立了设计基线。图 6.8

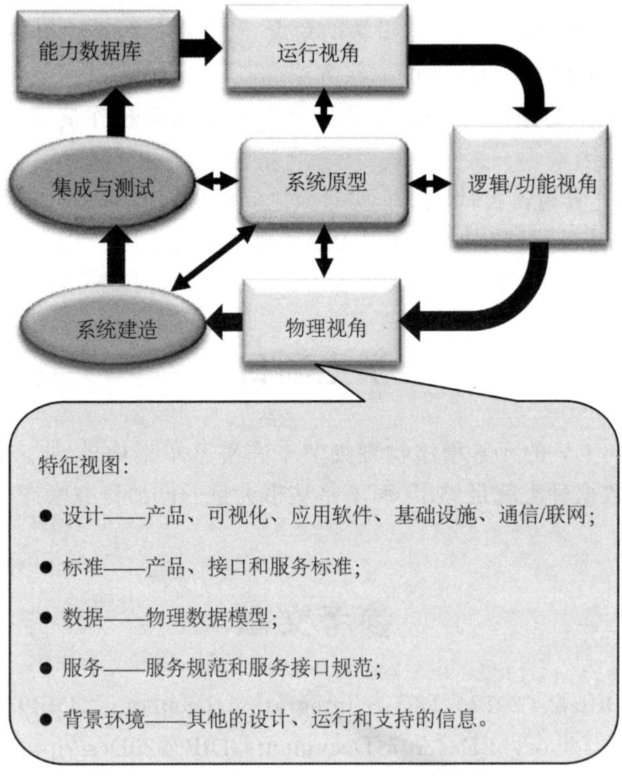
能力数据库
运行视角
集成与测试
系统原型
逻辑/功能视角
系统建造
物理视角
特征视图:
● 设计——产品、可视化、应用软件、基础设施、通信/联网;
● 标准——产品、接口和服务标准;
● 数据——物理数据模型;
● 服务——服务规范和服务接口规范;
● 背景环境——其他的设计、运行和支持的信息。

图 6.8 物理视角的特征视图概述(见彩图)

总结了该视角的主要制品，重点是关于产品、标准、集成方法、HMI 细节以及系统其他方面的单点设计决策。分层的 SOA 构造实现了强大的集成策略，该策略可以容纳各种已有的、修改的和新的系统组件。在核心 SysML 架构模型和各种补充文档中都记录了该视图。后面的章节将讨论涉及赛博安全、网络、复杂组织体集成和其他重要方面的其他问题。

练 习

1. 结合图 5.30 中智能微电网 A 的案例，针对监控、电池和智能仪表的块，列出将 LV 转换为 PV 时将增加的块规范中的物理细节示例。

2. 对于 E－X 计算基础设施域，列出一些可促进开放式架构应用的标准。

3. 分层结构有哪些优点？

4. 在图 6.3 中为 E－X 计算基础设施的服务器块创建实例规范。

5. 对于图 6.5 中所示的三种类型的资源适配器，列出为实现所需系统集成而必须执行的功能。

6. 对于 E－X，列出适用的聚焦视图，并确定每个视图支持的利益相关方。

7. 从多种资源整合到共享基础设施的角度，结合在任务系统组件的集成中面临的挑战，列出使用原型环境解决问题的一些方法。

8. 对于 E－X 上的操作员工作站(传感器操作员、ISR 操作员等)，列出用于人机界面设计的一些考虑因素。

9. 列出强实时域和弱实时域或非实时域之间的接口的一些典型功能。

10. 总结 E－X 的物理数据模型(PDM)的典型内容。

学生项目

学生应通过向 LV 的元素增添物理细节来完善基本架构模型。对于基本的项目，捕获包括的物理数据种类就足够了，而不是从事大量的产品研究来产生真实的内容。

参考文献

[1] DCGS Met Office. (2012) DCGS integration backbone (DIB) v4.0 overview. http://www.afei.org/PE/4A07/Documents/DIB%20Description.pdf. Accessed 24 May 2017.

[2] Raytheon Co. (2017) Distributed common ground system. http://www.raythe-

on. com/capabilities/products/dcgs/. Accessed 24 May 2017.

[3] US Government. (2016) The Federal Enterprise Architecture Framework (FEAF), ver 2. https:// obamawhitehouse. archives. gov/sites/default/files/omb/assets/egov.../fea_v2. pdf. Accessed 24May 2017.

[4] Noran OS. (2005) UML vs IDEF: an ontology-oriented comparative study in view of business modelling. Paper presented at the 6th international conference on enterprise information systems (ICEIS 2004), Porto, Portugal, 2004.

[5] Groff J, Weinberg P. (2002) SQL: the complete reference, 2nd edn. McGraw-Hill, New York.

[6] MIP-NATO Management Board (MNMB). (2009) Standardization Agreement (STANAG)5255.

第7章 实现面向服务架构的复杂组织体集成

7.1 面向服务架构(SOA)的重要性

近年来,SOA的应用日益增多,已成为信息技术(IT)产业最显著的趋势之一。与许多新兴技术一样,SOA同样在前期受到狂热的追捧,人们常常将其视为解决基于信息的复杂组织体所有弊病的良方。自此以后,SOA开始扮演一种适当的角色,成为以在地理和技术上多样化的信息资源为基础,创建和维护复杂组织体业务流程的主流方法。商业界已大规模采用这种方法,作为集成分布式设施和系统的方法,尤其是在必须对最初独立开发的异构资产进行协调才能开展协同工作的情况下。保险业便是一个早期的例证,该行业探索了使用SOA结构作为一种方法,对于那些大量的不兼容、但替换或重写又是成本高昂的已有数据系统,可通过集成来创建业务流程。

SOA的原始动机与旧方法相比可归结为,在现代系统和复杂组织体中应用信息技术的一些基本优势,包括:

- **敏捷性**——以新的自适应方式快速组合及配置的能力,从而创建灵活、高效的业务流程或任务线程,以应对需求和运行环境的变化;
- **互操作性**——运用各种技术和产品,使不同物理位置的资源顺畅地协同并合作完成组织和任务的总体目标的能力;
- **鲁棒性**——当系统或复杂组织体面对技术和产品实现过程中不可避免且通常快速发生的变化时,具备迅速并可承受性地做出反应的能力。

网络使能的复杂组织体和SOA紧密相连。复杂组织体网络的运行概念要求系统和人员通过网络连接进行交互,以共享信息、在决策中进行协作以及协调活动。人们可以看到,有关运行态势与任务的共同理解,组织与个人之间相互支持的行动,以及快速适应环境不断变化的能力成为提高效率的关键。这样的案例有很多,上述已提到保险业,类似的考虑还促使制造业、医疗保健、金融服务、教育和许多其他行业采用SOA方法。空中交通管制正在迅速向基于SOA的网络化运行过渡。美国国防部(DoD)针对全球信息网格(GIG)的连接结构——国防部信息网络(DoDIN)采用了SOA模型。美国联邦政府的其他机构也采取了类似的举措。实际上,任何依赖信息技术和流程的组织都采用了SOA,或者至少使用互联网或专用网络上的服务。

在服务范式下,复杂组织体的网络和集成,主要是通过要求平台和系统将数据和功能作为服务公开，并参与本地和地域上分散的 SOA 而实现的。例如，一些天基地球观测系统提供收集的信息作为符合标准的服务，并实现将通信、传感器数据管理和卫星控制等能力作为服务。万维网联盟(W3C)等标准化组织开发协议和规范，以实现互操作性、安全性、管理和其他关键服务属性。这些标准支持服务的互操作性包括将各种来源的产品组合在一起来实现 SOA。

近年来，SOA 概念本身又经历了一次深刻的转变，成为一种信息处理方法，通常称为云计算。现在，一家组织执行业务流程所需的部分或全部硬件、软件、网络和其他资源，都在由组织本身或云服务提供商(CSP)运营的数据中心作为服务提供。第 14 章将进一步探讨这个重要主题。目前，人们足以注意到本章中描述的 SOA 概念和实践正在迅速转变为一种模式，在这种模式中，网络型复杂组织体使用的服务是从供应商处获得的，而不是由复杂组织体中的参与者提供的。

本章将介绍这个庞大而复杂的主题。我们会提供一组术语定义，以期避免由术语不一致而造成的混乱，使该领域变得更有条理，同时还将讨论 MBSAP 方法论表达的主要服务和 SOA 的方式，包括 SOA 建模语言(SoaML)[1]。我们还会重点介绍一些适用于 SOA 各个方面的重要标准。目前已有大量的有关 SOA 的书籍和文章问世，它们从各个可能的角度来看待这个主题，读者可以参考文献从而获得更多的细节[2-5]。其中，Erl[2] 提供了 SOA 演进的简明历史。

7.2 基本的 SOA 定义

和任何其他工程学科一样，SOA 需要清晰、一致和广泛接受的术语，但是随着技术的快速发展，目前缺少标准的术语和定义，这可能是无法避免的。各种出版物中共出现了 30 余个 SOA 定义。结构化信息标准促进组织(OASIS)发布了一个 SOA 参考模型，旨在规范适用于任何 SOA 的概念和术语[6]。接下来我们试图利用众多资源并运用一些常识和实际的 SOA 经验，就更重要的术语达成共识。这些定义有的来自 SoaML 规范，并且始终与 SoaML 规范兼容。一致地使用这些定义来实现 SOA 解决方案的设计、建模和构建过程，以应对复杂组织体架构的挑战。

7.2.1 基本概念

我们从基本术语和思想开始，支持服务策略并使之既可行又强大。

面向服务：SOA 的出发点是采用系统或复杂组织体所提倡的设计理念或视角，其要求如下：

- 以共享、可复用服务的形式，实现复杂组织体内部多个位置和流程所需的功能，或重构已有的上述功能。
- 以一种可以重复使用的方式对服务进行一次性的实例化。
- 使服务的可用性和使用独立于服务的物理实例化位置。

面向服务可以在不同程度上实现，从将选定的能力作为服务，以及更传统的功能和数据访问一起包含在传统的架构中，一直到为系统或复杂组织体提供全面服务为止。

服务：从根本上说，服务是社群中一个参与者向另一个参与者提供的价值。它由提供者的一项或多项能力来实现，通过定义良好的公开接口（通常符合标准），并且可作为一个整体供社群（可能是公众）使用。当调用服务时，需要提供者做一些工作，这些工作可能很简单，例如检索一条信息，也可能很复杂，例如进行复杂的计算，然后将结果提交给接收方。就实现而言，服务是具有以下特征的实体：

- 它封装了用来创建能力的组件和其他资源，在已知位置进行实例化，并通过服务接口公开。
- 它提供的功能通常可以通过网络发现、调用和交付，以便为使用者或客户端提供价值。
- 它拥有资源，并执行提供所请求功能或产品所需的活动。
- 它可能受约束或策略的制约，治理其使用条件，例如，只提供给批准的接受者。
- 它是可组合的，这意味着可以将其与其他服务组合，创建更大的流程或更复杂的服务。

图 7.1 利用一个简单的图形，表明服务模型是如何简化系统用户（客户端）与提供文件、应用程序或其他内容的服务器之间的基本交互的。在常规事务模型中，客户端必须详细了解服务器的网络位置和功能，并且通常发送一系列特定于服务器的命令来获取所需内容。当将此服务器功能启用为 Web 服务时，客户端仅需要一个功能标识符，例如统一资源定位符（URL）或其他 Web 地址，并且可以发送请求消息并接收服务产品。这是发现、调用和交付服务模型的本质。

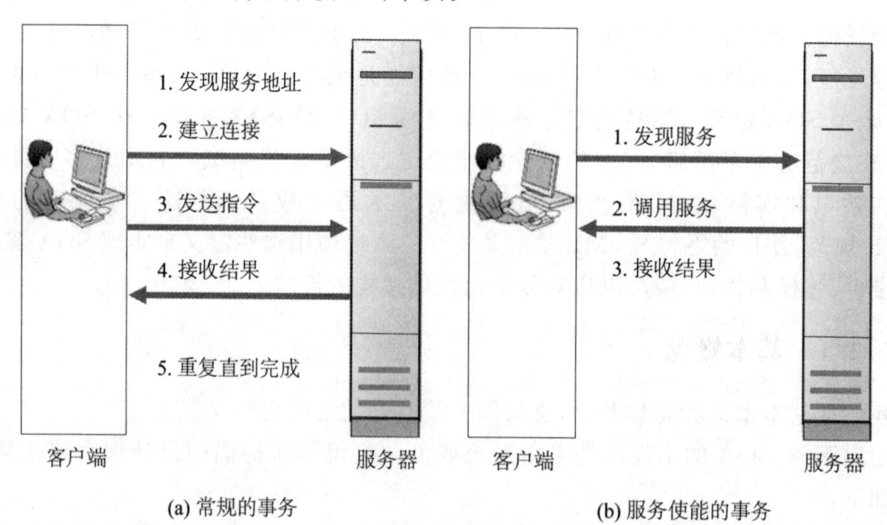

图 7.1　常规事务与服务使能的事务(见彩图)

服务类别：服务可以按照如下几大类别进行组织，这些类别与第 5 章架构分层背景下介绍的那些类别相似。

- **任务或业务服务**——实现与执行任务或业务流程相关的功能并交付相关产品的服务。
- **数据服务**——公开或提取数据以及执行如创建/检索/更新/删除(CRUD)、广播、安保、同步、备份和恢复等相关功能的服务,这些服务不包括业务逻辑,即创建或转换内容的计算。
- **系统服务**——提供诸如消息传递、网络、发现、搜索、存储以及系统和资源管理等支持功能的服务。一般来说,系统服务为任务和数据服务创建环境,它们有时也称为基础设施服务。
- **复杂组织体或利益共同体服务**——创建框架,以便在整个复杂组织体或利益共同体中进行信息交换、协作活动和决策以及活动和资源管理的服务。

服务接口:服务接口为可在指定位置访问的服务创建一个表达,该服务通常由网络地址标识。服务接口应符合以下原则:

- 它定义了服务能力及其调用方式的细节。
- 它协调服务实现(提供方)和使用者或客户端(接收方)之间的服务调用和产品交付。
- 它与服务实现分离,并将服务的封装功能和数据从网络上的其他实体中抽象出来,因此只要接口保持不变,对实现内部进行的更改就不会影响客户端/消费者对它的使用。
- 它可以允许客户端根据调用的细节(在面向对象的术语中称为多态性)访问服务的变体。
- 它应符合既定的开放标准,例如 Web 服务描述语言(WSDL)。
- 它由服务提供商与使用者或客户之间的服务等级协议(SLA)等契约,或者受其他一些适当的接口定义来治理。
- 它定义了服务端点(接触点),其中包含形成调用消息的详细信息,以及服务本身或其中间代理,或者提供服务访问权限的其他智能代理体的物理位置(网络地址)。

面向服务架构:SOA 不是一个预定义的产品,而是一种包含面向服务的架构风格,它基于服务和服务接口构建,其中:

- 定义了一个参与者社群,其中的参与者同意遵守服务契约,而这些契约治理着他们将如何开展交互以实现目标。
- 将参与者的个体功能(例如应用逻辑/计算)及其数据公开为可以在不同物理位置访问的服务,这些服务通常使用网络地址(通过服务接口)进行标识。
- 社群或复杂组织体的高层级任务或业务功能(业务流程或任务线程),是通过将分布在网络型复杂组织体中的松耦合且可互操作的服务组合在一起实现的。
- 通过从本地和分布式服务动态组装(组合)流程,可以实现流程创建的灵活性和敏捷性。
- 存在着一个关注点分离——在架构、实现与技术之间做什么、如何做、哪里做、由谁来做或完成什么;关注点分离通常还意味着希望将服务限制为单一能力(交付的价值),或至少限制为一组紧密相关的能力。

7.2.2 公共的SOA特性

接下来,我们需要定义在SOA实现中经常遇到的一些内容。

Web服务:

- 利用与万维网,尤其是WSDL和通用描述、发现和集成(UDDI)相关的协议来实现[7];
- 注册在已知的网络位置,供客户端发现;
- 利用SOAP① 消息传递调用。

尽管不是唯一的,但是Web服务仍是最常见的SOA服务模型。我们会在下文中介绍表征状态转移(REST),这是在互联网等网络上实现交互的另一种途径。实时系统中还使用了其他服务模型。但是,Web服务是大多数SOA的基础,尤其是那些涉及管理信息系统的SOA。

编制:在SOA环境中,编制(Orchestration)是指组合、协调和使用服务来创建业务流程。编制是一种广泛使用的服务组合方法。如果SOA中的编制可以轻松创建和修改,那么该SOA支持流程的敏捷性,这是此架构范式的主要动机。

工作流:通常,工作流是涉及与系统用户交互的服务编制。编制和工作流通常使用基础设施组件来实现,例如"工作流引擎",该组件执行定义服务调用、用户交互等顺序的流程模型。

编排:编排(Choreography)是一种机制,它在某些方面与编制类似,但侧重于服务提供者之间以参与者交换的公共消息为基础,而不是以服务调用序列为基础的协同模式。

复杂组织体服务总线(ESB):如第5章所述,ESB是一种基础设施组件,但通常不一定是SOA的元素。术语ESB既适用于公开和访问服务时使用的架构模式,也适用于软件产品或产品组。ESB本身通常执行支持系统和系统组件间交互的系统/基础设施服务,包括消息传递、路由、转换、调解、调用、事件处理和编制/编排。

SOA建模语言(SoaML):SoaML是一种专门设计用来促进服务建模的UML扩展文件。SOA变得如此重要,以至于对象管理组织发布了一个规范,提供元模型和配置文件用于SOA中服务的规范和设计。它扩展了UML 2以支持服务的识别和定义、服务提供者和消费者的定义、服务策略以及SOA的其他关键方面。通过将类转换为块,它同样可以很好地用于SysML模型。

富互联网应用程序(RIA):RIA是一个类似于传统桌面应用程序的Web应用程序。RIA环境可以聚合(融合)来自多个源的数据并进行统一显示,该显示在用户看来是由单一应用程序驱动的。用户接口逻辑驻留在Web客户端,而数据则保存在服务

① 最初是简单对象访问协议,但现在因为广泛普及而被简单地标识为SOAP。

器上。

业务流程管理(BPM):BPM 是一种系统化的方法,用于定义构成业务流程的活动序列。它提供编制工具来设计和实现用于优化和协调业务流程的应用程序,以使其更加高效、灵活和有效。尽管 BPM 和 SOA 起源于不同的开发线,并且 BPM 以应用程序而不是服务为中心,但是它们已经开始融合,因为很明显它们在实现鲁棒、敏捷的业务流程方面有着共同的目标。

简易信息聚合(RSS):RSS 是一系列 Web 内容格式,用于将更新的内容发布到可以使用 RSS 阅读器或聚合器读取的 Web 站点。组合复杂对象时通常需要与多个内容提供者进行交互,而每个提供者都具有不同的网络地址或统一资源定位符(URL)。RSS 可以作为一种有效的方法在多个站点之间生成提示,然后可以使用 SOAP 来访问内容。

表征状态转移(REST):在实现松耦合的可扩展分布式进程方面,REST 是 SOAP 的主要替代方案。它是一种更简单的范式,通常基于通过最常见的互联网协议——超文本传输协议(HTTP)交换可扩展标记语言(XML)文档。它试图强调基本的架构原则,如可扩展性、封装资源的通用接口、在网络上部署组件的独立性、最小交互延迟以及对事务安全性的支持。REST 强调与无状态资源的交互,而不是消息的交换。因此,它定义了替代 SOAP 服务的 Web 服务模型,这通常称为 RESTful 服务。REST 已经培养了一大批热忱的追随者,尤其是在学术界,而且正在得到更广泛的应用。一个重要的发展是,第 2 版 WSDL 标准实现了对所有 HTTP 基本操作(GET、POST、PUT、DELETE 等)的绑定,从而促进了 RESTful 服务的实现。随着商业工具对于 REST,尤其是 WSDL 2 提供了更鲁棒的支持,RESTful 服务将变得更加普遍,尤其是在 SOA 情况中,它们与基于 SOAP 的传统服务相比,在服务互操作性等方面具有重要优势。

7.2.3 SOA 特征和原则

对于证明成功实现 SOA 非常重要的原则,还有一组定义。良好的 SOA 实践所依据的原则,与表 1.2 中讨论的一般架构有效性测度密切相关。为了充分发挥作用,SOA 范式要求对以下各段讨论的这些最佳实践进行一些详细说明。其中一些思想是作为 SOA 基础概念的一部分而在早期引入的。

松耦合:只要有可能,服务就是无状态的(RESTful 服务必须是无状态的),并且彼此之间以及与客户端之间都具有最小依赖关系。这种松耦合的方法具有若干含义。

- 只需要服务描述就能够启用交互,并且所有的参与者都可以使用一组简单的接口。描述性消息受可扩展数据模式的约束(因此可以创建新消息),并且不会定义系统行为,这是将服务接口与服务实现分离的一部分。
- 服务实现与异构、异步通信通道兼容。组件主要通过开放且自主的消息(或 REST 中的基本 HTTP 操作)进行交互,而不是要求详细了解服务实现的远程过程调用(RPC)协议。
- 工作流协调可用于管理独立实体之间的交互(参见“自主性”)。

- 提供了错误管理，以便应对自主的松耦合实体之间在交互环境下发生的问题。

自主性：服务是独立的，并且可以控制和治理所封装的逻辑与数据。

组合性：可以组合服务以创建更高级别的任务或业务功能。

复用性：服务及其接口可以部署在需要该能力的多个位置和环境中，并且可以被多个客户端访问。

治理：提供了机制来针对以下内容强制实施服务接口和总体规则：

- 定义规则、标准、准则和最佳实践的策略，以便在面向服务的复杂组织体中促进一致性、互操作性、可靠性、安全性和性能。
- 流程，以便验证合规性，控制构型，验证和确认组件设计，审核和评估运行，以及控制服务组件的部署和支持。
- 测度，以便量化和跟踪服务，实现与交付中的状态和趋势。
- 具有提供治理这一角色和职责的组织。

服务质量：作为服务契约的一部分，服务在及时性、准确性和策略执行等方面宣布和兑现了某些保证，包括：

- 服务在执行事务时保持安保性、完整性和可靠性。
- 服务遵循适用的客户端和复杂组织体优先级以及治理其功能的策略。

可扩展性：服务功能可以扩展，例如添加新特性或多态服务变体，但不会破坏接口。

粗颗粒度：服务通常提供相对完整的高层级功能，这些功能能够：

- 将为完成事务而必须交换的消息减到最少。
- 依赖内容丰富、面向文档的消息传递。

安保性：建立了可信的机制，以便确保机密性、完整性、可用性、不可否认性和访问控制，包括面向服务的复杂组织体中参与者的身份验证和授权，以及对内部和外部威胁的防护。第10章将会更详细地介绍安全性。

联邦制：建立了机制，以允许异构系统之间通过非专有的标准化通信机制进行交互，以实现协作功能；彼此交互的系统可能在地理位置上分散。

7.3 SOA 策略

现在我们开始建立SOA的基本原则并定义相关术语，以满足组织目标，从而解决规划、实现和应用的实际问题。有多少发起方就有多少种方法，从一般指导到详细的分步方法，不一而足。我们必然倾向于前者，一方面是因为空间有限，另一方面是因为确实没有任何一种策略能够适合所有情况。事实上，在任何大型SOA项目中，最重要、最困难的决定一定都包括选择应遵循的方法以及要使用的工具、产品、顾问或承包商以及其他资源。本讨论的目的是提高人们对问题和隐患的认识，并提出SOA策略的总体框架。

首先我们要考虑的是在SOA项目的策略、组织策略、规划和预先准备方面奠定坚实基础。如果一家组织不做必要的准备工作，就仓促投入到SOA实现中，那么将会产生不必要的风险，此时可以通过更彻底和更深思熟虑的方法来避免这些风险。这项早期工作不需要花费大量时间，而且通常会使项目的其余部分得以更顺利地进行，从而节省时间。

SOA 项目大致分为两类：新系统的开发和将已有系统转换为 SOA。两者之间有许多共同的特性，但是后者带来了更多的挑战，这使得周密的规划变得更加重要。在本节中，我们总结了在准备 SOA 实现时应考虑的事项，并且认识到具体细节会因各个项目而异。

7.3.1 首要挑战

存在一些 SOA 工作未能满足需求或达成预期的业务结果，关于这些工作的公开可用信息表明，失败通常是由一小部分根本原因引起的。一般来说，失败归结为组织、领导层和员工对其他业务方式缺乏投入。当已有系统或复杂组织体将变为服务使能时，这尤其会成为问题，因为可能需要对组织人员已经熟悉并得心应手的角色、职责和工作程序进行深刻的变革。文化问题可能比技术问题更难应对，而应对这些问题的关键则取决于对项目自上而下的执行支持。投入不足的一个常见表现是，没有为完成良好的 SOA 实现安排足够的时间和资源。下面的段落描述了一些特定领域，在这些领域中的不足可能会导致问题或失败。

愿景和领导力：SOA 项目的信任认可以及由组织的最高层给执行该项目的团队授权是非常重要的。这包括高级管理人员参与项目的规划和执行，表现为支持开展教育、流程转换和组织变革。要实现这一投入，可能需要一个完整且经过批准的业务案例来实现 SOA。

策略：如果组织没有制定阐明和实施 SOA 策略关键领域的策略，那么项目可能会失败，或者相比所需的时间更长、成本更高。策略范围通常包括：

- 将要实施的技术标准；
- 治理，包括管理服务组合、实施架构、随着架构的发展进行版本控制以及其他关键活动（见第 15 章）；
- 服务架构和分类；
- 服务使能复杂组织体内部的互操作性；
- 复用适用的已有流程和资源；
- 安全性，包括 SOA 特有的方面，如 7.4 节所述；
- 从故障或自然灾害等事件中恢复的筹备。

SOA 付出的最终目标是为复杂组织体提供的收益来改善运营效率，而健全的策略是克服障碍实现这些收益所不可或缺的要素。负责美国国防部工程项目的 SOA 架构师必须应对大量策略，附录 K 提供了这些策略的摘要。

策略和路线图：给项目带来不必要风险的另一种方式是，制定和发布的 SOA 策略未能与项目的目标和内容完全匹配。例如，增量式转型的规划、工程项目整合和创建跨复杂组织体的架构通常很重要。相关的需要包括创建通用词汇表，以及制定计划以实施策略和安保性。由于 SOA 的一个关键收益是流程敏捷性,因此策略必须包括受控的方法,以随着时间的推移更改流程和服务。涉及将已有复杂组织体转换为 SOA 模型的 SOA 实现,最好通过增量部署来实现,以便尽量减少对现行流程和功能的日常影响。项目路线图通常包括演示、先导性项目、基于标准的流程建模、服务目录的开发和维护、SLA 的开发,以及管理和监视服务及其使用情况的筹备。

预先分析:基本准备工作的一部分,涉及尽早注意分析现有或计划好的业务流程或任务线程,以及实现组织目标所需的改进。这对于确定和定义一组良好的服务尤其重要。对于作为服务使能候选项的系统内容和功能,7.2.1 小节中的服务类别是对其进行分析的良好结构。在已有系统的 SOA 转换中,定义流程更改和随之而来的组织调整同样重要,例如手动流程将是自动化的。另一个重要的早期分析涉及有效性的测度,以定义一种方法来衡量进度并评估 SOA 部署的各个增量是否产生了预期收益。如果处理得当,那么这种早期分析为设定目标和期望、制定良好的项目计划和进度表、使组织及其员工准备好面向 SOA 转换将带来的变革奠定了基础。

7.3.2 基本的 SOA 策略

一个可能的出发点是考虑自上而下、自下而上和混合的方法,如图 7.2 所示。以下各段将总结这些备选的办法。

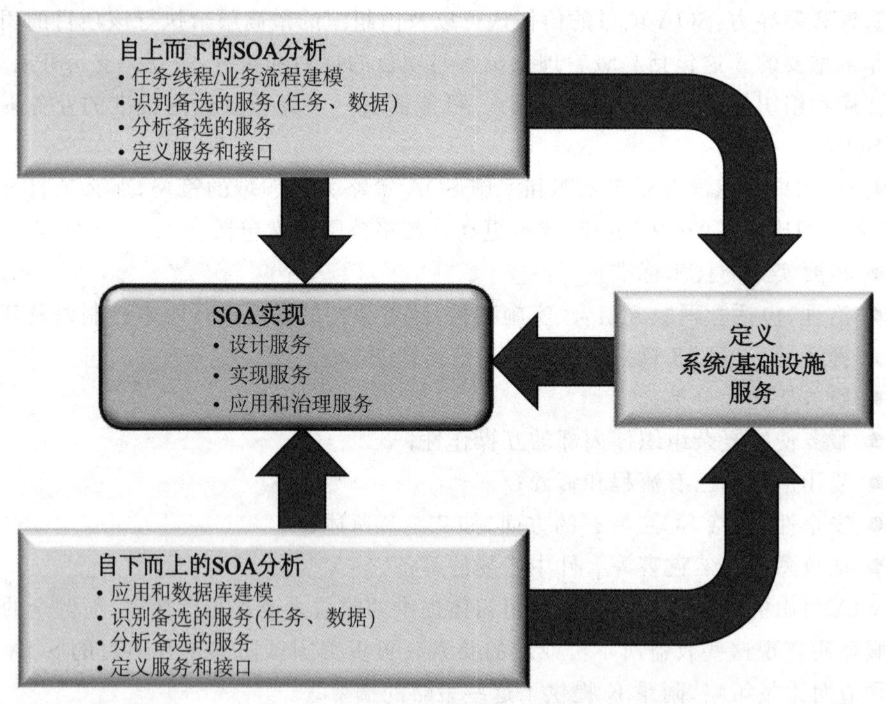

图 7.2 基本的 SOA 策略(见彩图)

自上而下:自上而下的策略始于目标和需求,首先分析要进行服务使能的业务流程或任务线程,然后关注满足系统和复杂组织体目标所需要的能力。当项目具有合理的清晰记录，并且不受复用现有资产或遵从一家更大型复杂组织体等问题限制，从而可以自由地定义和实现服务时，这种方法非常有效。

自下而上：自下而上的方法基于对用来实现系统或复杂组织体的（通常是预先存在的）资源进行分析，并试图将能力转换为服务。当替换现有的资产难度太大或成本太高时，就会发生这种情况。这里的目标通常包括用更自动化（有时称为“机器对机器或M2M”）的信息交换取代手动工作流，以及改进数据和高端计算硬件等资源的共享。

混合的方法：混合的方法同时具有自上而下和自下而上的元素，并且可以产生一种敏捷方法论，这种方法论可以针对SOA项目的具体细节进行优化。实际上，通常选择这种方法，因为大多数项目都同时包括将要开发为服务的新能力以及要复用和服务使能的旧资源。一条经验法则可能是，如果一个项目同时进行自上而下和自下而上的运行，并且结果在中间相遇以得到大致相同的服务集合，则得出的答案可能相当不错。

无论采用哪种方法，都必须应对前面提到的问题。任何SOA项目都必须从预先分析开始，以得出最佳的服务集合，并随着经验的积累为改进服务做好准备。获得认同，并且在理想情况下，组织内各个级别均参与进来将极大地提高成功的几率，特别是当新方法迫使人们采用新的方式来执行熟悉的工作，并要求改变组织结构来实现SOA的好处时。项目需要在资金、进度和人员配备方面获得充足的资源。项目还必须具有灵活性来尝试备选的解决方案，出现错误并从错误中恢复，完成培训和文档编制，并有序地逐步使用新架构，以尽量减少成本和破坏。治理从一开始就需要关注，而且必须是解决方案的基本元素。

7.3.3 SOA收益和成功测度

我们前面曾提到过，尽早关注用于评估SOA进展和结果的计分卡非常重要。以下是可在这方面考虑的一些备选属性和结果，其中的大部分都可以追溯到前面定义的SOA特征。

敏捷性：这涉及证明组织的业务流程响应各种变化的能力，例如不同的任务分配和长期的系统或复杂组织体演进。敏捷的系统具有动态运行能力，这可以通过实验和早期的先导性项目来评估，以了解系统如何响应流程、技术、规则和其他变量的诱发变化。

接口稳定性：另一个指标可能是确定对变化的响应，是断开关联的服务接口，还是强制请求者更改发现和调用服务的方法。

组合性：可以通过实验来评估这一点，这些实验会演示如何对服务进行编制或以其他方式组合，从而有效地实现包括新流程在内的复杂流程。组合性通常涉及实现更高层级的流程自动化，期望的结果可能包括缩短完成任务或生产产品的端到端时间，以及减少人员配备。

复用性：可以通过表明能够跨系统或复杂组织体节点使用服务来确定复用。这一点很重要，因为复用可以增加原始开发投资的回报，并且是长期降低复杂组织体成本的重要因素。

其他的：其他措施可能包括验证服务接口与平台无关，并且独立于执行环境。确定异构 IT 环境可以通过符合标准的服务进行集成可能很重要，这些服务包括使用各种技术和设计的新组件、修改组件以及已有组件。

7.3.4 服务划分指南

SOA 蓬勃发展的趋势引发了许多争论，其中最激烈的就是如何将能力划分为结构良好、高度复用的服务。根据文献资料和实际经验，以下准则可能有助于应对这一问题。

定义服务颗粒度：此处的目标是在颗粒度级别上划分资源和功能，即指单个服务的大小和复杂性，从而最大程度地降低组合性、复用性和治理的难度。大型多功能服务可最大限度地减少服务总数和需要管理的接口数量。但是，这些接口可能会变得复杂且难以使用，并且很难证明即使对服务实现进行一次细微更改也不会使接口失效。在另一个极端，过于细颗粒度的服务意味着除了不重要的交互以外，均需要多次调用服务。良好划分的服务通常执行一项普遍需要的工作，或者生成一个通常需要的产品，例如计划、一系列机器指令、操作员接口、报告、对查询的响应或对工作进行响应的行动。大多数 SOA 架构师都倾向于使用相对粗颗粒度的划分，以便促进有效的服务管理，并最大限度地减少与过多的 XML 处理相关的开销，因为过多的 XML 处理会消耗掉很大一部分的服务器吞吐量。

确保服务的结构良好：结构良好的服务包含如下特征：

- 封装一组适当的逻辑和数据，这意味着服务执行一个或多个可能在多个流程中都需要的逻辑完整的活动，这是对服务颗粒度展开争论的核心。
- 符合本章中前文所述的面向服务的原则。
- 满足使用它的流程的需要。
- 利用现有技术实现的可行性。
- 包含满足赛博安全需求的特性和功能。
- 提供所需 QoS 的能力，包括响应时间。
- 无需付出过多的努力，即可利用可用工具和方法进行治理或控制的能力。
- 对服务端点、服务操作和消息值使用适当的命名约定。
- 使用为长期服务演进而设计为具有固有可扩展性的操作。
- 接口规范或 SLA 中记录的完整定义的服务描述。

将服务链接到组织和流程：进行服务划分的另一种方法，是确保对组织实体、外部服务用户和提供者、业务流程涉及的源和产品、支持技术和基础设施、信息分类级别以及类似的因素有清晰的逻辑映射。如果将要服务使能的功能要求多个组织的参与或者使用大量 IT 资源，则该功能的组成最好是使用较低级别、具有到资源和组织元素的更清晰映射的服务。

7.3.5 面向变化的设计

用鲁棒性的 SOA 策略来应对服务、服务接口、业务流程、实现技术和其他因素中不可避免的更改。以下是实现这一目标的一些方法。

面向模糊性的设计：工程项目应从原型 SOA 架构开始并快速实现，同时对初始服务进行最佳估算。基础设施应确保，当因发现问题、更改需求和其他无法更改的事实而导致初始服务目录变化时，设计能够快速适应随之产生的变化。

面向灵活性的设计：为了达到 SOA 实现的全部收益，系统或复杂组织体必须能够利用服务模型来有效地响应系统流程、产品、环境、优先级、客户和许多其他情况的变化。这可能涉及修改服务本身，但可能需要昂贵的软件再工程。最快速和最低成本的应对变化的方法，通常涉及将基本服务组合成高级服务的不同方法。相关的技术使用全新或经过修改的编制和工作流，这些编制和工作流不需要对基础服务进行重大修改。SOA 策略应强调抽象和松耦合以及其他有利于变化的特性。

面向迭代的规划：大多数服务使能复杂组织体都非常复杂，因此初始 SOA 不可能在所有方面都令人满意。因而，SOA 策略应明确提供必要的实验和改进，以优化设计和实现。因此，SOA 策略应要求对适应螺旋模型持续变化的组织结构进行规划、预算和调整。

经常性度量：为了 SOA 能够取得最终的成功，可能需要尝试多个可选的方案以及持续开展架构和完善的服务，始终确保工作保持在正确的方向上并收敛到满意的解决方案中十分重要。工程项目应当根据与业务或任务目标相关的成功标准，来评估每个开发增量或螺旋。这是第 15 章讨论的整体治理流程的早期阶段，应在系统生命周期内演进为持续评估流程。

7.4 SOA 实现

一旦制定了基于组织策略和目标的并考虑了敏捷性、安保性和其他问题的 SOA 战略，注意力就会转向服务使能系统或复杂组织体的设计、开发、测试、文档编制和部署。我们再一次专注于一般指导和问题，因为细节在很大程度上取决于给定 SOA 项目的性质和目标。开放组织(OMG)已发布大量的 SOA 源材料[9]。

7.4.1 SOA 结构

在第 5 章中，我们引入了架构分层的概念，其中用户、任务和基础设施服务被分组到各个层中，同时每个层都取决于下面的层。SOA 通常也用分层结构来描述，该结构可以映射到第 5 章中的结构，但在聚合资源和功能的方式上有所不同。图 7.3 所示为典型的 SOA 的三层描述。

任务线程/业务流程层：顶层表示完成系统或复杂组织体工作以实现其业务或任务目标的流程。通常，它们由服务编制或工作流创建，可以称为“业务应用程序”。图形通过处理的矩形、决策菱形、数据库访问和用户交互显示了工作流的一般特征。

服务接口层：中间层包含接口(以彩色圆圈表示)，这些接口公开了处于不同网络位

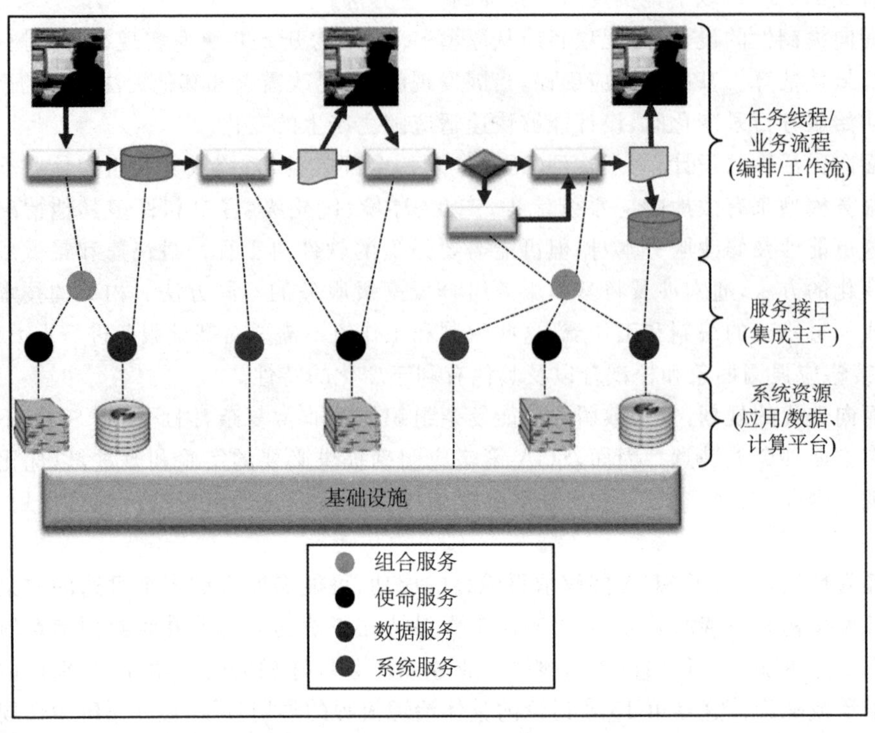

图 7.3 基本的 SOA 分层结构(见彩图)

置的资源提供的功能性和数据。接口位置称为服务端点。一些接口公开与具体资源关联的单个服务。其他接口则公开了更复杂的服务,这些服务将基本服务组合成更高阶的服务,并可能包含额外的业务逻辑。可以使用各种方法公开能力并作为服务,包括将称为包装器(Wrapper)的专用软件接口应用于组件,以及使用其他资源对它们进行服务使能的实现。正如在第 5 章和第 6 章中所讨论的,可以在称为集成主干(IB)的架构层获得这些服务端点。

系统资源层:在此构造中,图 7.3 中的底层收集了图 5.17 中所示层的大部分功能性,图中包含资源,主要是应用程序和数据,公开为服务并用于实现业务流程。一个应用程序和它的数据通常被组合起来,以创建一个完整的功能或服务,但也可以单独访问。这一层还考虑了作为服务公开并有时必须直接供业务流程访问的基础设施资源。

原则上,可以在第 1 章介绍的组织轴的任何层级上实现服务。图 7.3 从功能性组织的角度描述了服务。底层的资源是物理资产,中间的接口是资源能力的抽象,包括生成更高级别服务的组合,顶层的工作流是描述服务调用序列的纯功能构造。从组织如何实际转化为一个将任务应用程序装载在基础设施上的实现架构这一角度考虑 SOA 也很重要。开发或采购的任务应用程序通常来自基础设施提供商以外的其他来源。架构必须支持将所有这些组件集成到一个适合运行的解决方案中,如第 6 章所述。然后,必须为将要服务使能的能力提供位于已知服务端点的适当服务接口。

图7.4是图5.17的简化版本，它显示了一种方法，用于将SOA概念映射到使用可用IT产品构建的实用架构上。本案例侧重于第1章分类法中的“决策/过程实时”类别。此类系统通常考虑装载任务应用程序，这些任务应用程序通常来自多个来源，并且是共享基础设施上现有(遗留系统)、经过修改和新软件组件的组合。在典型的系统或复杂组织体中，该基础设施建立在一台或多台服务器上，并通过局域网(LAN)连接到允许用户访问任务能力的工作站计算机。图7.4中的彩色图标显示了任务和系统/基础设施服务所在的位置，而数据服务则由任务应用程序(例如任务数据产品)和基础设施(例如数据库访问和搜索)提供。

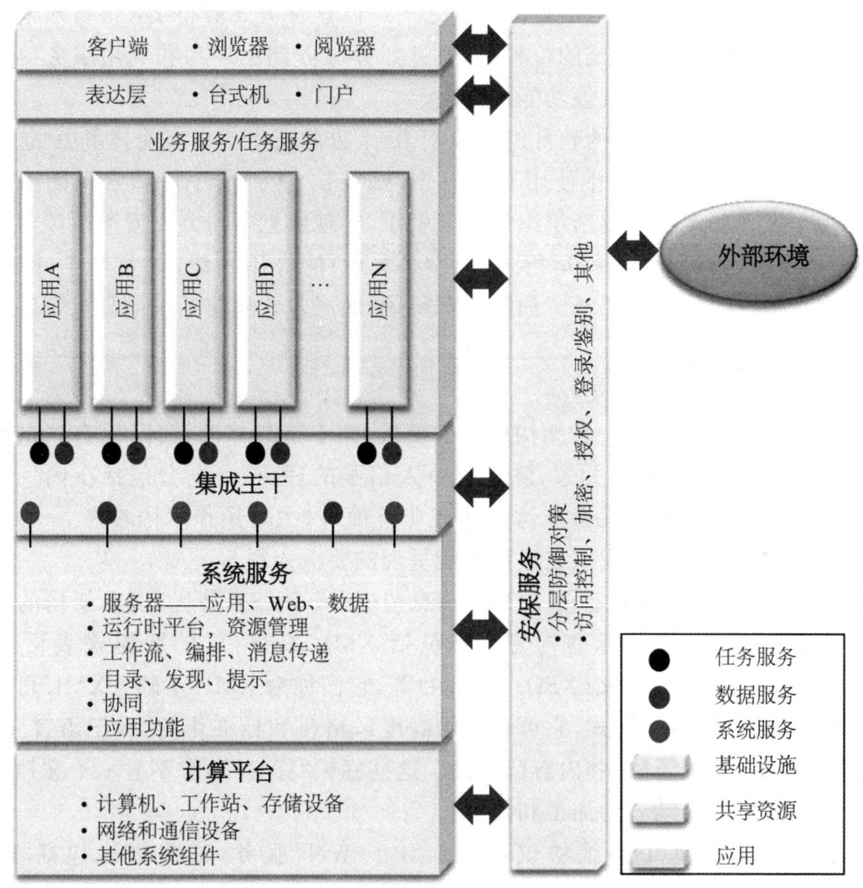

图7.4 映射到分层架构的服务类别(见彩图)

客户端层安装在用户工作站或其他设备(例如智能手机或平板电脑)上。它通常包括用于连接Web站点和服务的浏览器等组件以及各种阅览器。它还可以安装与任务应用程序关联的其他客户端软件。这些组件与应用程序的表示逻辑交互，从而创建显示并通过图形用户接口(GUI)接受用户输入。[①] 门户通常用于提供访问Web内容和服

① 为略作简化，浏览器(Browser)和阅览器(Viewer)对应于通常所说的瘦客户端和胖客户端。

务的单一的、用户自定义的方法。

任务应用程序分组在业务/任务服务层中。它们通常公开本章前面定义的任务和数据服务，在图 7.4 的结构设计模式中，IB 创建可访问服务接口的共享空间。IB 包含服务端点，从根本上说，它是基础设施、任务应用程序和外部交互结合在一起的架构领域。IB 提供的服务和资源允许任务应用程序彼此交互，与外部环境交互，并在此流程中强制实施松耦合等关键原则。

如图 7.4 所示，基础设施服务(红色圆圈)在 IB 中公开，可以由任务应用程序发现和调用。实际上，为了让应用程序开发人员在代码中有效地解释基础设施和任务服务，它们的目录或注册表是所需的最重要信息之一。以这种方式看待 IB，很自然地会认为它处在实现服务编制或工作流的位置上，通过任务服务调用序列和利用服务接口的用户交互，使基础设施的所有其他功能都可用。

基础设施提供任务服务的软件组件位于 IB 下方的层中。在当前技术中，这一层通常在一个 n 层的中间件配置中使用 COTS 产品。图 7.4 列出了一些常见的组件和服务，包括用于发现的本地和复杂组织体搜索引擎，实现数据备份并在发生故障时将任务功能移交给备份站点以便支持运行连续性(COOP)的应用功能，以及用于计算机、网络、服务和其他资源的管理工具。如第 5 章所述，底层包含构建系统的硬件资源。

7.4.2 SOA 要素

尽管需要强调 SOA 是一种架构风格或模板，而不是具体的设计，但有些东西非常常用，实际上是默认的 SOA 元素，除非有令人信服的理由，否则会包括在内。以下是典型 SOA 的一些最重要的元素。这些描述非常简练，主要用作术语参考。SOA 设计人员需要熟悉这些元素，比我们在这里所能呈现的要深入得多。

XML 基础：服务和数据定义、SOAP 消息传递(或 REST 替代)以及架构的其他关键方面都基于 XML 核心标准构建。其包括 XML 本身、可扩展样式表语言转换(XSLT)、XML 数据模式定义(XSD)、WSDL 等，它们称为 XML 基础。XML 可能定义了最广泛使用的“元数据”形式，它可以使用高度风格化和标准化的“标记语言”来同时描述信息实体的形式(语法)和内容(语义)。这些标记“标签”通常不显示给文档或其他信息的用户，但是会启动自动加工和处理。

协议：服务模型基于一组协议构建。对于 Web 服务，这些协议包括 WSDL、SOAP、UDDI、WS-I 基本配置文件等，而 RESTful 服务依赖于 HTTP。对于其他服务模型，例如必须遵守严格最后时限的实时服务，必须定义等效的标准和协议；这通常涉及服务提供商和客户端之间简单的消息传递，其中这些客户端的网络位置先验地已知，并具有高度的完整性和故障处理能力。

安保性：服务模型，尤其是在涉及互联网时，如果没有得到适当的保护，就会产生巨大的安全风险。第 10 章讨论了这一关键的 SOA 元素，作为系统架构总体赛博安全维度的一部分。

消息传递：网络化 SOA 的参与者使用消息和文件交换进行交互。以下是服务使能复杂组织体内部的一些典型的交互机制。第 9 章通篇讨论了关于网络的主题，其中消息传递模型起着关键作用。

- 常见的消息传递范例，包括用于 Web 服务的 SOAP 和其他适当的协议，例如 Java 消息传递服务（JMS）或其他服务类别的远程过程调用（RPC）。
- 利用标头和元数据来控制信息交换和安全功能。
- SOAP 消息打包在“封装”中，并由发送方、接收方和中间“节点”处理。协议允许将组件之间的调用格式化（“序列化”），以适应 HTTP 传输的 XML 文档。消息体通常是 XML 格式的有效载荷。基本的消息模式是单向的，但是其他的模式也可以通过标头块实现。
- 标头块包含元信息，以使消息尽可能独立于消息传递技术和环境；这些标头块提供有关上下文、处理、路由/工作流、安全性、可靠性规则、与其他消息的相关性以及其他方面的信息。
- 可以使用附件来将非 XML 数据打包成其原生格式的消息。
- 故障处理涉及提供一种方法来指定异常处理规则，例如“发送错误消息”。

请求者发现并绑定到提供者（与之建立连接或会话）的服务，图 7.5 所示为服务消息传递事务的一些元素。事务使用各种网络协议，在架构的各个层之间流动，涉及请求者和提供者的业务逻辑（任务服务），并且需要在互联网连接两端的消息处理服务中执行多个连续步骤。第 6 章中消息传递的聚焦视角，可以作为一种便捷的方法来记录特定系统或复杂组织体中使用的消息传递解决方案。

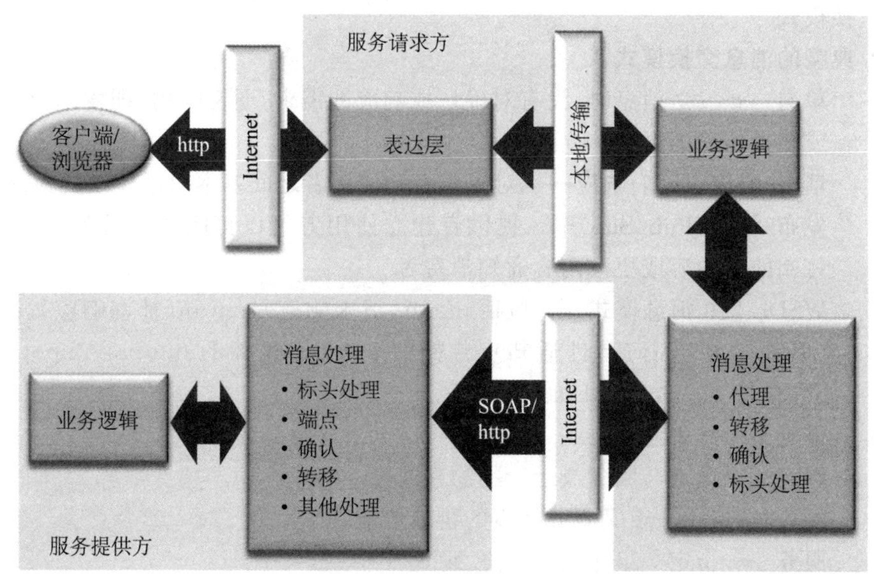

图 7.5　典型的基于消息的服务事务（见彩图）

角色：面向服务的复杂组织体中，参与者和服务可能承担的角色包括提供者、请求者、中介、初始发送者、最终接收者等，这可能是针对具体事务有效的临时分类，并且可以针对后续事务进行更改。

流程:如前文所述,SOA 的主要目的是通过组合或组装较低级别的服务来创建完整的业务或任务流程,从而创建较高级别的业务或任务活动。

编制:在前文进行了定义,通常由 Web 服务业务流程工程语言(WS-BPEL)规范进行标准化。

编排:同样在前文进行了定义,通常由 Web 服务编排描述语言(WS-CDL)进行标准化。

协同:这是大多数 SOA 中,允许用户在各种级别进行交互的各种服务的总称。它们的范围从电子邮件和共享日历等简单的服务,到聊天室、电子黑板、视频电话会议和协作决策工具。

服务模型:已定义了多种模型。服务分类主要包括业务/任务服务、数据服务、公用/系统服务、控制器服务等。

服务契约:为了让使用者愿意使用服务,通常需要让服务提供者针对由其接口公开的服务,就内容、格式、质量和其他关键方面做出有约束力的承诺。SLA 是此类契约的一种常见文档形式,为请求者与提供者之间的交互同时指定了功能和非功能需求。

WSDL 定义:由于 Web 服务是主要的服务模型,因此 WSDL 标准在许多 SOA 中都至关重要。该标准定义了一种标记语言,其中既包含抽象元素,又包含具体元素。

- **抽象定义**——包括端口类型/接口(服务接口以及可以由服务处理为操作的消息的高级描述)、操作(服务执行的具体动作,包括消息输入和输出)以及消息交换模式。
- **典型的消息交换模式**:
  - ◇ **单向**——发送消息时,没有对确认或响应的需求,通常采用"即发即弃"、广播或多播传输的形式。
  - ◇ **请求-响应/征询-响应**——对提供者和使用者之间基本对话建模的模式。
  - ◇ **发布-订阅(Pub/Sub)**——提供者建立使用者可以订阅的主题列表,然后将订阅的新内容或更改内容通知消费者。
  - ◇ **WSDL 2.0 消息模式**——包括 in-out(请求响应)、out-in(征询响应)、in-only(单向)、out-only(事件通知)、鲁棒的 in-only、鲁棒的 out-only、in-optional-out 以及 out-optional-in。
- **具体定义**。其中包括:
  - ◇ **绑定**——定义与服务或运行的物理连接。
  - ◇ **端口/端点**——定义服务接口的物理地址。
  - ◇ **服务**——指定一组相关的端点/地址。

XML 数据模式:XML 文档的数据模式或结构通常用 XML 数据模式定义(XSD)表示,这是万维网联盟(W3C)的建议。XSD 正式指定 XML 文档的元素,从而允许自动处理内容。因此,它可以在服务之间实现更高效且无错误的交互。

UDDI 注册表条目:尽管并非唯一,但 UDDI 服务器是最常用的服务声明方法,以便客户端能够发现和绑定服务。图7.6所示为UDDI注册表条目的常用图形表示。其中的元素包括：

- **业务实体**——有关服务提供者的信息。
- **业务服务**——有关服务的信息。
- **绑定模板**——客户端绑定到服务所用的信息(建立连接来使用服务)。
- tModel——对于Web服务，这是一组指向服务描述的指针。

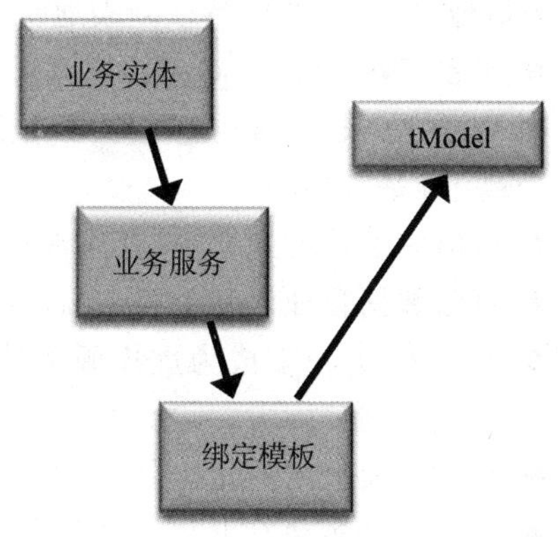

图7.6 UDDI注册表条目的图形描述(见彩图)

相关文档：这是一个通用术语，用于描述与服务有关的任何其他信息，可以帮助开发人员实现服务的实例化，并帮助使用者决定是否以及如何使用该服务。如果SOA使用的服务是在本地开发，并且不为人们所广泛熟悉，那么这样的文档会发挥至关重要的作用。文档可以采用多种形式，并且可以用于系统集成和测试、用户培训、创建编制工作流以及许多其他背景。

7.5 万维网的演进

万维网(W3)，或更简单地称为Web，是通过互联网进行交互和信息交换的主要手段。用户使用各种各样的Web浏览器，访问以网页形式存在的资源。通过Web提供的资源都使用URL进行标记。这种普遍性使Web成为大多数SOA的基本组成部分，这些SOA的参与者在地理位置上是分散的，因此对于大多数系统架构师而言都是重要的主题。自1989年由英国科学家蒂姆·伯纳斯·李发明以来，Web一直在不断发展，并且已经成为互联网流量呈指数增长的一个重要因素。当代SOA的许多标准和做法都可以追溯到通常所谓的第二代Web(“Web 2.0”)。在讨论使用这些技术构建系统和复杂组织体之前，我们总结了将Web转换为新范例所涉及的概念。在结束本主题之前，我们将简要总结一些导致产生Web 3.0甚至更高级版本的当前趋势。

最初的Web 1.0模型基于使用者从集中构建和管理的节点查找和访问信息。从根本上说，Web 2.0使用一种参与性更强的模型代替了Web 1.0的模型，在新模型中，内容是分布式的且不断变化的，主要由社群创建和共享。Web 2.0基本原则的典型列表包括：

- 客户端是服务器。
- 用户体验是服务。
- 服务是增值价值。
- 片段是文件。

- 参与者是架构。
- 对等的贡献是应用。

类似地，Web 2.0 的特征列表通常包括：

- 平台(Windows、SOA、开源等)比应用程序更重要。
- Web 1.0 超链接(指向 Web 站点的指针)逐渐演变为参与者的贡献和协同(开源、维基、博客)。
- 价值向上移动到架构层(通常称为“堆栈”)，服务比软件更重要。
- 算法数据管理是基于信息的社群的关键，搜索提供者就是一个范例。
- 参与者/客户端成为虚拟服务器，电子交易市集(Electronic Marketplace)就是一个范例。
- 与一些大型用户相比，许多小型用户的“长尾”效应提供了更多的机会。
- 文件由众多动态组装的服务器上的片段组成。
- 页面和链接为动态，基于不断变化的内容。
- 传统的定期软件发布变成了持续的更新。

当安全性、安保性和有保证的截止时限很重要时，使 Web 2.0 范例发挥作用将面临明显的挑战，在工业控制环境、金融网络、航空航天系统和许多其他情况中通常就是这样。但是，Web 2.0 因为增强协同、固有冗余、动态流程和许多其他方面，在许多态势下都极具吸引力。无论如何，Web 2.0 模型都越来越多地影响组装此类系统的产品和标准。

人们普遍认为，目前正在向 Web 3.0 过渡。尽管没有一个公认的定义，但是 Web 3.0 几乎可以肯定具有高水平的机器智能，这在很大程度上得益于人工智能(AI)的广泛研究。计算机，特别是联网的计算机，将越来越能够理解和推理这些网络交换的内容。正如 Web 2.0 用更具动态性和参与性的模型取代了 Web 1.0 的静态数据访问模型那样，Web 3.0 可能会通过更丰富的信息服务来增强人与人之间的协同，而计算机很可能不再是一个工具，而成为一个团队成员。随着向下一代过渡的逐步进行，系统架构师及其工具也需要与时俱进。

7.6 Web 服务框架(WSF)和第二代 Web 服务(WS-*)

任何构建在 Web 服务之上的 SOA 都将使用 WS-* 系列规范，这些规范已经非常普遍，其中的一部分由客户端架构策略强制实施。实施全面讨论将超出本 SOA 简介的范围，但是下面总结了一些比较重要的 WS-* 规范。这是一个高度动态的领域，SOA 架构师希望使用全新和更新的服务定义与协议。与 7.4.2 小节对 SOA 元素的讨论一样，我们在这里将简要描述主要的 WS-* 协议和规范，旨在作为术语参考。详细信息可从 W3C[10] 获得。

消息传递和通知：以下协议如上文在 SOA 元素下总结的那样，支持 Web 服务的消息传递维度。

- **WS-Addressing** ——提供独立于网络传输协议的传输标准化(将在第9章进行讨论),具体包括:
  - ◇ **端点引用**——提供服务地址,通常是统一资源定位符(URL),以及引用特性、引用参数、端口类型和策略。
  - ◇ **消息信息(MI)标头**——提供目标、源端点、应答端点、故障端点、消息ID、关系和动作(总体消息用途)。
- **WS-ReliableMessaging** ——一种协议,提供QoS特征以保证SOAP消息的交付或失败通知,作为许多其他规范的基本WS-*扩展。
- **WS-Notification Framework** ——共同提供消息传递关键元素的系列协议,包括:
  - ◇ **WS-BaseNotification** ——创建标准接口,供通知交换两端的服务使用。
  - ◇ **WS-BrokeredNotification** ——对代表发布者和订阅者发送及接收消息的代理中介进行标准化。
  - ◇ **WS-Topics** ——对向订阅主题的服务发送通知信息进行标准化。
- **WS-Eventing** ——对用于Pub/Sub的面向事件的消息传递模型进行标准化。
- **WS-MetadataExchange** ——对请求有关具体端点地址的部分或全部元信息,包括WSDL、数据模式、策略和其他信息的请求消息(获取元数据)进行标准化。

策略/安保性:这一系列协议定义了可公开访问的服务元数据,用于服务使用的关键方面。它们是使用Web服务时实现足够安全性所必不可少的元素,将在第10章进一步描述。

- **WS-PolicyFramework** ——WS-Security Framework的组成部分,包括WS-Policy、WS-PolicyAttachments和WS-PolicyAssertions。
- **WS-Security Framework** ——Web安全性的核心,应对识别、身份验证、授权、机密性和完整性。这个规范包括WS-Security、WS-SecurityPolicy、WS-Trust、WS-SecureConversation、WS-Federation、可扩展访问控制标记语言(XACML)、可扩展权限标记语言(XRML)、XML密钥管理规范(XKMS)、XML-Signature、XML-Encryption、安全声明标记语言(SAML)、NETPassport、传输层安全性(TLS,之前为安全套接层(SSL))以及WSI-BasicSecurityProfile。基本的安全配置文件进一步分解为:
  - ◇ **WS-Security** ——定义安全元数据语言元素的父规范,包括标头块、用户名、密码和令牌。
  - ◇ **XML-Encryption** ——定义用于加密XML文档的结构。
  - ◇ **XML-Signature** ——定义文档各部分的组装和处理以创建数字签名,这是消息认证和不可抵赖性原则的核心元素(见第10章)。

服务管理与协调:服务管理是治理的一个关键方面,是许多WS-*规范的对象,包括以下内容:

- WS-Coordination——基于协调器服务模型的框架，包括注册、激活和协议服务。此规范支持涉及许多参与者和服务的复杂服务活动，并允许在服务之间传播标识符和背景信息以实现活动相关性。
- WS-AtomicTransaction——针对 ACID（原子性、一致性、隔离性和持久性）事务对 WS-Coordination 进行的扩展，包括完成、持久的二阶段提交（2PC）和易失的 2PC 协议。事务是在数据库管理系统（或类似系统）中针对数据库执行，并且以与其他事务无关的一致和可靠方式进行处理的活动，包括防止由于同时访问数据库而导致数据损坏的步骤。关键术语包括：
  - ◇ **原子性**——描述一个不可分割的事务。全部变化要么成功，要么失败，失败的事务需要回滚到原始状态以重试。
  - ◇ **一致性**——要求所有的数据库更改都符合相关的数据模型。如果违反了一致性，则要求回滚到更早的有效数据状态。
  - ◇ **隔离性**——要求并发事务不能相互干扰。
  - ◇ **持久性**——要求对成功事务的更改在之后发生故障时得以保留。
- WS-BusinessActivity——WS-Coordination 的另一个扩展，用于涉及主流程和补偿流程的复杂（非原子）长时间运行任务，以应对异常。其包括参与者完成业务协定和协调器完成业务协定协议。
- **WS-BPEL 或 BPEL4WS 业务流程工程语言**——构建协议的基础，所构建的协议通过编制基本活动、结构化活动、序列、流、链接等来定义业务流程。这样的编制本身就是服务，活动的组织可以包括顺序、流、链接或依赖性，以及用于服务协调的相关集。
- **WS-CDL 编排描述语言**——使用类的标准用于不同的服务提供实体间创建关系和通道的公共消息传递模式，以及用于每个参与者实现交互和工作单元的规则和约束。
- **WS-I 基本配置文件**——一组成熟的、得到良好支持的标准，用于创建典型的 Web 服务平台，包括 WSDL、SOAP、UDDI、XML 和 XSD 的当前版本。

7.7 服务建模

本书是关于以架构建模为中心流程的 MBSE，因此建模方法必须包含表达服务和 SOA 的充分手段，这一点至关重要。直到几年前，这方面还存在一些问题，因为没有任何一种主要的建模语言和工具直接应对服务。幸运的是出现了 SOA 建模语言（SoaML）[1]，这在很大程度上解决了这个问题。SoaML 将遵循 SysML 的路径，在主流架构建模工具中逐步实现。SoaML 配置文件主要涉及一些建模约定、与服务相关的设计模式以及一组有助于描述服务及其实现的构造型。这些特性可以在任何 SysML 模型中手动声明，因此在工具完全支持 SoaML 构造之前，也可以使用它来有效地应对服务建模。本章的其余部分将专门描述和说明这种方法。

7.7.1 基本原则

通常从一些基础知识开始这是至关重要的。有效的服务建模需要实施7.4节中介绍的原则和最佳实践,包括:

- 使用基于工具的形式方法来分解、表达、分析和优化服务。
- 确保例如应用程序或数据库的每个单独资源都记入单个基本服务中,然后可以将其组合成多个更高级别的服务。
- 按功能和内容的相似性对服务进行分组,以开发有效的分类法并帮助确保一致性和完整性。这是高度可用的服务目录和注册表的基础。
- 遵循"一次实例化,随处使用"的原则,考虑跨业务流程或任务线程以及跨复杂组织体节点和系统来复用服务。
- 考虑各个服务之间、服务同支持性基础设施以及服务同外部环境间的依赖性。
- 将系统和复杂组织体需求映射到服务,以确保全面满足目标。
- 基于集成、测试和部署结果验证及细化模型;根据运行结果和不断变化的需求规划并更新服务。

7.7.2 描述建模服务

最终,任何服务都应使用以下段落中的技术,在架构中建模和记录。然而,在SOA开发的早期阶段,草拟一份初始的服务规范是一项有用的技术,通常与第5章和第6章描述的填写服务分类表相结合。这有助于确保充分理解为开发或采用而计划的每个服务,并确保确定所有适当的服务。此外,这种分类便于同系统利益相关方开展对话,以确保就所提供的服务达成共识。它还有助于在将服务分组到各个层的基础上,创建和细化分层架构。

可以使用如下模板来捕获服务定义的要点:

- 唯一标识符/名称。
- 关于使用服务的目的和产品的概要描述。
- 服务端点的位置,如果已知,可能是网络地址或服务器端口,以及绑定到服务所需的任何其他详细信息,例如验证请求者访问和权限的机制。
- 调用消息的格式,包括协议和任何需要的变量。
- 服务产品的格式。
- 请求者可以调用的服务的操作或方法,包括多态变体。
- 服务质量(QoS)参数,如保证的响应时间、产品精确度和有保证的优先级处理。

7.7.3 SOA建模语言概述

SoaML为架构师提供了一个非常有用的工具包,用于将服务吸纳到模型中。正如对象管理组织在SoaML配置文件规范中所述的那样,其主要目标是:

- 对 UML 中的建模服务提供直观和完整的支持(同样适用于 SysML)。
- 支持多方之间的双向异步服务。
- 支持各方提供和使用多个服务的服务架构。
- 支持包含关系的服务定义。
- 能够轻松映射到业务流程规范并成为其中的一部分。
- 与 UML/SysML、业务流程定义元模型(BPDM)以及业务流程模型和标记(BPMN)的兼容性。
- 直接映射到 Web 服务。
- 自上而下、自下而上或中间会合的建模。
- 按契约设计或对服务进行动态调整,以便指定和关联服务能力及其契约。
- 对 UML/SysML 没有改变。

SoaML 对 UML/SysML 的扩展主要包括构造型,这些构造型定义了在应对服务时最重要的模型元素,以下是最常用的。

参与者:<<Participant>> 是指以下的服务提供者或使用者。

- 建模为块或组件。
- 可以具有称为服务点和请求点的专用端口。
- 可以具有定义其特征的参与者架构。
- 根据适用的服务契约,充当了一个或多个角色。角色的概念对于服务的 SoaML 表示至关重要。

代理体:<<Agent>> 是一个专门的参与者,可以与环境交互并适应该环境,通常自动执行本来由系统用户手动完成的任务。代理体的实例共享特性、约束和语义。

消息类型和附件:<<Messagetype>> 和 <<Attachment>> 构造型确定对服务交互建模的专门元素。

能力:<<Capability>> 构造型或者对参与者的一般能力进行建模,或者对提供服务的特定能力进行建模。

请求点:<<RequestPoint>> 是与服务相关的关键构造型,为参与者对服务的使用建模,并且定义了一个连接点,参与者通过这个连接点请求、使用或消费服务。请求点等同于基本 SysML 模型中的请求接口。

服务点:另一个关键的构造型是 <<ServicePoint>>,它使用定义明确的术语、条件和接口,对一个参与者向其他参与者提供的服务进行建模。这个模型元素定义了被参与者用来提供其能力并向客户端提供服务的连接点,并且等同于 SysML 提供接口。

服务通道:具有 <<ServiceChannel>> 构造型的模型元素表示服务和请求点之间的通信路径。

服务契约:<<ServiceContract>> 构造型使双方间有约束力的信息、物品或职责交换形式化,从本质上讲,它定义了一个服务。

服务接口:这是我们在讨论 SOA 时一直强调的服务接口的 SoaML 构造。它定义了与服务点或请求点的接口。接口通常由服务契约中的参与者角色进行类型化,它可以是双向的,也可以吸纳某一协议。

随着 SoaML 的使用日趋成熟,它将与其他业务建模标准越来越协调或集成,其中包括 BPMN、PBDM 和业务动机模型(BMM)。这些趋势以及吸纳这些趋势的建模工具的演进,是应对 SOA 的系统架构师持续关注的问题。

7.7.4 简单的服务建模

通过 SoaML 简要介绍,我们现在可以介绍一些在服务表达方面非常有用的基本技术。第一种方法只是对主要的架构模型制品进行注释。以下是可以实现这一目标的一些方法。

服务文档:最直观的服务表达方法,可能是在单个系统组件的模型元素规范中记录它们的实现和使用。例如,组件提供或使用的服务可以被记录为活动、顺序或状态机图中的行为或交互,以显示服务的交付和使用。一种方法是开发表示服务目录的 BDD,然后在使用它们的行为图中实例化单个服务。

数据建模:类似的想法是在数据模型中将数据服务记录为表示单个数据元素的块的操作。例如,数据服务可以向数据使用者提供完整的 CRUD(创建、检索、更新和删除)功能,参与 Pub/Sub,允许只读访问或者提供其他操作。

服务接口:架构模型可以在公开服务的块上声明接口,用服务名对它们进行标记,并附加提供详细信息的注释或接口规范,其中可能包括指向 WSDL 文件或注册表项的链接。一个有用的说明是将这些接口构造型化,成为 <<Service>> ,甚至是具体的服务类别。

补充模型内容:可以创建补充视图和制品,它们可能有助于完整地描述架构的服务维度。以下是实现这一目标的三种方法。

- 编写服务目录,用 WSDL 和可能的其他定义,例如指向权威数据引用的链接来定义所提供的服务。目录可以组织为业务/任务、数据以及系统服务,并且应当反映服务分类。它可以在构建时(对服务的静态绑定)或在运行时(发现和动态绑定)使用。
- 使用具体的架构制品,其中可能包括:
  - ◇ **服务分类法**——与数据非常相似,可以使用 BDD 对服务建模。
  - ◇ **能力到服务的映射**——创建将能力与服务相关联的 BDD 可能会很有用。
  - ◇ **其他技术**——在许多情况下,顺序图非常适合捕获服务调用和交付中涉及的消息交换。另一种技术是在 <<Service>> 块的隔层中对约束进行建模。可以使用状态机对有状态服务进行建模,通常要避免这些有状态服务,以便保持松耦合,但是它们有时仍会出现。
- 创建一个服务聚焦视角,以一种特定格式收集服务信息,如易于软件工程师的使用以便实现服务及其接口。

注释:架构师可以简单地在网络、运行时、备份/恢复和其他聚焦视图上包含服务注释。例如,端口和协议注释可以显示服务接口,如访问服务的服务器端口的物理细节。

可以在主架构图中添加其他注释，以识别支持和公开服务的位置、服务在各种系统行为中发生的位置以及它们如何与用户角色和其他施动者相关联。

7.7.5 复杂的服务建模

本讨论的其余部分将介绍一种更丰富的服务建模方法，该方法主要以 SoaML 为基础。第一步是确定 SOA 的参与者，主要是人员、组织、技术组件和系统。参与者通过构造型化为 <<ServicePoint >> 的端口提供服务，通过构造型化为 <<RequestPoint >> 的端口请求服务。服务点可以类型化为简单服务的基本接口，也可以类型化为复杂服务的服务接口，尤其是当这些服务为双向时。

图 7.7 通过使用块的供应和请求接口图标来表示提供和使用的服务，给出 SOA 参与者对应的建模块的基本接口使用方式。与这些服务关联的操作在接口定义块中定义。例如，参与者可能是提供数据对象检索服务并使用数据更新服务的数据管理器。

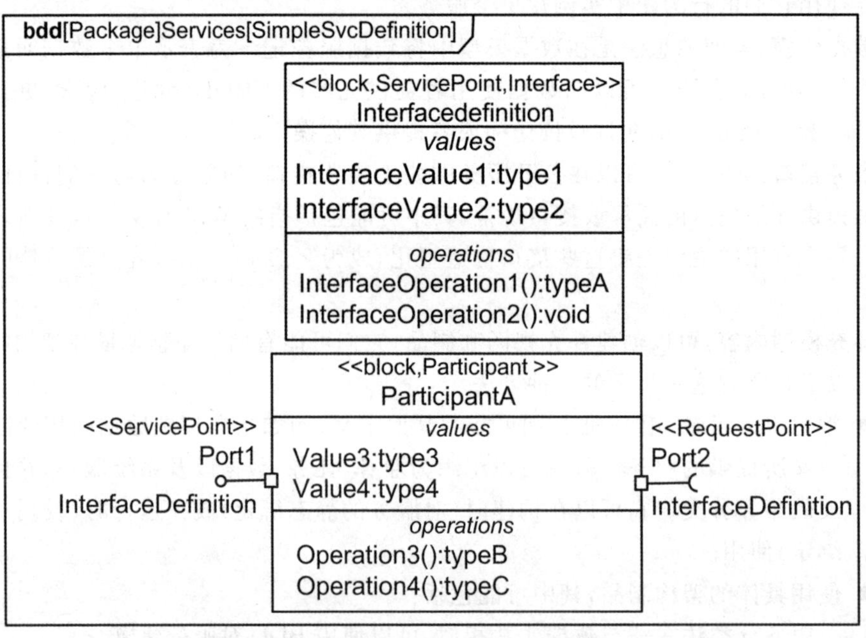

图 7.7 按照接口类型化，由接口定义块所定义的参与者简单服务点

图 7.8 所示是一个 SysML BDD，表示了更复杂的服务描述。参与者 B 的一个端口既公开供应接口，也公开请求接口。服务接口块包含交互构件，构造型化为 <<block-Property >>，用于定义接口。对于接口 1，服务接口块负责创建接口及其操作，这显示为一种实现（箭杆为虚线，箭头闭合）。对于接口 2，服务接口块没有实现接口及其操作，<<usage >> 依赖性将其链接到独立的接口 2 块。这通常作为对该组件的调用操作实现。最后，服务接口块吸纳了协议 1 块定义的协议。

SoaML 主张（至少）在以下两个级别对 SOA 进行建模。

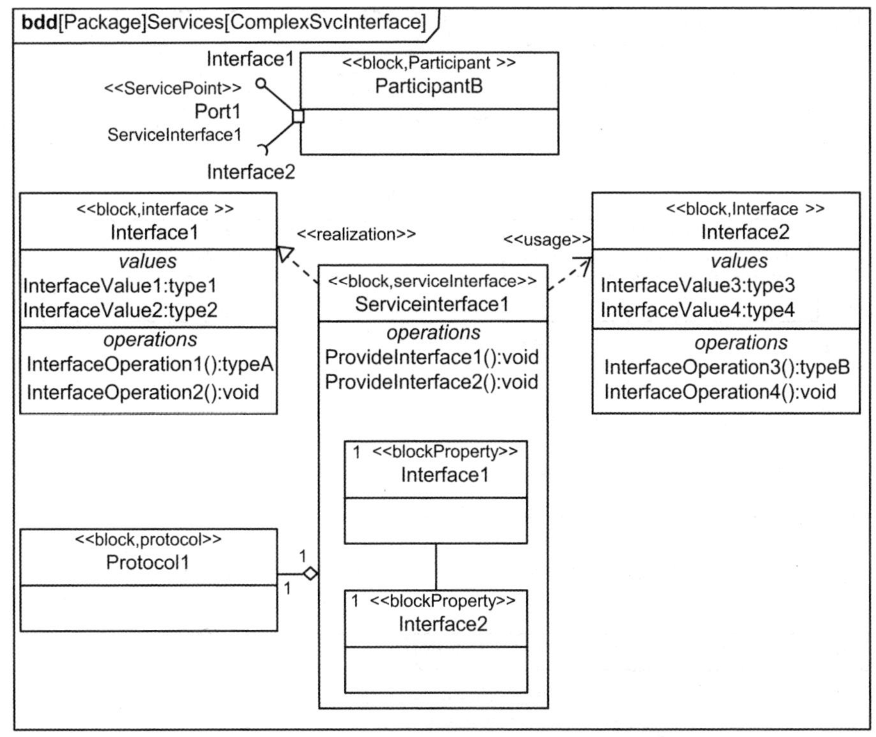

图 7.8 复杂服务接口,实现接口 1,使用接口 2,并且结合用于治理服务使用的协议

社群或复杂组织体架构:这是代表整个参与者社群的高层背景视图,包括参与者提供和使用的服务以及他们在这些服务中的角色。服务建模为块协同(轮廓为虚线的椭圆),定义了交互实体之间的服务契约,以及一个或多个顺序或活动图,显示服务提供者和消费者之间的交换。协同规范可以吸纳服务文档,或提供指向该服务文档的链接。可以通过深入研究参与者和服务来对细节进行建模。例如,可以将高层服务建模为协同,构造型化为 <<ServiceContract>> ,然后分解为更小的服务并将更具体的角色分配给各个参与者,如图 7.9 所示。使用编制来对细颗粒度服务进行建模,这些编制显示了参与者之间的具体交换,如图 7.10 所示。与服务关联的行为可以使用任何行为图进行建模。任务服务通常利用活动图进行建模,而系统/基础设施服务通常最好使用顺序图表示,如图 7.11 所示。参与者角色由与每个角色相关的服务接口类型化。

参与者架构:利用块图建模,包括子参与者、服务以及服务点,其中可以通过这些服务点实现定义了服务接口的服务契约。图 7.12 给出了 IBD 中的示例,参与者提供能力 1 作为端口 1 的服务,并使用来自端口 2 的内容来启用能力 2。

如本节中的讨论所示,服务建模以及 SOA 为组织带来所承诺的优势,同时也是一项复杂而微妙的任务。SoaML 通常与业务流程建模语言(如 BPMN)结合使用,扩展基本的 UML/SysML 框架以提供必要的结构。虽然情况各不相同,但是服务开发的一般流程是通过:

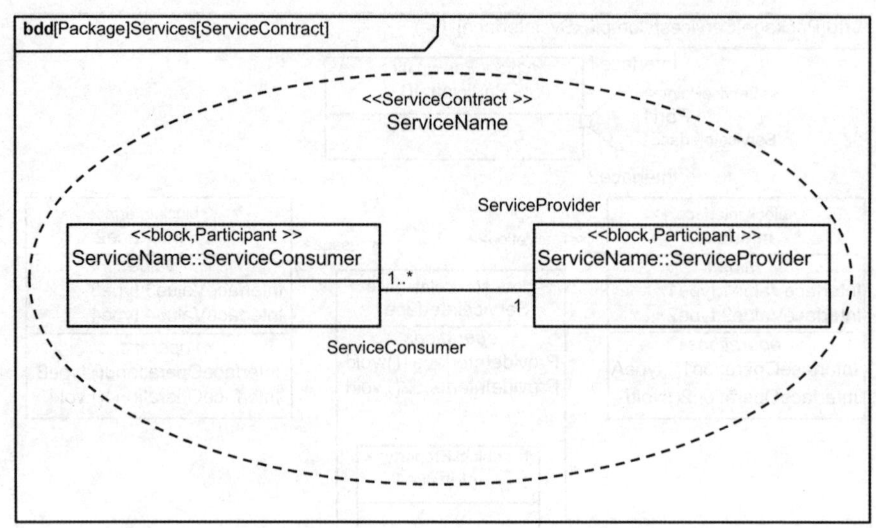

图 7.9　将简单的服务契约建模为交换服务的参与者之间的协同

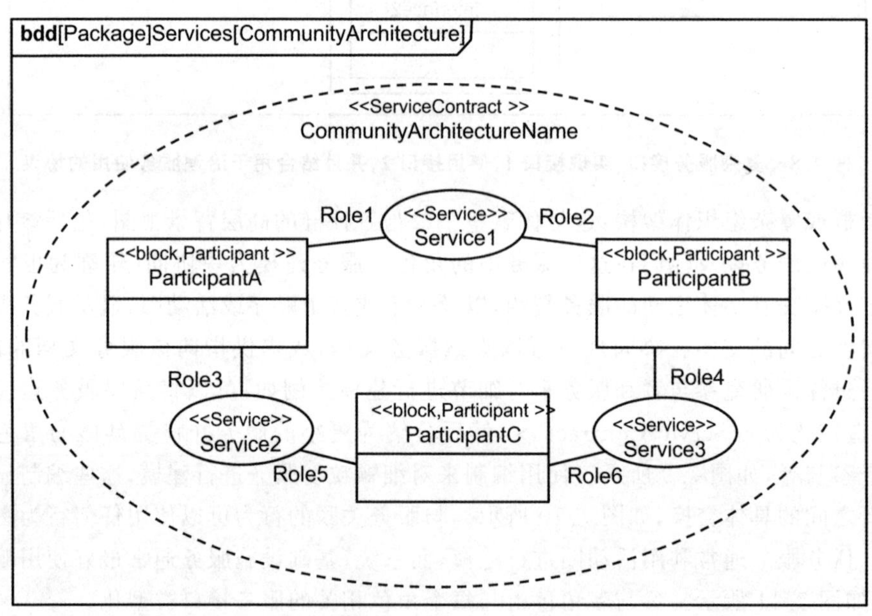

图 7.10　社区架构建模为参与者和服务的协同，并具有与服务产生或使用相关的角色

- 识别服务协同的参与者。
- 识别将要服务使能的功能和流程。
- 定义服务、服务接口以及服务在参与者之间的交换。
- 遵循本章阐述的原则，实现 SOA 和各个服务。

架构建模工作应在总体 MBSAP 方法论的范围内完成，确保所获得的架构具有坚

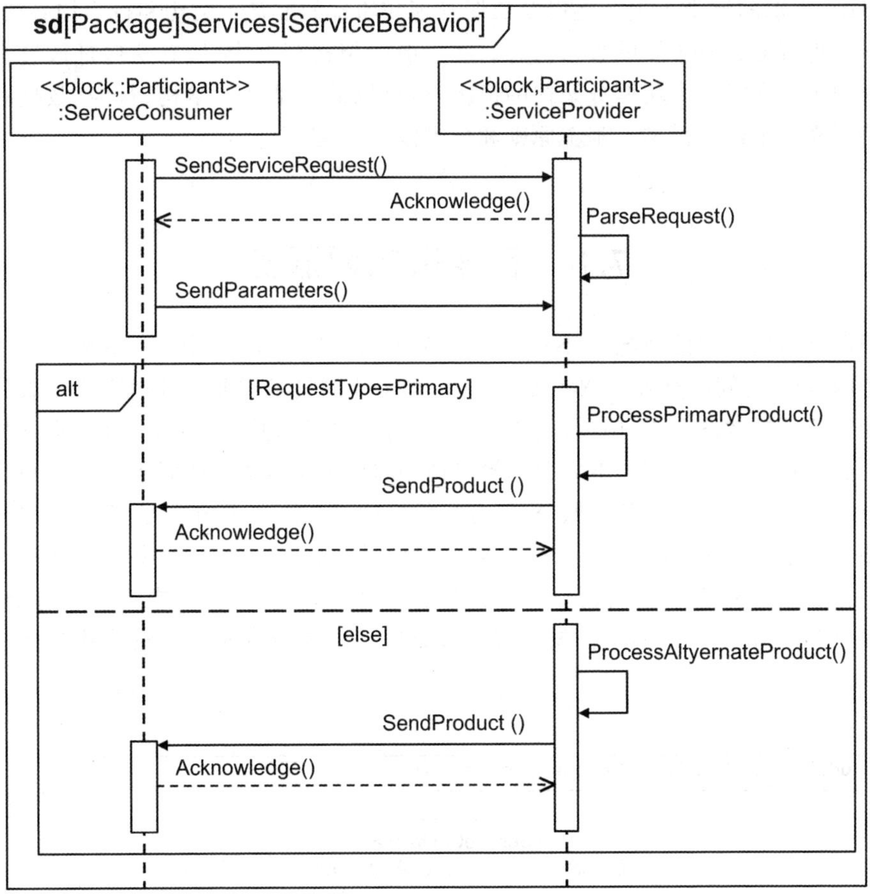

sd[Package]Services[ServiceBehavior]
<<block,:Participant>>
:ServiceConsumer
<<block,Participant>>
:ServiceProvider
SendServiceRequest()
Acknowledge()
ParseRequest()
SendParameters()
alt
[RequestType=Primary]
ProcessPrimaryProduct()
SendProduct ()
Acknowledge()
[else]
ProcessAltyernateProduct()
SendProduct ()
Acknowledge()

图 7.11　具有基本交互的顺序图对服务行为建模

bdd[Package]Services[ParticipantCapabilities]
<<block,Participant >>
ParticipantA
<<ServicePoint>>
Port1
InterfaceDefinition
<<block,Capability>>
Capability1
1
1
<<block,Capability>>
Capability2
<<RequestPoint>>
Port2
InterfaceDefinition

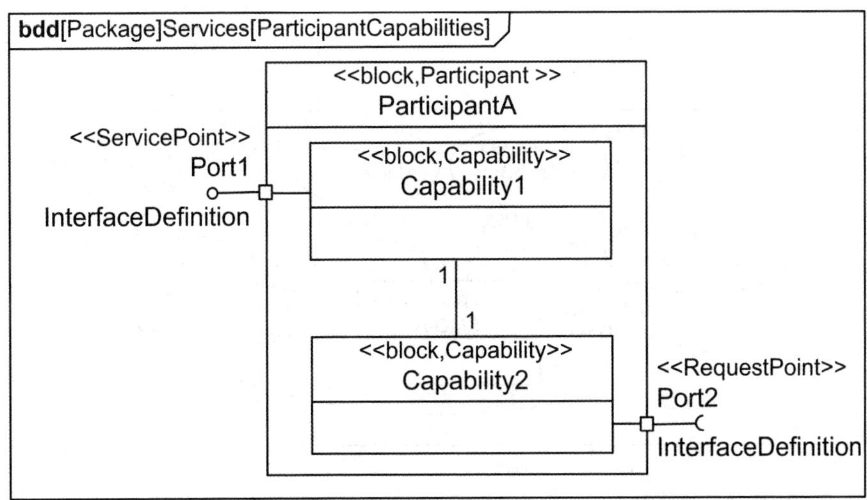

图 7.12　使用内部块图对与参与者相关联的能力建模，并通过服务点给予公开

实的基础、需求的清晰可追溯性以及长期管理和治理的准备。结构和行为均必须建模，服务模型也可能具有重要的数据内容。在一般的架构模型中，所有这些都放置在服务特征视图中。在需要专用服务架构的情况下，可以简单地使用结构、行为、数据和背景环境特征视图来建立模型。基本原则和技术保持不变。

7.8 智能微电网服务

我们可以使用智能微电网(SMG)案例来说明这些 SoaML 技术，特别是微电网与其主电网(PG)之间的交互。图 4.19 中显示数据流的技术和业务数据交换是服务使能的绝佳候选项。在图 7.13 中，我们表示了一个社区架构，其中 SMG 与 PG 电网控制和运行中心以及由一个或多个电力服务提供商创建的 PG 市场交换服务。控制和运行中心以及市场使用市场规划数据服务，服务提供商通过该服务发布数据，例如客户当前和预计的耗电量等。SMG 和 PG 之间的数据交换是双向的，图 7.13 中用一对基本服务对此进行建模。SoaML 调用这种复合服务的组合。对于图 7.13 中所示的每个服务，一个参与者充当提供者并履行“发布”职责，而另一个参与者充当接收者并履行“使用”职责。

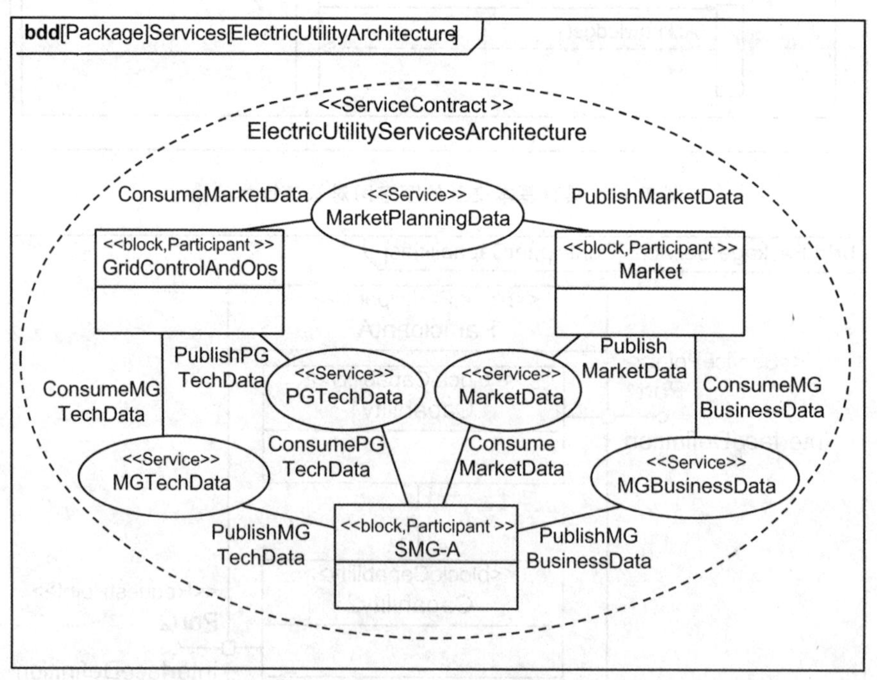

图 7.13 智能微电网 A 和主电网之间，服务使能的数据交换的社区架构

图 7.14 表示了向此基本图片添加详细信息的方法，这只是众多方法中的一种，特别针对微电网技术数据(MGTechData)服务。此处，服务契约位于图 7.13 中声明的两个参与者角色之间。每个角色都由一个服务接口类型化。每个角色都实现了一个数据接口，用于定义要交换的具体数据。服务接口对彼此的数据接口具有 <<Uses>> 依赖性。在图 4.19 中，我们定义了 SMG-PG 交互中涉及的不同电气设施构件的端口。现在，我们可以为这些端口提供适当的 <<ServicePoint>> 和 <<RequestPoint>> 构造型，并且可以给它们附加服务接口规范。然后，该模型将为开发团队提供正确实现服务所需的信息。

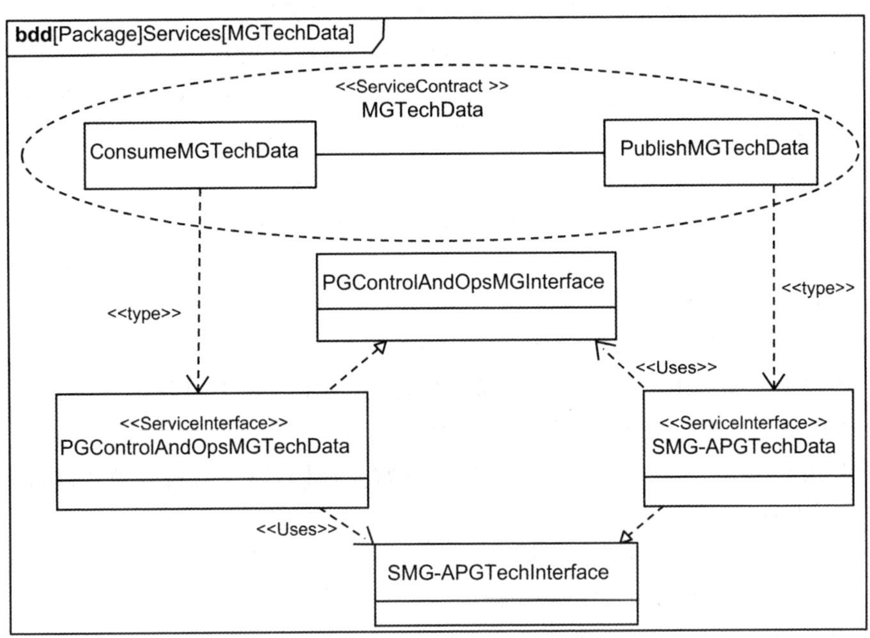

图 7.14 微电网技术数据服务，参与者角色之间的服务契约的详细内容

7.9 总 结

面向服务现在与面向对象一样，已经成为许多信息密集型系统和复杂组织体的既定和首选方法。本章介绍了服务和 SOA 这一庞大而复杂的主题，三个主要目标是：① 展示趋势的本质和重要性；② 显示在 MBSAP 中如何考虑服务；③ 提出一些服务建模方法。这个主题涉及的内容远远超出本章的范围，认真的架构师将会希望了解更深入的内容，特别是当完全支持 SoaML 的工具成为标准时。许多组织维护着支持 SOA 实践的标准和规范，并且发布各种教程材料。在后续章节中，我们将继续阐述应用服务来讨论实时行为、信息保证和其他主题。

练　习

1. 以一家地理位置分散的大型金融服务公司为例,该公司目前使用众多手工纸质流程来开展业务。假设在不同的地点均具有计算机系统,并且这些系统是使用多种硬件和软件技术独立开发的。

① 列出在这些位置进行功能和数据使能服务可以获得的好处。

② 列出将公司转化成面向服务架构时的主要策略元素。

2. 面向服务、服务接口和面向服务架构的概念有何区别?

3. 假设问题 1 中公司的产品是在不同地点通过一系列步骤创建的。说明如何使用编制和工作流来更快、更有效地创建这些产品。

4. 假设问题 1 中的公司在特定地点具有一套信息系统,该系统是在一段时间内使用来自多个供应商的软件产品建立起来的,并且通过互联网与其他公司和客户进行了广泛的交互。参考图 7.4,列出集成主干的哪些功能可以使信息系统作为一个整体更有效地工作。

5. SOA 中协同的常见含义是什么?

6. 参考 7.6 节,列出一些 WS-* 标准和规范,用于问题 1 中公司的 SOA,并说明每个标准和规范对改进复杂组织体流程的贡献。

7. 列出导致 SOA 项目无法实现其目标的常见原因,以及为将失败风险降至最低而应采取的步骤。

8. 针对问题 1 中公司的 SOA 列出一些特征,以便帮助该公司确保有能力应对随着时间的推移而出现的不可避免的变化。

9. 对于问题 1 中的公司,确定业务/任务服务、基础设施服务和数据服务,并利用 7.7.2 小节中的模板分别创建各个服务的描述。

10. 说明 SoaML 中参与者的概念。

学生项目

学生应该基于早期架构建模中创建的服务特征视图,添加本章中介绍的详细信息,包括服务和服务接口的更完整描述、服务相关规范和标准的应用以及所选择服务的结构和行为的 SysML 图。

参考文献

[1] Object Management Group. (2012) Service Oriented Architecture Modeling LanguageTM (SoaML). http://www.omg.org/spec/SoaML/. Accessed 27 May 2017.

[2] Erl T. (2005) Service-oriented architecture: concepts, technologies, and design. Prentice Hall, New York.

[3] Marks E, Bell T. (2006) Service-oriented architecture: a planning and implementation guide for business and technology. Wiley, Hoboken, NJ.

[4] Manes A T. (2006) Service-oriented architecture: developing the enterprise roadmap, ver 2.0. Burton Group, Bloomingdale, Midvale, UT.

[5] Keifer M A, et al. (2008) Acquisition of information services and SOA systems. http://www.afei.org/Pages/default.aspx. Accessed 27 May 2017.

[6] OASIS. (2005) SOA reference model TC. http://www.oasis-open.org/committees/tc_home.php? wg_abbrev=soa-rm. Accessed 27 May 2017.

[7] Barry D K, Dick D. (2013) Web services, service-oriented architectures, and cloud computing. Morgan Kaufman, Waltham, MA.

[8] World Wide Web Consortium. (2004) Web Services Architecture. https://www.w3.org/TR/ 2004/NOTE-ws-arch-20040211/#relwwwrest. Accessed 11 May 2018.

[9] The Open Group. (2017) The SoA source book. http://www.opengroup.org:80/soa/source-book/intro/index.htm. Accessed 11 May 2018.

[10] World Wide Web Consortium. (2004) Web services glossary. https://www.w3.org/TR/2004/ NOTE-ws-gloss-20040211/. Accessed 11 May 2018.

第8章　将架构扩展到实时域

8.1　实时系统的本质特征

在第1章中，我们提出，“实时性”的性能维度是区分基本架构类别的一种非常根本的方法，本章具体讨论实时(RT)系统不同于其他系统的原因。Douglass[1]撰写了很多关于构建面向对象范式的RT系统的文章，并将RT系统描述为正确性主要取决于以下三点的系统：执行的及时性，为确保准时完成执行的任务调度能力，以及在最恶劣运行条件下仍能满足这一调度所要求的总体性能。换句话说，在RT系统中，如果一个结果延迟到达，或者一个动作耗时超出预先确定的时间，则会引起故障，而且这个故障通常很糟糕。RT系统必须在最大允许时间(截止时限)内执行流程并产生输出，作出决策或支持决策，监测和控制分配的资源，以及执行其他时间敏感事项，这些事项的最大允许时间根据受控设备或外部环境的运行特征得出。在允许时间内完成的动作是**及时**动作，而没完成的动作是**延迟**动作。通常，与及时性伴随的是安全与被证实的正确行为的需求——因错误的结果而产生。例如，飞机飞行控制系统对大气湍流或飞行员控制输入的反应太慢，可能会导致发生坠机。

第1章提出了“强”RT系统、“决策/流程”RT系统和“非”RT系统三种类别。本章将讨论前两种类别，但主要强调“强”RT系统类别。术语“嵌入式处理”通常用于这些系统，因为计算是系统的内置元素。还有一种通常称为“弱”RT的系统类别，在这种类别中，轻微或偶尔地超出截止时限可能是可以接受的，尤其是当采用了自动恢复机制时(例如重传丢失的消息)，或系统**平均**满足以及按照某种其他准则满足截止时限要求时。例如，设计中具有数字式的内外回路的设备控制器，可能内回路按照严格的强RT准则设计，但外回路的规则可以不是那么严格。

图8.1表明一个相当详尽的RT分类，该分类基于多年来在RT系统工程中使用的多种方案，其中包括4个层级的RT行为以及每个系统类别的示例。此方案增加了“适中的”RT类别，与强RT相比，延迟的灾难性较小，而与弱RT相比，延迟的灾难性较大。一些系统类型跨越两个RT层级，体现了每个RT层级的一些特征。通过列出一些将RT与更大的、更熟悉的非RT系统区分开来的关键因素，可以使这些关于实时性的最初一般性概念变得更加明确。以下是其中一些重要的区别：

- RT进程有**截止时限**，超过这些时序约束将导致不利后果，包括任务失败和灾难性损失。

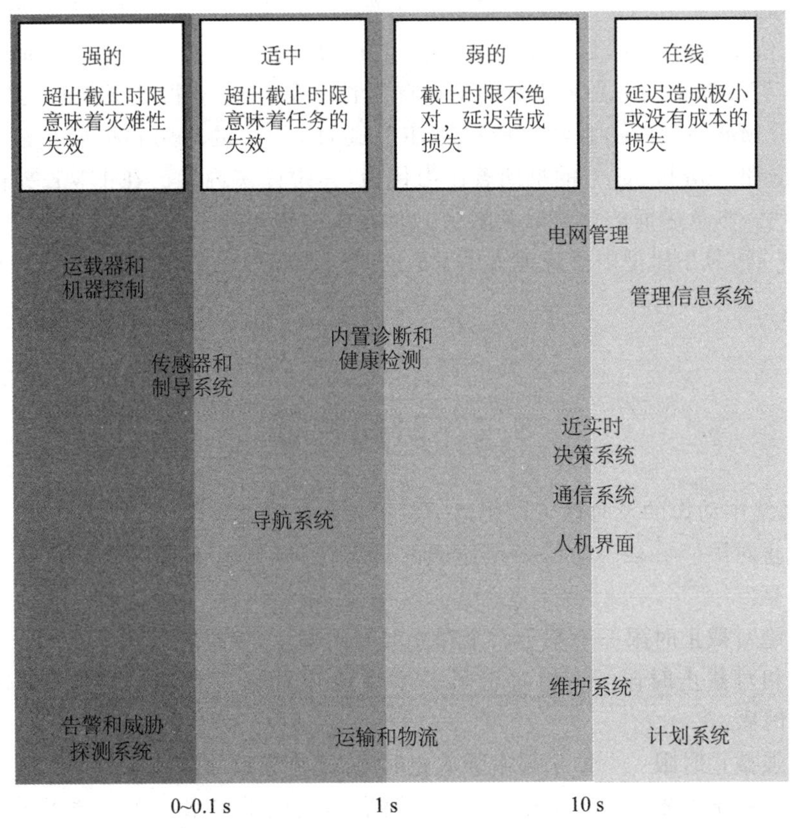

图 8.1　实时类别谱系及其对应系统示例

- RT 系统运行必须是**可调度的**且**确定性的**，以便进程能够按照策略或规则集合执行，并且可以提前确定和知悉执行的时序。
- RT 系统通常由**事件或时间驱动**，因为其与受控资源或外部环境交互运行，而不是非 RT 系统中常见的由数据驱动。类似地，这些系统常常需要在内部和外部确保并发进程的同步。因此，事件、信号、响应、动作和时序是 RT 系统架构模型的基本元素。
- 可能需要 RT 系统来实现一个或多个**服务质量**(QoS)策略，涉及及时性的确保、优先级的确定、结果的准确性以及设计人员和用户规定的其他正确运行度量。
- 强调 RT 性能需求的系统，通常以**实时操作系统**(RTOS)为基础，RTOS 与非 RT 系统或复杂组织体中的通用操作系统在本质上是不同的。实际上，RT 软件开发通常更加困难，因为开发活动受到各种约束，而且代码中会出现错误。
- 虽然严格来讲，这些系统不是 RT 操作的一个方面，但由于涉及关键操作，这些系统通常具有严格的**安保性**和**安全性**需求。

RT 系统的示例包括机器和工业流程控制，空中、地面和地下或水下运载器制导系统,用于传感器、通信和其他 RT 子系统的控制器,以及用于仪器的嵌入式控制器。显然,在整个信息技术行业,涉及的这种应用比非 RT 系统更少。这章只是简要地介绍 RT 系统工程师和架构师必须应对的重要特征和问题,若想获得更深刻的见解,建议读者阅读这一领域的大量出版物。特别是,RT 域的 UML 的应用和扩展已经历了许多年,以 Selic 和 Rumbaugh[2] 的早期著作为代表,其中许多内容已在 UML 2 和 SysML 中得以成熟。本章后面的章节以及附录 D 涉及实时嵌入式系统建模与分析(MARTE)的 UML 扩展,为在模型中正规地表示 RT 的时间、资源、调度、性能和其他方面提供了现行基础。

8.2 时间特征

RT 系统中动作的及时性可以用以下各种参数来描述。

- **截止时限**——某一动作必须达成的最大允许时间(或最后时刻),截止时限可以是:
  - ◇ **绝对截止时限**——基于一个独立的时间度量,如时钟。
  - ◇ **相对截止时限**——相对于另一事件或进程来度量,或者用来描述弱截止时限。
  - ◇ **强截止时限**——如果超出强截止时限,则将导致故障。
  - ◇ **弱截止时限**——表示在统计学上(例如,按照平均水平或按照指定的概率密度函数)可以满足的或者可以允许少许若干次违反期望的时间。
- **动作优先级**——本身并不是一个时间值,但是在多个动作竞争共享资源时应用,并用于调度其执行,以便最有效地使用共享资源,并使超出截止时限的影响达到最小化。
- **显式时间参数**——可以包括:
  - ◇ **开始、停止和持续时间**——与进程执行相关的时钟值。
  - ◇ **就绪时间**——进程已就绪或符合条件来执行的时刻。
  - ◇ **阻塞时间**——某一动作在等待获得所需资源时,被阻止执行的时间。

进程时序通常与 RT 系统响应的事件有关,从而与传递此类事件的消息或信号的到达有关。根据系统的本质特征及其运行模式,事件可能是周期性的,例如具有预定的执行频率,也可能是非周期性的或随机的,例如由系统内部或外部不可预测的情况而出现的事件。描述随机事件消息到达模式的特征可能很重要,以确保系统的性能足以满足截止时限要求。参考文献[1]等资料更详细地讨论了这些方面。

在许多情况下,系统时间是由时序装置定义的。这种装置通常是一个时钟,对一个基于时间的采样并产生与特定时刻相关的时间值。时钟还可以输出一连串的"节拍",每个节拍代表某种基本时间增量的流逝。RT 系统通常具有内部时间基准,也可以使用外部时间源直接获取时间值或同步内部时钟。一个常见的例子就是利用来自全球定

位系统(GPS)的时间,纠正系统时钟中的累积误差。模型中需要考虑的一些时序装置特征包括:

- **现行值**——装置报告的时间从某个起点开始经过的时间(也称为度量时间)。
- **参考时钟**——以某种方式与装置相关的时间源标识。
- **起点**——某一明确确定的时间事件,代表装置开始测量时间的初始时刻。
- **最大时间值**——当前报告值不可超过的最大指示时间。时钟通常被设计成在达到最大值时"滚动",从起点开始重新测量,并可能在这种情况下产生事件或误差。
- **分辨率**——机制能够识别的最小时间间隔,是装置的精度。
- **稳定性**——机制以恒定的速度测量时间推移的能力。
- **偏移**——机制跟踪参考时钟或其他公认的时间源或标准的程度的度量,在本质上是装置的准确度。
- **漂移**——偏移的变化率。

8.3 事件、线程和并发

理想情况下,将为给定的时间敏感进程分配一组专用资源,然后对这些资源进行调整,以确保满足所要求的性能和时序要求。但是,这在实际系统中通常是无法承受的,因此多个进程必须在共享资源上执行,这些资源通常称为"执行平台"。反过来,这意味着需要一些方法来优化其调度,归结起来就是将单个进程分配给特定资源并确定其执行的顺序和时序。RT 系统开发中的关键问题之一是要确保"可调度性",这意味着要保证可以在所有运行条件下使用可用资源,并在截止时限内执行所有进程。

无论是使用相同的还是不同的资源,进程都必须经常同步,这通常利用通过消息进行交换的事件来完成。一个块中生成的事件可能会触发另一个块中的操作或状态之间的转换。例如,可能会生成一个事件来响应某个状况的出现,比如检测到故障或接收到新的紧急任务。该状况可能要求中断当前正在运行的进程,以便立即执行当前具有更高优先级的另一个进程。事件的发送和接收可以是同步的,也可以是异步的,并且必须在调度中考虑到所得的事件模式。例如,需要确认回应的同步事件可能会挂起所有系统功能,直到接收响应为止。另一种事件模式可能源于周期性事件的发生。进度分析必须考虑处理事件所需的有限时间和其他开销,例如在计算机中切换进程的时间。事件生成和处理是许多 RT 系统中总体时序的关键元素,RT 执行平台必须提供生成、传播、接收和响应事件的机制。

到目前为止,系统行为的一个单位被称为进程,而其他常用的术语是**线程**和**任务**,特别是在 RTOS 背景环境中。MARTE 的扩展使这些概念更加正式和准确。任何复杂系统都可能是多线程的,即支持在一个或多个执行平台上运行的并发进程。在这种情况下,系统执行的基本单位是线程或任务,主要的挑战是确保这些线程或任务能够按照"调度策略"进行调度，以便都能满足截止时限要求。在 UML 中，特别是关注点在软件上时，线程由主动对象（Active Object）所拥有，并由与线程行为相关的对象组成。SysML 模型使用块和块实例来完成相同的工作。在 RT 系统中，仔细定义线程、建立有效优先级并优化调度，对于系统满足所有截止时限要求的能力至关重要，同时又不会因为资源利用率低而产生过多的成本。

对线程进行标识和建模的基本方法，与我们在第 4 章和第 5 章中讨论的相同。并发性在活动图和顺序图中很容易显示。然而，RT 设计需要特别注意系统行为的一些特定方面，包括：

- 任务之间的资源竞争产生了高优先级任务拒绝低优先级任务访问共享资源的可能性；另外也产生了低优先级任务阻断资源，从而阻止高优先级任务执行的可能性，即所谓的"优先级倒置"。
- 当任务具有相互依赖性时，可能需要任务同步。交互线程需要一种方法来协调控制和交换数据，这意味着在等待另一个输入时，一个任务可能被阻滞（阻止继续执行）。这种通信可以使用事件或其他信号，通常称为"交会"，并可将交互块之间的关联也建模成块，并附在对应的关联之上。这种关联块处理先决条件、先决条件未满足时的响应、数据共享以及交会的其他方面的内容。Douglass[1] 在其机械设计章节中给出了一种交会设计模式。
- 在存在并发的情况下，必须确保总体可调度性，包括系统活动和任务瞬时激增的可能性。任务负载变化幅度大的任何系统，都必须在资源容量和时序上具有足够的余量。这一内容将在后面的章节中进一步讨论，重点是对模型进行注释，以允许对可调度性或性能进行手动或自动分析。

8.4 E-X 案例中的实时性

在继续讨论 RT 建模之前，用 E-X 案例来说明到目前为止介绍的概念，可能会有所帮助。图 4.6 和图 4.7 中的传感器和外部通信及网络域包含 RT 资源。图 8.2 所示是一个 IBD，显示了 3 个 E-X 传感器通过 RT 传感器接口块进行通信，该接口块负责数据缓冲、时序与控制、消息转换，以及允许传感器通过局域网与传感器管理域相互作用等的任何其他方面（见 6.3.3 小节）。网络接口可建模为一个端口，该端口针对来自传感器管理域的传感器控制消息具有请求接口，针对传感器数据具有供给接口。3 个传感器的接口都有详细接口规范的简要占位符注释，例如，将按照美国国家图像传输格式标准 2.1 版（NITF 2.1）等标准提供雷达图像。

传感器及其相关电子设备的 RT 行为受到许多因素的驱动，包括各种感知机制的物理特性、飞机运动的动力学特性、处理收集能量的可用时间以及执行传感器任务的所需响应时间。例如，EO-IR 传感器转塔通常具有稳定性，以确保图像和视频在飞机机动、大气湍流或其他干扰条件下不至于模糊。转塔必须能够在与飞机运动相比非常短

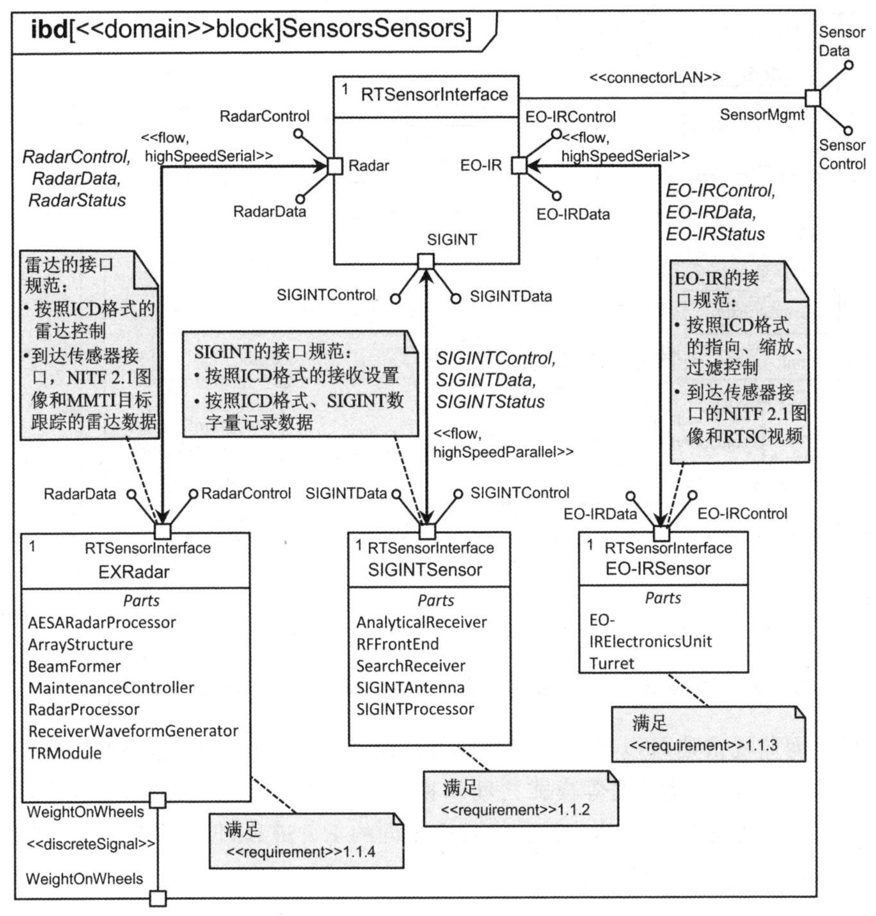

图 8.2 E-X 传感器，通过传感器接口与 E-X 系统的其余部分交互

暂的时间内，对这些不可预测的运动进行检测和补偿。附加的截止时限适用于雷达波束形成、SIGINT 接收器调优等许多其他进程。传感器包含采用 RTOS 的嵌入式处理器，传感器接口块负责允许该 RT 嵌入式处理系统与传感器管理域中的非 RT 软件之间的交互，这些交互在计算基础设施域中的资源上执行。

图 8.3 重复了第 5 章的图，通过将雷达分解成组成雷达的航线可更换件（LRU 或“黑匣子”）并显示关键接口，进一步提高了结构详细程度。在该案例中，雷达采用具有 4096 发射/接收模块的有源相控阵雷达（AESA）。该雷达具有用于波束形成计算的嵌入式处理功能（以便确定每个模块在每个发射/接收周期中的相位设置，从而创建并瞄准所需的波束），并具有波形合成、信号和数据处理以及各种雷达控制和维护功能。成本较低的（也是性能较差的）E-X 设计可能使用具有独立发射器和接收器盒的万向节反射器天线。无论在哪种情况下，雷达都会计算并合成适当的波形，生成天线和 RF 电子设备的控制信号，检测并过滤反射的目标能量，将这些信号转换为数字数据，执行信号和数据处理，并创建包含所需信息（例如目标跟踪轨迹或图像）的报告。

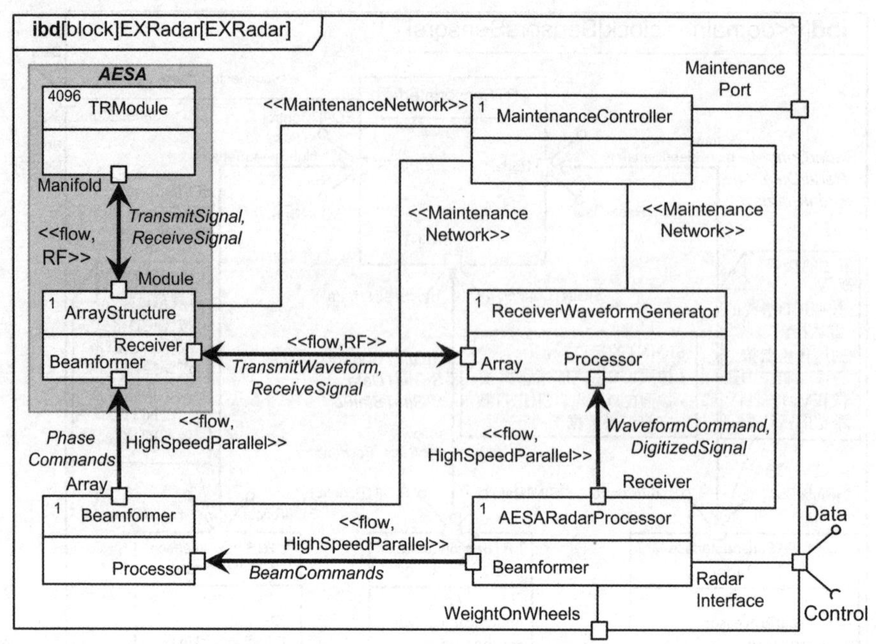

图 8.3　使用块图对 E－X 雷达的基本系统建模，与流端口和维护网络连接

多模地面监视雷达可以在移动目标指示(MTI)、合成孔径雷达(SAR)成像、逆合成孔径雷达(ISAR)运动检测等模式之间切换。这需要快速、复杂的 RT 调度，以配合已列出的高性能处理任务。其他传感器具有不同的 RT 进程，但在调度、传感器控制以及信号和数据处理方面将面临类似的挑战。

图 8.3 说明了一些模型中需要包含的非常重要的附加特性以及本章其余部分的一些关键点。雷达处理器通过单独的代理端口接收离散信号，例如轮载信号，该信号会导致发射器受到抑制，从而防止飞机在地面上时出现发射大功率 RF 安全隐患。图中还有一个维护控制器，该控制器监测雷达各个元素中的内置诊断，并通过自带接口支持维护和健康数据记录。由于这些任务对于雷达行为而言并非必不可少，因此维护控制器很可能按照弱 RT 标准进行设计。

8.5　实时需求

良好的架构始于良好的需求，在 RT 系统领域尤其如此。开发运行视图的基本流程与第 4 章所述的相同，但 RT 引入了额外的考虑因素。RT 架构师在开发需求、用例、域、域服务、概念数据模型和任务线程时应注意以下几点。

- **性能**——也许最为明显，与系统性能有关的任何时间敏感方面的需要都要全面地规定。非 RT 系统需求通常写成“系统应能够执行某项功能”，而 RT 系统可能在功能执行时间、交付输出物时的延迟、每个时间间隔的任务执行次数等方面具有定量的约束。这可能会因为客户性能需求不完整而变得复杂,而且这些需求甚至缺乏内在的一致性,需要仔细分析并与利益相关方进行良好沟通,以应对所需的修订。

- **需求分析**——通常更强调早期性能建模和时序分析,以确保考虑到所有方面,并确保初始系统分区和任务线程与需求一致。在实践中,许多(也许是大多数)时序需求将通过推导得出,而不是由客户明确指出,随着LV设计工作的进行,我们发现了系统设计和性能的微妙方面,因此可以预期对需求基准进行频繁更新。如果客户没有提供完整且适当的运行场景来支持需求分析和细化,则开发组织可能需要填补这一空白并与客户协调结果。在这种情况下,时间和性能分析(包括仿真)在细化和验证详细的时序和性能需求时通常非常重要。
- **架构建模**——在RT架构建模中,具有时序功能的行为图要比非RT系统的行为图重要得多,因为需要记录时序细节。我们已经注意到其在开发、分析、细化和协调RT需求方面的重要性。活动图在显示并发线程执行方面很有用,例如,利用泳道来为具有并行行为流的各个执行平台建模,这些行为流可以利用事件来同步。前面的章节指出,时序可以在顺序图中显示。在阐述RT用例时,顺序图可能比活动图更有用,因为顺序图允许时序分配和分析,并可以将状态不变量作为与状态机图的链接。SMD对于时间敏感行为分析也很有价值,因为SMD可以包括时间操作符(如流逝的时间和时钟节拍),并允许对事件和消息的反应进行详细建模。前几章以及附录A和C中有更多的示例。
- **功能和需求分配**——将时间敏感功能谨慎地分配给系统组件是RT调度挑战的核心,并可能对满足RT需求的难度和成本产生重大影响。例如,与传感器相关的RT处理通常分为信号处理器和数据处理器,前者用于复杂算法的高吞吐量计算,而后者用于更通用的调度和控制功能。典型的分配决策涉及处理器(执行平台)的选择,应将处理链中的各个步骤分配给这些处理器(执行平台)以获得最佳的总体性能。分配过程与持续的需求分析协同工作,以优化系统设计。
- **外部接口**——RT系统可能会参与到涉及外部系统和资源的时间敏感进程中。接口标准、安保性以及与外部环境交互的其他方面也可能存在重大问题。基于非RT原则构建的Web服务等接口往往不能满足RT系统的需要,但是可以使用其他更高效、更确定的服务模型。
- **安全性**——RT系统通常是安全关键系统,而且需求必须同时包含总体安全需求(如要应用的标准)和与系统在预期环境中的安全操作相关的特定需求。8.9.2小节中有关于此主题的更多内容,包括主要安全标准的基础。
- **服务质量(QoS)**——在需求中包含系统为了在大型复杂组织体中正确执行,而必须满足的任何QoS参数是特别重要的。如第7章所述,在提供某种产品或服务的资源与客户端或使用者之间,存在契约的等效物,且资源的QoS参数必须满足或超出客户端的需要。在 RT 系统中，三个最重要的 QoS 特征是时间、可调度性和性能。其他 QoS 特征可以包括准确性、正确性、策略合规性等。这是 RT 建模和分析的中心概念。

8.6 实时系统建模：UML 扩展的实时和嵌入式系统建模与分析(MARTE)

RT 建模的最初 UML 形式是由对象管理组织(OMG)[3]开发和维护的，用于**可调度性、性能和时间(SPT)**的 UML 扩展，通常称为实时扩展。

最近，OMG 发布了 MARTE 扩展[4]，代替了 RT 扩展，并为建模过程增加了严格语义和增强语义。该扩展及其附件共有 750 多页，附录 D 只总结了扩展的要点。本章和附录 D 只能强调 MARTE 的关键特性，想要了解 RT 设计、分析和建模的读者应参考扩展的全文。还应该注意的是，MARTE 及其前身都关注 RT 软件的执行，主要关注调度将在执行平台上运行的应用程序软件任务。一般来说，RT 行为还包括通信延迟、作动器响应时间、设备加速和减速，以及在受截止时限约束的端到端时间线中可能很重要的许多其他物理现象。这些因素通常很容易包括在模型中，作为流程流或场景中的定时步骤。

任何 RT 建模方法(包括 MARTE)都必须处理有关 RT 系统及其性能的某些方面，如下：

- **模型元素**——模型内容的一个单位，可以是一个分类器，例如块或实例(见第 2 章)。建模方法必须支持各种内容的表达，特别是各种各样的资源，这在 RT 分析和设计中非常重要。MARTE 为硬件和软件实体及其特征以及下面列出的其他类型内容提供了广泛的建模规定。
- **资源**——表示系统中的物理实体或逻辑上持久的实体的模型元素。资源提供了一种或多种服务，如计算、存储、通信或控制，通常以所具备的能力和其他特性(如可靠性、安全性和安保性)为特征。
- **服务**——由资源(以服务器的角色)提供并由客户端或使用者调用的能力或值，这与第 7 章的定义一致。
- **时间**——RT 分析的核心元素。该策略必须支持对 8.2 节中介绍的时间的关键方面进行建模，包括允许的时间值表达形式、各种预定义的事件到达模式(包括常见的概率分布函数)和时间标记；建模还必须考虑装置(如本章前面讨论的测量并报告时间值的时钟)的特性。
- **行为**——另一个核心元素。该策略必须支持对系统在 RT 约束下的行为方式进行建模，这些约束包括简单和复杂的动作、场景和事件，以及并发性、因果关系和许多其他方面。在 MARTE 中，行为建模的重点放在了 RT 软件上，并从因果关系开始，因果关系指定事项在运行时如何发生，并为运行时语义奠定了基础。

- **分配**——进程(尤其是软件应用程序)与资源(尤其是执行平台)相关联的方式,策略必须在建模中考虑到资源。MARTE 扩展规范指出,将功能应用程序元素分配到可用资源(执行平台)是实时嵌入式系统设计的主要关注点。
- **可调度性**——已知的、系统能够在截止时限内执行所有任务的程度。策略必须支持常用的可调度性分析方法,包括任务优先级、资源利用率、阻塞行为、最坏情况下的任务完成情况,以及决定一组任务能否成功调度的其他因素。
- **性能**——类似地,性能是已知的、系统能够满足性能需求的程度。策略必须支持系统性能参数的分析,以确保系统能够满足其需求。
- **服务质量**——已知的、系统能够满足 QoS 需求的程度。策略必须支持前面描述的 QoS 参数分析,以确保对客户端做出令人满意的服务响应。与资源及该资源提供的服务相关的 QoS,可能包括线程时序的分配、资源管理功能的策略分配、提供服务时涉及的所有资源的调度、性能的预测和度量、资源加载以及余量,还可能包括其他方面,例如通信可靠性和交付给定级别 QoS 的成本。OMG 发布了一个 UML 扩展,用于对 QoS 和容错特征及机制进行建模[5]。

MARTE 最常见的用途是将构造型和约束合并到模型中,以便定义和记录系统的 RT 方面。在撰写本书时,MARTE 刚开始得到建模工具的支持。因此,其可能在非自动提供这些特性的工具中,创建构造型、手动插入约束或者将 MARTE 内容添加到模型中。单个工具将提供各种方式来包含 MARTE 内容,因此,模型图将根据所用的工具而有所不同。下面是几个说明性的示例,图 8.4 所示为一个用约束进行注释的典型图。这些示例仅仅触及了 MARTE 的表面,若想认真使用该扩展,则需要仔细研究整个规范。对于基本的 RT 建模,附录 D 旨在提供足够的信息,以帮助您入门。

- 系统元素可以构造型化为 <<ComputingResource>>、<<CommunicationsMedia>>、<<StorageResource>>、<<DeviceResource>>、<<SchedulableResource>> 和 <<MutualExclusionResource>> 等。通常使用{speed - Factor = <value>}、{capacity= <value>}或其他“参数/数值对”形式的描述性约束来进一步定义资源。这些资源描述在结构图和行为图中都是有效的。
- 状态机图中的状态可以构造型化为 <<mode>> 并转换为 <<modeTransition>>,以明确表明模态行为。
- 可以使用诸如 <<GaWorkloadBehavior>> 之类的构造型来识别用于支持涉及并发流的工作量分析的活动图,以表明其被 MARTE 的通用定量分析建模(GQAM)子扩展所涵盖。GQAM 为行为建模奠定了基础。使用活动图表示一项的工作量,代表并行行为(流)的泳道将标记为 <<SaEndToEndFlow>> <FlowName> {<Constraints>},其中 <FlowName> 是给定流的唯一标识符,且一个典型的约束将是一段端到端的持续时间,如{endToEnd =(<value>、<units>),例如(5,ms)。在由事件启动流的典型情况下,事件将被标记为 <<workloadEvent>> <EventName> {<Constraints>},并且约束可以指定诸如事件到达模式或其他时序之类的内容。

● 顺序图可以构造型化为 <<GaScenario>>，以表明其对 GQAM 行为场景进行建模。然后，可以像描述任何资源一样，使用各种 MARTE 构造型和相关约束来描述图生命线的对象，而图中的消息和持续时间可以具有构造型（例如 <<saStep>>、<<saCommStep>> 和 <<saRelStep>> 等）以及常规动作和相关约束（例如{execTime=(<value>，max)(<value>，min)}），以表示出执行该动作的允许时间限制。

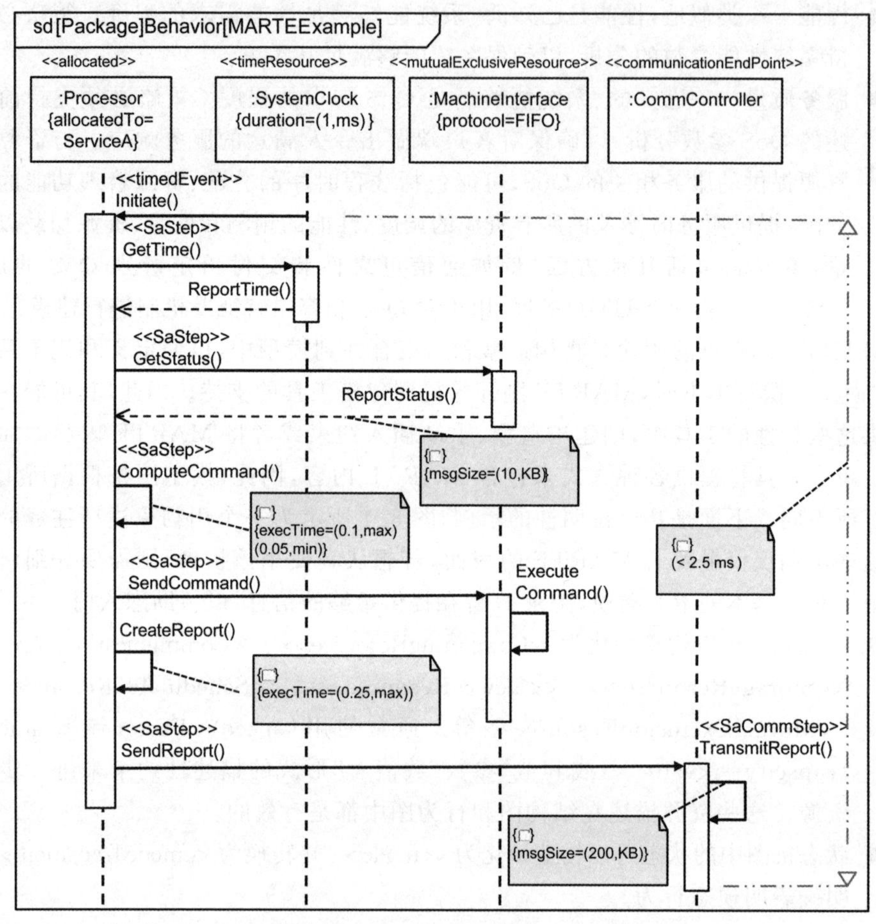

图 8.4　适用于基本顺序图的典型 MARTE 扩展内容

图 8.4 所示是一个简单的顺序图，表示一些常见的 MARTE 内容。GQAM 中的 <<Step>> 构造型识别了行为的增量，通常是与消息相关联的动作。该构造型可以进一步细化为 <<SaStep>>，添加可调度性分析建模（SAM）子扩展中与可调度性相关的属性；当行为涉及到通信动作时，该构造型可以进一步细化为 <<SaCommStep>>。流开始于来自系统时钟的一条 <<Timed Event>> 消息。将图生命线标题处的块实例构造型化为各种资源类别，其中一些类别具有声明重要特性的约束。图 8.4 中的约束说明

了诸如最小和最大允许执行时间以及消息大小之类的内容。整个图的常规时间间隔表明,端到端时间不能超过 2.5 ms。

8.7 可调度性

如前所述,一旦决定将时间敏感功能分配给资源,确保可调度性通常就成了 RT 系统设计中的主要挑战。MARTE 扩展详细讨论了分配和调度的各个方面。本质上,RT 进程和应用程序被分解为作业或任务(通常打包成线程来执行),这些作业或任务被分配为在指定的时间间隔内在资源(如执行平台)上执行。在最简单的情况下,例如嵌入式微控制器在单个资源上处理单个进程,则不需要任何调度——软件运行的速度与硬件支持的速度一样快。

更常见的情况是,在复杂的系统中,多个进程或软件应用程序会竞争地使用共享资源。当必须将多个并发线程分配给执行资源,并确保即使在最坏情况的系统运行条件下也要满足截止时限时,设计将包括调度器。这是一种实现调度策略的资源代理。调度策略是一种确定任务执行调度顺序的方法。调度策略基于一项或多项最优性标准与一种调度算法的组合,该算法试图根据这些标准优化调度。

早期的 RT 系统使用简单的调度算法,例如循环执行算法,其中作业在预定的周期性时间线上运行。现代调度算法在资源使用效率以及稳定性和对动态条件的响应能力方面都有很大的提高。常见的例子包括单调速率调度(RMS)算法、截止时限单调调度(DMS)算法、最小松弛度(LL)算法、最大紧急度优先(MUF)算法和最早截止时限调度(EDS)算法。一个复杂的调度器可以实现多个算法。Douglass[1] 从合理性、复杂性、响应性、稳定性、鲁棒性和可预测性等方面详细描述了调度策略。Sha、Rajkumar 和 Sathaye[6] 在 1994 年发表了广义 RMS 的摘要,至今仍是有价值的参考文献。

我们可以通过对 RMS 进行简单描述来说明调度计算,RMS 是最广泛使用的调度算法之一,并且得到各种工具的支持。RMS 适用于时间驱动(周期性)的任务。顾名思义,RMS 将调度优先级作为给定任务或作业需要执行的频率的函数进行分配,并根据任务关键程度进行加权。因此,该算法将任务优先级分配为

$$P_i = C_i / T_i \tag{8.1}$$

式中:P_i 是第 i 个任务的优先级;C_i 是为任务分配的重要程度或关键程度参数;T_i 是任务执行周期或截止时限(以较短者为准)。如果任务是独立的(非阻塞的),则可以保证基于 RMS 的系统在以下情况下是可调度的:

$$\sum (E_i / T_i) \leqslant n(2^{1/n} - 1) \tag{8.2}$$

式中:E_i 是第 i 个任务的执行时间;E_i/T_i 是第 i 个任务的利用率参数,即任务必须执行以满足截止时限的可用时间的必要部分。如果任务可以相互阻塞,则不等式的左边必须包含最坏情况下的阻塞时间,但结果是相似的。这些都是很严格的条件,实际上,即使没有完全满足条件,系统也可能是可调度的。如果完全符合这些条件所需的资源

是昂贵的、不可靠的或不需要的，那么使用建模进行研究可能是很重要的。

对于根据单调速率算法、截止时限单调算法或其他算法给定的任务优先级，执行引擎的资源管理器必须加载和运行任务，包括在高优先级任务就绪时抢占正在运行的任务。必须确保设计任务不会造成彼此数据的失真，必须确保低优先级任务不会因为不允许运行而陷入“搁浅”，并且必须在资源利用方面具有足够的余量，而不会因为“渲染”而产生过多的成本。

调度可以是静态的，这意味着调度是在系统设计期间确定的，并应用于所有场景；也可以是动态的，根据不断变化的运行优先级或环境进行调整。RMS 等熟悉的算法是静态的。动态调度也称为基于价值或效用的调度，并根据评估情况的某个函数周期性地重新计算调度优先级。例如，当系统处于不同的状态或业务流程或任务的不同阶段时，任务优先级可能会非常不同。可调度性是远非本章能够充分处理的一个复杂主题，并且其还是一个活跃的研究领域，以便在 RT 约束下找到更好的资源优化利用方法。

作为一个简单的示例，表 8.1 描述了在共享处理器上运行的五个任务或线程。每个任务或线程都有一个已知的或估计的执行时间 E_i，并需要按照周期 T_i 来循环执行。利用率和优先级值通过式(8.1)和式(8.2)来计算。截止时限通常比任务周期短一些，利用率值就是 E_i/T_i 的比值。重要程度参数 C_i 是根据任务对系统功能的重要性或错过任务截止时限的后果等因素分配的。根据分配的重要程度和执行频率($1/T_1$)，任务 1 显然是最重要的。其他任务的优先级也是以同样的方式计算的。动态调度器可以在运行 RMS 算法之前修改调度周期的 C_i 值。根据公式(8.2)可以计算出表示保证可调度性的最大总利用率，其结果如表 8.2 所列。

表 8.1　单调速率调度算法示例

任　务	执行时间，E	周期，T	截止时限	利用率	重要程度，C	优先级，P
1	0.1 μs	0.2 μs	180 ns	0.5	10	50
2	0.15 μs	0.5 μs	0.45 μs	0.3	8	16
3	0.2 μs	1.0 μs	1.0 μs	0.2	5	5
4	0.3 μs	2.0 μs	1.8 μs	0.15	2	1
5	0.5 μs	3.0 μs	2.5 μs	0.17	1	0.3

表 8.2　最大资源利用率

任务数量	最大利用率
1	1
2	0.828
3	0.780
4	0.757
5	0.743

随着任务数量的增加,可调度的累计利用率会下降。通过这项简单的分析,可以保证任务1和任务2是可调度的,因为它们的累积利用率是0.8,小于0.828的限制。从任务3开始违反了标准,所以低优先级的任务不太可能在截止时限之前完成。分析表明,该系统需要额外的或升级的处理资源,以确保所有的任务将是可调度的,有足够的余量,特别是在任务负载繁重的瞬态条件下。更快的处理器将缩短执行时间,使一切变得更好,尽管成本可能会增加。另一种方法可以将任务分配到两个处理器上。

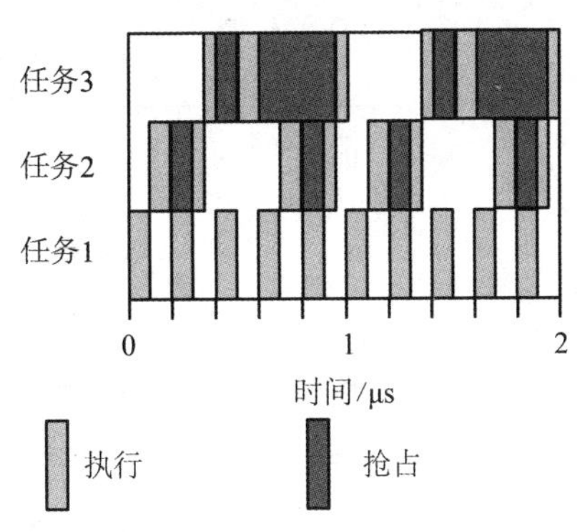

图8.5 表8.1中任务的时序分析(见彩图)

图8.5所示为表8.1所创建情况的基本时序分析。该示例采用了一种抢占式调度技术,在该技术中,高优先级任务通常通过在下一次周期性执行时做好运行准备,将低优先级任务的执行挂起。图8.5证实了公式(8.2)的预测,即任务1和任务2总能满足截止时限要求。此外,任务3也能满足截止时限要求,尽管没有充裕的时间,并且假设调度器和操作系统完全有效地暂停和恢复任务。这说明了一个事实,即公式(8.2)在可调度性方面计算了一个非常严格的限制,稍微超出预测值的任务仍然可以满足截止时限要求。然而,任务4和任务5甚至从来都未能启动过,因为从来没有高优先级任务不执行的时间窗口。如果允许任务阻塞执行引擎,直到任务运行完成,则情况会更糟,甚至连任务1有时都会超出截止时限。

作为解决此问题的一种笨拙的计算方法,我们假设装载这五项任务的共享处理器的吞吐量增至四倍,将执行时间缩短至四分之一,而其他参数保持不变,结果如图8.6所示。现在,这五项任务都能满足截止时限要求,具有足够的余量,并且只在最低优先级任务的执行中出现很少的抢占。然而,图8.6还显示了处理器的大量空闲时间,因此几乎可以肯定,这是昂贵的过分之举。最优设计可能涉及对额外计算资源的较少投入,或者将额外的任务分配给这个执行平台,可能包括后台处理任务,如内置测试和系统监测。

前面提到的RT调度中的一个经典问题是优先级倒置,在优先级倒置的情况下,低优先级任务通过锁定资源来阻止高优先级任务的执行。有一些已知的技术可以防止或尽量减少这种情况,例如优先级上限协议。在现代RT架构实践中,通常的方法是开发和注释架构模型,以便使用确定可调度性的工具进行分析,并突出需要进行细化以满足系统需求的领域。

一个相关但截然不同的问题是系统性能分析,针对这一目的,MARTE的性能分析建模方面的子扩展集提供了模型注释的构造型和标签。性能分析主要应用于"best-effort(尽力服务)"或弱RT系统,主要关注系统结果的统计测度。性能通常根据服务调用的响应时间、资源利用率和余量、任务吞吐量或任务队列服务率等参数进行描述。该分析旨在确定瓶颈,这些瓶颈限制了执行场景的一组资源的总体性能。所有这些参

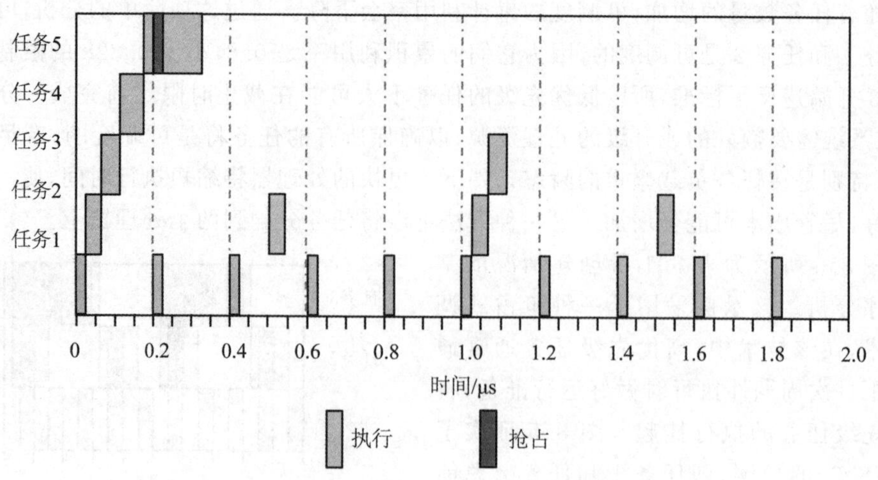

图 8.6 处理器吞吐量增至四倍所反映的时序分析(见彩图)

数可能都具有统计特征,至少在平均值和最坏情况值方面是如此,并且一旦物理系统实现可用,就可以将其与测量数据进行比较。两种主要的性能分析方法是排队模型和仿真,这两种方法可以使用一些工具来模拟架构模型或物理模型,其中的模型表示计算机和网络等资源的实际行为。

随着 MARTE 扩展的使用越来越广泛,预计将会有一些工具可以读取或“解析”带注释的模型,并对可调度性和性能进行自动分析。对于 RT 扩展来说,此类工具已经存在。在工具中适当地实现 MARTE 扩展是在构建和分析架构模型时应用其元素(构造型、模型等)的基本元素。实际上,实践型的架构师可能主要在符合扩展的建模和分析工具方面遇到扩展。许多工具供应商都有与主流架构建模工具集成的、用于速率单调分析等工作的产品[7]。在 UML 中对 RT 建模的细化仍然是一个活跃的研究领域。一个典型的示例是 Grafs、Ober I 和 Ober J[8]的一篇论文,他们提出了一种名为 OMEGA-RT 的扩展,该扩展将事件视为表示状态变化的瞬间,并表示事件发生之间的持续时间约束。

8.8 E-X 雷达基本时序分析

现在我们回归 E-X 的案例。在执行雷达任务期间,E-X 雷达处理器和接收器波形生成器的处理任务提供了时序分析的基本说明。我们假设雷达是通过一系列的采集任务来控制的。这些任务通常用模式、驻留或波束等术语来描述。每个此类任务都涉及合成发射和接收波束(在相控阵的情况下),发射针对目标或成像区域优化的特定波形,检测和处理反射的 RF 能量,形成图像(SAR 模式)或轨迹(GMTI 模式),将其打包成雷达报告,并将其返回到传感器管理域。第 5 章介绍了对顺序图进行注释来进行初始时序分析的想法,图 5.12 给出了雷达驻留主要部分的时间间隔。图 8.7 通过在图的

第一部分添加 MARTE 构造型和参数，将每个动作标识为 <<SaStep >>，并将整个 200 μs 间隔分解为主要处理步骤的时间来继续给出雷达驻留主要部分的时间间隔。这些处理任务包括分析与下一次雷达驻留相关的任务，以及计算波形参数和阵列模块的相位设置。

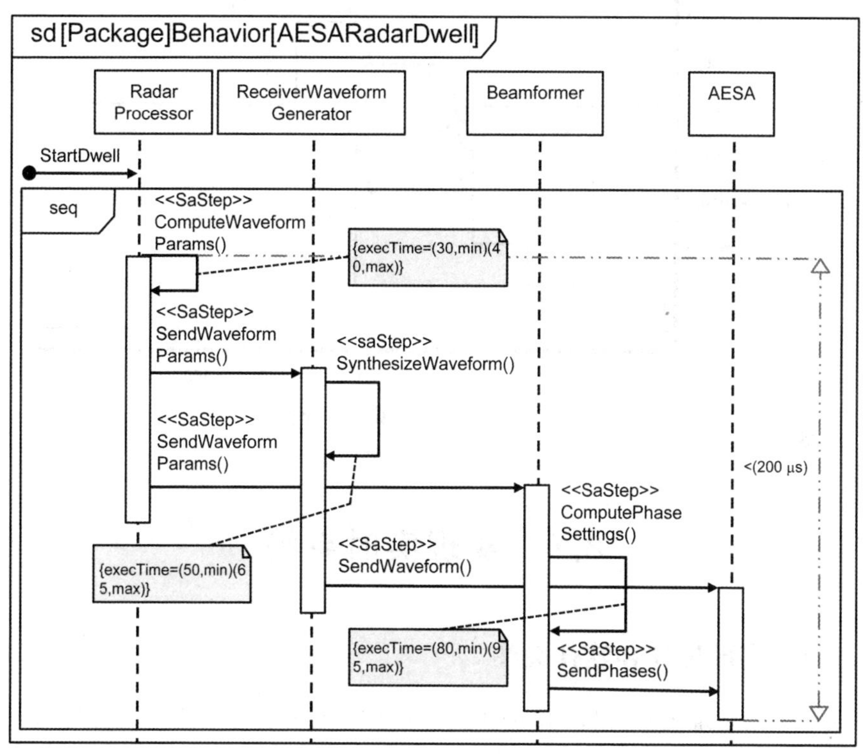

图 8.7 AESA 雷达驻留的时序分析，具有 MARTE 注释

execTime 最小值和最大值可以通过对总体雷达性能参数（例如脉冲重复频率）进行自上而下的分析得出（为驻留的总持续时间设置了一个值），也可以通过对这些计算中涉及的算法的测量时间或估计时间进行自下而上的分析得出。在后一种情况下，通常需要检查最终的端到端时间估算值与总体雷达性能需求，以了解设计是否符合要求。

SysML 正式弃用了 UML 中的时序图。然而，一些架构分析师在处理 RT 行为时，更喜欢图 8.8 所示的时序图，图中表示雷达处理器、接收器/波形生成器和波束形成器的时间线，每条时间线都定义了其执行的各种进程的状态。图 8.8 包含与图 8.7 相同的时序信息，但该图中的时标是线性的，使得相对时序、转换、空闲时间和其他关键方面更易于观察。时序图可以通过变量处理时间、网络消息时序以及其他详细信息来详细说明，以实现所需的详细程度。

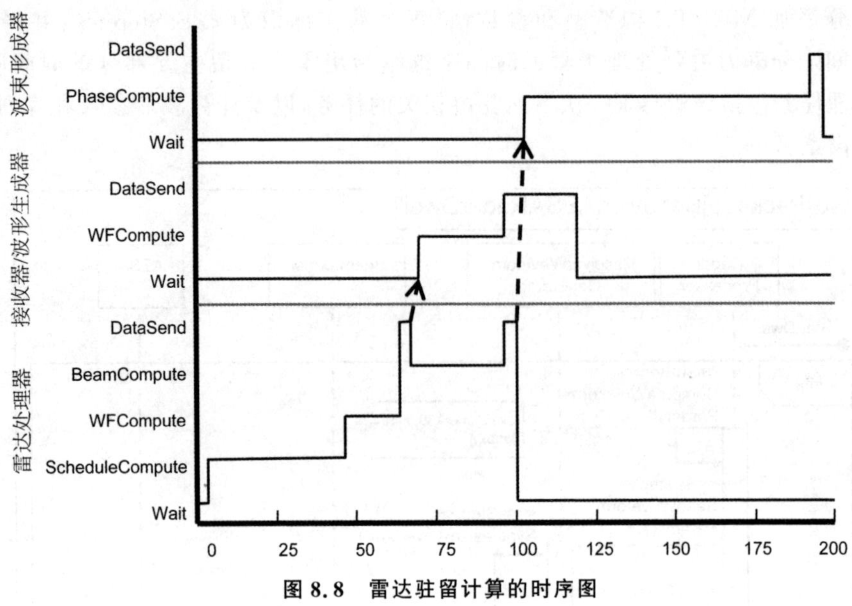

图 8.8　雷达驻留计算的时序图

8.9　实现实时系统

8.9.1　实时硬件和软件关注

这是一本关于系统架构和 MBSE 的书，而不是关于硬件或软件工程的书。但是，架构师需要了解技术、工具和方法对实现架构的开发者的约束，在本节中，我们简要介绍其中的一些问题。数字计算机在 RT 系统中的早期应用（例如飞行和设备控制）受到硬件性能限制和缺乏足以应对 RT 挑战（如严格的可调度性）的软件工具的限制。因此，许多早期的 RT 软件都是用汇编语言（ASM）编写的，甚至直接用机器代码编写。举一个例子，基于作者 20 世纪 60 年代亲身经历，F－111 战斗机的主计算机有 65 000 字的磁芯（非半导体）存储器，并以十六进制数字串编程。为了在适应可用内存和吞吐量的同时满足 RT 时序和其他需求，程序员针对内存管理和位级操纵进行了煞费苦心的设计。

几十年来，在技术进步和摩尔定律的支撑下，计算机设计取得了长足的进步，这在很大程度上消除了对这种人工密集型、易出错的软件开发的需要。今天，许多 RT 进程都可以在通用的精简指令集计算机（RISC）架构上运行。可以使用专用集成电路（ASIC）来构建专用硬件，以加速计算密集型任务的执行，例如用于图像处理的流算法。即使考虑到一种不可避免的趋势，即系统复杂性会增加，以完全占据任何可用的硬件性能水平，RT 系统实现的挑战现在还是在软件方面。RT 软件的重要方面包括实时操作系统（RTOS，将在下一小节中进行介绍）、编程语言和设计模式。

时过境迁，用于 RT 系统的高阶语言(HOL)编程已变得可行，并且大量现有的 RT 代码都用 C 或 C++以及更早的语言(如 JOVIAL)编写。即使使用了 HOL，用 ASM 对时间要求特别严格(且通常较小)的软件模块进行编码也很常见。

RT 编程语言必须支持以下基本原则：

- **任务或线程调度**——各种 RT 系统中使用的调度机制的有效支持。
- **任务同步**——多个任务/线程的管理，包括处理高完整性优先级，防止优先级倒置，支持信号、信号量以及任务或线程之间的其他通信。
- **异步消息传递和控制**——用来处理和响应外部环境中不可预测事件的有效机制。
- **内存管理**——一种确定性的、完全可预测的方式，用于分配和回收内存("垃圾回收")，同时将错误条件(如内存泄露)的风险降至最低。

有关开发更好 RT 语言的努力还在继续，这种语言将在高软件开发效率和确保质量而满足 RT 需求之间取得平衡。最近的一个倡议是 Java 实时规范(RTSJ)[9]。Java 是一种"一次编写，随处运行"的语言，在通用计算中已经流行了很多年，但由于存在运行时对中间层二进制代码的解释以及如随机内存垃圾回收等不确定行为，导致执行开销等，因此不适合 RT 系统。RTSJ 试图为 Java 工具提供基础，以解决这些问题。Java 依赖于大型标准类库，而这些类库的设计并不是时间确定性的。Dautelle[10]发布了一个替代 Javolution 库，该库提供了标准库接口的时间确定性和 RTSJ 安全替代实现。迄今为止，RT Java 在弱 RT 系统等压力较小的情况下有限应用，但随着技术的成熟，RT Java 可能会渗透到其他 RT 域。

RT 系统为设计模式提供了沃土，因为设备控制器、通信装置、传感器和其他典型的 RT 应用程序共享大量的常见功能。第 5 章中介绍的资源管理器模式就是一个典型的示例。Douglass[1]描述了一些重要的 RT 设计模式，包括观察者、代理、可靠的事务、智能指针、守护调用、容器和交会。

与非关键软件相比，安全关键软件通常需要更严格的开发和测试流程，其控制和测度旨在将潜在的设计和编码错误降至最低。同时，软件开发效率必须保持足够高，以控制开发成本。大多数从事 RT 开发的公司已经根据其产品的详细信息和经验形成了流程，其中可能包括一些非常痛苦且昂贵的经验教训。Schneidewind[11]最近描述了一种开发模型，该模型结合了当前和计划中的流程可靠性思想，并包括用于纠正流程和产品异常的反馈。

8.9.2 实时操作系统(RTOS)

操作系统(OS)通常包含一组创建系统服务的实用程序，将一套"裸机"计算硬件转换为应用程序的执行平台。OS 从一个内核开始，负责最关键的功能，如引导系统启动、调度任务、管理内存和控制对硬件资源的访问。OS 从应用程序软件中抽象出底层硬件设备，并提供一个标准功能和服务库，该库可由应用程序和基础设施软件组件使用。RTOS 必须以满足 RT 标准并提供 RT 软件所需服务的方式进行此工作。硬件、RTOS 和应用程序一起工作，以满足系统性能、安全性和其他需求。以下是 RTOS 的一些关键特征，其中许多特征是在阿波罗登月计划的计算机和软件开发中演进而来的。

- **任务或线程调度**——RTOS按照既定的优先级和规则，通过分派、抢占、挂起、终止或控制任务来实现系统的调度策略。
- **硬件和数据管理**——RTOS管理跨任务对硬件和数据资源的共享访问，以防止冲突、错误、优先级倒置和不安全的状况。这可能涉及信号量等机制来阻塞资源，直到活动任务的完成，或者在事务期间锁定数据存储，以防止存储冲突或不一致的值。
- **消息和事件处理**——RTOS管理发送给任务的以及任务之间的内部和外部消息，并处理到达的事件，以提供适当的任务通知。
- **内存分配和保护**——RTOS将固定的或可变的内存块分配给活动任务，并提供处理内存碎片的机制，以防止动态使用共享地址空间所导致的内存泄露和其他错误。
- **异常处理**——RTOS需要可信的机制来处理错误条件，特别是那些可能导致不安全操作的错误条件。
- **卸载**——当不能在时间限制内执行某些功能时，RTOS可能会规定根据优先级规则放弃这些功能。
- **安保性和安全性**——RTOS还需要可信的机制来实现适用的安保性和安全性策略。
- **总体效率**——在执行内存管理和中断处理等任务时，RTOS必须具有最小的开销和延迟，这样才能对执行截止时限的满足产生较小的影响。

早期的RTOS通常使用基于时钟的调度方案，在该方案中，任务被分配在特定的时间段内运行，循环执行算法就是一个例子。变化形式包括可变时间帧、帧窃用、空闲时间管理等。这些调度器简单但不灵活，难以维护，最适合少量任务。后来，更复杂的RTOS调度器根据任务优先级使用各种抢占，以尝试使共享资源保持繁忙地运作，并根据系统优先级优化共享资源的利用率。

影响RTOS和应用软件的主要安全标准是DO－178，即《机载系统和设备软件的合格审定要求》[12]。DO－178规定了从灾难性故障到无影响故障的设计保证等级，以及开发和认证安全关键系统的流程(不仅仅包括飞机)。这些等级包括：

- **灾难故障**——故障可能导致飞机坠毁。
- **危害故障**——故障对安全或性能有较大的负面影响，使机组人员因身体不适或工作负荷较大而降低操作飞机的能力，或对旅客造成严重或致命伤害。
- **重大故障**——故障很严重，但其影响小于危害故障的影响(例如，导致乘客不适而非受伤)。
- **次要故障**——故障显而易见，但其影响小于重大故障的影响(例如，给乘客带来不便或导致日常飞行计划更改)。
- **无影响故障**——故障不会影响安全性、飞机操作或机组人员的工作量。

该标准的修订版B早已出现并于1992年发布，但最近被DO－178C所取代。DO－178C修改了该标准的内容，以解决歧义的问题，并涵盖了自上一个版本以来出现的现代软件工程方法[13]。DO－278A是治理地面软件开发的配套标准。有许多其他文件对DO－178C和DO－278A进行了补充，包括：

- DO－248C，《DO－1789C/DO－278A支持信息》。
- DO－330，《软件工具鉴定要求》。
- DO－331，《DO－178C/DO－278A基于模型的开发和验证补充》。
- DO－332，《DO－178C/DO－278A面向对象的技术和相关技术补充》。
- DO－333，《DO－178C/DO－278A的形式化方法补充》。

这些标准强调基于证据的软件认证，利用软件规划、需求、开发和生命周期流程中的数据进行验证、配置管理、质量保证等。这些标准既适用于可执行代码对象，又适用于定义执行方面的参数数据项。方法强调需求、源代码、测试用例、测试结果、软件开发和管理过程，以及软件规范、开发、验证和管理的其他关键方面之间的双向可追溯性。

大多数现代RTOS产品目前都是按照DO－178标准开发的，有些还实现了赛博安全特性和功能，如第10章所述。Tribble和Miller[14]描述了一种基于可执行模型和形式化方法的软件安全分析方法，这种方法可以提供证据来支持RTOS和安全关键应用程序的认证。

另一个适用于复杂、高端RT系统的关键标准是ARINC 653[15-16]。RTOS和RT应用产品通常按照ARINC 653和DO－178标准进行认证。ARINC 653最初是为集成模块化航空电子(IMA)系统开发的(参见下面的"集成模块化电子设备")，是应用执行(APEX)的规范，将执行平台从其上运行的RT应用程序中抽象出来。该标准允许创建空间(内存)和时间分区，在这些分区中可以执行内存管理、调度、多任务处理、冷启动(初始化)、错误处理和其他软件管理任务。这是RT版本的虚拟化，将在第14章中进一步讨论，且APEX可以看作是一种RT管理程序，其分区作为一种虚拟机。分区在内部使用抢占式调度。

当系统由多个开发者或供应商提供的应用程序集成时，可能的优势是为每个开发者或供应商创建分区以保持松耦合，并将不一致的设计方法造成的冲突和影响降到最低。每个分区可以拥有不同的应用编程接口(API)，以便为装载在其中的应用程序创建本机执行环境。APEX API提供了一系列服务，包括分区管理、进程管理、时间管理、采样和队列端口管理、分区间通信、分区内通信、缓冲区管理、黑板管理、事件管理、信号管理和错误处理。可以根据不同的DO－178等级来认证单独的分区。图8.9所示是根据Wilson和Preyssler[17]的论文改编而成的，总体思路是创建一组具有不同DO－178C关键程度的分区，每个分区都具有支持其等级的RTOS，且所有分区都在装载在单个计算模块或板上的、基于ARINC 653标准的执行平台上运行。这两位作者提倡使用XML配置文件来定义分区，并按照DO－297对XML进行隔离，以促进系统安全认证[18]。

这些标准产生后主要用于对系统安全保证水平要求非常苛刻的航空领域。其他安全关键系统类别有各自的支持标准。例如，国际原子能机构公布了关于核能设施的标准[19]。然而，DO－178得到广泛使用，且任何此类安全治理标准都必须包含关键程度，以及软件开发、测试和维护程序等元素。

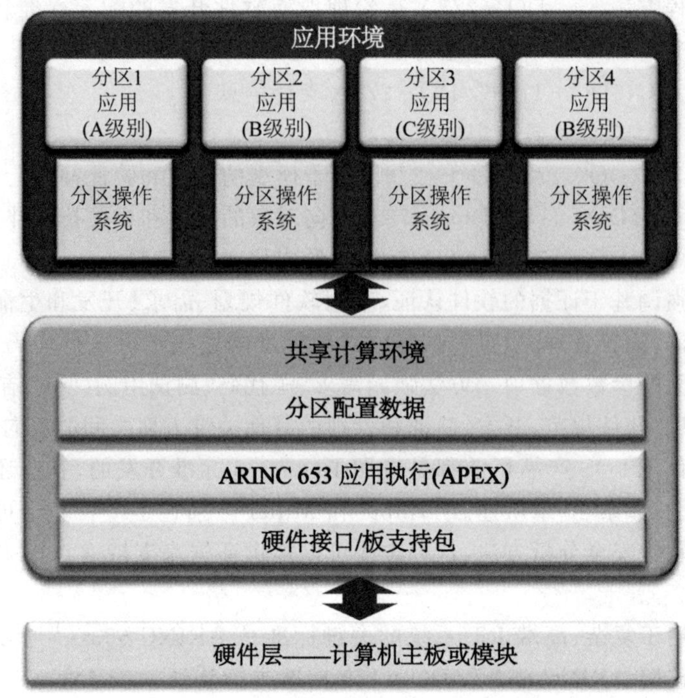

图 8.9　RT 计算解决方案的基本结构
(由 ARINC 653 控制并按照 DO-178C 关键等级划分)(见彩图)

8.9.3　实时中间件

第 5 章简要讨论了面向服务的架构(SOA)在 RT 系统中的应用,图 8.10 重复了图 5.23,给出了基本元素。RT 中间件构建在 RTOS 的功能之上,以创建更丰富的执行环境,特别是支持异构应用程序软件组件或对象的装载和执行。这种架构的核心是中间件,中间件与 RTOS 一样,都与 RT 需求兼容。装载不同应用程序的一种方法是使用上一节中所述的 ARINC 653 标准。RT 中间件提供了一种更通用的方法,实现基于另一类产品的多应用程序平台。

RT 系统的传统方法涉及单个开发组织,该组织使用单一的流程和技术基准来创建整个系统,强调性能,通常导致复用的可能性很小,并且在系统修改和升级方面面临重大挑战。与在非 RT 系统中一样,中间件提供了一种向异构甚至分布式组件集成演进的途径,这种途径具有极高的可伸缩性、可演进性并支持跨多个系统的组件级复用。

长期以来,RT 领域一直怀疑这是否可行,但是越来越多的产品和成功的系统应用程序表明,在许多情况下,RT 中间件是一种有效的架构策略。Krishna 等人[20]描述了优化分布式实时和嵌入式(DRE)系统 RT 中间件的方法,重点介绍了试图通过复用来降低成本的产品线。他们将中间件的作用描述为:

● 在功能上弥合应用程序和平台之间的差距。

- 控制端到端 QoS 的许多方面。
- 简化来自多个供应商的组件的集成。

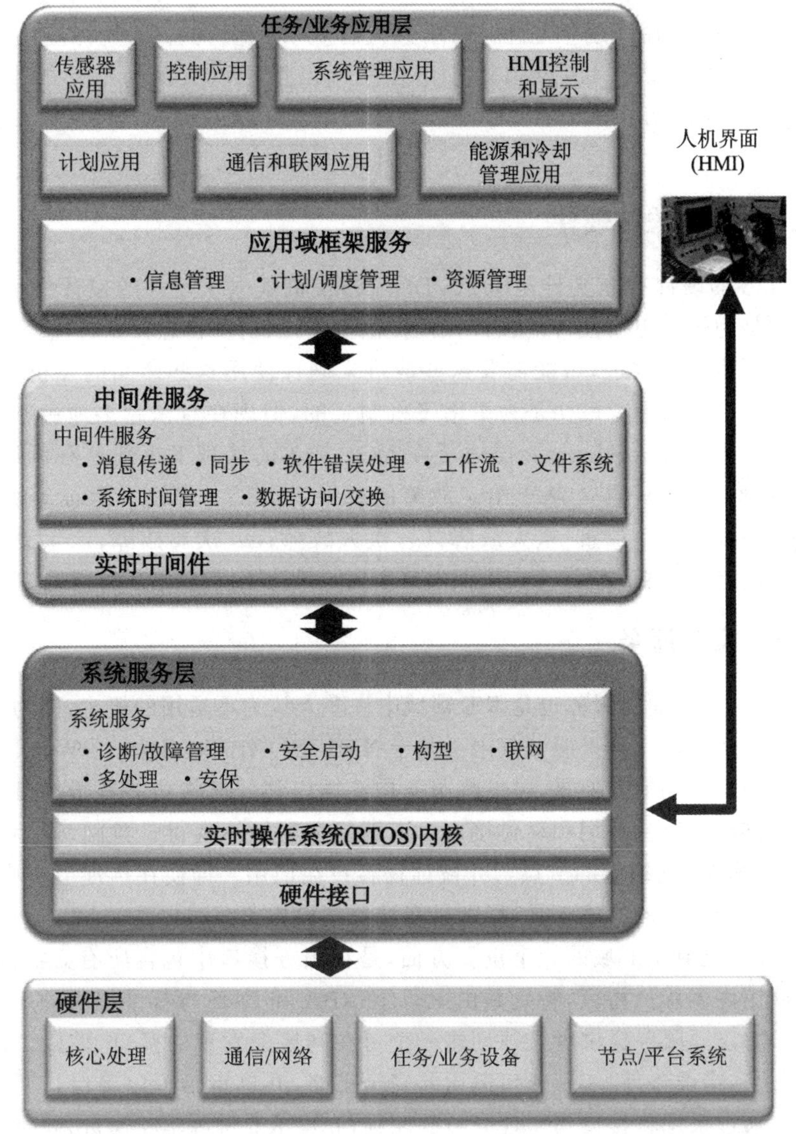

图 8.10 表示各层典型功能的实时分层架构基本结构(见彩图)

他们描述了在基于标准的通用中间件平台的需求与特定系统定制中间件的需要之间寻求平衡,以便满足性能需求方面的关键挑战。实现这一点的总体方法是部分求值法(PE,Partial Evaluation),在该方法中,中间件的特定区域专门用于特定的需要,而不使基本通用模型失效。这与我们熟悉的软件实践是一致的,在这些实践中,通过为给定的系统添加扩展名同时保留原始系统的基本特征,使标准库类或现有组件专门化。

图 8.9 和图 8.10 中的架构模式可以组合在一起,一个分区可以包括运行在分区操作系统上并配置成支持该分区关键程度的 RT 中间件。最有名的 RT 中间件标准是 RT CORBA[21] 和实时系统数据分发服务(DDS)[22-23]。CORBA 支持可复用软件组件服务的组合,并提供用于管理流程、网络和内存资源的资源。DDS 将应用编程接口(API)标准化,通过该接口,分布式应用程序可以使用以数据为中心的发布-订阅(DCPS)作为通信机制。符合 RT CORBA 和 DDS 要求的中间件可以从许多公司和大学获得。

8.9.4 安全关键硬件

DO-178 的硬件补充文件是 RTC/DO-254《机载电子硬件的设计保证》[24]。其声明的目的是为机载电子硬件的设计保证提供指导,从初步构想开始,一直到初步认证及随后的认证后产品改进,可能需要这些改进来确保使用这些产品的飞机持续适航。与 DO-178 一样,该标准最初是为军用飞机制定的,但现在越来越多地用于与安全关键硬件有关的方面。Forsberg[25] 描述了在 DO-254 的治理下更新这种系统的挑战。与 DO-178 一样,DO-254 基于给定故障的后果定义了一组设计保证等级(DAL):A. 灾难故障;B. 危害/严重-重大故障;C. 重大故障;D. 次要故障;E. 无影响故障。DO-254 还规定了在硬件设计生命周期中要实现的活动和控制,以获得所需等级的认证。

8.9.5 实时服务

与中间件一样,面向服务也是 RT 领域中许多人认为不适用的概念,因为该概念限制了性能和可调度性。如果服务仅限于基于 XML、SOAP 和 UDDI 的 Web 服务,那么这种观点可能是正确的。但是,可以将服务构造推广到任何将功能置于接口之后的设计方法,以便能够发现、调用和交付接口。随着复杂组织体变得日益网络化和交互式,RT 资源有望成为“网络上的节点”,并被远程客户端使用。即使在本地节点中,服务范式也可能是一个有用的集成工具,特别是在涉及到异构资源时更是如此[26]。

将 SOA 扩展到 RT 域的一个重要方面,是在服务接口中包含所有必需的 QoS 参数。可以使用许多接口协议,特别是由 RT CORBA 和 DDS 等标准提供的用于分布式架构的接口协议。服务提供者必须创建一个可在网络上发现的接口,该接口遵循优先级、处理异常和错误条件、实现任何适用的安全策略,并进行治理以确保长期的完整性和合规性。通过采用将接口与实现分离的原则,允许 RT 资源不断演进,同时也为大型复杂组织体的交互提供稳定的服务端口,RT SOA 提高了 RT 资源的长期运行效率。

8.9.6 集成模块化电子设备

20 世纪 70 年代,美国空军航空电子实验室①开展了一项名为“宝石柱”的技术项目,该项目建立在早期与“数位化驾驶舱(又称为玻璃驾驶舱,英文名为 Glass Cock-

① 现在的美国空军研究实验室传感器局。

pit)”合作的基础上，以便开发集成航空电子架构。“宝石柱”的基本原则已被细化并应用到一些军用飞机上，近期，集成模块化航空电子设备(IMA)的通用原则也应用到了民用飞机，主要特性包括：

- 硬件封装在相对较小的模块中，安装在机架上，具有高性能的连接结构，例如非阻塞交叉交换网络。
- 软件在组件中实现，最好采用面向对象的范式。
- 共享核心处理资源以节省资源，并促进传感器和通信等子系统之间的交互；原始的“宝石柱”明确区分了信号和数据处理，假设使用了不同的硬件技术。
- 集成的人机界面，通过显示综合可定制信息来减少机组的工作量，从而减少驾驶舱的混乱，并最大程度地减少飞行员或系统操作员查找信息时必须查阅的位置。
- 支持集成诊断、容错和系统健康监测和记录。
- 关键系统元素和接口的标准化。

随着集成系统技术逐渐成熟并开始应用，出现了一个重要的区别，通常用“集成”和“联邦”来表示。这在RT系统背景环境中出现得最频繁，但是这两个术语可以在许多系统类别中使用。基本上，联邦系统是由一组本质上独立的子系统组成的，这些子系统可以交换信息，并可以使用公共用户接口但是执行和控制各自的功能，很少或没有相互依赖关系。相比之下，集成系统使用共享核心处理器和综合人机界面等特性，以实现整体能力大于各个子系统能力之和。这种集成的缺点是，它可能违背松耦合原则，除非对子系统的接口进行非常严格的控制，并仔细定义任务线程，以最小化或消除错误的传播和设计的更改。一种可以称为“功能集成”的中间方法是基于保持子系统的物理完整性和封装以实现松耦合，同时将其产品用于数据融合和优化的任务调度等集中流程，从而实现集成的好处。

这些架构原则现在被广泛应用于航空电子设备以外的系统类别中，因此，值得一提的是集成的、模块化电子设备(IME)。IME代表了作为本书核心的原则和方法的实际应用，而这些内容在很大程度上是通过几十年来的IME演进经验演进而来的。在航空航天系统工作的系统架构师，可能要处理按照IME模型设计的系统的开发和升级。尤其是，第1章中提到的一组美国国防部开放架构倡议与IME紧密相关。这些倡议包括海军的未来机载能力环境(FACE)、空军的开放式任务系统(OMS)项目，以及陆军为了将多个系统的能力集成到一个公共平台上而开发的(Vitory标准)。例如，最近的一篇新闻报道引用了软件模块上OMS“包装器”的使用，这大大加速了新能力从一架飞机到另一架飞机的迁移，这是RT系统中开放架构最重要的预期收益之一[27]。

8.9.7 实时系统的安全性

第10章重点讨论了系统架构的安全方面，包括RT系统带来的特殊挑战。现在，只要注意到一个不幸的事实就足够了，即公认的非常安全的系统设计方法常常与时间敏感性能的要求相冲突。用于用户身份验证、安全数据访问和通信、加密和解密以及其他流程的传统方法可能涉及开销和延迟，而这些开销和延迟与RT系统的截止时限不兼容。有一些方法可以处理这个问题，并实现可以被授权处理高度敏感信息的可信RT系统，但是系统架构师需对这一需要敏感，并且必须确保安全考虑因素是架构基础的一部分。

系统须满足机密性、完整性和可用性的总体需求，但是在RT和非RT系统中使用的机制通常是不同的。例如，RT系统的授权用户通常比非RT系统少得多，这意味着可以施加非常严格的访问控制。类似地，相对昂贵的高速加密/解密专用硬件产品，对于满足RT系统时序需要来说可能是可行且必要的，但在大多数的大型非RT系统中将无法承受。

RT系统安全性的一个非常重要的元素涉及安全RT内核。一般来说，RTOS具有内存保护等特性，这些特性在降低赛博安全风险方面非常有用。非常安全的RTOS内核通常基于多重独立等级安全(MILS)架构，这是一个在美国国家安全局(NSA)监督下发展起来的概念。其关键概念称为分离或分区内核，这是一种小型的、经过数学验证的软件，可以根据信任等级来保证时间和空间分区的分离[28]。这显然与ARINC 653的空间和时间分离方法有关。

8.9.8 实时原型系统

考虑到RT系统中对时序、性能和截止时限的关注，模拟这样一个系统的主要问题涉及物理层也就不足为奇了。高保真虚拟原型和集成实验室构建，对于确保RT设计能够满足需求，并在时序和资源利用率方面保持足够的余量通常是非常重要的。除了我们在前几章中介绍的更高层级时序分析技术之外，在专门仿真工具中考虑网络数据速率和延迟、协议处理开销、多线程处理器中的进程或线程的切换(称为Context Switching)时间等因素以及其他微妙变化，通常也很有价值。准确测量软件加载和执行时间、与设备控制相关的响应时间以及任何其他关键时序至关重要。原型中可能面临的典型问题涉及独立开发的子系统或组件之间的接口，这些接口被证明具有时序不兼容、接口规范的实现不一致或其他问题。计算变化的网络流量(“突发”)、外部环境中事件发生情况和其他随机流程的统计度量，作为确保在现实条件下对原型进行测试的一部分，这并不少见。在系统开发工作的预算中，原型可能是一个主要的费用项，但是它为风险缓解和问题解决带来的好处证明其成本是合理的。

8.10 总　结

与整个信息系统界相比，RT系统只占很小的一部分。然而，满足RT性能需求并不是摒弃架构学科或采取权宜捷径的借口。除了非RT系统通常需要的技能和方法之外，RT架构还需要其他技能和方法。主要的挑战是确保RT线程/任务能够在规定的截止时限内得到调度，以保证执行。过去半个世纪的技术进步，使得将经过验证的架构方法(如面向对象、分层、模块化、松耦合和服务)应用于除最严格的 RT 情况之外的所有情况变得日益可行。实际上,当系统开发落后于进度,出现成本超支,并且不能满足用户的期望时,一个常见的根本原因是要么根本没有奠定关键的架构基础,要么以权宜之计的名义进行了妥协。在选择或开发具有必要 RT 属性的系统组件方面的专业知识是另一个基本要素。问题的一个常见原因,是未能提供足够的物理和虚拟原型。RT 架构设计在很多方面无疑是比较困难的,但是存在经过验证的工具和方法,而且大多数此类系统的关键特性使得好的架构(如果有的话)比更典型、要求更低的应用程序更重要。

练　习

1. 将实时系统与非实时系统区分开来的三个基本考虑因素是什么?
2. 列出一些可以用来描述 RT 系统中某个动作的及时性的参数。
3. 在多线程 RT 系统中实现可调度性的关键挑战是什么?
4. 考虑开发一个用于控制发电站中的安全关键机器的 RT 系统。为这样一个系统写下一组可验证的需求。
5. 修改图 5.28,用来自 MARTE 扩展的适当内容对图 5.28 进行注释。
6. 列出一些选择由调度器实施的调度策略时很重要的因素?
7. 建议一种可在 RT 调度器中实现,可防止优先级倒置的方法。
8. 列出优秀的 RT 编程语言必须考虑的一些 RT 系统的因素。
9. 考虑到 RT 系统所需的特征,列出满足 RT 需求所需的 RT 中间件的一些特定特性和功能。
10. 考虑自动驾驶汽车的 RT 系统,为这样的汽车绘制一个集成模块化电子设备(IME)设计草图,应包含传感器、作动器、通信、导航和电源管理。
11. 针对练习 10 中的 IME 设计,写下一组适用于系统各个组件的 RT 需求。

学生项目

学生应扩展其系统架构模型,以便包括时间敏感行为。这应包括实时需求、基本时序分析、行为图的时序注释、调度策略的选择,以及本章讨论的其他 RT 架构方面。

参考文献

[1] Douglass B P. (2004) Real-time UML: advances in the UML for real-time sys-

tems, 3rd edn. Addison Wesley, New York.

[2] Selic B, Rumbaugh J. (1998) Using UML for modeling complex real-time systems. Rational Software Corporation, Cupertino, CA.

[3] Object Management Group. (2005) UML Profile for schedulability, performance, and time specification, ver 1. 1. http://www. omg. org/spec/SPTP/. Accessed 28 May 2017.

[4] Object Management Group. (2012) Modeling and analysis of real time and embedded systems. http://www. omgmarte. org. Accessed 28 May 2017.

[5] Object Management Group. (2008) UML profile for modeling quality of service and fault tolerance characteristics and mechanisms (QFTP). http://www. omg. org/spec/QFTP/. Accessed 28 May 2017.

[6] Sha L, Rajkumar R, Sathaye S S. (1994) Generalized rate-monotonic scheduling theory: a framework for developing real-time systems. Proc IEEE 82(1):68-82.

[7] Martins P. (2013) Integrating real-time UML models with schedulability analysis. https://scholar. google. com/scholar? q=Integrating+Real-Time+UML+Models+with+Schedulability+Analysis&hl=en&as_sdt=0&as_vis=1&oi=scholart&sa = X&ved = 0ahUKEwicq4uaypPUAhUU7mMKHc8VCawQgQMIJDAA. Accessed 28 May 2017.

[8] Susanne Graf S, Ober I, Iulian Ober J. (2006) A real-time profile for UML. Int J Softw Tools Technol Transf 8(2):113-127.

[9] Dibble P. (2006) The real-time specification for Java. http://www. rtsj. org/docs/rtsj_1. 0. 2_spec. pdf. Accessed 28 May 2017.

[10] Dautelle J M. (2008) Fully time deterministic java. Paper presented at JavaOne Conference, Moscone Center, San Francisco, 23-24 June 2008.

[11] Norman Schneidewind N. (2008) Software production process for safety critical software. AIAA J Aerosp Comput Inf Commun 5:72-83.

[12] RTCA. (2011) DO-178c. http://www. rtca. org/. Accessed 28 May 2017.

[13] Youn W K, Hong B, et al. (2005) Software certification of safety-critical avionic systems: DOP-178C and its impacts. IEEE A&E Syst Mag 20(4):4-13.

[14] Tribble A C, Miller S P. (2004) Software intensive systems safety analysis. IEEE A&E Syst Mag 19(10):21-26.

[15] Airlines Electronic Engineering Committee (AEEC). (2008) Avionics Application Software Standard Interface, ARINC Specification 653-2. ARINC, Inc., Annapolis.

[16] Rufino J, Craveiro J. Robust Partitioning and Composability in ARINC 653 Conformant RealTime Operating Systems. Paper presented at the 1st INTERAC Research Network Plenary Workshop, Braga, Portugal, July 2008.

[17] Wilson W, Preyssler T. (2009) Incremental certification and integrated modular avionics. IEEE A&E Syst Mag 24(11):15-22.

[18] RTCA. (2005) RTCA DO-297: Integrated Modular Avionics (IMA) development guidance and certification considerations. http://standards. globalspec. com/std/2018378/rtca-do-297. Accessed 28 May 2017.

[19] IAEA Standards Home Page. http://www-ns. iaea. org/standards/documents/default. asp? s=11&l=90&sub=10. Accessed 3 May 2018.

[20] Krishna A S, et al. (2006) Towards highly optimized real-time middleware for software productline architectures. ACM SIGBED 3(1):13-16.

[21] Giddings B, Beckwith B. (2003) Real-time CORBA tutorial. http://www. omg. org/news/meetings/workshops/RT_2003_Manual/Tutorials/T1_RTCORBA_Giddings. pdf. Accessed 30 May2017.

[22] Pardo Castellote G, Farabaugh B, Warren R. (2005) An introduction to DDS and data-centric communications. http://www. omg. org/news/whitepapers/Intro_To_DDS. pdf. Accessed 28 May 2017.

[23] Object Management Group. (2015) Data Distribution Service (DDS). http://www. omg. org/spec/DDS/. Accessed 28 May 2017.

[24] DO254 User Group. (2005) RTCA/DO254 Design assurance guidance for airborne electronic hardware. http://ajo21. hol. es/rtca-do-254. pdf. Accessed 28 May 2017.

[25] Forsberg H. (2010) Challenges in updating military safety-critical hardware. IEEE A&E Syst Mag 25(9):4-10.

[26] IEEE. (2009) 2nd International workshop real-time service-oriented architecture and applications. Seattle, 20-24 Jul 2009.

[27] Warwick G. (2016) Senior sensors. Aviation week and space technology, June 6-19, 2016. p 42-44.

[28] VanderLeest S H. (2018) Is formal proof of seL4 sufficient for avionics security? IEEE A&E Syst Mag 33(2):16-21.

第9章　开发网络维度

9.1　网络的作用和种类

任何信息密集型系统或复杂组织体都需要联网，用以实现子系统和其他组件的内部连接以及与外部环境的交互。这本身就是一个复杂的工程专业，SE团队必须具有相关的专业知识，才能实现系统的这一维度。在本章，我们从实现内部和外部联通的多种选择及其对系统性能、可靠性和成本的影响方面，简要地概述系统架构师为有效应对联网而应熟悉的问题。对于不熟悉此话题的读者，Dordal[1]提供了优秀的网络基础的通用教程。

描述网络特征的一种常用方法是基于其范围。局域网(LAN)连接给定位置(如建筑物、船舶或企业中的某些其他网点)的系统及其组件。城域网(MAN)连接城市、校园、工作场地或其他地区内独立设施中的网点和系统。广域网(WAN)支持长距离通信，这种通信日益全球化，有时甚至超出了地球。此外，还使用各类专用网络来满足苛刻的连通需要。网络存储(SAN)就是一个例子，SAN经过优化后，通常通过LAN上的一个或多个端口提供对共享数据存储的访问。

另一种网络分类方法涉及拓扑结构，即构成网络连接的几何布局。图9.1列举了一些基本的可能。最简单的是线性总线，如端接电缆等总线通信介质，连接着那些接入的系统和组件。线性总线仅限于相对较小的网络，并随时会因故障而中断，它是在车载器、飞机和空间系统中广泛使用的多路复用总线网络的基础。MIL-STD-1553B标准是航空航天系统中的一个常见示例。环形拓扑结构是其中的一个变体，在环形拓扑结构中，点对点的链路连接着组成的系统，并且消息从源地址到目的地址绕着环形在流动。这种环形拓扑结构基本上已经消失，取而代之的是星形拓扑结构。在星形拓扑结构中，连接的系统具有通向中央的集线器或分线器的专用路径，通过在输入和输出的端口之间建立路径，基于寻址进行流量的重播或传递。树形拓扑(图9.1中未显示)是一种混合体，它使用中心总线连接一组星形，从而连接成为系统集群。如今，最常见的拓扑结构(包括互联网)可以称为“星簇”(star-of-stars)，其中，如互联网服务提供商(ISP)等集中设备连接各个系统，并与其他集中设备交换流量。这就提供了一个灵活、可扩展性极高的网络基础，但也造成了一个重大的后果——任何给定消息都经过许多中间网络节点，由此会引起性能和安全性方面的问题。

可以根据定义其运行的协议对网络进行分类。大多数网络都使用包交换，这样，将

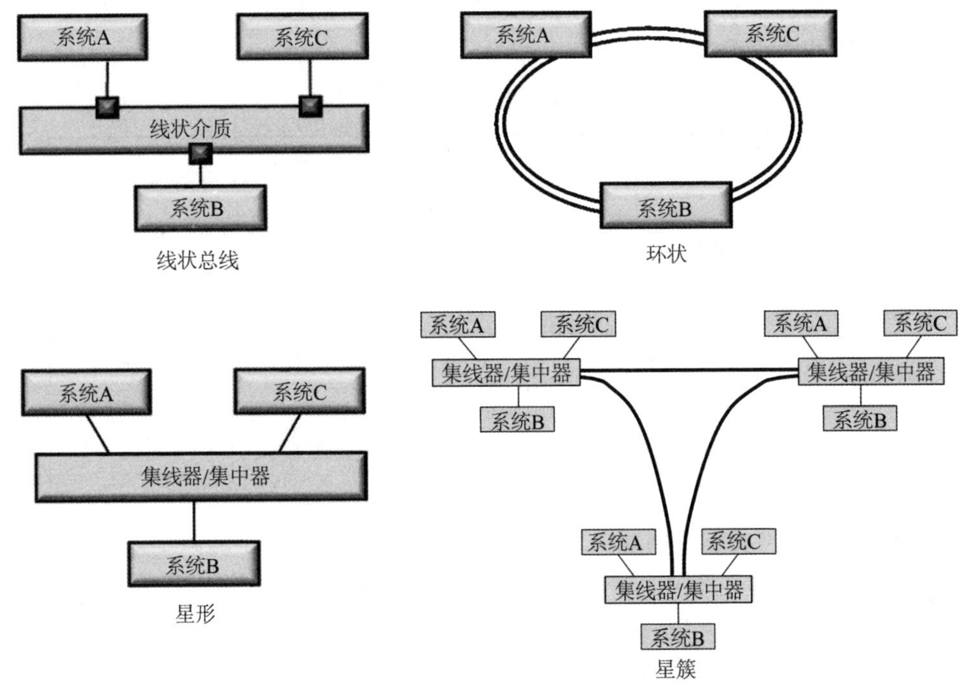

图 9.1 基本的网络拓扑结构(见彩图)

消息中的数据封装在离散的包中,然后再进一步打包成帧。每个帧都有一个标头,这些帧被分别发送(通常经过不同的路由),并在接收端重组,以重构消息。如今,通用网络的热门选择是网络互联协议栈,它经常在 LAN 的以太网介质(下一节讨论)以及 MAN 或 WAN 的各种通信介质上运行。诸如令牌环、帧中继、异步传输模式、网际包交换等旧协议在遗留系统中仍然存在,但很少在新设计中使用。目前,已为虚拟 LAN (VLAN)、业务消息接发、边界网关路由器和无线网络等开发了许多专用协议。参考文献[2]有关于该主题的大量可用示例[2]。第 10 章论述了网络(包括虚拟专网)安全方面的问题。

9.2 网络参考模型及相关网络设备

30 多年来,通过开放系统互联(OSI)倡议开发的网络的七层模型,仍然为网络连接提供了基本词汇。表 9.1 列出了 OSI 模型层。如今,通常使用一种与互联网相关联的更简单的结构,表 9.1 显示了将 OSI 层合并为四个网络互联层的方式。第 3 列给出了一些相关联的网络协议,此列表非常不完整,但可以从中找出最具代表性的示例。附录 J 详述了 OSI 层和许多常见的网络缩写,包括表 9.1 中的缩写。Web 服务协议栈(见第 7 章)具有不同结构,其标准包括资源管理、业务流程、安全性、消息收发、门户站点和元数据等类别。然而,Web 服务使用互联网协议实现连通以及诸如寻址、路由、安全及错误检测和纠正等功能。

表 9.1　网络层级和协议

OSI 模型层	网络互联层	网络互联协议栈
7. 应用	应用	HTTP、HTTPS、TSL/SSL、FTP、DNS、VoIP、E-mail(如 SMTP)、chat(如 IRC)
6. 表达		
5. 会话		
4. 传输	传输	TCP、UDP
3. 网络	网络	IPv4、IPv6、IPSec
2. 数据链路	链路	以太网、FDDI、SONET、ISDN、无线(如 802.11)
1. 物理		

图 9.2 和图 9.3 进一步阐述了 OSI 网络和互联分层结构的本质属性。图 9.2 显示了两个七层 OSI 模型的网络主机之间,从应用层交换的数据或消息,到实际通过网络物理介质发送的物理信号和二进制数据的实际交换。图 9.3 强调的是,使用网络互联协议栈定义的标头信息,逐步封装数据和消息,以创建片段、包以及最终形成帧的方式。下面几节介绍了应用 MBSAP 时关注的一些实际细节。

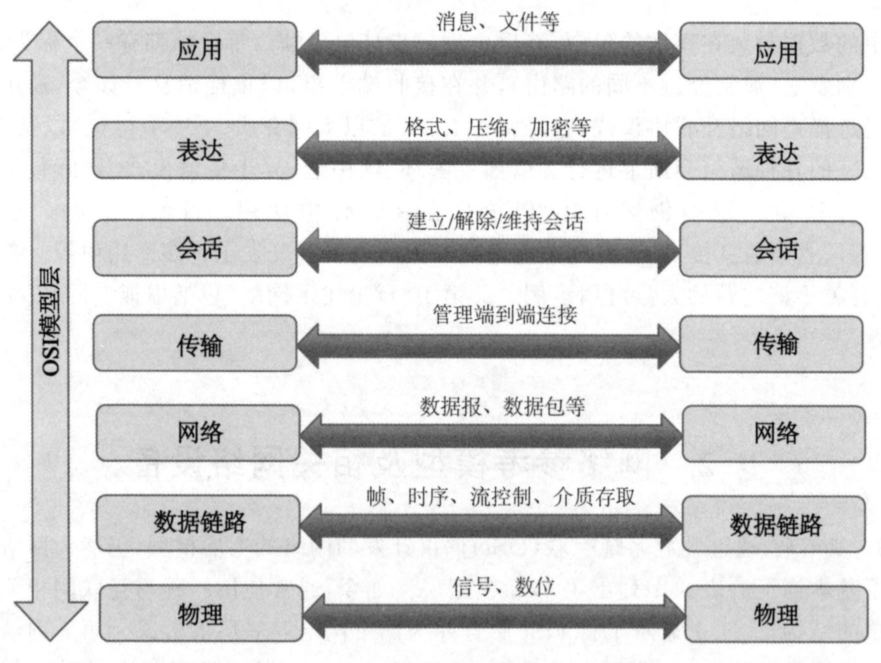

图 9.2　通过 OSI 层的内容交换(见彩图)

物理层介质:网速从几百 bps 提高到几十或几百 Gbps 的一个关键因素是承载介质的可用性,支持越来越高的信号频率,从而支持更高的数据传输速率。物理介质包括

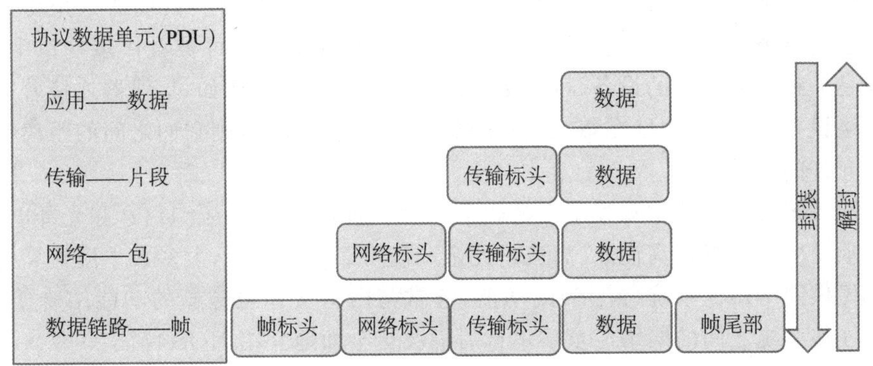

图 9.3 通过网络互联层的数据结构(见彩图)

铜、光纤和同轴电缆双绞线等。如今,大多数 LAN 都使用非屏蔽双绞线(UTP),而光纤可用于需要更高数据速率的连接。UTP 电缆分为 7 类,数据传输速率随类数增加而提高。5 类支持 100 Mbps,并在 LAN 中广泛使用;6 类容许支持 10 Gbps,是千兆位以太网的标准。

以太网标准包的一大优点是,它支持图 9.1 中的任何拓扑结构以及表 9.2 所列出的各种速度。表 9.2 列出了每一个类别中可用的各种电缆类型。基于 IEEE 802.11 标准的无线技术(如无处不在的 Wi-Fi)提供了极大的灵活性和便利性,但是速度较慢,有效距离短,且可靠性较低,存在重大的安全漏洞。广域网由卫星通信、高速微波链路、地下电缆(包括海底)以及光纤(可选)提供支持。物理层协议定义了介质的电气特性及其传导的信号。

表 9.2 以太网类别

以太网类别	电缆类型	速度范围
基本以太网	10 BaseT——UTP; 10 Base2——同轴细缆; 10 Base5——同轴粗缆	10 Mbps
快速以太网	100 BaseT—— UTP; 100 Base FX——光纤; 100 BaseBX——单模光纤; 100 BaseSX——多模光纤	100 Mbps
千兆位以太网	1 000 BaseT—— UTP; 1 000 Base FX——光纤; 1 000 BaseBX——单模光纤; 1 000 BaseSX——多模光纤	≥1 Gbps

物理层设备:网络介质通过各种硬件设备连接,如交换机、路由器、网桥、中继器、网关和其他装置,由此创建了网络拓扑结构,连接物理链路并传送和接收数据。计算机和其他设备使用网络接口卡(NIC)连接到网络。集线器在物理层工作,将一组双绞线或

光纤电缆连接到一个网段中;有源集线器还会放大通过的信号。集线器只是将到达任何端口上的每个包,重新传送到所有其他端口,而有源集线器可被看作多端口中继器。中继器是一种增强信号的设备,可在更长的距离发送信号。例如,集线器连接着广泛分离的网络设备的集群,可以在集线器之间放置一个中继器,否则它们之间的距离将会超过最大允许的电缆长度。

高端系统可能会使用双冗余交换式千兆以太网 LAN,并组合 UTP 和光纤电缆,从而以可承受的成本提供高性能、高流量冗余和高可靠性。如今,大多数主流计算机操作系统都提供网络操作系统(NOS)的功能,通常与网络文件服务器的功能结合使用,以控制所连接系统之间的网络流量。本章后面会更全面地介绍 NOS 特征。

数据链路层:OSI 第 2 层解决的问题是对传送和接收数据包以及诸如物理层的定时、同步、错误检测和纠正等功能进行编码和解码,避免由于不同附加设备同时尝试传送而引起的网络争用("冲突")。以太网标准涵盖第 1 层和第 2 层,并且是 LAN 的主要方式。以太网数据传送的基本单位是帧,它包括前同步码、源地址、目标地址、长度字段、数据有效负载和帧校验序列(FCS)。以太网使用载波侦听多路访问/冲突检测(CSMA/CD)方法,来应对多个设备同时发送包的尝试。

每个网络设备都有唯一的介质访问控制(MAC)地址,该地址由制造商编程,通常以 aa-bb-cc-dd-ee-ff 的形式显示为字母和数字的字符串。标头包含源和目标的 MAC 地址。在第 2 层上的功能与集线器很类似的设备称为交换机,但能够智能地将 MAC 地址与端口关联起来,并且只将传入的包发送至目标设备。交换机还可以跨网络域边界传输包,设置这些边界的目的是对网络进行分段,并降低两个同时发出的包以及不同网络类型(如基本以太网和快速以太网)之间发生冲突的可能性。交换机可采用菊花链方式连接,以达到所需的端口数量。

交换机还可以具有专用端口,以实现往返于最繁忙或最关键的计算机或其他连接设备之间的最大传输数据速率。有些交换机支持全双工操作,在进出流量使用的关键设备上提供了单独的 NIC,使数据传输速率实现实质性的翻倍。当网络负载达到容量的 30%~35%时,用交换机进行分段来减少冲突而提高性能,这是一条经验法则。高性能网络可以证明非阻塞交换机成本的合理性,这种非阻塞交换机通过为成对端口之间同时发出的流量建立单独的路径,使流经所有端口的数据流最大化。

大多数现代交换机都支持简单网络管理协议(SNMP)[3],SNMP 协议允许中央网络管理工具控制网络,并监测所连接设备的运行状况和状态。术语"网桥"也用于基于第 2 层信息和物理地址,连接网络的设备,而且利用网桥可以将大型网络划分为较小的网络,以提高性能。然而,不幸的是,该术语在此方面不够精确。所以,一些作者断言,尽管"交换机"确实是这些设备最常使用的名称,但它的定义不够明确。无论在何种情况下,网桥通常都会连接两个 LAN。

网络层:第 3 层处理网络上各节点之间的数据路由和交换,包括寻址、跨网络之间的边界交换流量("网络互连")以及数据包转发和排序。这属于网络互联协议(IP)的职责范围,可以说是技术史上最成功的标准。网间分组交换(IPX)是一种不太常用的备选协议。IP 规定,将数据封装在包或数据报中(二者均为自包含信息包,具有地址和其他数据,以允许将它们路由到目的地)。一段时间以来,主要的 IP 协议一直是第 4 版(IPv4),但是,现在正在部署的是更新的第 6 版(IPv6)。IPv6 有许多改进,包括:

- 通过将地址位数从 32 位增加到 128 位,极大地扩展了可用 IP 地址的数量;
- 支持多播,并增强对流量路径的主机控制;
- 具有某些字段的更简单标头,设置为可选;
- 包的服务质量(QoS)标签;
- 对身份验证、数据完整性和机密性进行安全扩展;
- 完善路由、碎片化/重组和其他功能的选项。

一些组织(尤其是政府组织)一直强制要求向 IPv6 过渡。但是,在过渡过程中,发现必须同时运行两个版本的系统来保持网络连接的情况并不少见。

通过 IP 网络进行通信的设备通常称为主机,每个设备都通过包含网络 ID 加上主机 ID 的逻辑 IP 地址进行唯一标识。主机加入网络时,通常可以使用动态主机配置协议(DHCP)动态地分配 IP 地址。如果出于安全考虑,需要确保给定设备始终具有相同的地址,则分配静态的 IP 地址。对于 IPv4,IP 地址是一个 32 位二进制数字,分为 4 个 8 位字节,通常表示为 4 个数位,形式为 AAA. BBB. CCC. DDD。IPv4 地址可以嵌入到 IPv6 地址最低的 32 位中。第 3 层协议(无论是 IP,还是 IPX)将逻辑地址转换为物理 MAC 地址,以允许包传递。将网络划分为子网时,子网掩码标识出 IP 地址的哪一部分代表子网网络 ID,剩余的位就是主机 ID。

在第 3 层,交换让位于路由(有时称为第 3 层交换),在路由过程中,可以利用有线连接和无线连接,跨两个或更多个网络及其分段的边界,将数据从一台设备传输至另一台设备。路由器结合动态路由表,使用依赖于协议的第 3 层信息,并与网络/传输层协议一起使用,如传输控制协议/网络互联协议(TCP/IP)和序列包交换协议/互联网包交换(SPX/IPX)。路由器将每个包发送至目标设备,而不是简单地传输到适当的网段,而且路由器具有计算能力,通过一组可以提供诸多可能路线的网络节点和链路,来确定最佳可用路径。路由功能可以与单个设备中的交换机配合使用。

IP 假定网络不可靠,即没有流量传递的保证,并且不存在集中控制。IP 包路由建立在转发到下一个可用的网络节点基础上,该节点具有通往目的地的路径。这就构成了包传递的“尽力而为”方式,而且由于中断、流量冲突和其他实际情况,尤其是在大负载远程通信情况下,可能会导致错误。局域网内的 IP 路由通常是快速且可靠的,但是跨 WAN 网络,可能会存在很大的延迟,包的到达可能会出现乱序,数据也可能会丢失。IPv4 计算可用于检测数据丢包和其他错误的包校验和,而 IPv6 依赖于更高层级的协议来做这件事,从而减少路由开销。

位于系统边界或其他主要网络连接点的路由器,使用边界网关协议(BGP),或者其外部协议变体(eBGP)或内部协议变体(iBGP),来交换路由信息。大型高性能网络可能需要一种路由器层级结构,在此层级结构中,简单的路由器连接本地设备组,中间路由器聚合来自这些设备的流量,另有一个或多个非常快速的中央路由器为复杂组织体创建网络主干。路由器的常见用途是，将通常由集线器互连的 LAN 连接至互联网。将子网连接至较大网络的路由器的地址称为默认网关地址。网络操作系统中的路由器或路由功能，可能包含防火墙功能，以阻止来自本地网络的未授权包。

多协议路由器支持混合网络层协议，这在连接使用了 TCP/IP 以外协议的已有遗留网络时非常有用。高端型号的可实现诸如流量整形等功能，可提升网络服务质量。混合第 2 层/第 3 层交换机（也称路由或 IP 交换机）将包交换与更复杂的物理层流量控制结合在一起。还存在称为桥路器的设备，它结合了网桥和路由器的功能。事实上，现在可支付合理的价格，购买这些将路由器、网桥、集线器和交换机等功能组合在一个紧凑型盒子中的设备。图 9.4 给出了如何使用各种设备来创建分布式集群和单个主机的网络。

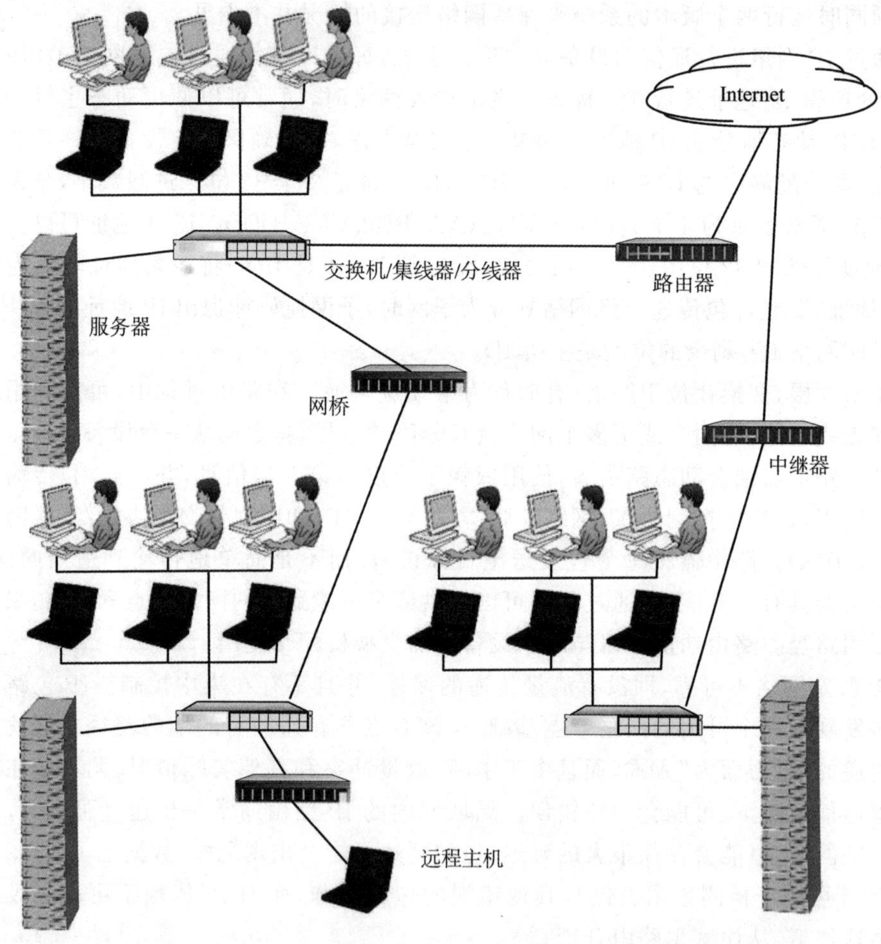

图 9.4　对于特定主机配置而创建网络所用的各种设备(见彩图)

最近，银行业兴起了一种新协议，称为高级消息队列协议，可克服 IP 的某些缺点[4]。AMQP 是一种开放协议，强调安全性、可靠性和互操作性，旨在业务群体中应用和组织之间的消息传递。

传输层:第4层解决的是网络流量从源节点或主机流动到目标节点或主机。例如,传输层协议确保正确地重组因网络路径变化或其他情况而乱序到达的包,以重构消息。TCP和用户数据报协议(UDP)这两个主要协议都通过IP运行。TCP通过使用确认(acknowledgments)来证实包的发送或触发丢失包或损坏包的重传,从而实现消息传递。UDP虽不可靠,但更有效。TCP/IP是网络标准的主导,并且可能始终保持这一地位,也可能会遭遇SPX/IPX的挑战。

高层:OSI模型的第5、第6和第7层主要与所连接设备的功能、其上面运行的软件以及它们所支持的用户界面有关。这些层通常集中在一个应用层中,该应用层负责访问和使用网络,建立逻辑连接,格式化要送入传输层的数据并支持多个应用。此外,这些层还负责抽象网络并表达一个界面,用于系统、资源和用户轻松地交换信息。

下面是位于高层之中的一些常见协议:

- DNS(域名系统或服务器)——实现网络地址(如IP地址)与可读形式定位符(如统一资源定位符,URL)之间的转换,它们是在浏览器和搜索引擎中输入的描述性标签。
- DHCP(动态主机配置协议)——自动为计算机和用户分配互联网地址,对于使用无线路由器,用户连接频繁变化,非常关键。
- FTP(文件传输协议)——用于传输和处理文件(通常是大文件)的精简协议。
- HTTP(超文本传输协议)——以网页形式定义和交换信息的基本互联网协议,HTTPS是使用传输层安全(TLS)的更安全的一种变体。目前,已经开发了更安全的协议(见第10章)。
- IMAP(互联网消息访问协议)——基本的互联网电子邮件消息传递协议。
- IRC(互联网中继聊天)——用于互联网聊天和其他通信。
- POP3(邮局协议,第3版)——电子邮件客户端用来检索远程服务器中的消息。
- SMTP(简单邮件传输协议)——标准的互联网电子邮件协议。

9.3 端口和协议

除了上面讨论的物理网络端口和IP地址之外,称为TCP/IP或UDP/IP端口的逻辑端口,也通过分配的编号进行标识,并分配给用户会话和服务器应用程序,以控制网络信息交换。端口号和IP地址共同构成一个套接字。端口号包含在包头中,并在路由中使用。标准端口号的范围通常是0~1 023,在所有系统中使用同样的方式。例如,端口25用于SMTP流量,端口53用于DNS,端口80用于http① 流量。供应商和其他组织可为专有应用程序注册其他端口号。

维护网络控制(尤其是增强安全性)的常用技术,是限制活动的端口号并确保端口

① 作为首字母缩略词,HTTP通常应该大写,但在URL中,它通常以小写形式输入。

号使用的一致性。因此,网络的聚焦视角经常需要使用的元素是端口和协议(或者有时是端口、协议和服务)矩阵,文档化记录每个网络端口的关键特性。政府机构定期发布此矩阵的标准版本,供开发人员使用。矩阵中的典型条目包括:

- 端口名;
- 传输协议;
- 应用协议;
- 分配(静态或动态的);
- 端口号及端口号范围;
- 源——服务器名称、客户端名称或其他使用流程;
- 目标——服务器名称、客户端名称或其他使用流程;
- 方向——向内、向外或双向;
- 规则——例如,"使用默认的 http 代理";
- 用法——有效、不确定的时间段等;
- 描述——对支持功能的简要说明。

9.4 无线网络

无线数据通信减少对高成本网络布线的需要,并为移动用户提供支持方面的便利性,这意味着将不可避免地在越来越多的应用中要求使用到它。但是,与传统的有线网络相比,当前的无线技术有两个明显的缺点:数据传输速率较低,以及存在明显的安全和抗干扰方面的脆弱性。无线连接取决于这个用户处在接入点的范围,对于基本的无线设备,接入点范围通常限制为 50 m 或者更短,特别是在具有干扰的情况下。但是,向大型设施增加流动的网络访问,并允许离线的用户通过商业无线网实现连接能力,将变得越来越重要。使用中继器和高性能无线集线器显然可扩大接入的范围。

无线网络由 IEEE 802.XX 系列标准[5]所支配。近年来,数据的传输速度有了明显的提高,而且还提供了更好的安全措施。下面是系统架构师感兴趣的一些细节。

- 无线集线器和路由器通常符合 Wi-Fi 联盟[6]认可的、产品合规性认证的标准。它们作为有线网络的网关,并且形式多种多样,包括:
  - ◇ 单频带和双频带(2.4 GHz、5 GHz 或两者同时使用)。
  - ◇ 各种数据速率和信号范围;撰写本书时最受欢迎的是 IEEE 802.11n(N)高速路由器,便携式路由器通常较慢。
- WiMAX(全球微波接入互操作性)是一种基于 IEEE 802.16d 和 IEEE 802.16e 而扩展的有线网络远程宽带电信技术。
- 有多种安全机制可用,包括:
  - ◇ MAC 过滤——仅允许与特定的机器进行连接,由于包头包含 MAC 标识符,所以如今看来容易被破解。

◇ Wi-Fi 保护访问(WPA2)——Wi-Fi 联盟认证计划,WPA 使用的是实现 IEEE 802.11i 的高级加密,取代了现在已经过时的有线等效加密(WEP)。
◇ Wi-Fi 防护设置(WPS)——创建访问的安全密钥,但其安全性低于完整的 WPA 实现。
◇ 虚拟专用网(VPN)——使用公钥加密安全地访问组织的网络(见第 10 章)。

9.5 虚拟局域网(VLAN)

无论网络的物理实现是什么,哪些计算机和设施连接到哪些网络设备,通常都希望创建相互连接的资源组,这些资源组交互性很强,并共享策略规则(如受限制的信息访问),提供相互的备份或其他的紧密关联。应对这一点的常用方法是,创建网络主机的 VLAN,即使没有连接到公用交换机,这些网络主机也可以像连接到公用域一样地工作。互联网和 Wi-Fi 网络都可以支持 VLAN。

VLAN 通过软件提供了一种网络分段,就好像利用路由器物理实现的一样。这实际上是在第 2 层上的构造,等效于 IP 子网。最常见的协议是 IEEE 802.1Q[5]。VLAN 通过标记以太网帧来实施,以指出它们代表 VLAN 流量,并提供适当的标识符。

VLAN 可用于多种用途,为系统或网络管理员(SYSAD/NETAD)提供了一种工具,用于优化负载较大的网络中的流量,包括允许用交换机更有效地处理流量(而原本必须通过路由器)。通常针对某组织的特定职能方面(如人力资源或财务),利用 VLAN 设置成互连的参与者。使用这种方式时,限制一组定义的系统用户或设备将信息发送到边界之外,由此降低风险而为赛博安全做出贡献,如第 10 章所述。

9.6 网络管理

由于网络的性能和可靠性,对于大多数信息密集型系统的运行都是至关重要的,所以,架构师必须特别关注提供的网络管理手段。网络维护与支持通常是系统管理员(SYSAD)或网络管理员(NETAD)的责任,他们经特殊培训后而使用各种工具,履行以下职能:

网络配置和提供——提供和配置网络资源,确保在连接的所有的系统、设备和用户施加的负载下获得可靠的性能。

网络监控——跟踪网络流量,收集有关网络使用情况的数据,找出瓶颈或其他性能问题,并预测或诊断问题,从而快速解决问题,通常包括日志记录和分析以评估网络性能,并建立可比较的趋势和异常事件的基准。

网络维护——各种各样的任务中,包括更换故障单元、断电后重启网络设备、安装软件和硬件的升级包以及故障修复包、调整网络设备参数来“协调”网络实现的最佳性能等。

网络安全——配置和应用安全机制,保护网络及其连接的设备。此功能通常还包括日志记录和审核,以检测未经授权的活动,如渗透尝试(见第 10 章)。

可以使用多种工具进行网络管理。而大多数使用的是 SNMP,其使用在联网设备上运行的代理,收集运行健康和状态数据,并检测问题以及存储在管理信息库(MIB)中的设备信息。从 SNMP 第 3 版开始,该标准涵盖了安全性机制,可大大减少早期版本引入的漏洞[3]。网络管理员还使用如包流和重传的采样及分析、综合监测(模拟的网络事务)和用户监测等方法。现代化的工具为 SYSAD/NETAD 提供了网络状态和性能的图形化显示,会有助于发现问题并做出资源管理决策,例如,为单个用户和虚拟网段(VLAN)分配带宽。

大多数网络还会采用 NOS。可以使用运行 NOS 的独立计算机来控制和管理大型网络,但如今更为普遍的是,将此功能内置到服务器操作系统中。如今,即使是单个用户的计算机操作系统,通常也至少会包含基本的 NOS 能力。本质上,NOS 使一台计算机能够通过网络向另一台计算机提供服务,并管理对共享设备(如打印机和存储设备)的访问。典型的功能包括:

- 管理用户对网络和数据的访问,包括安全性功能,如密码管理、数据加密以及用于验证用户和文件的数字证书。
- 提供命名服务和目录服务。
- 为文件共享服务提供适当的控制,可能包括映射或其他自动备份,保护数据。
- 支持多个并发用户,有时称为多任务。
- 提供网络资源管理、故障管理、监管和审查,NOS 可包括服务器群集和自动备份等能力。
- 在与传输无关的接口到应用以及逻辑接口到网络设备驱动程序之间,通过协议堆栈为多个供应商协议提供接口。
- 针对实现网络所选择的设备,为全部的网络适配器提供逻辑网络驱动程序接口。
- 同样地,根据组成网络的产品,提供任务应用程序使用的、与传输无关的应用程序编程接口(API)。
- 提供协议转换,从而允许为一种传输编写的应用软件可使用其他的传输。

在第 10 章将指出,NOS 可能是赛博安全解决方案的一个重要元素。因此,NOS 必须得到适当级别的信任,并作为支持系统授权运行的整体安全评估的一部分来进行测试。还必须对 NOS 进行监控,以检测可能与攻击相关的异常网络行为,并且对其进行定期的漏洞扫描。

9.7 服务质量(QoS)

QoS 的概念最初应用于网络连接,此后推广到任何类别的服务。在网络环境中,

QoS涉及根据一组规则和优先级，尽最大可能利用可用的连接容量来完成信息交换。对运行至关重要的大多数系统都具有流程优先级和截止时限，在这些情况下，网络QoS力求：

- 确保截止时限得以满足。实现这一点的方式是基于既定流程优先级，使用基于策略和基于规则的决策，并保证预留资源或可抢占资源，以服务于时间紧急的通信需要。
- 优化受限资源的使用。实现优化的方式是，消除拥塞点并支持动态资源管理，以满足运行需要。
- 适应动态运行环境，包括网络的生存性和退化性。

有效的QoS是仔细分析和设计具体网络情况的结果。首先，进行运行分析和流程分析，以确定流程需求、优先级以及时间或截止时限。结果体现于网络设计中，支持基于策略的动态管理，以便在给定的时间点，将资源分配到需要的位置，使系统操作和复杂组织体运行取得成功。但是这一点说来容易，但做起来很难。基于策略的网络管理(PBNM)已推行了一个时期，并且事实证明，它比预期更难以实现，因为对于支持多样化和竞争性的运行流程集的复杂网络而言，很难定义和优化治理规则。PBNM在许多方面都类似于第10章所描述的基于策略的安全。而且，PBNM使用策略执行点、策略决策点、策略存储库和策略结构的其他元素来实现。在大多数情况下，网络QoS需要对内部(LAN)网络资源和外部(WAN)网络资源进行集成的端到端管理，并且必须使用各自提供的网络管理资源。

国际互联网工程任务组(IETF)[7]定义了两个基本的QoS模型。其中，一个是集成服务(IntServ)，也称为预留模型。IntServ使用资源预留协议(RSVP)为指定的通信流量预留资源，例如带宽，旨在保证消息传递的可靠性和及时性，但是它对优先级较低的流量造成巨大的损失，可伸缩性有限，并且涉及如发布和订阅(Pub/Sub)等信息分发机制的高路由开销。另一个是区分服务(DiffServ)。DiffServ是更受欢迎的方案，采用复杂的包层级流程来标记、检测和处理消息流量，根据优先化方案，优化消息队列服务和信道的使用。DiffServ提供的QoS保证比较弱，但可伸缩性大且开销低。另外，还存在一种混合方式。采用混合方式，可以通过DiffServ“云”来创建IntServ“通道”，以创建“粗管道”，保证最高优先级消息的传递。现代网络路由器的嵌入式逻辑支持这些方式。作为已发布的诸多QoS机制分析的一个例子，Kim和Sebüktekin[8]使用带宽代理网络管理方案分析了集成QoS架构，并将准入控制应用于给定服务类的应用软件中。

9.8 移动自组网络(MANET)

对于由移动或间断的节点和用户构成的复杂组织体，网络成员和网络的配置，会随着参与者进入和退出而不断变化。例如，空中飞行器或地面/水面的运载器集群，在执行任务中相互交互，以及卫星空间系统进出各种地面站的视距范围。这种情况激发人们创建自构造的网络，允许参与者注册和注销并维护网络几何的动态图像，以支持消息路由。此类网络的通用名称是移动自组网络(MANET)[9-10]。

MANET是由通过无线介质连接的移动网络组件(路由器/主机)组成的网络，这些组件可以自由移动，从而带来频繁的连接更改。MANET面临的两个关键挑战是，保持当前的网络接入表和基于不断变化的网络几何结构动态地调整消息路由。由于无线链路往往具有带宽限制，因此，MANET通常在可伸缩性(接入方的数量)及路由优化能力方面受到限制，这就需要大量的后台流量来定位网络节点，分析路由路径。MANET的研究关注点是，基于流程自动化并在网络约束范围内，实现最有效路由的专用路由算法。一般而言，与集中式路由算法或全局路由算法相比，分布式路由方式增强了可伸缩性和性能。利用这些算法，每个节点发现其邻域，基于QoS、吞吐量或延迟执行某种的优化，并适应链接丢失等情况。MANET的目标是，在存在这些变量和干扰的情况下，最大程度地跨网络传递信息。

MANET或涉及移动和临时接入方的其他网络，可使用称为数据链路的专用通信信道。这些专用通信信道在空中交通管制中变得越来越重要，并且已用于与卫星和E-X等机载传感器平台的通信。数据链路使用专门的无线电或不受空间限制的光学系统来交换数据(有时是语音)流量。数据链路的整套设备包括：处理数据并控制链路的终端，以及信号的接收器/发送器。数据链路标准包括如频率和调制类型等波形参数的定义、数据链路的使用协议以及标准消息的目录。为数据链路开发的吞吐量从几百位每秒到几百兆位每秒不等。

当无线系统由于使用不同的频率、波形、消息格式和其他参数而无法通信时，会出现另一个移动联网问题。所谓的软件定义无线电(SDR)越来越受欢迎。在SDR中，由处理器配置和控制一整套的通用无线电和信号处理组件，这样它们可以仿真各种系统。例如，SDR可使用一种设置来接收消息或其他传送，并使用不同的配置重传该内容，以在发送方和接收方之间建立桥梁。定义SDR的最著名标准或许是软件通信架构(SCA)[11]。这样一种系统可支持在各种无线网络之间提升可靠性和互操作性，而无需通过以下方式批量替换旧设备：

- 进行数据转换和重新格式化；
- 实现QoS规则；
- 在原本不兼容的数据链路之间，提供存储和转发功能；
- 通过可用信道进行复杂的路由，以最大程度地传输高优先级的流量。

对于系统架构师处理异构数据链路或不兼容的数据链路以及其他信道，下面列出的一般原则，将会很有用：

- 确定将要使用的数据链路，并获得有关性能、接口、物理特性和其他特征的最完整的信息。要记住的是，为有限的应用范围开发的旧数据链路设备可能既昂贵又不可靠。
- 将数据链路纳入架构建模和性能分析，包括敏感性分析，以确定数据链路的性能对端到端流程执行的影响。

- 基于错误检测和纠正、丢弃消息的检测和重传以及其他功能,考虑设备本身的可靠性和协议的可靠性。
- 集成非IP数据链路流量与LAN和WAN架构,这通常需要专门的处理器或软件应用程序。这样做的目的是IP和非IP信道的异构网络,对于系统或复杂组织体的最终用户和软件应用是透明的。

9.9 网络的未来

网络的广泛应用引发了信息技术的几个重大发展趋势。一个是分布式计算的兴起。分布式计算是指,不同位置的计算机通过网络进行交互,以发挥单个计算引擎作用的各种方案。另一个相关的趋势是,云计算的爆炸性增长。在云计算中,云服务提供商(CSP)提供一组共享资源,可供多个客户端使用。这些主题将在第14章进行探讨。

可能更为深远的未来趋势涉及这样一种前景,即人们熟悉的主要基于TCP/IP协议的互联网,虽然已使用了数十年,但可能会被新模型全部或部分替代。当前互联网处理信息交换量的巨大增长以及所面临的严重的安全问题,推动了对全新网络方案的研究(见第10章)。例如,Edens和Scott[12]描述了一种以内容为中心的网络(CCN),该网络旨在使用一种新的流量路由概念,显著提高全局网络的性能和可靠性,这一概念基于的是网络中组织信息的方式,而非网络主机的IP地址。为了跟上数字通信、安全性提高和协同计算等方面日渐增长的需求,未来的全球网络可能会使用各种各样的数据格式和路由方式。

9.10 总　结

本章关注联网的一些方面,它们会影响架构的开发、分析和优化。架构团队通常需要网络专业知识,尤其当涉及局域网和广域网的组合时,必须将其集成为无缝连接的解决方案。在关键的和时间敏感的系统及复杂组织体中,网络的QoS属性往往很突出。同样,随着网络在移动用户中的广泛应用,MANET在面对动态网络拓扑和接入时提供可靠连接的能力,也变得尤其重要。随着世界变得越来越互联化和网络化,网络操作和分布式计算的运行优势变得越来越引人注目,网络作为系统和复杂组织体架构的关键要素也愈发凸显。

练　习

1. 为某家银行附近的支行绘制 LAN 草图，包括通过 WAN 连接的银行柜员工作站、中央文件服务器和应用服务器，以及其他设备，如自动柜员机(ATM)、硬币计数装置和纸币分发装置；还包括应用于网络的主要协议和标准。

2. 假设在第 1 题中决定使用无线 LAN，为了使网络达到合适的性能、安全性以及长期的增长和演进，请列出一些相关的因素。

3. 针对第 1 题中的网络，写出不少于 10 条清晰且可验证的需求，这些需求可以纳入银行信息系统的需求基准中。

4. 当前 Wi-Fi 安全技术是如何对旧方法做出改进的？

5. 列出网络管理员的一些典型职责范围。

6. 针对第 1 题中的网络，列出网络操作系统(NOS)的功能。

7. 针对第 1 题中的网络，识别网络设计中必须满足的主要服务质量的关注点。

学生项目

学生应在其架构模型中增加网络的详细信息，反映其特定系统的本质属性。这一点可通过在 LV 和 PV 中的结构图和行为图上增加详细信息来完成，例如，概述网络设备和网络介质的产品规格。在此，每个学生所研究的系统将考虑接入到复杂组织体网络中，应开始定义复杂组织体所需的网络解决方案，并将结合第 13 章做进一步的研究。

参考文献

[1] Dordal P L. (2017) An introduction to computer networks, rel 1.9.0. http://intronetworks.cs.luc.edu/current/ComputerNetworks.pdf. Accessed 30 May 2017.

[2] JAVVIN. (2005) Network protocols handbook, 2nd edn. http://bkarak.wizhut.com/www/lectures/networks-07/NetworkProtocolsHandbook.pdf. Accessed 30 May 2017.

[3] Digital Ocean. (2014) An introduction to SNMP (Simple Network Management Protocol). https://www.digitalocean.com/community/tutorials/an-introduction-to-snmp-simple-networkmanagement-protocol. Accessed 30 May 2017.

[4] OASIS. (2017) Advanced Message Queuing Protocol (AMQP). https://www.amqp.org/about/what. Accessed 30 May 2017.

[5] IEEE Standards Assoc. (2017) IEEE 802 Standards. http://standards. ieee. org/getieee802/portfolio. html. Accessed 30 May 2017.

[6] WiFi Alliance. (2017) WiFi specifications. http://www. wi-fi. org/. Accessed 30 May 2017.

[7] IETF. (2009) Intserv and Diffserve. https://datatracker. ietf. org/wg/intserv/documents/ Accessed30 May 2017.

[8] Kim B, Sebüktekin I. (2002) An Integrated IP QOS Architecture - Performance. Paper presented at MILCOM 2002, Anaheim, 7-10 Oct 2002.

[9] Cheng T, et al. (2002) Ad Hoc mobility protocol suite (AMPS) for JTRS radios. Paper presented at the SDR 02 technical conference and product exposition, San Diego, 7-10 Oct 2002.

[10] Young K, et al. (2003) Ad Hoc Mobility Protocol Suite for the MOSAIC ATD. Paper presented at MILCOM 03, Boston, 8-11 Oct 2003.

[11] Joint Tactical Networking Center. (2017) Software Communications Architecture, ver 4. 1. http://www. public. navy. mil/jtnc/sca/Pages/sca1. aspx. Accessed 30 May 2017.

[12] Edens G, Scott G. (2017) The packet protector. IEEE Spectr 54(4):42-48.

第 10 章 赛博安全信息保护

10.1 赛博安全挑战

本章对一个庞大和复杂的主题进行概要性的高度概括:保护信息密集型系统免受攻击、泄露、篡改、窃取、非授权使用和其他恶意行为的入侵。总的来说,这就是赛博安全,以往称为"信息保证"。①几乎每天都有关于计算机犯罪或其他事件的重大新闻报道,例如破坏网站来盗用身份、严重的病毒攻击、转移银行账户、勒索软件以及敏感运行数据和知识产权泄露等基本事件。拥有大量用户、地理位置分散和接入网络的系统尤其容易受到攻击。网络安全专家,其中许多人经过专业培训并持有类似信息系统安全认证专家 CISSP 证书等,为打击犯罪分子、黑客、恐怖分子、境外情报机构以及那些通过释放病毒、特洛伊木马、蠕虫病毒和其他"恶意软件"而获得病态满足感的疯狂分子而进行一场永无止境的战争。即使是具有健全的外部攻击防护措施的系统,也很容易受到获得访问授权的人员"内部威胁",因为这些人可能已经背叛,或者收受了犯罪或敌对机构的钱财,或者只是缺乏培训而且粗心大意。任何依赖信息处理的组织或复杂组织体都是潜在的目标,而事实是任何规模或重要的系统大多数都已被入侵。图 10.1 提出了安全系统面临威胁的范围。

附录 G 列出了一些常见的攻击方法和可用的缓解方法。最近关于网络攻击和数据泄露的报道中的一些例子足以凸显这一挑战[1]。

- 通常估计新增威胁的数量每年都在翻倍,并且全球数据泄露的成本是以每年数万亿美元来衡量的。
- 很多(也许是大多数)常见的攻击都可以用现在可承受的防护措施进行防御,只是受害者没有部署。例如,从发布软件补丁或其他缓解措施来关掉新发现的脆弱性,再到私营和公共部门机构实际安装防护措施的平均时间要数月甚至数年,而这本应该是几小时或几天。
- 位列前 10 的系统漏洞约占数据泄露的 85%,而且有些已经存在了长达数年,但仍在被利用。
- 大约有 80%的成功攻击来自外部威胁因素,但大多数攻击还涉及了"内部人员"(受害组织的成员或员工)的蓄意或无意行为。一个常见的例子是以"网络钓

① 我们不会轻易地使用 CS 的缩写,因为人们普遍认为这表示计算机科学。

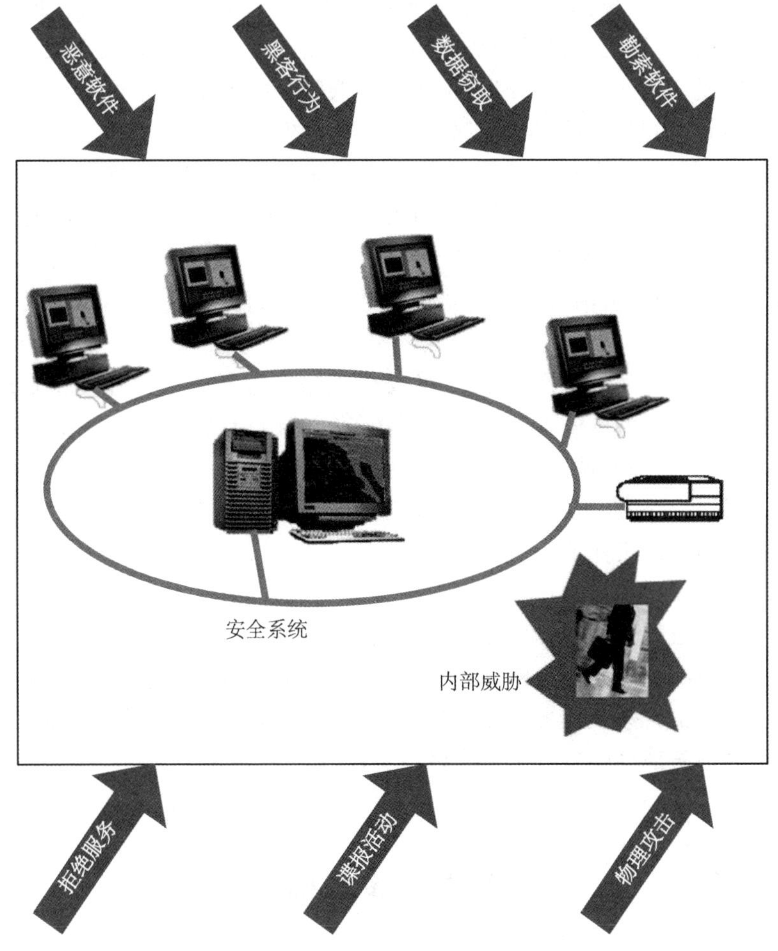

图 10.1 安全系统面临的多种威胁(见彩图)

鱼"开始的攻击,诱骗内部人员泄露信息或下载恶意软件,使攻击者可以访问系统。

- 一家赛博安全供应商最近报告称,由商店、剧院、宾馆等支付费用的所用移动设备和应用程序存在百分之百的重大安全漏洞,例如无法加密社会安全号码。
- 相对较新且更复杂的威胁正在激增。一种是"勒索软件"攻击,犯罪攻击者将受害者的数据库加密,需要付费才能恢复。
- 全面的在线网络安全非常差,以至于大多数成功的黑客实际上并不需要采用入侵方法,只是通过未受保护的公共接口进入受害者的网络。

就像一架绝对安全的飞机具有很高的强度和大量的冗余设计,以至于过重而无法飞行一样,一个绝对安全的信息系统只会拒绝所有人的访问。因此,赛博安全是一种平衡的做法,包括对已知或假定的威胁进行适当级别的防护,同时仍允许系统及其用户执行其合法功能并完成其业务目标或运行任务。例如,安全架构当今面临的经典难题是无法预料的用户，即系统预先不知道的外部团体，甚至其物理位置很可能不在该系统上，但是其仍具有上级机构授予的访问功能和数据的权限。那么，安全设计必须确保向此类合法用户授予访问权限，同时以可接受的低错误率阻止冒名顶替者。

由于本书介绍的是系统架构和以架构为中心的系统工程，因此本章的重点是在客户需要的总体平衡的解决方案背景下，实施适当的网络攻击防护措施所采用的多种方法，主要论述的是架构方法，特别是安全性的分层防御设计模式以及安全控制（防护措施或应对措施）的选择和实现控制的产品。我们有必要减少对安全性的程序方面的关注，例如执行强密码和提供安全意识培训，尽管这些是有效的赛博安全态势必不可少的要素。

考虑到不可能实现绝对的安全，因此安全策略制定者和架构师如今采用的方法是基于风险管理的。典型的安全架构从对系统攻击源和方法的尽可能最彻底的分析开始。然后，安全架构师遵循有序的选择和应用保护措施的流程，同时确保系统仍然可实现其目标，并且将对性能、成本、可靠性和长期演进的影响保持在可接受的范围内。安全设计通常使用已确定保证等级的产品，并采用设计模式、安全协议和标准来达到可接受的安全风险等级。本章描述了典型的安全架构流程，并且介绍了一些术语和设计方法。目的是使一般的系统架构师能够理解安全挑战的各个方面，与安全专家进行更有效的互动，并确保遵循安全策略。由于保护保密信息的重要性，以及整个信息技术(IT)系统中使用的许多安全技术、标准和实现方法都来自国防界的经验和投资，所以经常提及美国国防部(DoD)的安全策略和实践。

10.2 基本概念

10.2.1 网络攻击要素

针对信息系统日益错综复杂的攻击，通常归属于赛博犯罪、赛博间谍活动，甚至赛博战。图 10.2 是赛博攻击中主要元素的图形化描述，并介绍了一些标准术语。**资产**是需要保护的所有的信息、流程或其他系统内容。如果系统存在攻击者可以利用的**脆弱性**，则资产可能处于危险中。这些脆弱性共同构成了系统的**攻击面**，安全架构的主要目标是使其最小化。诸如数据库之类的资产通常具有作为攻击者寻求的特定项的**属性**。**威胁**是由试图利用脆弱性窃取、篡改、删除或其他方式危害资产的**威胁方**所造成的。如果系统具有可以适当缓解脆弱性的防护措施（确切地称为**安全控制**），则资产将受到保护；否则，可能存在**暴露**或数据泄露的危险。图 10.2 中的结构是事件报告和意外分享的词汇表（VERIS）[2] 的依据，该表中询问“哪个威胁行动者（Actor）针对哪个资产（Asset）采取了什么行动（Action）而泄露哪个属性（Attribute）”，简称 4A，广泛应用于报告和汇编有关赛博安全事件的信息。

出版的关于信息安全的著作（Whitmore[3] 的论文就是一个典型的例子）通常强调

以下内容，作为受信处理敏感信息的系统成功或失败的主要因素：

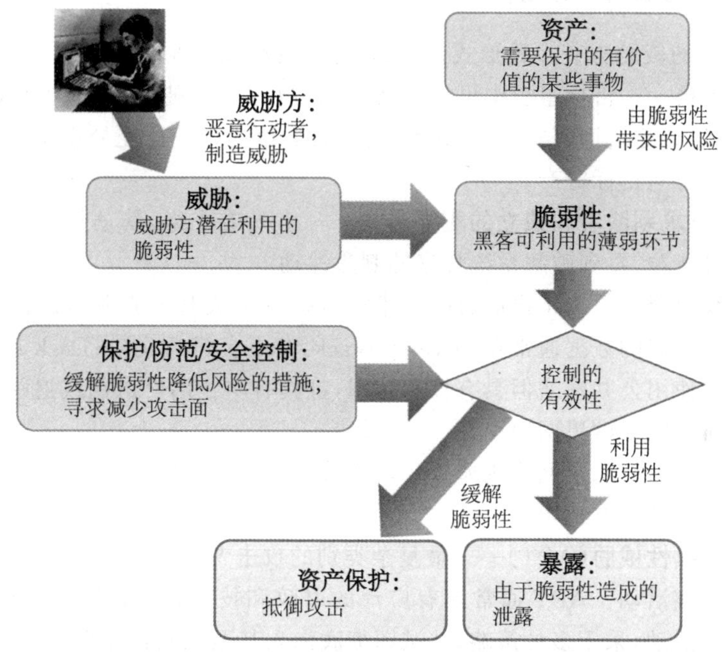

图 10.2　网络攻击元素(见彩图)

- 需求的明确性和完整性，包括利益相关方(尤其是最终系统用户)的确认。
- 实现系统时使用的组件和策略的可信度。
- 通过系统设计和实现对需求的满足。
- 用于保存安全特性的系统的正确运行和维护。
- 对系统运行环境的了解，包括安全机制必须应对的威胁。

本章的其余部分探讨系统安全的这些方面，并论述目前安全架构师和工程师正在使用的一些方法。

尽管保密信息通常与军事系统相关联，但是任何拥有需要保护的敏感数据的组织都应该采用一致的方案，将信息分为重要级别或敏感级别，并进行清晰的标记，以便采取相应的防护措施。美国国防部主要根据信息泄露可能对国家安全造成的危害来定义分类等级，例如，仅限官方使用(FOUO，也称为受控非保密信息)、秘密、机密和绝密。情报机构通常需要对其信息进行更严格的控制和保护，通常通过具有严格访问需求以及更高级别的物理、行政和技术安全措施的“隔离”来实现。民事机构和商业复杂组织体通常针对诸如知识产权、个人和财务数据、战略规划以及信息保护管制法律的合规性等信息定义敏感度级别，例如，受限、秘密、私人等。特别是，当为所有内容都提供最高等级保护且难以实现时，一个好的数据分类系统是将最严格的安全控制集中在最敏感的信息上。

10.2.2 威胁方的类别

图 10.2 中的威胁方有多种形式,下面几种是具有代表性的。

- **内部人员**——目标组织中可能是恶意的(故意寻求破坏、窃取等)或无意的(粗心大意、缺乏培训等)人员。这是最危险的,因为他们已经处于系统防御之内并且可以访问目标资产。
- **黑客、寻求刺激者和独立的犯罪分子**——个人或小组,其动机可能从意识形态到经济获益,再到破解系统带来的刺激冲动。
- **有组织犯罪**——出于窃取、讹诈、索要数据赎金或其他犯罪目的而破坏系统的组织。窃取的数据通常在 Dark 或 Black Web 上进行交易;Dark 或 Black Web 是一组使用公共网络但具有控制访问,且具有防止用户识别或追踪措施的隐蔽的点对点网络(“黑网”)。
- **恐怖分子**——除了网络犯罪外还试图破坏目标系统作为政治、意识形态或精神行动的各种犯罪组织。
- **高级持续性威胁(APT)**——最复杂类别的攻击者,通常由国家支持进行军事或商业间谍活动。APT 通常具有广泛的财政和技术资源,可以执行长期的精心谋划的活动,采用多种策略,并试图彻底渗入甚至控制目标系统。

10.2.3 基本安全概念

通常用一组基本概念来论述系统、网络和复杂组织体的安全,包括:

- **机密性**——通过防止未经授权访问敏感数据进行保守秘密的能力,无论该数据是否已经存储(“静态”)或者在通信中(“传输中”)、处理中(“使用中”)或创建中(例如,正被键盘嗅探器等攻击者的工具拦截)。
- **完整性**——通过防止未经授权的一方修改、破坏、插入、删除或复制数据来保存内容的能力。
- **可用性**——确保授权接收者及时访问受保护数据和功能的能力。
- **身份验证/身份鉴别**——充分证明某一方是其自称的一方且拥有系统或复杂组织体已知的身份,实现访问控制等目的的能力。
- **授权/访问控制**——将敏感数据的访问限制到具有必要访问权限的接收者的能力,并且接收者知道需要如何处理。
- **不可抵赖性**——尽管某一方试图否认但可证明其参与信息事务的能力。
- **审计**——查明、检查、记录、分析和报告与安全机制相关事件的能力,这对于确定是否已发生损害或其他未经授权的行为、验证是否遵循安全程序以及检测可能显示敌对活动的事件或趋势可能很重要。

机密性、完整性和可用性是主要的赛博安全问题,有些讽刺意味的是被称为 CIA。日益突出的另一个术语和概念是**强韧性**,它是实现列出的所有概念的安全系统的总体特征,能够抵御现有的和新出现的威胁,可以在攻击期间及其之后保持基本功能,并且可以随着威胁环境的演变保持可接受的风险等级。

10.2.4 强韧赛博安全要素

为了获得和实现赛博强韧系统架构，同时保持可接受的系统性能、成本和可靠性，安全架构师采用了经证明的设计、机制、产品和程序。通常，组织和管理人员都认为赛博安全应始于并终于技术防护例如防火墙。实际上，有效的安全解决方案需要图10.3所示的三个要素，包括：

- 经培训的、动机强烈且有能力以安全可靠的方式履行职责的人员，包括各级管理人员、系统用户和系统支持人员。
- 实现安全策略并保持防护有效性的流程和程序。
- 实现安全控制并且不断发展以便与不断变化的威胁环境保持同步的技术。

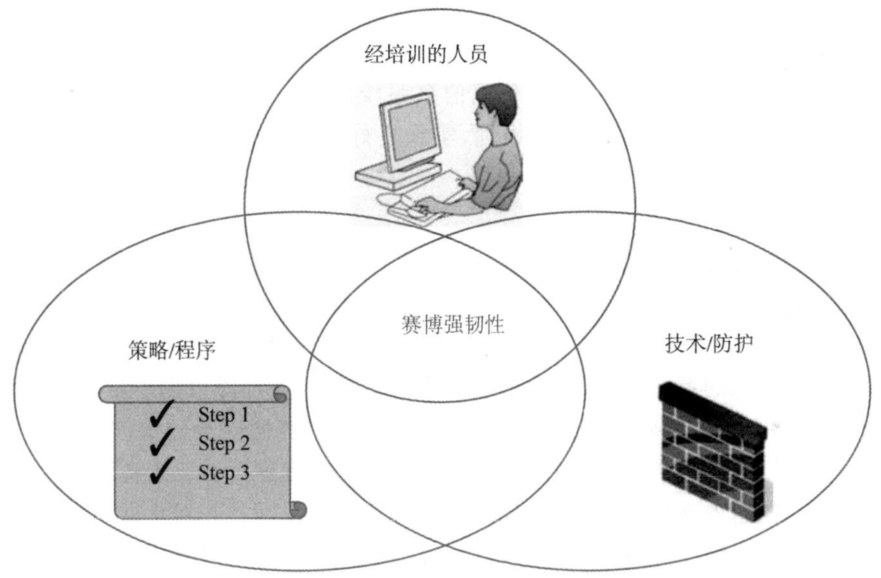

图10.3　有效的赛博安全解决方案的基本要素(见彩图)

对于描述保护系统安全控制或防护，另一个分类法中的三项内容也十分有用。要保护涉及人员的系统，通常需要将技术、物理和程序性的三种安全措施相结合。

- **技术措施**——可以有多种，包括：
  - ◇ 系统边界处的防火墙和其他保护设备，用于防止信息未经授权流入或流出系统。
  - ◇ 入侵检测设备，用于检测、记录和分析未经授权试图访问系统，通常会触发警报，以便及时采取防御措施。
  - ◇ 公钥基础设施(PKI)。
  - ◇ 对活动日志、系统配置更改和其他事件的审计，用于检测和响应可疑或禁止的动作。

◇ 安全测试,包括模拟的恶意攻击,用于认证信息保护的鲁棒性并找出必须纠正的缺陷。

◇ 管控安全机制操作规则的自动化应用策略的服务器。

◇ 访问控制机制,用于执行用户权限并限制非授权使用资料和数据。

◇ 通过禁用任何操作系统功能、端口、应用或非绝对必要的并可能产生安全脆弱性的其他功能,对服务器和其他计算机进行锁定("加固")。

- **物理措施**——试图将敏感信息或其他受保护的资源置于屏障后面,从标识卡、门锁和防护装置等设施访问控制装置到封闭的外壳、备用电源和空调。这些屏障包括防护网和受控访问点以及警报器和锁定的设备外壳。
- **程序性措施**——涉及旨在保持安全控制有效性和消除人为因素造成的脆弱性的安全操作和实践工作。一个典型的例子是要求在工作期结束或任务完成时,从计算机中删除敏感软件和数据。其他措施包括在一段时间内休眠后自动锁定计算机,以及进行定期、及时的系统扫描来检测可疑行为或系统配置是否修改。此类程序可以记录在自动化信息系统(AIS)指令中。一种非常重要的程序安全包括对系统用户进行培训,实践良好的安全"健康体检",例如经常更改密码以及检测和抵御试图诱骗用户泄露敏感信息或加载恶意软件的"网络钓鱼"攻击。

任何保护措施都可能最终遭到破坏或规避。结果,趋向于静态并且仅保护系统边界的传统防御性配置,正在向更加动态和复杂的方法演变。下面所述的分层防御方法,如深度防御(DiD)和零信任架构,比以前的安全实现有了重大的进步。其基本思路是,攻击者要获得敏感的系统内容,必须穿透一系列屏障,这些屏障可以单独进行管理和更新,以应对新检测到的威胁和攻击方法。另一个重要的赛博安全趋势涉及反恶意软件工具,这些工具不仅可以通过将消息或文件与威胁特征库进行对比来检测威胁,还试图分析消息和任何附加文件来确定其功能、发现恶意代码或网站并阻止试图的攻击。

另外一个不断演变的安全方法力求积极主动,并且基于对用户行为和赛博安全事件的连续,甚至实时监控加上动态响应,以尽量减少或遏制试图的入侵[3-4]。这可能涉及在信息复杂组织体的各个位置部署智能体(见第 14 章),以便测量事件,例如密码更改尝试(可能意味着密码破解攻击)、登录尝试失败、数据包被阻止或数据对象未通过完整性检查。智能代理体报告可以提醒操作人员注意异常情况,并可以触发自动响应,例如阻止可疑的网络地址。消息和其他流量(尤其是以前从未见过的数据下载的数量、组合或时间)的日志和分析结果,可以揭示可能表明网络攻击早期阶段的模式。现在有许多基于对网络活动进行检查和复杂统计分析的商业产品,并且已证明是有效的。持续测试安全控件和应用软件对于检测和缓解脆弱性(尤其是不断变化的威胁环境中的新漏洞)至关重要。

10.2.5 赛博安全领域

安全专家通常使用 CISSP 公共知识体(CBK)领域来组织赛博安全学科。以下各段将对这些内容[①]进行简单的总结，并给出该主题执行摘要的等效内容。

- **访问控制**——确保只有经过授权的人员或其他实体（“主体”）才能获得受保护内容（“对象”）的措施。依据的是文件权限、程序权限和数据权限，这些权限是针对每个系统用户对此类内容的需要而量身定制的，并且已经嵌入到用户账户中。访问控制包括个人获得访问特定系统内容的授权以及请求访问对象的主体身份的认证的流程。
- **电信和网络安全**——传输受保护对象时确保赛博安全的措施。包括网络架构和设计、受信任的网络组件、安全通道以及针对网络攻击的防护。
- **信息安全治理和风险管理**——系统获得敏感数据操作权限（ATO）所必须遵循的安全策略、指南和指导。这通常规定必须遵循的安全约束和程序、安全功能与运营或业务目标和任务、策略合规性和执行、信息生命周期的各个阶段以及第三方（如组件供应商、人员安全、教育和培训、测度和资源，尤其是预算和技能人员）的治理。
- **安全软件开发生命周期（SSDLC）**——从一开始就将赛博安全纳入系统和应用软件中。这包括确定信息保护需要、制定安全需求、开发安全软件架构和设计、测试软件安全以及评估保护效果。必须在与使用系统隔离的开发环境中应用和测试软件安全控制。
- **加密技术**——利用复杂算法将纯文本转换为不可读的密文。该领域包括定制的加密技术应用程序、诸如加密密钥等加密材料的生命周期、基本和高级加密概念、加密算法（“密码”）、公钥和私钥、数字签名、不可抵赖性（通常使用数字签名）、攻击方法、网络安全采用的加密技术、安全应用软件的加密技术、PKI、数字证书问题以及信息隐藏（隐藏的内容和时间）。加密密钥的保护比加密技术本身的强度更为重要。因此，好的密钥管理计划比密码的强度更有意义。
- **安全架构和设计**——实现安全控制并消除或缓解脆弱性的嵌入特征和功能。包括模型和概念、基于模型的评估、安全功能、脆弱性、对策、受信组件的选择以及随着时间的推移建立和维护所需系统安全级别的机制。
- **安全操作**——正在进行的用于执行策略和程序，检测和防止或减少攻击并保持系统安全态势的活动。包括操作安全、资源保护、事件响应、攻击预防和响应、软件脆弱性和用于缓解这些漏洞的补丁的管理、更改和配置管理以及用于保持系统安全强韧性和容错能力的流程。
- **业务连续性和灾难恢复规划**——用于最大程度地减少网络攻击和自然灾害对组织和任务的影响的措施。包括需求、影响分析、备份和恢复策略、灾难恢复以及对连续性和恢复计划的测试。
- **法律、法规、调查和合规性**——法律问题、道德、调查和证据、取证、合规性程序、合同和采购。

① 实际上，此处讨论采用的是最新版本之前的CBK域结构，因为它更合乎逻辑且对于教学而言更加实用。

- **物理安全**——为敏感资源和流程建立和保持安全环境的措施。包括站点和设施设计、周边安全、内部安全、设施安全、设备安全、隐私和防护。

10.2.6 赛博安全基础

一个有效且可承受的强韧赛博安全解决方案从两个基本原则开始。

安全策略和需求。第一个要素是策略，简要描述了分配给组织安全功能的目标和如何利用现有或计划的资源来实现这些目标，以及特定的可验证的安全需求。安全系统运行概念(SECOPS)是一个很好的起点，通过对系统组件或功能的安全需求进行集中定义来补充整体运行概念(CONOPS)，并针对每个需求提供理论依据。例如，SECOPS将描述所需的访问控制级别以及负责用户账户管理、权限控制和用户身份验证的组件必须执行的操作。SECOPS通常包含"违规错误用例"，与"正常用例"相似，不同之处在于它们描述的是与网络攻击相关的行为。

SECOPS可能包括或作为安全策略文件(SPD)的依据。安全策略应当采用对安全利益相关方有用的形式声明，包括整体安全策略和治理策略。该策略通常在安全计划(SP)中进行详细说明，该计划阐明了所有系统要素的特定策略，确定了可接受的风险阈值，同时概述了系统安全需求以及为满足这些需求而实施或计划的控制。美国国家标准与技术研究院(NIST)[5]的特殊出版物SP 800-18**《联邦信息系统安全计划开发指南》**(*Guide for Developing Security Plans for Federal Information Systems*)第1版中包含了适用于公共和私营部门安全规划的一般指南。

最终，安全系统需要对安全特征和功能有清晰、明确、有效且可验证的需求，并将其作为总体需求基准的一部分，用于支持开发、采集、集成、测试、运行和其他活动。联邦信息处理系统出版物200(FIPS 200)[6]列出了17个区域内的最低可接受需求，可以作为制定安全需求的模板。图10.4提出了从总体组织策略和目标到重点安全策略、SECOPS以及最终的安全需求和实现指南的流程。

安全系统生命周期。从一开始就将安全性"嵌入"到系统设计中，可以得到最好的、成本最低的赛博安全解决方案。一个安全的生命周期始于将安全需求作为整体系统需求基准的核心部分，并持续到开发、集成、测试、生产、部署和运行支持的所有阶段。通常，人们试图将赛博安全防护措施引入到现有系统中，但实际上这样做起来一定更加困难，并且生成的结果强韧性较差且成本更高。安全的生命周期对于应用软件尤其重要，本章稍后将在该主题下进行进一步讨论。

这些原则看似显而易见，但实际上却普遍被忽略。最近从对美国空军系统赛博安全的分析报告中发现了风险管理[7]的两个普遍趋势：

- 不能充分捕捉对运行任务的影响，这违反了第一项基本原则。
- 对现有系统的增强实现赛博安全，而没有进行设计，这违反了第二项基本原则。

该报告进一步建议更好地定义赛博安全目标；明确的角色和职责，以及足够的行动权；跨系统和复杂组织体的更全面、更优先的安全控制；改进赛博安全专业知识的访问；安全状态的连续评价和报告；更好的威胁数据；也许最重要的是，还需要对违反赛博安

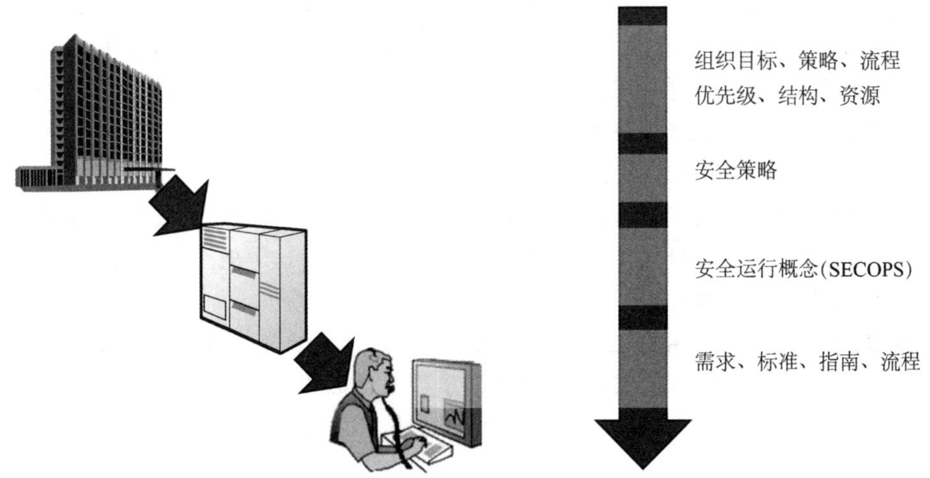

图 10.4　有效的赛博安全起源于整体组织策略，并细化到安全需求和实现(见彩图)

全策略的行为负责。这些都不是新事物也不令人惊讶。在审查政府、行业和其他所谓的安全系统时，即使是在网络攻击之后，也反复出现类似的问题。显然，在让系统所有者认真对待网络威胁以及有效加以应对方面，安全领域还有很长的路要走。

从对赛博安全的初步调查中可以清楚地看到，这是一个多维问题，并且是在系统或复杂组织体的整个运行周期内持续的一个流程。需要用心对待和保证充足资源的几件事就有：迅速安装软件补丁，管理用户账户，迅速采取行动来检测和缓解新漏洞，保持人员的安全意识和防御培训，安装前确认新系统组件的信任级别以及监控系统资源和活动以便检测和防御敌对行动。网络安全理事会[8]维护的“关键安全控制(CSC)”清单中，阐明了建立和维护网络强韧性的重要基本议程。本章的其余部分探讨了系统架构和 MBSE 中最突出的赛博安全方面。

10.3　赛博安全风险管理

风险管理是系统工程的一项核心活动，其基础是评估潜在不良事件或状况的发生概率以及后果。风险管理流程通常包括：

- 风险识别。
- 根据发生概率和后果进行风险评价。
- 确定需要缓解的风险。
- 规划和安排减少风险的活动。
- 跟踪风险缓解的进度，直到风险消除或决定接受风险为止。

涉及赛博安全时，风险管理的重点是受保护的资产、威胁、脆弱性和利用安全控制的风险缓解策略，从风险识别和分析开始，然后支持选择安全控制来达到可接受的风险等级。反过来，这又是获得批准运行该系统的基础。因此，风险分析是定义安全策略和需求的重要组成部分。这样做的目的是明智地应用安全控制来缓解最主要的风险，同时保留运行上有效的、可承受的且可支持的系统。风险管理会在系统的整个生命周期中持续进行，以应对系统本身的变化以及新出现的漏洞和威胁。

赛博安全风险管理涉及四个基本要素。

- **风险**——作为攻击目标的系统或组织发生不良事件(例如丢失敏感信息)以及造成潜在后果的可能性的一种度量。从概念上讲，这等效于一般风险管理中使用的发生概率和后果。
- **威胁**——与漏洞相关的破坏的潜在危险。该术语通常与可能利用漏洞对组织/目标产生不利影响的实体(威胁方)、事件或情形相关联。
- **脆弱性**——目标中可能被威胁利用的缺陷。这通常是由于安全控制或对策缺乏或不足所致。
- **利用**——威胁方利用脆弱性进行攻击或采用其他方式对目标造成不利后果的事件。利用通常会导致暴露/泄露/数据外流，即目标遭受损失。

将每个独立的风险视为特定脆弱性与对应威胁的函数，其中对应威胁是由于发现和利用这个脆弱性而产生的某些可能性，以此来表达基本风险关系式。我们可以简单地表示为

$$\text{风险}_n = f(\text{威胁}_n,\ \text{脆弱性}_n) \tag{10.1}$$

式中：第 n 个风险，即风险$_n$，是由与第 n 个脆弱性相关联的第 n 个威胁造成的。

赛博安全风险与值得需要保护的信息资产(数据、系统、流程等)相关。脆弱性(相当于潜在攻击向量)的总和构成攻击面。然后，管理网络风险归结为使攻击面最小化。多样化的不断发展的威胁环境的这个现实使这一点变得十分困难。已知脆弱性和攻击方法的完整列表将足以写成一本小篇幅的书，而完整的描述将足以填满一本大部头的书。

赛博安全风险管理的第一步是风险识别(RI)，从资产评估开始，意味着用来确定定量(成本)值和定性(相对重要性)值的一致方法。要素包括购置或开发资产的成本、初始和经常性数据维护成本、资产对组织和其他方(包括犯罪分子)的重要性，以及诸如知识产权等事物的公共价值。接下来是威胁分析，包括识别和确定已知和潜在的威胁、脆弱性利用的后果、威胁事件的估计频率以及潜在威胁将变成现实的概率。RI 的第三个要素是脆弱性评价。这可以利用各种来源，包括已发布的漏洞列表、安全事件的历史记录以及脆弱性测试的结果。

现在来看一下风险分析(RA)，它可以是定量的或定性的。定量 RA 在设计最佳赛博安全解决方案方面具有优势，但需要更多的信息和更多的工作。尝试为资产和威胁指定数值或成本，以便支持成本/收益分析以及对特定风险的更清晰简洁的表征。NIST SP 800－30《**IT 系统风险管理指南**》[9]定义了一个九步风险评价流程。这项分析从资产评估以及 RI 的威胁和脆弱性评价开始。对于资产、脆弱性和威胁的每种组合，年度损失预期(ALE)的计算公式为

$$\text{ALE} = \text{SLE} \times \text{ARO} \tag{10.2}$$

式中：SLE为单次损失预期；ARO为年度发生频次，表示为12个月内特定威胁的预期发生次数。利用以下公式确定SLE：

$$\text{SLE} = \text{资产价值} \times \text{EF} \tag{10.3}$$

式中：EF是暴露因子，包括单一安全事件中预期损失的总资产价值的那一部分。显然，这些计算中使用的许多值都是估计值，但是仔细追踪已发布的安全数据和分析组织的安全历史记录以及最近的事件日志，可以使这些估计值更加准确。

下一步是评估可能的安全控制的可行性和成本。但很难得出防护措施的真实总成本。除了开发或购买实现控制的产品的成本外，还可能存在与规划、实现和维护相关的成本，运行成本（包括技能人员），以及与经济影响（例如对生产率的影响）相关的成本。一旦得出合理的总成本，针对特定威胁的特定控制的值可以计算为

$$\text{控制值} = \text{ALE（未加控制）} - \text{ALE（加以控制）} - \text{总控制成本} \tag{10.4}$$

定性RA是一种基于场景的启发式方法（德尔菲法），不会加入绝对数值成本，但学术人士通常使用1～5级或1～10级对威胁的严重性、潜在损失、保护措施的有效性等进行评分。可以将这些主观评价汇编在一起，以便深入了解风险的相对重要性以及对策的相对成本和有效性。当定量RA不可行时，定性分析总比什么都不做要好。

有了RI和RA的结果，风险管理就可以决定如何处置每种风险。有四个基本选项，代表可用的防护措施：

- **风险降低**——应用安全控制或对策来缓解脆弱性，从而降低风险。
- **风险分配或转移**——将风险转移给第三方，例如，使用保险。
- **风险规避**——采取行动消除造成风险的情况，例如，处置资产或修改易受攻击的流程。
- **风险接受**——当缓解风险的成本超过破坏的潜在后果时，决定承担风险。

风险处理决策可能涉及几个因素。除了与实现安全控制相关的成本/收益（可能表明已接受风险或寻求风险规避）以外，这些注意事项还包括：

- **法律责任**——当存在法定要求或与未能实现安全控制相关的民事责任时，这一点就变得非常重要。
- **标准**——NIST和其他标准机构的出版物提供了有关最佳风险处理的指南。
- **运行影响**——可能是一个因素，前提是无法缓解风险会带来潜在的运行影响，例如安全监控成本增加、生产率降低或需要在受影响的流程中实现变通。
- **技术因素**——为了应对一种风险所提出的安全控制实际带来新脆弱性，从而导致其他附带风险的情况。

从所有这些注意事项出发，最后一步是根据最有效保护策略的综合评价决定，在可用资源和系统影响的限制内采用哪种风险处理方法。换句话说，我们试图将系统的攻击面降低到可行的最低限度。仅存的**残余风险**（可以通过对未处理风险的ALE进行求和来量化或简单地使用定性术语来描述）必须与策略中定义的且经组织高级管理层

批准的可接受的风险等级相对应。安全策略和需求最终取决于是否达到该等级，并且至关重要的是组织中的责任部门认为这是可以接受的。那么，这就是批准或否决使用敏感数据和流程来运行系统的依据。面对不断变化的威胁环境，应根据需要重复进行残余风险的 RI、RA、安全控制和评价，尤其是在新威胁、新漏洞以及系统内容和流程的更改使先前的分析不再有效时。

可以使用多种系统化的威胁建模方法，其中的一种是 Microsoft 威胁建模流程，由免费工具支持，并使用威胁分析工具予以补充[10]。一旦建立了一组系统的安全目标，该流程就将经历一次表征和分解应用程序的过程，以找出信任边界、数据流、入口和出口点以及可能会引入脆弱性的外部依赖关系。然后，根据已知的威胁和攻击向量，使用诸如攻击树分析之类的方法，对这些威胁进行分析，从而得出优先威胁列表。最后，找出实际和潜在的脆弱性，并将分析结果反馈到应用程序表征阶段，以便为设计更改、添加对策或缓解威胁的其他步骤提供支持。其他威胁建模方法包括：

- STRIDE ——该模型使用六个基本威胁类别：身份欺骗、篡改数据、抵赖、信息泄露、拒绝服务和权限提升；然后，针对每种类别确定缓解策略。
- DREAD ——该方法根据损害潜力、可再现性、可利用性、受影响的用户和可发现性，对每种识别出的风险给出 1～10 的评分，然后用这些分数的和除以 5 来计算出整体风险。

10.4 赛博安全指南和资源

开发、拥有和授权安全信息系统的组织，通常会制定治理这些系统及其运行的策略和其他指令。从总体组织策略和目标方面细化的安全策略已在前面进行了描述。这些策略通常利用政府、行业和其他机构发布的越来越多的标准。系统架构师和工程师需要熟悉赛博安全的这一方面。

表 10.1 列出了赛博安全数据和指南的一些具有主导性的来源。该表包含政府机构、行业协会、专业协会等。他们共同为安全系统架构师以及必须在系统运行的整个生命周期中充分支持和维护安全的安保人员，提供当前的赛博安全情报、工具与方法、标准、培训与许多其他很有价值的资源。

如表 10.1 所列，有一个庞大且多元的社区来努力应对日益增长且不断变化的网络威胁环境。作为这些活动的一部分，已经制定了许多标准和分类法。

- **事件报告和事故共享词汇表(VERIS)**——一组用于提供以结构化和可重复的方式描述安全事件的公用语言的指标[2]。VERIS 帮助组织收集和共享有用的事件相关信息。
- **通用缺陷列表(CWE)**——描述架构、设计或代码中软件安全缺陷的通用语言；这是针对这些缺陷的软件安全工具的标准度量，也是识别、缓解和预防软件缺陷的通用基线标准[11]。

表 10.1 赛博安全信息和指南的来源

来 源	提供的信息
Web应用安全联盟(WASC)	最佳实践安全标准、工具、资源和信息,例如Web应用扫描器评估标准
开放式Web应用程序安全项目(OWASP)	工具、物品、其他资源,开发/测试/代码审查程序,最大风险清单
美国国土安全部(DHS)	最佳实践工具、指南、规则、原则、其他资源; 内建安全(BSI)举措; 以服务的形式提供(以下)CWE; 软件保证公共知识体系; buildsecurityin. us-cert. gov上有关安全软件开发的综合指南
电气和电子工程师协会(IEEE)、计算机协会(CS)、安全设计中心(CSD)	最近的举措旨在为安全系统开发提供各种制品,例如"如何避免十大软件安全缺陷"
ISO/IEC 27034	管理应用程序的过程中集成安全性的标准指南
系统管理、网络、安全研究院(SANS)	有关信息安全的教育、认证、参考资料、会议
网络安全理事会	成立于2013年,公布了一份清单,其中列出了按优先顺序排列的、广泛用于衡量网络强韧性的关键安全控制(CSC)(www. counciloncybersecurity. org)
美国国家标准与技术研究院(NIST)	负责赛博安全的联邦政府领导,例如风险管理框架(RMF); 多种标准和最佳实践出版物,包括SP 800系列和联邦信息处理标准(FIPS)
美国国家安全局(NSA)	出版了关于计算机和网络安全的原始的"彩虹书"; 软件保证中心的运行管理
软件保证度量和工具评估(SAMATE)	由DHS和NIST提供
常见攻击模式枚举和分类(CAPEC)	由DHS和MITRE发起(http://capec. mitre. org/index. html); 列出了常见攻击模式、综合架构和类别分类法; 约500条(迄今为止)
美国国家脆弱性数据库(NVD),NIST SP 800-53	联邦政府基于标准的脆弱性管理数据储存库; 使用安全内容自动化协议(SCAP),其中包括可扩展配置清单描述格式(XCCDF); 支持脆弱性管理、安全性度量和合规性的自动化; 包括安保检查单、安全相关的软件缺陷、配置错误、产品名称和影响指标的数据库; 支持信息安全自动化计划(ISAP); 提供一份公共脆弱性和暴露(CVE)的清单,并对CVE进行评分,以量化脆弱性的风险,这些脆弱性是通过基于访问复杂性和补救措施的可用性等指标的一组方程式计算得出的; 包括计算机平台枚举(CPE)字典

- **美国国家脆弱性数据库（NVD）**——NIST 的特殊出版物 800－53 中所述的政府基于标准的脆弱性管理数据储存库。
- **脆弱性描述标准**——其中的一些在表 10.1 中列出，包括：
  ◇ 公共脆弱性和暴露（CVE）；
  ◇ 通用配置枚举（CCE）；
  ◇ 开放式脆弱性评估语言（OVAL）；
  ◇ 计算机平台枚举（CPE）；
  ◇ 通用脆弱性评分系统（CVSS）；
  ◇ 可扩展配置清单描述格式（XCCDF）。
- **常见攻击模式枚举和分类（CAPEC）**——已知攻击的字典和类别分类法，可由分析人员、开发人员、测试人员和教育工作者用于促进公众了解和增强防御。
- **其他公共材料**——多种公开可用的安全分类法、研究报告、检查单、时事通讯、博客和其他数据源。

10.5 安全架构和设计

有效的赛博安全策略和相关的需求集合，通常被称为系统安全工程（SSE）——系统工程的一个分支学科，作为从需求到 OV、LV 和 PV 的整个 MBSAP 流程的一部分。在每个步骤中，安全需求都会分配给日益详细的系统结构，并且安全功能和流程被建模为“行为特征视图”的一部分。本书推荐的总体策略可以称为“分层防御”，而且该结构的各层与其他架构开发活动并行定义。分层防御有两个互补性要素：

- **深度防御（DiD）**——在架构的各个点位部署多种相互支持的安全控制，实际上攻击者必须击破所创建的保护外壳，才能获得受保护的资产。之后的段落和附录 F 会更详细地介绍这种方法。DiD 可以被视为深度安全。
- **零信任架构**——通过细粒度分割、严格的访问控制、严格的权限管理和先进的保护装置来扩展和完善 DiD 架构的策略，全部基于以下规则：未经充分认证，任何人和任何资源都不会受到信任。零信任代表了一种保护系统的广泛方法。

10.5.1 安全架构和设计流程

图 10.5 显示了典型的端到端安全架构流程的主要步骤。通常，与架构策略一样，该流程是高度迭代的，并且任何一个步骤的结果都可能导致返回到之前的步骤来解决问题，细化需求，对发现的问题进行补充分析等。将这一点作为 MBSAP 工作的组成部分，据此，安全架构也成为安全系统或复杂组织体整体架构的组成部分，而不是临时或独立的部分。赛博安全需求、功能和标准将影响系统的许多方面，并且可能是诸如产品选择等决策中的主要因素。安全测试涉及一系列不同的事件，但是必须将其与总体测试计划集成在一起，以确保通过最低的成本和最小的努力来收集所有必需的数据。类

似的考虑适用于整个 MBSAP 流程。

以下各段将总结图 10.5 中每个步骤的主要动作。

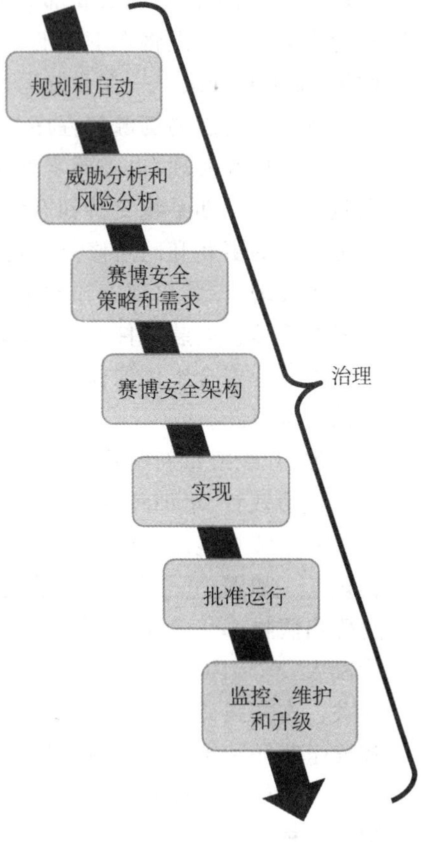

图 10.5 安全架构流程的基本流程

- **规划和启动**——作为基本项目规划的一部分，建立安全架构开发的方法、资源、进度表和其他基本资料，包括确保项目管理人员、客户和其他利益相关方的承诺。
- **威胁分析和风险评价**——进行前文在“风险管理”下所述的分析活动。
- **赛博安全策略和需求**——一旦完成 RI、RA 和风险处理分析，就创建安全策略、SP、SECOPS 和特定的安全需求。
- **赛博安全架构**——定义 MBSAP 下的安全架构，包括：
  - ◇ 选择和规定安全边界并将其映射到系统结构和分区。
  - ◇ 在分层防御结构的每个级别对所选安全控制的实现进行定义和建模。
  - ◇ 对特定安全功能和服务进行定义和建模，例如，通常为基础结构和系统的应用程序组件提供诸如用户身份验证和访问控制之类的安全服务。
  - ◇ 定义用于评价安全架构的质量和策略合规性的指标；另一本 NIST 的特殊出版物 800-55[12] 提供了有关安全指标选择和应用的指南。
  - ◇ 定义系统用户、安全管理人员和其他人员的角色和职责。
  - ◇ 定义安全架构的其他方面，例如各种系统组件所需的信任级别。显然，这必须通过与系统架构开发进行紧密合作来完成，并且 OV、LV 和 PV 中将包含安全内容。
- **实现**——正如下一节中更加详细的描述，在 PV 内实现安全架构，包括：
  - ◇ 选择和配置实现安全控制的组件和流程。
  - ◇ 根据威胁的性质和受保护信息的敏感度，验证系统组件是否具有适当的必需信任级别，以及所选产品是否符合要求。
  - ◇ 开发与安全相关的架构制品和文档。
  - ◇ 根据需求和安全架构建造系统的所有其他方面。

- **批准运行**——一旦实现完成，就进行分析和测试来验证是否已达到所需风险等级。不管系统用户为政府还是为私人客户服务，都必须规划并进行适当的测试，作为总测试计划的组成部分。最终，将证据提交给有关当局以支持批准来运行决策。这一点将在下面的系统和组件信任评估中进一步讨论。
- **监控、维护和升级**——在系统运行期间，提供用于监控事件日志、配置审计和脆弱性测试等功能的资源和程序。由于技术、需求和威胁不断发展，即使是最佳的安全架构和实现，也需要定期进行更新和重新测试，以确保仍在满足所需的风险等级。长期系统支持和升级计划需要考虑与系统安全组件和功能相关的不可避免的更新和问题修复。这方面的具体活动包括：
  - ◇ 配置管理，以防出现未知或未经批准的内容。
  - ◇ 发布后尽快安装软件补丁，以应对新脆弱性。
  - ◇ 随着赛博安全组件像任何其他产品一样发展、过时且需要更换或升级而进行的技术更新。
  - ◇ 添加、升级或重新配置保护措施，以应对新的或不断变化的威胁和策略。
  - ◇ 人员的教育、培训和安全意识，以确保赛博安全态势的人为因素不会随着人员和系统功能的变化而降低。
- **治理**——如图 10.5 所示，在系统整个生命周期的每一步都实现治理。NIST 的特殊出版物 800－100[13] 中提供了宝贵的指导，针对的是政府机构和政策，但也为私人安全架构师和管理人员提供了有用的见解；第 3 章与安全系统开发特别相关。本文强调了以下内容的重要性：明确的个人及组织角色和职责，定期监控安全特征和策略合规性，利用度量和指标定期对安全控制和程序的有效性进行重新评价，严格的配置管理和变更控制，以及对事件进行连续分析，以上内容通过审核系统日志获得支持。

许多政府部门和私营组织发布了有关强韧赛博安全解决方案设计的指南。Rozanski 和 Woods[14] 在很大程度上是从商业角度出发，撰写了有关软件架构的文章，提出安全方法的以下要素：

- **最小权限原则**——仅向系统用户授予履行其职责所需的访问权限和功能。
- **保证最薄弱环节的安全**——将保护重点放在最脆弱和最容易受到攻击的系统要素上。
- **深度防御**——本质上这是分层防御。
- **划分内容**——组织和管理信息，使对给定数据区的访问不会意外公开应单独控制的信息。
- **保持安全性简单**——避免系统用户和管理员难以使用且因此导致欺骗、走捷径和变通。
- **建立安全的默认值**——确保故障或异常现象迫使系统恢复到默认配置和设置时仍提供充分的保护。
- **失效安全**——同样，确保当系统出现故障或关闭时，在不公开敏感内容的状态下确实安全，一个典型的例子是对所有静态（即非易失存储器中的）数据进行加密，这是相当于“失效安全”的安全性。

- **安全启动**——反向原理是，启动后，系统必须在访问或公开敏感信息之前激活所有保护措施。
- **确保受信外部对象安全**——实现保护措施，充分保证试图利用该系统的任何外部实体的身份、信任级别和访问权限。
- **记录、分析和审计**——提供检测和记录所有安全相关的事件的能力，并实现严格的分析和审计流程以便充分利用所记录的事件数据。

美国国防部将重点放在国防部信息网络（DoDIN）赛博安全政策的以下重要方面，以支持全球信息网格（GIG），这些也适用于大多数私营部门的赛博安全情况：

- **识别和身份验证**——该政策既需要不可伪造的凭据，也需要使用“机制强度”评价，以确保未经授权的个人能够访问机密系统和数据的风险处于可接受的范围内。
- **访问控制**——该政策规定，传统的基于角色的访问控制（RBAC）由更强大、更灵活的方法取代，如本章稍后介绍的风险自适应访问控制（RAdAC）。
- **权限管理**——该政策要求进行自适应和灵活的权限管理，确保所有授权用户都能根据当地的运营情况及时访问完成任务所需的资源。
- **可信计算平台**——GIG 要求参与者实现 TCP，下文也将对此进行介绍。
- **确保端到端通信安全**——该政策规定了向“黑核”的迁移，其中的敏感信息在安全环境之外时始终处于加密状态；理想情况下，数据在生成它的计算机上加密，然后在使用它的计算机上解密。

这些政策需求可能会推动从选择用户身份验证的生物识别手段到开发新的算法，实时调整个人权限的各个方面。例如，大多数安全指南文件现在都要求双因素或多因素身份验证，其中涉及两种或多种独立的身份验证手段，而不是仅仅依赖那些经常被泄露的密码。对于私营部门，很可能要求安全架构师实施控制，使全球公司或复杂组织体中各个国家的公民，可以访问相应的数据和流程，同时确保不违反出口管制法或公司有关信息发布的政策。这些例子阐明了在架构周期的初期对政策和安全需求进行透彻分析，然后分配给新兴系统架构和设计元素的重要性，以实现在系统中嵌入安全特征和功能的目标。

10.5.2 分层防御架构

图 10.6 展示了可以使用多种风险缓解措施的概念联网的复杂组织体，为讨论分层防御提供依据。这至少代表了各种各样的现实世界信息系统的内容。正如 MBSAP 中的用法一样，分层防御具有两个组件：连续多层保护机制的 DiD 结构和零信任架构，对所有敏感内容执行隔离和严格的访问控制。

分层防御开始是安全系统架构的一个维度，然后是在各个点位选择和部署用于安全控制的产品和流程。与完全可以在一个章节中探讨的主题相比，这是一个更大的主题。因此，此处的重点放在安全系统实现的关键方面，这几方面对于负责满足所有系统需求（包括安全性）的一般系统工程师而言可能很重要。以下各段将描述图 10.6 所示系统的 DiD 结构设计时需要考虑的一些重要因素。针对此类系统，表 10.2 列出了 DiD 结构中的一组典型分层以及它们所具有的代表性的保护措施和功能。附录 F 为这些层提供了一组广泛的安全控制定义，图 10.6 引用了其中的许多定义。

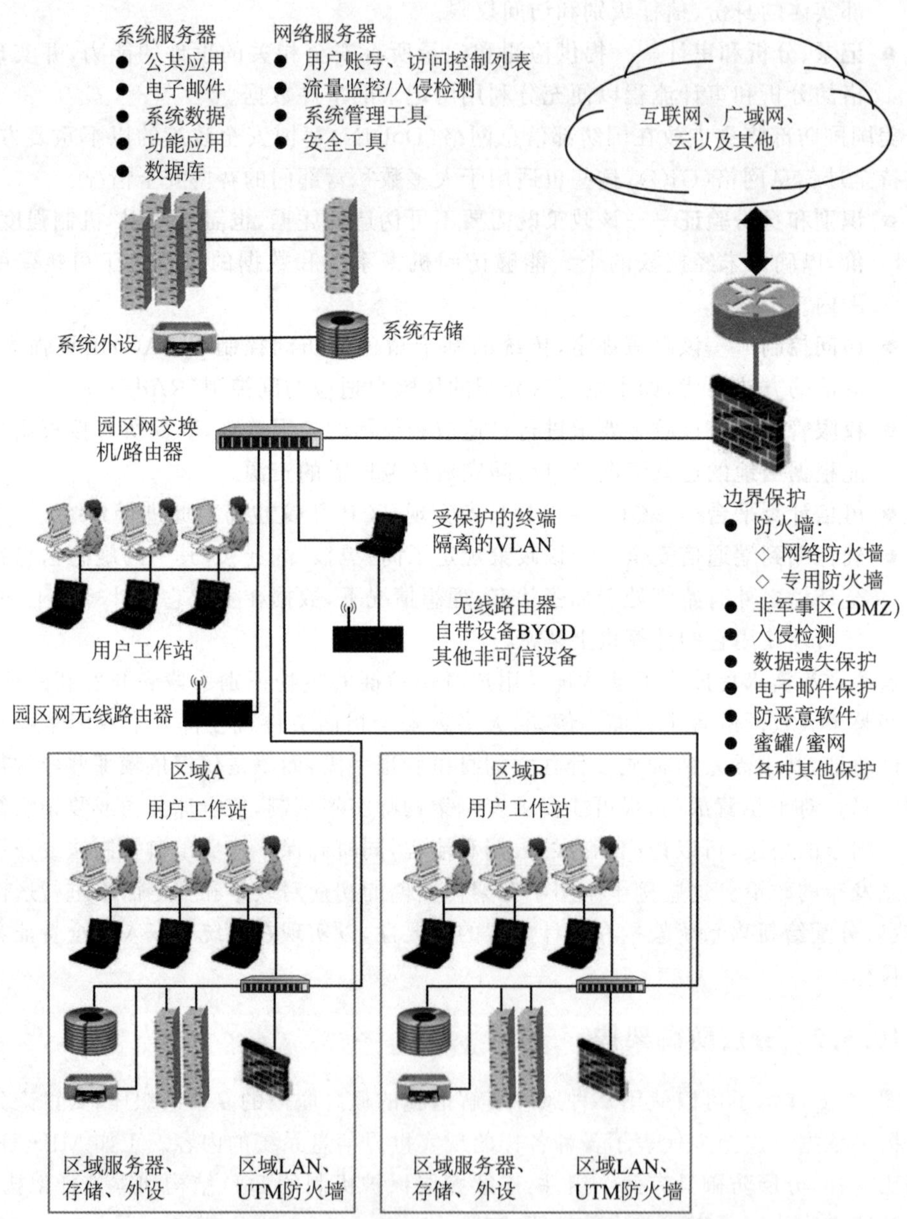

图 10.6　需要深度防御保护的概念化的联网复杂组织体（见彩图）

表 10.2 深度防御保护措施的示例

保护层	保护措施	保护功能
系统边界或周边	• 防火墙； • 外部网络； • 非军事区(DMZ)； • 入侵检测系统/入侵防御系统(IDS/IPS)； • 边界保护设备中的加密/解密； • 数据遗失防护； • 蜜罐/蜜网； • 防病毒/反恶意软件	• 阻止未经授权的信息传输并扫描恶意或禁止的内容； • 仅允许连接到受信任的地址； • 将系统资源与外部访问隔离，为保护设备和工具提供地址空间； • 监控外部活动并记录未经批准的流量，IPS 阻止不受信任的信息； • 确保敏感("红色")内容从受保护的环境中释放之前转换成不可读("黑色")内容； • 检测并阻止未经授权的提取("泄露")数据的工作； • 在"牺牲式"服务器中诱捕可能的攻击者，收集数据进行攻击分析； • 在系统边界检测/击败恶意软件
网络	• 基于网络的入侵防护/访问控制； • 利用防火墙进行区域隔离； • 防范病毒； • 对消息传递进行标记/保护； • 消息完整性检查； • 加密	• 监控网络流量，检测可疑或禁止的使用，阻止非授权使用； • 为隔离的网络区域提供自定义保护； • 检测/攻破网络流量中的恶意软件； • 将流量限制到授权的参与者，防止/检测消息损坏或篡改； • 检测网络流量是否篡改； • 删除网络上不受保护的数据
终端	• 操作系统(OS)锁定/加固； • 主机系统安全(HSS)； • 用户账户； • OS 控制文件保护； • 权限的管理分离； • 防火墙/入侵检测	• 禁用可能会产生脆弱性的系统操作不需要的功能； • 检测/防止未经授权或可疑的访问尝试、恶意软件和其他敌对行为； • 执行访问控制、用户身份验证、最小权限原则等； • 防止未经授权更改控制； • 限制对安全控制和设置的访问； • 对终端设备的保护进行自定义
应用软件	• 日志和审计； • 软件测试和受信任的软件； • 专用防火墙，例如 Web 应用和 XML； • 内容监控/过滤	• 检测可疑/禁止的对应用程序的访问； • 严格分析和测试软件以防恶意代码和其他漏洞，检测/防止非授权更改； • 对应用程序进行自定义保护； • 检测可疑的/未经授权的处理
数据	• 日志和审计； • 静态数据加密； • 数据遗失防护(DLP)	• 检测可疑或禁止的对应用程序的访问； • 确保即使是盗窃或其他物理泄露也无法获取敏感数据； • 阻止未经授权的数据访问/泄露

边界安全。边界安全系统(BSS)保护入口点免受外部网络环境影响，并实现如图 10.6 所示的功能。一些具体的例子包括：

- **外部(边界)路由器**——可能提供一些保护功能,例如对邮件进行地址过滤。
- **防火墙**——可以部署各种类型以检查入站和出站流量的各个方面,并阻止可疑或未经授权的消息。
- **非军事区(DMZ)**——可以使用内部和外部防火墙在不受信任的外部环境和敏感系统资源之间创建"缓冲区",这样可以采取多种保护措施。
- **入侵检测系统/入侵防御系统(IDS/IPS)**——检测和阻止(如果是 IPS)并记录可疑活动的专用设备或软件。
- **数据遗失防护(DLP)**——通过深度内容检查和其他复杂的技术来识别、监控和保护使用中的数据、动态数据以及静态数据。
- **代理服务器**——无需获得直接访问实际服务器和数据的权利而允许用户请求和接收诸如电子邮件和应用程序的服务器。
- **恶意软件防护**——试图检测恶意软件并阻止其执行的软件。
- **蜜罐**——模拟真实系统资源以吸引攻击者并收集信息的"牺牲式"服务器,多个蜜罐构成了一个"蜜网"。

系统资源。目前有一组整体系统资源,包括服务器、工作站、存储器、周边设备和局域网(LAN)路由器,提供了所有系统用户需要的功能,例如账户管理和公用软件应用。所有这些组件都是使用定制的安全控制进行保护的候选对象。

保护区。复杂组织体的特殊功能被隔离在保护区内,每个保护区都有自身的 LAN 和统一威胁管理(UTM)防火墙。这里仅显示了两个保护区,但是通常复杂组织体的每个部门或其他组织单元都会有一个访问受限的区域。这种分割是零信任架构的核心原则。与所有赛博安全设备一样,必须仔细评估候选 UTM 产品的防护能力,尤其是针对经过评估的系统威胁,这一点很重要。

受保护的无线连接。系统 LAN 具有连接经过批准(受信任)的设备的无线路由器。还有一个用于其他访问的无线路由器,例如通过个人(自带设备或 BYOD)设备进行访问。该路由器用专用处理器保护,该专用处理器实现了各种安全控制,并按照第 9 章所述建立了与系统网络分离的虚拟 LAN(VLAN)。

分层防御的另一个关键要素是零信任(ZT)架构[15],表 10.3 给出了图 10.6 所示的系统的一些主要功能。"零信任"这个名称源于以下基本原理,即除了一个经身份验证的实例外,没有任何可以信任的人或事物。ZT 通过增加严格的控制来补充和加强 DiD,特别是对于敏感内容的访问。例如,与整个用户会话只需要一次访问批准的系统相比,决定对访问敏感内容的每个请求都进行身份验证和授权的系统提供了更高级别的保证。

表 10.2 和表 10.3 中的所有 DiD 和 ZT 特征都可以应用于图 10.6 中所示的系统,具体取决于需要保护的资产和需要缓解的风险。在 DiD 架构中添加零信任网络的主要目的之一,是最大程度地减少攻击者在成功入侵系统后可能造成的损害。从一个资源区域向另一个资源区域"横向移动"的每一次尝试,都必须攻破该区域安全周边内的分层防御结构。此外,每次尝试访问受保护资产都需要对请求访问的一方进行强身份

验证，并对每个特定资产进行细粒度授权(访问许可)。零信任的DiD使用先进的防护措施(例如应用统计行为分析和人工智能的防护措施)，代表着安全架构中的最新技术。

表10.3 零信任架构的特征

保护特征	保护功能
零信任	• 系统用户或资源(应用程序、数据库等)都不会通过先验条件而获得信任； • 每次资源访问、安装操作等都需要显式的身份验证和授权
访问控制	• 所有资源均通过严格的访问控制进行保护，无论处于什么位置(例如，用户的多因素身份验证)； • 对资源执行细粒度访问(特定许可)
网络隔离	• 网络分为包括相关资源和功能的多个部分； • 区域具有独特的受保护周边，并执行访问控制； • 区域用多功能设备(例如统一威胁管理(UTM)防火墙*)进行保护
网络安全	• 实现安全的数据包转发引擎； • 监控所有网络流量是否存在可疑活动

* Forrester研究公司针对该设备提出了术语“分片网关”。

作为一个基于部署多种补充防护措施的安全架构策略的例子，Jones和Horowitz[16]发布了一种保护重要公用基础设施(尤其是核电厂)的方法。他们的提议的基本要求包括：

- 使用多样化和冗余的子系统，增加攻击者要攻破给定保护层而必须付出的工作量；这也可以引出一个“签名”，通过它可以识别和确认攻击者。
- 配置“跳转”，通过切换到另一种配置来恢复损坏的系统。
- 使用诸如在不同并行组件之间进行表决之类的技术进行数据一致性检查。
- 策略取证，将真正的攻击与错误的警报或自然故障区分开来。

10.6 安全系统实现

一旦获得了批准的安全架构，图10.5中流程的下一个阶段便是实现。这里我们假设已选择了一组安全控制和其他风险处理方法，并且已经体现在具有适当特征和功能的架构中。现在必须通过硬件和软件组件、程序、人员培训以及赛博安全解决方案的其他要素来实现这些目标。然后必须对系统进行测试，确认安全控制是否按设计要求发挥作用，是否还有已知的脆弱性，以及是否已达到要求的残余风险等级。以下各段将讨论在图10.6的复杂组织体环境中实现这些控制。

10.6.1 边界安全

DiD设计首先是在系统或区域周边采取保护措施，如10.5.2小节所述。在旧版安全架构中，边界安全很可能是主要防御措施。这种方法被称为“外松内紧”，现在已经彻底过时了。目前没有像标准 BSS 设计之类的东西，图 10.7 在内部块图中显示了一些典型的组件。与 BSS 相关联的块具有对应的构造型。该系统通过边界路由器连接到外部世界，外部可能是公用网络，例如互联网、私有广域网(WAN)、第三方提供的云环境，或一些其他外部环境。可能还有其他渠道，例如加密的点对点链接。图 10.7 包括复杂组织体外授权方使用的虚拟专用网络(VPN)服务器。第 9 章讨论了这种方法和其他联网方法。如果边界路由器需要这种功能，则可能会有一个外部网络交换设备。边界路由器通常使用边界网关协议与网络上的另一个自治系统建立会话。它可以通过过滤输入通信流量来参与安全方案，例如，应用时间限制来排除超出已经建立的时间参数范围的消息。

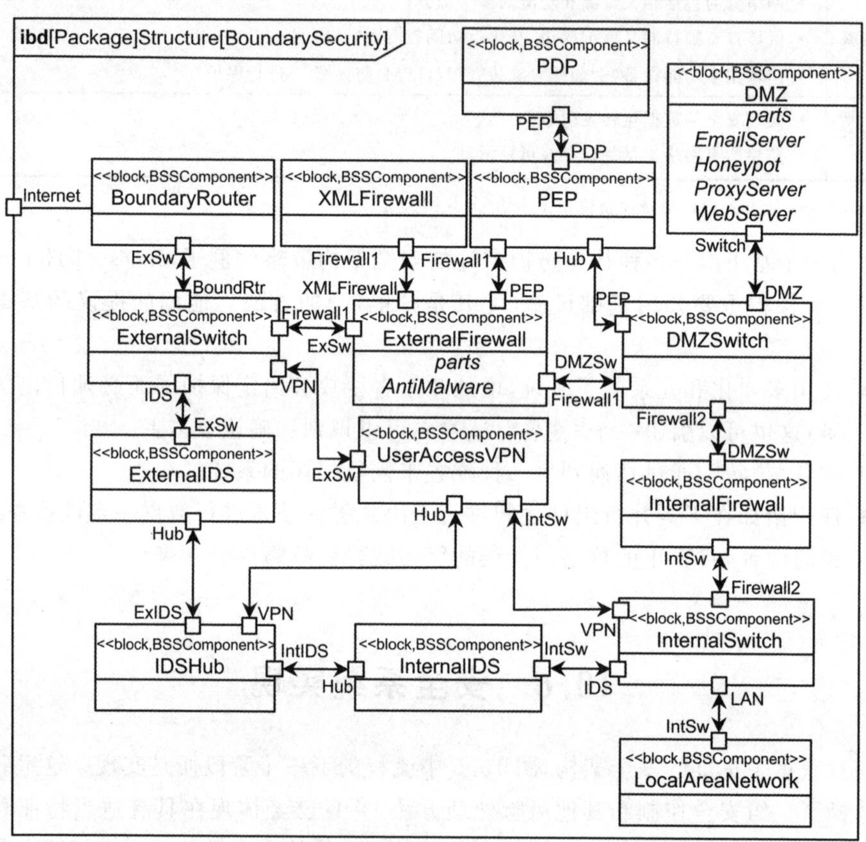

图 10.7　边界安全系统的典型要素，形成了 DiD 实现的周边安全层

也许最普遍使用的安全组件就是防火墙，它是一种专门的计算机运行的受信软件，将多种技术应用于入站和出站流量，以识别和阻止未经授权的或威胁性的消息。防火墙具有可由安全管理人员编程的规则集，以确立允许或阻止消息通过的依据，以及用于识别授权的外部站点和用户的访问控制列表(ACL)。

防火墙基于用户提供的规则和参数，通常在数据包、协议或应用程序级别应用各种过滤技术。包过滤防火墙可以是复杂边界路由器中运行的软件组件，它可以根据 IP 地址和端口号等参数，允许、拒绝和丢弃数据包。代理防火墙使用上下文规则、授权规则和身份验证规则，运行邮件和其他类流量的代理网关。可以将这些防火墙类型和其他防火墙类型组合来满足特定的安全要求。复杂的边界安全系统可能会有一个DMZ，它同时具有外部和内部防火墙，这将在后面的段落中进一步说明。我们还注意到，任何防火墙都会有一定数量的漏报（阻止的合法访问请求）和误报（相反的错误）。系统和网络管理员可能需要“调整”防火墙规则，以达到组织安全策略定义的可接受等级。例如，如果阻止了99.9%的恶意流量，则1%的合法流量被拒绝是可以接受的。

如图10.7所示，防火墙可以由各种专门的安全控制支持。外部防火墙包括反恶意软件构件，并且与XML防火墙交互，该XML防火墙专门扫描XML流量并保护基于XML的接口；内部防火墙包含DLP，通常在DiD结构的多层中部署。通过由集线器连接的内部和外部入侵检测系统对图10.7中的双重防火墙进行了补充。IDS通过确定活动模式并将其与使用已知脆弱性或攻击向量识别出的已知特征进行匹配，来检测未经授权的流量。IDS可以在数据包、消息、协议和应用层应用多种算法，并且可以设置为响应网络攻击、数据驱动攻击、破坏访问控制和权限管理的尝试、未经授权的登录以及未经授权的访问请求。IDS还可以在应对特洛伊木马、蠕虫病毒和其他攻击时增加恶意程序防护软件。入侵防御系统（IPS）就是一种功能比较强大的组件，可以主动阻止“不良”流量。为了保持有效性，IPS必须在发现新威胁时定期更新，这类似于使恶意软件检测库保持最新状态。

公共和私营部门的系统都已开始实现DMZ概念，使信息可供经授权的外部用户使用，同时保护核心资源。DMZ通常提供数据缓冲区和任务队列，它位于自身带有地址空间的单独区域中，并且可能具有外部域名系统（DNS）服务器，用于处理外部用户身份。可以使用一个或两个防火墙来实现DMZ，后者更安全。图10.7显示了通过DMZ交换机访问的DMZ，它位于外部防火墙和内部防火墙之间，而且具有电子邮件服务器、Web服务器以及一个或多个代理服务器等功能，这些代理服务器公开了系统服务器中的数据和进程，但不允许直接访问这些资源。电子邮件网关是代表系统用户接收、转发、传递和存储消息的服务器。通常还会扫描消息和附件中是否包含病毒和其他恶意内容，并可以进行过滤来清除不必要的流量（臭名昭著的“垃圾邮件”）。DMZ通常会创建流量“候宰区”，防火墙可以在传递或删除可疑的入站消息之前将其发送到该“候宰区”以便进一步处理。图10.7中所示的另一个特征是蜜罐，它可以模拟实际的系统资源来诱捕恶意入侵者，同时允许防御者记录信息并观察尝试性渗透的细节。

多年以来，赛博安全一直是基于应用严格的规则来管理哪些用户可以访问哪些信息和进程。这样就很难适应遭受复杂网络攻击的现代复杂组织体中常见的动态情况，并且如果要调整不断变化的庞大用户群的权限，则可能造成巨大的管理负担。当前的趋势是基于策略进行安全管理，其中的规则集考虑了各种情况并且进行了近乎实时的调整。例如，某个人可能需要在特定的时间段访问特定的数据，然后应撤销这种权限。否则对于检测到的敌对渗透尝试，访问规则可能需要变得更加严格。一种实现使用了策略执行点（PEP），如图10.7所示，与外部防火墙进行交互，它通常是一台专用计算机,根据一组策略属性来调解用户访问请求、消息流量和其他活动。通常情况下,用户将请求访问应用程序或数据集,同时 PEP 将获得用户的证书和其他属性(见下面的访问控制);将应用由策略定义点(PDP)提供的当前策略来确定是否允许所请求的访问;如果允许,则将授权所请求的活动。PDP 服务器为系统和安全管理员提供了重要的工具来管理访问控制。

在 BSS 的内部边缘,内部交换机将穿过内部防火墙的流量以及 IDS 的 VPN 流量和数据连接到系统 LAN。这是下一个 DiD 级别,使用的是表 10.2 中列出的安全控制。其他层与连接到网络的端点设备、区域中服务器上运行的应用软件以及数据(无论存在与否,且无论是使用中、动态还是静态的)都有明显的映射。由于篇幅限制,无法对这些层进行像边界或周边安全层那样详细的描述。但是,附录 F 给出了表中汇总的关于每个级别的候选控制的更多详细信息。由于很多网络攻击都试图利用面向 Web 的软件中的弱点,因此一个重要的例子是使用 Web 应用防火墙(WAF),将深度包检测(DPI)作为整体系统 BSS 的一部分或者与区域的访问点同时使用。

10.6.2 可信计算平台(TCP)

TCP 这一术语定义了一类资源,用以满足严格的赛博安全标准从而有助于高度可信的系统设计的一类资源。最初是为防务系统定义的,但可以应用于任何安全系统的实现。TCP 实现了以下特性:

- 在访问任何应用程序或数据之前,系统会开机引导到安全状态。
- 系统受信只加载经过编码的注册软件,以确保原始开发人员没有对代码进行任何修改。
- 系统对基础设施的每个客户端或用户进行身份验证。
- 系统实现基于主机(终端)的入侵防护。
- 系统根据敏感度/分类级别对内容进行分离。
- 系统对静态和动态数据进行加密。
- 系统执行安全策略。
- 系统在关机或其他限定条件下清理内存和存储器。
- 系统进行客户端/用户认证。
- 系统使用敏感度和访问控制参数对数据进行标记。

由许多著名 IT 提供商①组成的可信计算组织(TCG)[17]要求 TCP 执行硬件和软件中的安全特征,包括一个密钥,该密钥甚至可以保护计算机免受其所有者的侵害。TCG 已经定义了可信平台模块(TPM),该模块是通过加密提供基于硬件的方法的一种专用芯片,即“为此类敏感功能提供基于硬件的方法,作为用户身份验证、网络访问和数据保护方式的安全密码集成电路(IC)”。例如,TPM 允许计算机向第三方提供证书,证明可信软件和硬件没有经过修改。为了完全符合 TCG 规范,计算机必须实现以

① 重要的是要注意,TCG 还试图改善数据版权管理,尤其是用于防止未经授权复制和传播受版权保护的材料。

下五个特定概念：

- **签注密钥**——TPM 中嵌入的公开/私有密钥对(见下文的加密)。
- **安全输入/输出**——尽可能地减少与系统 I/O 相关的安全漏洞的技术。
- **内存屏蔽**——将正常内存保护扩展到完全隔离敏感存储区。
- **密封存储**——将私人信息绑定到特定的硬件/软件平台。
- **远程认证**——允许授权的第三方检测硬件/软件平台的更改。

10.6.3 保护质量(QoP)

通过与服务质量(QoS,见 9.7 节)进行类比,安全架构师已经定义了 QoP 构造,该构造限定了数据对象的属性,描述了如何在静止状态下和传输过程中对其进行保护。有趣的是,QoS 和 QoP 通常是矛盾的,因为为保护信息而采取的步骤通常会增大处理的开销,这可能会增加数据通信的延迟。QoP 配置文件通常会定义对加密、允许的路由选择、访问控制以及敏感数据对象销毁的需求。

10.6.4 加密和证书

使用某种加密方案将信息转换为仅预期接收者可以理解的形式,与人类文明一样古老。原始消息或信息通常称为明文,而加密后的版本称为密文。加密算法通常称为密码。几千年来,"密码破译"在战争中起着决定性的作用,而且涉及破坏复杂组织体和国家之间安全通信的商业间谍活动非常普遍。

加密技术具有三个主要用途：

- **机密性**——将明文转换成不可读的密文。
- **完整性**——使用散列和消息摘要来确保完整性。
- **身份验证和不可抵赖性**——使用数字签名、证书和 PKI 以及公钥加密,证明消息或事务来源的身份。

加密技术本身就是一门完整的学科,这里仅作简单的概述。密码的类型和类别、加密算法的数学运算、用于创建和破译代码的工具和方法以及其他方面的详细信息不在本书的讨论范围内。以下各段将讨论系统架构师和工程师特别感兴趣的一些问题。

从根本上讲,加密方法分为密钥方式和公钥(也称为非对称密钥)方式,如图 10.8 所示。有了密钥,安全通信的接收者可以利用安全手段(例如使用快递或通过多种不同的渠道发送部分密钥)向任何潜在的发送者提供加密密钥。密钥可能只对特定的时间窗口或地理区域有效,并且正常情况下,应经常随机更改,以使密码破译方的工作复杂化。如果使用高质量的密钥,这可能非常安全,但是开销很大。相比之下,公钥方案消除了对安全密钥分发的需要。接收者发布公钥,同时保留和保护私钥。加密的数学运算是只有私钥才能解密用公钥产生的密文。

数字签名使用公钥加密让消息的接收者验证发送者的身份,并确认内容没有被更改。顺序是：

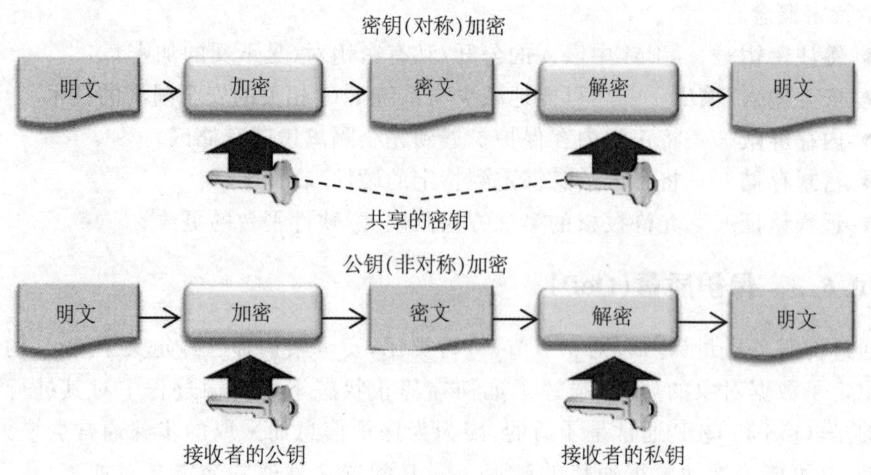

图 10.8　基本加密方法(见彩图)

- 发送者计算消息的哈希值①,并用私钥进行加密,这称为“数字签名”。
- 接收者也计算哈希值,并利用发送者的公钥解密发送的哈希值。
- 接收者将两个哈希值进行对比,确认发送者的身份和消息完整性。

许多加密方案都涉及受信任的第三方,尤其采用图 10.9 所示的认证机构的形式。Kerberos 协议是互联网工程任务组(IETF)在 RFC 4120 中定义的,是计算机之间相互认证的最常用标准[18]。数字证书(或公钥证书)是将公钥绑定到密钥发布者的一个或多个标识属性的文档,密钥发布者可以是安全消息传递的接收者,也可以是服务提供商的客户端。复杂组织体可以创建一个 PKI,为参与者提供身份验证凭证,例如带有嵌入式电子证书的身份证,同时可以在凭证被撤销或泄露的情况下使用证书撤销列表(CRL)提供证书撤销等服务。PKI 的替代方案称为“信任网络”方案,复杂组织体中的各个参与者在自己的证书上添加数字签名,然后由第三方进行认证。此方法的一种流行的实现是 Pretty Good Privacy(PGP)隐私保密协议,它允许使用电子邮件数字签名,同时允许参与者发布其公钥。如果各方都信任认证机构,则“信任网络”可以与 PKI 进行互操作。可以使用多个 CA 来创建证书的分布式总账目。证书可以用作不可抵赖性实现的一部分,例如,通过使用来源证明和接收证明,作为个人参与事务处理的证据。关于具有不可抵赖性的 RSA 签名(见下一段)具有法律约束力是有先例的。

目前有多种加密算法,而且 NSA 开发并应用了多组算法来保护美国政府的信息。私人信息系统中使用最广泛的两种方法是高级加密标准(AES)[19]和以发明者 Rivest、Shamir 和 Alderman 命名的 RSA 加密算法[20]。通常根据拥有高端计算资源的密码破译者所需要破解的时间长度来描述算法,从数分钟到数年不等。

AES 和 RSA 允许使用不同长度的密钥,密钥越长,越难破译,从而使系统设计人

① 哈希(散列)是将算法应用在将任意大小的数字数据对象创建成固定大小的值,该值可作为一种原始指纹,可使用多种散列算法。

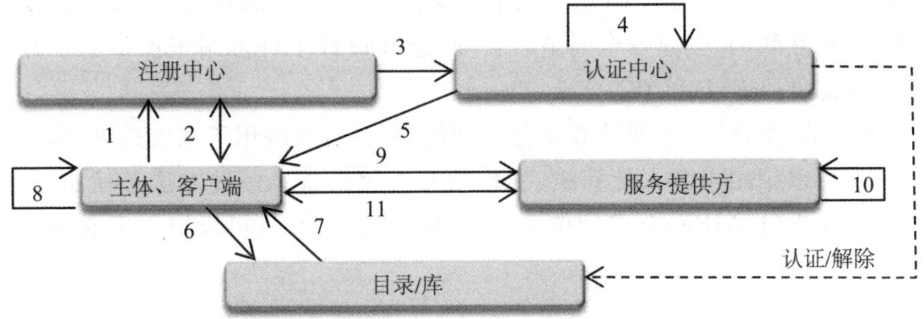

1. 请求证书,提供主体的公钥;
2. 请求和接收ID凭证,验证主体ID;
3. 转发请求;
4. 创建并签署带有主体公钥和ID的证书;
5. 发送主体证书;
6. 请求提供商的公钥;
7. 接收提供商的数字证书,提取公钥;
8. 创建会话密钥,并使用提供商的公钥加密;
9. 发送会话密钥和主体的数字证书;
10. 验证主体的证书,解密会话密钥;
11. 使用会话密钥进行通信。

图10.9 数字证书流程(见彩图)

员可以权衡加密开销与通信安全级别。可以使用密码校验和来检测传输中密文的修改尝试。新颖的加密方案正在形成,诸如量子密钥分发(QKD),它使用量子力学效应来创建安全密钥并检测任何篡改企图。在可预知的将来,对即使最敏感信息进行安全加密的手段也可能足够了,但代价是实现复杂而昂贵的加密设备。FIPS 140-2**《加密模块的安全要求》**[21]是加密设备的政府标准。

NSA根据收录的算法和受信保护的敏感信息级别,对加密设备进行分类。基本类别包括:

- **类型1**——受信对保密信息进行加密保护。
- **类型2**——获准用于电信和信息技术系统,使用分类的NSA算法保护未分类的国家安全信息。
- **类型3**——获准使用未分类的算法保护敏感但非保密的信息。
- **类型4**——使用鲁棒性较差的加密算法和密钥的可出口的设备。

加密可以应用于第9章中所述的网络协议栈的多个层。在网络层或互联网层,IETF定义了对IP数据流中的每个数据包进行加密和身份验证的IP安全(IPSec)协议组。IPSec协议还可以在网络参与者(包括单个用户、服务器、防火墙、路由器等)之间执行相互认证和密钥协商。在传输层,IETF定义了传输层安全(TLS)协议,作为早期安全套接层(SSL)的继承。除了保护传输控制协议(TCP)之外,TLS还具有Web浏览、邮件、即时消息传递和IP语音(VoIP)数字语音通信的变体。在应用层,安全超文本传输协议(HTTPS)使用RSA公钥加密,将HTTP与TLS结合在一起,以便通过非安全网络(例如互联网)创建安全通道。目前,已经设计了许多用于保护电子邮件的方案,包括加密邮件(PEM)和PGP。

前面提到的“黑核”概念涉及数据包级别的加密,可以应用于系统边界、系统内部的区域边界,也可以应用于个人计算机、工作站和存储设备。一种方法是使用符合NSA高可靠IP保密机(HAIPE)规范的单个加密/解密设备,并且可以以一定成本应用于上面列出的任何边界。

10.6.5 访问控制

像赛博安全的其他方面一样,用于控制用户可以访问的数据和进程的机制,也随着威胁的增加变得更加复杂和灵活。访问控制对机密性、完整性和可用性具有重大的影响。安全架构可以包含管理或程序、物理和技术安全控制措施,以达到可接受的风险等级,即只有授权的主体才能访问受保护的对象。访问控制可以针对整个系统或复杂组织体集中进行,也可以分散进行,例如在各个区域内。密切相关的安全控制是使用IDS/IPS,如图10.7所示。前面提到的赛博安全的最佳实践是执行最小权限原则,限制每个主体对其角色或职责所要求的对象类别的访问,并且执行更严格的“需要知悉”概念,实际上是针对单个对象强加了访问规则。这是防止最具破坏性的访问控制错误的重要措施。访问控制策略的重要因素包括:

- **身份管理**——使用目录、密码和其他凭证管理等机制以及用户账户管理来验证主体,是否具有系统已知的身份。
- **身份验证和授权**——验证主体是否具有当事方声称的身份,并确定主体对给定对象的权限。
- **责任和审计**——记录访问控制活动并分析这些日志来支持不可抵赖性、威胁警告、策略和流程的执行以及其他安全目标。

多年来,该标准一直是基于角色的访问控制(RBAC),在这种访问控制下,已成功验证身份的用户将根据用户配置文件中包含的角色获得访问权限。近年来,RBAC已经开始被基于属性的访问控制(ABAC)取代,特别是对于具有许多无法预料的用户的大型系统[22]。在ABAC下,用户和资源都使用可以动态调整的限定属性和策略来支持访问决策。上文提到,强烈建议采用双因素身份验证或更普遍的多属性访问控制,它可以将密码与生物识别因素(如指纹)或物理凭证(如令牌)结合使用,并且越来越多地用于加强访问控制。NIST已发布了风险自适应访问控制(RAdAC)模型,在每种情况下都计算安全风险估计值和运行需要估计值,用于作出访问控制决策[23]。还有一种变体,首先使用ABAC对系统的用户进行身份验证,然后使用RBAC来控制用户将拥有的特定权限。

结构化信息标准促进组织(OASIS)支持可扩展访问控制标记语言(XACML),用于定义授权策略以及访问请求和响应的模式。OASIS还支持安全声明标记语言(SAML),这是XACML的配置文件,可提供所需的声明和协议机制[24]。安全系统可以使用SAML令牌来验证消息或文件的来源。

在ABAC下请求访问受保护的数据和资源的一方（个人或系统）可以具有多种属性，包括：

- **身份**——通过身份验证确定，“你是谁”。
- **证书或令牌**——用于身份验证，但也可以包含访问信息，“你有什么”。
- **密码或口令**——也用于身份验证，但可以访问带有访问参数的用户配置文件，“你知道些什么”。
- **角色**——“你是做什么的”。
- **位置或来源**——“你在哪”。

数据属性可以包括类别或敏感度、可发布性规则、及时性、数字签名等。

ABAC实现的标准模型具有以下要素（其中一些如图10.7所示）：

- **策略执行点(PEP)**——接收访问请求，转发以供作出决策，并执行决策。
- **策略决策点(PDP)**——维护当前的策略，将请求与策略进行比较，并将访问决策返回PEP。
- **策略管理点(PAP)**——存储和管理策略。
- **策略信息点(PIP)/策略库**——将策略数据传递到PDP。
- **属性权威(AA)/属性资源库**——提供属性数据。

随着复杂组织体在其功能和参与者方面逐渐走向网络化和动态化，访问控制机制可能会不断演变。特别是，例如，要适应无法预料的用户或为了应对攻击而限制系统访问，动态调整访问策略的手段在保持所需安全级别以及允许系统和复杂组织体有效运行中将变得越来越重要。联网复杂组织体及其环境所需要的结果包括需要有效的SOA访问控制以及远程系统用户的强身份验证和授权。

10.6.6 虚拟专用网(VPN)

VPN是在非安全网络（尤其是互联网）上创建安全通信通道的一种流行方法。本质上是一个虚拟网络，是通过使用IPSec穿越公共网络的不安全传输层构成的。用户在其计算机上具有VPN客户端，同时具有令牌（通常是密钥卡的形式），该令牌为会话提供了经常更改的加密密钥。基本VPN可能仅由一组点对点通道组成，但现代VPN支持更复杂且不断变化的虚拟网络拓扑。VPN可以在系统或节点内使用，使一组特定用户之间的通信可以从整个网络中隔离出来。这些基本的VPN概念存在多种变型。渐渐地，VPN功能可以作为浏览器和操作系统的一种特征。

10.6.7 分离内核

在安全系统的可认证设计中，一种使用现成硬件和软件组件的方法称为分离（有时叫分区）内核，这在第8章首次提到[25]。结合虚拟化的概念（见第14章），这种方法创建分离内核管理程序(SKH)，利用受控信息流将硬件资源、主机软件和客户操作系统隔离在独立分区中。分离内核的目的是在商业化计算平台上实现安全处理，这些平台的设计细节是供应商所专有的，因此通常无法获得。

10.6.8 多级安全级别

在讨论风险识别时，关键是需要利用信息的敏感性和所需的保护级别来描述信息。许多系统都需要处理多个级别的信息，并确保敏感度较高的数据在与敏感度和保护级别均较低的数据混合时不会泄露。这样的系统必须是可认证的，这意味着必须具有较高的置信度，即不能以较低且不安全的级别公开分类级别较高的信息。因为单个系统用户可能需要查看多个级别的数据，所以理想的解决方案是具有受信机制的完整多级安全(MLS)架构，以确保每个内部和外部系统用户只能查看他们具有访问权限且需要知悉的数据。多年来，这一直是一个棘手的挑战，并且在系统具有国际用户以及法律考量(例如出口管制法)适用的情况下，该问题变得更加棘手。

完整 MLS 是众所周知的难题，并且当前技术最常见的解决方案是多重独立安全级别(MILS)或多重安全级别(MSL)架构。采用这种方法，系统或复杂组织体可划分成几个区域或域，每个都可以在给定的分类和可发布级别上存储、处理和显示信息。也就是说，此类区域运行于"系统高级模式"。每个区域或域都有一个网络，通常使用该网络标记该域。因此，公司网络可能具有针对公司私人、个人身份信息、公共信息以及其他类型的受限或机密内容的区域。

当必须在不同的敏感度或信任度级别之间跨域边界交换信息时，每个级别都有针对用户访问的特定规则，常用的方法是使用专用计算机，称为防护措施。防护措施将一组规则应用于要交换的消息、文件、文档或其他实体，验证是否允许交换。从较低级别向较高级别传递信息比反向传递要容易得多。但是，通常可以通过删除特别敏感的内容对敏感信息进行"降密"，以便在受信程度较低的域中发布。有时需要人工检查信息来补充保护规则库，这是其基础，通常非常希望将与高到低事务相关的开销处理和延迟最小化，以维持系统性能。渐渐地，利用以下事实来保护 XML 文档成为一种趋势：

- XML 文档结构良好，有助于自动化规则处理。
- 有多种技术可以用于描述 XML 消息和文档，并根据描述来验证内容。
- XML 存在较成熟的安全机制，例如用于 SOAP 消息传递，可适用于跨域信息交换。

在 MILS 架构中，需要查看多个级别的数据的用户可能需要针对每个域网络使用单独的计算机或终端。在 MLS 系统中，用户可以在一个屏幕上透明地访问任何安全级别的任何授权信息。① 过去，对这种系统进行认证一直以来都极具挑战性且成本很高，因此无法实现。但是，技术进步，例如增加受信 XML 机制的使用，可以最终解决这个问题。在这个领域，消息和系统访问日志也很有用。

① 有人建议将一个安全级别的窗口到另一安全级别的窗口的拖拉能力作为 MLS 的检验标志。

10.6.9 瞬变电磁脉冲发射监视技术(TEMPEST)

由于数字电子设备可以发射与其逻辑快速切换相关的射频信号,所以存在这样一种可能,即对手可能会检测并解码此类信号,从而获得敏感信息。通常将防止这种情况发生的设计和测试活动称为 TEMPEST。商业计算设备可能需要使用屏蔽和接地功能等的特殊外壳。安置有涉密计算环境的建筑物、飞机和运载器可能需要进行测试,确保不存在可检测到的辐射泄漏。针对系统提出 TEMPEST 需求时,架构师有责任确保将它们正确地分解到相应的组件,并确保会在整个测试计划中考虑 TEMPEST 测试需求。

10.6.10 系统和组件信任评估

由于这些系统和网络威胁日益复杂,用于规定和验证信息系统信任级别的方法,已随着时间的推移而不断发展。如今,公共和私营部门的许多原则和实践都起源于政府早期的保护敏感信息的工作[26]。早期要在信息系统中达到限定信任级别的广泛尝试,记载在国家安全局(NSA)的"彩虹书"中,之所以叫"彩虹书",是因为这些书共有 20 余本,每一本都涉及安全的一个具体方面,封面颜色各不相同。中心卷"橙皮书",或者更正式一点的说法是**《理解受信系统审计的指南》**[27],定义了一组安全等级,其中 A1 代表最高的信任级别,D2 代表最低的信任级别。可信计算机系统评估标准(TCSEC)作为 DoD 5200.28STD 于 1985 年 12 月发布,为评估商用计算机系统的安全特征和开发流程提供了依据。TCSEC 基本上已经被通用标准方法取代,并且整个安全系统评估领域已经发生了很大的变化,详情如下:

安全系统在授权存储、处理和交换敏感数据(即"上线")之前,应经过正式的书面流程,验证是否已经确定了可接受的信任级别,即安全风险的反向概念。传统上,此类流程往往是联邦政府内部已使用了多年的认证和鉴定(C&A)流程的变体。C&A 具有三个基本要素:

- **评价**——根据规定的准则,对安全系统设计中使用的产品的特征进行技术评估,不受任何任务或工作环境的影响,依据的是设计文件分析结果和测试结果,理想情况下应包括来自独立的外部测试组织的专业知识。
- **认证**——系统评估人员认为安全策略和需要已得到满足。
- **鉴定**——系统的指定官员或组织批准使用敏感内容。

最初,C&A 是一个静态过程,在此过程中,系统会获得一段时间的运行权限(ATO)或同等权限,通常需要定期进行安全评估以确保充分安全。因此,C&A 流程通常会经历系统开发、认证测试、鉴定和重新鉴定等多个阶段。

如今,较为熟悉的 C&A 方法正在被基于**连续**安全评价(有时称为评估和授权(A&A))的更为严格的策略所取代。目前,政府政策要求使用所谓的风险管理框架(RMF)[28]。所有政府机构都在努力实现 RMF,这在 NIST 计算机安全部门的一系列出版物中进行了定义[29-30]。这种改进的策略也适用于各种私营部门系统和复杂组织体。RMF 在很多方面都与早期的 C&A 流程相似，包括着重管理对组织以及实现信息流程的个人和系统的风险。但不同之处在于，用持续的监控和评估流程取代定期的离散 C&A 事件，确保信息保护方案的完整性和策略合规性。在 NIST 的指导下，RMF 还需要部署更多、更有效的安全控制措施。RMF 方法包含六个步骤：

- 对系统及其信息内容进行分类。
- 选择基准安全控制，根据需要进行调整和补充。
- 实现控制措施。
- 评估所实现的控制措施的有效性和适用性。
- 根据可接受的安全风险的测定，授权系统操作。
- 进行持续监控和重新评估，包括记录系统的更改、系统环境以及更改对安全的影响；向有关当局报告系统的安全状态。

有效的持续监控和评估过程可能需要大量的工作和成本，包括自动化工具的形式和对人员专业知识的需要，以便执行诸如分析事件日志、进行频繁的安全测试以及进行定期配置审计之类的功能。如果要实现 RMF 的好处，就必须规划并提供这些内容。一种日益受欢迎的方法是创建一个虚拟计算环境，该环境与实际系统匹配，但完全分离，通常标记为“沙盒”。这样一来，可以在将软件部署到使用环境中之前对其进行安装和全面测试，并根据需要对新发现的脆弱性进行重新测试，但不会中断运行。使用日趋成熟的工具分析网络流量模式、事件日志和其他指标也有助于持续监控。“沙盒”可以与“蜜罐”或“蜜网”一起用于取证，例如识别攻击者。

NIST 和国家安全局（NSA）在增强公共和私营部门的赛博安全方面发挥了关键作用，包括涵盖了实现分层防御的多个方面的指南。NIST 发布了一系列 FIPS 出版物[31]；两个广泛使用的例子为 FIPS 出版物 191**《局域网的安全性分析指南》**和 FIPS 出版物 197**《高级加密标准（AES）》**。另一个很好的安全参考是 NIST 特别出版物 800－27**《信息技术安全工程原理》（实现安全性的基准）**[32]。NSA 主要支持从加密技术和设备到推荐的系统配置等领域内的政府系统安全。有关赛博安全的策略、指令、指南、标准和其他文档的完整纲要将会是庞大的。本段中所述的文件包括可以帮助读者找到有关特定主题的专门信息的其他参考资料。

由于实现安全性的一个重要因素，是使用具有一定安全属性且没有脆弱性的可信产品，因此长期以来，评估和认证此类产品的方法一直是赛博安全的关键。如今的主要方法是基于国际 ISO/IEC 15408 标准[33]的信息技术安全评价的通用标准，通常简称为“通用标准”或缩写为 CC。CC 结构允许采用针对产品测试的方式来规定产品的安全需求。在保护配置文件（PP）中捕捉了针对一类设备的安全需求，并在编制定义产品安全属性和一组安全功能需求（SFR）的安全目标（ST）中使用了一个或多个 PP。PP 侧重于允许用户定义其需要，而 ST 则允许提供者阐明其产品提供的安全性。CC 标准提供了 SFR 目录以及有关产品开发和测试的安全保证要求（SAR）。

CC 的最常见用途是为产品分配 1～7 的评估保证级别（EAL）。实质上，EAL 对应于一组 SFR，而且更高的级别表示更完整（且更昂贵）的测试和确认。最高的级别会消耗大量的时间和金钱，以至于产品在经济上不适用于评价或在流程完成后接近报废，这是CC的主要问题之一。政府机构通常根据受保护信息的敏感度和威胁的性质，规定安全系统组件的EAL[34]。例如，如果信息泄露会造成某种损失（大致相当于机密或公司私有的类别），且面临的威胁并不复杂但愿意冒险（也许是普通的黑客），则要求EAL为2级。如果信息泄露会造成非常严重的损失（例如，最高机密或关键知识产权的类别），且对手经验丰富，拥有合理的资源，并打算承担重大的风险（可能是大型的恐怖组织），则要求EAL为6级，但是很多产品都无法满足这个要求。使用高度敏感信息的安全架构师可能不得不处理系统设计这方面的问题。

没有任何产品评估是完美的。作为新出现的威胁的一个例子，Yang描述了一种"硬件木马"，其可以插入处理器芯片中，而且利用目前已知的方法无法检测到，并可以让攻击者完全访问计算机的操作系统[35]。要抵御这种威胁，从实际上看，需要一个完全安全且可信的芯片制造流程，以防攻击者获得零件的物理访问权。

MBSE可以通过多种方式支持系统安全评估和鉴定，如以下各段所述。

- 形式化的架构模型允许捕获、维护和可视化配置基线以及系统或体系的流程或行为。根据这种模型得出的制品可以侧重于安全特征和功能等具体方面，并且可以有效地提供安全测试人员、分析人员和鉴定机构所需的信息。例如，架构数据可以为有效漏洞评估规划和渗透测试提供支持。
- 架构模型允许对组件、接口和流程的需求（包括安全需求）进行严格且可审计的分解，以确保系统设计时将所有需求考虑在内，并为需求认证和确认提供了基础。
- 当面向服务的架构（SOA）成为实现大型信息系统和复杂组织体的首选方法时，对于内部服务以及系统作为大型复杂组织体的参与者提供或使用的服务，架构建模在定义服务（尤其是服务接口）方面的能力对于涉及安全服务的系统鉴定而言是非常宝贵的。
- 架构模型为配置管理、数据管理和变更管理提供了依据。例如，模型捕获了系统元素之间的依赖性，以便为设计更改后所需的回归测试定义提供支持。该模型还可以作为系统和组件信息的可搜索存储库，包括将之前安全测试中的数据存档以便使后续测试保持在可行的最低限度等功能。
- 现代系统架构建模工具可以对行为图进行仿真，使它们所代表的流程形象化。这种"可执行架构"技术对于评估安全控制的运行而言非常有价值。

10.7 SOA、Web和云安全

任何在安全环境之外传输敏感信息的情况都会引起赛博安全问题。最突出的两个案例包括Web（实际上是指互联网）和云计算的使用。正如第7章中讨论的，面向服务的架构的基础是允许一个复杂组织体中有多个参与者，在实现业务流程时进行互动，这些参与者可以来去自由并使用多种信息技术。但是,对数据和资源的大量访问不可避免地会产生安全脆弱性。除了本章讨论的所有其他赛博安全措施之外,SOA 还需要利用可靠的机制来确保复杂组织体的参与者公开和使用的服务的机密性、完整性和访问权。由于 Web 服务是当今 SOA 交互的不二选择,所以它们是实现安全性的工作重点。

长期以来,保护 SOAP 消息的主要机制始终是 HTTPS,即超文本传输协议的安全版。HTTPS 将加密整条消息,并且对于点对点事务是足够安全的。但是,Web 通信中将更多地包括中间节点,这些中间节点必须读取部分消息才能执行其功能,因此必须使用 HTTPS 对整条消息进行解码。由于敏感内容已在多个地方公开,所以安全风险等级显著上升。HTTPS 的灵活性和向更高 QoP 过渡的总体需要,推动了以 WS-Security 标准为基础创建 WS-Security Framework。WS-Security Framework 重复了第 7 章中的列表,涉及标识、身份验证、授权、机密性和完整性,同时包括 WS-Security、WS-Security Policy、WS-Trust、WS-Secure Conversation、WS-Federation、可扩展访问控制标记语言(XACML)、可扩展权限标记语言(XRML)、XML 密钥管理规范(XKMS)、XML-Signature、XML-Encryption、安全声明标记语言(SAML)、NET Passport、安全套接层(SSL)以及 WSI-Basic Security Profile。

WS-Security 限定了安全元数据的语言元素,包括标头块、用户名、密码和令牌,提供了将安全令牌与消息相关联的整体方法,在 SOAP 消息的标头中加入了安全特征,并提供了完整性(防篡改)、机密性(加密)以及各种身份验证和授权机制,包括来源证明认证。WS-Security 允许对消息元素进行选择性的加密/解密。通常使用 Kerberos 或 PKI 服务结合 WS-Security 消息加密来分发会话密钥,这样参与者就不必创建、存储和保护大量的密钥材料。

WS-Security Framework 的标准和协议共同为实现赛博安全概念和需求提供工具,以便在 SOA 中进行服务交换。在复杂组织体节点上实现的赛博安全保护措施,必须与针对整个复杂组织体实现的措施相辅相成。当使用 Web 服务以外的其他服务模型(例如,满足性能要求)时,必须提供用于身份验证、数据完整性和机密性以及访问控制的等效机制。表 10.1 中列出了与 Web 应用程序安全有关的组织。

其他用于提高互联网安全的方法包括:

- **传输层安全(TLS,以前称为安全套接层(SSL))**——在传输层(见第 9 章)运行的基于会话的协议,尤其用于 Web 应用程序的安全访问,TLS 也用于 VPN。
- **安全超文本传输协议(S-HTTP,不要与 https 混淆)**——面向无连接的协议,在协商会话安全后封装数据,这种方法没有被广泛使用。
- **IPSEC**——在网络层(见第 9 章)上运行,用于提供加密和身份验证,这是主要的 VPN 协议。
- **多协议标记交换(MPLS)**——使用数据包的第 2 层和第 3 层报头之间插入的标记进行快速数据包转发,它与协议无关且可扩展,并通过多个服务等级(CoS)和第 3 层 VPN 隧道技术提供服务质量(QoS)。

- **安全外壳(SSH2)**——使用 SSH 客户端和 SSH 服务器之间的加密隧道进行安全远程访问,它可以向服务器验证客户端(注:使用了 SSH1,但 SSH1 具有可利用的漏洞)。
- **无线安全传输层(WTLS)**——无线应用协议(WAP)的安全服务,安全类别包括:
  ◇ 1 类——匿名身份验证。
  ◇ 2 类——仅服务器身份验证。
  ◇ 3 类——使用服务集标识符(SSID)和有线等效加密(WEP)密钥或更安全的加密(如 WAP2)进行客户端-服务器身份验证。

云安全将面对所有其他安全架构的挑战,以及数据和其他资源不在所属组织的物理控制之下,并且与其他云客户端共享这些资源的事实。攻击者试图利用云、访问控制机制和其他地方使用的虚拟化技术中的脆弱性。其中一个例子是“旁路攻击”,它具有多种变型,目的都是劫持云客户端的账户或文件。另一种攻击方法称为“网络劫持”,主要是破坏创建和管理虚拟环境的管理程序。还有一种攻击方法是“虚拟机逃逸”,攻击者在其中突破虚拟机来攻击基础的主机环境。

云安全联盟[36]是一个非营利性组织,致力于推广最佳实践和教育,以提高云安全性。使用云服务时达到可接受的风险等级所涉及的一些注意事项,如下:

- 云服务提供商(CSP)有责任充分保证可以访问资源和数据的人员是值得信任的,并且客户端将获得对此的明确证明。常用的措施包括对人员进行安全检查和强化教育以及访问控制,以防支持人员获取客户端数据。
- 同样,CSP 必须提供物理安全,确保数据中心难以渗透或无法渗透。可靠的电源(例如,使用不间断电源 UPS)和环境控制对于确保数据不丢失也很重要。
- 在任何安全系统中,静态数据都应加密。这在云中尤其重要。
- 访问控制应仅由云客户端或数据所有者控制。非常理想的是 CSP 支持细粒度用户权限,以便将访问权与每个用户进行精细匹配。CSP 应提供所有访问尝试的日志并负责维护。
- CSP 必须为数据备份和恢复以及业务连续性制定适当的计划。
- 对于保护开放式网络上的云事务、数据保护以及用户数据、日志和其他敏感信息的安全而言,加密都是非常重要的。云环境中使用的高级加密算法包括各种类型的基于属性的加密(ABE),其中密文和用户密钥的属性必须匹配才能解密。
- 适用于云环境的法律法规的合规性,可能与由使用组织控制的系统的合规性有所不同。数据定位方法就是一个例子。云服务客户端必须意识到此等差异,并采取措施确保合规性。

10.8 安全架构建模

安全架构建模是在架构模型中表示安全特征和功能，与其他任何构建任务并没有本质上的区别。对于与 SoaML 类似的安全性，尚没有 UML/SysML 配置文件，但是可以如第 7 章所述，采用与 SOA 建模非常相似的方式使用构造型、设计模式和其他针对安全性定制的元素。

10.8.1 MBSAP 方法论中的安全性

以下是按照模型开发的 MBSAP 顺序，将安全性嵌入系统架构的重要方面。

需求。正如本章前面所讨论的，安全需求是系统要求基准的一部分，可能包括 FR(例如特定的安全控制和相关流程)和 NFR(例如对单点登录或强密码执行的需求)。

运行视角。首先在 OV 中对系统级安全特征和功能进行建模。

- 安全资源的主要分组可以建模为不同的域。BSS 就是一个例子，如图 10.7 所示。或者，它们可以作为某一域所包含的子域如计算基础设施域的子域。至于其他结构元素，应记录责任、值和操作。
- 一个安全的系统应包括安全性的用例(并可能最好使用违规用例)，这些用例包含安全相关的流程(例如恶意软件检测和用户身份验证)的规范和行为图。创建显示安全状态及其间转换的 SMD 可能会很有用。
- CDM 中的基础类通常具有与安全相关的值和操作，例如，定义敏感度或分类值，可以确保从基础类继承的所有系统类都具有该关键属性。
- 所使用的任何系统和复杂组织体的安全服务，都应记录在服务分类法中，并按第 7 章所述进行建模。
- 背景特征视图是一个逻辑环节，记录了赛博安全环境、RI/RA 结果以及与安全解决方案有关的其他因素的信息。

逻辑/功能视角。与其他架构方面一样，OV 中的高层结构、行为、数据和服务将进一步细化，以便在 LV 中创建功能设计。

- 正如任何其他结构一样，安全设计细节和流程都在结构图和行为图中进行了建模。图 10.7 显示了一个结构示例，而图 10.10 显示了一种典型的行为，在这种情况下表示的是用户登录和访问应用程序。PEP 根据当前策略以及目录服务器(例如活动目录)提供的权限和其他属性，来处理用户的登录请求，然后处理对应用服务器的请求并返回结果。很多安全控制措施都与接口相关联，应记录在接口规范中。
- 从 OV 分解安全需求，并分配给系统元素。可以使用 <<VerifiedBy >> 依赖性，对用于证明系统达到可接受风险等级的安全分析和测试进行建模。
- LDM 可能包含特定的安全数据实体，其他数据可能具有安全相关的值和操作。

- OV 的域级安全服务应进一步适当分解，并映射到系统元素，例如处理器、网络设备、存储器和接口。
- 系统认证通常需要定制制品（例如端口和协议矩阵），其可以利用模型生成。
- 背景特征视图很可能包含有关安全设计原理的文档、C&A 或其他操作流程的授权特殊注意事项，以及任何有助于长期安全维护和升级的其他内容。

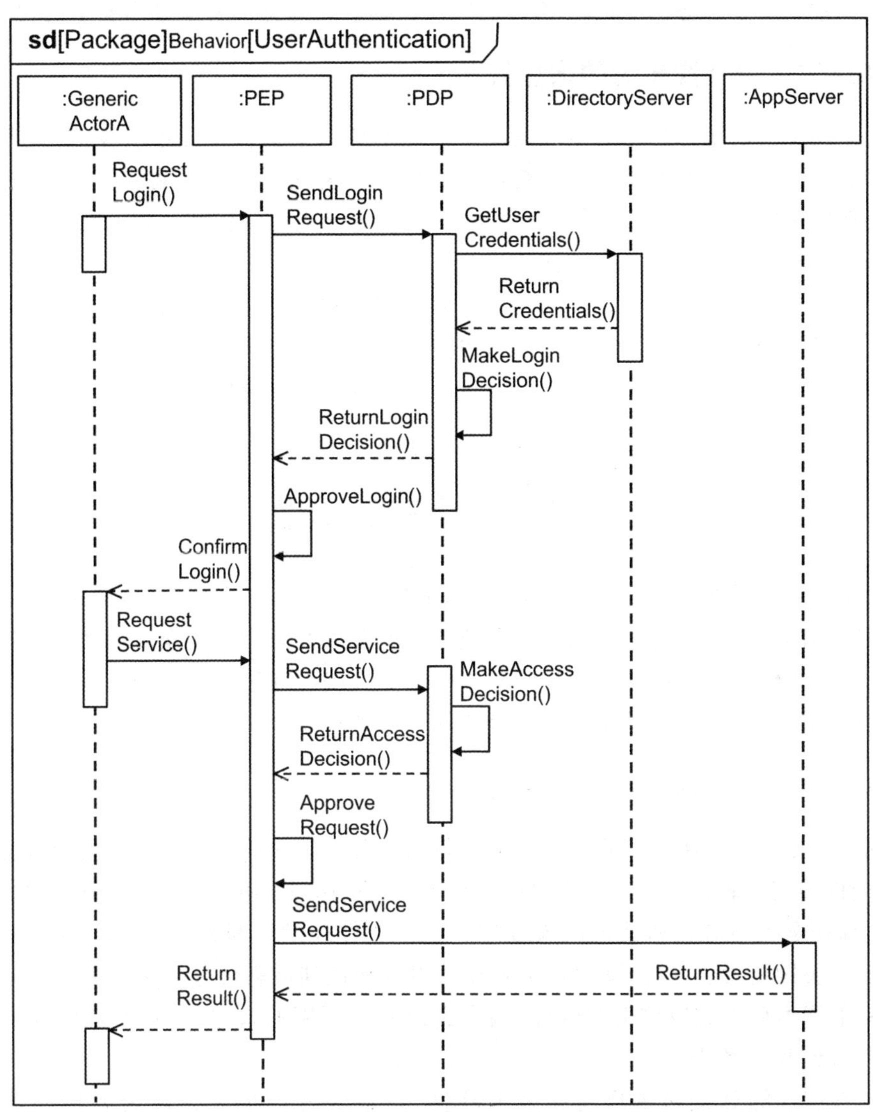

图 10.10 显示用户登录和访问服务的顺序图

图 10.7 所示的行为参与者都具有安全特征。用户具有确定其访问系统及其内容的能力的属性和权限。PEP 和 PDP 是 BSS 的一部分，已经在前文中进行了描述。目录服务器具有对用户账户进行安全管理的数据和功能。最后，如深度防御中所述，应用

服务器同时具有端点和应用层安全控制。

物理视角。 与所有其他系统元素一样，PV 记录了所使用的安全产品和其他实现细节。这很可能包括关键组件的 EAL。

其他。 图表注释、链接文件和其他文档，通常是建模和传达安全设计的简单有效的方法。应特别注意赛博安全利益相关方感兴趣的信息，包括鉴定或其他批准机构以及负责维护系统安全态势的 SYSADS/NETAD。其中大部分都属于聚焦安全的视角。

10.8.2 安全性相关的聚焦视角

安全性相关的聚焦视角对于涉及敏感信息的任何系统都是必不可少的，尤其是在需要诸如 C&A 之类的正式流程来获得操作权限的情况下。这可能涉及大量信息，包括显示保护措施布局的图形、系统安全架构文档、定义安全规则和流程的文档等。一种方法是获取准备好用于支持测试和认证的证据包，并利用它将安全设计传达给项目经理、其他决策者和系统用户，补充所需的任何材料。注释 PV 的主要制品也很有用，以显示实现安全功能、安全服务接口、区域边界和跨域信息交换、加密、可信软件和其他设计要素的位置。通常由安全架构师或安全团队负责人负责编译和维护此视角。

10.9 安全软件开发

关于成功的网络攻击的报告数据，表明了软件脆弱性是导致这一后果的最主要的原因。其中的许多原因都可以归因于缺乏编码实践以及未能实现众所周知的保护特征和功能。处理安全系统的系统架构师和工程师必须确保通过最佳实践来构建和测试软件（无论是购买的、新开发的还是经过修改的），以消除安全隐患。

10.9.1 安全软件开发生命周期(SSLDC)

图 10.11 以示意图的形式显示了如何将软件开发工作的各个阶段与安全流程相匹配，才能创建安全软件开发生命周期（SSDLC）。图 10.11 还列出了一些典型的活动，例如选择安全控制措施和其他风险处理方法。软件开发期间的测试和系统测试都是 SSDLC 的关键要素。最终，通过以下各项的组合来达到最高可行的保护级别：

- 部署本质上难以攻击的软件，因为它没有可利用的缺陷，并且发现的脆弱性已得到及时修补。
- 在健壮的分层防御环境中部署软件，以最大程度地减少攻击者访问软件的机会。

安全软件开发原则的目的是使代码更好、更不容易受到攻击，减小整体系统攻击面以提高赛博安全，并降低总成本。系统工程师和架构师应确保在软件过程中实现这些目标或等效目标。安全软件开发原则的典型列表将包括以下内容：

- **在软件需求/用例中加入违规错误用例**——对与潜在攻击和系统故障相关的行

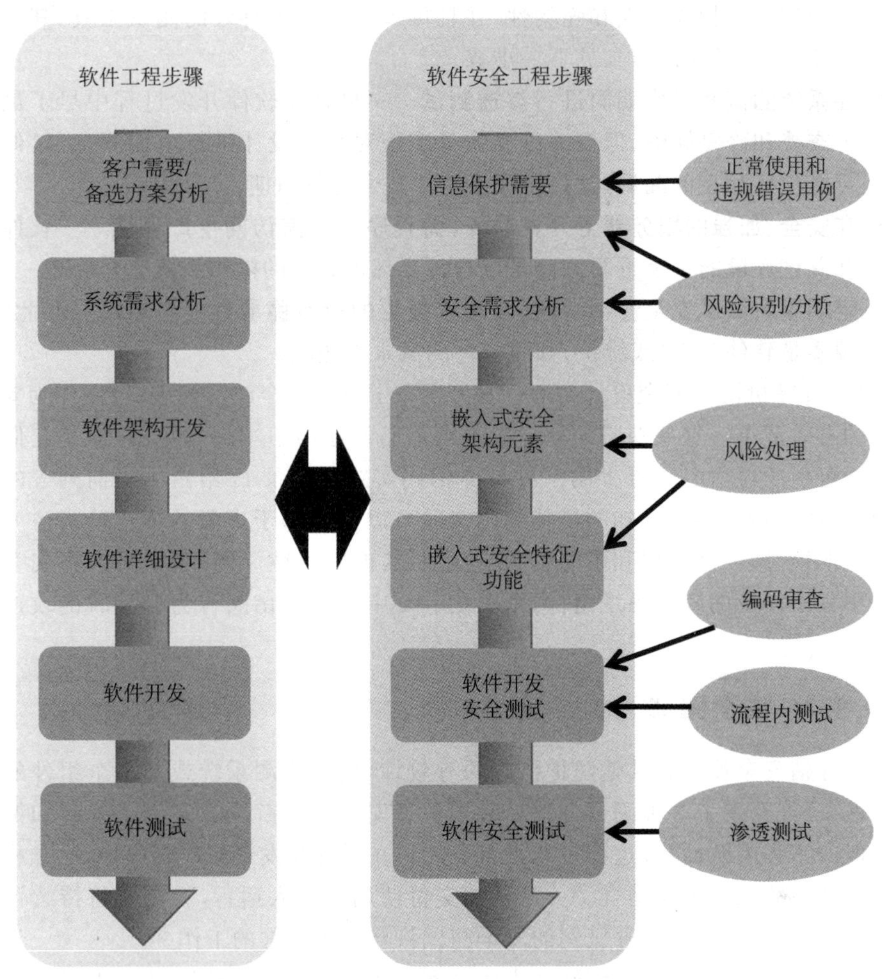

图 10.11　软件开发和安全软件工程的并行阶段(见彩图)

为进行建模,有助于确保高质量的 RI/RA 和确定一套有效的风险处理措施。

- **将安全风险分析加入需求、架构和设计中**——从软件开发的第一天开始,这就是安全构建原理不可或缺的一部分。
- **在需求中加入可测试的安全功能和特征**——这是确保安全需求成为全面均衡的安全基准的一部分的基本原则。
- **在设计中加入安全功能和特征**——这是图 10.11 中并行安全软件流程的其他部分;这些特征的例子包括强输入检查、强身份验证、审核日志(应经过签名)、不含已知脆弱性的代码并经数字签名以防篡改、保密以及预防堆栈与缓冲区的溢出。
- **在设计和代码审查中加入脆弱性检测**——关键是使软件安全评估成为开发流程的一部分。
- **在开发过程和系统测试中加入基于风险的安全脆弱性测试和扫描**——重要的

是使用工具扫描错误和脆弱性，并且可以使用多种有效的测试工具，其中许多是免费的，具体内容参见下一小节。

- **在系统测试和操作期间进行渗透测试**——尽管在软件开发过程中尽了最大努力查找和修复缺陷，但至关重要的是应该对最终设计进行全面测试，以便找出可能仍然存在的漏洞，这将持续系统的整个运行周期。
- **在安全、加强的服务器上开发软件，而程序员无需访问生产环境**——软件开发和测试环境的一个重要方面是应与将要部署软件的操作系统完全隔离。
- **定期重新测试安全性，并修补发现或报告的所有脆弱性**——多次强调此问题，现实是软件开发（或维护）和脆弱性测试永无止境。

IEEE 计算机协会安全设计中心（CSD）发布了十大安全缺陷列表，可以作为安全软件过程的有效清单。这些缺陷的软件工程水平已经超出了本书的范围，但是它们表示的是实现可信软件所必不可少的一种具体编码实践。附录 H 给出了当前列表的简要总结，将定期进行更新。已知的最佳编码实践可以消除基于虚假的用户输入注入攻击的常见脆弱性、缓冲区溢出和附录 G 中所述的其他脆弱性。例如，如果未将安全软件开发用于其中涉及的各个系统组件，则图 10.10 中与用户访问行为相关联的攻击面可能会很大。

10.9.2　安全测试

为了评估安全控制和其他防护措施的有效性，以及检测系统或其单个组件的缺陷和脆弱性，已经开发了多种测试方法。对于负责安全系统解决方案的工程师和架构师以及一般的工程团队而言，这都是非常重要的。在系统开发或修改程序中，必须将安全测试与整个系统测试工作结合。一旦系统交付使用并投入运行，就需要将持续评估作为治理的一部分，意味着某种级别的安全测试将会成为日常的工作。

在最常见的情况下，即系统硬件主要是商用货架产品的情况下，安全测试主要是供应商的职责，目的是通过 CC 测试或某些等效流程建立所需的信任级别。EAL 通常作为产品规格的关键要素发布。系统开发人员必须以不损害其安全属性的方式使用可信组件，并且应通过对完整的综合系统进行测试来确认没有引入硬件缺陷。

安全测试的主要焦点是软件，因为这是最容易出现脆弱性的方面。无论是采用诸如 Sprint 之类的敏捷方法还是更传统的方法，测试都应作为软件开发不可或缺的一部分。这仅仅意味着应将安全测试与所有其他测试（作为软件开发的自然要素）合并在一起。软件开发团队应具有或者可以轻松获得安全软件测试的专业知识。附录 I 总结了软件安全测试中最重要的类别，并列出了一些常用的工具。

10.10　智能微电网的赛博安全

我们可以使用社区智能电网（SMG - A）示例，来说明本章所涵盖的概念和技术的应用。我们将对 SMG 的安全特性和需求做出一些假设，并考虑如何定义量身定制的赛博安全解决方案。该解决方案在保持系统性能和可靠性的同时，提供足够的网络攻击防御能力。电力是国家关键基础设施的核心要素，作为恶意行为者的目标而受到越来越多的关注。与本书中 E－X 和 SMG 示例的其他用法一样，我们不会尝试综合处理，但是会说明实现可接受的安全风险等级的一些重要方面。

首先，我们要确定需要保护的 SMG－A 的关键资产。此类列表按敏感度的大致顺序包括：

- 设备控制流程和数据——这是最关键的资产类别，因为最严重的威胁包括通过夺取电力资源的控制权或造成损害来中断电力服务。
- 当前的操作和状态数据——包括电力流动的水平和方向、与主电网(PG)的技术数据交换、设备状态和类似数据。
- 客户数据——包括可利用的信息，例如姓名和地址以及用于支付账单的信用卡。
- 业务数据——包括与 PG 服务提供商交换的数据。

前两个资产类别通常与系统控制和数据采集(SCADA)系统的功能相关联。已有广泛的报道称，现有的 SCADA 在电力行业中普遍存在，并且其在设计时很少或根本没有考虑网络威胁，将特别容易受到攻击。一种相关的危害是，控制了 SMG 的攻击者可能会造成运行条件不安全，从而威胁到系统合法用户的生活和安全。

接下来，我们必须考虑可能的威胁方，即攻击者。我们需要解决的威胁有三种：

- 黑客和前文所述的仅仅通过恶作剧而获得病态满足感的寻求刺激者。
- 试图对国家及其公民造成损害的恐怖分子和高级持续性威胁(APT)。
- 可能是恶意的或者只是粗心大意且缺乏培训的内部人员。

威胁因素可能设法利用的漏洞可以包括以下方面：

- 软件含有未修补的脆弱性，可能允许未经授权的操作、错误命令的注入、敏感数据的泄露以及其他攻击。
- 恶意软件防护不足，可能使攻击者能够：
  - ◇ 破坏或窃取(“泄露”)SMG 数据和软件；
  - ◇ 获得系统的访问权限，即使在控制范围内；
  - ◇ 影响主电网和其他外部实体；
  - ◇ 实施其他攻击，例如勒索软件。
- 访问控制不充分，使攻击者能够入侵系统，从而造成损害、窃取信息以及不安全的设备操作的指挥。
- 缺乏物理安全，使攻击者可以访问系统硬件，从而修改配置和设置、用恶意组件替换可信组件、覆盖或禁用安全控件以及执行许多其他操作。

表 10.4 包含了这种威胁环境下 SMG 的安全策略或 SECOPS 的一些代表性内容以及相应的安全需求。应通过严格的风险分析以及明确声明由 SMG 管理层认可并与 PG 协调的安全策略来支持策略和需求。例如，SECOPS 可以指定总体安全策略，

例如：

- 任何一种数据泄露每年都不得超过一次，关键操作内容泄露每 10 年不得超过一次。
- 无论是由于敌对行动还是自然事件，服务中断每年都不超过 4.4 h(运营可用性为 99.95%)。

表 10.4 智能微电网的安全策略和需求示例

策略声明	需 求
系统应实现强大的访问控制来确保系统内容的机密性	• 系统应实现强制访问控制； • 系统应执行多因素身份验证； • 系统应通过自动强度检查来执行强密码策略； • 系统应执行强大的用户账户管理； • 系统应通过资源的细粒度访问实现基于角色的访问控制(最小权限原则)
系统应实现分层防御，以最大程度地提高系统内容的机密性和完整性	• 系统应在系统外围、微电网 LAN、监督控制、应用软件、数据库和微电网设备级别实现安全控件； • 应指定每个级别的特定控件
系统应保护静态数据、传输中的数据和使用中的数据	• 系统应加密存储中的所有数据； • 系统应针对所有外部数据通信(包括与 PG 的通信)实现 VPN； • 系统应使用可防止未经授权公开数据的应用软件

然后，将对表 10.4 中的特定策略和需求进行定义，以支持这些总体安全结果。

SMG 是一个相对较小的系统，因此精心设计对于以可接受的成本和运营影响来满足严格的安全策略而言至关重要。尽管表 10.4 中引用的某些需求可能看起来有些苛刻，但强韧赛博安全对 SMG 的重要性意味着必须最大程度地满足这些需求。信息处理区域有两个：监控计算机以及嵌入 SMG 设备中的控制器和其他处理设备，与图 5.32 中的管理和设备级别相对应。大多数安全控件都适用于监控计算机，但是还必须考虑较低的级别。系统用户是 SMG 员工中的运营、技术和业务人员，而且选定的 PG 人员也需要访问某些 SMG 信息。一组具有代表性的安全控制将包括以下特定防护措施。附录 F 给出了更多详细信息。

- 统一威胁管理(UTM)防火墙，用于保护监控计算机并提供数据包检查、IDS/IPS、DLP 以及可能的其他外围防御功能。可能需要使用 Web 应用防火墙，具体取决于通过 Web 端口公开的功能。必须使用一种或多种采用深度学习(人工智能)等技术的高级反恶意软件产品。
- 经批准的外部 IP 地址白名单，允许通过 Web 端口与系统交互。
- 所监视的输入/输出，包括流量日志和可疑行为的检测。
- 安全的软件程序，包括：
  - ◇ 使用具有适当信任认证的软件产品，包括系统软件(操作系统、功能程序和数据库管理)和应用程序；
  - ◇ 立即安装并持续监控发布的软件安全补丁；

  ◇ 定期对 SMG 网络进行渗透测试。
- 用于所有外部数据通信的 VPN。
- 禁止使用易受攻击的设备，例如无线连接器和 USB 存储器。
- 所有连接设备都有专用 IP 地址的加密 SMG LAN(静态 LAN 拓扑)。
- 访问控制，包括多因素身份验证和强制执行强密码。由于用户数量以及受保护的进程和数据库的数量都很少，因此有效的访问控制方案包括：
  ◇ 基本的系统级账户管理，需要双因素身份验证(例如，密码和物理令牌或生物识别)才能登录到系统；
  ◇ 记录所有成功和不成功的登录尝试；
  ◇ 自动检测密码强度，每 30 天强制更改一次密码；
  ◇ 访问单个功能和数据记录需要二级密码保护。
- 记录系统活动且每周进行分析。在可行的情况下，可以包括其他信息，例如机器标识符、从 GPS 得出的设备和用户位置以及其他许多对检测恶意活动和分析赛博安全事件非常重要的详细信息。
- 每年对拥有系统访问权限的所有人员进行安全巩固性培训。
- 物理安全，包括核心设施周围的围栏、上锁的房门、安全摄像机和上锁的设备外壳。对于设备，所有敏感物品都应具有防破坏的外部装置。
- 事件响应计划(自然事件和网络攻击)，其中规定了以最少的中断时间恢复或维护电力服务。

10.11 总　结

本章简要概述了一个非常广泛且复杂的主题。私营和公共部门的系统以及为其提供支持的信息环境，正在受到来自多方面的日益严重的攻击，其中包括被误以为忠诚正直的人员，以及对窃取机密和知识产权甚至伤害公众有诉求的国家实体。实现安全、可靠的系统涉及架构实践的各个方面，从最初的威胁评估和安全需求到提供所有必需的保护机制，再到产品选择和系统安全测试。最好将安全架构和设计的许多细节委托给专家，但系统架构师需要对问题、可用的解决方案、技术状态以及所涉及的策略和最佳实践有一定的理解。

练　习

1. 列举对信息密集型系统的一些常见安全威胁，例如：① 大型银行或其他金融机构；② 线上零售商；③ 运输公司，如铁路。

2. 定义外国犯罪集团针对国内制造商的网络攻击的以下要素：威胁方、威胁、资产、脆弱性、安全控制和暴露。

3. 针对校区管理,列举有效安全解决方案中的一些主要因素,必须保护大量个人信息、试验材料和其他敏感数据。

4. 列举三类赛博安全防护措施或预防措施,并一一举例说明。

5. 如何将 ABAC 和 RBAC 应用于图 10.10 所示的行为?

6. 强韧性和可承受的赛博安全解决方案的两个基本要素是什么?

7. 描述国家电信网络风险识别(RI)和风险分析(RA)的基本步骤。

8. 描述传统认证和鉴定与最新的风险管理框架之间的主要区别,并给出后者的优点。

9. 鉴于图 10.5 中的安全架构开发流程,确定治理工作中适用于流程的安全架构、实现以及监控、维护和升级阶段的某些方面。

10. 为什么要在深度防御结构的多个级别应用防火墙和入侵检测系统等安全控件?

11. 评估保证级别(EAL)的基本用途是什么?

12. 鉴于图 10.7 中的边界安全系统以及图 4.5 和图 4.6 中 E-X 示例的域结构,将在 E-X 的何处实现 BSS 的各个组件?

13. 哪些因素会导致为特定系统或复杂组织体选择密钥或公钥加密方案?

14. 列举一些可以在基于属性的访问控制方案中使用的用户属性。

15. 哪些因素为保护云环境带来了更大的挑战?

16. 针对图 10.11 所示的安全软件开发生命周期的各个阶段,列举软件工程流程的每个阶段中可能应用的软件安全工程的某些特定元素。

学生项目

学生应根据每个系统的性质,使用本章提出的概念和技术,将赛博安全内容添加到其架构模型中,包括风险识别和分析、分层防御的应用以及考虑初始和回归系统测试以及运行批准。

参考文献

[1] Verizon Enterprise Services. (2017) Data Breach Investigations Report (DBIR). http://www.verizonenterprise.com/verizon-insights-lab/dbir/2017/. Accessed 30 May 2017.

[2] Veris Community. (2014) VERIS framework. http://veriscommunity.net/veris-overview.html. Accessed 31 May 2017.

[3] Whitmore J J. (2001) A method for designing secure solutions. IBM Syst J 40(3): 747-768.

[4] Hershey P, Silo C. (2012) Procedure for detection of and response to distributed denial of service cyber attacks on complex enterprise systems. In Proceedings of 6th Annual International Systems Conference, Vancouver, 19-22 March 2012, p85-90.

[5] NIST Computer Security Division. (2006) Guide for developing security plans for federal information systems, NIST SP 800-18. rev 1. http://nvlpubs. nist. gov/ nistpubs/Legacy/SP/ nistspecialpublication800-18r1. pdf. Accessed 31 My 2017.

[6] NIST Computer Security Division. (2006) Minimum security requirements for federal information and information systems, FIPS 200. http://nvlpubs. nist. gov/nistpubs/FIPS/NIST. FIPS. 200. pdf. Accessed 31 May 2017.

[7] Snyder D, et al. (2015) Improving the cybersecurity of U. S. air force military systems throughout their life cycles. Rand Corporation Research Report, Santa Monica, CA.

[8] SANS. (2016) The CIS critical security controls for effective cyber defense ver 6. 1. https:// www. sans. org/critical-security-controls, http://www. tenable. com/solutions/council-on-cyber-security-critical-security-controls. Accessed 30 May 2017.

[9] NIST Computer Security Division. (2012) Guide for conducting risk assessments, SP 800-30. http://nvlpubs. nist. gov/nistpubs/Legacy/SP/nistspecialpublication 800-30r1. pdf. Accessed 31May 2017.

[10] Microsoft. (2014) Threat modeling tool. https://www. microsoft. com/en-us/ download/details. aspx? id=42518. Accessed 31 May 2017.

[11] MITRE Corp. (2017) Common weakness enumeration. https://cwe. mitre. org. Accessed 31 May 2017.

[12] Chew E, et al. (2008) Performance measurement guide for information security, NIST SP 800-55. National Institute for Standards and Technology, Gaithersburg.

[13] Bowen P, et al. (2006) Information security handbook: a guide for managers, NIST SP 800-100. National Institute for Standards and Technology, Gaithersburg.

[14] Rozanski N, Woods E. (2005) Software systems architecture: working with stakeholders using viewpoints and perspectives. Addison-Wesley, New York.

[15] Kindervag J. (2013) Market overview: network segmentation gateways, Q4 2013. Forrester Research, Cambridge.

[16] Jones R, Horowitz B. (2012) A system-aware cyber security architecture. Syst

Eng15(2):225-240.

[17] Trusted Computing Group. (2014) TPM library specification. https://trustedcomputinggroup.org/tpm-library-specification/. Accessed 31 May 2017.

[18] Neuman C, et al. (2005) The Kerberos network authentication service (V5). https://tools.ietf.org/html/rfc4120. Accessed 31 May 2017.

[19] NIST Computer Security Division. (2001) Specification for the Advanced Encryption Standard (AES), FIPS 197. http://nvlpubs.nist.gov/nistpubs/FIPS/NIST.FIPS.197.pdf. Accessed 31 May 2017.

[20] Rivest R, Shamir A, Adleman L. (1978) a method for obtaining digital signatures and publickey cryptosystems. Commun ACM 21(2):120-126.

[21] NIST Computer Security Division. (2001) Security requirements for cryptographic modules, FIPS 140-2. http://nvlpubs.nist.gov/nistpubs/FIPS/NIST.FIPS.140-2.pdf. Accessed 31 May 2017.

[22] Priebe T, et al. (2007) Supporting attribute-based access control in authorization and authentication infrastructures with ontologies. J Software 2(1):27-38.

[23] McGraw R W. (2014) Risk Adaptable Access Control (RAdAC). http://csrc.nist.gov/news_events/privilege-management-workshop/radac-Paper0001.pdf. Accessed 31 May 2017.

[24] OASIS. (2004) SAML 2.0 profile of XACML. http://docs.oasis-open.org/xacml/access_control-xacml-2.0-saml_profile-spec-cd-02.pdf. Accessed 31 May 2017.

[25] Keegan W. (2014) Separation kernels enable rapid development of trustworthy systems. COTS J 16(2):26-29.

[26] Kaplan F. (2016) Dark territory: the secret history of cyber war. Simon and Schuster, New York.

[27] National Computer Security Center. (1987) A guide to understanding audit in trusted systems. https://fas.org/irp/nsa/rainbow/tg001.htm. Accessed 31 May 2017.

[28] Scarfone K, et al. (2008) Technical guide to information security testing and assessment, NIST SP 800-115. http://nvlpubs.nist.gov/nistpubs/Legacy/SP/nistspecialpublication800-115.pdf. Accessed 31 May 2017.

[29] National Vulnerability Database. (2017) Guide for assessing security controls in federal information systems and organizations, NIST SP 800-53, rev 4. https://nvd.nist.gov/800-53/Rev4. Accessed 31 May 2017.

[30] NIST Computer Security Division. (2014) Guide for applying the risk management framework to federal information systems, a security life cycle approach. http://csrc.nist.gov/publications/ nistpubs/800-37-rev1/sp800-37-rev1-final.

pdf. Accessed 31 May 2017.

[31] NIST Computer Security Division. (2014) Federal Information Processing Standards (FIPS). http://csrc. nist. gov. Accessed 31 May 2017.

[32] Stoneburner G, Hayden C, Feringa A. (2004) Engineering principles for information technology security (A baseline for achieving security), rev A. http://nvlpubs. nist. gov/nistpubs/Legacy/SP/nistspecialpublication800-27ra. pdf. Accessed 1 June 2017.

[33] Common Criteria Recognition Agreement. (2017) Common Criteria, ver 3. 1, rel 5. http://www. commoncriteriaportal. org/cc/. Accessed 31 May 2017.

[34] DISA. (2004) Determining the appropriate evaluation assurance level for COTS cybersecurity and cybersecurity-enable products (white paper). Defense Information Systems Agency, Ft Meade.

[35] Yang K. (2016) A 'demonically clever' backdoor. Michigan Engineer, Fall 2016.

[36] Cloud Security Alliance. (2017) Cloud security research reports (multiple). https://cloudsecurityalliance. org/. Accessed 31 May 2017.

第11章 使用原型系统、验证与确认方法评估和增强系统架构

11.1 架构和系统评估

在第1～10章中，我们提出了MBSAP方法论并探讨其在应对各种系统类型中的应用。现在，我们将注意力转向一个至关重要的问题——架构的构建及其实例化的物理系统，用以满足系统利益相关方的需要和期望。有多种方法用来实现这一目标。开始时，测试作为系统设计的一部分（在本章中称为开发测试或DT）；然后，继续在预期的运行和支持环境中测试系统自身（称为运行测试或OT）。我们将在11.3节中讨论上述及其他评估需求符合性的方法。在本章中，我们所关注的是原型系统（既可以是物理的，也可以是虚拟的）的开发在系统评估和细化中的核心作用。我们将所有这些方法作为单独的综合主题，其中各种评估方法是相辅相成的，每种方法都将做出特定的贡献。

大多数系统工程师从验证和确认（V&V）角度来考虑这一主题[1]。我们将详细讨论V&V，但目前，我们仅注意到：验证——涉及检验系统是否符合其需求，有时表述为“我们是否正确地构建了系统？”然后，确认——涉及这些需求以及实现这些需求的系统，是否代表了利益相关方的需要和期望的可接受的解决方案，有时表述为“我们是否构建了正确的系统？”

在图3.2中，SE的V形图中，在多个层级上的水平连接贯通了V形的左侧和右侧。这些代表了V&V的常规概念，其中，系统集成和测试（I&T）的各个阶段位于V形右侧，并提供了测量和分析的数据，用以评估位于V形左侧对应层级上的系统设计。对于MBSE，架构模型和虚拟原型系统可在系统设计细节演进的同时，尽早地开始V&V，随后来自I&T活动的后续数据用来细化和确认建模的结果。

在进入V&V的细节之前，我们需要对开发原型系统开展进一步的扩展研究，更加全面地考虑MBSAP方法论中原型系统的本质特征和作用。第3章介绍了MBSAP循环，其中原型系统开发环境作为将各种视角连接在一起的核心元素。我们依据物理原型系统和虚拟原型系统对此进行描述。一个设计良好且合理投入建设的原型开发环境，将架构和系统评估的各个方面紧密地编织在一起。重要的是，这包括及早地使用建模、仿真和分析（MS&A）来探索不同的系统概念，并与利益相关方一同细化、验证需求和系统概念。

随着架构的开发，历经了运行、逻辑/功能和物理视角（OV、LV和PV），随着更加

详细地进行 MS&A，各种视角成为系统虚拟原型的内容，支持持续的与利益相关方对话，以确保新出现的系统解决方案是正确的、令人满意的。随着物理原型系统的可用，测量数据使架构团队和利益相关方能够确认 MS&A 结果、细化和校准虚拟原型系统，并建立对系统设计的信心。同时，对于识别问题、制定纠正措施以及将结果反馈到需求和系统架构，这些原型系统的输出是极为有用的。这种反馈实现了“连续的 V&V”，在这种情况下，早期的问题纠正，可以避免在工程项目后期出现问题所造成的更大的成本和进度影响。我们将在 11.3 节中再次探讨这些理念。

11.2 MBSAP 中的原型系统开发

考虑到架构评估中开发原型系统的重要性，我们现在加入一些重要的实际考虑，这是有效的 MBSAP 开发原型环境的基础。高技术系统具有大量的运动的部分，这意味着流程、数据、外部事件、计算资源、网络、机器和运载器控制等以复杂的方式进行着交互，而这些方式很难根据独立的部分来进行预测。[①] MBSAP 方法论中的 SysML 建模旨在破解这种复杂性，但是即使采用最好的模型，仍然存在着未能发觉的设计缺陷、无法预测的行为序列、令人无法满意的系统状态以及其他问题的风险。精心设计的架构图可清楚和详细地描述系统，熟练的架构师可使用它们对重要的行为问题做出判断。毕竟，图是静态的，必须将其活灵活现地展示之后，才能真正探索系统行为的动态。此外，通常仅当真实软件在真实硬件上运行并处理来自真实设备的真实数据（也就是说，是在实际系统或至少是在原型系统）时，设计错误和异常行为才会出现。

充分地开发原型能力是完整的架构和 SE 策略的关键要素，并且当提供及正确使用该能力时，工程项目成功的机会将显著提高。例如，几十年来，特别是在为具有高度动态飞行特性的先进飞机开发控制系统时，飞机飞行控制工程专业一直坚决主张使用通常称为的“铁鸟”的装置。“铁鸟”是特定的原型系统，为电气、液压、飞行控制和其他重要飞机系统提供集成测试台。此外，它还用于细化和确认飞行控制系统中控制律的参数（“增益”）。飞机开发仍然还需要进行实际的飞行试验，并调整增益直到达到所需的稳定性和飞行品质，但是如果没有“铁鸟”，飞机将需要进行成本更高的飞行试验，并且最初有可能无法安全驶离地面。开发原型的好处也许并不那么显著，但同样重要的是，适用于所有的复杂系统。

11.2.1 物理原型系统

原型系统开发环境的物理部分，特别是对于具有大量软件和数据内容的系统，通常称为系统集成实验室（SIL）。图 3.2 系统工程 V 形右侧分支中的许多活动在此处进行。它实际上可能涉及组件开发人员或供应商、子系统和系统开发人员以及集成商和

① 这是“涌现行为”的本质。

复杂组织体集成方所应用的 SIL 层级结构。这些 SIL 用于构建、测试和验证构件、组件、子系统以及最终构建、测试和验证的完整可交付系统。在进化螺旋式的工程项目中，连续螺旋产生了日益完整的原型系统，并最终成为实际系统。尽可能地详尽地制造给定原型系统的期望与必要硬件、软件和测试装置的高成本的现实之间，存在着不可避免的矛盾，特别是当基本的设计决策（例如产品选择）还不是最终决策时，这会带来风险——采购了昂贵的产品和工具，但最终却并不使用。其部分原因就是，提供原型系统以及构建原型系统所在的 SIL 或其他环境，在工程项目管理中历来普遍存在着因小失大的方面。架构师在设计技术完整性方面承担一部分责任，在原型系统开发资源的定义和必要证实的方面具有关键的话语权。

遵循原型系统与系统匹配的一般原则，集成设施反映了所支持工程项目的工作内容和优先级。例如，需要硬件和软件同时开发的工程项目，特别是在采用先进技术的情况下，必须按照由组件和子系统可用性所决定的顺序，组装原型系统。在另一种常见情况下，当工程项目正在现成的计算平台上开发或集成软件时，原型系统开发的策略通常会关注用于诊断软件缺陷和测量性能参数（例如线程执行时间）的测试装置。为了交付最佳的结果，集成环境需要用于硬件和软件全面诊断以及性能测量的资源，确保问题可追溯到根源。这一关键方面将是 11.2.3 小节的讨论主题。

通常，需要物理原型系统来发现和解决以下难以察觉的问题，如：

- 硬件和软件组件仅在实际条件下一同运行时，才会出现的设计缺陷；
- 设计规范的不一致或错误；
- 时序和同步问题，包括由于布线设计不当造成的问题；
- 接口的规范和实现的不一致或错误；
- 由电磁噪声引起的意外干扰；
- 动力和冷却设计的缺陷。

不考虑特定的系统或开发工程项目的细节，以下各段将总结物理原型系统定义和使用时的一些总体考虑。

1. 增量的系统构建单元

在原型系统中，构成全部或部分系统的一组特定硬件、软件和其他元素，称其为“构建单元”。同时提供主要的“系统构建单元”和更小、更频繁使用的“开发构建单元”是非常有用的，因为系统经历着逐步的集成和测试。细节取决于特定的系统开发周期，例如，敏捷 SE 方法论与传统的瀑布式开发策略。一般原则是提供原型开发的实验，规模从小型实验（仅涉及系统的一个或几个元素）直到整个系统。主要的系统构建单元可能标志着螺旋式开发的完成、重要子系统的集成或其他主要集成的里程碑。开发构建单元的规模较小、正式化程度较低、计划和执行的成本也较低，并且适于由较低层级的工程组织予以批准。它们增加相对较小的能力增量，验证问题的修正，并支持随后进行的工程活动，例如验证权衡研究的结果。通常，一系列开发构建单元将会组合成为一个系统构建单元。

2. 集成层级结构

集成和测试从组件和小型的组装开始，沿 SE 的 V 形右侧分支向上进行，然后进行到子系统和整个系统。有效的系统集成和原型开发要求较低层级的集成设施(例如，分包商或供应商的设施)也要投入充分的资源。在此，关键原则是较低层级的原型系统必须能够逐步地构建、集成和测试系统元素，最大程度地减少由于未发现或未解决的问题传播到集成后期阶段的风险，因为在集成后期阶段纠正这些问题的成本要比前期高得多。同样重要的是，要确保在各个层级上都配备有充足的集成设施，充分、全面地收集测试状态和数据，确保实现高效的 I&T 并尽早地诊断发现问题。

3. 实际原型系统开发

使用传感器和通信装置仿真器等测试设备，通过数据和信号激励某一测试构型时，重要的是，确保真实组件或子系统再现的输出具有足够的保真度。当这些系统元素与承担 I&T 的资源并行开发时，尤其具有挑战性，并且可能需要对最坏情况下的数据速率、时序、文件大小等进行仿真。

4. 原型系统配置管理

SE 流程应在早期就对原型系统进行配置管理，并且针对系统构建单元和开发构建单元，应强制地做好充分的测试计划和测试结果的文档记录。原型系统配置必须如实地跟踪现行批准的设计基线，该基线应在架构模型和支持制品中进行权威性的文档记录。例如，在集成环境中安装和连接系统硬件使用的机架和电缆，应与实际设计完全匹配，以确保准确地再现信号的延迟和电压衰减等。

5. 原型系统的长期使用

最后，有效的工程项目应立足长期规划提供原型系统，这通常代表一项重大的投资，在系统的整个生命周期将是很有用的——支持修改、软件维护、硬件问题解决、技术更新等活动。例如，不应在系统初次交付后，就将原型系统放置在可能被挪为他用的场地中，并且原型系统应具有多个设施，用于支持工程设计工作站、数据归档、详细测试设置以及稳定和高效的设计、集成和测试环境等方面。

简单的 SIL 或其他集成环境可成立实验室，如图 11.1 所示。依赖于原型系统，资源通常会包括：

- 在一个或多个区域可组装、互连和操作那些传感器、作动器、电气控制器、无线电、导航系统和操作员工作站等运行任务设备，这些设备通常被称为“扩展的试验台”或“样机”。
- 具有计算基础设施、电力供应、音频通信设备、硬件装置(例如总线监控器和试验数据记录仪)以及其他设备的机架。
- 用于互连的网络和总线，通常带有能容纳测试装置的额外端口，如前所述，连接系统元素的电缆和其他电线，必须准确与真实系统设计相匹配。
- 软件工程师可以访问、修改和加载软件，以及进行原型系统开发的工作站。
- 用于仿真器、网络和处理器监控器、外部网络连接、测试控制器以及用户账户管

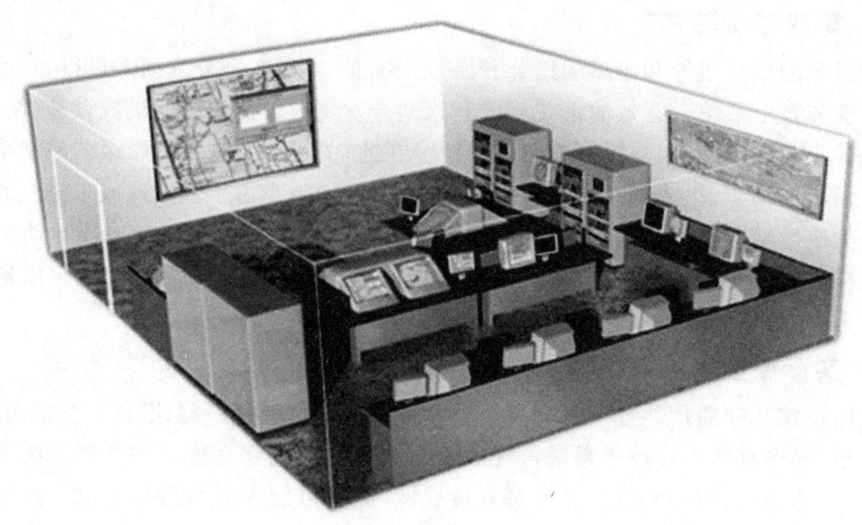

图 11.1　基本的系统集成实验室(SIL)(见彩图)

理等功能程序的其他计算资源。

- 大屏幕显示器,支持多个工作组对执行场景进行查看并对原型系统数据和状态进行审查。

11.2.2　虚拟原型系统和可执行架构

源于架构模型的仿真有时称为“可执行架构”。在最普遍意义上,这包括任何的架构模型表达的动画显示方法——在任何抽象层级上动态再现行为的一个或多个方面。可执行架构的共同点是,它们的输出包括以下可观察的、随时间变化的系统特性:如平台位置和速度、系统状态和运行模式、参数值、数据流、与操作员的交互、任务队列、资源负载等。此定义实际上涵盖了物理原型系统和虚拟原型系统,但是该术语通常适用于后者,这是讨论的焦点。例如,McQuay[2]描述了一项致力于将虚拟原型系统开发成为协同工程环境核心要素的计划,旨在降低复杂航空电子系统开发的成本、风险和进度,从早期的概念和需求分析到技术开发,再到系统设计和实现。

为方便起见,图 3.8 在此处又变为图 11.2,在四个抽象层级上引入了 MS&A 的概念,对应于第 1 章中的架构分类法的抽象轴。根据定义,物理原型系统位于最低层级。在 MBSAP 中,虚拟原型系统是在任何抽象层级和任何保真度下进行的任何仿真的组合,这些仿真都被认为对开发、分析、细化和沟通架构十分有用。相应地,需求及其确认很大程度上依赖于运行场景,系统将关注于运行层级,而具有显著性能和成本问题的系统,将与定义计算基础设施以及向其分配软件和数据相关,则可能需要进行重要的物理建模。在有关文献和通用实践中,通常“可执行架构”术语是指逻辑层有时也指物理层,用于 UML/SysML 模型的动画执行,而我们更加广义地使用该术语。

为给定工程项目选择的工具将极大地影响原型系统的构建和使用方式,尤其是由 MS&A 层构建的虚拟的类型。在本书中,我们强调一般性的原则并且尽可能地不依赖

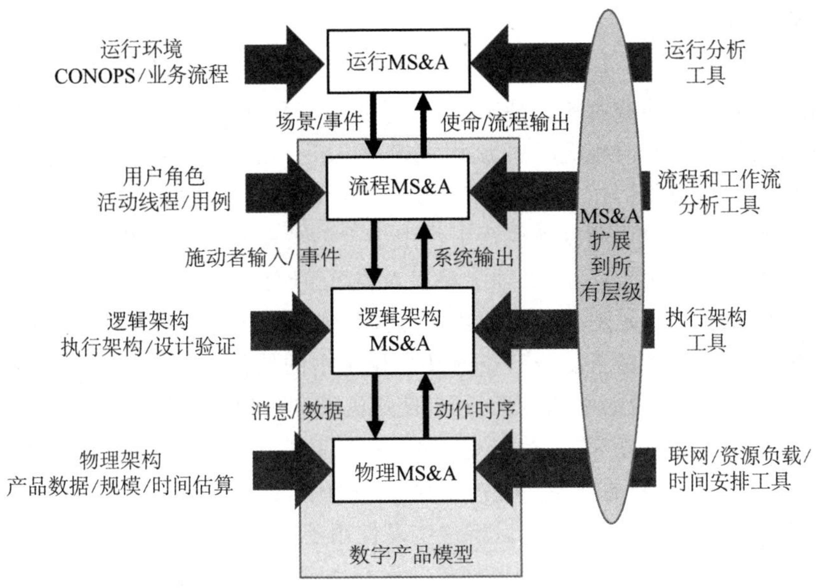

图 11.2 使用相应的工具以及上下层相互交互，将抽象层级与建模、仿真和分析层级相匹配，应对架构和设计问题（见彩图）

于某些工具，除非本章中后面的示例必须使用特定工具。其部分原因如下：任何特定于工具的方法都会马上淘汰，因为这些产品在不断发展中，部分会偏离独立性和客观性的期望。因此，这将是一个相对简短的讨论，它将提供总体指南，假设架构师将在常规实践中进行工具权衡并定义满足其需要的原型开发环境。以下各段详述了第 3 章中我们对虚拟原型开发的初步描述。

1. 运行 MS&A

有很多工具可用于表达运行环境。例如，空间系统可能使用的仿真，包括轨道动力学、空间气象、地面轨迹、传感器视野、通信链路以及高层级系统的行为。商业航空分析系统可能会考虑准时的起飞和到达、飞机利用率、货物交付以及所需机组人员的统计数据。运行模型通常允许引入事件，甚至可以对模拟的人类参与者所采用的决策逻辑进行建模。对于工业或其他私营领域的系统，具有此类工具的可能性较低，并且架构师可能会发现构建必要的外部环境的仿真就足够了，为虚拟和物理原型开发提供输入。典型的性能测度和有效性测度（MOP/MOE）涉及成功的业务流程或使命任务达成的概率、资源消耗、执行时间和延迟、最大工作负载以及复杂组织体或其他环境中的互操作性。

在 MBSAP 中，运行建模支持能力数据库到 OV 的映射，深入理解复杂组织体及其节点和系统的构成、交互、信息需求以及能力。对于给定的开发工作，客户可能会首选 OA（运行分析）工具、标准场景和预定义的 MOP/MOE。如果选择的成熟工具和模型并且适当地文档化记录，尤其是如果它们符合 MS&A 标准，例如高层级架构（HLA）[3] 和分布式交互仿真（DIS）[4]，则它们可直接用于 MS&A 框架。

2. 流程 MS&A

运行 MS&A 提供了系统环境和运行场景的宏观视图。接下来，将这张图细化为正在构建的复杂组织体或系统的特定活动，对业务流程、任务线程、工作流或其他高层级行为进行建模。这有时称为业务流程建模(BPM)。这些模型通常构建在通用流程建模工具中。它们与用例相关联，用于对场景进行动画模拟并由设备实现。例如，流程模型可以表示接收、分析、调度和执行工作中涉及的各个活动。在执行过程中，该模型在每个阶段都将具有用于动作、处理步骤和人类决策时间的块，并将这些块与要使用的通信通道的数据速率和延迟进行参数化的链接相连接。相同的活动序列是构建工作流的基础，如第 7 章所述，由系统或节点的基础设施中的软件组件管理。同样，有各种各样的工具可用，根据问题的本质特征，可以使用连续和离散事件仿真。

运行分析和流程分析都主要与 OV 相关联，并且具有显著的交互作用，包括如图 11.2 所示的两层之间的交换。在一个典型示例中，运行 MS&A 套件中的场景生成器创建带有时间标记的事件集，然后将这些事件用于流程模型的激励。相反，流程和工作流 MS&A 的结果既可用于校准更抽象的运行 MS&A 环境中活动流的步骤，尤其在时序方面，也可用于探索关键事件和行为的细节。对于确保完全了解 OV 中的行为，在此抽象层级上的建模是很重要的。在执行顶层性能和时序估计，为各个工作流步骤分配截止时限，在系统操作者之间平衡工作负载以及分析架构的其他各个方面时，它也是非常有用的。

在面向服务的架构(SOA，见第 7 章)中，流程建模的可选方法是使用 BPEL，它是 Web 服务业务流程执行语言的缩写[5]。BPEL 是一种基于 XML 的语言标准，用于指定 Web 服务交互。因此，一般而言可用于 SOA 流程建模，尤其是可以用于编排，特别是那些涉及对外部实体的服务调用的流程和编排。BPEL 用在处理消息及其时序、变量、决策以及基于 Web 服务的流程的其他方面。如第 7 章所述，编排可以由工作流引擎等中央管理组件控制，以在系统中实现该流程。例如，如果需要图形化的流程描述，支持前期流程定义，则业务流程建模和标识(BPMN)规范[6]定义类似于流程图的图形语义。一些工具供应商正在努力实现集成的 BPEL/BPMN 建模环境，在该环境中，图形化流程设计形成了可执行的流程模型。

3. 逻辑架构 MS&A

此层级与系统架构团队常称为的可执行架构的内容有关。由于使用 LV 中的块实现了 OV 的功能域，因此可对 SysML 模型图进行仿真/模拟和分析。在当前架构实践中，这一阶段的建模通常归为两个基本类别中的任何一个或两个类别。

- **模型动态仿真**——最简单的方法，将行为图(通常是顺序图、活动图和状态机图)放入工具中，该工具可对建模的行为进行仿真以探索时序(例如，通过估计的执行时间来校准进程的步骤)、并行性(例如，通过验证同步步骤是否正确执行)以及对外部事件的响应，但无需尝试生成真实软件。主流 SysML 建模工具越来越多地提供此能力，这是系统工程师和架构师所感兴趣的可执行架构的主要类型。

- **可执行的 UML**——在应对主要涉及软件的架构时使用，UML 是首选语言。这种方法通常称为可执行的 UML(xUML)。可使用从带有正确注释的 UML 模型开始并到生成代码(通常称为自动代码)的工具，它们既可以作为系统仿真，也可以作为实际的系统软件。这些工具既要求 UML 模型完整且正确，又要求提供完全定义行为的动作语义。就对象管理组织的模型驱动架构(MDA)而言，xUML 是自动代码的主要方法，用于将独立于平台的模型(PIM)转换为特定于平台的模型(PSM)，然后该模型可在目标系统的计算平台上运行。

一旦开展此层级 MS&A 的工作，将顺理成章地把 LV 视为主要的设计表达，因为这是系统实现的出发点。另一个有用的特征是，对工具中的 SysML 图进行模拟的过程，涉及对模型的完整性和正确性的严格测试(根本上是符合 SysML 语言的标准)，因为如果模型中包含错误，则该工具将无法生成动画。这本质上与工具执行模型确认时所采用的过程相同。另一个好处，包括有时序分析。前几章介绍了时序分析的初始阶段，其中包括将截止时限静态分配给顺序图，有时还包括时序图。LV 可执行文件或仿真中纳入更细颗粒度的时序、同步、中止条件(在等待输入、消息、事件或其他信息的同时暂停该进程)以及对变量(例如数据速率和工作负载)的敏感性，也增加重要的保真度。对于在物理原型系统中集中关注具体的时序测量，以及基于苛刻条件(例如，超过的截止时限或没有充分的时间余量)来定义物理层级 MS&A 的时序实验而言，这些结果可能是极为有用的。

随着工具在功能、效率和通用性方面的增长，自动代码正日益受到青睐。一段时间以来，自动代码主要用于控制系统和信号处理等领域，这些领域定义明确并且范围相当有限，因此算法、数据集、约束和类似因素是可管理的。最终地，自动代码预计将变得非常普遍，并在很大程度上取代程序员编写的传统源代码。这一发展将扩大逻辑架构可执行文件的适用性。目前，唯一的一般规则是，架构团队应评估这些工具，并确定是否有一个或多个可用的工具可满足工程计划的需要，并通过工具的采用产生成本、质量和效率的优势。

4. 物理 MS&A

设计正确性和系统性能的某些方面，只能通过高保真建模来应对，如处理器吞吐量、网络数据速率和延迟、受控装置和设备的动态性、文件访问时间、路由开销、传感器和通信装置物理特性以及其他物理现象。这一阶段的分析集中在特定系统资源和设计问题上，因为物理原型系统的成本较高，而且系统的完整物理模型本身就是系统。通常，物理 MS&A 着眼于实际或潜在的流程瓶颈、资源负载平衡以及行为的统计模式。结果可用于校准架构和流程模型，以提高其准确性。许多工程项目的经验表明，适当范围的物理 MS&A 的功能，可在最容易纠正的情况下，在开发初期发现基础设施、连接性和余量问题。随后，可以将准确的物理模型与 I&T 活动关联起来，以扩大运行条件的范围，使其超出物理原型系统所能承受的范围，以及使用测试结果来校准和细化模型。

11.2.3 测试装置和控制

如果原型开发的结果是准确且有用的，则无论是物理的还是虚拟的，都必须注意激励应用、测量结果以及内部行为追踪的方式。从根本上，使用原型系统必须以实际的运行环境的足够逼真的表达形式，调用正确的行为，并且必须评估正确的功能和与设计需求的符合性。看似显而易见的，但是在对原型系统进行适当实现和控制方面存在微妙变化，可能会阻碍有效使用甚至导致错误或误导性的结果。Mittal 等人[7]从实验框架方面讨论了这一点，其中包括激励生成、接收原型系统输出并根据需要对其进行转换的换能器，以及监控实验和根据成功准则评估结果所需的资源。这些准则通常包括从运行分析中得到的 MOP/MOE。

以下是原型系统输入可以采用的一些形式，取决于系统的特征和原型系统开发的状态。

- **输入数据流**——可将记录的数据或人工生成的数据回送到原型系统输入点。电子激励的示例包括数字化传感器数据(可能会通过实际传感器记录)，表示来自网络或数据链路的信息的消息序列以及指示事件或受控设备状态的离散信号。
- **额外的输入**——原型系统可能还需要承受机械载荷、环境压力，例如温度和振动或操作人员的动作。
- **设备仿真器**——使用仿真器提高所记录数据的保真度，仿真器的作用类似于真实传感器、终端或其他设备，在理想情况下产生与真实物体相同的输出。仿真器通常可以从设备供应商处获得，其优点是可对其进行配置或编写脚本以生成在特定场景中可能会产生的特定输出。
- **物理设备**——原型系统的实际输入的最终来源是实际的任务设备项、子系统或系统。根据原型的内容和评估事件的细节，此类设备可能是系统本身的另一部分，也可能是系统与之交互的外部环境中的某一部分。例如，真实的通信终端可能会连接到系统数据处理资源的原型系统，验证它们之间的接口。这通常是成本最高的方法，特别是如果必须在真实环境中运行设备，例如，通过在室外安装传感器并将数据通过通路传输到 SIL。当系统配置良好且实际设备可用时，可能会在 I&T 流程即将结束时进行这种保真度层级的原型系统测试。目的是确保安装在飞机、卫星或其他平台上之前，各种产品可正确地协同工作(验证的关键方面)，并确保系统流程产生所需的结果(同样关键的确认要素)。

硬件和软件组件通常都需要其他测试装置。硬件测试装置包括信号监控器、时序基准、总线监控器、连接到各个内部节点的记录设备、设备本身内置诊断程序，以及确保行为在特定公差范围并帮助隔离故障所需的任何其他条件。软件测试装置从熟悉的调试技术(例如检查点)开始，可包括工作流执行的显示、软件异常记录、针对限制的数据检查(例如，通过分析硬件测试装置中的文件)，以及使用构成软件基础设施的产品所提供的功能程序。设备完善的集成环境还包括用于运行控制、测试活动自动化及集中监控和显示的计算资源。在开发、集成和测试的早期，人们需要一定的判断力来平衡测试装置费用与及时发现、解决问题两者的关系；支持有效的系统测试计划；为V&V生成数据。同样，作为确保系统设计技术完整性责任的一部分，架构师应大力倡导使用充分的原型开发设施和设备。如果管理得当，则可在多个工程项目之间摊销此投资，以最大程度地减少单个工程项目和用户的支出。

11.3 验证与确认

我们已为本章的主要主题奠定了基础工作，该主题是根据利益相关方的需要评估架构和系统。我们将该主题视为一种综合的方法，其中使用测试方法、分析方法、原型开发方法和其他方法，每种方法都是很有效的。

11.3.1 验证和确认方法

系统设计的验证和确认(V&V)是SE的核心职责。尽管它们是不同的流程，但它们是紧密相关的，并使用许多相同的评估方法。第4章中讨论的需求类型之间的差异，意味着没有一种评估方法适于所有的需求类型。目前，普遍采用以下四种主要方法来评估是否符合需求：

- **测试**——最严格的方法，将系统置于某一情境中，测量特定参数并将其与所需的值进行比较。
- **演示**——当不适合或不可能进行定量测量时，可运行或操纵系统，以便观察其行为来确定是否具有所需的功能或特性。
- **检验**——对系统进行非破坏性检查，通常确定是否实现了某些功能。
- **分析**——使用模型、计算、理论分析方法等，并使用适当的支持性数据来评估或预测系统行为的某一方面。

但是，还有掌握系统特性和行为的其他来源，包括：

- **实验**——对与系统有关的技术、产品甚至概念进行特定调查，建立系统的特性。
- **认证**——来自事件的数据，根据安全性和安保性等标准对系统进行认证，这也可更广泛地支持V&V。
- **建模和仿真**——虚拟原型系统的开发，如本章以下各节所述。
- **比较**——使用以下事实：一个系统、子系统或组件与已知可证明其需求的符合性的另一个系统、子系统或组件相同或几乎相同。
- **推断**——在其他情况下，将V&V方法的结果视为满足附加需求的推断，即使未单独评估它们。

不管选择何种方法，V&V在与系统开发整合并汇入系统集成和测试时都是很有效的。这可以被认为是“无缝验证”，并且在系统开发程序中具有多个好处。它最大程度地减少了工程项目参与者，特别是采购组织与设计、构建、集成和测试系统的承包商之间的接缝。它应用集成测试技术来促进从开发测试到运行系统测试的平稳过渡。最重要的是,它有助于及早发现和纠正设计缺陷、需求制定不当以及其他问题。它还可以尽早开始架构确认,从而降低了系统基础缺陷会在开发过程中导致问题的风险。

11.3.2 验证

MBSAP 支持这些方法。需求验证始于将需求可追溯细化为架构模型中的结构和行为元素。基于与每个需求关联的资源和行为所处的系统层级结构,支持每个层级的验证活动。这些活动被建模为 <<testCase>> 块,并使用 <<verify>> 依赖性链接到 <<requirement>> 块。图 11.3 大致显示这一过程情况。如图 11.3 所示,测试用例的细节可体现在单独文档中,该文档链接到 <<testCase>> 块或者在进行相对简单测试的情况下,可简单地置于块规范中。注意,尽管我们使用术语"测试用例",但是验证事件可包括 11.3.1 节中定义的任何方法。建立这些关系后,像前面各章中讨论的那些架构工具可生成一份报告,显示如何验证每个需求。这是验证交叉参考矩阵(VCRM)的内容,即测试计划的基本内容。

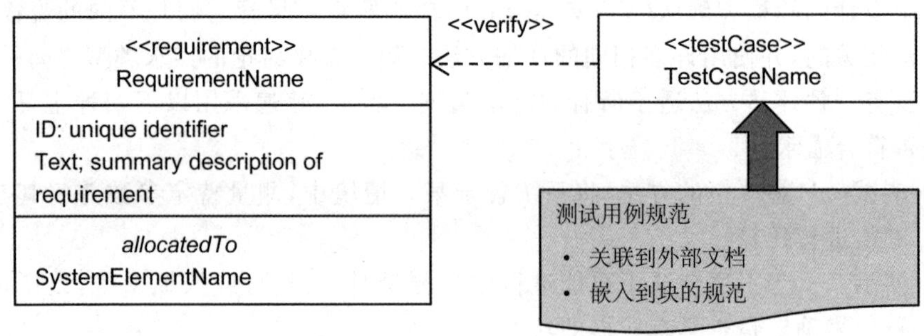

图 11.3 需求图中的元素,将测试用例链接到需求(见彩图)

只要可行,验证系统满足其需求的首选方法是现实的且具有统计意义的测试。架构模型以多种方式支持测试,特别是与物理原型系统和虚拟原型系统结合使用时。

- **测试计划**——复杂高技术系统的一个共同关注点是,在每种运行条件下,对每个系统行为进行穷举调试的成本和进度的要求过高。因此,有效的测试计划是基于识别重点的测试用例,这些用例的测量结果使人们足够相信已对整个需求空间进行了评估。可对行为图进行分析来识别条件,诸如系统资源最大载荷或关键时序条件,从而获得对这一挑战的重要见解。如图 11.4 所示,测试流程通常是迭代的,需要早期测试的反馈以及原型开发、分析和其他验证方法的反馈,以细化测试计划。
- **预测**——行为图分析以及 MS&A 结果,可用于测试结果预测,然后将该结果与所需的性能参数进行比较。
- **测试分析**——在测试结果异常或意外的常见情况下,该模型通常是诊断测量数据并确定潜在原因的有用工具。

● **测试文档**——模型(尤其是模型元素的规范)为测试结果提供了方便的资源库，例如，通过链接测试报告以方便检索。可能有用的许多方法之一是将测试结果与其他分析(例如故障、报告、分析和纠正措施系统(FRACAS)[8])集成在一起。

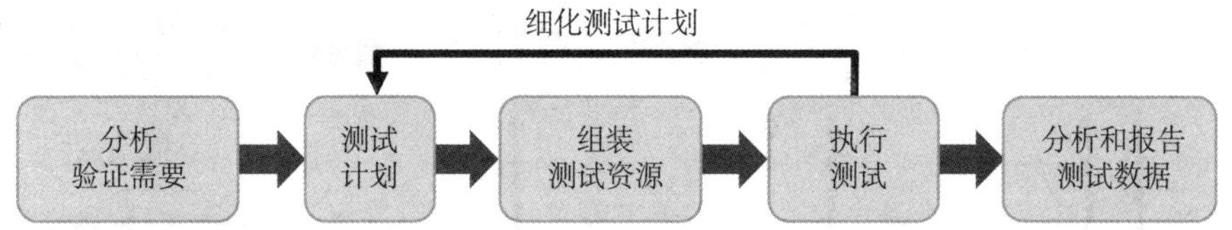

图 11.4 使用测试结果和其他验证事件的反馈，细化测试计划的示例(见彩图)

在本章后面的 11.6 节和 11.7 节中，我们展示了 E-X 和智能微电网(SMG)案例中苛刻的行为仿真。在各种情况下，如在物理原型系统中测量性能时，MS&A 都会对测试结果进行预测。当获得这些数据后，通过更改模型的参数并检查计算结果，针对参数变化的敏感性，我们可以探究与预测值的差异。这样既可以细化仿真，又可深刻理解系统设计或配置中的改变以应对任何测量性能的不足。对于通过演示或检验进行的需求验证，情况类似，不同之处在于测试用例定义了演示或检验事件而不是测试点。

最后，当分析作为恰当的验证方法时，计算通常可直接满足特定需求。例如，通常使用专用的可靠性建模工具来进行关于平均故障间隔时间的可靠性评估。但是，在分析取决于系统参数值的情况下，第 2 章介绍的 SysML 参数图通常是最方便的方法。在约束块中捕获了必要的方程，然后参数图生成计算结果。

11.3.3 确 认

对于 MBSE，必须从两种意义上考虑确认：架构模型本身的确认和实现架构的系统的确认。Kossiakoff 和 Sweet 建议使用初始的确认步骤，根据利益相关方的需要、愿望和期望，对系统的合理性以及客户需求、技术可行性、可负担性和其他因素进行分析评估[9]。这涉及系统开发的原始资料，并且与所采用的 SE 方法论无关。后续的确认阶段适用于选定的系统概念，且适用于系统的设计及其交付的能力。该概念已通过与初始分析相同的利益相关方的关注点进行了分析确认，而设计则根据更详细的需求进行了确认，以确定系统实现这些需求的能力。这些需求包括系统用户所需的特定功能和行为、可靠性和可维护性等总体特性、内部和外部接口以及交互等。例如，需要作为大型网络化复杂组织体元素的系统存在重要的确认问题，该问题基于确定所有必要的复杂组织体流程、服务、接口、数据定义和网络机制都得以适当地考虑。

MBSAP 对确认的支持始于使用 OV 作为向利益相关方沟通架构的基础工具，特别是使用运行仿真。这种交互旨在确认系统概念和总体特性是否令人满意，或者在必要时纠正任何的缺陷。一个特定示例说明，这些用例在定义运行概念(CONOPS)中阐明的所有系统行为时是正确且完整的。另一个示例是使用高层级域图来确认用户角色及其与主要系统区域或子系统的关联。如果利益相关方首选运行分析工具和场景，那么显示概念系统模型在该环境中建模和执行时的运行方式是很重要的。图 11.5 显示了对需求和架构的早期迭代细化和确认，利益相关方的交互对于此流程至关重要。

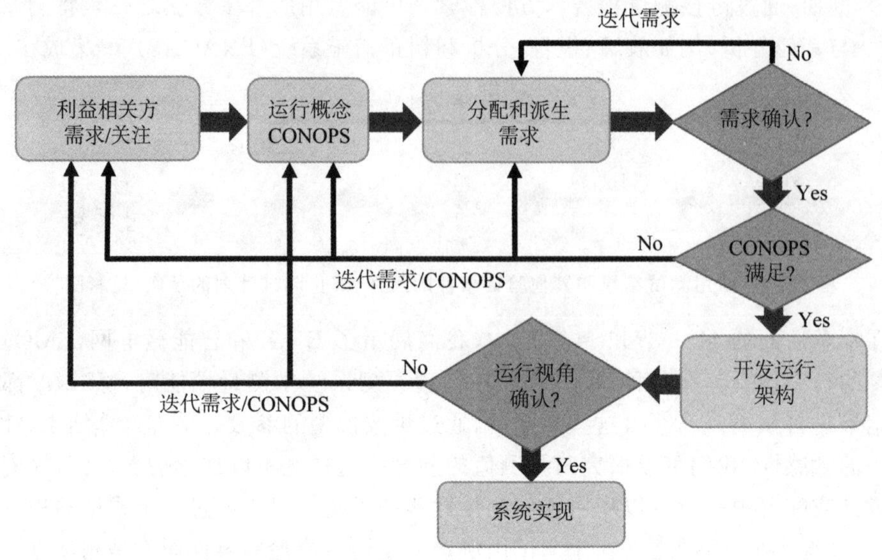

图 11.5　需求和运行架构的早期确认和细化(见彩图)

运行分析支持确定替代系统设计和使用策略的有效性。它可用于若干目的，特别是在工程项目的早期，包括：

- 定义和细化需求；
- 支持快速原型开发，向运行人员说明备选解决方案；
- 探索组织、资源、策略、程序或策略的组合；
- 识别与大型复杂组织体中的系统运行相关的问题；
- 开发和确认运行架构。

在定义、细化和文档记录需求基线时，对单个需求进行严格细化并分配给系统结构和行为是一项关键的确认活动。一旦需求基线被批准作为完全地代表利益相关方的需要，确认涉及分析来证明架构提供了必要的系统资源和功能。实际上，随着不一致性和遗漏得以纠正，利益相关方新的或不同的需要得以识别，技术演进以及其他不可预见的因素发挥作用，需求基线经常会演进。这意味着确认可能也是一个迭代流程，并且架构模型提供了一个强大的工具，维护需求基线并跟踪任何更改的状态和影响。通过对虚拟原型系统逐步详细和完整的 MS&A 结果的沟通和审查，与利益相关方的持续对话确保了新出现的系统设计与其需要和预期保持一致。

整个系统确认流程使用来自多个来源的信息。需求验证的结果，如 11.3.2 小节所述，确定一旦纠正了所有缺陷，便满足了这些需求。在大多数情况下，这等同于成功交付利益相关方需要的系统。但是，不仅要满足需求，更多的是要确认，尽管 SE 团队已尽了最大努力，但确认可能无法捕获对运行用户和其他利益相关方而言极为重要的一切环节。因此，运行系统测试超出了需求验证，以确认交付的系统具有使其用户可接受的所有特征和功能。此测试必须确认完整系统在其预期的运行和支持环境中满足关键的运行利益，具有有效的人机界面可在大型复杂组织体中互操作，满足可靠性和可维护性参数，以及当面对最坏条件时满足任何其他重要的利益相关方的关注点。

11.4 原型系统的其他作用

前面的部分讨论了 V&V 中原型构建的作用，将与测试、分析、演示和其他掌握系统来源的方法相互补充。除了在系统评估中使用外，原型系统还可以通过许多其他有用的方式支持系统开发。以下是原型系统的一些示例，在某些开发程序中可能很重要。

- **螺旋式开发**——如前所述，在演进螺旋式开发和集成工程项目的常规定义中，每个螺旋都会产生一个原型系统，理想情况下是物理原型和虚拟原型。这最初被认为是应对以下情况的一种方式：
  - ◇ 由于在设计和测试工作中确定技术可行性、成本、运行的适用性、客户反馈和其他因素的限制，因此需求无法预先完全定义，并且必须随系统开发而进行演进和逐步成熟。
  - ◇ 系统过于复杂，无法一次开发。
  - ◇ 客户需要规定先期交付所选定的高优先级的能力。
  - ◇ MBSAP 活动流支持螺旋范式。螺旋范式存在很多变化，但是螺旋的典型序列是：① 进行计划和分析（与 OV 开发结合进行）；② 评估替代方案和设计（LV 的一部分）；③ 实现（PV）；④ I&T；⑤ 进行反馈以细化系统需求并选择下一个螺旋中实现的能力增量。在应对简单系统时，即使是单个螺旋在这些步骤中以平滑顺序运行也是很十分罕见的，同样，原型开发环境的关键作用是提供有效的反馈路径，通过反馈路径，后期的结果可用于纠正前期的问题。
- **可执行的规范**——与自然语言文件不同，良好构造的模型是对系统清晰明确的描述。复杂系统开发的历史中包含很多示例，其中时序关系、数据格式、控制流和其他细节的不一致性解释会造成重大问题，而且没有谁能找到一种方法来编写双方都无法做出不同解释的常规规范。因此，以架构为中心的方法的逻辑延伸，是将模型及其制品视为系统的权威性规范。除了系统模型在 SE 流程中的作用之外，这种“可执行的规范”还可用于进行跨越语言障碍的沟通，在工具之间传输设计信息，定量比较预测和测量的性能以及支持系统修改、升级和技术更新。
- **软件测试**——扩展系统原型在测试中的整体作用，其他考虑可能适用于软件系统或产品。有一个软件测试的形式化学科被称为基于模型的测试[10]。以系统模型开始，而不仅仅是软件源代码，并应用一系列方法推导出一组测试用例。该方法得到各种商业工具的支持。显然，基于核心开发方法的准确模型的存在，使基于模型的测试的应用更加可行。

● **权衡研究**——各种抽象层级的虚拟原型系统，在权衡研究中往往是量化的替代方案的有效方法。运行 MS&A 可与需求权衡一同使用，例如，计算性能需求的值，在此，满足需求的成本与其带来的收益并不成比例（即成本/收益曲线中的拐点）。更具体层级上的 MS&A，通常与设计和产品选择权衡结合，是很十分有用的。

● **人在回路**——通常是与利益相关方对话的重要组件，是在物理原型系统出现之前所使用的，允许运行使用和其他使用通过结合仿真来体验系统的某些方面，例如人机界面。通常，这样便可在早期有机会识别对用户重要但系统设计人员无法明显发现的事情。这是原型开发的另一种应用方式，早期的原型开发可减少在系统开发的后期由于设计更改带来高昂成本的风险。

11.5 Petri 网

可执行架构建模的相关技术值得一提。第 2 章中简要概述了图论，Petri 网和最近出现的有色 Petri 网，是图论向离散、分布式和并发系统建模和分析[11,12]的扩展。该模型包含由连线连接的节点或“位置”（通常表示资源和数据等）、“转移”（对应于流程、事件或工作等）。位置节点可通过交换令牌表明工作完成或资源可用等条件。有色 Petri 网允许具有多种令牌类型（颜色），另外提供了更丰富的语义。因为此方法允许对行为进行严格的数学分析，例如计算行为不变量和界限，所以它吸引了许多架构理论家。重要的是，在 UML 2 和 SysML 中，活动建模已与 Petri 网的基本语义融合，实现对行为的更强大和无歧义的表达。MBSAP 没有明确地使用 Petri 网，因为 SysML 活动图为大多数系统架构提供了必要的能力。但是，Petri 网的数学基础是有用的，特别是当应对架构挑战，例如定量评估复杂性、定义行为不变量以及建立对性能和可能的系统状态可证实的限制时。

11.6 智能微电网仿真

我们对虚拟原型开发使用所做的第一个案例，涉及将其用于开发、分析、完善和沟通智能微电网（SMG）的架构。具体来说，我们力图针对 SMG 逻辑架构的某一重要方面来开发原型系统和进行评估。感兴趣的特定功能是响应以下需求的行为：

“SMG 必须控制内部能量流，以满足任何组件通信的约束。”

我们将使用此模型构建测试用例，以根据此需求验证 SMG 的性能。如图 11.2 所示，通常，将系统逻辑架构仿真构建为与物理架构模型（下一个较低建模层级）以及流程架构模型（上一个层级）的交互。我们的示例遵循此基本原则。我们将探讨来自图 4.20 中称为“控制 MG 能量存储”的一个特别相关的用例。此 UC 对微电网功能的核心重要作用，通过在图 4.21 中定义主要控制回路而得以增强。此仿真进一步发展了图 4.21 中定义的“计算生成指令”动作。

要想创建 SMG 逻辑架构的仿真，我们的模型必须建立在关键组件物理行为仿真的基础上。我们已经对关键组件规范进行了估算，构建物理仿真，该仿真将与逻辑架构中的行为交互。对于可执行架构的示例，包括光伏(PV)系统、交流负载、电气连接和电池的物理模型的仿真。对于电池模型，我们对电池类型、大小和通信协议进行了估算来构建物理层级的仿真。通过在物理层级上对电池进行建模，以足够的保真度对电池充电/放电循环时序以及电池充电/放电断电动作进行仿真。

相对简单的电池模型就足以满足这些建模的目标。从概念上讲，该模型由作为充电状态(SOC)函数的开路电势、线性内阻、100%的库伦效率 SOC 模型以及一组将电池与 SMG 的其他组件连接和断开的接触器组成。这一模型并未支持对热力因素、单元级电化学、几何形状和其他因素进行仿真，因为它们与正在接受评估的架构的需求无关；任一或所有这些因素对于应对其他需求可能很重要。图 11.6 阐明在所选用的 MATLAB、SIMULINK 和 STATEFLOW 建模环境中实现的电池模型。[①] 此模型的输入是逆变器接收或发送的物理能量以及闭合接触器的指令；输出是发送到电池控制器的一组通信信号。

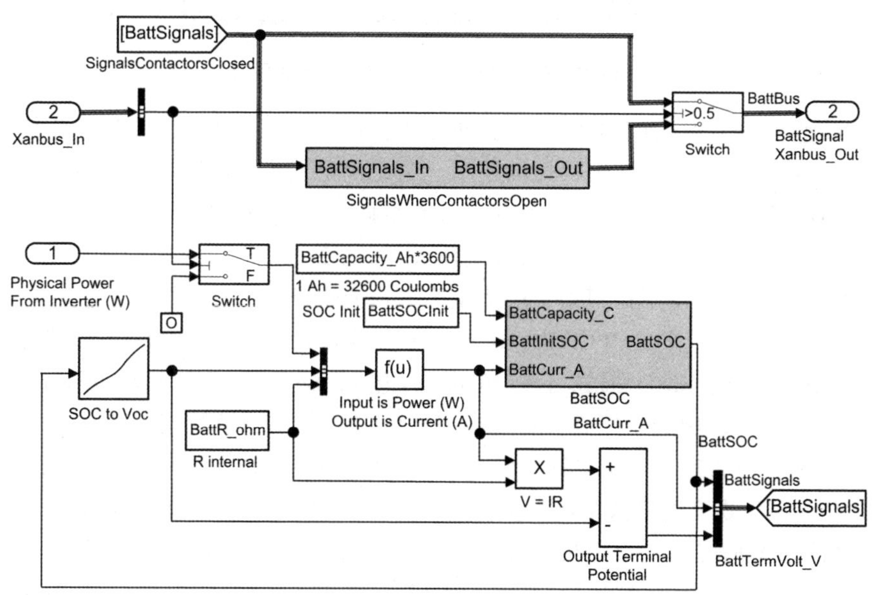

图 11.6 智能微电网中电池的物理特性仿真(见彩图)

在 MATLAB/STATEFLOW 中，电池模型和其他物理模型组成 SMG 系统级的仿真，如图 11.7 所示，使用单线箭头对物理电气连接进行建模，通信连接表示为三线箭

① 这些不是 SysML 图，尽管它们可以很容易地转换为 SysML 并包含在架构模型中。

头。如第5章中的SMG逻辑架构讨论中所述，PV系统（通过其最大功率点跟踪器MPPT控制器）和电池（通过其电池控制单元）通过Xanbus通信协议与监控控制器进行通信。图11.7中的模型是图5.30中用<<MGNetwork>>构造型标识的微电网的物理实现。Xanbus系统通常用于电力系统，创建用于集成、监测和控制各种装置的智能网络。我们的模型假设交流负载和SMG监控控制器之间没有数据通信。

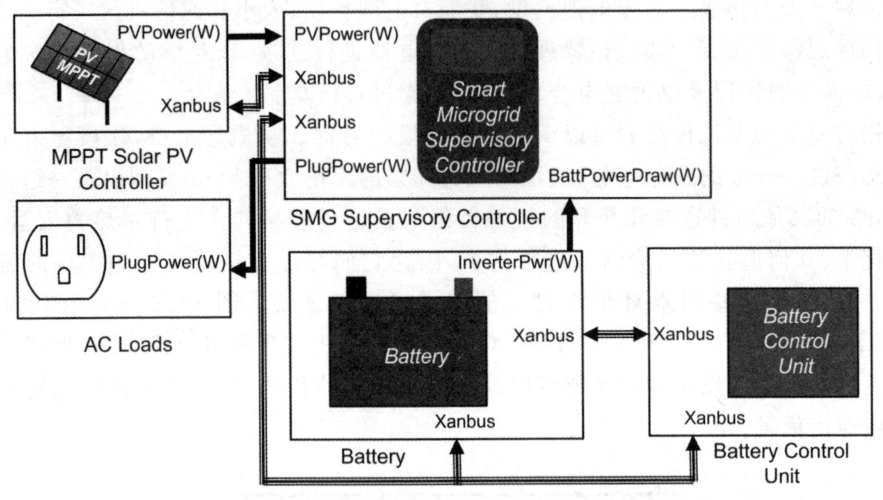

图11.7 SMG组件及交互的仿真(见彩图)

SMG监控控制器/逆变器内部包括逆变器物理特性的模型以及SMG监控控制器的“计算生成指令”活动的逻辑特性的模型。为了满足需求，系统执行所谓的“增强的交流电能供应支持”功能，其中，监控控制器将满足插头式负载（接到微电网的电力消耗装置。译者注：插头式负载是通过普通交流插头，例如100 V、115 V或230 V等，用电装置所使用的电能），并使用任何多余的能量为电池充电，同时满足作为电池SOC的函数的电池电流约束。在图11.8中，以StateFlow可执行状态机图（SMD）的形式捕获此行为实现的逻辑。此SMD描述了一组状态，包括BatteryIdle（默认的空闲状态）、DischargeMode（放电状态）以及三种充电模式（由控制器支持的，对应于电池充电的三个阶段）。在每种状态下定义电池电流指令（发送给逆变器），并且在高速快充模式下限制为0.8 C，在吸收充电模式下限制为0.1 C，在浮充充电模式下限制为0.1 C。

在输入重复的光伏功率随机信号和交流插头式负载的恒定量之后，我们可以看到SMG系统在运行若干小时后的行为。图11.9绘制了代表性数据。当电池处于低SOC时，PV板所产生的功率（光伏功率）超过插头式负载（交流功率），被用来为电池充电。当PV输出功率小于插头式负载时，电池放电以支持微电网。当剩余电力高于电池可用于充电的电力时，剩余电力将传输（出售）到主电网。当电池SOC处于上限（≥99%）时，若仅靠光伏功率无法满足负载，则电池只为微电网供电。

基于此类仿真，架构师可开始评估SMG监控控制器的“计算生成指令”活动所需的某些行为和时序。例如，随着监控控制器的更新频率的增加，进/出主电网的电流控

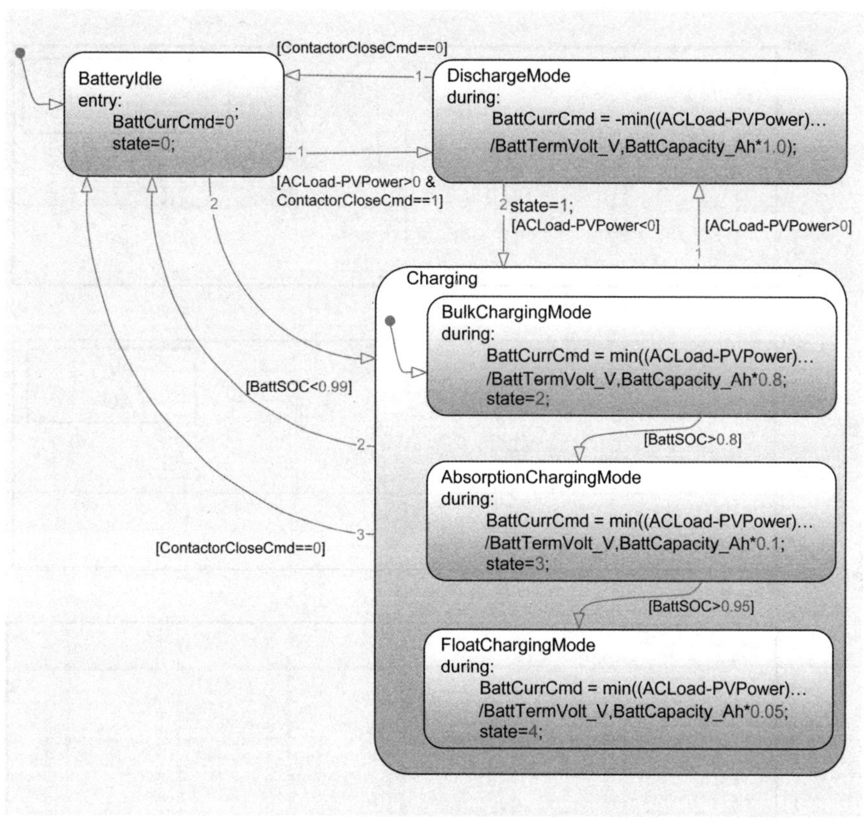

图 11.8 SMG 监控控制器的可执行状态机图(见彩图)

制容差会有所改进。通常,在实践中,进/出电网的电流容差小于 1 A 是可接受的。当容差趋向 0 W 时,我们测定电网功率中的误差,其作为“计算生成指令”活动频率的一个函数。图 11.10 显示,传输到电网的电力容差从更新频率为 1 Hz 时的大约 125 W,改善到更新频率为 100 Hz 时的大约 10 W。此外,在图 11.2 中,运行和流程层级的 MS&A 中可使用这类模型。例如,它可与流程或运行 MS&A 集成,评估系统满足电池寿命目标或可持续保障需求的能力,这可能需要进行原型系统开发并作为 MBSAP 方法论应用的一部分。

如图 11.9 和图 11.10 中的这些 MS&A 结果,直接适用于智能微电网系统的 V&V。首先,计算数据表明所分析的需求是可行的,并且表明可以“调整”相关的数字参数以优化系统性能。接下来,从交付满足系统利益相关方所需能力的角度,针对高效而强韧的微电网的需要,该数据用于验证系统设计。熟练使用仿真工具并熟悉微电网等应用基础技术和产品,分析师可在短时间内构建和运行虚拟原型系统。然后,计算结果可通知物理原型开发工作,确认计算结果并细化仿真。生成的智能微电网模型,为满足客户需要而开发特定智能微电网解决方案方面具有长期效用。

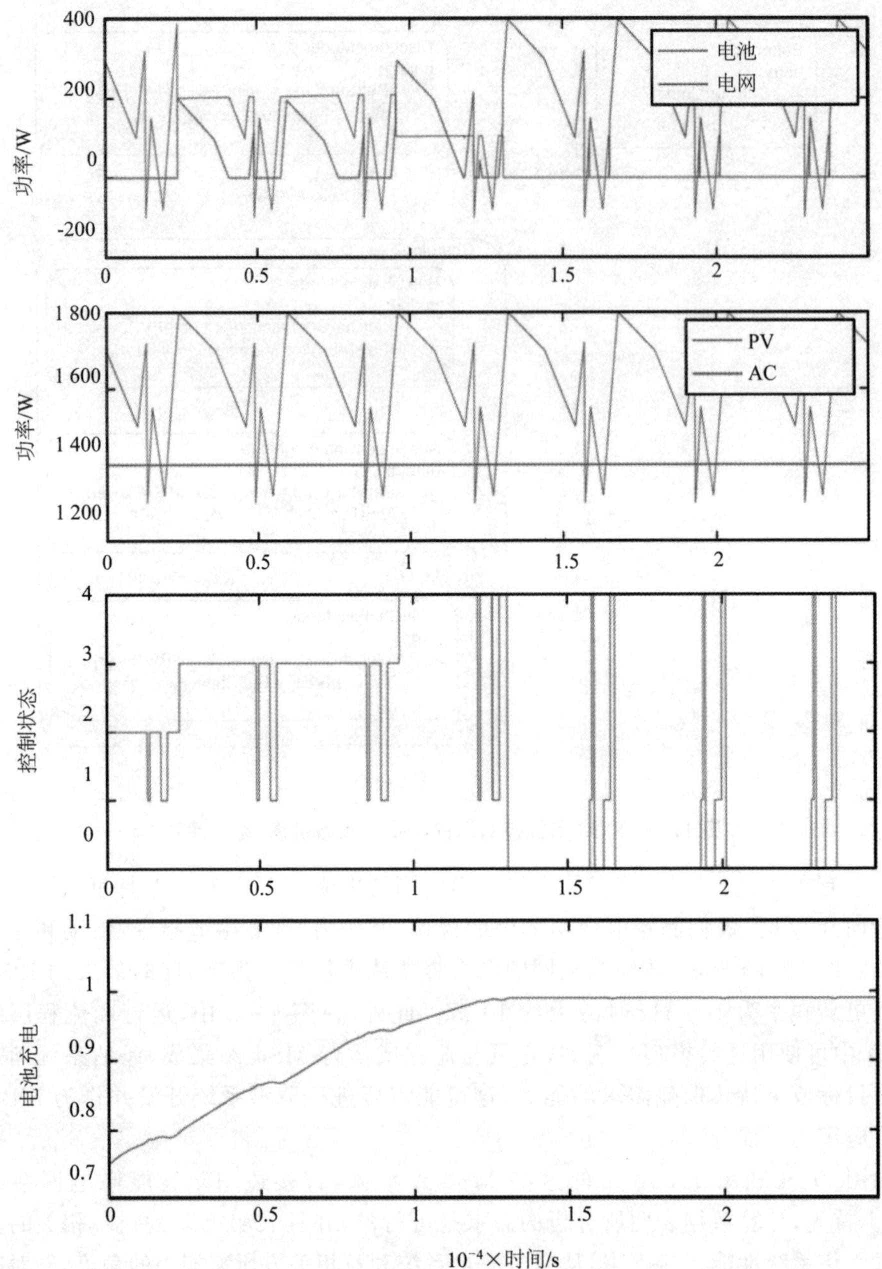

图 11.9　某个日间时段 SMG 的仿真结果

(分别按照组件和系统的功率流、控制状态和电池充电状态表示)(见彩图)

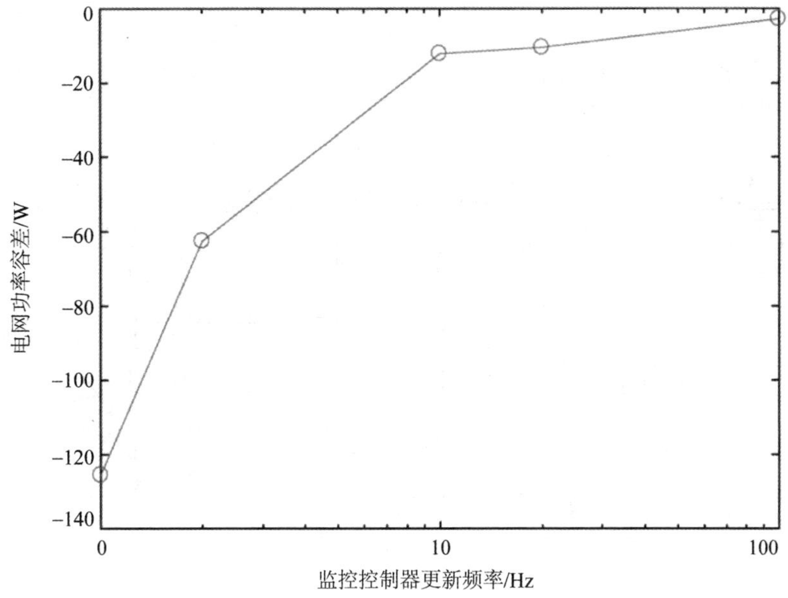

图 11.10 SMG 仿真的结果
(表明系统级性能管理与逻辑架构特征之间的权衡)(见彩图)

11.7 E-X 流程仿真

接下来,我们将通过在检验 E-X 示例的主要活动流的同时执行采集计划并创建ISR 报告,阐明图 11.2 中的流程层级上的仿真。图 11.11 显示了一个简单的流程模型,由 Ventana Systems 中的 Vensim 工具所创建。模型由不同"层级"构成,表示为盒并由流来连接。在这种情况下,盒代表工作和报告的队列,而流或"速率"则对各种队列的输入和输出建模。其他的变量(在 Vensim 中称为"外生变量")以其名称显示,并通过箭头连接到队列和流。模型中的每个变量都由一个方程控制,可能只是一个固定值。任务工作、命令、记录和报告与 E-X 任务管理域、ISR 管理域和传感器管理域相关联。

此结构对应于第 4 章介绍的设计模式,其中包括这些域中向下的工作流和向上的报告流。

该流程从任务管理域拥有的采集计划的一组初始采集工作开始。我们假设最初有 1 000 个此类任务,然后以恒定(平均)速率向其中添加其他工作,以对执行任务期间发送给 E-X 的"弹出式"工作进行仿真。我们假设平均每 10 min 执行一项新工作的速度。我们进一步假设站点上任务持续时间为 60 h(3 600 min),在此期间平台将尝试执行最初的 1 000 项工作以及 360 项新工作。在模型中,采集工作队列累加这些数据,并显示仍要执行的工作数量与时间的关系。

采集工作队列的流由传感器工作创建速率变量控制,该变量在传感器工作队列中

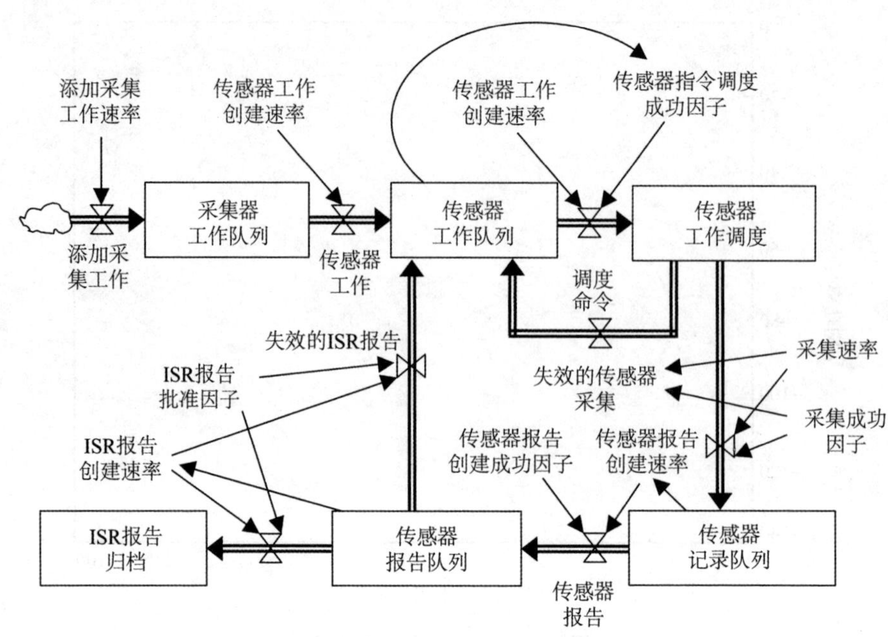

图 11.11　E-X 的基本流程模型

(其中采集工作计划的中间阶段建模为队列,并具有队列服务速率)

累加,对由 ISR 管理域进行的采集工作向传感器工作的转换进行建模。传感器工作由传感器管理域的工作/传感器配对和调度逻辑处理,从而将计划的传感器工作队列发送到各种传感器。作为一种探索系统性能对配对和调度过程有效性的敏感度的方式,计划命令流使用"正常"传感器命令创建速率和"成功因子"进行参数化,"成功因子"使架构分析师能够说明此速率如何受各种情况的影响,例如传感器在其视野内是否具有所请求的采集工作的目标。

从传感器工作计划队列到传感器记录队列的流,将收集所有活动和外部影响,其中涉及工作任务到传感器的发送、采集所需信息的尝试以及传感器记录信息后的返回。同样,有一个正常的采集速率与传感器任务计划队列的当前大小、E-X 传感器的能力以及可以通过各种方式操纵的成功因子相关联,例如,反映出给定传感器采集的时间。有一个反馈流对失效传感器采集进行建模,这些传感器采集将返回传感器工作队列以进行重新调度。

传感器记录由传感器管理域处理,以生成传感器报告,这些报告发送到 ISR 管理域,以累加在传感器报告队列中。此流具有正常的"传感器报告创建速率",由另一个成功因子调节。ISR 操作员评估传感器报告,将不符合任务标准的、标记为"失效 ISR 报告"的传感器报告发送回传感器工作队列。与早期的流一样,有一个 ISR 报告创建速率和一个批准因子。批准的 ISR 报告的最终流累加在 ISR 报告档案中。系统性能建模的一个直观的 MOE,是在任务结束时 ISR 报告档案中的记录数与采集工作总数的比率,我们将其称为任务成功参数(MSP)。

为了建立模型基线，我们首先将所有外生变量设置为恒定值，并对其进行调整以获得尽可能接近理想的系统行为。在 60 h 任务结束时的空采集工作队列表明 MSP 非常接近于固定值，并在采集过程中队列一直处于低水平，说明其是有效的队列服务。对于其他现实，我们将成功因子设置为小于 100%。这种初始模型操纵的典型结果如表 11.1 所列，并且队列大小如图 11.12 所示。这样得出的 MSP 为 0.91，在实际情况中将认为是极佳的。

表 11.1　E－X 流程模型配置基线参数

模型参数	值
任务持续时间	3 600 分
初始采集任务	1 000
增加的采集工作速率	0.1 项工作/分
任务采集工作总数	1 360
传感器工作创建速率	0.375 项工作/分
传感器命令创建速率	0.475 项工作/分
传感器命令调度成功因子	0.95
采集速率	0.45 条记录/分
采集成功因子	0.8
传感器报告创建速率	0.375 条记录/分
传感器报告创建成功因子	0.95
ISR 报告创建速率	0.36 条记录/分
ISR 报告批准因子	0.95

现在，我们可以扩展和修改基本模型，以探讨 E－X 设计和运行的多个方面。只需更改参数并查看对 MSP 和队列层级的影响，即可获得有价值的见解。以下是一些可能的模型细化。

- 可以使用来自现有系统的数据、数据处理的详细物理仿真或简单的人在回路实验，评估操作员的决策时间，使外生变量的假定值更加真实。该模型还允许通过多个同时处理线程和分配给各种用户角色的多个操作员等，快速检查可扩展系统能力的优势。
- 变量（特别是成功因子）的简单恒定值，可替换为考虑各种实际情况（例如工作饱和）的函数。
- 将采集成功因子的设置取决于目标范围、灰暗天气和地形阻挡等，可使传感器采集建模更加真实。

作为一个简单的示例，我们接下来探讨当传感器工作队列的大小接近于调度程序设计的限制时，工作/传感器配对和调度逻辑的有效性下降的可能性。为此，我们用图形关系（在 Vensim 中称为“查找”）替换了命令调度成功因子变量的固定值，该图形关

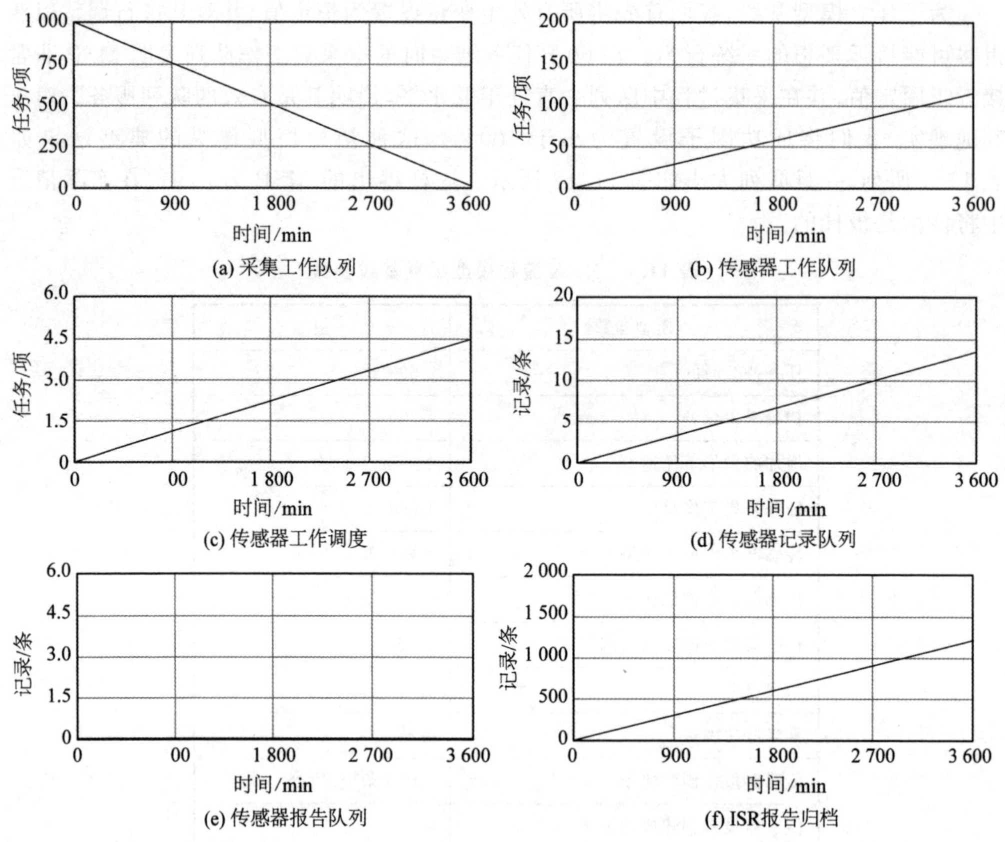

图 11.12 使用基线 E-X 流程模型的仿真结果

系从名义基线值 0.95 开始，保持相对恒定，直到传感器工作队列增长到大小为 75 项工作，然后随着队列的进一步增加而下降。图 11.13 显示了生成的队列内容，MSP 降至 0.83。对于在该流程的关键步骤中假定的效率损失，此结果是合理的。

对内部队列产生了细微的影响，作为受影响的系统元素的设计优化的一部分，内部队列对于更仔细的检查而言可能很重要。但是，模型的整体行为是合理的。特别是，在结合建模工作调度有效性曲线的参数时，很快就会发现，相对较小的更改会对任务结束时创建的 ISR 报告的数量产生很大影响。这是由于以下事实造成的：随着创建调度命令的速率下降，传感器工作队列增长，这进一步削弱了调度功能。这是一个正反馈，当达到某一程度时，可观察到在模型的这一部分产生越来越大的振荡。这种影响显然是非物理的，但是这些结果既突出了调度程序对系统整体性能产生的重大影响，又突出了模型中保真度与实际系统行为匹配的重要性。

即使是这种简单的模型，也对评估系统架构、查找和优化对性能有很大影响的设计参数，以及预测和解释物理原型开发和实际系统测试的结果极为有用。例如，我们可以安排一个蒙特卡洛实验，在预期范围内改变模型参数，来预测系统满足性能需求（例如最低 MSP）的能力。通过识别系统性能对各种参数（例如成功因子）的敏感性，我们能

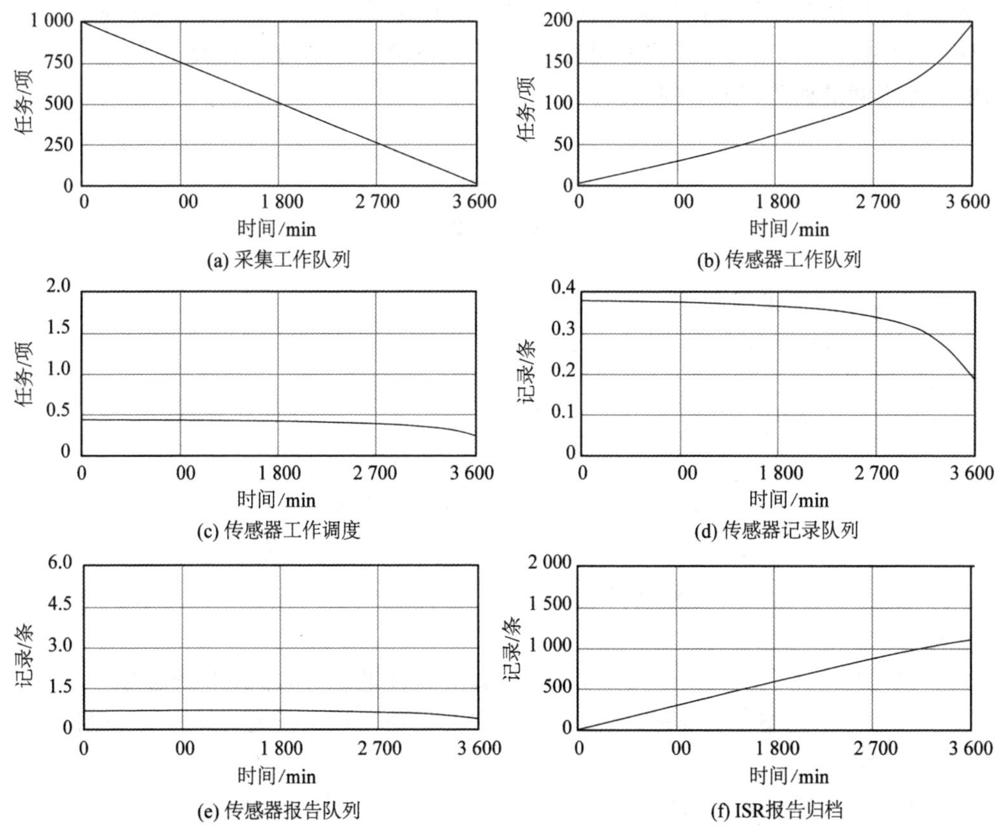

图 11.13 由于流程饱和而导致传感器工作调度降低的仿真结果

够深入理解设计细化(例如,额外的处理能力)可产生重要影响的领域。同样,这些结果可使我们深入理解在系统测试和评估期间需要检查的关键参数。从长远来看,与智能微电网仿真类似,一旦该模型通过实验数据进行确认,就可成为一种在后续系统开发中使用的工具。

11.8 总 结

物理和虚拟原型开发是 MBSAP 方法论的基本元素。SysML 模型是虚拟原型系统中 MS&A 的起点,并为一个或多个物理原型系统奠定了基础,这些原型系统旨在评估特定的系统特性和功能。这些原型系统可协同工作,从而降低早期的风险,支持优化系统需求和设计,量化性能,支持系统集成和测试的计划及执行,并在 V&V 中发挥关键作用。有兴趣更深入地研究这一问题的读者,可能希望了解 SysML 模型的详细示例,该模型带有 TMT 天文台公司正在开发的三十米望远镜(TMT)的可执行模型[13]。在本章中,我们提供了总体指南并确定了经常出现的问题。原型开发环境的策略和实现都应与总体架构方法密切相关，并应提供充分的资源。原型系统开发是一种强大的工具，可以最大程度地提高成功率，并且最大程度地降低工程项目的总成本，从而交付的解决方案满足利益相关方的需要。

练　习

1. 识别以下需求的首选验证方法：

① E-X 传感器性能；

② 操作员界面显示和菜单；

③ 关键系统故障之间的平均时间。

2. 作为系统开发的一部分，原型系统开发的主要动机是什么？

3. 当利益相关方增添重要的新的性能需求时，描述对系统确认的影响。

4. 描述用于智能微电网系统 A（社区智能电网）的 V&V 的综合方法。

5. 给定系统的虚拟原型系统和物理原型系统相互补充和细化，就此列出一些特定的方式。

6. 描述用于 E-X 机载传感器平台的系统集成实验室（SIL）的主要元素。

7. 考虑一个大型信息管理系统，在线销售公司使用该系统处理订单并控制交付。描述此系统的一个可执行的架构。

8. 对于 E-X 机载传感器平台，总结将在以下层级之间交换的数据：

① MS&A 的运行层级和流程层级；

② 逻辑架构层级和物理层级。

9. 描述将架构模型用作可执行规范并总结基本的内容。

10. 确定一些流程方式，可修改图 11.9 中的流程模型并用于探索系统行为的重要方面。

学生项目

学生应为他们的项目系统定义一个适当的原型系统开发环境，并列出将物理和虚拟原型系统用于支持设计活动和 V&V 的方式。如果实验室配有合适的仿真工具，则可以添加与本章所述类似的 MS&A 实验。

参考文献

[1] Project Management Institute. (2013) A guide to the project management body of

knowledge, 5th edn. https://www. pmi. org/pmbok-guide-standards/foundational/pmbok. Accessed 29 Apr 2018.

[2] McQuay W K. (2011) Collaborative environment for 21st century avionics. IEEE A&E Syst Mag 26:4-11.

[3] IEEE Std 11516-2010 IEEE standard for Modeling and Simulation (M&S) High Level Architecture (HLA) - framework and rules. https://standards. ieee. org/findstds/standard/1516-2010. html. Accessed 27 May 2017.

[4] IEEE Std 1278. 1-2012 IEEE standard for distributed interactive simulation - application protocols. https://standards. ieee. org/findstds/standard/1278. 1-2012. html. Accessed 26 May 2017.

[5] OASIS. (2017) Web Services Business Process Execution Language (WSBPEL) TC. https://www. oasis-open. org/committees/tc_home. php? wg_abbrev=wsbpel. Accessed 26 May 2017.

[6] Object Management Group. (2016) Business Process Model and Notation (BPMN).

[7] Mittal S, Ziegler B P, Risco Martin J L, et al. (2009) Modeling and simulation for system of systems engineering. In: Jamshidi M (ed) System of systems engineering: innovations for the 21st century. Wiley, Hoboken, pp 101-149.

[8] Weibull, FRACAS: an essential ingredient for reliability success. http://www. weibull. com/hotwire/issue122/relbasics122. htm. Accessed 7 May 2018.

[9] Kossiakoff A, Sweet W. (2003) Systems engineering: principles and practice. Wiley, New York http://www. bpmn. org/. Accessed 26 May 2017.

[10] Utting M, Legeard B. (2007) Practical model-based testing: a tools approach. Morgan-Kaufmann, New York.

[11] Petri Nets Steering Committee. (2017) Petri nets world. http://www. informatik. uni-hamburg. de/TGI/PetriNets/index. php. Accessed 26 May 2017.

[12] Zurawski R, Zhou M. (1994) Petri nets and industrial applications: a tutorial. IEEE Trans Ind Electron 41(6):567-583.

[13] GitHub Open MBSE. (2017) TMT-SysML-Model. https://github. com/Open-MBEE/TMTSysML-Model. Accessed 27 May 2017.

第 12 章 使用参考架构和框架

12.1 参考架构的本质特征和应用

第 5 章强调了设计模式的使用方式，这种方式实现了设计复用并可从常见问题的成熟解决方案中受益。本章将此概念扩展到整个架构。正如大家所知的软件设计模式是对一系列具体设计的一种抽象，而且可在保留成熟的基本原则的同时，按照新情况对这组具体设计进行剪裁，参考架构(RA)是对一个或多个成功的现实架构的结构、行为和规则进行抽象，从而创建出模板。RA 的根本目的是在开发新系统或复杂组织体的过程中减少工作量和降低风险，在近些年中，人们已经尝试过多种方法来实现这一根本目的。Ellis 等人[1]用系统概念的最高层级定义 RA，并且美国国防部开发的早期架构参考模型要求 RA 提供系统概念的基本对象与流程[2]。ISO/IEC/IEEE 标准 42010：2011[3]还为 RA 的结构与使用提供了指导。在本章中，我们将 MBSAP 方法论应用于 RA 的创建与使用。

12.1.1 参考架构术语

重合和冲突的术语会在讨论 RA 的过程中产生诸多误解。例如，国际系统工程协会(INCOSE)使用术语来描述早期架构构造，这一构造用于被称为系统开发的探索研究阶段，目的是支持对用户需要、技术风险、早期成本与进度估计的分析，但是国际系统工程协会并未提及对派生于早期架构模板的使用[4]。在本章中，基于团队的共识，我们定义了一组术语，至少可避免增加问题。

首先，我们将术语 RA 用于架构，此架构泛化或抽象了一组实际架构的特征。而且，我们要求 RA 的内容与组织遵循 MBSAP 的内容与组织，目的是解决结构、行为与规则问题。就其本质特征而言，RA 主要包括运行视角和逻辑/功能视角，并且不像实际系统架构那样具体和详细。虽然 RA 可以包括应用广泛的物理细节，但是 RA 的本质是准备按照特定客户需求来剪裁功能设计。

在第 1 章架构分类的背景环境下思考 RA 是很有用的。依据图 1.3 中的架构分类的抽象轴，虽然运行层级、流程/工作流层级以及逻辑/功能层级是相关的，但是 RA 并不包含在特定系统或复杂组织体的物理层级上用以文档化记录的单点设计数据。RA 可以在组织轴上的任何一点进行定义，但是，我们关注的是系统级。有时，RA 可以针对复杂组织体(体系)定义，但是结果基本上与系统 RA 类似。在复杂组织体层级，架构模板必须包括多个特征来应对节点与系统的地域分配，包括使用异构技术的广域网络和资源间的互操作性。我们将这些称为复杂组织体参考架构，因为术语复杂组织体架构（EA）的广泛使用具有一种略微不同的含义，所以将在下文进行论述。

公司、政府机构以及其他团体可能定义 RA 与其他形式的架构指导，并可能将 RA 的应用变为强制性，目的是希望利用之前的架构投资，提升架构质量与兼容性，并受益于之前得到的经验教训[5]。大多数专业信息技术（IT）供应商会根据其产品所支持的系统类别和流程发布 RA。RA 方法论的核心是采用多种标记的构造，力求对架构开发和记录的方式做出规定。更适合此类架构指导的术语是架构框架，这是本章之后所要论述的另一个主题。

在此背景环境中，经常遇到的另一个术语是业务参考模型，这是捕获和分析组织的运行与流程的一种系统化的方法。这可以在运行视角的行为特征视图中表现出来，而不是在独立的模型中，以便运行可以映射到常见模型内的组织和资源，并严格跟踪对解决方案元素的功能分配。

12.1.2 参考架构用途

RA 具有多种基本用法，这些用法驱动着在架构流程中构建和使用 RA 的方式。以下段落描述了其中一些基本用法。重要的是要注意到，为保证有效，RA 方法必须成为组织 SE 策略和流程的组成部分，以便其提供的复用和指导可在架构开发和细化的各个阶段使用。

提供一个先期起点。RA 可以减少开发新系统或复杂组织体架构的前期工作。建造以及之后维护 RA 所需的资源的摊销可跨多个工程项目，并且使得资源总量明显降低，特别是通过减少初始架构和 SE 工作以及避免出现在早期项目中发生的错误起点和路径盲区。例如，RA 往往包括一个需求模板，用于文档化记录整体需求结构以及适用于所有系统的需求定义，而这些系统属于受 RA 控制的类别。利用这种方式，在建造和确认新系统需求的过程中，RA 可省去大量 SE 工作。

促进一致架构和功能设计。RA 可以促进应用域中跨系统的通用性。此理念是把大规模设计模式用作设计复用的基础。除进一步减少系统开发工作和成本外，RA 本身还促进系统间的互操作性与协调功能，因为每一个 RA 都具有相同的基本接口、功能和数据，并且将在实现过程中使用相同的标准和设计方法。

促进产品复用。模块化、松耦合和其他开放架构原则是允许在系统间复用组件的核心。当 RA 有助于实现结构的常见划分、常见接口定义、常见功能和控制机制、常见数据模型和其他元素时，复用产品的可行性更大。其他好处是，这意味着多个系统组件将会是开发人员已熟悉的产物。此策略为战略性供应商关系创造了机会，这些关系可能产生有优势的价格并洞察未来产品开发计划。

促进高质量 SE 流程。考虑到以架构为中心的方法论（如 MBSAP），使用共享架构基础有助于确保成熟且控制良好的 SE 流程，在开发组织中吸纳与应用，从而有助于确保一致性的质量。这可通过多种方式来证明，如常见构型管理结构、预定义的质量属性以及对一致且经证明的集成与测试方法的复用。

达成和证明策略的合规性。随着诸多政府项目以及商业客户数量日益增长,要求实现 RA、参考模型、架构框架以及其他总体设计标准,在验证此需求得到满足的过程中,大量的架构制品和材料将减少其中的风险和工作量,并且这些架构制品和材料均表现为一致性并可在新的工程项目中复用。

12.1.3 参考架构层次结构

经验表明,RA 构造本身是分层级的,从极其普遍的原则和指导向下发展到十分具体的实际系统架构,图 12.1 给出了这样一种结构。有人曾提出过多种架构层级,通常就类似于图 12.1 所示的结构。下面将对各个层级进行概述。

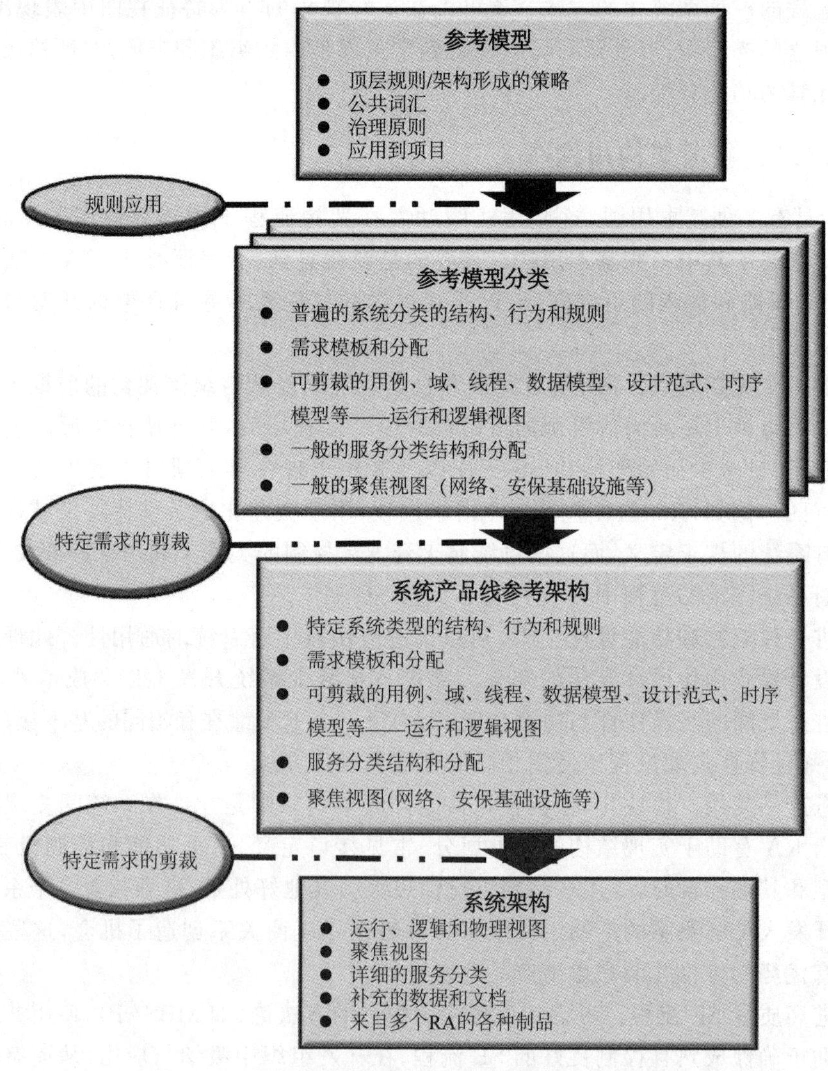

图 12.1 典型参考架构层级结构,从最一般到最具体

参考模型(RM)。参考模型本身不是架构,但却是一组架构构建规则和指南。这种模型建立顶层原则,目标是将多种架构开发工作聚合成一致的且可互操作的多个运行系统的项目组合。对有效RM的结构化,存在多个重要方面。

- **总体规则和策略**——包括对RM所涵盖的架构进行广泛指导。一个案例是,所有符合模型要求的架构均必须支持网络化互操作性、基于策略管理的功能或其他总体属性。尤其是,系统层级的RM规定系统将要符合更大的复杂组织体EA(将在下文中定义)的要求,这需要进行全面说明。RM的这一部分可能包括描述了总体特征质量属性(如模块化)、松耦合、标准符合性以及默认的标准文件。
- **常见词汇**——标准词典以及这些术语和定义在其所应用任一领域都可使用的需求。在意识到易混淆术语所带来的有害影响后,良好RM中将包括作为数据模型核心的术语,并且实现RM的所有系统都要使用这个数据模型。对此领域进行逻辑扩展,将会得到一个整体服务分类,用于对服务进行识别和定义,期望所有的参与系统均会实现和使用这些服务。
- **治理方法**——针对应用于架构治理的策略,为系统架构人员提供合理的可执行指导,特别是在单独系统作为需要得到集中控制的更大型复杂组织体的一部分时。RM的这一部分应规定用于实现治理的角色、职责、流程和机制。第15章更详细地阐述了此主题。
- **应用指导**——描述在实际项目中RM规则与原则的应用方式,可包括针对合规性的验证方式、豁免的请求方式以及可用专业知识来源的种类提供的指导。在政府工程项目中,RM往往是一组策略的集合。良好的RM应清楚地描述所应用到的目标系统以及应用带来的好处。

参考架构的分类。在图12.1中RM下方的一组架构,对应于图1.3中的类别轴。在某些情况下,这些架构由第1章中定义的强实时、决策/流程实时以及管理信息系统的类别来进行组织,但是组织中所关注的任何一组基本系统类别均可是RA系列的基础。性能、技术、组织、任务关键性、地理分布、安保性、安全性、可输出性或其他因素之间的根本区别,可能影响对系统类别的选择,这些系统类别将在多种真实系统中实现,并因此可作为顶层RA的候选项。如图12.1所示,这些RA的开发涉及对规则和其他指导的应用,这些规则和指导来自一个或多个适用的RM。

系统产品线参考架构。RA最具体的类型针对于产品线,产品线可以在任何一个组织层上进行定义,通常是为了描述系统和组件,并且这些系统和组件具有诸多相同特征且用途相似。产品线可能针对传感器或控制器的类别进行定义,这些传感器或控制器通常执行相似的功能,但它们的具体特征和能力并不相同。就RA用于上述目的而言,尽管本章将在后面简要论述组件的产品线,但主要强调的仍是系统级。在层级结构中的这一级上,从一个或更多个类别RA中选择和剪裁内容,以形成更具体的系统产品线RA。正确定义的产品线使得RA非常接近于实际系统或产品的架构。在总体RA方法中这将是带来时间和成本降低的主要来源,因为恰当地裁剪可以替代更大的总体架构的开发——这将缺乏高层级的起点。依据产品供给的多样性，开发组织可能发现此层级上的多个 RA，这对于投资很有必要。

多个 RA 类别同时提供给系统产品线是完成有可能的，因为大多数真实系统所具有的特征和需求都会跨越任何可管理的类别集合。回到作为说明的 E-X 示例，产品线是机载多传感器 ISR 系统，且架构包括强实时元素和流程/决策实时元素。图 4.6 和图 4.7 中的域结构重点强调了这一点，在这两个图中，类似飞行控制、传感器发射/接收模式以及数据链路等事项进行的控制和数据处理，驱动着飞行系统域、传感器域和外部通信域的截止时限，而其他域中则有人在回路的时间线。第 8 章应对的是 RT 应用中出现的架构差异。只有用于存储和访问 RA 制品的存储库以及以架构为中心的开发环境，均基于共同的方法论和工具集进行构建，并以此方式选择、修改和组合架构模型制品才会非常简单。

系统架构。 架构剪裁的最后阶段基于具体的客户需要，并将产品线 RA 转换为实际系统的设计。这包括整个 MBSAP 视角、特征视图和制品的集合，包括 PV。将产品线 RA 剪裁为系统架构主要包括两种类型的活动：

- 剪裁运行视图和逻辑视图的制品，以便只包括适用于正在架构的系统的内容，这可能需要对内容进行增删。
- 如第 6 章所述，在 PV 中实现 LV。

应将多个其他 RA 类型添加到图 12.1 的活动中，以创建完整的分类。

目标系统。 目标系统也称为对象系统，是在具体开发工程项目中应用 RA 的最终目标。它是最终的可交付系统，旨在满足一系列客户需求以及在规定的运行与支持环境中正常运行。投资开发 RA 的真正效益在目标系统中得以实现。因为已经完成了大量架构和系统工程工作，上市速度得以加快，所完成的这些工作就是针对具体客户需要提供解决方案。出于相同的原因，成本（反映在展示给客户的价格中）也得以下降。确定了实现架构的首选产品与组件及其供应商，以便加速转包合同与采购动作。集成和测试的范围得以缩小，并且它们可以利用之前项目的 I&T 计划。培训与现场支持、维护与修理、分类系统的鉴定以及单个工程项目的诸多其他方面均以相似的方式从 RA 的优势中获益。

复杂组织体架构（EA）。 在 MBSAP 中，复杂组织体的术语是为组织轴的顶层所保留的，但是复杂组织体架构的概念却是在不同的意义上得到广泛使用。在这个备选的背景环境中，"复杂组织体"只是一个主要组织，并且复杂组织体架构（EA）的目的是定义该组织的顶层流程、系统策略、数据、规则和其他信息相关方面。大多数此类 EA 都由一系列模型组成，遗憾的是，这些模型通常被称为"参考模型"，以多个相冲突的定义创建一个术语。这些参考模型通常包括：

- 业务模型，描述组织的流程和产物。
- 技术模型，为实现这些流程的系统提供指导，如法定标准。
- 复杂组织体数据模型。
- 各种其他模型，如用于评估工程项目状态与验证需求的测度模型。

显而易见的是，此类EA与之前定义的RM以及接下来定义的框架均有重叠，架构师通常可以将此类EA视为一种可对架构开发提供指导和施加约束的RM。

架构框架。架构框架通常描述为一种创建EA的方法，可应用于组织轴的复杂组织体、节点或系统层级之上用。这种框架定义了一种有序的架构开发，包括用于定义该架构的视角（或就是“视图”）和制品、依据步骤的方法论以及支持信息（如架构团队角色、职责和所需专业知识）。然而，在组织和内容上，这些架构却大不相同，反映出了各种架构风格、公司产品和发起组织的需要。一种合理的、以架构为中心的系统工程流程通常能够映射到任何主流的框架视图，当不同客户优选不同框架时，这是非常重要的。事实上，MBSAP本身就是一种架构框架，并且针对航空航天与防务系统和复杂组织体的构建，最初曾对该框架进行了优化。经过一段时间，此方法论得到细化和扩展，以便能够处理几乎任何架构类别。本章随后的章节将论述几个典型框架。

12.2 参考架构流程

下一个主题是如何在工程项目中使用RA。图12.2概述了总体的流程。由于RA主要是关于设计的复用，因此，起点是一个或多个系统，在RA计划应用到的类别中，这些系统被认为是成功且运行有效的。因为类别RA最为通用，跨越了最大范围的目标系统，所以，类别RA的输入必须同样广泛并能代表整个设计空间，同时其内容也将会是相当的广泛。然而，这正体现了RM的最佳层级，采用的方式有时是直接导入诸如数据字典的事项，有时是对RA模型构造以符合适用的规则和策略。然后，这些内容将由系统RA继承，并一直向下应用到实际的系统架构。尽管RA团队不可以基于某些情况过度地指定某些具体内容具体化，如个人对单个原有系统的熟悉，但系统产品线RA的数据来自所关注领域的多个成功架构和系统设计，并且相应地更加详细。

除RM内容外，构建RA的流程还应考虑其他两种一般类型的输入。第一种输入来自于对系统开发和获取情况的评估。多种因素会对基于RA所创建的新系统产生影响，包括这些系统所处的运行环境，获取组织的策略、优先次序和战略计划，进度（如，上市时间）和资源所施加的约束。在应对政府客户时，这种现行有效的项目指导尤其重要。这些因素不同于RM，RM是一个指导架构开发的技术设想。相反，这些因素应对目标系统的其他方面，包括获取这些系统的流程，以及影响可行性的性能水平和复杂程度的预算约束和进度约束。例如，RM可能要求架构支持网络化的复杂组织体，而当前的指南可能包括路线图，显示在不同的时间点必须与哪些外部系统进行接口交互以及为这些接口准备应用哪些标准。

在RA开发期间，考虑的第二种一般输入是对现行有效的技术与产品以及新出现的技术与产品的评估，这些技术和产品将提供系统实现使用。信息技术（IT）的升级换代时间短至18个月，基础标准甚至每隔几年就会更新一次并且很可能在系统的生命周期内将被替代。组件和设备项的性能、尺寸、重量与成本得以持续的改进，这些趋势也

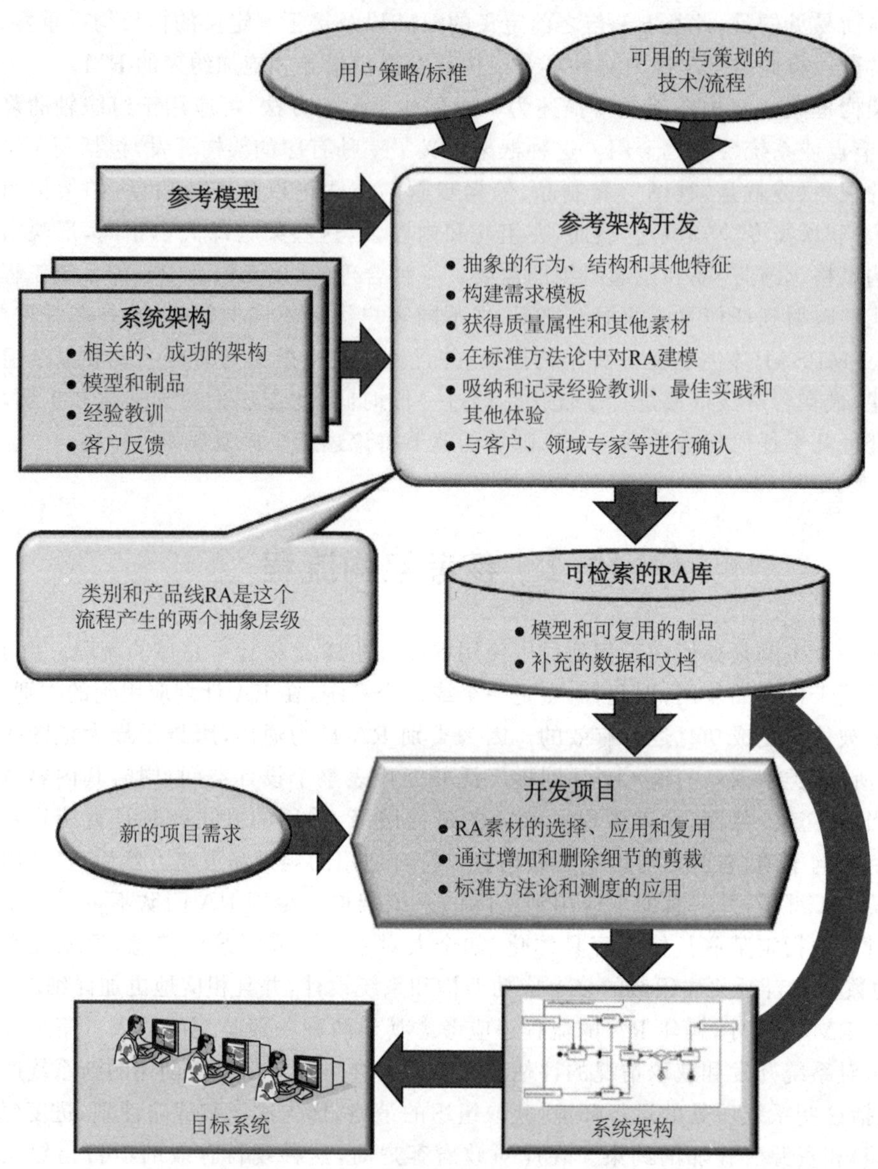

图 12.2　总体参考架构流程与方法论

不可避免地影响了系统架构。新出现的技术为架构人员创建出新的和更好的选项。尽管通常情况下变化速度较慢，但非 IT 技术也会随时间发生变化。传感器的灵敏度与分辨率会得到提升，通信装置的覆盖范围和带宽会增加，各类设备都需要日益复杂的控制，并且相似的进化趋势几乎影响着每个系统领域。就最乐观的一方面来看，应对这些现实是一种不完美的流程，但是 RA 团队有责任投入时间与资源来纵览技术全景、维持与关键供应商的关系并尝试开发 RA 结构，从认识当前最先进的技术和适应可能的未来趋势的意义上来看，所开发的 RA 结构应具有鲁棒性。

图12.2列出了一些典型的RA开发活动，下一章节将对此作进一步阐述。如果投资构建RA是要产生完全的效益，那么其内容必须易于查找、访问和使用。优选方法是使用一个可检索的存储库，这个存储库帮助用户基于各类标准查找所关注的内容。存储库可支持访问特定类别或系统产品线中的一个或多个完整RA，这些类别或产品线中的内容细化到具体用例、数据对象、接口定义或设计模式。有多种好的方式可用来完成访问。架构建模工具能够通过内置的模型浏览器提供某种内容查找，并且可利用适当的元数据在数据库中捕获一系列RA模型。事实上，结构良好的架构模型本身是可导航和可检索的，能够包含嵌入文件或补充信息的链接，因此，存储库功能有利于找到并提供(可能作为服务)正确模型。关键的是，直到在所支持的组织及架构团队中获得可用的结果时，RA工作才算完成。

对于所推荐的方法，其中一个关键原则是，那些使用和细化RA的项目均有义务更新存储库中的内容，更新的方式是纠正或细化现有制品并添加新的制品。如果每个人都使用相同的建模环境，那么执行更新便如同机械式般单调。然而，存储库必须得到治理，否则随机变化将快速破坏RA模型的整体性。第15章论述了广义上的治理，但现在重要的是要注意到，按照开放组织[6]的建议，应有一个组织层级的架构委员会或者等同的组织，管辖推荐RA的变更并保持严格的构型控制。

当需要开发架构的项目从存储库中导入适当的内容，然后使用方法论(如MBSAP)在此起点转化为满足具体系统或复杂组织体需求的物理解决方案时，将产生相应的效益。使用RA并未造成方法论失效，实际上，反而是通过预先完成的架构流程早期阶段的大量工作，促进了该方法论的应用。剪裁包括删除不需要的RA元素、增加新的RA元素(当存储库的内容不能满足特定需求时)，以及剪裁系统元素的特征。一般情况下，相比通过创建新架构元素进行“向上剪裁”而言，通过删除不必要的内容来进行“向下剪裁”会更为容易。因此，从尽可能多地转化设计备选方案的意义上，系统产品线RA应包括在内。即使如此，很常见的情况是，架构团队使用RA发现需要以增加新的域、用例、任务线程(或业务流程)、块、行为(如时序图)、服务、接口以及其他元素。通过可控的RA治理更新流程，这些元素将成为添加到RA的候选项。

最后，在转换RA以完全定义实际系统架构的过程中，RA制品总是需要添加额外的特性。这可以包括添加和细化块特性和操作、增加接口和服务定义细节、建模和分析系统特定的时序关系、修改用户角色以符合客户需求与实践等。然而，有了一个良好的RA起点，相比从一张白纸开始，新架构结构将需较少的时间和精力来达成相同的结果。值得反复强调的一个关键点是，整个RA策略的有效性和效率所依赖的是，在整个组织中为RA的开发和应用所使用的标准方法论和工具集。

12.3 构建参考架构

应用MBSAP来开发RA的方式，与我们在之前章节描述的“从零开始”的方法有许多相同的方式,但是也存在重大差别。我们已经注意到,由于RA是一种抽象,运行和逻辑/功能视角包含有主要内容。有时,这会通过聚焦视角的模板或其他指导以及任何所选物理数据来完成,这些物理数据适于RA所涵盖的每个系统。OV特征视图与LV特征视图及其制品与我们在第4和5章中介绍的基本相同,但均保持了RA的通用性。如选择和定义质量属性的其他活动,可在任何RA应用中,并带来很大的价值。

RA视角。在开发RA的过程中,存在两个明显的不同之处。第一种是,开始于现有架构而非开始于一系列系统需求,在某种程度上改变了OV的开发。理想情况下,RA团队可以从现有架构中选择结构型制品、行为型制品和其他制品。更常见的情况是,有必要通过集合若干先前架构的内容,来合成一系列通用架构元素。现有系统被认为是成功的系统且期望作为RA输入,它往往会追溯到更早期并具有一个"架构"(如果存在),此架构不仅仅是一个需求库、一个设计文档集以及可能的某些分析结果。在这种情况下,RA团队将面对的问题是架构内容的派生,这需要对已有设计进行反向工程来提取其特征,并利用这些特征构建一个真实的架构模型。

例如,评估传统块图与组织图可以是发现实际上存在的域结构的基础,而诸如操作员手册和故障检查指南的文件可能是深入理解用例和业务流程或任务线程的最佳来源。如果现有系统当作RA的输入,并且针对策略开发、运行规划、运行监督与评估、流程控制、流程测量和报告等活动,对一些用例进行了特化,那么RA可以复制这些系统。通常情况下,RA团队将必须分析这些原有资料,以发现和描述已成为RA顶层用例的统一行为,如策略、规划、过程执行、通信、系统监督以及报告。然后,这些用例可利用内容进行详尽表达,如前置条件和后置条件、相关联的用户角色和数据对象,以及场景等。在此流程期间,安排主题领域专家(SME)进行审查是非常有帮助的,特别是在安排具有之前系统直接知识的人员。活动建模用于探索现有系统中用例之间的细微差异,这是本文中另一种功能强大的技术。要求对源架构的域结构、数据模型、服务分类和其他内容进行相似性分析,以形成RA的运行视角的其他特征视图。

对于LV,如果现有系统设计文档足够充分,那么,通常较易发现设计模式、接口、组件与系统功能,甚至是有助于LDM的主要数据对象。产品数据表、详细的物理块图、软件文档以及其他设计数据均可用于编制功能设计,这一功能设计适于那些用作RA来源的架构。如果现有系统构建于SOA,或至少使用了服务,那么,通常情况下将会存在文档,如可复用或更新的WSDL文件。

RA确认。第二个不同之处涉及RA确认。虽然系统架构的确认依据是开发项目的需求、策略、运行概念和其他方面,但是RA的确认必须根据其所面向的适用范围进行。为了在RA内容中获得所期望的通用性、覆盖范围和客观性,由一组拥有各种背景和兴趣的专家进行评估是非常重要的。在由类别或系统产品线RA处理的每个现实系统中,应引入SME,目的是应用其经验和洞察力来确定内容是否有效并处理正确的事项。另一种技术是使RA开发流转为相反方向,并尝试将RA应用到一个或多个作为来源的系统中。如果可相当容易地将RA特化为一个或多个实际系统设计,那么RA是有效的。当客户RM与其他策略和强制要求成为一种主题时,由此对RA进行逐点确认是十分必要的。如果组织中具有架构委员会，那么这些高级架构人员做出的形式化审查是一种非常重要的检查，在一定程度上检查了 RA 是否正确、结构是否良好且完整。基本上，RA 团队需要赋予很高的优先权，开展确认并利用任何可用资源来完成确认。

RA 系统类别。 RA 分类力求对一组特征进行识别和建模，基于其他类别中所不具有的设计方法、产品类型、特殊功能和共同需求，这些特征从根本上区分出一类架构。第 1 章建议将实时性能作为一种划分方式，将架构领域分成三个类别。其他分类方案可能使用：

- **安保**——特殊功能和产品的系统，需保护不同敏感等级的数据和流程。
- **后勤支持**——执行与维护和供应活动相关联的数据采集和处理的系统，在工厂、维修站或仓库、运输和现场支持站点之间建立的链路。
- **制造**——与物料处理、机器控制、库存管理以及工厂的其他方面相关联的集成功能。
- **财务**——执行事务处理、全球资金转账、金融市场合作以及账户管理等功能的系统，对安全性和完整性具有特殊需要。
- **管理**——针对组织和工程项目管理进行功能剪裁，需要连接多个组织和控制层级的系统，对安全性同样具有特殊需要。
- **有人系统与无人系统**——自动操作与手动操作的设备与机械，或有人驾驶与无人驾驶的飞行器与航空器。

12.4 E-X 参考架构的分类

采用 RA 策略的组织将能够选择最适合自身活动和产品的类别。RA 分类使用在本书中给出的材料，阐明此 RA 分类的关键特征，我们可以考虑这样一种 RA 分类，即它涵盖了 E-X 案例的流程/决策实时域。E-X 系统涉及执行机载数据的收集、处理和分发，RA 也将具有此特点。利用此方法，本节给出 RA 分类的组织与基本内容。读者可能希望引用之前章节以及附录 C 中的 E-X 架构图，以便了解具体 E-X 架构在 RA 中泛化的方式。RA 图将会与 E-X 图极为相似，只是去掉了一些细节，并适当调整了模型元素名称。模型元素规范得到了修正，以反映 RA 类别中所有系统的共同特征。E-X 架构中为保持构造型所创建的扩展，可直接导入到 RA。

需求。 需求模板可使用需求图进行创建，需求图中展示出了功能需求与非功能需求，这些需求适用于 RA 处理的任何系统。非功能需求应具有建议的质量属性，对于 E-X 类别而言，开放性尤其重要。通过一些细致的编辑，可以在 RA 中扩展 E-X 需求基线以达到相同的目的，因为此类别中的任何系统都具有非常相似的特征和功能。例如，E-X 的具体需求可转换为对传感器、通信、报告生成以及其他功能的泛化需求，以适应如下情况：各种机载 ISR 平台将使用这些资源和流程的不同组合。

运行视角——我们首先创建了 OV 特征视图的内容。

- **结构特征视图：**
  - ◇ 有代表性的泛化域的集合，包括执行管理/指挥、规划、流程执行与控制、运行支持、基础设施与信息管理以及网络通信管理。
  - ◇ 对域进行建模的块，包括已由适当接口类型化的端口，并且这些接口对典型的内外交互点进行建模。
  - ◇ 用户角色与 E-X 的用户角色基本相同。这些角色包括执行管理人员/任务指挥员、计划员、运行专家、技术专家、支持专家、系统专家以及通信专家（这些角色与域的对应是明显的，而不是偶然的）。
- **行为特征视图：**
  - ◇ RA 中的用例，包括执行规划、执行协调（高层管理当局、并行组织和下级组织）、执行与控制运行、评估和再计划流程/运行、执行支持运行（处理后勤、培训、设施等）、执行信息管理、执行资源管理以及执行通信管理。
  - ◇ 每个用例均应具有一个用于表示行为流的泛化规范和活动图。第 3 章和第 4 章中的示例呈现出这些用例是什么样子。表 12.1 提出了用于一般执行规划用例的内容。
  - ◇ RA 还包括顶层任务线程或主要业务流程（第 4 章中称为“例行日程”），也可以在活动图中建模。此图显示出从规划和批准到执行和评估的一般运行程序，其中还包括了动态的重新规划与支持活动。通常情况下，此图包括域的泳道。

表 12.1　执行规划用例的典型分类参考框架用例规范

用例细节	定　义
概述	此用例描述了诸多活动，这些活动均与系统/复杂组织体运行计划的开发、批准、文档化记录和发布相关联
前置条件	此系统/复杂组织体被指派执行这些运行；已经接收到的规划指导信息
后置条件	已发布经批准的规划包
用户角色	执行/任务指挥员、计划员
主要数据	运行工作、规划指导、运行计划、支持计划、通信计划
主要场景	组织接收到运行工作与规划指导； 组织开发了规划包，包括运行计划、支持计划和通信计划； 组织与并行组织和下级组织共同协调草案，并做出适当修改； 组织提交规划包，以提供批准并做出修改，以响应其他的指导、关注点和决策； 上级批准计划包； 组织发布规划包
次要场景	在任务运行期间，组织对规划包进行修改，以响应修订的工作和指导、任务评估以及其他因素
剪裁指导	此用例应得到适当剪裁，以包括正在建模的系统分类的结构（域）、用户角色和活动（任务线程）、数据内容等

● **数据特征视图：**
 ◇ RA 分类的概念数据模型(CDM)，包括工作、计划、报告、消息、资源、参考数据、可视化以及可能的其他基础类。
 ◇ 如果应用 RM，那么它可能包括用于 CDM 的其他内容。

● **服务特征视图：**RA 分类包括其行为中所隐含的服务。CDM 中有多个用于对象的数据服务。当要求外部访问时，各个域的功能均可声明为服务。E-X 服务分类为此部分 RA 提供了一个坚实的起点。

● **背景特征视图：**
 ◇ 在帮助 RA 用户理解预计的模型适用性和整体内容方面，运行背景环境图是非常重要的。
 ◇ 补充数据，可包括关于应用域、客户策略和强制要求(适用于 RA)的信息以及影响 RA 使用的任何其他因素。
 ◇ 对于派生于 RA 的系统，客户可能需要的框架规定制品和文件的格式示例，这些示例都是很有价值的。

逻辑/功能视角——我们对 LV 的特征视图进行填充，采用的方式与填充 OV 时的相似。

● **结构特征视图：**
 ◇ 始于对此类别中系统设计模式的分类。来自于这些架构的示例，用作开发 RA 的来源，也是非常有用的。在第 5 章中，对设计模式的多个示例进行了定义。
 ◇ BDD 和 IBD 最初是为 E-X 建立的，其他系统的泛化方式与 OV 中域的泛化方式大致相同。典型的块包括：传感器、通信装置、工作站、LAN、服务器等。LV 也对 E-X 块规范进行了泛化。图 12.3 阐明了泛化或抽象的流程。此图从图 5.27 开始，即对 E-X 的 ISR 分析和报告子域建模的 IBD。在 RA 中，传感器可抽象为传感器 1、2 和 3，并且块数值与操作指出了内容的类型，在将 RA 应用于具有特定传感器资源集合的特定系统中时，这些类型将得到定义。
 ◇ 对 RA 进行实例化，作为系统架构的起点，内部和外部接口的一般描述是有价值的。

● **行为特征视图：**
 ◇ E-X 顺序图和状态机图的泛化版本表明了单个类/块以及设计模式的行为，对可复用的结构化材料进行了补充。
 ◇ 活动图中的复杂活动图对业务流程或任务线程进行建模，并包括有一般的时序注释。
 ◇ 如果完全成熟的 E-X 系统架构(也许还有用作 RA 源的其他系统架构)包括用于进行通常需要的计算的参数图，则将这些关系图添加到 RA 中。

● **数据特征视图：**这是一个逻辑数据模型，它具有可复用的数据对象和模式，主要从 E-X 架构进行复制，并根据需要进行扩展。

其他有价值的 RA 内容包括流项、数量种类、单位和数值类型。

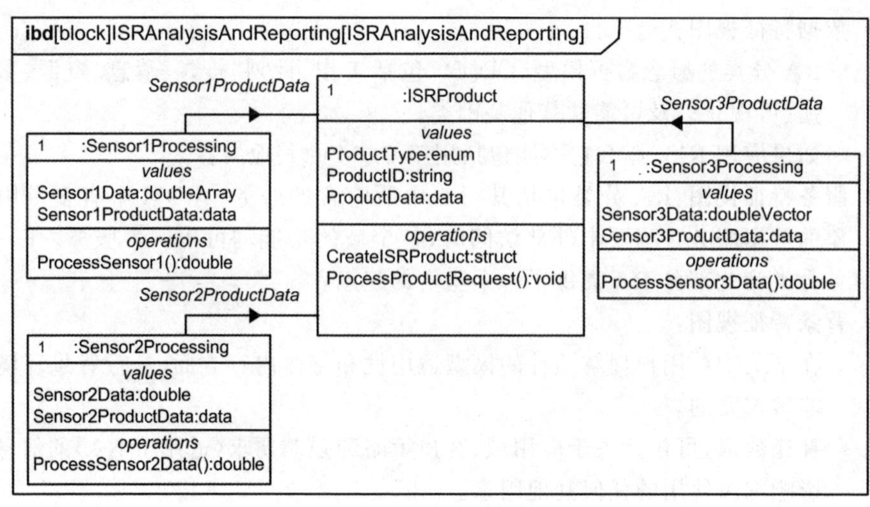

图 12.3 泛化 ISR 分析与报告子域

- **服务特征视图**：继续在 OV 中创建服务分类，RA 的 LV 包括服务目录和服务及其接口的功能定义。我们期望此类别中的系统广泛使用服务，并且针对 E－X 与其他源架构定义的服务，可为此内容提供基础。
- **背景特征视图**：这可能包括分配给块和接口的非功能需求和质量属性；适用于功能设计的策略与其他约束；与 LV 元素关联的补充数据；框架规定的制品与文件的格式示例，客户可能需要这些框架用于 RA 派生的系统。

我们描述了一个 RA 分类，它派生于诸如 E－X 的系统，可转化为适用于多种机载多传感器系统的系统产品线 RA。这将涉及增加适当的细节，例如，此类平台可能使用的全部传感器和通信设备的功能模型。这种 RA 将包含相同的 OV 制品与 LV 制品列表，格式与附录 C 中所示的 E－X 格式相同。此外，此类 RA 可提供大量数值，包括可用于聚焦视角的良好模板，尽管这些模板主要与 PV 相关联。例如，产品线的一般的安保性视角可定义和阐明全部保护措施集合、安全装置、策略、服务和安全架构的其他元素，这些内容可能是产品线中的系统或其他产品所需要的。这将减少开发实际视角的工作量以及稀缺专门知识的需要。系统架构团队从视角的 RA 模板（作为工具）开始，以便确保安保性需求完整且正确，并开发基本的安全性设计。然后，安全专家可推进和有效开展工作以确认需求，辅助进行特定系统的详细设计、选择实现中使用的产品、计划认证与鉴定行动等。对于网络、基础设施和其他领域，使用 RA 聚焦视角也可能产生相似的效益。

12.5 参考架构的扩展和库

有两种功能强大的技术可用于定制化的建模语言，特别是 SysML，通过针对特定系统类型或域[7]进行剪裁，这些技术可使RA策略更具效率和富有成效。这两种技术是使用模型库以及构建特定于类型或特定于应用域的扩展。RA存储库中的模型可包括一种特定类型的包，此包被称为模型库，包含期望复用的块和活动等模型元素。通常情况下，这些元素是从一个用于RA输入的实际系统模型中导入的。此包利用关键词 <<modelLibrary>> 进行识别。正如SysML是UML 2的一个扩展，对语言进行特化以便在SE中使用，它本身也可以利用特定系统类别的扩展进一步特化。正常情况下，扩展包括构造型，这些构造型可扩展语言并可包含性能与约束。一旦定义这种扩展并应用于特殊系统模型，那么，也可以应用于构造型性能以及构造型约束的数值。组织使用RA实现了高效率和系统质量提升，并通过在技能和内容上的投资来使这些效益最大化，从而创建并应用模型库及扩展。

12.6 架构框架

RA可认为是对架构框架的补充。框架在本质上是一种结构化的架构开发与文档化的方法。如果组织使用了一个或多个RA并且决定使用优选框架，那么RA应在该结构内进行开发和应用。尽管本书(除第2章和一些附录外)强调的是系统架构的实践方面，而不是理论基础，但是在介绍架构框架时，我们做出了例外，将这些方面置于基本原则的适当背景环境中。

以下简单的关系表明了基本概念。

本体⇒框架⇒视角⇒制品

框架的基础是本体，它定义了元素与相关联的术语，在特定类别的系统或复杂组织体中，会利用这些元素开发架构。这将为所讨论的架构类别创建一个字典。接下来，框架规定了根据本体定义的元素开发架构所遵循的组织原则。框架可定义方法论，通常是在相当高的层级上，并且将会建立一系列描述架构的视角(有时称为模型或架构)以及每个视角内的特定制品。显而易见的是，在开发MBSAP方法论的过程中，我们遵循从抽象概念到真实系统架构细节的推进。这些制品是特定架构空间中本体的最终实现。在以下段落中，我们将简要介绍架构师可能遇到的一些框架。通常，会结合EA描述这些框架。我们要强调的一点是，框架和EA数量众多，相互重叠，并且它们提供的指导也有很大不同。第13章将更加全面地论述EA。

第3章所引用的Zachman Framework是最早且最知名的EA之一，它提供了架构本体，但除了建议的开发程序外，并未包括方法论。因此，Zachman Framework广泛用于架构开发的早期阶段，以组织对架构的思考，提出正确问题来带出必要信息，以及理解数据和制品，随着架构开发通过抽象层级从整体范围和背景环境进展到物理实现，这些数据和制品得以产生。它有助于将工作集中在特定系统中最有用的制品上。Zachman框架的各层对应于MBSAP中的活动流，如表12.2所列；虽然并不是一对一的完全对等,但是从抽象到具体的进展是非常相似的。

表 12.2 Zachman Framework 层与 MBSAP 之间的关系

Zachman 层	相关联的 MBSAP 内容
范围	系统边界、客户需求、继承资产、规则与策略、向目标系统策划的演进
业务模型	需求数据库、运行视角
系统模型	逻辑/功能视角
技术模型	物理视角
详细表达	模型、制品和文档

开放组织是一个由来自行业、政府和大学的组织组成的联合体,它发布了架构框架(以其名称标记为开放组织架构框架或 TOGAF)[8]并对其进行不断地细化,此架构框架旨在支持开放系统改进这一总体目标。这定义了一个建立在架构开发方法(ADM)上的详细且严格的架构开发流程,并且 ADM 支持业务、数据、应用和技术架构。ADM 是 MBSAP 的备选方案,针对一些商业系统和复杂组织体,对 ADM 进行了优化。在这些系统和复杂组织体中,选择并集成了一些应用来实现业务流程。ADM 首先进行的是建立架构愿景,并在一系列业务架构、信息系统架构以及技术架构开发阶段中迭代,之后进行的是实现、治理和更改管理。表 12.3 给出了四个 TOGAF 架构类别到 MBSAP 视角典型内容的基本映射。关于最新版 TOGAF 9.2 的介绍可从开放组织网站下载,全部 TOGAF 文档均可购买。

表 12.3 映射到 MBSAP 视角的 TOGAF 架构类别

TOGAF 架构类别	运行视角	逻辑视角	物理视角
业务	用例,任务线程		
数据/信息		逻辑数据模型	物理数据模型
应用/系统		功能块图、行为图、服务	产品/物理块图、时序图、服务规范
技术/基础设施		功能块图、行为图、服务	产品/物理块、时序图、服务规范

另一个流行的商业框架被称为 Rational 统一过程(RUP)[9],其面向方法论且与 Rational 系列工具相关联,明确针对的是使用 UML 的软件开发。RUP 定义了一个著名的“4+1 视图”构造,在这一构造中,架构视图如下:

- **逻辑/设计视图**——类图、通信图、活动图和状态图,描述了软件结构、设计机制与功能。
- **进程视图**——进程与线程,包括“拥有”线程的活动类以及运行时间分解和性能/可扩展性参数。
- **实现视图**——内容,用于定义软件实现机制;图,用于文档化记录单点设计。
- **部署视图**——基础设施与硬件/软件映射。
- **用例视图**——“+1”视图,用于解释需求。

在 MBSAP 中，这些软件视图均已被纳入到更通用的运行视角、逻辑/功能视角和物理视角。

还有一种备选的商业框架，它被称为嵌入式系统的快速面向对象开发流程(ROPES)[10]，与早期版本的 Rhapsody 工具一同定义。ROPES 也是一种使用 UML 的软件架构流程，强调了对实时系统的嵌入式处理。它是一种进化螺旋，对分析阶段、设计阶段、转移阶段和测试阶段进行迭代，使用每个螺旋的结果增量式构建系统原型。还有许多其他架构工具，任何架构工具供应商均有可能基于其所提供工具的特征定义流程框架。

美国国防部架构框架(DoDAF)[11]在航空航天与防务领域广泛使用，已经影响到其他框架的演进。DoDAF 有助于建立结构(运行视图或作战视图、系统视图和技术视图)以及用于描述系统和体系架构的词汇表。利用 DoDAF 第 2 版，定义了一组更为详尽的视角集合，其中的每个视角都包含有视图和模型，并且其着重点已经由图和表转移到了严格的架构数据建模基础，此建模基础支持对各方面进行可视化，从而保证了各类开发活动和决策。更为重要的是，DoDAF 2 在原架构中包含多种扩展与改进，而这一原架构曾为英国国防部架构框架(MoDAF)采用。另一个重要开发是 DoDAF 与 MoDAF 的统一防务架构框架(UPDM)[12]，由对象管理组织发起，旨在将这些关键架构彻底转移到面向对象领域并定义对其制品的 UML 表达。这里主要说明两点，一个是航空航天与防务领域的构建工作需要在 DoDAF 中顺利进行，另一个是使用的方法论必须有效支持 DoDAF 视图和模型的创建。

在防务工程项目中，通常符合 DoDAF 期望支持的 MBSAP 的设计模型。DoDAF 的系统视图、服务视角、标准视角、数据视角和信息视角所需的多种模型与视图，均从 MBSAP 逻辑/功能视角和物理视角中产生。UPDM 定义了一种方案，以便可用多种标准语言(包括 SysML)构建 DoDAF 模型与视图的全部集合。DoDAF 的一个主要缺点是，在架构演进过程中，不能区分独立于产品的阶段和与产品相关的阶段。事实上，在实际构建系统的过程中，普遍需要的多种 DoDAF 视图与模型并不具有价值。实际上，任何工程项目都不需要(或乐于支付)全部 DoDAF 制品。这些视图和模型之间存在相当多的内容冗余，其中的大多数反映了 SE 的已有视图，并且在现代 MBSE 流程中价值十分有限。基于 SysML 模型，表 12.4 给出了有代表性的 DoDAF 制品集合，并包括有适当格式。这些制品将满足大多数工程项目的需要。

在联邦政府信息技术应用方面，《克林格-科恩法案》寻求的是强制性地做出重点方面的改进。为响应这一法案，根据独立机构的任务与流程，管理与预算办公室(OMB)发布了联邦复杂组织体架构框架(FEAF)[13-14]并对框架的实现进行了强制剪裁。今天，其称为联邦复杂组织体架构。同 TOGAF 一样，它由业务架构、数据架构、应用架构和技术架构构成，并基于六个参考模型(性能、业务、服务组件、数据、技术和安保性)来构建。2013 年，参考模型已更新至 3.1 版本，现在，FEA 实现指南现已成为政策中的强制性规定，供所有行政分支机构及其供应商使用。按照此政策，美国国家航空航天局(NASA)、DoD 军事部门、情报机构、北大西洋公约组织(NATO)以及诸多机构开发了架构框架和EA。任何架构团队的工作都需遵循其中一个或多个架构，这些团队必须熟悉架构的结构和产品，并确保所使用的方法论创建了所需的制品。

表 12.4　典型 DoDAF 制品和格式的概述

架构制品		格　式
完全视角		
AV-1	架构概览与概要信息	文本和相关文件
AV-2	集成字典	电子表格、文本、相关文件
运行视角		
OV-1	高层作战概念图	图、相关文件
OV-2	作战节点连接图	块定义图(BDD)、内部块图(IBD)
OV-4	组织/指挥关系图	用例施动者图
OV-5	作战活动模型	用例图和活动图、用例规范
OV-6b	状态转换描述	状态机图
系统视角		
SV-1	系统接口描述	IBD
SV-2	系统资源流描述	IBD、模型元素规范
SV-4	系统功能描述	BDD、块规范
SV-10c	系统事件跟踪描述	顺序图
数据和信息视角		
DIV-1	概念数据模型	BDD
DIV-2	逻辑数据模型	BDD、XML 模式
DIV-3	物理数据模型	设计文档、相关文件
标准视角		
StdV-1	标准文件	电子表格、相关文件
StdV-2	标准预测	电子表格、相关文件
能力视角		
CV-1	能力愿景	文本和相关文件
CV-2	能力分类结构	BDD
CV-6	能力到作战活动的(映射)	模型元素规范
CV-7	能力到服务的映射	模型元素规范
项目视角		
在合同承包商的支持下，由政府工程项目办公室开发		
服务视角		
SvcV-1	服务接口描述(服务分类)	BDD

注：对其他服务视角内容建模时，使用注释和模型元素规范。

另一种EA是国防信息复杂组织体架构(DIEA),可能影响DoD工程项目和系统中的信息技术,目前,已发布了该EA的2.0版本[15]。将大量相关信息管理(IM)与信息技术(IT)策略和指导文件集中,定义一系列核心原则和规则,这些原则和规则可用作IT投资的标准,从而提高有效性、效率和互操作性。针对大型异构信息复杂组织体的实现,DIEA提供了通用和特定指导。虽然其中一些内容专用于DoD,但是基本原则,如将数据和服务从其所在应用和系统中分离,却是极佳的规则和最佳实践,任何高技术系统或复杂组织体架构均可从这些规则和实践中获益。

通过查找系统架构文献,将会发现其他框架和方法论。系统开发组织或者单独的架构团队可能发现:通过权衡研究来选择方法和工具集合是值得的,特别是在可能的情况下,基于待开发架构的类型,投资主要备选方案的实际评估。如果有一项基本投入是采用严格的以架构为中心的系统工程和设计流程,并且这种投入得到主流工具的支持并受客观测度的控制,那么多种方法均可获得成功。

12.7 产品线的关注

在系统和复杂组织体的早期开发阶段,性能往往具有压倒性的优先度,并且假定每个系统的几乎每个元素都会是一个基于优化性能的新设计。如今,这些系统成本与复杂性在激增,事实上开发周期将会跨越十余年或更长的时间,这激发出一种不同的理念——基于通用性和复用性。甚至在工业和商业市场中,复杂性和成本日益增加的现实,促使客户力求通过开发多种产品和应用来提高投资回报。

产品线为实现这些目标提供了一种可能的策略。Clements[16]根据一组与特定任务、流程领域或市场细分相关联的产品来定义产品线,并强调在基于架构的开发环境中使用它们的重要性,该环境中的组织理解并致力于产品线理念。Clements关注的是软件,但是相同的基本原理也适用于硬件产品。硬件产品的范围,从与底盘上其他模块混合使用的电路板或模块,到预计可用于多个平台的整个子系统或系统。多年来,多家公司一直在销售此类产品线。更新颖之处是,在这种策略中使用RA作为工具的想法。

在本章中,我们对RA的论述强调了设计复用,而且主要是系统级的设计复用,目标是在开发工程项目中节约时间和减少非重复性的工程工作。在信息处理、工业控制、电信、医疗保健和航空航天等不同领域中,已建立了成功的产品线。有些情况下,系统单点设计可有效满足不同客户的需求,这些客户有着不同的业务目标或任务。熟悉的案例包括计算机和网络、机器人和其他工业机械、商用飞机和卫星。

在多种情况下,基本产品必须针对特定使用进行定制。通常情况下,系统用户之间在运行、后勤、经济甚至是文化方面的差异,都会要求对能力做出重大的改变,因此也会需要对系统设计做出改变。例如,通信卫星总线可配备有特定的应答器和天线组合,以将特定服务传递到特定的地理区域。而且,经过一段时间,预计会对成功的产品线进行技术和设计升级,以保持商业可行性。除了前面提到的效率之外,这是系统产品线RA

产生的第二个主要好处，它为有效地裁剪基本产品设计以适应这种差异提供了基础。但是，这最多只是设计复用而不是真正的通用性。

当组件和子系统产品线与 RA 组合在一起时，可实现最大效益。公用组件可节省成本，原因是它们增加采购数量、减少鉴定测试和降低产品熟悉带来的风险。由于已知产品在用于新构型时几乎不会出现意外情况，所以，在系统集成过程中，成本还可以进一步降低。软件技术在实现真正的组件方面已经取得了巨大的进步，即利用定义明确的接口封装和自治的软件包，以便这些软件包可在多系统环境中正确地执行。这就是第 6 章中论述的混合和搭配集成方法实现的原因。

同样地，IT 产品的 COTS 开放标准得到了普遍使用，这使得基础设施开发团队能够组装和集成计算基础设施，包括创建执行平台的软件。预计用于多个应用的硬件组件往往具有内置接口，以提供各种网络和总线标准使用，并且这些硬件组件使用标准功率，有时还会提供各种打包选项来适应不同的环境承载水平。在软件端，多个产品线应对操作系统和功能程序等基础设施组件，同时还应对那些达成广泛需要的处理的应用组件。这种软件产品线包括用于以下领域的各种产品：业务管理、文件生成、数据管理、规划、设备控制、分析与可视化、通信以及其他多个领域。显而易见的是，为使得此类产品线大范围应用且易于集成，基于组件的软件设计方法以及符合主流信息技术标准和协议是非常重要的。

架构师和系统工程师能够从维护产品数据库、供应商关系以及之前使用产品时得到的经验教训中获益，从而能够在产品选用方面做出合理且及时的决策。相反，RA 开发使用此信息来确保设计模式、需求分配、接口定义和其他内容，并与可用的预期产品尽可能兼容，以便在其市场和真实工程项目中享有最大化的利益。尽管产品线概念可能不如某些支持者的建议那么新颖和不同凡响，但对于一个成功且有竞争力的基于架构的系统开发和集成流程而言，它仍是一个非常关键的要素。

12.8 总 结

本章考虑的是架构方法的强大功能，通过支持设计复用性和通用性，该方法可确保工程项目降低成本、加快进度和降低风险。一些客户希望达成上述效果，并通常对互操作性、联网、兼容的运行概念、常见后勤支持和其他事项具有比其他更高的优先级，他们往往会寻求通过施加架构规则和强制要求的方式来实现。架构规则和强制要求往往采用 RM、RA 和 EA 的形式，并规定了开发和记录架构以及遵循标准的结构化方法。

全面的以架构为中心的 SE 策略，如 MBSAP，为开发组织及其项目提供了应对这种环境的关键工具。相同的流程用于开发和维护各层级上的 RA，并且在项目中对这些 RA 进行剪裁和应用。架构分类帮助人们筛选出混淆的术语，并使技术研讨集中在系统开发任一给定阶段的正确主题。明确地将功能架构从物理架构中分离出来，这对于 RA 使用而言是必不可少的，并且也正是 MBSAP 所实现的。RA 流程本身会闭环，以确保存储库不断地基于真实结果的更新。预定义和确认的需求模板和质量属性减少在特定项目中提供所需内容的工作量。核心方法论能够产生符合各类客户架构指南的制品，以便减少对多种工具和方法的需要并支持合规性的证实。这样提高了项目顺利进行并交付客户所需系统的可能性。

练　习

1. 针对之前章节中描述的智能微电网A系统示例，列出与12.4节中类似的参考架构(RA)分类的内容。

2. 针对第1题中的RA，列出参考模型的某些内容，此参考模型指的是那些可用于RA起点以便改进其质量和一致性的模型。

3. 参考架构如何与更大型的设计模式主题相关联？

4. 针对第1题中的RA，列出对于创建该RA非常重要的信息来源。

5. 考虑开发一个新型通信卫星的工程项目。详细说明RA减少卫星设计和建造所需时间和成本的方式。

6. 假定客户已订购了分类的新通信卫星(该类别应用了第1题中的RA)，并且假定该用户要求特定的能力集合，包括地球表面各个区域的数据和语音通信。列出将RA实例化的活动顺序，从而满足时间最短和成本最低的需求。

7. 针对第1题中的RA，列出可以确认RA的方式。同样地，描述维护和更新RA的流程。

8. 如何将第1题中的RA分类转换为产品线RA？

9. 如何在构建和使用参考架构过程中使用库和扩展？

10. 典型的架构框架处理的是什么？

学生项目

针对来源于项目系统以及相同类别中其他可能系统的参考架构，学生通过创建新模型来扩展项目。这一新的模型应包含需求、OV制品和LV制品的具有代表性的示例，同时也包含RA创建流程演示的其他相关内容。

参考文献

[1] Ellis W J, et al. (1996) Toward a recommended practice for architectural description. Paper presented at the 2nd International Conference on Engineering of Com-

plex Computer Systems, Montreal, 21-25 October 1996.

[2] Dept of Defense. (2006) The Net Centric Objective and Operations Reference Model (NCOW RM). https://dars1. army. mil/IER2/. Accessed 1 June 2017.

[3] ISO/IEC/IEEE. (2011) Standard 42010:2011, Systems and software engineering-architecture description. http://www. iso-architecture. org/ieee-1471/. Accessed 2 June 2017.

[4] INCOSE. (2017) Systems engineering handbook: a guide for system life cycle processes and activities, ver 4. http://www. incose. org/ProductsPublications/se-handbook. Accessed 1 June 2017.

[5] Reed P. (2002) Reference Architecture: the best of best practices. https://www. ibm. com/ developerworks/rational/library/2774. html, http://www. ibm. com/ developerworks/rational/ library/2774. html#N100E0. Accessed 1 June 2017.

[6] The Open Group. (2009) Architecture board. http://www. opengroup. org/architecture/togaf7doc/arch/p4/board/ab. htm. Accessed 1 June 2017.

[7] Friedenthal S, Moore A, Steiner R. (2015) A practical guide to SysML, 3rd edn. Morgan Kaufman/Elsevier, New York.

[8] The Open Group. (2017) The Open Group Architecture Framework (TOGAF). http://www. opengroup. org/subjectareas/enterprise/togaf. Accessed 5 May 2018.

[9] IBM. (2001) Rational unified process: best practices for software development teams. https://www. ibm. com/developerworks/rational/library/content/03July/1000/1251/1251_bestpractices_TP026B. pdf. Accessed 1 June 2017.

[10] Douglass B P. (2007) ROPES: Rapid Object-oriented Process for Embedded Systems. http://www. techonline. com/electrical-engineers/education-training/tech-papers/4124793/ROPESRapid-Object-oriented-Process-for-Embedded-Systems. Accessed 2 June 2017.

[11] Department of Defense. (2010) The DoDAF architecture framework, ver 2. 02. http://dodcio. defense. gov/Library/DoD-Architecture-Framework/. Accessed 2 June 2017.

[12] OMG. (2013) Unified profile for the department of defense architecture framework (DoDAF) and the ministry of defense architecture framework (MODAF). http://www. omg. org/spec/ UPDM/Current. Accessed 2 June 2017.

[13] US Government. (2013) Federal enterprise architecture framework, ver 2. https://obamawhitehouse. archives. gov/sites/default/files/omb/assets/egov_docs/fea_v2. pdf. Accessed 1 June 2017.

[14] US Government. (2012) The common approach to federal enterprise architecture. https://obamawhitehouse. archives. gov/sites/default/files/omb/assets/egov_docs/common_approach_ to_federal_ea. pdf. Accessed 1 June 2017.

[15] US Government. (2012) DoD information enterprise architecture, ver 2. http://dodcio. defense. gov/IntheNews/DoDInformationEnterpriseArchitecture. aspx. Accessed 1 June 2017.

[16] Clements P. (1999) Software product lines: a new paradigm for the new century. https://pdfs. semanticscholar. org/f815/594fd0f8bb500c4895856edc72c62768a7a3. pdf/. Accessed 1 June 2017.

第13章　构建复杂组织体架构

13.1　复杂组织体架构

在第1章架构分类中介绍了位于组织轴顶端的代表最高组织层级的复杂组织体。来自工业界、商业界、学术界和政府界的组织进一步利用互联网和专用网络日益强大的功能与效用，将通常地理上分布的场地、系统和用户连接在一起，以便提高运行能力、速度、效率和准确性。实际上，术语“复杂组织体架构(EA)”历经演变，已经远远超出本书的技术主题的范围，现在包括从组织、业务流程和策略到社会经济因素以及企业文化的所有内容。复杂组织体架构师正在成为公认的专家，他们具有广泛的技术和组织技能来应对EA的各个方面。在复杂组织体层级讨论应用MBSAP之前，最好在更为广泛的背景环境中介绍该主题。

复杂组织体架构开发研究院(IFEAD)[1]是寻求EA实践的标准化和改进的众多国际组织之一，它将EA定义为应对复杂组织体目标、策略、治理、业务流程、组织、数据、基础设施和其他方面的总体规划。IFEAD从人员、业务目标、流程和技术的角度探讨EA，可能还要在其中增加数据、组织和其他维度。组织和人员发展、策略规划、流程分配和同步、组织测度以及高层管理者关心的许多其他事项都能够并且确实已成为EA项目的一部分。IFEAD网站提供了丰富的标准和原始素材。

在本章中，我们将复杂组织体定义为：在形式化架构中捕获资源和流程的**组织**实体。然后，我们用术语“体系(SoS)”表示一种技术结构，其中集成了许多独立的系统以创建或组成更高层级的能力。这两个术语经常可互换地使用。我们专注于EA的技术方面，并扩展了第7章中“面向服务架构(SOA)”的概念。现在普遍的情况是，由于第7章中详细讨论的原因，EA将成为一个SOA。实际上，整个SOA领域的产生主要是为了响应复杂组织体内部集成各种分布式资源的需要。复杂组织体架构师最感兴趣的是SOA的能力，实现敏捷流程以及应对整个复杂组织体中异构的技术和不同的本地流程。

图13.1描绘了一个非常简单的概念性的工业复杂组织体，其中公司总部、工程中心、工厂和仓库通过网络连接起来。这允许针对项目、订单、材料管理、运输和其他活动实施集中管理，通过工作流实现并利用交换提供支持。现实中许多复杂组织体大致都是如此，并且具有类似的需要和问题。

最初，复杂组织体的元素可能是作为独立实体开发的。它们通常具有不同的信息

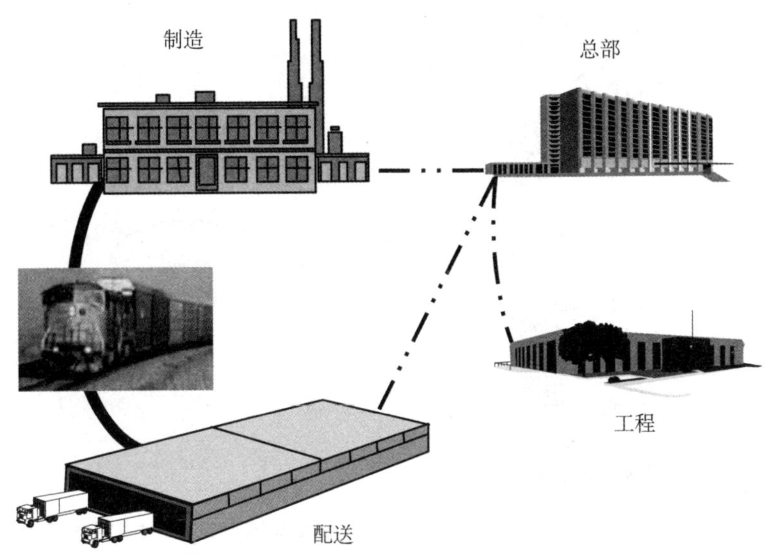

图 13.1 复杂组织体层级架构的概念性工业实例(见彩图)

技术(IT)基线,最初可能设计成自主运行,并且往往具有许多本地流程、规则和约定,如此,将这些元素集成为一个整体将变成一项非常复杂的工作。组成复杂组织体的系统通常由单个组织所拥有和控制,这些组织的首要任务是使各自的效能和效率最大化,而与整个复杂组织体的利益无关。在这样的环境下,我们将复杂组织体架构与前几章中所研究的系统架构区分开。即便如此,基本的概念和活动仍相同,但是扩展了方法论以应对复杂组织体带来的进一步的挑战。

13.2 SoS 的本质特征

正如第二次世界大战中非凡的技术和工程进步产生了系统工程(SE)这一学科,随着世界的日益网络化,需要严谨的方法来应对大型复杂组织体,从而产生了体系工程(SoSE)这一尚在不断发展的学科。计算中心、生产和物流设施、车辆、地面和机载传感器、单个移动设备和许多其他设备,现在通常通过各种通信方式连接,并需要作为一个协同的整体来工作。我们将这样的集合称为"体系(SoS)",表明单个系统实际上必将成为层级结构中另一个更高层级的子系统。SoS 既可以在单个节点或场所中实现,也可以在复杂组织体中跨地域上分散的节点上实现,类似的架构问题和方法适用于这两种情况。实际上,一个足够复杂的复杂组织体可以分解为更多的 SoS 层级,其中每个 SoS 都包含由位于更高层级的高阶实体组成的实体,但不涉及新的基本原则。图 13.2 说明了 SoS 的一般本质特征,交互的实现是通过创建"复杂组织体互联"的网络进行信息交换。

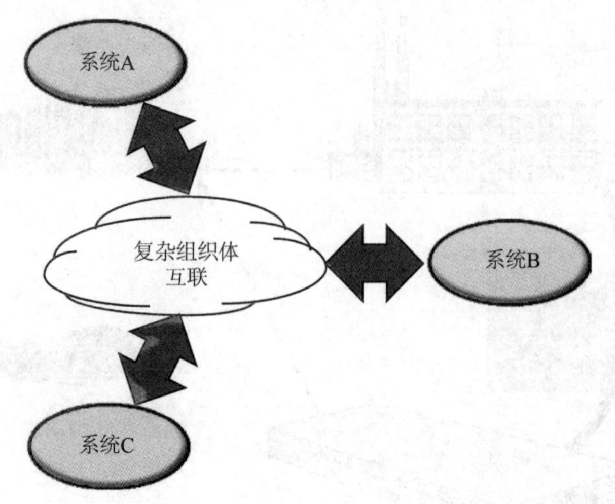

图 13.2　使用网络或其他互联方式，由交互系统组成的复杂组织体(见彩图)

13.2.1　公共的 SoS 特征

在前面几章中，研讨了 SoS 的一些重要方面，包括 SOA 在复杂组织体集成中的作用。第 6 章提到的解决技术是在共享基础设施上安装多个来源的异构产品。第 7 章探讨了 SOA 实现，而第 9 章讨论了网络应用。本章涉及一组独立开发系统的集成，在创建一个大于各部分总和的整体时，由此出现了一些其他问题和架构原则。本章涉及的许多主题都在 Jamshidi 编辑的 SoS 汇编中作了更详细的描述[2]。

关于 SoS 有许多定义，但在当前的讨论中，重点是集成一组独立开发和运行的系统，以便创建不同于单个参与系统所能实现的，通常具有更强的能力。Jamshidi 将其描述为单个复杂、独立和异构系统的复杂组装。美国国防部(DoD)日益依赖网络化的复杂组织体和情报优势来获得作战优势，它将 SoS 定义为这样一种情况，其中独立和有效的系统集成到一个更大的系统中，从而提供独特的能力[3]。

Wells 和 Sage 在参考文献[3]的第 3 章中，确定了最初 Maier[4] 提出的 SoS 的五个常见的特征：

- **各个系统的运行独立性**——每个系统都独立于其他系统而有效执行功能。
- **各个系统的管理独立性**——每个系统都是独立提供的并且独立运行和维护。
- **地理分布**——各个系统可能广泛分离，甚至可能分布在全球范围内，因此它们之间的交互可能受到限制。
- **涌现性行为**——集合可能执行的功能不是任何参与系统所独有的，并且在组成 SoS 而创建可能实现的高阶行为之前可能难以描述。
- **演进性和适应性开发**——随着时间的推移、经验的变化以及环境和功能的改变，SoS 不断演进和适应。

除了增加架构师和设计人员要应对的高度复杂性外，SoS 还通常会在单个的系统之上，提出另外两个基本的挑战：

- 部分或全部的组成系统都是由不受 SoS 所有者控制的独立组织来开发、发展甚至运行的，并且通常具有相互竞争的需求、时间线和优先级。
- 各个系统可能具有不同的技术基线、接口、标准文件和其他技术细节，这使得将它们集成到平稳运行的 SoS 中将变得更加复杂(参见下文中的“异构性”)。

Maier 等根据 SoS 的形成方式，区分 SoS 的类别，包括：

- **定向的**——集中管理的 SoS，其构建和运行是为了满足特定目的；中央机构可在不同程度上修改、配置以及运行组成系统，从而最大限度地实现复杂组织体的目标。
- **协同的**——不是强集中管理的 SoS，其中的系统自愿协作，以实现复杂组织体的目的；这样的复杂组织体可能是在一个特定的时间段内或针对运行中的偶发事件而暂时组建，然后就会解除。
- **虚拟的**——没有集中控制的“偶然复杂组织体”，其运作基于参与者所认为的适宜性和有利的结果。

美国国防部增加了第四种类别，即“**认同的**”，这一类别介于“定向的”和“协同的”之间，具有针对 SoS 的集中管理和资源，同时参与系统保留其特定的所有权、目标、资源和方法。这更符合许多现实世界中 SoS 的情况，并且成功与否取决于参与者对 SoS 目标的承诺以及实现这些目标所需的合作和妥协。

复杂组织体要求在其参与系统之间进行各种各样的交换。例如，如图 13.1 所示的制造企业可能需要将原材料从来源运输到工厂，将成品从工厂转移到仓库，以及将单个订单从仓库发送给客户。然而，大多数有关 SoS 主题的作者都将交互限定为信息，这是我们在本章中的重点。反过来，这意味着 SoS 的实现主要应对系统通信接口以及协议、数据模型、控制方法、安全机制和上述通信的其他元素。Maier[4] 强调，复杂组织体架构师必须是主要通过通信标准规范来表达总体结构。Dahmann、Lane 和 Lowry 提供了 SoSE 和 SE 背景环境中等效制品具有使用价值的比较[5]。

早期的 SoS 方法倾向于假设普遍强制的复杂组织体标准，将解决互操作性和协作功能方面的问题，而这种简单化的观点往往不会产生令人满意的结果。标准本身无法解决流程、组织、优先级，以及在复杂组织体的各个参与者之间往往具有很大差异的其他因素中的潜在不兼容性。互联网是最大的例外，它是一个巨大的 SoS 以及现代社会的支柱。在很大程度上，如 SOA 就是互联网原则的派生和细化，现代架构策略基于鲁棒的开放系统原则和技术基础。

成功的 SoS 通常会大规模地吸纳开放架构。但是，即使是互联网，在安全性和对时间敏感的性能等方面也有公认的不足，这两个方面对于许多系统和复杂组织体而言都是至关重要的。因此，我们会在本章集中讨论一些重要方面，用于组合成为 SoS 的系统，在开发之初并没有考虑到复杂组织体的集成，将运用整体 MBSAP 的方法论来改善这一结果。基本的方法论是相同的，但是将其应用于 SoS 时，存在一些重要的微妙变化。

13.2.2 SoS 挑战

我们已经多次说明，创建 SoS 的基础通常是相比于单个参与系统的运行，SoS 要达成更强大的能力。以下是所产生的复杂组织体层级需求的一些典型的类别。

- **互操作性**——这是一种很明显但通常又很难满足的需求，涉及 SoS 正常运行所必需的系统间交互的程度和效率，特别是当参与者在技术上和组织上具有异构性时，13.5 节对此进行详细的讨论。
- **协调达成共同目标**——复杂组织体需要充分的方法，对单个系统的活动进行规划、排列、同步及调整，以便满足 SoS 或复杂组织体的总体目标。此需求经常与运行、管理的独立性相冲突。
- **向用户提供一致的服务**——根据定义，复杂组织体的存在是为了满足用户的需要，理想情况下，应基于尽可能接近无缝的相互支持的功能，将其能力作为一致的服务提供给用户。
- **复杂组织体优化**——从成本、效能和可支持性角度来看，最优化的复杂组织体几乎都是具有次优化的参与系统，例如，复杂组织体中为了消除重复或实现更高的效能，一些系统将放弃某些能力。这种折中在定向的 SoS 中是可能的，但是在高度独立的系统中一般情况下很难实现，因为这些系统的所有者在独立能力最大化方面，拥有既得的利益。

以下各段落介绍了复杂组织体在实现这些总体目标时面临的一些挑战。

异构性。一个 SoS 几乎总会吸纳具有重要差异的系统，包括：

- 基于不同技术基线和设计原则的设计。
- 在不同的时间线上管理运行和更新。
- 不同、甚至有时相互冲突的优先级。
- 不同的运行概念和程序。

这是运行和管理独立性的技术后果。基本的系统问题，例如使用不同的数据库引擎和操作系统，会带来复杂组织体集成的复杂化（并为采用 SOA 方法提供强大的动力），而不兼容的流程、数据模型、外部接口和治理方案只会使挑战更大。每个信息系统都会经历一个连续的版本升级、服务包安装、安全更新和问题修复的过程，如果在系统设计中未强制执行开放架构原则，那么上述任何一项操作都会破坏与其他系统的接口。复杂组织体架构师需要一个储备丰富的抽象和适应性方法的工具包，以使根本不兼容的系统能够很好地协同工作。

复杂性。高端的复杂组织体涉及的功能、数据、接口、约束和技术的范围，可能远远超出单个的系统。事实上，SoS 可以上升到这样一个复杂性水平——其中涌现性行为成为向用户确保具有满意效能的重要因素，而适应性行为是在动态环境和工作中保持满意运行的必要条件。这样的复杂组织体在本质上是非线性的，因为输出不仅仅是输入的比例式的组合。这是当前研究的一个重点领域，本章稍后会进行简要概括。一般说来，复杂组织体架构面临的一个主要挑战是这样一个事实，即与典型的单一系统相比,此类实体本质上在结构和功能方面更具动态性和不可预测性。

扩展SE方法。许多研究者都已经注意到,已经确定的SE工具和方法不足以应对像本章中考虑的那些复杂组织体的复杂性[6]。虽然已经确定了一些实用的方法,但仍未出现一套被普遍接受的SoSE方法论。这也是后续章节的主题。

需求、定义和确认。将SE扩展到SoSE,一个特别困难的方面涉及需求,因为:

- SoS的最终能力很难预先确定。
- 通常有多个利益相关方与各种参与系统相关联,这些利益相关方往往具有相互竞争的优先级和需要。
- 传统的需求分析工具和方法可能不足够充分。

同样,后面的章节将详述应对这一挑战的一些实用方法。

接口定义和管理。由于规模和复杂性,以及任意给定接口两侧系统之间的技术和功能差异,SoS在接口的识别、定义和控制方面带来了特殊挑战。充分分析和记录参与系统之间的功能和物理接口尤其重要。这与需求分析相结合,以确保将需求适当地分配给接口。例如,这使得接口应该支持所有的数据格式、数据速率、检错和纠错方法,以及使用该接口的系统之间交互所涉及的通信协议。主要的接口需要完整的文档,例如接口控制文档(ICD),至少在域边界以及系统之间接口处是这样的,当涉及对现有系统进行逆向工程,提取所需的细节时,这些接口很难构造。在这些接口上选择并执行标准也非常重要,包括这样的需求,即各个系统要么直接实现标准,要么提供适配装置来将本机接口转换为符合标准的接口。

复杂组织体的可演进性。架构和SE团队可能找到了方法,组成在初始时间点满足其需求的复杂组织体,但是随着时间的推移,参与系统和复杂组织体本身在环境和目标方面不可避免的变化将会造成失效。例如,在一个安全的系统中,即使对参与系统进行了简单的更改,也可能需要进行昂贵的工作来维护复杂组织体的操作权限,以便能够继续处理敏感信息。至少可以部分缓解这种脆弱性的方法包括:

- 在保持松耦合和较大的余量等方面,维持开放架构和SE规则。
- 实施严格的变更控制和配置管理。
- 确保继续满足可靠性和可用性需求。
- 确保人机界面继续按照设计运行。

组织中的合作水平控制在各个系统的可预测的变化中,以及它们主动地将这些变化的后果降至最低的意愿,可能决定着复杂组织体能否在演进过程中保持着生存能力。

治理。SoS的治理在本质上比单个系统的治理更为复杂。对一组基本上独立的实体进行治理时,面临的挑战有很多方面。定向的SoS将治理作为中心权限的组成部分,协同的或认同的SoS需要参与系统的自发的遵守治理要求,而虚拟的SoS可能只有团体的某些共识。SoS治理的重点是定义并实施标准,用于通信和服务(包括服务质量)、复杂组织体数据模型、SoS流程、SoS层次的构型管理以及后续版本和更新的部署管理。标准机构通过规范关键使能标准的更新流程并就关键问题达成团体协议,可以成为复杂组织体治理中一个强有力的机构。采用SoS的组织将需要一个架构委员会或同等的协调和控制机构。详见第 15 章。

13.2.3 适应性和涌现性行为

如前文所述，对于高端信息密集型复杂组织体所达到的复杂性水平，其中重要的就是涌现性行为，一组行为的定义通常不会唯一地关联到某个单独的系统元素，而是沿着一个集合的全局特征的行为线[7]。Keating 在参考文献[3]的第 7 章中指出，复杂系统的行为模式和其他属性会在运行过程中被观察到，但不能被事先预测。这使得定义、构建和实现 SoS 的工作变得复杂化，因为组合一组系统所产生的行为，可能无法从这些系统单独的特征中进行预测，并且可能满足也可能无法满足用户的需要和期望。复杂性的另一个可能来源是一些复杂组织体对适应性行为的期望，这种需求会随着运行情况、事件模式、对未来发生的预测或其他激励而改变。

这种复杂的行为受复杂组织体环境的约束，除了参与系统中嵌入的逻辑外，还可能涉及运行状况、操作人员的感知偏差、治理策略和优先级甚至包括恶劣天气和人为干扰等。其中有些是有利的，例如队列中的给定工作可能被分配给资源库中的任意一个资源来执行，但事先不知道将选择哪个，这一事实可能并不重要。另一方面，如果复杂组织体做出启动电力中断或炸毁卫星发射的火箭等难以预料的决策，将会造成一个非常大的问题。

SoS 文献包含了若干涌向性行为和适应性行为的案例，许多研究人员都提出了应对这些行为的方法，但是尚未出现普遍可接受的方法。Kilicay 和 Dagli[8] 推荐了与 MBSAP 非常类似的内容，强调详细的可执行文件作为行为分析的关键工具。Bar Yam[9] 指出 SoS 中接口的复杂性通常远大于接口背后单个资源的复杂性，并且提倡一种由环境支持的渐进式方法，在该环境中，集合从组成部分的连续渐进式变化演进而来，而不是集中精力设计整个复杂组织体。这是物理和虚拟原型系统开发环境的逻辑扩展。建议的方法分为以下三大类：

- **边建造、边尝试**——逐步组装 SoS，并在每个阶段都进行实际操作来确定其行为和响应，同时具有相关措施，在增加下一组系统或能力的集合之前，纠正或限制不可接受的行为。
- **建模与仿真**(M&S)——构建系统、网络、操作人员(包括人在回路仿真)和环境的高保真仿真或模拟，并探索工作、策略、操作环境和其他因素的最大的可能组合，以尝试建立行为的界限以及导致这些行为的系统动作序列。
- **面向稳定性的设计**——使用较大的余量，强调系统之间的松耦合，以及寻求建立稳定的运行点，便于 SoS 在偏移后的恢复，例如一组系统状态，其输出和允许的转移广为认可，表示复杂组织体可接受的行为。

具有适应性行为和涌现性行为的 SoS 也可能表现出自组织，其能力具有选择和组合资源以执行给定功能而无需操作人员的干预。第 9 章提供了一个简单的示例——MANET，它的分布式控制算法使其可以管理进入和离开的参与者，基于当前的网络几何结构进行动态消息路由，并且管理中断或干扰周围的通信。另一个示例来自一个具有传感器和效应器的复杂组织体，其采用集中控制权限或分布式控制逻辑，可以根据传感器的配置和事件的位置，选择最佳的传感器来探测和度量复杂组织体运行环境中的事件或状况，然后选择最佳的效应器来执行指示的动作。适应性行为在工业中的一个示例，有这样一家制造工厂，该工厂能够将运来的一批原材料自动地传送到合适的检验线，根据检验结果安排初始处理步骤，然后将处理过的材料送到生产线。随着复杂组织体的复杂性以及其有效行为范围的增加，使得自组织既强大又难以预测。这是高保真M&S非常具有使用价值的一个领域。

这个复杂行为的主题存在很多的变化。系统可以实现多态服务，其调用时的行为取决于服务请求的具体细节以及相应的参数。随着基于规则和策略的流程以及工作流变得越来越普遍，复杂组织体中通过系统交互产生的上述流程和工作流可能具有不可预测的组合，这很可能是整体不可预测行为的一个源头。例如，如果不同的系统采用不同的规则来应对故障和意外事件，那么当这种情况在合作活动中发生时，它们可能就会尝试采取冲突的动作。这个简短的讨论仅仅暗示了SoS中复杂行为带来的挑战，建议复杂组织体的架构师更全面地研究这一快速发展的理论和实践领域。本章稍后将讨论动态复杂组织体的相关主题。

13.3 复杂组织体架构方法论

我们在本书中建议，复杂组织体的构建方法与我们在应用单个系统时的基本MBSAP方法论相同，并且进行了一些补充和特别的强调，以便应对上一节中描述的各种挑战。图13.3说明MBSAP的各个阶段，以突出其中的一些差异。

组织、角色和职责。SoS中系统的独立性和多样性对架构师和架构团队的结构和职责具有重要影响。在尝试调和参与系统、组织和工程项目的能力和优先级时，架构师的角色可能包含大量的协调、协商和妥协。架构团队应该在参与组织中具有代表性，如果所有利益相关方都授权其在SoS固有的限制下寻求可能的最佳解决方案，那么该团队将是最有效的。如果存在使用已有系统这一需求，降低了优化整个复杂组织体时的灵活性，那么这一点尤其准确。架构团队必须控制复杂组织体级架构及其模型，并且需要资源执行分析、原型系统开发（尤其是虚拟）以及MBSAP下的其他活动（或采用的任何方法论）。

尽管本书处理的是架构而不是工程项目管理，但是项目规划、执行和跟踪的有效结构与复杂组织体架构师有着切身相关的利益。具体来说，架构师不仅需要确保工程项目结构中包括必不可少的架构工作，而且还要支持SoS解决方案的开发和维护工作，其中涉及SoS解决方案的高度技术完整性。相反，敏锐的工程项目管理人员将重视架构在支持技术和程序决策方面的强大功能，并为此与架构团队开展合作，以下是一些具体事例。

- 总体计划和进度，可能是一个综合主计划和进度（IMP/IMS），应具有与SoS结

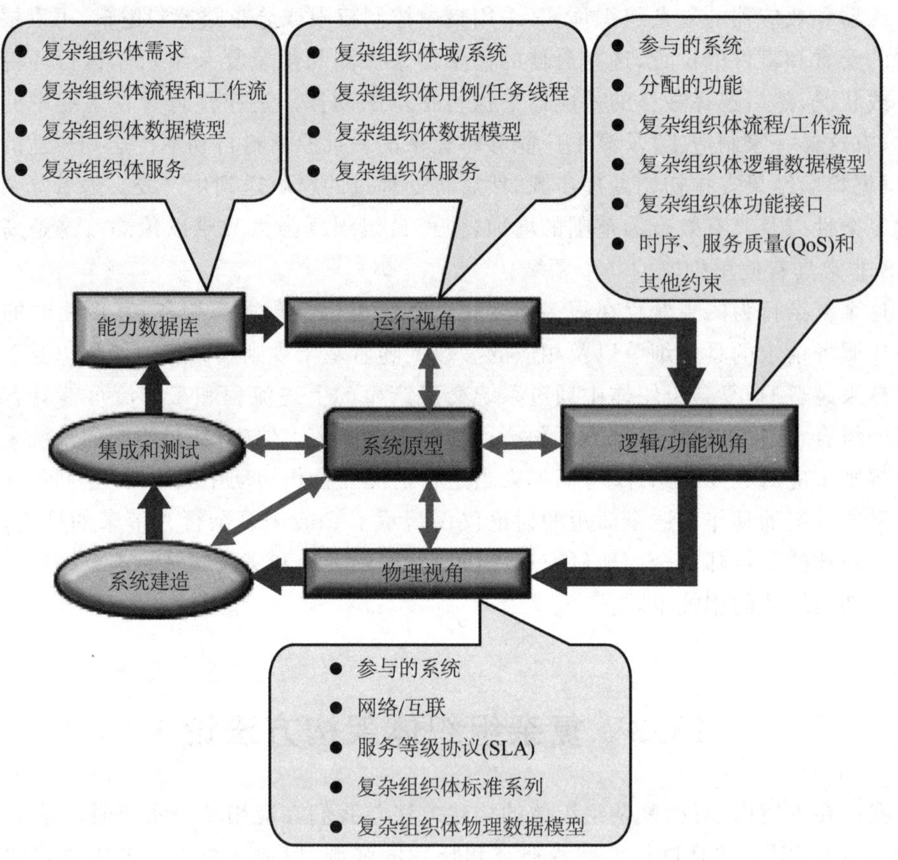

图 13.3　将 MBSAP 应用于 SoS 架构时需要强调的领域(见彩图)

构开发和评估相对应的工作、里程碑和标准。

- IMP 或等效物应包括架构流程、测度、决策流程、工程项目审查标准以及促成鲁棒的架构工程项目的其他内容。在 SoS 中应用统一的架构方法论对于成功是至关重要的,但是该方法论还必须适应单个系统开发工作中既有的工具、方法和产品。
- 应仔细定义 SoS 集成及测试(I&T),并且按照系统和开发构建(见第 11 章)进行排序,以便有序地、可控地将系统添加到复杂组织体中,从而有机会以最低的成本发现和纠正问题。通常情况下,单个系统按照各自的进度运行,并在准备就绪的情况下或者按照其他用户的需要提供产品、升级和问题修复,而不是为了复杂组织体的利益。I&T 流程需要广泛而主动的协调,以及适应这些异步时间线的灵活性。

能力和需求。正如在 SoS 挑战中所讨论的,建立架构需求基础必须是主要侧重于捕获复杂组织体层级的内容。这包括复杂组织体需要满足的需求,这些需求可能会超过单个系统的需求,另外还包括为用户创建功能性的流程和工作流。换句话说,复杂组织体层级的需求必须包括更高层次的行为,而这些行为是参与的系统在单独行动时所不能提供的。架构需求还必须确保确定所有利益相关方的需要和预期，并且或者将它们纳入需求中，或者在无法得到满足的情况下进行裁定和解决。这些首要的问题通常最好在复杂组织体或 SoS 运行概念(CONOPS)的背景下来处理，该概念综合了所有要交付的能力以及如何利用这些能力来实现复杂组织体的目标。

如果定义了复杂组织体层级的数据模型和服务分类，则应将它们纳入基线，作为在架构开发和分析过程中将出现的更完整数据和服务定义的起点。复杂组织体构建时的一个典型错误是允许将数据或服务的职责分配给不兼容的参与系统，从而造成内置的冲突和错误。与系统架构相比，能力基线在更大程度上将是一个动态文件，随着发现 SoS 的行为、交互、用户功能和其他特征而不断地更新。另一个重要的早期考虑因素是如何确认复杂组织体的需求。这可能需要广泛使用第 11 章中讨论的运行和流程 MS&A。

运行视角。SoS 域的顶级划分通常从参与系统开始，然后再按照 MBSAP 通常的划分。这些系统间的接口对于 SoS 的成功至关重要，需要对这些接口进行清晰地识别，然后将它们与业务流程或任务线程及所支持的其他行为关联起来。每个接口都必须仔细地映射到负责实现和使用它的系统资源。行为仍然在用例和任务线程中捕获。它们用活动图建模，但是泳道主要用于系统和用户，以显示系统之间的行为流和数据交换。

必须针对完整的 SoS 完成概念数据模型和服务分类，其中可能包括来自能力数据库的先验内容。对于 SoS 项目来说，很少有哪些制品能比准确而全面的复杂组织体词典更有价值，尤其是当不同系统使用的不一致术语和定义而必须进行协调时。建造 OV 时，另一个重要部分是通过研究来了解参与者的能力、流程、策略和程序、组织和用户角色以及其他的重要特征。商业和政府系统通常都是针对各种运行用户开发或采购的，因此识别全部需求或优先级至关重要，其可能来自于系统中其他应用程序，并与正在构建的 SoS 的需要相冲突。

OV 的服务特征视图始于各个系统任务和数据服务的汇编。然后，我们添加了一组复杂组织体服务，作为必要的黏合剂来将 SoS 组织在一起。复杂组织体服务通常包含以下类别：

- **安全性**——复杂组织体内用户身份验证、数据保密、事件记录和审核以及第 10 章中讨论的其他功能所使用的服务；
- **备份与恢复**——将复杂组织体层级的数据备份到安全的存储设施，以及在中断后用于恢复数据和系统状态的服务；
- **数据传播与同步**——提供复杂组织体数据的现行有效和一致的版本，以及解决不兼容版本之间冲突的服务；
- **策略**——用于维护和更新治理复杂组织体运行(例如工作优先级、通信以及敏感信息访问)的服务；
- **配置管理**——用于审核和报告系统配置以及持续向各个站点和系统推送更新的服务；

- **完好程度与状况**——向中央监控点报告复杂组织体及其组成系统状况的服务；
- **工作流、编排和编制**——复杂组织体层级的 SOA 机制，用于组合和协调服务；
- **联网**——复杂组织体层级的通信，包括 QoS。

与复杂组织体词典一样，服务注册表是必不可少的架构制品，既支持 SoS 集成，又在运行过程中允许发现和调用服务。

逻辑/功能视角。SoS 架构设计主要包括针对参与系统、参与系统的接口及其在数据可用情况下的交互，建造最完整的功能模型。随着更多的学习以及制定了设计决策，可以预期该模型将在项目过程中得到显著发展。带有构件特性和端口的 SysML 块，提供了一种自然的方式来声明系统及其内部划分，定义与子系统或其他资源相关的接口，以及表达系统之间的关联和流。图 13.4 所示是此类格式的一个简单示例，使用了 BDD 和 IBD，其中 BDD 中的系统通过声明的接口进行交互，IBD 显示的系统 A 的内部域建模为具有 <<Domain>> 构造型的构件。端口 1 委托给域 2 来实现。假设使用 SOA 来实现复杂组织体，则接口定义的主要内容将是服务等级协议（SLA）或在各个端口公开服务的一些等价物。按照前面章节中讨论的 MBSAP 一般原则，还有许多其他的方法对 SoS 结构进行建模。

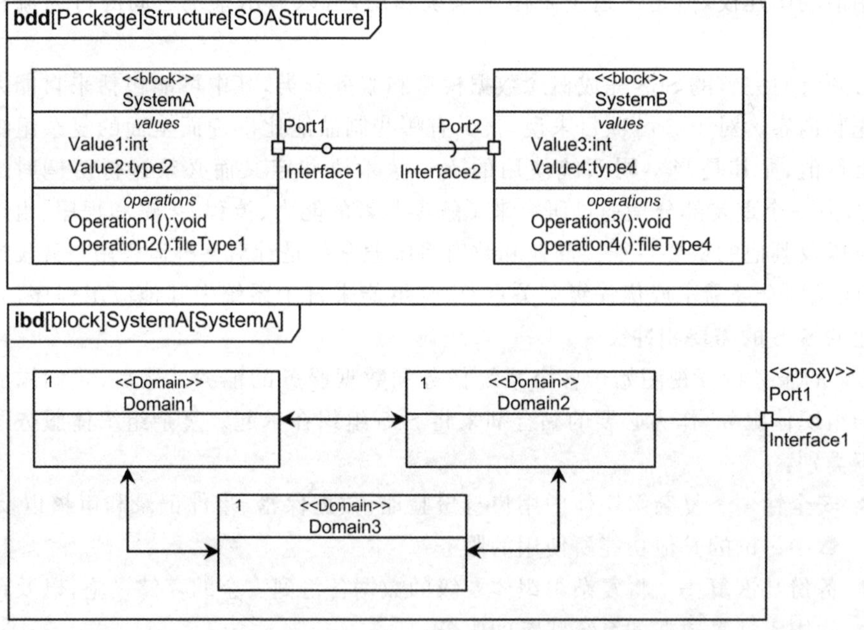

图 13.4 BDD 和 IBD 表明 SoS 的结构建模方法

大多数 SoS 中首选的交互方式是基于消息的通信。因此，顺序图是行为建模的通常方法，但此外，单个系统经常使用状态机建模，以显示对来自其他系统和外部环境的事件和信号的响应，并考虑时序和同步。通过具有消息传递的 SOA 实现的松耦合，可能对控制 SoS 的复杂性至关重要。

如同单个系统架构一样，SoS 的一个重要的 LV 元素是将需求向下传递给系统、子系统和较低构件的分配基线。如果利用现有系统组成一个 SoS，则当系统功能重叠时，通常需要做出艰难的决策，即决定应该将某些需求分配到何处以及在哪里执行验证测试。需要多个系统协同工作才能得到满足的需求，而且必须进行分析并且正确地分配给每个系统。如果现有能力不能满足需求，则需要做出进一步的艰难决策，涉及应该由哪个或哪些系统负责，以及如何实现必要的修改或提升。任何此类决策通常都需要权衡研究、M&S、成本和风险评估以及其他为 SoSE 活动提供的支持。像 SoS 架构的大多数方面一样，随着设计的成熟以及支持分析的完成，分配基线很可能随时间而改变。

对系统进行编程来执行指定的功能并生成输出，以响应固定的控制输入序列、过程调用、定时事件或其他预先确定的激励，从这个角度来讲，SoS 行为可能是“硬连接”的。但是，在使用 SOA 进行系统服务使能和集成的优选方法中，通常使用工作流和编制来定义协同行为。这从 LV 中的功用定义开始。概念数据模型派生的逻辑数据模型，与这些流程和工作流密切相关。实际上，许多架构师更愿意从数据流建模开始，作为了解跨系统边界的复杂组织体行为的基础，然后通过添加创建、转换和使用数据的活动来充实这些流。

在许多复杂组织体中，单个系统的独立性要求特别注意时序、联网、结果检查、资源管理、信息保证、安全性、故障检测和恢复等方面的正确运行。它们实际上成为复杂组织体架构的约束，必须在 LV 的功能设计中加以应对。一些实例包括：

- 一个主要由多个网络互连的 SoS，其性能在满足流程截止时限方面具有重要意义，需要第 9 章中讨论的服务质量（QoS）机制，以确保以最小的延迟和错误来处理最高优先级的通信。
- 具有安保性和安全性需求的 SoS，要求协调各个系统受影响的功能和特性，以确保在复杂组织体层级来满足标准，这通常会针对单个系统创建需求，使用复杂组织体定义的服务。
- 具有流程截止时限等实时需求的 SoS，尤其是当组成复杂组织体的系统搭配并列时，通常需要一个主时序服务或时钟，以确保所有的参与者都遵循共同的时间定义。

物理视角。SoS 架构应该包括参与系统上可能的最完整物理数据集合，同时认识到在某些情况下，由于专有、安全性或其他原因，内部设计的细节信息将不可用。只要完全定义了物理接口，这就不再是问题。SoS 物理设计强调网络或其他互连，以及系统接口的详细信息，如 ICD 和 SLA 等。某些情况下，捕获连接器等物理接口并定义所需的流动非常重要，例如电源和冷却。各个系统的人机界面（HMI）可能采用不同的方法和约定进行设计，因此获得这些定义来支持操作人员的培训非常重要，例如允许那些最初可能仅熟悉 SoS 子集合的运行人员访问完整的复杂组织体能力。

PV 也具有复杂组织体层级的内容。重要的细节包括网络和其他连接性、消息传递方案以及其他交互模型，例如事件、警告和信息分发机制。如果使用复杂组织体服务总线配置，则必须进行验证和全面的文档化记录。将会出现一个复杂组织体标准系列，主要用于处理接口、通信、数据、安全性和 HMI。最后，逻辑数据模型可在物理数据模型中实现，至少对于跨复杂组织体共享的数据资源是这样。如果参与系统通过符合复杂组织体标准的数据服务来公开其信息内容，则其数据库模式的详细信息就不那么重要了。如果复杂组织体具有实时的需求，那么 PV 将需要使用复杂组织体层级的适当图和仿真进行时序分析。显然，有必要确定参与的系统可以在分配的截止时限内完成各自的功能，其作为复杂组织体行为的一部分，例如工作流。这种分析可能导致如上文所述，在 LV 下设计复杂组织体层级的时钟或其他时序服务，以同步和控制复杂组织体参与者之间的合作行动。

原型系统。由于成本、地域分布性以及其他因素，可能导致 SoS 的完整物理原型系统的实现不切实际，因此虚拟原型系统开发具有特别的重要性。一种常见的策略是将各个参与系统的现有模拟器联网，以至少建立复杂组织体的部分表达，可用于执行特定功能、进行培训、验证接口以及确定对单个系统的修改是否会导致复杂组织体的流程失败。我们将在本章后面的部分，重点讨论复杂组织体的建模与仿真。最后，必须对物理配置进行装配与测试。在参与系统的各个位置之间建立网络连接时通常会这样做。当参与系统提供资产并最终演进为实际的复杂组织体时，可以构建初始的原型系统。

13.4 体系工程(SoSE)

我们现在提出一种 SoSE 方法来解决早期 SoS 方法中的许多不足之处。SE 的一般原则和方法，特别是 MBSAP 的原则和方法，适用于 SoS，为应对本章中讨论的挑战，可能还涉及其他问题和活动。美国国防部发布了 SoSE 指南[10]，该指南侧重于军事复杂组织体，汇集了广泛的研究并提供了一个良好的整体方法。与应对复杂的信息密集型实体的工程项目一样，SoSE 团队应该将方法论和相关材料记录到系统工程计划(SEP)或等效文件中，以便所有参与者从技术角度了解如何管理复杂组织体。除了上文所述的运行、逻辑/功能以及物理视角外，良好的 SoSE 策略还包括以下段落中定义的主题。

需求分析和管理。任何复杂的系统都需要进行需求的分解、细化和分配。在 SoS 中，特别需要处理复杂组织体层级需求和系统层级需求之间的关系。后者通常预先确定，如果发生重大变化，可能产生成本和风险。因此，特别重要的是分析由 SoS 创建的能力，并确保可以利用可用的资源和进度，满足复杂组织体的需求，以及所有参与者都清楚地定义和了解系统需求的可追溯性。建立复杂组织体的需求基线后，与参与系统的工程项目和组织进行持续协调，对于预测变化以及管理针对复杂组织体产生的影响至关重要(理想情况下，将影响降到最低)。

复杂组织体用户关注。需求分析应保留复杂组织体用户的视角，并且应确保完整地记录那些创建 SoS 动机的总体能力。在很多情况下，SoS 将自身呈现给定用户角色的运行人员，通过特定系统予以执行，同时该系统的用户接口必须同时处理系统的本地功能(运行人员可能已经很熟悉这些功能)以及SoS提供的其他能力(对于运行人员而言,可能是新的能力)。这对于确保SoS满足运行用户的需要和期望,以及对于培训、更新程序以及运行人员准备有效参与复杂组织体的流程和工作流都非常重要。在这方面,OV中对CONOPS保持高度关注是很重要的。

能力演进。前文指出,除了技术差异之外,SoS中的系统通常具有自己的进度,可能支持也可能不支持预期的复杂组织体时间线。从实际角度来看,SoSE流程成为一个不断演进的流程,集成了可用的系统和升级。图13.5对这种情况提供了非常简单的图示。每个参与系统都遵循第3章中的工程"V形图",并且产生的结果可以按一些交错的进度表集成到SoS的后续建造中。假设SoS影响参与系统进度的能力有限,那么SoSE流程必须包括一套集成和测试方法论,以有效地适应这些交付的顺序和时序。配置良好的原型系统开发环境是实现这一目标的关键。

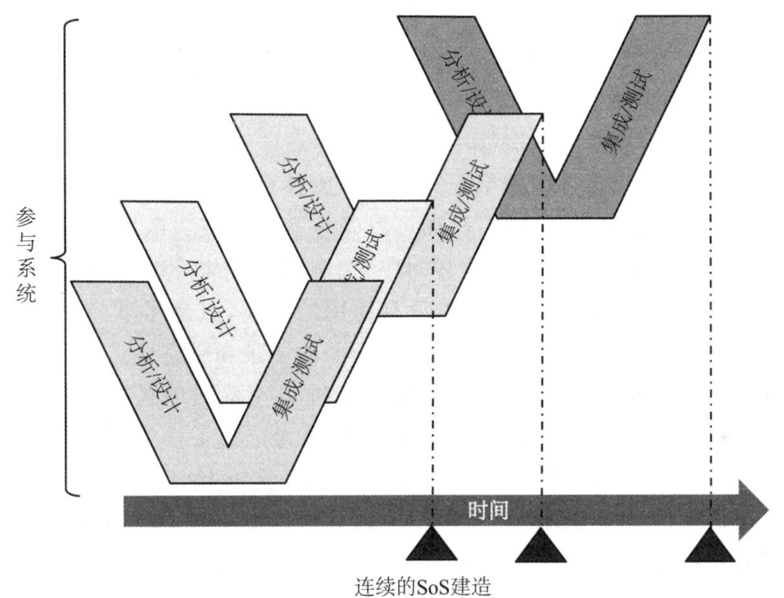

图13.5 各项目的异步进度带来SoS建造的演进(见彩图)

主演进计划(MEP)可以是另一个极其重要的工具,它提供了一种系统化的机制,预测复杂组织体需求和环境的变化以及参与系统计划的变化。例如,MEP具有随着时间的推移,部署了重要的复杂组织体能力的里程碑。这样一幅关于未来演进的"全局"概览,可以帮助SoSE团队提前发现潜在问题和机会,从而采取适当的行动。它还为参与者提供了一种工具,用于就单个系统计划开展沟通,以实现修改、升级和最终停用。MEP还应解决技术规划的问题,包括预测和准备产品报废和更换,以及识别复杂组织体感兴趣的新兴技术和产品。最好是制定并突出显示一个主进度表,将所有的复杂组织体参与者都置于一个通用时间线上,并具有计划的升级和现场支持事件等里程碑以及系统退出时间("报废")和引入新的参与者时间。

开放、松耦合的架构。这些原则在构建信息密集型系统时非常重要,但它们在SoS

环境中显得更加重要。尝试使用一组系统的本机接口来将它们连接在一起，并依靠它们的内置业务和控制逻辑，支持复杂组织体层级的流程，在最好的情况下也是具有很高的风险。SoSE 流程应以架构为中心，并应定义一个开放的标准化接口框架，通过该框架可以实现基于消息的事务和事件或数据驱动的流程控制。这是基于将参与系统及它们之间的关系理解为架构的基础和约束。必须再次强调，对于必须在系统之间以及与用户和外部环境进行交换的任何信息，复杂组织体数据模型和相关服务是至关重要的。可能需要进行协商来确保参与系统的合规性，如果参与系统必须进行修改以达成复杂组织体架构，例如将本机数据格式转换为复杂组织体的数据格式，则需要资源。有效的复杂组织体架构的标志，是为实现 SoS 创建了一个有效的框架，并且在组成系统的多次迭代中持续存在，从而提供了 SoSE 必要的稳定性，以应对持续的变化的这一事实。

测度。SoS 的技术评估依赖于一套可管理的复杂组织体层级的措施。这可能包括质量属性(QAt)、技术性能测度(TPM)、关键性能参数(KPP)、性能测度和有效性测度(MOP/MOE)或者其他可以量化、随时间推移进行跟踪且与所需值进行比较的其他测度。其困难在于复杂组织体内部，从一系列可以度量和跟踪的事物中进行选择。需要一组相对较少的测度，这些测度能够用于深刻理解设计的质量和有效性，同时还不会给数据采集、分析和表达带来过度的系统开销。开放性是一项必不可少的 QAt。如果复杂组织体具有明确的总体运行目标，例如可以确定其成功或失败的主要业务流程或任务，则可能会带来良好的 MOE。当线程时序、控制错误或故障率等关键技术参数很重要时，它们可能支持良好的 TPM。这里没有通用的答案，但是尽早关注有效的测度框架，将带来巨大好处，能够确保 SoS 在演进过程中的质量和完整性。

决策分析。在一般的 SE 方法论中，决策分析是一系列形式化的技术，如权衡研究、备选方案分析、风险评估和效能评估，这些技术为选择备选方案提供了事实依据。在 SoSE 方法论中，基本原理相同，但是在确定最佳备选方案时，可能有更多的变量，并且分析必须评估复杂组织体层级的结果。像在其他领域一样，高质量的虚拟原型系统开发环境可能是最强大和最经济的 SoS 决策分析工具。测度是决策分析的重要组成部分，因为评估各个备选方案，对于设计品质总体度量的影响至关重要，从而防止临时短期决策损害复杂组织体的长期完整性。这种短期思维所产生长期的后果，一个常见示例就是，轻易就批准放弃复杂组织体标准。这样，参与系统可能节省了完全集成到复杂组织体中的初始费用，同时丧失实现全部复杂组织体能力的选择权，或增加后期达成这些能力的成本。

赛博安全。如果要求复杂组织体处理机密、专有或其他敏感信息，则需要在系统之间创建另一个协调维度。尽管在这种情况下，SoS 必须接受第 10 章所述的赛博安全评估和授权，但该流程首先基于对单个系统的鉴定，然后是基于复杂组织体内部的交互不会损害其安全属性的证据。如果单个的参与系统未能完成批准流程或未能及时提交复杂组织体鉴定所需的文档，则同样可以导致复杂组织体初始或升级构型的推迟部署，从而产生相应的成本并给运行造成影响。此外，复杂组织体中任何系统的变更，通常都需要对整体进行重新鉴定。

性能测量和需求验证。如第 11 章所述，需要在复杂组织体层级同时进行开发测试和运行测试，首先确定 SoS 能够实际执行的运行，然后验证复杂组织体层级的需求是否得到满足。由于所测试的复杂组织体的复杂性，通常事实是不可能在每一种可能的状况下对每个功能都进行实际测试，以及在大多数情况下，需要运行人员参与人在回路的测试，确定复杂组织体是否满足其用户的需要，从而导致这成为一项非常困难的 SoSE 工作。当参与系统已部署完毕，数据和运行人员的参与可能在复杂组织体测试中发挥作用。SoSE 团队在治理结构的支持下，承担着确保完成充分分析和测试这一重要责任，从而确保复杂组织体能够有效运行。

配置管理。复杂组织体内部系统的 CM，通常仍由系统所属的组织负责。然而，SoSE 团队需要完全地访问现行有效的基线，支持复杂组织体层级的规划、分析和设计。此外，整个复杂组织体的需求和设计基线是 SoSE 的核心活动。与单个系统一样，维护良好的架构模型为 SoS 等复杂实体的 CM 创建了一个理想的框架。

Kaplan[11] 提供了另一种视角。他针对 SoSE 进行了概览并提供了一套基于建立工程项目管理和技术机构的建议，这些机构有权实施一种与定向的 SoS 相关的严格的全面方法。这种方法与本章中定义的方法大体相似，包括：

- 确定一位体系工程师，负责向体系管理机构（SoSA，可能是复杂组织体架构委员会）汇报。
- 维护参与系统/工程项目的完整性，而且不能建立竞争性的治理。
- 给予 SoS 工程师授权，以便提供最佳的 SoS，创建支持环境以及跨工程项目实施技术协调；SoS 工程师寻求提高信息的可用性；力求在性能、成本、风险和敏捷性方面优化 SoS；提供全面的分析和支持。
- 利用 SoS 工程师担任 SoS 的传统系统工程角色，从而创建一个环境，使单个工程项目的系统工程师可以在同一环境中协同工作。

13.5 互操作性

我们使用“互操作性”这一术语来描述一个成功 SoS 的总体特征，用于实现功能和信息的交互、协作和集成所需的全部能力。和许多架构概念一样，这一概念最初看起来相当的简单和直观，但是在实践中却证明并非如此。有意义的互操作性远远超出了联网或消息交换的范畴。它是复杂组织体或 SoS 的命脉，因为无法正确且一致地交互的实体，就无法协调彼此的行动来获得更强的能力。一种合理的解决方法是从信息交换的物理基础发展到信息使能的流程和共同的理解，这是互操作性的最终检验标准。在这一过程中，我们会发现一些特征，复杂组织体中的参与者必须表现出这些特征，才能实现充分而强大的互操作性。

互操作性已有很多定义，但在 MBSAP 术语中，它是一组系统及其用户交换信息的能力，以实现共同理解、协同决策和协调行动的方式来达成运行目标。互操作性与面向服务和鲁棒性的网络连接等概念密切相关,这些概念可以有力地促进它的实现。然而这里的讨论涉及互操作性的本质,可归结为共享信息以实现合作行动。

图 13.6 列出了互操作性的层级结构。这种结构在很大程度上可以追溯到前斯塔西斯公司(现为洛克西德·马丁公司的一部分)Julian Ranger 的工作,他将最高层级描述为“脑对脑”。这种层级建立在 OSI 模型和互联网协议堆栈的分层结构之上,如表 9.1 所列。以下是理解哪些因素会促进和阻碍互操作性的一些关键点,尤其是在 SoS 的背景下。

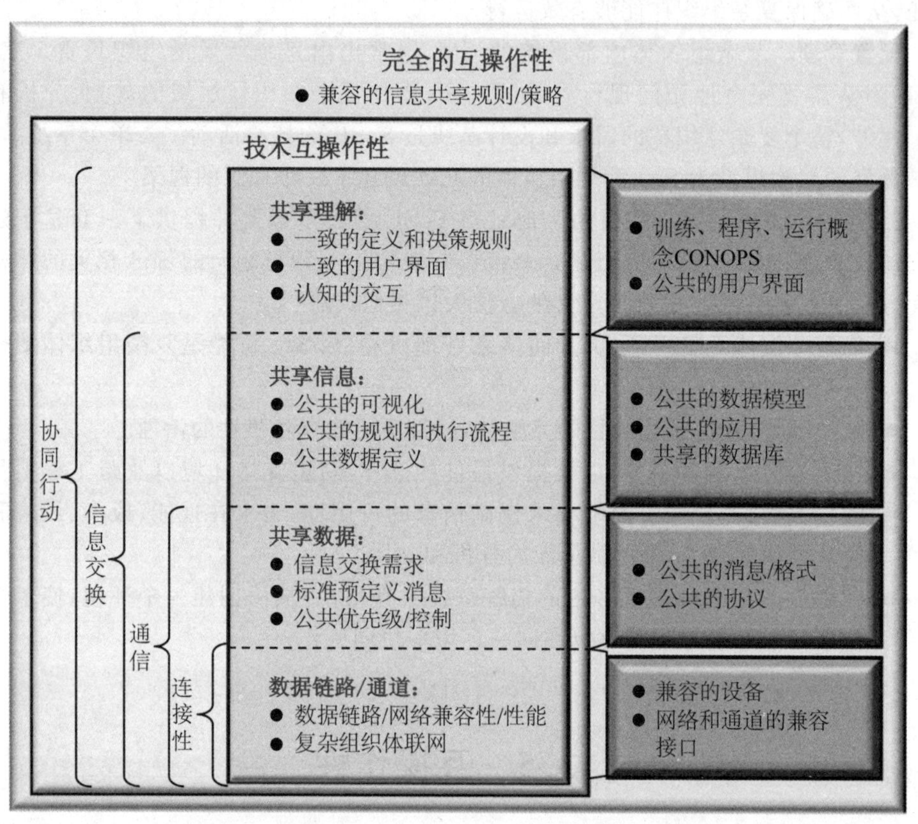

图 13.6　在复杂组织体参与者间实现协作活动的互操作性层级(见彩图)

数据链路/通道。最低层级建立物理连接,例如网络或点对点通道,参与者可以通过该网络或通道发送承载信息的能量。它对应于互联网分层结构的底层。此处的互操作性相当于建立一个通信媒介,并使用兼容的设备进行发送和接收。在电话和无线电的早期,这是唯一的互操作性考虑因素,它在目前仍然是必不可少的,但只是作为更高层级的基础。复杂组织体架构师通常必须应对现有和全新的通信和联网资源的某些组合,并且必须确保数据速率、延迟、错误处理、安全性和可靠性满足性能要求,同时留有足够的余量空间。物理 M&S 以及现实条件下充分的通信测试都是必不可少的。

共享数据。图 13.6 中的上一层级应对兼容的消息、协议、数据格式以及用于交换可理解内容的类似标准或约定。这实质上是互联网的传输和网络层，为通信或网络会话奠定了基础。复杂组织体层级的消息传递模型通常确定协议、格式、控制和流量管理方法、会话管理、安全机制、策略和优先级。例如，如果网络实现了 QoS，那么所有的复杂组织体参与者都应使用统一的策略或规则集合。例如第 4 章中，针对 E - X 引入的通信管理域可以轻易地扩展，以便优化单个系统通信资源的管理和使用以及复杂组织体资源的管理和使用，从而在总体约束、规则和优先级下尽最大可能在参与者之间进行通信。

共享信息。如图 13.6 所示，互操作性层级结构的数据链路/通道和共享数据层级建立了交换消息和数据的基本通信能力。但是，消息不完整或具有误导性以及数据以不同的方式进行解释都非常普遍。上一层级改进了数据的处理、显示和使用方法，以便实现真正的信息共享。数据经过处理后转换，与其他数据相结合，进行解释来阐明其重要性并进行展现，就会成为信息，从而可以支持决策。在图 13.6 中，这一层级涉及互联网模型应用层的多个方面。

这一互操作性层级始于利用标准的复杂组织体数据模型，以便所有参与者都使用相同的数据定义和结构。接下来，如果所有的参与者在处理数据以创建信息时都使用共同的应用程序，或者至少使用相同的算法、逻辑和规则，那么互操作性将得到实质性的改善。然后，采用标准的信息可视化方法，例如以通用的格式和符号来显示，以生成整个复杂组织体的通用运行态势图，能够帮助所有的参与者一致地使用信息，通过合作行动来实现复杂组织体目标。

共享理解。依赖前三个层级的能力，复杂组织体可以进行鲁棒的信息交换。传统的互操作性定义和测试不会再更进一步，传统的网络模型也没有更高的层级来表示共享理解。然而，信息丰富的复杂组织体的经验表明，为了实现有效的复杂组织体运行，特别是在执行关键的或时效性强的流程时，实现更高层级的互操作性既是可能的，也是必需的。基本前提是，复杂组织体中的任何运行人员或其他用户在面对一组给定的信息时，都应以相同的方式进行理解和解释，从而做出及时、一致和正确的协作决策。当复杂组织体的运行取决于快速行动，而时间线不允许运行人员讨论信息并辩解其含义时，这种共享理解可以意味着成功或失败。

共享理解始于在复杂组织体的参与者之间一致应用的运行概念、业务流程定义、培训和程序，以便所有人在理解信息及对其采取行动时，都具有相同的背景。信息共享层级讨论的通用运行可视化，必须扩展为即使不相同也应该一致的 HMI，以便所有运行人员在相同的环境中都以相同的可用动作和选择开展工作。最终，通常是在一段时间内，复杂组织体寻求支持认知交互，这意味着即使在地理上分散的地点，彼此协作的运行人员也会了解同事的想法，并实现最高层级的互操作性。通过本能地做出良好的共享决策及调用相互支持的活动，决策者可以显著提高成功的几率。这就是“脑对脑”互操作性的本质。

完全互操作性。上文描述的四个层级均涉及互操作性的技术基础。图 13.6 表明完全互操作性还需要另一个维度。在这方面，关注点是基于各种敏感性限制或禁止信息交流的策略和规则。组织或个人管理者可以决定某些信息不会发布，或者不会发布给某些接收者，即使从技术角度讲是可行的。复杂组织体架构师通常无法克服这些人为障碍，但是需要充分意识到它们的存在，以便能够考虑到复杂组织体参与者之间合作行动中产生的任何损害。在虚拟原型系统开发中对受限交互的影响进行建模可能很重要，因为这样就可以理解对实现复杂组织体需求的影响，并将其展示给更高级别的管理层。

13.6 复杂组织体的建模与仿真

在本章中，我们已经将虚拟原型系统的开发，确定为 SoSE 的关键元素，但是还有一些具体因素值得进一步关注。其中之一是这样一个事实：正如复杂组织体常常在地理上分散并由独立的系统组成一样，与各种节点和系统关联的 M&S 设施，通常由其所属组织进行分配和控制。如果复杂组织体的部分或全部组成系统都具有用于培训、SE、测试支持或其他目的的现有仿真器，则最经济、最具保真度的复杂组织体虚拟原型系统，可能会像复杂组织体本身那样通过联网来实现。但是，构建一个使用不同建模方法和工具的现有仿真网络历来是一项非常困难的挑战。

在日益网络化的世界中，这已成为一个重要问题，并推动了支持分布式 M&S 的研究、标准开发和产品。一个重要的示例是高层级仿真架构（HLA）的开发，最初由美国国防部建模与仿真办公室（DMSO）资助，现在由 IEEE 标准 1516 管控[12]。HLA 试图通过提供一个整体架构、与控制分布式仿真之间交互的运行时基础设施的接口、用于仿真之间信息交换的模板，以及为了进行互动，参与仿真必须遵循的一组规则来定义和使用联合仿真。如上文所述，这是一个异常棘手的问题，因为单个仿真的开发人员通常寻求优化各自的性能，从而导致设计各不相同且不兼容。因此，HLA 的早期成功非常有限，但是一些组织在持续细化 HLA 标准，并在越来越多的工程项目中使用这些标准。

分布式 M&S 一个更细颗粒度的标准是分布式交互仿真（DIS），由 IEEE 标准 1278 管控[13]。这基于对消息、事件、数据实体以及参与仿真之间的其他交换进行编码的协议数据单元（PDU）。与 HLA 一样，DIS 标准也取得了不同程度的成功，并且仍在不断演进。HLA 和 DIS 均已应用于仿真中间件，其目的是促进异构仿真的分布式联合的组成和运行[14]。

由于分布式 M&S 通常涉及在高度自主的参与仿真之间交换离散内容，因此广泛使用了基于令牌传递（如第 11 章的 Petri 网）或基于事件的生成和接收（如状态机）的建模方法。由于 Petri 网应用图论，将交互集合建模为一组通过连线或链接连接在一起的节点或位置，因此，Petri 网是针对网络和通道连接的 SoS 的自然建模方法。令牌可以表示从一个节点传递到另一个节点的消息、工作或事件，并且可以有守护值以及用于控制交换的其他逻辑。状态机可以将参与者的具体行为抽象为高层级的动作，这些动作或者在转换时触发，或者在进入、占用或退出状态时触发，尤其是在为了创建事件或其他交互时。为了发挥作用，分布式复杂组织体的M&S必须能够考虑时序，包括节点上的线程执行和节点之间的交互。流行的建模工具提供了一些特性，例如时钟以及任务生成和执行时间的统计分布。

13.7 鲁棒的网络连接

我们在本章中讨论的复杂组织体，几乎毫无例外地都依赖于可靠的高性能网络连接来实现参与系统的协同运行。Albers 等人给出了这种网络使能的能力概念的典型定义[15]。他们的关注点是在支持人机交互的框架上，建立的"以网络为中心"的复杂组织体。理想的是这样一种联网框架，该框架具有高度的可靠性和赛博安全性，并在需要的时间、需要的地点和需要的人员共享信息。正如 SoS 旨在提供比各单独部分更强大的整体能力一样，联网的复杂组织体也旨在利用信息，获得在单个信息系统单独行动时无法获得的运行优势。

这里共有三个基本概念。

- **鲁棒的网络连接**——在所有运行环境下都可以实现高性能和高可靠性的信息交换；信息由需要它的一方获取，而不是推送给所有的参与者，因为其中许多参与者并不需要这些信息，同时对网络进行智能管理，以便根据策略和优先级分配流量，同时确保了信息的机密性和完整性。
- **信息共享**——基于全部可用的来源创建更高质量的信息，并且使用创建的信息，在所有参与者之间达成对运行态势的共识，这就是图13.6中互操作性的共享信息层级。
- **共享的态势感知**——实现协作决策、活动的自组织和同步、相互支持和可持续性以及决策的速度性和正确性，这取决于互操作性的共享理解层级。

这种鲁棒的网络连接与需要共同理解、应用资源的敏捷性以及良好协作决策的任何复杂组织体均相关。参考的出版物一致认为，如果复杂组织体具有鲁棒的以网络为中心的能力，则一定具有如下特征：

- **可达性**——不论地理分布如何，都可以在最短的时间内访问整个复杂组织体的信息。
- **丰富性**——响应任何工作或偶发事件时，访问和使用复杂组织体的任何专业知识、信息或资源的能力。
- **敏捷性**——通过评估需要的行动、做出正确的决策和运用资源，快速做出反应并适应任何情况的能力，这是面向服务的架构通过敏捷的流程促进以网络为中心的一种重要方式。
- **保证性**——具有高机密性，在面临挑战时，复杂组织体能够识别并实施正确和有效的响应，包括保护敏感信息免受竞争对手的攻击。

13.8 动态的复杂组织体

第7章讨论了较低层级的服务组合来创建更为复杂的能力。一般来说,许多组织都使用团队或工作组这一熟悉的概念,通过汇集具体的专业知识和资源来完成特定工作。随着复杂组织体包含更多种类的资源,并针对它们提供功能日益强大的互联,这些想法可以概括为动态的复杂组织体形式,其中的参与节点和系统被指派和链接到临时的复杂组织体,分配工作并用于具体的目的,然后进行分解和重组,以便创建新的组合用于新的工作。有了真正鲁棒的网络连接,复杂组织体可能会呈现出一定程度的自同步或自组织,在这种情况下,即使动态行为仅限于现有组织之间动作的快速协调,动态的复杂组织体也可以在其中自发地产生。创建和控制此类复杂组织体的基本方法有两种:

- **集中控制**——由中央机构就资源动态组合的组成、工作分配和控制做出决策。
- **自主控制**——节点和系统具有受策略和规则控制的嵌入式逻辑,这使它们能够通过组合和协作来完成工作,从而对运行情况、高层级任务或其他情况做出响应。

在这样的动态复杂组织体中,将根据传感器、效应器、处理器、通信、平台以及其他元素的能力、场地和当前的其他工作来选择、组合以及分配具体的工作。同样的想法也适用于大量的工业和商业情况。一个案例是由卫星、通信链路和地面站组成的空间复杂组织体,可以对它们进行链接和配置来执行一组具体的通信或数据采集工作。另一个案例是一个完全敏捷的制造流程,考量可以基于对资本资源的最佳利用以及以最少的时间来处理最高优先级的订单,通过选择机器、零件传送装置、检查和包装工作站以及端对端流的其他元素,按批次进行生产管理。

13.9 总 结

本章将系统构建和 MBSAP 方法论的概念,扩展到复杂组织体和 SoS 架构的更高层级。这样的做法首要目标是整合一组系统能力,并以协同的方式实现比它们单独系统运行所交付的更大效能。主要区别在于复杂性更高,复杂组织体中的参与系统通常是独立的并且具有相互竞争的优先级和需求,以及需要使用多种技术和设计方法来协调多个系统。我们总结了面临的挑战,并且提出了一些务实的应对方法。SoSE 领域仍处于新兴阶段,很难就术语、技术方法、有效性测度和治理原则达成一致。但是,世界日益网络化和自动化的本质,往往会不可避免地出现 SoS 方法。复杂组织体架构师需要系统架构师的全部技能,以及大量的协调、协商和领导力的才能,这样才能使复杂组织体的各方有效地协同。与应对单个系统相比,开放架构、原型系统开发、配置管理以及其他的基础学科在此背景环境中更为重要。SoSE 在理论和实践方面发展迅速,并将成为现代架构实践应用中一个越来越重要的领域。

练　习

1. 参考图4.2,绘制一张BDD,表明E-X飞机在一个复杂组织体中作为一个参与者,该复杂组织体还涉及与E-X飞机互动的其他地面、空中和空间节点。在BDD中包含对整个复杂组织体建模的块。

2. 对于第1题答案中的复杂组织体层级的块图,绘制一张IBD,表明E-X和其他节点间的交互。

3. 考虑图13.1中所示的复杂组织体,列出在决定实现面向服务的架构,以实现所需的复杂组织体层次功能时,将会涉及的一些因素。

4. 考虑第4章中的智能微电网A系统示例,描述如何应用第13.2.1小节中公认的体系特征。

5. 继续参考智能微电网A,描述一些常见的SoS挑战可能如何出现。

6. 请列出与仅应对一个系统的系统架构师相比,同时应对多个系统的复杂组织体架构师还有哪些其他的职责。

7. 针对图13.1中的复杂组织体,描述一个原型系统开发策略,用于评估SoS架构的重要方面,包括DIS和HLA标准可能的应用。

8. 考虑大型空中交通管制复杂组织体中,负责运行节点的机场指挥塔。请描述该机场指挥塔在①飞机出现紧急情况需要立即着陆;②出现意外的严重风暴时,如何表现出适应性的行为。

9. 继续利用第8题中的指挥塔,描述图13.6所示互操作性的共享信息和共享理解层级的性质。

学生项目

学生应创建一个基本的复杂组织体架构OV,将项目系统置于外部实体的背景环境中,应包括结构、行为、数据和适用的服务特征视图,还应包括复杂组织体接口功能的描述。

参考文献

[1] IFEAD.(2017) Institute for Enterprise Architecture Development(IFEAD) home. http://www.enterprise-architecture.info/index.html. Accessed 2 June 2017.

[2] Jamshidi M. (2009) System of systems engineering: innovations for the 21st century. Wiley, Hoboken.

[3] Department of Defense. (2017) Defense acquisition guidebook. https://www.dau.mil/tools/t/Defense-Acquisition-Guidebook. Accessed 2 June 2017.

[4] Maier M W. (1998) Architecting principles for systems-of-systems. SystEng 1(4):267-284 .

[5] Dahmann J, Lane J A, Lowry R. (2011) System engineering artifacts for SoS. IEEE A&E Syst Mag 26(2):22-28.

[6] Software Engineering Institute. (2017) System-of-Systems engineering. http://www.sei.cmu.edu/sos/research/sosengineering/. Accessed 3 June 2017.

[7] Bar Yam Y. (1997) Dynamics of complex systems. Addison-Wesley, Reading.

[8] Kilicay N, Dagli C. (2007) Methodologies for understanding behavior of system of systems. In: Paper presented at the conference on systems engineering research. Stevens Institute of Technology, Hoboken.

[9] Bar Yam Y. (2003) Engineering complex systems: multiscale analysis and evolutionary engineering. New England Complex Systems Institute Briefing, Cambridge.

[10] ODUSD(A&T)SSE. (2008) Systems engineering guide for systems of systems, version 1.0. http://www.acq.osd.mil/se/docs/SE-Guide-for-SoS.pdf. Accessed 3 June 2017.

[11] Kaplan J M. (2006) A new conceptual framework for net-centric, enterprise-wide system-of-systems engineering. http://ctnsp.dodlive.mil/2006/07/01/dtp-030-a-new-conceptual-framework-for-net-centric-enterprise-wide-system-of-systems-engineering/. Accessed 3 June 2017.

[12] IEEE. (2010) Std 1516-2010 - IEEE Standard for Modeling and Simulation (M&S) High Level Architecture (HLA) - framework and rules. http://ieeexplore.ieee.org/document/5553440/. Accessed 3 June 2017.

[13] IEEE Standards Organization. (2015) Std 1278.2-2015 - IEEE Standard for Distributed Interactive Simulation (DIS) - Communication services and profiles. https://standards.ieee.org/findstds/standard/1278.2-2015.html. Accessed 3 June 2017.

[14] Riley P. (2003) MPADES: Middleware for Parallel Agent Discrete Event Simulation. In: Kaminka GA, Lima PU, Rojas R (eds) Lecture notes in artificial intelligence. Springer Verlag, Berlin, pp 162-178.

[15] Albers D, Garstka J, Hayes R, et al. (2001) Understanding information age warfare. http://www.dodccrp.org/files/Alberts _ UIAW.pdf. Accessed 34 June 2017.

第14章　运用先进的概念

14.1　先进的概念和趋势

与许多期望对一个广泛而多样的主题进行简明概括的书籍一样，本书最终也汇集了不同读者可能感兴趣，但又不便于纳入的一系列主题。本章收集了若干这样的主题，目的在于尽可能完整地研讨信息密集型系统架构。从量子计算到机器人技术，许多其他主题都可以加入此列，但我们选择本章的内容时，是基于具有短期影响的新兴技术和系统概念。这些内容是简短的和介绍性的，并且一如既往地欢迎读者进一步探究其中任何一个看似有趣和相关的概念。

组织获取和使用与信息技术(IT)方式有关的许多趋势，给系统架构师带来了机遇和挑战，其中一些趋势已经有所讨论。第7章探讨了面向服务的架构的重要性和复杂性；第9章和第13章讨论了地理分散的联网复杂组织体所面临的挑战，确保它们能够协同工作，以提供更强的信息处理能力；第10章探讨了赛博安全的基本趋势。接下来的几节将介绍一些其他趋势，包括虚拟化、集群和分布式计算。这些趋势不是独立的，一个网络化的复杂组织体通常需要一个SOA基础方能成功地运行。分布式计算只有通过鲁棒的、高容量的网络才能实现。总的来说，这些概念为采用先进信息和通信技术建立了新的范式，从而满足许多领域中系统和复杂组织体的需要。

14.2　虚拟化

在大多数情况下，虚拟化涉及到使用软件来仿真或抽象计算资源。这是一种主流的IT策略，系统架构师对此非常感兴趣，因为该策略可以提高复杂系统的性能、可靠性和经济可承受性。越来越多的情况是，有效使用虚拟化将有可能同时满足功能性和非功能性需求，这些需求原本可能导致不可接受的成本和风险。

虚拟化通常用于：① 创建一批计算资源，这些计算资源可能不同，并且看起来像一个可以根据当前的处理或存储需要进行分配的资源池；② 使单个资源(如服务器)仿真多个资源；③ 有时可将两种方法结合起来。硬件虚拟化创建了一个虚拟机(VM)，该虚拟机可以用于安装和执行软件，就好像它正在仿真的物理机一样。创建虚拟化环境的组件可直接运行在硬件上，通常称为虚拟机管理程序(Hypervisor)。

Fischer 和 Mitasch[1]将虚拟化技术分为三类：

- **硬件虚拟化**——创建虚拟机，这是目前最常见的。
- **准虚拟化**——仅是部分地仿真底层硬件并需要对要装载的操作系统（OS）进行更改以减少系统开销。
- **OS 虚拟化**——使用一个 OS 内核，运行在同时支持宿主系统和客户系统的硬件上，同样用于提高速度并实现更高的资源利用率，但代价是限制了解决方案的灵活性。

虚拟化为系统架构提供的一些特定能力，包括：

- 允许操作系统（OS）在非本机硬件架构上运行，或允许应用程序在非本机计算平台上运行（非本机意味着环境与软件设计时的环境不同）。
- 允许计算机安装各种 OS。
- 允许一台物理服务器（或一组服务器）创建多种虚拟服务器。
- 允许将磁盘集合作为存储池使用，可以根据存储需要的变化动态分配该存储池。
- 允许在另一台机器上远程访问工作站桌面；这是一种创建瘦客户端的方法，该方法将客户端功能放在受中央管理的服务器上，并向用户提供经批准的工作站配置的映像；与远程桌面的连接，通常利用 VPN 来实现安全性（见第 10 章）。
- 允许网络虚拟化，通常称为分段或分区。
- 允许远程访问安全网络，通常也是通过 VPN。

在整个 IT 领域中，虚拟化作为一种更有效地使用一组物理资源的方式，很受欢迎，从而节省了资金和能源。VM 的一些主要优势，特别是在云计算背景中，包括：[2]

- 服务器整合，以减少所需的硬件、输入/输出、网络和其他资源。
- 各个 OS 环境中运行的应用程序之间的隔离。
- 虚拟机的快速扩展、部署和配置，适应不断变化的需求。

虚拟化产品还可以提供资源管理、自动备份和恢复等功能。跨多个服务器采用虚拟化可以提供冗余，有助于维护高运行可用性（见下文的“集群”）。图 14.1 表示服务器与多个 VM 整合的基本特性，这些 VM 为异构应用程序创建执行环境，包括每个 VM 具有合适的 OS。底层硬件可以冗余，以保持高可用性，同时减少离散硬件服务器的数量。这通常被称为“主机虚拟化”，并结合了服务器仿真机和 OS 虚拟化。基本或主机 OS 创建了一个环境，虚拟化层（或虚拟机管理程序）基于该环境创建了一组虚拟化服务器。图 14.1 既使用了第 5 章中的分层架构图形约定进行说明，又将其作为 SysML BDD 的一部分，给出了软件块之间的向下依赖关系以及装载它们的服务器分配情况。

网络虚拟化通常在交换机级和连接到网络的主机上实现。如第 9 章和第 10 章所述，虚拟局域网（VLAN）提供隔离和安全。消息的发送方并不知道最终目的地的实际 IP 地址。如果处理得当，那么这些虚拟化技术可以在发生故障时，提供安全性、状态监测、负载平衡以及向冗余资源进行透明故障转移。下面讨论了网络虚拟化（特别是在云环境中）的一些安全效益：

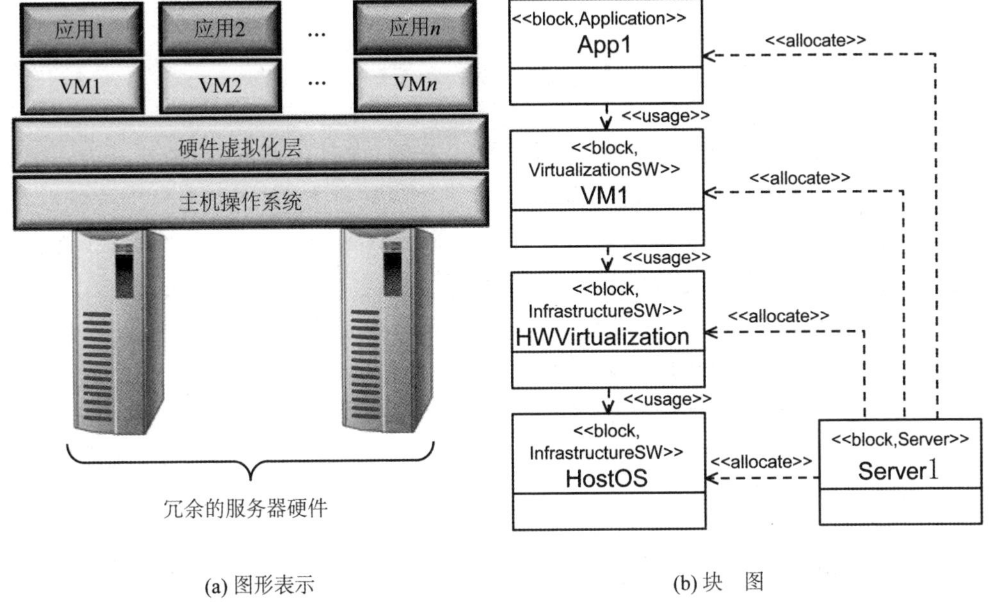

(a) 图形表示　　(b) 块　图

图 14.1　服务器整合的基本虚拟化，将多个虚拟机(VM)装载在一个或一组盒上(见彩图)

- 虚拟网络和环境彼此隔离，并与物理平台隔离，例如，将开发/测试环境与生产环境隔离。
- 分段控制网段和网络层次之间的流量。
- 先进安全服务部署和管理。
- 物理和虚拟安全模型的一致性。

虚拟化增加了处理的开销，因此带来性能的损失。在许多系统中，这是可接受的，甚至可忽略不计，并且随着产品变得更加灵活和高效，这一问题也在不断改进。然而，具有最苛刻需求和时间敏感需求的系统并不适合虚拟化。有些作者提到了服务的虚拟化，这仅仅意味着应用第7章中提出的原则，通过稳定的接口公开服务实现，同时提供治理，以确保遵守服务等级协议(SLA)。

嵌套虚拟化是最近的一项创新，具有一定的优势，特别是在云计算方面，这将在后面的一节中讨论。本质上，嵌套虚拟化涉及在另一个VM中运行一个或多个VM，并可以在多个嵌套层级上进行。由于可以在底层基础设施不停机的情况下，创建、删除或修改更高层级的VM，并且可以迁移到任何主机，因此用户看到的云环境具有很高的灵活性，用以响应不断变化的需要。嵌套虚拟化促进了云空间中虚拟数据中心的创建，该数据中心准确地反映了用户的私有数据中心。用户看到，嵌套虚拟化的云环境对云提供商实现的资源更加透明。还有其他效益，包括更强的备份和恢复能力，以及创建用户镜像环境的能力，在这种环境中，可以在不影响用户生产环境的情况下，完成漏洞测试、新产品或升级产品评估、培训及其他活动。

14.3 集 群

集群是虚拟化的常用术语,其中两个或多个资源(尤其是服务器)被统一为一个资源。已经定义了各种集群模式,包括高可用性或故障转移方案,例如在发生故障后,用以承担集群中任一其他服务器角色的备用服务器。Fischer 和 Mitasch[1] 描述了综合虚拟化和集群的各种方案。主要动机通常包括以下几点:

- **可靠性和可用性**——这首先要尽量减少来自虚拟化资源(如服务器)的单点故障;这可能是在高可用性系统中集群的主要目标,特别是在一台计算机正在仿真多个服务器,从而硬件故障可能导致多个关键资源崩溃的情况。
- **负载共享/负载均衡**——通常涉及让所有计算机保持相当的繁忙,优化整体性能并避免资源瓶颈。
- **扩展**——为了有效地支持不同数量的用户和不同层级的资源使用。

对于任务关键型系统,最相关的集群可能是高可用性或故障转移。在这里,备用服务器备份一个或多个主服务器,并监测其健康状况和状态,通常使用定期产生的"心跳"信号,显示主计算机上的软件是否正常运行。当丢失心跳或接收到一些其他错误指示时,备用服务器接管主服务器的处理任务,在理想情况下,停机时间最少且不会丢失数据或事务。图 14.2 给出了一个基本的说明,包括 LAN 的冗余资源、共享存储和连接,同样以图形和 SysML 图的形式进行了描述。

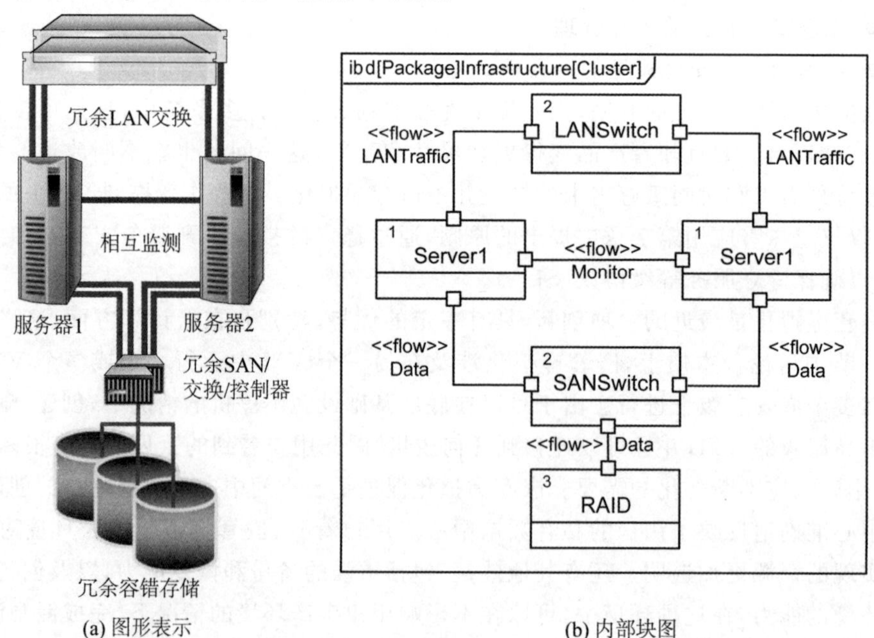

图 14.2 具有冗余资源和连接的典型高可用性集群方法(见彩图)

有效的集群通常依赖于具有高性能和可靠性的网络，特别是连接本地集群中计算机的局域网。针对总体计算性能进行优化的集群方案，以及下一节描述的分布式计算方法有许多共同点。与其他各种虚拟化一样，集群为架构师和实现团队提供了一些强大的方法，优化系统设计从而优化性能、可靠性和成本。

14.4 分布式计算

分布式计算描述了多种方案，在这些方案中，物理上分离的通常位于多个地点的一组计算资源可以作为单一功能使用。出于以下考虑，可以推动这种方法：

- 希望通过利用一些相对低级或低成本的计算机（如 PC），并在它们之间分配工作，从而创建一个等效的更昂贵、容量更大的计算机，从而解决大型、计算密集型问题。
- 希望通过向各种用户出售闲置的能力，提高组织计算资产的使用率（以及利润），在某些情况下，这些计算资产在相当长的一段时间内的利用率很低。
- 希望通过在地理上分散计算节点，防范自然或人为灾难。

根据具体的情况和任务，不同的分布式计算方案意味着，除了明显需要可靠的网络连接和足够高的数据速率之外，还有其他条件。例如：

- 需要使用算法和标准，将大型复杂计算任务划分为更小的块，这些小块可以分配给参与的机器进行处理，然后重新组合以便产生总体的结果。
- 分布式计算复杂组织体中的独立计算机的所有者和操作员，通常必须保持注册的状态，只有当他们的客户作业为激活状态时，才执行分配的计算任务。

Liu 等人[3]描述了一系列分布式计算方法。以下各段对这些方法进行了概述。

集群。刚刚讨论的概念，假设所涉及的计算机是分布式的、松耦合的，在创建单系统镜像（SSI）的集群操作系统中工作。在此基础上，将建立一个分层的架构，包括一个客户操作系统，任何其他必需的基础设施软件以及应用程序。

点对点（对等）。这种方法主要适用于移动设施，并且与第 12 章中的移动自组网（MANET）思路密切相关。参与者动态注册和注销，并且网络的目标不是高端计算，而在本质上是一个自治的、自组织的分布式系统。

网格计算。这是一种利用参与的大量计算资源，创建强大的虚拟平台的成熟方法[4]。Foster、Kesselman 和 Tuecke[5]将“网格问题”定义为在视为“虚拟组织”的资源和个人的动态集合之间，实现灵活、安全和协调的资源共享的方法。为了使基本的网格结构能够工作，分布式问题必须能够“并行化”，这样才能被分解成本质上自治的任务，这些任务的结果可以有效地组合成更大的输出。然后，一个相对简单的网格“中间件”层，可以处理参与计算机的注册、任务的分发和接收、结果的格式化以及进度的跟踪。Globus 联盟[6]以工具包的形式开发开源网格软件，用于构建网格系统和应用程序。Globus 开放网格服务架构（OGSA）[7]定义了用于网格计算的 Web 服务扩展，并提供了一个标准网格编程模型。网格中的连接通常涉及 VPN。

云计算。当今最新的、当然也是使用最广泛的各种分布式计算是 Web 服务概念的扩展，在该概念中，装载在网络上任何地方的资源，都可以在任何其他地方访问。美国国家标准与技术研究院(NIST)[8]将云计算定义为一种模型，用于支持对共享的可配置计算资源池(例如网络、服务器、存储、应用程序和服务)进行无所不在的、方便的、按需的网络访问，可以通过最少的管理工作或服务提供商的交互，快速配置和发布。应始终记住，云计算引起的严重的赛博安全问题，这在第 10 章中已有讨论。

云的动机是通过允许用户依赖网络上其他人员提供的能力，并支付比拥有这些能力更少的费用，从而减轻用户维护计算资源、应用程序甚至专业知识的需要。从本质上讲，一切都变成了云服务提供商(CSP)，都能提供服务，从而降低了服务消费者的成本，同时带来了可观的收入。虚拟化，包括前面描述的嵌套虚拟化，是使用 VM 的云架构的基础，这些 VM 公开了各种类别的服务。常引用的一系列云属性，包括以下内容：

- 按需服务，具有质量和使用测度；
- 快速的弹性(扩展)，以便根据用户需要来调整资源；
- 资源汇集，以便共享并尽量降低成本；
- 网络访问范围广(泛在计算)。

云计算的迅速普及造就了“一切即服务(XaaS)”说法的出现。具体包括以下几种类型：

- **软件即服务(SaaS)**——一种灵活的许可方案，在这种方案中，用户能在需要时使用装载在云中的应用程序，通常使用瘦客户端或浏览器；有时也称为“服务即服务”。
- **基础设施即服务(IaaS)**——允许用户提供处理、存储、联网以及其他资源，满足特定需要，并按需进行调整。
- **平台即服务(PaaS)**——与 IaaS 密切相关，但重点是允许用户在 CSP 提供的平台上开发和运行自己的应用程序。
- **许多其他类型**——例如通信即服务(CaaS)、数据库即服务(DBaaS)、桌面即服务(DaaS)、安全即服务(SECaaS)和身份管理即服务(IMaaS)。

云用户可以采用多种部署模型，包括：

- **私有模型**——为单个组织创建并由单个组织使用；
- **公共模型**——任何人都可以通过开放网络访问；
- **混合模型**——由两个或多个云组成，使用多个部署模型；
- **社区模型**——由具有共同兴趣和需要的多个组织使用。

通常，分布式计算方案是网络化的、面向服务的架构的扩展(SOA，见第 7 章)。分布式资源封装并作为服务提供，实现给定分布式计算模型的协议，通常构建在基本 Web 服务上。与创建和使用网格、云或其他计算模型相关的特定化通常添加到应用程序层。

14.5 智能代理(Agent)

现在,针对现代信息密集型的系统架构,我们将介绍具有重要意义的一些基本的软件技术。随着互联网和现代软件工程的发展,人们探索了多种方法来扩展软件的基本概念,实现系统功能和交互的自动化。第 7 章将工作流、编制和编排作为服务调用的自动化而实现业务流程的方法。另一种方法是使用智能代理,这种方法具有非常多样化的风格和变化的形式。软件智能代理是一种专门的程序,其目的是使系统用户原本需要手动调用的一个或一系列动作的执行自动化。Nwana[9]的一份经典调查报告列出了智能代理的发展历史和种类,这个领域还在继续发展壮大。Murch 和 Johnson[10]提出了一种代表性处理方法。与本章的其他主题一样,我们讨论智能体,以使读者了解它们在开发和优化系统和复杂组织体架构方面的潜在意义。

很难获得关于智能代理普遍接受的术语和定义,但是一个典型的描述是"一种资源,可以是软件、硬件或两者,用来代表用户或客户完成一项或多项任务"。智能代理可以像常见任务自动化(如消息检查)的软件一样简单,也可以像自适应搜索服务或监测和控制系统及机器的智能代理一样复杂。本书中所考虑的系统架构的大多数感兴趣的智能代理,都是通过互联网或组织专用网络部署的,以执行信息收集和协调任务。在这些活动中进行协作的智能代理,尤其是这些智能代理使用外部系统和其他资源提供的服务时,需要一种公共的语言和共享的语义(通常是元数据模式)来处理它们所作用的信息对象。简单智能代理通信协议(SACP)/智能代理通信传输协议(ACTP)是实现这些交互的一种方法[11]。

人们提出了许多代理的分类法,使用智能代理、各种的"机器人自动程序(bot)"、固定的智能代理和移动的智能代理等类别[12]。智能代理很可能是为个人或团队定制的,以达到最大的效力。移动智能代理实际上是由可执行代码组成的,这些代码在网络上迁移,并在可以安装这些代码并提供必要资源的机器上执行。这在涉及安全计算和联网的任何情况下都会引起明显的关注,而大多数安全系统都明确禁止使用移动代码。通常可以通过消息传递或远程进程调用来实现相同的功能,以便调用远程系统上的所需进程。不管此类细节如何,一些普遍接受的特征包括以下几点:

- **自主性/主动性**——智能代理决定何时行动,并在没有直接人工干预的情况下行动。
- **合作/协同**——智能代理一起行动来完成其任务。
- **学习/适应性/反应性**——智能代理与其背景和环境的交互,并由此改变其行为。

在信息密集型系统中,智能代理可以从事很多有用的事情。也许最明显的是,在系统内和整个复杂组织体中,达到信息发现、检索和交换的自动化,可以对执行业务流程或任务线程的正确性和及时性做出重要贡献。智能体可以监测设备、任务状态和运行环境的各个方面,如天气和外部事件、消息通信以及许多其他事项,并对需要注意的状况采取行动或向操作人员发出警报。在简单网络管理协议(SNMP)下,智能代理部署在连接了网络的设备上,并向中央监控服务器发回报告。在赛博安全背景环境中,智能代理还可用于检测、报告甚至响应与安全威胁相关的活动或状况。

智能代理永远不会疲倦、厌烦或心神不宁,在长时间地检测那些关键而罕见的事件方面,智能代理可能比人类可靠得多。尽管有可用的工具和设计模式,但开发一个有效的智能代理通常仍需投入资源。即便如此,在适当的情况下,智能代理也可成为有用的架构工具。

14.6 代理(Proxy)

代理是架构师经常有效利用的另一种常见的 IT 设计技术,无论其所感兴趣的领域如何。在该背景环境中,这个词的含义非常类似于词典中“替他人行事的人”这一基本定义。代理服务器充当客户端和服务提供商之间的中介,以抽象出服务实现的位置和实现细节,并简化客户端在请求和接收服务时的操作。代理设计可以包括客户端和服务器端组件。在客户端环境中运行的代理接口使服务调用看起来完全是一项本地的事务,而客户端代理组件负责格式化、消息传递和其他机制。

可以认为是在更高的层级上采用了通过接口公开服务的基本原则,该接口隐藏了细节,并且随着创建服务的硬件和软件的演进而保持稳定。除了基本服务接口的功能之外,代理还提供了许多有用的功能,包括:

- 过滤服务请求并拒绝那些不符合特定标准的请求,这样在处理这些请求时就不会浪费服务器资源了。
- 在服务器太忙而无法处理接收到的服务请求的情况下,缓存并按优先级排列服务请求;代理服务器甚至可以存储客户端信息,以加速服务请求的处理。
- 支持服务请求的记录和分析,作为资源管理和规划的输入。
- 各种安全性和策略执行功能,如用户身份验证和内容过滤,以保护关键服务器的资源并确保客户端符合既定规则。如第 10 章所述,可以在非军事区(DMZ)中使用名为反向代理的组件来提供这些保护措施。

代理有多种类型,用于不同的目的。除了管理客户端对服务器的访问这一基本任务之外,代理还可以针对 WWW 通信流量、安全事务和其他应用程序进行优化。代理的基本思想可以与促成客户端请求与可用服务连接的中介相结合。代理服务器通常位于与主服务器不同的地址空间中,特别是当地址空间可能随着不同的服务器部署而更改时。在许多实际情况下,代理可以是有价值的架构要素。

14.7 先进算法

尽管,通常特定计算方法的选择和实现是领域专家的任务,甚至是客户定义的任务,但系统架构师需要对可用算法有一个总体的了解,因为算法对于确定达成需求的技术可行性和成本非常重要,并会影响系统设计。在这一领域,《IEEE 航空航天和电子系统文集》(*IEEE Transactions on Aerospace and Electronic System*)和 AIAA《航空航天计算、信息与通信杂志》(*AIAA Journal of Aerospace Computing, Information and Communication*)等期刊发表了不断丰硕的研究成果。该主题本身就能填满一本大部头的书,因此,本节仅限于通过几个示例来说明先进算法。

人工神经网络(ANN)。人工智能(AI)适用于各种计算方案,包括称为“专家系统”和人工神经网络的规则库。如今,无论从研究还是实际产品的角度来看,ANN 都是人们关注的主要领域。长期以来,科学家们一直对人类大脑的能力感到好奇,因为神经元的“交换”速度远低于现代电子设备,但人脑的计算能力甚至超过了最强大的计算机。无论涉及哪些其他因素,很明显,数十亿神经元之间的高度并行性和并发性是关键因素,神经元之间有着非常复杂的连接和交互。ANN 试图模仿这种情况,尤其是在必须将多个不同的输入数据类型转换为输出的情况[13-14],例如控制信号、面部识别和其他类型的模式识别。严格来说,ANN 是一种非线性统计数据建模技术。ANN 可以认为是一种强化学习的工具,可用于匹配真实模型的输入/输出响应,称为贡献度分析(CA)。ANN 可以处理观察到的复杂系统行为中的不连续性、非线性和其他数学上难以解决的情况。

图 14.3 所示为最常见的前馈型 ANN 的基本结构。图 14.3(a)所示为一个基本的三层 ANN,与具有三个输入(X)和两个输出(Y)的 CA 相匹配。一般来说,ANN 有 i 个输入,j 个隐藏节点或神经元,k 个输出。图 14.3(b)所示为每个 ANN 层中的典型计算。输入层神经元只将线性加权应用于输入值。隐藏层神经元利用每个隐藏节点的可调参数 a_j 和一个典型非线性逻辑函数 S_H 来计算加权输入值的总和。最后,输出神经元用附加的参数和加权对隐藏层的值求和。如图 14.3(c)所示,必须使用一种或多种方法对 ANN 进行“训练”,以获得与 CA 最匹配的参数值。

ANN 已被广泛地应用于各种复杂系统中,并且在复杂行为建模、数据引发关系的表达以及替代计算巨大的参数解而建立的非线性模型时,ANN 在架构方面具有潜在的应用前景。最常见的用途是各种类型的模式识别或对象分类,尤其是在必须快速处理不同传感器或情报数据流,产生对象或运行状况的预估时,即数据融合的问题。在某些情况下,ANN 作为预处理器,将复杂的输入数据集合转换成一系列变量,这些变量在某种意义上进行了归一化,例如具有共同的维度,然后可以使用更传统的计算方法来完成任务并产生所需的最终结果。

一个特定的示例是将 ANN 应用于 AI 领域,即深度学习。在这里,对具有多个隐

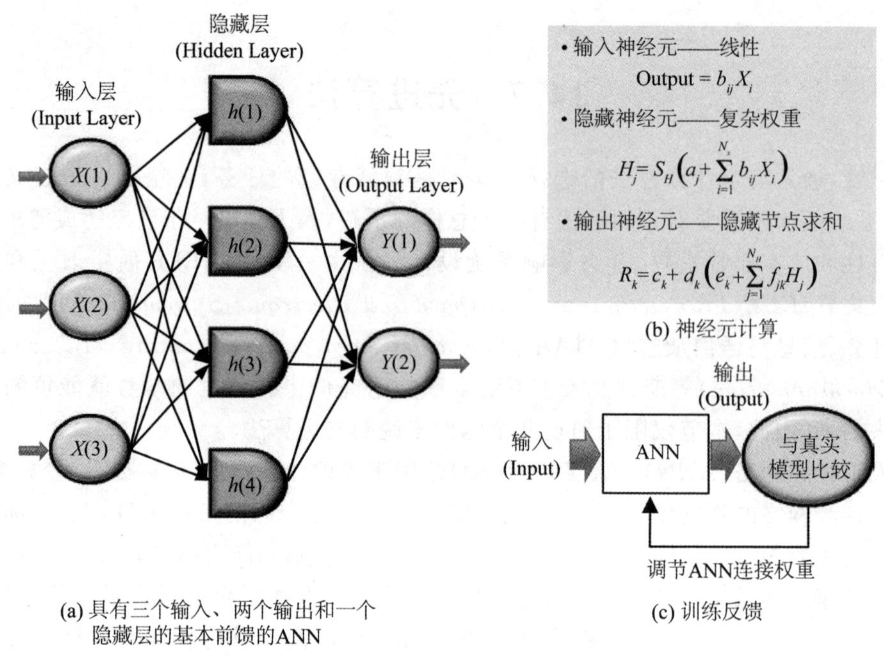

图 14.3　简单前馈型人工神经网络(ANN)的结构和特性(见彩图)

藏层的 ANN 进行了训练，以便从一组数据中提取新的见解和信息。这些设计称为深度神经网络(DNN)。由于使用复杂的(通常是供应商专有的)学习算法来训练 DNN，这种方法在处理问题(例如检测复杂的恶意软件和表示威胁或实际赛博攻击的行为模式)时具有巨大潜力。卷积神经网络(CNN)是另一种变型，在机器图像识别方面很有潜力。CNN 还涉及多层神经元，使所需计算的总数保持在可接受范围内的方式，对结果进行过滤和前馈，并在区分图像特性时，训练具有非常高的准确性。对于系统架构师来说，关键的一点是，ANN 是一种不断增强能力的技术，并且很可能成为许多复杂系统的重要使能器。

模糊逻辑。ANN 所处理的那些情况必须是将复杂数据集合转换为最佳值或估计值，而模糊逻辑则适用在分析和控制任务中输入数据有噪声、不精确或不可靠[15]。就像神经网络基于模仿大脑组织的特性一样，模糊逻辑也会尝试模仿人类在面对这种决策情况时的推理方式。因此，模糊集合对人的决策架构方面进行建模时具有一定价值。

与我们所熟悉的控制系统方法(即通过代数方法根据一组控制输入、误差信号及其导数和积分来计算输出)不同，模糊逻辑采用 if - then - else 规则，该规则适用于在任何给定时间的输入。这样的规则通常只要求知道输入值处在一定范围内，则输出典型的类似于“增加功率”这样的事情。与神经网络一样，这些规则，尤其是“if”和“then”条件以及响应不同规则输出组合的动作，可以训练来优化现实世界中的性能。关于模糊逻辑的权威参考文献来自于 Zadeh[16]。

遗传算法。本节的最后一个主题是对另一类算法的简要介绍，这类算法的灵感来源于对生物有机体的研究，这一次是基于进化的。Whitley[17]利用模仿类似染色体的数据结构的算法总结了这种方法，并以一种保留关键信息的方式应用重组算子，就像生物繁殖保留了有机体的有益特征一样。遗传算法通常用来优化函数，已广泛地应用于一系列的问题。

染色体的“复制”对应着更好的解决方案，并且种群在任何特定分析时期都能识别出当前的最佳解决方案。此外，遗传算法适用的问题通常是非线性的，并且其变量之间具有依赖性，这使得传统优化方法难以适用，而且可能的变量值范围如此之大，以至于无法简单列举替代方案。最后，这些算法不使用梯度方法，因此可以与无法求解微分的函数一同使用。这些算法确实代表了一种全局搜索策略；当种群根据对个体“适合度”的一些数学评估进行进化时，这种策略就得到了应用。Whitley 总结了这些算法实现解空间有效搜索的数学论证。如同其他的一样，原始算法也有许多变化形式。

对于系统架构师来说，遗传算法主要是作为高度复杂系统的一种优化技术，特别是对于那些具有非线性特征、描述函数之间存在耦合以及可能结果范围变化很大的系统。但是，由于计算量大，特别是当必须评估大量复杂的适应度函数时，可能会使我们使用近似法，从而不能收敛到真正最优解的情况，通常会收敛到局部最优而不是全局最优。结合优化方法的混合方法，可能具有实用价值。无论如何，当出现通过遗传算法提供问题的答案时，架构师需要充分了解该方法的优点和缺点，便于与专家分析师进行互动，并了解结果的重要性。

14.8 架构的机械问题

本书的重点及其主要内容集中在系统或复杂组织体的信息内容，以及用于信息的获取、使用、创建、存储和输出的资源之上。但是，许多系统安装在具有物理约束的设施或平台上。即使是安装在固定的地点，也可能需要重新安放，而且在适用电源和环境控制等方面可能会受到限制。从系统功能需求的角度来看，为适应这种物理边界，对那些看起来很有吸引力的设计可能必须进行修改。本节重点介绍系统架构师或工程师在寻求适合运行的解决方案时，可能会遇到的一些机械问题。

尺寸、重量和电源冷却(SWAP－C)。对于任何重量受限和功率受限的系统，任务设备套件都将采用 SWAP－C 分配，因为即使最大的平台也有局限性。常规上，甚至连安装在地面或运载器上的系统，也必须保持在分配的 SWAP－C 预算的规定值之内。加上环境变化、可靠性、安保性、安全性、资源冗余和其他属性的需求，SWAP－C 通常会成为建立物理架构的挑战，同时也是进行权衡研究、选择产品和设定性能水平的因素。

在许多组织和工程项目中，系统级 SWAP－C 预算由系统工程集成产品团队(SEIPT)①负责，该团队将预算再分配给各个子系统和组件。E－X 案例可以说明处理

① 有时是系统工程、集成和试验(SEIT)团队。

有限 SWAP－C 时涉及的一些实际问题。首先，飞机设计中的常规做法是区分 A－Kit 和 B－Kit，前者包括或多或少需要永久安装在机体上的部件，后者包括可拆卸设备。固定设备和操作人员座椅的机架以及任何电源线、冷却导管和其他机械支撑都将是 A－Kit 的一部分，而插入式电子设备将包含在 B－Kit 中。它们显然不是独立的。例如，电子设备决定了机架的布局，并且在电子设备的机械强度与机架提供的冲击和振动隔离性能之间存在着权衡，总有一个会带来相关的重量和成本。

在这种情况下，SEIPT 在寻找整个系统最佳解决方案时，将证实其的存在。任务系统团队将在以下领域进行权衡：选择满足所需性能规范的组件，同时确保在重量、功率和成本目标范围内，例如，选择嵌入式存储的工作站计算机与外部存储外设。

环境规范。除非获得一个良好的环境，比如具备空调和高质量电力供给的永久性建筑中，否则任务设备套件必须符合环境规范。设备需要根据这些需求进行鉴定，并且可能会有相关的重量和成本的负担。根据情况，环境要求可能包括以下内容：

- **电力质量**——即使是安装在建筑物中的系统，也可能有一个关于所能承受电力参数范围的规范。
- **负载**——设备在所有空间轴向上必须承受的最大负载(以重力 g 的倍数来度量)，而不会损坏设备。
- **温度与湿度**——设备在运行和储存过程中，必须经受的而不至于发生损坏或故障的温度和相对湿度值。
- **振动**——设备必须经受的而至于不发生损坏或故障的振动水平，通常使用功率密度谱表示，单位为 g^2/Hz，是频率的函数。
- **冲击**——设备必须经受的冲击程度，包括强度、波形和持续时间。
- **压力**——对于机载和星载系统，设备正确运行所需的环境压力，包括飞机的座舱高度和航天器的真空度(通常情况下)。
- **其他**——例如抗真菌和腐蚀(包括海洋环境的盐雾)、沙子和灰尘渗透，以及暴露在闪电和其他电磁应力下等因素。

安全性和安保性。在满足安全性和安保性要求的同时，通常还会出现其他一系列机械约束。两者通常都由标准所约束。安全性可以包括任何内容，从设备检修面板上的互锁装置，到断开高压从而将触电的风险降到最低，再到锐利金属边缘的保护。物理安全性问题，包括锁定附件和使用认证鉴定的装置，清除(消除)电子设备中的敏感数据。这些内容通常需要与平台工程师进行协调，确保包括所有必需的设计特性，并与测试人员进行协调，确保编制了证明需求合规性所需的数据。例如，系统操作人员可能需要特定控件装置，从而允许他们在紧急情况下关闭不必要的机载系统。特别是，当架构处于应有的适当的位置时，作为一个工程项目的中央组织机制，架构团队所承担责任是确保所有这些考虑因素在需求基线中识别和捕获，并定义适当的措施来处理这些因素。

14.9 提高性能和可扩展性

性能和可扩展性是两个基本且重要的架构原则。然而，在预算、调度和相互竞争的利益相关方的利益约束下，实现性能和可扩展性是系统架构师不断面临的挑战。没有什么神奇的解决方案，但以下是一些经时间考验而成功的方法，可以提高解决方案最初和长期满足其需求的能力。

量化和验证功能需求。利益相关方群体通常会提出：① 含糊不清的需求；② 极端的需求。这些需求带来的成本和风险都是不相称的，因此破坏了整个系统的平衡。这通常被描述为“超出曲线的拐点”，其将效益与成本联系起来，并表明超过某个点之后，性能、可靠性或一些其他期望特征的小幅度的改进必然导致成本的大幅度的增加。出现这种情况时，架构师的最佳选择是：① 强制利益相关方量化需求或进行分析以得出所需的值；② 将需求对整个系统影响呈现在利益相关方面前，并主张更现实的需求。通常以促进更进一步的灵活性、鲁棒性和演进性的方式，减轻特定系统资源及其属性的负担。

使用建模、仿真和分析。虚拟原型支持在各种场景下对架构施加约束的实验，这些场景涉及更高的性能和可扩展性，以便识别限制因素。然后，这些理解可以支持调整，使架构从长远来看更具鲁棒性。

进行实际原型设计和试验。再多的分析和建模也不能完全预测系统在施加约束状态下的表现。来自原型和早期系统实例的测试数据，可以更有效地发现瓶颈、关键时序关系以及限制性能和可扩展性的其他因素。就分析结果来说，这些因素可以有效地用于改进架构。

优化高收益比的功能。经验法则认为，系统20%的功能占80%的执行时间(80/20法则)。当改进系统架构的时间和资金有限时，一个明显的策略是确定关键的20%，要么是软件，要么是硬件，要么是两者，并集中精力改进这些方面的设计。

减少资源竞争。类似的经验法则认为，一组有限关键资源的竞争，线程或进程可能会因为竞争而延迟或“受阻”。补救措施可以包括增加资源(例如，服务器一个关键应用程序的多个实例)、平衡一组资源上的负载以及线程控制算法调优，以消除对关键资源的需求并减少这样的竞争。

任务优先级排序。当受约束的资源无法成倍增长时，一个简单的方法是根据线程或进程的优先级对资源进行调度访问。第8章讨论了竞争和可调度性的重要方面。

进程分区和并行。这意味着将复杂的进程分解成可以与资源并行分配的更小单元。一个简单的示例，将进程分配给前台线程和后台线程，其中后台线程的优先级较低并在空闲期间执行。

14.10 总　结

本章介绍了一些可能影响系统架构师工作的其他额外考虑因素，特别是在处理性能、效率、系统安装和运行以及环制约力的极端需求时。计算机科学的快速发展和统一网络访问的趋势，为传统的专用信息系统创造了新的备选方案。先进算法在特定情况下，提供更快、更高质量的结果。在处理物理约束时，机械和环境设计是必不可少的。每种设计都是特定工程专业的主题，而架构团队需要利用适当的专业知识。在架构上诸如此类的因素非常重要，因为它们影响实现功能性和非功能性需求的可行性和成本，并且可能会限制设计方案的选择，特别是从物理视角来看。作为最终的技术通才，架构师需要对设计的这些方面驾轻就熟，并与各类专家一同有效地应对。

练　习

1. 考虑有一个集成了四个遗留系统的信息系统，其中每个系统最初都使用不同的编程语言开发，并在不同操作系统上执行。为帮助解决这种状况，列出一些利用虚拟化的方法。

2. 针对第 1 题中的系统，列出应用集群的一些优势。

3. 假定针对一项涉及大规模计算和大型数据集的科学信息处理的任务，如采用网格计算或云计算完成此任务，列出一些影响决定的因素。

4. 在图 14.1 中，为使系统正常地工作，列出硬件虚拟化层(管理程序)必须提供的一些特定功能。

5. 智能代理(Agent)和代理(Proxy)之间的区别是什么?

6. 考虑类似于第 10 章中提到的安全产品的设计，对传入的消息和文件进行扫描，检测恶意内容，比如在接收系统中植入恶意软件的嵌入式代码。如采用人工神经网络技术，列出一些影响决定的因素。

7. 针对设计系统的 SWAP－C 预算，如何管理以优化整个系统?

8. 考虑有一种安装到拖车上，用于收集和处理沙漠地区环境数据的移动系统，列出这种系统可能需要承受的一些环境约束要求。

学生项目

作为架构模型增强的可选方面，学生们结合案例中合适的系统特征和功能，回顾本章内容。

参考文献

[1] Fischer W, Mitasch C. (2006) High availability clustering of virtual machines - possibilities and pitfalls. Paper presented at the 12th Linuxtag, Berlin 23-26 May 2006.

[2] Smith J, Nair R. (2005) Thearchitectureofvirtualmachines. CompIEEECompSoc 38(5):32-38.

[3] Liu B, Chen Y, Hadiks A, et al. (2014) Information fusion in a cloud computing era: a systems-level perspective. IEEE A&E Syst Mag 29(10):16-24.

[4] Srinivasan L, Treadwell J. (2005) An overview of service-oriented architecture, web services and grid computing. HP Software Global Business Unit, p 2.

[5] Foster I, Kesselman C, Tuecke S. (2001) The anatomy of the grid: enabling scalable virtual organizations. Int J Supercomput Appl High Perform Comput 14(9):1-24.

[6] GLOBUS. (2017) GLOBUSforresearchproviders. http://www. globus. org/providers/. Accessed 4 June 2017.

[7] GLOBUS. (2017) Open Services Grid Architecture (OGSA). http://www. globus. org/ogsa/. Accessed 4 June 2017.

[8] Mell P, Grance T. (2011) The NIST definition of cloud computing. NIST Special Publication, Gaithersburg, MD, pp 800-145 http://nvlpubs. nist. gov/nistpubs/Legacy/SP/nistspecialpublication800-145. pdf. Accessed 4 June 2017.

[9] Nwana H S. (1996) Software agents: an overview. Knowl Eng Rev 11(3):1-40.

[10] Murch R, Johnson T. (1998) Intelligent software agents. Prentice-Hall, Englewood Cliffs.

[11] Artikis A, Pitt J, Stergiou C. (2000) Agent communication transfer protocol. Paper presented at the 4th International Conference on Autonomous Agents, Barcelona, 3-7 June 2000.

[12] Hector A, Narasimhan V. (2005) A new classification scheme for software agents. Paper presented at the 3rd International Conference on Information Technology and Applications (ICITA'05), Sidney, 4-7 July 2005.

[13] Bar Yam Y. (1997) Dynamics of complex systems. Addison-Wesley, Reading.

[14] Gurney K. (1997) An introduction to neural networks. Routledge, Abingdon.

[15] Lee C. (1990) Fuzzy logic in control systems. IEEE Trans Syst Man Cybernetics SMC 20(2):404-435.

[16] Zadeh L A. (1998) Fuzzy logic. Computer 21(4):83-93.

[17] Goldberg D E. (1989) Geneticalgorithmsinsearch, optimizationandmachinelearning. Addison-Wesley, New York.

第15章 确保架构测度和质量的治理

15.1 确保架构的质量

在进行架构开发时，针对满足客户需要而实现最初和长期的结果，我们已经强调了基本架构原则和最佳实践的重要性。不幸的是，我们的经验表明，系统和复杂组织体在其运行生命周期中经常无法执行这些规则。常见的原因是目光短浅的权宜之计（“我们无法承受跟踪架构质量的代价”）、优先级冲突（“除了性能之外没有什么是更重要的”）或缺乏架构技能和纪律（“这真的只是在硬件上运行软件的问题”）。结果是，架构要么从一开始就有缺陷，要么会随着时间的推移而恶化。

我们将通过重点讨论如何防止架构失去完整性的两种实用而有效的方法——测度和治理，由此结束对 MBSE 和 MBSAP 的讨论。方法基于两个前提：有可能且有必要客观地评估架构的固有质量；有可能且有必要建立机制来执行规则和实践活动，通过这些规则和实践来实现和保持质量。除非应用这些基本原则，否则任何架构方法论都不能确保系统最终不会出现严重的问题。

最近的出版物、会议以及专注于架构评估和治理的组织表明，人们越来越觉得这些问题至关重要。与本书中的许多其他主题一样，我们只能介绍一些基础知识，有意愿的读者可以更详细地研究感兴趣的领域。也许令人惊讶的是，架构团队在测度和治理的基础上有很好的共识，但是不可避免的是，各个组织和个人提出了截然不同的术语和方法。下面的讨论将描述具有代表性的与 MBSAP 一致的方法以及已发表的结论和建议。重要的是要认识到，若想在不增加过多开销或不适当地限制系统设计的情况下实现预期的回报，则评估和治理需要根据个别系统和复杂组织体的具体内容和目标进行审慎地调整。

图 15.1 提供了测度和治理在系统开发及运行生命周期内与系统交互的高层级视图。图 15.1 从熟悉的 MBSAP 流程开始，包括提供迭代螺旋策略（若适用），接下来是部署和运行。如图 15.1 所示，我们假设会有定期的升级、修改和技术更新，从而触发新的开发周期。测度和治理与项目交互，并且是在每个阶段彼此交互。甚至在开始开发之前，SE 团队就应结合需求分析，密切注意定义一组少量的测度（通常为 5～10 个），这些测度可以被量化和分析，并且能够产生对架构状态和质量的深刻理解。同时，还应制

定一项治理策略，以满足工程项目的短期和长期需要，并与所有利益相关方进行协调，并在高层管理层的授权下予以实施。在开发过程中，测度会定期接受评估，并用于支持设计决策，维持所需的系统属性。此阶段的治理与确保遵守架构规则、组织角色和职责、适用的政策以及策略等其他要素有关。根据测度和治理策略的规则对来自原型或实际系统的测试数据进行评估。

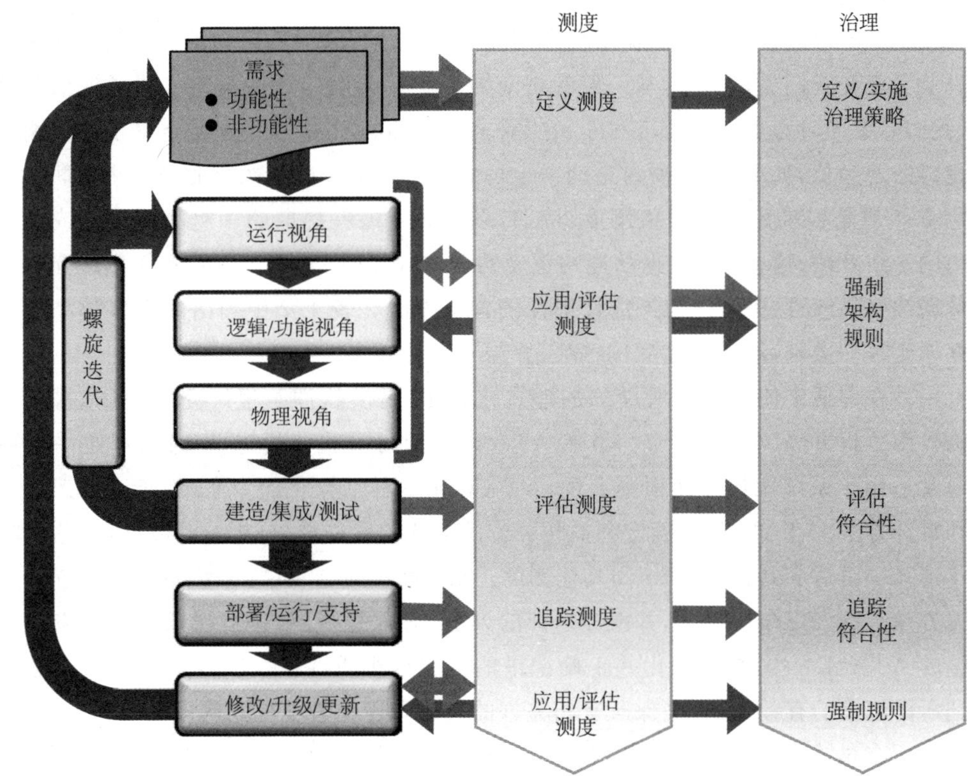

图 15.1　适用于系统整个生命周期的架构测度和治理(见彩图)

当系统部署完毕，就必须继续跟踪测度和规则。这段时间通常比开发周期要长得多，在此期间，疏忽会导致糟糕的决策，从而降低架构质量，而导致的后果往往是在损害发生后才发现。这些更改可能涉及系统配置、运行流程和过程、技术和产品升级，以及与原始系统基线的其他偏差。关于这种系统更改的决策应与开发期间应用的评估和执行流程相同。在某些情况下，客户指定治理需求和约束，例如授权批准构型管理和更改控制流程。

参考架构和框架(见第 12 章)所带来的价值包括治理规则和准则的指南以及系统在性能和技术方面的样本需求，影响着测度的选择和使用。同样，一些客户已建立了复杂组织体架构、参考模型、治理组织和流程，以及其他必须与特定系统的治理和评估策略相协调的总体需求。评估和执行架构方面并不存在一个完美的解决方案，但是本章列出的原理将有助于架构师制定有效的方法,跟踪架构质量并支持良好的设计和管理决策,从而保证质量。

15.2 定义测度和质量属性

表 1.2 给出建议的一些总体架构原则,应该在系统开发、部署和维护期间指导和支持决策。现在我们更进一步,从一般的指南转为规定的架构评估策略。选择评估测度时,我们需要同时考虑功能需求和非功能需求(FR 和 NFR)。FR 通常定义了系统测试中测得的定量值,如第 11 章所讨论的。也可能存在与系统必须执行的操作相关联的非量化 FR,但是很难定义其数值测度,例如,系统必须能够提取的一组数据格式或必须使用的一组算法,这些 FR 根据功能的正确实现进行验证。对于 NFR,第 4 章所介绍的质量属性(QAt)的思想,作为评估合规性的首选方法。表 1.2 中列出的大多数品质测度都属于这一类别,涉及总体架构特征,并与 QAt 相关。

一种在评估中使用的众所周知的形式化方法,是由软件工程研究院(SEI)提出的架构权衡分析方法(ATAM)[1]。虽然 ATAM 是专门为软件架构设计的,但是一般原则通常适用于系统架构。从根本上说,ATAM 是一种结构化的方法,用于定义架构目标和首选方法;ATAM 基于确定利益相关方的关注和优先级,分析驱动需求,评估风险以及选择一组达成共识的 QAt 和其他测度。SEI 推荐的 ATAM 方法始于由系统利益相关方参与的大规模研讨会,并由经培训的人员(通常是顾问)进行协助。即使未使用完整的 ATAM 方法论,结构化并正确记录的流程也很重要。一次或一系列研讨会是得到所需答案的有效方法,确保所有相关方的关注和优先事项得到认可和恰当地对待,同时使所有相关方认识到:不可能为所有人提供所需的一切。

架构测度是第 12 章所讨论的参考架构中的重要内容,因为定义测度涉及的大部分工作可在给定类别的多个系统之间共享。与所有参考架构问题一样,关键是功能、系统和复杂组织体结构、用户角色、运行概念以及优先级,即使不完全相同,也是相似的。如果正确记录了产生的一系列测度的数据和分析,则可以采用快速的流程,将结果定制到不同的应用,从最初的派生的测度中共享系统的基本特征。

15.2.1 功能需求的测度

第一种也是比较简单的架构测度,适用于 FR。对需求基线的简单分析产生了一系列定量性能和功能性能项,实际上形成了这部分架构评估的检查单。根据客户的偏好和适用的采办规则,可以使用多种方式来描述 FR。定量需求通常称为技术性能测度(TPM),并可以将相关的详细需求汇总成少量的主要需求。功能需求可以称为关键系统属性(KSA)。在政府工程项目中,通常会有一些关键性能参数(KPP),用于确保那些强调和跟踪的最高优先级的需求。未能满足 KPP 可能是取消工程项目的原因，而其他需求不具有挑战性并可能是可协商的，特别是如果表明这些需求的成本可能会超出所提供的能力。①

测度的挑战源于这样一个现实，即一个主要系统可能有数百甚至数千个 FR，每个 FR 必须有一个经批准的验证方法，如分析或测试过程。出于报告和跟踪的目的，可以将这些需求汇总成一个总体的测度，例如已满足的 FR（或通过分析预测出的将要满足的 FR）百分比，另外，可能还会有一份单独的报告，其中详细描述了未满足的需求。在任何情况下，系统开发工程项目都需要一个正规化的系统来跟踪和报告 FR。架构团队必须确定支持 FR 所需的特性和功能，并将通过系统跟踪作为制定设计决策的重要工具。下面几段将给出与 FR 相关的架构问题的一些示例。

完整性。系统架构师和设计人员必须确保，满足需求所需的所有组件或产品集合已经在架构模型中进行了识别和考虑。映射到逻辑/功能视角的已分配基线是验证完整性和正确性的重要工具。需要完全满足特定系统的需求的任何内容，从执行功能（如控制机床）的主要系统组件到支持实用程序（如操作人员的网络聊天工具）。

资源。相关的关注点是确保架构提供满足定量需求的充分资源，例如控制响应时间、同步执行的任务负荷、通信和网络吞吐量、服务编排和工作流，以及其他能力。完善的架构方法论应包括所有资源的冗余指南，实现鲁棒性设计，这意味着任何人都可以处理系统需求和流程的更改以及运行条件的变化。基于 FR，可能需要分析和建模来确定基础设施和其他系统组件的性能需求。正如在第 8 章中所讨论的，实时架构具有特别严格的性能需求，需要进行非常透彻的分析。

现有组件的集成。架构必须支持由客户指定的或确定为满足 FR 的所有已有与第三方组件和产品的集成。

互操作性。架构必须支持与客户指定的外部环境的互操作性，包括系统需与之交互的所有系统、网络和其他资源。尽管标准符合性视为一个 NFR，但可能需要在 FR 清单中，考虑外部接口的特定功能和性能方面，例如在允许的时间内访问外部节点和系统中安装的特定数据库的能力，以及执行远程系统备份的能力。

作为一个简单的示例，我们参考了表 4.1 中 E－X 系统高层级功能需求的示例，表 15.1 给出如何将其中一些需求转换为性能测度。有些需求（例如雷达探测距离）是定量的，而另一些需求则规定了必须具有的功能，例如执行传感器的信息融合，对此无法规定定量的测度。实际上，性能规范成为架构的总体性能测度。

---

① 就是所谓的成本作为独立变量（CAIV）方法背后的根本原理，该方法将需求以及成本、风险和其他因素包括到权衡研究中，杜绝由于过度的需求（超出成本/收益曲线的拐点）而大幅度地增加工程项目的成本。

表 15.1 E-X 系统性能测度示例

需求域	高层级需求	性能测度
感知	• 多模雷达应使用合成孔径雷达(SAR)和地面移动目标指示(GMTI)模式执行地面/水面监视; • ELINT 传感器应收集并分析指定频段中的 RF 辐射; • EO 传感器应在指定频段内对地面/水面目标进行成像	• 探测指定范围内超过指定尺寸的雷达目标; • 以指定的灵敏度探测指定频率范围内的 ELINT 信号; • 收集具有指定分辨率和图像质量的 EO 图像
传感器利用	• 系统应探测传感器数据中感兴趣的对象和事件; • 系统应对感兴趣的对象执行跟踪、地理定位和识别; • 系统应管理和更新目标跟踪; • 系统应将来自机载和非机载传感器的信息进行融合而生成传感器报告,创建跟踪目标状态的估计值; • 系统应基于跟踪目标参数对目标和目标更新进行判定和报告	• 对已校准的传感器数据中的指定对象和事件进行探测和分类; • 以指定的准确度执行跟踪、地理定位和识别; • 利用指定算法将指定传感器的信息融合而生成传感器报告,创建指定准确度的估计值; • 基于指定标准利用指定特征来创建目标报告

15.2.2 非功能的质量属性需求

在开发和维护一个高质量的架构——即在系统的整个运行生命周期内满足利益相关方的需要,中心关注点是定义和使用我们称为质量属性(QAt)[①]的总体品质测度。QAt 可以涉及许多系统属性,包括应用良好的设计实践、鲁棒性(对更改的容忍度)、可靠性,以及许多其他属性,这取决于系统的特征及其利益相关方的优先级考量。可靠性是定量 NFR 的一个例子,因为可靠性具有数值参数,如平均故障间隔时间。然而,许多 QAt 很难测量,因此通过专家判断、最佳实践的符合性、检查单以及与其他系统对比而获得的知识来评估。已经提出了几十种备选的 QAt。在选择一组可管理的、对于给定系统和给定利益相关方关注点最有效的 QAt 时,严谨的方法是必不可少的。

因为系统中的各个利益相关方通常关心不同的事情,所以他们所拥护的目标常常存在冲突。常引用的一个案例就涉及针对系统操作人员和培训人员具有吸引力的"易于使用"目标。因为该目标可能需要另外的系统特性和功能,与"效率"目标(降低满足需求的成本)相冲突。另一个例子是"高可靠性"目标,需要一定程度的冗余和组件测试,并与"可承受性"相冲突。此外,目标可以是"强性的"——它们是强制性的;也可以是"软性的"——它们代表了期望的特征。在很大程度上,由于试图平衡相互冲突的利

① 使用这个有点勉强的缩写 QAt 是因为 QA 通常被认为是质量保证的意思。这些属性有时也称为质量属性参数(QAP)。

益会导致不可避免的妥协，软性目标常常在不同程度上得到满足，并且成功的标准在本质上可能更多的是“足够好”就行，而不是绝对实现某个期望的特征。简而言之，QAt 预计会是：

- 难以量化和测量，有时需要分解成更详细、更容易评估的特征。
- 在试图选择最有用的 QAt 的同时又满足所有系统利益相关方的需要时，彼此存在冲突，并且很难确定优先级。
- 与设计更改密切相关，这些设计更改可以单独或共同对 QAt 产生好的或坏的影响。

最后一点，在使用 QAt 来保持架构完整性时尤为重要。系统设计决策可以由各种各样的考虑因素驱动，包括纠正性能缺陷、降低成本以保持在预算范围内，以及根据供应商关系或客户偏好进行产品选择。以架构为中心的 SE 流程应要求将对 QAt 的影响作为此类决策的一个因素，而 QAt 本身通常可以通过提供有价值的数据来评估备选方案。这是使用 QAt 时的核心概念，以确保决策考虑了对整个系统技术质量的影响，否则在涉及特定问题的聚焦分析中，甚至可能未能考虑到这一点。

Cleland Huang 等人[2]提出了一种以目标为中心的可跟踪性方法，用来管理 NFR。在这种方法中，软性目标相互依赖图（SIG）作为目标建模、影响检测、目标分析和决策的基础。其目的是为系统开发人员提供一种评估 NFR 影响的设计决策方法（使用 QAt 来测量），通过跟踪更改在整个目标结构中对特定目标的影响来确定其总体影响。该目标通过以下方式来完成：绘制一个目标分解树；增加依赖性，以表明哪些较高层级目标受到哪些较低层级目标的正面或负面影响；注入与设计决策相关的更改；跟踪这些影响是如何波及整个结构并最终影响高层级目标的。在这一领域发表的其他策略，也基于架构应满足目标的概念[3]。Svahnberg 和 Henningson[4]提出了一种理解 QAt 之间关系的方法。Subramanian、Chung 和 Song[5]描述了 NFR 框架和在系统和复杂组织体架构之间建立可跟踪性的方法。在本书第 4 章中首次引用的 Suppakul 和 Chung[6]的一篇论文，涉及在 UML 形式化模型中包含 NFR，涉及软性目标与用例的关联。

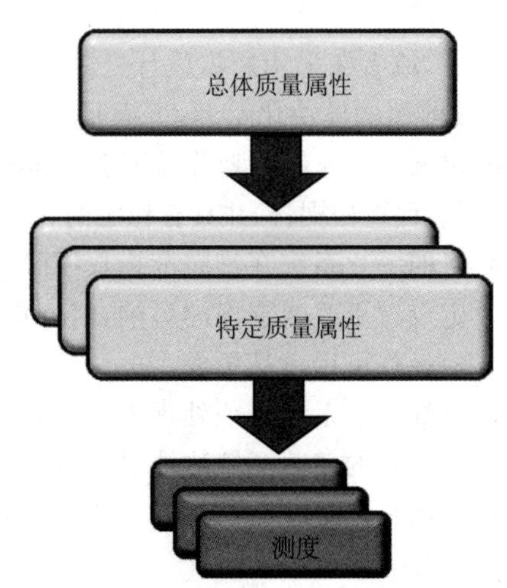

图 15.2　基本质量属性的层级结构（见彩图）

QAt 的另一个普遍特征是层级化。总体系统特征是通过更具体的特征的组合来实现的。例如，软件工程研究院（SEI）开发了一个层级结构，以 QAt 为顶层，然后是代表设计方法的策略，最后是作为策略中特定设计特性的措施。较低层级的 QAt 通常更容易通过有效的测度进行评估。经验表明，图 15.2 中的基本结构在许多情况下都适用。总体 QAt 是由特定 QAt 组成,可以用客观测度来评估。注意,测度可能与一个或多个特定 QAt 相关联。根据其特征,可以对这些测度进行定量评分,也可以按照缺失、部分实现、完全实现和超额实现等比例进行评分。

例如,模块化的重要总体 QAt,是通过特定 QAt(如模块分区、接口定义和控制、松耦合,以及更改影响的局部化)实现的。一些候选测度将包括:

- 分配给模块分组的系统元素或资源的一部分,减少模块边界之间的依赖性。
- 具有完全定义的模块分组的一部分,与模块内部细节无关的稳定接口。
- 已经确定更改约束,使设计更改后的回归测试限制在受影响的模块中的一部分。

面向对象和面向服务为实现该 QAt 提供了强大的支持,这当然绝非偶然。

Barbacci 等人[7]在 SEI 公布了一种早期的、有影响力的 QAt 处理方法,他们在该方法中提出了一种基本分类法,同样专注于软件,基于:

- **关注**——给定的 QAt 要处理哪些内容,以及要解决什么问题。
- **因素**——那些限制 QAt 测度特征的阻碍。
- **方法**——克服这些限制而产生所需结果的可能方式。

我们针对 MBSAP 对这种方法进行了扩展。我们根据以下几个方面定义 QAt:

- **定义**——利益相关方接受的、对 QAt 的清晰描述。
- **目的**——已交付系统的结果、效益或回报,QAt 试图确保或增强的;可以是任何内容,从运行有效性到市场竞争优势。
- **挑战**——阻碍 QAt 实现的实际考虑因素。
- **方法**——分析和设计方法、采购技术,或实现所需属性的任何其他实用途径,例如,可以通过应用适当的参考架构来增强通用性和互操作性的 QAt。
- **测度**——对评估 QAt 实现情况的方法的描述,可能随着经验的获得而演进。
- **问题**——必须处理的事项的统计,例如关键利益相关方在 QAt 中的不一致意见,或者在采用所需设计之前必须解决的开放的技术风险。

继续前面的模块化示例,下面是 QAt 的六个要素的内容。

- **定义**——系统被划分为子系统和组件,这些子系统和组件使交互和更改影响局部化,促进松耦合,并具有稳定的、完全定义的、适当标准化的接口,抽象内部细节。
- **目的**——系统在细粒度模块层级上具有可扩展性和可演进性,在已知边界内确定设计更改或错误的影响,将回归测试范围降至最低,并可以由来自多个源头的最佳可用产品组成。
- **挑战**——系统必须处理模块之间的技术和设计异构性,并且必须在具有模块之间交互的相关开销的情况下满足性能需求。
- **方法**——系统设计基于面向对象和面向服务的架构,采用以架构为中心的系统工程方法论。
- **测度**——前面段落中列出的三个模块化候选测度将作为出发点,可以根据经验进行完善。

- **问题**——待确定,但可能包括必要性等事项,如使系统开发的所有参与方都可实施通用方法论和一系列的测度。

不可能有单一的、通用的可选的 QAt 清单,每个项目都需要精心选择和定制设置。表 15.2 给出了一些可能有助于选择 QAt 的事例。从某种意义上讲,这是对在第 1 章中首次表达的、关于架构原则的思想的详细说明和梳理。表 15.2 遵循图 15.2 的结构,并增加了一些关于各种测度特征的想法。

与项目的问题更加相关的,在某些情况下可能尤为重要的其他 QAt,包括:

- **技术成熟度和风险**——利用先进技术的系统,可能需要对包含该技术的产品的成熟度(已证明的可行性和可承受性)以及可用性进行总体衡量;成熟的反义词是风险。
- **可输出性**——对于将要销售到海外客户的系统,可能需要对性能、技术和其他敏感方面与现行出口法规的一致性程度进行跟踪。
- **进度**——如果是迫切需要的系统,则通常根据对关键路径的预期影响,将设计决策与项目进度明确联系起来,这可能很重要。

15.3 建立有效的治理

正如同,任何治理机制的基本目的都是促进和执行治理实体的长期战略目标,架构治理也涉及在系统或复杂组织体的生命周期内保持总体架构完整性。对于除了最简单的系统之外的任何系统,如果通过良好的治理策略进行补充完善,则为开发良好的架构(尤其是通过以架构为中心的系统工程)进行的投资将产生更高的回报。

在本章的前面部分,我们注意到,高质量的架构会随着时间的流逝而退化,因为关于系统演进和使用的决策的累积影响,会与初始的 QAt 发生冲突,有时甚至会超出原始 QAt。松耦合可能会受到模块之间交互的影响,这些交互会创建新的依赖关系,因为实现设计更改,比修改模块的内部结构更快、更便宜。随着功能的增加,系统资源的冗余通常会逐渐消耗,直到处理任务负载激增或快速添加资源,造成系统扩展到更高性能水平的能力丧失殆尽为止。可靠性可能会因为减少支持成本而选择较低质量的更换件,从而受到损害。当没有更好的选择时,这些和类似的决策实际上可能是合理的,但是一个可靠的治理流程,至少可以确保决策者知道在系统的长期有效性、可支持性和成本方面放弃了什么。

治理的其他动机包括确保只对系统进行授权更改,并且只有授权用户或客户可以访问系统产品和资源。复杂系统和复杂组织体通常具有总体目标和长期战略计划,而治理流程对于确保任何添加、删除或更改都与那些更大的目标保持一致,这是必不可少的。有些更改从纯技术或成本的角度来看,可能很有吸引力,但这些更改可能会对系统或复杂组织体支持的业务流程造成无法预见的有害影响;同样,良好的治理为防止这种结果提供了保障。

表 15.2　可能的质量属性示例

总体质量属性	定　义	特定质量属性	定　义	候选测度
性能	架构具有满足性能需求所需的所有特征	功能需求支持	包含了满足 FR 所需的所有架构特性	满足 FR 的验证
		适应性	系统可以根据运行更改来添加或修改行为	专家判断架构支持及时的、可承受的更改
		资源分配和冗余	针对最坏情况和充分的冗余情况所需的资源	最坏情况负载条件下的资源使用情况分析和测试
开放性	架构具有的如下特征：促进竞争性采办和升级性、长期运行适用性、设计复用性、互操作性和其他优势等	标准符合性	适用于接口、组件和服务的适用标准	设计与批准标准文件的分析
		扩展性	可以通过添加或删除细粒度组件来调整功能； 可以选择和组合模块来跨越一系列的系统复杂性	所增加的模块资源的功能分析和测试； 跨越一系列规模和功能复杂性的系统变体的分析和测试
		可演化性	组件级修改、升级和技术更新	架构支持组件的更换，专家判断
		组合性	架构支持来自多个来源的多种产品的集成	设计分析； 系统集成和测试结果
模块化	架构采用模块化设计原则，实现剪裁、鲁棒性、系统演进和其他优势等	用于松耦合的模块分区	对资源进行分组以最大限度地减少模块边界之间的依赖性和交互	模块组有效地本地化了交互并最大限度地减少了外部依赖性，专家判断
		接口定义和控制	模块具有稳定的、完全定义的接口，接口抽象内部细节	用于确定具有所需定义的接口的设计分析
		更改的局部化	模块采用封装，这样内部设计更改就不会引起其他模块的更改（也称为更改约束）	用于确定更改约束边界的设计分析； 回归测试仅限于更改的模块
运行适用性	在预期的运行和支持环境中执行系统功能，架构支持正确可靠的运行	互操作性	与指定的外部各方进行交互以共享信息并允许协同运行所需的所有架构特性	外部交互的测试； 对于 SOA，对作为符合标准的服务公开的功能和数据进行分析
		通用性	架构支持使用通用的设计、组件和子系统	所采用的通用项目的设计分析
		环境兼容性	架构特性使系统能够在运行和支持环境中正确工作	用于确定系统性能和可支持性的设计分析、测试和现场经验
		移动性	架构特性支持系统在不同位置运动和正确运行	用于确定系统运动和正确运行的设计分析、测试和现场经验

续表 15.2

总体质量属性	定　义	特定质量属性	定　义	候选测度
易用性	架构包含可提高用户有效性并最大限度地减少独特培训需求的功能	基于角色的人机界面	架构能够定制显示和操作人员的功能，有效支持特定的操作人员角色	关于 HSI 的有效性，专家判断和操作用户反馈
		嵌入式用户支持	架构可实现自动化、帮助、警告、错误检查以及其他可提高用户有效性的功能	关于嵌入式支持功能的有效性，专家判断和操作用户反馈
		人体工程学设计	架构包含人体工程学设计标准和实践	人体工程学设计有效性，专家判断
可用性	架构包含可最大限度地减少系统故障和失效的发生和影响，系统使用就绪时间与总时间之比的最大化特性	固有可靠性	架构包含环境中具有高可靠性的组件	组件分析和可靠性测试； 平均故障间隔时间（MTBF）
		冗余	架构包含冗余，以最大限度地减少高发生率的单点故障	系统可靠性分析和测试； 平均严重故障间隔时间（MTCBF）
		故障管理	架构特性支持故障包含和恢复	故障管理特性的设计分析和测试
		可维护性	架构特性支持系统快速修复和恢复	修复动作的分析和测试； 平均修复时间（MTTR）
		健康管理	架构支持故障分析和预测	预测和健康管理功能，专家判断
安保性	详细讨论见第 9 章			
可承受性	架构使解决方案可与客户预算相匹配	采办成本	架构特性最大限度地降低了系统采办的初始成本	采办成本与预算
		运行和维护成本	架构特性最大限度地降低了系统运行、维护和升级的成本	生命周期成本与预算和预测

15.3.1 一般的架构治理

如今,“架构治理”一词通常与面向服务的架构和复杂组织体架构(SOA 和 EA)相关联,但是从更一般的讨论开始很重要。任何治理流程都涉及一组通用的基本步骤,如图 15.3 所示。

- 为相关实体及其实现工程项目定义目标和目的。
- 选择一个策略来实现这些目的。
- 确定和获得关于实现该策略的规则和准则的一致意见,通常是以原则的形式。
- 建立一个组织背景环境,策略可以与制定决策的框架一起执行。
- 建立实现策略和应用策略的流程。
- 在短期和长期内执行策略。
- 衡量目标的实现情况,并对策略、流程和组织进行必要的纠正,处理出现的问题。

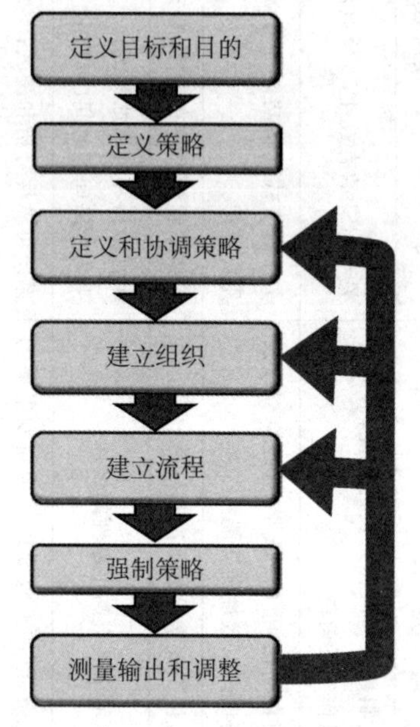

图 15.3 治理流程的基本步骤(见彩图)

开放组织(TOG)[8]发布了关于架构治理的广泛指南,特别是在开放组织架构框架(TOGAF)第四部分“架构开发方法论阶段 G”中。TOGAF 要求在复杂组织体范围内进行架构治理,以管理和控制组织所有层级的架构。这表明了一个重要观点:治理并不是为了单个系统的利益而运行的,而是为了实现采用该系统的组织目标,因此是在更大的总体策略、原则、约束和流程的背景环境中进行的。TOG 还强调,如果要实现维护组织架构的完整性和有效性的目标,则治理必须包括总体方法、一组流程、支持性组织文化和明确的职责。与此类似,Winter 和 Schelp[9] 指出,一致且及时的复杂组织体架构结果取决于清晰且有效的指南。

基本假设是,公司架构将通过一系列项目来实现,这些项目通过引入新功能或升级已有架构来实现所需的更改,并且通常以足够小的增量来计划,以便组织能够接受和应对。这些项目涉及单个系统和体系,这些系统和体系的架构是本书的主题,但是增加了与更大的公司或复杂组织体架构目标和策略的一致性和支持方面内容。任何信息密集型系统都将成为更大复杂组织体的参与者,且必须遵守该复杂组织体的策略。实际上,第 12 章所述的参考模型存在的最重要原因之一,是为其适用的系统的治理建立基础,这些系统通常用复杂组织体架构(EA)来表示。

与 QAt 一样,研究人员和实践者之间就架构治理的要素达成了相当程度的共识。图 15.1 提供了治理活动与系统生命周期和相关测度之间关系的高层级视图。架构治理可以认为是总体公司或组织治理的一个要素，侧重于实现、管理和使用技术来实现总体目标的流程。正如公司治理是董事会的职责一样，TOG 建议成立一个架构委员会，负责架构策略和管理，并对更高层级的治理权威机构和利益相关方负责。实际上，许多关于架构治理的作者都强调了策略执行和责任的互补方面。TOG 针对架构治理框架提出的一些其他要点包括：

- 开发并应用治理流程，收集、审核和分发架构实现和人员工作方面信息，如策略管理、合规性执行、产品选择等。
- 保持流程与治理内容（规则、标准、现有架构等）的明显不同。
- 确保定义所需的治理权威机构并从高层管理人员向下传达；这可能是由董事会授权的首席信息官或首席技术官（CIO/CTO）、首席执行官（CEO）或其他执行权威机构。
- 根据既定规则、标准、接口协议、业务流程和架构策略持续评估合规性；监视架构部署，对架构增强组织流程的效率、完整性、可靠性和其他关键方面的影响尤为重要。
- 建立一个有效的组织结构，明确说明总体架构及其中各单个系统架构的开发、实现和部署职责。
- 建立一套全面的、可追溯到策略的架构原则，指导架构实现。
- 处理与架构实现相关的更改导致的文化变化和组织策略的现实情况。

在组织中，使用 IT 作为业务或任务流程的重要推动者，并需要针对该技术进行架构治理，治理过程中可能涉及的主要功能领域是业务或运行以及 IT 员工，但是在架构决策过程中可以让许多其他功能组织发挥作用。图 15.4 给出了治理组织结构的一个非常简单的示意图。无论怎样强调组织高层管理人员的充分授权的重要性都不为过。

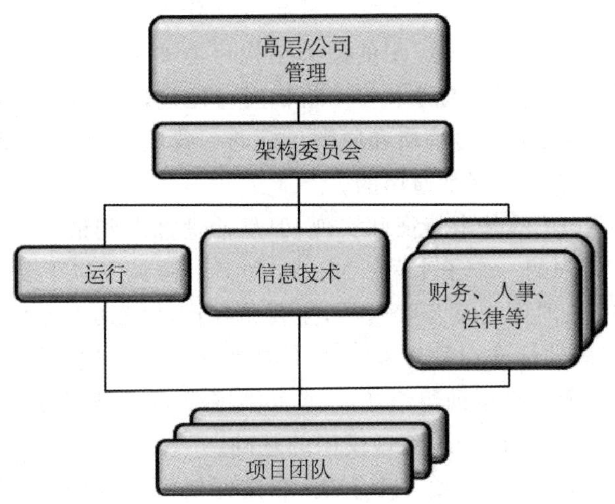

图 15.4 架构治理的典型组织结构（见彩图）

根据TOG的建议，图15.4示出了一个架构委员会(有时称为架构评审委员会)作为主要决策机构。该委员会包括组织的技术和业务架构负责人，并有受其决策影响的或在执行其决策时发挥作用的职能域参与者。这些职能域可能包括财务部，处理预算分配和架构对组织总体财政状况的影响；人事/人力资源部，处理所需的员工技能和培训；甚至是法务人员，前提是受技术的影响对公司责任、知识产权和其他此类事宜有影响。该委员会需要技术方面的全面专业知识来支持架构，包括IT以及产品、流程管理、数据管理、质量保证和安全性。最后，通常会成立常设或临时项目团队来实际完成组织技术资源和流程的实现、支持和升级工作。

15.3.2 面向服务架构的治理

关于架构治理的许多文献都来自SOA方面的工作，不可否认，此类架构带来了额外的治理挑战。一方面，大多数从事此领域工作的作者和研究人员都假设他们正在处理的项目中，组织已决定将已有系统或复杂组织体的技术基础迁移到SOA。除了纯粹的技术方面问题之外，这还带来了一系列与不断变化的流程和组织(实际上是文化)相关的问题。我们在第7章中讨论了一些非常实际的挑战；在SOA实现过程中，当SOA改变了人们习惯的思考和行动方式时，这些挑战可能变得很重要。在许多组织中，复杂组织体架构和服务作为转换传统做事方式的基础，这种基本概念是陌生的，并且可能有争议。上一小节已经提到了其中的一些内容，本小节将对此进行更深入的研究。要开发一个新系统并且该系统有机会成为“与生俱来就是面向服务的”系统时，向SOA过渡所涉及的任务有所减少或消除，但是将新能力集成到复杂组织体中时，如果复杂组织体的其他参与者可能同时包括非SOA系统和基于各种SOA技术和策略的系统，则通常仍然需要解决一些问题。本小节在很大程度上借鉴了Marks和Bell[10]的著作。

对这种文化更改进行预测和规划是SOA项目的重要部分，也是建立长期治理策略的关键部分。如果受影响的人员了解一种新的工作方式的目标和好处，他们就不太可能抗拒治理施加的约束。大型组织的治理结构可能要复杂得多，特别是当公共的法律或政策影响到技术的使用以及涉及多个机构时。但是，自上而下支持、涉及所有利益相关方的授权决策、继续关注与策略和原则目标的一致性，以及为负责实现这些项目的组织提供明确指导等基本原理是通用的。

第7章讨论了SOA的基本特征和实现，但是治理推迟到最后一章，因为治理的处理是架构质量及其管理的一个子主题。Marks和Bell强调了以下要点：

- SOA是在一段时间内逐步实现的，主要是在产品级别上，通过不断定义和执行创建概念架构的标准和策略来实现，解决方案将基于这些标准和策略。
- 实现后，这些策略将帮助组织达成其SOA愿景和业务目标。
- 最后，这些策略成为SOA治理模型的基础。

与一般的架构治理一样，需要一个框架，在该框架中，受影响的组织和职能部门与IT协作，提供领导力，设置目标和策略，建立角色和职责(通常在正式的章程中列出)，分配预算并跟踪进度和结果。治理执行总体SOA策略，并控制技术和服务的实现、管理和使用。以下是 SOA 给组织带来的一些额外的治理挑战。

- **与传统的 IT 策略相比,SOA 对组织和流程的影响更为广泛和深远**——过渡到 SOA 确实会导致组织开展业务的方式发生根本变化。这很可能需要新的行为规则来达成这些变化的全部优势。SOA 治理通常需要在组织要素及其活动之间进行更多的协调和问题解决,这正是因为 SOA 促进了组织流程的更高层级的集成、自动化和测量。因此,至关重要的是,SOA 实现策略必须全面且完整,并考虑到将受到影响的所有组织领域和活动。
- **额外的技术和标准会导致需要额外的、有时更复杂的策略**——例如,可能需要一种策略来控制业务流程的动态组合,利用 SOA 的敏捷性,同时保持产品或服务的质量,并避免中断制造、运输、供应链和其他受影响的业务域。
- **由于更多的信息共享和资源访问而产生的额外安全措施**——组织现有的赛博安全结构和流程将至少需要进行大的更新,有时还需要进行整体的更改。
- **需要确保服务的开发、部署、支持和升级方面的纪律,以避免由于不周密的或分析不完整的更改而导致服务使能流程的中断**——例如,应该有涵盖服务发布和访问、消息传递和联网、标准数据模型和安全性的策略,任何建议的更改都必须遵循该策略。

前面介绍的治理框架,为了应对 SOA,进行了一些细微的更改。以下段落描述了一些重要的考虑因素。

- 迫切需要对将在引入服务时创建或修改的流程进行仔细分析,基于对即将发生的更改、寻求的优势以及成功的测量方法,确保目标、政策和策略的清晰理解。这是必须在定义服务及其开发和部署之前,进行的前期分析和计划的必不可少的要素。
- 还必须对将受到影响的组织要素和功能进行类似分析,并对角色和职责、员工技能和培训,甚至报告关系的变化方式进行类似的分析。引入 SOA 可带来任何结果,从重新定义某些员工的职责到全面的文化改变,而且许多作者都强调了关注行为规则、培训和管理的重要性,以帮助组织及其员工适应新情况。
- 成功的 SOA 实现需要选择适当的标准,用于选择或开发实现技术和产品的指南,用于使用服务和组成业务流程的规则和过程,以及任何其他必要的指南,以便能够编写完整、清晰且有效的策略。
- 初始分析将识别和定义服务,能够实现期望的流程转型,然后进行严格的更改控制和服务配置管理。对彻底失败或未能达到预期结果的 SOA 项目的分析指出,根本原因通常是对这一步和之前的分析重视不够。相反,有效的治理通过执行设计规则和最佳实践,并确保它们来自业务流程/任务线程,从而提供真正有用的能力,产生可复用、可组合和可演进的服务。通常,采用服务等级协议(SLA)的标准促进这些预期的结果。
- SOA 项目成功的另一个有力支持,是精心选择初始项目或先导性项目,以验证策略并展示早期的收益。先导性项目是试用 SOA 治理策略并在必要时对其进行完善的机会。先导性项目为定义和执行随后的项目奠定了基础，这些项目完成了 SOA 实现，然后使用跟踪结果的测度对 SOA 进行了演进和完善。例如，一个先导性项目通常集中于一个特定的流程或子流程，其中一组有限的服务，可以支持所需的更改并展示可测量的改进。SOA 的长期演进应以测度数据的反馈、对组织战略计划变更的响应、技术演进的预测、实际或预测的产品退化、不断变化的客户需求以及一系列其他因素为指导。

- 与任何治理流程一样，对利用数据来清晰确定服务改进结果（如流程时间、资源利用率、质量和成本）方式的测度进行定义和跟踪是至关重要的。
- 服务的实现、集成和管理，通常比基本 IT 资源的引入或升级更复杂，需要更广泛的技能和经验。
- 与传统 IT 相比，SOA 项目中使用的资源规划、分配和跟踪可能有所不同，特别是在某些服务外包给供应商或由其他组织或机构的情况下。传统 IT 的资源管理流程通常需要扩展和修改，以支持 SOA。例如，除了硬件和软件之外还必须对服务进行管理时，配置管理、系统管理、负载平衡和安全管理等包含其他额外的内容。
- 假设过渡到 SOA 的系统是更大的服务使能复杂组织体的参与者，则必须考虑对复杂组织体服务的支持和使用。正如第 14 章所讨论的，这是治理与复杂组织体架构相联系的地方。

Portier[11] 在讨论 SOA 治理时，将重点放在了人员的方面，特别是需要明确的职责和权限链、良好的组织沟通，以及架构测量、策略执行和控制机制。为了引用一个完全不同的观点，美国国家首席信息官协会（NASCIO）[12] 发布了一些关于 SOA 对州政府的益处和影响的研究。NASCIO 非常重视 SOA 治理，指出如果没有 SOA 治理，则可能存在不必要的能力重复、违反法规以及成本过高的风险。NASCIO SOA 治理模型包括组织设计、资金、员工发展（知识、技能和经验）管理、原则、标准、操作流程和工具、变更管理、风险管理，以及合规性和绩效测度，这是一个与本节描述的其他方法非常相似的方案。

典型 SOA 治理流程的实现可以分为五个阶段，如下：

- **服务识别**——首先，应在总体架构结构和行为的背景环境中，识别和建模将作为服务实现的功能。应记录并评估第 4～7 章中讨论的服务目录的关键特征，包括复用性、组合性（例如，在工作流中）以及基于运行需要的相关性。这是完成运行和逻辑/功能视角的一个元素。
- **服务定义**——在向物理视角的过渡中，具有互操作性、组合性和可发现性规定的完整详细的服务合同（服务等级协议）是至关重要的。定义还应尽可能规定服务是无状态的，因为这有利于松耦合和服务组合。
- **服务实现**——作为创建将实现服务的软件对象的一部分，重要的是验证代码中是否实现了服务定义期间标识的属性。第 7 章中总结的许多标准和规范都是服务实现的基本元素。

- **服务集成**——在此阶段，将对服务进行测试以验证所需的特征，将服务部署到SOA基础设施上，并在实际运行背景环境中进行测试，包括与其他服务的交互以及更高层级的服务和工作流中的组合。
- **服务管理**——在这个持续进行的阶段，将监视服务的性能、可靠性和使用情况。随着服务使能流程的演进，动态服务组合、新工作流、服务修改和升级，以及其他管理活动都将完成。

以SOA架构师应考虑的最后几点内容，我们将结束对架构治理的讨论。一个广泛接受的最佳实践涉及将策略与服务定义分离或解耦，本质上是通过将策略绑定到服务端点而不是绑定到其后的服务来实现的。然而，一些SOA架构师选择将策略声明嵌入到定义服务的WSDL文档中。我们认为只有在必要的时候才应这样做。另一个实际问题是SOA治理工具的可用性不断增长，通常包含在应用程序服务器、Web服务器和各种中间件产品（如ESB和显式Web服务管理WSM产品）中。此类工具减少了管理服务所需的工作，就像其他资源管理工具为系统和网络管理员所做的那样。如今，人们大体上能够理解架构治理（尤其是SOA的治理），而且架构治理得到了技术方面的支持并成为成功架构设计的关键。

15.4 总　结

本章结束了对复杂的信息密集型系统的实现架构和基于模型的系统工程方法的讨论，主要围绕通过严格的治理来测量和执行架构质量以及技术完整性这一重要主题。讨论表明，对一组精心选择的架构属性进行客观、理想的定量测量是可行的，也是可承受的，并针对显著影响系统或复杂组织体运行有效性、可支持性和总成本的特征提供了宝贵见解。在开发、部署、运行支持和升级的整个生命周期中，跟踪架构测度有助于针对系统的初始设计和长期演进做出正确的决策，并避免做出错误的决策。测度数据则是架构治理的一个关键输入，确定了所需的正式策略、控制和过程，使复杂系统与组织目标保持一致；执行访问、运行和支持的基本规则；计划和管理变更，应对需求和环境在较长的系统生命周期内不可避免的演进。治理对于任何复杂的实体都是至关重要的，对于SOA更是如此。也许最终的架构悲剧是，最初设计良好的系统失去了对技术完整性的关注，因此在性能上受到不必要的限制，并且由于缺乏持续的治理，系统的拥有和运行成本也很高。

练　习

1. 考虑海运公司用于计划和管理货船船队运营的一个系统，列出五个可帮助公司建立和维护有效复杂组织体架构的质量属性，并简要说明选择的理由。

2. 假设某公司的业务涉及大量敏感数据的收集、存储、处理和保护，该公司决定与软件开发人员签订合同，以开发新的、功能更强大的信息系统。总结架构权衡分析方法(ATAM)应用计划的要素，以便得出一组代表系统利益相关方关键关注点的架构测度。

3. 假设组织将使用系统实现一组不同业务流程的自动化，并将开放架构确定为关键系统属性。进一步假设该组织的 IT 人员已发现通过与特定软件供应商签订独家长期合同来降低年度软件许可成本的机会。讨论关于是否接受 IT 人员建议的管理决策，应该如何包括对质量属性(如开放性)的考虑?

4. 参考表 15.2 中的安全质量属性和第 10 章，写出 QAt 的定义，识别并定义三个特定 QAt，并提出可用于评估这些属性的测度。

5. 参考图 15.1，讨论测度与规则之间的差异及其在治理流程中的交互方式。

6. 提出组织计划将 SOA 引入已有业务流程项目时可以采取的一些步骤，以便组织的人员为该项目做好准备。

学生项目

学生应制定并记录其系统的治理策略，并考虑利益相关方、功能和非功能需求的测度、组织角色和职责，以及治理策略的要点。

参考文献

[1] Barbacci M R, Clements P C, Lattanze A J, et al. (2003) Using the Architecture Tradeoff Analysis Method (ATAM) to evaluate the software architecture for a product line of avionics systems: a case study. http://resources.sei.cmu.edu/library/asset-view.cfm?assetid=6447. Accessed 5 June 2017.

[2] Cleland Huang J, Settimi R, BenKhadra O, et al. (2005) Goal-centric traceability for managing non-functional requirements. Paper presented at the 27th Intl. Conf. on Software Engineering (ICSE'05), St. Louis, 21-15 May 2005.

[3] Easterbrook S. (2004) Goal modeling tutorial. http://www.cs.toronto.edu/~sme/CSC340F/2005/slides/goal_Modeling.pdf. Accessed 5 June 2017.

[4] Svahnberg M, Hennigsson K. (2009) Consolidating different views of quality attribute relationships. Workshop presented at the 31st Intl. Conf. on Software Engineering (ICSE'09), Vancouver, British Columbia, 16-24 May 2009.

[5] Subramanian N, Chung L, Song Y. (2006) An NFR-based framework for establishing traceability between enterprise architectures and system architectures.

Paper presented at the 7th ACIS International Conference on Software Engineering, Artificial Intelligence, Networking, and Parallel/Distributed Computing, Las Vegas, NV, 19-20 June 2006.

[6] Suppakul S, Chung L. (2005) A UML profile for goal-oriented and use case-driven representation of NFRs and FRs. Paper presented at the 3rd ACIS International Conference on Software Engineering Research, Management & Applications (SERA2005), Central Michigan University Mount Pleasant, Michigan, 11-13 August 2005.

[7] Barbacci M, Klein M, Longstaff T, et al. (1995) Quality attributes. http://resources. sei. cmu. edu/library/asset-view. cfm? assetid = 12433. Accessed 5 June 2017.

[8] The Open Group. (2006) Architecture governance. http://www. opengroup. org/architecture/togaf8-doc/arch/chap26. html. Accessed 5 June 2017.

[9] Winter R, Schelp J. (2008) Enterprise architecture governance: the need for a business-to-IT approach. Paper presented at 2008 ACM Symp. on Applied Computing, Fortaleza, Brazil, 16-20 March 2008.

[10] Marks E, Bell T. (2006) Service-oriented architecture: a planning and implementation guide for business and technology. Wiley, Hoboken.

[11] Portier B SOA terminology overview, Part 1: Service, architecture, governance, and business terms. https://www. ibm. com/developerworks/webservices/library/ws-soa-term1/. Accessed 5 June 2017.

[12] NASCIO. (2006) Service oriented architecture: an enabler of the agile enterprise in state government. https://www. nascio. org/Publications/ArtMID/485/ArticleID/229/Service-OrientedArchitecture-An-Enabler-of-the-Agile-Enterprise. Accessed 5 June 2017.

附录 A 面向对象设计(OOD)及统一建模语言(UML)的快速参考

A.1 概 述

1. 面向对象的基本概念

- 抽象——捕获实体或实体组合的基本共享特征。
- 层级结构——抽象的分层或排序,捕获实体之间的共同特征和独有特征。
- 模块化——对复杂性进行分解,便于理解;定位变化的影响。
- 泛化/继承——定义元素,例如类,其特征适用于更多特定的元素;子元素继承父元素的特征。
- 封装——隐藏不需要向外部实体公开的信息;在实体中绑定相关的信息和功能性。
- 接口——明确定义实体之间的交互以及与外部环境的交互;允许实体超越受控边界交换消息或其他信息进行交互。
- 多态性——隐藏接口背后的实现细节;根据情况,允许相同的服务调用产生不同的结果(例如所传递的参数的数据类型)。

2. 使用 OOD 应对复杂性

- 抽象关注于复杂实体(对象)的最重要方面,并识别共同特征或共享特征;对象对应于实际的实体,这些实际的实体定义了“状态”和“行为”(数据和功能或操作)。
- OOD 促进了将复杂实体分解为更简单的实体,可以更容易地明确规定、实现、测试和使用。
- 接口定义是固有的、本质的;捕获系统的实际交互。
- 多态性允许使用常用接口来剪裁功能性。
- 促进了开放、松耦合、面向服务的和基于组件(即插即用)的架构。
- 封装促进了对设计变更或系统故障产生的影响进行定位和限制。
- 继承最大限度地降低处理相关信息和施动者之间发生变化的难度。
- OOD 促进了通过对象的属性和关联来理解系统状态和转换。

A.2 UML的基础

1. 类和对象

- 对象是系统的基本实体，提供识别标签并封装与该实体相关的信息和操作；它是物理实体，能够保存信息、执行功能并向其他对象或外部实体提供服务。
- 对象是类的实例化；类是“分类器”的主要类型，对其对象的共享特征进行抽象。
- 类之间的关联表达了交换消息的能力以及请求和交付服务的能力；链接是对象之间的语义关系以及关联的实例化。
- 类图和对象图捕获类和对象的识别及其交互。

2. UML元模型

UML元模型的基本构造如图A.1所示。

- 类型(Type)指定值的域以及对这些值的一组操作。
- 类(Class)通过表达属性并实现操作来实现类型。
- 类型类(Type Class)包括子类：
  - ◇ 主类型——不是由类实现的(例如整数、字符串)。
  - ◇ 类——类型的实现。
  - ◇ 用例——由系统和施动者所执行动作的序列。
- 类包括子类：
  - ◇ 主动类——锚定一个或多个执行流；任务图(Task Diagram)是一种类图，仅表示主动类，用于描述多任务的执行。
  - ◇ 信号——命名的事件。
  - ◇ 组件——可复用元素，包含有模型元素的物理组成。
  - ◇ 节点——物理设备，制品部署其上用以执行。

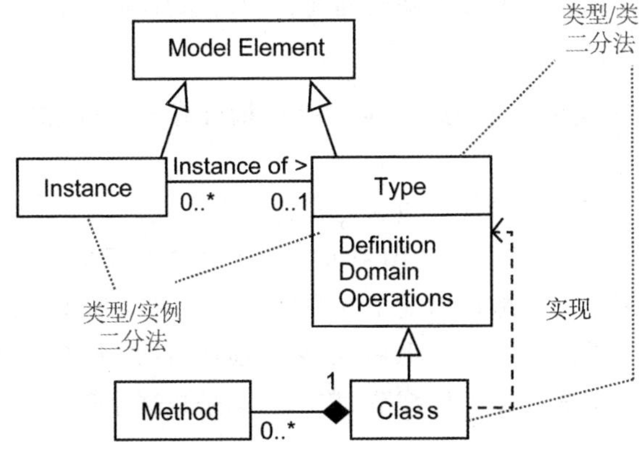

图A.1 UML元模型，定义语言的基本构造

3. UML 常用元素

UML 常用元素如图 A.2 所示。

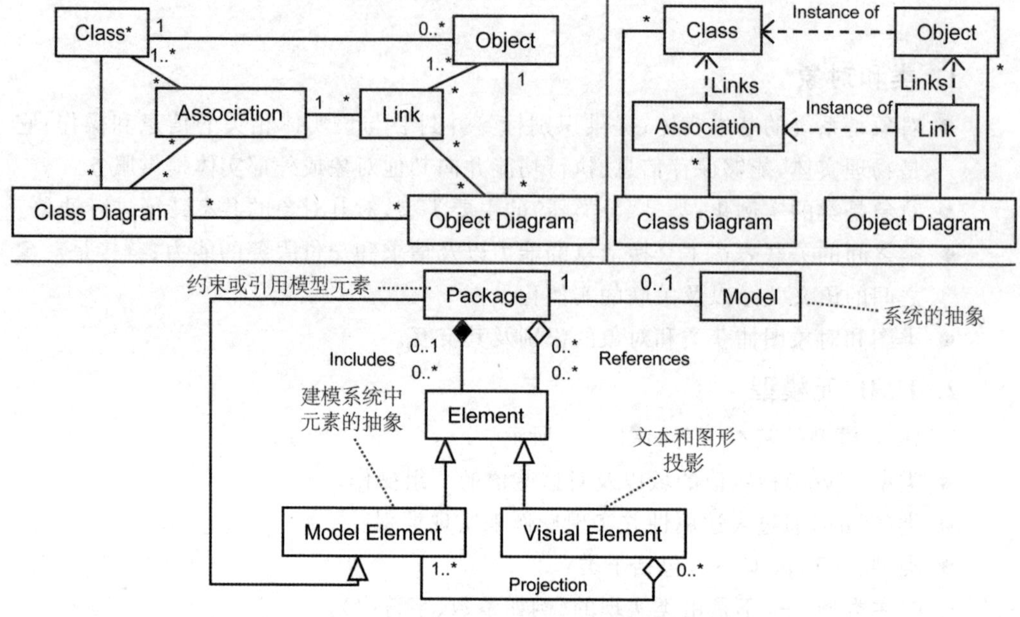

图 A.2 UML 常用元素

4. UML 结构元模型

UML 结构元模型如图 A.3 所示。

5. UML 图

UML 图的组成元素如图 A.4 所示。

UML 由结构规范和行为规范组成：

- 结构图——对系统或复杂组织体的静态方面进行建模。
- 行为图——对结构方面如何随时间变化的动态方面进行建模。

6. 补充图和制品[①]

UML 标准中未定义的制品，通常在沟通架构和设计的关键方面非常有用，示例包括：

- 硬件块图——用于显示硬件项和互连的常规方式。
- 实体-关系图——用于显示类图中可能不明显的数据关系。
- 决策表——用于简明地显示复杂的逻辑条件和决策备选方案。
- 表格数据和分类法——用于识别、定义和描述活动、服务、信息交换、接口、性能参数、程序、规则和许多其他细节，常用示例是数据字典。

① 这并不是指对系统物理元素进行表达的 UML 制品模型元素。

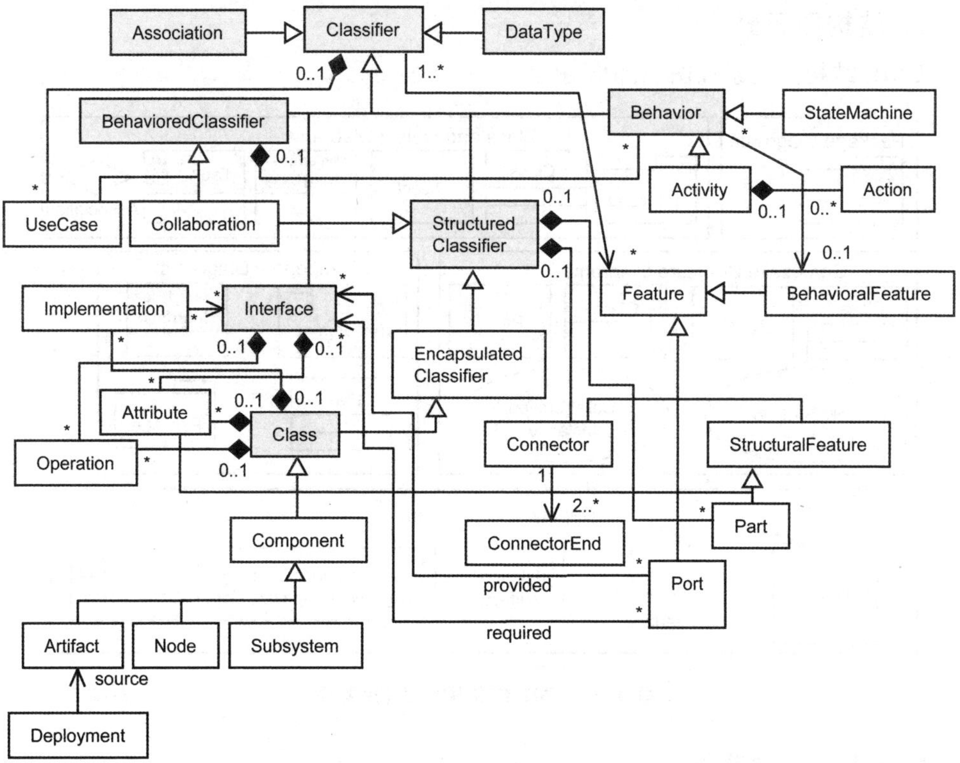

图 A.3 UML 结构元模型(见彩图)

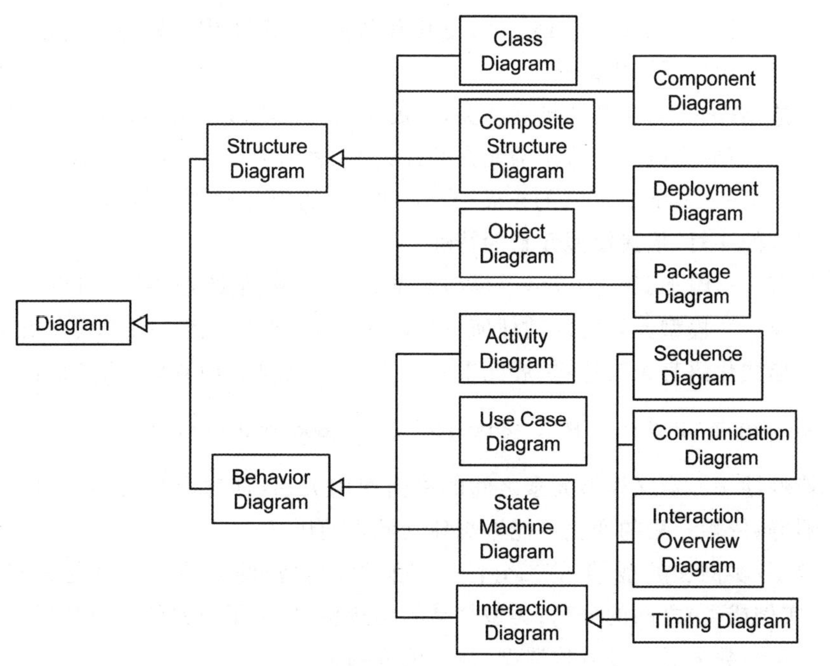

图 A.4 UML 图

7. 结构图元素

UML 结构图元素如图 A.5 所示。

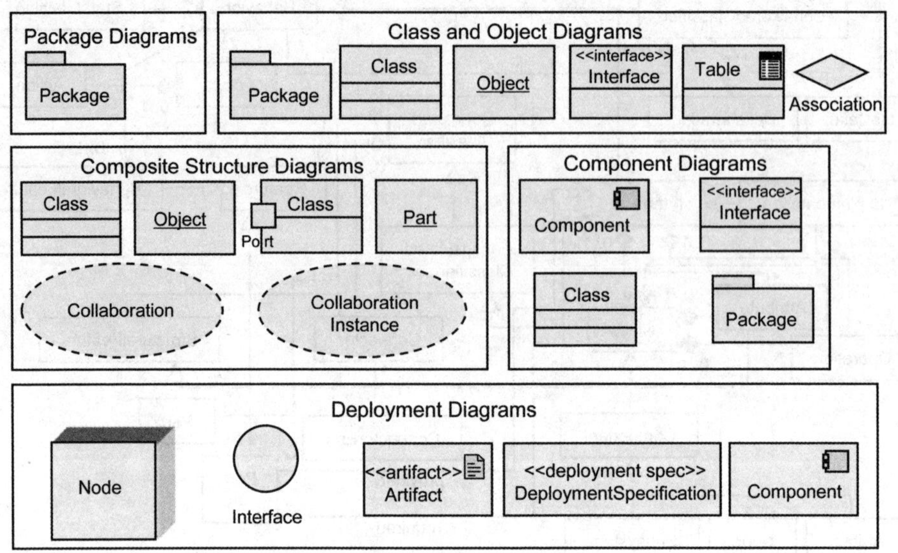

图 A.5　UML 结构图元素(见彩图)

8. UML 常用机制

- 关键字——预定义的术语,用于对模型元素进行分类或描述;根据术语,表示为 <<import>> 或{abstract}(泛化和替换 UML 1 中的构造型构造,但构造型仍经常用作通用术语)。
- 构造型——类,通常与扩展相关,扩展了另一个类或构造型,并且具有这样的性能,其值成为应用构造型的元素的标记值,表示为 <<stereotype>>。
- 标记值——UML 元素的扩展,允许在元素的规范中创建新信息;由(名称,值)组成的一对,描述模型元素的特性。
- 注解——附加到一个或多个模型元素的注释;构造型化的注解可以是约束。
- 约束——模型元素之间的任何一种语义关系;可以用诸如对象约束语言(OCL)等形式化语言来表达;扩展元素的语义,以添加或修改规则;语义是:

  <constraint> :: = '{'[<name> ':'] <Boolean - expression> '}'

- 依赖性——定义模型元素之间的单向使用关系,称为源和目标、客户端和服务器等;依赖元素的变化可能影响独立元素的语义。
- 类型/实例和类型/类的二分法——元素(类型)的本质或规范与其实现/实施(实例或类)之间的分离;类型是类的构造型,指定了对象的域及其操作(但不是方法);数据类型没有构造型、标记值或约束。
- 职责——简要表述模型元素(通常是类)必须做什么使系统按照设计运行;可显

示为类图上的注释,文档化记录在类规范中,等等。

● 实现——由源实施/实现目标;显示可追溯性。

9. 行为图元素

UML 行为图元素如图 A.6 所示。

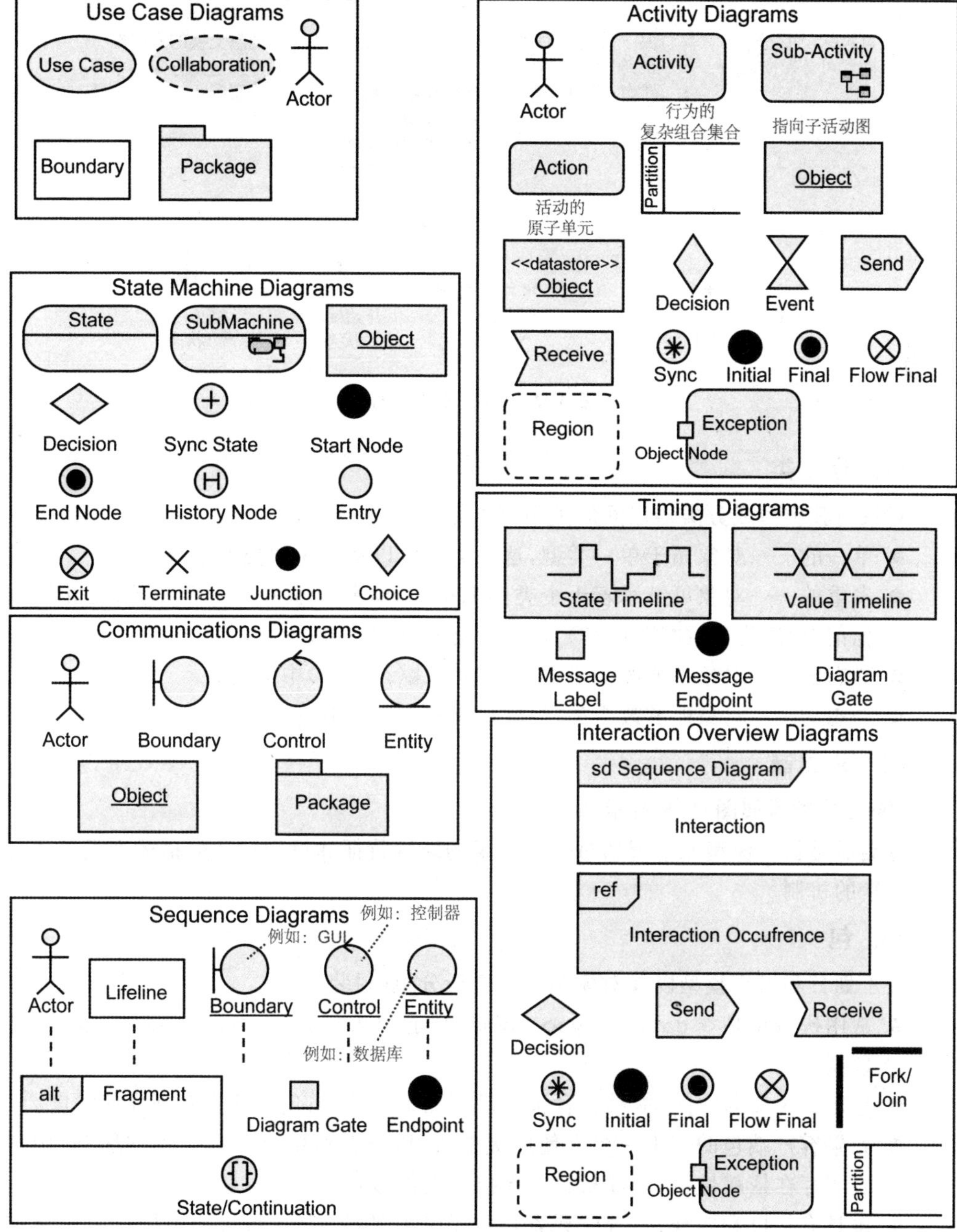

图 A.6 UML 行为图元素(见彩图)

10. 常用符号

UML 常用符号如图 A.7 所示。

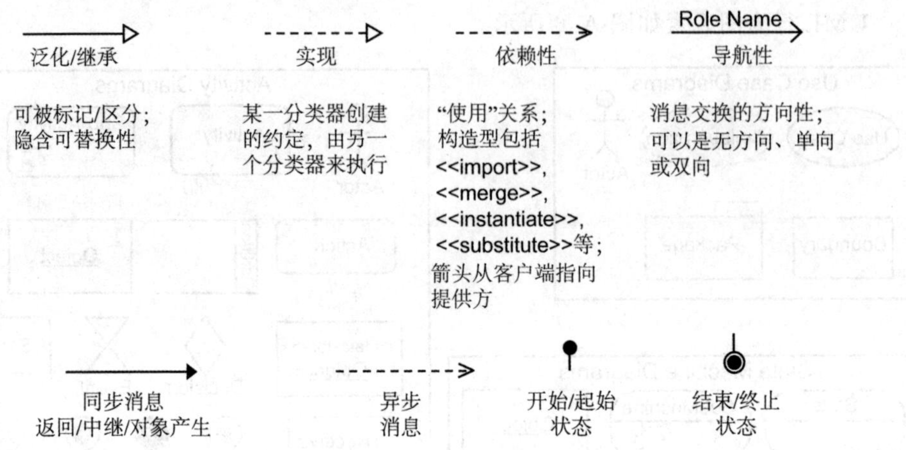

图 A.7　UML 常用符号

11. 分　类

对象与其类型或分类器之间的关系可以是：

- 单一的——对象属于单一类型，这一类型可以从多个超类型中继承。
- 多重的——对象可继承若干个类型来描述，这些类型并不一定相关；泛化箭头标记有"泛化集"("识别符")，识别特定的泛化关系。
- 静态的——对象不能改变子类型化结构(默认关系)中的类。
- 动态的——对象能够改变类，组合状态和类型的概念。

12. 分类器

UML 分类器如图 A.8 所示。

分类器是任一模型元素或通过一个元素的结构特征和行为特征的描述来类型化另一个元素的机制。

13. 包

用于划分和组织模型以及对模型元素进行分组(封装)：

- 常用构造型是<<category>>(逻辑/功能视角)和<<subsystem>>(实现/物理视角)。
- 包定义了命名空间，能够包含包与模型元素的组合；包能够嵌套到任何深度。
- 如果客户端包的至少一个类使用提供方/服务器包中至少一个类的服务，则包之间存在依赖性(依赖性从客户端指向提供方)。
- 包具有接口和实现；包含的元素可以是公共的或实现(私有的)；接口中仅出现公共类。

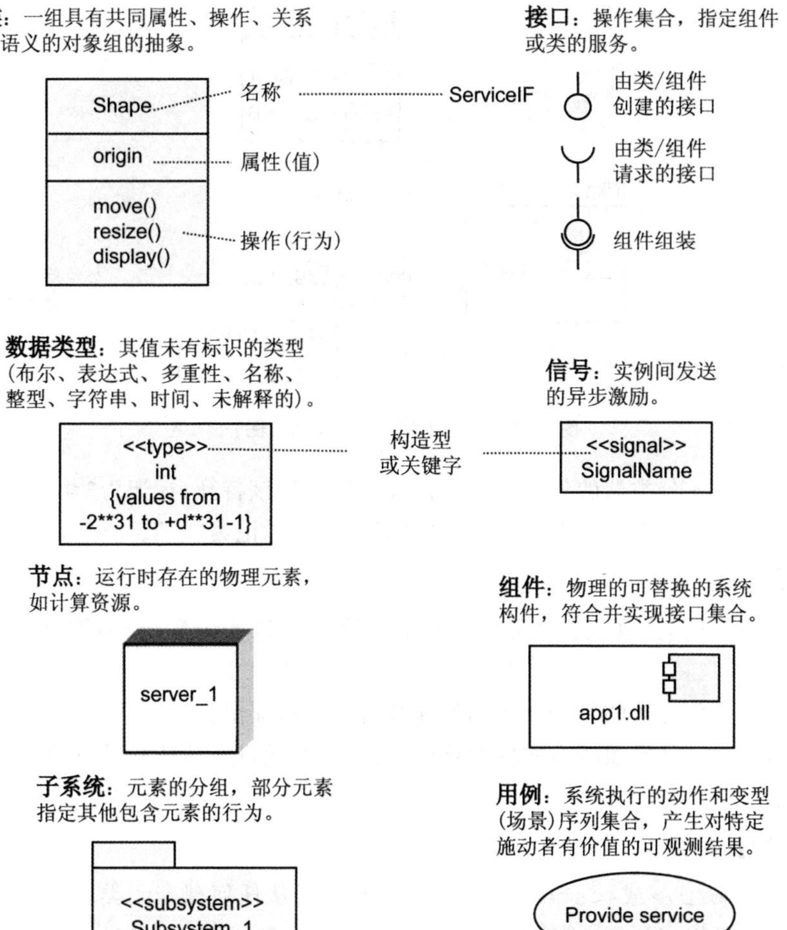

类：一组具有共同属性、操作、关系及语义的对象组的抽象。
Shape
名称
origin
属性(值)
move()
resize()
display()
操作(行为)
接口：操作集合，指定组件或类的服务。
ServiceIF
由类/组件创建的接口
由类/组件请求的接口
组件组装
数据类型：其值未有标识的类型(布尔、表达式、多重性、名称、整型、字符串、时间、未解释的)。
<<type>>
int
{values from
-2**31 to +d**31-1}
构造型或关键字
信号：实例间发送的异步激励。
<<signal>>
SignalName
节点：运行时存在的物理元素，如计算资源。
server_1
组件：物理的可替换的系统构件，符合并实现接口集合。
app1.dll
子系统：元素的分组，部分元素指定其他包含元素的行为。
<<subsystem>>
Subsystem_1
用例：系统执行的动作和变型(场景)序列集合，产生对特定施动者有价值的可观测结果。
Provide service

端口：定义分类器（类、包含组件、组合结构）和其环境间的交互；其分类器的类型化的结构特性；可像其他特性一样继承；在分类器的边界上绘制；端口符号。

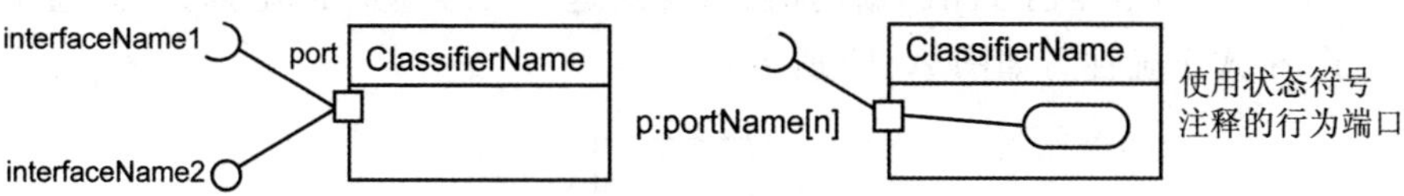

interfaceName1
port
ClassifierName
interfaceName2
p:portName[n]
ClassifierName
使用状态符号注释的行为端口

图 A.8 UML 分类器

- 从一个包到另一个包的导入以及包内容的合并，显示为构造型化的依赖性，如图 A.9 所示。

14. 可见性

指定一个特征是否可以由另一个分类器使用：

- 公共的——对给定分类器可见的任何外部分类器都可以使用该特征，标记为“+”。

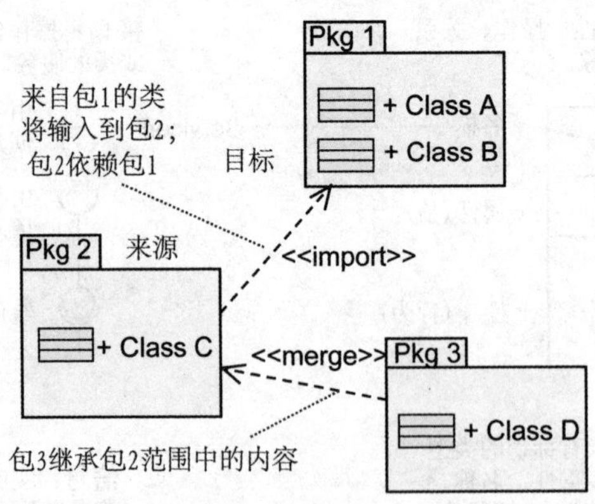

图 A.9 具有依赖性的包(见彩图)

- 受保护——分类器的任何继承后代都可以使用该特征,标记为"#"。
- 私有的——只有分类器本身可以使用该特征,标记为"-"。

15. 范　围

指定某个特征是出现在分类器的所有实例的每个实例中还是作为该特征的单个实例出现:

- 实例——分类器的每个实例均保存其自己的特征值。
- 分类器——分类器所有实例的特性的一个值;通过在特征标签下面加下画线来表示。

16. UML 扩展

- <<keyword>>或<<stereotype>>——通过从任何现有元类中进行特化而衍生的项目特定元素,扩展现有模型元素。
- 标记值——{attribute= value};由用户添加的新建模属性,用于保存和传达附加含义;能够用来参数化模型元素;能够附加到构造型。
- 约束——{constraint}新的语义;针对建模元素应用的附加条件,通常是为了"格式正确性",如图 A.10 所示。

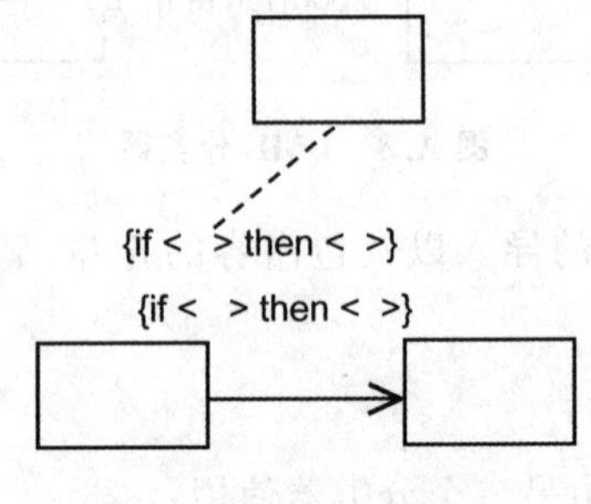

图 A.10 约束注释方法

- 扩展配置文件(Profile)——一系列相关联的扩展,对垂直域、环境、客户等进行

UML 特化;可保留、可复用的模型元素(例如类型)和样例图。

A.3 类图/对象图

类图显示了系统的逻辑结构,类图的基本注释如图 A.11 所示;类是对物理对象进行实例化的模板。

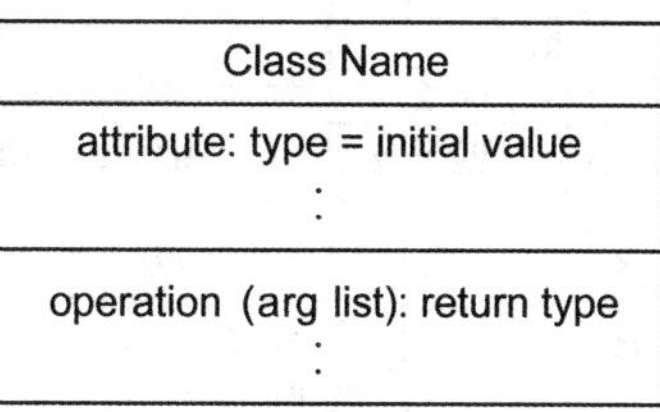

图 A.11 类的基本注释

1. 类

- 类能够继承和委托属性和行为。
- 类特性可以是:
  - ◇ 属性——类或对象中保存的值;它们共同定义状态。
  - ◇ 关联——在“源”类和“目标”类之间声明的交互(交换消息的能力);属性可以显示在关联的目标端。
- 关联端可以(通常应该)用角色名称标记,以显示每个类通过关联进行的操作。
- 多重性是指能够参与关系的对象的数量(1, 0 ..1, m ..n, * 0 .. *, 1 .. * 等)。
- 导航性显示了“职责”或“指针”,可以是单向的或双向的。
- 操作是方法的“签名”;操作是类可以呈现的活动或行为。
- 抽象类:
  - ◇ 定义类的类型;从未直接实例化。
  - ◇ 用<<abstract>>关键字或斜体的类名来注释。
  - ◇ 通常包括至少一个抽象操作。
- 类关键字/构造型:
  - ◇ <<signal>>——重大事件,其触发状态机内的事务;异步激励,其在接收器中引发异步响应。
  - ◇ <<interface>>——可见操作的描述。
  - ◇ <<metaclass>>——类的类。
  - ◇ <<utility>>——被简化为模块概念的类;能够实例化;以类声明的形式对全局变量和程序进行分组。

2. 对　象

- 属性——数据、值。

- 行为——操作、方法。
- 状态——记忆;一种存在模式或条件,包含可处理的特定事件和可执行的操作。
- 标识——明确指定所涉及的对象。
- 职责——对象在系统中所扮演的角色;在类图的注释中定义。

3. 类　图

类图的基本元素如图 A.12 所示,类和对象的命名方式如图 A.13 所示。

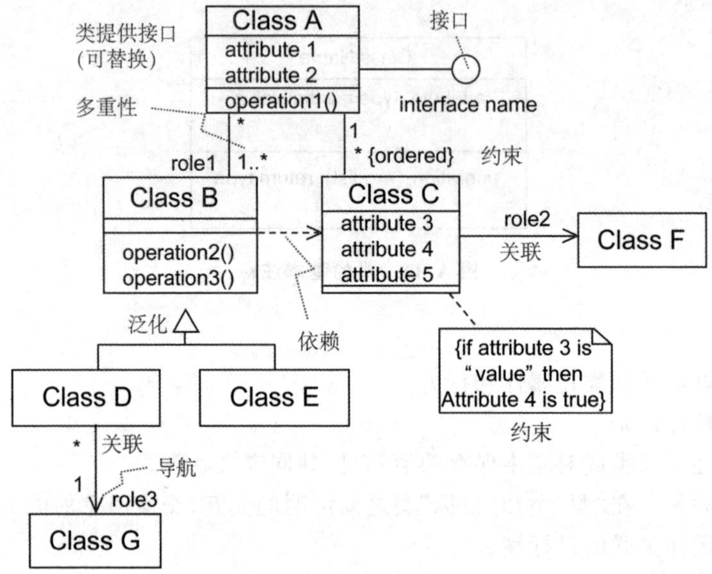

图 A.12　类图的基本元素

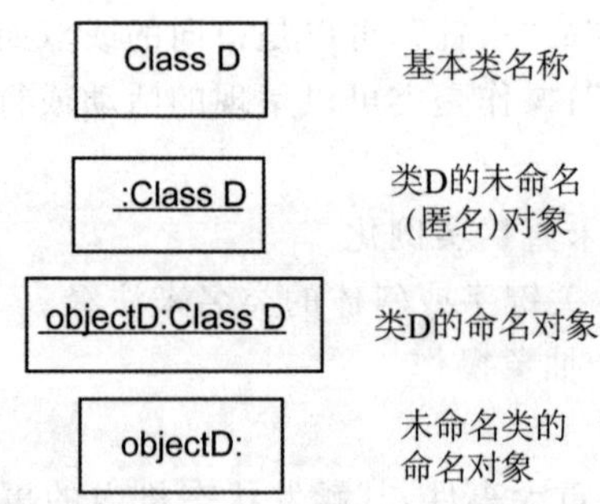

图 A.13　命名类和对象

- 特性:
  - ◇ 可以显示为类中的属性或类之间的命名关联。
  - ◇ 特性的多重性显示了有多少对象可以填充该特性;最常见的是"1, 0 ..1, *",或者"m ..n"。
  - ◇ 多值性能的典型约束包括{ordered}(指示对象的顺序具有重要性)和{nonunique}(指示允许重复)。

● 静态关系包括关联和子类型,如图 A.14 所示。

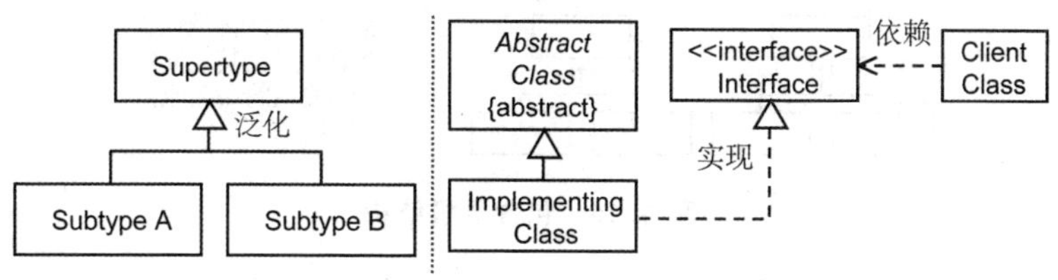

图 A.14 类/对象关系的示例

● 关联:
  ◇ 显示类之间的交互,这表示可以交换消息、对象、值等。
  ◇ 在代码中,关联被实例化为目标类变量:
    ➢ 双向关联可显示为"____"或←→。
  ◇ 标记关联:
    ➢ 特性——显示了类之间交换的对象。
    ➢ 动词短语——显示了类之间的关系;用>或▶显示关系的方向。

类/对象其他的语义如图 A.15 所示。

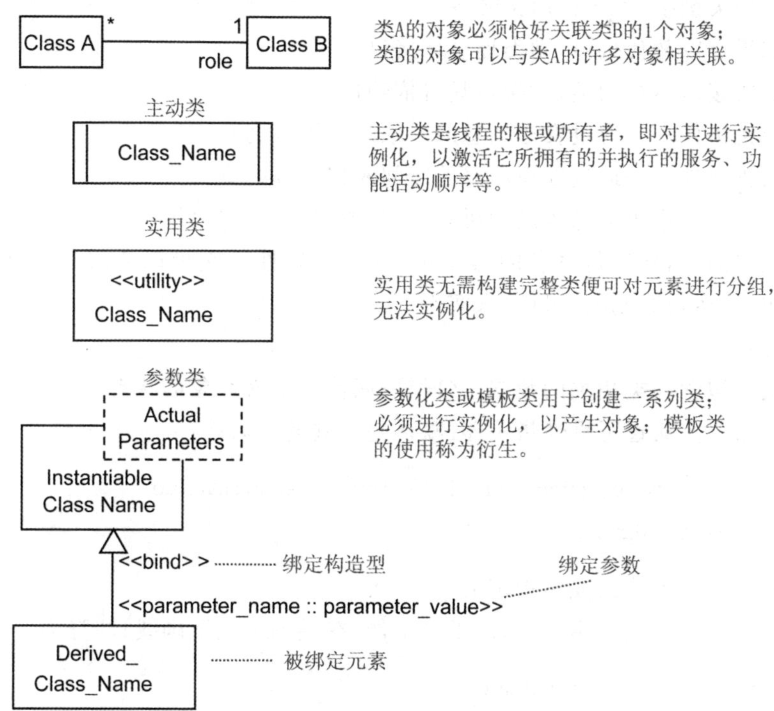

图 A.15 其他的类/对象语义

类的层级结构如图 A.16 所示。

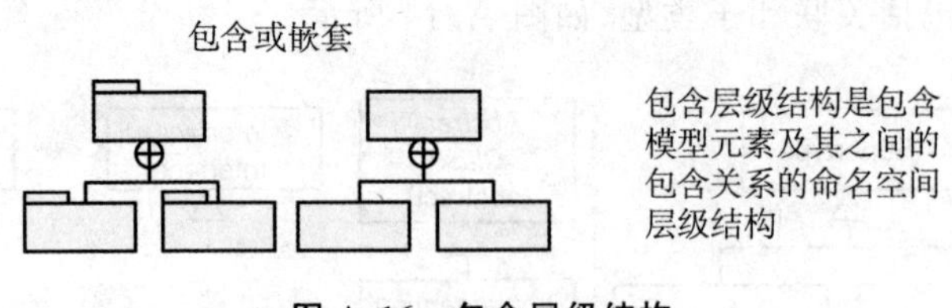

图 A.16　包含层级结构

类的属性类型如图 A.17 所示。

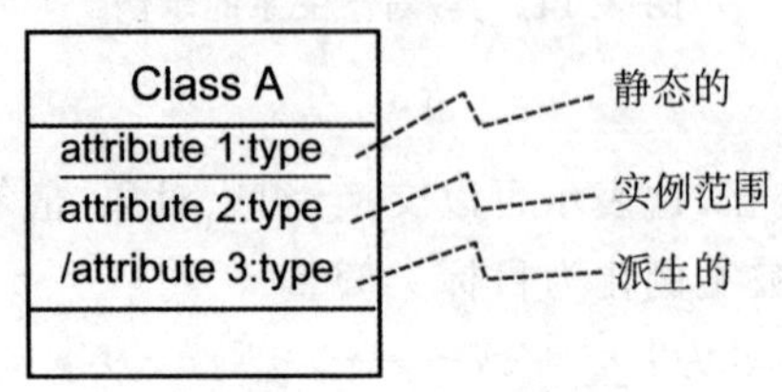

图 A.17　类属性

- 接口：
  - ◇ 接口类没有具体实现形式；所有特征都是抽象的（参见 Java、C＃等接口）。
  - ◇ 使用关键字≪interface≫。
  - ◇ 如果可以替代接口，则类提供该接口。
  - ◇ 需要接口运行的类，对接口具有依赖性。
  - ◇ 前提条件——通过发送消息的对象来保证其为真。
  - ◇ 后置条件——通过处理消息的时间来保证其为真
  - ◇ 签名——用于消息传送的机制（函数调用、总线协议等）。
  - ◇ 抽象而言，接口是命名的操作集合（不是属性）；它可以通过逻辑元素（类和包）或运行时制品（组件）来实现。
- 属性：
  - ◇ 属性包含与类相关的数据、字段等；属性值定义对象的状态。
  - ◇ 语法——属性可见性指示器（默认是公共的），后接：

    AttributeName：type［multiplicity］= defaultValue
    {property string}

    其中只有名称是强制指定的。
  - ◇ 静态属性——适用于类，而不是实例；在类图上加下画线；注释为

    ClassName.attributeName.
  - ◇ 实例范围属性——适用于对象；在类图上不加下画线。
  - ◇ 衍生的属性——从其他值计算得到；注释为

    /name：type = f(base attributes).

◇ 可见性——可以是+(公共的),#(受保护的),—(私有的)或～(包);确切的定义取决于实现的软件语言。
◇ 属性的类型限制了可以放置在属性中的对象。
◇ defaultValue 分配给新创建的对象。
◇ 特性字符串允许指定附加特性,例如{ReadOnly}。
◇ 在规范和实现阶段图中,属性表示从类型到属性的导航性,该类型仅包含其自己的属性对象副本;用作属性的任何类型都具有一个值。
◇ 属性对应于支持特性的语言中的公共字段,且对应于不支持性能的语言中的私有字段。

● 操作:
◇ 操作可指定服务,该服务可以从类的对象中请求;方法是操作的实现。
◇ 语法——visibility OperationName (parameter list): return - type - expression {property string}。
◇ 静态操作——适用于类,而不是实例;在类图上加下画线;注释为

ClassName.OperationName().

◇ 可见性——+(公共的),#(受保护的),—(私有的)或～(包);确切的定义取决于实现的软件语言。
◇ OperationName 是字符串。
◇ 识别拥有的类:ClassName::OperationName()。
◇ Parameter List 包含逗号分隔的参数,其语法与属性"+"方向(输入、输出、输入/输出)相同。
◇ Property String 指示操作值,例如:

+ balanceOn (date:Date):Money

◇ 查询——操作,即在不更改系统状态的情况下,获取值。
◇ 修改——更改状态的操作。
◇ 方法——程序主体。
◇ 多态性—具有多个子类型的超类型,例如,用多种方法实现的操作,取决于输入参数的数据类型;使用多态性时,一个操作可以具有多个方法(程序)。
◇ 抽象操作——从未直接实现;以斜体显示:*operation Name ()* 通常在抽象的超级类中作为子类中实现的指令。
◇ 典型的特性字符串:
{query}——表示在不更改系统状态的情况下,从类中获取值的操作。
{modifier}或{command}——表示更改状态的操作。
Get()和 Set()操作返回或设置字段值,不做其他操作。

● 约束:
◇ 语法——括在{ }中的任何形式。

◇ 前提条件和后置条件适用于操作;指定了检查职责。

◇ 例外——在不满足后置条件的操作,但满足前提条件时发生。

◇ 不变量—— 关于类的判定:

➢ 对于所有实例始终为真。

➢ 添加到前提条件和后置条件。

➢ 在操作结束时必须为真。

➢ 可用于多态性,以确保一致性。

➢ 仅用于增加子类职责:

❖ 弱化前提条件;加强判定/后置条件。

❖ 促进动态绑定。

❖ 包含在定义接口的代码中。

4. 类和对象中关系的其他细节

类和对象之间的关系如图 A.18 所示。

● 关联——对控制消息交换的对象类之间的结构关系进行建模。

◇ 通过链接进行物理实例化。

◇ 假定为双向的,除非标有可导航性箭头< >。

◇ 对象使用/交换服务,但彼此不拥有;在运行时,一个类的对象可向另一类的对象发送消息。

◇ 可以对关联进行命名,它们的末端可以具有角色;LinkName 在对象图中带下画线。

◇ 关联类将属性和操作添加到关联。

● 角色——关联类的行为名称,例如对于另一个类。

◇ 角色名称:

➢ 可以是类方法,位于应用该方法的关联末尾。

➢ 可以是另一端的类的属性。

➢ 可以通过可见性显示角色(与上述箭头相同)。

➢ 典型角色对在关联的相对端为"＃Uses"和"＋ IsUsedBy"。

◇ 角色属性:

➢ 聚合——参见下文。

➢ 可变性——"真"表示当一个实例替换另一个实例时,保留关联语义。

➢ 排序——"真"表示实例已排序。

● 多重性——规定实例化多少个对象,这些对象在运行时将参与关联的角色,也称为基数。

● 聚合——定义"包括"或"组成部分"关系,其中一个对象在逻辑上或物理上包含在另一个对象中。

◇ 类是另一个类的一部分,属性值传播,一个类的动作暗指另一个类的动作。

◇ 一个类的对象是另一个类的对象的下级。

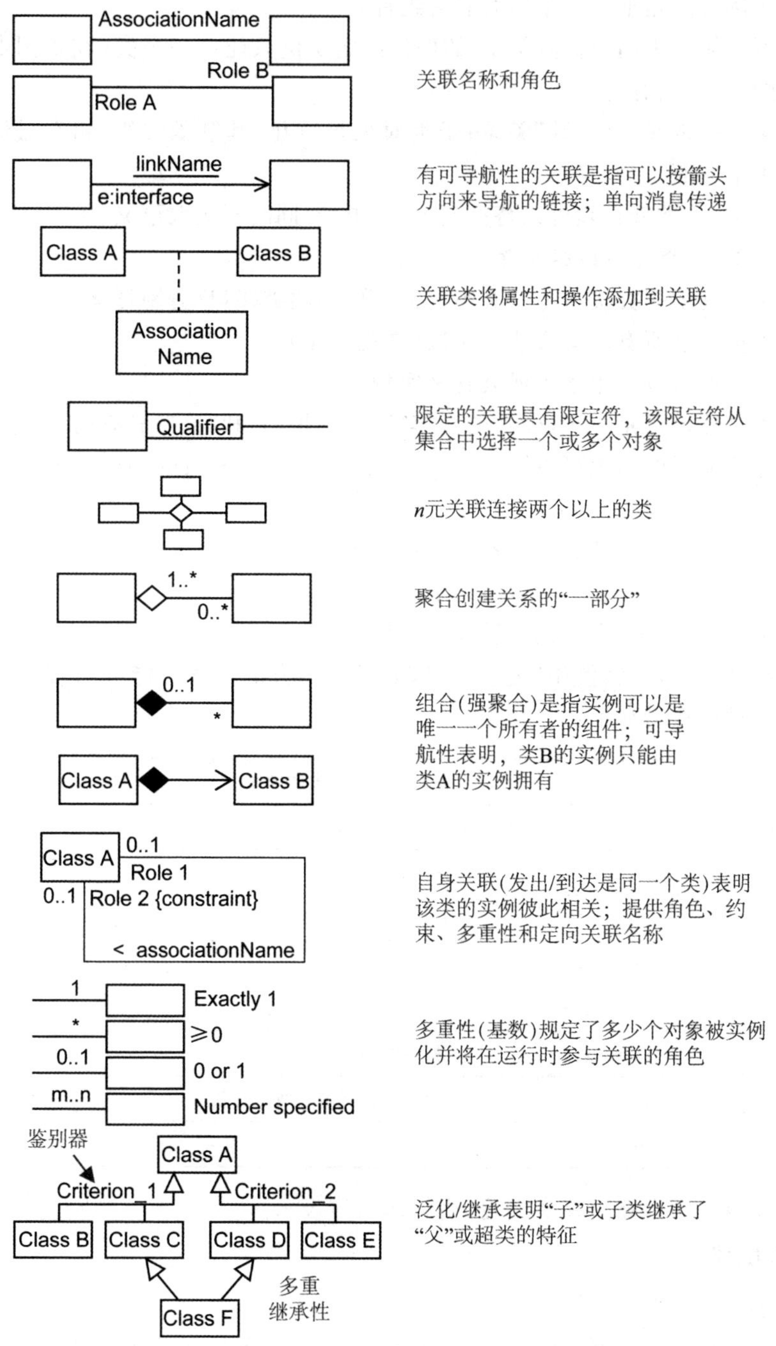

图 A.18 类/对象关系

- 组成——强聚合，按数值对属性物理合并：
  - ◇ 拥有对象负责创建/销毁其构件对象。
  - ◇ 组成和属性在语义上是等效的。

◇ 实例可以是唯一一个所有者的组件。

◇ 可导航性表明,目标(类B)的任何给定实例只能由一个类(在本例中为类A)的实例"拥有"。

● 泛化——定义"是一种"关系;子类对象是特化,其继承父级/超类/超类型对象的多个方面。

◇ 子类/子类型必须可以替换超类/超类型,同时不更改语义。

◇ 子类/子类型可以继承多个超类。

◇ 子类继承超类接口——必须包括(符合)超类接口(有限泛化)。

◇ 子类继承所有超类方法和字段(常规泛化)。

◇ 子类型可以使用子类或委托来实现。

◇ 可见性可以是"+"(公共的)、"#"(受保护的)和"-"(私有的)。

◇ 泛化关系的约束可以是{disjoint}、{overlapping}或{complete}。

◇ 可泛化元素的属性:

➢ 抽象——"真"表示元素无法直接实例化。

➢ 叶——"真"表示元素没有子类型。

➢ 根——"真"表示元素没有超类型。

● 依赖性——定义"使用"关系;暗示源或提供方的变化可能导致客户端变化;包括多种构造型如下:

≪call≫	源调用客户端中的操作
≪create≫	源创建目标的实例
≪derive≫	源来自目标
≪permit≫	目标允许源访问私有特征
≪realize≫	源实现目标规范或接口
≪refine≫	表明语义级别之间的关系
≪substitute≫	源可替代目标
≪trace≫	表明模型/区域之间的关系
≪use≫	源需要目标来实现

● 抽象类——不能直接实例化;用斜体名称表示。

5. 结构类

结构类如图A.19所示。

● 结构是指互连元素的组合,互连元素在通信链路上协同以实现一些共同目标;关键机制包括内部结构、端口、协同、结构类和动作。

● 结构分类器是抽象元类,表达任何分类器,分类器的行为可以通过拥有的或引用的实例的协同来完全或部分描述。

● 结构类通常显示内部结构,该内部结构由具有关联的构件组成;构件是抽象类

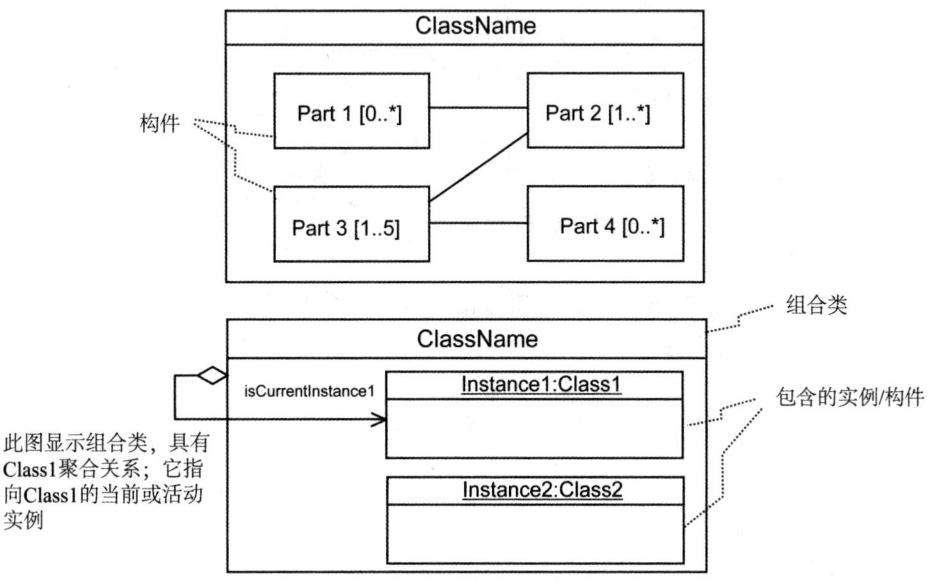

图 A.19 结构类

的特性，抽象类的实例可包括它所包含的构件的协同实例；构件可具有多重性。

6. 组合结构

组合结构如图 A.20 所示。

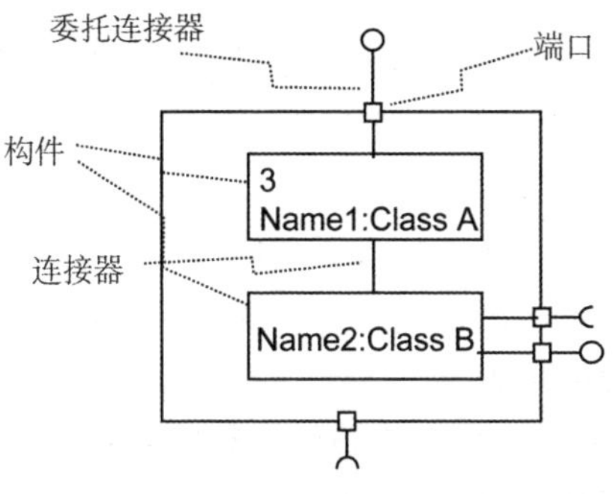

图 A.20 组合结构

允许将复杂类分解成其构件；显示类、接口或组件的协同，以描述功能性。

A.4 用 例

用例图如图 A.21 所示。

- 用例——系统执行的一系列动作(包括变型)的描述，为施动者产生可观察的价值结果，涉及共同用户目标的场景集合。

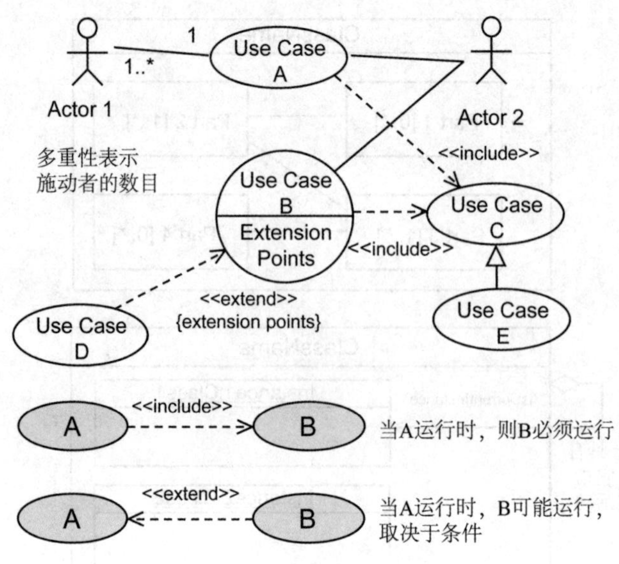

图 A.21　用例图(见彩图)

- 场景——用例的实例;一系列步骤,其描述用户与系统之间的交互。
- 用例实现——构造型化协同,由一组图来表达,这些图显示了实现用例功能性的类/对象、它们之间的关系以及它们之间的交互;每个用例/协同都应具有一个类图。
- 用例模型:
  - ◇ 施动者——用户或其他外部实体相对于系统扮演的角色。
  - ◇ 包括依赖性——与多个用例中常见的行为结合使用;可用于分解复杂的用例。
  - ◇ 泛化——用于描述更详细的或更具体的变型。
  - ◇ 扩展关系——用于使用扩展点严格描述变型,扩展点定义了扩展用例在基本用例中修改行为的位置。
  - ◇ 工作流/场景——描述了系统必须执行哪些操作才能为施动者提供价值;可以具有主要流和替代流;通过活动图进行描述。
  - ◇ 词汇表——定义了关键术语,以便在系统/项目中一致使用。
  - ◇ 补充规范——定义了用例未捕获的功能/非功能需求,例如约束、可靠性、时序等。
- 用例环境:
  - ◇ 外部事件图——系统接收的或发出的事件的电子表格;包括事件、数据、时序、统计信息等。
  - ◇ 背景图——系统、施动者和消息的惯用对象图;将系统置于环境、用户、利益相关者以及会影响其设计和行为的其他项的背景中,如图 A.22 所示。
- 用例行为:

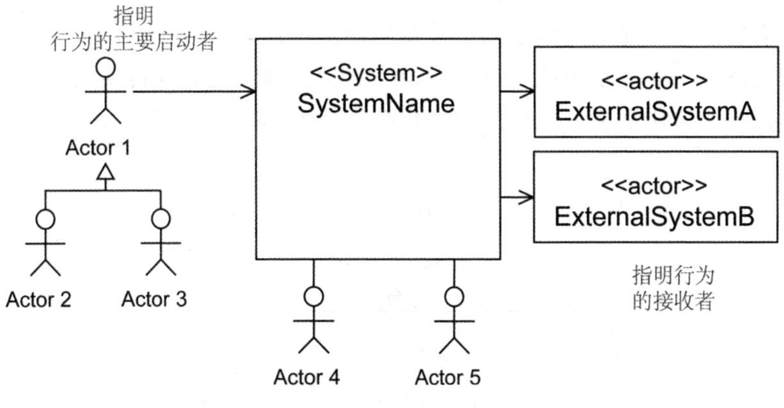

图 A.22 用例背景图

◇ 非正式的文字描述，例如问题/需求/功能、能力和约束，如图 A.23 所示。

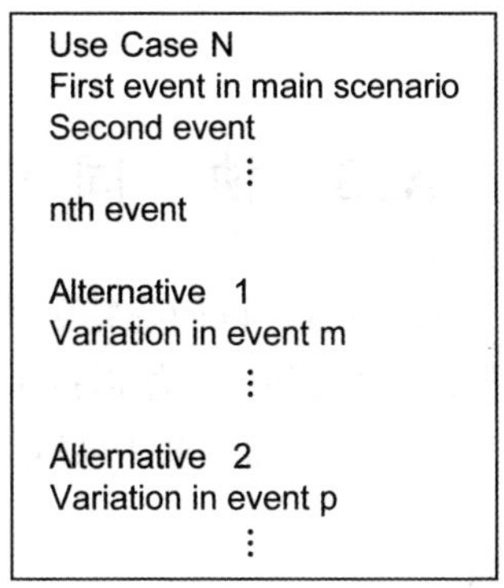

图 A.23 用例行为描述的非正式使用

◇ 场景和变型——通过用例探索引人关注的或有意义的路径；由于场景是用例的实例，因此标记有用例名称并加下画线，如图 A.24 所示。

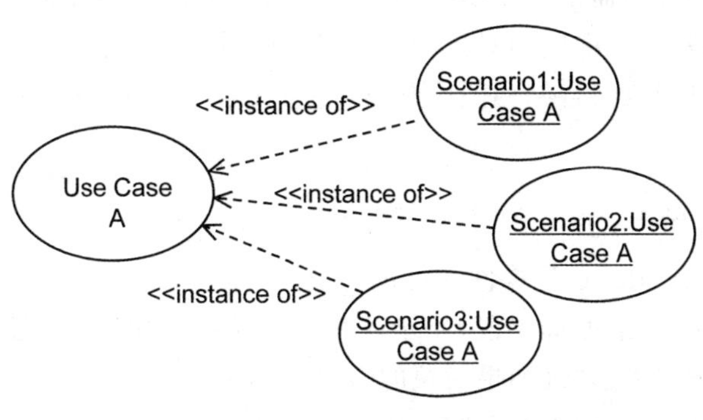

图 A.24 用例场景

  ◇ 顺序图——在实现用例的类协同中显示对象之间的消息序列。
  ◇ 活动图——显示用例场景中涉及的动作序列。
  ◇ 状态图——显示离散状态行为、状态之间的转换、导致转换的事件以及动作。
- 泛化——可用于从一般行为中特化特定行为,如图 A.25 所示。

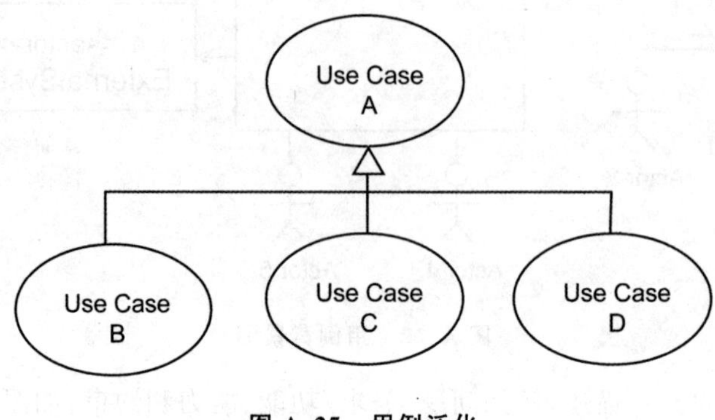

图 A.25 用例泛化

A.5 协 同

协同定义了一组协作角色及其连接器,以阐明特定功能性:
- 类、接口和其他元素的群组,它们共同工作以提供例如用例的协作行为。
- 规范,规定了如何通过一组分类器和关联来实现元素。
- (设计)模式的实例。
- 结构——通常由类图表达。
- 行为——由行为图表达。
- 机制——协同的实例/实现;设计模式,适用于类群组;用例通过类协同实现。
- 协同所表达的分类器由<<occurrence>>构造型化依赖性来显示。
- 使用协同的分类器由<<represents>>构造型化依赖性来显示;如图 A.26 所示,该类在其实现中使用对象的协同;这种协同可以是设计模式。
- 可以从对象图或组合结构图中开发协同;元素是对象或构件,如图 A.27 所示,标记为:

  ReferenceName[selectors]:ClassName

  ◇ ReferenceName 是构件的可选标记。
  ◇ selectors 是可选字段,用于从集合中选择特定对象;可以是限定符、索引下标或布尔表达式(如果对象的多重性为 1,则不需要)。
- 类/对象协同——用于显示跨域边界的交互,如图 A.28 所示。

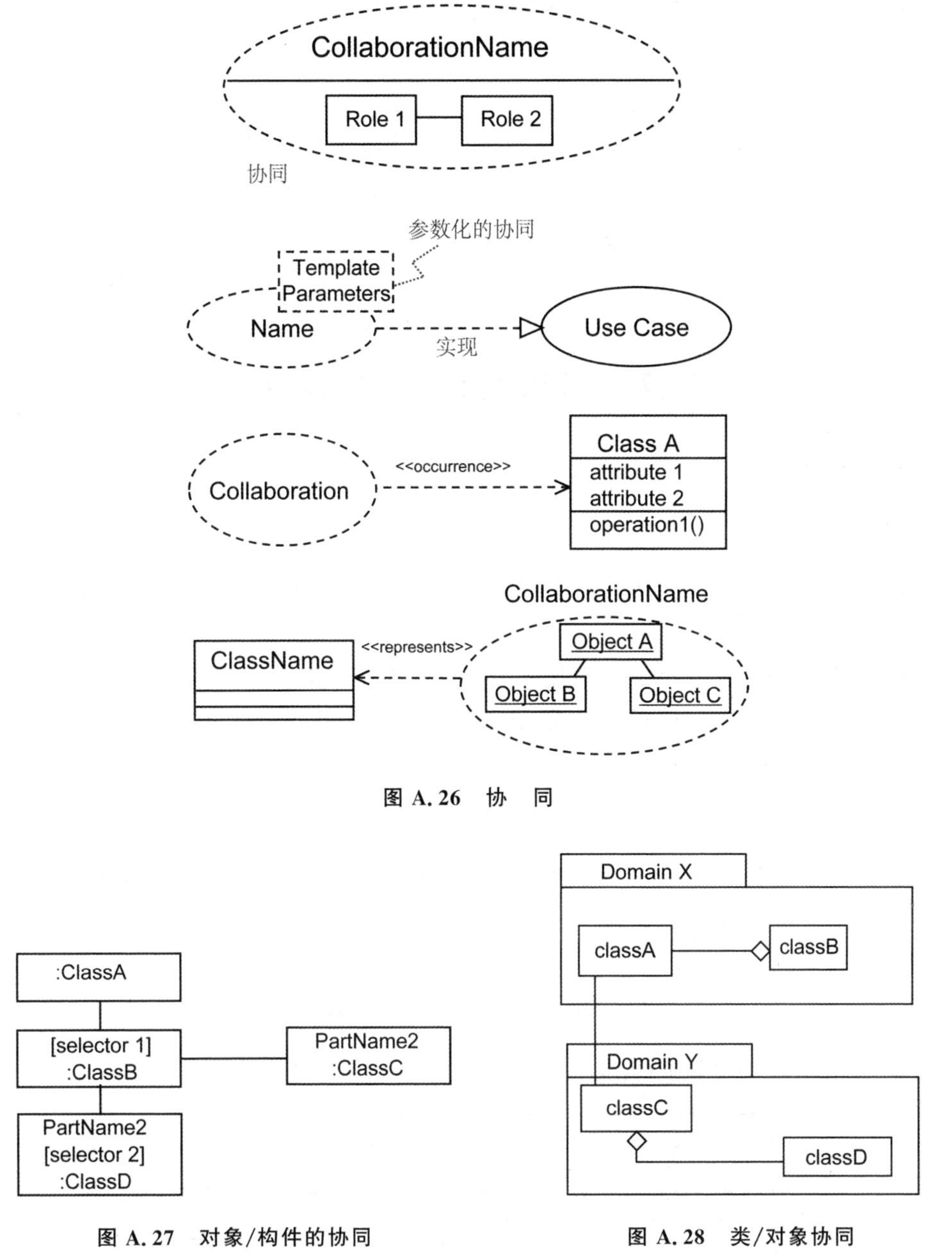

图 A.26 协 同

图 A.27 对象/构件的协同

图 A.28 类/对象协同

A.6 控制流

- 进程——可以与其他进程同时执行的“重量”流。
- 线程——可以在进程内同时执行的“轻量”流(有时视为与流程同义)。

● 信号——命名对象,由一个对象调度并由另一个对象接收,例如,异常。控制流中使用的信号如图 A.29 所示。

图 A.29　控制流中使用的信号

A.7　对象约束语言(OCL)

● 形式化语言,用于定义约束,该约束引用类图中的类、属性、规则和操作——通常附加到操作。
● 语法——图 A.30 阐明了 OCL 语法。
● 关键字——前(pre)、后(post)和不变(inv)将约束识别为前提条件、后置条件或不变量。
● 可选的 ConstraintName 可用于允许再次引用约束。
● OCL 表达式——逻辑表达式,可以在约束中使用,求出真或假。

定义约束适用性　　约束应用的操作或用例　　行为返回的值的类型

Context Type::behaviorName(parameter1:type, parameter2:type . . .):returnType

作为行为主体的系统、子系统、类或类型　　行为的参数列表

图 A.30　对象约束语言表述的语法

● OCL 点操作符如下(A.B):

object.attribute	对象 A 的属性 B
object.queryOperation	在对象 A 调用查询操作 B 的结果
Class.staticAttribute	类 A 的静态属性 B
object.rolename	在 A 的关联中扮演角色 B 的对象集
EnumeratedType.literal	枚举数据类型 A 的文字 B 的值

● OCL 示例——图 A.31 所示为 OCL 的典型使用。

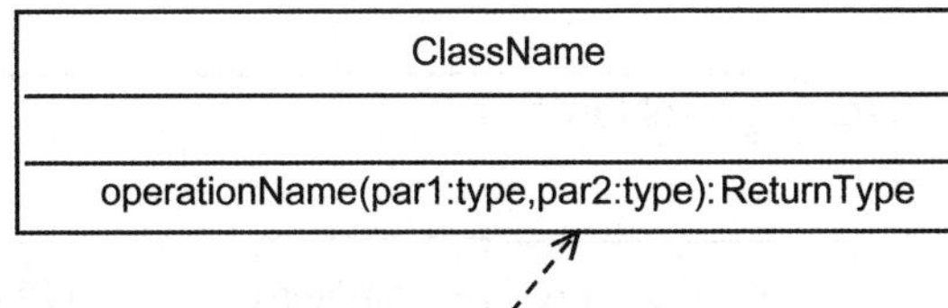

图 A.31 用于定义类操作的 OCL 示例

A.8 UML 行为模型

- 指定系统的结构方面如何随时间变化(动态方面)。
- 三种行为模型:
  - ◇ 活动关注于调用其他行为的顺序、条件以及输入和输出。
  - ◇ 状态机显示了事件如何导致对象状态变更及调用其他行为。
  - ◇ 交互描述了导致调用其他行为的对象之间的消息传递。
- 每种行为模型都强调系统动态的不同方面,使一个或另一个模型更适合于特定应用软件或应用软件开发阶段。
- 任何行为都可以参数化(活动、状态机、交互等),并且可以单独调用,或者视为对象上的方法。
- 用户定义的行为也是类,作为运行时实例执行。

1. 顺序图

顺序图的示例如图 A.32 所示。

- 消息:
  - ◇ 与发送对象处的 SendEvent 和接收对象处的 ReceiveEvent 相关联。
  - ◇ 通常是来自发送器的操作调用——operationName(parameter list)。
  - ◇ 可以使用几种信令:
    - ➢ 程序/同步操作调用。
    - ➢ 调用/异步消息的返回值。
    - ➢ 通用/异步调用、事件。
    - ➢ 对象创建(可以使用<<create>>构造型)。
    - ➢ 对象销毁(可以使用<<destroy>>构造型)。
- 构成复杂的、复用的和备选的行为:
  - ◇ 图框——定义并命名交互或交互的一部分。

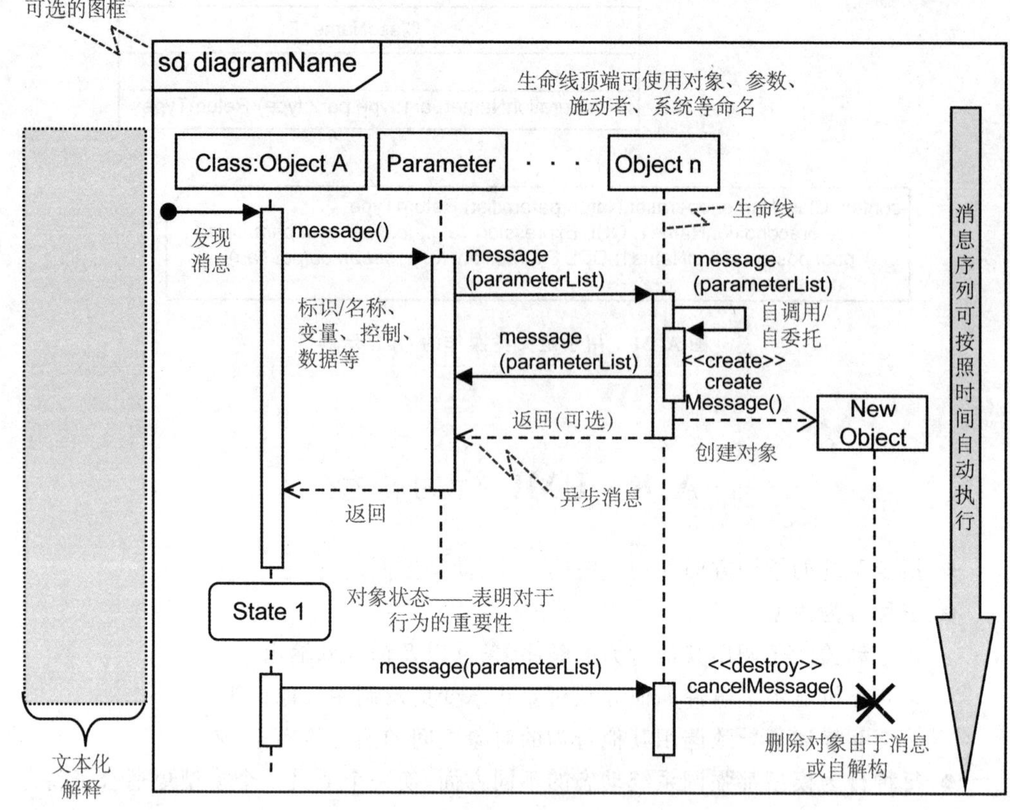

图 A.32 顺序图

◇ 组合片段——反映一块或多块交互(称为交互操作数),该交互由虚线分隔,由交互运算符控制,交互运算符的布尔条件称为交互约束。

◇ 迭代图框——划分出顺序图的一部分,以进行循环、条件行为等;可以根据需要嵌套框架。

◇ 交互发生——对其他位置定义的交互的可复用部分进行的引用;由 ref 运算符来识别。

● 常用运算符如下:

alt	备选片段;“守护=真”的片段执行
opt	可选;若守护=真,则片段执行
par	并行;片段并行运行
loop	片段基于守护条件循环
region	关键区域;片段一次执行一个线程
neg	负;片段显示无效的交互
ref	引用;指的是另一个图上的交互或交互发生;可以具有参数和返回值
sd	顺序图;围绕整个图

其他包括 ignore，consider，strict，assert 和 critical。

具有多个交互片段的顺序图如图 A.33 所示。

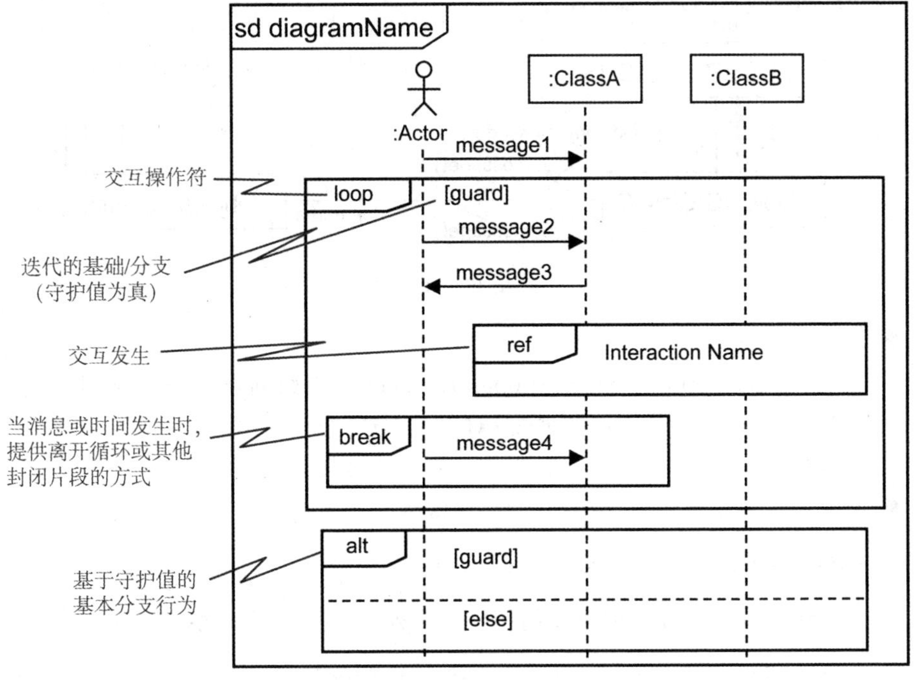

图 A.33 具有多个交互片段的顺序图

- 图门——显示可以将消息传输到交互式片段中/从交互式片段中传输出去的点，如图 A.34 所示。

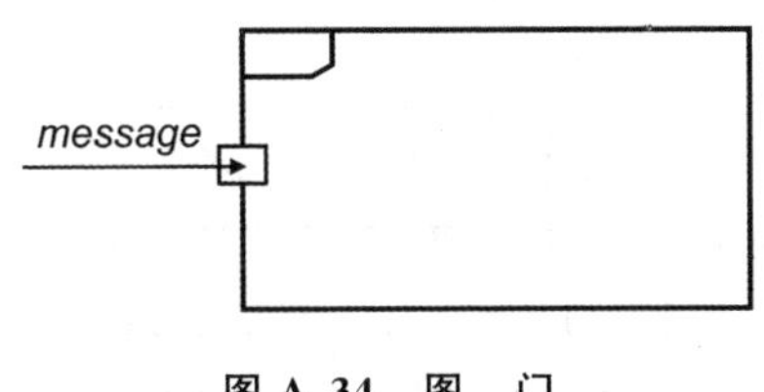

图 A.34 图 门

2. 通信图

通信图的示例如图 A.35 所示。

- 通信图以前称为“协同图”。
- 线程——将对象显示为图标；通过编号显示消息序列。
- 嵌套消息编号——显示更精确的消息序列：1.1 是 1 之后的第一个活动，1.1.1 是消息 1 等范围内的下一个从属消息，这称为消息的大纲编号。
- 在消息编号上附加星号 * 表示消息可被多次发送(类似于类多重性)。
- 箭头表示消息的方向。

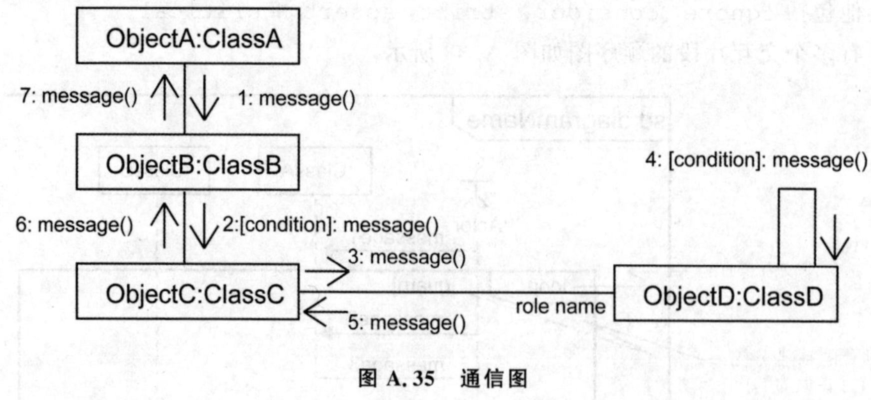

图 A.35　通信图

- 消息可包括：
  - ◇ 程序调用，returnVariable＝operationName(参数列表)——接收类必须具有此操作；变量和类型必须匹配；对象必须通过链接连接。
  - ◇ 信号，例如异常——接收类必须具有此信号接收。
- 循环——为了重复消息特定次数，语法为

```
SequenceNumber * [iteration clause]
```

- 并发线程——对并发消息使用相同的序列号，但带有线程标识符：

```
3.4thread1:message1(), 3.4thread2:message2(),
          3.4thread3:message3()
```

3. 活动建模

活动类型的层级结构如图 A.36 所示。

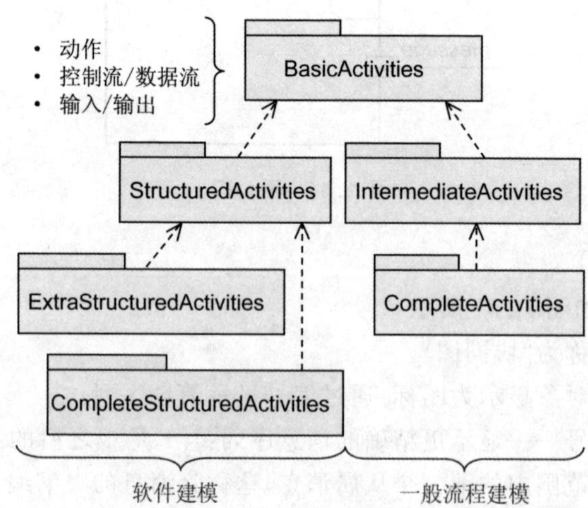

图 A.36　活动类型的层级结构(见彩图)

- 活动——做事情、执行流程的状态;分解为动作,这些动作是行为的原子单元:
  - ◇ 活动为用户定义的行为建模;它定义了能够以多种方式实现的虚拟机。
  - ◇ 活动可以是对类/对象的操作,也可以直接调用(例如,通过 Call 调用);活动可以通过调用动作来启动,并且可以通过参数与调用者交换数据。
  - ◇ 活动包含由连线连接的节点,形成完整的流图(令牌流语义,类似于 Petri 网):
    - ➢ 动作节点对它们接收的控制值和数据值进行操作,并将控制项和数据提供给其他动作。
    - ➢ 控制节点通过图形对控制令牌和数据令牌进行路由,包括决策点、分叉等。
    - ➢ 对象节点在等待穿过图形时会暂时持有数据令牌。
  - ◇ 活动可以具有引脚,用于连接流中的动作;引脚支持数据和对象在动作之间流动。
  - ◇ 两种定向节点:
    - ➢ 控制流连线连接动作,以指出在源动作完成之前,连线目标端(箭头)上的动作无法开始。
    - ➢ 对象流连线连接对象节点,以便为动作提供输入。
- 活动包依赖性:
  - ◇ 动作——行为的原子增量;活动分解为动作。
  - ◇ 动作是唯一的 UML 元素,可以查询对象,对对象产生持续影响,对对象上的操作进行调用并直接调用行为。
  - ◇ 动作是由 UML 标准而不是由用户定义的。
  - ◇ 动作包含在活动中,作为节点。
  - ◇ 当所有输入数据和控制项均可用时,执行动作。
  - ◇ 动作将属性值用于静态信息输入。
  - ◇ 动作包括 `CallBehaviorAction`、`CallOperationAction`、`SendSignal-Action`、`Broad-CastSignalAction` 和 `SendObjectAction`。

4. 活动图

活动图的基本要素如图 A.37 所示。

- 分叉表示并行活动的开始,其中一些活动可能受到守护。
- 决策(以前称为“分支”)表示选择受守护的转换集合中的一个。
- 汇合使并行线程同步;通常,所有线程必须在汇合转换之前完成。
- 在分支处,合并结束条件行为。
- 扩展区域显示活动或迭代的多个并行执行,无需构建回路。
- 活动可以垂直或水平地分成“泳道”,例如按照域或资源;形式上,这些泳道是“活动分区”。
- 图可包括数据对象,以显示它们的创建时间和发送位置。
- 活动可分解为子活动图。
- 可以将活动垂直组织成泳道(在该示例中标记为域),泳道可识别对动作集合负

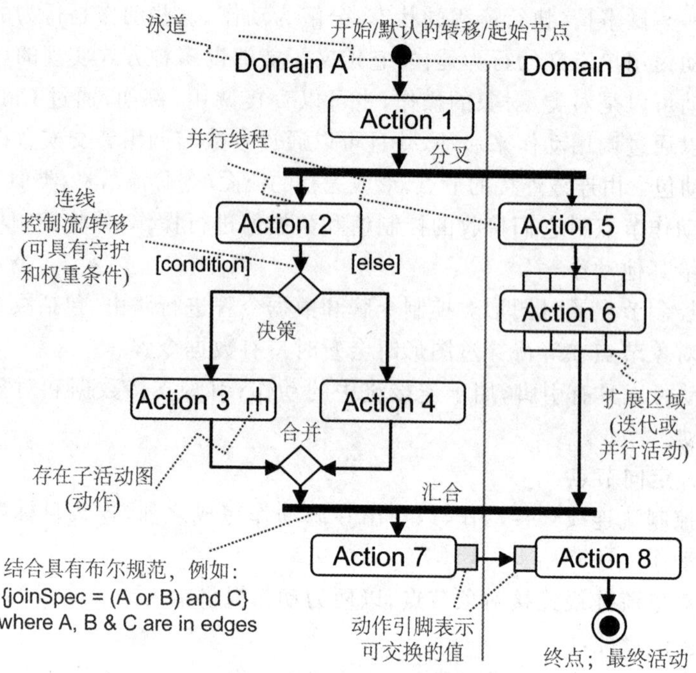

图 A.37　基本活动图(见彩图)

责的各方。

- 引脚是对象节点，用于动作的数据输入/输出；区别于控制的值流。
- 动作之间的对象节点交换或流：
  - ◇ 活动建模将使用令牌流语义——“令牌”用于经过连线连接的节点的图的控制流和数据流；这等效于前面描述的动作节点、控制节点和对象节点。
  - ◇ 对象交换或流的基本语义基于引脚：
    - ➢ 在动作边界上建模为小方块。输入引脚将输入参数绑定到局部变量。输出引脚将输出参数绑定到输出变量。当输入数据出现在所有输入引脚上时动作开始。当数据出现在所有输出引脚上时动作完成。
  - ◇ 另一种表达形式是使用图中的对象节点，并通过对象流来连接。
  - ◇ 流参数——用{stream}或填充的引脚来注释。
  - ◇ 异常参数——用三角形注释。
  - ◇ 连接器——提供在图之间链接流的方式。
- 显示活动的前提条件和后置条件(可以是活动图说明的用例条件)：
  - ◇ <<precondition>>表达式的值为真，开始活动。
  - ◇ <<postcondition>>表达式在活动结束时，值为真。
- 局部前提条件/后置条件仅适用于特定活动；注释为

<<localPrecondition>>

● 显示带有中止/终止节点的中间活动终止。

附加的活动图语法如图 A.38 所示。

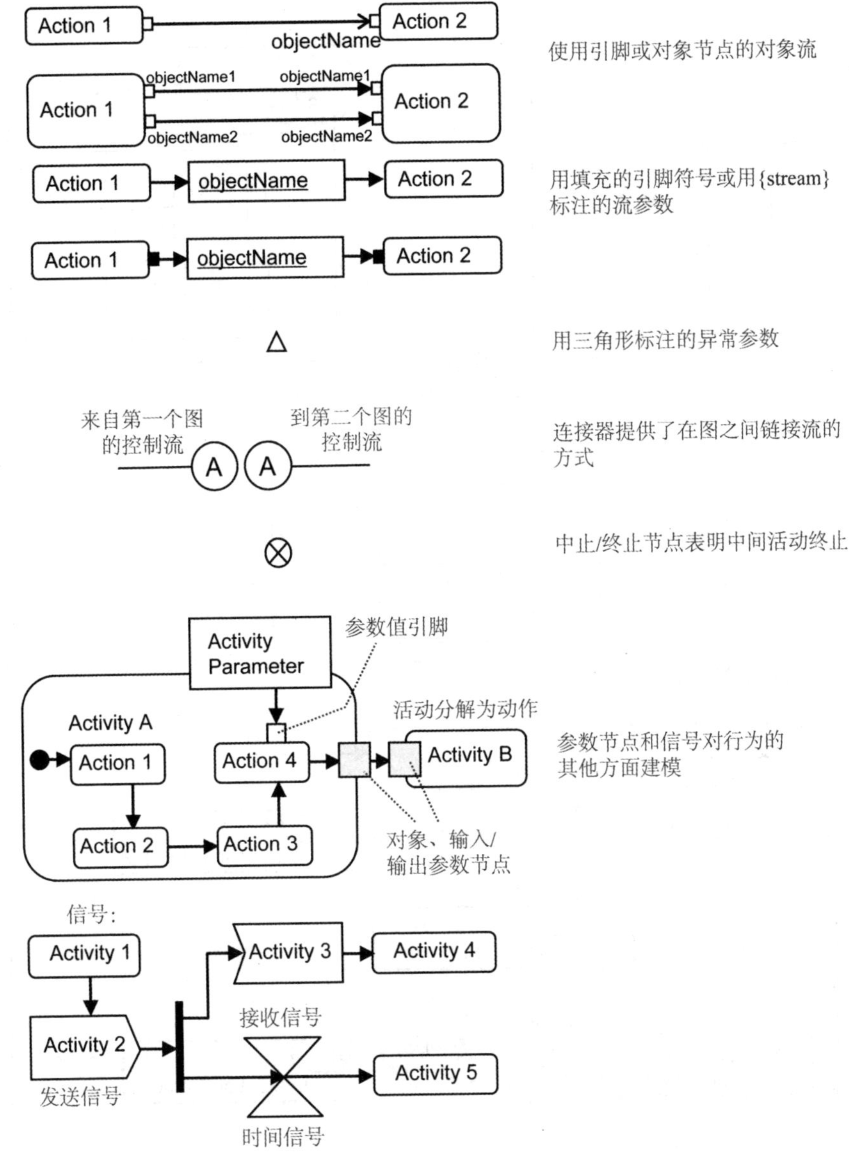

图 A.38 附加活动图语法(见彩图)

5. 交互概览图

交互图是活动图和顺序图的结合;绘制为活动图,并具有嵌入式交互图(通常是顺序图)而不是活动图,如图 A.39 所示。

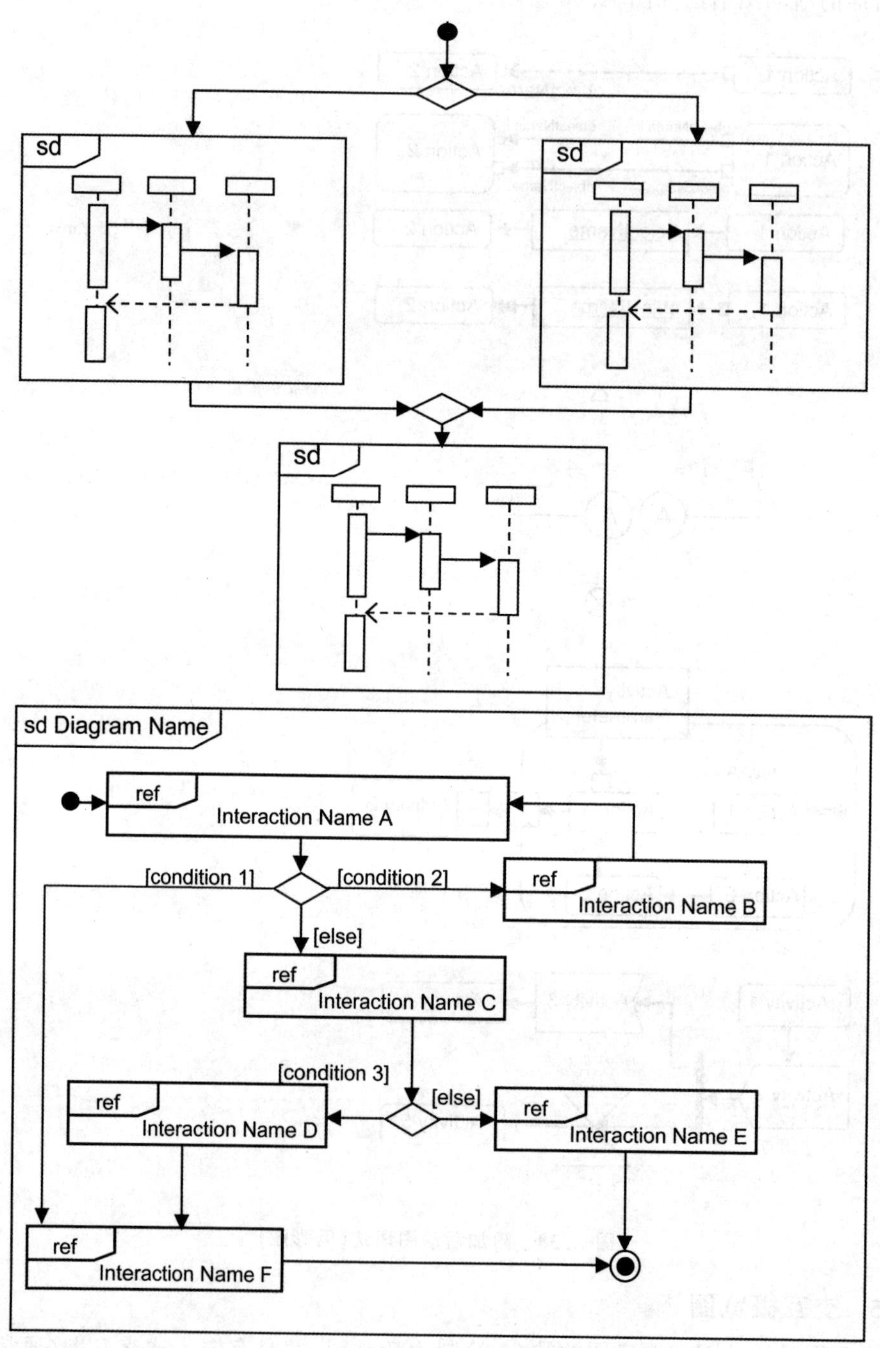
sd
sd
sd
sd Diagram Name
ref
Interaction Name A
[condition 1]
[condition 2]
ref
Interaction Name B
[else]
ref
Interaction Name C
[condition 3]
[else]
ref
Interaction Name D
ref
Interaction Name E
ref
Interaction Name F

图 A.39 交互图

6. 状态机图/状态图

对状态行为进行建模,即实体可以处于一种或多种状态,其表示行为配置(参数值、可能的动作等)并取决于先前的行为。

- 状态具有唯一标识符,并且可以具有各种活动/动作:
  - ◇ entry/<action> ——进入状态后执行的动作。
  - ◇ do/<action> ——在状态内执行的动作。
  - ◇ exit/<action> ——离开状态时执行的动作。
  - ◇ internalEventName/<action> ——由内部事件触发的动作。
  - ◇ Defer/<action> ——如果删除阻止条件,则可以执行的动作。
- 转换可以具有触发事件、参数、守护条件和动作;所有这些都是可选的;无守护的转换在流到达时就会发生。
- 守护条件是布尔值;如果其值为真,则启用转换。
- 无法处理的事件可以推迟(阻止),直到可以处理为止。
- 并发状态:
  - ◇ 如果对象具有独立行为集,则使用。
  - ◇ 退出并发状态时,对象只有一个状态。
  - ◇ OR 状态表示对象必须恰好处于超级状态的一种状态。
  - ◇ AND 状态通过广播事件、传播事件、守护([isIn(stateName)])和对象的属性进行通信。
- 状态可以具有 entry/,do/, exit/internalEvent/或 deferred/动作/活动。
- 时间触发器生成时间事件,以建模截止时限的到期或绝对时间的指定瞬间的到来:
  - ◇ 相对时间触发器测量从进入状态或类似情况开始的时间,例如,after(n second)。
  - ◇ 绝对时间触发器使用表达式,该表达式在达到绝对时间时(例如通过时钟)值为真。
- 事件可以具有多种类型:
  - ◇ 信号——从模型中其他地方接收到的异步信号。
  - ◇ 调用——操作调用产生的事件。
  - ◇ 变更——值变更产生的事件。
  - ◇ 时间——值变更产生的事件,是达到指定瞬间(when(timeCondition))或相对截止时限流逝(after(timeInterval))生成的事件。

状态机图/状态图如图 A.40 所示。

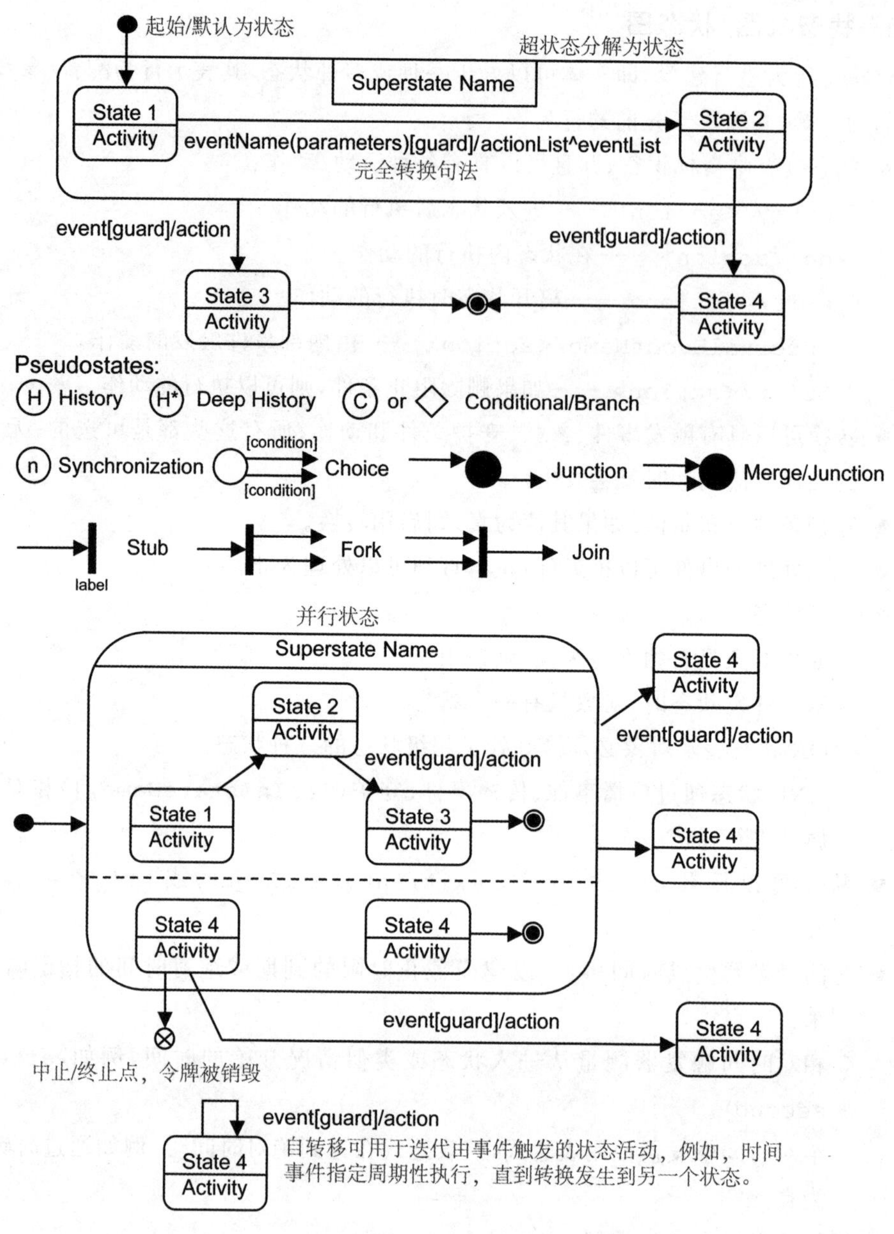

图 A.40　状态机图/状态图

A.9　物理图

用于建模系统的物理元素及其关系，包括节点（计算资源，通常是硬件）和连接（节点交互的路径）。

1. 部署图

部署图如图 A.41 所示。

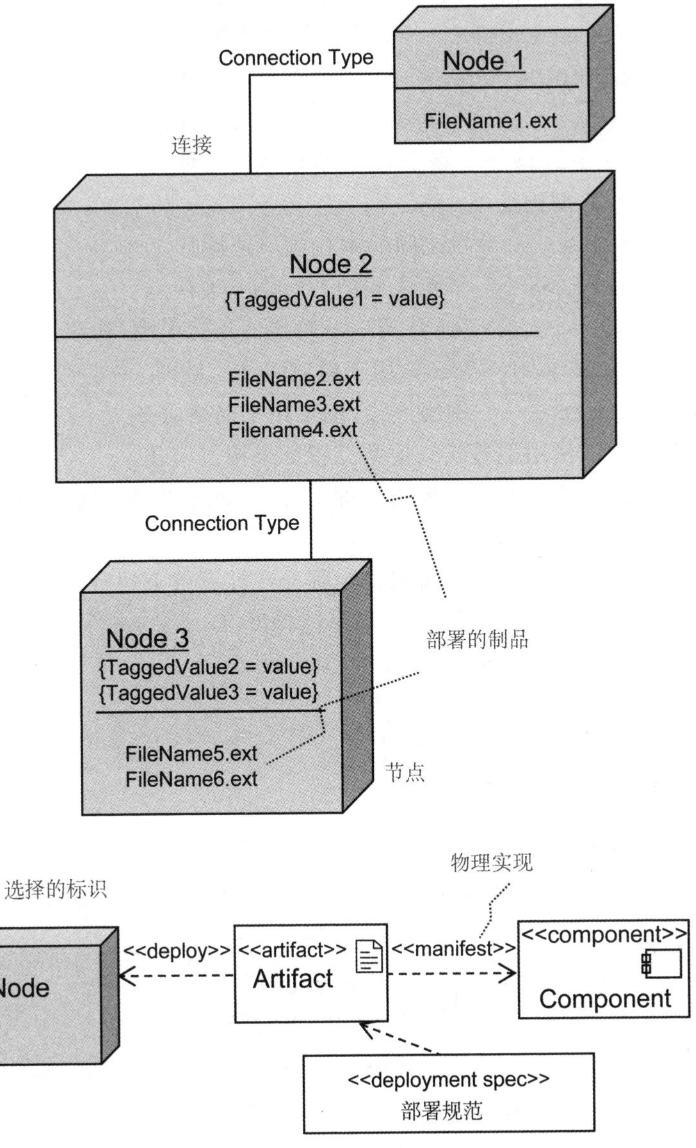

图 A.41 部署图

显示软件和硬件组件之间的物理关系——哪种软件在什么机器上运行，如何在分布式系统中路由组件和对象。

- 依赖性——显示某些组件的更改如何导致其他组件更改；显示组件之间的通信。
- 标记值——定义节点特征，例如操作系统，处理器类型。

● 节点的典型构造型：

◇ <<device>>——具有处理能力的节点。

◇ <<application server>>——为应用程序提供远程服务。

◇ <<mobile device>>——具有无线连接的设备。

◇ <<embedded device>>——实时嵌入式处理器。

◇ <<execution environment>>——为程序执行提供环境的虚拟节点。

◇ <<container>>——在 Java 环境中保存组件的节点。

● 通信路径的典型构造型：

◇ <<serial>>——节点之间的串行端口连接。

◇ <<parallel>>——节点之间的并行端口连接。

◇ <<USB>>，<<Ethernet>>等——特定的连接类型/协议。

◇ <<LAN>>，<<WAN>>等——用于局域网或广域网。

◇ <<Internet>>——网络连接，例如用于网络服务。

● 硬件项也可以使用型号或其他常见特征来构造型化。

● 制品——组件或子系统的模式物理实现，因此取决于该组件或子系统；常见的构造型：

◇ <<executable>>——可以作为程序在计算机上运行。

◇ <<library>>——是静态或动态链接库(DLL)的文件。

◇ <<script>>——运行时解释的源代码文件。

◇ <<page>>——单个 html 页面。

◇ <<file>>——通用文件制品。

2. 组件图

组件图如图 A.42 所示。

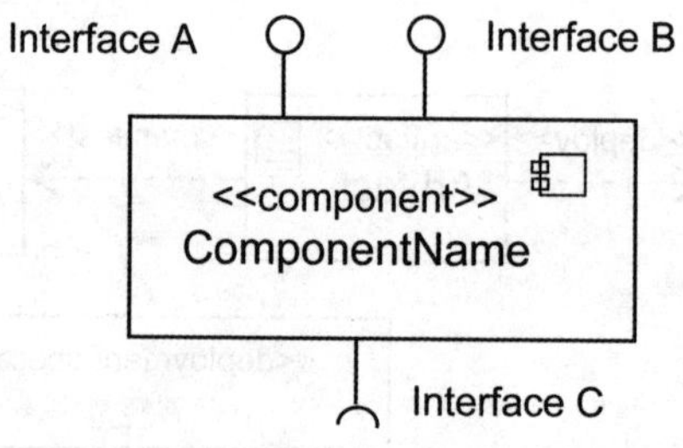

图 A.42 组 件

● 组件——具有定义明确的接口的模块化单元，可在其环境中更换：

◇ 可以是<<subsystem>>，其内部类可以一起工作实现接口。

◇ 可以是逻辑的或物理的。

● 行为是根据提供的接口和请求的接口指定的。

● 连接器可以组装或委托；后者将外部接口处的组件契约链接到实现该行为的内部元素。

组件接口如图 A.43 所示。

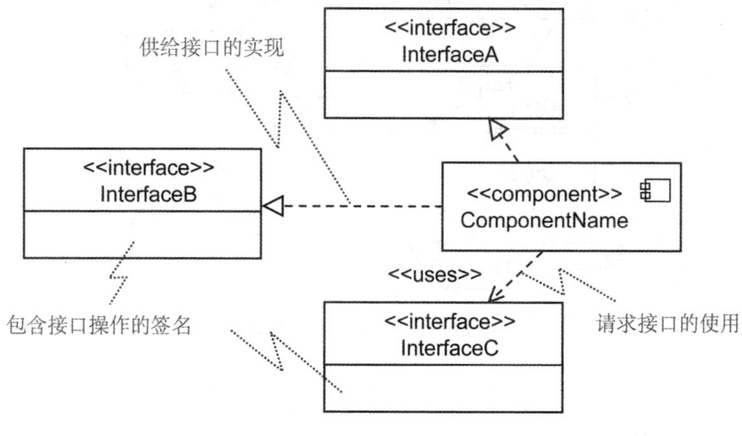

图 A.43 组件接口

3. 内部组件结构的复合结构图

内部组件如图 A.44 所示。

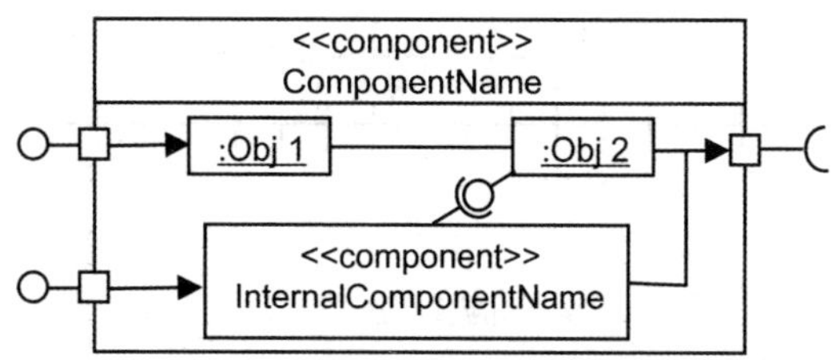

图 A.44 内部组件

内部构件的典型构造型包括：

- <<focus>>——执行封闭组件的部分或全部业务逻辑。
- <<process>>——执行事务并确保完成。
- <<service>>——计算值的无状态构件。
- <<entity>>——在运行后仍具有其值、行为和状态的构件。
- <<auxiliary>>——用以辅助焦点构件的构件。

4. 具有关联活动对象的组件图

具有关联活动对象的组件图，如图 A.45 所示。

5. 时序图

时序图如图 A.46 所示。

- 沿线性时间轴显示状态的明显变化。
- 特定类型的交互图，关注于时间。
- 任务或线程——独立于其他任务/线程执行的操作的顺序(另参见控制流)。
- 截止时限——系统动作必须发生的时间点或间隔。

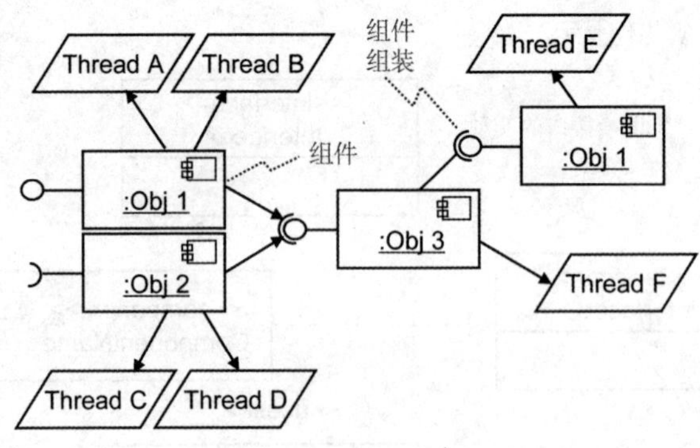

图 A.45　具有活动对象的组件

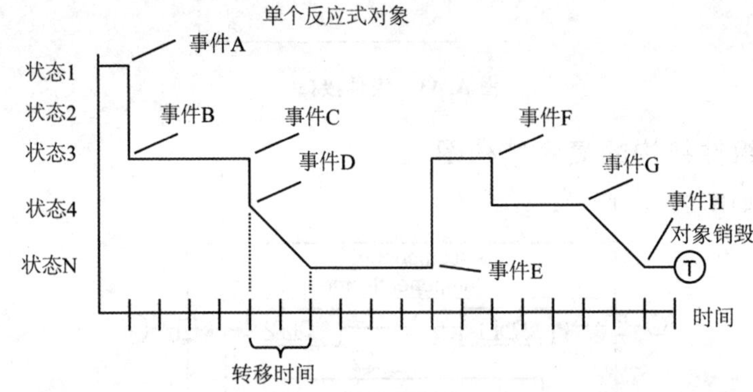

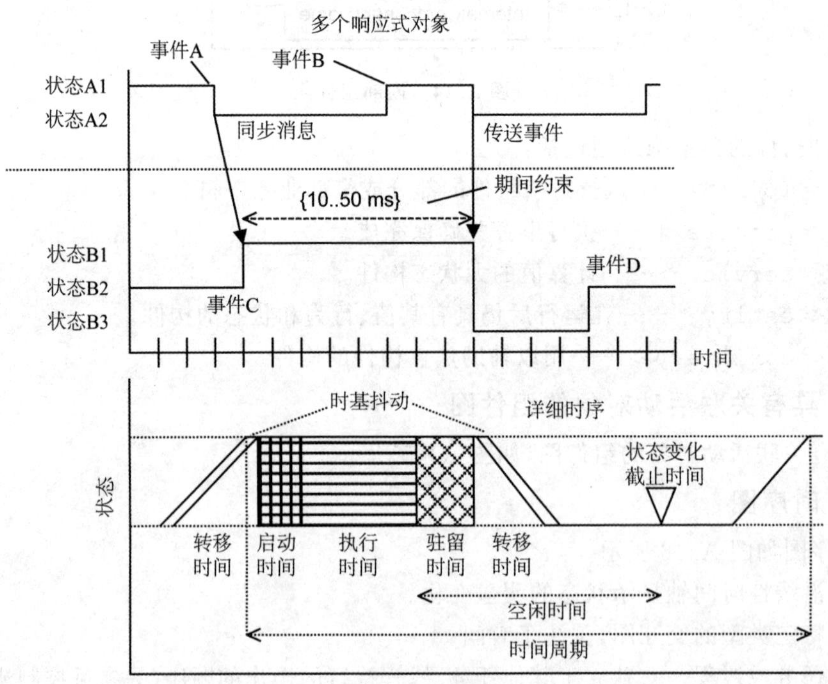

图 A.46　时序图

A.10 实时系统的语义

实时(RT)系统具有与功能或线程相关联的截止时限，当超过截止时限时将导致其系统或任务失败(“强”RT)或性能下降(“弱”RT)。典型属性包括：

- 可调度性——可以确定性地调度功能和操作系统线程；支持一些准则，例如速率单调分析(RMA)或截止时限单调分析(DMA)。
- 抢占——较高优先级的功能可以抢占较低优先级的功能。
- 内存保护——采用机制来防止一个进程覆盖或破坏另一个进程。
- 故障检测和恢复——采用机制来检测故障、异常、挂起的线程等，并恢复正常操作或启动备份模式。

实时系统的关键字/构造型如表 A.1 所列。

表 A.1 实时系统的关键字/构造型

类	«active»	类是 OS 线程的根
消息	«synchronous»	关联将作为简单的功能/方法调用来实现
	«blocking-local»	关联将越过线程边界；调用器将被阻止，直到接收器返回一个值
	«asynchronous-local»	通过将消息放入目标线程的输入队列中，关联将越过线程边界
	«waiting-local»	发送器将等待固定期限或直到接收器做出响应
	«synchronous-remote»	关联越过处理器边界；发送器将被阻止，直到接收器明确返回
	«asynchronous-remote»	关联越过处理器边界；发送器将立即继续
	«periodic»	定期发送消息
	«episodic»	基于感兴趣的事件发送消息
	«epiperiodic»	定期且不定时地发送消息
操作 信号量	«guarded»	通过互斥来守护执行 (“线程可靠”)
节点	«processor»	执行指定软件的设备
	«device»	设备不执行软件，但具有接口
	«sensor»	设备监控外部环境或另一个设备的运行
	«actuator»	设备影响外部环境或另一个设备的运行
操作	«display»	设备向用户显示信息
	«knob»	接口控制旋钮
	«button»	接口控制按钮
	«switch»	接口控制开关
	«watchdog»	传感器在超时后导致故障安全行为

附录 B 统一建模语言(UML)扩展的系统建模语言(SysML)的快速参考

B.1 概 述

- SysML 是 UML2 的扩展(见图 B.1),复用了基本 UML 建模元素的子集,标记为 UML4SysML;从该扩展中删除了不需要的 UML 元素,并增加了额外的或经修改的图和建模元素。
- SysML 专注于常见的系统工程任务,并处理:
  - ◇ 需求。
  - ◇ 系统结构。
  - ◇ 功能行为。
  - ◇ 分配。
  - ◇ 基本测试。
  - ◇ 系统工程规范阶段和设计阶段的基本权衡研究。

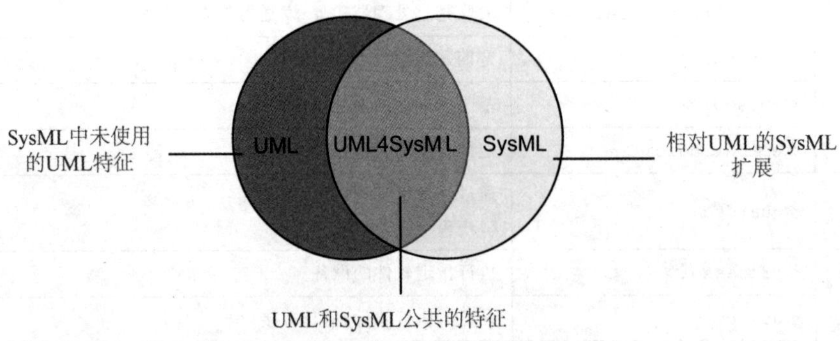

图 B.1 UML/SysML 范围和重叠

1. SysML 图

SysML 删除了以下 UML 图:对象图(由实例规范代替)、部署图(由块图上的分配代替)、时序图(由参数图中的时序参数代替)、通信图、组件图、交互概览图和扩展图,如图 B.2 所示。

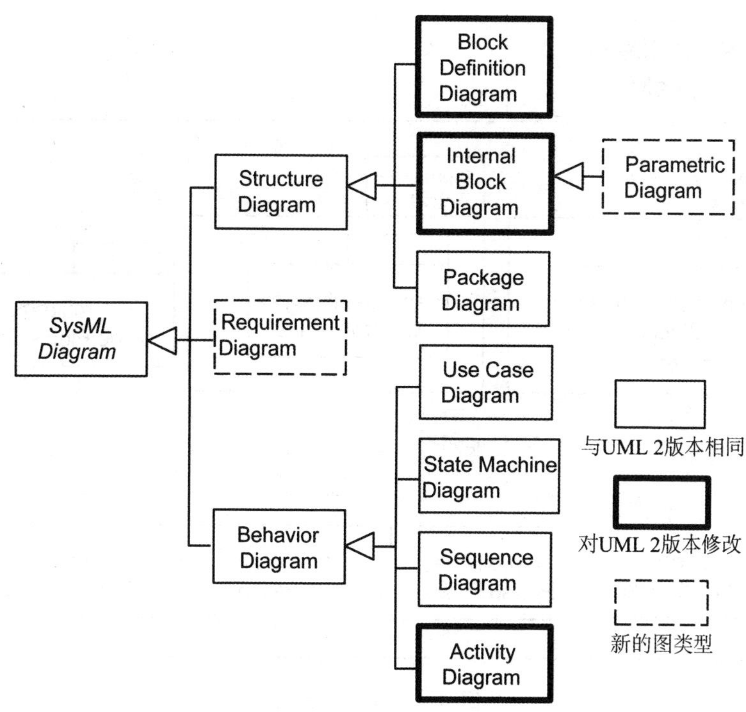

图 B.2 SysML 图

2. UML 2 的 SysML 扩展

UML 2 的 SysML 扩展包括构造型、图扩展和模型库元素,如图 B.3 所示。

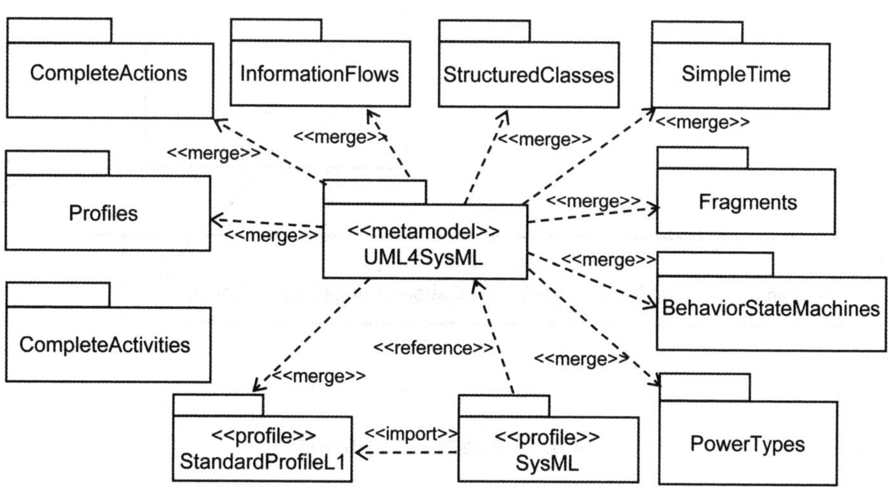

图 B.3 UML 2 的 SysML 扩展

3. SysML 包

SysML 包图显示 SysML 扩展的基本结构,如图 B.4 所示。

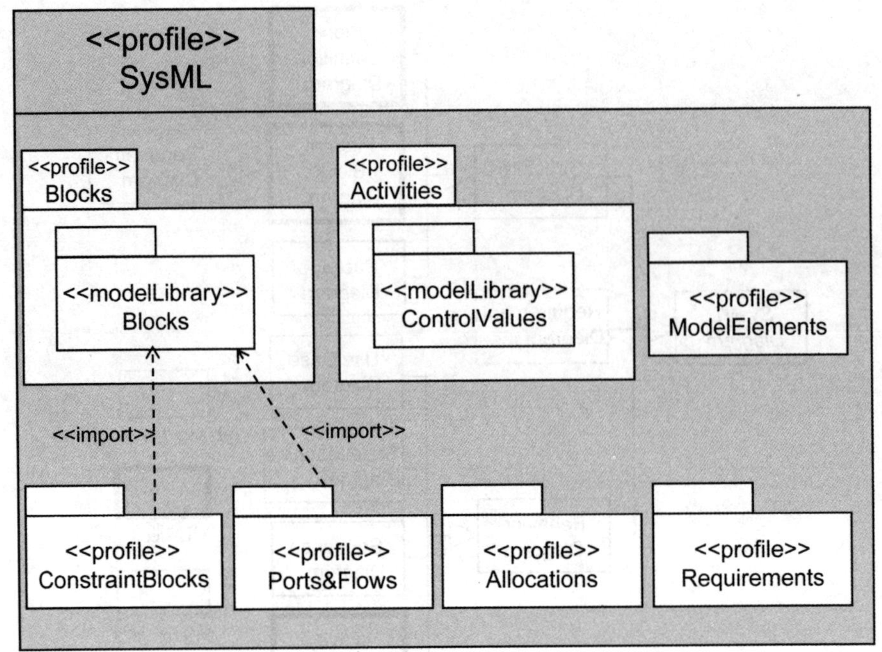

图 B.4　SysML 包图

4. 图　框

所有 SysML 图都必须有图框；图框注释给出关于图的信息，如图 B.5 所示。

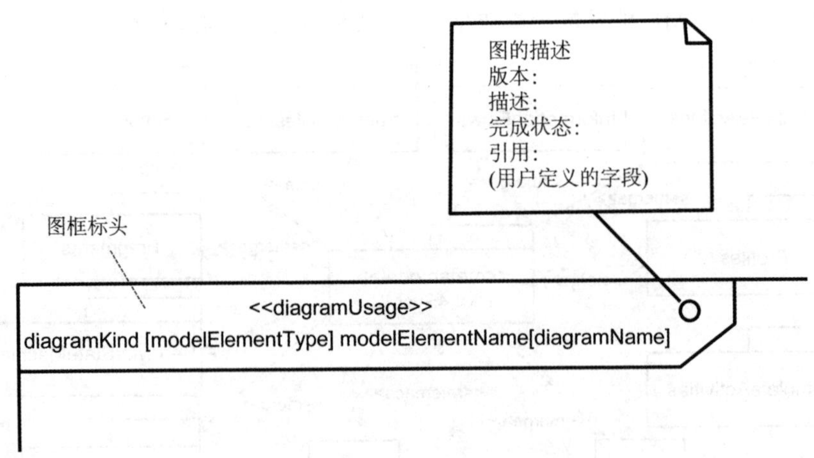

图 B.5　具有描述注释的图框

5. 视图/视角图

视图/视角图如图 B.6 所示。

6. 由 SysML 模型元素包定义的构造型

- «conform»关系是提供方视角与客户端视图之间的依赖性，用以满足需求。

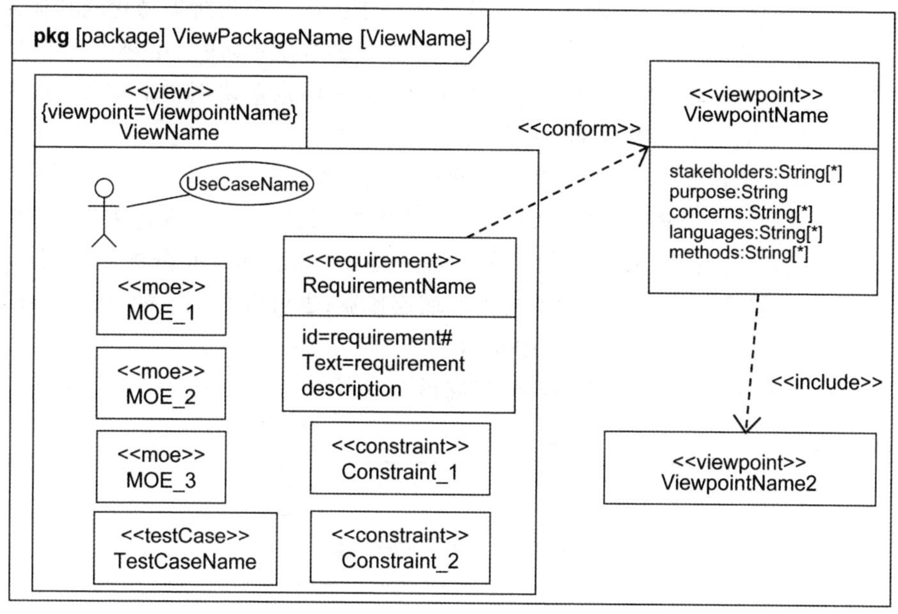

图 B.6 视图或视角图

- <<problem>>记录了一个或多个模型元素的缺陷、限制或失效，以致无法满足需求或需要，或其他不期望的结果。
- <<rationale>>可以附加到任何元素上，并用于记录分析结果、需求和设计决策。
- <<view>>是从单个利益相关方的视角对整个系统的表达。
- <<viewpoint>>是约定的规范以及用于构建和使用视图的规则，以解决利益相关方的一系列关注点。

7. 分类器

- 模型元素，可以通过指定元素的共同特征，类型化一组较低层级的元素。
- 一般分类器或超类，以及类型专用的分类器或子类。
- 分类器包括块、值类型、接口和信号。

8. 交叉构造

- 分配——元素在用户模型多种结构或层级结构中有组织地交叉联系(映射)，如图 B.7 所示：
  - ◇ **分配**——基于 UML::Abstraction 的依赖性，用于在抽象层级联系不同类型或不同层级结构中的元素；UML4SysML::Abstraction 的构造型；模型元素之间的<<allocate>>关系是元素、元素特性、操作、属性和子类之间具体关系的先导。
  - ◇ **功能分配**——用于将形式(结构)与功能(行为)分离。
    - ➢ **用途分配**——"用途元素"(如构件、动作和连接器)之间的分配；仅分配特定用途，而不是一般定义，因此不适用于由同一个块所类型化的其他元素。

➢ **定义分配**——块、活动、关联等内容之间的分配；适用于由定义元素类型化的每个特性，例如，将活动图中的动作分配给内部块图中的构件，或将活动图中的流分配给内部块图中的连接器。

◇ 在块定义图上，显示活动和块之间的分配依赖性。

◇ 流分配——具体将功能系统表达中的流映射到结构系统表达中的流；可以使用包含“分配给”或“分配自”的注释来显示，该注释带有分配源或目标的名称，并锚定到分配中涉及的对象流或连接器；也可以在块上的 allocatedTo 或 allocatedFrom 隔层中显示。

◇ 结构分配——用于分离系统的“逻辑”表达和“物理”表达。

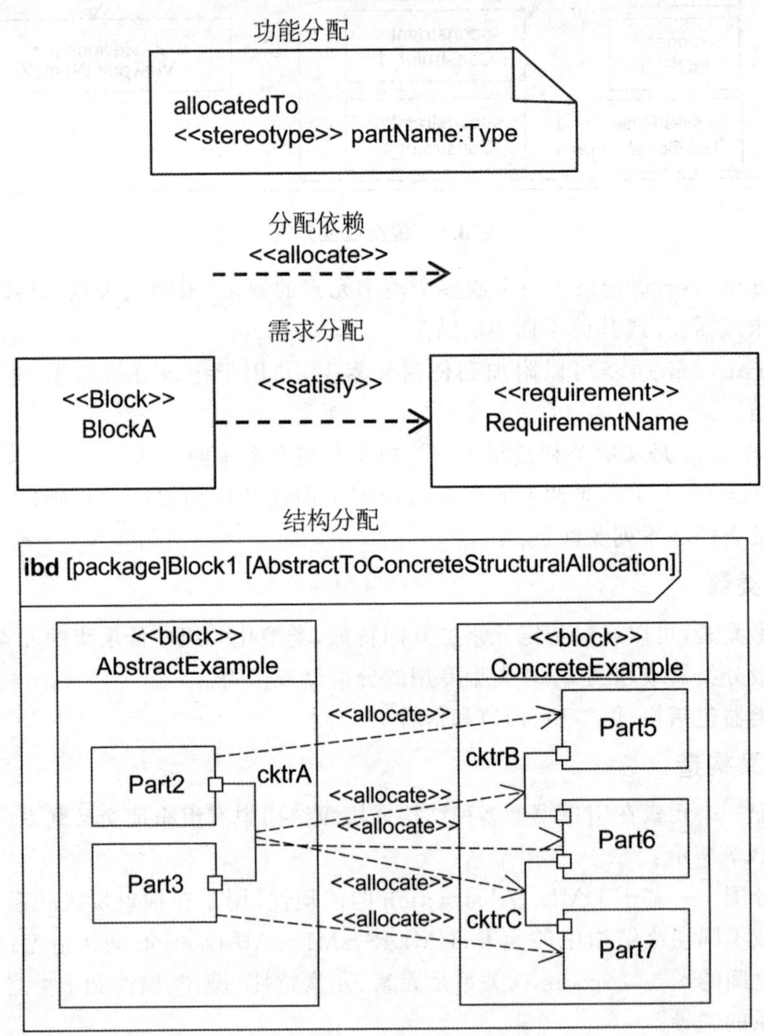

图 B.7　分　配

- **需求分配**——用于将需求与结构元素或行为元素相关联；不要使用<<allocate>>，而要使用<<satisfy>>、<<verify>>、<<refine>>、<<deriveReqt>>、<<copy>>、<<trace>>等。
  注：分配箭头指向需求，因为块设计依赖于需求。
  ◇ 结构分配——用于分离系统的"逻辑"表达和"物理"表达。
  ◇ 软件-硬件分配——在内部块图和块定义图中使用分配，代替 UML 部署图。
  ◇ 特性分配——将性能、SWAP - C 等分配给组件的特性值。
- **扩展和模型库**——允许对现有元模型中的元类进行扩展，适应不同用途的机制；也可以用于通过识别特定域所需的基本元模型子集来限制语言。
- **构造型**——用于创建扩展文件，以扩展元模型的主要机制；通过对元类进行扩展来定义，然后应用于用户模型中的相关模型元素。

9. SysML 的四个"支柱"

- 结构。
- 行为。
- 需求。
- 参数。

B.2 结　构

1. 块

- 块是 SysML 模型中结构的基本单位；块具有结构特征和行为特征，包括特性、值、操作和约束；块定义了系统类型、系统元素/组件、流项等。
- 利用共享块的特征，对块进行实例化；可以使用泛化增加实例特定的特征来建模。
- 块可以具有内部结构，并且可以分解为较低层级的块；较低层级的块成为其所属组合块的构件特性("构件")；构件由块类型化，是块的实例。
- 块特性：
  ◇ **构件特性(构件)**——描述了块的内部组合结构；始终由块类型化，并用于在拥有构件的组合块背景环境中显示该块的实例；这些特性创建了结构化的层级结构。
  ◇ **值特性(值)**——定义了块的定量特征。
  ◇ **引用特性(引用)**——表明了两个块之间的非组合关系，块可能属于不同的组合层级结构；这些特性创建了逻辑层级结构；例如，容器可引用其内容，但每个内容都在不同的组合层级结构中；这些特性还创建了功能层级结构。
  ◇ **约束特性("约束")**——块必须满足的逻辑条件或定量条件。

- 块可以具有分配的行为，并且可以连接到组合结构中。
- 块可以具有端口，这些端口对块与其他块交互的点位进行建模，也可以将块内的各个构件连接起来：
  - ◇ 在 SysML 版本 1.2 之前的版本中，有两种端口：
    - ➢ **标准端口**——支持一般的交互，如提供的服务和请求的服务；通常用于软件组件之间的通信。
    - ➢ **流端口**（入口、出口，或出入口）——支持由流项定义的、流入或流出某个块或构件的量；通常用于流程之间的通信。
  - ◇ 从 SysML 版本 1.3 开始，这些端口改为：
    - ➢ **全端口**——块边界上的构件，在不暴露任何块内部细节的情况下处理流、非流交互和行为交互；由块类型化，用于对系统的物理构件进行建模。
    - ➢ **代理端口**——不是构件，而是暴露块内部工作机制的窗口；流、非流特征和行为特征由块内的某一内容来提供或使用；由接口块类型化，并在交互中不涉及实际物理构件时使用。
  - ◇ 不赞成使用流端口和流规范；流特性和流项保留下来，并用于在端口中类型化流特征和方向。
  - ◇ 这些端口有助于物理连接的定义。
- 在图上，块可以选择性地在不同的隔层中显示特征：
  - ◇ **构件**——列出了由构件特性定义的构件，显示为

    `PartName:blockName [Multiplicity]`

    其中，blockName 标识了对构件类型化的块。
  - ◇ **引用**——列出由引用特性定义的引用。
  - ◇ **值**——列出由值特性定义的值，这些值使用值类型进行定义。
  - ◇ **操作**——列出为块定义的操作，显示为

    `operationName (parameter list):returnType`
  - ◇ **接收**——列出为块定义的信号接收，显示为

    `<<signal>> receptionName (attributeList)`

    且属性列表具有以下条目：

    `attributeName : attributeType`
  - ◇ **端口**——列出在块上定义的端口。
  - ◇ **约束**——列出块拥有的约束和约束特性。
  - ◇ **需求**——标识由块满足的需求。
  - ◇ **命名空间**——显示在块的命名空间中定义的块。
  - ◇ **结构**——显示块的连接器和其他结构元素。

◇ 其他隔层,例如属性,可由 SysML 工具支持。

◇ 块图可以包括依赖性、实现、泛化和其他 UML 元素。

2. 块定义图(BDD)

- 从 UML 类图派生而来,用于声明各块及其组成关系、逻辑关系和泛化/继承关系,如图 B.8 所示。
- 用于定义在其他图中使用的块。
- UML 类和对象成为块及其实例。
- 构件可以通过连接器连接在一起;构件实例之间的物理连接就是链接;连接器可以由关联块定义的关联类型化。

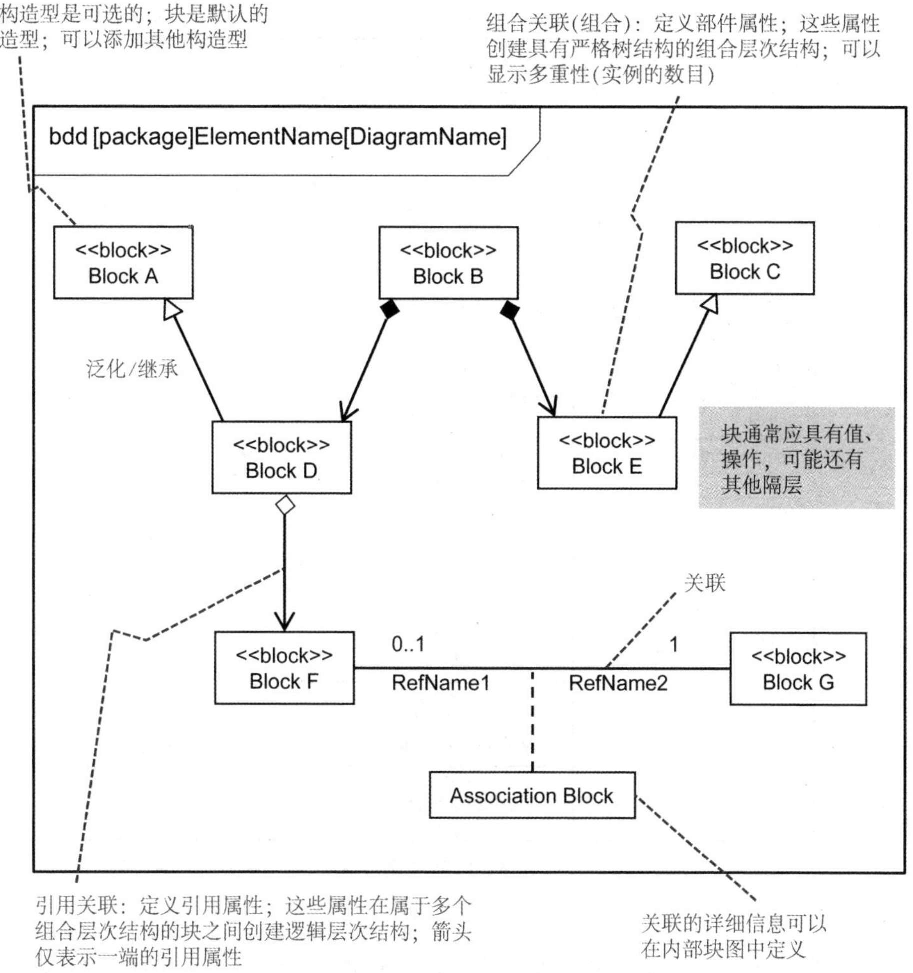

图 B.8 块定义图

3. 内部块图(IBD)

- 从 UML 组合结构图派生而来,用于显示块内各构件之间的连接和交互;图框表达组合块。内部块图如图 B.9 所示。

● 块和构件上的端口可以通过连接器或项流连接。

● 引用特性显示为块内的构件，但是带有虚线边界；连接情况与构件相同。

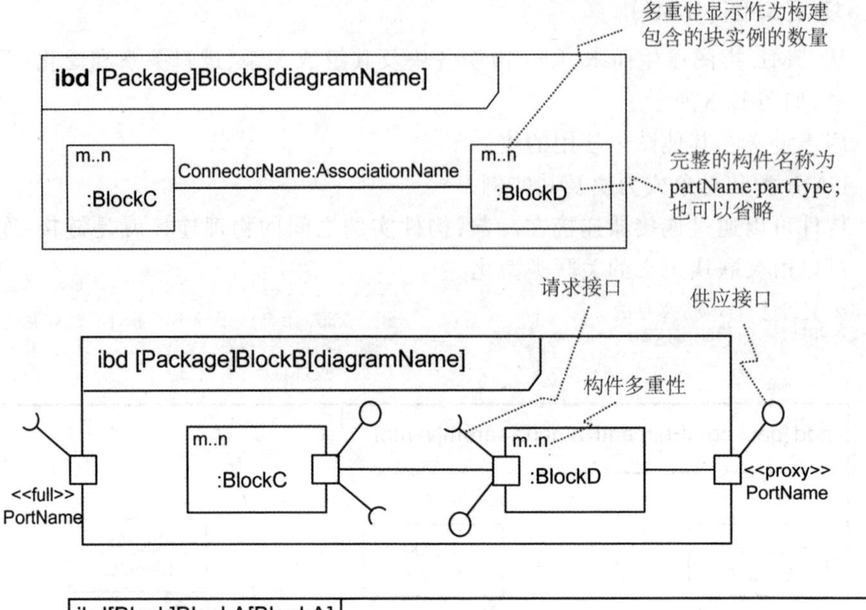

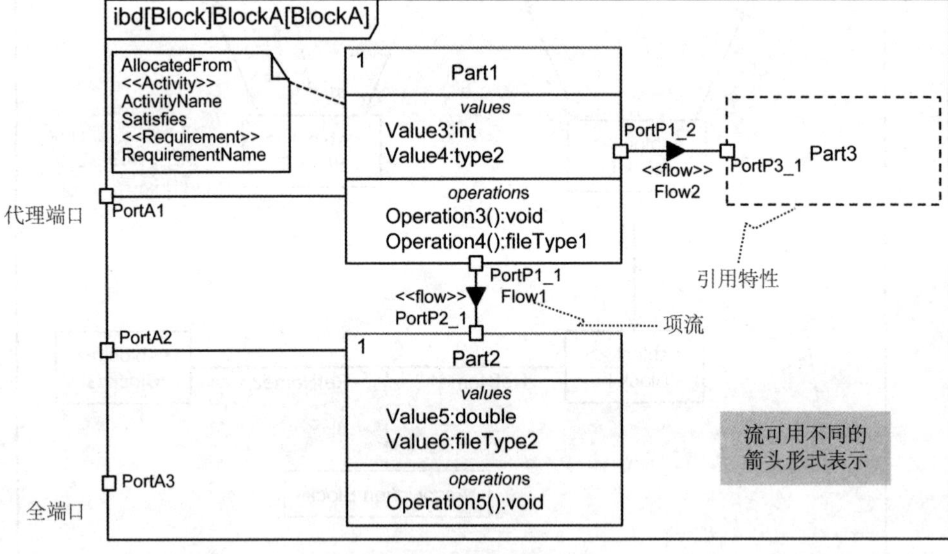

图 B.9　内部块图(IBD)

4. 关　联

● **组合关联**——在整体端用黑色菱形显示物理组合的部分-整体关系；这些关系将下级块声明为更高层级块的构件。

● **有向的组合**(具有导航性箭头的组合)——显示构件由更高层级的块唯一拥有。

● **引用关联**——显示一端的块可以被另一端的具有空心菱形的块引用：

◇ 可以在一端或两端的块上指定引用特性。

◇ 可以用于根据各种物理组合层级结构创建构件的逻辑聚合，这些层级结构共同作用，以创建一个实体(层级结构引用特性的拥有者)并完成某项功能。

◇ 末端有一个开放箭头，指向引用特性的类型，背向引用特性的拥有者(只有一端有引用特性时使用)。

◇ 可以在拥有者末端使用白色菱形(可选)。

◇ 引用特性可以在块的**引用**隔层中列出。

- 对阐明构件或引用特性的功能有用时，关联可以具有角色名称。
- 关联可以在一端或两端具有多重性；默认值为1。
- 关联通常在构件或类型末端具有开放箭头。

5. 连接器

- 用在IBD(而不是BDD)上，以显示块各构件之间的连接。
- 允许构件交互而不需要指定交互，交互可能是：

◇ 构件之间的输入/输出流。

◇ 服务调用。

◇ 消息交换。

◇ 构件特性之间的约束。

- 可以连接端口。
- 可以使用项流来描述。
- 可以具有定义可连接的实例数量的多重性。
- 可以通过关联进行类型化，从而显示更详细的特征，包括内部信息显示在单独IBD上的关联块。

6. 流

- 在块、构件和外部环境之间的连接器上对液体、电力甚至消息流等有形量的交换进行建模。
- 可以是单向的，也可以是双向的。
- 见下面的流特性和项流。

7. 端　口

- 由允许项流、服务调用和其他交互的块所拥有的交互点；在块边界上用带有端口名称、构造型、关联接口的小方块进行注释。
- 当前版本的SysML(版本1.3及更高版本；当前版本为1.4或更高)将原来的标准端口和流端口替换为全端口和代理端口：

◇ **全端口**——拥有全端口的块的构件特性；全端口在不暴露任何块内部细节的情况下处理流、非流交互和行为交互；全端口由块类型化，是块的实例，用于对创建并支持交互点的块的物理资源进行建模；定义块可以包括一个或多个接口。

◇ **代理端口**——关联到(或委托给)提供支持资源的块内的一个或多个构件；由接口块类型化；接口可以是提供接口、请求接口，或两者兼具；处理一个或多个实现构件可以支持的所有交互。

- 流特性和项流在版本 1.3 中予以保留。
  - ◇ 端口的**流特性**描述了块与其环境之间**可能的**项流，包括数据、物质、能量等。
  - ◇ **项流**描述块或构件之间**实际的**流；可从活动图中的对象节点或状态机的信号分配项流。

B.3 值特性

- 对块的定量特征进行建模；用于对值的表达而不是实体：
  - ◇ 可以具有初始值和值的概率分布。
  - ◇ 基于描述量值的值类型，包括数据结构和允许的范围；类型包括：
    - ➢ **基本类型**——例如整数、字符串和布尔值。
    - ➢ **枚举类型**——命名值（文字）的集合。
    - ➢ **结构化类型**——具有多个元素的数据结构，每个元素都有一个值特性。
- 值类型具有单位和维度。
- 值特性显示在块的**值**隔层中。
- 将具有概率分布的量显示为

<<DistributionName>>［parameter string］PropertyName: TypeName

- 将值特性显示在块的值隔层中，如图 B.10 所示。

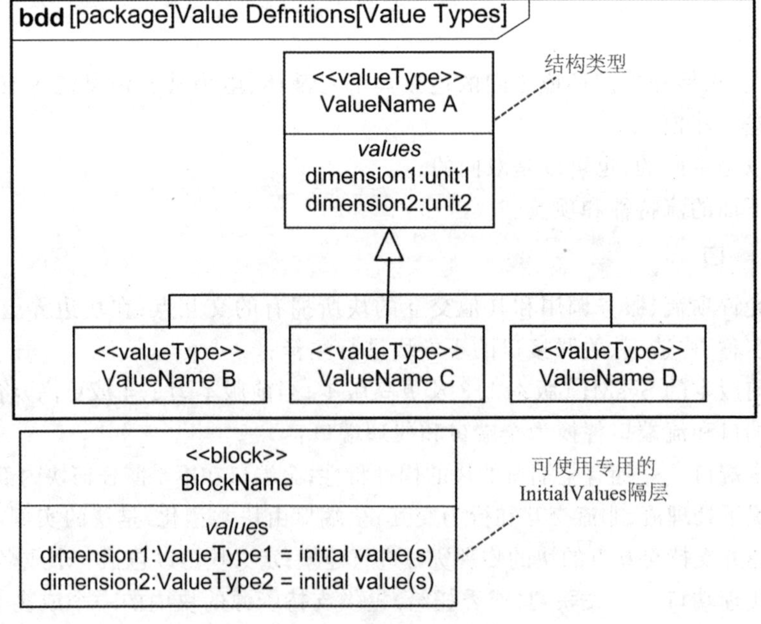

图 B.10　值定义和特性

B.4 行 为

- SysML 采用以下形式对行为进行建模：
  - ◇ 活动——包括对 UML 基本活动图的补充；显示组成活动的动作和对象的流。
  - ◇ 状态机——Harel 状态图显示有状态的、事件驱动的行为。
  - ◇ 交互——顺序图显示模型元素之间按时间顺序排列的交互。
- 块的行为(见图 B.11)特征定义了块可以响应的请求：
  - ◇ **接收**——与发出异步请求的信号(带有属性的消息)相关联；信号由具有 <<signal>> 构造型(或关键字)的矩形和属性的隔层定义，注释为

    ```
    attributeName:attributeType [multiplicity]
    ```

  - ◇ **操作**——与同步请求相关联；具有定义传入和传出变量的参数，以及任何返回值的类型；操作签名为

    ```
    operationName (parameterList):returnType
    ```

    且接收被注释为

    ```
    <<signal>> ReceptionName(attributes)
    ```

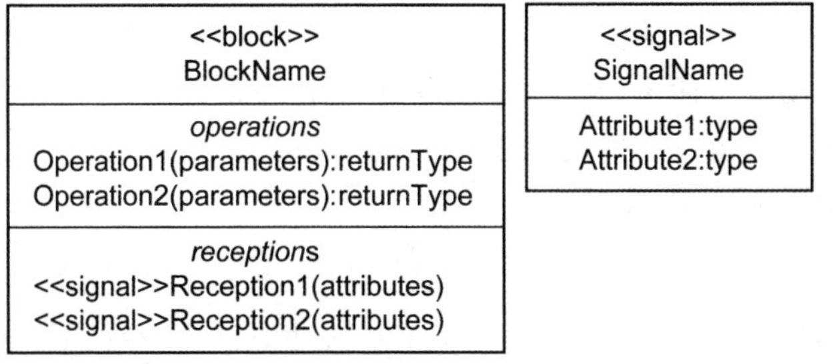

图 B.11 块行为

用 例

- 和 UML 一样，用于利用相关的施动者对主要行为或功能进行建模，如图 B.12 所示。
- 用例规范定义了行为、前提条件和后置条件以及其他关键方面。
- 用例可以通过其他行为图和场景(尤其是活动图)进行详细说明。
- <<extend>> 和 <<include>> 的依赖性对可选和共用的行为进行建模。<<include>> 可用于将用例从较高层级到较低层级分解。

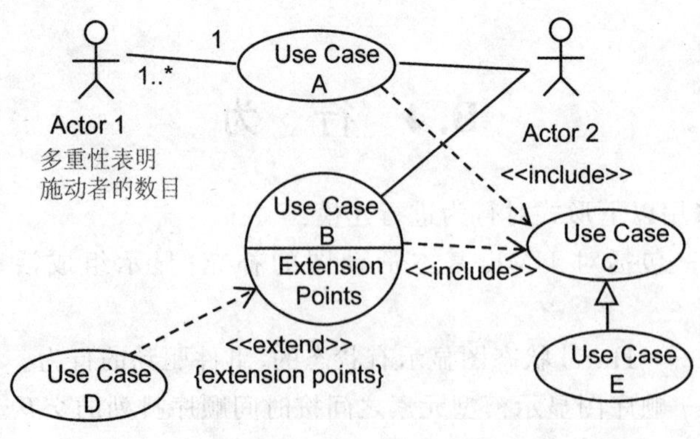

图 B.12 用 例

B.5 活 动

- 强调用于协调其他行为的输入、输出、顺序和条件(关于活动建模的详细信息,见 UML 2)。
- 扩展 UML,以允许活动在执行时停止和启动。
- 控制值——控制操作符的输入或输出,将控制作为数据的方式。
- 连续系统——SysML 允许连续的和离散的物质、能量和信息流;对象可以更新和舍弃某些值,从而维护当前值并处理瞬态值。
- 当一个活动调用其他活动时,可以在块定义图中用具有<<Activity>>构造型的块对活动进行建模,并且块可以具有组合关系。
- 对活动的实例进行实例化/销毁,导致该活动启动/终止。

活动标识如图 B.13 所示。

1. 活动图

- 显示活动流,如图 B.14 所示;关于基本活动图语法,参见 UML 2。
- SysML 还允许使用增强功能流块图(EFFBD)。
- 泳道("活动分区")和分配将活动与其他模型元素联系起来,尤其是与执行动作和拥有数据的结构单元联系起来。
- 活动参数节点提供了一种清晰方式来输入和输出值。
- 备选对象流标识,如图 B.15 所示。

2. SysML 活动包中定义的构造型

- <<Continuous>>——时间增量趋近于零的流量类型。
- <<Control Operator>>——一种行为,用于表示任意复杂的逻辑运算符,可用于启用和禁用其他操作。

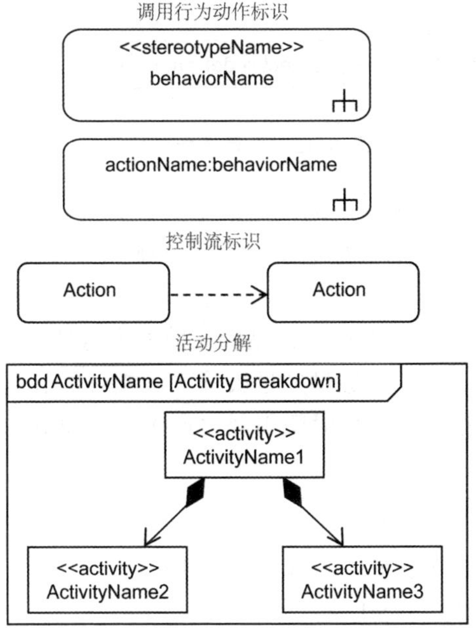

图 B.13 活动标识

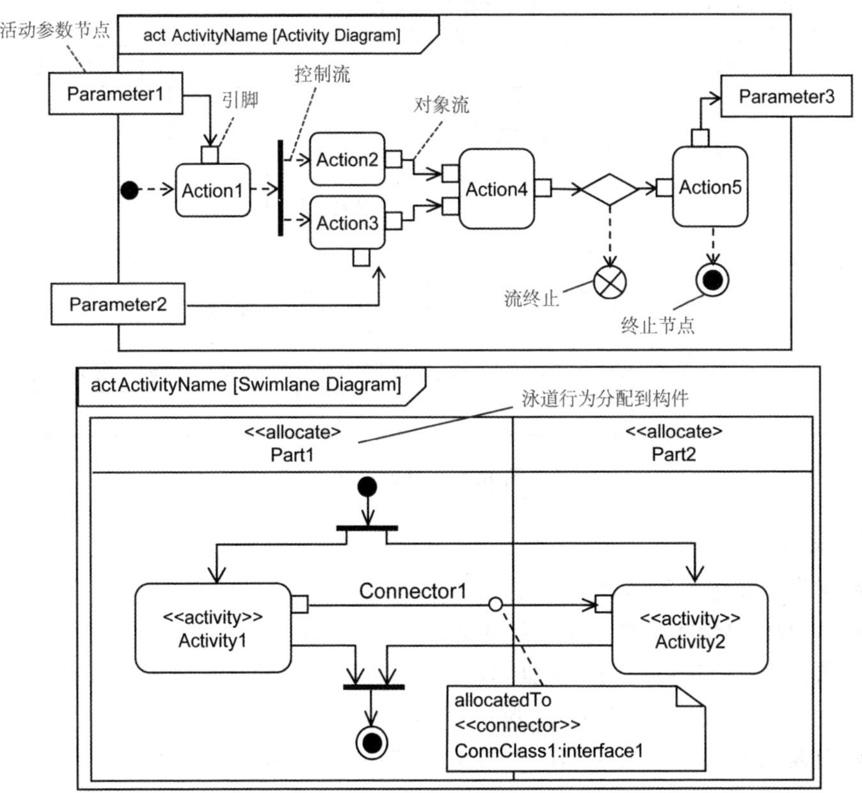

图 B.14 活动图

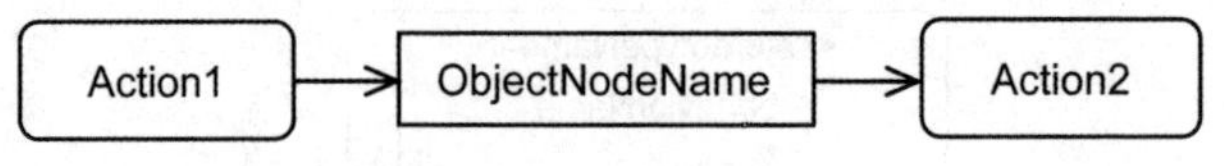

图 B.15　备选对象流标识

- «Discrete»——两项之间的时间不为零的流量。
- «NoBuffer»——如果拒绝接收到达令牌，则将其丢弃。
- «Overwrite»——完整节点上到达的令牌取代已经存在的令牌。
- «Optional»——具有此构造型的参数的多重性下限必须为零。
- «Probability»——提供经过决策节点或对象节点连线的概率表达式。
- «Rate»——指定在单位时间内经过连线的项和值的数量。

3. 状态机

- 显示块的生命周期，如图 B.16 所示。
- 对离散的、通常是基于事件的行为进行建模。
- 关于基本图解，参见 UML 2。

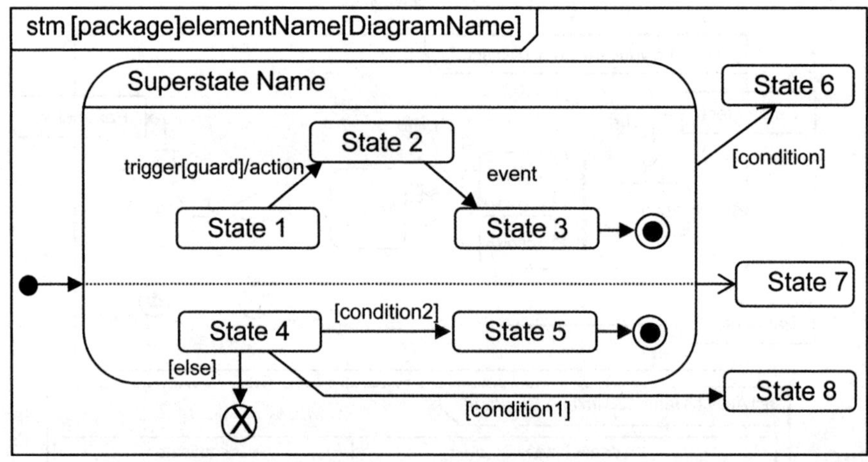

图 B.16　状态机图

4. 交　互

- 顺序图描述了实体之间的交互。
- SysML 中删除了通信和交互概览图(UML 2)。
- **黑盒交互**——组合引用图框，以显示复杂场景中的高层级的交互，“黑盒”交互行为建模顺序图如图 B.17 所示。
- **白盒交互**——参见 UML 2 顺序图，“白盒”交互行为建模顺序图如图 B.18 所示。

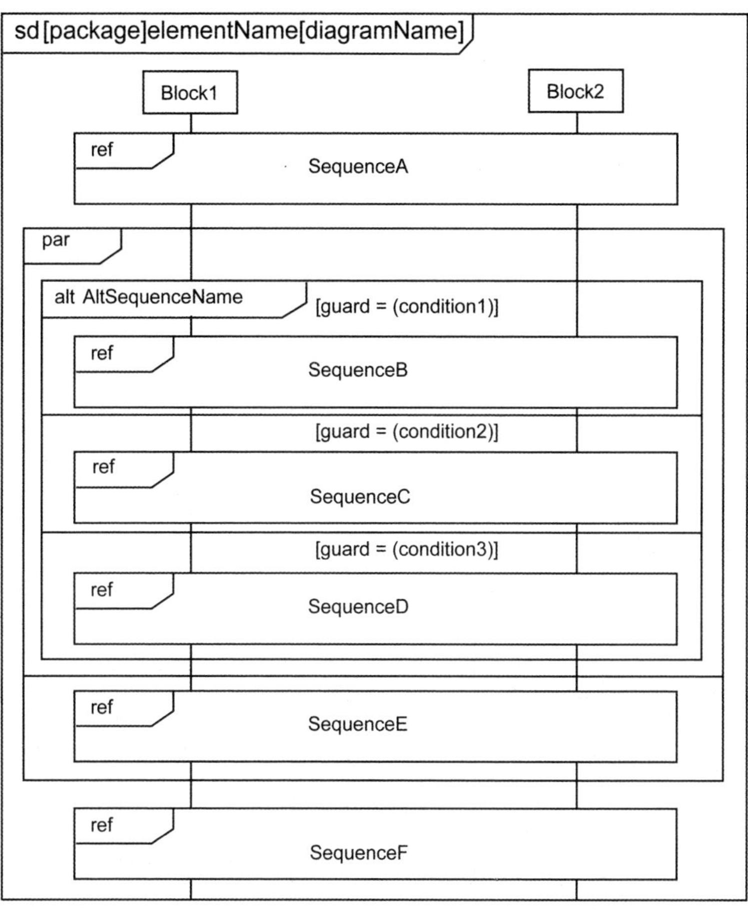

图 B.17 “黑盒”交互行为建模顺序图

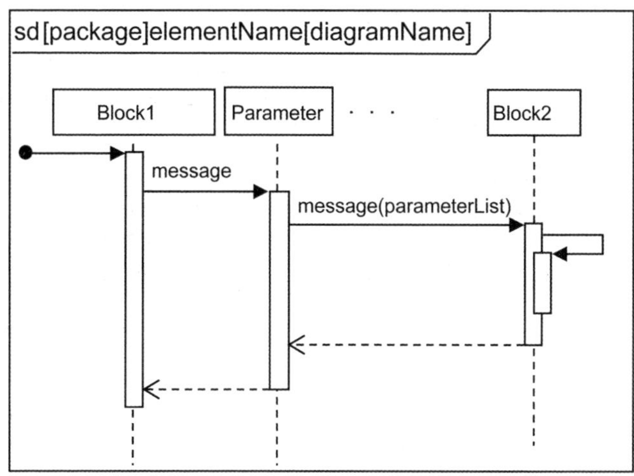

图 B.18 “白盒”交互行为建模顺序图

B.6 需　求

● 需求是必须(或应该)满足的能力或条件;在具有<<requirement>>构造型的块中定义。需求图如图B.19所示。

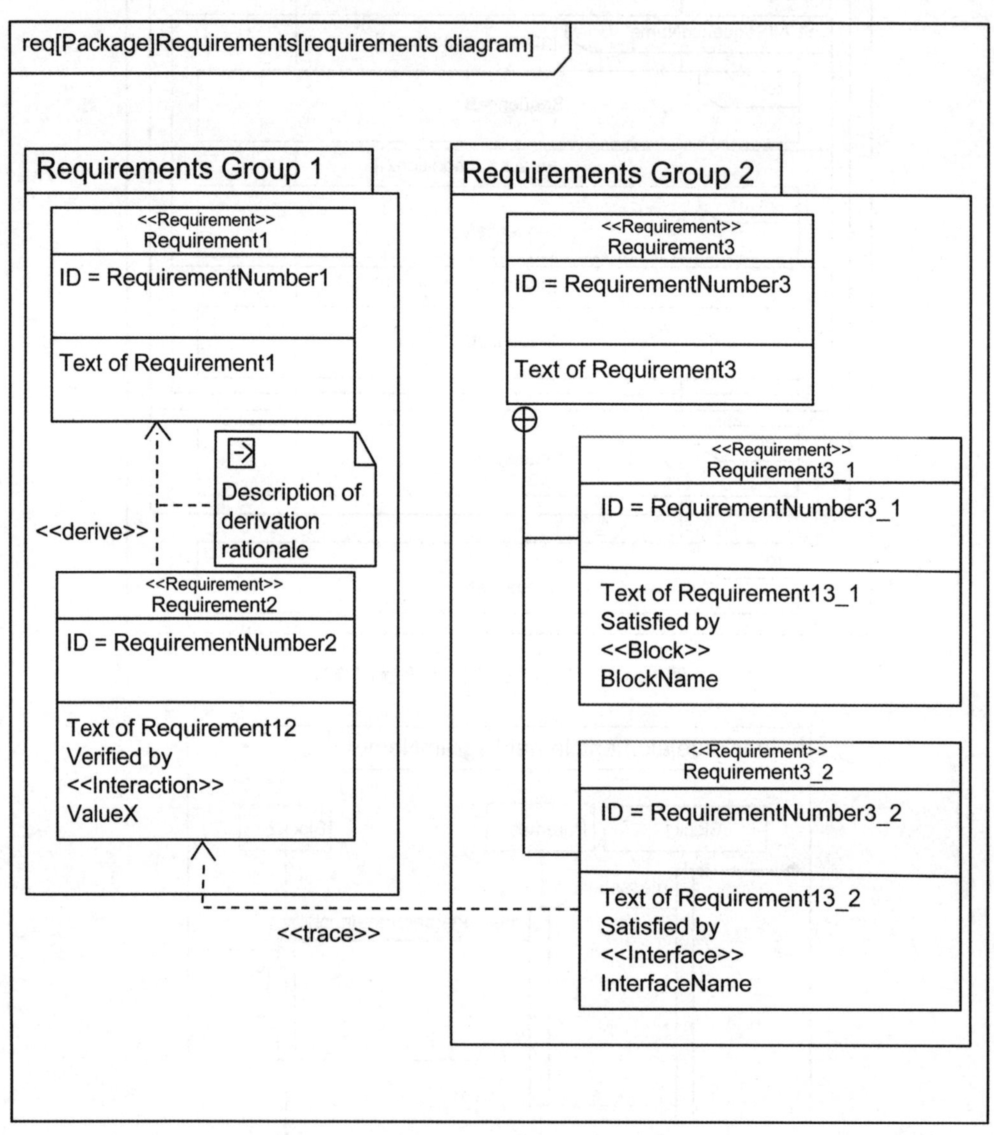

图B.19　需求图

- 可以指定系统必须执行的功能或系统必须达到的性能条件。
- 组合需求——可以在需求层级结构中包含子需求,使用 UML 命名空间包含机制来指定。
- 隶属需求——一种需求,其文本特性是主需求文本特性的只读副本;允许需求复用。
- 衍生需求关系——将衍生需求与其源需求相关联;注释为<<deriveReqt>>依赖性。
- 满足关系——描述设计或实现模型如何满足一个或多个需求;注释为<<satisfy>>依赖性。
- 验证关系——定义测试用例如何验证需求;注释为<<verify>>依赖性。
- 细化需求关系——可用于描述如何使用模型元素或元素集合进一步细化需求;注释为<<refine>>依赖性。
- 一般追溯需求——关系提供需求与任何其他模型元素之间的一般关系;注释为<<trace>>依赖性。
- 复制关系——提供方需求与客户端需求之间的<<copy>>依赖性,用于指定客户端需求文本是提供方需求文本的只读副本。
- 需求可以附加到任何图/元素上。
- 需求可以在表示需求满足的图或表中表达。

B.7 参 数

- 对值特性之间的约束/关系(方程)进行建模的机制。
- 将工程分析(性能、可靠性等)与 SysML 块集成在一起。

1. 约束块

- 用形式化或非形式化的语言捕获方程式。
- 由应用于块定义的<<constraint>>关键字定义,如图 B.20 所示。
- 包括约束(例如方程式)及其参数。
- 可以用 BDD 中的组合关联分解成较低层级的约束块。
- 约束表达式用大括号({ })括起来,如图 B.21 所示。
- 可以在参数图或 IBD 上使用,以约束另一个块的特性。
- 参数值可用于指定系统状态。
- 可用于指定一个函数,该函数用于在参数图中执行权衡。
- 约束块的使用称为约束特性。
- 参数图的图框表示一个约束块,使用绑定连接器显示其约束特性的参数之间的绑定。
- 约束块可以通过带有与项相关的约束的参数图,约束项流的项特性。

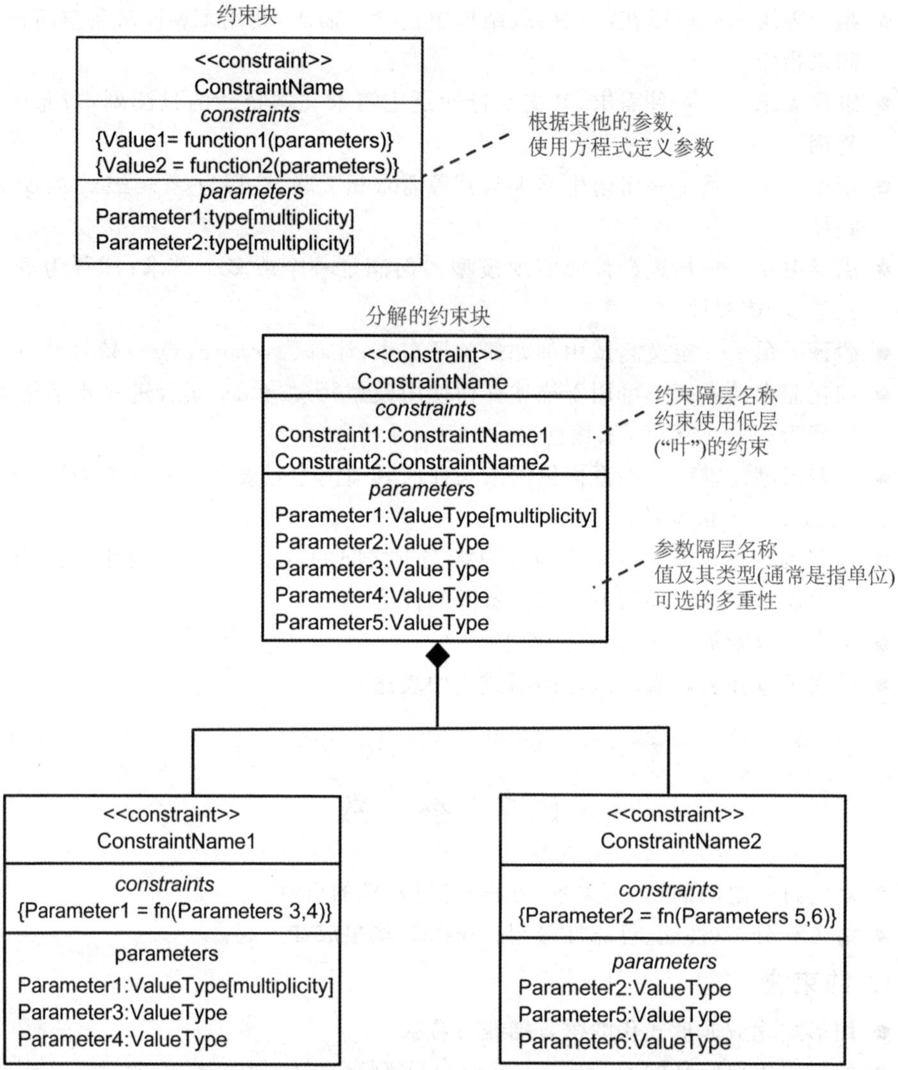

约束块

<<constraint>>
ConstraintName
constraints
{Value1= function1(parameters)}
{Value2 = function2(parameters)}
parameters
Parameter1:type[multiplicity]
Parameter2:type[multiplicity]

根据其他的参数，
使用方程式定义参数

分解的约束块

<<constraint>>
ConstraintName
constraints
Constraint1:ConstraintName1
Constraint2:ConstraintName2
parameters
Parameter1:ValueType[multiplicity]
Parameter2:ValueType
Parameter3:ValueType
Parameter4:ValueType
Parameter5:ValueType

约束隔层名称
约束使用低层
("叶")的约束

参数隔层名称
值及其类型(通常是指单位)
可选的多重性

<<constraint>>
ConstraintName1
constraints
{Parameter1 = fn(Parameters 3,4)}
parameters
Parameter1:ValueType[multiplicity]
Parameter3:ValueType
Parameter4:ValueType

<<constraint>>
ConstraintName2
constraints
{Parameter2 = fn(Parameters 5,6)}
parameters
Parameter2:ValueType
Parameter5:ValueType
Parameter6:ValueType

图 B.20 约束块

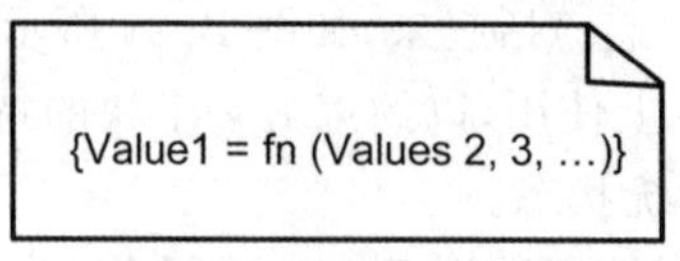

约束标注锚定到块上

图 B.21 约束注释，将约束应用于块

2. 块上的约束

- 在约束隔层中创建或通过附加约束注释来创建。
- 大括号表示约束关系。

3. 参数图

- 通过将约束与系统中创建和使用的值“连线”来创建一个方程组。
- 图框代表一个块或约束块,如图 B.22 所示。
- 值特性可以作为包括名称、类型和多重性的矩形,包含在参数图中,然后通过值绑定路径绑定到适当的约束参数节点。
- 涉及时变参数的约束可以通过在参数图中包括时间值特性来建模。
- 可以为将流参数绑定到约束参数的项流,创建参数图。

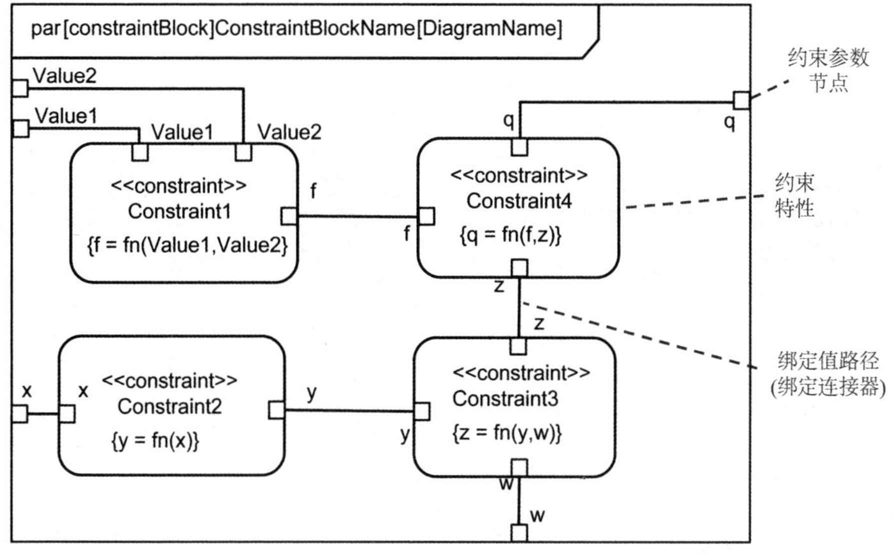

图 B.22 参数图

B.8 图之间的关系

四个 SysML“支柱”图之间的连接关系示例如图 B.23 所示。

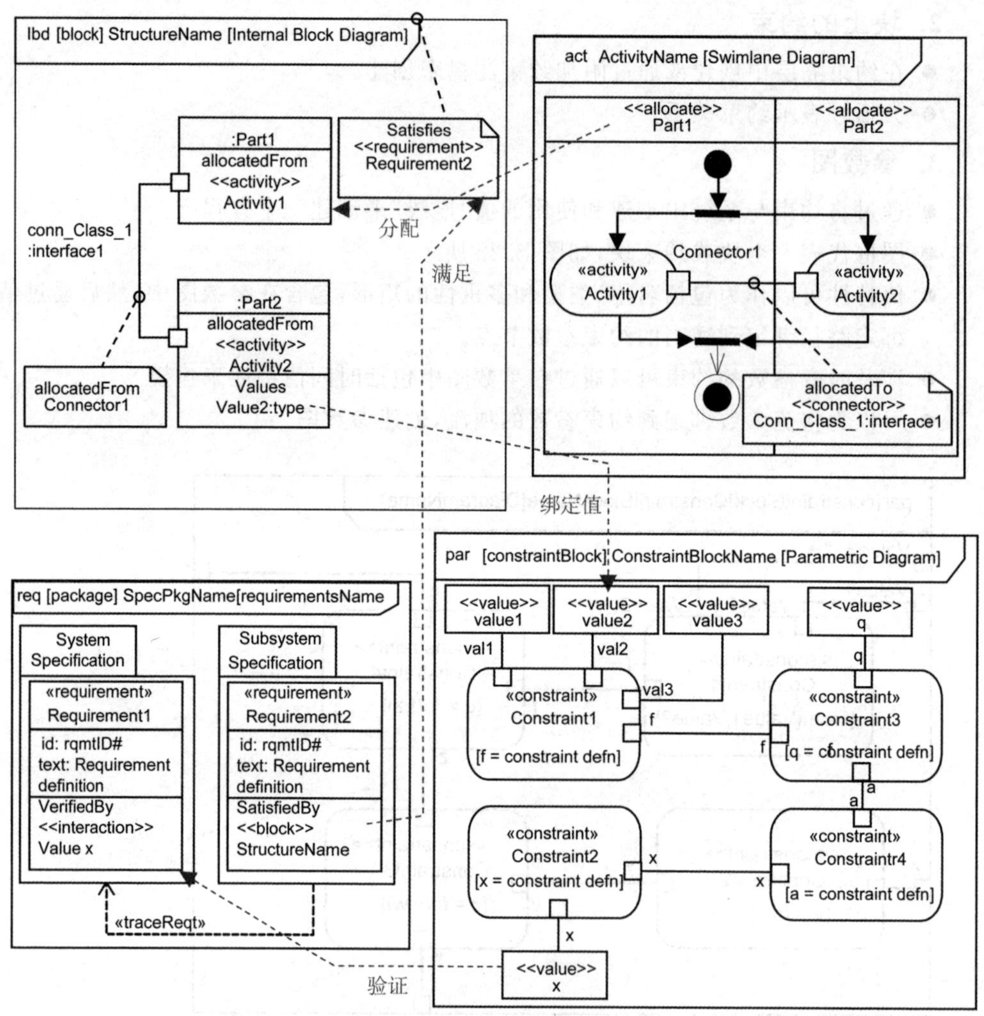

图 B. 23 SysML 模型中的关联关系

附录 C 系统架构案例:E-X 机载多传感器平台

C.1 简 介

本附录介绍了一个概念化系统的系统架构案例内容,该系统被称为"E-X 机载多传感器平台",是使用本书正文中介绍的基于模型的系统架构流程(MBSAP)方法论开发的。本书从该架构中选取不同的内容来表述系统的各个方面,而且还将使用一些制品来提供背景和其他细节的信息。尽管该架构还远不够完整,也不能设想代表一个真实的系统,但是这些图表、文本和其他资料是真实系统架构的典型代表,并且将用作格式化的样本。MBSAP 强调了记录架构模型元素的重要性,并且本附录包含了许多模型元素规范的案例。但是,由于篇幅所限,很多模型元素仅给出了简要的摘要说明,而在真实的架构中,它们将具有完整的规范。物理视角部分表达了在特定时间实现架构的单点设计,仅限于真实系统中所需的各种内容和架构分析的摘要,原因是要支持实际产品权衡研究、标准选择和其他单点设计内容,需要大量的物理细节,在此全部展示并不现实。

本附录沿用了典型系统架构报告的布局。E-X 架构是使用统一建模语言(UML)扩展的系统建模语言(SysML)开发的。该架构结构遵循 MBSAP 的视角和特征视图,但是,就像在真实项目中一样,这些制品是迭代开发的,并不一定按照本报告的顺序。特别是,首先完成关键定义图,使其元素可以持续应用到其他图中。附件 1 描述了概念性 E-X 系统,同时总结了 MBSAP 流程和产物。还提供了第 3 章所述的"架构总结和概述"文档的示例。附件 2 说明了"集成词典",它是复杂系统架构的基本文档。注意,本文档的某些图表中使用的箭头是 SysML 语言标准图形约定的变体。

C.2 模型组织

本附录沿用了 MBSAP 建议的模型结构,该模型结构已在许多项目中证明是有效的。架构模型的组织对其可用性具有很大的影响。根据给定架构开发中使用的建模工具不同,模型结构可能有一些变化,但是基本结构在任何情况下几乎是相同的。有效模型组织的关键点包括以下几点。

顶层结构：通常在所选工具的浏览器中建立架构模型的顶层结构，包括以下目录或包，主要反映了 MBSAP 方法论的运行、逻辑/功能和物理视角（OV、LV 和 PV）的特征视图。

(a) **用例**——包含用例、施动者和相关图表；包括对单个用例场景进行建模的活动图，这些活动图是在模型中其各自用例下创建的。

(b) **结构**——包含块图，在模型中各个块下创建的更详细的块图中，将块逐步分解。同样，在相应的块下创建仅限于单个块或其他元素的行为（在 SysML 语言标准中称为"块行为"）。这些通常是状态机图，显示了各个块的状态性行为。

(c) **行为**——包含顺序图、状态机图，有时还包括活动图，这些图对涉及多个块的更高层行为进行建模。

(d) **数据**——包含用于概念和逻辑数据模型的块定义图。物理数据模型的细节，例如关系数据库模式，如果可用，则可以链接到该目录。

(e) **背景环境**——包含有关外部环境和交互的资料，但该资料不适用于其他特征视图。

(f) **通用信息**——包含"架构总结和概述""集成词典"以及任何其他相关资料，通常是链接或存档文件。

(g) **需求**——当创建需求图和相关文档作为架构模型的一部分时，包含需求图和相关文档。

这种组织最大的益处是便于在模型中浏览查找感兴趣的信息，通常通过从结构包中的"域""块"或从行为包中的"活动"向下导航到所需的分解级别。

运行视角：OV 由需求包中提取的模型内容、用例包、结构和行为包的顶层图、数据包的概念数据模型（CDM）以及背景和通用信息包的大部分内容组合而成。

逻辑/功能视角（LV）：LV 分解了 OV 的高层元素，创建功能架构。逻辑数据模型（LDM）通过继承概念数据模型来定义系统数据块。

物理视角：PV 主要是通过向 LV 的块中添加物理（单点设计）细节创建的。同样，物理数据模型（PDM）还确定了 LDM 块的数据存储和管理的物理细节。

聚焦视角：可能会直接采用模型内容，也可能涉及其他图形、文本、表格等，具体取决于所处理的利益相关方的需要。其中一个例子是，作为网络视角的重要元素，局域网的端口和协议矩阵可以创建电子表格的形式，然后导入或链接到 LAN 模块规范。

C.3 需　求

E-X 架构的起点是一条需求基线，该基线来源于可用资源，并且是在诸如数据库或模型等结构中捕获的，经过与系统利益相关方的协调，且处于变更控制下。功能性和非功能性需求都已包含在内。本附录假定在需求图中对 E-X 需求进行建模，也可以记录在单独的需求管理工具中。

图C.1所示是E－X的需求图示例,其中涵盖了顶层功能需求。图C.2显示了如何分解需求,本例中以E－X多模雷达为例。在完整的系统架构中,这种方式已经达到了必要的细节层次,以便分配和满足需求并通过其他方式将需求链接到系统结构和行为。需求块具有“分配到”隔层,显示一种将需求链接到系统元素的方式。图C.2阐明

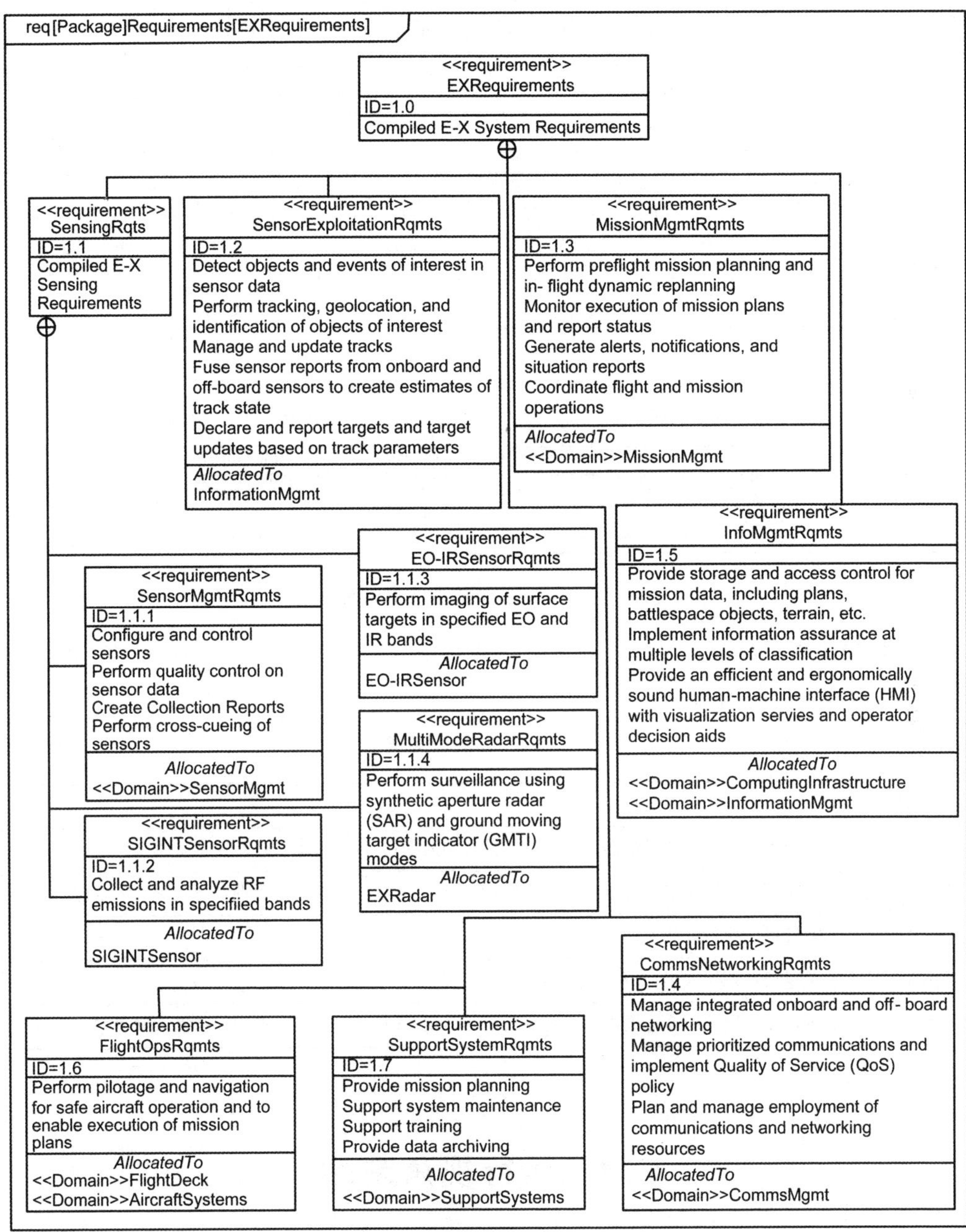

图C.1 E－X的高层需求图

了需求的分解，特别是对于E－X多模雷达。块规范或与外部需求文档的链接，允许包括每个需求的完整细节。

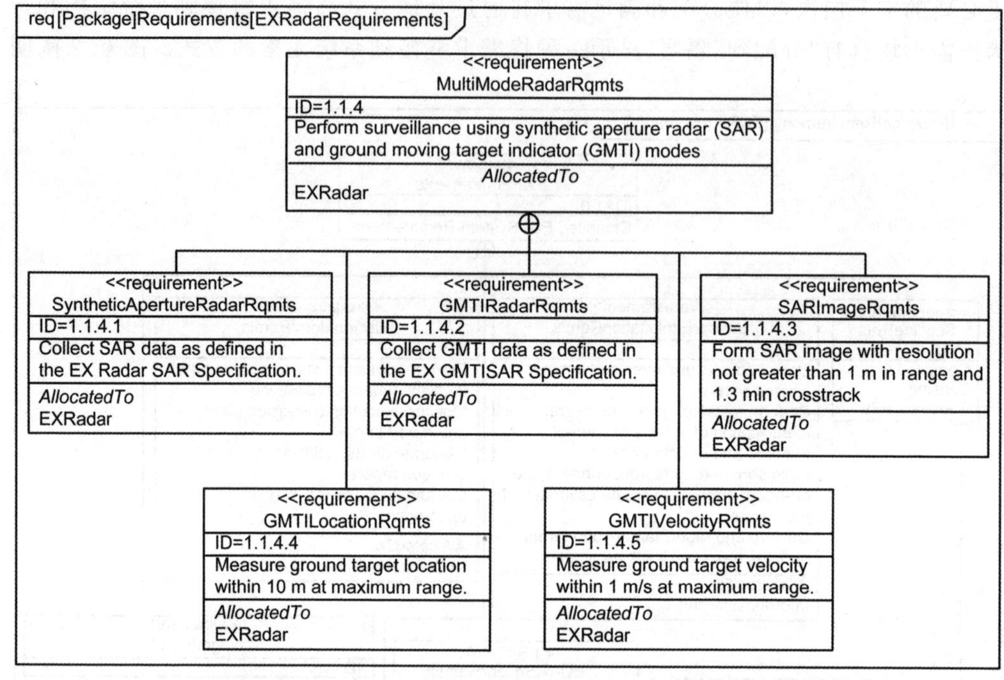

图C.2 E－X多模雷达的需求分解

根据MBSAP，使用质量属性(QAt)处理非功能性需求。表C.1显示了可以应用于E－X的代表性高层QAt。

表C.1 E－X的质量属性

质量属性	定义
开放性	系统可以使用多个供应商的产品进行集成和演变；系统符合运行环境中的标准
模块化	系统可以在模块层级进行集成和升级；系统可以在模块层级处理设计和操作方面的变化
运行适用性	系统可以执行其任务并与外部系统互操作
安保性	可以授权系统采集、处理和分发敏感数据
可承受性	可以在可用的预算范围内购买足够数量的系统，并在整个生命周期内保持有效和可用

C.4 运行视角制品

OV主要关注的是，将系统需求转变成架构背景，并描述满足这些需求的系统或复杂组织体的整体概念。

C.4.1 结构特征视图

图 C.3 定义了代表 E-X 架构顶层的划分,并显示与外部施动者关联的多个域,主要是使用块定义图(BDD)的用户角色。多个域集合了与特定用户角色相关联的功能和资源。之后的图是域、子域、用例、用户角色和其他 OV 元素的示例规范。图 C.3 使用了在整个架构示例中都采用的几种图形约定。代表 E-X 系统的块具有带图案的背景,以将其与从属块区分开。几个域的背景是灰色的,表示它们具有实时行为。对机外用户角色进行建模的施动者也具有灰色阴影。用户角色在图 C.5 中定义,并与图 C.3 中的域相关联。

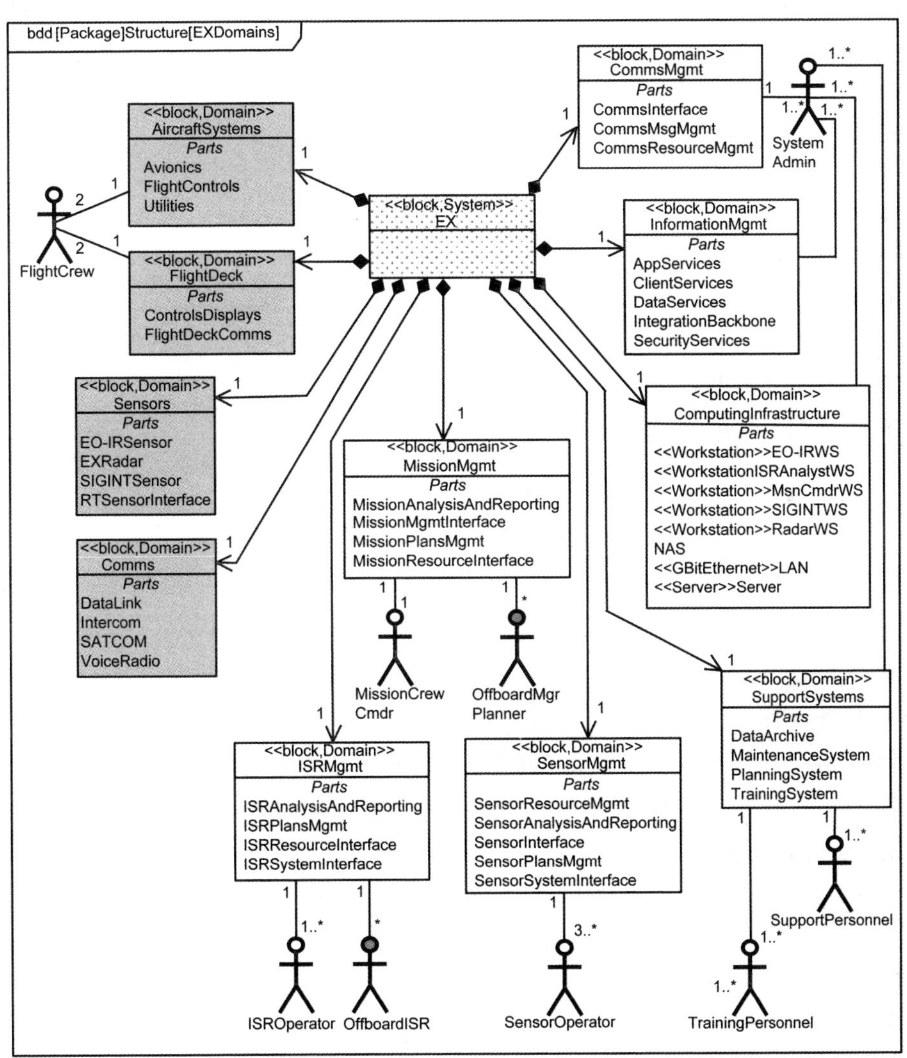

图 C.3 E-X 域

下面是图 C.3 中块的模型元素规范的示例。

1. 系统:E-X

描述:E-X 是一个载人机载多传感器平台,与地面站以及多个支持和提供支持的组织协同,采集信息并且创建和分发情报、监视与侦察(ISR)产品。像这样的系统在军事上有显而易见的应用,并且为了保持一致性,使用了诸如 ISR 之类的军事术语。但是,在从农业到消防的民事应用中,载人和无人飞机上的航空影像和其他感知的重要性都在提高,因此该示例与许多民事活动都有关。

2. 域:飞机系统

概述:该域包含系统、设备和资源,作为 E-X 飞机的一部分,与任务设备和任务机组交互。

所有者:飞机制造商。

定义:见“集成词典”。

操作:

- 飞行控制。
- 推进控制。
- 导航。
- 飞机通信。
- 主发电和控制。
- 机体设备控制。
- 机组人员生命保障。

数据:

- 飞行和飞机数据。
- 控制数据。

接口:

- 飞行机组(驾驶舱)。
- 任务设备。

分配需求:与飞机及其系统相关联的“**1.6 飞行运行需求**”*,例如航程、空速、高度和耐久性。

3. 域:驾驶舱

概述:该域包括飞行机组用来进行飞行操作,并与 ISR 机组进行协调的控制设备、监视器和接口。

所有者:飞机制造商。

定义:见“集成词典”。

操作:

---

* 附录 C 中出现的类似引用均参考表 4.1 中的内容。(编者注)

- 飞行控制。
- 推进控制。
- 导航。
- 飞机通信。
- 主电源控制。
- 机体设备控制。

数据:

- 飞行计划和支持数据。
- 通信计划。
- 飞行和飞机数据。
- 控制数据。

接口:

- 飞机系统。
- 任务设备。

分配需求:与飞行机组控制设备、显示器以及与任务设备的接口相关联的**“1.6 飞行运行需求”**。

4. 域:任务管理

概述:该域包含任务机组指挥官和任何辅助人员用来全面控制任务执行的资源和功能。

所有者:由 E－X 组织指导的任务设备供应商。

定义:见“集成词典”。

操作:

- 任务计划的监控、执行和重新规划。
- 与飞行机组、地面环境和其他外部组织进行协调。
- ISR 操作的监督。
- ISR 产品的评审、审批和分发。

数据:

- 任务计划和支持数据。
- ISR 报告。
- 任务计划修订数据。

接口:

- ISR 管理。
- 驾驶舱。
- 信息管理。
- 机外 ISR 管理者/策划者。

分配需求:与 ISR 任务操作的整体执行、监控、重新规划和报告相关联的**“1.3 任务管理需求”**,包括与地面环境和其他外部组织进行协调。

5. 域：ISR 管理

概述：该域包含 ISR 操作人员和任何辅助人员用来全面控制任务执行的资源和功能。

所有者：由 E-X 组织指导的任务设备供应商。

定义：见“集成词典”。

操作：

- 采集计划的监控、执行和重新规划。
- 与传感器操作人员、任务机组指挥官和机外 ISR 人员进行协调。
- 传感器操作的监督。
- ISR 产品的创建和评审。

数据：

- 任务计划和支持数据。
- ISR 工作。
- ISR 报告。
- 支持数据。

接口：

- 任务管理。
- 传感器管理。
- 信息管理。
- 机外 ISR 人员。

分配需求：与传感器数据和采集报告的分析、ISR 报告的创建、传感器工作的开发、同机外 ISR 人员的协调以及其他 ISR 管理活动相关联的“**1.2 传感器开发需求**”。

6. 域：传感器管理

概述：该域包含传感器操作人员用来配置和控制传感器以及处理采集数据的资源和功能。

所有者：由 E-X 组织指导的任务设备供应商。

定义：见“集成词典”。

操作：

- 传感器工作的执行和监控。
- 传感器的资源管理。
- 传感器数据质量控制。
- 采集报告的创建和评审。

数据：

- 任务计划和支持计划数据。
- 传感器工作。
- 采集报告。

● 支持传感器数据。

接口:

● ISR 管理。

● 传感器。

● 信息管理。

分配需求:与传感器的控制和采集数据的报告相关联的"1.1.1 **传感器管理需求**"。

7. 域:传感器

概述:该域包含 E-X 传感器以及传感器和传感器管理之间的接口。从物理上来说,该接口是通过计算基础设施 LAN 实现的。

所有者:由任务系统集成商指导的传感器供应商。

定义:见"集成词典"。

操作:

● 多模雷达感知。

● EO-IR 影像/视频感知。

● SIGINT 感知。

数据:

● 传感器工作。

● 传感器数据。

● 传感器状态。

接口:

● 传感器管理。

● 计算基础设施。

分配需求:

● "1.1.2 **SIGINT 传感器需求**"。

● "1.1.3 **EO-IR 传感器需求**"。

● "1.1.4 **多模雷达需求**"。

8. 域:信息管理

概述:该域包含用于集成和支持 E-X 信息流程的资源和功能,包括对机载和机外数据的访问、数据存储和检索、对外部通信的访问以及安保服务。该域是作为面向服务的分层架构(SOA)实现的,该架构中装载主要任务域的任务应用程序并在其中进行消息传递和文件共享。

所有者:任务系统集成商。

定义:见"集成词典"。

操作:

● 内部数据的访问、检索和存储。

● 外部数据和通信的访问。

- 消息传递。
- 任务应用程序支持。
- 系统服务。
- 安保服务。

数据:所有任务系统数据。

接口:

- 任务管理。
- ISR 管理。
- 传感器管理。
- 计算基础设施。
- 通信管理。
- 任务应用程序。

分配需求:"1.5 **信息管理需求**"。

9. 域:计算基础设施

概述:该域包含计算机、网络和存储器,用以支持任务系统软件的执行,并允许用户与系统的交互,该域构成了分层架构的最低层。

所有者:任务系统集成商。

定义:见"集成词典"。

操作:

- 用户工作站功能。
- 服务器功能。
- 局域网(LAN)功能。
- 网络存储(NAS)。

数据:所有任务系统数据。

接口:信息管理。

分配需求:

- 需求主要来自用于支持 E-X 信息流程的功能。
- E-X 组织可能会设置一些需求,例如要求的冗余和存储容量,作为"1.5 **信息管理需求**"的一部分。

10. 域:通信管理

概述:该域包含用于控制外部通信和联网,并在机载信息流程和外部通信环境之间提供接口的资源和功能。

所有者:任务系统集成商。

定义:见"集成词典"。

操作:

- 监控及控制通信设备。

- 处理外部通信流量(语音和数据)。
- 处理外部网络交互活动,包括服务质量(QoS)功能。
- 控制通信安保功能。

数据:

- 消息(外部)。
- 报告(外部)。

接口:

- 信息管理。
- 外部通信和网络(通过通信设备)。

分配需求:与外部通信的控制和使用相关联的"1.5 **信息管理需求**"。

11. 域:通信

概述:该域包含用于实现外部通信和联网的无线电以及其他资源和功能。

所有者:由任务系统集成商和 E-X 组织指导的通信设备供应商。

定义:见"集成词典"。

操作:

- 卫星通信(语音和数据)。
- 视距(LoS)通信(语音和数据)。

数据:消息(外部,包括数据链接)。

接口:

- 通信管理。
- 外部通信和网络。

分配需求:与外部通信功能、性能、协议和标准等相关联的"1.5 **信息管理需求**"。

12. 域:支持系统

概述:该域包含用于规划和支持 E-X 操作的资源和功能。

所有者:支持系统供应商和 E-X 组织(其中一些系统可能是由客户提供的)。

定义:见"集成词典"。

操作:

- 任务规划。
- 系统维护和维修。
- 培训。
- 数据归档。

数据:

- 所有任务系统数据。
- 培训数据。
- 任务计划。
- 维护。

接口：

- 驾驶舱(数据传输)。
- 任务管理(数据传输)。
- 保障人员。
- 系统管理员。
- 培训人员。

分配需求:"1.7 支持系统需求"。

图 C.4 所示是使用内部块图(IBD)的对应域交互图。端口和流显示了系统内部和

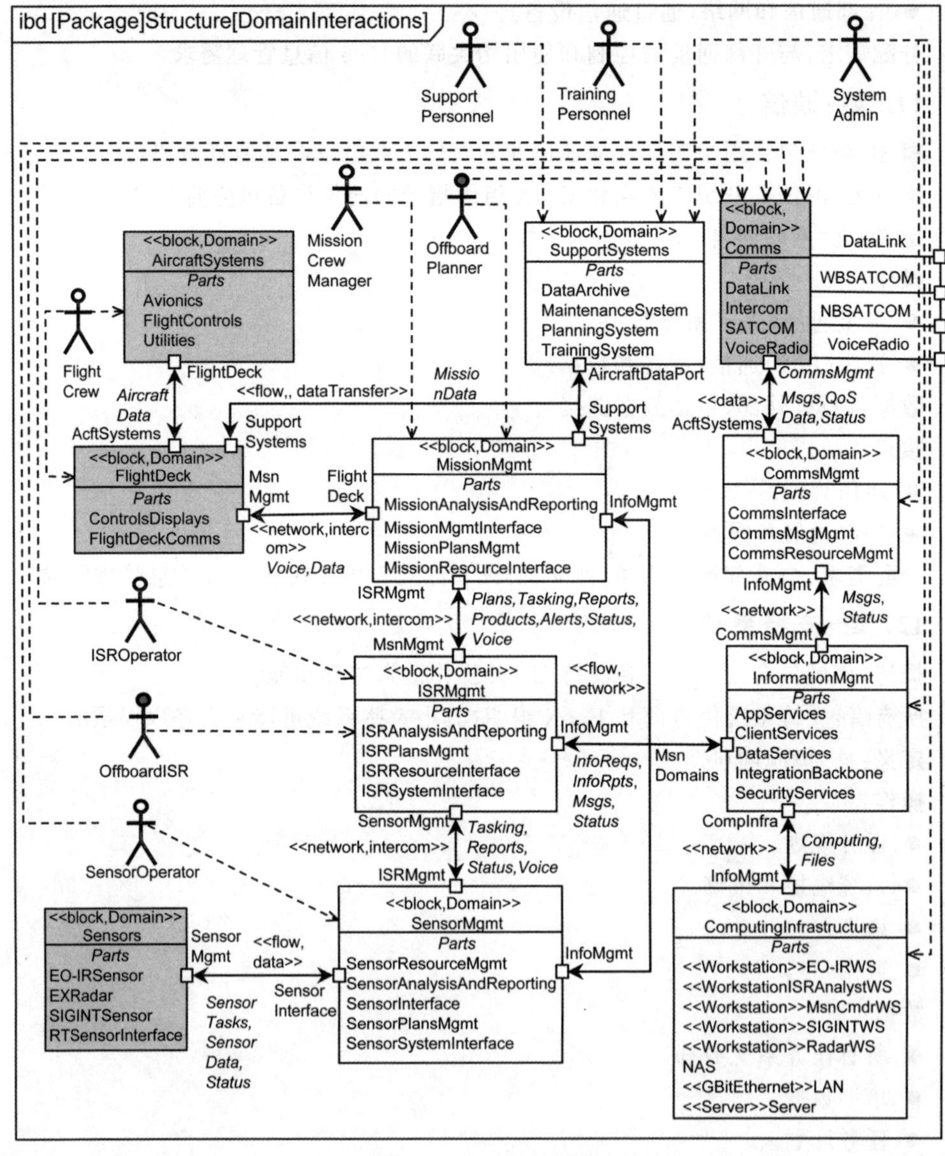

图 C.4　E-X 域交互图

外部的主要交互活动。图 C.5 定义了用户角色,代表操作和支持 E-X 系统的机上和机外人员,用于多个图中。通过实际用户角色的继承来特化通用或抽象的用户角色。沿用了这些角色的规范。标明值和操作的可见性和返回类型。

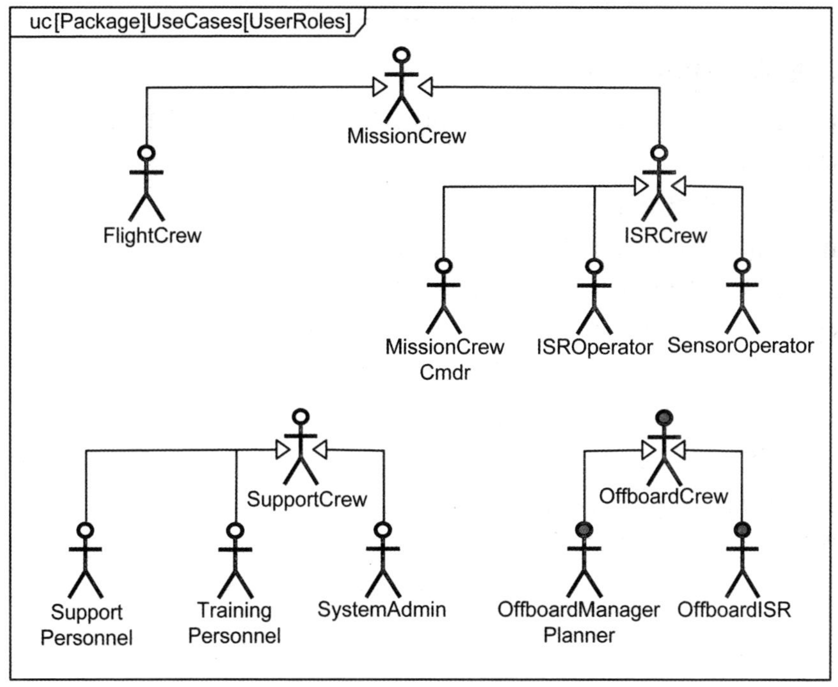

图 C.5 E-X 用户角色

13. 施动者:任务机组

概述:这是抽象的施动者,可以对与驾驶 E-X 飞机和操作其系统相关联的所有用户角色进行建模。

资格:

- 当前的通用飞行技能和生存训练。
- 当前的通用 E-X 机组资格。

属性:

机组人员资格状态	公开	字符串
许可	公开	字符串
飞行状态	公开	字符串
等级	公开	字符串
ID 号	公开	整数
分配单位	公开	字符串

操作:

完成培训	公开	空
汇报任务	公开	空
执行飞行任务	公开	空
执行任务规划	公开	任务计划

14. 施动者:ISR 机组

概述:这是一个<<abstract>>用户角色,用于将执行 ISR 功能的机组成员与飞行机组成员区分开。

施动者:任务机组指挥官。

概述:该施动者对负责任务执行的高层级任务机组成员进行建模,包括根据操作任务和情况进行重新规划、指导任务机组以及与外部实体进行协调。

资格:当前的任务机组指挥官资格。

职责:

- E-X 任务操作的执行控制和协调。
- ISR 和高层级管理人员的监督和指导。
- 任务计划变更的制定和审批。

属性:

任务指挥官的资格状态	公开	字符串

操作:

监控任务计划的执行	公开	空
重新规划	公开	任务计划变更
发布 ISR 工作	公开	ISR 工作
协调	公开	空
评审和审批产品	公开	空

15. 施动者:飞行机组

概述:该施动者对负责与其他任务机组成员、空中交通管制和其他方协同规划和执行飞行操作的正、副驾驶员的用户角色进行建模。

资格:

- 飞行员等级、仪表、多发动机。
- E-X 操作资格。

职责:

- 规划和执行飞行操作。
- 担任机长。
- 与其他 E-X 机组成员和外部组织协调任务操作。

属性:

驾驶员的资格状态	公开	整数

操作:

飞行规划	公开	飞行计划
执行飞机操作	公开	空

16. 施动者:ISR 操作人员

概述:该施动者对与使用 ISR 管理域的资源,将 ISR 计划转变成传感器工作、监控计划的执行、评估传感器产品、创建 ISR 产品、协调任务活动以及执行其他指定工作相关联的用户角色进行建模。

资格:当前的 ISR 操作人员资格。

职责:

- 管理 ISR 操作,包括发布采集工作和分析采集报告。
- 与其他 E-X 机组成员协调 ISR 操作。

属性:

ISR 操作人员的资格状态	公开	字符串

操作:

ISR 规划	公开	任务计划
ISR 管理	公开	空
发布采集工作	公开	采集工作
ISR 分析	公开	分析报告

17. 施动者:传感器操作人员

概述:该施动者对与 E-X 传感器直接交互以控制其操作、监控和评估传感器数据以及创建和分发采集报告和其他传感器数据的任务机组用户角色进行建模。

资格:当前的操作人员资格。

职责:

- 配置和控制传感器。
- 对传感器数据进行质量检查并发布采集报告。
- 与其他 E-X 机组成员协调传感器操作。

属性:

传感器操作人员的资格状态	公开	字符串

操作:

监控及操纵传感器	公开	空
创建采集报告	公开	采集报告

18. 施动者:支持机组

概述:该施动者对包括支持 E－X 系统及其操作所需的各种人员在内的抽象用户角色进行建模。

资格:

- 当前的通用飞行技能和生存训练。
- 当前的通用 E－X 机组资格。

属性:

系统支持资格状态	公开	字符串
许可	公开	字符串
等级	公开	字符串
ID 号	公开	整数
分配单位	公开	字符串

19. 施动者:保障人员

概述:该施动者在 E－X 操作位置对执行系统维护和维修、飞行前和飞行后检查及问题纠正、飞机移动和编组、提供功能以及与实现系统操作就绪状态和支持出动架次和恢复相关的其他支持任务的用户角色进行建模。

资格:每项分配工作的当前系统支持资格状态。

职责:

- 执行并记录系统检查、故障诊断、维护和维修。
- 验证操作就绪状态。

操作:

系统维护	公开	空
飞行前检查	公开	空
飞行后检查	公开	空
后勤支持	公开	空

20. 施动者:培训人员

概述:该施动者为规划、提供和跟踪 E－X 人员培训(尤其是与系统操作和维护有关的培训,包括课堂培训和在职培训)的用户角色进行建模。

资格:每项分配工作的当前 E－X 培训师资格。

职责:

- 提供初始和反复的技能培训和认证。
- 保存培训记录。
- 维护培训设备和材料。

操作:

培训规划	公开	空
培训	公开	空
保存培训记录	公开	空

21. 施动者:系统管理员(SYSAD)

概述:该施动者对在 E－X 运行地点以及机上负责机载和机外信息系统配置和维护的用户角色进行建模,包括用户账户、安保控制、数据归档和恢复、硬件和软件更新以及其他系统管理工作。

资格:每项分配工作的当前 E－X SYSAD 资格。

职责:

- 支持并确保机载和机外 IT 系统的功能、数据的正确性。
- 提供安全的长期数据存储/归档。
- 维护系统 IT 配置。
- 维护和分析使用情况及事件日志,包括安保性。

操作:

信息系统维护	公开	空
数据归档	公开	空

22. 施动者:机外机组人员

概述:这是对地面站人员的特征进行建模的抽象施动者。

资格:

- E－X 地面站资格。
- 每项分配任务的通用 ISR 系统和功能资格。

属性:

E－X 地面站资格状态	公开	字符串
许可	公开	字符串
等级	公开	字符串
ID 号	公开	整数
分配单位	公开	字符串

23. 施动者:机外管理者/策划者

概述:该施动者为与 E－X 任务机组和外部实体协调规划和指导地面站操作的用户角色进行建模。

资格:当前的 E－X 地面站监督人员资格。

职责:

- 参与 E－X 任务规划并制定地面站计划。
- 监督并指导地面站的操作和人员。

● 与任务机组指挥官以及外部组织和系统协调 E－X 任务操作。

操作：

地面站规划	公开	空
指导地面站操作	公开	空
协调任务操作	公开	空
评估和发布产品	公开	空

24. 施动者：机外 ISR

概述：该施动者在地面站内对通过使用下行传感器报告进行附加分析和创建 ISR 产品，对 E－X 机上 ISR 操作人员进行补充的用户角色进行建模。

资格：当前的 E－X 地面站操作人员资格。

职责：使用下行信息进行分析，并生成报告。

操作：

ISR 分析	公开	空
协调操作	公开	空

C.4.2 行为特征视图

用例：图 C.6 和 C.7 显示了与 E－X 任务和支持活动相关联的用例，以及分解级别和用户角色关联。这些图之后是主要用例的示例规范。

1. 用例：进行飞机操作

概述：该用例对与准备 E－X 飞机飞行、进行飞行操作以及飞行后恢复飞机相关联的行为进行建模。这包括飞行前和飞行后检查与维修以及地面和空中操作。

前置条件：已指定飞机和飞行机组；已发布任务计划。

后置条件：已恢复并固定飞机。

用户角色：飞行机组、保障人员。

主要数据对象：

● 飞行计划。

● 维护报告。

场景：

(a) **主要——正常任务：**

● 保障人员将飞机停放在适当位置，进行飞行前检查，并进行任何必要的维修。

● 飞行机组绕飞机一周进行检查，并加载飞行计划数据。

● 对飞行前检查时发现的所有可纠正故障进行纠正。

● 其他任务机组执行飞行前设备检查并配置任务设备。

● 机组人员获得滑行许可，进行地面操作，然后起飞。

● 飞行机组与任务机组指挥官、空中交通管制及其他外部实体协调执行飞行

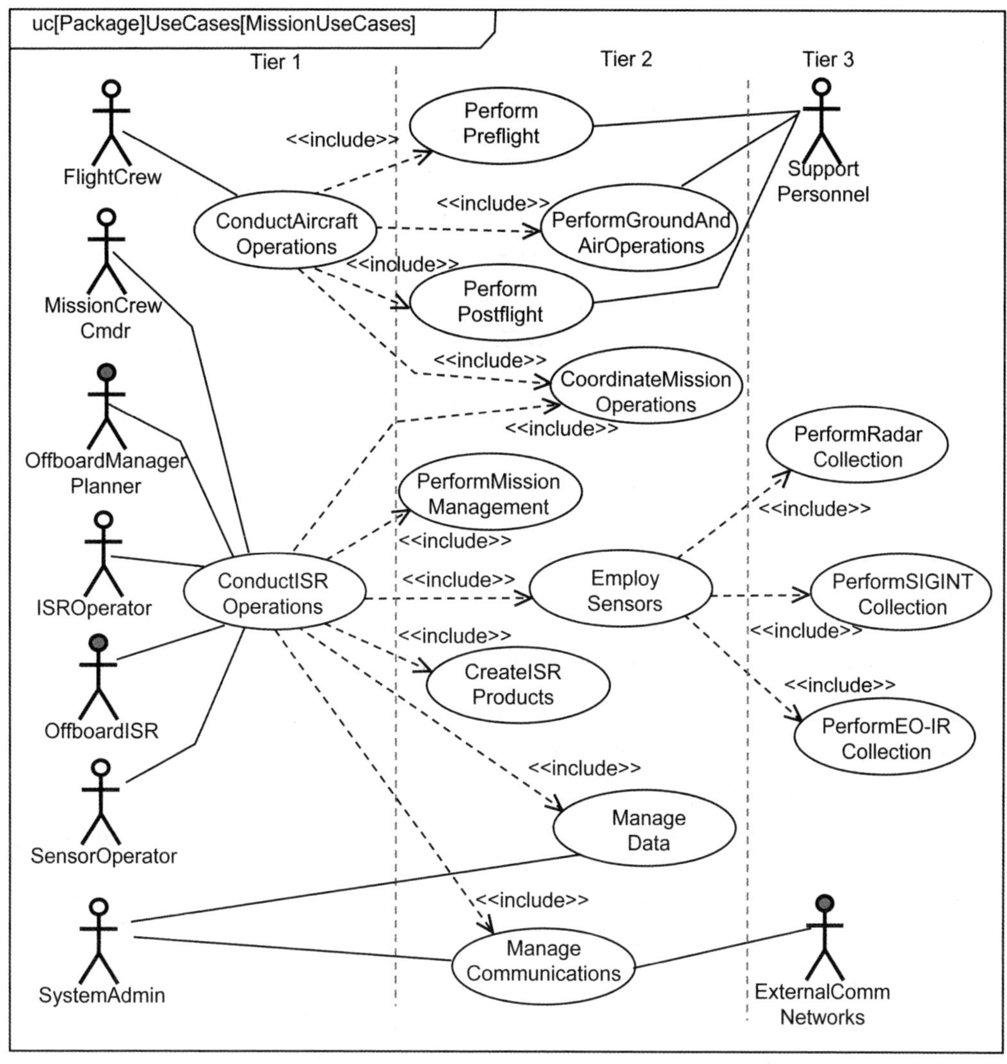

图 C.6　E-X 任务用例

计划。

- 飞行机组执行返回基地、着陆和地面操作,将飞机停在停机坪的指定位置。
- 保障人员进行飞行后检查和维修。
- 任务机组与保障人员互相汇报任务。
- 记录所有必需的维护措施并汇报给维修部。

(b) **次要——地面中断:**

- 飞行前检查时发现不可纠正的故障。
- 宣布地面中断。
- 指定替代飞机或取消任务。

(c) **次要——中断飞行:**

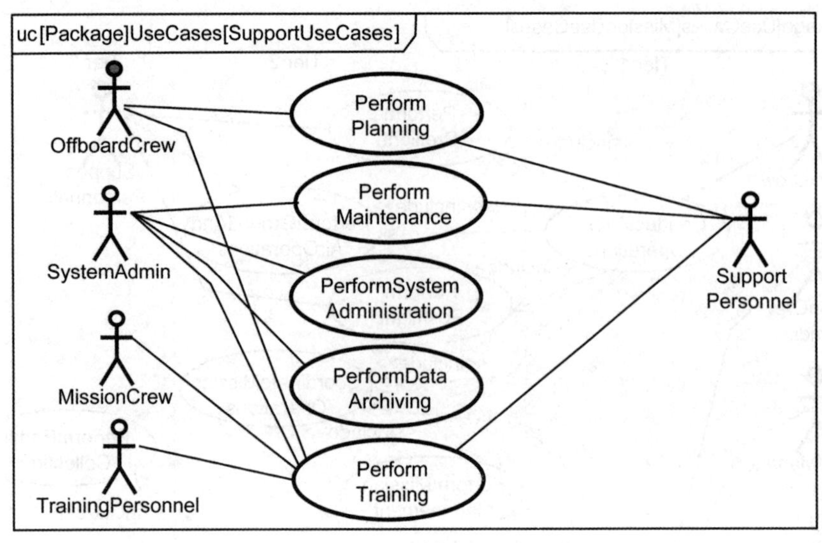

图 C.7　E－X 支持用例

- 飞行中出现影响任务的故障。
- 终止任务，且机组人员像在主要场景中一样执行返回基地的行动以及其他措施。

分配需求：待定，与飞行操作相关联。

2. 用例：进行 ISR 操作

概述：本用例描述了使用 E－X 任务设备来收集、分析、存储和传达 ISR 信息。任务机组执行定义了如何使用传感器以及如何处理所采集信息的采集计划。可以在任务期间根据紧急信息请求等情况修改预定的采集计划。可以单独或统一(例如，交互提示)使用传感器。

前置条件：E－X 系统可以执行 ISR 操作，并且任务设备已上电并已准备就绪(OR)。(注：个别任务装备项目出现故障或降级后，操作可能会降级。)

后置条件：已完成采集计划，已达到到站时间限制，E－X 已离开操作区域，或任务设备已关机或出现不可恢复的故障(上述任何一条都足以终止此用例)。

施动者：任务机组指挥官、ISR 操作人员、传感器操作人员、机外管理者/策划者、机外 ISR 操作人员。

主要数据对象：

- 采集计划。
- 飞行计划。
- 通信计划。
- 信息管理计划。
- 任务装备的健康和状态。
- ISR 工作。

- 传感器工作。
- 任务报告。
- ISR 报告。
- 传感器数据。
- 消息。
- 支持数据。

场景:

(a)**主要——预定任务:**

- 任务机组进行设备上电和检查;可纠正问题已修复。
- 任务机组加载计划和其他任务数据。
- 任务机组根据采集计划中的任务(包括交叉提示)使用传感器。
- 任务机组充分利用所采集的 ISR 数据制定报告,进行机上归档并根据信息管理计划分发报告。
- 机外管理者/策划者和机外 ISR 操作人员与任务机组合作,执行补充任务,例如数据利用、报告和分发。
- 在完成采集计划、到站期限届满或发生其他终止事件后,任务机组确保任务设备安全返回基地。
- 任务机组下载数据,并支持机外数据归档和任务后处理。

(b) **次要——动态重新规划:**

与主要任务相同,不同之处在于执行任务期间,将针对诸如支持组织的紧急信息请求等动态任务重新规划采集计划或个别的采集任务。

(c) **次要——任务中断:**

最初与主要任务相同,但执行任务期间出现了不可恢复的设备故障,以致机组人员固定任务设备,准备不按计划返回基地。

分配需求:

- 任务管理需求。
- ISR 管理需求。
- 感知需求;进行雷达采集、EO-IR 采集和 SIGINT 采集用例而分配的多模雷达、EO 传感器和 SIGINT 传感器的具体需求。
- 为管理数据用例而分配的信息管理和基础设施需求。
- 为管理通信用例而分配的通信/联网需求。

3. 用例:规划

概述:该用例描述与制定和发布运行、支持计划相关联的活动。

前置条件:已发布了任务工作,指定了飞行机组,并提供了任务支持数据。

后置条件:已发布任务或支持计划。

用户角色:任务机组、机外机组人员。

主要数据对象:

- 任务工作。
- 任务计划。
- 采集计划。
- 飞行计划。
- 通信计划。
- 信息管理计划。
- 支持计划。

场景：

(a) **任务计划：**

- 任务机组接收工作，编译任务数据，并制定飞行、采集、通信和信息管理计划。
- 任务计划由上级机关进行评审，必要时进行修订、审批和发布。

(b) **支持计划：**

- 保障人员编译维护和支持数据。
- 保障人员安排维护活动，管理供应措施并执行其他支持工作。
- 保障人员制定支持计划。
- 保障计划由上级机关进行评审，必要时进行修订、审批和发布。

分配需求：该系统应具有制定任务和支持计划的能力。

4. 用例：维护

概述：该用例对与纠正系统失效或故障以及将 E－X 飞机和任务设备恢复为“操作就绪”(OR)状态相关联的活动进行建模。

前置条件：故障和状态数据可用；飞机可以维护。

后置条件：已完成维护措施。

用户角色：保障人员。

主要数据对象：

- 维护报告。
- 支持计划。

场景：

(a) **主要维护措施：**

- 保障人员接收系统日志、任务机组汇报以及设备状态和失效数据的任何其他来源。
- 维修控制部安排维护措施并指定专人负责。
- 维护人员执行诊断和纠正措施以纠正故障并进行所需的设备维修。
- 维护人员记录维护措施并报告飞机状态。

(b) **其他维护：**

- 与主要任务大体相同，不同之处在于维护人员的判断无法利用现有资源对某些故障进行维修。
- 维护人员和维修控制部定义并安排其他维护活动。

- 完成故障纠正后,记录维护措施并报告飞机状态。

分配需求:系统应支持维护措施,以便在出现故障或失效后恢复功能。

5. 用例:进行系统管理

概述:该用例描述了与维护和支持E－X的信息技术(IT)资源相关联的活动,包括硬件和软件配置管理和更新、用户账户管理、信息安保管理以及相关的记录保存和报告。

前置条件:相应的系统资源可用于系统管理员(SYSAD)的操作。

后置条件:已实施SYSAD措施。

用户角色:系统管理员(SYSAD)。

主要数据对象:

- 用户账户数据。
- 硬件配置日志。
- 软件配置日志。

场景:

- SYSAD针对批准的请求创建、取消或修改E－X任务和支持系统的用户账户。
- 接收任务后,SYSAD执行配置审核,安装升级版并且执行其他与维护E－X信息系统中的通用性相关联的任务。
- SYSAD支持涉及E－X信息系统的维护措施。

分配需求:系统应支持系统管理操作,以维护系统配置、安保性、用户访问、事件与条件记录和分析、报告以及相关功能。

6. 用例:数据归档

概述:该用例对与将任务数据从E－X飞机传输到信息处理和归档环境以进行归档存储和任务后分析相关联的活动进行建模。

前置条件:已从便携式媒体设备上删除任务数据,并提供给系统管理人员。

后置条件:已完成数据存储。

用户角色:系统管理员(SYSAD)。

主要数据对象:任务数据(多种类别)。

场景:

- 完成飞行后操作和机组汇报后,将载有任务数据的可移动媒体设备运送到支持环境。
- SYSAD验证数据完整性并将文档传输到数据档案部。
- 归档数据可供符合条件的用户使用,以进行任务后分析和报告。

分配需求:该系统应支持系统和操作数据的下载、存储、备份、检索以及长期安全保存。

7. 用例:培训

概述:该用例对与为E－X人员提供培训相关联的活动进行建模;培训是根据用户

角色进行的。

前置条件：提供培训材料，有需要培训的人员，并安排培训活动。

后置条件：已完成培训活动。

用户角色：

- 培训人员。
- 作为受训者的所有其他用户角色。

主要数据对象：培训数据。

场景：

- E－X 组织制定培训需求和时间表。
- 培训人员进行培训，监督自学，进行评估并保存培训记录。

分配需求：该系统应支持任务和保障人员的初始和反复培训以及资格认定。

通常利用活动图（AD）对用例规范进行补充，使行为场景明确且易于遵循。举个例子，图 C.8 所示是“创建 ISR 产品用例”的 AD。较大的行为可以在如图 C.9 所示的 AD 中建模，显示了典型 E－X 任务的元素。首先是上级管理机构分配任务，然后规划和执行任务、报告所采集的信息以及恢复和维修飞机。图 C.8 中的许多操作代表了前面定义的各个用例。图 C.9 所示的图有时被称为“例行日程”（表示正常的用例），用于

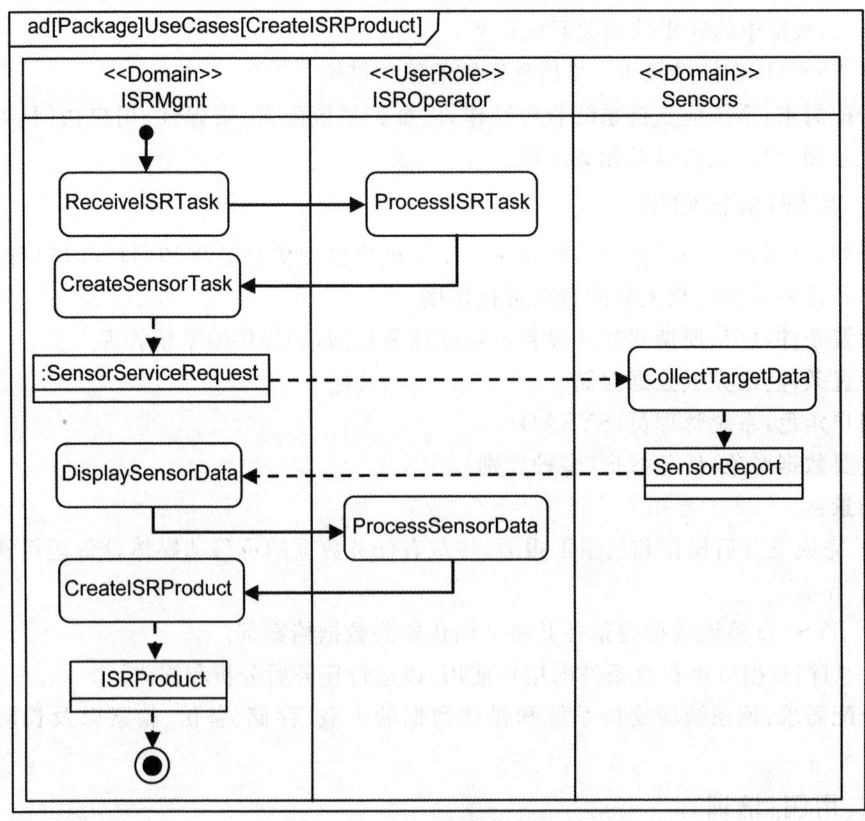

图 C.8　创建 ISR 产品用例的活动图

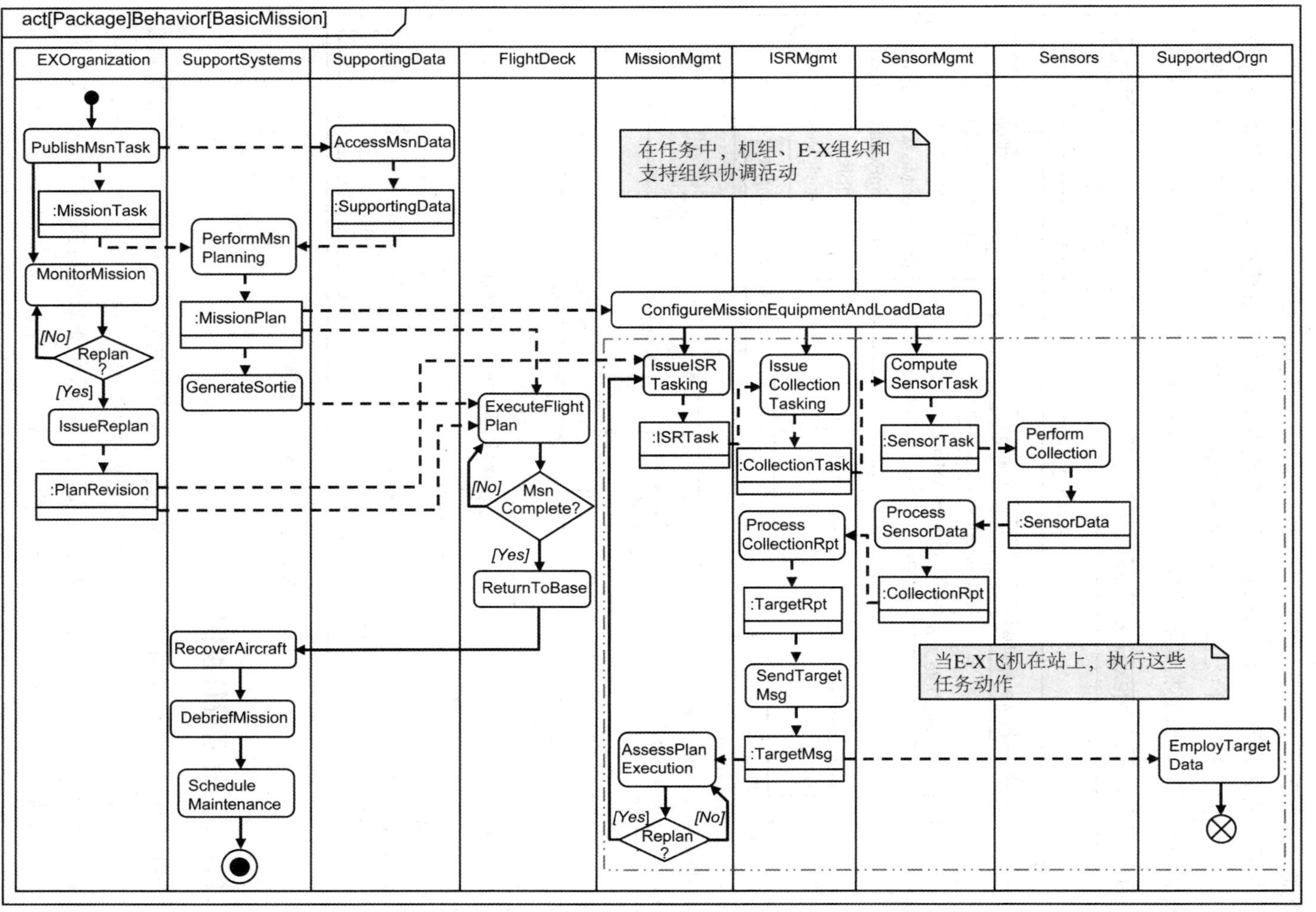

图C.9　E-X基本任务或系统“例行日程”

为与用例和更详细的任务线程相关联的更具体行为提供背景。任务线程或业务流程对主要的端到端功能进行建模,并且可以由一系列用例、操作人员的动作、外部交互活动和其他元素组成。示例如“逻辑/功能视角制品”一节中所示。

从运行视角来看,系统级行为的另一个重要方面涉及系统可以处于的状态以及这些状态期间的过渡。图 C.10 为系统状态机图,包括完全断电的情况、与操作的准备和执行以及从操作中恢复相关联的各种状态,以及系统维护。

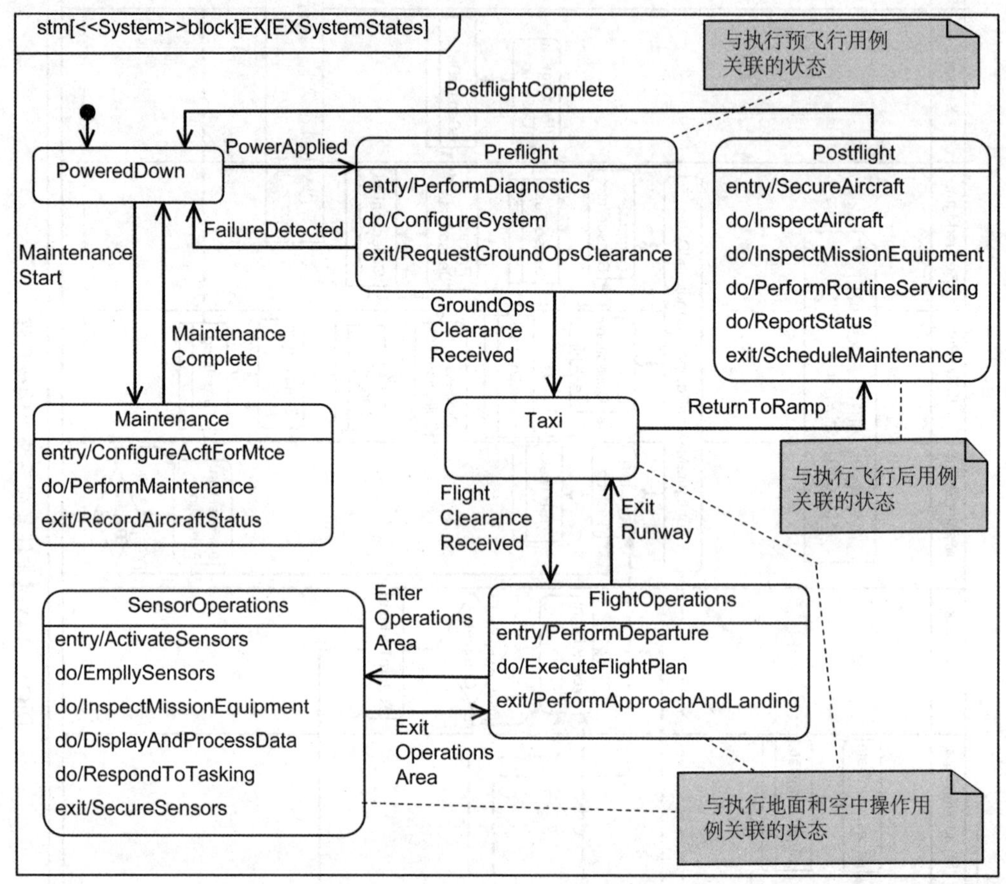

图 C.10 E-X 状态机图

C.4.3 数据特征视图

图 C.11～图 C.14 显示了 E-X 概念数据模型的初始结构和概念,重点是基础类。注意,这些是使用 SysML 块建模的,但是保留了“基础类”这一术语,因为它已被系统架构中的高层级实体广泛使用和理解。还要注意,数据和资源类别都建模为基础类,并且它们的原型都被定义为<<abstract>>和<<InfoElement>>或<<Resource>>。下文给出了 CDM 数据块的简短描述,并且图中提供了值和操作。总的来说,这创建了<<abstract>>CDM 块的基本规范。

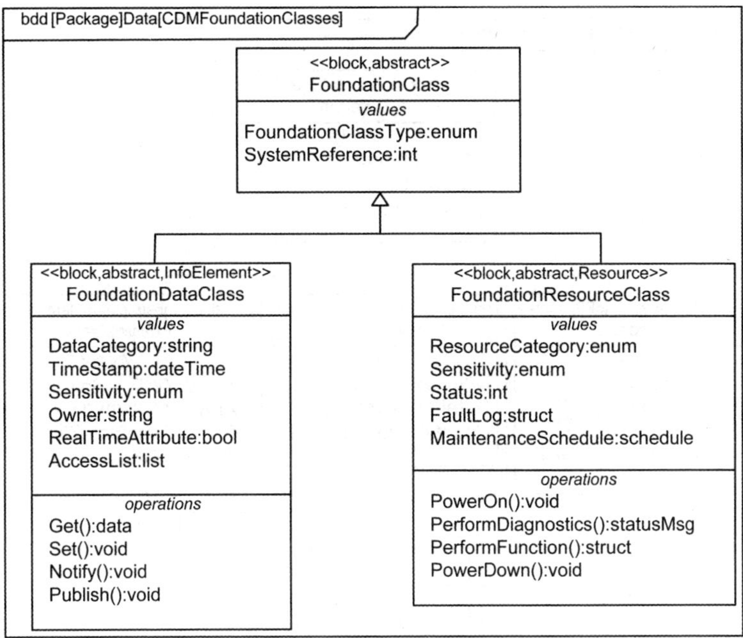

图 C.11 总体 E-X 基础类

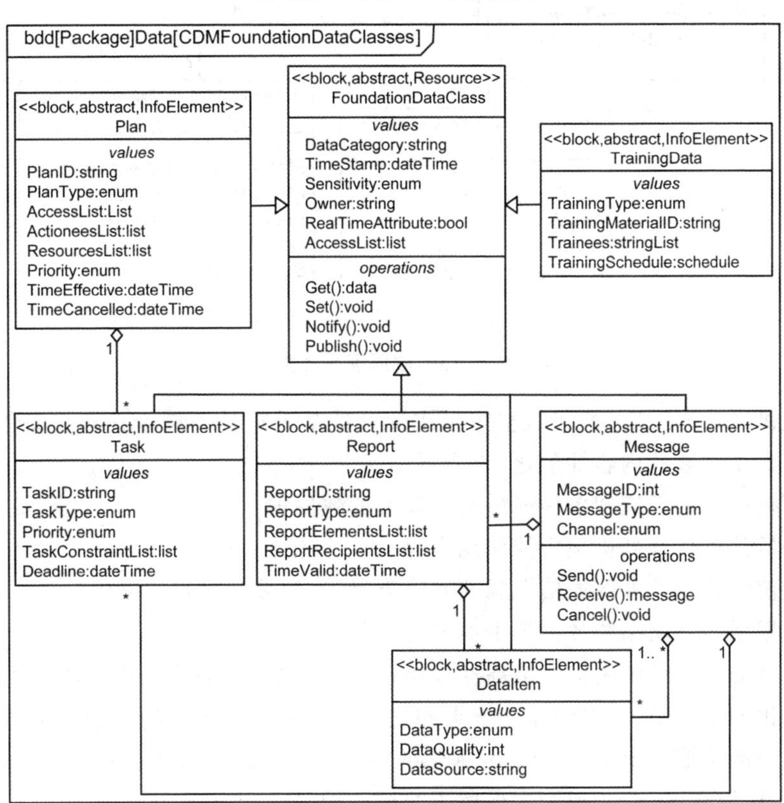

图 C.12 数据基础类

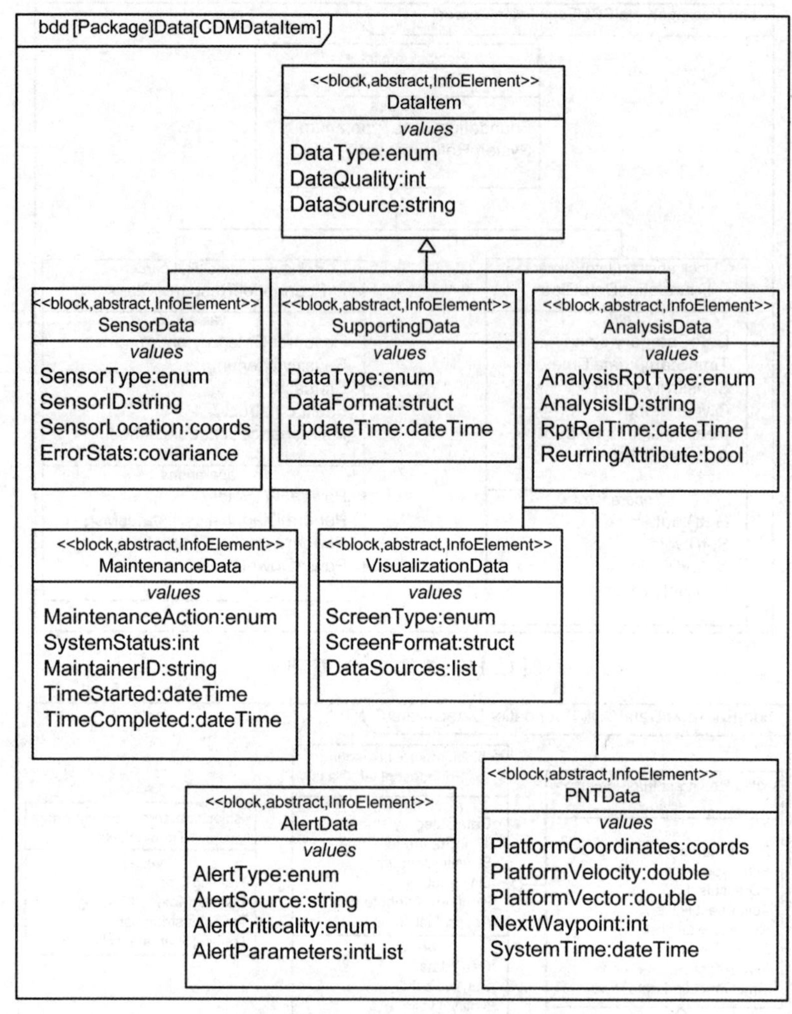

图 C.13　数据项基础类

- **飞机系统**——E－X飞机整体组成部分的基础类且不同于任务设备的资源；使飞机系统域的内容抽象化。
- **警报**——紧急通知事件或情况时涉及的数据项。
- **分析数据**——分析报告的信息内容。
- **通信设备**——外部通信资源的基础类；使通信域的内容抽象化。
- **数据项**——使系统数据类别抽象化的基础类。
- **基础类**——系统内容的最高抽象层次，包括数据和资源；用于建立通过继承而特化的整体模式，以创建系统类和块。（**注**：由于术语“基础类”经常使用，也为了强调这是一个从未直接实例化的<<abstract>>实体，就像在“块”中的一种，所以在SysML模型中保留了“类”一词。）
- **ISR工作**——发布到ISR管理域的工作类别。

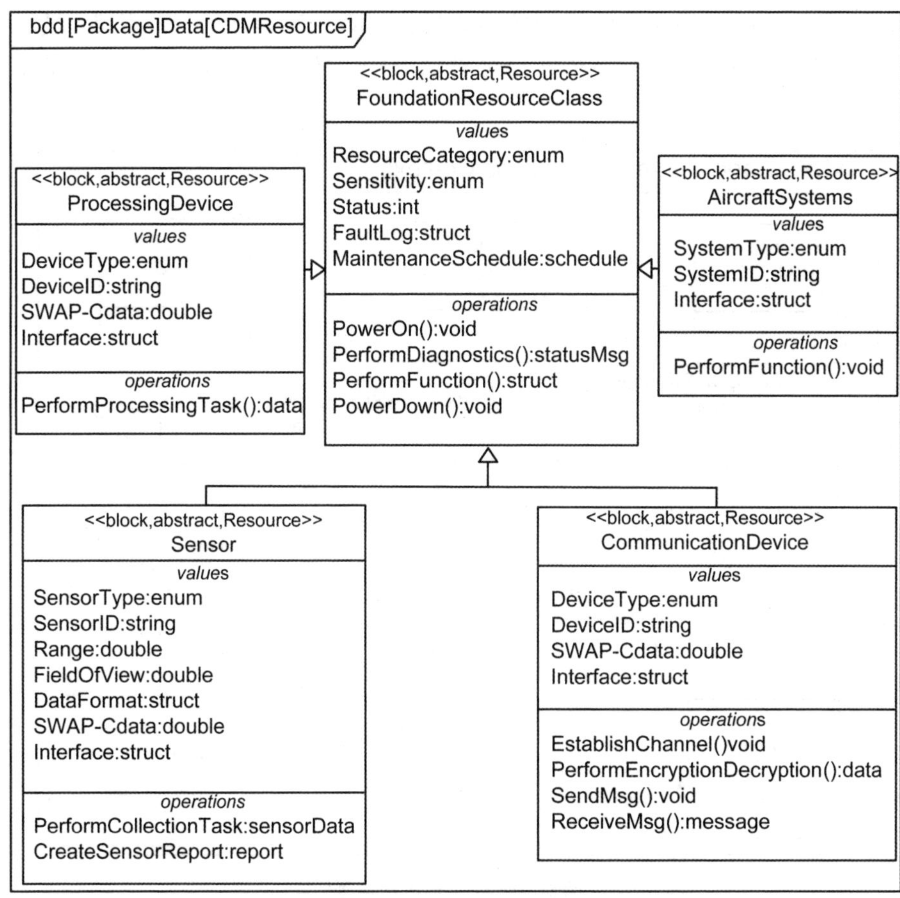

图 C.14　资源基础类

- **维护数据**——与维护措施或状态相关联的信息所用的数据项。
- **计划**——用于各种类别计划的内容的基础类。
- **消息**——通过消息传递进行信息交换的内容的基础类。
- PNT——各种类型的定位、导航和授时(PNT)数据的数据项。
- **报告**——各种类别的报告中格式化的信息的基础类。
- **传感器**——E－X 传感器资源的基础类;使传感器域的内容抽象化。
- **传感器数据**——E－X 传感器数据的数据项。
- **工作**——发布到系统资源或人员的工作的基础类。
- **培训数据**——与培训相关联的信息的数据项,包括培训资料、记录、培训设备数据等。
- **可视化**——用于在用户工作站和培训设备显示屏上创建画面的信息的数据项。

C.4.4　背景特征视图

图 C.15 显示了 E－X 的运行背景。这些外部实体在现实世界中将由适当的组织进行记录。图 C.16 以高层级组织图的形式提供了系统背景的另一个元素，显示了运行 E－X 系统的单元结构。以下内容是对图 C.15 中的外部实体和图 C.16 中的组织实体的简要说明。

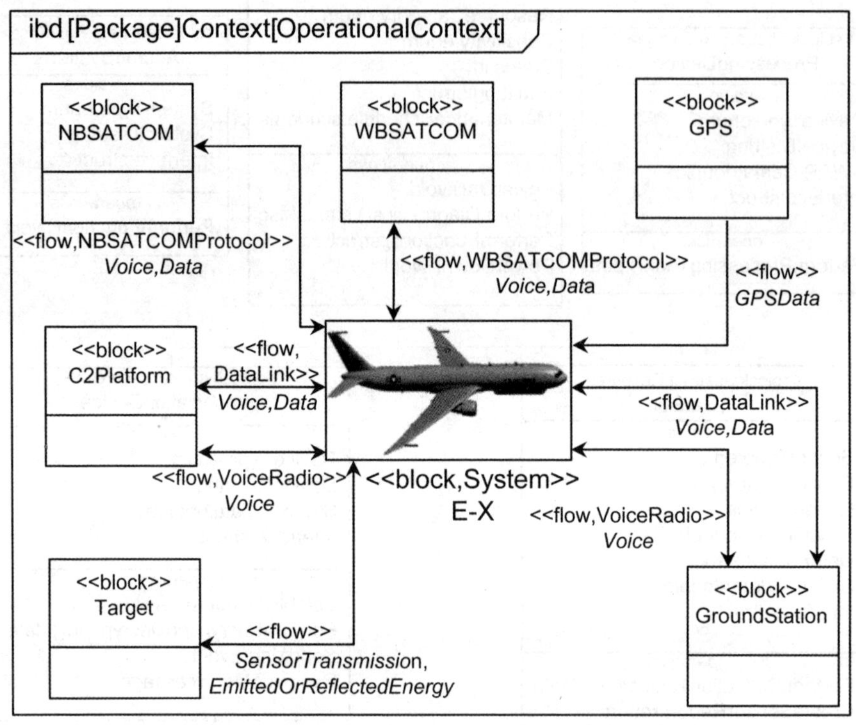

图 C.15　E－X 运行背景

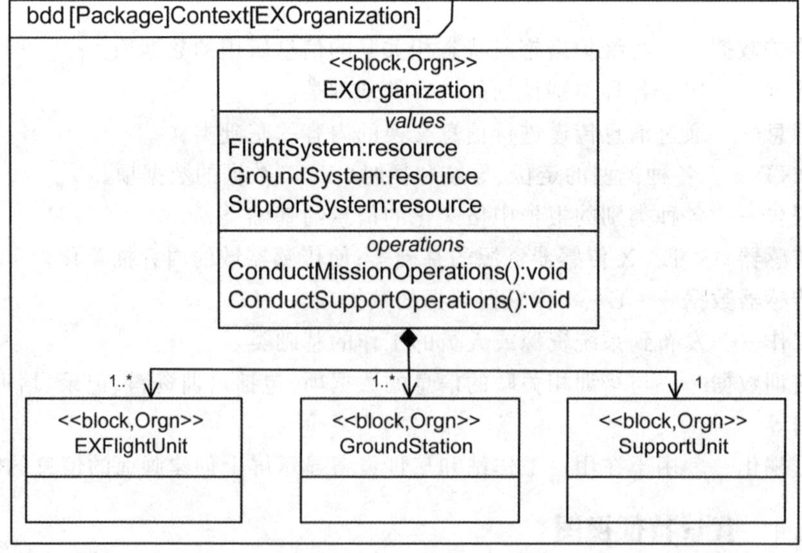

图 C.16　E－X 组织结构

窄带卫星通信(NBSATCOM)——对E-X用于窄带SATCOM通信的卫星星座和相关地面环境进行建模。

宽带卫星通信(SATCOM)——对E-X用于宽带SATCOM通信的卫星星座和相关地面环境进行建模。

全球定位系统(GPS)——对精确E-X导航提供定位、导航和授时(PNT)数据的GPS星座进行建模。

指挥与控制(C2)平台——对提供与E-X交互的监督和协调服务的外部平台(例如飞机)进行建模,例如协调多架飞机的飞行操作。

目标——在外部环境中对E-X利用传感器采集信息时所处的实体进行建模,包括点目标以及使用SAR和EO-IR传感器模式采集的图像和视频的位置和轨迹。

地面站——掌管通信和信息处理资源的地面部分,可参与E-X任务来补充机上分析、报告和任务协调的能力,这是机外机组人员的分配单位。

E-X组织——对拥有、操作和支持E-X平台及相关地面站的组织进行建模,详细信息如图3.15所示。

E-X飞行单元——E-X任务机组的分配单元。

支持单元——E-X支持机组的分配单元。

C.5 逻辑/功能视角制品

C.5.1 结构特征视图

图C.17、图C.18和图C.21显示了将主要任务域分解成主要部分的过程,每个部分都可以视为一个子域并进一步分解。诸如在工作站上和信息管理域内将这些主要组件分为客户端和服务器端组件之类的细节,将分别在详细的设计和实现中确定下来,并从物理视角进行记录。每个域的端口都委托给子域/构件。作为插图,图C.19和图C.20显示了ISR系统接口的分解以及图C.18中的ISR分析和报告子域。

正如从OV所做的那样,LV的图之后是对该架构元素的文本描述。这些连同属性、操作、接口定义和其他细节一起,为E-X设计创建了功能规范,将据此从PV实现实际系统。

任务管理域:以下文本简要说明了任务管理域的子域。

- **任务管理接口**——该子域提供了任务管理域到信息管理域和驾驶舱的接口。为任务机组指挥官提供了用户接口。
- **任务计划管理**——该子域处理任务计划,并提供需要发送到ISR管理域的ISR任务的优先队列,还保持工作执行的状态并支持根据任务情况进行重新规划。
- **任务分析和报告**——该子域处理ISR报告,以支持任务机组指挥官的态势感知和决策,并编制任务报告以供分发和存档。

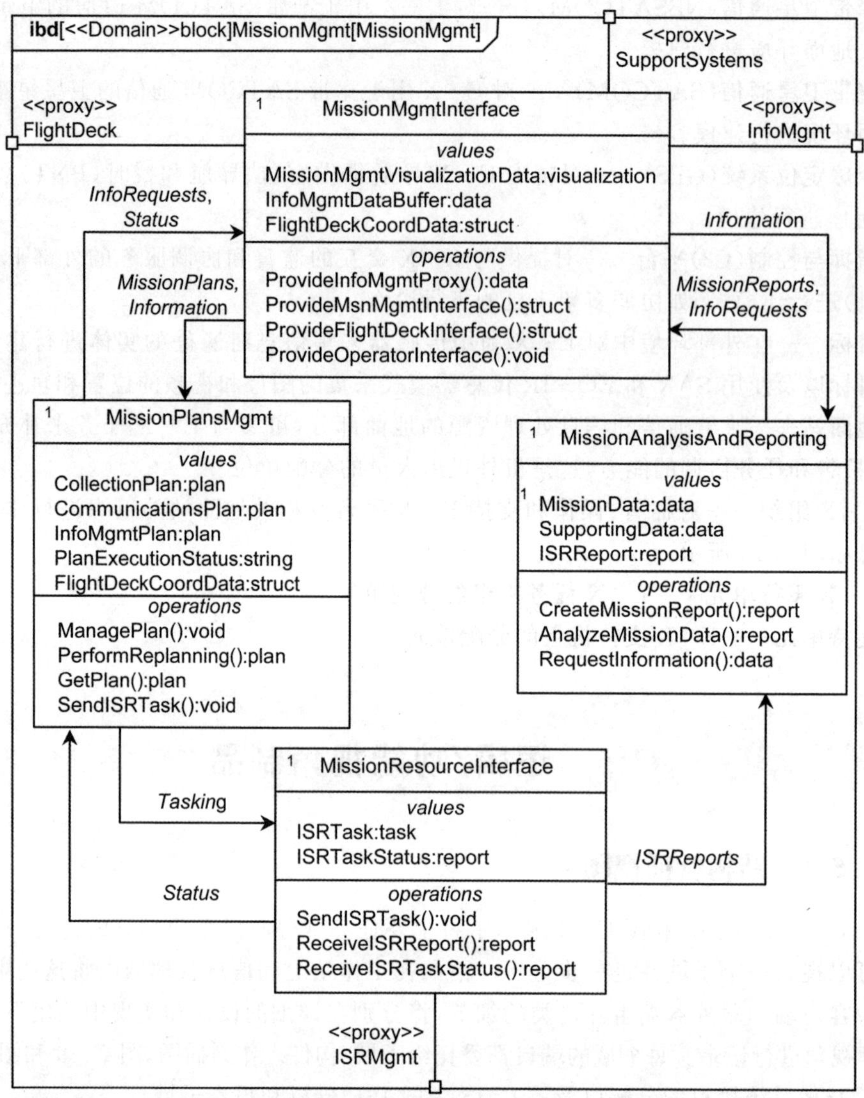

图 C.17　任务管理域的分解

- **任务资源接口**——该子域提供了与 ISR 管理域以及任务设备资源、活动和状态的功能接口。物理链接是通过 LAN 实现的。

ISR 管理域:以下文本简要说明了 ISR 管理域的子域。

- **ISR 系统接口**——该子域提供了 ISR 管理域到任务管理和信息管理域的接口。为 ISR 操作人员提供了用户接口。图 C.19 显示了下一层级的分解,到将构件作为软件组件实现的候选对象的程度。ISR 可视化为机上和机外 ISR 操作人员实现了 HMI。ISR 信息管理者实现了与任务管理域的接口,并且信息管理代理为信息管理域的服务创建了一个本地端点,可以由整个 ISR 管理域有效使用。

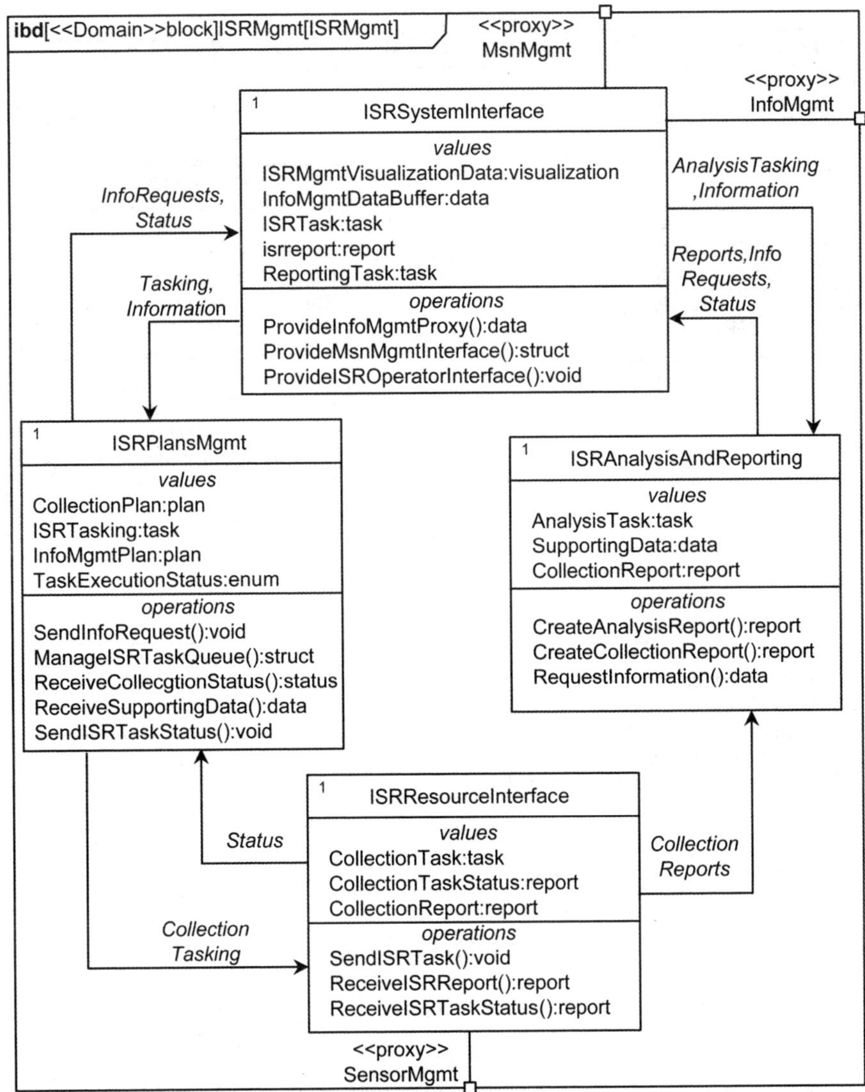

图 C.18 ISR 管理域的分解

- **ISR 计划管理**——该子域处理 ISR 工作,并提供需要发送到传感器管理域的采集任务以及需要发送到 ISR 分析和报告域的分析任务的优先队列。其还保持工作状态,以支持工作队列的优化和维护。
- **ISR 分析和报告**——该子域处理采集报告中的数据以及支持的技术数据以创建 ISR 报告。其还支持各种 ISR 操作人员的分析和报告工作。图 C.20 显示了用于处理各种 E-X 传感器数据的组件。
- **ISR 资源接口**——该子域提供了与传感器管理域的功能接口。物理链接是通过 LAN 实现的。

传感器管理域:以下文本简要说明了传感器管理域(见图 C.21)的子域。

图 C.19 ISR 系统接口子域的分解

- **传感器系统接口**——该子域提供了与 ISR 管理和信息管理的接口，为传感器操作人员提供了用户接口。
- **传感器计划管理**——该子域处理采集任务并向传感器资源管理者提供优先队列。其还保持工作和传感器状态，以支持工作队列的优化和维护。
- **传感器资源管理**——该子域负责将采集任务与传感器资产配对并安排采集活动。将传感器工作发送到各个传感器，并利用工作状态反馈计算后续的工作计划。图 C.22 显示了子域的分解，遵循总体资源管理设计模式，并显示出与其他组件和数据源的交互。该子域的行为在“LV 行为特征视图”中进行了进一步的描述。
- **传感器接口**——该子域提供了与传感器域中的传感器实时接口组件之间的功能接口。物理链接是通过 LAN 实现的。
- **传感器分析和报告**——该软件组件处理传感器报告的数据以创建采集报告。还支持各种传感器操作人员的分析工作和采集数据的质量控制。

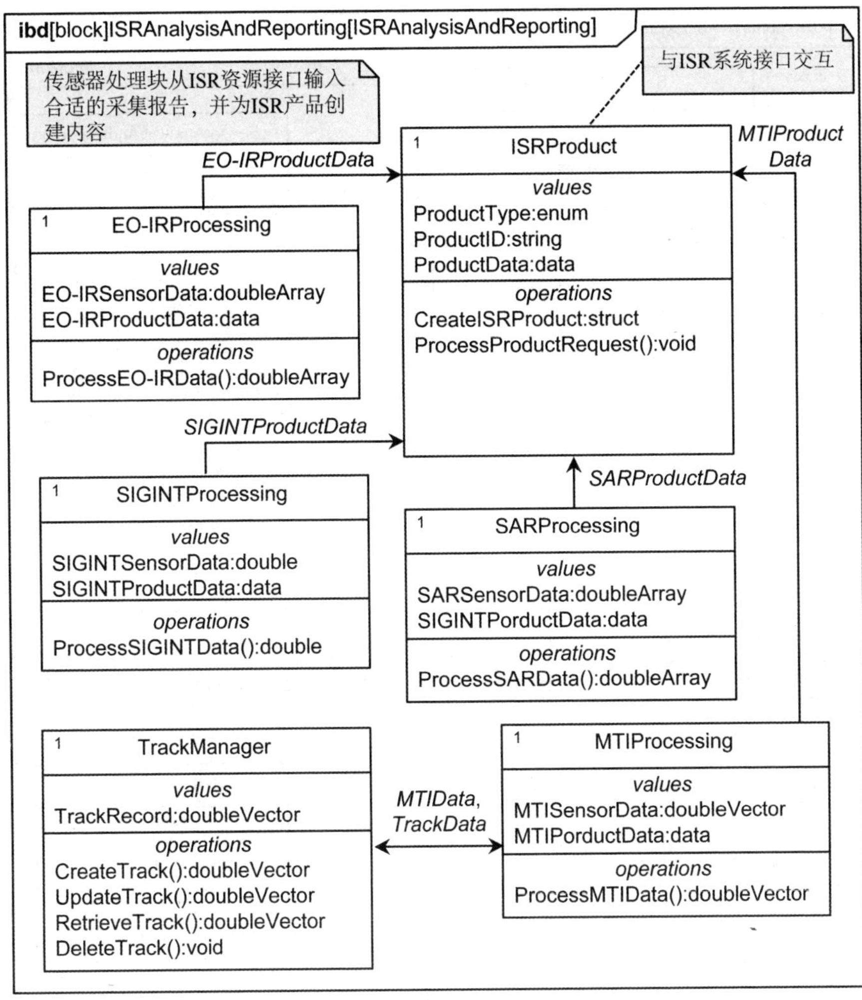

图 C.20 ISR 分析和报告子域的分解

传感器域:图 C.23 显示了传感器域的分解,包括雷达、EO-IR 和 SIGINT 传感器以及实时传感器接口,使传感器硬实时环境与其嵌入式处理器以及任务域的软实时环境与机组人员之间能够进行交互。这些端口具有相关联的供应接口和请求接口,这些接口将从物理视角进行定义,包括时序、消息格式、错误检测和纠正、电气和机械设计等方面的详细信息。下文简要介绍了传感器域的子域。

- **实时传感器接口**——传感器接口允许传感器采用嵌入式实时处理,通过提供数据缓冲、信号变换、数据格式化和转换以及其他功能与传感器管理域交换信息。
- **多模雷达**——多模雷达可检测、跟踪和识别目标,包括地面移动目标指示(GMTI)模式,并使用合成孔径雷达(SAR)模式采集图像。
- **信号情报(SIGINT)传感器**——这是一种频谱监测传感器,使用各种天线和接收器来检测、分析和识别 RF 信号。

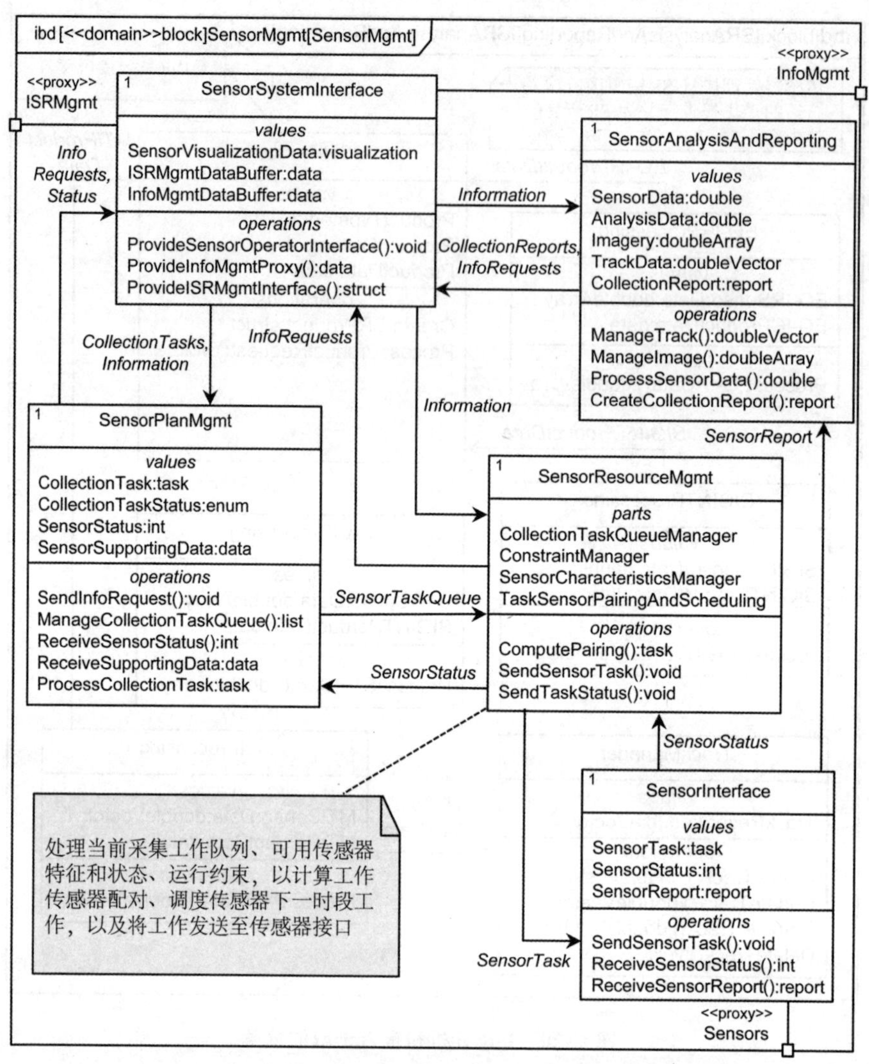

图 C.21　传感器管理域的分解

- **EO－IR 传感器**——EO－IR 传感器使用带有多光谱波段的光学元件和检测器的可操纵转塔来采集图像和视频。

雷达设计模式：作为记录 E－X 雷达设计原理的一部分，图 C.24 所示是一种以 BDD 表示的设计模式，该模式说明了系统资源“多模雷达”从更通用或<<abstract>>实体、通用传感器（如下定义为资源基础类）到 RF 传感器、有源 RF 传感器并且最终到雷达的继承。该模式将雷达分为 RF 孔径和处理器，并考虑了多种孔径类型。图 4.10 显示了专门用于 E－X 平台多模雷达设计的设计模式。E－X 使用有源相控阵（AESA），通常称为相控阵，如图 C.25 所示。图 C.24 中的设计模式也可以在雷达中实现，该雷达采用具有单个高功率发射机的机械可控天线来生成和对准光束。

雷达处理器：图 C.26 所示是雷达处理器的一种非常简单的设计，显示了信号处

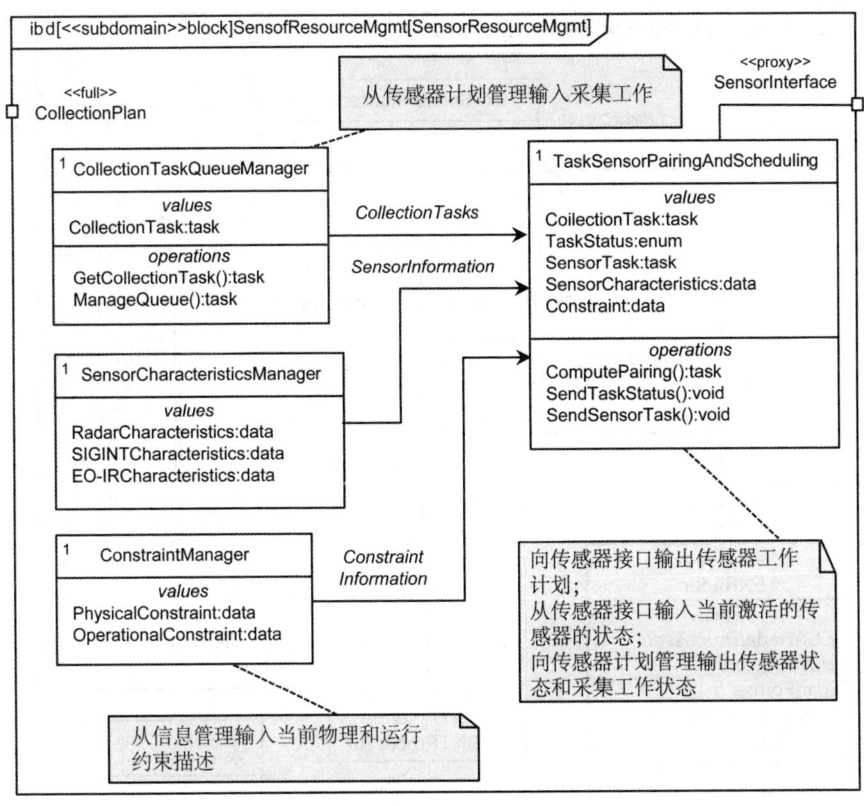

图 C.22 传感器资源管理分解

理、通用数据处理器和雷达控制器,每个都有委托端口。在物理视角中阐明详细设计的组件(构件)特定功能和交互。

EO-IR 传感器:图 C.27 所示是 BDD,显示了 EO-IR 传感器的组成,同时采集几个光谱波段的静止图像和视频。图 C.28 所示是对应的 IBD,显示了传感器各部分之间的交互。下文介绍了传感器的主要组件。

- **转塔**——EO-IR 传感器万向转塔内装有 EO 和 IR 光谱波段的光学元件(望远镜)、安装在低温冷却器上用于实现最大灵敏度的 EO 和 IR 焦平面、指向方位角和仰角的传动机构、聚焦和放大率控制设备以及其他组件。
- **EO-IR 电子单元**——EO-IR 电子单元控制转塔并处理检测到的信号以创建图像和视频。

信号情报(SIGINT)传感器:第三种 E-X 传感器收集广谱 RF 能量,以检测和分析信号。图 C.29 显示了 SIGINT 传感器的结构和交互。这些部分在类似于图 C.27 的 BDD 中给出了定义,而此处为节省空间省略了该 BDD。

信息管理域:图 C.30 从信息管理域的分解开始,设计系统基础设施。该域基于分层面向服务的架构(SOA)构建,具有将基础结构服务提供给任务应用程序和系统操作员的集成主干(IB)、支持系统功能的中间件层以及控制和提供与系统计算资源和其他

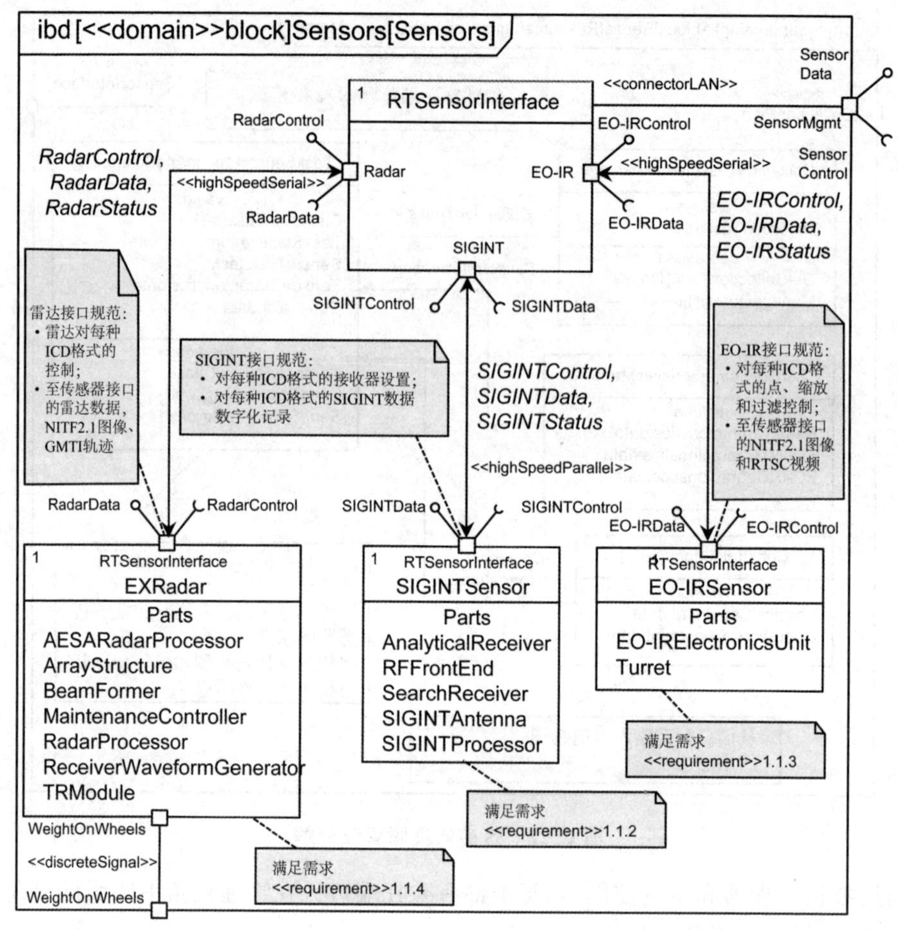

图 C.23　传感器域的分解

资源的接口的系统服务层。IB 上的 InfoMgmt(信息管理)端口对复杂的接口进行建模,任务应用程序通过该接口访问基础设施的资源和功能。CommsMgmt(通信管理)端口处理与通信管理域之间的消息和状态流,而 CompInfra(计算基础设施)端口支持与底层计算基础设施和资源的接口。各部分之间的连接显示了域的高度互联程度。

中间件:中间件提供了各种各样的服务,为任务应用程序的安装和执行以及任务机组的功能提供支持。包括:

- **工作流和编排**——用于使系统功能自动化并提高操作人员的生产力。
- **基础功能类**——任务应用程序使用的诸如网络时间事务管理之类的功能。
- **数据服务**——支持信息的存储、检索和管理。
- **安保服务**——实施信息保障所需的保护机制。

从 PV 来看,这些都将通过计算基础设施上运行的一个或多个软件组件来实现,以提供指示的功能。如前所述,将<<proxy>>端口委托给相应的组件。在操作员工作站中安装系统服务和任务应用程序的客户端组件。

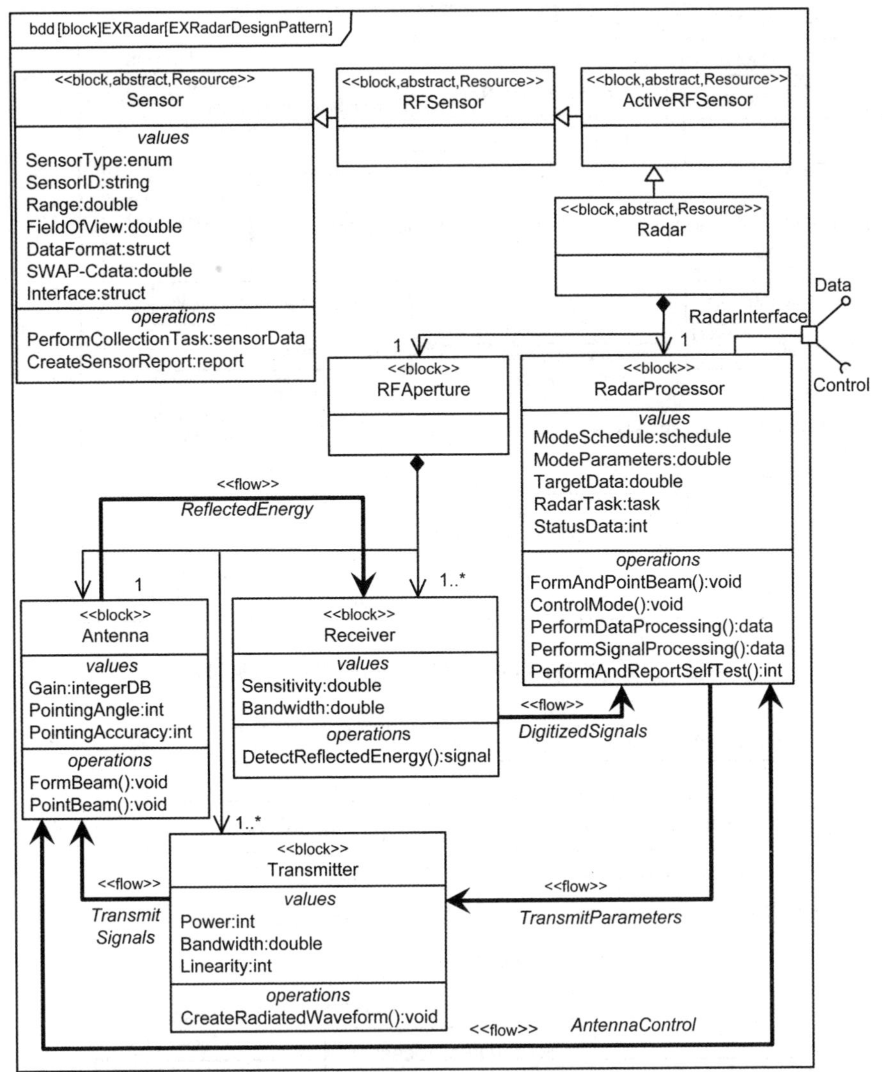

图 C.24 继承传感器资源基础类的雷达设计模式

集成主干:图 C.31 显示了 IB 子域的主要组件,是 E-X 信息处理和交换的中央集线器。它创建了安装和执行任务应用程序的环境,并提供了对其他域所需的信息服务的访问。同时提供了内部消息传递并与通信管理域进行交互以实现外部消息传递,包括路由组件提供的服务。中介组件可解决关于给定数据项竞争值的冲突。该子域使用安保服务、应用程序支持服务、系统服务、数据服务和信息管理域的其他功能来实现这些功能。还可以使用 ESB 或等效组件来实现。集成主干还支持与外部通信以及任务应用程序和其他系统元素之间的内部通信的接口。

- **应用程序适配器**——该软件组件创建每个任务应用程序所需的应用编程接口(API),以在集成主干上执行并与其他应用程序和系统资源交互。

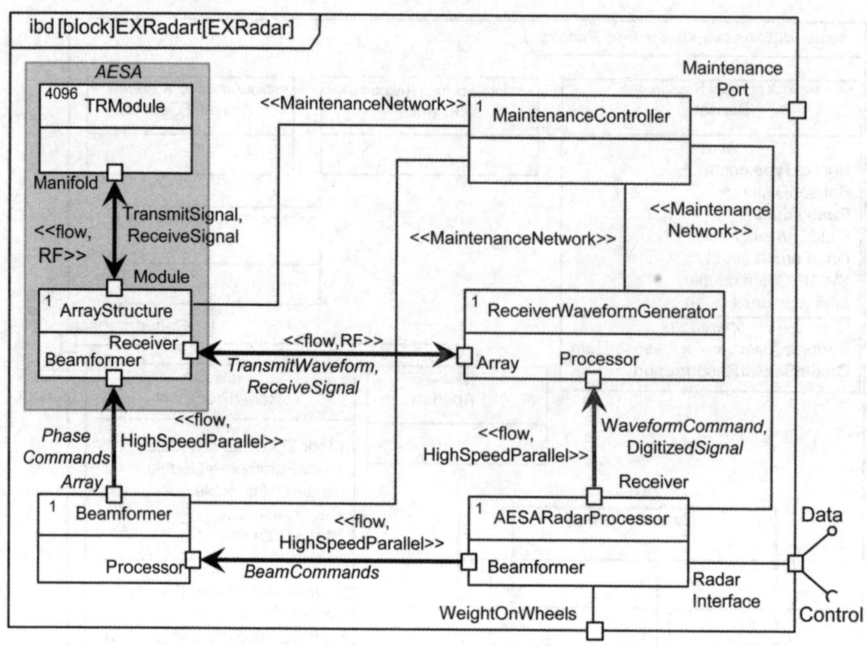

图 C.25　使用有源相控阵(AESA)的 E－X 多模雷达

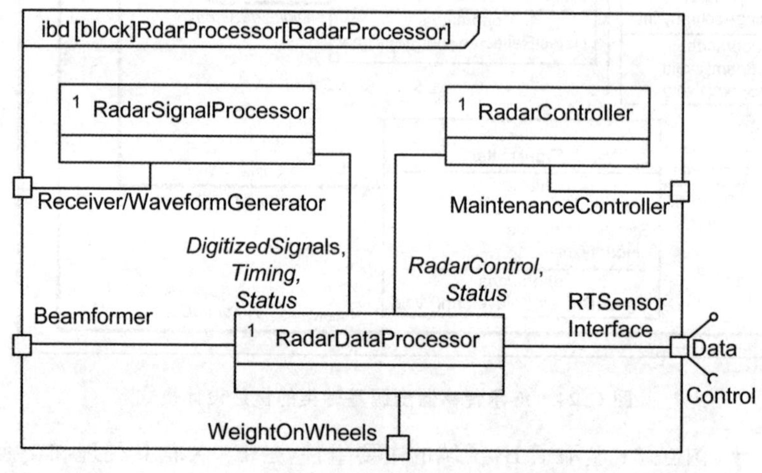

图 C.26　雷达处理器的顶层划分

- **路由**——该软件组件通过确定消息传输的地址和路径来支持消息传递组件。
- **中介**——该软件组件解决不同数据项版本之间的冲突。
- **消息传递**——该软件组件在任务应用程序和其他系统资源之间交换消息，并通过通信管理域管理与外部环境之间的消息流量。

应用服务：应用程序服务子域提供了任务应用程序使用的各种功能。使用工作流和编制，通过顺序调用任务应用程序和用户交互，使任务流程自动化。通过发现服务访问远程安装的功能。

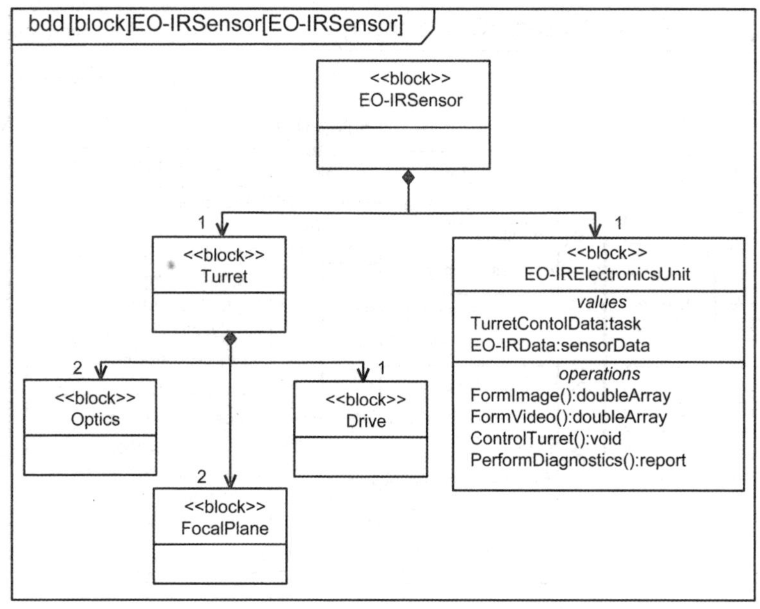

图 C.27 EO-IR 传感器的组成

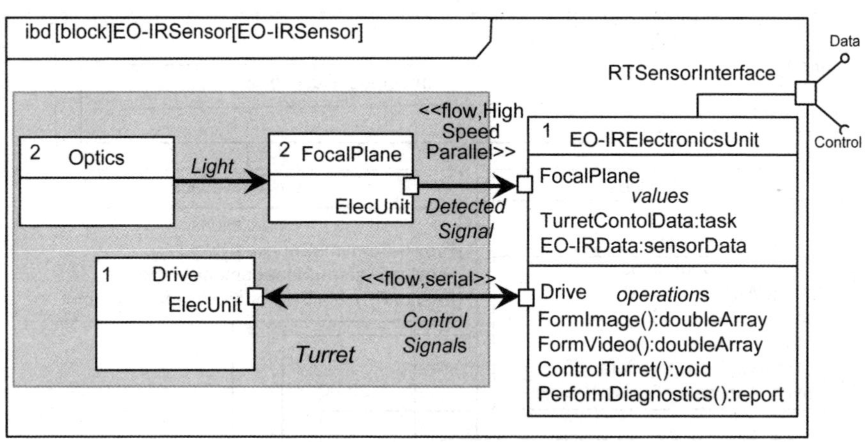

图 C.28 EO-IR 传感器的交互图

数据服务:数据服务子域提供对内部和外部数据资源的访问。它支持信息发现和分发的发布/订阅和代理模式,并且管理 E-X 数据库。

系统服务:系统服务子域为 E-X 信息流程和资源创建底层环境。它从计算基础设施中抽取更高层级的服务和任务应用程序,包括诸如操作系统、虚拟化、文件处理、系统时间、诊断管理、配置管理和故障处理之类的组件。

计算基础设施:图 C.32 对装载并执行任务域和支持服务的计算环境进行建模。这些模型元素是计算设备资源基础类的特化。这是传统的 n 层客户端-服务器设计,具有支持各种用户角色的工作站、支持共享功能和交互的服务器(可能是多台计算机)、

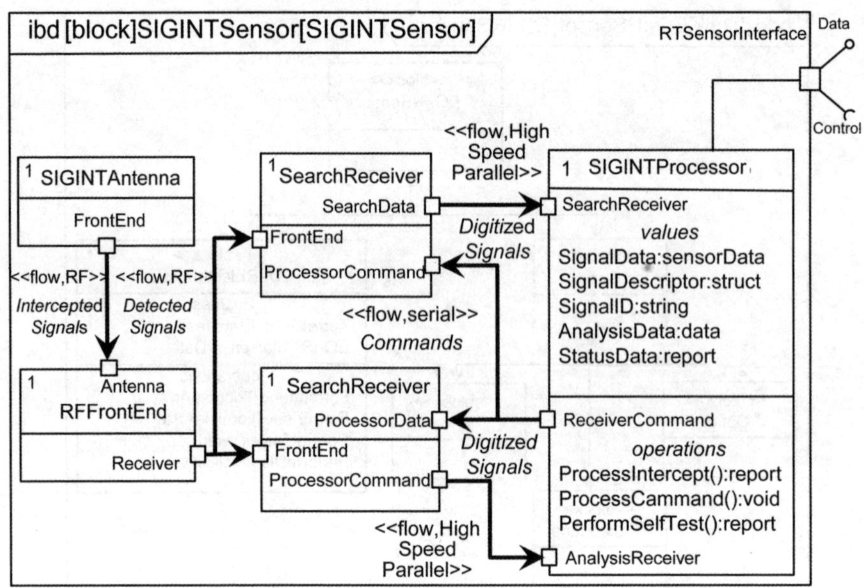

图 C.29　SIGINT 传感器的交互图

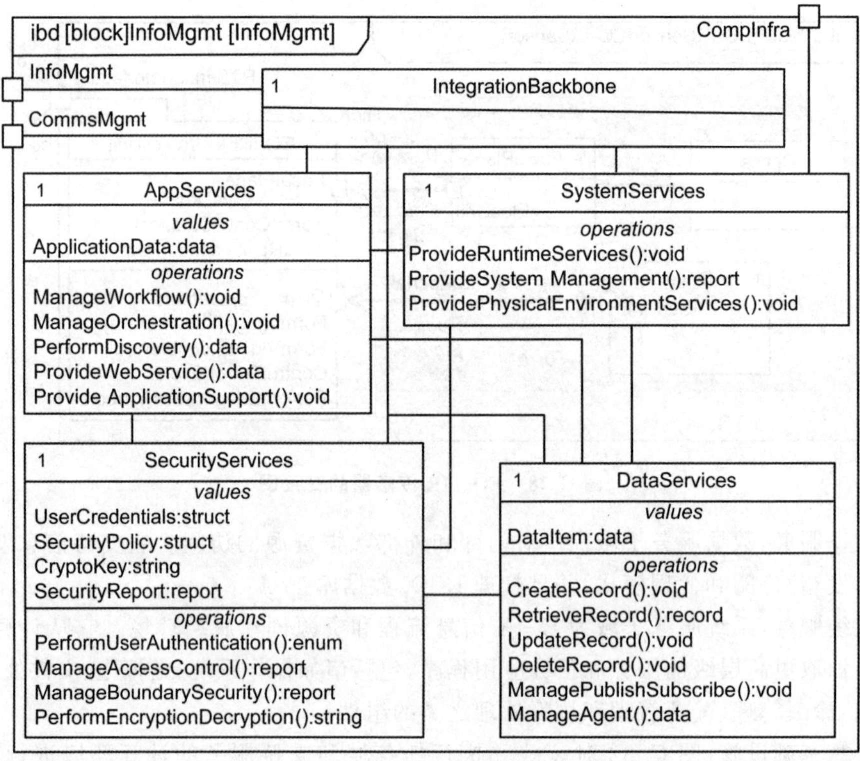

图 C.30　信息管理域的分解

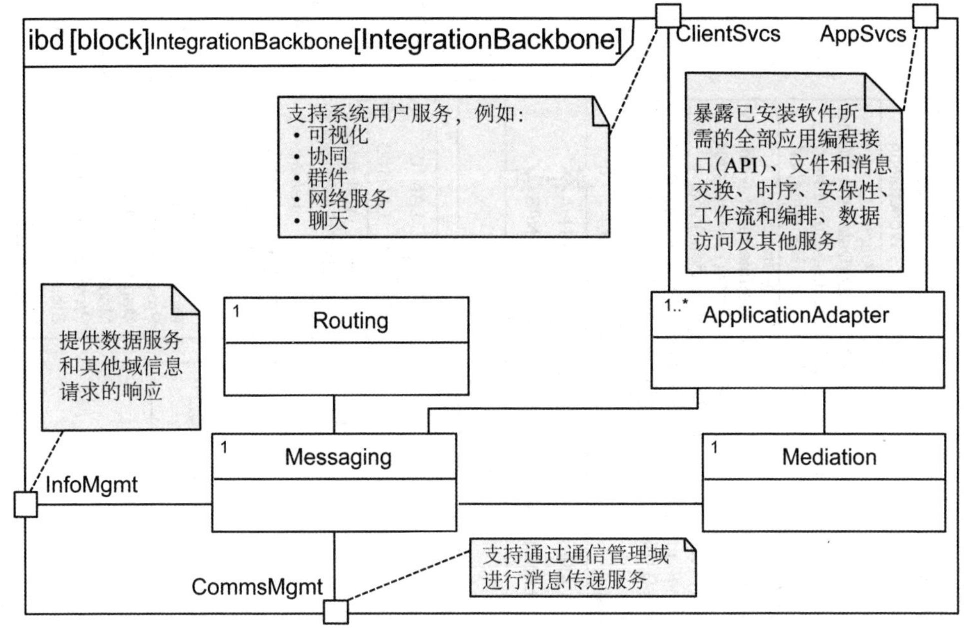

图 C.31 集成主干的分解

网络存储(NAS)以及与实时传感器域的网络接口，这些通过双交换以太局域网连接。网络端口被赋予“伪名称”，从 PV 来看，将由实际端口号和标识符代替。主要组件的原型为<<Workstation>>、<<Server>>和<<NAS>>等，并且从 PV 来看，这些组件将具有实例规范和其他物理产品数据。下文简要介绍了图 C.32 中的主要块。

- **任务指挥官工作站**——任务指挥官工作站提供与系统的任务指挥官接口，并使用服务器上的任务应用程序和工作站上的本地应用程序来提供所需的功能。
- **ISR 分析工作站**——该工作站为 ISR 操作人员提供系统接口，并使用服务器上的任务应用程序和工作站上的本地应用程序来提供所需的功能。
- **EO-IR 工作站**——该工作站为 EO-IR 传感器操作人员提供系统接口，并使用服务器上的任务应用程序和工作站上的本地应用程序来提供所需的功能。
- **SIGINT 工作站**——该工作站为 SIGINT 操作人员提供系统接口，并使用服务器上的任务应用程序和工作站上的本地应用程序来提供所需的功能。
- **雷达工作站**——该工作站为雷达操作人员提供系统接口，并使用服务器上的任务应用程序和工作站上的本地应用程序来提供所需的功能。
- **局域网(LAN)**——这是一个连接计算基础设施的双交换 GBit 以太局域网。
- **服务器**——该服务器安装主要的任务应用程序和数据库、系统实用程序(例如内部诊断和安保管理)、通信管理软件以及其他系统功能。
- **网络存储(NAS)**——NAS 设备为数据库和文件提供高速、大容量、非易失性共享存储。

通信管理域:图 C.33 显示了通信管理域中的主要组件。通信消息管理组件创建

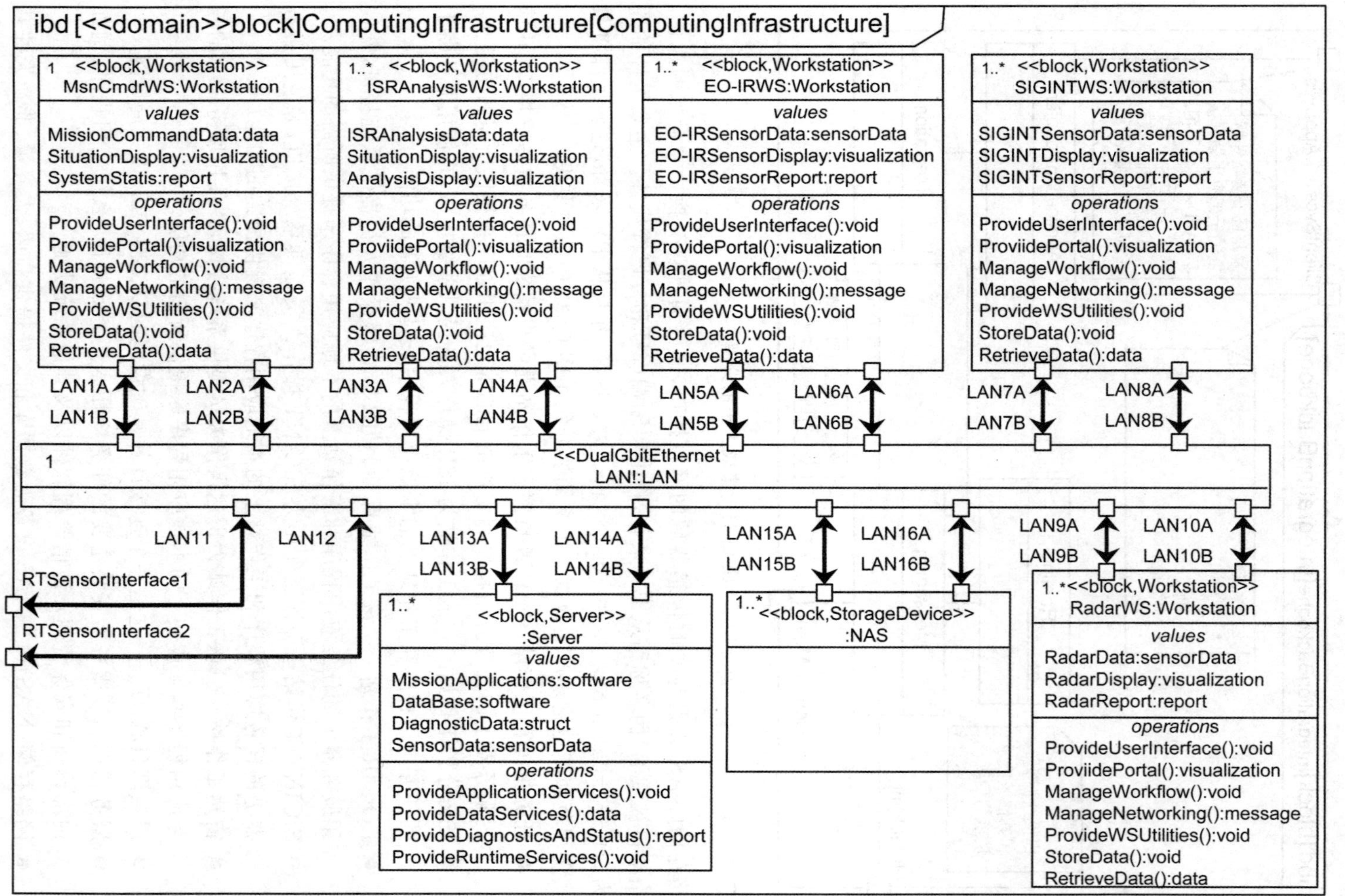

图C.32 计算基础设施的分解

与系统其余部分的接口,并处理入站和出站消息。通信接口组件创建与各种通信设备的所需接口。通信资源管理组件将消息流量与通信信道进行匹配,并安排外部事务。

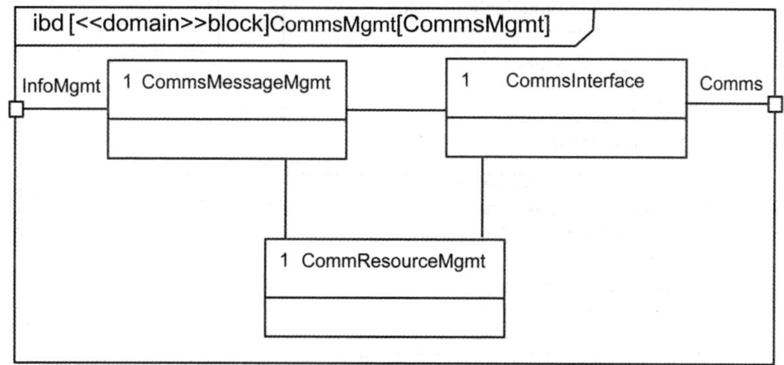

图 C.33 通信管理域的分解

宽带卫星通信控制器:图 C.34 说明了通信接口组件中的一个特定设备控制器,特别是宽带卫星通信信道的设备控制器,是从通用通信设备控制器模块继承而来的。使用通信消息管理器和资源管理器的功能,直接与宽带 SATCOM 终端进行交互。

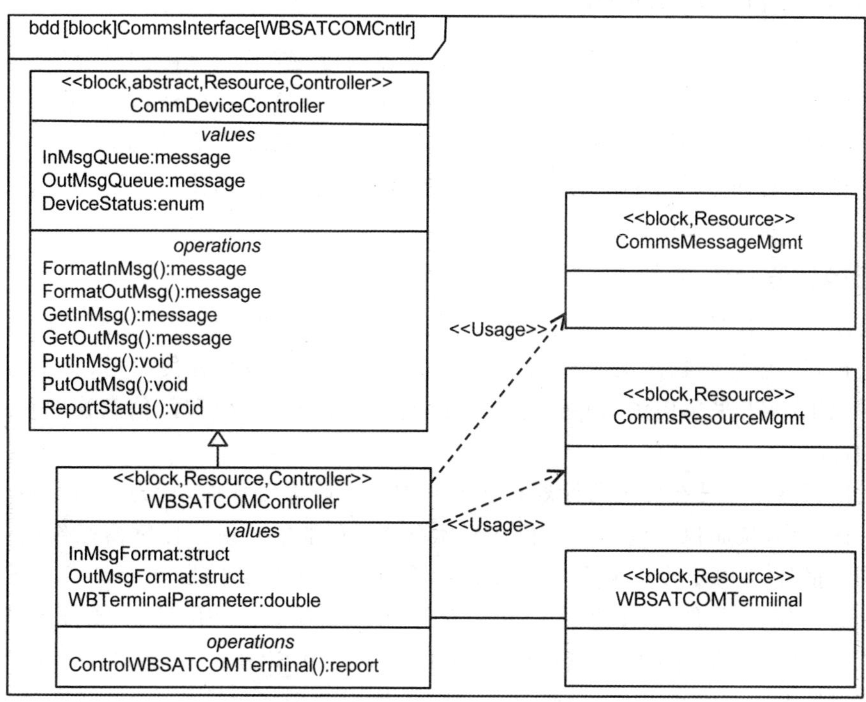

图 C.34 宽带卫星通信控制器

通信域:图 C.35 显示了通信域的内容,其中每个设备都显示为通信设备资源基础类的特化形式。

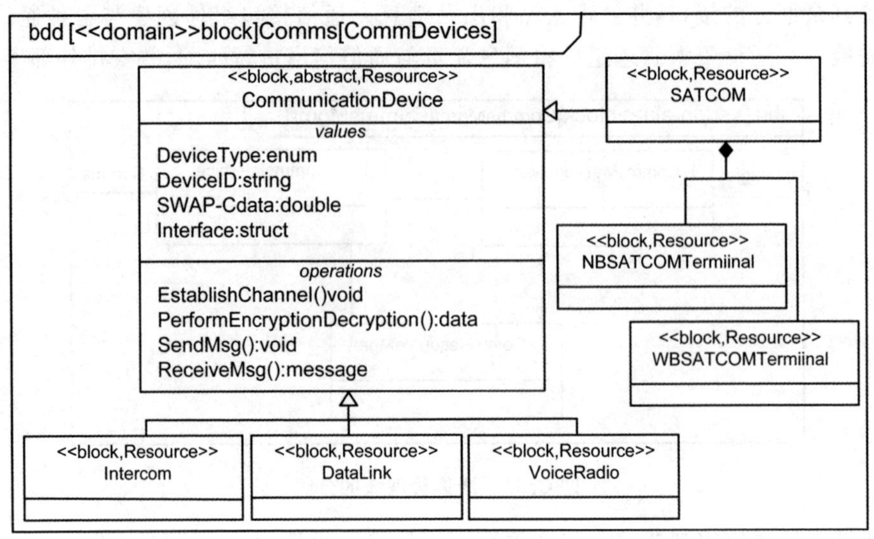

图 C.35　通信域的资源

C.5.2　行为特征视图

图 C.36～图 C.45 显示了使用 E－X 传感器的行为方面。实际的系统架构模型将有更多,但是这些示例说明了 LV 行为建模的性质和多样性。此外,在实际模型中,每个图都至少有一个模型元素规范,描述建模行为并给出所选实现的合理性。

图 C.36 对任务线程进行建模,其中传感器操作员人协同使用雷达和 SIGINT 传感器来检测、追踪和表征目标。下文给出了该图规范的典型内容。

任务线程:RF 感知

描述:该图对 E－X 多模雷达和 SIGINT 传感器的协同功能进行建模,以创建和更新目标轨迹。轨迹是物体在地面/水面上的位置和速度。该线程使用"执行雷达采集"和"执行 SIGINT 采集用例",并利用传感器、传感器管理、ISR 管理、信息管理和通信管理域的资源。

当传感器操作员在传感器计划管理子域中进入收集工作时,行为开始。系统提出一项雷达工作,从而执行地面移动目标显示(GMTI)采集。雷达传感器操作员评估生成的采集报告,并在必要时重复采集。已批准的采集报告会转发到 ISR 管理域,并与现行有效的跟踪文件进行比较。如果未找到匹配项,则 ISR 管理域将创建一项 SIGINT 工作来采集目标的识别数据。SIGINT 采集由 SIGINT 传感器操作员评估,并且在获得批准后转发给 ISR 管理人员。然后,使用两个传感器集合,通过新的跟踪来更新跟踪文件。如果新跟踪与跟踪文件中的一个目标相关联,则会更新跟踪文件来细化跟踪。ISR 操作员评估新的或更新的跟踪,然后在批准后创建目标报告并发送到信息管理域,以便处理及传输给系统客户。

设计的根本原理:此线程按预期使用 E－X 资源,以便制定出尽可能最完整和最准

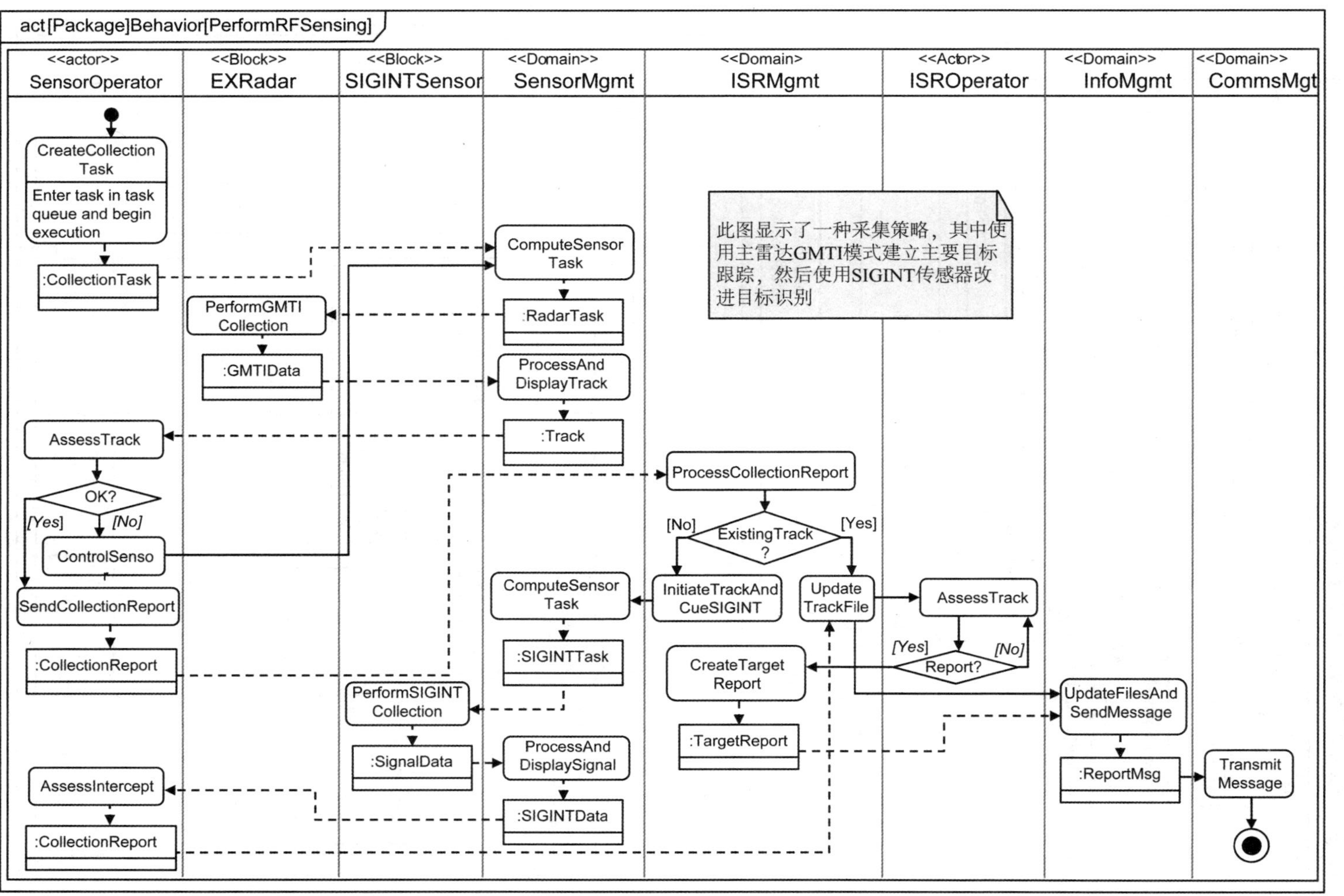

图C.36 RF感知的任务线程活动图

stm [block]WBSATCOMCtlr[WBSATCOMCtlr]
[SystemActiveFlag=true]
Idle
entry/PerformAndReportSelfTest
[LinkFlag=false]
EstablishLink
entry/SendSyncMessage
do/PerformLinkHandshake
exit/SetLInkFlag=true
[SystemActiveFlag=false]
[MsgQueueFlag=false]
[MsgQueueFlag=false]
C
evNewMsg[LinkFlag=true]/
SetMsgQueueFlag=true
LinkActive
do/GetInMessage
do/GetOutMessage
do/ManageMessageQueue
[MsgQueueFlag=true]
[LinkFlag=false]

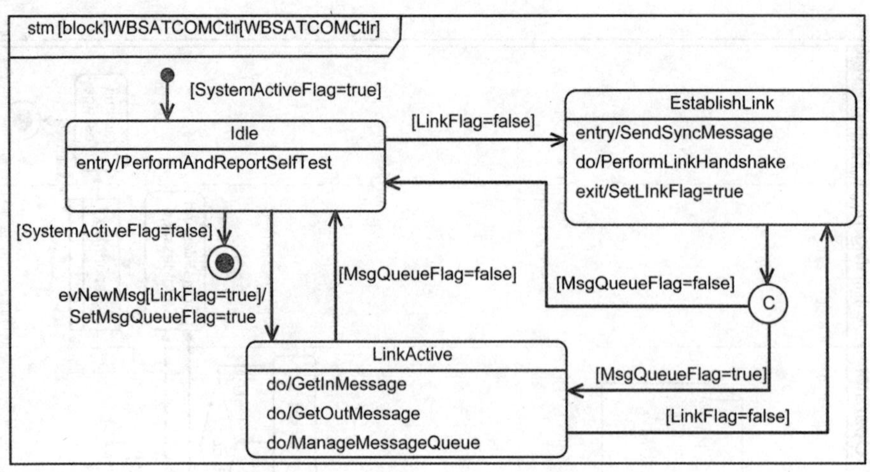

图 C.37　宽带卫星控制器的状态机

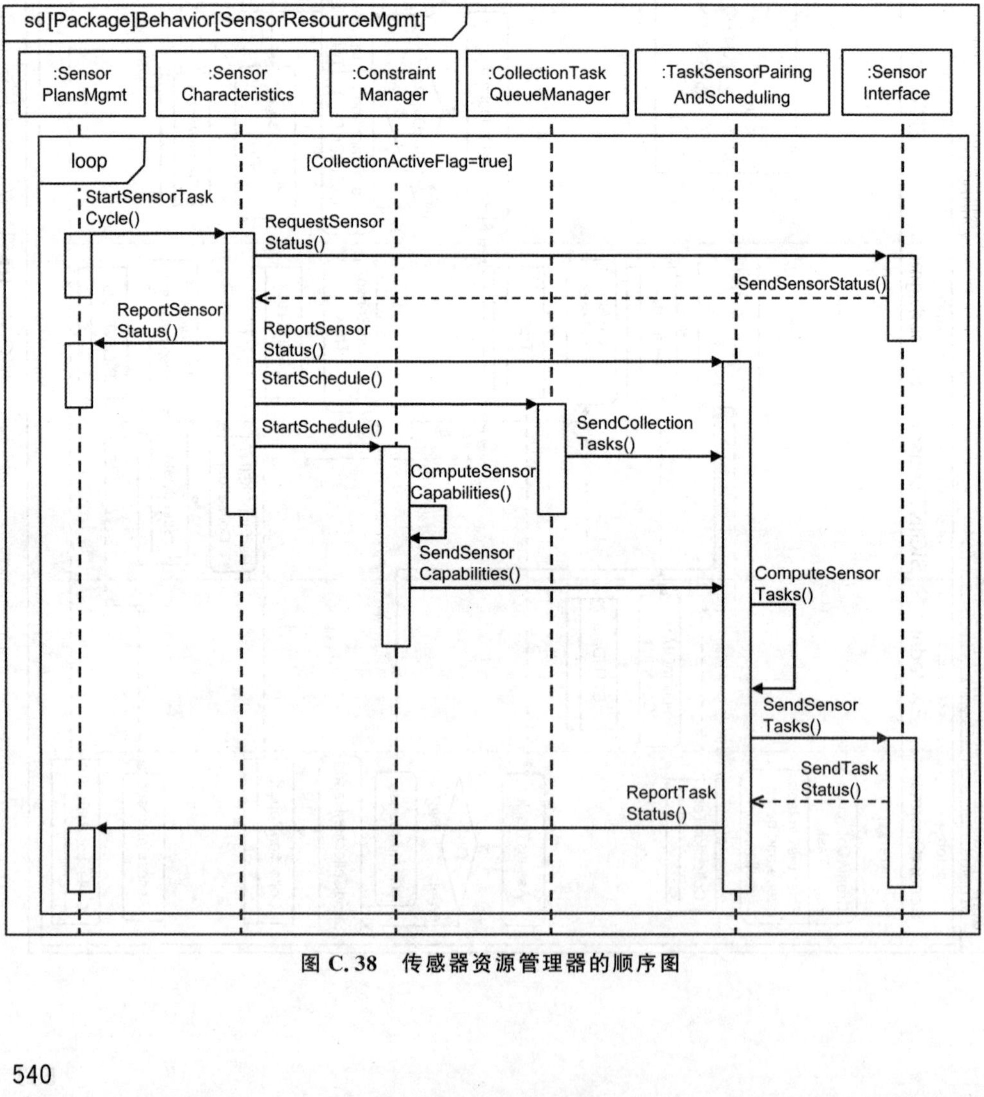

sd [Package]Behavior[SensorResourceMgmt]
:Sensor PlansMgmt
:Sensor Characteristics
:Constraint Manager
:CollectionTask QueueManager
:TaskSensorPairing AndScheduling
:Sensor Interface
loop
[CollectionActiveFlag=true]
StartSensorTask Cycle()
RequestSensor Status()
SendSensorStatus()
ReportSensor Status()
ReportSensor Status()
StartSchedule()
StartSchedule()
SendCollection Tasks()
ComputeSensor Capabilities()
SendSensor Capabilities()
ComputeSensor Tasks()
SendSensor Tasks()
SendTask Status()
ReportTask Status()

图 C.38　传感器资源管理器的顺序图

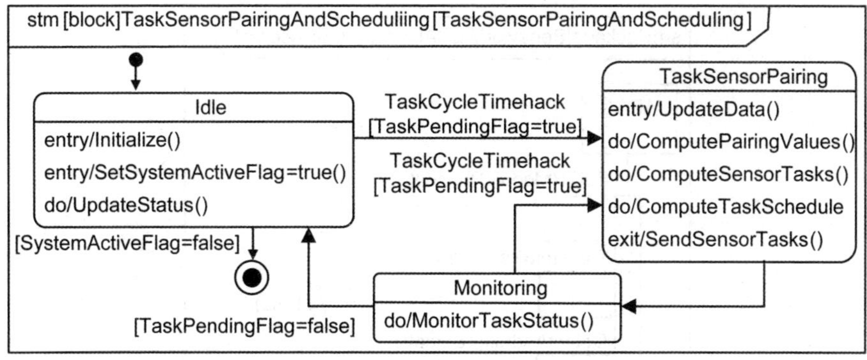

图 C.39　传感器工作配对和调度组件的 SMD

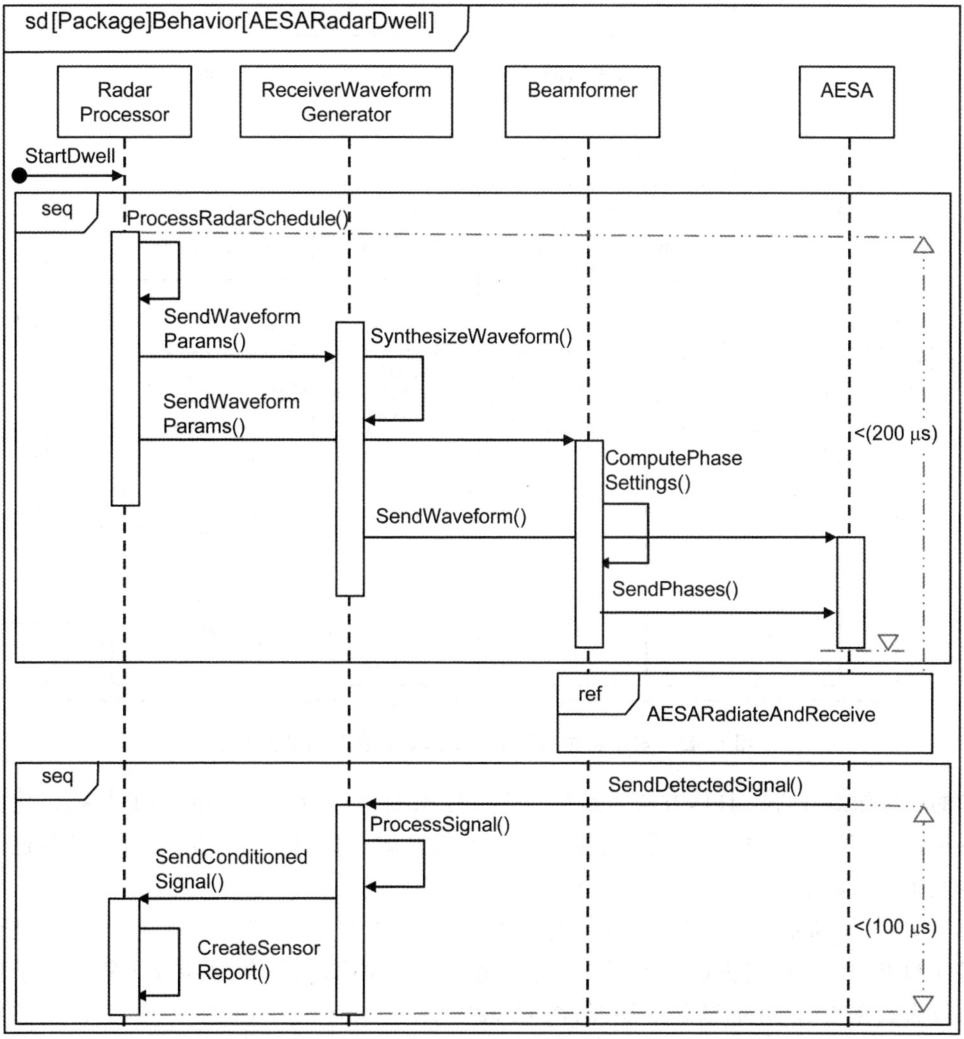

图 C.40　AESA 雷达驻留的顺序图

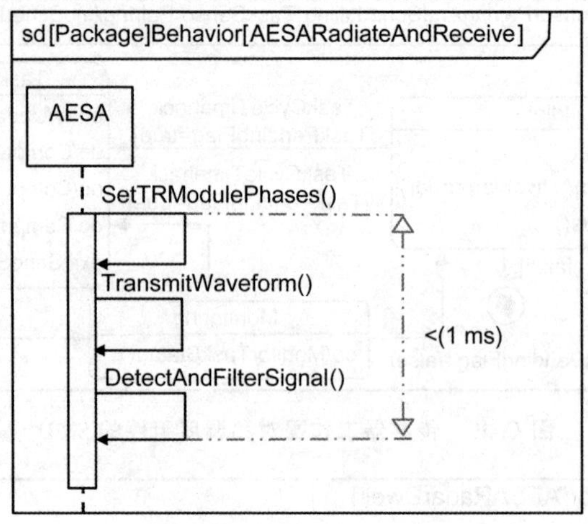

图 C.41　图 5.12 中引用的 AESA 雷达目标数据采集的详细顺序图

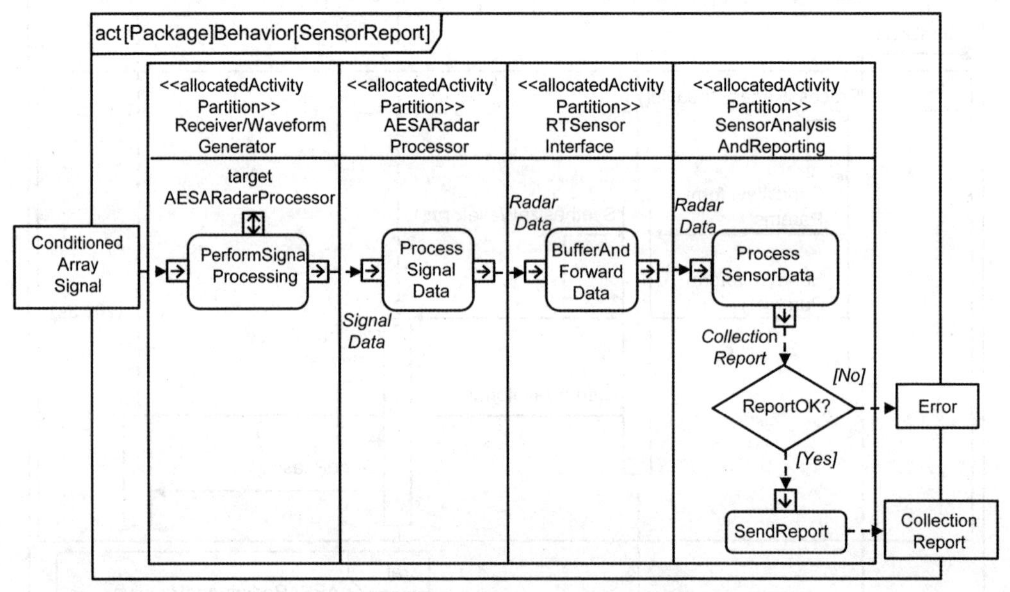

图 C.42　显示将传感器数据处理成采集报告的活动图

确的目标跟踪文件。具体方法为融合多个目标探测,融合跟踪和 SIGINT 数据以建立目标识别,并且提供操作员质量控制。通过系统基础设施,利用可用的最佳通信信道及时发布跟踪数据,以便满足客户需要。

图 C.37 所示是一个状态机图,表示宽带 SATCOM 控制器的主要功能,特别是在建立和维护卫星链路方面。图 C.38 所示是一个顺序图,表示传感器资源管理器子域的行为。在图 C.38 的基础上展开,图 C.39 所示是一个 SMD,表示子域工作/传感器配对和调度构件行为的各个方面。图 C.40 表示雷达的若干组件在称为驻留的预定运行周期内,通过波形发射及接收和处理反射信号来收集目标信息的行为。如图 C.41

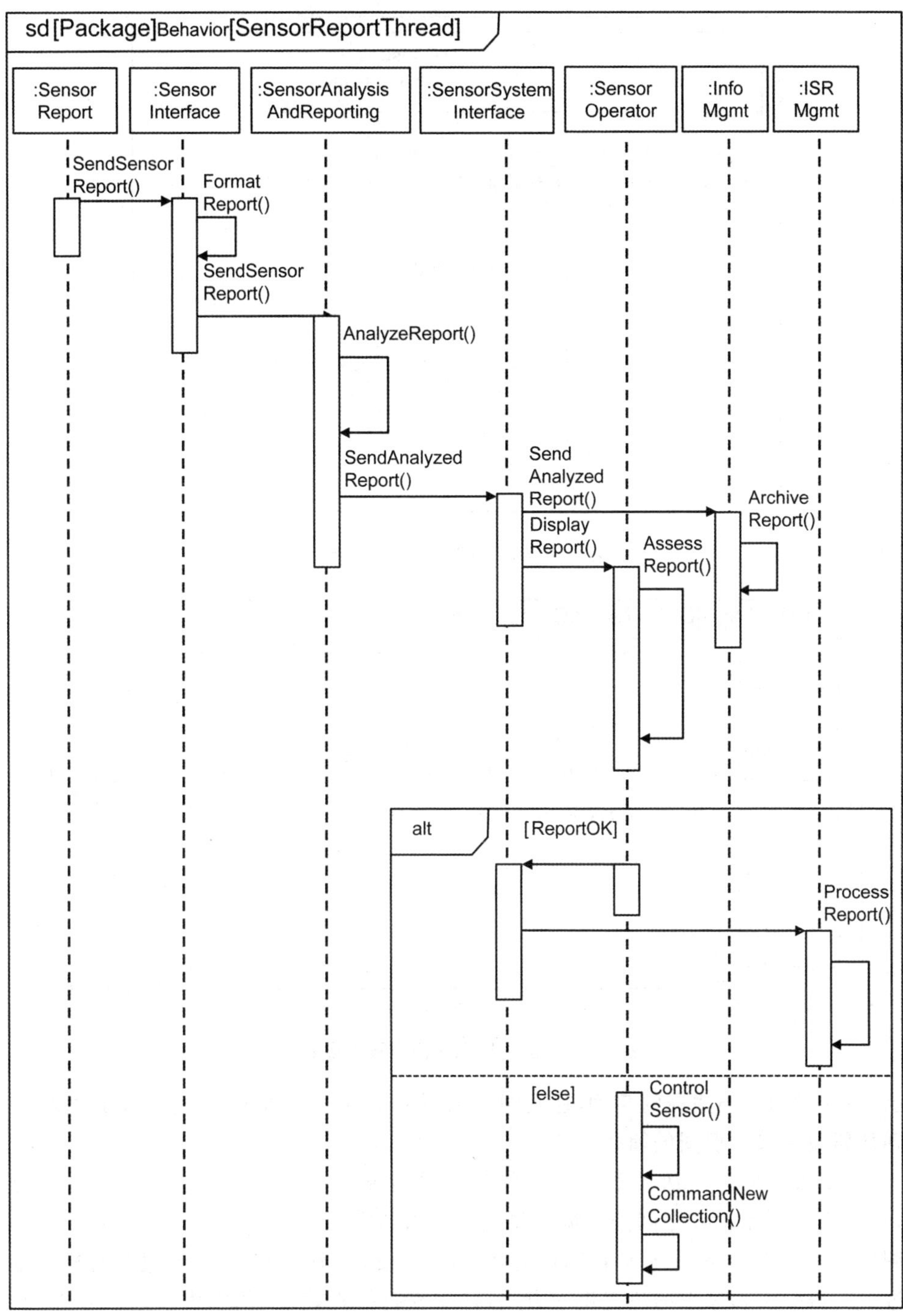

图 C.43　显示采集报告的创建、评估和转发的顺序图

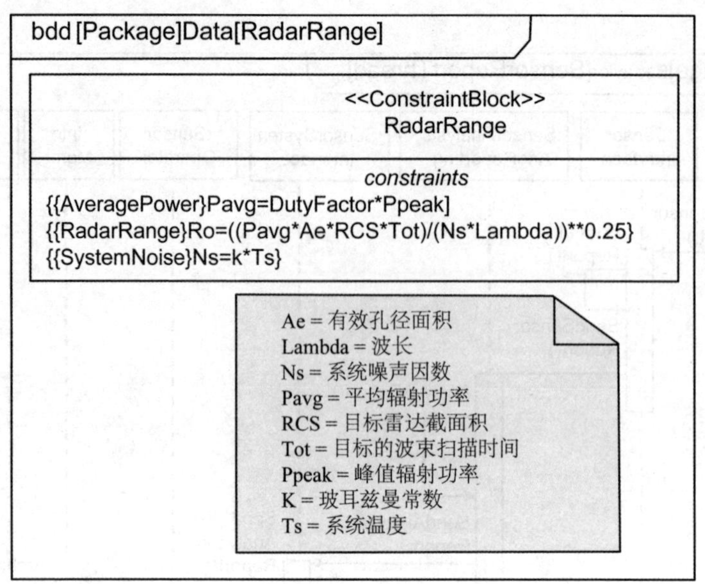

图 C.44　定义雷达探测距离方程的约束块

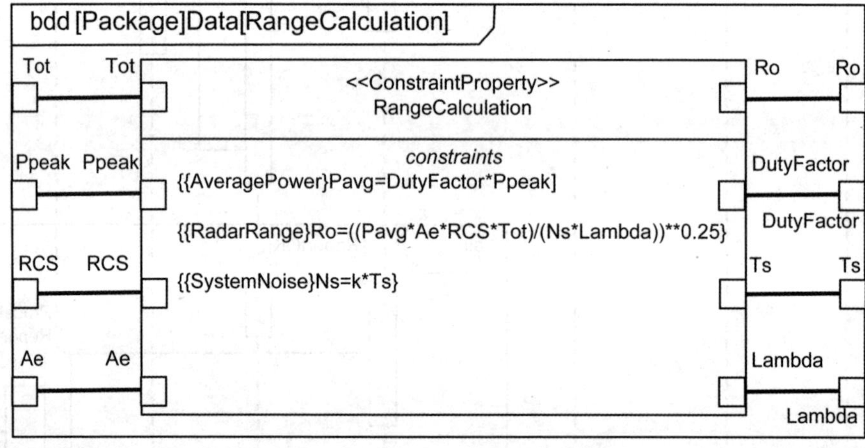

图 C.45　雷达探测距离方程的参数图

所示，包括时间间隔注释的实例，还阐明了利用引用（ref）交互发生，通过将某些细节移动到从属图中来实现图的简化。

图 C.42 阐明了将活动参数节点作为一种对输入和输出进行建模的方式。使用 Pin 标识符来显示动作之间的数据对象交换。雷达数据处理器的执行数据处理操作包括调用操作动作，由标记有动作图标的目标 RdrSignalProc 顶部的 Pin 进行建模。这将通过由“目标”引脚标识的块提供的方法，调用支持操作，在本例中为雷达信号处理器。图 C.43 表示分析和批准传感器报告的任务线程，包括由 alt 片段建模的传感器操作员的决策。

最后，图 C.44 和图 C.45 阐明了使用参数图将数学关系式纳入模型的过程。

图C.44表示一个约束块,用于定义控制雷达探测距离性能的基本方程;图C.45将该约束块嵌入一个连接了输入和输出值的参数图中。

C.5.3 数据特征视图

图C.46～图C.51通过将基础类特化为系统类,阐明了逻辑数据模型,它们在

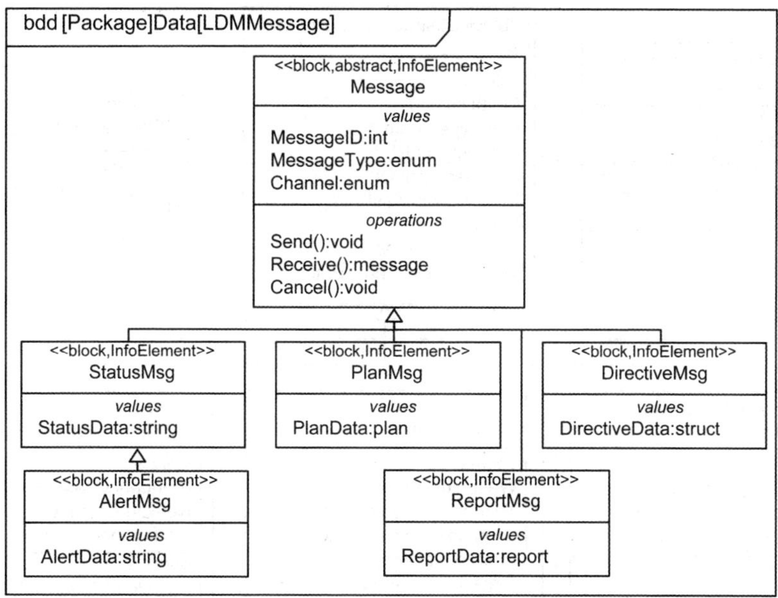

图C.46 消息基础类的逻辑数据模型

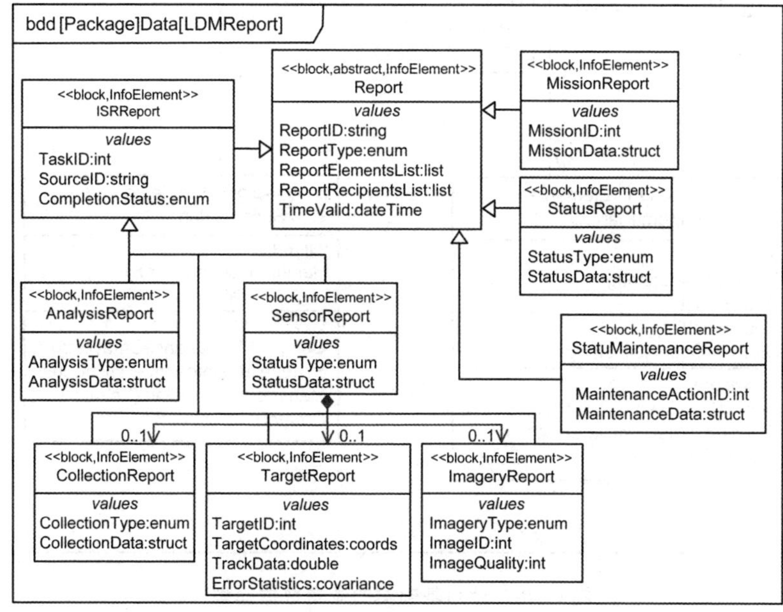

图C.47 报告基础类的逻辑数据模型

SysML 中建模为块。与所有块一样,它们需要元素模型规范,提供描述、所有者以及完全定义每个信息实体所需的任何其他详细信息。

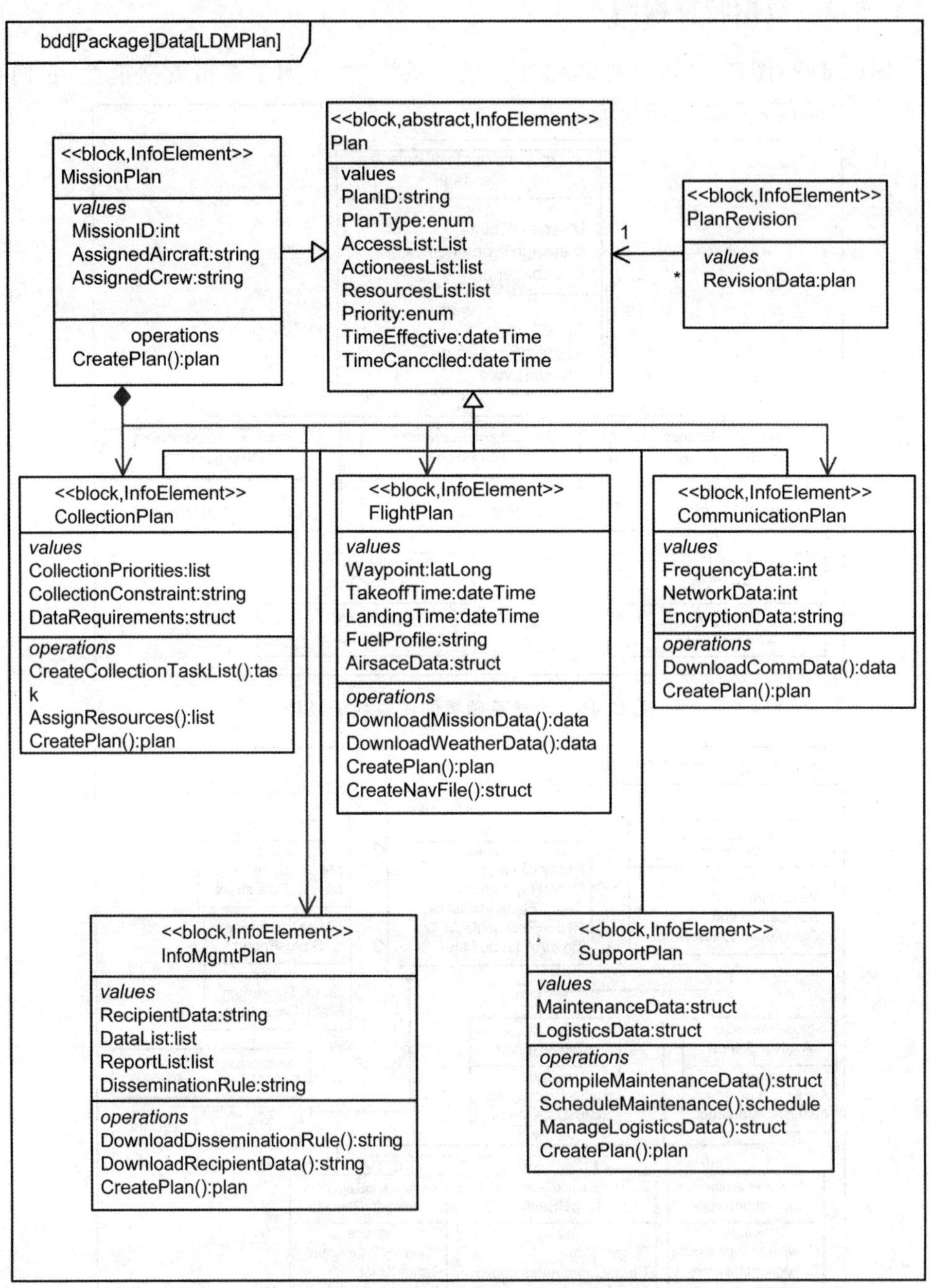

图 C.48 计划基础类的逻辑数据模型

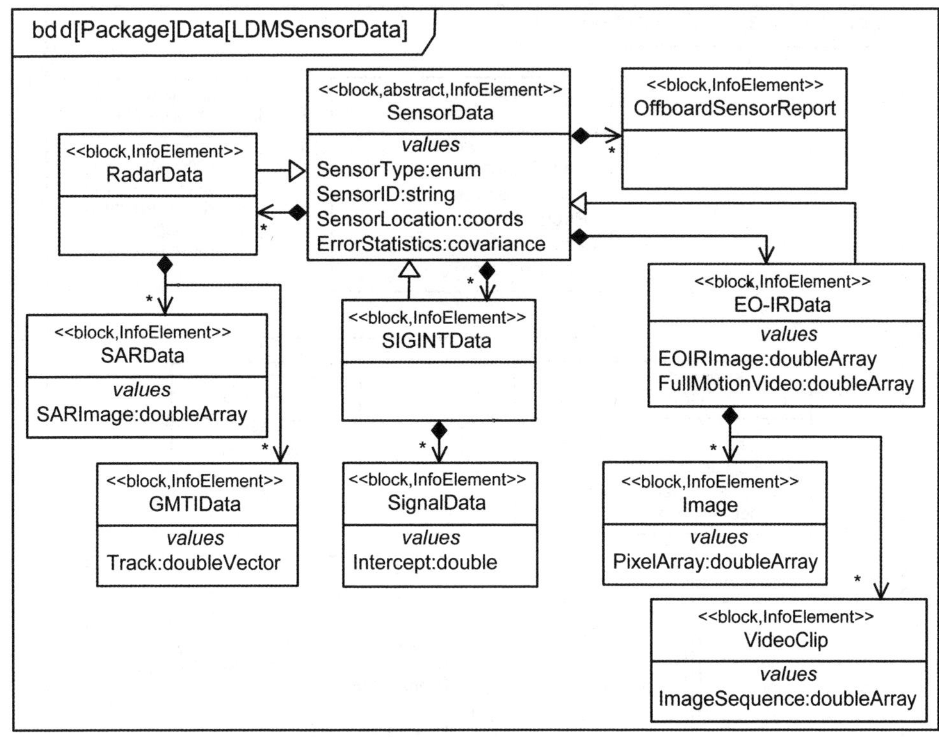

图 C.49 传感器数据基础类的逻辑数据模型

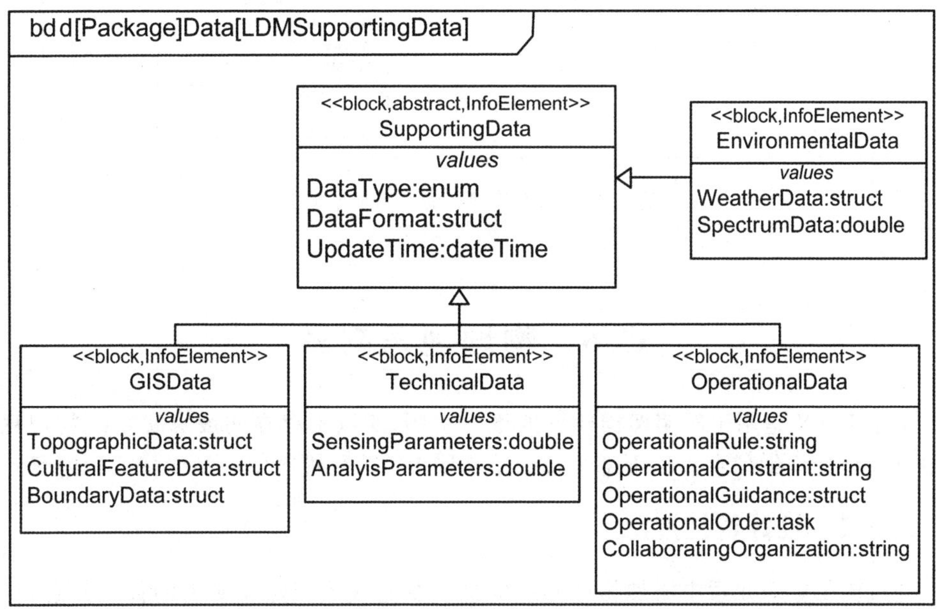

图 C.50 支持数据基础类的逻辑数据模型

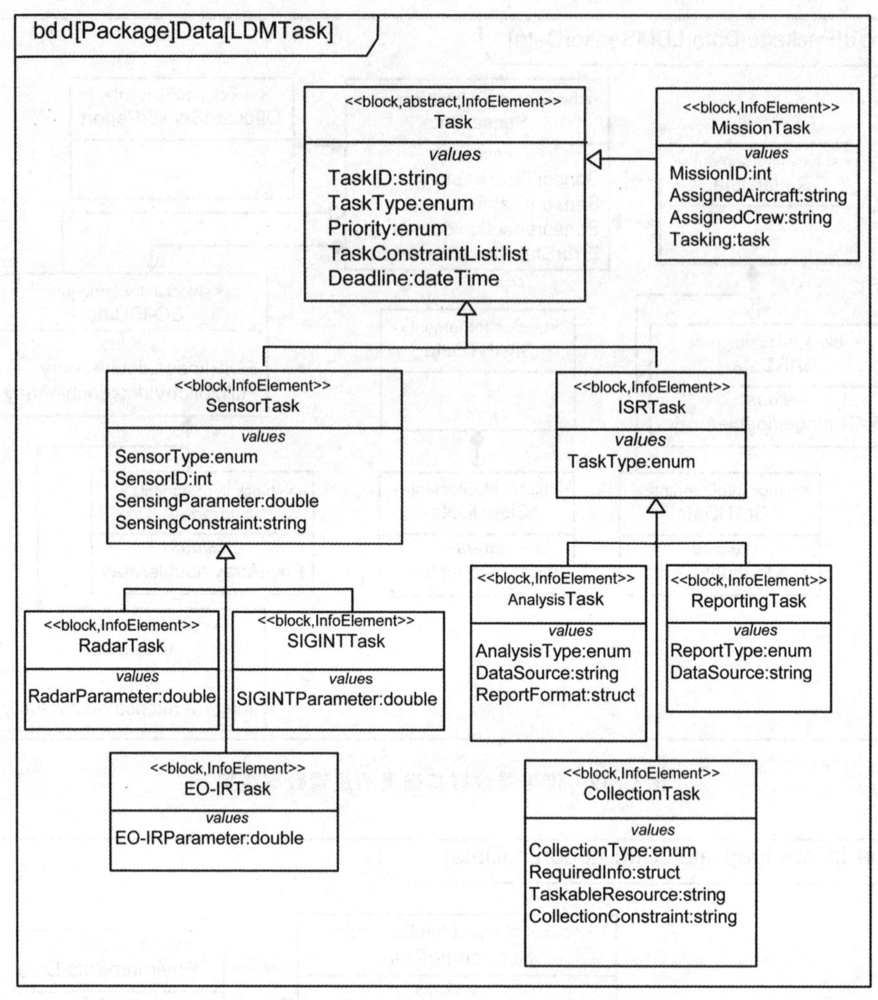

图 C.51　工作基础类的逻辑数据模型

C.6　物理视角制品

由于 E－X 是用于阐明架构模型的概念实例，所以不存在构成真实系统物理视角的单点设计的详细信息。以下部分总结了不同 PV 特征视图中制品的特征和内容。

C.6.1　设计特征视图

通过向 LV 的元素中添加物理详细信息以及完成系统定义所需的补充信息，构成了 E－X 架构 PV 的设计特征视图。以下实例阐明了此内容。

产品选择的根本原理——由功能/性能规范定义且在某些情况下受非功能需求约

束的系统元素，由如下方法之一物理实现：

- 指派设计团队开发、集成、测试和鉴定一个可满足已分配需求的硬件/软件解决方案。
- 选择已有产品，可能会进行改型或其他剪裁以满足需求。

当产品选择或设计决策基于权衡研究时，应文档化记录在模型中或参考设计存档，以确保易于获得此根本原理。例如，以下是与E－X多模雷达关联的一系列典型的单点设计决策：

- 通过分析满足系统层级需求所需的性能规范进行推导；
- 根据尺寸、重量、性能、成本等，收集和分析已有候选雷达产品的数据，供E－X使用；
- 进行权衡研究，在已有产品和新雷达开发之间选择首选方案；
- 根据权衡研究的结果，选择已有产品，以及已有产品的改型或者新的开发；
- 纳入采购或计划并执行新的雷达开发；
- 将雷达物理数据纳入架构模型或链接到外部文档。

模型元素规范：以下是将添加到模型中元素规范的典型数据，或者直接添加到元素的模型工具窗口中，或者通过提供对外部源的链接或引用，或者通过合并模型中的文件。此信息表示架构向系统构型管理提供的主要支持。

- **术语**：产品型号和名称、修订号和日期；
- **描述**：特征和功能、产品系列、预期用途、已实现的标准和实践等的总结；
- **图样和规范**；
- **物理特征**：尺寸、重量、功耗、安装、电缆和连接器等；
- **软件文档**；
- **环境**：保证组件正常工作并达到指定可靠性的温度范围、冲击和振动、电力品质等；
- **维护、维修和修理数据**；
- **补充数据**：安装、集成、运行、升级、支持以及可能更换组件所需的任何其他信息。

接口规范：所有内部和外部接口的全部详细信息都是PV最重要的内容之一，并且可以在模型中捕获，捕获时使用的机制与进行接口发生建模的端口的特性窗口中，描述和约定选项卡所用的组件规范相同。信息可以包含在接口控制文档（ICD）或其他正式文档中。必须记录系统组件之间的内部接口和其他系统或网络的外部接口。ICD内容通常包括：

- **术语和描述**；
- **物理**：连接器、安装硬件、隔振装置、安全设备等；
- **电气**：电压和电流、电力品质等；
- **功能**：时序、数据/消息格式、机电设备特征、流体压力和流量、控制、标准、流定义等。

适用于IP网络的另一种接口文档是端口和协议矩阵，其中详细说明了每个网络端口的如下详细信息：

- 端口名；
- 端口支持的传输协议；
- 端口支持的应用协议；
- 分配（静态或动态）；
- TCP/IP端口号或端口号范围；
- 源——服务器名称、客户端名称或其他使用流程；
- 目的——同上；
- 方向——向内、向外或双向；
- 规则——例如，"使用默认的http代理"；
- 用法——有效、不确定等的时间段；
- 描述——对所支持功能的简要说明。

系统设计数据：应纳入完整描述整个系统所需的、但不包含在组件和接口规范中的所有内容。这可能包括：

- 系统层级时序和性能；
- 工作流和编制描述与模型；
- 用户接口定义和培训材料；
- 系统维护、维修、校准、故障排除等，包括仓库维护需求；
- 安保性和信息保证；
- 系统安全和危害分析。

C.6.2 标准特征视图

识别系统中所实现标准的表或电子表格应作为导入文件或直接作为数据表包含在模型中。对于E-X，标准将包括用于计算基础设施和用户接口、外部通信和联网接口标准与协议、设备安装和电源、安保性、安全性等的信息技术标准。

C.6.3 物理数据模型

E-X使用各种数据库，并且要求在实时域中进行数据和内存管理。因此，PDM将同时包含数据库设计文档和详细信息，例如用于嵌入式处理的内存映射。

附件1: E-X架构概述与总结信息

1. 执行摘要

本文件阐明了典型架构概述和总结信息文件的组织结构与内容,在本附件中称为架构概述。将E-X架构视为真实系统进行描述的内容,以纯文本形式展示。[适用于E-X但本架构示例未定义的内容位于方括号中。][**用于描述如何针对另一种架构或情况修改本文件的注释和其他内容显示为加粗,并位于方括号中。**]

本附件是一个实例文档的组成部分,该实例文档基于称为E-X的概念性机载传感器平台的架构。E-X架构旨在作为基于模型的系统架构流程(MBSAP)架构方法论的工作实例,用于各种教育场景。MBSAP在本书的正文部分进行了定义和阐明。架构概述总结了E-X架构以及定义该架构的制品和支持文件。它遵循美国国防部架构框架(DoDAF)全视角1(AV-1)的总体大纲。[**与E-X实例的其他元素一样,它可以作为一个格式样本,用于编写实际系统架构的架构概述。**]

下面会介绍E-X系统,架构的范围、目的和特征视图,背景环境信息,E-X架构开发的进度和资源,以及架构的预期用途。架构概述的一个重要用途是在工程项目和技术领导与系统架构师和架构团队之间建立一份事实约定,该约定基于确立双边投入和对架构工作在整个工程项目背景环境中所扮演角色的理解而建立。[**这些协议,包括使架构团队在工程项目中履行其适当职能的授权,应该得到所有各方的同意,并记录在架构概述中。**]

架构概述是一份动态文件,随着架构工作的进行而更新。编写本实例时假设E-X即将完成功能设计,并准备进入实现阶段以开发初始的单点设计。[**在真实工程项目中,维护现行有效的架构概述是系统架构师的一项重要职责;在重大设计评审、工程项目里程碑或类似事件之后,通常需要进行更新。伴随已完成的架构模型并总结了调查结果和建议的最终版本是开发工程项目文档的重要元素。**]

2. 架构识别与描述

(1) 概　述

E-X是为教育目的而发明的概念系统,作为应用MBSAP方法论的一个实例。它包含了在复杂系统中通常遇到的许多特性,这些复杂系统依靠处理、显示和交换大量信息来完成业务流程或任务功能。因此,它提供了机会来阐明典型架构内容和制品的建模与分析。此架构概述是E-X架构模型的组成部分,可用作真实系统架构中等效文件的格式样本。[具体的工程项目信息包括:

- 架构的系统或复杂组织体的正式名称(命名),在此实例中为E-X机载传感器平台;
- 架构师的姓名和组织;

- 授权机构；
- 最新(现行有效)架构版本的编号和完成日期。]

(2) 假设与约束

假设与约束记录了架构开发的基本假设以及影响备选方案范围和开发工作的全部约束。[以下的典型实例将根据实际工程项目的情况进行剪裁。]

假设——E-X 架构基于以下假设进行开发：

- E-X 系统将是一个主要的运行资源，同时利用来自单个传感器的数据和来自多个传感器的综合信息，收集、处理和分发有关某一感兴趣领域的实时或接近实时的信息。
- E-X 将在传感器、效应器和控制节点组成的网络化复杂组织体中运行，将符合复杂组织体标准并支持复杂组织体服务。
- 需要 E-X 随着时间的推移而演进，以适应新的功能、技术和任务，从而保持运行的有效性和可支持性。

约束——以下段落描述了对 E-X 架构的典型约束：

- E-X 应基于[具体的开放架构定义、需求和评价标准]所描述的开放架构。[许多公共领域和私有领域的组织都定义并强制实施了开放的架构策略和定义。]
- E-X 任务系统(传感器、通信、机载处理等)应与[指定的飞机平台]物理兼容，包括最大允许尺寸、重量、功率和冷却、天线和孔径、任务乘员人数等。
- E-X 任务系统应符合[适用的安全性、可靠性、可维护性等标准]。
- E-X 任务系统应在[指定的复杂组织体网络]内可互操作，并应使用并支持[指定的复杂组织体服务]。
- E-X 必须实施并遵守[指定的客户架构策略，包括治理]。
- E-X 应在[指定的运行环境]中运行并受到其支持。
- E-X 应执行[系统需求、系统安保性计划和其他文件]中指定的安保性需求。

(3) 架构开发资源

E-X 架构是通过在[架构建模工具或为开发工程项目选择的工具]中实施的基于模型的系统架构流程(MBSAP)进行开发和维护的。估计出的架构开发进度、工作量和其他所需资源在[具体的工程项目计划和预算中定义，或者在此处作为概要估算提供]。

(4) 范　围

E-X 架构以符合统一建模语言(UML)扩展的系统建模语言(SysML)模型为基准，并根据 MBSAP 方法论包括定义了运行、逻辑/功能和物理视角(OV、LV 和 PV)的制品。SysML 模型由聚焦视角进行补充，这些视角描述了各个利益相关方关注的具体架构方面。该模型支持各种格式的架构数据的可视化，以适合技术和程序审查与决策，并满足具体利益相关方的需要。架构以[指定的文件或文档格式]进行文档化记录与分发。E-X 架构模型是基于模型的系统工程(MBSE)方法论的基础，该方法论集成了工具、流程和产品，用于实现高效、有效的开发、集成、测试、部署和支持工程项目，以实现系统需求。

3. 架构模型和制品

架构始于需求基线,该基线根据架构分析的结果进行细化和更新。它通过运行、功能和物理视角进行处理,其中每个视角都被组织为特征视图,根据架构的基本方面将制品分组,例如行为、结构、数据和服务。运行视角将需求转换成架构背景,并且建立架构的整体组织。功能视角将架构充实为系统设计,其中的元素表示系统解决方案的每个部分,但不定义具体的技术、产品或标准。最后,物理视角通过添加单点设计细节来定义系统的实现。然后,系统经历构建、集成和测试阶段,并且在螺旋开发中,使用每个架构周期的结果来细化需求基线并确定要在后续螺旋中实现的功能。由各种系统模型和仿真组成的物理原型系统和虚拟原型系统将流程结合在一起,并在每个阶段支持设计和分析。这个过程是完全可重入和迭代的,在任意一点出现的问题或机会都可以追溯到更早的阶段以便细化架构。[**本部分应包括 MBSAP 概要图,如图 3.4 所示。**]

(1) 主要制品

以下是需要开发并用于定义 E-X 架构的主要制品。此清单可以根据工程项目和客户需要进行调整。对于每个制品,都会指明将要使用的格式;许多制品都从架构模型中直接导出,其他制品则创建及合并为文本、图形和表。这些制品可以映射到标准架构框架的内容,例如开放组织架构框架(TOGAF)、联邦复杂组织体架构框架(FEAF)和 DoDAF。

需求:E-X 需求基线是在[在此处定义用来管理系统需求的流程和制品]中定义和管理的。[**如果使用了单独的需求管理工具,那么在 MBSAP 中,需求特征视图是可选的;但是,在架构中包含需求图表,可以明确捕获和描绘有价值的分配和可追溯性内容。**]

运行视角:OV 包括以下特征视图。

- **背景特征视图**:
  - ◇ 运行背景环境图——具有系统、环境以及与外部实体交互的高层级表示的图形是很有价值的制品,可以帮助架构的用户理解范围和内容。
  - ◇ 架构概述与总结信息——本文件。
  - ◇ 集成词典——术语、定义和缩写词表;附录 C 的附件 2 针对 E-X 给出了一个实例。
  - ◇ 附加信息——包括描述系统及其架构所需或有用的任何内容。[实例可能包括法律或策略文件、运行概念文件、系统运行和支持环境的描述等。本部分可以用描述系统运行环境的图形来说明。]
- **结构特征视图**:
  - ◇ 域组成图——块定义图(BDD),显示将架构顶层划分为域的过程。根据需要,块具有用于值、操作、构件等的隔层。
  - ◇ 域交互图——内部块图(IBD),显示具有端口和流以及相关用户角色的域。
  - ◇ 规范——块、接口、流项、值类型和其他模型元素的规范,遵循 MBSAP 规定的格式。

- **行为特征视图**：
  - ◇ 用例图——表示具有分解和相关用户角色的主要任务和支持行为。
  - ◇ 用户角色图——显示用户角色及其所属广义角色类别的专用用例图。
  - ◇ 活动图——例如用例等基本行为的活动图与显示跨域任务线程流的更复杂图的组合。
  - ◇ 状态机图——显示 E-X 系统可以处于的状态以及这些状态之间的转换，以及与域相关的任何状态性行为。
  - ◇ 规范——用例、用户角色等的规范。
- **数据特征视图**——使用 BDD 的概念数据模型（CDM），强调代表信息内容基本类别的基础类/块；块具有用于值和操作的隔层，并且可能需要其他的规范内容才能完整且明确地定义。
- **服务特征视图**：
  - ◇ 域及其接口，包括端口，可以进行注释，以描述所支持和公开的服务。
  - ◇ 可以开发诸如服务分类等的制品，以便识别内部和外部（包括复杂组织体）服务并将其分配给域。
  - ◇ 也可以创建或注释行为图来表示与服务相关联的具体行为（例如，动作）。
  - ◇ 规范——高层级服务定义，其中可能包括初始服务等级协议。

逻辑/功能视角：LV 包括以下特征视图。

- **结构特征视图**——显示域的分解、系统元素之间和与外部实体的交互、相关的用户角色以及规范的 BDD 和 IBD。端口和项流通常是此特征视图的重要内容。
- **行为特征视图**：
  - ◇ 顺序图——表示块、用户角色、外部实体等的分组如何开展协作以便实现行为，包括时间敏感行为的时序注释。
  - ◇ 状态机图——表示单个块的状态性行为。
  - ◇ 某些情况下，活动图可能会发挥作用，尤其是在涉及外部交互的行为建模中。
- **数据特征视图**——一种逻辑数据模型（LDM），使用 BDD 分解 CDM 以定义继承自 CDM 中基础类的系统数据实体。其内容还可以包括 XML 构建结构或其他形式化的数据描述。
- **服务特征视图**：
  - ◇ 块及其接口，包括端口，可以进行注释，以描述所支持和公开的服务。
  - ◇ 可以分解和扩展诸如服务分类等的制品，以便更详细地定义服务并将其分配给块、流和接口。
  - ◇ 也可以创建或注释行为图来表示与服务相关联的具体行为。
- **背景特征视图**——可以汇编大量的补充信息和文件，而且这些信息和文件可以被架构模型引用或合并。

物理视角：PV 包括以下特征视图。

- **设计特征视图**——向功能视角的元素中添加产品数据等详细信息,以记录单点设计中的架构实现。
- **标准特征视图**——采用表格格式编译的标准文件。如果合适,则可以确定预期的未来标准。
- **数据特征视图**——一种物理数据模型(PDM),显示数据库和其他存储结构的详细设计。
- **服务特征视图**——向服务接口规范添加细节,并且在可能的情况下,向服务分类添加通常符合适当标准的服务实现。
- **背景特征视图**——可以汇编大量的补充信息和文件,包括培训和维护手册等材料,而且这些信息和文件可以被架构模型引用或合并。

聚焦视角:以下聚焦视角应对具体系统利益相关方的关注。[**这些并未在附录C的E-X架构实例中进行阐明。应根据第3章和第6章选择及定义适当的聚焦视角。**]

- **运行时环境视角**——用以表达执行任务应用程序所使用的软件基础设施和产品。
- **硬件安装视角**——表示系统硬件构型的传统图样和其他文档。
- **网络视角**——聚焦于内部网络及外设网络接口的类似的图样和文档。
- **通信视角**——收集有关系统通信设备及其构型和运行的信息。
- **安保性视角**——实现安保策略并达成保护必要敏感信息所采用的机制、流程和程序的文档化。
- **消息传递视角**——用以表达内部和外部的消息传递模式、协议、策略和面向消息的信息交换的其他方面。
- **系统管理视角**——管理和控制系统资源、检测和修复故障、备份信息以及执行其他对系统正常操作必不可少的任务的产品和程序的文档化。

(2) 架构时间线和演进

E-X架构描述了处在某个时间点的系统,对于本实例假设为完成功能设计,这通常会在初步设计评审(PDR)中得到批准。E-X将在运行服务中延长使用寿命,并计划随时间的推移进行修改和升级。考虑到技术风险和可用资源,可能会决定最初部署的系统仅具有一部分最终预期的功能。诸如此类的考虑因素意味着架构有一个时间维度,其中包括以下内容。

- [当前架构适用的具体工程项目阶段和日期,例如,系统计划初始部署的日期。
- 系统及其架构在未来演进的时间线,例如,计划进行重要升级的日期。无论具体的规划日期是否可用,根据"当前"或"初始"系统、"临时"或"过渡"系统、批次升级以及最终的"目标"系统来指定连续的系统配置和相应的架构基线可能是有用的。
- 确定用于计划和执行系统和架构随时间演进的流程。]

(3) 涉及的组织

架构工作的参与者包括[系统开发组织、客户,以及确立架构需求、标准或其他约束

(例如,用于安全认证)的任何策略或监管机构]。

4. 目的和视角

(1) 架构目的和用途

根据将要满足的利益相关方需要来定义架构的目的。这些内容对于确保架构师和架构用户之间存在共识而言至关重要。具体的目的包括:

- 根据决策备选方案对整个系统的技术完整性和目标实现的影响,为技术和程序决策提供支持;
- 需求分析和细化,包括与利益相关方,尤其是系统用户和支持组织的对话;
- 性能、设计和采购规范的制定;
- 性能、设计和其他权衡研究;
- 系统设计和分析;
- 标准的选择与应用;
- 服务和面向服务的架构定义;
- 集成和测试规划;
- 配置管理;
- 对系统认证的支持,例如安全性和安保性;
- 其他的系统工程流程。

(2) 架构分析

已经或计划使用各种各样的分析来进行架构开发和确认。细节在很大程度上取决于系统的具体特征和能力。对于 MBSAP 方法论下的 E-X,包括建模和仿真、虚拟原型系统的基础以及各种专门的分析。[**架构分析往往特定于系统和工程项目,需要进行剪裁和调整以满足实际工程项目的需求。**]

建模、仿真和分析(MS&A):MBSAP 包含了组成虚拟原型系统的四个 MS&A 层级。每一层级都支持架构开发和实现中的具体决策。[**本部分应包括总结 MS&A 环境的图形,如图 3.8 所示。**]

- **运行**——将系统的高层级功能表达放置到一个或多个运行背景环境中,并计算系统层级的有效性度量(MoE)。这用于细化及确认系统层级的性能需求,包括确定满足客户需求的可行性。
- **流程**——针对运行视角所涉及的整个流程创建一个可执行模型,以便分析活动线程、操作员角色和任务负载、关键决策点和系统行为的其他方面。
- **架构**——像逻辑/功能视角的表示一样来模拟系统设计,以支持对模型完整性和正确性以及初始时序和性能分析的确认,外部交互的细化以及其他的设计问题。
- **物理**——使用多种工具对特定问题进行高保真度的分析,例如资源负载、网络吞吐量和延迟、电源和冷却、天线和孔径参数、电磁兼容性等。

MS&A 层级结构中较低的三个层级创建了系统的可执行表达,并可作为数字化产品模型使用。

专业分析:E-X需要特定的分析工具和方法。包括:

- **可靠性、可维护性和可用性(RMA)**——正在进行架构分析,以确保存在满足RMA需求所需的全部特征,并将它们正确分配给设计元素。
- **安全性和安保性**——架构正在分析,作为整个系统安全性和安保性评估的组成部分,并且可能产生支持认证和鉴定的信息。
- **人因工程**——架构正在进行分析,以确保存在满足人因工程标准所需的全部特征,并将它们正确分配给设计元素。
- **互操作性**——架构正在进行分析,以确保存在与其他系统进行交互并参与网络化复杂组织体所需的全部特征,包括适当的标准,并将它们正确分配给设计元素。

(3) 利益相关方特征视图

架构是从主要系统利益相关方的角度开发的,包括开发/采办组织、系统用户以及系统维护和支持团队。具体的利益相关方关注点包括[在此处列出任何具体的利益相关方问题]。

5. 背　景

(1) 任务/业务目标

[开发航空航天系统的主要目的,通常是为了支持完成指定的任务,而开发商业架构通常是为了支持实现业务目标。本部分总结了开发和使用系统的目的。]

E-X的任务是通过有关运行环境及其内容的信息来支持所感兴趣领域的操作。这包括收集有关地形和目标的多传感器数据,处理这些数据以生成可用的信息产品,分发这些产品,并与地面站以及其他系统和组织进行交互以实现操作目标。**[在实际工程项目中,本节通常还会描述:**

- **系统的总体愿景;**
- **适用的运行原则;**
- **任务或业务流程场景,包括影响架构的任何约束、威胁或环境条件;**
- **适用的标准、规则、准则和约定及其来源;**
- **与其他正在使用或开发的系统的联系,包括对所架构的系统将参与的复杂组织体的描述;**
- **治理系统及其开发或采办的策略;**
- **信息安保性以及任务或业务环境的其他方面。]**

(2) 架构状态

编写本E-X架构概述时假设系统处于功能设计的后期阶段,并且准备进入实现阶段。已经建立了架构框架;已经完成了运行和功能视图的建模;根据正在进行的权衡研究和详细设计工作的结果,正在添加和细化设计细节,以生成一个物理视角。正在与负责地面站的组织和工程项目以及其他利益相关方进行协调,特别是E-X生成的信息产品的客户。这种协调的机制包括[定期会面以共享状态、同步活动以及确定和解决问题的具体工作组]。

正在 SysML 模型和制品中使用 MBSAP 方法论创建 E－X 架构，详见“3. 架构模型和制品”。通过各种分析来验证架构，包括：

- 需求的细化，以确保所有的需求都得到考虑，并有适当的验证方法；
- 在各个层级进行建模和仿真的结果，以确保系统具有所需的行为而且预测的性能满足要求；
- 与利益相关方，特别是系统用户和支持人员进行对话，以确保系统按预期运行，并具有在预期环境中支持运行的特征和功能，这可能包括人在回路仿真；
- 评估质量属性以确保维持总体技术特征；
- 来自 I&T 的关于物理原型系统的数据，以细化和验证虚拟原型系统并确认具有令人满意的系统性能；
- 根据适用的政策和标准对架构进行审核，以确保合规性；
- 专业工程分析和测试的结果，包括故障分析、安全性分析和安保性分析，以确保系统满足所有这些领域的适用标准。

(3) 工具和格式

使用的主要架构工具是[确定为工程项目选择的一个或多个工具以及将用于架构制品的格式]。其他制品，包括文本、电子表格、图形和演示文稿，是使用[确定将用于这些制品的工具和格式]开发的。

(4) 组织背景环境

架构工作在首席架构师的指导下进行。首席架构师管理架构团队，并向首席工程师或工程项目经理报告。组织背景环境显示在[显示参与者、关系和职责的组织图中]。**[在实际工程项目中，工程项目组织的具体情况取决于工程项目的特征。]**

6. 规则和准则

(1) 概　述

E－X 的开发完全符合适用的客户策略和指令，包括架构框架、复杂组织体架构、安全性和安保性指令、预期运行环境中的保障性，以及应用于系统和开发工程项目的任何其他要求。正在开发、建模、分析和文档化记录架构，以满足本文件确定的目的，包括决策支持以及系统利益相关方之间的协调。**[架构概述的这一部分在很大程度上取决于开发发起组织的具体策略和规则。]**

(2) 质量属性

持续评估架构的质量属性，以确保解决方案的整体技术完整性，支持技术和程序决策，并提早发现问题以便及时解决。质量属性和相关的流程在[具体文档，可能包括此架构概述的附录]中定义。质量属性有助于确保满足了成功开发 E－X 架构的以下准则：

- 为“主要制品”中列出的目的提供支持；
- 表明与客户策略和指令的符合性；
- 创建数据项、演示文稿和其他可交付物，并支持同利益相关方的对话。

(3) 治　理

采用架构治理机制来控制及实施 E-X 架构的开发和应用,包括:

- 负责解决问题、制定决策并文档化记录架构分析的架构团队;
- 应用于架构模型及其制品,以维护当前已批准基线的配置管理和变更控制;
- 用于应用架构及实施架构原则的工程项目层级机制,包括质量属性,它们应包括在工程项目计划和其他适用的文件中。

7. 结　论

(1) 分析结果

E-X 架构在开发运行和功能视角时,已经按照“3. 架构模型和制品”中的描述进行了分析。该分析的主要结果包括:

- 已经定义了通过开放性质量属性评估的开放架构基础,并为初始系统实现和长期系统演进提供了基础;
- 基于任务管理、情报/监视/侦察(ISR)管理和传感器管理的设计模式,在共享信息管理和通信管理的支持下,根据开放的架构原则提供了系统的有效划分;
- 与传感器和通信相关的实时流程通过适当的接口与人在回路流程有效地交互;
- 通过测试、演示、分析和检查对实现的系统进行验证,所有的功能和非功能需求都在功能层级得到满足;
- 使用流程建模、仿真和分析对任务线程进行的分析表明,高层级时序约束、操作员工作量、资源负载以及其他系统性能方面都与需求兼容;
- 经过对实现的系统进行验证,尺寸、重量和电源冷却(SwaP-C)的初步物理预算与所选飞机平台的能力兼容。

[真实系统的架构概述将包括类似但特定于系统和工程项目的内容。]

(2) 建　议

- E-X 系统架构应遵循本文件中定义的方法论实现,包括详细设计、集成和测试;
- 应跟踪、分析和报告质量属性,以便确保解决方案的整体技术完整性以及满足所有利益相关方的需要;
- 架构模型和制品以及虚拟和物理原型系统,应受到严格的配置和变更控制。

[本文件的调查结果和建议内容将特定于单个工程项目,并且随着系统的实现和运行支持的进行而变得更加详细。]

附件 2：E－X 架构的集成词典

表 C.1　E－X 架构的集成词典

术　语	模型元素	定　义
有源 RF 传感器	CDM	≪abstract≫类，通过发送射频信号并探测目标回波的 RF 传感器进行建模
适配器	组件	软件组件，创建每个任务应用程序所需的应用编程接口（API），以在集成主干上执行并与其他应用程序和系统资源交互
飞机运行	用例	与 E－X 飞机准备飞行、进行飞行操作以及在飞行后恢复有关的活动，包括飞行前和飞行后的检查和维修以及地面和空中操作
飞机系统（复数）	域	包含属于 E－X 飞机的组成部分，并与任务设备和任务机组交互的系统、设备和资源
飞机系统（单数）	CDM	≪abstract≫基础类，用于 E－X 飞机不可或缺且与任务设备不同的资源；使飞机系统域的内容抽象化
警报	CDM	≪abstract≫信息元素，对事件或情况的紧急通知中涉及的数据项进行建模
分析数据	CDM	≪abstract≫信息元素，对分析报告的信息内容进行建模
天线	组件	RF 孔径的机械结构；可以是无源发射器，也可以用于安装发射/接收模块的阵列
应用服务	子域	提供任务应用程序使用的各种功能；使用工作流和编制，通过顺序调用任务应用程序和用户交互，使任务流程自动化；通过发现服务访问远程安装的功能
C2 平台	背景块	外部平台（例如飞机），提供与 E－X 交互的 C2 服务
通信	域	包含用于实现外部通信和联网的无线电以及其他资源和功能
通信设备	CDM	外部通信资源的≪abstract≫基础类；使通信域的内容抽象化
通信设备控制器	组件	≪abstract≫组件，对用来将通信设备连接到系统的资源进行建模
通信管理	域	包含用于控制外部通信和联网并在机载信息流程和外部通信环境之间提供接口的资源和功能
通信消息管理	子域	控制入站和出站消息流的通信消息域功能
通信资源管理	子域	控制通信设备消息路由和调度的通信管理域功能
计算设备	CDM	E－X 的计算、联网和存储资源的基础类；使计算基础设施域的内容抽象化
计算基础设施	域	包含执行任务系统软件并允许用户与系统交互的计算机、网络和存储器；构成了分层架构的最低层级；组件包括任务指挥官工作站、ISR 分析师工作站、EO－IR 工作站、SIGINT 工作站、雷达工作站、局域网、实时传感器接口、服务器和网络存储器
数据归档	用例	与将任务数据从 E－X 飞机传输到信息处理和归档环境以进行归档存储和任务后分析相关联的活动

续表 C.1

术　语	模型元素	定　义
数据项	CDM	≪abstract≫基础类,对系统数据类别的一般特征进行建模
数据服务	子域	提供对内部和外部数据资源的访问;支持信息发现和分发的发布/订阅和代理模式;管理E-X数据库
EO-IR电子单元	组件	控制转塔并处理探测到的信号以创建图像和视频
EO-IR传感器	组件	E-X传感器,使用在可见(称为EO)和红外(IR)波段工作的摄像机提供有关外部环境的信息;由一个可操纵转塔和一个电子单元组成
EO-IR转塔	组件	提供EO-IR传感器的光学组件的方位角和仰角指向;包括一个带有可选变焦光学元件的望远镜,用于每个波段的焦平面以及用于转塔指向的传动机构
EO-IR工作站	组件	为EO-IR传感器操作员提供系统接口,并且使用服务器上的任务应用程序和工作站上的本地应用程序提供所需的功能
E-X	系统	载人机载多传感器平台,与地面站以及多种支持和提供支持的组织协同,采集信息并且创建和分发情报、监视与侦察(ISR)产品
E-X飞行单元	组织	对与提供和管理E-X任务机组相关的人员、资源和关系进行建模的块
E-X组织	组织	对与拥有和操作E-X系统相关的人员、资源和关系进行建模的块
外部通信/网络	外部资源	与E-X飞机进行交互的外部通信系统和网络
飞行机组	用户角色	负责飞机操作的人员;正、副驾驶员
驾驶舱	域	包括飞行机组人员用来进行飞行操作并与ISR机组进行协调的控件、监视器和界面
基础类	CDM	系统内容的最高抽象层级,包括数据和资源;用于建立通过继承而特化的整体模式,以创建系统类和块
基础数据类	CDM	≪abstract≫信息元素,对信息实体进行建模
GPS	外部资源	提供PNT数据进行精确E-X导航的全球定位系统
地面站	组织	装载通信和信息处理资源的地面设备,可参与E-X任务来补充机载分析、报告和任务协调的能力
信息管理	域	包含用于集成和支持E-X信息流程的资源和功能,包括对机载和机外数据的存取、数据存储和检索、对外部通信的访问以及安保性服务;作为面向服务的分层架构(SOA)实现的,该架构中安装了主要任务域的任务应用程序并在其中进行消息传递和文件共享
集成主干	子域	提供E-X信息处理和交换的中央集线器;创建安装和执行任务应用程序的环境,并提供对其他域所需的信息服务的访问;提供内部消息传递并与通信管理域进行交互以实现外部消息传递;使用安保性服务、应用程序支持服务、系统服务、数据服务和信息管理域的其他功能来实现这些功能
ISR分析和报告	子域	处理采集报告中的数据以及支持的技术数据以创建ISR报告;还支持各种ISR操作人员的分析和报告工作

续表 C.1

术　语	模型元素	定　义
ISR 分析工作站	组件	为 ISR 操作员提供系统接口，并且使用服务器上的任务应用程序和工作站上的本地应用程序提供所需的功能
ISR 机组	用户角色	«abstract»用户角色，对执行 ISR 功能的人员的特征进行建模
ISR 管理	域	包含 ISR 操作人员和任何辅助人员用来全面控制任务执行的资源和功能
ISR 操作	用例	使用 E-X 任务设备来收集、分析、存储和传达 ISR 信息；任务机组执行定义了如何使用传感器以及如何处理所采集信息的采集计划；可以在任务期间根据紧急信息请求等情况修改预定的采集计划；可以单独或统一（例如，交叉提示）使用传感器
ISR 操作员	用户角色	任务机组成员，使用 ISR 管理域的资源来将 ISR 计划转变成传感器任务、监控计划的执行、评估传感器产品、创建 ISR 产品、协调任务活动以及执行其他指定的工作
ISR 计划管理	子域	处理 ISR 工作，并提供需要发送到传感器管理域的采集工作和需要发送到 ISR 分析和报告域的分析工作的优先队列；还保持工作状态，以支持工作队列的优化和维护
ISR 资源接口	子域	提供与传感器管理域的功能接口；物理链接是通过 LAN 实现的
ISR 系统接口	子域	提供与任务管理和信息管理域的接口；为 ISR 操作员提供了用户接口
ISR 工作	CDM	发布到 ISR 管理域的工作类别
局域网（LAN）	组件	连接计算基础设施的双交换 GBit 以太局域网
维护	用例	与纠正系统失效或故障以及将 E-X 飞机和任务设备恢复为"运行就绪"（OR）状态相关联的活动
维护数据	CDM	«abstract»信息元素，对与维护措施或状态相关联的信息建模
中介	组件	解决不同数据项版本之间冲突的软件组件
消息	CDM	«abstract»基础类，用于通过消息传递进行信息交换的内容；从消息继承的信息元素包括状态消息、警报消息、计划消息、报告消息和指令消息
消息传递	组件	在任务应用程序和其他系统资源之间交换消息，并通过通信管理域管理与外部环境之间的消息流量的软件组件
任务分析和报告	子域	处理 ISR 报告，以支持任务机组指挥官的态势感知和决策，并编制任务报告以供分发和存档
任务指挥官工作站	组件	提供与系统的任务指挥官接口，并且使用服务器上的任务应用程序和工作站上的本地应用程序提供所需的功能
任务机组	用户角色	使用 E-X 任务系统资源执行 ISR 操作的机上人员
任务机组指挥官	用户角色	负责任务执行的高层级任务机组成员，包括根据操作工作和情况进行重新规划、指导任务机组以及与外部实体进行协调
任务设备	描述符	安装在飞机上以便创建所需任务能力并提供机组接口的硬件和软件资源

续表 C.1

术　语	模型元素	定　义
任务管理	域	包含任务机组指挥官和任何辅助人员用来全面控制任务执行的资源和功能
任务管理接口	子域	提供与信息管理域和驾驶舱的任务管理接口;为任务机组指挥官提供用户接口
任务计划管理	子域	处理任务计划,并提供需要发送到 ISR 管理域的 ISR 工作的优先队列;还保持工作执行的状态并支持根据任务情况进行重新规划
任务资源接口	子域	提供与 ISR 管理域以及任务设备资源、活动和状态的功能接口;物理链接是通过 LAN 实现的
多模雷达	组件	E－X 传感器,使用合成孔径雷达(SAR)和地面移动目标指示(GMTI)模式提供有关外部环境和目标的信息;既可以基于有源电扫描阵列(AESA),也可以基于机械扫描反射器 RF 孔径
NB SATCOM	背景块	E－X 用于窄带 SATCOM 通信的卫星星座和相关地面环境
网络存储(NAS)	组件	为数据库和文件提供高速、大容量、非易失性共享存储
机外机组人员	用户角色	«abstract»用户角色,对地面站人员的特征进行建模
机外 ISR	用户角色	通过使用下行传感器报告进行附加分析和创建 ISR 产品来对 E－X 机载 ISR 操作员进行补充的地面站人员
机外管理者/规划者	用户角色	地面站人员,负责与 E－X 任务机组和外部实体协调规划和指导地面站的操作
计划	CDM	«abstract»基础类,对各种类别的计划内容进行建模;从计划继承的信息元素包括任务计划、采集计划、飞行计划、通信计划、信息管理计划以及支持计划;通过计划修订信息元素更新计划
定位、导航和授时(PNT)	CDM	«abstract»信息元素,对各种类型的定位、导航和授时(PNT)数据进行建模,尤其是来自全球定位系统(GPS)的数据
处理设备	CDM	«abstract»基础类,对计算、存储、联网和信息处理中涉及的其他资源进行抽象
雷达	组件	有源 RF 传感器,使用各种目标跟踪和成像模式生成有关外部环境的信息
雷达信息处理机	组件	雷达内的嵌入式计算资源,提供数据和数字信号处理;组件包括雷达信号处理、雷达数据处理和雷达控制器
雷达探测距离	算法	约束块,根据雷达参数定义到最小可探测目标的距离计算
雷达工作站	组件	为雷达操作员提供系统接口,并且使用服务器上的任务应用程序和工作站上的本地应用程序提供所需的功能
接收机	组件	为来自天线的信号提供探测、过滤等功能的射频电子组件
报告	CDM	«abstract»基础类,用于各种类别的报告中格式化的信息;从报告继承的信息元素包括 ISR 报告、分析报告、采集报告、传感器报告、探测报告、任务报告、维护报告、状态报告、目标报告和成像报告
资源	CDM	«abstract»信息元素,对物理实体进行建模

续表 C.1

术　语	模型元素	定　义
RF 孔径	组件	RF 传感器中发射和接收射频能量的元件
RF 传感器	CDM	≪abstract≫块，对使用射频能量的传感器进行建模
路由	组件	通过确定消息传输的地址和路径来支持消息传递组件的软件组件
传感器分析和报告	子域	处理来自传感器报告的数据以创建采集报告；还支持各种传感器操作员的分析工作和采集数据的质量控制
传感器数据	CDM	≪abstract≫信息元素，对来自 E－X 传感器的数据的共享特征进行建模；从传感器数据继承的信息元素包括雷达数据、SIGINT 数据、EO－IR 数据、SAR 数据、GMTI 数据、跟踪、信号数据、图像、视频剪辑和机外传感器报告
传感器接口	组件	提供与传感器域的功能接口的软件组件；物理链接是通过 LAN 实现的
传感器管理	域	包含传感器操作员用来配置和控制传感器以及处理采集数据的资源和功能
传感器操作员	用户角色	与 E－X 传感器直接交互以控制其操作、监控和评估传感器数据以及创建和分发传感器报告的任务机组成员
传感器计划管理	子域	处理采集工作并向传感器资源管理者提供优先队列；还保持工作和传感器状态，以支持工作队列的优化和维护
传感器资源管理	子域	负责将采集工作与传感器资产配对，并安排采集活动；将传感器工作发送到各个传感器，并利用工作状态反馈计算后续的工作计划；组件包括采集工作队列、传感器特征、约束管理器以及工作/传感器配对和调度
传感器系统接口	子域	提供与 ISR 管理和信息管理的接口；为传感器操作员提供用户接口
多个传感器	域	包含 E－X 传感器以及传感器和传感器管理之间的接口；从物理上来说，该接口是通过计算基础设施 LAN 实现的
单个传感器	CDM	E－X 传感器资源的≪abstract≫基础类；使传感器域的内容抽象化
SIGINT 传感器	组件	E－X 传感器，通过探测和分析多个来源的 RF 信号提供有关外部环境的信息；组件包括一根或多根天线、RF 前端、搜索接收机、分析接收机以及 SIGINT 处理器
SIGINT 工作站	组件	为 SIGINT 操作员提供系统接口，并且使用服务器上的任务应用程序和工作站上的本地应用程序提供所需的功能
支持机组	用户角色	≪abstract≫用户角色，包括支持 E－X 系统及其操作所需的各种人员
保障人员	用户角色	E－X 操作位置执行系统维护和维修、飞行前和飞行后检查及问题纠正、飞机移动和编组、供应功能以及其他实现系统操作就绪、支持出动、恢复等相关各类支持人员
支持系统	域	包含用于规划和支持 E－X 操作的资源和功能
支持单元	组织	对与 E－X 系统的维护、培训和其他支持活动相关的人员、资源和关系建模的块

续表 C.1

术　语	模型元素	定　义
支持数据	CDM	≪abstract≫信息元素,对用于支持任务工作的多种数据类别进行建模,包括情报、地理信息系统(GIS)、设备特征、天气、空域等;从支持数据继承的信息元素包括环境数据、GIS 数据、技术数据和操作数据
合成孔径雷达(SAR)	描述符	在所有天气条件下生成地球表面某个区域的图像的雷达模式
系统管理员(SYSAD)	用户角色	在 E-X 运行地点负责机载和机外信息系统配置和维护的人员,包括用户账户、安保性控制、数据归档和恢复、硬件和软件更新以及其他系统管理工作
系统服务	子域	为 E-X 信息流程和资源创建底层环境;从计算基础设施中抽象出更高层级的服务和任务应用程序;包括诸如操作系统、虚拟化、文件处理、系统时间、诊断管理、配置管理和故障处理之类的组件
目标	背景块	E-X 利用传感器采集信息时所处的外部环境中的实体;包括点目标以及使用 SAR 和 EO-IR 传感器模式采集的图像和视频的位置和目标跟踪
工作/任务	CDM	≪abstract≫基础类,用于发布到系统资源或人员的工作;从工作继承的信息元素包括任务工作、传感器工作、雷达工作、SIGINT 工作、EO-IR 工作、ISR 工作、分析工作、采集工作和报告工作
培训	用例	与为 E-X 人员提供培训相关联的活动;培训是根据用户角色进行的
培训数据	CDM	≪abstract≫基础类,对与培训相关联的信息进行建模,包括培训资料、记录、培训设备数据等
培训人员	用户角色	规划、提供和跟踪 E-X 人员培训的人员,尤其是与系统操作和维护有关的培训,包括课堂培训和在职培训
发射机	组件	生成信号供天线发射的射频电子组件
转塔	组件	万向转塔,装有 EO 和 IR 光谱波段的光学元件(望远镜)、安装在低温冷却器上用于实现最大灵敏度的 EO 和 IR 焦平面、方位角和仰角指向的传动机构、聚焦和放大率控制设备以及其他组件
可视化	CDM	≪abstract≫信息元素,对用于在用户工作站和培训设备显示屏上创建画面的信息进行建模
WB SATCOM	背景块	E-X 用于宽带 SATCOM 通信的卫星星座和相关地面环境
WB SATCOM 控制器	组件	提供与 WB SATCOM 终端接口的通信管理组件
WB SATCOM 终端	组件	通过通信卫星发送和接收信息的通信组件

附录 D　UML 扩展的实时嵌入式系统建模与分析(MARTE)的概述

D.1　简　介

本附录概述基于 UML 扩展集的实时嵌入式系统建模与分析(MARTE)的概念和术语[①]。撰写本书时，对象管理组织已发布了此扩展集的 1.1 版本。MARTE 有意替代 UML 扩展的性能、可调度性和时序(PST)标准方法，多年来，PST 一直用于 UML 模型中实时行为的表达和分析。

本附录的注解说明将遵照 MARTE 规范的结构，旨在提供充分的信息，目的是初步认识 MARTE 方法并包括模型中的基本内容，特别是构造型。我们鼓励读者获取和使用包含更多详细内容和原则的完整规范，并由此定义模型图与案例。扩展的保留项将使用斜体字表示，模型代码以 Courier New 字体标出，对于定义的重要概念但未在模型中直接使用的项以下画线表示。

首先，MARTE 包含 5 个子扩展集的 MARTE 基础包：

- <<profile>> CoreElements，核心元素。
- <<profile>> Nonfunctional Properties，非功能特性(NFP)。
- <<profile>> Time，时间。
- <<profile>> Generic Resource Modeling，通用资源建模(GRM)。
- <<profile>> Allocation，分配(Alloc)。

其次，MARTE 设计模型包包含 4 个另外的子扩展集，依赖并扩展上述的基础包：

- <<profile>> Generic Component Model，通用组件模型(GCM)。
- <<profile>> High - Level Application Modeling，高层应用建模(HLAM)。
- <<profile>> Software Resource Modeling，软件资源建模(SRM)。
- <<profile>> Hardware Resource Modeling，硬件资源建模(HRM)。

最后，包括 3 个子扩展集的 MARTE 分析模型包，同样依赖于基础包：

- <<profile>> Generic Quantitative Analysis Modeling，通用定量分析建模(GQAM)。
- <<profile>> Schedulability Analysis Modeling，可调度性分析建模(SAM)。

① http://www.omg.org/spec/MARTE/1.1。

- <<profile>> Performance Analysis Modeling，性能分析建模(PAM)。

完整的 MARTE 规范包括多个附件，包括：

- <<profile>> Value Specification Language，数值规范语言(VSL)。
- <<profile>> Repetitive Structure Modeling，重用结构建模(RSM)。
- <<modelLibrary>> MARTE_Library，MARTE 库。

从根本上，MARTE 是为架构师提供工具和概念，用以全面和准确地将实时嵌入式系统表达为 UML 模型，然后再分析这些模型，从而确定是否对系统进程的执行做出了调度(可调度性)，或者在规定的运行条件下是否可在定义时间内完成上述进程(性能)。这两种行为测度无疑是密切相关的，但是实时设计倾向于强调两种测度中的某一个，而分析工具以相同的方式在试图评估可调度性或性能。

D.2 基本概念

核心元素包：包含基础包与因果关系包。

- 基础包：包含基本元素，用于表示任何建模实体的双描述符实例的本质特征。
- 因果关系包：包含行为建模所需的基本元素及这些元素的执行时语义。
- 模型由可作为分类器或实例的 *ModelElement* 组成：MARTE 使用 UML 中的分类器 → 实例概念；分类器是实例的类型。
- *ModelElement* 可由继承特化，并且 *MultiplicityElement* 具有上限值与下限值；*MultiplicityElement* 可进一步特化为 *Property*，然后归并到分类器的组合中。
- 因果关系包中的公共行为包定义用于表示行为的模型元素，包括：
  - ◇ *Behavior*——描述系统或实体如何随着时间变化；描述行为分类器的行为方面；可特化为：
    - ➢ *Action*——行为的原子单位；
    - ➢ *CompositeBehavior*——一组动作或其他 *CompositeBehavior*。
  - ◇ *Event*——系统或实体中一类状态变化的规范(可设定为计时的)。
  - ◇ *Trigger*——指定可能引起行为的事件(可设定为计时的)。
  - ◇ *Mode*——系统执行期间的操作片段，其特点在于具有一组活动资源和操作参数。
  - ◇ *ModeTransition*——对模式之间的切换动态进行建模。
  - ◇ *ModeBehavior*——由一个或多个 *Mode* 和 *ModeTransition* 组成的行为，其特点是具有一种操作阶段或条件，一种可重新配置的系统状态或其他可辨识的系统执行状态。
  - ◇ *BehaviorExecution*——规定行为或动作(Action)的执行；可特化为 *Comp-BehaviorExecution* 与 *ActionExecution*。

◇ *EventOccurrence*——指定可引发 *Behavior* 的 *Event* 发生。

◇ *Invocation*——*Event* 包和 *Occurrence* 包，是 *Event* 的实例，与 *Behavior* 的开始和结束相关联，包括 *StartOccurrence*、*StartEvent*、*TerminationOccurrence* 和 *TerminationEvent*。

◇ *Thread*——执行并发的基本单位；等同于 *Task*（任务）或 *Process*（进程）；通常由 *AvtiveObject* 所拥有。

◇ *Passive Object*——与并行执行单元无关，但可以由 *Avtive Object* 拥有和调用。

◇ *Message*——*Instance* 之间的基本通信单元：

➢ *SenderInstance* 执行导致 *Invocation Occurrence* 的行为；这会产生一个或多个 *Request*（例如，在广播中）。

➢ *Request* 指定传输到接收方的通信，并生成了 *ReceiverInstance*。

➢ *ReceiverInstance* 执行一个行为，从而产生 *Receive Occurrence*。

MARTE 扩展域定义了构造型，这些构造型扩展了具体的 UML 模型元素以及来自 MARTE 的映射概念；可以应用于分类器和实例；这包括：

- *Configuration*。
- *Mode*。
- *ModeTransition*。
- *ModeBehavior*。

例如，在状态机图/状态图中，状态可以构造型化为<<mode>>，状态之间的转移可以构造型化为<<modeTransition>>，作为对模态行为建模的一种方式。

D.3 非功能特性(NFP)建模

NFP 建模框架提供了一种描述与物理量相关的各种类型值的能力，例如时间、质量、能量、参与者数量等。“Value”像在 SysML 中一样，用到值特性和值类型。功能特性针对于运行时的目的；NFP 解决目的适用性的问题，即元素达成目的的程度。NFP 的示例包括执行时一个 *Step* 的总体延迟（包括排队延迟）、资源利用率（*Utilization*）、订阅服务的客户端数量以及服务的响应时间（*response time*）和吞吐量（*throughput*）。

1. NFP 框架元素

- *AbstractNFP* 可以是：

◇ *Qualitative*——不能直接测量的固有的或独有的特征；

◇ *Quantitative*——通过一组样本实现和测度来表征。

- *Annotated Model*——用带注释的元素扩展的模型，例如：

◇ *Step*——一个执行单元；

◇ *Scenario*——一系列步骤；

  ◇ *Resource*——提供一项或多项服务的实体；
  ◇ *Service*——某种资源或某种组件提供有价值的事物。
- *Modeling Concern*——模型需应对的视角或特殊关注，例如，通过 NFP。
- *NFP Value Annotation*——附加到模型元素，用以描述该元素。
- *ValueSpecification*——定义与 NFP 关联的值表达式；可以包含在 *NFP_Constraint* 中。
- *NFPConstraint*——NFP 的布尔条件；实时/嵌入式(RTE)系统必须满足的限制性声明，例如最大执行延迟；可以针对一个给定的服务支持多个层级，例如，随系统模式而变化。
- *Value Property*——与系统设计有关的任何类型的物理量；可以进一步特化为 NFP。
- *ValueType*——值特性的 *TupleType*；可以具有一个测量单位(通过 *unitAttribute*)和值的附加限定符(*qualifierAttribute*)；可以进一步特化为 *NFP_Type*，例如 *statisticalQualifier*、方向、值来源和测量精度。

NFP 域中的构造型包括：
- *Unit*——扩展 UML Enumeration_Literal(枚举文字值)。
- *Nfp*——扩展 UML 特性。
- *NfpConstraint*——扩展 UML 约束。
- *Dimension*——扩展 UML 枚举。
- *NfpType*——特化 VSL *TupleType*。
- *TupleType*——将不同类型组合成一个组合类型。元组类型的各部分由其属性描述，每个属性都有一个名称和一个类型。
- *ConstraintKind* 是一种枚举类型，并定义了用法，通过请求的、提供的或合约的特征指定约束声明的特征。
  ◇ 值-计量单位的标识符，在值规范中将 *NfpType* 作为数据类型，由一对值和计量单位组成：

```
<nfp - value> :: = <value - specification> [' ' <unit - enumeration> ]
```

以下为典型实例：

5 ms	指定一个持续时间值
50 kHz	指定一个频率值

其目的在于图形模型的可读性，并且遵循工程模型中的一般用法。

2. NFP 类型和注释

MARTE 使用数值规范语言(VSL)，对早期模型支持的一些概念的扩展和形式化(通过元模型及其相关的具体语法)，以注释常量、变量、元组和表达式值。它定义了四种组合数据类型(允许属性的数据类型)：IntervalType、CollectionType、ChoiceType 和

TupleType。

MARTE 包括一个支持 RTE 系统常用 NFP 注释的预定义数据类型的库，并允许用户定义其他的数据类型。实例包括 NFP_Boolean、NFP_Real、NFP_DateTime、NFP_Duration、NFP_Frequency 和 NFP_Power。它们可具有概率分布。

NFP 类型具有限定符属性，包括 source，SourceKind [0..1]；precision，Real [0..1]；statQ，StatisticalQualifierKind [0..1]；dir，DirectionKind [0..1]。

三种 NFP 注释机制：

- *Tagged Value*——与特定的 UML 构造型的属性相关联。
- *Constraint*—— 自然语言或机器可读的表达式，用于定义一个或多个模型元素的某些语义。
- *Instance Specification Slot*——NFP 在分类器层级声明，并且在相关位置指定 NFP 值。

以下是使用 VSL 的实例：

```
<<nfpContraint>>{kind = contract }
{ procUtiliz > (90, percent)? clockFreq == (60, MHz ) : clockFreq == (20, MHz)}
                      ↑                        ↑                          ↑
                     条件                 为真时的表达式              为假时的表达式
```

此表达式包含在一个注释中，并且链接到应用它的模型元素。

D.4 时间建模

时间建模框架解决行为与时间的关联；对象、行为执行和事件发生可以显式地引用作为 time structure 访问器的 *Clock*。以下是主要的时间框架元素。

- 提供三种类型的时间抽象：
  - ◇ *Causal/temporal*——仅与指令的顺序/依赖有关。
  - ◇ *Clocked/synchronous*——增加了一个同步性的概念，并将时标划分为一系列离散的时刻。
  - ◇ *Physical/real-time*——涉及实时持续时间值的精确建模，用于关键系统中的调度问题。
- *Time Structure*——一个或多个 *Time Base*、*Instant* 以及 *Time Structure Relation*：
  - ◇ *Time Base*——一组有序的 *Instant* 容器。
  - ◇ 时间结构由 *Nature* 属性指定，该属性从 *TimeNatureKind* 枚举中获取值。
  - ◇ *Time Base* 是先验独立的，但可以通过涉及特殊 *junction instant* 的 *Time Instant Relation* 链接。

◇ *TimeStructureRelation* 抽象类细分为 *TimeBaseRelation* 和 *TimeInstantRelation* 抽象类，并且进一步细分为具体类：

➢ *CoincidenceRelation*——链接处于相同地点和时间的 *junction instance*；

➢ *PrecedenceRelation*——一个 *junction instant* 在另一个 *junction instant* 之前或之后的情况，两个 *junction instant* 之间的弱关系；

➢ *TimeIntervalMembership*——表征在给定时间区间内或与该时间区间内重合的 *junction instant*（成员）。

◇ *TimeBaseRelation* 指定一组 *TimeInstantRelation*。

◇ 在密集时间内，对于任意给定的一对 *instant*，两者之间始终至少存在一个 *instant*；一个密集 *Time Base* 也可以拥有 *junction instant*。

◇ 一个离散 *Time Base* 只具有 *junction instant*，这些连接时刻使密集时间离散化，并且可被观察。

- *Time Access*——包括抽象的 *Clock* 类，该类又细分为具体的逻辑和计时时钟：

◇ *Clock* 有一个引用了一组 *junction instant* 的 *timeBase*；也可以通过 *CoveringTB* 特性引用密集时基。

◇ *Clock* 接受单位(*acceptedUnits* 特性)，其中一个是附加到 *currentTime* 值的 *defaultUnit*。*Resolution* 特性指定时钟读数的颗粒度，用某个 *defaultUnit* 单位表示；默认值为 1。

◇ *maximalValue* 属性是 *Clock* 流逝的 *currentTime*。

◇ *Clock* 可能拥有一个称为 *clockTick* 的事件。

◇ *LogicalClock* 具有一个 *definingEvent* 特性，并在每次发生时做出时间标记。

◇ *TimeValue* 通过 *onClock* 特性引用一个 *Clock*；可能具有 *TimeValueSpecification*；始终采用整数离散值。

◇ *InstantValue* 是一个 *TimeValue*，引用 0、1 或多个 *junction instant*。

◇ *TimeIntervalValue* 是一对最小和最大 *InstantValue*，参考 0、1 或其他的数值（由于时钟可再分）表达的时间区间，并具有布尔属性 *isMinOpen* 和 *isMaxOpen*。

◇ *DurationValue* 是两个时刻之间的时间间隔，即 *TimeIntervalValue* 的最小值和最大值之间的模数差 *maximalValue*。

◇ *DurationIntervalValue* 由一对持续时间值定义，指定了一个值区间；在规范/模型中，*DurationIntervalValue* 表示区间中的任何持续时间值。

◇ *ChronometricClocks* 与物理时间（密集）绑定；由 *NFP* 建模的非理想行为，例如：

➢ *Stability*——时钟报告一致时间间隔的能力；

➢ *Skew*——两个时钟之间的偏移量，通常将其中一个时钟作为参考；

➢ *Drift*——偏移的一阶导数。

◇ *Current Time*——时钟提供的当前时间值。

- *Time Usage*——与时间绑定实体(*TimeRelatedEntities*)的建模。
  - ◇ *TimedElement*——所有其他计时概念的抽象类泛化;将一组非空时钟与一个模型元素相关联。
  - ◇ *ClockConstraint*——应用于两个或多个时钟的约束,例如它们在时间上协调的需求,用 *ClockConstraintSpecification* 表示。
  - ◇ *TimedObservation*——*TimedElement* 的子类,以及 *TimedInstantObservation* 和 *TimedDurationObservation* 的超类;在运行时通过一个或多个 *Clock* 的 *observationContext* 特性创建,可能是为了响应某一请求。
  - ◇ *TimedEventOccurrence*——*TimedElement* 和 *EventOccurrence* 的子类;在某一的时钟上,*at* 特性指定此定时事件发生的时刻值。
  - ◇ *SimultaneousOccurrenceSet*——对一组共同触发某些行为的事件发生进行建模。
  - ◇ *TimedEvent*——发生(可以是多个)与时钟绑定的事件;布尔属性 isRelative 指定时间值是相对的(when 特性是一个持续时间值)还是绝对的(when 特性是一个时间点值);时间值由时钟值规范语言(CVSL)表达式指定。
  - ◇ *TimedConstraint*——对事件的发生施加的约束(*TimedInstantConstraint*),或者对某些执行的持续时间施加的约束,甚至对两个事件之间的时间间距施加的约束(*TimedDurationConstraint*);由谓词指定(*InstantPredicate* 用于时刻,*DurationPredicate* 用于持续时间)。
  - ◇ *TimedExecution*——行为具有与 *StartOccurrence* 和 *Termination Occurrence* 相关联的 *startInstan* 和 *finishInstant* 的 *TimeValue*;也可以具有 *DurationValue*。
  - ◇ *TimedProcessing*——通用的概念,用于对已知开始和结束时间或已知持续时间的活动进行建模。

时域中的构造型包括:

- *Clock*。
- *ClockType*。
- *TimedDomain*。
- *TimedElement*。
- *TimedValueSpecification*。
- *TimedConstraint*。
- *ClockConstraint*。
- *TimedInstantObservation*。
- *TimedDurationObservation*。
- *EventKind*。
- *TimedEvent*。
- *TimedProcessing*。

D.5 通用资源建模(GRM)

GRM 域提供了硬件和软件(如实时操作系统[RTOS])建模的构造,用以创建 RTE 系统。

1. GRM 元素

- 资源类型:
  - ◇ *Resource* 表示一个物理或逻辑上持久的实体(结构的),提供一个或多个 *ResourceService*(行为的),从而提供执行预期职责和/或满足系统需求的方法;以布尔属性为特征:
    - ➢ `IsProtected`——要求对资源及其服务访问进行裁定。
    - ➢ `IsActive`——具有独立的行动步骤。
  - ◇ *Resource* 实例化为 *ResourceInstance*,可以具有或需要 *NFP*,并且可以具有对内部结构建模的 *ownedElement*,例如逻辑或时序 *Clock*; *ResourceService* 实例化为 *ResourceServiceExecution*,也可以具有或需要 NFP。
  - ◇ *ResourceReference*——当需要对资源的动态创建进行建模时使用。
  - ◇ *ResourceAmount*——资源提供的“数值”的一般量化;可能会映射到资源,例如内存单元、利用率、功率等任何重要的量化值。
  - ◇ 仅由其服务描述的 *Resource* 是“黑盒”;声明了内部(低层级)资源的*Resource* 是“白盒”;建模选项包括:
    - ➢ 抽象硬件的黑盒资源(例如 RTOS),视为内部元素;服务可以构成 API 或具有更简单的表达。
    - ➢ 软件层和硬件层之间的协作。
    - ➢ 基本硬件元素之间的协作;执行平台的软件特性可以用原始硬件性能的开销来表示。
    - ➢ 这些先前方法的任意组合,取决于用户应用的开发和分析方法的类型。
  - ◇ *StorageResource*——表示内存,容量以元素数量表示;必须以比特为单位给出单个元素的大小;参考 *Clock* 确定访问元素的时间。
  - ◇ *TimingResource*——硬件或软件实体的表示。并表明其执行能够满足时间步骤并予以证实;定义为一种计时时钟,可以划分为 *ClockResource* 或 *Timer-Resource* 子类。
  - ◇ *SynchResource*——表示受保护的资源,用作仲裁并行执行流的机制,尤其是对共享资源的互斥访问。
  - ◇ *ComputingResource*——表示能够存储和执行程序代码的虚拟或物理设备;活动的且受保护的。
  - ◇ *ConcurrencyResource*——能够与其他资源并发执行其相关执行流的资源,所有这些资源的处理能力均来自潜在不同的受保护活动资源(最终为 *ComputingResource*);活动的且受保护的。

◇ *DeviceResource*——其使用或管理可能需要平台中特定服务的外部设备;不是核心模型的组成部分;可能是活动的。

◇ *CommunicationResources*:

➢ *CommunicationMedia*——总线或协议栈之类的资源。

➢ *CommunicationEndPoint*——其服务包括发送/接收数据,提供通告等的资源。

◇ *ProcessingResource*——*CommunicationMedia*、*ComputingResource* 和活动的 *DeviceResource* 的泛化概念。

◇ 其他 *ResourceService* 包括 *Acquire*、*Release*、*GetAmount Available* 和 *Activate*。

● 资源管理:

◇ *ResourceBroker*——负责根据具体的 *AccessControlPolicy*,对客户端进行一组资源实例(或其服务)的分配和撤销分配的资源。

◇ *ResourceManager*——负责根据 *ResourceControlPolicy* 创建、维护和删除资源。

● 调度——通过选择执行线程的顺序来安排运行时行为:

◇ *Scheduler*——一个 *ResourceBroker*,根据属于 *SchedulingPolicyKind* 的一个枚举列表的某个 *SchedulingPolicy*,提供对中间代理的 *ProcessingResource* 或 *Resource* 的访问。

◇ *SecondaryScheduler*——层级结构中的下一层级调度器;从主 *Scheduler* 接收资源。

◇ *SchedulableResource*——具有逻辑并发性的 *ConcurrencyResource*,从另一个活动的受保护资源(通常为 *ProcessingResource*)获取处理能力,并根据关联的具体 *SchedulingParameter* 与链接到同一调度器的其他资源进行竞争。

◇ *MutualExclusionResource*——对于共享 *Resource*,定义公共资源的标识、保护机制以及与 *ProtectionParameter* 关联的 *MutualExclusionProtocol*。

● 资源使用:

◇ *ResourceUsage*——对 *Resource* 提供的部分“数量”的使用进行建模;可能是 *StaticUsage* 或 *DynamicUsage*。

◇ *UsageDemand*——对需要使用 *Resource* 的机制进行建模,例如在响应 *Event* 时。

◇ *UsageTypedAmount*——定义一组具体的使用,例如内存消耗、网络吞吐量、CPU 时间等。

GRM 域中的构造型包括:

● *Resource*。

- *CommunicationEndPoint*。
- *StorageResource*。
- *SynchronizationResource*。
- *ConcurrencyResource*。
- *Scheduler*。
- *SecondaryScheduler*。
- *SchedulableResource*。
- *MutualExclusionResource*。
- *ProcessingResource*。
- *CommunicationMedia*。
- *ComputingResource*。
- *DeviceResource*。
- *TimingResource*。
- *TimerResource*。
- *ClockResource*。
- *GrService*——映射 *ResourceService* 域元素；帮助定义通用资源模型的基本概念。
- *Acquire*。
- *Release*。
- *ResourceUsage*。

GRM 扩展中定义了以下 Basic Type：

- <<enumeration>> SchedPolicyKind。
- <<enumeration>> ProtectProtocolKind。
- <<enumeration>> PeriodicServerKind。
- <<dataType>> <<choiceType>> SchedParameters。
- <<dataType>> <<choiceType>> ScheduleSpecification。
- <<dataType>> <<tupleType>> EDFParameters。
- <<dataType>> <<tupleType>> FixedPriorityParameters。
- <<dataType>> <<tupleType>> PeriodicServerParameters。
- <<dataType>> <<tupleType>> PoolingParameters。
- <<dataType>> <<tupleType>> TableDrivenSchedule。
- <<dataType>> <<tupleType>> TableEntryType。

2. 调度策略和调度参数的兼容性

调度器(主机)使用的策略必须与可调度资源的调度参数(schedParam)兼容，如表 D.1 所列。

表 D.1 调度策略对应的调度参数

调度策略	所用调度参数的 choiceAttribute
EarliestDeadlineFirst(最先截止时限优先)	edf
FixedPriority(固定的优先排序)	Fp、polling 或 server
LeastLaxityFirst(最低松弛度优先)	edf(结合)/加上 server
TimeTableDriven(时间表驱动)	tableEntry

D.6 分配建模(Alloc)

MARTE 扩展规范指出,将功能应用程序元素分配到可用资源(执行平台),是实时嵌入式系统设计的主要关注点。Alloc 域提供了结构,用于对将应用程序元素分配给可用的资源进行建模,包括空间分布和时间调度("水平"关联)。一个补充方面是模型中的抽象/细化(从更抽象到更具体的"垂直"关联),为分配匹配提供必要的细节。经常需要描述与应用程序和平台相关的时钟之间的关系,以及从抽象到更精细的建模层级,例如使用<<ClockConstraint>>。以下是主要的 Alloc 域元素。

- MARTE *Allocation*——MARTE 应用程序与 MARTE 执行平台之间的关联;分配可以是:
  - ◇ *Structural*——一组结构元素和一组资源之间的关联。
  - ◇ *Behavioral*——一组行为元素与执行平台提供的服务之间的关联;最终,将动作分配给资源和服务。
  - ◇ *Hybrid*——当能够从背景中清晰获得分配的特征时,例如,当为资源唯一定义了隐式服务时,允许混合性的分配。
- *Allocation* 具有一个或多个称为 *ApplicationAllocationEnd* 的源以及一个或多个称为 *ApplicationPlatformAllocationEnd* 的目标;它还具有一个关联的 *implyConstraint*,描述执行分配时所应用的约束,其类型为 *NFP_Constraint*。
- 在抽象/细化的不同层级,可以将 *Action* 分组为 *Service*,并将 *Service* 分组为 *Compound Service*,以支持与应用程序的原子关联。
- 空间分布——将计算分配给处理元素,将数据分配给内存,将数据/控制依赖性分配给通信资源;结构分配执行封装行为的相应行为分配,以便包含的元素"继承"复合结构的分配。
- 调度——分配给每个资源的活动(计算、数据存储移动或通信)的时间/行为排序;表示为应用程序和平台元素各自的时基之间的关系;进度分析可能会导致结构分配的"逆向细化"。
- 空间和时间分配必须相互一致并且全局一致;基于 MARTE 分配描述的分析技

术满足了这一需求；例如，应用程序和平台的 *TimeBase* 中的 *StartEvent* 必须具有重合关系。

- 关键点：
  - ◇ 分配机制创建从逻辑部分（应用程序模型元素）到物理部分（执行平台）的映射。
  - ◇ 利用电能、时间和其他 NFP 预算的各种成本，可能进行多次分配。
  - ◇ 用于制品的空间分布到资源、算法调度部件到可用资源的分配。
- 分配也可以显示为一个依赖项（虚线箭头），带有一个 `<<Assign>>` 构造型，从分配的逻辑元素指向作为分配目标的物理/执行平台元素。

分配域中的构造型包括：

- *Allocated*——标识出可分配的内容以及可成为目标的内容。
- *Allocate*——标识出将什么内容分配给什么内容，以及原因和约束；包括 *AllocationNature*（空间或时间分布）和 *AllocationKind*（结构的、行为的或混合的）特性。
- *Assign*——利用"to/from"属性扩展 UML 注释元类进行指定。
- *AllocateActivityGroup*——扩展 UML 活动分区的元类。
- *Refine*——与 UML 关键字相同。

D.7 通用组件模型(GCM)

GCM 域基于 UML 结构类和 SysML 块的结构，提供一个不依赖于特定执行语义的通用模型并且可以向其添加 RTE 特征。以下是 GCM 域的主要元素。

- *StructuredComponent*——*BehavioredClassifier* 的子类，定义了一个独立的系统实体，可以封装结构化数据和行为；特性可是 *AssemblyPart*、*Attribute* 或 *AssociationConnector End*。
- *AssemblyPart*——*StructuredComponent* 的特性，可以用作内部组件结构描述的组成部分。
- *InteractionPort*——*StructuredComponent* 的专用特性，它定义了一个显式的交互点，通过该交互点，组件可以通过组装连接器连接（链接），并可以通过消息传递进行通信；相关端口在特性、流规范、方向等方面必须兼容；具有布尔值 *isAtomic* 特性：
  - ◇ *FlowPort*——参见 SysML；具有 *FlowSpecification*，而 *FlowSpecification* 由包含 *FlowDirectionKind*（流入、流出、流入和流出）的 *Flow Properties* 组成。
  - ◇ *Client/ServerPort*——支持请求/答复通信，其中在端口之间流动的消息表示操作调用或信号；具有由 *ClientServerFeature* 组成的 *ClientServerSpeci-*

fication，其中 *ClientServerFeature* 可能是 *Action* 或 *Reception*，并且具有 *ClientServerKind*（供应的、请求的、供应和请求的）：
   - ➢ *Action*—— 所属的结构组件可通过端口供应和/或请求的一种服务；
   - ➢ *Reception*——可通过端口发布或使用的一种信号。
 - ◇ 数据通信语义：
   - ➢ 提取——基于触发从存储中检索数据的事件；
   - ➢ 推送——数据触发行为的到达，数据并不在端口位置保存。
 - ◇ *InteractionPort* 上的 *InvocationAction* 可以划分为 *SendSignalAction*、*Call-OperationAction* 或 *SendDataAction* 子类；后者映射到 *FlowProperty*。
- *Connector*——*StructuredComponent* 的特性，可以实现构件的互连或端口连接到构件；具有可以委托或组装的 *ConnectorKind* 特性；拥有两个或更多可映射到端口或构件的 *ConnectorEnd*：
 - ◇ 端口在组件内部与外部环境之间传播请求/消息；通常，端口被委托给一个或多个处理传入及生成传出请求或其他消息的构件。
 - ◇ 如果没有端口，请求也可以直接发送到构件，然后由构件负责处理。

GCM 域中的构造型包括：

- *FlowPort*——映射到 UML 端口元类。
- *ClientServerPort*——映射到 UML 端口元类。
- *FlowProperty*——映射到 UML 特性元类。
- *FlowSpecification*——映射到 UML 接口元类。
- *ClientServerSpecification*——映射到 UML 接口元类。
- *ClientServerFeature*——映射到 UML BehavioralFeature 元类。
- *GCM Trigger*——映射到 UML 触发器元类。
- *GCMInvocationBehavior*——映射到 UML 行为元类。
- *GCMInvocationAction*——映射到 UML InvocationAction 元类。
- *DataEvent*——映射到 UML AnyReceiveEvent 元类。
- *DataPool*——映射到 UML 特性元类；具有 *DataPoolOrderingType* 特性（LIFO、FIFO、用户定义）。

端口使用的图标与 SysML 中的基本相同。

D.8 高层应用建模(HLAM)

HLAM 域提供高层级建模概念以应对实时和嵌入式的特性，并且包括定量特性，例如截止时限和期限以及与行为、通信和并发性相关的定性特性。以下是 HLAM 域的主要元素。

- 并发性：

◇ *RtUnit*——类似于活动对象：

➢ 拥有可以在运行时动态创建的一个或多个可调度资源；否则，使用可调度资源池，并可能等待其中一个资源释放(*poolWaitingTime* 属性)。

➢ 使用并发性和行为控制器来管理附加到传入消息的并发性和 RT 约束，根据消息的当前状态和并发执行约束来管理消息约束。

➢ 可以同时满足多个实时单元的多个请求，从而实现单元内的并行性。

➢ 可能具有一种或多种行为；拥有一种称为操作模式的具体行为，该行为通常采取基于状态的行为这一形式，其中状态代表 *RtUnit* 的配置，以及转移表示单元的重新配置。

➢ 拥有一个消息队列，用于在开始执行后保存接收到的消息；消息可以触发行为，调用服务等。一个应用程序至少拥有一个 *RtUnit*，其中包含一个 *Main*，负责执行至完成，处理事件接收并调用适当的服务。

◇ *ProtectedPassiveUnit*(*PpUnit*)——用于共享信息的建模：

➢ 通过 *concPolicy* 属性全局指定并发策略，或通过单个 *RtService* 的 *concPolicy* 属性指定并发策略。

➢ *concPolicy* 类型为 *CallConcurrencyKind*，可以是顺序的、守护的或并发的。

➢ 具有一个 *executionKind*，可以是 *immediateRemote* 或 *deferred*。

◇ *InMsgQueue*——为其可调度资源充当中间代理的角色；由一个或多个计算资源策略(*CompResPolicy*)组成，每个策略都具有一个 *SchedulingPolicyKind* 属性(LIFO、FIFO、FixedPriority、EDF、ELF、RoundRobin、Synchronous 等)。

● 实时服务(*RtService*)：

◇ 由 *RtUnit* 和 *PpUnit* 提供。

◇ 可以指定一个 *RealTimeFeature*，并具有其他参数来定义服务的执行。

◇ 由布尔值 *isAtomic* 属性所定义，执行是原子的。

◇ 具有由 *concPolicy*:*ConcurrencyKind* 属性定义的并发策略(读取器、写入器、并行)。

● 实时动作(*RtAction*)：

◇ *InvocationAction* 子类化；RT 进程之间进行通信的基本机制；特化一个 UML 调用动作，具有适用于 RT 的特性。

◇ 可以指定：

➢ 实时特性，例如截止时限或期限(*ArrivalPattern* 数据类型)；

➢ 执行时生成的消息的大小或同步的类型(synchKind 属性、同步、异步、延迟同步、交会及其他)。

◇ 可以定义为原子的(*isAtomic* 属性)。

HLAM 域中的构造型包括：

- *RtUnit*。
- *PpUnit*。
- *RtFeature*——用于根据 *RtSpecification* 参数集对具有实时特征的模型元素进行注释。
- *RtSpecification*——在约束中用于指定模型元素的 RT 参数(occKind、value、priority、miss、concPolicy、exeKind、syncKind 等)。

D.9 详细资源建模(DRM)

DRM 域提供了表示平台的软件和硬件元素的概念;MARTE 定义了多个特殊图标来表示各种模型元素。

D.10 软件资源建模(SRM)

SRM 域侧重于使用 RTOS 对软件多任务平台的应用编程接口进行建模;调度和执行并发的 *RtUnit*(例如在 ARINC 653-1 环境中);还对多任务库以及更通用的多任务框架 API 进行建模(例如 RTE 中间件和 RTE 虚拟机)。以下是 SRM 域的主要元素。

- *SW_ResourceCore*——提供基本的软件资源概念:
  - ◇ 对 API 的类型和操作定义进行建模。
  - ◇ 类型建模为子类化 *ResourceManager* 并继承一组 *ResourceService* 的 *SwResource*。
  - ◇ *SwAccessService*——访问资源。
- *SW_Concurrency*——对并行执行背景进行分类:
  - ◇ *SwConcurrentResource*——对竞争计算资源的实体建模;提供执行背景(堆栈、中断启用/禁用和寄存器);包括中断和可调度资源;具有一个可重入的进入点。
  - ◇ *SwConcurrentResource* 可能会与以下资源交互:
    - ➢ *SharedDataComResource*;
    - ➢ *MessageComResource*;
    - ➢ *SwMutualExclusionResource*;
    - ➢ *NotificationResource*。
  - ◇ *InterruptResource*——子类化 *SwConcurrentResource*;对硬件中断和异常(软件中断)进行建模,例如故障、陷阱和中止。
  - ◇ *SwSchedulableResource*——子类化 *SwConcurrentResource*;链接到确定执

行顺序和时间的软件调度器;实例包括线程或任务。

◇ *MemoryPartition*——对虚拟地址空间建模,使 *SwConcurrentResource* 只能修改自己的内存空间。

- *SW_Interaction*——对通信和同步资源进行排序:
  ◇ *SwSynchronizationResources*——控制执行流。
  ➢ *SwMutualExclusionResource*——通常用于共享数据交互访问的同步资源的建模;
  ➢ *NotificationResource*——通过将条件的发生(通常是信号和事件)通知给等待的并发资源来支持控制流;
  ➢ *MessageComResource*——用于传达消息的制品,例如队列或管道;
  ➢ *SharedDataComResource*——定义具体的资源,用来在并发资源之间共享相同的内存区域。
  ◇ *SwCommunicationResources*——管理数据流。
- *SW_Brokering*——指硬件和软件资源管理;对执行代理动作(例如资源分配和硬件设备访问)的资源进行建模。
  ◇ *DeviceBroker*——也称为驱动器,将外围设备连接到软件执行支持。
  ◇ *MemoryBroker*——对将物理内存分配、保护和映射到内存分区的虚拟地址范围进行建模。

SRM 域中的构造型包括:

- *SwResource*。
- *SwConcurrentResource*。
- *Memory Partition*。
- *SwAccessService*。
- *EntryPoint*。
- *SwSchedulableResource*。
- *Alarm*。
- *SwInteractionResource*。
- *SwCommunicationResource*。
- *SharedDataComResource*。
- *MessageComResource*。
- *SwSynchronizationResource*。
- *NotificationResource*。
- *SwMutualExclusionResource*。
- *DeviceBroker*。
- *MemoryBroker*。

D.11 硬件资源建模(HRM)

HRM 域侧重于通过不同的视图和详细程度对硬件平台进行建模;允许指定性能和其他设计参数来支持 RTE 分析,例如可调度性;扩展 UML 部署包;主要涉及实时执行平台。以下是 HRM 域的主要元素。

- *HW_Resource*——通用的硬件实体;可以封装已拥有的 HW 资源(分解)。
- *HW_ResourceService*——由 *HW_Resource* 提供;服务的协作是执行平台的特征。
- *Hardware Logical Model*——主要依据硬件实体的服务来提供其功能分类(例如计算、存储、通信、时序或装置资源):
  - ◇ *HW_ComputingResource*——通用的功能资源;属性定义了设计和性能细节;可以划分为 Processor、ASIC、PLD 等子类。
  - ◇ *HW_Memory*——通用的存储资源;属性定义了设计和性能细节(例如存储量);可以划分为 *HW_ProcessingMemory* 或 *HW_StorageMemory* 子类,然后每个子类都可以由具体的存储类型进一步子类化。
  - ◇ *HW_StorageManager*——通用的内存管理资源;可以划分为 *HW_MMU*(内存管理单元)或 *HW_DMA*(直接内存访问)子类。
  - ◇ *HW_CommunicationResource*——通用的通信资源;可以划分为 *HW_Arbiter*、*HW_Media*(例如总线或网桥)或 *HW_EndPoint* 子类。
  - ◇ *HW_TimingResource*——通用的时序资源;可以划分为 *HW_Clock* 或 *HW_Timer* 子类。
  - ◇ *HW_Device*——提供执行平台所需功能的辅助资源;可以划分为 *HW_I/O* 或 *HW_Support* 子类。
- *Hardware Physical Model*——将硬件资源表示为物理组件,并详细说明其形状、大小、平台内位置、功耗、热耗散和许多其他物理特性。
  - ◇ *HW_Component*——通用的物理组件;可以分解为低层级的自有组件;属性定义了物理细节;可以划分为 *HW_Chip*、*HW_Unit*、*HW_Channel*、*HW_Card* 或 *HW_Port* 子类。
  - ◇ *HW_PowerDescriptor*——描述 *HW_Component* 的瞬时功耗/耗散。
  - ◇ *HW_PowerSupply*——对提供给 *HW_Component* 的功率建模。
  - ◇ *HW_CoolingSupply*——对提供给 *HW_Component* 的冷却建模。

HRM 域中的构造型包括:

- *HwResource*。
- *HwResourceService*。
- *HwComputingResource*。

- *HwProcessor*。
- *HwASIC*。
- *HwPLD*。
- *HwBranchPredictor*。
- *HwISA*(指令集架构)。
- *HwMemory*。
- *HwCache*。
- *HwRAM*。
- *HwROM*。
- *HwDrive*。
- *HwStorageManager*。
- *HwMMU*。
- *HwDNA*。
- *HwCommunicationResource*。
- *HwArbiter*。
- *HwMedia*。
- *HwEndPoint*。
- *HwBus*。
- *HwBridge*。
- *HwTimingResource*。
- *HwClock*。
- *HwTimer*。
- *HwDevice*。
- *HwI/O*。
- *HwSupport*。
- *HwComponent*。
- *HwPowerSupply*。
- *HwCoolingSupply*。

D.12 通用定量分析建模(GQAM)

GQAM 域提供了基础概念和 NFP,以便使用数学模型进行软件性能的形式化定量分析;存在用于可调度性和性能分析的子扩展文件。核心概念是对系统行为如何使用资源的描述。结果是“输出 NFP”的值,例如响应时间、截止时限失效、资源利用率以及基于“输入 NFP”的队列大小,例如请求或触发速率、执行需求、截止时限或 QoS 目标。分析基于对如下内容的建模:

- 系统级操作(服务)。
- 服务请求的频率。
- 执行条件(环境)。

1. 与时间相关的 NFP

- 强截止时限——进程必须在规定的时间内完成。
- 弱截止时限——进程实例指定的百分比率必须在规定的时间内完成。
- 延迟成本功能——延迟后果的度量;必须在允许值内或最小化。
- 其他统计度量——执行时间必须满足平均值、概率分布等。

2. 其他 NFP

- 内存使用情况——在指定的条件和进程执行的位置。
- 功率使用情况——在指定的条件和进程执行的位置。

3. GQAM 元素

- *AnalysisContext*——域模型的根;属性/参数定义了分析时考虑的不同案例,并可能影响行为和资源的参数。
- GQAM_Workload——处理任务负载和行为的元素的包:
  - ◇ *WorkloadBehavior*——任务负载表示为触发事件流;由一个或多个 *WorkloadEvent* 和相关的 *BehaviorScenario* 组成。
  - ◇ *WorkloadEvent*——可能是定时的、具有一个到达模式(例如,周期性的)或者由 *WorkloadGenerator* 或 *EventTrace* 生成的触发事件。
  - ◇ *BehaviorScenario*——描述对 *WorkloadEvent* 的响应:
    - ➢ 可能分解为步骤;捕获任何系统层级的行为描述或 UML 中的任何操作,并将资源使用附加到其中。
    - ➢ 具有针对诸如 *HostDemand*(时间间隔或操作数)、吞吐量、利用率等的属性,例如,*respTime* 是场景的端到端延迟。
    - ➢ 可以在交互(顺序)图、状态图或活动图中表示。
  - ◇ *Step*——*BehaviorScenario* 的子操作:
    - ➢ 继承自 *BehaviorScenario*,也可以是 *BehaviorScenario*。
    - ➢ 使用操作系统服务(*SchedulableResource*)。
    - ➢ 可以是基本的,即主机处理器所执行的。
    - ➢ 可以划分为如下子类:
      - ❖ *AcquireStep*——获取资源;
      - ❖ *ReleaseStep*——释放资源;
      - ❖ *CommunicationStep*——在系统元素之间传递信息;
      - ❖ *RequestedService*——使用子系统提供的服务。
    - ➢ 可以通过 *PrecedenceRelation* 与其他步骤关联。
  - ◇ *PrecedenceRelation*——定义步骤之间的前继关系;可以是顺序、分支、合并、分叉或汇合。
- ◇ *Time Interval*——由与一个或多个行为单元相关的事件定义。
- ◇ *Service*——与系统组件某个接口中包含的操作相关联；建模为 *Step* 的子类。

- *GQAM_Observers*——与 RTE 度量相关的元素的包：
  - ◇ *TimedObserver*——概念实体，定义了需求和预测，用于在一对用户定义观察事件（称为 *startObs* 和 *endObs*）之间定义的度量。
  - ◇ *LatencyObserver*——*TimedObserver* 的子类，用于指定 *startObs* 和 *endObs* 之间的持续时间观察，包括遗漏率判定和失稳约束。
- *GQAM_Resources*——对硬件设备、软件服务器和逻辑资源（例如锁定）等进行建模的元素的包；资源具有调度规则和多重性；资源可以作为 *BehaviorScenario* 的一部分获取和释放：
  - ◇ *ExecutionHost*——模型中指定的用于执行操作的处理器或其他设备，与其上执行的进程和 *Step* 具有宿主关系。
  - ◇ *CommunicationHost*——与传送的消息具有宿主关系的设备之间的硬件链接。
  - ◇ *SchedulableResource*——可调度服务，例如进程或线程池，是由操作系统管理的软件资源。
  - ◇ *CommunicationChannel*——传送消息的中间件或协议层。

GQAM 域中的构造型包括：

- *GaWorkloadBehavior*。
- *GaAnalysisContext*。
- *GaResourcesPlatform*。
- *GaEventTrace*。
- *GaWorkloadEvent*。
- *GaWorkloadGenerator*。
- *GaScenario*——识别一个 *BehaviorScenario*。
- *GaStep*。
- *GaCommStep*。
- *GaAcqStep*。
- *GaRelStep*。
- *GaRequestedService*。
- *GaTimedObs*。
- *GaLatencyObs*。
- *GaExecHost*。
- *GaCommHost*。
- *GaCommChannel*。
- *GaPerformanceContext*。

4. 用于分析的 NFP 属性

NFP 的类型及属性如表 D.2 所列。

表 D.2 NFP 的类型及属性

NFP	用于资源	用于场景和步骤	用于负载事件
repetitions: NFP_Real[*]	重复,N/A	一次触发后重复执行步骤的次数(默认值=1)	N/A
probability: NFP_Real[*]	概率,N/A	在前置(条件)之后,执行步骤的概率	N/A
hostDemand: NFP_Duration[*], hostDemand: Ops: NFP_Real[*]	在时间和处理器运行方面,资源的所有服务的综合要求	对于步骤,执行某一步骤进程主机的 CPU 需要;对于场景,所有步骤的所有需要的总和	N/A
priority: NFP_Integer[*]	N/A	对于步骤,其主机上的优先级	N/A
respTime: NFP_Duration[*]	响应时间,资源提供的所有服务的综合平均响应时间	步骤或场景完成前,触发事件的总体延迟	针对场景所需的值
execTime: NFP_Duration[*]	执行时间,N/A (与 hostDemand 相同)	响应时间减去任何初始的调度延迟	N/A
interOccTime: NFP_Duration[*]	发生之间的间隔时间,连续的服务请求之间的间隔	启动之间的间隔	触发事件之间的间隔
throughput: NFP_Frequency[*]	所有服务的请求频率	启动的频率	触发事件的频率
utilization: NFP_ Real[*]	资源处于活动状态(具有活动的服务)的时间;对于多资源,为繁忙单元的平均数	BehaviorScenario 处于活动状态的时间分段(在其触发事件和完成之间)	N/A
utilizationOnHost: NFP_Real[*]	N/A	主机忙于执行行为场景的时间分段;对于多个主机,这是一组的值	N/A
blockingTime: NFP_Duration[*]	阻塞时间,N/A	等待被动可用的资源或事件控制的净延迟(值是输出的变量)	N/A
selfDelay: NFP_Duration[*]	延迟	由步骤控制或请求的净延迟(值是输入的变量)	N/A

D.13 可调度性分析建模(SAM)

SAM 域提供了应对可调度性(系统满足某些时间约束的能力,例如截止时限和超出定量)和敏感性(确定系统改进方式)的概念,并且提供了通用注释用于基于模型的可调度性分析。它规定了处理 *WorkloadBehavior* 和 *ResourcesPlatform* 的 GQAM 分析背景。在模型驱动架构(MDA)背景中,*WorkloadBehavior* 元素与平台无关模型(PIM)相关联,而 *ResourcesPlatform* 元素与平台相关模型(PDM)相关联。

1. SAM 元素

- *EndToEndFlow*——引用一组激励请求计算的 SAM_Workload 构造;激励与 *BehaviorScenario* 有关,重复发生的事件与 *WorkloadEvent* 相关;属性包括时序需求和可以由 *TimedObserver* 建模的预测;以一组 NFP 为特征。
- *SaStep*——使用与可调度性相关的附加属性,特化 GQAM 的 *Step*。
- *SaCommunicationsStep*——使用与可调度性相关的附加属性,特化 GQAM *CommunicationStep*。
- *SchedulingObserver*——使用诸如暂停、阻塞时间和重叠等属性,特化 GQAM *TimedObserver*。
- *SaExecutionHost*——使用与可调度性相关的附加属性,特化 GQAM *ExecutionHost* 的 *SAM_Resources* 构造;拥有共享资源,例如 I/O 设备、DMA 通道、关键部分或网络适配器。
- *SaCommunicationHost*——使用与可调度性相关的附加属性,特化 GQAM *CommunicationHost* 的 SAM_Resources 构造。
- *SharedResource*——使用与可调度性相关的附加属性,特化 GRM *MutualExclusionResource*;通过诸如先进先出(FIFO)、优先级上限协议、最高锁存协议、优先级队列和优先级继承之类的访问策略动态地分配给可调度资源。

SAM 域中的构造型包括:

- *SaAnalysisContext*——向 *GaAnalysisContext* 增添可调度性参数。
- *SaEndToEndFlow*。
- *SaStep*。
- *SaCommStep*。
- *SaSchedObs*。
- *SaSharedResource*。
- *SaCommHost*。
- *SaExecHost*。

2. 模型分析方法

- 静态——根据所有可能的行为和执行背景预先确定调度性能;通常使用数学调度策略,例如单调速率分析和截止时限单调分析。
- 动态——基于可调度资源重要性值的变化做出调度决策,并通过动态执行背景中的访问策略动态分配给可调度资源;通常称为基于值或基于效用的调度,例如,最早的截止时限优先。

3. SAM 标识符的应用实例

- 一般——将 SAM 元素和构造型应用于描述 RTE 系统的结构图和行为图。
- 活动图：
  - ◇ 将<<GaWorkloadBehavior>>构造型应用于活动图。
  - ◇ 使用活动分区(泳道)来对并发性建模;每条泳道都包含一个并行的端到端流;在适当的情况下,将流与事件同步。
  - ◇ 将泳道标记为

    <<SaEndToEndFlow>>
    Flow Name
    {Constraints}

  - ◇ 使用任务负载事件来触发流,标记为

    <<GaWorkloadEvent>>
    Trigger Event Name
    {Constraints}

  - ◇ 使用行为场景来对流进行建模:按需要分解并显示细节,标记为

    <<GaScenario>>
    {Constraints}
    Scenario Name

- 顺序图：
  - ◇ 将<<GaScenario>>构造型应用于顺序图。
  - ◇ 使用 MARTE 元素和来自模型的其他系统对象来构建图表,标记为

    <<Stereotype>>(e.g., Allocated, SaSharedResource)
    :ObjectName
    {Constraints}(e.g., AllocatedTo)

  - ◇ 将 MARTE 标识符应用于图中的消息,标记为

    <<Stereotype>>(e.g., Step, ExecStep, AcqStep, CommStep)
    MessageName()
    {Constraints}(e.g., Max and Min Execution Time)

- 类/对象图：
  - ◇ 使用之前章节中定义的 MARTE 元素来定义类/对象。
  - ◇ 使用正常语义来构建图,例如,使用<<allocate>>依赖性将 *SchedulableResource* 与 *SaExecutionHost* 相关联。
- 分析背景环境——提供一组分析背景环境的对象,构造型化的<<SaAnalysis-

Context>>,具有定义分析参数的属性。

D.14 性能分析建模(PAM)

PAM 域提供的概念,用于分析最尽力系统和弱实时嵌入式系统的时间特性。

- 分析输出是统计性的,输入可能是概率性的,例如,随机发生的输入或事件。
- 分析技术包括仿真、扩展排队模型和离散状态模型,还可能包括灵敏度分析或可扩展性和容量分析。
- 性能分析评估系统如何使用资源,包括硬件、*ScheduledResources* 和 *Logical Resources*。它将 *BehaviorScenario* 与任务负载、请求、服务和响应关联起来。
- *AnalysisContext* 定义分析的范围,并将系统的 *BehaviorScenario* 和 *Resource* 与一个或多个任务负载(来自 GQAM)联系起来。
- 采用 UML 的系统模型可以进行参数化,以便产生多个性能模型,称为"案例",从而对各种动态情况进行建模。每个案例都由一组变量定义。案例中的其他变化源于设计细节,例如 RTOS 的选择。性能模型构建自:
  - ◇ 系统 UML 模型(规范)。
  - ◇ 系统/平台配置和案例参数。
  - ◇ 输入 NFP(参数值)。
- 性能模型被送到某种性能模型"解算器"来计算输出 NFP(性能结果)。
- 参数化的 NFP 使用:
  - ◇ 变量来为给定的 *AnalysisContext* 定义全局的值范围,例如,任务负载强度、资源扩展、数据记录大小等。
  - ◇ 变量名代替输入特性的数值。
  - ◇ 输入特性对全局变量的功能依赖性。

1. PAM 元素

- *Behavior*——由行为图中的 *BehaviorScenario*(请参见 GQAM_Workload)定义;包括 *Step* 和对系统 *Resource* 的需求。
- *Workload*——*AnalysisContext* 可以具有 GQAM 中定义的任何数量的任务负载,每个任务负载都有不同的请求发起机制、任务负载强度和服务质量(QoS)需求。
- *Service*——使用提供的和需求的 QoS 描述性能的一般方法:
  - ◇ 由 *BehaviorScenario* 定义,包括提供的 QoS。
  - ◇ 为来自资源的服务请求队列,可能包括需求的 QoS。
  - ◇ 服务通过以下内容包含在分析中:
    - ➢ 从 *Step* 到 *RequestedService* 的 *serviceDemand*。
    - ➢ 来自 *Step*,直接调用 *BehaviorScenario* 的 *behaviorDemand*。

    - 来自 *Step*，请求外部服务的 *extOpDemand*（在系统 UML 模型外部定义，例如，通过外部网络进行消息传递）。
- *Resource*——建模为服务器：
  - ◇ 活动资源是独立的，每个服务都具有特征服务时间。
  - ◇ 被动资源在 *BehaviorScenario* 中获取和释放，由行为决定持有时间。
  - ◇ 外部资源——抽象外部子系统的活动资源；外部资源与影响性能的软件设计无关；使用情况由 *PAMStep* 中的 *externalOpDemands* 和 *externalOpCount* 参数建模。
  - ◇ 组件——具有接口的软件实体，每个接口都提供组件的一项或多项服务，而每项服务都响应一种或多种接口方法；如果执行受限，也可能是被动资源。
- *Communication Channel*——对被两个对象用于交换消息的机制进行建模；具有重要性能要求的消息都被建模为 *CommunicationStep*：
  - ◇ 在进程内——由语言运行时实现。
  - ◇ 进程之间——由操作系统实现。
  - ◇ 节点之间——由 *CommunicationChannel*（中间件服务或其他基础设施）实现。
  - ◇ 建模为：
    - 默认忽略语言运行时和操作系统开销；如果 *ProcessingHost* 的每字节开销已知，则可以计算 *hostDemand*。
    - 在节点之间，计算 *hostDemand* 并插入链接延迟。
    - 在节点之间，基于通信层的模型对待外部操作。
    - 通信层可以建模为具有发送和接收操作的结构类。
    - 复杂的通信协议可以建模为不与系统组件相关联而是描述主机协作的 *BehaviorScenario*。
- *PAMStep*——扩展 GQAM *Step*，在一个步骤中具有更多种类的操作需求，并且具有异步（非同步）并行操作的可能性。
- *ResourcePassStep*——标识资源（通常是 *SharedResource*）从一个进程到另一个进程的传递。
- *LogicalResource*——可能在某一时刻，软件需要访问以及程序需要等待的任何实体。
- *RunTimeObjectInstance*——可在如生命线和泳道的行为规范中，进程资源使用的别名。

SAM 域中的构造型包括：

- *PaStep*。
- *PaResPassStep*。
- *PaRequestedService*。
- *PaCommStep*。

- *PaLogicalResource*。
- *PaRunTInstance*。

2. 性能分析的输入/输出特性

- *Duration*——NFP_Duration,操作执行或响应的时间。
- *ForcedDuration*——NFP_Duration,操作中的时间间隔,例如阻塞时间。
- *Frequency*——NFP_Frequency,某一事件的发生率;或者吞吐量。
- *Probability*——NFP_Real,与事件发生或其他情况相关联。
- *Repetition*——NFP_Real,与循环或重复操作相关联。
- Message 或 Memory Size,NFP_DataSize。

3. 性能分析方法

- *Queuing Model*——定义任务负载,用以在场景中捕获并执行软件的特定方面;可能很简单(定义系统设备的场景和总的平均需求),也可能很复杂(定义统计需求,允许被动资源,允许并行执行等);计算吞吐量、利用率和响应时间。
- *Simulation Model*——针对每个步骤的操作,遵循详细的 *BehaviorScenario* 结构和使用执行时间的分布,定义执行软件的多个逻辑令牌;可计算各种度量值,包括分布。
- *Discrete-State Model*——同样遵循详细的 *BehaviorScenario* 结构来定义执行软件的令牌;基于某种形式的图论,其中包含传递令牌时所经过的节点/位置和连线/转换;包括 Petri 网、有色 Petri 网、马尔科夫和半马尔科夫链、随机进程代数以及随机自动机。

4. PAM 标识实例

- 构造型和 NFP 可以应用于任何模型元素;例如,将部署图中的服务器节点标识为`<<GaExecHost>>`,以及通信接收机和发射机开销(*commRcvrOhead*、*commTxOhead*)等参数的约束。
- 案例/背景环境参数可作为构造型化为`<<GaPerformanceContext>>`的约束附加到图中。
- 顺序图——标识类似于 SAM 实例:
  - ◇ 指定`<<GaPerformanceContext>>`并提供输入参数。
  - ◇ 使用`<<PaStep>>`、`<<GaWorkloadEvent>>`等标识消息,并提供参数作为 NFP,例如 *hostDemand* 和 *msgSize*。
  - ◇ 将`<<PaRunTInstance>>`构造型应用于生命线对象,并标识实例,例如{instance=server}。
- 活动图——标识类似于 SAM 实例:
  - ◇ 将泳道标识为`<<PaRunTInstance>>`,并提供 NFP 作为约束。
  - ◇ 将动作标识为`<<PaStep>>`、`<<PaCommStep>>`等,并提供 NFP 作为约束。
  - ◇ 将物理和逻辑资源均建模为泳道。

◇ 将资源获取、释放和规划建模为动作和过渡，例如，将过渡构造型化为<<PaResPassStep>>，并在约束中具有资源 ID 和其他参数。

- 状态机图：

◇ 将状态标识为<<PaStep>>，并提供相应的 NFP 作为约束。

◇ 转移也可以标识为<<PaStep>>，以便指定到下一个状态的转移概率。

◇ 对于为一组操作建模的图，将起始点标识为由 *WorkloadEvent* 驱动。

D.15 MARTE 缩写词列表

表 D.3 为在适用情况下，与 MARTE 扩展规范相关部分的缩写词，并标明了对应的条款或子条款。

表 D.3 MARTE 缩写词及对应条款

缩　写	定　义	MARTE 条款/子条款
AADL	架构分析设计语言	
AHB	AMBA 高性能总线	
Alloc	分配建模	条款 11
AMBA	高级微控制器总线架构	
ARM	先进精简指令集处理器	
CAN	控制器局域网	
CCM	CORBA 组件模型	
CCSL	时钟约束规范语言	
CHF	时钟处理设施	附件 C
CORBA	公共对象请求代理架构	
CPU	中央处理单元	
CVSL	计时值规范语言	
DMA	直接内存访问	
DPRAM	双端口 RAM	
DRAM	动态随机访问存储器	
EAST - ADL2	EAST 架构描述语言第 2 版	
EDF	最早截止时限优先	
EQN	扩展的排队网络	
FIFO	先进先出	
FP	固定优先级	
GCM	通用组件模型	条款 12
GQAM	通用定量分析建模	条款 15

续表 D.3

缩　写	定　义	MARTE 条款/子条款
GRM	通用资源建模	条款 10 a
GUI	用户图形接口	
HLAM	高层应用建模	条款 13
HRM	硬件资源建模	子条款 14.2
LQN	分层排队网络	
Lw - CCM	轻量级 CCM	
MARTE	UML 扩展的实时嵌入式系统建模与分析	
MDA	模型驱动架构	
MoCC	计算和通信模型	
NFP	非功能特性	条款 8
OCL	对象约束语言	
OS	操作系统	
PAM	性能分析建模	条款 17
QN	排队网络	
QoS	服务质量	
QoS&FT	UML 扩展的服务质量和容错规范	
RISC	精简指令集计算机	
RMA	单调速率分析	
RSM	重复结构建模	附件 E
RTOS	实时操作系统	
SAM	可调度性分析建模	条款 16
SI	国际单位制	
SPT	UML 扩展的可调度性、性能和时间规范	
SRM	软件资源建模	子条款 14.1
SysML	系统建模语言	
RTE	实时/嵌入式	
RTM	实时对象建模(RTE MoCC)	条款 13
TCP	传输控制协议	
TPC - W	事务处理委员会的网络测试基准	
TVL	标记值语言	
UML	统一建模语言	
Time	增强时间建模	条款 9
VSL	数值规范语言	附件 B
WCET	最恶劣情景的执行时间	

附录 E　信息技术(IT)核心标准和来源列表

表 E.1　信息技术(IT)核心标准和来源列表

名　称	标　准	URL
Atom	IETF Atom v1.0	http://www.ietf.org/rfc/rfc4287.txt
FTP	文件传输协议(FTP), (IETF 标准 9/RFC 959)	http://tools.ietf.org/html/rfc959
HTML	超文本标记语言(HTML),v4.01	http://www.w3.org/TR/html401/
HTTP	超文本传输协议(HTTP v1.1), (IETF RFC 7230-7235)	https://www.w3.org/Protocols/
Java 企业版 JEE	JSR 244:Java 平台企业版 5(Java EE v5)规范; JSR 316:Java 平台企业版 6(Java EE v6)规范	http://www.jcp.org/en/jsr/detail? id=244 http://www.jcp.org/en/jsr/detail? id=316
JAX-WS	JSR 224:用于基于 XML 的 Web 服务(JAX-WS)v2.0 的 Java API	http://jcp.org/en/jsr/detail? id=224
JMS	Java 消息服务(JMS)规范 v1.1,(JSR 914)	http://java.sun.com/products/jms/docs.html
JSR-220 FR	Enterprise JavaBeans v3.0	http://jcp.org/aboutJava/communityprocess/final/jsr220/index.html
JSR-286	Java Portlet 规范 2.0(JSR-286)	http://www.oracle.com/technetwork/server-storage/ts-4817-158962.pdf
KML	开放地理空间信息联盟(OGC) KML(以前称为"匙孔标记语言") v2.2.0	http://www.opengeospatial.org/standards/kml/
LDAP	轻量目录访问协议(LDAP)v3:技术规范(IETF RFC 4510)	http://www.ipa.go.jp/security/rfc/RFC4510EN.html
REST	JSR 311(JAX-RS):用于 RESTful Web 服务的 Java API	http://jcp.org/aboutJava/communityprocess/final/jsr311/ index.html
SOAP	SOAP v1.2 第 1 部分:消息传递框架(第 2 版)	http://www.w3.org/TR/soap12-part1/
SSL	安全套接层(SSL)协议 v3.0	http://www.mozilla.org/projects/security/pki/nss/ssl/draft302.txt

续表 E.1

名 称	标 准	URL
TLS	传输层安全(TLS)协议 v1.1 (IETF RFC 4346)	https://tools.ietf.org/html/rfc5246
UDDI	通用描述、发现和集成(UDDI) v3.0.2	http://www.oasis-open.org/committees/uddi-spec/doc/spec/v3/uddi-v3.0.2-20041019.htm
WADL	Web应用描述语言(WADL)	http://www.w3.org/Submission/wadl/
WFS	OpenGIS Web特征服务(WFS)实现规范 v2.0	http://www.opengeospatial.org/standards/wfs
WMS	OpenGIS Web地图服务(WMS)实现规范 v1.3	http://www.opengeospatial.org/standards/wms
WS-Addressing	网络服务寻址(WS寻址)	http://www.w3.org/2002/ws/addr/
WS-BPEL	Web服务业务流程执行语言(WS-BPEL v2.0),OASIS	http://docs.oasis-open.org/wsbpel/2.0/OS/wsbpel-v2.0-OS.html
WSDL 1.1	Web服务描述语言(WSDL)v1.1	http://www.w3.org/TR/wsdl
WS-Eventing	Web服务事件	http://www.w3.org/Submission/WS-Eventing/
WSRP	OASIS远程门户网站Web服务规范,第2版,2008年4月	http://docs.oasis-open.org/wsrp/v2/wsrp-2.0-spec-os-01.pdf
WS-Security	WS安全 v1.1	http://www.oasis-open.org/committees/download.php/16790/wss-v1. 1-spec-os-SOAPMessageSecurity.pdf
XLink	XML链接语言(XLink)版本 1.1	http://www.w3.org/TR/xlink11/
XML	可扩展标记语言(XML)第5版 v1.0	http://www.w3.org/TR/REC-xml/
XML名称空间	XML名称空间 v1.1	http://www.w3.org/TR/ REC-xml-names/
XML模式	XML模式(XSD) v1.0,(XML模式第1部分:2004——结构第2版),(XML模式第2部分:2004——数据类型第2版)	http://www.w3.org/TR/xmlschema-1/
XMPP	可扩展消息和状态协议(XMPP), RFC 6120:核心,RFC 6121:即时消息和呈现,RFC 6122:地址格式(2011年3月)	http://xmpp.org/xmpp-protocols/rfcs/
XPath	XML路径语言(XPath)v1.0	http://www.w3.org/TR/xpath
XQuery	XML查询语言(XQuery)v1.0	http://www.w3.org/TR/xquery/
XSLT	可扩展样式表语言转换(XSLT) v1.0	http://www.w3.org/TR/xslt

附录F 纵深防御(DiD)的定义①

F.1 周边安保层

一系列物理和技术安保性以及程序化策略和防护措施,提供针对远程恶意活动的防护等级:旨在保护后端系统免受未经授权的访问。如果正确配置,则周边防御安保模型可以阻止、滞延、减缓或检测攻击,从而降低对关键后端系统的风险。

周边防火墙:网络或网络化复杂组织体外部边缘上的一种或一组设备,旨在根据一系列规则允许或拒绝网络传输;通常用于保护网络免遭未经授权的流量入侵,同时允许合法通信通过。通过边界路由器或其他外部网络的连接,周边防火墙通常是进入复杂组织体时遇到的第一个设备。

入侵检测系统(IDS):一种被动系统(不与网络传输流量直联,也称为"旁路"),用于监视周边是否存在恶意活动,并通过将流量与其数据库中的信息进行比较来分析流量,其数据库包含与已知威胁相关的模式,称为"签名"。它不会阻止"恶意"流量,但会识别并报告。

入侵防御系统(IPS):一种主动的("直联")系统,通过将流量与签名(有时是行为模式)进行比较来分析流量,然后阻止识别为恶意的流量进入网络。

安全DMZ:位于复杂组织体边缘的网络周界(明显地位于复杂组织体边界外部),将外部服务(例如电子邮件、Web服务器、蜜罐、代理服务器和其他面向公众的设备)暴露给外部环境。DMZ资源使用与复杂组织体IP地址不同的一组IP地址,并通过单个防火墙或双重防火墙与复杂组织体分离。DMZ阻止外部实体直接访问后端资源,并防止恶意内容进入(参见下面的消息安保性和网络访问控制)。

应用安保性/网关/防火墙:在DMZ内,面向公众服务器运行的应用并结合了安保性应用,也即对应用脆弱性(例如注入攻击和跨站点脚本攻击)扫描,并已缓解了一些缺陷。这些应用还可包含活动文件完整性监视软件,在文件或系统遭受未经授权的更改时发出警报。文件监控系统还可以将系统还原到一个已知的"良好"状态。Web应用防火墙(WAF)执行深度数据包检查,查找利用已知应用脆弱性制造的数据包。

消息安保性:由DMZ中的服务器实现,这些服务器识别和阻止具有潜在恶意内容的消息(在消息中或在附件中)。还可以将其屏蔽而设置为无关消息("垃圾邮件,

① 经信息系统安全认证专家(CISSP)Barry Lyons IV许可使用。

SPAM”)。

蜜罐/蜜网:DMZ 中的一个服务器或一组服务器,它们模仿后端服务器,诱骗恶意入侵者。用于观察和获取秘密入侵者的特征,并确定攻击中使用的策略、技术和程序(TTP)。

恶意软件分析:由 DMZ 中的服务器实现,这些服务器分析恶意软件(用以启动病毒、蠕虫、rootkit 或其他恶意代码的感染软件);通常与消息安全服务器配合使用。

零时差攻击分析:一种设备或服务,它扫描传入数据包、电子邮件、附件和其他信息项,查找行为异常,这些异常利用以前未发现的脆弱性,因此还没有来得及修补。

先进传感器:设计这些传感器专门应对先进持续性威胁(APT),并且多次有目的地构建,处理基于 TTP 侦察的特定攻击签名。正在开发诸如“深层知识”算法应用之类的先进技术,以显著提高应对 APT 的防御能力。

数据丢失防护或数据泄露防护(DLP):通过深度内容检测技术、事务的背景安保性分析以及用于已知安全脆弱性的集中式管理框架,识别、监视和保护使用中的数据(例如终端)、动态数据(例如网络)和静态数据(例如数据存储)的系统。它专门设计用于观察并阻止数据脱离复杂组织体。周边 DLP 是防止数据丢失的最后一道防线。

F.2 网络安保层

本层将应用安全控制,并将复杂组织体内部网络划分为区域;区域是包围在较大单元内的有明显边界的区域。区域结合自身的单独访问控制和保护机制。

区域防火墙:一种保护区域的设备,设计用于根据一系列规则允许或拒绝将网络传输到安全区中;它用于保护区域免遭未授权访问,同时允许合法通信通过。通常使用统一威胁管理(UTM)防火墙,向基本防火墙消息扫描增添了入侵防护、反恶意软件和地址过滤等功能。

复杂组织体 IDS/IPS:这些设备与“周边安保层”中所述的设备相同;但是,它们通常与区域防火墙结合部署在整个复杂组织体中。

VoIP 保护:提供基于互联网语音协议(也称为 IP 电话)安全保护;可以包括策略、程序和 VoIP 交换机安保性(嵌入式软件)。

虚拟网络安保性:保护虚拟网络的策略、程序、硬件和软件,该虚拟网络由两个计算设备之间的虚拟网络链接而不是物理(有线或无线)连接组成;它们实现了纳入网络虚拟化的方法。最常见的形式是基于协议的虚拟网络(虚拟局域网、VLAN;虚拟专用网络或 VPN,以及虚拟专用 LAN 服务或 VPLS)和基于虚拟设备的虚拟网络(例如连接虚拟机的网络)。

Web 代理内容过滤:一种设备(通常是专用服务器),作为中介来请求寻求来自外部来源(例如互联网)的资源的客户端;用于使其后面的用户/计算机保持匿名。将访问策略应用于网络服务或内容,以阻止不需要的站点,并扫描出站内容以查找 DLP。

网络访问控制(NAC):有两种类型,即被动类型和主动类型。被动设备根据预定文件对用户进行身份验证,并授予对复杂组织体内授权区域的访问权限。主动类型也称为 NAC 代理服务器。这充当寻求内部资源的外部请求的中介。它使复杂组织体服务器保持隐藏状态,仅获取允许用户接收的数据,并详细记录请求和使用情况。

复杂组织体消息安保性:与周边消息安保性相同,只是设备位于复杂组织体内部。它们可设计用于扫描出站消息,以阻止 DLP。

无线/移动保护:保护无线网络免遭秘密活动和入侵的策略、程序、硬件和软件设计,例如,可能会限制与复杂组织体无线网络连接,从而使用 VPN(加密隧道),或者无线路由器可能受到仅允许授权用户、连接设备和通信流量的受信任安全处理器(终端)的保护。

复杂组织体远程访问:强制执行安全远程访问的策略、程序、硬件和软件设计。这可能包括台式电脑/笔记本电脑防火墙、反恶意软件以及远程连接设备上的项,以确保在其与复杂组织体连接之前受到保护。例如,NAC 将确认连接设备满足与复杂组织体远程连接所需的所有策略元素。

数据丢失防护或数据泄露防护(DLP):与周边安保层中的设备或服务类型相同。在网络层,可以在各个区域中部署多个 DLP 解决方案。

标记消息传递:一种服务,可在消息上附加特殊标头或标签,限制授权网络参与者的网络流量的接收,并防止或检测消息损坏或篡改。

F.3 终端安保层

直接驻留在连接到复杂组织体网络的终端设备(例如计算机、平板电脑、智能手机、外围设备等)上的安全保护机制和控件。基于主机的安保性是在单个设备上使用个人防火墙和台式电脑入侵防御系统(IPS)等控件。

台式电脑防火墙:驻留在台式电脑/笔记本电脑中的防火墙软件,可在单个设备层级执行防火墙功能。

主机 IDS/IPS:在主机内执行 IDS/IPS 功能。例如,IDS/IPS 可能会检测到附带文档,该文件的行为与相关应用的工作方式无关,然后可以阻止其打开并相应地进行报告。

内容安保性:使用策略规定的最新防病毒和防恶意软件补丁以及任何其他安全软件,使终端设备保持最新状态。

终端安全执行:与复杂组织体远程访问配合使用;如果终端设备在内容安保性下并非现行有效,则复杂组织体远程访问系统可能不允许终端设备与复杂组织体连接。这要求内容安保性必须是最新的并且与复杂组织体安全策略一致。

终端威胁检测和响应(ETDR):通过持续、主动、复杂组织体范围的监控、攻击检测以及自动警告和响应动作等特征,对防病毒和其他防护措施进行补充。

美国政府配置基线(USGCB)合规性:如果策略要求系统必须符合 USGCB,则在合规之前,系统不允许与复杂组织体网络连接。此外,必须在更新基线时更新系统。

补丁管理:确认所有终端设备都是最新的对应补丁,并记录所有补丁,包括补丁层级、安装补丁的时间以及人员。补丁管理是配置管理的重要元素。

数据丢失防护或数据泄露防护(DLP):主机软件,识别、监控和保护终端设备上正在使用的数据,同时在发生未经授权事件的情况下阻止数据泄露。

F.4 应用安保层

嵌入在复杂组织体服务器、DMZ 和终端设备上的应用中的安全保护机制和控件。

静态应用测试/代码审查:一种软件测试形式,实际上不使用软件。它主要检查代码、算法或文档的完整性;主要是对代码进行语法检查,或者手动审查代码或文件以发现错误。

代码审查是计算机源代码的系统检查(通常是同行审查)。它旨在查找并修复在初期开发阶段中被忽略的错误。审查以各种形式进行,例如双人结对编程、非正式走查和正式检查。

动态应用测试:针对非恒定且随时间变化的变量,检查系统的物理响应。在动态测试中,实际上,必须编译和运行该软件,给出输入值并检查输出是否符合预期。这些是确认活动。单元测试、集成测试、系统测试和验收测试是少数的动态测试方法论。Web 应用脆弱性扫描执行动态应用测试,从而得出代码中确切的脆弱性位置,并说明如何缓解脆弱性。

Web 应用防火墙(WAF):也称为深度包检测(DPI)防火墙。与周边和网络层中使用的传统防火墙不同,WAF 执行深度包检测,寻找隐藏的脚本,利用应用脆弱性,例如注入攻击和跨站点脚本攻击。WAF 拒绝任何接受嵌入的攻击脚本包。

XML 防火墙:可扩展标记语言(XML)防火墙,用于验证 XML 流量,控制对基于 XML 的资源的访问,过滤 XML 内容以及将速率限制应用于 XML 公开接口的后端应用的请求。XML 防火墙可以是独立的硬件或虚拟设备。

数据库监控/扫描:DB 监控与周边安保性层之下应用安保性这一部分中描述的文件完整性监控相同。当文件或系统遭受未经授权的更改时,该软件会生成警告;文件监控系统还可以将系统还原到其最后一个已知的“良好”状态。

数据库安全网关(屏蔽):也称为数据库防火墙(DBF)。有些网关执行深度包检测,以防止注入攻击。它们可能包括实时监视、警告和阻止、预先建立的安全策略以及审核规则。

F.5 数据安保层

无论数据处于动态、静态还是使用状态，都可通过安保性机制和控件来保护复杂组织体数据。

公钥基础设施：一种通用的访问控制方法，利用所有三种形式的加密（对称、非对称和基于哈希），提供和管理数字证书，这些数字证书是使用数字签名的公钥。数字证书可以基于服务器（如在SSL网站中）或基于客户端（与人员绑定）。如果两者一起使用，则它们将提供相互身份验证和加密。标准数字证书格式为X.509。

静态、动态和使用数据（DAR/DIM/DIU）保护：无论数据状态如何，均采取措施确保数据的机密性、完整性和可用性（CIA）。为此，必须始终知悉数据的位置，并且使用时应对数据进行加密。

数据分类：数据按类型、位置、访问等级和保护等级分类，也可以按照遵守特定合规性法规（例如政府机构的分类等级）描述。数据控制与主题（寻求访问的主动实体）和对象（被动数据文件或其他对象）有关。具体控制包括：

- **任意访问控制**（DAC）——主题完全控制在授予访问权限的对象，包括与其他主题共享。
- **强制访问控制**（MAC）——系统执行的访问控制，基于主题的许可权限和对象的其他属性标签。
- **基于角色的访问控制**（RBAC）——将主题分组为角色，并基于角色而非个人授予访问权限。

复杂组织体权限管理：也称为复杂组织体数字权限管理（eDRM）或信息权限管理（IRM）；保护敏感信息免遭未经授权的访问、更改或复制。在音乐和电影行业中广泛使用，防止对歌曲和电影等数据进行未经授权的复制。

联邦身份证书和访问管理（FICAM）：联邦政府文件，提供了计划和执行身份、证书和访问管理（ICAM）程序所需的通用框架和实现指南。

数据完整性监控：也称为“文件完整性监控”。如果数据发生未经授权的更改，则该软件生成警告；还可以将其设置为还原数据文件，恢复到其上一个已知的“良好”状态。

数据/驱动器加密：加密明文数据（使用加密算法），将其转换为不可读的密文。

数据擦除/清理：销毁数据并多次销毁保存数据的介质。消磁是一种常见的数据擦除方法，通过将其暴露在强磁场中而破坏了磁性介质（例如磁带或磁盘驱动器）的完整性。

数据丢失防护或数据泄露防护（DLP）：与周边安保层中所述的保护方法相同。它专门设计用于观察并阻止数据脱离复杂组织体。

F.6 其他的纵深防御概念

关键任务资产：指执行对维护可靠运行和数据至关重要功能的系统和其他资源，其中数据泄露将严重影响任务或组织的运行能力。注意：始终了解关键任务资产的所有依赖的，是很重要的。

监控和响应：为了识别事件和重大事件并及时做出相应的响应，持续不断地观察复杂组织体的过程中所涉及的工具和流程。这包括：

- **安全信息和事件管理(SIEM)**——提供对网络硬件和应用生成的安全警告的实时分析；可能包括软件、设备或安装的服务，这些软件、设备或安装的服务也用于记录安全数据并生成报告，用于合规性的目的。
- **安全仪表板**——执行信息系统用户界面，交付轻松阅读和理解的安全事件信息。
- **安全运行中心/网络运行中心(SOC/NOC)监控(24/7)**——每天 24 小时、一周 7 天不间断地进行监控。SOC/NOC 监控安全和网络事件，其成功与否取决于执行检测、保护、响应和维持安全最佳实践的人员的素质和专业知识。
- **聚焦行动**——聚焦于特定目标的监视和侦察行动；通常与用来获取攻击者的策略、技术和程序(TTP)的蜜罐/蜜网相关。
- **数字取证**——恢复和调查在数字设备中发现的资料，通常与数字犯罪或当 DLP 发生时有关。数字取证流程涵盖了数字媒介的捕捉、取证成像(采集)和分析。
- **升级管理**——批准的策略和程序，用于管理事件的响应及其相关的升级到更高的权限层级。
- **计算机事件响应小组(CIRT)**——经培训后能够协调并处理计算机事件的团队。检测包括正确的事件检测、信息收集和历史回顾、事件分类、升级以及优化和调整(以提高检测准确性)。响应包括初步事件分析、事件遏制、事件分析、事件根除和恢复、事件后流程改进以及汲取经验教训。
- **连续监控和评估**——观察和评估整个复杂组织体内正在发生的活动的总称。它包括检测、保护和维持的所有元素，并且需要经验丰富、知识渊博的人员，他们必须完全理解监控工具提供的数据，并可以根据这些数据正确地操作。
- **态势感知**——针对组成网络复杂组织体的所有元素，广泛了解与时间等其他变量的关系，可改变环境当前"图像"的安保性。"分层"关系视图包括以下单独的图：地理图、物理图、逻辑图、设备图和个人图。然后，将这些图整合到一个综合视图中。
- **安全服务等级协议(SLA)/服务等级目标(SLO)报告**——报告给出的指标概述安全监控和响应达到合同 SLA/SLO 的程度。

预防：为复杂组织体建立其安全态势的策略、程序、培训、威胁建模、风险评估、渗透测试以及所有其他维持活动，包括：

- **信息技术(IT)安全治理**——依法定义 IT 安全策略的管理机构；安全合规性指令或其他法规。
- **安全架构和设计**——添加或嵌入到网络化复杂组织体架构中的安全特性和功能。
- **威胁建模**——开发威胁场景以帮助确定要部署的安全控制层级。这些模型包括攻击树模型、定性信息保证模型、定量信息保证模型、多目标决策分析模型、信息保证模型的多目标决策分析以及面向任务的风险和设计分析模型。
- **赛博威胁情报**——收集和检查来自传感器、组织和其他威胁情报来源的赛博威胁数据。
- **安全策略和合规性**——建立由高级管理层批准的安全控制，以确保安全执行。许多政府安全策略是由规定严格合规性的预先制定的指令或法规制定的。
- **安全技术评估**——测试和评估安全技术的符合性或证明安全产品的性能与所宣传的相同。
- **持续认证和鉴定(C&A)**——评估安全系统以证明可接受的风险等级的流程，该流程是获得运行许可的前提。基于最初的运行权限并随后进行定期重新认证的传统 C&A 正在被风险管理框架(RMF)等连续监控和评估流程所取代。
- **风险管理框架(RMF)**——由 NIST(美国国家标准技术研究院)开发的六步骤流程，提供了有序的结构化流程，将信息安全和风险管理活动集成到系统开发生命周期(SDLC)中。NIST 特别出版物 800－37 中定义，“将风险管理框架应用于联邦信息系统的指南。”
- **渗透测试**——一种通过攻击系统以发现和利用安全脆弱性，评估计算机系统安全态势强度的方法。
- **脆弱性评估**——识别、量化和优先级排列系统中脆弱性的流程。它不包括攻击系统(同渗透测试中一样)，而是仅扫描系统中的脆弱性。
- **安全意识培训**——教授大家掌握更好的“赛博意识”的流程，特别是如何保护数据和安全控制的重要性。全面安全意识培训包括安保性的重要原因、需要数据的人员、窃取数据的方式以及个人阻止数据泄露可采取的措施。一个突出的案例是进行识别和避免网络钓鱼等社交攻击的培训。

附录G 常见的赛博攻击方法

表G.1 常见的赛博攻击方法

攻　击	类　别	描　述	缓解方式
聚合	软件、数据库	结合多个低敏感记录以创建高敏感对象； 可以作为身份窃取的依据	控制数据库访问权限，限制组合高敏感对象的能力
小应用程序(ActiveX)	软件	品行低劣的开发人员在小应用程序中编写恶意代码； 客户端信任服务器并对小应用程序进行控制	通过防火墙或代理服务器来阻止ActiveX小应用程序； 建立限制用户对小程序的信任的策略；禁止移动代码
生日攻击	加密技术	利用两条消息生成相同的散列函数相同摘要的概率； 数字签名可能容易受到攻击(注释4)	使用足够长的散列函数，从而无法通过计算的方式破解(大约是抵抗暴力攻击长度的2倍)
蓝牙劫持和蓝牙漏洞	网络安全	向支持蓝牙的设备发送匿名的未请求消息； 从蓝牙电话中窃取个人资料	禁止在安全区域之外使用蓝牙(取决于设备范围)
暴力/字典	访问控制	尝试通过反复猜测来破解密码、密码短语或PIN	保护安全账户数据库和密码文件需要强密码/PIN和经常更改的密码/PIN
暴力密钥搜索攻击	加密技术	尝试所有可能的密钥以找到一个秘密密钥	使用更长的密钥或更好的公钥加密算法
缓冲/堆栈溢出	访问控制、Web安保性	常用于拒绝服务攻击；基于缓冲/堆栈数据的诱发损坏； 发送机器语言指令(作为查询的一部分)，欺骗Web服务器运行它们	识别并修补系统、网络和应用程序中的脆弱性
选择文本攻击(CTA)	加密技术	选择明文并获得密文；包括选择明文攻击(CPA)、自适应选择明文攻击(ACPA)、选择密文攻击(CCA)和自适应选择密文攻击(ACCA)	使用在选择密文攻击下可能安全的密码系统，包括RSA-OAEP、Cramer-Shoup非对称公钥密码体制和许多形式的身份鉴别的对称加密
唯密文攻击(COA)	加密技术	重复搜索模式，并使用相同的加密算法对多条截获的消息进行统计分析(例如频率分析)	使用先进的、经全面检查的加密标准
凭证窃取	访问控制	各种诱骗用户的手段，通常是通过社交、拦截登录等获取凭证	应用强身份(例如双因子)验证； 对人员进行凭证保护的培训

续表 G.1

攻　击	类　别	描　述	缓解方式
跨站点请求伪造(CSRF)	软件、Web 安全	欺骗用户点击执行恶意操作的链接(例如,可点击图像中嵌入的脚本)	在重要页面上添加"随机数"; 使用二级审核对话处理重要事务; 对用户进行培训,防止点击不可信内容
跨站点脚本攻击(XSS)	软件、Web 安全	将客户端脚本注入到其他预定的受害者查看的网页中; 可能是非持久性的(欺骗受害者点击包含脚本的恶意 URL)或持久性的(将恶意代码存储在博客、留言板上等)	采用防御性编码实践,例如限制字符集; 应用供应商的 XSS 补丁; 禁用或阻止浏览器脚本功能(受信任的站点除外); 使用白名单和安全区域等技术; 使用网络钓鱼攻击警告; 重新输入地址,而不是点击超链接
拒绝服务攻击(DoS)	Web 安保性	发送恶意查询,导致服务器崩溃; 发送大量查询,导致服务器不堪重负;包括分布式 DOS 攻击	识别并修补脆弱性,尤其是在诸如 NTP 和 SSDP 之类的易受攻击的服务中; 识别并阻止攻击者地址,尤其是已知的僵尸网络 C2 服务器
字典攻击	访问控制	窃取密码或影子文件,然后运行密码破解软件来猜测词以及词和数字的组合	需要强密码和频繁更改
权限提升	软件	渗透系统并提高攻击者的权限级别	阻击所有可能的系统渗透
Fraggle	网络安全	Smurf 的变体; 使用 UDP 回复数据包(UDP 端口 7)	配置路由器禁用 Fraggle 攻击中使用的 TCP 和 UDP 服务
利用 FTP 服务器	Web 安保性	访问不受保护的面向 Web 的 FTP 站点上的敏感信息	保护 FTP 服务器:强访问控制、加密内容等
ICMP 洪水攻击	网络安全	发送大量的 ICMP 包(通常为回复请求)消耗带宽或其他资源	在路由器上丢弃 ICMP 包或通过防火墙将 ICMP 包过滤掉
注入攻击	软件	通过程序的输入字段插入计算机指令,触发非预期功能;数据库添加 SQL 注入和浏览器/网页添加脚本注入或跨帧脚本(XFS),从其他活动帧中窃取数据;与点击劫持有关	将防御性编码实践与脆弱性检测、运行时攻击检测的结合 (参见注释 3 和注释 5)
内部威胁/内部滥用	多重	受信任的个人的动作,范围从窃取和破坏到不良行为,例如规避控制	对人员进行良好的安全习惯培训,包括报告潜在的不良行为者; 收集并分析日志,了解指示不良操作或恶意意图的动作或模式

续表 G.1

攻　击	类　别	描　述	缓解方式
已知明文攻击	加密技术	利用之前的明文/密文消息对，解密新消息	使用先进加密，例如 AES
维护陷阱	软件	产品中的非文档化代码会触发维护或调试模式并公开敏感内容	仅使用可信产品； 设置维护/调试模式警报
恶意代码	软件	参见注释 1	参见注释 2
中间人(MITM)攻击	访问控制、加密技术	利用 TCP/IP 的脆弱性； 通过注入包来拦截和更改消息，例如插入攻击者的公钥	安全周边防御、服务器和网络组件强化、鲁棒的补丁管理以及遵循最佳安全实践
会合攻击	加密技术	使用每个可能的密钥对已知的明文进行加密，使用每个可能的密钥对密文进行解密，然后在中间对结果进行比较； 这可以成倍地减少暴力攻击的尝试次数	保护明文并使用先进加密算法和长密钥，导致攻击者的存储需求变得过高
多重	访问控制	任何企图攻破控制的尝试	威胁建模、资产评估、脆弱性分析、访问聚合(例如单点登录)
包/密码嗅探或窃听	访问控制	捕获网络包，并分析内容，其中可能包括用户名和密码、应用程序使用模式等	使用安全协议，例如 https、SFTP 和 SSH； 使用 VPN 和包嗅探器
支付卡盗用复制	物理篡改	将设备植入 POS、ATM 或其他设备中，捕获卡中的磁条数据	使用防篡改终端、篡改敏感控件和设备监视； 使用可信终端，保护 PIN
伪缺陷	软件	发送恐吓软件消息，欺骗用户下载通常作为木马病毒的虚假补丁	对用户进行培训并实施最佳实践
远程维护	软件	供应商支持人员可以访问目标，插入恶意软件、窃取数据等	仅允许绝对受信任的供应商进行远程维护； 需要通告离职或心怀不满的供应商员工的名录
重放攻击	加密技术	拦截会话密钥，在以后双方之间的会话中使用	将时间戳纳入到会话密钥并在会话密钥中使用
RSA/ElGamal 攻击	加密技术	比暴力破解 PKE 系统更快的技术	使用更长的密钥或更好的 PKE 算法
会话劫持	访问控制	与 MITM 相似，但攻击者冒充收件人	等同于 MITM
脚本注入	Web 安保性	在网页的表单字段中插入脚本语言命令	脆弱性分析和测试，用于消除脆弱性的补丁软件

续表 G.1

攻击	类别	描述	缓解方式
Smurf	网络安全	ICMP 洪水的变体，其中 ICMP 回复请求包使用伪造 IP 地址发送到网络广播地址，因此返回的包将使网络不堪重负	在路由器上丢弃 ICMP 包
社交	访问控制	网络钓鱼、垃圾搜寻、肩窥（从背后窥视）、直接盗窃等欺骗用户泄露密码等，或加载恶意代码；也包括网址嫁接、鱼叉式网络钓鱼、网络鲸钓等	对用户进行培训并实施最佳实践
垃圾邮件	软件	阻塞网络并可能包含恶意软件的垃圾电子邮件	使用中央式网络设备和应用以及垃圾邮件阻拦服务、软件等拦截垃圾邮件
电子欺骗	软件、网络安保性	更改攻击者的网络身份，欺骗目标授予访问权限；通常是拒绝服务攻击的一部分	避免仅基于 IP 地址的身份验证； 使用包过滤，阻止来自外部网络而使用内部源地址的包； 在 TCP 中使用难以预测的序列编号
状态攻击	系统	窃取会话标识符，接管会话，窃取或以其他方式利用敏感内容	确保 Web 应用程序使用会话建立逻辑，防止标识符被窃取
SYN 洪水	网络安全	发送带有请求连接到目标网络（SYN 位组）的伪造源地址的 TCP 包，然后不再响应 SYN ACK 答复，创建半开连接	使用具有 TCP 拦截或 SYN 防御以及承诺访问速率（CAR）等功能的路由器
泪滴	网络安全	涉及分段包的 DoS 攻击的变体；修改连续 IP 包的长度和碎片偏移字段	使用最新的操作系统；修补 TCP/IP 碎片重组错误
窃取	系统	非法占用资源，尤其是计算机的另一个存储器	全硬盘驱动器加密；强物理保护和账号管理
流量分析与推断	网络安全	分析网络流量模式和其他数据以推断可利用事件；通常是较大攻击策略的一部分	更改重要事件（如系统备份）的调度； 对攻击策略的其他元素采取防御措施
UDP 洪水	网络安全	DoS 攻击的变种，涉及大量发送到随机端口消耗带宽或其他资源的 UDP 包	在路由器上丢弃无用的 UDP 包；在关键网络点设置防火墙，以阻止无用的 UDP 包；如果攻击使用所需的 UDP 端口，则需要采取其他对策
Web 应用攻击	软件/访问控制	通常有组织犯罪团伙获取访问权限实施盗窃所使用的各种方法；包括被窃取的凭证、注入、后门、XSS 等；Web Shell 是一种形式的后门，通常通过内容管理系统（CMS）安装	使用强（例如双因子）身份验证；修补已知的软件脆弱性，尤其是 CMS 代码和第三方插件；对人员进行培训，以防泄露凭证；强化远程文件包含（RFI）和文件上传功能

注释 1

- 病毒——自我复制且通过引导扇区、可执行文件、宏、映像、控件等传播的代码；可将受害主机变成僵尸主机或僵尸计算机。
- 蠕虫病毒——通过系统缺陷传播的代码；取得控制权，发起攻击或造成破坏（例如更改数据）。
- Rootkit——躲避检测而隐藏的代码；可能窃取或更改数据，拦截通信；改变系统行为；类型包括硬件、固件、hypervisor 管理程序内核和库。
- Bootkit——内核模式 rootkit 恶意软件，通过整盘加密攻击计算机。
- 特洛伊木马程序——通常通过电子邮件有效内容（例如可执行文件、宏或弹出窗口）注入；欺骗用户执行代码进行攻击；可将受害主机变成僵尸主机或僵尸计算机。Dridex 是针对银行业的主要木马程序，通过恶意文档附件进行发送。
- 勒索软件——加密受害主机数据库的代码；攻击者要求支付费用而释放数据；Locky 是通过文档附件发送的主要示例。
- Hoax——错误的警告消息。
- 逻辑炸弹——事件发生（例如日期/时间或程序执行）时，实施破坏的软件。
- 恶意小程序——尤其是会实施破坏的 ActiveX 控件。
- 陷阱门——逻辑炸弹，在程序中执行非文档化的功能，例如授予 root 访问权限。
- 隐藏代码——隐藏在程序中的恶意代码；其类似于更改授权代码。
- 广告软件——随免费软件/共享软件一起安装的弹出窗口。
- 后门——使攻击者可以绕过身份验证。
- 间谍软件——在用户/系统所有者不了解的情况下收集信息；会干扰操作，例如重定向浏览器或安装恶意软件。
- RAM（或内存）扫描——间谍软件，注入销售网点终端（POS），在交易期间使用明文形式窃取支付卡信息。

注释 2

恶意软件防御：

- 安装并经常更新防病毒（AV）软件。
- 使用强身份验证：双因子身份验证、强密码等。
- 跟踪远程登录并检测非正常的尝试。
- 经常进行 AV 扫描；使用签名匹配等的防病毒工具。
- 扫描收到的电子邮件和附件。
- 培训用户。
- 仅允许运行已注册的应用程序。
- 检测数据泄露，并侦听恶意软件的“召唤信号”。
- 将销售网点终端（POS）等其他公用设备与公司 LAN 分开；不要将它们暴露给互联网。

注释 3

纵深防御与 SQL 注入：

- 禁止或清除查询中用户提供的输入，例如，针对允许模式的白名单进行输入验证。
- 参数化查询。
- 存储过程。
- 最低权限，例如，普通用户只允许“选择”。
- Honeytoken 蜜标技术，检测未经授权的使用。
- 应用程序日志审核。
- 渗透测试。
- 通过使用过滤和抓取等技术强化浏览器，防范跨帧脚本攻击/脚本注入攻击。

注释 4

生日袭击之所以得名，是因为在 23 名人员中，有 2 名人员生日相同的可能性大于 50%。对于特定的一天，人数必须大于 253。

注释 5

SQL 注入工具包括 Havij SQL 注入、Safe3SI、BSQL（Blind SQL）Hacker、SQL Ninja、Pangolin 和 The Mole。

注释 6

有常见的安全事件模式或类别，许多攻击兼具多重元素：

- 销售网点终端(POS)入侵。
- 支付卡侧录器。（译者注：一种具有记忆储存装置的读卡设备，能将持卡人的资料以及磁卡磁条信息全部读出并记录储存。）
- 犯罪软件(泛化的恶意软件攻击，特定模式包括赛博间谍活动和 POS 入侵)。
- Web 应用程序攻击。
- 拒绝服务攻击。
- 物理盗窃/损失。（注意：简单损失与盗窃相比更为常见，为后者的 100 倍，但同样可能造成破坏；建立培训和程序以减少人员的损失。）
- 内部滥用。
- 其他错误。
- 赛博间谍活动。

附录H IEEE计算机协会安保设计中心(CSD)的10大安保缺陷列表

1. **获得或给予可信,但决不要假设**——验证来自非可信客户端的所有数据,并假设数据已泄露,在客户端代码中避免存在安全控件和敏感数据(鉴别、访问控制等)。

2. **使用不能被旁路的身份鉴别机制**——用户更改身份时需要重新进行身份鉴别;确保强身份鉴别;使用超时方式;坚持“你是什么、你有什么和你知道什么 ”的原则;避免共享IP和MAC地址;避免使用可预测的令牌。

3. **先鉴别身份后授权**——鉴别作为显式的检查;通过公共基础设施的重新实施检查;同时考虑用户的权限和请求的背景环境;确保撤销授权以防止用户行使过期的授权。

4. **严格分离数据和控制指令,决不处理不可信的控制指令**——数据和控制的混合将产生注入攻击的脆弱性;使用硬件强制分离代码和数据;使用适当的编译器/链接器的安全标志;公开使用结构化类型的方法/终端;防止易于注入的API受到跨站点脚本(XSS)、结构化查询语言(SQL)注入、shell注入和类似攻击的影响;避免在解释语言中使用eval命令。

5. **显式验证所有数据的方法**——强制进行全面验证;启用验证方案的安保性审查;使用集中验证机制和规范数据形式(避免使用字符串);检查关于数据的所有假设;避免使用黑名单,而是使用白名单。

6. **正确使用加密技术**——这是很难的,而且不应是自己研制。需要真正专家的支持;使用标准算法和库;集中管理并复用加密方案;加密敏捷性设计;识别并解决关键管理问题;避免非随机的“随机性”。

7. **识别敏感数据并定义处理方式**——了解敏感数据的位置,包括影响敏感度的背景环境;数据分类;将数据控制应用于文件、内存、数据库等;计划随着时间演变的数据保护; 留意可信的边界;牢记,数据保护不仅仅是机密性。

8. **始终考虑系统用户**——提供部署、配置、使用、更新等信息;认识到安保性是系统的涌现特性;说明用户文化、经验、倾向和其他因素;不要认为用户关注安保性;默认情况下确保安全;在不损害系统功能和使用的情况下提供足够的安保性;不要让用户去做安保性决策。

9. **了解集成外部组件如何改变攻击面**——测试组件的安保性，包括外部组件和依赖性；隔离组件；遵循有关组件的公开可用安全信息；将组合最小化，这是很危险的；认识到系统可以从组件继承安全风险，并且开源是不安全的；仅在应用和审查控件后信任组件；避免或禁用额外（不需要的）功能。

10. **考虑未来对象和施动者的更改时保持灵活性**——面向更改和演进的系统设计，包括安全更新；正确使用代码签名和保护；允许隔离和切换；制定“机密泄露”的恢复计划；确保具有安保性并始终保持鲁棒性，而不是脆弱的或难以维系的；确保系统管理维持安保性。

附录I　软件测试方法和工具

I.1　功能测试

功能测试涉及评估软件操作的正确性以及识别可能导致脆弱性的编码错误。该测试应该是任何敏捷或其他软件开发方法论中不可或缺的要素，软件团队应具有或可方便地获得安保性测试专业知识。以下是一些典型的测试类别。

- 单元测试：
  - ◇ 对较小的代码单元进行单元测试，以验证正确性/完整性与分配需求，执行早期错误检测，响应需求变更以及验证/改进嵌入式文档。
  - ◇ 适用于生产代码，针对测试单元所进行的特定测试；故障导致立即修改代码。
  - ◇ 每次冲刺（Sprint）或其他开发增量期间，敏捷软件开发的不可或缺的要素。
  - ◇ 可以作为测试驱动开发（TDD）的基础，从未通过的测试开始，创建或细化代码直到测试通过，然后重构代码以消除冗余。
- 冒烟测试或完备测试——快速进行功能检查以建立基本的正确性。
- 集成测试——组件等作为代码单元执行，由组件正在构建完整的系统，可以是自上而下或自下而上的。
- 界面和可用性测试——专注于人机界面，评估用户与系统共同工作的能力。
- 系统测试——针对完整系统的全面测试。
- 回归测试——在设计更改后对先前通过测试的代码进行重新测试，验证正确性或发现所有新导致的问题。
- 用户验收前测试——α 和 β 测试，获得对现实世界中软件行为的初步评估。
- 白盒/黑盒测试——测试取决于测试人员是否了解内部设计细节。
- 全球化（国际化）/本地化测试——前者测试确保软件可在全球任何位置或文化中正常运行；后者测试特定位置的功能和正确性，并且包括翻译工作。

I.2　非功能测试

非功能测试评估软件的总体特征和适用性，通常以非功能需求来表达。大部分的赛博安全测试属于此类。以下是一些典型的测试类别。

- 负载/性能/压力/容量测试——在最大任务负载、数据速率或其他压力条件下验证正确的行为。
- 人体工程学测试——评估人体适宜性;可以与界面/可用性测试一同完成。
- 兼容性和迁移测试——在特定环境中验证系统、子系统、组件等,必须与交互的其他软件一同正确工作。
- 数据转换测试——验证静态或动态数据转换过程是否正常运行。
- 安全/渗透测试——基于已知或潜在的脆弱性和威胁的测试,以评估对策/保障措施的有效性;可能包括在纵深防御环境中测试应用安保性、网络安保性、系统安保性等。
- 操作准备测试——部署前或交付测试,验证预期操作环境中的正确行为和能力。
- 安装测试——在安装过程中为了确保软件加载和正确运行进行的测试。
- 模糊测试——在系统输入中插入无效、意外或随机数据:
  - ◇ 包括基于突变和基于代差的变体;可用于白盒、灰盒或黑盒测试。
  - ◇ 发现系统崩溃、内存泄露、异常处理错误等;可用于白盒测试和黑盒测试。
  - ◇ 在可信边界实施保护措施的软件十分有用,例如这些保护措施针对文件格式和网络协议为目标。
- 静态应用测试——在代码开发过程中完成,以显示源代码中的安全脆弱性的根本原因,并确保代码是可信赖的(或显示要解决的问题);工具包括 WhiteHat、Fortify、Veracode、Rational AppScan、Coverity 和 FindBugs。
- 自动生成代码测试——事实上,从模型自动生成的源代码很难阅读和分析;若要处理此问题:
  - ◇ 测试前——确认模型的正确性(在建模工具中进行确认),验证设计模式,确认状态正确且不会导致回环;验证架构(再次确认),在一个或多个模型中实施设计,确认建模将不允许绕过安全机制。
  - ◇ 自动编码中——运行静态代码分析并应对识别的问题。
  - ◇ 包括接口的模糊测试。
- 动态应用测试——本质上是对象代码的渗透测试:
  - ◇ 目标是确定代码抵抗现实攻击的程度,是否/如何危及代码以及如何缓解脆弱性。
  - ◇ 应该在实验室/测试环境中运行,而不是在生产环境中运行。
  - ◇ 从攻击者的角度进行测试;可能会主动利用代码安全的脆弱性。
  - ◇ 包括外部的相互依赖,确保有效的结果。
  - ◇ 使用工具,可识别脆弱性类型和位置并提出修复的建议。
  - ◇ 修复脆弱性后重新扫描。
  - ◇ 工具包括:
    - ➢ 开源——Burp Suite、Zed 攻击代理、Netsparker、Nessus、Valgrind;

- ➢ Licensed——WhiteHat、Rational AppScan、WebInspect、Nessus、Netsparker、Burp Suite。

- ● 组件测试：
  - ◇ 组件是一个软件实体或产品，被打包为一个独立元素，部署并作为系统的一部分；可能是业务/任务应用，或者是计算平台软件基础设施的一部分；组件可能是：
    - ➢ **开源**——通常是“免费软件”，得益于整个兴趣团体的开发、维护以及为增强能力所做出的努力。
    - ➢ **商业**——从供应商处采购/许可的产品。
    - ➢ **复用**——来自同一组织或另一组织的现有软件，提供与最初开发的软件相同的能力。
  - ◇ 组件安保性测试至关重要，因为很大一部分产品包含严重或关键的安全缺陷，而应用是主要的攻击对象。
  - ◇ 组件测试涉及确定系统中使用的开源组件和其他类型的组件；进行分析以识别安全问题、许可证问题、策略问题等；同时进行渗透测试，也许还进行其他类型的测试，以定义脆弱性并评估风险。

附录J　开放系统互连(OSI)层次和协议

表J.1　开放系统互连(OSI)层次和协议

层　次	功　能	标　准	细　节
第1层 物理	跨网络发送/接收数位。 中继器——放大信号。 集线器/集中器(主动/被动)——连接局域网设备	DTE-DCE(用户网络)接口：EIA/TIA-232、EIA/TIA-449、V.24、V.35、X.21bis、HSSI	拓扑：星形、网格、环形、总线。 电缆：同轴电缆、(粗缆RG8、RG11、细缆RG58)。 UTP/STP(Cat 5e、6、6a、7；10Base-T、100Base-TX、1000 Base-T 10GbE)。 光纤(100Base-F)。 DTE包括NIC、调制解调器和CSU/DSU
第2层 数据链	通过物理网络将消息传递到适当的设备。 交换机——连接设备，将包发送到正确的设备	局域网协议：ARCnet、以太网(CSMA/CD)、令牌环、FDDI、ARP(MAC地址→IP地址)、RARP(IP地址→MAC地址)。 无线局域网标准：802.11a、b、g、n 广域网点对点协议：L2F、L2TP、PPP、PPTP、SLIP。 电路交换协议：xDSL(ADSL、SDSL、HDSL、VDSL)、DOCSIS、ISDN(BRI、PRI)。 分组交换协议：ATM、帧中继、MPLS、SONET、SMDS X.25	子层： • LLC——连接SSAP与DSAP；控制、排序和确认帧；时序和流控制。 • MAC——错误控制；识别MAC地址；控制介质访问(争用、令牌传递或轮询)
第3层 网络	在相同或互连网络上的系统之间进行数据传输的路由和相关功能。 路由器——链接不同的网络；仅将数据包转发到目标网络。 网关——链接不同的程序和协议	路由协议：RIP(距离向量)、OSPF(AS中的IGP)、IS-IS(IGP)、BGP(路径向量、AS之间的EGP)、IP、IPX、ICMP、SKIP、AMQP	路由协议可以是静态、动态、距离向量、跳数、链路状态或路径向量。 IP可以进行无连接、尽力传输的数据报传送，以及数据报分段/重组

续表 J.1

层　次	功　能	标　准	细　节
第 4 层 传输	透明、可靠的数据传输以及端到端的传输控制： • 流控制； • 多路复用； • 虚拟电路管理； • 错误检查/校正	传输协议：TCP、UDP、SPX、SSL/TLS	TCP 是全双工的、面向连接的、可靠的且慢速的；通过 SYN – SYN ACK – SYN ACK ACK 握手建立的连接。 UDP 是无连接的、尽力传输的且快速的；由 DNS、SNMP 和流使用 SSL/TLS 提供基于会话的加密/身份验证
第 5 层 会话	建立、协调和终止通信会话(服务请求/响应)	会话协议：NetBIOS、NFS、RPC、SSH/SSH－2、SIP	会话包括： • 建立连接(单工、半双工、全双工)； • 数据传输； • 连接释放
第 6 层 表示	面向第 7 层的数据编码/转换	表示协议：ASCII、EBCDIC、GIF、JPEG、MPEG	任务包括： • 数据表达/格式化； • 字符转换； • 数据压缩； • 数据加密
第 7 层 应用	支持应用程序的网络访问；提供用户界面	应用层的应用程序：FTP、HTTP、HTTPS、IMAP、POP3、PEM、SET、S－HTTP、S/MIME、S－RPC、SMTP、SNMP、Telnet、TFTP	任务包括： • 识别/建立通信合作者的可用性； • 确定资源可用性； • 同步通信

网络缩略词

ACK	确认
ADSL/ASL2	非对称数字用户线路
AMQP	高级消息队列协议
ARP	地址解析协议
AS	自治系统
ASCII	美国信息交换标准代码
ATM	异步传输模式
BGP	边界网关协议
BRI	基本速率接口(ISDN)
CSMA/CA	载波侦听多路访问/冲突避免
CSMA/CD	载波侦听多路访问/冲突检测
CSU	信道服务单元
DCE	数据通信设备
DLCI	数据链路连接标识符(帧中继)
DOCSIS	线缆服务接口数据规格
DSAP	目标服务访问点
DTE	数据终端设备
DVC	数据服务单元
EBCDIC	扩充的二进制编码的十进制交换码
EGP	外部网关协议
FDDI	光纤分布式数据接口
FTP	文件传输协议
GIF	图形交换格式
HDLC	高级数据链路控制
HDSL	高速数字用户线
HSSI	高速串行接口
HTTP	超文本传输协议(TCP 端口 80)
HTTPS	HTTP 安全(HTTP + SSL/TLS)
ICMP	互联网控制消息协议
IGP	内部网关协议
IMAP	互联网消息访问协议(TCP 端口 143)(可使用 SSL 或 TLS)
IP	网络互联协议
IPX	互联网分组交换协议(带有 SPX)

IS-IS	中间系统到中间系统
JPEG	联合图像专家组
L2F	第2层转发协议
L2TP	第2层隧道协议
LAPB	链路访问过程平衡（X.25）
LLC	逻辑链路控制
MAC	媒体访问控制
MPEG	活动图像专家组
MPLS	多协议标签交换(VPN)
NAT	网络地址转换
NBT	TCP/IP上的NetBIOS
NetBIOS	网络基本输入/输出系统
NFS	网络文件系统(UNIX/TCP/IP)
NIC	网络接口卡
OSI	开放系统互连
OSPF	开放式最短路径优先
PEM	隐私增强邮件
PLP	包级协议
POP3	邮局协议版本3(可以使用TLS或SSL)
PPP	点对点协议
PPTP	点对点隧道协议
PRI	主速率接口(ISDN)
PVC	永久虚拟电路
RARP	反向地址解析协议
RIP	路由信息协议
RPC	远程过程调用
SDH	同步数字体系
SDLC	同步数据链路控制
SDSL	单线数字用户线路
SET	安全电子交易
S-HTTP	安全HTTP(与HTTPS不同)
SIP	会话发起协议
SKIP	IP的简单密钥管理
SLIP	串行线路IP
SMDS	交换式多兆位数据服务
S/MIME	安全多用途互联网邮件扩展
SMTP	简单邮件传输协议(TCP/UDP端口25)

SNMP	简单网络管理协议(TCP/UDP 端口 161)
SONET	同步光纤网络
SPX	顺序包交换(带有 IPX)
S-RPC	安全 RPC
SSAP	源服务访问点
SSH/SSH-2	安全 Shell
SSL	安全套接层
SVC	交换虚拟电路
SYN	同步
TCP	传输控制协议(通常带有 IP)
Telnet	终端网络(TCP/UDP 端口 23)
TFTP	简单文件传输协议(UDP 端口 69)
TLS	传输层安全协议
UDP	用户数据报协议
VDSL	超高速数字用户线路

附录 K　美国国防部(DoD)计划的面向服务架构(SOA)的策略要求

SOA 作为全球联网任务能力的使能器,其重要性日益凸显,由此形成了美国国防部计划中的若干架构指导和强制要求。以下各段论述美国国防部系统和复杂组织体的架构师经常遇到的一些问题。其他政府机构也已经或有望得到类似的指导和所需的可交付物。

- 以网络为中心的数据和服务策略、全球信息网格(GIG)架构、以网络为中心互操作性的复杂组织体服务(NESI)以及其他策略和参考架构强制要求开放的分层 SOA。大多数文档会定期被更新或取代,但是 SOA 的一般要求不变。
- 计划必须根据 DoD 架构框架开发并维护集成架构产品,并在信息支持计划(ISP)中将这些产品文档化。在 DoDAF 版本 1 下,产品不太适合表达服务和 SOA,但是 DoDAF 版本 2 将架构定义的整体重点转移到了数据上,并扩展了原始的运行视角、系统视角和技术视角,其中包括服务视角。
- 美国国防信息服务局(DISA)的 GIG 复杂组织体服务(GES)计划,实现复杂组织体节点必须符合的复杂组织体服务。
- DoD 指令要求计划使用结构和发现元数据定义数据;后者必须实现 DoD 发现元数据规范(DDMS);必须发布服务以进行发现和共享,默认方法为 UDDI 注册表。
- 在并非总是强制执行的政策下,数据定义应采用由利益共同体(COI)开发的模型,这些模型经分管网络与信息集成的助理国防部长(ASD/NII)特许,向数据定义和格式及服务定义和格式的通用词汇表发展。
- Web 服务是首选的服务模型,聚焦于融合、安全的 IP 网络/互联网,实现数据、数字化语音、图像、视频和其他通信流量的传送。

附录L 缩略语

ABAC	Attribute-Based Access Control
ABE	Attribute-Based Encryption
ACDM	Architecture Centric Design Method
ACL	Access Control List
ACTP	Agent Communication Transfer Protocol
AD	Activity Diagram
ADM	Architecture Development Method
AES	Advanced Encryption Standard
AESA	Active Electronically Scanned Antenna
AESA	Active Electronically Steered Array
AI	Artificial Intelligence
AIAA	American Institute of Aeronautics and Astronautics
AIS	Automated Information System
ANN	Artificial Neural Network
API	Application Programming Interface
APT	Advanced Persistent Threat
ASE	Agile Systems Engineering
ASELCM	ASE Life Cycle Model
ASIC	Application Specific Integrated Circuit
ASM	Assembly Language
ATAM	Architecture Tradeoff Analysis Method
ATM	Automatic Teller Machine
ATO	Authority to Operate
AVM	Adaptive Vehicle Make
BDD	Block Definition Diagram
BGP	Boundary Gateway Protocol
BMM	Business Motivation Model
BPDM	Business Process Definition Meta-model
BPM	Business Process Management
BPM	Business Process Modeling
BPMN	Business Process Model and Notation

BSS	Boundary Security System
CA	Contributing Analysis
CaaS	Communications as a Service
CAIV	Cost as an Independent Variable
CAPEC	Common Attack Pattern Enumeration and Classification
CAR	Committed Access Rate
CASE	Complex Aerospace Systems Exchange
CBEFF	Common Biometric Exchange File Format
CBK	Common Body of Knowledge
CCA	Chosen Ciphertext Attack
CCE	Common Configuration Enumeration
CCN	Content-Centric Network
CDD	Capability Development Document
CDM	Conceptual Data Model
CEO	Chief Executive Officer
CI	Computing Infrastructure
CIA	Confidentiality Integrity and Availability
CIM	Computation-Independent Model
CIO/CTO	Chief Information Officer/Chief Technology Officer
CIRT	Computer Incident Response Team
CISSP	Certified Information Systems Security Professional
CM	Communications Management
CMS	Content Management Systems
CNN	Convolutional Neural Network
COA	Ciphertext-Only Attack
COI	Communities of Interest
CONOPS	Concept of Operations
COOP	Continuity of Operations
CORBA	Common Object Request Broker Architecture
CPA	Chosen Plaintext Attack
CPD	Capability Production Document
CPE	Computer Platform Enumeration
CRD	Capstone Requirements Document
CRL	Certificate Revocation List
CRUD	Create/Retrieve/Update/Delete
CS	Computer Society
CSC	Critical Security Control

CSD	Center for Secure Design
CSMA/CD	Carrier-Sense Multiple Access/Collision Detection
CSP	Cloud Service Provider
CSRF	Cross-Site Request Forgery
CSV	Comma-Separated Variable
CVE	Common Vulnerabilities and Exposure
CVSL	Clocked Value Specification Language
CVSS	Common Vulnerability Scoring System
CWE	Common Weakness Enumeration
DaaS	Desktop as a Service
DAC	Discretionary Access Control
DAL	Design Assurance Level
DARPA	Defense Advanced Research Projects Agency
DBaaS	DataBase as a Service
DBF	DataBase Firewall
DCGS	Distributed Common Ground System
DCPS	Data-Centric Publish-Subscribe
DDA	Data-Driven Architecture
DDF	Distributed Data Framework
DDL	Data Description Language
DDMS	DoD Discovery Metadata Specification
DDS	Data Distribution Service
DES	Data Exchange Schema
DHCP	Dynamic Host Configuration Protocol
DHS	Department of Homeland Security
DiD	Defense in Depth
DIEA	Defense Information Enterprise Architecture
DIICOE	Defense Information Infrastructure Common Operating Environment
DIME	Direct Internet Message Encapsulation
DIS	Distributed Interactive Simulation
DISA	Defense Information Services Agency
DLL	Dynamic Link Library
DLP	Data Leak Prevention
DMA	Deadline Monotonic Analysis
DMS	Deadline Monotonic Scheduling
DMSO	Defense Modeling and Simulation Office

DMTF	Distributed Management Task Force
DMZ	Demilitarized Zone
DNN	Deep Neural Network
DNS	Domain Name System
DPI	Deep Packet Inspection
DRE	Distributed Real-time and Embedded
DRM	Detailed Resource Modeling
EA	Enterprise Architecture
EAI	Enterprise Application Integration
EAL	Evaluation Assurance Level
EDA	Event-driven Architecture
eDRM	Enterprise Digital Rights Management
EDS	Earliest Deadline Scheduling
EFFBD	Enhanced Functional Flow Block Diagram
EO	Electro-Optical
EPS	Electric Power System
ERD	Entity-Relationship Diagram
ESB	Enterprise Service Bus
ETDR	Endpoint Threat Detection and Response
FACE	Future Airborne Capability Environment
FCS	Frame Check Sequence
FEAF	Federal Enterprise Architecture Framework
FEAP	Federal Enterprise Architecture Program
FICAM	Federal Identity Credential and Access Management
FIFO	First In/First Out
FIPS	Federal Information Processing Standards
FR	Functional Requirements
FRACAS	Failure Reporting Analysis and Corrective Action System
FTP	File Transfer Protocol
GCM	Generic Component Model
GES	GIG Enterprise Services
GIG	Global Information Grid
GIS	Geospatial Information System
GMTI	Ground Moving Target Indicator
GPS	Global Positioning System
GQAM	Generic Quantitative Analysis Modeling
GRM	Generic Resource Modeling

GUI	Graphical User Interface
HAIPE	High Assurance IP Encryptor
HLA	High Level Architecture
HLAM	High-Level Application Modeling
HMI	Human-Machine Interface
HOL	Higher Order Language
HRM	Hardware Resource Modeling
HSS	Host System Security
HTML	HyperText Markup Language
HTTP	HyperText Transmission Protocol
HTTPS	HyperText Transmission Protocol - Secure
IaaS	Infrastructure as a Service
IB	Integration Backbone
IBD	Internal Block Diagram
IC	Integrated Circuit
ICAM	Identity Credential and Access Management
ICD	Interface Control Document
IDEF	Integration Definition for Functional Modeling
IDL	Interface Description Language
IDS	Intrusion Detection System
IDXP	Intrusion Detection Exchange Protocol
IEC	International Electrotechnical Commission
IEEE	Institute of Electrical and Electronics Engineers
IER	Information Exchange Requirements
IETF	Internet Engineering Task Force
IFEAD	Institute for Enterprise Architecture Developments
IGP	Interior Gateway Protocol
IM	Information Management
IMA	Integrated Modular Avionics
IMaaS	Identity Management as a Service
IMP/IMS	Integrated Master Plan and Schedule
INCOSE	International Council on Systems Engineering
IP	Internet Protocol
IPS	Intrusion Prevention System
IPT	Integrated Product Team
IPX	Internetwork Packet Exchange
IR	Infrared

IRC	Internet Relay Chat
IRM	Information Rights Management
ISAP	Information Security Automation Program
ISO	International Standards Organization
ISP	Information Support Plan
ISP	Internet Service Provider
ISR	Intelligence Surveillance and Reconnaissance
IT	Information Technology
ITU	International Telecommunications Union
JCIDS	Joint Capabilities Integration and Development System
JDBC	Java DataBase Connectivity
JMS	Java Message Service
KPP	Key Performance Parameter
KSA	Key System Attribute
LAN	Local Area Network
LDAP	Lightweight Directory Access Protocol
LDAP	Lightweight Data Access Protocol
LDM	Logical Data Model
LL	Least Laxity
LV	Logical/Functional Viewpoint
M2M	Machine-to-Machine
MAC	Mandatory Access Control
MAC	Media Access Control
MAN	Metropolitan Area Network
MANET	Mobile Ad Hoc Network
MARTE	Modeling and Analysis of Real-Time Embedded
MBSAP	Model-Based System Architecture Process
MBSE	Model-Based System Engineering
MDA	Model-Driven Architecture
MDC	Metadata Catalog
MDF	Metadata Framework
MEP	Master Evolution Plan
MGHMI	Microgrid Human-Machine Interface
MI	Message Information
MIB	Management Information Base
MILS	Multiple Independent Levels of Security
MLS	Multi-Level Security

MODAF	Ministry of Defence Architecture Framework
MPLS	Multiprotocol Label Switching
MPPT	Maximum Power Point Tracker
MSL	Multiple Security Levels
MSP	Mission Success Parameter
MTBCF	Mean Time Between Critical Failures
MTBF	Mean Time Between Failures
MTI	Moving Target Indication
MTTR	Mean Time to Repair
MUF	Maximum Urgency First
NAC	Network Access Control
NAS	Network-Attached Storage
NASA	National Aeronautics and Space Administration
NATO	North Atlantic Treaty Organization
NESI	Net-Centric Enterprise Services for Interoperability
NFP	Nonfunctional Properties
NFR	Nonfunctional Requirements
NIC	Network Interface Card
NIST	National Institute of Standards and Technology
NITF	National Imagery Transmission Format
NOS	Network Operating System
NSA	National Security Agency
NTP	Network Time Protocol
NVD	National Vulnerability Database
OASIS	Organization for the Advancement of Structured Information Standards
OCL	Object Constraint Language
ODBC	Open DataBase Connectivity
OGC	Open Geospatial Consortium
OGSA	Open Grid Service Architecture
OLTP	Online Transaction Processing
OMB	Office of Management and Budget
OMG	Object Management Group
OMS	Open Mission Systems
OO	Object Orientation
OOD	Object-Oriented Design
OOSE	Object-Oriented Systems Engineering

OOSEM	Object-Oriented Systems Engineering Method
OPM	Object Process Methodology
OR	Operationally Ready
ORB	Object Request Broker
OS	Operating System
OSA	Open System Architecture
OSI	Open Systems Interconnection
OT	Operational Test
OV	Operational Viewpoint
OVAL	Open Vulnerability Assessment Language
OWASP	Open Web Application Security Project
PaaS	Platform as a Service
PAM	Performance Analysis Modeling
PAP	Policy Administration Point
PBNM	Policy-Based Network Management
PC	Personal Computer
PDM	Physical Data Model
PDM	Platform-Dependent Model
PDP	Policy Decision Point
PDP	Policy Definition Point
PDR	Preliminary Design Review
PDU	Protocol Data Unit
PE	Partial Evaluation
PEM	Privacy-Enhanced Email
PEP	Policy Enforcement Point
PG	Primary Grid
PGP	Pretty Good Privacy
PIM	Platform-Independent Model
PIP	Policy Information Point
PKI	Public Key Infrastructure
PNT	Position Navigation and Timing
POP	Post Office Protocol
POS	Point-of-Sale
POSIX	Portable Operating System Interface
PP	Protection Profile
PSM	Platform-Specific Model
PST	Performance, Schedulability and Timing

PV	Physical Viewpoint
QAP	Quality Attribute Parameter
QKD	Quantum Key Distribution
QoP	Quality of Protection
QoS	Quality of Service
RA	Reference Architecture
RAID	Reliable Array of Independent Disks
RBAC	Role-Based Access Control
RDBMS	Relational DataBase Management System
REST	Representational State Transfer
RF	Radio Frequency
RFI	Remote File Inclusion
RI	Risk Identification
RIA	Rich Internet Application
RISC	Reduced Instruction Set Computer
RM	Reference Model
RMA	Rate Monotonic Analysis
RMA	Reliability Maintainability and Availability
RMF	Risk Management Framework
RMS	Rate Monotonic Scheduling
ROPES	Rapid Object-Oriented Process for Embedded System
ROSA	Radar Open System Architecture
RPC	Remote Procedure Call
RSM	Repetitive Structure Modeling
RSS	Really Simple Syndication
RSVP	Resource Reservation Protocol
RT	Real-Time
RTE	Real-Time/Embedded
RTOS	Real Time Operating System
RTSJ	Real-Time Specification for Java
RUP	Rational Unified Process
RWG	Receiver/Waveform Generator
SA/SD	Structured Analysis and Structured Design
SACP	Simple Agent Communication Protocol
SAGE	Semi-Automated Ground Environment
SAM	Schedulability Analysis Modeling
SAML	Security Assertion Markup Language

SAN	Storage Attached Network
SAN	Storage Area Network
SANS	System Administration Networking and Security Institute
SAR	Synthetic Aperture Radar
SAR	Security Assurance Requirement
SATCOM	Satellite Communications
SCA	Software Communications Architecture
SCADA	System Control and Data Acquisition
SCAP	Security Content Automation Protocol
SD	Sequence Diagram
SDLC	System Development Life Cycle
SDR	Software-Defined Radio
SE	Systems Engineering
SECaaS	Security as a Service
SECOPS	Security System Concept of Operations
SEI	Software Engineering Institute
SEIPT	System Engineering Integrated Product Team
SEIT	System Engineering Integration and Test
SEP	Systems Engineering Plan
SFR	Security Functional Requirement
SIEM	Security Information and Event Management
SIG	Softgoal Interdependency Graph
SIGINT	Signals Intelligence
SIL	System Integration Laboratory
SKH	Separation Kernel Hypervisor
SLA	Service-Level Agreement
SLO	Service-Level Objectives
SMD	State Machine Diagram
SME	Subject Matter Experts
SMG	Smart Microgrid
SNMP	Simple Network Management Protocol
SOA	Service-Oriented Architecture
SoaML	Service-Oriented Architecture Modeling Language
SOAP	Simple Object Access Protocol
SOC	State of Charge
SOC/NOC	Security Operations Center/Network Operations Center
SOW	Statement of Work

SP	Security Plan
SPD	Security Policy Document
SPT	Schedulability Performance and Time
SPX/IPX	Sequenced Packet Exchange over Internet Packet Exchange
SQL	Structured Query Language
SRM	Software Resource Modeling
SRR	System Requirements Review
SRS	Software Requirements Specification
SS	Support Systems
SSDLC	Secure Software Development Life Cycle
SSE	System Security Engineering
SSI	Single System Image
SSID	Service Set Identifiers
SSL	Secure Sockets Layer
SSLDC	Secure Software Development Life Cycle
SSR	Sensor Service Request
SSTT	Single Source of Technical Truth
ST	Security Target
STANAG	Standardization Agreement
STEP	STandard for the Exchange of Product information
SYSAD	System Administrator
TCG	Trusted Computing Group
TCP	Transport Control Protocol
TCP	Trusted Computing Platform
TCSEC	Trusted Computer System Evaluation Criteria
TDD	Test-Driven Development
TELNET	Telecommunications Network
TLS	Transport Layer Security
TMN	Telecommunications Management Network
TMT	Thirty Meter Telescope
TOG	The Open Group
TOGAF	The Open Group Architecture Framework
TOS	Trusted Operating System
TPM	Trusted Platform Module
TPM	Technical Performance Measure
TR	Transmit/Receive
TRR	Test Readiness Reviews

TTDSE	Traditional Top-Down Systems Engineering
TTP	Tactics Techniques and Procedure
UC	Use Case
UDDI	Universal Description Discovery and Integration
UDP	Uniform Datagram Protocol
UML	Unified Modeling Language
UPDM	Unified Profile for DoDAF and MoDAF
UPS	Uninterruptible Power Supplies
URL	Unified Resource Locator
USGCB	US Government Configuration Baseline
UTM	Unified Threat Management
UTP	Unshielded Twisted Pair
VCRM	Verification Cross Reference Matrix
VERIS	Vocabulary for Event Reporting and Incident Sharing
VLAN	Virtual Local Area Network
VM	Virtual Machine
VPN	Virtual Private Network
VSL	Value Specification Language
WADL	Web Application Description Language
WAF	Web Application Firewall
WAN	Wide Area Network
WAP	Wireless Application Protocol
WASC	Web Application Security Consortium
WEP	Wired Equivalent Privacy
WFS	Web Feature Service
WMS	Web Map Service
WPS	Wi-Fi Protected Setup
WSBPEL	Web Services Business Process Execution Language
WSDL	Web Services Description Language
WSF	Web Service Framework
WSM	Web Service Management
WTLS	Wireless Transport Layer Security
XaaS	Everything as a Service
XACML	Extensible Access Control Markup Language
XCCDF	Configuration Checklist Description Format
XFS	Cross-Frame Scripting
XKMS	XML Key Management Specification

XML	Extensible Markup Language
XMPP	Extensible Message and Presence Protocol
XRML	Extensible Rights Markup Language
XSD	XML Schema Definition
XSLT	Extensible Stylesheet Language Transformations
XSS	Cross-Site Scripting
ZT	Zero-Trust

参考文献[①]

[1] ISO/IEC/IEEE. (2011) Standard 42010:2011, Systems and software engineering—architecture description. http://www.iso-architecture.org/ieee-1471/ANSI-IEEE 1471-2000.

[2] Bar Yam Y. (1997) Dynamics of complex systems. Addison-Wesley, Reading, MA.

[3] Berganthal J. (2011) Final report model based engineering (MBE). NDIA Systems.

[4] Bjorkman E A, Sarkani S, Mazzuchi T A. (2013) Using model-based systems engineering as a. framework for improving test and evaluation activities. Syst Eng 16(3):346-362.

[5] Booch G. (1997) Object-oriented analysis and design with applications, 2nd edn. Addison-Wesley, Reading, MA.

[6] Booch G, Rumbaugh J, Jacobson I. (1999) The unified modeling language user guide. Addison-Wesley, Boston, MA.

[7] Bowen P, et al. (2006) Information security handbook: a guide for managers, NIST SP 800-100, June 2006.

[8] Brown B. (2011) Model-based systems engineering: revolution or evolution? IBM Software, Thought Leadership White Paper, Dec 2011.

[9] Broy M, Feilkas M, Herrmannsdoerfer M, et al. (2010) Seamless model-based development: from isolated tools to integrated model engineering environments. Proc IEEE 98(4):526-545.

[10] Buede D M, Miller W D. (2016) The engineering design of systems: models and methods, 3rd edn. Wiley, New York.

[11] Chew E, et al. (2008) Performance measurement guide for information security, NIST SP 800-55, July 2008.

[12] Chonoles M, Schardt J. (2003) UML2 for dummies. Wiley, New York.

[13] Clements P, Bachmann F, Bass L, et al. (2002) Documenting software architectures: views and beyond. Addison-Wesley, Boston, MA.

[14] Clements P, Kazman R, Klein M. (2001) Evaluating software architectures: methods and case studies. Addison-Wesley, Boston, MA.

① 主要参考来源使用**强调。

[15] Office of Management and Budget. (2013) Federal Enterprise Architecture Framework Ver 2. https://obamawhitehouse.archives.gov/sites/default/files/omb/assets/egov_docs/fea_v2.pdf.

[16] Conrad E, Misenar S, Feldman J. (2016) CISSP study guide, 3rd edn. Syngress, New York.

[17] Constant J N. (1972) Introduction to defense radar systems engineering. Spartan Books, New York.

[18] Date C J. (1981) An introduction to database systems, 3rd edn. Addison-Wesley, Reading, MA.

[19] Dickerson C, Mavris D. (2010) Architecture and principles of systems engineering. CRC Press, Boca Raton, FL.

[20] DoDAF Version 2, Volumes 1-3, available from the Office of the Assistant Secretary of Defense for Networks and Information Integration.

[21] Dori D. (2016) Model-based systems engineering with OPM and SysML. Springer, New York.

[22] Douglass B P. (2004) Real-time UML, Advances in the UML for real-time systems, 3rd edn. Addison-Wesley, New York.

[23] Douglass B P. (2016) Agile systems engineering. Elsevier, New York.

[24] Erl T. (2005) Service-oriented architecture: concepts, technologies, and design. Prentice Hall, New York.

[25] Estefan J A. (2007) Survey of model-based systems engineering (MBSE) methodologies. INCOSE, Seattle, WA.

[26] Fowler M. (2004) UML distilled, A brief guide to the standard object modeling language, 3rd edn. Addison-Wesley, Boston, MA.

[27] **Friedenthal S, Moore A, Steiner F. (2015) A practical guide to SysML: the systems modeling language, 3rd edn. Morgan Kaufmann, Burlington, MA.

[28] **Friedenthal S, Moore A, Steiner F. (2009) OMG Systems Modeling Language (OMG SysML) Tutorial, Sept 2009. http://www.omgsysml.org/INCOSE-OMGSysML-Tutorial-Final-090901.pdf.

[29] Gamma E, et al. (1995) Design patterns: elements of reusable object-oriented software. Addison-Wesley, Boston, MA.

[30] Guide to the System Engineering Body of Knowledge (SEBoK). http://www.sebokwiki.org/1.0/index.php/Main_Page.

[31] Gurney K. (1997) An introduction to neural networks. Routledge, London.

[32] Holt J, Perry S. (2008) SysML for systems engineering. Institute for Engineering and Technology, London.

[33] INCOSE. (2007) Model-based systems engineering (MBSE) initiative, 29 June

2007. http://www.incose.org/.
[34] International Council on System Engineering Handbook (free with INCOSE membership). http://www.incose.org/ProductsPubs/products/sehandbook.aspx.
[35] Jacobson I, et al. (1992) Object-oriented software engineering: a use case driven approach. Addison-Wesley, Reading, MA.
[36] Jamshidi M. (2009) System of systems engineering: innovations for the 21st century. Wiley, Hoboken, NJ.
[37] Jenney J, Gangl M, Kwolek R, et al. (2010) Modern Methods of Systems Engineering: With an Introduction to Pattern and Model Based Methods, privately published.
[38] Johnson S B. (2006) The secret of Apollo: systems management in American and European space programs. Johns Hopkins University Press, Baltimore, MD.
[39] Lattanze A J. (2009) Architecting software intensive systems: a practitioner's guide. CRC Press, New York.
[40] Long D, Scott Z. (2011) A primer for model-based system engineering, 2nd edn. Vitech Corp, Blacksburg, VA.
[41] Maier M W, Rechtin E. (2009) The art of systems architecting. CRC Press, Boca Raton, FL.
[42] Maier M W. (2006) System and software architecture reconciliation. Syst Eng 9(2):146-159.
[43] Marks E, Bell T. (2006) Service-oriented architecture: a planning and implementation guide for business and technology. Wiley, Hoboken, NJ.
[44] Mellor S, Balcer M. (2002) Executable UML: a foundation for model-driven architecture. Addison-Wesley, New York.
[45] Muller G. (2005) System architecting. http://www.gaudisite.nl.
[46] Muller P A. (1997) Instant UML. Wrox Press, Paris.
[47] Murch R, Johnson T. (1998) Intelligent software agents. Prentice Hall, Upper Saddle River, NJ.
[48] NASA Systems Engineering Handbook, NASA/SP-2007-6105, 2007.
[49] Object Management Group. Standards and specifications. http://sysml.org/docs/specs/OMGSysML-v1.4-15-06-03.pdf.
[50] Object Management Group. Model driven architecture. www.omg.org/mda/mda_files/Model-Driven_Architecture.pdf.
[51] Object Management Group. The UML profile for MARTE: modeling and analysis of real-time and embedded systems. http://www.omgmarte.org.
[52] Open Group. TOGAF version 9 enterprise edition. www.opengroup.org/togaf/.

[53] Raistrick C, et al. (2004) Model driven architecture with executable UML. Cambridge University Press, Cambridge .

[54] Rhapsody Users Guide. https://www-947. ibm. com/support/entry/portal/documentation_expanded_list/rational/rational_rhapsody_family? productContext=-1713148450.

[55] Rozanski N, Woods E. (2005) Software systems architecture: working with stakeholders using viewpoints and perspectives. Addison-Wesley, New York.

[56] Senge P. (1990) The fifth discipline. Doubleday, New York.

[57] Shalloway A, Trott J. (2001) Design patterns explained: a new perspective on object-oriented design. Addison-Wesley, Boston, MA.

[58] Stimson G W. (1998) Introduction to airborne radar, 2nd edn. Scitech, Mendham, NJ.

[59] Systems Engineering Tutorial for Rational Rhapsody, IBM, 2009. ftp://public. dhe. ibm. com/software/rationalsdp/documentation/product _ doc/Rhapsody/version_7-5/tutorial_Systems_Eng. pdf.

[60] Thompson R E, Colombi J M, Black J, et al. (2015) Disaggregated space system concept optimization: model-based conceptual design methods. Syst Eng 18 (6):549-567.

[61] Utting M, Legeard B. (2007) Practical model-based testing: a tools approach. Morgan Kaufmann, San Francisco, CA.

[62] **Weilkiens T. (2013) SysML reference card. http://model-based-systems-engineering. com/wp-content/uploads/2012/03/sysmod-sysml-1. 3-reference-card-weilkiens. pdf.

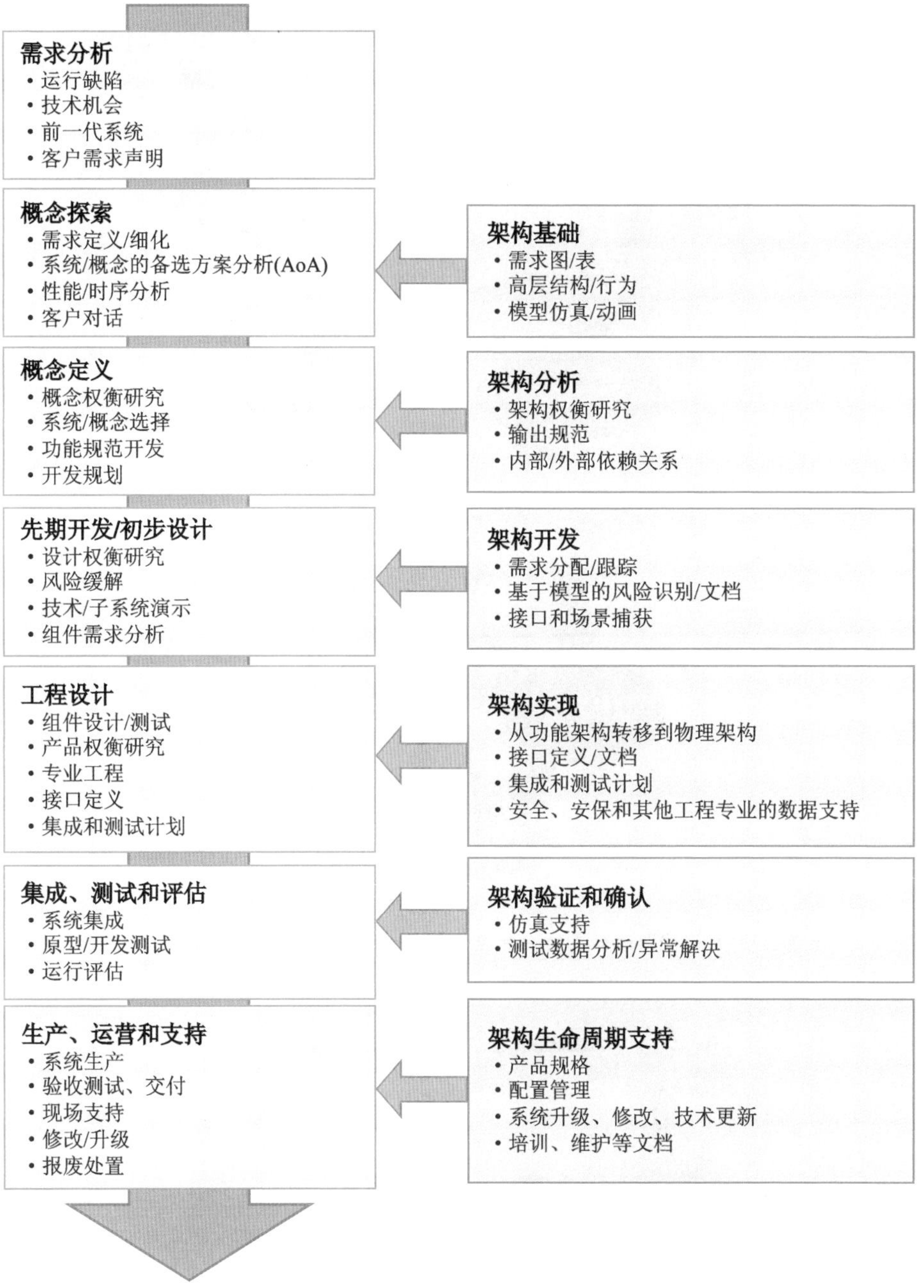

需求分析
- 运行缺陷
- 技术机会
- 前一代系统
- 客户需求声明

概念探索
- 需求定义/细化
- 系统/概念的备选方案分析(AoA)
- 性能/时序分析
- 客户对话

架构基础
- 需求图/表
- 高层结构/行为
- 模型仿真/动画

概念定义
- 概念权衡研究
- 系统/概念选择
- 功能规范开发
- 开发规划

架构分析
- 架构权衡研究
- 输出规范
- 内部/外部依赖关系

先期开发/初步设计
- 设计权衡研究
- 风险缓解
- 技术/子系统演示
- 组件需求分析

架构开发
- 需求分配/跟踪
- 基于模型的风险识别/文档
- 接口和场景捕获

工程设计
- 组件设计/测试
- 产品权衡研究
- 专业工程
- 接口定义
- 集成和测试计划

架构实现
- 从功能架构转移到物理架构
- 接口定义/文档
- 集成和测试计划
- 安全、安保和其他工程专业的数据支持

集成、测试和评估
- 系统集成
- 原型/开发测试
- 运行评估

架构验证和确认
- 仿真支持
- 测试数据分析/异常解决

生产、运营和支持
- 系统生产
- 验收测试、交付
- 现场支持
- 修改/升级
- 报废处置

架构生命周期支持
- 产品规格
- 配置管理
- 系统升级、修改、技术更新
- 培训、维护等文档

图 3.1　MBSE 为系统工程活动提供的支持

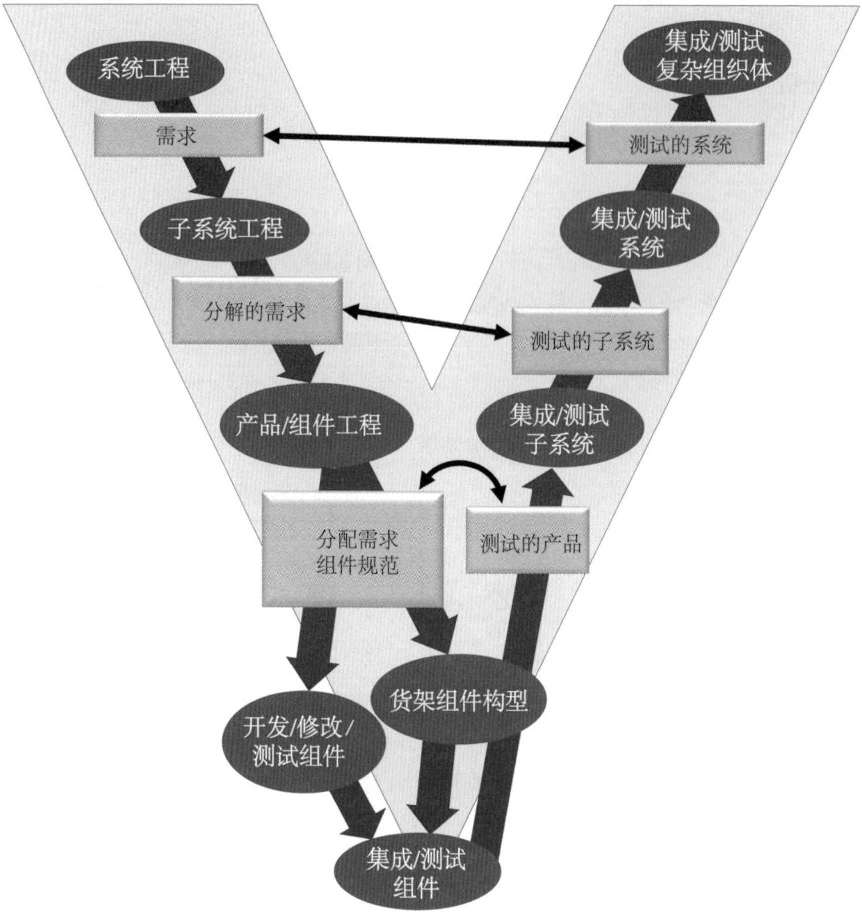

图 3.2　系统工程“V 形图”(表示需求分析及分配,然后设计、集成和测试,以实现最终系统)

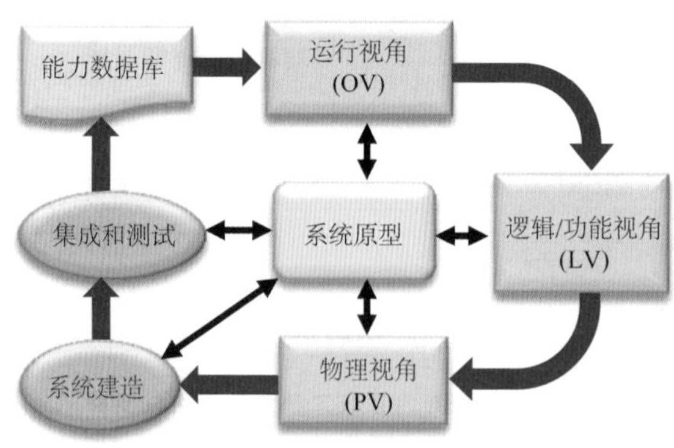

图 3.4　MBSAP 方法论的顶层概述

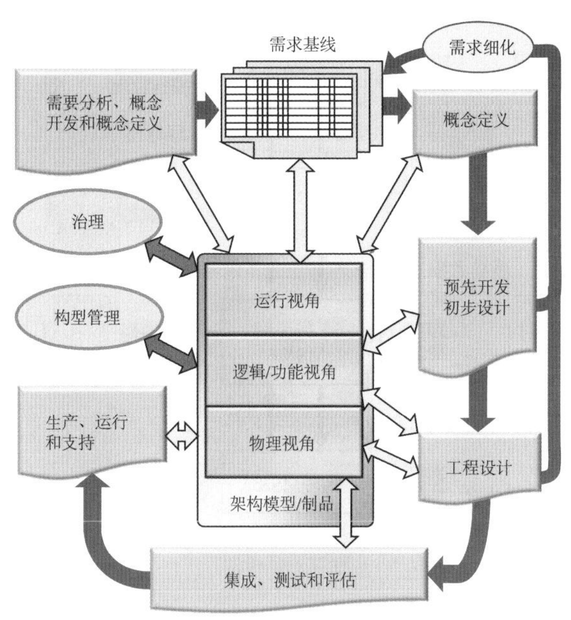

图 3.6　SE 流程的各个阶段与支持架构模型的内容之间的关系

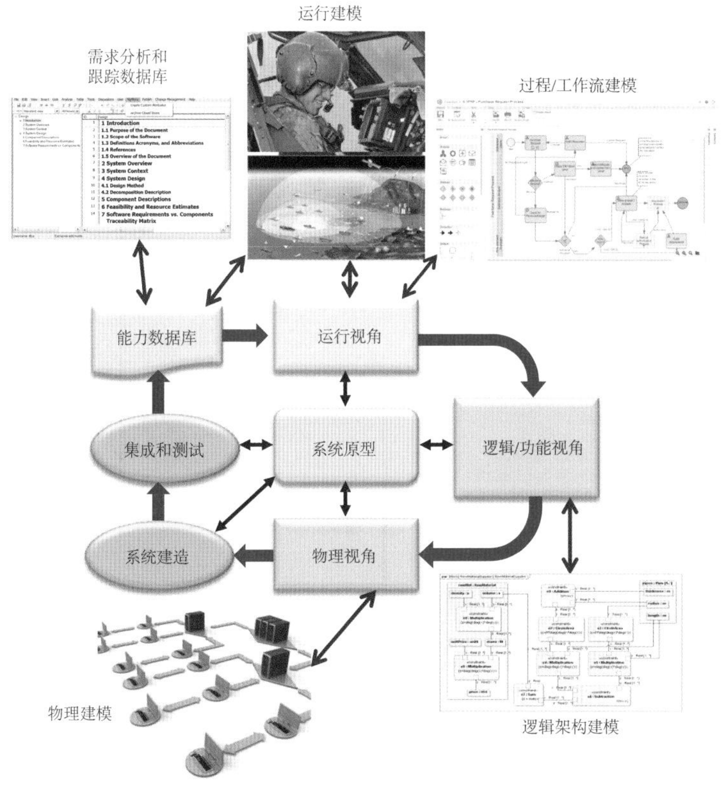

图 3.7　通过各种可视化工具支持架构开发的各个阶段

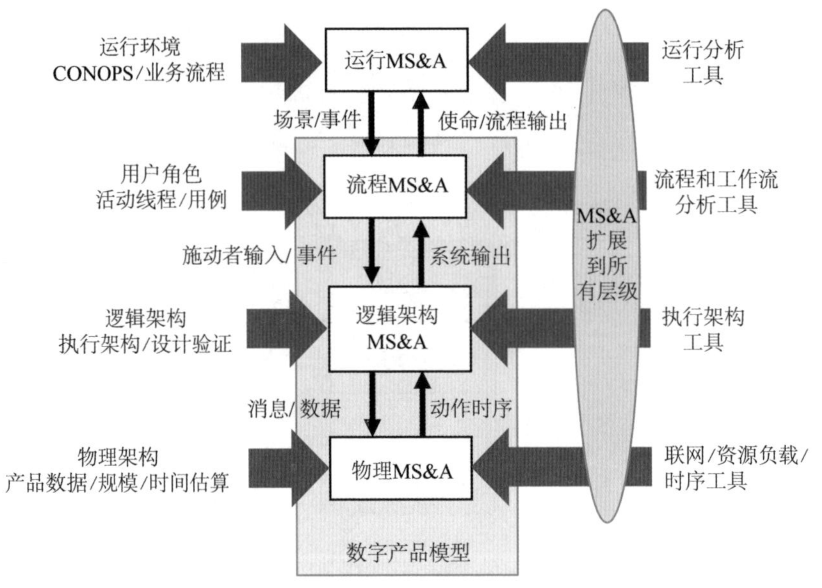

图 3.8　架构中与建模和仿真层相匹配的抽象层级，其中具有内容、信息交换和工具的概述

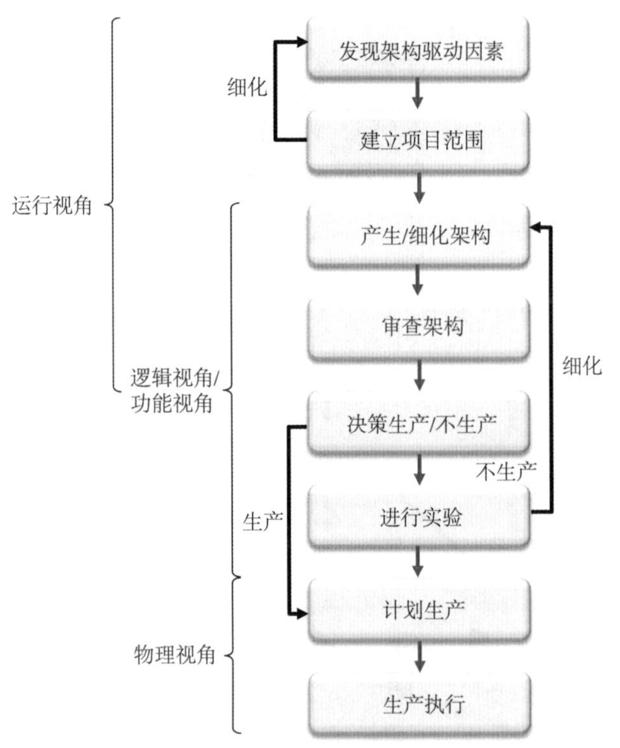

图 3.9　以架构为中心的设计方法(ACDM)的阶段，映射到 MBSAP 视角

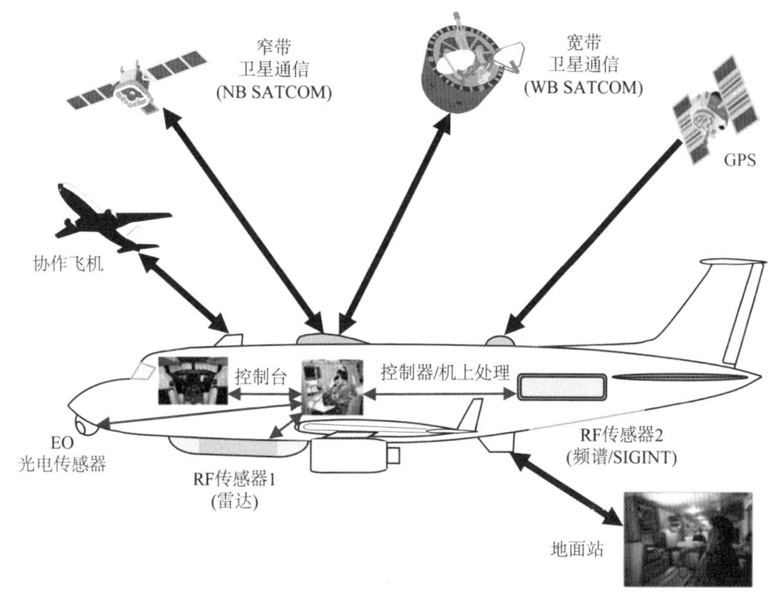

图 4.2 E-X"监视者"机载多传感器系统

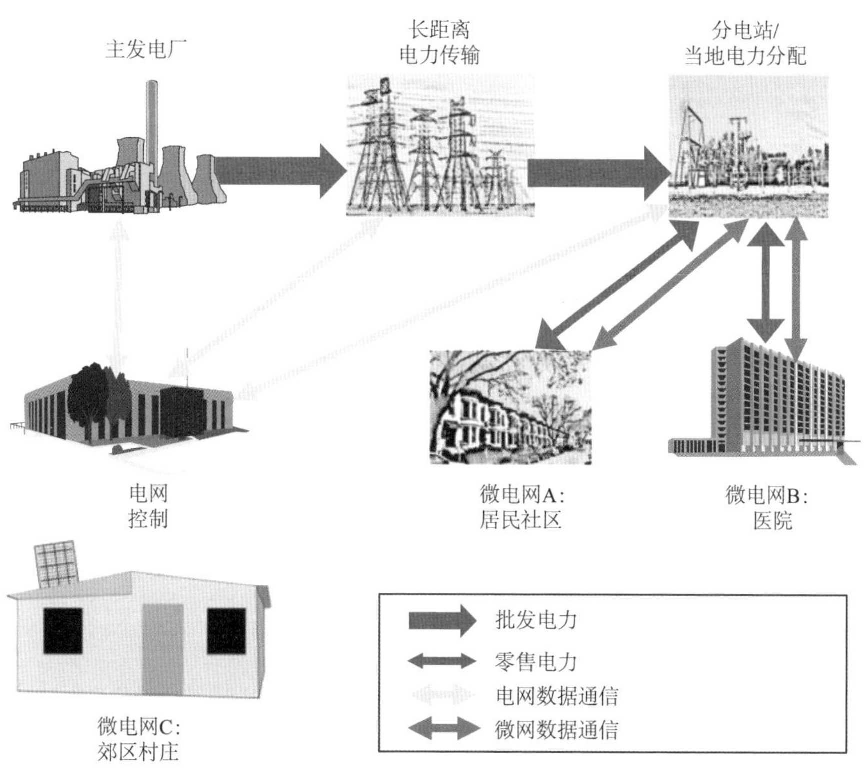

图 4.4 主电网和各种微电网的简化图

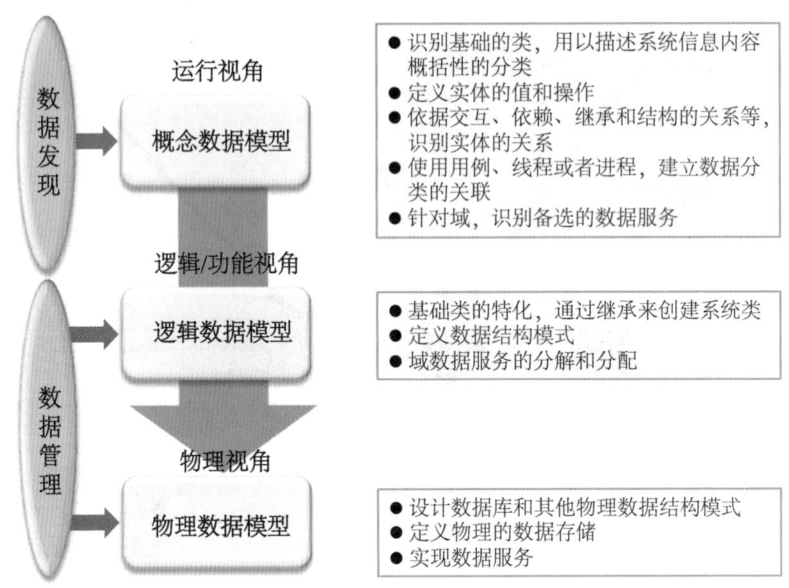

图 4.14　数据模型层级结构，从概念数据模型开始，通过逻辑数据模型和物理数据模型进行推进

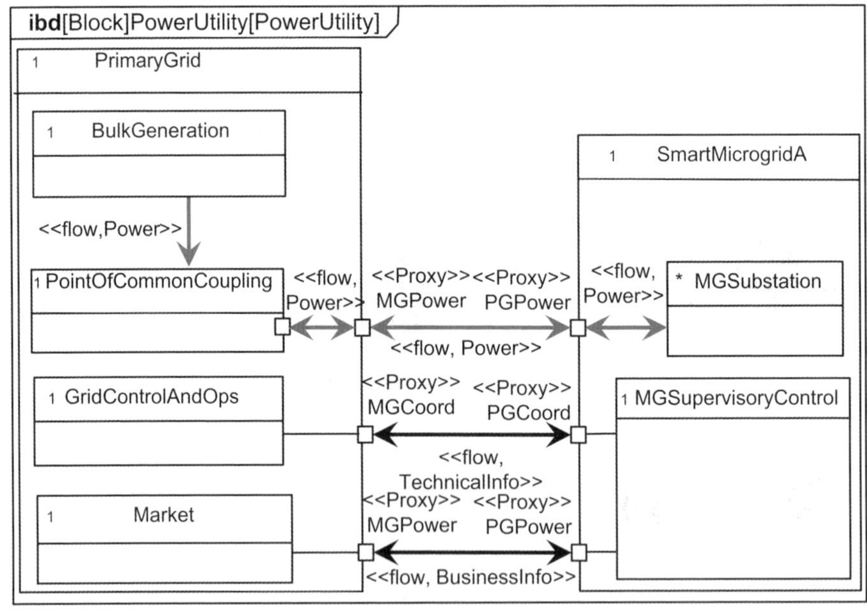

图 4.19　IBD 显示主电网和智能微电网之间的主要交互

uc[Package]UseCases[SMGAUseCases]

ProvidePrimary GridPower
<<include>>
InteractWith PrimaryGrid
<<include>>
ConsumePrimary GridPower
ServiceProvider
PrimaryGrid
<<include>>
ManageFinancial Exchange
MGOperations
<<extend>>
<<extend>>
MonitorDevices AndLoads
<<include>>
<<include>>
PerformBusiness Management
MGBusiness Support
Manage Microgrid
<<include>>
ControlMGEnergy Storage
<<extend>>
<<include>>
ControlMGPower Generation
<<include>>
Environment
Performinstallation Maintenance AndRepair
InteractWith Customers
MGTechnical Support
<<extend>>
<<include>>
PayBill
<<include>>
PerformCustomer Activities
AddOrDelete Device
<<include>>
MGCustomer
ChangeLoad

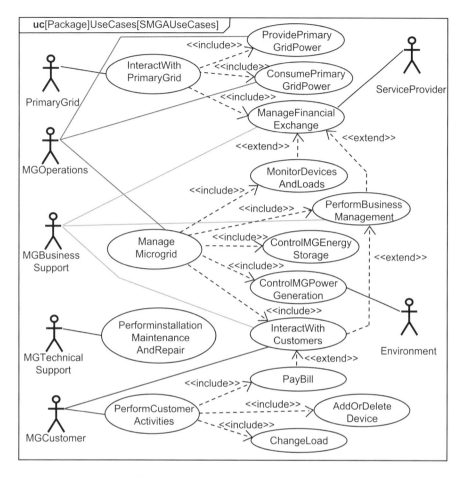

图 4.20　智能微电网 A 的用例，包括与主电网、客户、电力市场中的公司以及环境的交互

图 5.2　万向架(机械瞄准)雷达天线和相控阵(电子瞄准)雷达天线的例子

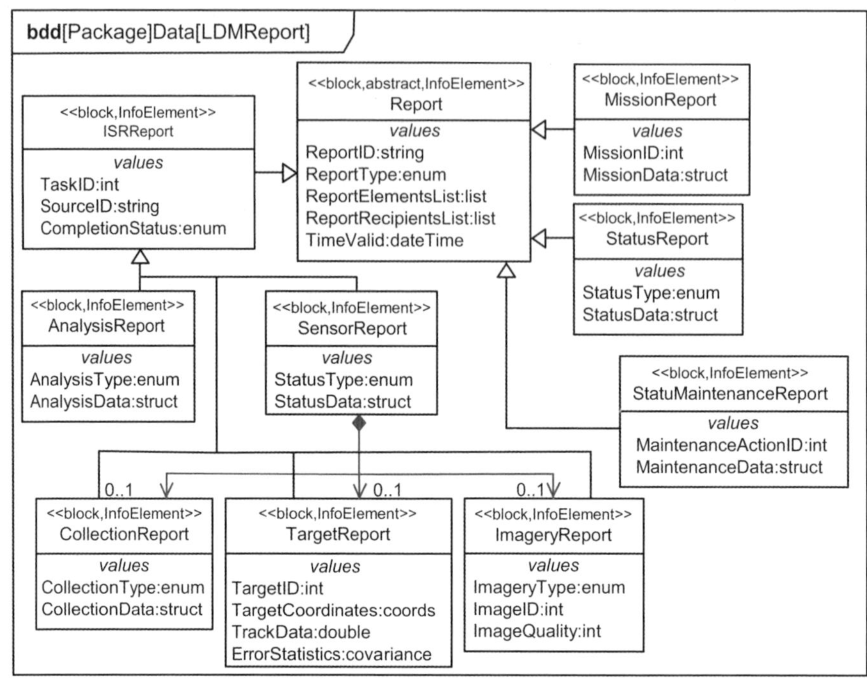

图 5.14 E-X 报告基础类的系统数据块

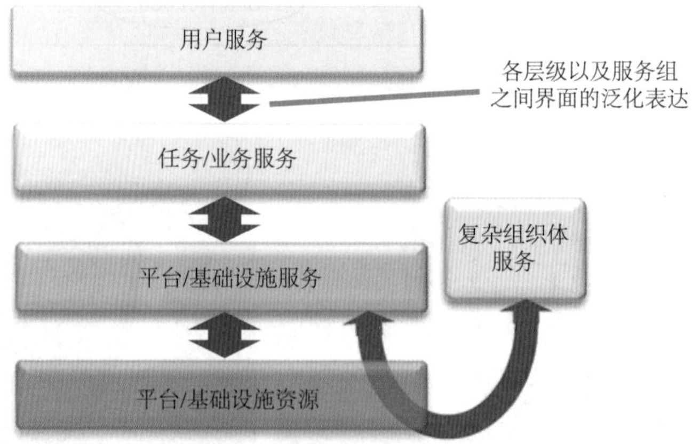

图 5.16 不同层或多组服务之间,具有服务接口的分层架构的基本模型

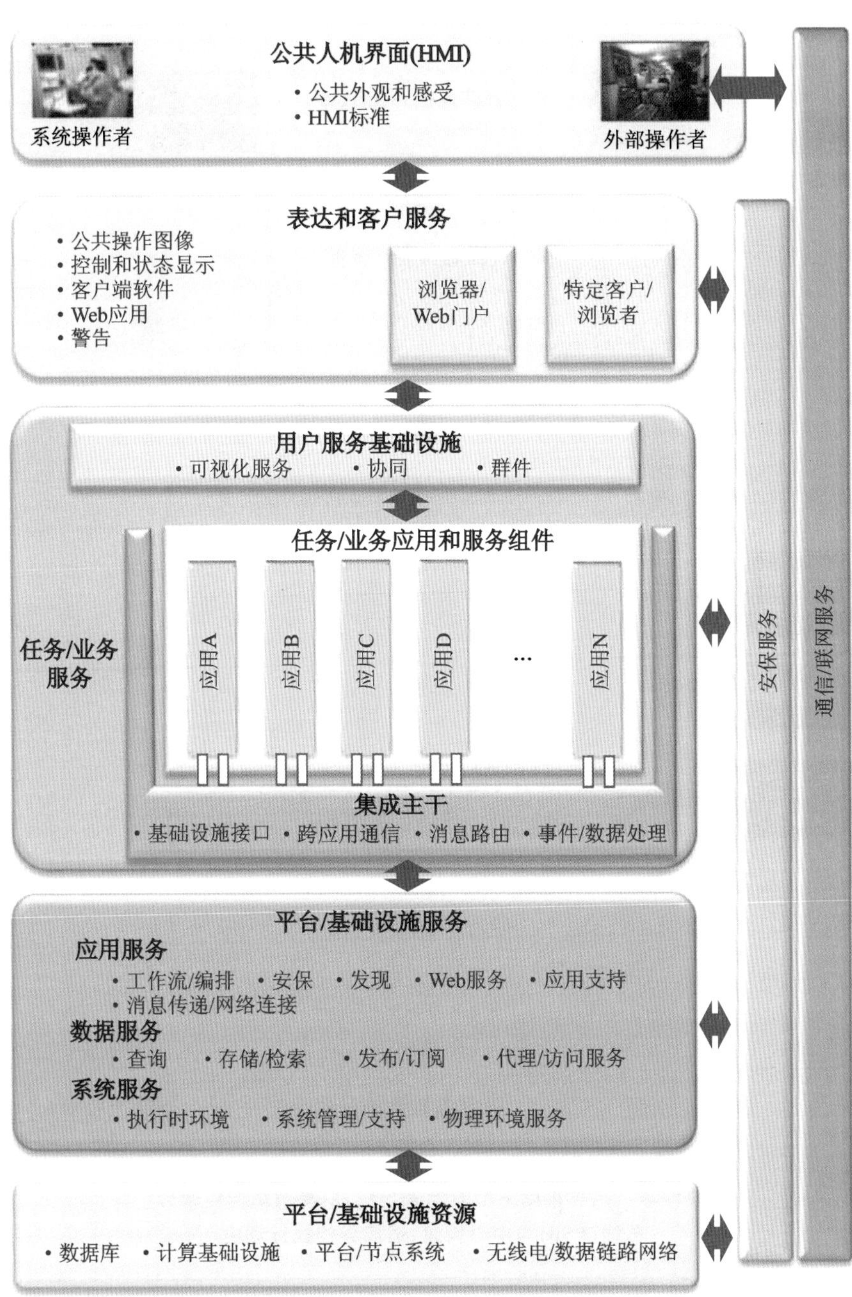

图 5.17　流程/决策实时系统或节点的具有代表性的分层 SOA

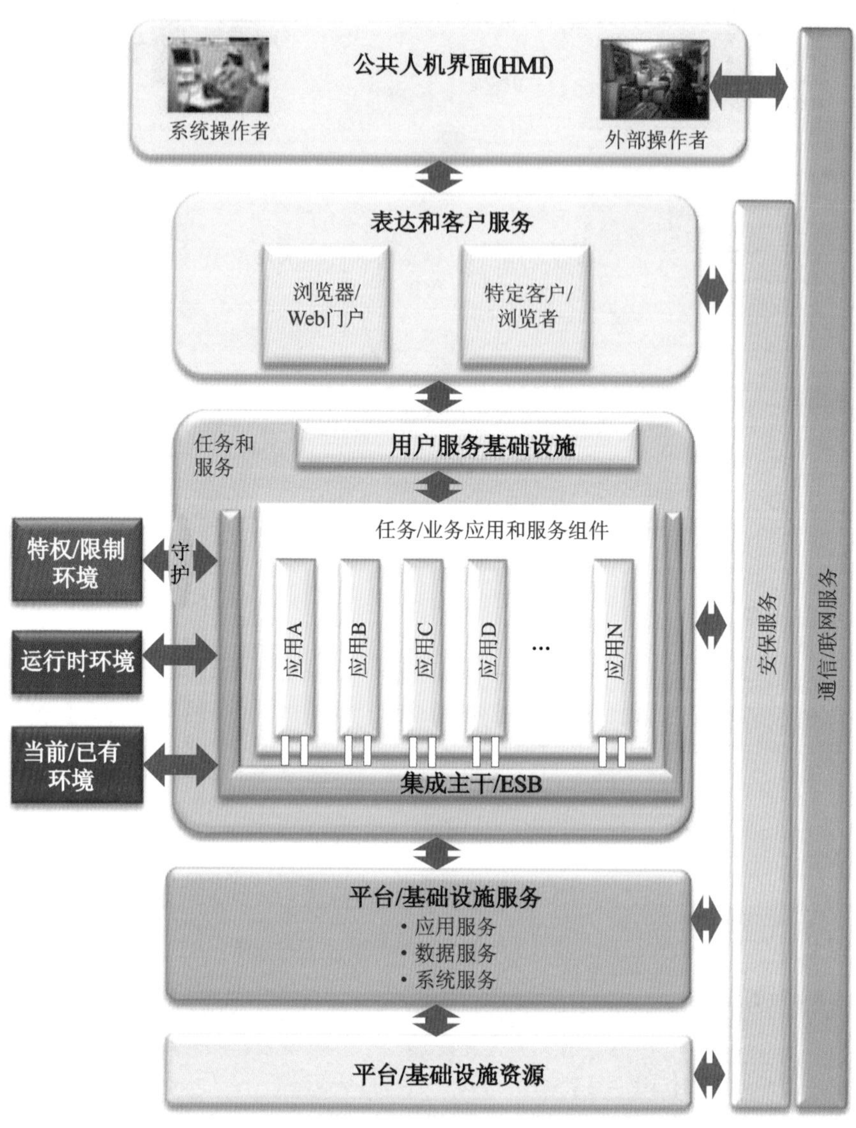

图 5.21　具有集成主干的分层 SOA，以复杂组织体服务总线（ESB）为中心构建，适应异构执行环境

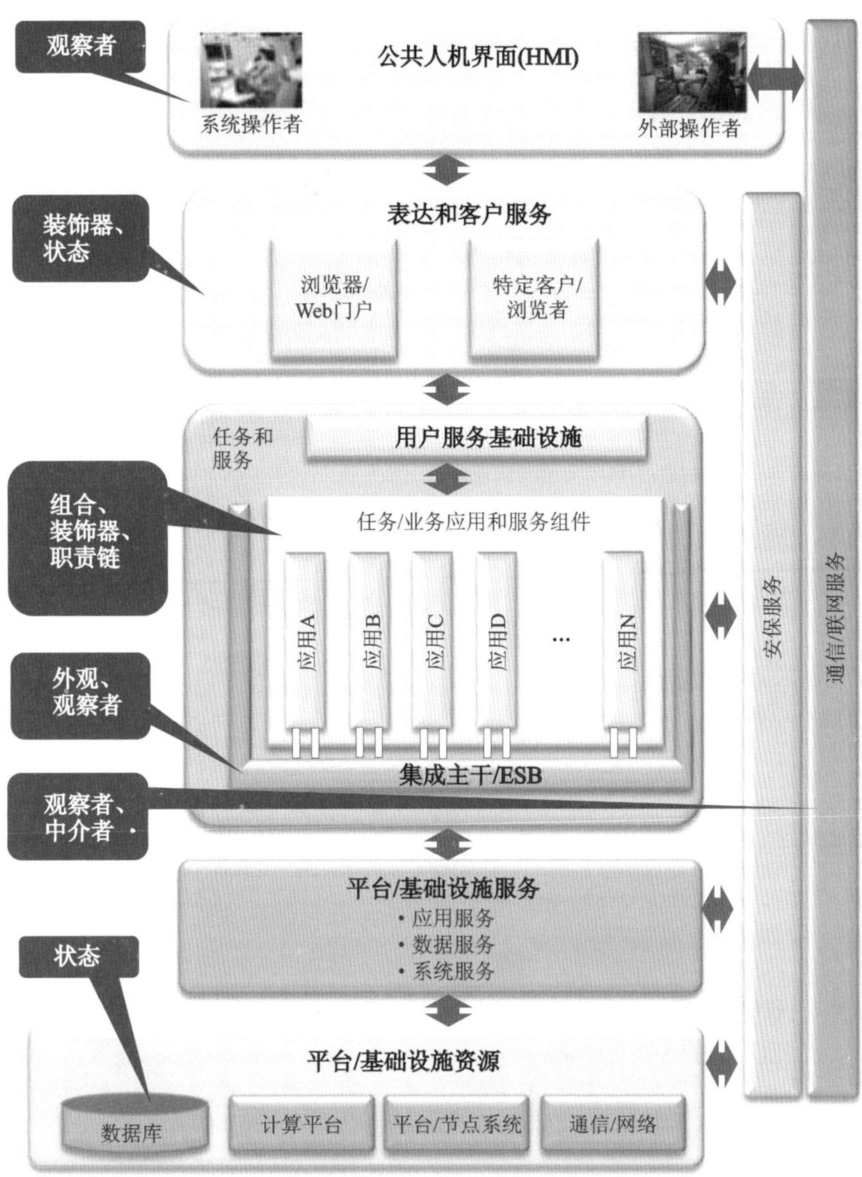

图 5.22　分层 SOA 的设计模式

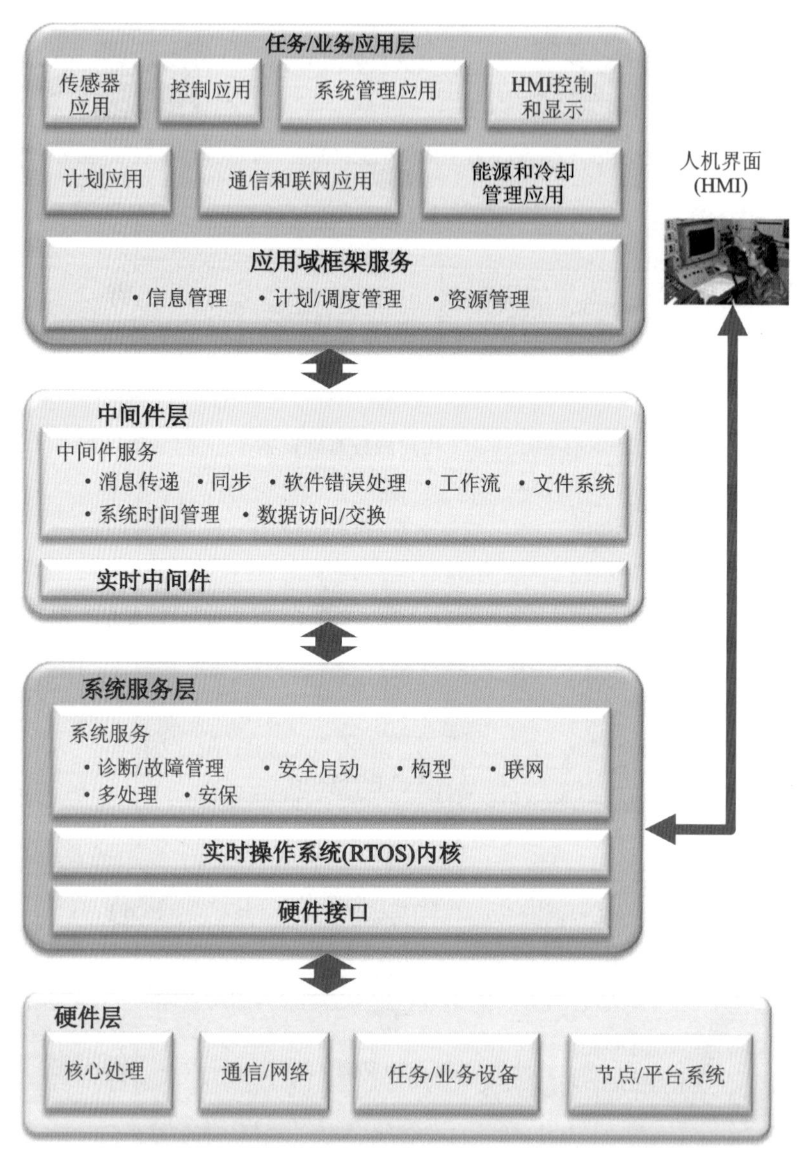

图 5.23 使用实时中间件服务,实时系统的分层架构

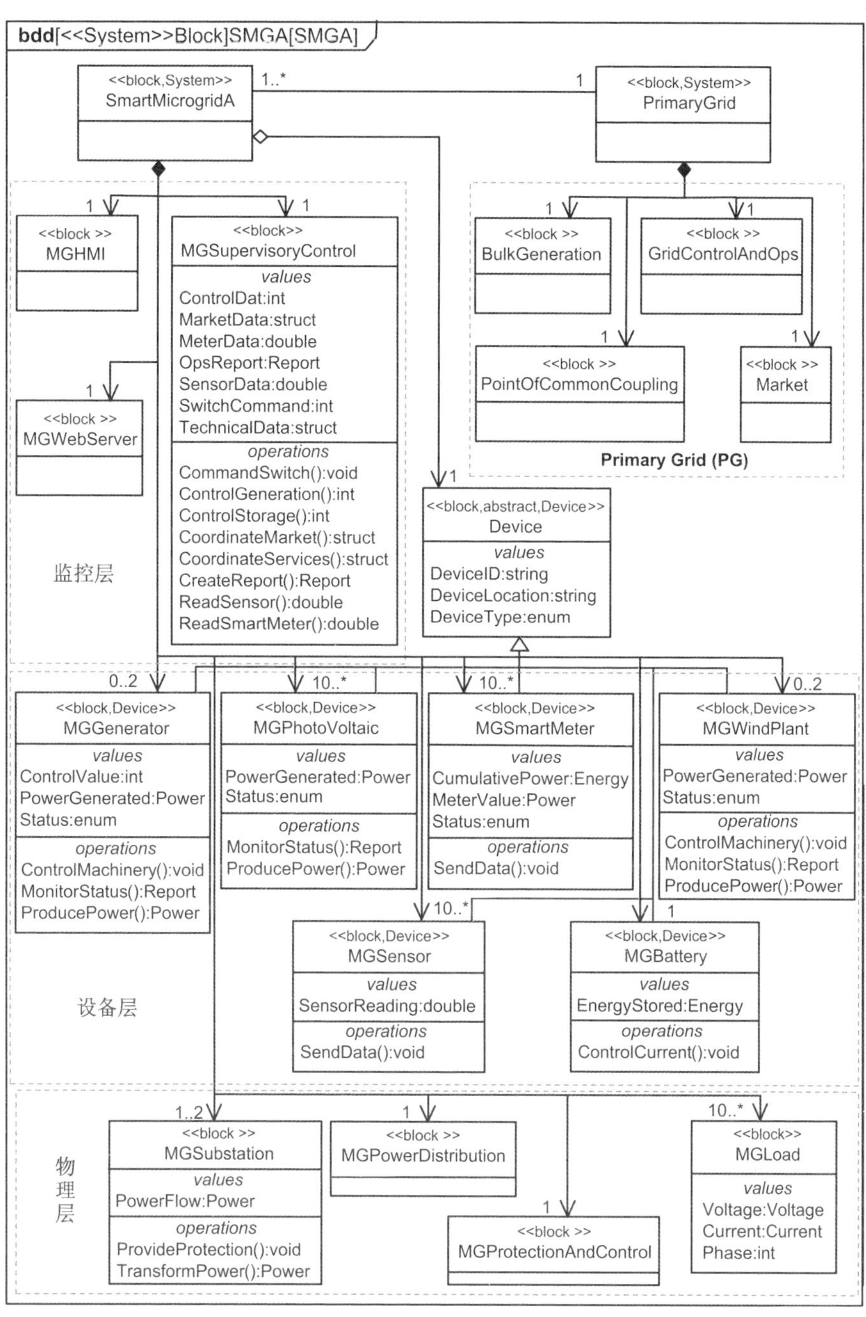

图 5.29 社区智能微电网 A 的分解，包括与主电网的交互

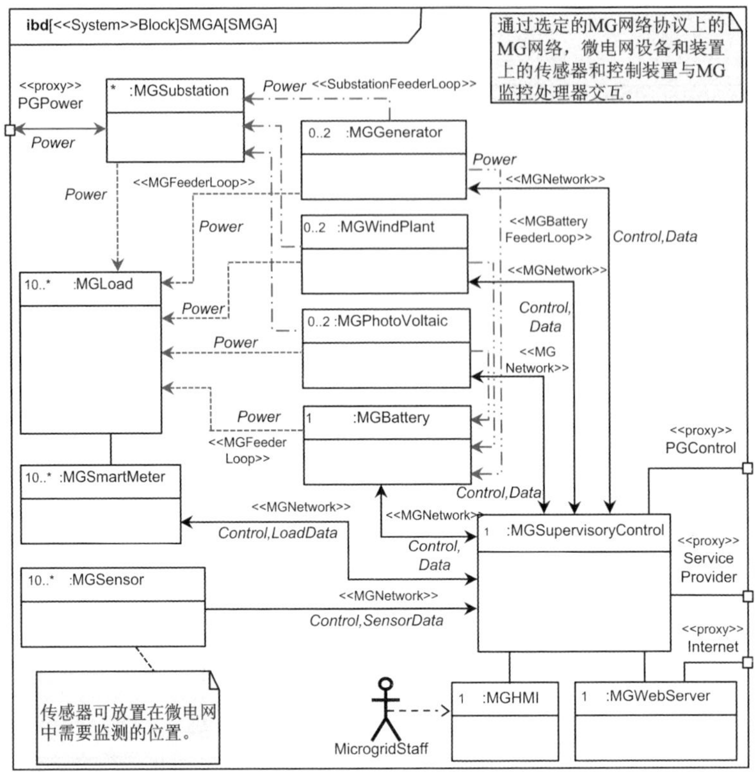

图 5.30　智能微电网 A 中构件之间的交互

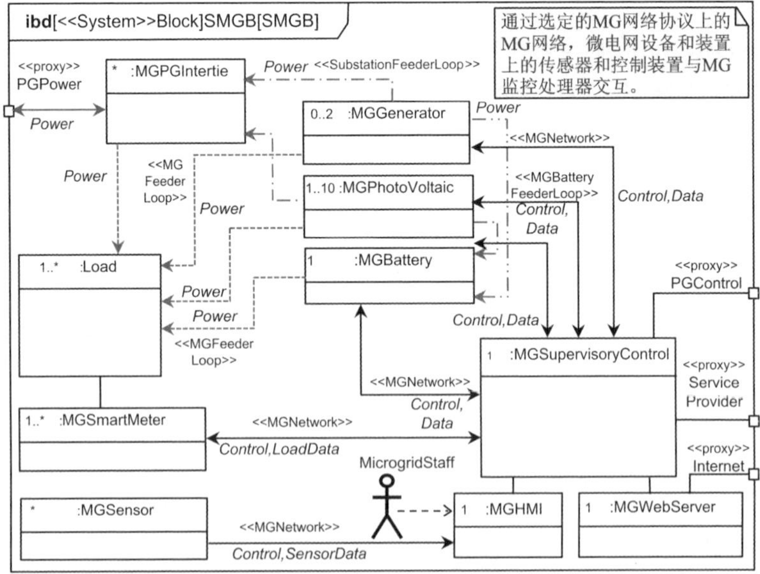

图 5.32　智能微电网 B 的信息流和外部接口

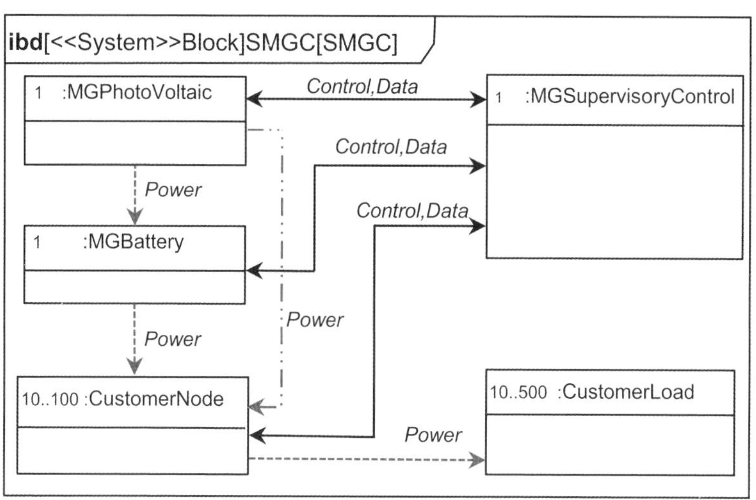

图 5.34　智能微电网 C 中的电流和数据流

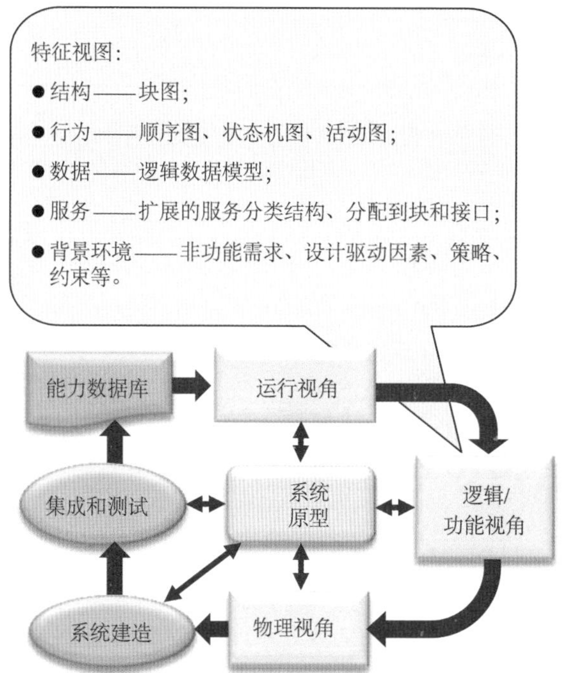

图 5.37　逻辑/功能视角特征视图的概述

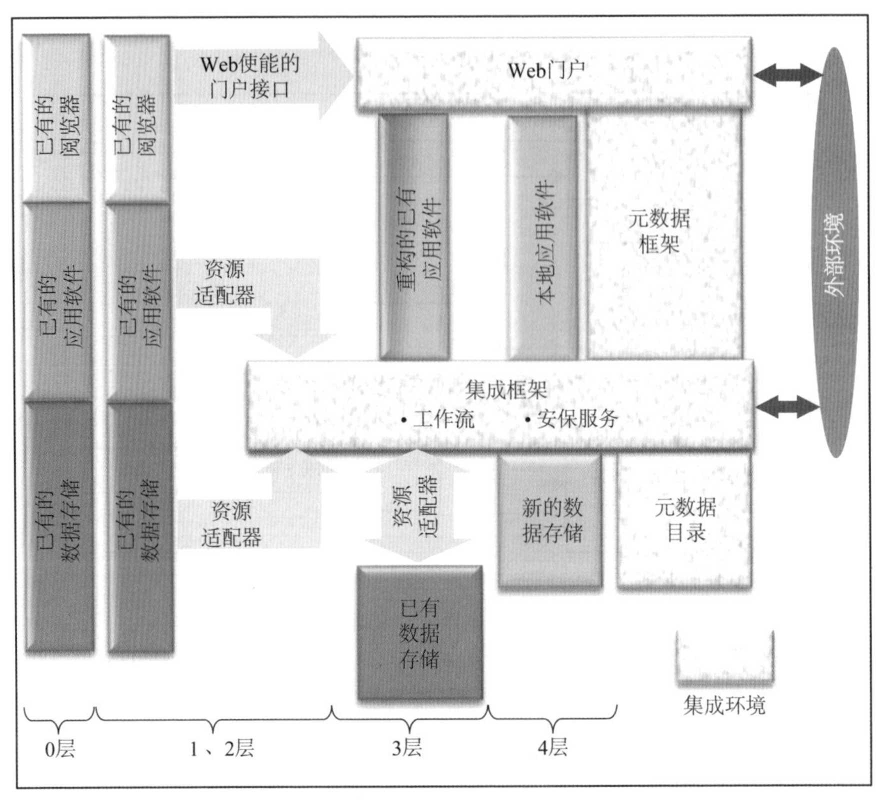

图 6.5　全面集成框架中的集成层级

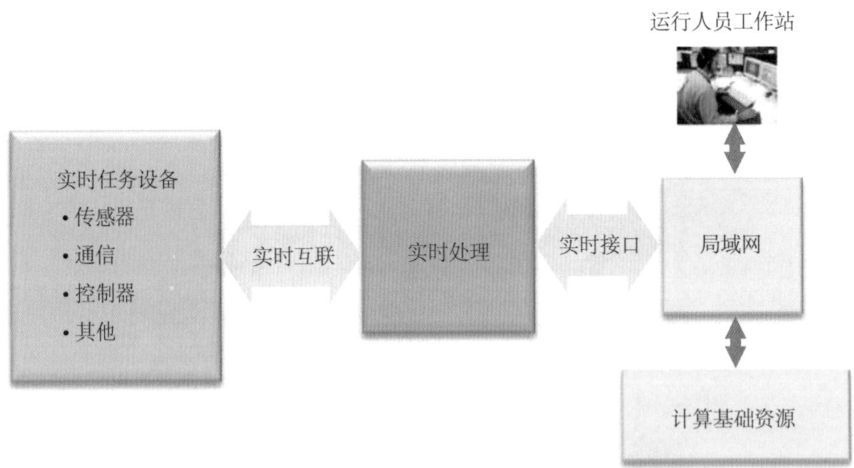

图 6.6　使用一个或多个实时接口，对强实时域与非实时域或弱实时域进行集成，以协调它们之间的交互

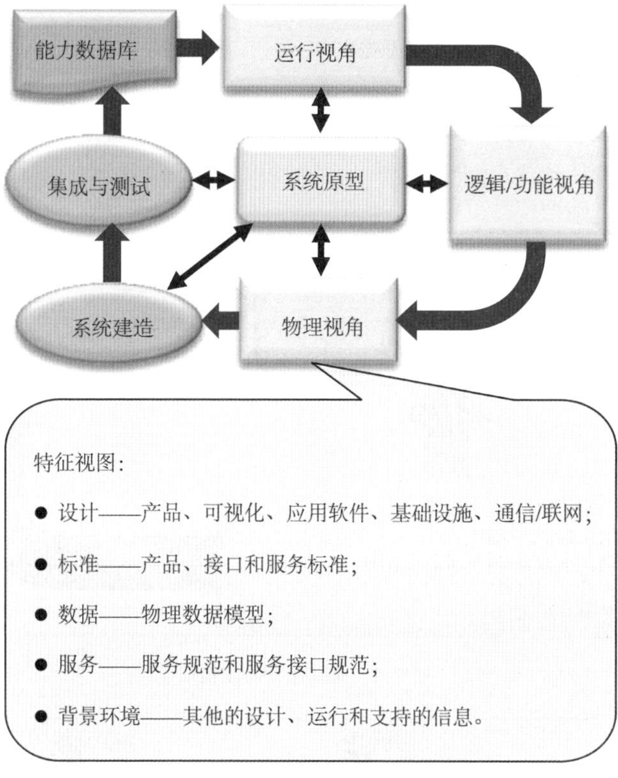

图 6.8　物理视角的特征视图概述

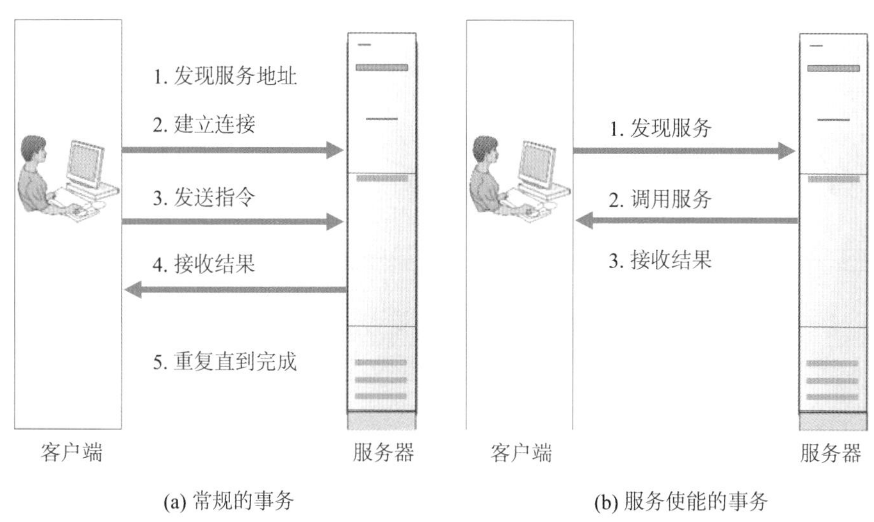

图 7.1　常规事务与服务使能的事务

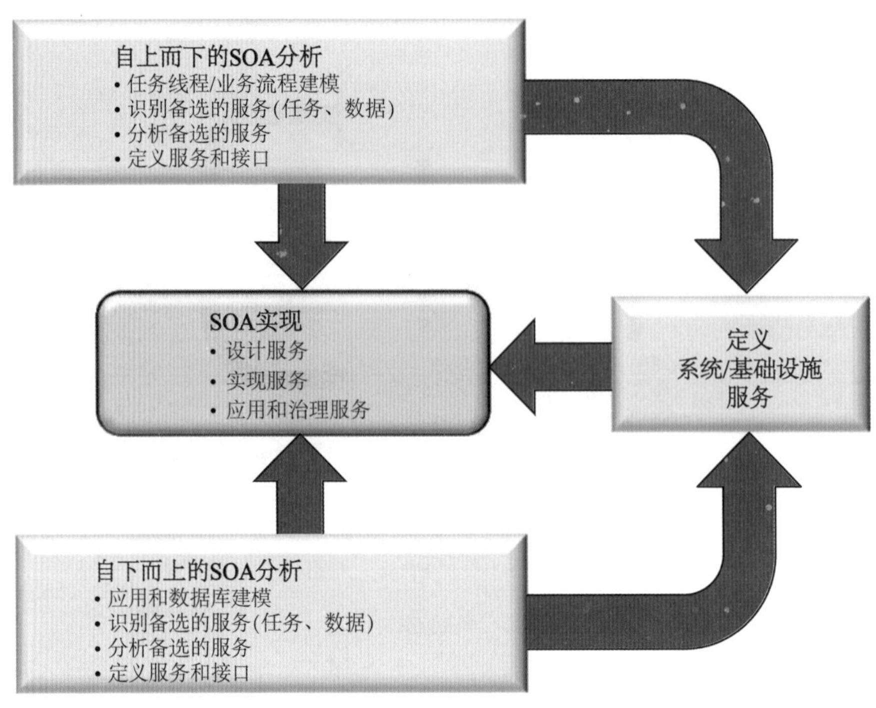

图 7.2　基本的 SOA 策略

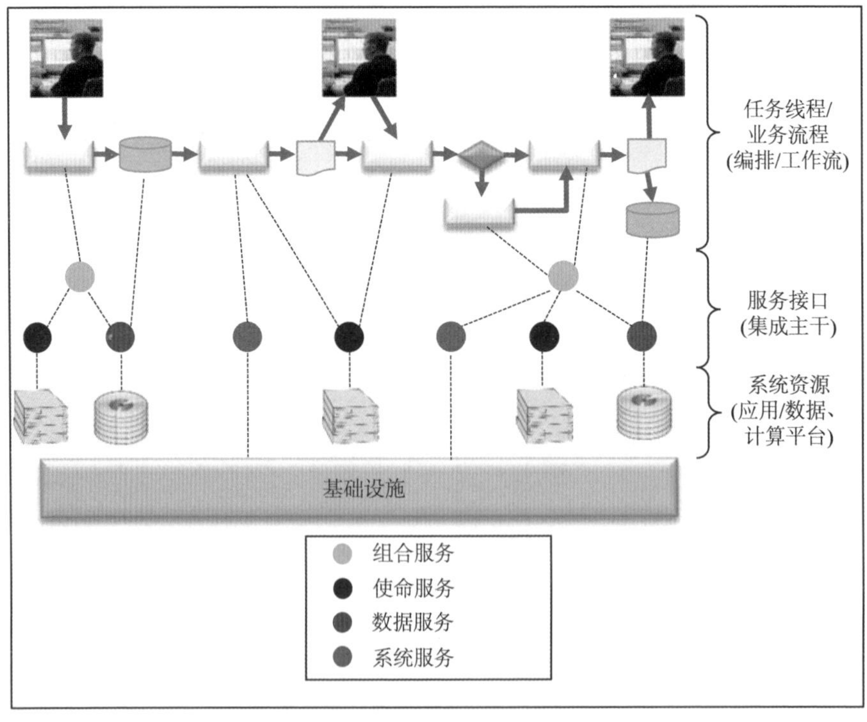

图 7.3　基本的 SOA 分层结构

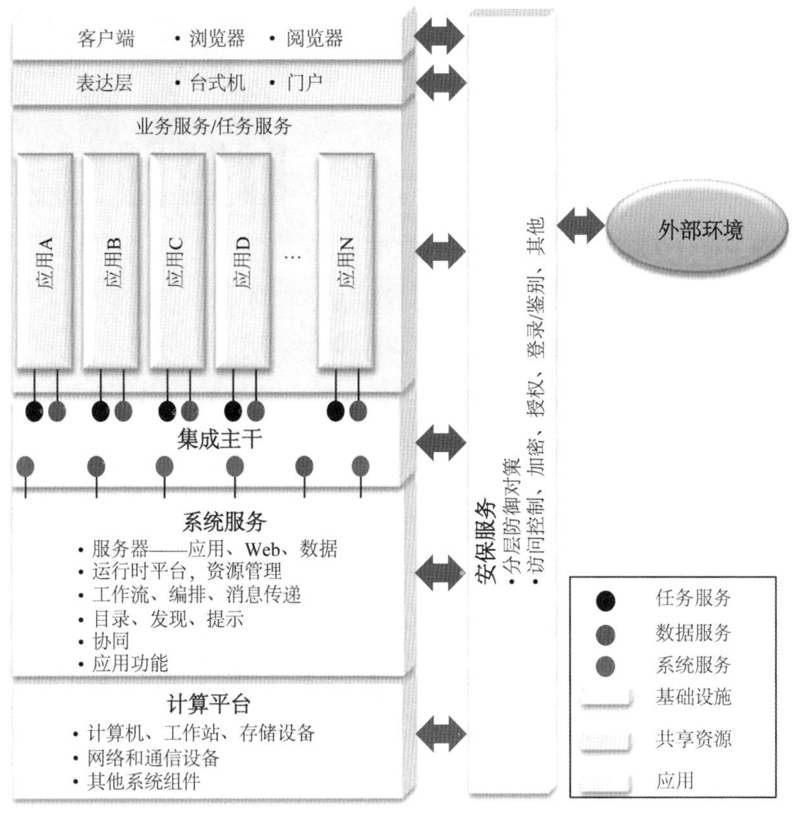

图 7.4　映射到分层架构的服务类别

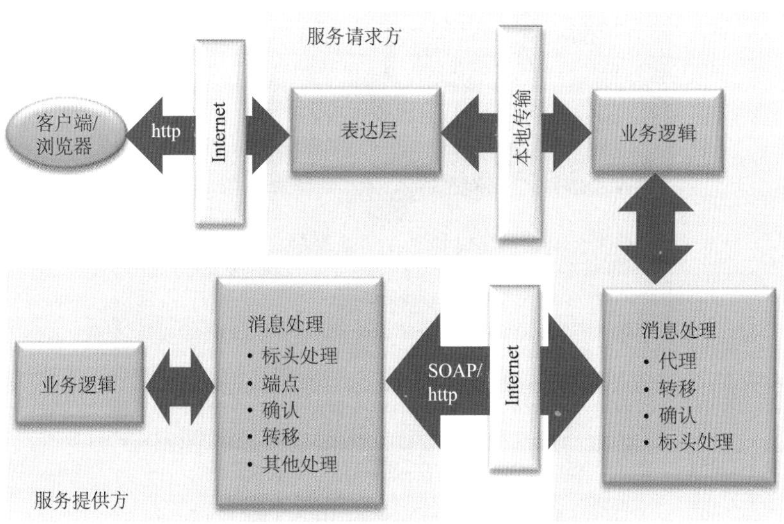

图 7.5　典型的基于消息的服务事务

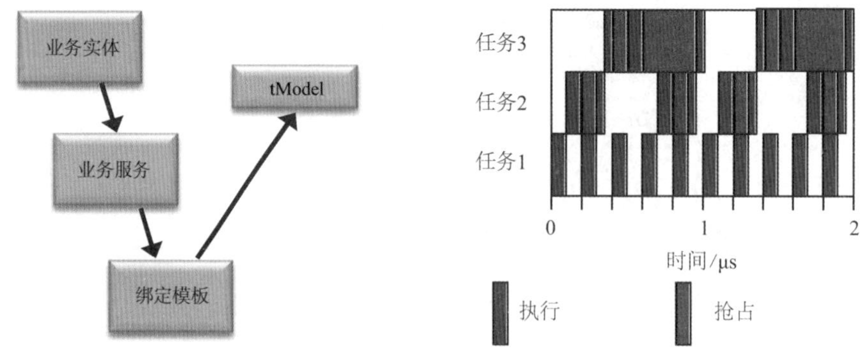

图 7.6　UDDI 注册表条目的图形描述

图 8.5　表 8.1 中任务的时序分析

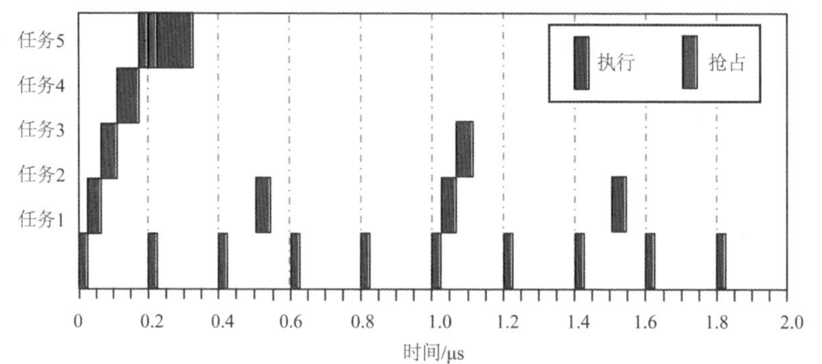

图 8.6　处理器吞吐量增至四倍所反映的时序分析

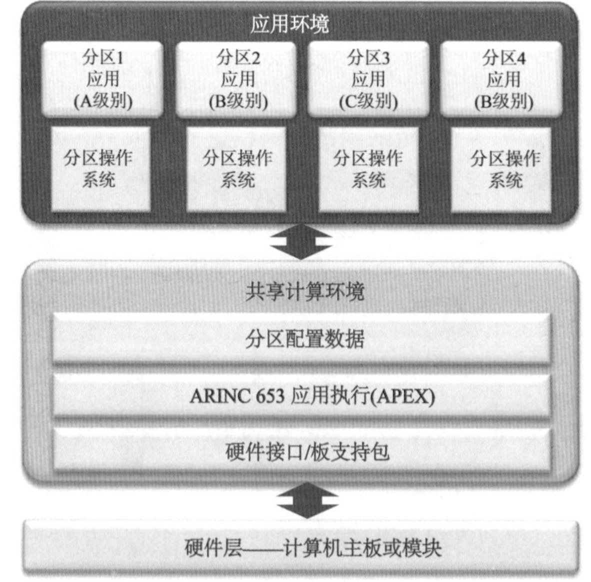

图 8.9　RT 计算解决方案的基本结构
（由 ARINC 653 控制并按照 DO－178C 关键等级划分）

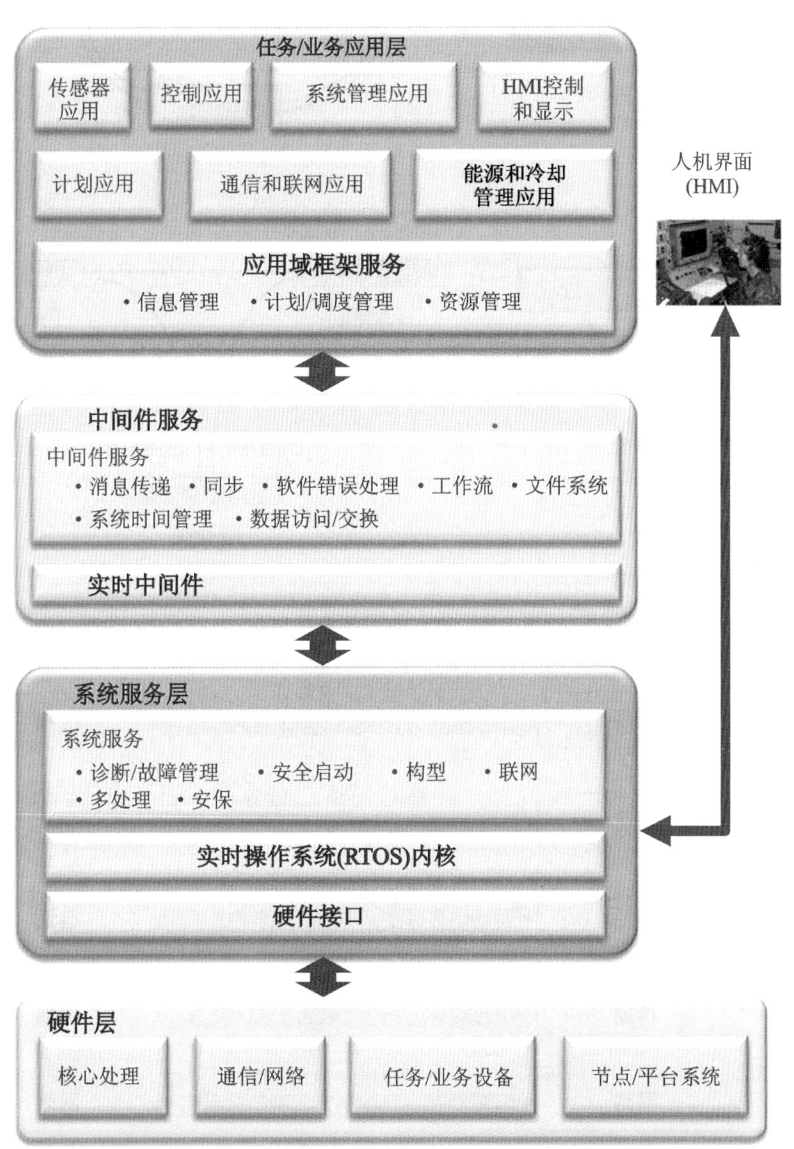

图 8.10　表示各层典型功能的实时分层架构基本结构

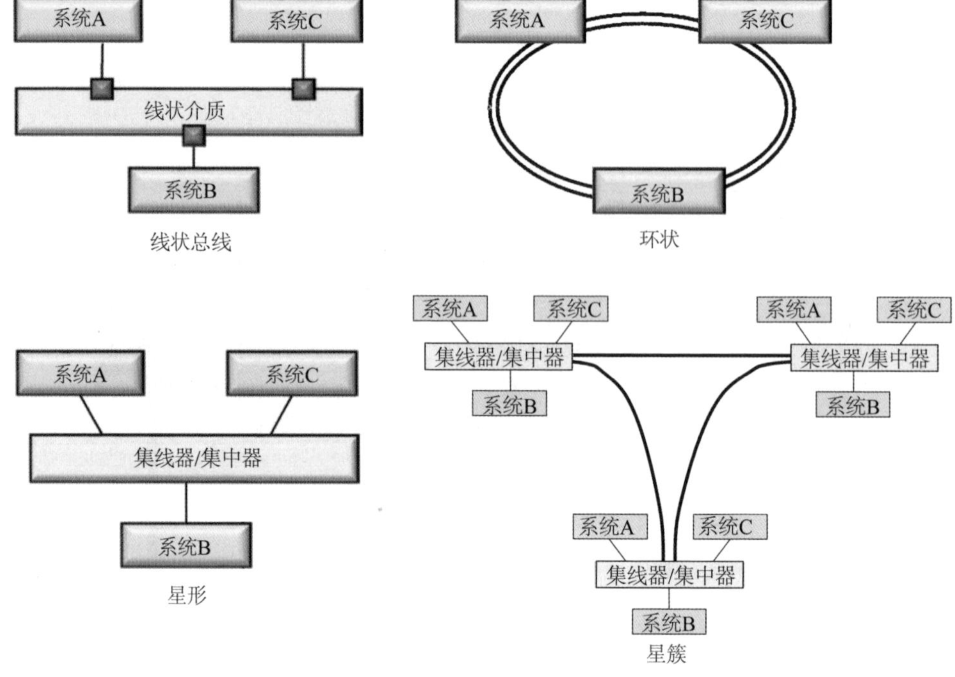

图 9.1　基本的网络拓扑结构

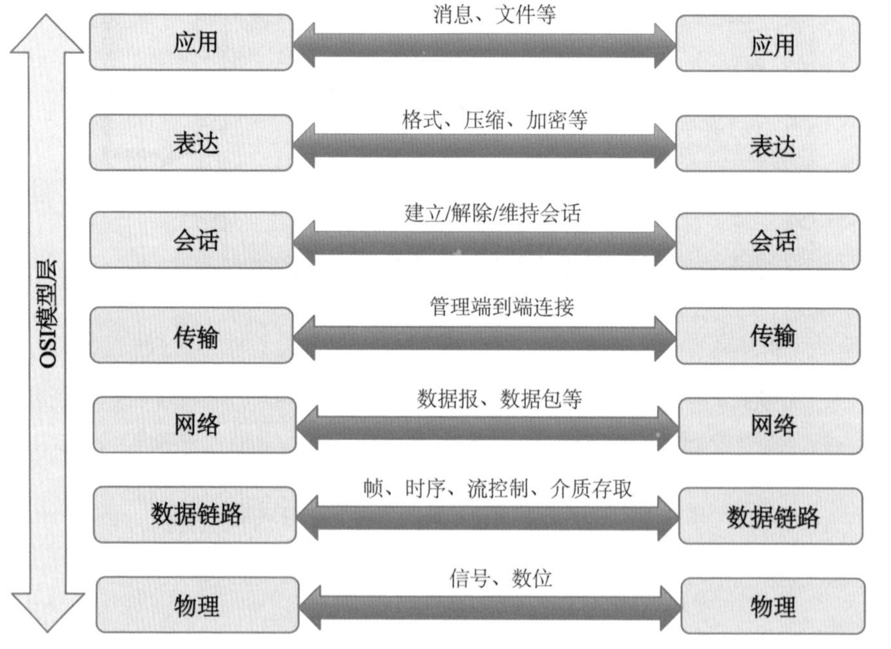

图 9.2　通过 OSI 层的内容交换

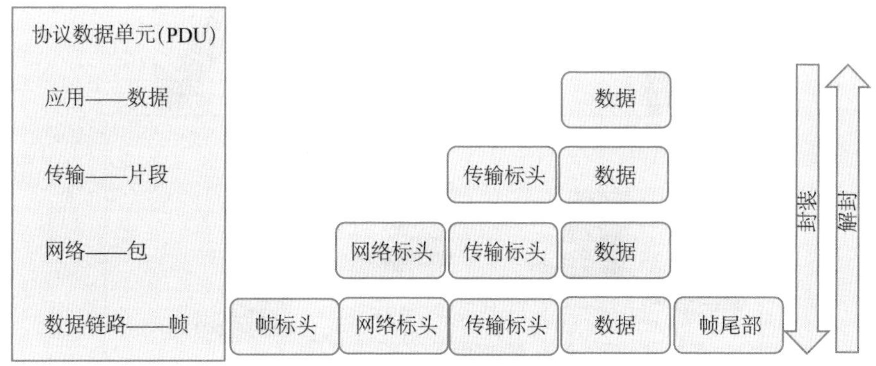

图 9.3　通过网络互联层的数据结构

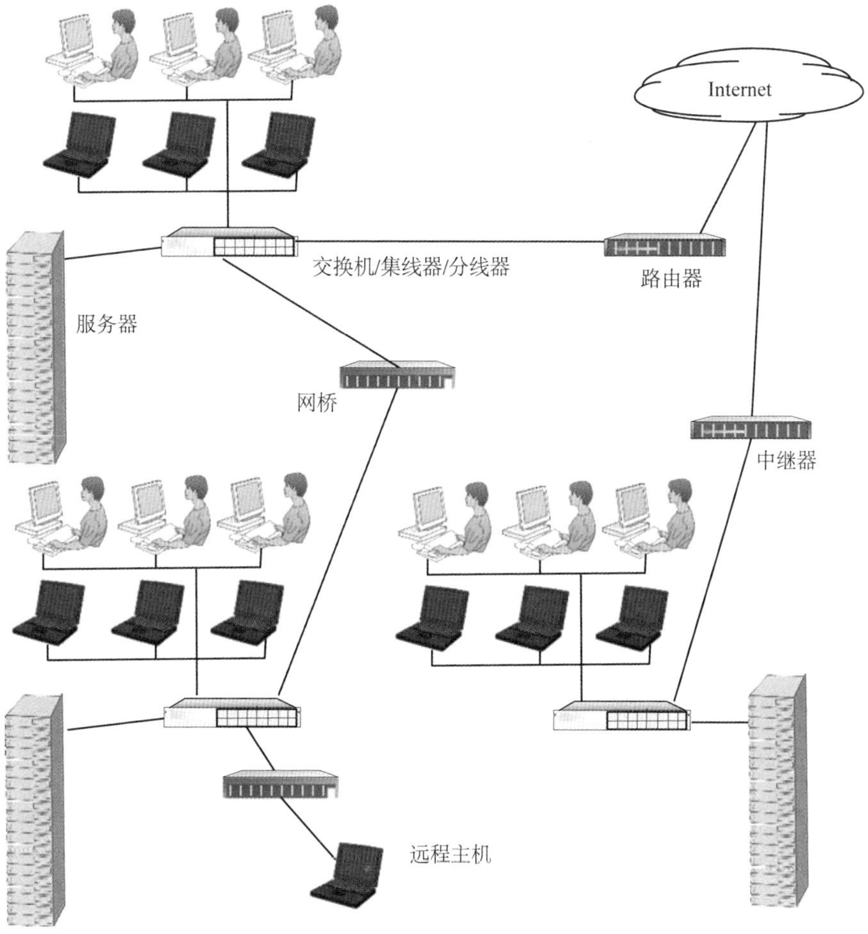

图 9.4　对于特定主机配置而创建网络所用的各种设备

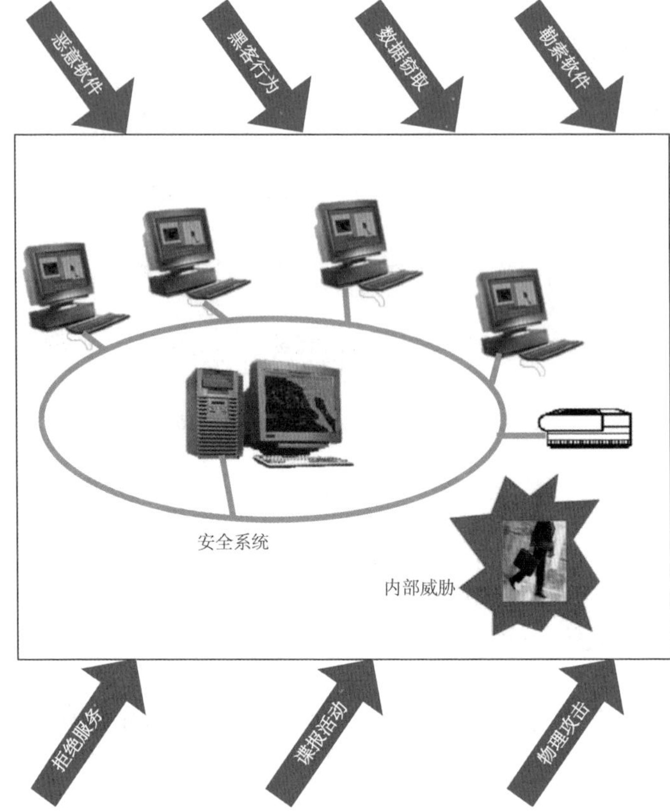

图 10.1　安全系统面临的多种威胁

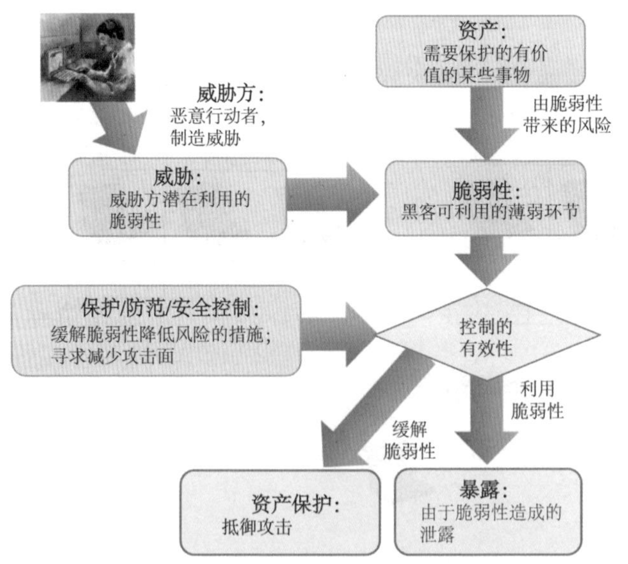

图 10.2　网络攻击元素

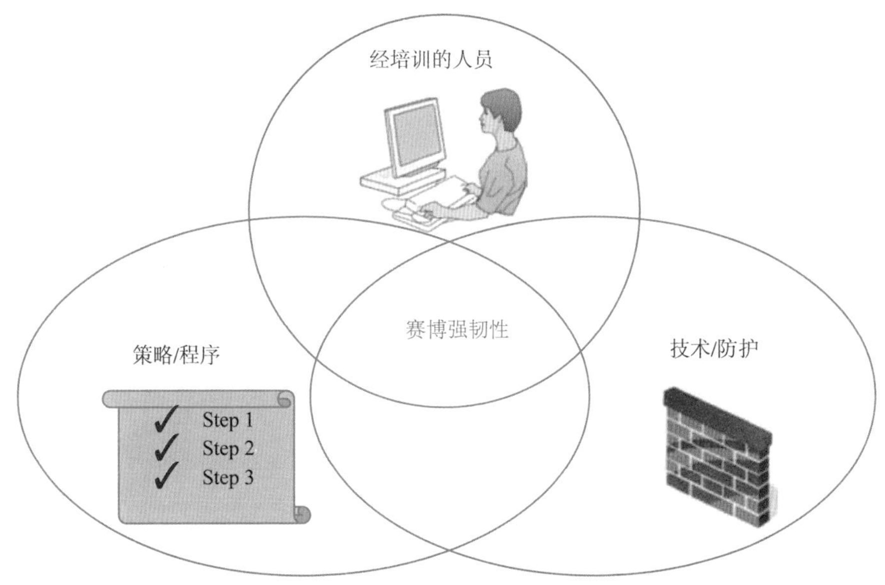

图 10.3 有效的赛博安全解决方案的基本要素

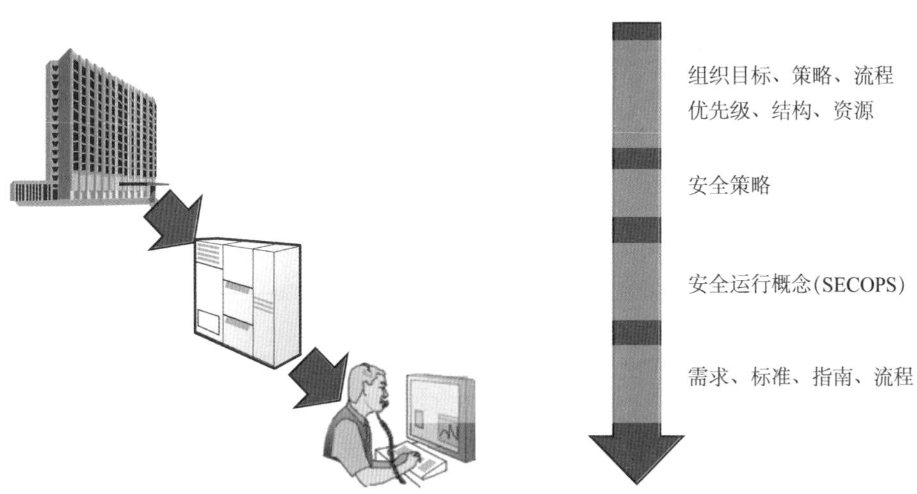

图 10.4 有效的赛博安全起源于整体组织策略,并细化到安全需求和实现

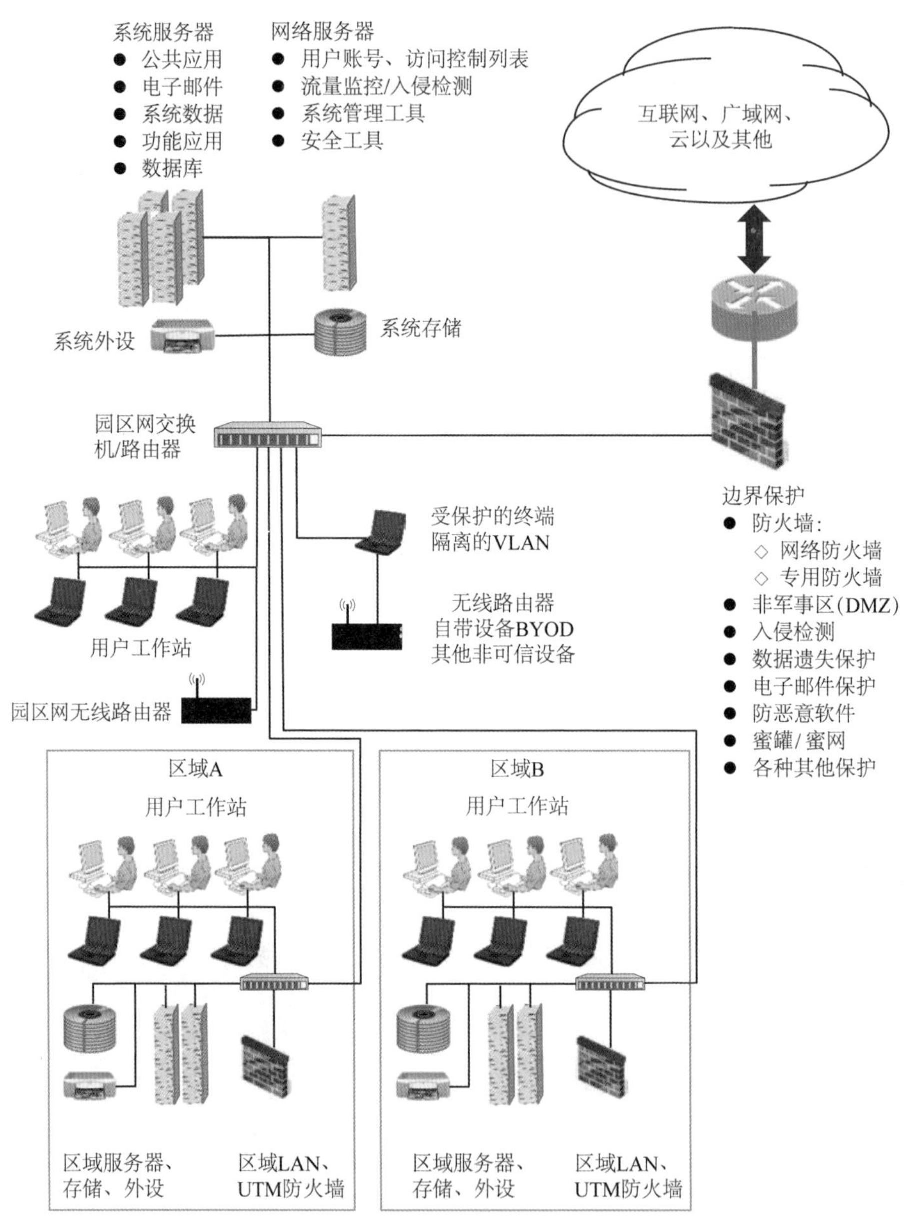
系统服务器
公共应用
电子邮件
系统数据
功能应用
数据库
网络服务器
用户账号、访问控制列表
流量监控/入侵检测
系统管理工具
安全工具
互联网、广域网、
云以及其他
系统外设
系统存储
园区网交换
机/路由器
受保护的终端
隔离的VLAN
无线路由器
自带设备BYOD
其他非可信设备
用户工作站
园区网无线路由器
边界保护
防火墙:
网络防火墙
专用防火墙
非军事区(DMZ)
入侵检测
数据遗失保护
电子邮件保护
防恶意软件
蜜罐/蜜网
各种其他保护
区域A
用户工作站
区域服务器、
存储、外设
区域LAN、
UTM防火墙
区域B
用户工作站
区域服务器、
存储、外设
区域LAN、
UTM防火墙

图 10.6 需要深度防御保护的概念化的联网复杂组织体

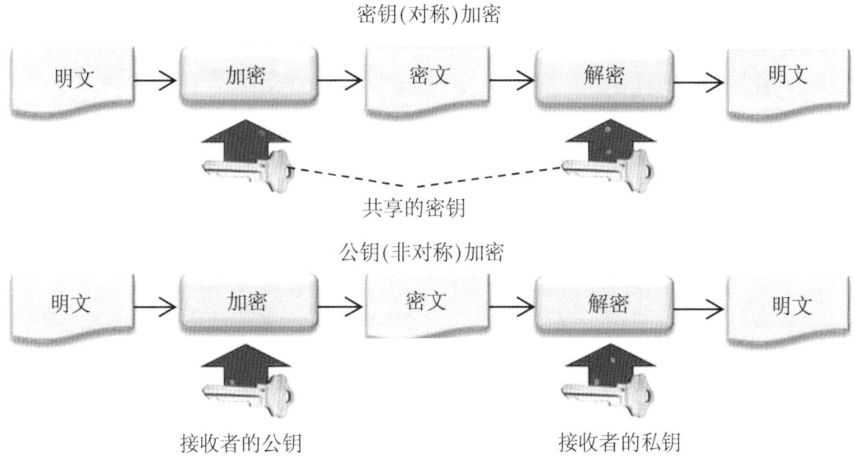

图 10.8　基本加密方法

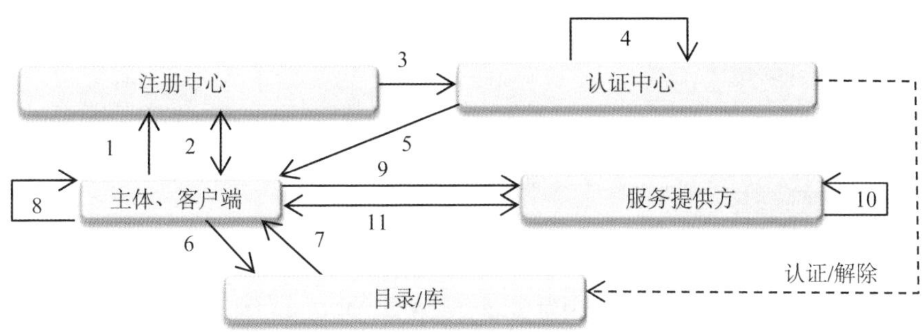

1. 请求证书,提供主体的公钥;
2. 请求和接收 ID 凭证,验证主体 ID;
3. 转发请求;
4. 创建并签署带有主体公钥和 ID 的证书;
5. 发送主体证书;
6. 请求提供商的公钥;
7. 接收提供商的数字证书,提取公钥;
8. 创建会话密钥,并使用提供商的公钥加密;
9. 发送会话密钥和主体的数字证书;
10. 验证主体的证书,解密会话密钥;
11. 使用会话密钥进行通信。

图 10.9　数字证书流程

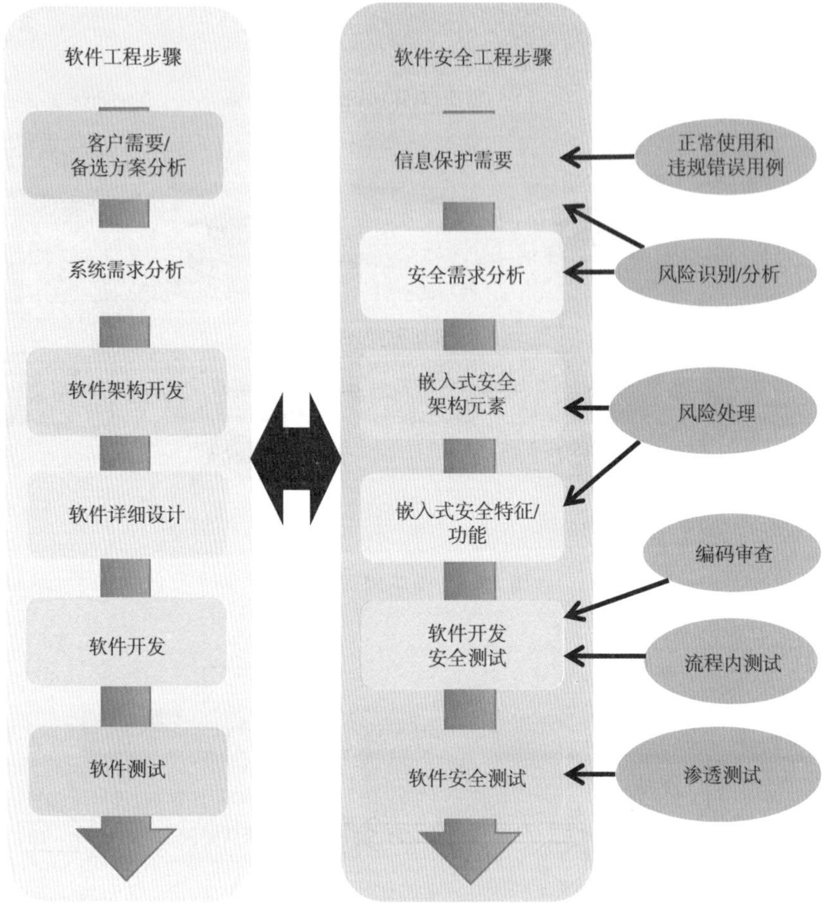

软件工程步骤

客户需要/备选方案分析

系统需求分析

软件架构开发

软件详细设计

软件开发

软件测试

软件安全工程步骤

信息保护需要 ← 正常使用和违规错误用例

安全需求分析 ← 风险识别/分析

嵌入式安全架构元素 ← 风险处理

嵌入式安全特征/功能

软件开发安全测试 ← 编码审查；流程内测试

软件安全测试 ← 渗透测试

图 10.11　软件开发和安全软件工程的并行阶段

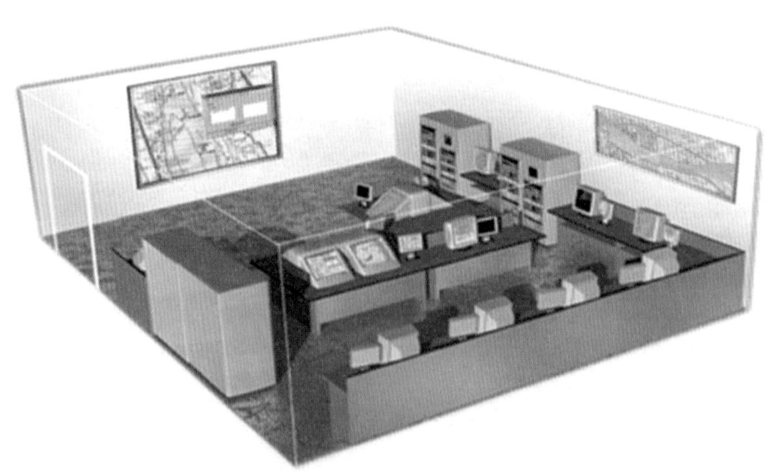

图 11.1　基本的系统集成实验室(SIL)

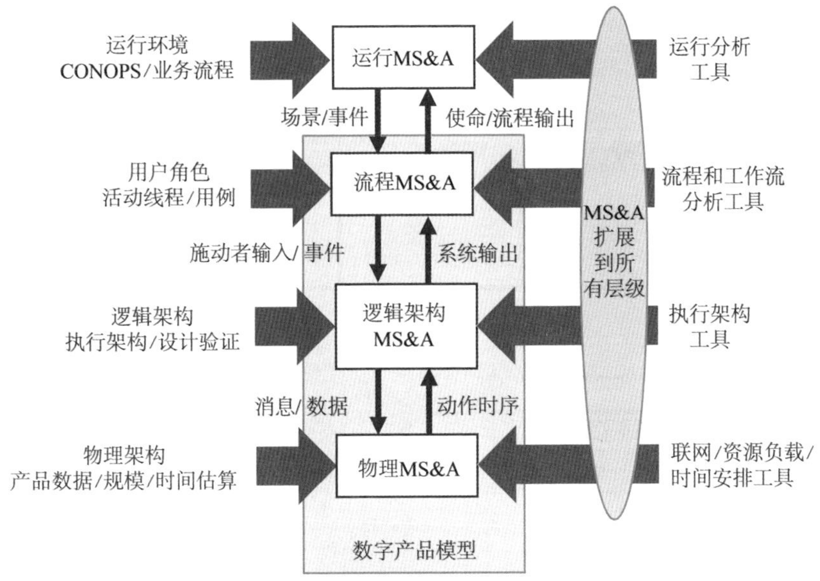

图 11.2 使用相应的工具以及上下层相互交互，将抽象层级与建模、仿真和分析层级相匹配，应对架构和设计问题

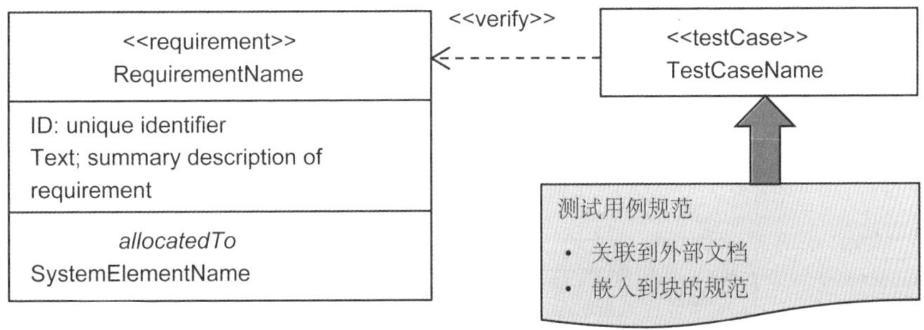

图 11.3 需求图中的元素，将测试用例链接到需求

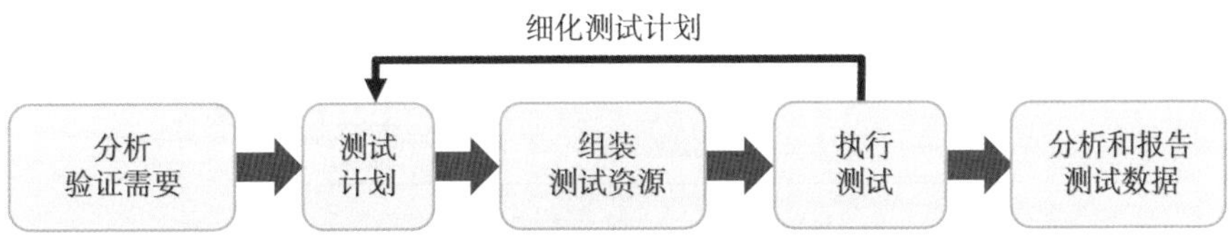

图 11.4 使用测试结果和其他验证事件的反馈，细化测试计划的示例

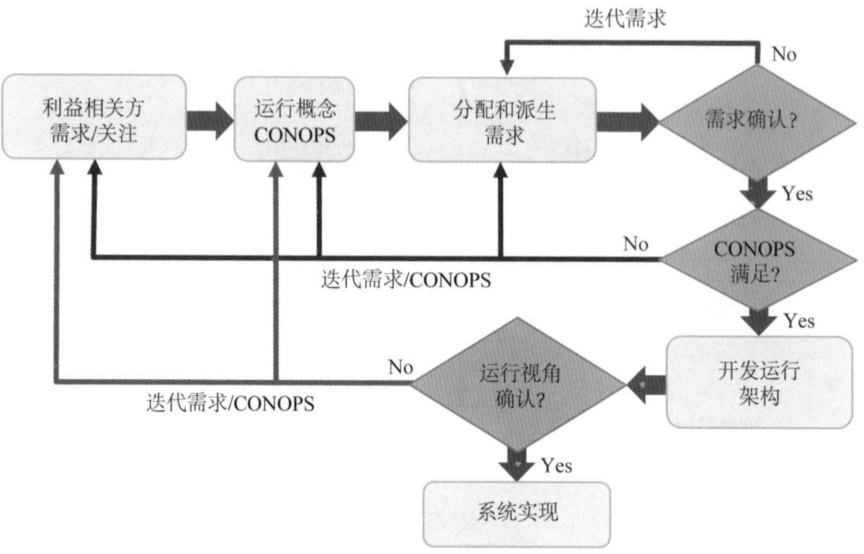

图 11.5 需求和运行架构的早期确认和细化

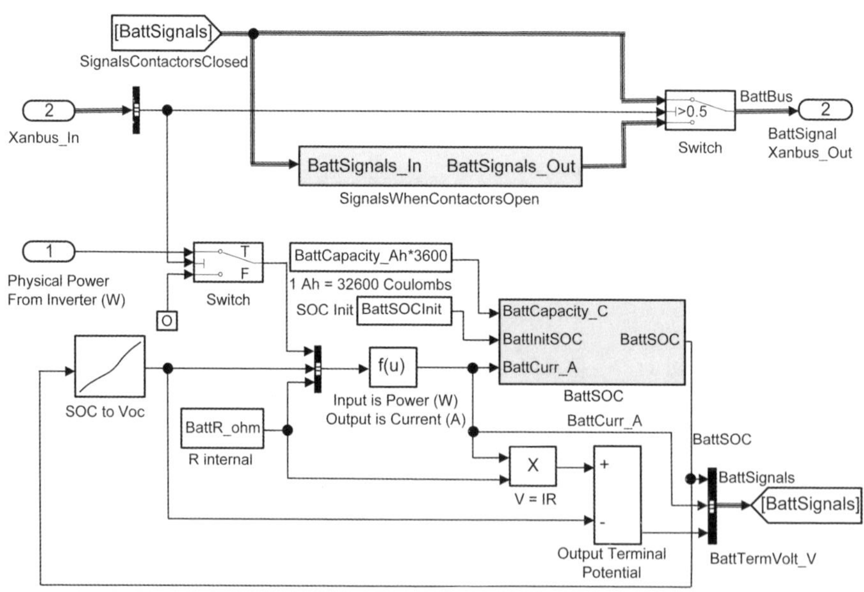

图 11.6 智能微电网中电池的物理特性仿真

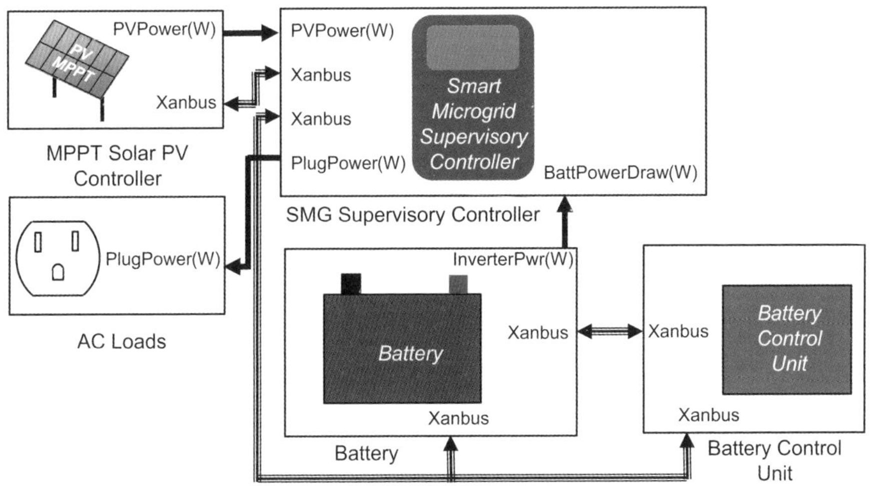

图 11.7　SMG 组件及交互的仿真

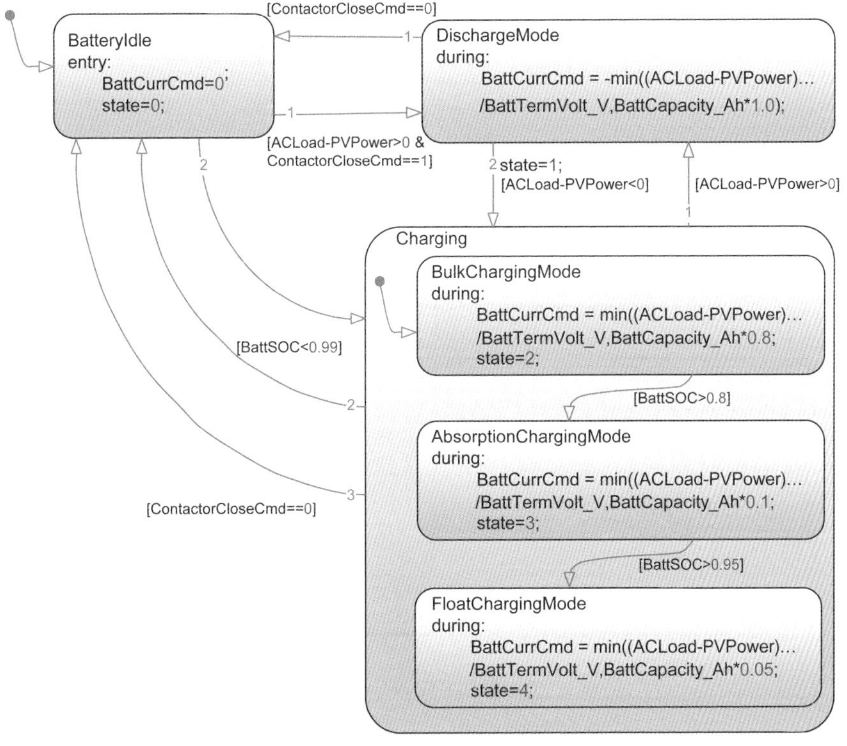

图 11.8　SMG 监控控制器的可执行状态机图

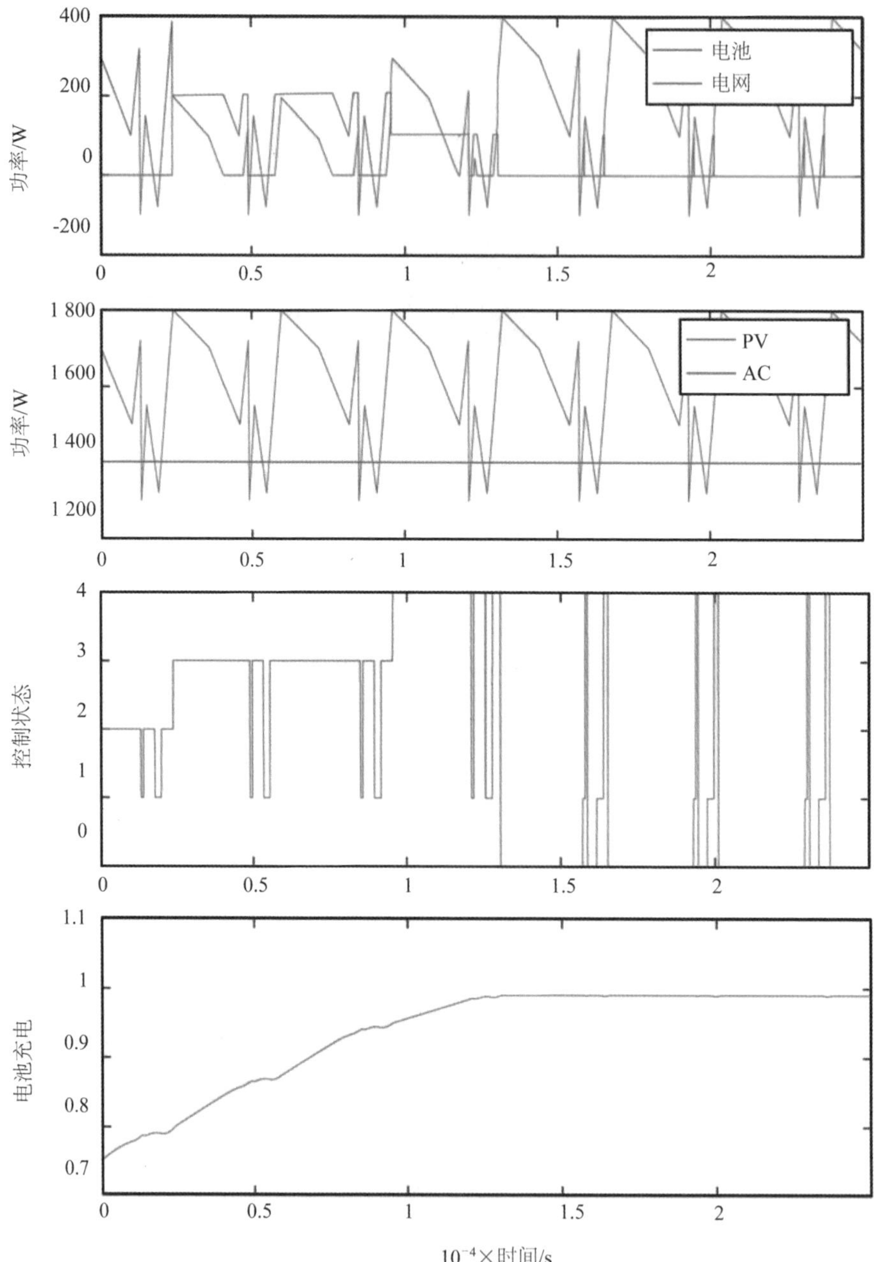

图 11.9 某个日间时段 SMG 的仿真结果

(分别按照组件和系统的功率流、控制状态和电池充电状态表示)

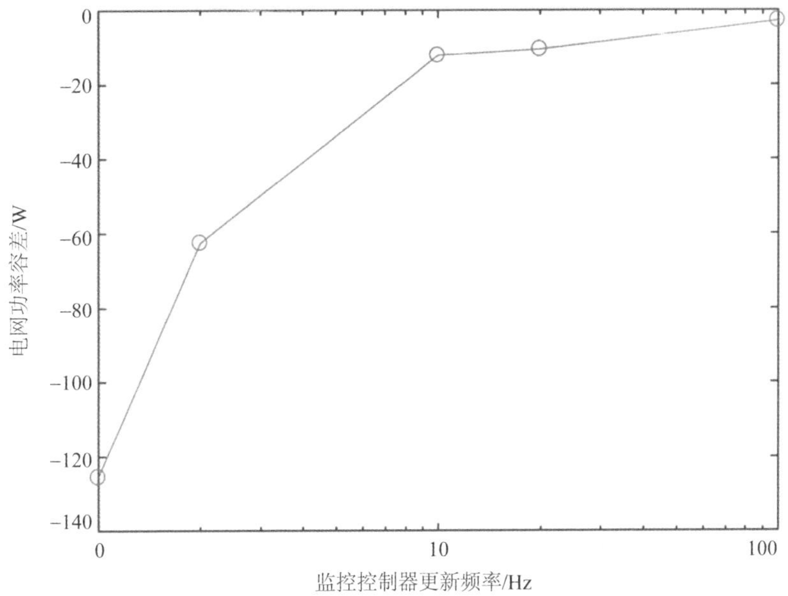

图 11.10　SMG 仿真的结果

（表明系统级性能管理与逻辑架构特征之间的权衡）

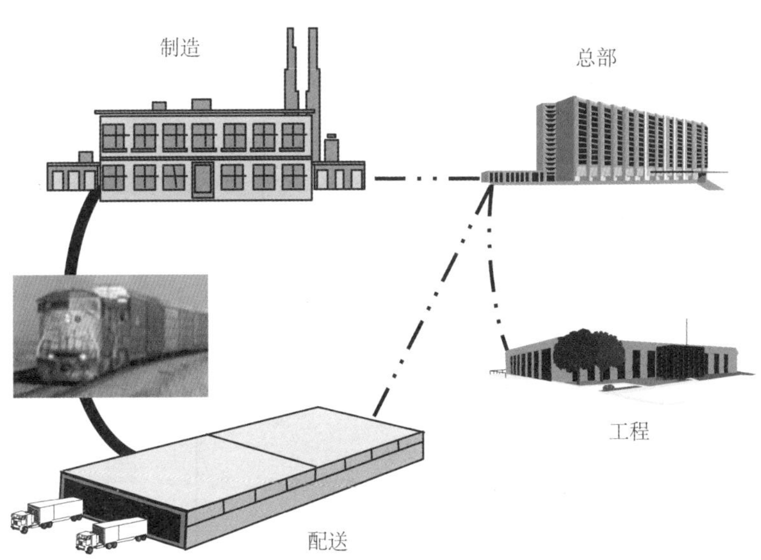

图 13.1　复杂组织体层级架构的概念性工业实例

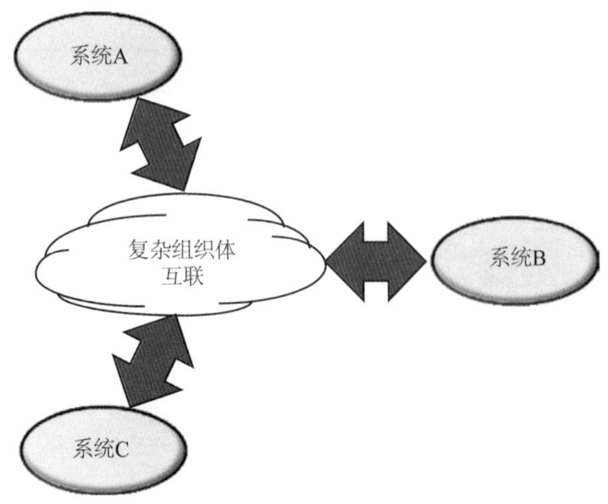

图 13.2 使用网络或其他互联方式，由交互系统组成的复杂组织体

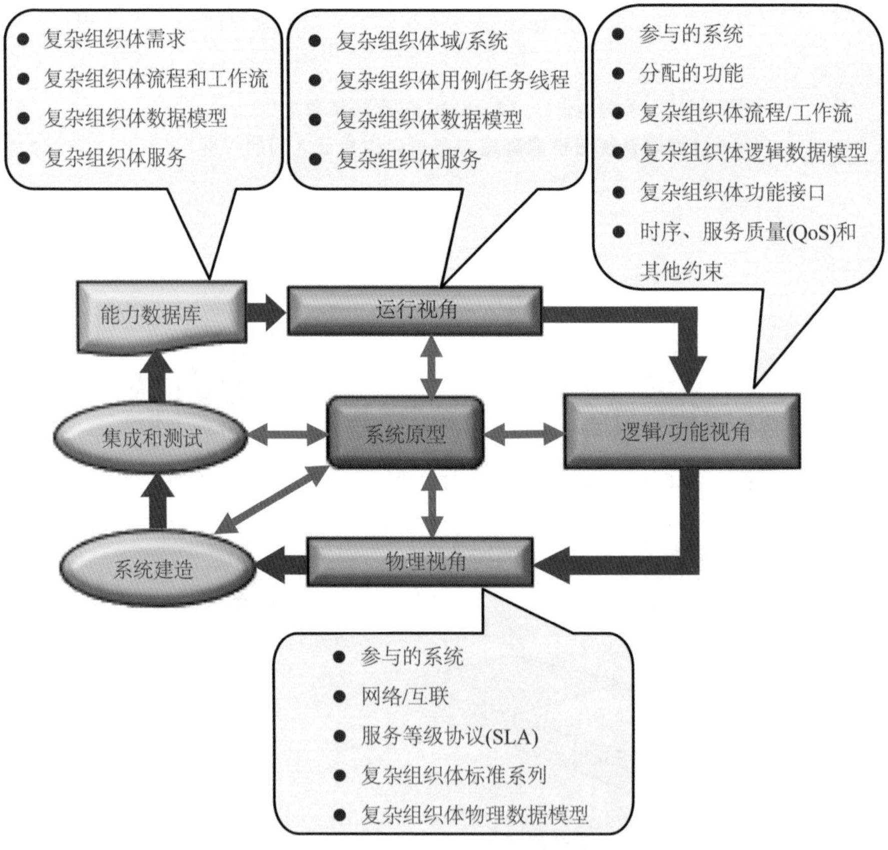

- 复杂组织体需求
- 复杂组织体流程和工作流
- 复杂组织体数据模型
- 复杂组织体服务

- 复杂组织体域/系统
- 复杂组织体用例/任务线程
- 复杂组织体数据模型
- 复杂组织体服务

- 参与的系统
- 分配的功能
- 复杂组织体流程/工作流
- 复杂组织体逻辑数据模型
- 复杂组织体功能接口
- 时序、服务质量(QoS)和其他约束

能力数据库

运行视角

集成和测试

系统原型

逻辑/功能视角

系统建造

物理视角

- 参与的系统
- 网络/互联
- 服务等级协议(SLA)
- 复杂组织体标准系列
- 复杂组织体物理数据模型

图 13.3 将 MBSAP 应用于 SoS 架构时需要强调的领域

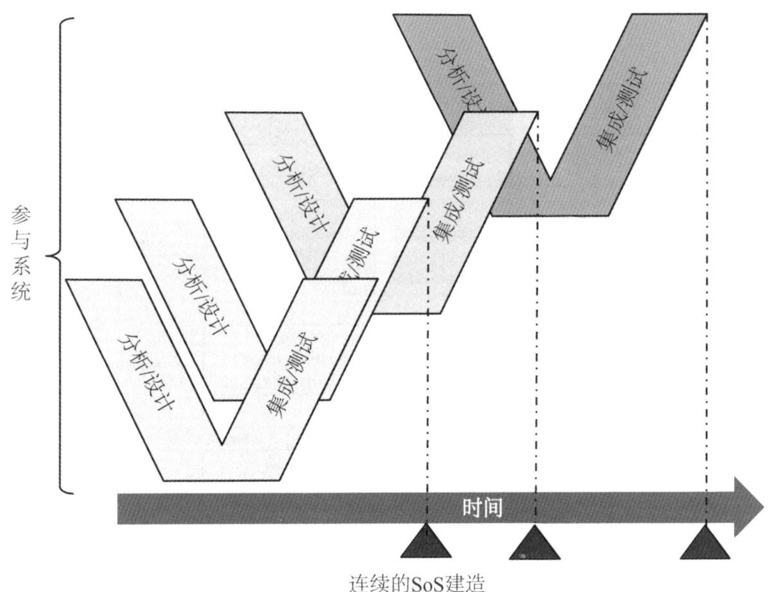

图 13.5　各项目的异步进度带来 SoS 建造的演进

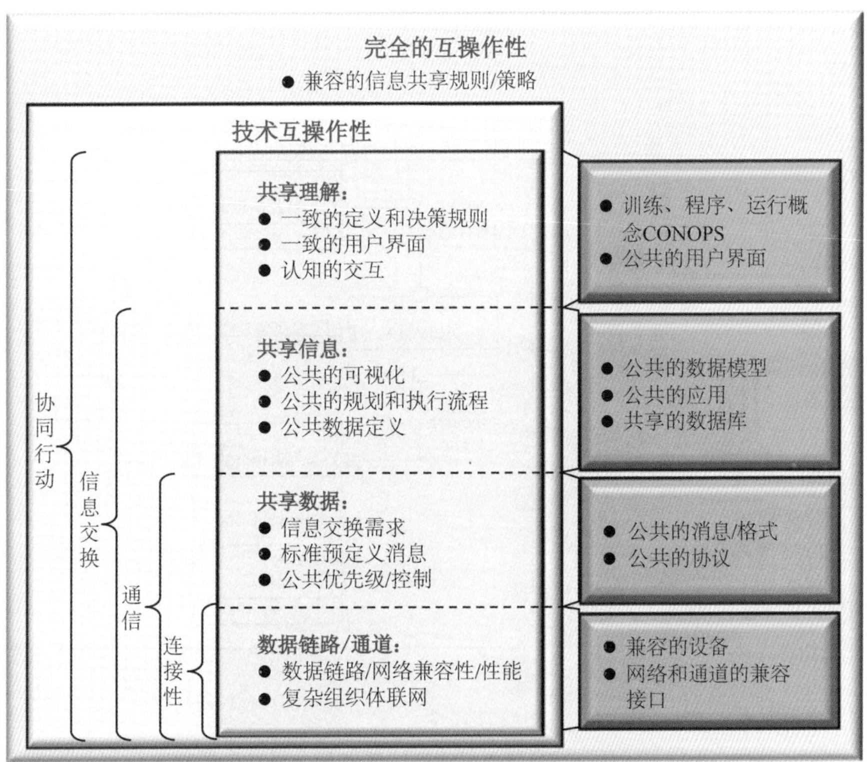

图 13.6　在复杂组织体参与者间实现协作活动的互操作性层级

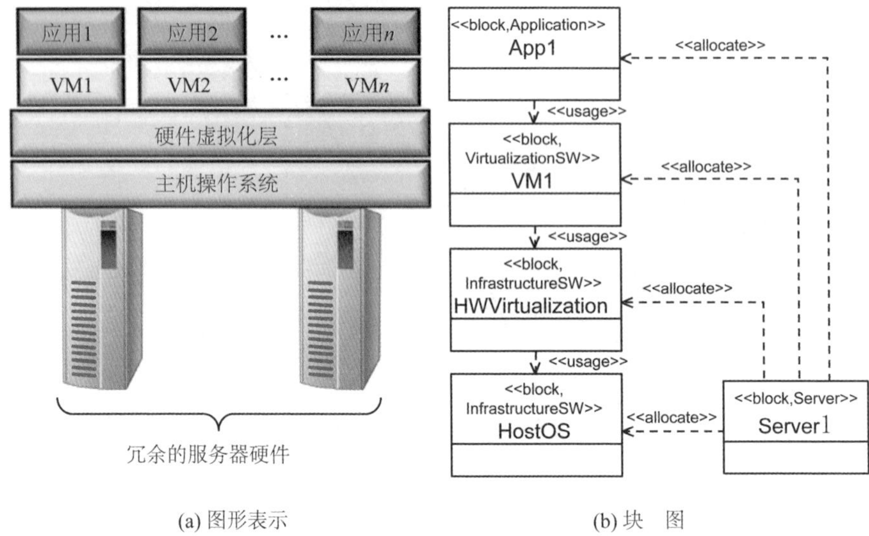

(a) 图形表示　　(b) 块　图

图 14.1　服务器整合的基本虚拟化，将多个虚拟机(VM)装载在一个或一组盒上

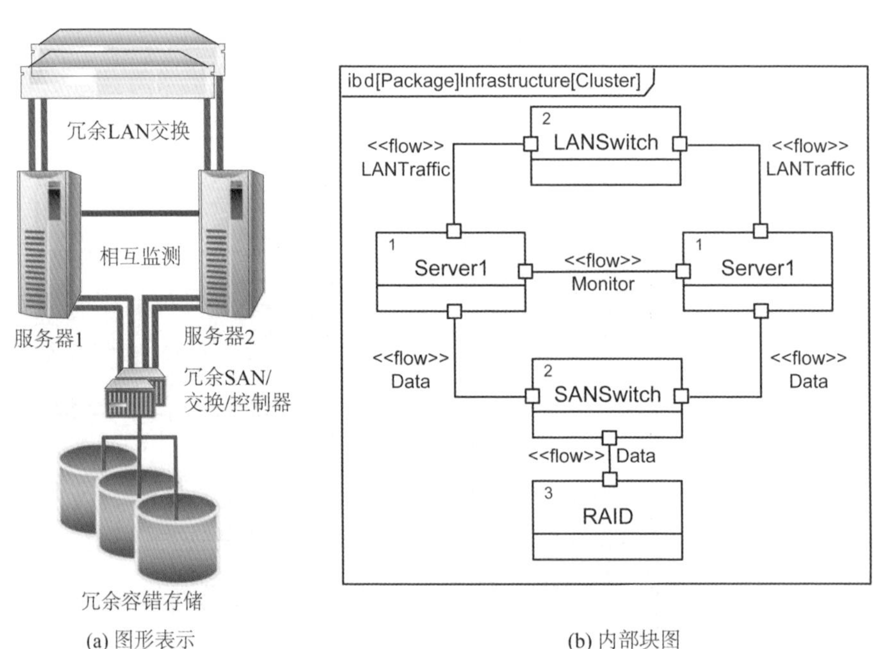

(a) 图形表示　　(b) 内部块图

图 14.2　具有冗余资源和连接的典型高可用性集群方法

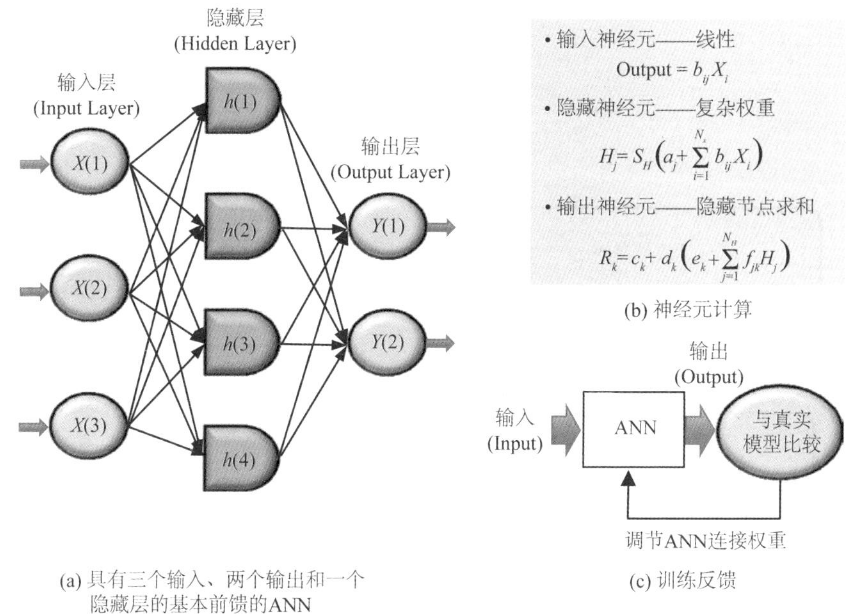

图 14.3 简单前馈型人工神经网络(ANN)的结构和特性

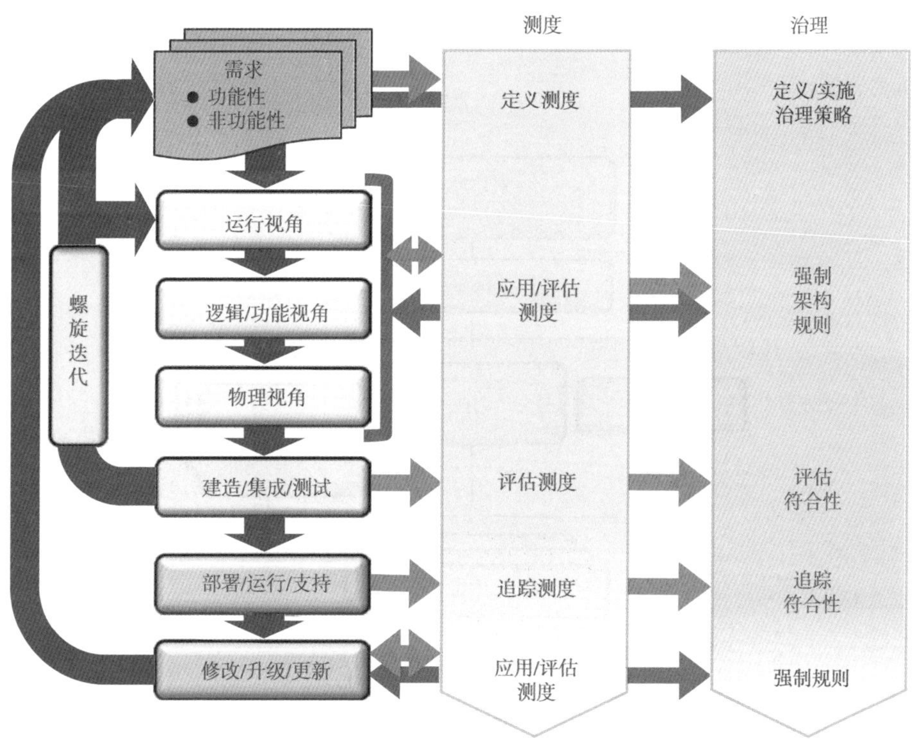

图 15.1 适用于系统整个生命周期的架构测度和治理

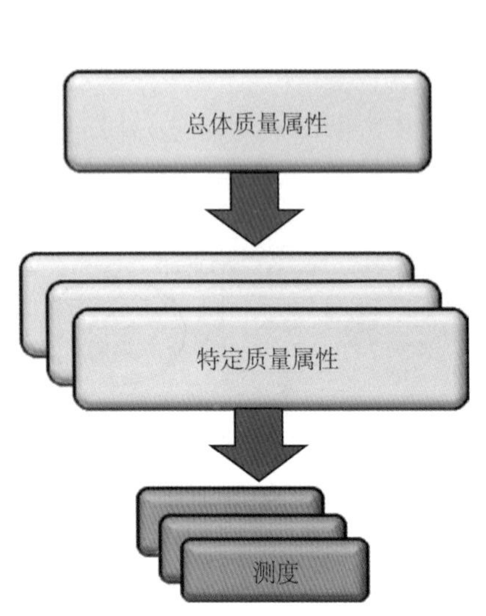

图 15.2　基本质量属性的层级结构

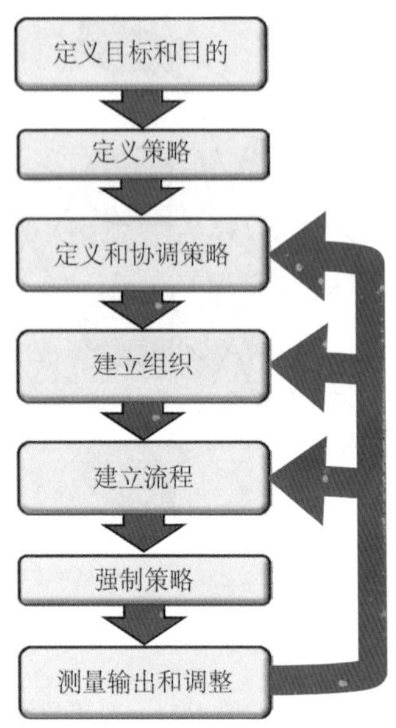

图 15.3　治理流程的基本步骤

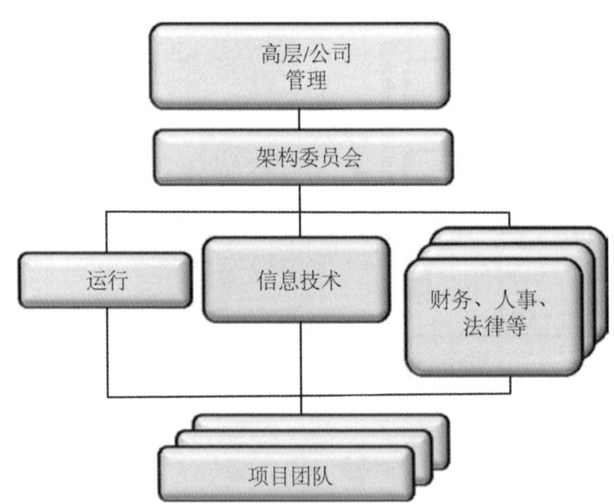

图 15.4　架构治理的典型组织结构

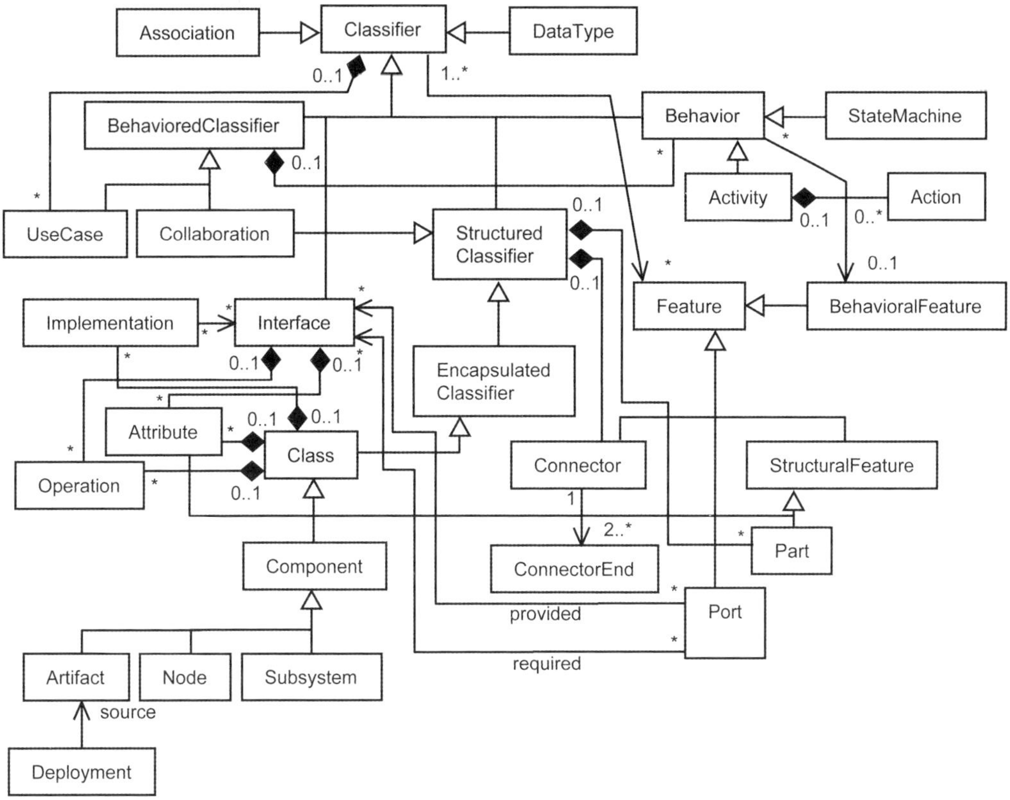

Association
Classifier
DataType
0..1
1..*
BehavioredClassifier
Behavior
StateMachine
0..1
Activity
Action
UseCase
Collaboration
Structured Classifier
0..1
0..1
0..*
0..1
Implementation
Interface
Feature
BehavioralFeature
0..1
0..1
Encapsulated Classifier
Attribute
0..1
0..1
Class
Connector
StructuralFeature
Operation
0..1
1
2..*
Part
Component
ConnectorEnd
Port
provided
required
Artifact
Node
Subsystem
source
Deployment

图 A.3 UML 结构元模型

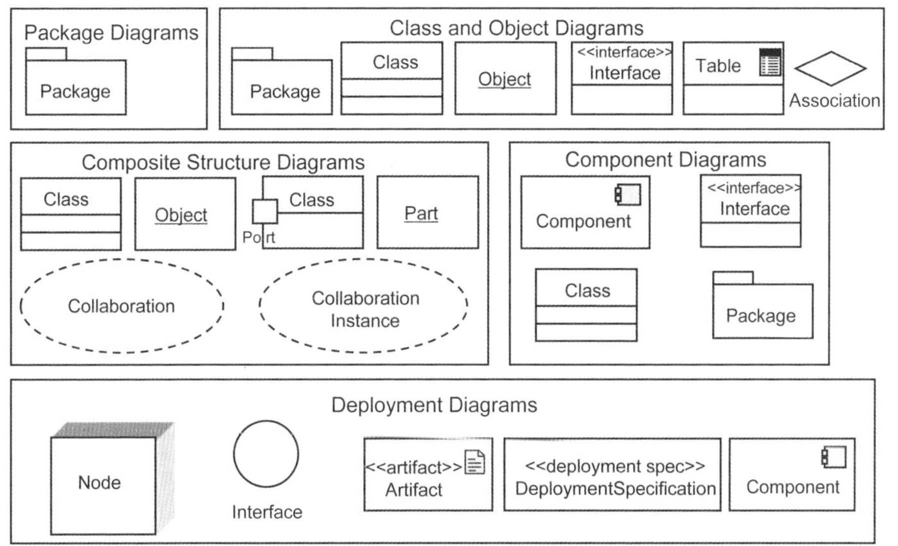

图 A.5 UML 结构图元素

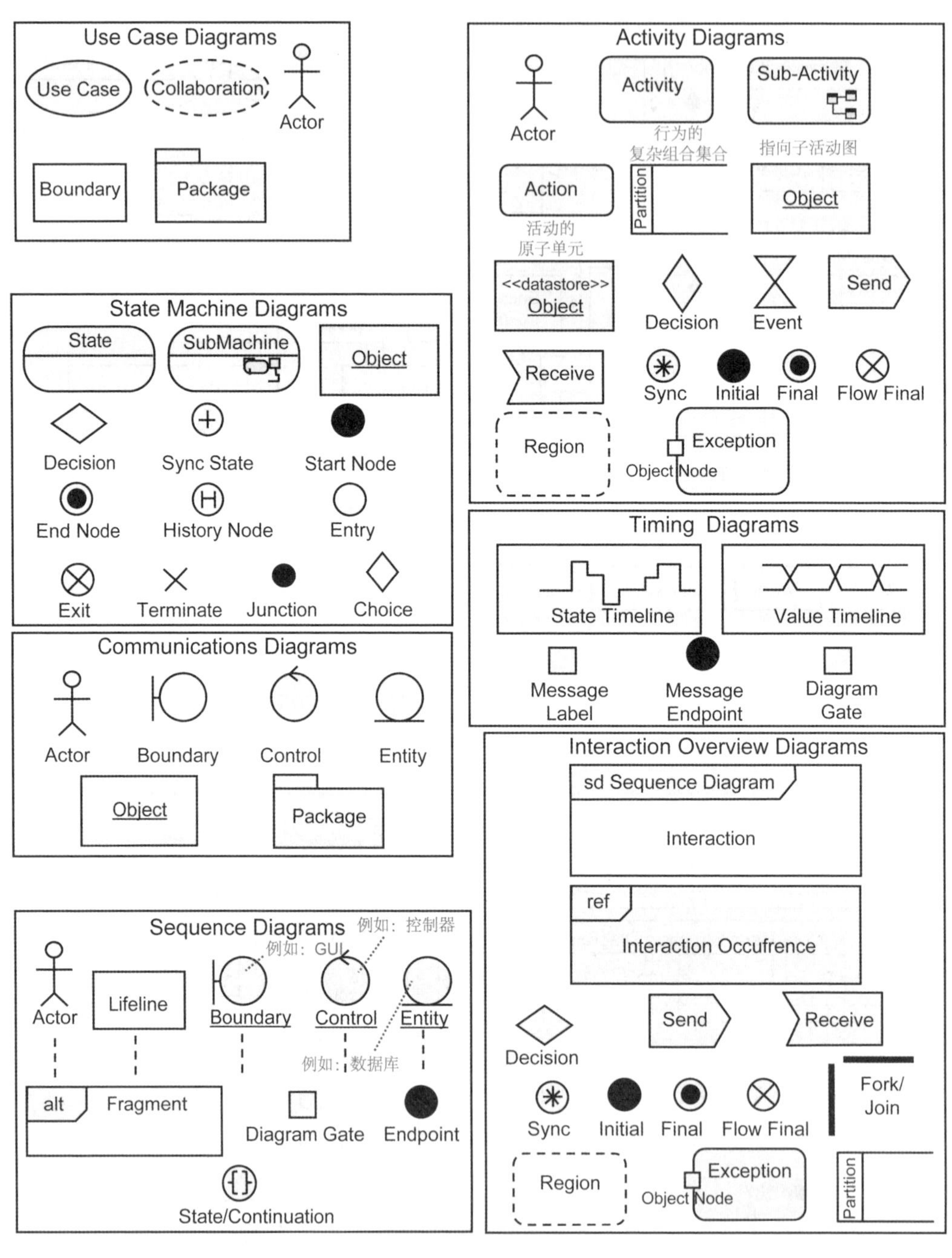

图 A.6 UML 行为图元素

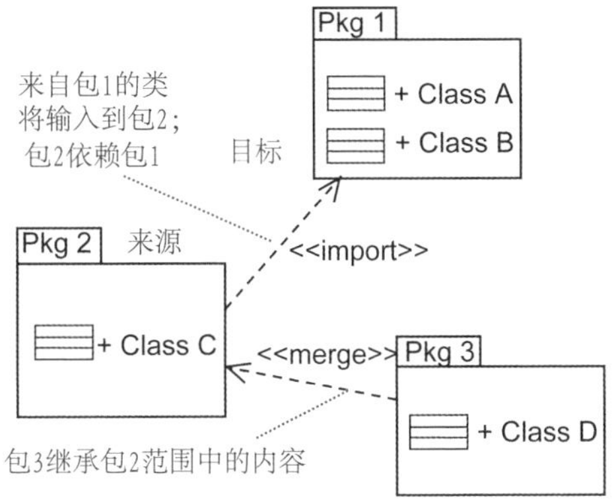

图 A.9　具有依赖性的包

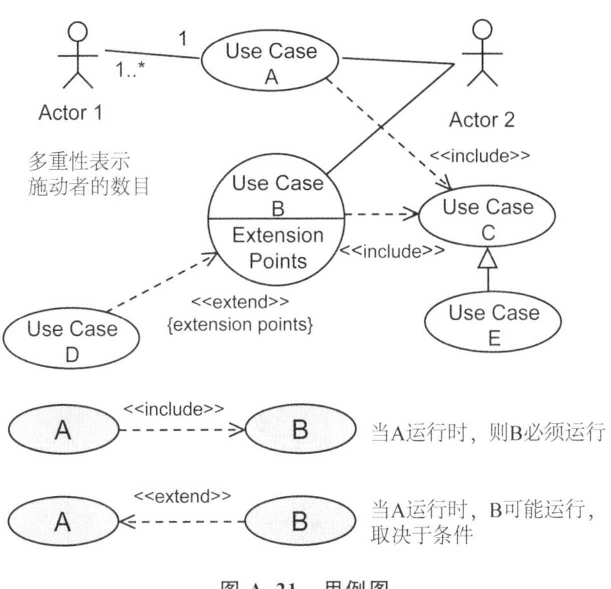

图 A.21　用例图

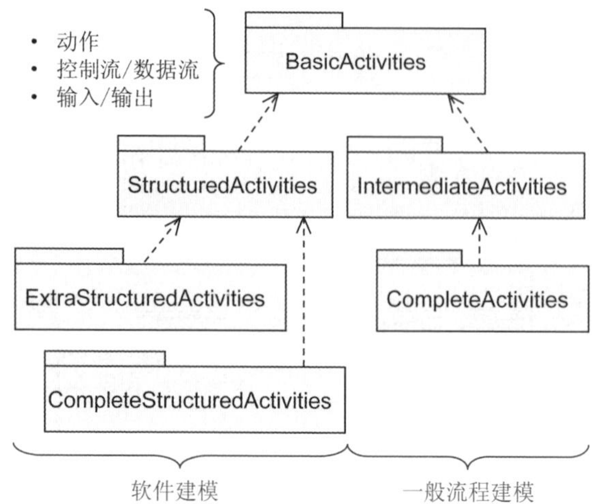

图 A.36　活动类型的层级结构

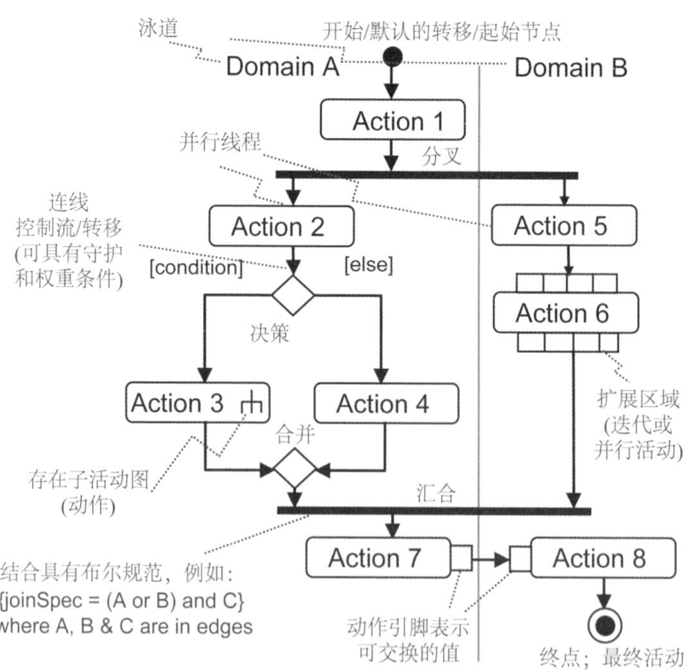

图 A.37　基本活动图

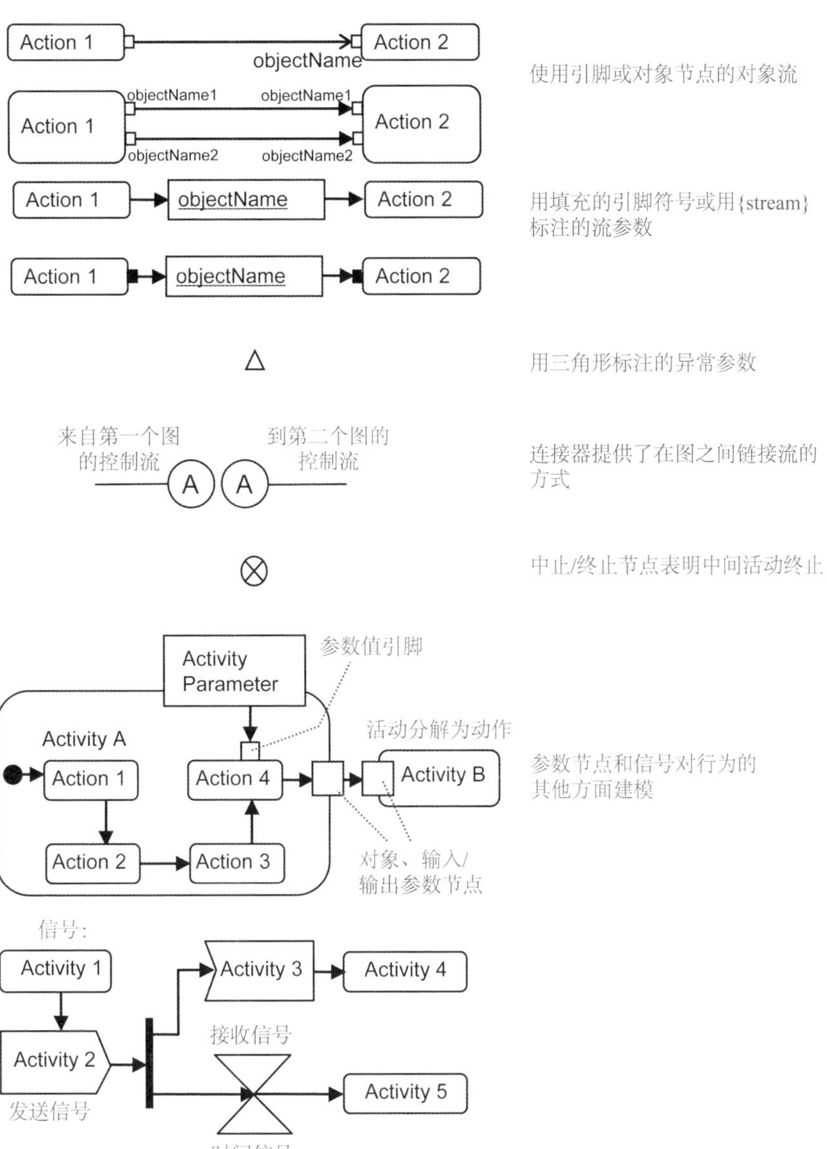

图 A.38 附加活动图语法